本組成を示さない元
放射性同位体の中か
の中に示した。

常温・常圧における
単体の状態

気体　液体　固体

10	11	12	13	14	15	16	17	18	族/周期
								2He ヘリウム 4.003	1
			5B ホウ素 10.81	6C 炭素 12.01	7N 窒素 14.01	8O 酸素 16.00	9F フッ素 19.00	10Ne ネオン 20.18	2
			13Al アルミニウム 26.98	14Si ケイ素 28.09	15P リン 30.97	16S 硫黄 32.07	17Cl 塩素 35.45	18Ar アルゴン 39.95	3
28Ni ニッケル 58.69	29Cu 銅 63.55	30Zn 亜鉛 65.38	31Ga ガリウム 69.72	32Ge ゲルマニウム 72.63	33As ヒ素 74.92	34Se セレン 78.96	35Br 臭素 79.90	36Kr クリプトン 83.80	4
46Pd パラジウム 106.4	47Ag 銀 107.9	48Cd カドミウム 112.4	49In インジウム 114.8	50Sn スズ 118.7	51Sb アンチモン 121.8	52Te テルル 127.6	53I ヨウ素 126.9	54Xe キセノン 131.3	5
78Pt 白金 195.1	79Au 金 197.0	80Hg 水銀 200.6	81Tl タリウム 204.4	82Pb 鉛 207.2	83Bi ビスマス 209.0	84Po ポロニウム (210)	85At アスタチン (210)	86Rn ラドン (222)	6
110Ds ダームスタチウム (281)	111Rg レントゲニウム (280)	112Cn コペルニシウム (285)	113Nh ニホニウム (284)	114Fl フレロビウム (289)	115Mc モスコビウム (288)	116Lv リバモリウム (293)	117Ts テネシン (293)	118Og オガネソン (294)	7
							ハロゲン	貴ガス	

63Eu ユウロピウム 152.0	64Gd ガドリニウム 157.3	65Tb テルビウム 158.9	66Dy ジスプロシウム 162.5	67Ho ホルミウム 164.9	68Er エルビウム 167.3	69Tm ツリウム 168.9	70Yb イッテルビウム 173.1	71Lu ルテチウム 175.0	ランタノイド
95Am アメリシウム (243)	96Cm キュリウム (247)	97Bk バークリウム (247)	98Cf カリホルニウム (252)	99Es アインスタイニウム (252)	100Fm フェルミウム (257)	101Md メンデレビウム (258)	102No ノーベリウム (259)	103Lr ローレンシウム (262)	アクチノイド

大学入学共通テスト・理系学部 受験

化学の新基本演習

化学基礎収録

CHEMISTRY

卜部 吉庸［著］
Urabe Yoshinobu

三省堂

本書の構成

本書は，高等学校「化学基礎」「化学」の学習内容を完全に理解するとともに，大学入学共通テストを含めた大学入試全般に必要とされる真の実力の養成を目的とした，総合的な問題集です。編集にあたっては，とくに次の点に留意しました。

① 進度に応じて，こまめに学習が進められるよう，章立てを比較的細かくしました。
② 「要点のまとめ」～「問題A」～「問題B」まで，段階を追って学習がすすめられるよう配慮しました。
③ 「化学基礎」「化学」の学習内容を網羅した良問だけを厳選し，基本的な問題や標準的な問題，およびやや発展的なレベルの問題で構成しました。

本書の構成

要点まとめ……問題を解く上で，確実に覚えておかなければならない重要事項を，図・表を用いて簡潔にまとめてあります。

確認&チェック……重要事項の理解と暗記ができているかを確認できるように，穴埋め形式や一問一答形式のチェック問題を中心に構成してあります。

例　題……典型的な問題を取り上げ，必ず身に付けなければならない考え方や解き方を，丁寧に解説してあります。

問題A……出題頻度の高い重要問題を多く集めてあります。学習効率を上げるために，各問題で内容が重複することを避けると同時に，学習内容を網羅できるように構成してあります。

問題B……典型的な標準問題，やや発展的な内容を含む問題で構成してあります。

共通テストチャレンジ……各編の末尾にある大学入学共通テストに準じた出題形式の問題です。

表示マーク

必	**問題A**，**問題B** のなかでも特に重要な必須問題です。時間がない人は，ここから先に取り組むことをおすすめします。
→	**確認&チェック** で，**要点まとめ** の該当部分を示します。
➡	**確認&チェック** で，解答を補足する簡単な解説です。
□□	チェックボックス：各自で使い方を工夫してみて下さい。チェックボックスの使い方の一例を，次のページの「本書の利用法」で示しましたので，参考にして下さい。

別冊　問題A・問題Bの解答・解説集

解答・解説集には詳しい解説をつけ，自学・自習できるようにしました。解説を熟読することで，学習内容の理解が進むように配慮してあります。解答・解説集の詳しい使い方は，解答・解説集の表紙裏に示したので，そちらも参照して下さい。

本書の利用法

❶ 「要点のまとめ」を熟読して，これまでの学習内容を総復習し，覚えるべき事項を覚えます。忘れていたり，理解できていなかった事項は，教科書などで確認します。

❷ 「確認＆チェック」に取り組み，重要事項の理解がどの程度かを確認します。理解できていなかったり忘れていた事項は，すぐに「要点のまとめ」や教科書で確認します。ここまでの段階できちんと理解・暗記しておくことが大切です。この準備が中途半端だと，これ以降，問題演習でつまずく原因となるので，必ず解決しておきます。

❸ 「例題」で，問題の考え方と解き方，その手順を身につけます。ここでは，なぜそのようにするのかを理解することが大切です。「例題」では，解き方の基本方法を学ぶので，飛ばしてはいけません。

❹ 「問題Ａ」に取り組みます。時間がない時や最初の時は，必が付いた問題を解くことから始めます。これらは，代表的な頻出問題を選んでいるので，必ず解いて下さい。

❺ 「問題Ｂ」に取り組みます。やや発展的な内容を含む問題も多いので，解けそうな問題から解き始めるのも一つの方法です。

❻ 「問題Ａ」「問題Ｂ」では，初めから自分で解けたとしても，必ず別冊「解答・解説集」の解説を熟読します。単に答え合わせだけに終わらせてはいけません。解説を読むことで，自動的に復習ができ，さらに受験に役立つ知識や，テクニックなどが自然に身に付くよう工夫されています。特に，「問題Ｂ」は，初めから解けなくても構いません。

❼ 各問題の解説はじっくり読んで理解することが大切です。再度，問題を解いたとき，解けるようになっていれば，演習の目的は達成されたことになります。そのために，問題番号の後にチェックボックス□□が２つあります。最初に解くのに苦労したら□に✓や×，簡単にできたら◎や○などの印を付けておきます。最終的に全部が◎になるように反復すれば，大学受験のための実力は万全なものとなります。

❽ 「解答・解説集」の解説でわからないこと，調べたいこと，さらに詳しく知りたいことが出てきたら，姉妹本の『化学の新研究　第３版』（三省堂刊）で，その項目を調べてみて下さい。その問題の背景となる内容が書かれているので，さらに深い知識と化学に対する真の実力がつくと思います。

もくじ

第4編　物質の変化と平衡

第5編　無機物質

第6編　有機化合物

第7編　高分子化合物

別冊：解答・解説集

1 物質の成分と元素

1 混合物と純物質

❶元素　物質を構成する基本的な成分で，約 120 種類ある。元素記号で表す。

❷原子　物質を構成する基本的な粒子。原子を表す記号にも元素記号が用いられる。

❸物質の分類

物質
- 純物質 … 1 種類の物質からなる。一定の融点・沸点・密度を示す。
  例 水，酸素，二酸化炭素，エタノール，塩化ナトリウム
- 混合物 … 2 種類以上の物質からなる。混合割合によって性質が異なる。
  例 空気，海水，石油，岩石，しょう油

純物質
- 単体 … 1 種類の元素だけからなる物質。　例 水素，酸素，鉄
- 化合物 … 2 種類以上の元素からなる物質。　例 水，塩化ナトリウム

❹混合物の分離・精製

分離　混合物から目的の物質を取り出す操作。

精製　不純物を取り除き，より純度の高い物質を得る操作。

名称	方法	例
ろ過	液体中の不溶性の固体を**ろ紙**などで分離する。	泥水から泥を分離
蒸留	液体混合物を加熱し，生じた蒸気を冷却して，再び液体として分離する。	海水から水を分離
分留	液体混合物を沸点の違いを利用して，各成分に分離する。	液体空気から窒素と酸素を分離
再結晶	高温の溶液を冷却して，目的物質を純粋な結晶として分離する。	固体中の不純物を除く
抽出(ちゅうしゅつ)	適切な液体(溶媒)を加えて，目的物質を溶かし出して分離する。	大豆から大豆油を分離
昇華法(しょうかほう)	固体の混合物を加熱し，直接気体になる物質(昇華性物質)を分離する。	ヨウ素の精製
クロマトグラフィー	ろ紙などに対する吸着力の違いを利用して，各成分に分離する。	黒色インクから各色素の分離

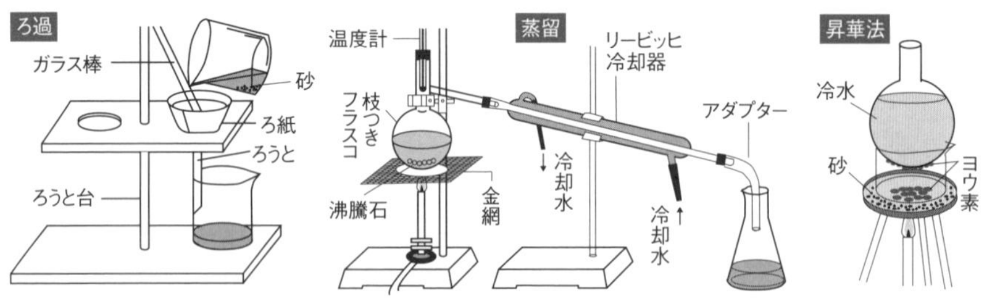

❷ 同素体

❶同素体　同じ元素からできている単体で，性質が異なる物質。SCOP(スコップ)で探せ！

構成元素	同素体
硫黄 S	斜方硫黄，単斜硫黄，ゴム状硫黄
炭素 C	ダイヤモンド，黒鉛，フラーレン
酸素 O	酸素，オゾン
リン P	黄リン(白リン)，赤リン

例 酸素 O の同素体

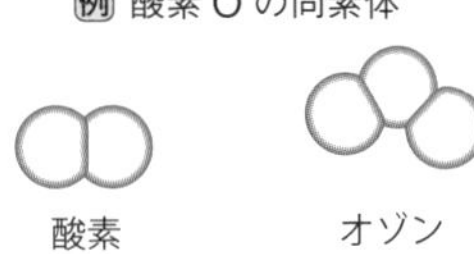

❸ 成分元素の確認

❶炎色反応　物質を高温の炎の中に入れると，成分元素に特有の色を示す現象。

元　素	Li	Na	K	Cu	Ba	Ca	Sr
炎　色	赤	黄	赤紫	青緑	黄緑	橙赤	紅(深赤)
覚え方	リアカー	なき	K 村	動力に	馬力	借ると	するもくれない

試料水溶液を白金線につけ，ガスバーナーの外炎に入れる。なお，白金線は濃塩酸で洗浄後，外炎に入れて空焼きする操作を繰り返し，炎が無色になることを確認してから行う。

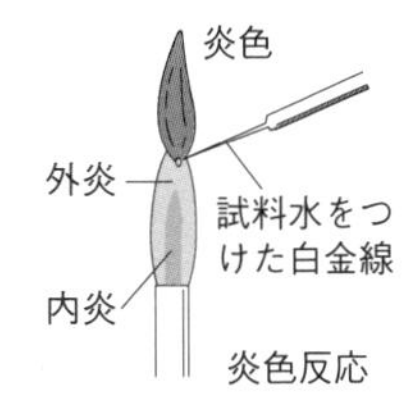

炎色反応

❷沈殿反応　溶液中から生じた不溶性の固体物質を沈殿という。

例 Cl の検出：硝酸銀水溶液を加えると白色の沈殿(塩化銀 AgCl)を生成。

CO_2 の検出：石灰水に通じると白色の沈殿(炭酸カルシウム $CaCO_3$)を生成。

❹ 物質の三態

❶熱運動　物質の構成粒子が絶えず行う不規則な運動。

❷拡散　物質が自然に広がっていく現象。構成粒子の熱運動により起こる。

❸物質の三態　物質の固体，液体，気体の 3 つの状態。温度や圧力により変化する。

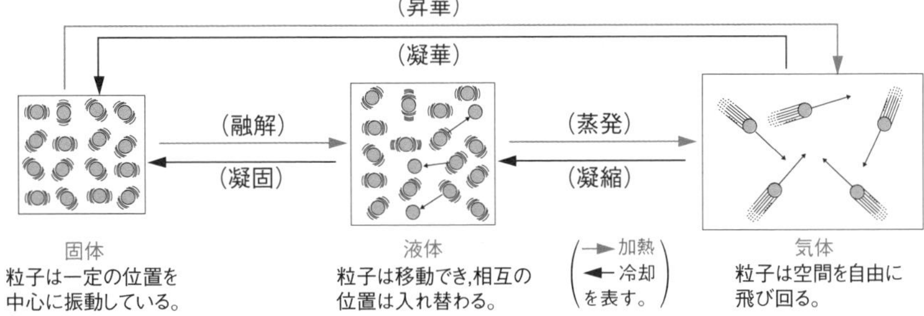

物質の状態は，粒子の熱運動と粒子間にはたらく引力の大小関係によって決まる。

❹物理変化　物質そのものは変化せず，その状態だけが変わる変化。

例 物質の状態変化，物質の溶解・析出など。

❺化学変化　ある物質から別の物質が生じる変化。化学反応ともいう。

例 水の電気分解，物質の燃焼，金属の酸化など。

確認＆チェック

1 次の記述に当てはまる化学用語を答えよ。

(1) 1種類の物質だけからなる物質。
(2) 2種類以上の物質が混じり合った物質。
(3) 物質を構成する基本的な成分。約120種類が知られる。
(4) 水素や酸素のように，1種類の元素だけからなる物質。
(5) 水や塩化ナトリウムのように，2種類以上の元素からなる物質。

2 次の混合物の分離法を何というか。下から記号で選べ。

(1) 液体混合物を加熱し，その蒸気を冷却して分離する。
(2) 液体混合物を，沸点の違いを利用して各成分に分離する。
(3) 高温の溶液を冷却し，目的物質を純粋な結晶として分離する。
(4) 固体混合物を加熱し，直接気体になる物質を分離する。
(5) 適切な溶媒を用いて，目的物質を溶かし出して分離する。
(6) 物質に対する吸着力の違いを利用し，各成分に分離する。
(7) ろ紙を用いて液体中の不溶性の固体を分離する。

ア ろ過　イ 蒸留　ウ 分留　エ 昇華法
オ 再結晶　カ 抽出　キ クロマトグラフィー

3 次の各問いに答えよ。

(1) 炭素Cの同素体には，ダイヤモンドの他に何があるか。
(2) リンPの同素体には，赤リンの他に何があるか。
(3) 酸素Oの同素体には，酸素の他に何があるか。

4 次の記述に当てはまる化学用語を答えよ。

(1) 溶液中から生じた不溶性の固体物質。
(2) 物質を構成する粒子が絶えず行う不規則な運動。
(3) 物質がゆっくりと全体に広がっていく現象。
(4) 物質が高温の炎の中で特有の色を示す現象。
(5) 水素の燃焼のように，物質の種類が変わる変化。
(6) 水の状態変化のように，物質の種類が変わらない変化。

解答

1 (1) 純物質
(2) 混合物
(3) 元素
(4) 単体
(5) 化合物
→p.6 1

2 (1) イ
(2) ウ
(3) オ
(4) エ
(5) カ
(6) キ
(7) ア
→p.6 1

3 (1) 黒鉛（フラーレンも可）
(2) 黄リン（白リン）
(3) オゾン
→p.7 2

4 (1) 沈殿
(2) 熱運動
(3) 拡散
(4) 炎色反応
(5) 化学変化
(6) 物理変化
→p.7 3 4

例題 1 物質の分類

次の物質を混合物と純物質に分類し，さらに，純物質は単体と化合物に分類せよ。

(ア) 水　(イ) 黄銅　(ウ) ダイヤモンド　(エ) 石油
(オ) 白金　(カ) 食塩水　(キ) 塩酸　(ク) アンモニア

考え方 ・混合物は，一定の融点・沸点を示さず，成分物質の混合割合(**組成**という)によって，その性質がしだいに変化する。

混合物は，1つの化学式(物質を元素記号で表した式)で表すことはできない。

・純物質は，一定の融点・沸点を示し，1つの化学式で表すことができる。

化学式の中に，1種類の元素を含めば単体，2種類以上の元素を含めば化合物と判断できる。

・1つの化学式で表せる物質は，純物質である。

(ア) H_2O(化合物)　(ウ) C(単体)　(オ) Pt(単体)　(ク) NH_3(化合物)

・混合物は1つの化学式では表せない物質。一般に，溶液は混合物と判断してよい。

(イ) 黄銅…銅と亜鉛の混合物(合金)。

(エ) 石油…沸点の異なる各種の炭化水素(炭素と水素の化合物)の混合物。

(カ) 食塩水…水と塩化ナトリウムの溶液で混合物。

(キ) 塩酸…水と塩化水素(HCl)の溶液で混合物。

解答 混合物…(イ)，(エ)，(カ)，(キ)　純物質 {単体…(ウ)，(オ)　化合物…(ア)，(ク)}

例題 2 混合物の分離法

次の混合物から(　)内の物質を分離するのに適した方法をあとの語群から選べ。

(1) 食塩水 (水)　(2) 砂とグルコース (砂)
(3) 石油 (ガソリン)　(4) 砂とヨウ素 (ヨウ素)

【語群】 ろ過　蒸留　分留　昇華法

考え方 混合物は，物理変化を利用して，純物質に分離することができる。

(1) 加熱すると**揮発性物質**(気体になりやすい物質)の水が蒸発するが，**不揮発性物質**(気体になりにくい物質)の食塩は蒸発しない。発生した水蒸気を冷却すると，純粋な水が得られる。この操作を蒸留という。

(2) 水を加えてかき混ぜると，グルコースだけが溶ける。この水溶液をろ紙を用いてろ過すると，砂だけがろ紙上に分離される。

(3) 石油は各種の炭化水素 C_nH_m (炭素と水素の化合物)の複雑な混合物で，穏やかに加熱すると，沸点の低いものから順に，ガソリン(ナフサ)・灯油・軽油・重油などの各成分に分けられる。このように，液体混合物を沸点の違いによって，各成分に分離する方法を分留(**分別蒸留**)という。

(4) 砂とヨウ素の混合物を穏やかに加熱すると，ヨウ素だけが固体から気体になる(昇華)。この蒸気を冷却すると，純粋なヨウ素の結晶が得られる。この方法を**昇華法**という。

昇華性の物質には，ヨウ素，ナフタレン，パラジクロロベンゼンなどがある。

解答 (1) 蒸留　(2) ろ過　(3) 分留　(4) 昇華法

問題A

必は重要な必須問題。時間のないときはここから取り組む。

必 **1** □□ ◀物質の分類▶ 次の各物質を混合物，単体，化合物に分類せよ。

(1) ドライアイス　(2) 牛乳　(3) 都市ガス　(4) 水銀
(5) グルコース　(6) カコウ岩　(7) 空気　(8) 青銅
(9) 塩化ナトリウム　(10) アンモニア水　(11) 塩素　(12) オゾン

必 **2** □□ ◀混合物の分離▶ 次の混合物について，最も適した分離法を記号で選べ。

(1) 海水から純水を分離する。
(2) 原油からガソリンや灯油などを取り出す。
(3) 砂粒の混じったヨウ素から純粋なヨウ素を取り出す。
(4) 少量の塩化ナトリウムを含む硝酸カリウムから純粋な硝酸カリウムを取り出す。
(5) 黒インクに含まれる各色素を分離する。
(6) コーヒー豆から味や香りの成分を熱水に溶かし出して分離する。
(7) 砂粒が混ざった海水から砂粒を取り除く。

(ア) 分留　(イ) ろ過　(ウ) クロマトグラフィー
(エ) 再結晶　(オ) 蒸留　(カ) 抽出　(キ) 昇華法

3 □□ ◀硫黄の同素体▶ (a)〜(c)の硫黄の同素体の名称を記し，あとの問いに答えよ。

(a)

(b)
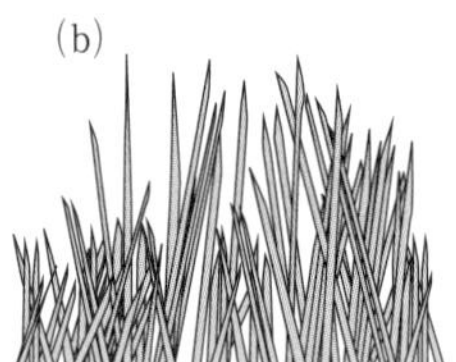

(c)
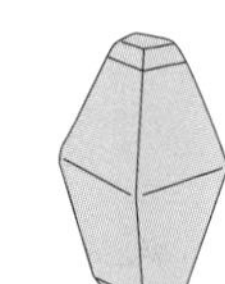
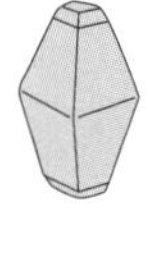

(1) 約 120℃の硫黄の融解液を空気中で放冷してつくるのは，(a)〜(c)のいずれか。
(2) 250℃の硫黄の融解液を水中に注ぎ急冷してつくるのは，(a)〜(c)のいずれか。
(3) 常温・常圧で最も安定な硫黄の同素体は，(a)〜(c)のいずれか。

4 □□ ◀ヨウ素の分離▶ 図のガラス器具に，褐色のヨウ素溶液と無色のヘキサンを加えてよく振り静置した。この操作により，ヨウ素は水層からヘキサン層へ移り，上層が紫色になり，下層は褐色がうすくなった。

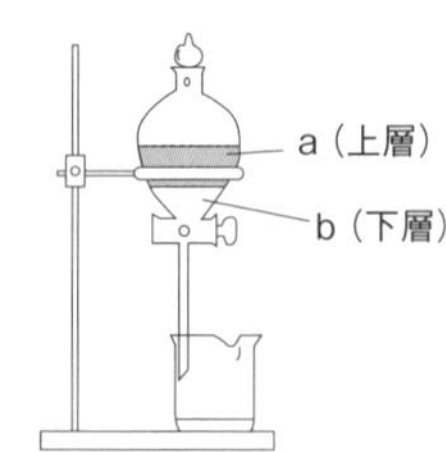

(1) この分離操作を何というか。
(2) ヘキサン層は図の a，b のどちらか。

5 □□ ◀混合物の分離▶　次の図は，砂の混ざった食塩水から砂を除く操作を示す。あとの問いに答えよ。

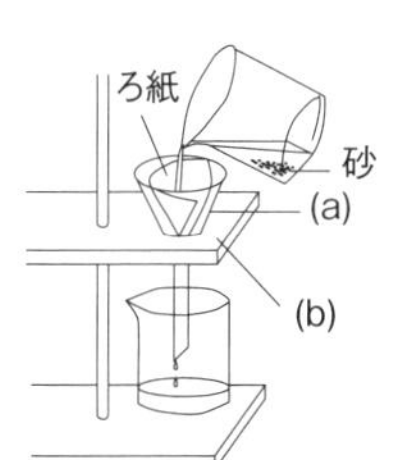

(1)　図の(a)・(b)に相当する器具の名称を記せ。

(2)　図のような混合物の分離操作を何というか。

(3)　図の(a)を通過して下へ流れ出てくる液体を何というか。

(4)　図の装置で，実験操作上，不適切な点が3か所ある。どのように訂正すればよいか，簡潔に説明せよ。

必 **6** □□ ◀同素体▶　次の(1)～(6)の文のうち，正しいものをすべて番号で選べ。

(1)　同素体は単体にだけに存在し，化合物には存在しない。

(2)　同じ元素からなる同素体どうしは，物理的性質は異なるが化学的性質はほぼ同じである。

(3)　同じ元素からなる同素体どうしは，物理的性質や化学的性質が異なる。

(4)　同じ元素からなる同素体どうしを混ぜ合わせても純物質である。

(5)　単体でも化合物でも，同じ元素を含んでいて性質が異なるものが同素体である。

(6)　同素体は，ある温度･圧力を境にして，一方から他方へと移り変わることがある。

7 □□ ◀元素と単体の区別▶　次の文中の下線部の語句は，元素と単体のどちらの意味で使われているか。

(1)　水素と酸素の混合気体に点火すると，水が生成する。

(2)　地殻中には，酸素が質量で約46％含まれる。

(3)　植物の生育には，窒素肥料が必要である。

(4)　湖沼中の溶存酸素量は，水の汚染と密接な関係がある。

(5)　成長期にはカルシウムの多い食品を摂取するように心がけなさい。

8 □□ ◀成分元素の検出▶　次の各実験により，物質Ａ～Ｃにそれぞれ存在が確認された元素は何か。元素記号で答えよ。

(1)　物質Ａの水溶液を白金線につけて炎の中に入れると，橙赤色の炎色反応が見られた。

(2)　物質Ｂの水溶液に硝酸銀水溶液を加えると，白色の沈殿が生じた。

(3)　物質Ｃと酸化銅(Ⅱ)の混合物を加熱し，完全燃焼させて発生した気体を石灰水に通じると，白く濁った。

(4)　物質Ｃの完全燃焼で生成した液体を白色の硫酸銅(Ⅱ)無水塩につけると，青色を示した。

必 9 □□ ◀物質の三態▶ 分子からなる物質の状態変化について問いに答えよ。

(1) 図のア～カの状態変化の名称を記せ。

(2) 次の文は，固体，液体，気体のどの状態に該当するか。

① 分子間力がほとんどはたらいていない。

② 分子が規則正しく配列している。

③ 分子間力が最も強くはたらいている。

④ 分子は相互に位置を変え，流動性を示す。

⑤ 他の状態に比べて，密度が著しく小さい。

(3) 次の現象は，図のどの状態変化に関連するか。ア～カの記号で示せ。

(a) 真冬に屋外の水道管が破裂した。

(b) 暖かい日に洗濯物がよく乾いた。

(c) 冷水を入れたコップの表面に水滴がついた。

(d) 真夏に氷を放置すると融けた。

(e) フリーズドライ食品は，凍結した食品を減圧することで水分を除いている。

10 □□ ◀炎色反応▶ ある化合物の水溶液を白金線の先につけ，ガスバーナーの炎の中に入れたら，炎の色が変化した。次の問いに答えよ。

(1) 白金線は図の炎 A，B のどちらに入れるとよいか。

(2) 次の水溶液で観察される炎の色を下から記号で選べ。

(a) 塩化カルシウム　(b) 塩化バリウム　(c) 塩化銅(Ⅱ)

(d) 塩化リチウム　(e) 塩化ナトリウム　(f) 塩化カリウム

［ (ア) 赤　(イ) 黄　(ウ) 黄緑　(エ) 青緑　(オ) 赤紫　(カ) 橙赤 ］

(3) 異なる水溶液で炎色反応を観察する際には，一度使用した白金線を濃塩酸に浸してから，空焼きを繰り返さなければならないのはなぜか。

11 □□ ◀三態変化とエネルギー▶ 次の図は，−100℃の氷を大気圧の下で一様に加熱したときの加熱時間と温度の関係を示している。あとの問いに答えよ。

(1) a，b の温度をそれぞれ何というか。

(2) ア，イでの状態変化をそれぞれ何というか。

(3) AB，BC，CD，DE，EF 間では，水はそれぞれどのような状態にあるか。

(4) BC 間，DE 間では，加熱しているにも関わらず温度が上昇しない理由を説明せよ。

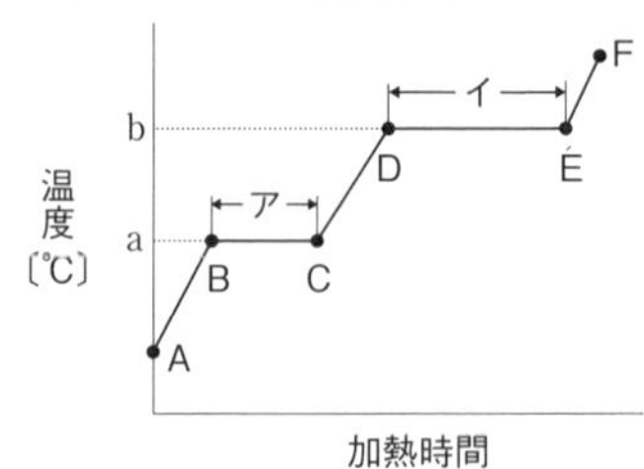

12 □□ ◀固体混合物の分離▶

ガラス片が混じったヨウ素をビーカーに入れ，固体と気体間の状態変化を利用して，多くのヨウ素をフラスコの底面に集めたい。

(1) この分離法の名称を記せ。

(2) このときの方法として最も適切なものはどれか。次の①～④から1つ選べ。

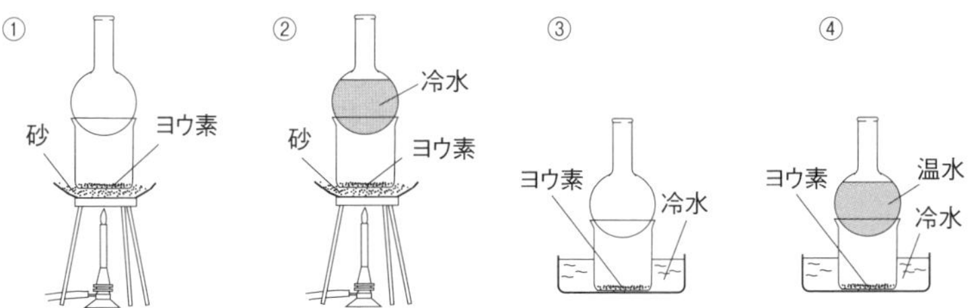

問題B

必は重要な必須問題。時間のないときはここから取り組む。

13 □□ ◀混合物の分離と精製▶

次に述べた混合物の分離・精製法をそれぞれ答えよ。

(1) 温度による物質の溶解度の違いを利用して，固体物質を精製する。

(2) 液体とその液体に溶けていない固体物質を分離する。

(3) 混合物から目的の物質だけを溶媒に溶かし出して分離する。

(4) 溶液を沸騰させ，生じた蒸気を冷却して再び液体として分離する。

(5) 液体の混合物を沸点の差を利用して，各成分に分離する。

(6) 固体が直接気体になる現象を利用して，固体物質を精製する。

(7) 物質への吸着力の違いを利用して，各成分に分離する。

必14 □□ ◀液体混合物の分離▶

次の図は海水から純水を分離するための装置である。あとの問いに答えよ。

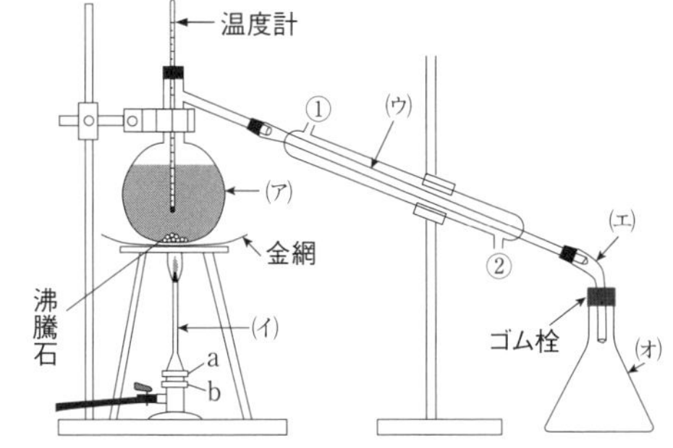

(1) この分離操作の名称を記せ。

(2) 器具(ア)～(オ)の名称を記せ。

(3) 器具(ウ)には冷却水を通すが，その入口は①，②のどちらがよいか。

(4) 器具(イ)にあるa，bは，それぞれ何の量を調節するねじか。

(5) 器具(ア)に沸騰石を入れておくのはなぜか。

(6) 実験操作上，不適切なところが図中に3か所ある。どこをどのように直せばよいかを説明せよ。

原子の構造と周期表

1 原子の構造

❶原子　物質を構成する基本的な粒子。直径は 10^{-10}m 程度。

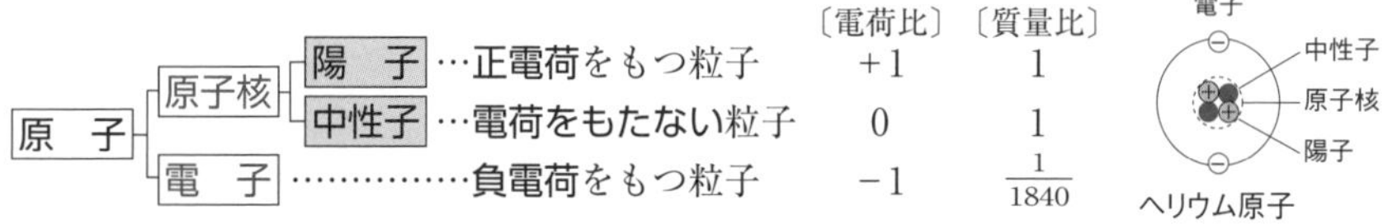

❷原子の構成の表示法　元素記号の左下に原子番号，左上に質量数を書く。

質量数＝陽子の数＋中性子の数……12
原子番号＝陽子の数＝電子の数…… 6

$^{12}_{6}C$（陽子 6 個　中性子 6 個）

❸同位体（アイソトープ）　原子番号が同じで，質量数の異なる原子。

陽子の数は同じであるが，中性子の数が異なる。化学的性質はほぼ等しい。

同位体	陽子の数	中性子の数	質量数	天然存在比〔%〕
$^{1}_{1}H$	1	0	1	99.9885
$^{2}_{1}H$	1	1	2	0.0115
$^{3}_{1}H$	1	2	3	極微量
$^{12}_{6}C$	6	6	12	98.93
$^{13}_{6}C$	6	7	13	1.07
$^{14}_{6}C$	6	8	14	極微量

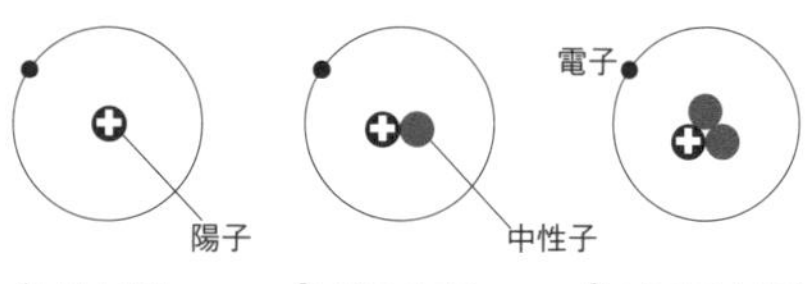

$^{1}_{1}H$（水素）　$^{2}_{1}H$（重水素）　$^{3}_{1}H$（三重水素）

・$^{1}_{1}H$ だけは中性子をもたない。
・同位体の存在しない元素（F，Na，Al，P など）は，天然に約 20 種類ある。

❹放射性同位体（ラジオアイソトープ）　放射線を放出して他の原子に変わる（**壊変**する）同位体。例 $^{3}_{1}H$：トレーサー（追跡子），$^{14}_{6}C$：遺跡の年代測定，$^{60}_{27}Co$：がんの治療

2 原子の電子配置

❶電子殻　原子核の周囲に存在する電子は，いくつかの層に分かれて存在する。この層を電子殻（でんしかく）という。内側から順に，**K** 殻，**L** 殻，**M** 殻，**N** 殻……という。内側から n 番目の電子殻へ入る電子の最大収容数は $2n^2$ 個である。

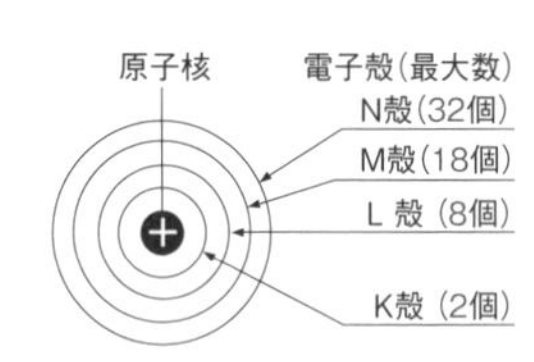

❷電子配置　電子殻への電子の入り方。

〔規則〕
(1)　電子は，内側の K 殻から入り始める。
(2)　電子は，各電子殻の最大収容数を超えて入ることはできない。

❸最外殻電子　原子の最も外側の電子殻（**最外殻**という）に存在する電子。

❹価電子　最外殻電子のうち，他の原子との結合などに重要な役割をする電子。

❺貴ガス(希ガス)　ヘリウム He，ネオン Ne，アルゴン Ar，クリプトン Kr，キセノン Xe などの元素の総称。各原子の電子配置は安定で，他の原子と結合をつくらない。**価電子の数は0個**とする。一般に価電子の数の等しい原子どうしは化学的性質が類似する。

価電子の数	1	2	3	4	5	6	7	0
K殻	1 H (1+)							2 He (2+)
L殻	3 Li (3+)	4 Be (4+)	5 B (5+)	6 C (6+)	7 N (7+)	8 O (8+)	9 F (9+)	10 Ne (10+)
M殻	11 Na (11+)	12 Mg (12+)	13 Al (13+)	14 Si (14+)	15 P (15+)	16 S (16+)	17 Cl (17+)	18 Ar (18+)

注)最外殻に最大数の電子が入った電子殻を閉殻(へいかく)といい，きわめて安定である。また，M 殻以上では，最外殻に 8 個の電子が入った電子殻(オクテットという)も閉殻と同様に安定である。

❻電子式　元素記号の周囲に最外殻電子を点・で示した式。

周期＼族	1	2	13	14	15	16	17	18
1	H·							He:
2	Li·	·Be·	·B·	·C·	·N·	:O·	:F·	:Ne:
3	Na·	·Mg·	·Al·	·Si·	·P·	:S·	:Cl·	:Ar:
4	K·	·Ca·	Heの電子式は例外的に電子対:で示す。					

電子式の書き方

・元素記号の上下左右に 4 つの場所を考える。各場所には最大 2 個まで電子を入れられる。

・1 ～ 4 個目の電子は，別々の場所に入れる。

・5 ～ 8 個目の電子は，ペアをつくるように入れる。

3 イオンの生成

❶イオンの生成　生成したイオンは，最も近い貴ガスと同じ電子配置をとる。

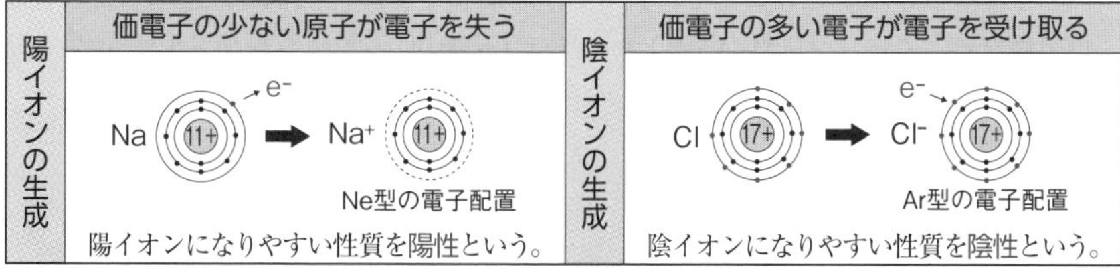

陽イオンの生成
価電子の少ない原子が電子を失う
Na
e⁻
Na⁺
Ne型の電子配置
陽イオンになりやすい性質を陽性という。
陰イオンの生成
価電子の多い電子が電子を受け取る
Cl
e⁻
Cl⁻
Ar型の電子配置
陰イオンになりやすい性質を陰性という。

❷イオンの価数　原子がイオンになるとき，授受した電子の数。

❸イオンの化学式(イオン式)　元素記号の右上に価数と電荷の符号をつけた式。例 Mg^{2+}

❹イオンの分類　原子 1 個からなる単原子イオン，2 個以上からなる多原子イオン。

価数	陽イオン(正の電荷をもつ)	陰イオン(負の電荷をもつ)
1価	ナトリウムイオンNa^{+}，アンモニウムイオンNH_4^{+}	塩化物イオンCl^{-}，硝酸イオンNO_3^{-}
2価	カルシウムイオンCa^{2+}，亜鉛イオンZn^{2+}	酸化物イオンO^{2-}，硫酸イオンSO_4^{2-}
3価	アルミニウムイオンAl^{3+}，鉄(Ⅲ)イオンFe^{3+}	リン酸イオンPO_4^{3-}

※ ▒ は多原子イオンを表し，それ以外は単原子イオンを表す。

❺**単原子イオンの名称**　陽イオンは○○イオン，陰イオンは○化物イオンと読む。

多原子イオンの名称　それぞれに固有の名称がある。　例 NO_3^- 硝酸イオン

❻**イオンの大きさ**

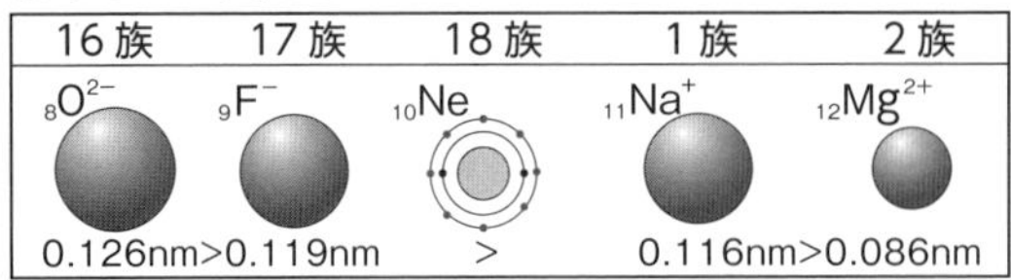

●同族元素では，原子番号が大きくなるほどイオン半径が大きくなる。

●同じ電子配置をもつイオンでは，原子番号が大きくなるほどイオン半径が小さくなる。

❼イオン化エネルギー　**原子から電子を 1 個取り去り，1 価の陽イオンにするのに必要なエネルギー**。イオン化エネルギーが小 → 陽イオンになりやすい。

❽電子親和力　**原子が電子を 1 個取り込み，1 価の陰イオンになるときに放出されるエネルギー**。電子親和力が大 → 陰イオンになりやすい。

4 元素の周期表

❶**元素の周期律**　元素を**原子番号順**に並べると，その性質が周期的に変化する。

例 原子の価電子の数，原子のイオン化エネルギー，原子半径など。

❷**元素の周期表**　元素の周期律に基づき，性質の類似した元素が同じ縦の列に並ぶように配列した表。縦の列を族，横の行を周期という。

❸**同族元素**　同じ族に属する元素。互いに化学的性質がよく似ている。

H を除く 1 族元素…アルカリ金属	17 族元素…ハロゲン
2 族元素…アルカリ土類金属	18 族元素…貴ガス(希ガス)

❹**典型元素**　**1 族，2 族**および，**13 族～ 18 族**の元素。金属元素と非金属元素がある。価電子の数は原子番号とともに変化し，周期表では縦の類似性が強い。

❺**遷移元素**　**3 族～ 12 族**の元素。すべて金属元素。原子番号が増加しても価電子数はほとんど変化せず，周期表では縦の類似性に加え，横の類似性も見られる。

❻**金属元素**　単体が金属光沢をもち，電気をよく導く。陽イオンになりやすい。

❼**非金属元素**　金属元素以外の元素。周期表では右上に位置する。水素 H も含む。

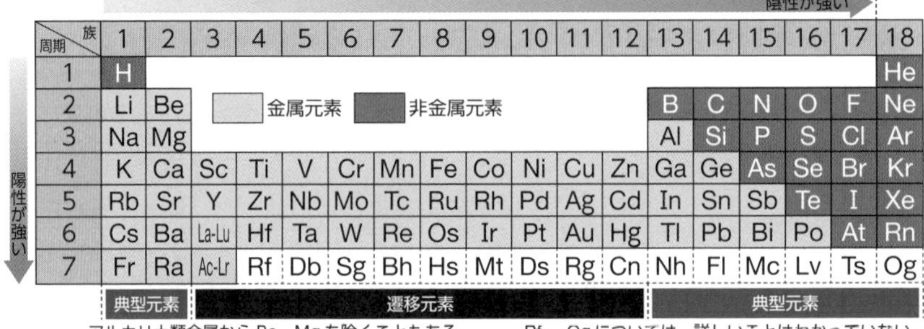

確認＆チェック

1 原子の構成について，次の問いに答えよ。

(1) 原子の中心にある正の電荷をもつ部分を何というか。

(2) 原子を構成する粒子のうち，①正の電荷をもつ粒子，②負の電荷をもつ粒子，③電荷をもたない粒子を何というか。

(3) 各原子がもつ陽子の数を何というか。

(4) 各原子がもつ陽子の数と中性子の数の和を何というか。

2 天然の水素原子には，^{1}H，^{2}H，^{3}H の3種類が存在する。

(1) このような原子を互いに何というか。

(2) ^{3}H のように，放射線を放って別の原子に変わるものを何というか。

3 原子核の周囲にある電子殻を模式図で示した。

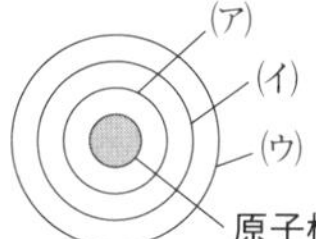

(1) (ア)，(イ)，(ウ)の各電子殻の名称を答えよ。

(2) (ア)，(イ)，(ウ)の各電子殻に収容できる電子の最大数はそれぞれ何個か。

(3) 最も外側の電子殻に配置された電子を何というか。

(4) (3)のうち，他の原子との結合などに重要な役割をする電子を何というか。

4 陽イオン，陰イオンの生成について，次の問いに答えよ。

(1) 原子を1価の陽イオンにするのに必要なエネルギーを何というか。

(2) 原子が1価の陰イオンになるときに放出されるエネルギーを何というか。

5 元素の周期表について，次の問いに答えよ。

(1) 元素の周期表は，元素を何の順番に配列したものか。

(2) 元素の周期表で，①縦の列，②横の行を何というか。

(3) 元素の周期表で，同じ族に属する元素を何というか。

(4) ①水素Hを除く1族元素，②2族元素，③17族元素，④18族元素をそれぞれ何というか。

解答

1 (1) 原子核
(2) ①陽子
②電子
③中性子
(3) 原子番号
(4) 質量数
→p.14 [1]

2 (1) 同位体
(2) 放射性同位体
→p.14 [1]

3 (1) (ア)K殻
(イ)L殻
(ウ)M殻
(2) (ア)2，(イ)8，(ウ)18
(3) 最外殻電子
(4) 価電子
→p.14 [2]

4 (1) イオン化エネルギー
(2) 電子親和力
→p.16 [3]

5 (1) 原子番号
(2) ①族
②周期
(3) 同族元素
(4) ①アルカリ金属
②アルカリ土類金属
③ハロゲン
④貴ガス(希ガス)
→p.16 [4]

例題 3　原子の構成・同位体

天然の塩素原子には，$^{35}_{17}Cl$ と $^{37}_{17}Cl$ の 2 種類の原子が存在する。次の問いに答えよ。

(1)　このように，原子番号が同じで質量数の異なる原子を互いに何というか。

(2)　下の表の空欄に，適切な数字を入れよ。

	原子番号	質量数	陽子の数	電子の数	中性子の数
$^{35}_{17}Cl$	①	②	③	④	⑤

考え方 (1)　原子番号は等しいが，質量数の異なる原子を互いに同位体という。言い換えると，陽子の数は等しいので同種の原子であるが，中性子の数が異なるため，質量が異なっている原子どうしが同位体といえる。

陽子の数＝**電子の数**より，同位体どうしは電子の数も等しいため，化学的性質はほぼ等しい。

(2)　元素記号の左下の数字が原子番号，左上の数字が質量数を表す。

質量数＝陽子の数＋中性子の数＝35　　質量数 35

原子番号＝陽子の数＝電子の数＝17　　原子番号 17　Cl

中性子の数＝質量数−原子番号より，$^{35}_{17}Cl$ の中性子の数＝35－17＝18

解 答 (1)　同位体　　(2)　① 17　② 35　③ 17　④ 17　⑤ 18

例題 4　原子の電子配置

次の(ア)～(オ)の電子配置で示された原子について，あとの問いに答えよ。

●は原子核，●は電子，原子核のまわりの同心円は電子殻を示す。

(ア)
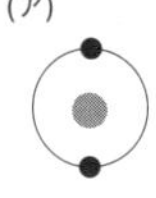
(イ)
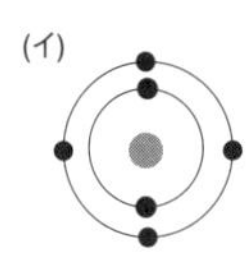
(ウ)
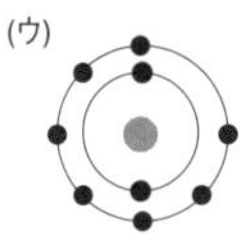
(エ)
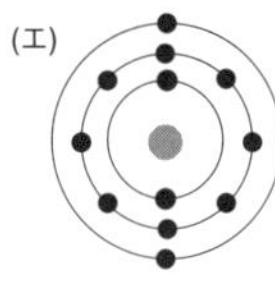
(オ)
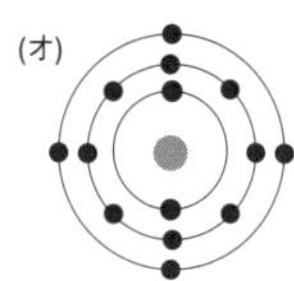

(1)　(ア)～(オ)の各原子の価電子の数を答えよ。

(2)　化学的に安定で，他の原子と結合しない原子はどれか。元素記号で答えよ。

(3)　周期表の第 3 周期に属する原子をすべて選び，元素記号で答えよ。

(4)　同族元素に属する原子はどれとどれか。元素記号で答えよ。

考え方 **電子の数**＝**陽子の数**＝**原子番号**の関係から，各原子の電子の総数を読み取ると，(ア)は $_{2}He$，(イ)は $_{6}C$，(ウ)は $_{9}F$，(エ)は $_{12}Mg$，(オ)は $_{14}Si$ と決まる。

(1)　一般に，最外殻電子＝価電子であるが，貴ガス(希ガス)(He，Ne，Ar…)の原子の場合，最外殻電子の数は He が 2 個，Ne，Ar…は 8 個であっても，**価電子の数はすべて 0 個である。**

(2)　貴ガス(希ガス)の原子は化学的に安定で，他の原子と結合しない。よって，(ア)の He である。

(3)　第 3 周期に属する原子は，内側から数えて 3 番目の M 殻に電子が配置されていく原子なので，(エ)の Mg と(オ)の Si である。

(4)　典型元素の同族元素の原子は，価電子の数が等しい。よって，(イ)の C と(オ)の Si となる。

解 答 (1) (ア) 0　(イ) 4　(ウ) 7　(エ) 2　(オ) 4　　(2) He　(3) Mg，Si　(4) C と Si

問題A

必は重要な必須問題。時間のないときはここから取り組む。

必 15 □□ **◀原子の構造▶** 次の文の［　　］に適語を入れよ。

原子の中心部には正の電荷をもつ①［　　］があり，その周囲には負の電荷をもつ②［　　］が存在する。さらに，①は正の電荷をもつ③［　　］と，電荷をもたない④［　　］からなる。原子の種類は③の数によって決まり，この数を⑤［　　］という。また，原子の質量は③と④の数の和によって決まり，この数を⑥［　　］という。

16 □□ **◀同位体▶** 塩素の同位体 $^{35}_{17}Cl$ と $^{37}_{17}Cl$ について，正しいものを記号で選べ。

(ア) 原子の質量はほぼ等しい。　(イ) 化学的性質はほとんど変わらない。

(ウ) 陽子の数は等しいが，中性子の数が異なる。

(エ) 陽子の数は等しいが，電子の数が異なる。

(オ) 陽子の数と中性子の数がともに異なる。

17 □□ **◀周期律と周期表▶** 次の文の［　　］に適切な語句，数値を入れよ。

ロシアの化学者①［　　］は，1869年，元素を原子量*の順に並べると，性質のよく似た元素が周期的に現れること，すなわち元素の②［　　］を発見し，周期表の原型となるものを発表した。その後，周期表は改良され，現在では元素は③［　　］の順に配列されている。周期表の横の行は④［　　］，縦の列は⑤［　　］とよばれる。

第1周期には⑥［　　］種類，第2，第3周期にはいずれも⑦［　　］種類の元素が並んでおり，すべて⑧［　　］元素に分類される。一方，第4周期以降に初めて登場するのが⑨［　　］元素である。

*原子量は，原子の相対質量のことである。

必 18 □□ **◀原子の電子配置▶** 次の各文に当てはまる電子配置をもつ原子を，図(ア)～(カ)から選び元素記号で答えよ。◎は原子核，●は電子，原子核のまわりの同心円は電子殻を表す。

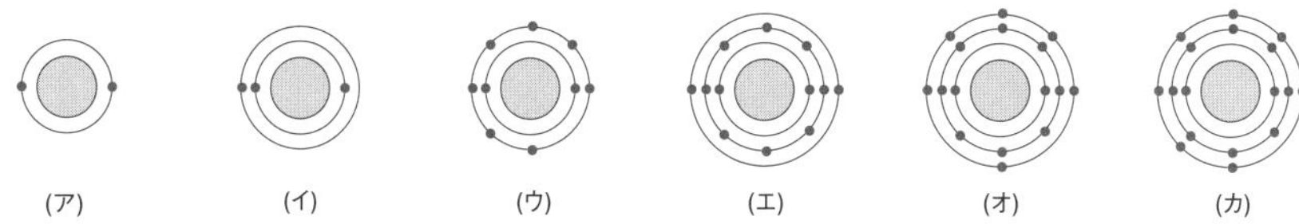

(1) ①価電子の数が最小の原子，②価電子の数が最大の原子はどれか。

(2) ①1価の陽イオンになりやすい原子，②2価の陰イオンになりやすい原子はどれか。

(3) 最も安定な電子配置をもつ原子はどれか。

(4) 周期表で第2周期に属する原子はどれか。すべて答えよ。

(5) 周期表で同じ族に属する原子はどれとどれか。

19 □□ ◀イオン▶　次の(ア)～(オ)のイオンの化学式と名称を記せ。また，各イオンは，どの貴ガス原子と同じ電子配置となっているか。元素記号で答えよ。

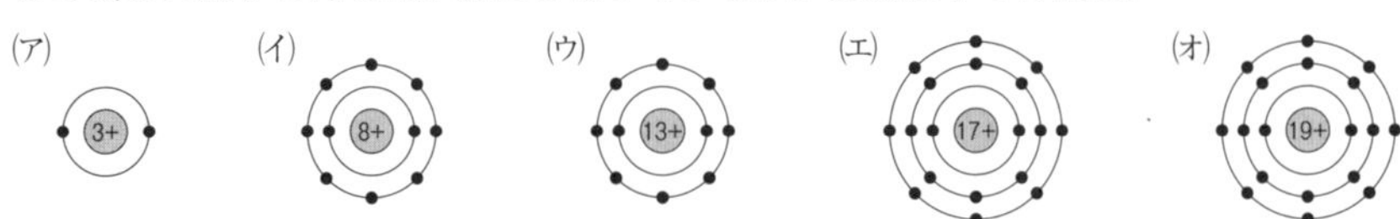

必 20 □□ ◀イオン▶　(1)～(12)はイオンの名称に，(13)～(24)はイオンの化学式に直せ。

(1)　Al^{3+}　(2)　Cl^{-}　(3)　Ca^{2+}　(4)　CO_3^{2-}　(5)　NO_3^{-}　(6)　K^{+}

(7)　O^{2-}　(8)　OH^{-}　(9)　SO_4^{2-}　(10)　PO_4^{3-}　(11)　NH_4^{+}　(12)　S^{2-}

(13)　ナトリウムイオン　(14)　アルミニウムイオン　(15)　塩化物イオン

(16)　酸化物イオン　(17)　アンモニウムイオン　(18)　硫化物イオン

(19)　水酸化物イオン　(20)　硫酸イオン　(21)　硝酸イオン

(22)　炭酸イオン　(23)　鉄(Ⅲ)イオン　(24)　リン酸イオン

必 21 □□ ◀電子の総数▶　次のイオンに含まれる電子の総数は何個か。

(1)　$_{26}Fe^{3+}$　(2)　NH_4^{+}　(3)　NO_3^{-}　(4)　SO_4^{2-}

22 □□ ◀元素の周期表▶　次の図は第6周期までの元素の周期表の概略図である。あとの各問いに答えよ。

(1)　非金属元素を含む領域を，すべて記号で答えよ。

(2)　①最も陽性の強い元素と，②最も陰性の強い元素は，それぞれどの領域にあるか。記号で答えよ。

(3)　最も反応性に乏しい元素を含む領域を記号で答えよ。

(4)　B，C，D，G，H で示した元素群の名称をそれぞれ答えよ。

必 23 □□ ◀典型元素▶　次の(ア)～(オ)は，典型元素について説明したものである。正しいものには○，誤っているものには×を記せ。

(ア)　アルカリ金属元素は陽性の元素で，原子番号が大きいほど陽性が強い。

(イ)　ハロゲン元素は陰性の元素で，原子番号が大きいほど陰性が強い。

(ウ)　原子番号が 4，12，19 の元素は，周期表においてすべて同族元素である。

(エ)　周期表で 15 族の元素の原子は，いずれも 5 個の価電子をもっている。

(オ)　典型元素の原子の価電子の数は 1 個または 2 個で，周期表では横に並んだ元素どうしの化学的性質がよく似ている。

必 **24** □□ ◀イオン化エネルギー▶　次の文の[　　]に適語を入れよ。

原子から電子を1個取り去って1価の陽イオンにするのに必要なエネルギーを①[　　]といい，この値が②[　　]ほど陽イオンになりやすい。

このエネルギーを原子番号順に示すと右図のように周期性を示し，極大値をとる元素群が③[　　]で，極小値をとる元素群が④[　　]である。

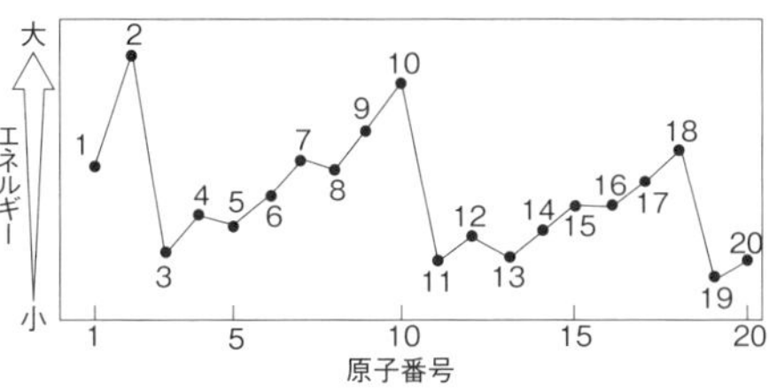

原子番号1～20の原子の中で，最も陽イオンになりやすい原子は⑤[　　]で，最も陽イオンになりにくい原子は⑥[　　]である。

また，同周期の原子では，原子番号が増加すると，このエネルギーは⑦[　　]くなるが，同族の原子では，原子番号が増加すると，このエネルギーは⑧[　　]くなる。

一方，原子が電子を1個取り込んで1価の陰イオンになるときに放出されるエネルギーを⑨[　　]といい，この値が⑩[　　]ほど陰イオンになりやすい。

問題B

必は重要な必須問題。時間のないときはここから取り組む。

25 □□ ◀同位体▶　天然の塩素原子には ^{35}Cl と ^{37}Cl の2種類の同位体が存在し，その存在比は3：1である。次の問いに答えよ。

(1)　塩素分子 Cl_2 には，同位体の組み合わせの異なる何種類の分子が存在するか。

(2)　塩素分子のうち，^{35}Cl と ^{37}Cl からなる塩素分子の占める割合〔%〕を小数第1位まで求めよ。ただし，^{35}Cl 原子と ^{37}Cl 原子の結合のしやすさは等しいものとする。

26 □□ ◀イオン半径▶　O^{2-}，F^-，Na^+，Mg^{2+} のイオン半径を次の図に示す。

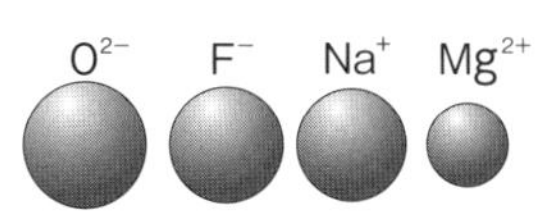

(1)　各イオンはいずれもネオン Ne 原子と同じ電子配置をもつが，原子番号が大きくなると，イオン半径が小さくなる理由を説明せよ。

(2)　同族元素のイオンである Na^+ と K^+ では，どちらのイオン半径が大きいか。また，そのようになる理由を説明せよ。

27 □□ ◀放射性同位体▶　放射性同位体 $^{14}_{6}C$ の原子核は，放射線の一種の β 線(電子の流れ)を放出して $^{14}_{7}N$ に変化する。なお，$^{14}_{6}C$ の量が元の量の半分になるのに要する時間(半減期という)は5700年である。ある遺跡から発掘された化石中の $^{14}_{6}C$ の割合は，現存する生物中の $^{14}_{6}C$ の割合の $\frac{1}{5}$ であった。これより，この化石中の生物は何年前に死滅したものと推定されるか。($\log_{10}2=0.30$，$\log_{10}3=0.48$)

3 化学結合①

1 イオン結合

❶イオン結合　陽イオンと陰イオンが静電気力(**クーロン力**)によって引き合う結合。方向性はない。陽性の強い金属元素と陰性の強い非金属元素の原子間で生じる。

❷イオン結晶　陽イオンと陰イオンが，イオン結合により規則的に配列した結晶。

陽イオンと陰イオンは，正・負の電荷が等しくなる割合で規則的に配列している。

結晶全体では電荷は0(電気的に中性)である。

●がCs^+

Na^+　Cl^-
NaClの結晶

Cl^-
CsClの結晶

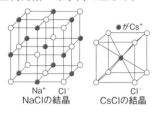

(性質)・融点が高く，硬いがもろい。

・強い力を加えると，特定の面に沿って割れる性質(**へき開性**)がある。

・固体は電気を導かないが，液体や水溶液は電気を導く。

・水に溶けやすいものが多い。(例外) $CaCO_3$，AgCl などは水に不溶。

❸組成式　イオン結合でできた物質は，構成イオンの種類とその数の割合を最も簡単な整数比で示した化学式(組成式)で表す。

陽イオンの価数×陽イオンの数 ＝ 陰イオンの価数×陰イオンの数

正電荷の総和　　**負電荷の総和**

〔書き方〕
(1) 正・負の電荷がつり合うように，陽イオンと陰イオンの個数の比を求める。
(2) 陽イオン・陰イオンの順に，イオンの電荷を省略して並べる。
(3) (1)で求めた数を，各元素記号の右下に書く(1は省略)。

例　Al^{3+} : O^{2-} = 2 : 3 ――イオンの電荷を省略→ 組成式　Al_2O_3

価数の比 3 : 2　　個数の比(価数の比の逆比になる)

陰イオン＼陽イオン	Na^+ ナトリウムイオン	Ca^{2+} カルシウムイオン	Al^{3+} アルミニウムイオン
Cl^- 塩化物イオン	NaCl 塩化ナトリウム	$CaCl_2$ 塩化カルシウム	$AlCl_3$ 塩化アルミニウム
SO_4^{2-} 硫酸イオン	Na_2SO_4 硫酸ナトリウム	$CaSO_4$ 硫酸カルシウム	$Al_2(SO_4)_3$ 硫酸アルミニウム
PO_4^{3-} リン酸イオン	Na_3PO_4 リン酸ナトリウム	$Ca_3(PO_4)_2$ リン酸カルシウム	$AlPO_4$ リン酸アルミニウム

・多原子イオンが2個以上のときは(　)でくくり，その数を右下に書く。1個のときは(　)は不要である。

〔読み方〕　陰イオン→陽イオンの順に，「イオン」「物イオン」を省略して読む。

2 共有結合

❶共有結合　原子どうしが価電子を出し合い，互いに電子を共有してできる結合。（←非金属元素の原子間で生じる。）

❷電子対　原子の最外殻電子のうち，2個で対になった電子。

不対電子　原子の最外殻電子のうち，対になっていない電子。

❸共有電子対　2原子間で共有されている電子対。

非共有電子対　2原子間で共有されていない電子対。

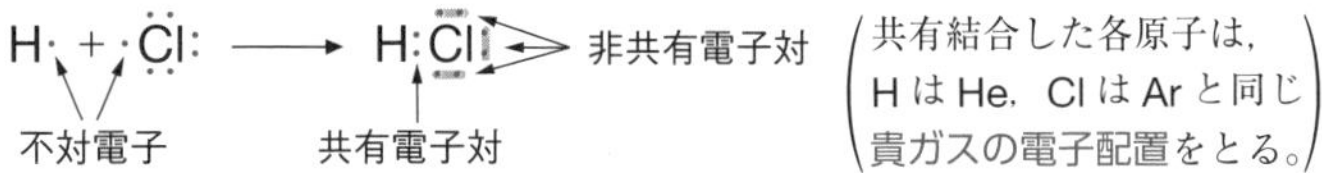

❹分子式　分子を構成する原子の種類と数を表した化学式。

❺構造式　1組の共有電子対を1本の線（価標）で表した化学式。各原子の価標の数（原子価）を満たすように書く。

❻電子式　各原子の不対電子を組み合わせて書く（上図）。

❼分子の形　分子は固有の立体構造をもつ。中心の原子のもつ共有電子対や非共有電子対どうしの反発が最小になるような構造をとる。

> **分子式の表し方**
> 構成原子の元素記号
> H_2O
> 原子の数（1は省略）

	塩化水素	水	アンモニア	メタン	二酸化炭素
立体構造	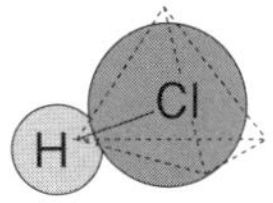 H Cl	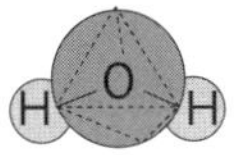 H O H	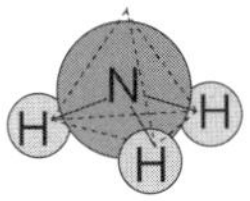 H N H H	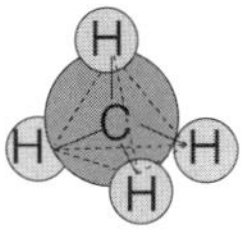 H C H H H	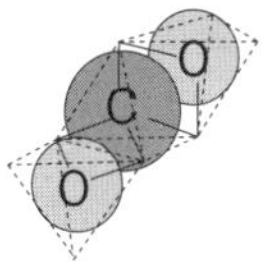 O C O
形	直線形	折れ線形	三角錐形	正四面体形	直線形
電子式	H:Cl:	H:O:H	H:N:H H	H H:C:H H	O::C::O
構造式	H−Cl	H−O−H	H−N−H │ H	H │ H−C−H │ H	O=C=O

価標1本，2本，3本で表される共有結合を，それぞれ単結合，二重結合，三重結合という。

❽配位結合　非共有電子対を他の分子や陽イオンに提供してできる共有結合。

例　H:N:H（下にH）＋ H^+ ⟶ [H:N:H（上下にH）]$^+$　アンモニウムイオン（N の非共有電子対が H^+ へ）

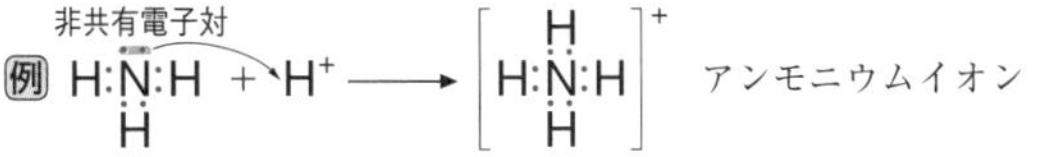

❾共有結合の結晶　多数の原子が共有結合でつながってできた結晶。

例　ダイヤモンド C，ケイ素 Si，二酸化ケイ素 SiO_2

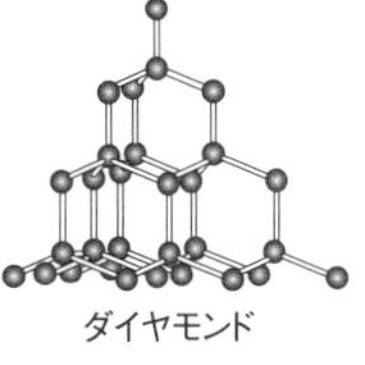
ダイヤモンド

（性質）きわめて硬く，融点が非常に高い。電気伝導性はない*。

＊黒鉛 C は軟らかく，薄くはがれやすい。価電子の一部が自由に動けるため電気伝導性を示す。

確認＆チェック

1 次の記述に当てはまる化学用語を答えよ。

(1) 陽イオンと陰イオンが静電気力によって引き合う結合。

(2) 陽イオンと陰イオンが規則的に配列してできた結晶。

(3) イオン結合でできた物質を，構成イオンの種類とその数の割合を最も簡単な整数比で表した化学式。

2 次の記述に当てはまる化学用語を答えよ。

(1) 原子の最外殻電子のうち，対になっていない電子。

(2) 原子の最外殻電子のうち，対になっている電子。

(3) 原子どうしが互いの不対電子を共有してできる結合。

(4) 2原子間で共有されている電子対。

(5) 2原子間で共有されていない電子対。

3 次の文の［　　］に適切な語句，数字を入れよ。

水素原子と塩素原子は下図のように，①［　　］個ずつ不対電子を出し合い，それらを共有して塩化水素分子を形成する。このとき，水素原子は貴ガスの②［　　］原子，塩素原子は貴ガスの③［　　］原子と同じ安定な電子配置をとる。

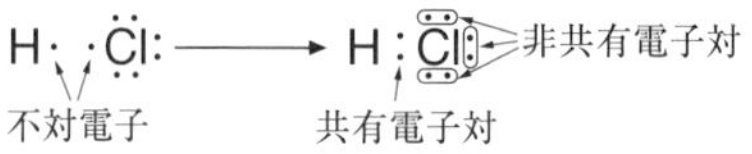

H· ·Cl: ⟶ H:Cl:

不対電子　共有電子対　非共有電子対

4 次の記述に当てはまる化学式を，それぞれ何というか。

(1) H_2O のように，分子を構成する原子の種類と数を表した式。

(2) H−O−H のように，原子間の結合を線(価標)で表した式。

(3) H:Ö:H のように，最外殻電子を点・で表した式。

5 次の分子の形を，下の(ア)〜(オ)から記号で選べ。

(1) 水 H_2O　(2) メタン CH_4　(3) 塩化水素 HCl

(4) アンモニア NH_3　(5) 二酸化炭素 CO_2

［(ア) 直線形　(イ) 折れ線形　(ウ) 三角錐形
(エ) 正方形　(オ) 正四面体形］

6 非共有電子対を他の分子や陽イオンに提供してできる共有結合を何というか。

解答

1 (1) イオン結合
(2) イオン結晶
(3) 組成式
→ p.22 1

2 (1) 不対電子
(2) 電子対
(3) 共有結合
(4) 共有電子対
(5) 非共有電子対
→ p.23 2

3 ① 1
② ヘリウム(He)
③ アルゴン(Ar)
→ p.23 2

4 (1) 分子式
(2) 構造式
(3) 電子式
→ p.23 2

5 (1) イ
(2) オ
(3) ア
(4) ウ
(5) ア
→ p.23 2

6 配位結合
→ p.23 2

例題 5 エタノールの化学式

右図のエタノール分子について，次の問いに答えよ。

(1) 右図のような化学式を何というか。

(2) 共有電子対，非共有電子対は，それぞれ何組ずつあるか。

(3) エタノールの構造式を書け。

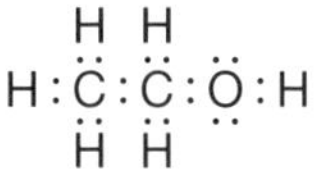

```
  H  H
H:C:C:Ö:H
  H  H
```

考え方 (1) 各原子の最外殻電子を点・で表した化学式を電子式という。分子の電子式は，各原子の電子式の不対電子を組み合わせて電子対をつくるように書けばよい。

H・ ・H ⟶ H:H

(2) 2原子間に共有され，共有結合に関与する電子対を共有電子対という。一方，2原子間で共有されておらず，共有結合に関与していない電子対を非共有電子対という。

エタノール分子には，10組の電子対があるが，このうち非共有電子対はO原子に所属する2組だけであり，他の8組は共有電子対である。

(3)〈電子式から構造式を書く方法〉

① 共有電子対1組ごとに，価標1本に直す。 ② 非共有電子対は省略する。

解答 (1) 電子式 (2) 共有電子対 8組，非共有電子対 2組 (3)

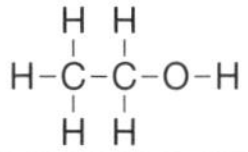

```
  H H
  | |
H-C-C-O-H
  | |
  H H
```

例題 6 構造式と電子式の書き方

次の各分子を，構造式と電子式でそれぞれ示せ。

(1) H_2O (2) CO_2

考え方

〈構造式の書き方〉 各原子のもつ価標の数を原子価という。

価標(−)	−H	−O−	−N−	−C−（4本）	−Cl
原子価	(1)	(2)	(3)	(4)	(1)

構造式は，各原子の原子価を過不足なく満たすように書く。このとき，**原子価の多い原子を分子の中心に置き**，原子価の少ない原子をその周囲に並べていくとよい。

(1) −O− ＋ 2H− ⇒ H−O−H

(2) −C−（4本） ＝ ＝C＝ ＋ 2O＝ ⇒ O＝C＝O

〈構造式から電子式を書く方法〉

① **価標1本**を，共有電子対1組:に直す。

② 分子中では，各原子は安定な**貴ガスの電子配置**をとるから，各原子の周囲に**8個**(H原子だけは**2個**)の電子が並ぶように，非共有電子対:を書き加える。

(1) 〔構造式〕 H−O−H ⇒ 〔途中〕 H:O:H ⇒ 〔電子式〕 H:Ö:H（O原子の上下に非共有電子対）

(O原子に非共有電子対:2組を加える)

(2) 〔構造式〕 O=C=O ⇒ 〔途中〕 O::C::O ⇒ 〔電子式〕 :Ö::C::Ö:

(O原子に非共有電子対:2組を加える)

解答 考え方を参照。

問題A　必は重要な必須問題。時間のないときはここから取り組む。

28 □□ ◀イオン結合▶　次の文の［　　］に適切な語句を入れよ。

ナトリウム Na と塩素 Cl_2 が反応すると，塩化ナトリウム NaCl を生成する。このとき，ナトリウム原子は電子１個を失い①［　　］となる。一方，塩素原子は電子１価を受け取り②［　　］となり，これらは互いに静電気力(＝③［　　］)で引き合う。このような結合を④［　　］という。

塩化ナトリウムのように，陽イオンと陰イオンが規則的に配列してできた結晶を⑤［　　］といい，その結晶は硬く，融点は⑥［　　］いものが多い。

29 □□ ◀共有結合▶　次の文の［　　］に適当な語句，数字を入れよ。

塩素 Cl 原子の価電子のうち，①［　　］個は対をつくっているが，②［　　］個は対をつくらずに存在する。後者のような電子を③［　　］という。一般に，２個の原子が③を出し合って電子対をつくり，それらを共有してできる結合を④［　　］という。このとき，２原子間で共有されている電子対を⑤［　　］，２原子間で共有されていない電子対を⑥［　　］という。なお，分子中の原子の結合の様子を価標とよばれる線(－)で表した化学式を⑦［　　］という。

30 □□ ◀組成式▶　次のイオンからできている物質の組成式と名称をそれぞれ答えよ。

(1) Na^+ と S^{2-}　(2) Mg^{2+} と NO_3^-　(3) Al^{3+} と OH^-　(4) NH_4^+ と CO_3^{2-}
(5) Al^{3+} と SO_4^{2-}　(6) Ca^{2+} と PO_4^{3-}　(7) Cu^{2+} と Cl^-　(8) Ca^{2+} と CH_3COO^-

必**31** □□ ◀イオン結合▶　イオン結合について，次の問いに答えよ。

(1) 次の物質のうち，イオン結合からなる物質をすべて選べ。

N_2　$CuCl_2$　C_2H_6　CO_2　KI　I_2　$Al_2(SO_4)_3$　SiO_2

(2) 次の①～⑥の記述のうち，正しいものを選び，番号で記せ。

① イオン結晶は，強い力で分子が集まっており，融点が高いものが多い。
② イオン結晶は，強い力を加えても割れにくい。
③ イオン結晶は，固体状態でも電気を通す。
④ イオン結晶を融解させて直流電圧をかけると，陽イオンは陰極に，陰イオンは陽極に移動する。
⑤ イオン結合の強さは，陽イオンと陰イオンの電荷の積が大きいほど強くなる。
⑥ イオン結合の強さは，陽イオンと陰イオン間の距離が大きいほど強くなる。

32 □□ ◀分子式▶ 次の分子式で表される物質の名称を答えよ。

(1) NO (2) NO_2 (3) N_2O_4 (4) SO_2

(5) H_2O_2 (6) P_4O_{10} (7) HNO_3 (8) H_2SO_4

33 □□ ◀配位結合▶ 次の文の□に適語を入れよ。

空気中でアンモニアと塩化水素が出会うと①□の白煙を生じる。このとき，NH_3 分子の窒素原子がもっていた②□が HCl 分子から生じた③□に提供されて，アンモニウムイオン NH_4^+が生成する。このとき新しく形成された結合を④□という。生じたアンモニウムイオンの立体構造は⑤□形である。また，水分子と水素イオンが④すると⑥□が生成するが，その立体構造は⑦□形である。

34 □□ ◀イオン結晶の用途▶ 次の記述に該当する物質を下から記号で選べ。

(1) 海水中に最も多く溶けている固体成分で，食卓塩や化学工業に用いられる。

(2) 水に溶けにくく，胃のX線撮影の造影剤として用いられる。

(3) 石灰石の主成分で，塩酸と反応して二酸化炭素を発生する。

(4) 水によく溶け，除湿剤のほか道路の凍結防止剤として用いられる。

(5) 重曹ともよばれ，ベーキングパウダー，胃腸薬，発泡性入浴剤に用いられる。

a 塩化カルシウム b 炭酸ナトリウム c 塩化ナトリウム

d 炭酸カルシウム e 硫酸バリウム f 炭酸水素ナトリウム

必 **35** □□ ◀電子式と構造式▶ 次の表は，いろいろな分子の構造をいくつかの方法で示したものである。例にならって空欄①～⑫を埋めよ。また，あとの問いに答えよ。

分子式	(例) H_2	(ア) N_2	(イ) HCl	(ウ) H_2O	(エ) NH_3	(オ) CH_4	(カ) CO_2
構造式	H－H	①	②	③	④	⑤	⑥
電子式	H：H	⑦	⑧	⑨	⑩	⑪	⑫

(1) (ア)～(カ)の分子の形を，下の(a)～(e)から選び，記号で答えよ。

(a) 直線形 (b) 折れ線形 (c) 三角錐形 (d) 正四面体形 (e) 正方形

(2) 二重結合をもつ分子を(ア)～(カ)から1つ選び，記号で答えよ。

(3) ⓐ 共有電子対の数が最も少ない分子を(ア)～(カ)から1つ選び，記号で答えよ。

ⓑ 非共有電子対の数が最も多い分子を(ア)～(カ)から1つ選び，記号で答えよ。

(4) 水素イオン H^+と配位結合を形成する分子を(ア)～(カ)からすべて選び，記号で答えよ。

36 □□ ◀分子性物質の性質▶ 次の記述に該当する物質を下から記号で選べ。

(1) 空気より軽い，無色・刺激臭の気体。窒素肥料の原料となる。

(2) 最も軽い気体。ロケットや燃料電池の燃料となる。

(3) 空気より重い，無色・無臭の気体。固体のドライアイスは冷却剤となる。

(4) 空気に２番目に多く含まれる。医療や製鉄に利用される。

(5) 天然ガスに多く含まれる。都市ガスや火力発電に利用される。

(ア) アンモニア　(イ) 酸素　(ウ) メタン　(エ) 水素　(オ) 二酸化炭素

37 □□ ◀ダイヤモンドと黒鉛▶ 表の空欄①～⑧に当てはまる語句を語群より選べ。

	ダイヤモンド	黒鉛
機械的性質	①	②
融点	③	④
電気的性質	⑤	⑥
光学的性質	⑦	⑧

【語群】［ 軟らかい　絶縁体　良導体　透明　不透明　硬い　高い　低い　半導体　非常に高い ］

問題B

必は重要な必須問題。時間のないときはここから取り組む。

必 38 □□ ◀電子配置と化学結合▶ (a)～(d)の電子配置をもつ原子について，次の問いに答えよ。

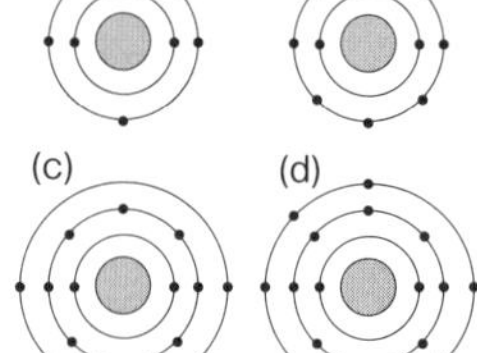

(1) 単原子分子となるものを選び，記号で答えよ。

(2) 共有結合の結晶をつくるものを選び，記号で答えよ。

(3) 金属結晶をつくるものを選び，記号で答えよ。

(4) (c)と(d)からなる化合物の結合の種類と化学式を答えよ。

39 □□ ◀イオン結晶の融点▶ 次の表は各種のイオン結晶のイオン半径と融点を示したものである。次の各問いに答えよ。

（単位：イオン半径は〔nm〕，融点は〔℃〕）

化合物		陽イオン半径	陰イオン半径	融点	化合物		陽イオン半径	陰イオン半径	融点
ハロゲン化ナトリウム	NaF	0.116	0.119	993	2族元素の酸化物	MgO	0.059	0.126	2826
	NaCl	0.116	0.167	801		CaO	0.114	0.126	2572
	NaBr	0.116	0.182	747		SrO	0.132	0.126	2430
	NaI	0.116	0.206	651		BaO	0.149	0.126	1918

(1) ハロゲン化ナトリウムよりも２族元素の酸化物の方が融点が高くなっている。この理由を説明せよ。

(2) ハロゲン化ナトリウムの融点は，NaF＞NaCl＞NaBr＞NaI の順に低くなっている。この理由を説明せよ。

化学結合②

1 分子の極性

❶電気陰性度　原子が共有電子対を引きつける強さを表す数値。周期表上では貴ガス(希ガス)を除いて，**右上の元素ほど大きく，左下の元素ほど小さい。**

元　素	F	O	N	Cl	S	C	H	Na	K
電気陰性度	4.0	3.4	3.0	3.2	2.6	2.6	2.2	0.9	0.8

全元素中でフッ素(F)が最大。18族の貴ガス(希ガス)は値が求められていない。

❷結合の極性　共有結合している2原子間にみられる電荷の偏り(**極性**)。

2原子間の電気陰性度の差が大きいほど，**結合の極性**は大きくなる。

2原子間の電気陰性度の差 ──→ 大きい：イオン結合の性質が大
　　　　　　　　　　　　　 └→ 小さい：共有結合の性質が大

❸分子の極性　分子全体にみられる電荷の偏り(**極性**)。

分子全体で極性をもつ分子が**極性分子**。極性をもたない分子が**無極性分子**。

二原子分子では，分子の極性は結合の極性と一致する。

極性分子…例 フッ化水素 HF，塩化水素 HCl

無極性分子…例 水素 H_2，酸素 O_2，窒素 N_2

多原子分子では，分子の極性は，立体構造(形)の影響を受ける。

極性分子	結合に極性があり，分子全体でその極性が打ち消されない。中心原子に非共有電子対あり。(例)水，アンモニア	折れ線形：δ+ H → O(δ−) ← H δ+　三角錐形：δ+ H, H, H δ+ → N(δ−)
無極性分子	結合に極性があるが，分子全体でその極性が打ち消される。中心原子に非共有電子対なし。(例)二酸化炭素，メタン	直線形：δ− O ← C(δ+) → O δ−　正四面体形：H δ+ (4個) → C(δ−)

δ+はわずかな正電荷，δ−はわずかな負電荷を表す。

2 分子間の結合

❶分子間力　分子間にはたらく比較的弱い引力の総称。

水素結合(→ p.84)を除く分子間力を**ファンデルワールス力**という。

分子量(→ p.38)が大きい物質ほど，**融点・沸点が高くなる。**

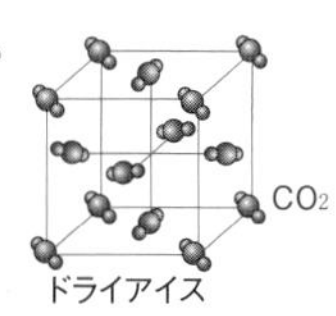

❷分子結晶　分子が分子間力によって，規則的に配列した結晶。

例 ドライアイス CO_2，ヨウ素 I_2，ナフタレン $C_{10}H_8$，氷 H_2O

(性質)軟らかく，融点が低い。電気伝導性はない。**昇華性**を示すものが多い。

3 金属結合

❶自由電子　金属中を自由に動き回る電子。

❷金属結合　自由電子による金属原子間の結合。

❸金属結晶　金属結合によってできた結晶。

❹金属の性質　すべて自由電子のはたらきで生じる。

- **金属光沢**　特有の輝きを示す。
- **電気伝導性，熱伝導性**　電気，熱をよく伝える。
- **展性**(叩くと薄く広がる性質)，**延性**(引っ張ると長く延びる性質)に富む。

❺金属の利用　さまざまな用途がある。

- **鉄 Fe**　最も生産量が多い。安価。強度大。機械材料，建造物に使われる。
- **アルミニウム Al**　軽い。電気・熱の伝導性大。調理器具，窓枠に使われる。
- **銅 Cu**　電気・熱の伝導性大。電線，硬貨，調理器具に使われる。
- **銀 Ag**　電気・熱の伝導性最大。鏡，装飾品，写真材料に使われる。
- **金 Au**　展性・延性が最大。装飾品，電子部品の配線に使われる。
- **水銀 Hg**　常温で液体。融点が低い。温度計，圧力計に使われる。

4 結晶の種類と性質

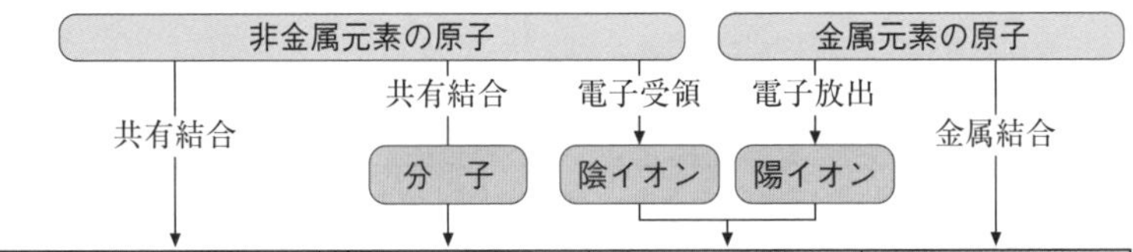

結晶の種類	共有結合の結晶	分子結晶	イオン結晶	金属結晶
構成元素	非金属元素 (14 族)	非金属元素	金属元素と 非金属元素	金属元素
結合の種類*1	共有結合	分子内：共有結合 分子間：分子間力	イオン結合	金属結合
構成粒子	原子	分子	陽イオンと 陰イオン	原子と 自由電子
融　点	非常に高い	低い	高い	低い～高い
硬さなど	きわめて硬い*2	軟らかい	硬く，もろい	展性・延性あり
電気伝導性	なし	なし	なし(液体・ 水溶液はあり)	あり
物質の例	C ダイヤモンド	O C ドライアイス	Na+ Cl- 塩化ナトリウム	Al アルミニウム

＊1)結合の強さは，およそ　共有結合　＞　金属結合・イオン結合　≫　分子間力　である。

＊2)黒鉛は多数の原子が共有結合で結びついた共有結合の結晶であるが，軟らかく，電気伝導性を示す。

確認&チェック

1 次の記述に当てはまる化学用語を答えよ。

(1) 原子が共有電子対を引きつける強さを表す数値。

(2) 全元素の中で，電気陰性度が最大の元素。

(3) 共有結合している2原子間にみられる電荷の偏り。

(4) 分子全体にみられる電荷の偏り。

(5) 分子全体で極性をもつ分子。

(6) 分子全体で極性をもたない分子。

2 次の記述に当てはまる化学用語を答えよ。

(1) 分子間にはたらく比較的弱い引力の総称。

(2) 分子が分子間力によって，規則的に配列した結晶。

3 次の記述に当てはまる化学用語を答えよ。

(1) 金属中を自由に動き回る電子。

(2) 自由電子による金属原子間の結合。

(3) 金属結合によってできた結晶。

(4) 金属の示す特有の輝き。

(5) 金属を引っ張ると長く延びる性質。

(6) 金属を叩くと薄く広がる性質。

4 次の記述に当てはまる金属を下から記号で選べ。

(1) 属性・延性が最も大きい金属。

(2) 電気・熱の伝導性が大きい赤色の金属。

(3) ボーキサイトから得られる電気･熱の伝導性が大きい金属。

(4) 電気・熱の伝導性が最も大きい金属。

(5) 最も多量に生産されている金属で，強度が大きい。

[(ア) 銅　(イ) アルミニウム　(ウ) 鉄　(エ) 銀　(オ) 金]

5 (a)～(d)の結晶に当てはまる性質を，(ア)～(エ)より選べ。

(a) イオン結晶　(b) 共有結合の結晶

(c) 金属結晶　(d) 分子結晶

(ア) 融点は非常に高く，きわめて硬い。

(イ) 融点は低く，軟らかい。

(ウ) 融点は高く，硬くてもろい。

(エ) 固体でも液体でも電気をよく導く。

解答

1 (1) 電気陰性度
(2) フッ素
(3) 結合の極性
(4) 分子の極性
(5) 極性分子
(6) 無極性分子
→p.29 1

2 (1) 分子間力
(2) 分子結晶
→p.29 2

3 (1) 自由電子
(2) 金属結合
(3) 金属結晶
(4) 金属光沢
(5) 延性
(6) 展性
→p.30 3

4 (1) (オ)
(2) (ア)
(3) (イ)
(4) (エ)
(5) (ウ)
→p.30 3

5 (a) (ウ)
(b) (ア)
(c) (エ)
(d) (イ)
→p.30 4

例題 7　分子の極性

次の各分子を極性分子，無極性分子に分類せよ。(　)は分子の形を表す。

(1)　H_2O(折れ線形)　　(2)　CO_2(直線形)

考え方　共有結合している 2 原子間に見られる電荷の偏りを，結合の極性という。

- 同種の 2 原子からなる共有結合…結合の極性なし
- 異種の 2 原子からなる共有結合…結合の極性あり

結合の極性を共有電子対が引きつけられる方向に矢印(ベクトル)で示すと，次のようになる。

(1)　$\overset{\delta-}{O}-\overset{\delta+}{H}$　　(2)　$\overset{\delta+}{C}=\overset{\delta-}{O}$

分子の極性は，分子の立体構造に基づいて，このベクトルを合成した合成ベクトルで判断する。

結合の極性と分子の極性の関係は次のようになる。

(1)　H_2O の場合，分子全体においては，結合の極性は互いに打ち消し合わず，H_2O は**極性分子**となる。

(2)　CO_2 の場合，結合の極性ベクトルの大きさが同じで逆向きなので，これらは互いに打ち消し合い，CO_2 は**無極性分子**となる。

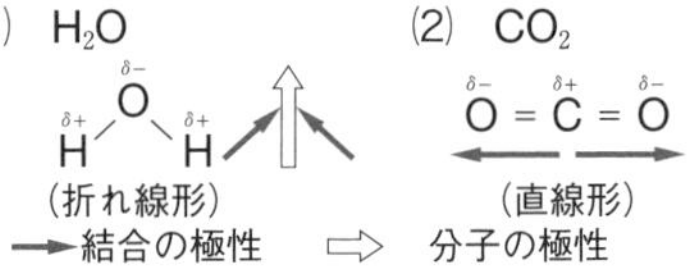

(1)　H_2O　　(2)　CO_2

$\overset{\delta+}{H}-\overset{\delta-}{O}-\overset{\delta+}{H}$　(折れ線形)　　$\overset{\delta-}{O}=\overset{\delta+}{C}=\overset{\delta-}{O}$　(直線形)

→結合の極性　⇨　分子の極性

解答　(1)　極性分子　　(2)　無極性分子

例題 8　原子の結合とその種類

次の(a)～(e)は，原子の電子配置を示す。下の(1)～(5)の組み合わせで，原子どうしはどのような結合で結びつくか。その化学結合の種類を答えよ。

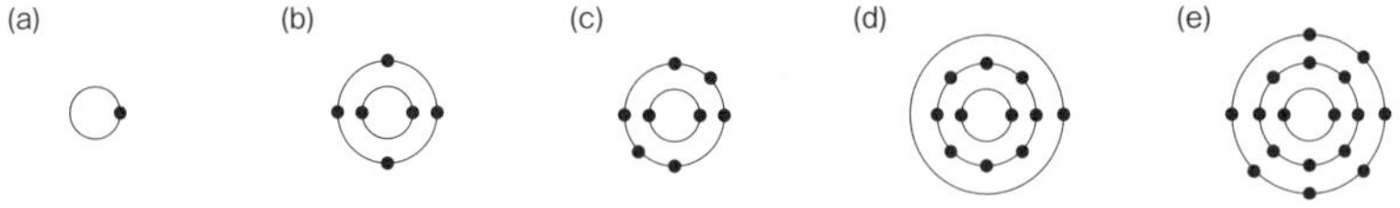

(a)　(b)　(c)　(d)　(e)

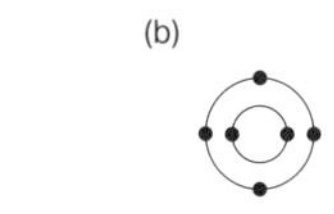

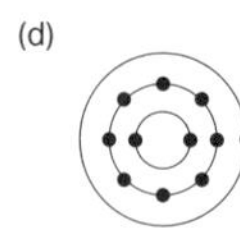

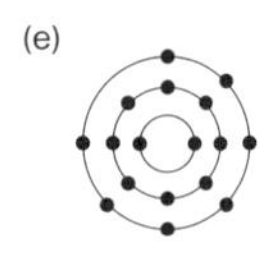

(1)　(a)と(e)　　(2)　(b)と(c)　　(3)　(d)と(e)　　(4)　(b)どうし　　(5)　(d)どうし

考え方　電子の数＝陽子の数＝原子番号より，電子の総数から原子の種類がわかる。

(a)は H，(b)は C，(c)は O，(d)は Na，(e)は Cl である。(d)だけが金属元素である。

(a)，(b)，(c)，(e)はすべて非金属元素である。

一般に，原子どうしの化学結合の種類は，構成元素の種類と次のような関係がある。

非金属元素どうし ………共有結合
金属元素と非金属元素 …イオン結合
金属元素どうし …………金属結合

(1)　非金属元素の H と Cl は共有結合で結びつき，HCl 分子をつくる。

(2)　非金属元素の C と O は共有結合で結びつき，CO_2 や CO などの分子をつくる。

(3)　金属元素の Na と非金属元素の Cl は，電子の授受により Na^+，Cl^- となりイオン結合で結びつき，**イオン結晶** NaCl をつくる。

(4)　非金属元素の C どうしは共有結合で次々と結びつき，**共有結合の結晶** C をつくる。

(5)　金属元素の Na どうしは金属結合で次々と結びつき，**金属結晶** Na をつくる。

解答　(1)　共有結合　　(2)　共有結合　　(3)　イオン結合　　(4)　共有結合　　(5)　金属結合

例題 9　結晶の種類と性質

次の(1)～(4)の各結晶の実例をA群から，その特性を表している記述をB群からそれぞれ記号で選べ。

(1) 金属結晶　(2) イオン結晶　(3) 共有結合の結晶　(4) 分子結晶

【A群】 (a) 塩化カリウム　(b) ダイヤモンド　(c) 鉄　(d) ヨウ素

【B群】 (ア) 融点が非常に高く，きわめて硬い。
(イ) 固体は電気を導かないが，液体・水溶液にすると電気を導く。
(ウ) 融点が低く，電気を導かない。
(エ) 展性・延性があり，固体でも電気を導く。

考え方 構成元素の種類(金属元素か非金属元素)によって，結晶の種類が次のようになる。

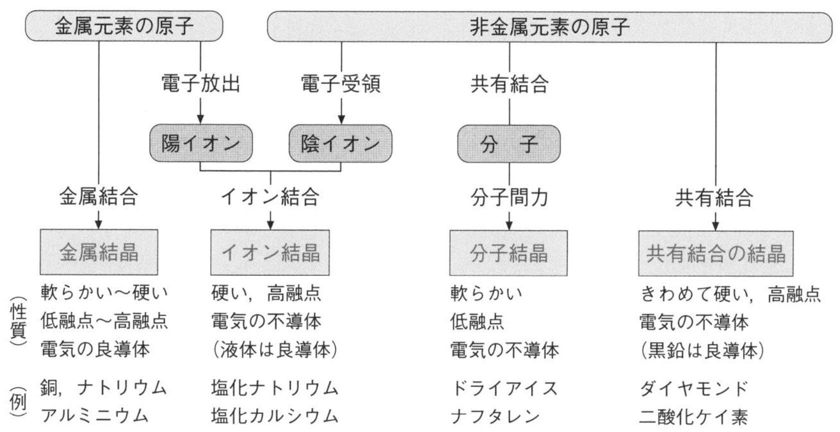

・結合力の強さは，共有結合＞イオン結合・金属結合≫分子間力である。
一般に，粒子間の結合力が強いほど，結晶は硬く，融点も高くなる傾向がある。

(1) 金属元素どうしがつくるのは金属結晶で，実例は鉄(Fe)。金属中には**自由電子**が存在し，電気・熱をよく導き，外力により原子どうしの位置が多少ずれても，金属結合の強さはほとんど変わらない。したがって，金属結晶は展性・延性を示す。

(2) 金属元素と非金属元素からできるのはイオン結晶で，実例は塩化カリウム(KCl)。
イオン結晶は固体の状態では電気を導かないが，イオンが移動できる状態(液体や水溶液)にすると，電気を導くようになる。

(3) 14族の非金属元素(C，Siの単体)は，共有結合で結びついた共有結合の結晶をつくる。実例はダイヤモンド(C)。共有結合は強い結合なので，融点は非常に高く，きわめて硬い。

(4) 一般に，非金属元素(貴ガスを除く)の原子は，共有結合で分子を形成し，それらが分子間力で集まって分子結晶をつくる。実例はヨウ素(I_2)，ドライアイス(CO_2)。分子間力は他の化学結合に比べてはるかに弱いので，分子結晶の融点は低く，軟らかい。

解答 (1) (c)，(エ)　(2) (a)，(イ)　(3) (b)，(ア)　(4) (d)，(ウ)

問題A　必は重要な必須問題。時間のないときはここから取り組む。

40 □□ ◀**電気陰性度**▶　右図について，次の問いに答えよ。

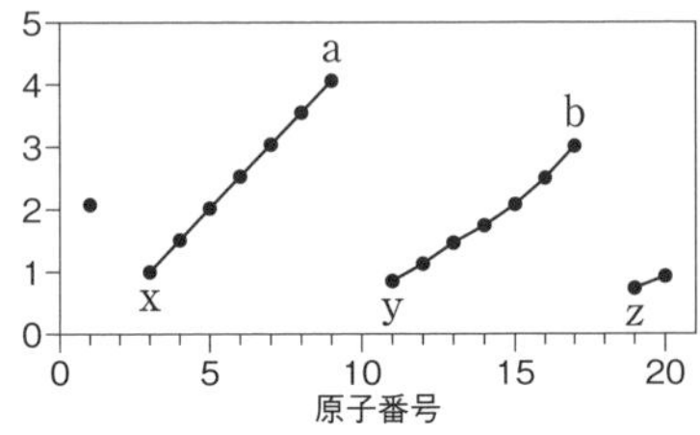

(1) 図のグラフは，原子番号と(　ア　)の関係を表す。(　ア　)に当てはまる適当な語句を答えよ。

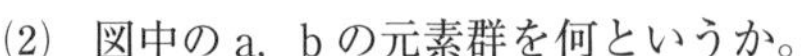

(2) 図中のa，bの元素群を何というか。

(3) 図中のx，y，zの元素群を何というか。

(4) (　ア　)が求められていない元素を含むのは，周期表の何族元素か。また，その理由を答えよ。

必**41** □□ ◀**電気陰性度と極性**▶　次の文の□に適語を入れて文章を完成せよ。

原子が①□を引きつける強さを数値で表したものを電気陰性度という。電気陰性度の値は，貴ガス(希ガス)を除いて，周期表の右上にある元素ほど②□く，全元素中では③□が最も大きい。

電気陰性度の異なる2原子間の共有結合では，電気陰性度の④□い方の原子に共有電子対が引きつけられるため，その原子はわずかに⑤□の電荷をもち，他方の原子はわずかに⑥□の電荷をもつ。このように，2原子間の結合に電荷の偏りがあることを，結合に⑦□があるという。

また，分子全体として電荷の偏り(極性)をもつか否かは，分子の⑧□が影響する。分子全体として，電荷の偏りをもつ分子を⑨□，電荷の偏りをもたない分子を⑩□という。

必**42** □□ ◀**分子の極性**▶　次の文の□に適切な語句を記入せよ。

塩化水素分子 HCl の H−Cl 結合には極性があるので，分子全体でも①□となる。

メタン分子 CH_4 の C−H 結合には極性があるが，分子が②□形であるため，結合の極性が互いに打ち消し合って，分子全体では③□となる。

アンモニア分子 NH_3 の N−H 結合にも極性があるが，分子が④□形であるため，結合の極性が互いに打ち消し合わず，分子全体では⑤□となる。

水分子 H_2O の O−H 結合には極性があるが，分子が⑥□形であるため，結合の極性が互いに打ち消し合わず，分子全体では⑦□となる。

二酸化炭素分子 CO_2 の C=O 結合には⑧□がある。しかし，分子が⑨□形であり，C=O 結合が同一直線上で逆向きに並んでいるため，分子全体では⑩□となる。

43 □□ ◀**分子の極性**▶　次の各分子を極性分子と無極性分子に分類せよ。

(ア) Cl Cl　(イ) H F　(ウ) S C S

(エ) S H H　(オ) P H H H　(カ) Cl C Cl Cl Cl

44 □□ ◀**金属結合**▶　次の文の□に適語を入れよ。

同種の金属原子が多数集まると，価電子はもとの原子から離れ，金属中を自由に動き回るようになる。このような電子を①□といい，①による金属原子間の結合を②□という。

金属は特有の金属光沢をもち，固体でも③□や熱をよく導く。また，薄く広げて箔(はく)や板などに加工できる④□や，細く延ばして棒や針金などに加工できる⑤□がある。これらの特性はいずれも⑥□のはたらきによるものである。

45 □□ ◀**金属の利用**▶　次の(1)～(6)に該当する金属を，元素記号で答えよ。

(1)　単体が常温・常圧で液体の金属。圧力計や温度計に用いられる。
(2)　電気伝導性が最も大きい金属。鏡や電気配線などに利用される。
(3)　電気・熱の伝導性に優れた金属。硬貨や電線に用いられる。
(4)　ボーキサイトから得られる。電気・熱の伝導性に優れた軽い金属。
(5)　最も多量に使われている金属で，建築物の構造材や機械材料などに用いられる。
(6)　展性・延性が最も大きい金属。装飾品や電子部品の配線などに利用される。

46 □□ ◀**結晶の種類**▶　次の表は，各結晶についてまとめたものである。空欄(ア)～(オ)に適する語句を下の語群から選べ。

結晶の種類	イオン結晶	共有結合の結晶	分子結晶	金属結晶
結晶の構成粒子	(ア)	(イ)	(ウ)	(エ)
結晶を構成する粒子間の結合	(オ)	(カ)	(キ)	(ク)
融点	(ケ)	(コ)	(サ)	低い～高い

語群 ｛イオン結合，共有結合，金属結合，分子間力
原子，イオン，分子，高い，極めて高い，低い｝

必47 □□ ◀結晶の種類▶　結晶には，構成粒子間の結合の仕方で次の４種類がある。次の(1)～(4)の結晶に該当する記述を【Ａ群】から，その実例を【Ｂ群】より記号で選べ。ただし，【Ｂ群】からは２個ずつ選ぶこと。

(1)　イオン結晶　　(2)　共有結合の結晶

(3)　分子結晶　　(4)　金属結晶

【Ａ群】(ア)　きわめて硬く，ほとんどの結晶は電気伝導性はない。

(イ)　外力を加えると展性・延性を示し，電気伝導性がよい。

(ウ)　電気伝導性はないが，水溶液や融解状態では電気の良導体となる。

(エ)　一般に軟らかく，電気伝導性はない。昇華性を示すものもある。

【Ｂ群】(a)　ヨウ素　(b)　塩化鉄(Ⅲ)　(c)　ナトリウム　(d)　臭化カリウム

(e)　鉄　(f)　炭化ケイ素　(g)　ドライアイス　(h)　ダイヤモンド

問題B

必は重要な必須問題。時間のないときはここから取り組む。

48 □□ ◀化学結合の種類▶　次に示す各物質が結晶状態にあるとき，それぞれの結晶に存在している結合，および力の種類を，下の(ア)～(オ)からすべて選べ。

(1)　ダイヤモンド　(2)　二酸化炭素　(3)　マグネシウム

(4)　二酸化ケイ素　(5)　塩化銅(Ⅱ)　(6)　塩化アンモニウム　(7)　アルゴン

〔(ア)　金属結合　(イ)　イオン結合　(ウ)　共有結合

(エ)　配位結合　(オ)　分子間力〕

49 □□ ◀電気陰性度と極性▶　次の表は，各元素の電気陰性度の値を記入した周期表の一部である。次の各問いに答えよ。

(1)　次の(ア)～(エ)の結合のうち，結合の極性が最も大きいものを選べ。

(ア)　O−H　(イ)　N−H　(ウ)　F−H　(エ)　F−F

(2)　次の各物質のうち，①イオン結合の性質(イオン結合性)の最も強い物質，②共有結合の性質(共有結合性)の最も強い物質をそれぞれ選び，物質名で答えよ。

〔 HCl　O_2　HF　NaCl　NaF 〕

(3)　次の各物質のうち，無極性分子をすべて選び物質名で答えよ。

〔 CH_3Cl　H_2S　F_2　CS_2　NH_3 〕

周期＼族	1	2	13	14	15	16	17
1	H 2.2						
2	Li 1.0	Be 1.6	B 2.0	C 2.6	N 3.0	O 3.4	F 4.0
3	Na 0.9	Mg 1.3	Al 1.6	Si 1.9	P 2.2	S 2.6	Cl 3.2

共通テストチャレンジ

50 □□ 図は，熱運動する一定数の気体分子Aについて，100，300，500KにおけるAの速さと，その速さをもつ分子の数の割合の関係を示したものである。図から読み取れる内容・考察に関する記述として誤りを含むものを，下の①～⑤のうちから一つ選べ。

図　各温度における気体分子Aの速さと，その速さをもつ分子の数の割合の関係

① 100Kでは約240m/sの速さをもつ分子の数の割合が最も高い。

② 100Kから500Kに温度が上昇すると，約240m/sの速さをもつ分子の数の割合が減少する。

③ 100Kから500Kに温度が上昇すると，約800m/sの速さをもつ分子の数の割合が増加する。

④ 500Kから1000Kに温度を上昇させると，分子の速さの分布の幅が広くなると予想される。

⑤ 500Kから1000Kに温度を上昇させると，約540m/sの速さをもつ分子の数の割合は増加すると予想される。

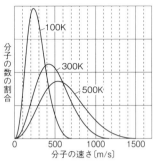

51 □□ ポーリングの定義による電気陰性度は下表の値となる。次の問いに答えよ。

K	Na	Ca	Ag	B	H	N	Cl	O	F
0.8	0.9	1.0	1.9	2.0	2.2	3.0	3.2	3.4	4.0

電気陰性度は，二つの原子間の結合の種類を判断する目安になる。右図は，二つの原子の電気陰性度の差を縦軸，電気陰性度の平均値を横軸としたもので，Ⅰ～Ⅲの領域は，それぞれ共有結合，イオン結合，金属結合のいずれかを表している。

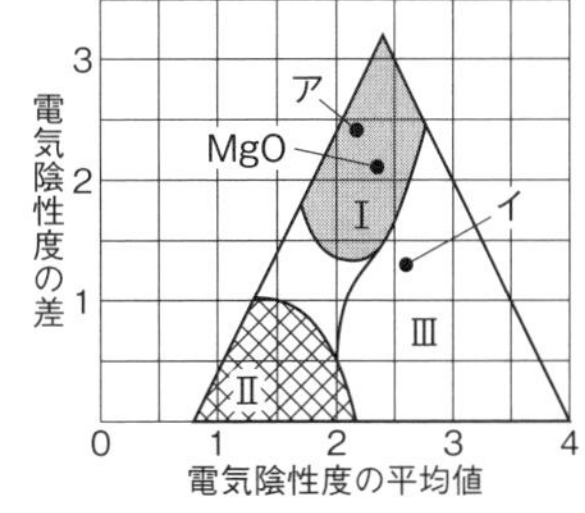

たとえば酸化マグネシウムMgOでは，OとMgの電気陰性度の差は2.1，電気陰性度の平均値は2.4である。したがってMgOは右図のⅠの領域に存在し，結合の種類はⅠと判断できる。

(1) 図の点ア，イが表す物質は何か。次の①～⑥のうちから一つずつ選べ。

① マグネシウム　② 塩化カリウム　③ 塩化水素
④ 酸化カルシウム　⑤ 塩化銀　⑥ フッ素

(2) 図のⅠ～Ⅲが表す結合の種類は何か。それぞれ次の①～③のうちから一つずつ選べ。

① 共有結合　② イオン結合　③ 金属結合

5 物質量と濃度

1 原子量・分子量・式量

❶原子の相対質量　^{12}C 原子の質量を 12(基準)として求めた各原子の質量の相対値。単位はない。各原子の質量数にほぼ等しい。

原子の質量の基準

❷元素の原子量　各元素の原子の相対質量の平均値を表す。

・同位体の存在する元素の原子量は，各原子の相対質量に存在比をかけて求めた平均値*1 と等しくなる。

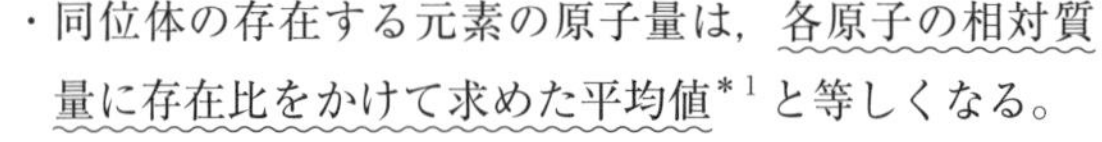

原子	相対質量	天然存在比
^{35}Cl	35.0	76.0%
^{37}Cl	37.0	24.0%

例 塩素の原子量 $= 35.0 \times \frac{76.0}{100} + 37.0 \times \frac{24.0}{100} \fallingdotseq 35.5$

＊1)同位体の存在しない元素の原子量は，その原子の相対質量に一致する。

❸分子量　原子量と同じ基準で求めた分子の相対質量。分子を構成する全原子の原子量の総和で求める。

例 H_2O の分子量 $= 1.0 \times 2 + 16 = 18$

CO_2 の分子量 $= 12 + 16 \times 2 = 44$

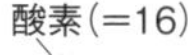

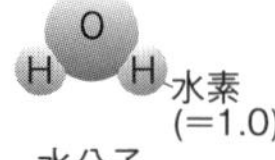

水分子

❹式量　組成式やイオンの化学式を構成する全原子の原子量の総和。分子として存在しない物質では，分子量の代わりに用いる。

例 OH^- の式量 $= 16 + 1.0 = 17$ *2

NaCl の式量 $= 23.0 + 35.5 = 58.5$

二酸化炭素分子

＊2)電子の質量は陽子や中性子の質量に比べてきわめて小さいので，無視できる。

2 物質量

❶アボガドロ数　^{12}C 原子 12g 中に含まれる ^{12}C の数にほぼ等しい。6.0×10^{23} *3

❷ 1mol(モル)　物質を構成する粒子(原子，分子，イオンなど)の 6.0×10^{23} 個の集団*4。

❸物質量　mol(モル)を単位として表した物質の量。

❹アボガドロ定数(N_A)　物質 1mol あたりの粒子の数。$N_A = 6.0 \times 10^{23}$/mol で表される。

❺モル質量　物質 1mol あたりの質量。原子量・分子量・式量に，単位〔g/mol〕をつけた質量。

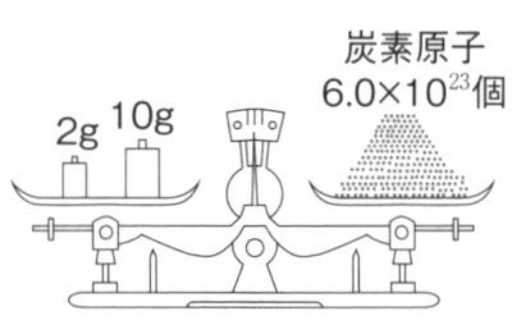

1molの定義

＊3)アボガドロ数の詳しい値は，6.02×10^{23} である(別冊p.27 参考 参照)。

＊4)鉛筆 12 本を 1 ダースとするのと同様に，粒子 6.0×10^{23} 個をまとめて 1mol として扱う。

物質量　1mol
粒子数　6.0×10^{23} 個

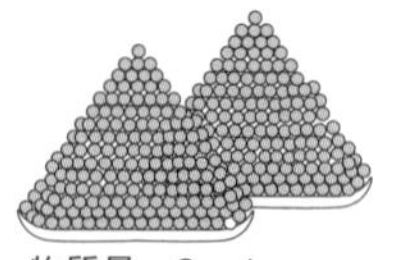

物質量　2mol
粒子数　1.2×10^{24} 個

物質量　0.5mol
粒子数　3.0×10^{23} 個

❻**気体 1mol あたりの体積(モル体積)**　0℃，1.013×10^5 Pa(＝標準状態)において，気体 1mol あたりの体積は，気体の種類に関係なく，22.4〔L/mol〕である。

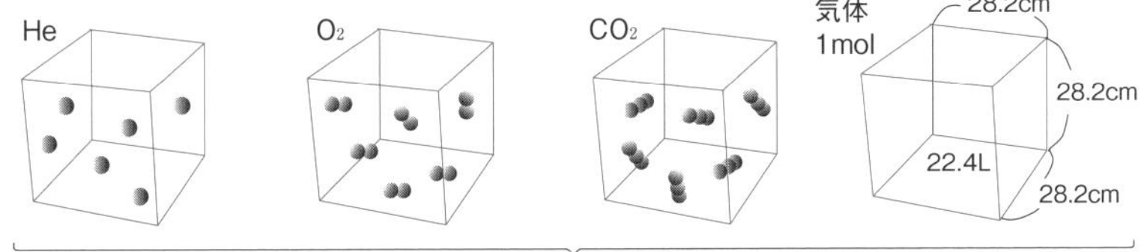

同温・同圧のとき，同体積の気体は，同数の分子を含む(アボガドロの法則)。

❼**気体の密度**　気体 1L あたりの質量で表される。

$$気体の密度(標準状態)〔g/L〕=\frac{気体\ 1mol\ あたりの質量}{気体\ 1mol\ あたりの体積}=\frac{モル質量〔g/mol〕}{22.4〔L/mol〕}$$

❽**気体の密度と分子量**　気体の分子量はその密度から求められる。

分子量…モル質量〔g/mol〕＝気体の密度(標準状態)〔g/L〕×22.4〔L/mol〕

例 標準状態において，密度 1.25g/L の気体の分子量は，

1.25g/L×22.4L/mol＝28.0〔g/mol〕—(単位をとる)→ 分子量＝28.0

❸ 物質量の相互関係

❶**物質量と粒子の数，質量，気体の体積の関係**

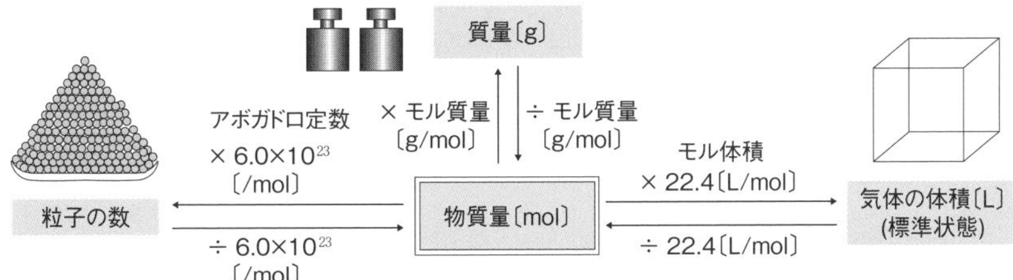

上図のように，粒子の数，質量，気体の体積との間で相互に変換する場合は，いったん，物質量〔mol〕を経由して行うとよい。

❷**物質量の求め方**

$$物質量〔mol〕=\frac{粒子の数}{6.0\times10^{23}〔/mol〕}=\frac{質量〔g〕}{モル質量〔g/mol〕}=\frac{気体の体積(標準状態)〔L〕}{22.4〔L/mol〕}$$

物質量〔mol〕に，それぞれ，アボガドロ定数，モル質量，モル体積をかければ，粒子の数，質量，気体の体積(標準状態)を求めることができる。

4 物質の溶解性

❶**溶液**　物質が液体に溶けてできた均一な混合物。

溶液
- 溶媒 …物質を溶かしている液体。（水，エタノールなど）
- 溶質 …液体に溶けている物質。（固体，液体，気体）

❷**物質の溶解**　極性の似たものどうしがよく溶け合う。

イオン結晶・極性分子 …極性のある溶媒に溶けやすい。　例 グルコース（極性分子）が水に溶ける。

無極性分子 …極性のない溶媒に溶けやすい。　例 ヨウ素がヘキサンに溶ける。

5 溶液の濃度

❶**濃度**　溶液中に溶けている溶質の割合。

濃度	定義	単位	利用
質量パーセント濃度	溶液 100g 中に溶けている溶質の質量。	%	日常，最もよく使われる濃度。
モル濃度	溶液 1L 中に溶けている溶質の物質量〔mol〕。	mol/L	化学の計算でよく使われる濃度。

$$\text{質量パーセント濃度〔\%〕} = \frac{\text{溶質の質量〔g〕}}{\text{溶液の質量〔g〕}} \times 100$$

$$\text{モル濃度〔mol/L〕} = \frac{\text{溶質の物質量〔mol〕}}{\text{溶液の体積〔L〕}}$$

※モル濃度のわかっている溶液は，体積をはかれば直ちに溶質の物質量がわかるので便利である。
溶質の物質量〔mol〕＝モル濃度〔mol/L〕×溶液の体積〔L〕で求められる。

❷**正確なモル濃度の溶液の調製法**

例 1.0mol/L の塩化ナトリウム水溶液の調製

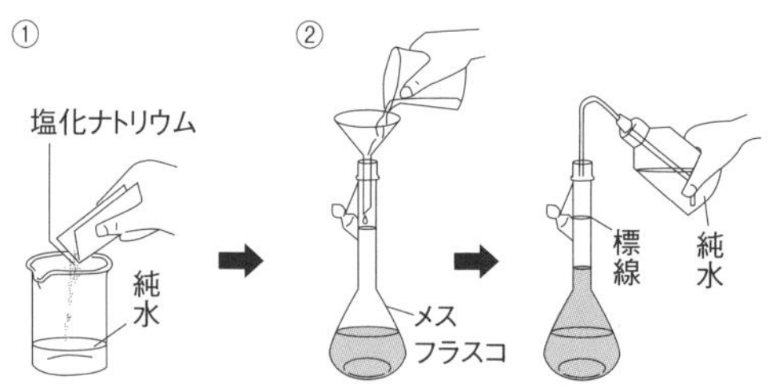

① NaCl 0.10mol（5.85g）を約 50mL（メスフラスコの容量の半分程度）の純水に溶かす。

② 100mL のメスフラスコに移す。ビーカー内部を少量の純水で洗い，その洗液もメスフラスコに入れる。

③ 純水を標線まで加えて，ちょうど 100mL の溶液とする。栓をしてよく振り混ぜ，均一な溶液にする。

$$\frac{0.10\text{mol}}{0.10\text{L}} = 1.0\text{〔mol/L〕}$$

❸**濃度の換算**　質量パーセント濃度とモル濃度の換算は，溶液 1L（＝1000mL＝1000cm^3）あたりで考えるとよい。

モル質量 M〔g/mol〕の溶質を溶かした質量パーセント濃度 A〔%〕，密度 d〔g/cm^3〕の水溶液のモル濃度 C〔mol/L〕は，次式で表される。

$$C\text{〔mol/L〕} = 1000\text{〔cm}^3\text{〕} \times d\text{〔g/cm}^3\text{〕} \times \frac{A}{100} \times \frac{1}{M\text{〔g/mol〕}}$$

確認＆チェック

1 次の文の□に適切な語句を入れよ。

(1) ^{12}C原子の質量を12(基準)として求めた各原子の質量の相対値を，原子の①□という。

(2) 各元素の原子の相対質量の平均値を，その元素の②□といい，同位体の存在する元素では，各同位体の相対質量に③□をかけて求めた平均値と等しくなる。

(3) 分子を構成する全原子の原子量の総和を④□という。

(4) 組成式やイオンの化学式を構成する全原子の原子量の総和を⑤□という。

2 次の各物質の分子量，または式量を求めよ。

(原子量：H＝1.0，C＝12，O＝16，Na＝23，S＝32)

① 水 H_2O　② 水酸化ナトリウム NaOH

③ 硫酸イオン SO_4^{2-}

3 次の文の□に適語を入れよ。

物質を構成する粒子(原子・分子・イオン)の 6.0×10^{23} 個の集団を①□という。モル(mol)を単位として表した物質の量を②□という。

6.0×10^{23}/mol という定数を③□という。

物質1mol あたりの質量を④□といい，物質の構成粒子が原子の場合は⑤□に，分子の場合は⑥□に，イオンの場合は⑦□に単位〔g/mol〕をつけたものに等しい。

4 次の各問いに答えよ。

(1) 「同温・同圧で同体積の気体は，同数の分子を含む。」この法則を何というか。

(2) 0℃，1.013×10^5Pa の状態を何というか。

(3) 0℃，1.013×10^5Pa のとき，気体1mol あたりの体積は，気体の種類に関係なく，何Lを示すか。

5 次式で表される濃度を何というか。また，その単位を答えよ。

(1) $\dfrac{溶質の質量}{溶液の質量}\times100$　(2) $\dfrac{溶質の物質量}{溶液の体積}$

解答

1 ① 相対質量
② 原子量
③ 存在比
④ 分子量
⑤ 式量
→p.38 1

2 ① 18　② 40
③ 96
➡① $(1.0\times2)+16=18$
② $23+16+1.0=40$
③ $32+(16\times4)=96$
→p.38 1

3 ① 1mol(モル)
② 物質量
③ アボガドロ定数
④ モル質量
⑤ 原子量
⑥ 分子量
⑦ 式量
→p.38 2

4 (1) アボガドロの法則
(2) 標準状態
(3) 22.4L
→p.39 2

5 (1) 質量パーセント濃度
単位：%
(2) モル濃度
単位：mol/L
→p.40 5

例題 10　原子量 □□

天然の銅原子には，^{63}Cu(相対質量 62.9)と ^{65}Cu(相対質量 64.9)の 2 種類の同位体が存在し，それぞれの存在比は 70.0%と 30.0%である。これより銅の原子量を小数第 1 位まで求めよ。

考え方 ^{12}C 原子の質量を 12(基準)としたとき，各元素を構成する同位体の相対質量の平均値を元素の原子量という。**同位体の存在する元素の原子量**は，各同位体の相対質量にその存在比をかけて計算した平均値で求められる。

(元素の原子量)＝(同位体の相対質量×存在比)の和より，

$$銅の原子量=62.9\times\frac{70.0}{100}+64.9\times\frac{30.0}{100}=63.5$$

解答 63.5

例題 11　物質量の計算 □□

メタン分子 CH_4 について，次の問いに答えよ。原子量は H＝1.0，C＝12，アボガドロ定数は 6.0×10^{23}/mol とする。

(1)　メタン 2.4g の物質量はいくらか。

(2)　メタン 2.4g の体積は標準状態で何 L か。

(3)　メタン 2.4g に含まれるメタン分子，および水素原子はそれぞれ何個か。

解説 (1)　メタンの分子量 $CH_4=12+1.0\times4=16$ より，モル質量は 16g/mol である。

$$メタン 2.4g の\textbf{物質量}=\frac{\textbf{質量〔g〕}}{\textbf{モル質量〔g/mol〕}}=\frac{2.4g}{16g/mol}=0.15〔mol〕$$

(2)　気体 1mol あたりの体積(**モル体積**)は，標準状態で 22.4L/mol であるから，

気体の体積(標準状態)＝物質量〔mol〕×気体のモル体積〔L/mol〕より，

メタンの体積(標準状態)＝0.15mol×22.4L/mol＝3.36≒3.4〔L〕

(3)　物質量 1mol の物質中には，アボガドロ数(6.0×10^{23})個の粒子が含まれる。

粒子数＝物質量〔mol〕×アボガドロ定数〔/mol〕より，

CH_4 分子の数＝$0.15mol\times6.0\times10^{23}/mol=0.90\times10^{23}=9.0\times10^{22}$〔個〕

CH_4 1 分子中には，C 原子 1 個と H 原子 4 個が含まれるから，

H 原子の数＝$9.0\times10^{22}\times4=36\times10^{22}=3.6\times10^{23}$〔個〕

解答 (1)　0.15mol　(2)　3.4L　(3)　CH_4　9.0×10^{22} 個，H　3.6×10^{23} 個

例題 12 気体の分子量 □□

標準状態で 1.12L を占める気体がある。その質量が 2.40g であるとき，この気体の分子量を求めよ。

考え方 **気体の密度**は，体積 1L あたりの質量で示し，単位は〔g/L〕で表す。
物質 1mol あたりの質量をモル質量〔g/mol〕といい，分子量に単位〔g/mol〕をつけたものである。したがって，気体の分子量は，モル質量から単位〔g/mol〕をとった数値にほぼ一致する。

この気体 1mol（標準状態で 22.4L）に相当する質量を求めると，

$$2.40\text{g}\times\frac{22.4\text{L}}{1.12\text{L}}=48.0\text{〔g〕}$$

この気体の分子量は，上記の 48.0g から単位〔g〕をとった 48.0 である。

解答 48.0

例題 13 溶液の濃度 □□

(1) グルコース $C_6H_{12}O_6$ 9.0g を水に溶かして 200mL の水溶液をつくった。この水溶液のモル濃度を求めよ。（分子量は，$C_6H_{12}O_6=180$）

(2) 質量パーセント濃度が 27.0％で，密度が 1.20g/cm^3 の希硫酸について，次の問いに答えよ。（分子量は，$H_2SO_4=98$）

① この希硫酸 1000mL 中に，溶質として含まれる硫酸の質量は何 g か。

② この希硫酸のモル濃度は何 mol/L か。

解説 (1) グルコースの分子量は $C_6H_{12}O_6=180$ より，そのモル質量は 180g/mol である。

$$\text{グルコース 9.0g の}\textbf{物質量}=\frac{\textbf{質量}}{\textbf{モル質量}}=\frac{9.0\text{g}}{180\text{g/mol}}=0.050\text{〔mol〕}$$

水溶液の体積は 200mL＝0.20L だから，

$$\textbf{モル濃度}=\frac{\textbf{溶質の物質量〔mol〕}}{\textbf{溶液の体積〔L〕}}=\frac{0.050\text{mol}}{0.20\text{L}}=0.25\text{〔mol/L〕}$$

(2) ① **質量〔g〕＝体積〔cm^3〕×密度〔g/cm^3〕**から，この希硫酸 1000mL（＝1000cm^3）の質量を求め，さらにその質量の 27％が溶質である硫酸の質量となる。

希硫酸 1000mL 中に含まれる溶質の質量は，

$$1000\text{cm}^3\times1.20\text{g/cm}^3\times\frac{27.0}{100}=324\text{〔g〕}$$

② 硫酸 H_2SO_4 の分子量が 98 より，そのモル質量は 98g/mol なので，
①で求めた溶質の H_2SO_4 324g の物質量は，

$$\frac{324\text{g}}{98\text{g/mol}}\fallingdotseq3.306\fallingdotseq3.31\text{〔mol〕}$$

よって，この希硫酸のモル濃度は 3.31mol/L。

解答 (1) 0.25mol/L (2) ① 324g ② 3.31mol/L

2-5

問題A　必は重要な必須問題。時間のないときはここから取り組む。

必 52 □□ ◀元素の原子量▶　次の問いに答えよ。

(1)　天然のホウ素には，相対質量 10.0 の ^{10}B が 20.0%，相対質量 11.0 の ^{11}B が 80.0% 含まれているとして，ホウ素の原子量を小数第 1 位まで求めよ。

(2)　天然の塩素は，^{35}Cl と ^{37}Cl の 2 種類の同位体からなり，その原子量は 35.5 である。^{35}Cl の存在率は何%か。ただし，相対質量は $^{35}Cl = 35.0$，$^{37}Cl = 37.0$ とする。

53 □□ ◀原子量▶　次の文のうち，正しいものをすべて記号で選べ。

(ア)　原子量の基準は，現在，質量数 12 の炭素原子の質量を 12 としている。

(イ)　原子量は原子の相対的な質量を表したものなので，単位はない。

(ウ)　同位体の存在する元素の原子量は存在比が最大である同位体の相対質量と等しい。

(エ)　原子量の基準は，地球上のすべての炭素原子の相対質量の平均を 12 としている。

(オ)　同位体が存在しなければ，元素の原子量はすべて整数値で表される。

54 □□ ◀物質量の定義▶　次の文の［　　］に適切な語句，数字を入れよ。

^{12}C 原子を①［　　］g はかり取ったとき，その中に含まれる ^{12}C 原子の数はほぼ 6.0×10^{23} 個となり，この数を②［　　］という。

また，6.0×10^{23} 個の同一粒子の集団を③［　　］という。このように，mol を単位として表した物質の量を④［　　］といい，mol は国際単位系の基本単位の 1 つである。

1mol あたりの粒子の数を⑤［　　］という。また，物質 1mol あたりの質量を⑥［　　］といい，原子の場合は⑦［　　］に g/mol を，分子の場合は⑧［　　］に g/mol を，イオンの場合は⑨［　　］に g/mol をつけたものに等しい。

また，0℃，1.013×10^5 Pa の状態を⑩［　　］といい，⑩における気体 1mol あたりの体積は，気体の種類に関係なく⑪［　　］L/mol である。

55 □□ ◀物質量の計算▶　メタノール CH_3OH について，次の各問いに答えよ。ただし，原子量は H = 1.0，C = 12，O = 16，アボガドロ定数；6.0×10^{23}/mol とする。

(1)　メタノール 1.6g の物質量は何 mol か。

(2)　メタノール 1.6g 中には，何個のメタノール分子が含まれるか。

(3)　メタノール 1.6g 中の炭素原子と水素原子と酸素原子の数は，合わせて何個か。

(4)　メタノール分子 1.5×10^{24} 個の物質量は何 mol か。

必56 □□ ◀**物質量の計算**▶ 次の問いに答えよ。ただし，原子量は，H＝1.0，C＝12，N＝14，O＝16，Cl＝35.5，アボガドロ定数は 6.0×10^{23}/mol とする。

(1) 窒素分子 2.4×10^{24} 個の物質量を求めよ。

(2) 塩化水素分子 7.3g の物質量を求めよ。

(3) 標準状態で 11.2L のアンモニア分子の物質量を求めよ。

(4) 水 2.0mol 中には，何個の水分子が含まれるか。

(5) 酸素原子 1.5mol の質量は何 g か。

(6) 二酸化炭素 0.25mol の占める体積は，標準状態で何 L か。

2-5

必57 □□ ◀**物質量の計算**▶ 次の問いに答えよ。ただし，原子量は，H＝1.0，C＝12，O＝16，アボガドロ定数は 6.0×10^{23}/mol とする。

(1) 1.5×10^{23} 個の酸素分子の質量は何 g か。

(2) 3.2g のメタン分子の占める体積は，標準状態で何 L か。

(3) 標準状態で 5.6L の水素中には，何個の水素分子が含まれるか。

(4) 標準状態で 2.8L を占める二酸化炭素の質量は何 g か。

必58 □□ ◀**気体の分子量**▶ 次の問いに答えよ。ただし，原子量は，H＝1.0，C＝12，N＝14，O＝16，Cl＝35.5 とする。

(1) 窒素 N_2 の標準状態における密度は何 g/L か。

(2) 標準状態における密度が 1.96g/L の気体の分子量を求めよ。

(3) 同温・同圧で同体積のある気体と酸素の質量を比較したら，その気体の質量は酸素の 2.22 倍であった。この気体の分子量を求めよ。

(4) 固体のドライアイスが気体に変わると，標準状態で体積は何倍になるか。ただし，ドライアイスの密度を 1.6g/cm^3 とする。

59 □□ ◀**平均分子量**▶ 空気は窒素と酸素が 4：1 の体積の比で含まれる混合気体であるとして，次の問いに答えよ。ただし，原子量は，H＝1.0，C＝12，N＝14，O＝16 とする。

(1) 空気中の窒素と酸素の物質量の比はいくらか。

(2) 空気の平均分子量を小数第 1 位まで求めよ。

(3) 次の各気体の中から，空気より軽いものをすべて記号で選べ。

(ア) NH_3　(イ) C_3H_8　(ウ) NO_2　(エ) CH_4

必60 □□ ◀**溶液の濃度**▶　次の各問いに答えよ。(原子量 H＝1.0，O＝16，Na＝23)

(1)　3.0％の塩化ナトリウム水溶液60gと8.0％の塩化ナトリウム水溶液90gを混合した水溶液の質量パーセント濃度は何％か。

(2)　水酸化ナトリウム NaOH 8.0g を水に溶かして400mLの水溶液とした。この水溶液のモル濃度は何 mol/L か。

(3)　0.10mol/L の水酸化ナトリウム水溶液250mL中に溶けている水酸化ナトリウムの質量は何 g か。

(4)　0.16mol/L の硫酸水溶液100mLと0.24mol/L の硫酸水溶液300mLを混合した水溶液の体積が400mLであるとすると，この硫酸水溶液の濃度は何 mol/L か。

61 □□ ◀**水溶液の調製**▶　1.0mol/L の塩化ナトリウム水溶液を1.0Lつくりたい。次の問いに答えよ。(原子量 Na＝23，Cl＝35.5)

(1)　右図は，一定モル濃度の溶液を調製するときに使用するガラス器具である。この器具の名称を答えよ。

(2)　この水溶液を調製する方法として正しいものを，次の**ア**～**エ**から選べ。

ア　塩化ナトリウム58.5gを，水1.0Lに溶かす。

イ　塩化ナトリウム58.5gを，水941.5gに溶かす。

ウ　塩化ナトリウム58.5gを，水1.0kgに溶かす。

エ　塩化ナトリウム58.5gを，水に溶かし1.0Lにする。

必62 □□ ◀**濃度の換算**▶　次の濃度を求めよ。(NaOH の式量は40.0，H_2SO_4の分子量は98.0)

(1)　6.00mol/L の水酸化ナトリウム水溶液の密度は1.20g/cm^{3}である。この水溶液の質量パーセント濃度を求めよ。

(2)　質量パーセント濃度98.0％の濃硫酸の密度は1.84g/cm^{3}である。この濃硫酸のモル濃度を求めよ。

63 □□ ◀**組成式と原子量**▶　次の問いに答えよ。原子量は H＝1.0，O＝16 とする。

(1)　元素AとBからなる化合物にはAが質量百分率で70％含まれる。Aの原子量がBの原子量の3.5倍であるとき，この化合物の組成式は次のうちどれか。

(ア) AB　(イ) AB_2　(ウ) AB_3　(エ) A_2B　(オ) A_2B_3　(カ) A_3B　(キ) A_3B_2

(2)　ある金属Xの酸化物 X_3O_4 を水素で十分に還元したところ，金属X 4.2gと水1.8gを生じた。これよりこの金属の原子量を求めよ。

問題B　必は重要な必須問題。時間のないときはここから取り組む。

64 □□ ◀同位体と元素の原子量▶　マグネシウムの同位体には ^{24}Mg, ^{25}Mg, ^{26}Mg の3種類があり，^{26}Mg の存在比は ^{25}Mg の1.1倍である。また，マグネシウムの原子量は24.32と求められている。マグネシウムの各同位体の相対質量は質量数に等しいものとして，^{24}Mg, ^{25}Mg, ^{26}Mg それぞれの存在比〔%〕を小数第1位まで求めよ。

65 □□ ◀水溶液の調製▶　96.0%濃硫酸（硫酸の分子量98.0）の密度を1.84g/cm^3 として，次の問いに有効数字3桁で答えよ。

(1)　この濃硫酸のモル濃度を求めよ。

(2)　この濃硫酸から3.00mol/L希硫酸500mLをつくるには，この濃硫酸が何mL必要か。

66 □□ ◀メタンハイドレート▶　メタンハイドレートは，水分子のつくるかご状構造の中にメタン分子が取り囲まれたもので，外見は氷によく似ている。水分子がつくる正十二面体中にメタン1分子が取り込まれたメタンハイドレートについて，次の問いに答えよ。

（原子量：H = 1.0，C = 12，O = 16）

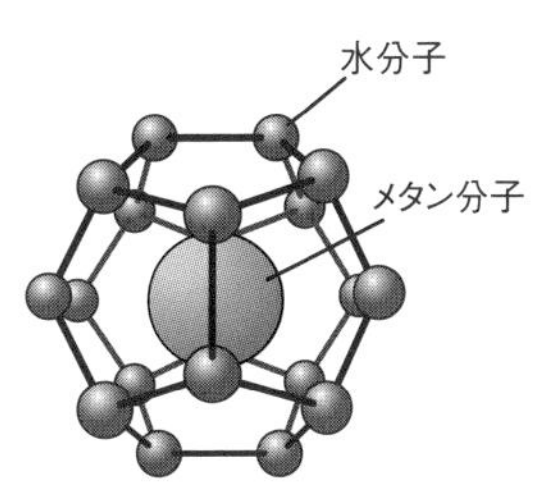

(1)　このメタンハイドレートの分子量はいくらか。

(2)　メタンハイドレートを常温・常圧で放置すると，メタンと水に分解する。いま，メタンハイドレート2.2kgが完全に分解したとすると，(i) 得られるメタンの体積は標準状態で何Lか。(ii) 得られる水の質量は何kgか。

67 □□ ◀アボガドロ定数の測定▶　ステアリン酸 $C_{17}H_{35}COOH$ 0.0284gをヘキサン100mLに溶かし，その0.250mLを水面に滴下ししばらく放置すると，ヘキサンは蒸発し，水面上にステアリン酸の分子が一層に並んだ単分子膜340cm^2 を生じた。次の問いに答えよ。ただし，分子量は $C_{17}H_{35}COOH = 284$ とする。

ステアリン酸のヘキサン溶液
水
単分子膜

(1)　水面に滴下したステアリン酸分子の物質量は何molか。

(2)　340cm^2 の単分子膜中には何個のステアリン酸分子が含まれるか。ただし，水面上でステアリン酸1分子の占める面積（断面積）を 2.20×10^{-15}cm^2 とする。

(3)　この実験から求められるアボガドロ定数はいくらか。有効数字3桁で答えよ。

6 化学反応式と量的関係

1 化学反応式

❶化学変化 物質の種類が変わる変化。 例 物質の燃焼，水の電気分解など。

❷化学反応式(反応式) 化学変化を**化学式**を用いて表した式。

❸化学反応式のつくり方

① 反応物を左辺に，生成物を右辺にそれぞれ**化学式**で書き，両辺を→で結ぶ。
② 両辺の各原子の数が等しくなるように，化学式の前に係数をつける。
係数は最も簡単な整数比とする。係数の 1 は省略する。
③ 化学変化しなかった溶媒や触媒*などは，反応式中には書かない。

＊触媒…自身は変化せず，化学反応を促進させるはたらきをもつ物質。MnO_2 が代表的。

❹係数のつけ方

目算法 最も複雑な(多種類の原子を含む)物質の係数を 1 とおき，他の物質の係数を暗算で決める。係数が分数になれば，分母を払って整数にしておく。

化学反応式を書き表す順序(例)	プロパンと酸素が反応して二酸化炭素と水を生じる反応	
① 反応物と生成物の化学式を書き，矢印で結ぶ。	$C_3H_8 + O_2 \rightarrow CO_2 + H_2O$	
② C_3H_8 の係数を 1 とおき，炭素原子の数を合わせる。	$1C_3H_8 + O_2 \rightarrow 3CO_2 + H_2O$	C 原子が左辺で 3 個なので，CO_2 の係数を 3 にする。
③ 水素原子の数を合わせる。	$1C_3H_8 + O_2 \rightarrow 3CO_2 + 4H_2O$	H 原子が左辺で 8 個なので，H_2O の係数を 4 にする。
④ 酸素原子の数を合わせる。	$1C_3H_8 + 5O_2 \rightarrow 3CO_2 + 4H_2O$	O 原子が右辺で 10 個なので，O_2 の係数を 5 にする。
⑤ 係数の「1」を省略する。	$C_3H_8 + 5O_2 \rightarrow 3CO_2 + 4H_2O$	係数に分数がある場合は，最も簡単な整数比にする。

・登場回数の少ない C，H 原子の数を先に，登場回数の多い O 原子の数を最後に合わせる。

未定係数法 各係数を未知数の a，b，c，…とおき，連立方程式を解いて求める。

例 $a\,FeS_2 + b\,O_2 \longrightarrow c\,Fe_2O_3 + d\,SO_2$

Fe 原子について $a=2c$ …①

S 原子について $2a=d$ …②

O 原子について $2b=3c+2d$ …③

$a=1$ とおくと，①より $c=\frac{1}{2}$ ，②より $d=2$，③より $b=\frac{11}{4}$

係数全体を 4 倍して，$a=4$，$b=11$，$c=2$，$d=8$

❺イオン反応式 反応に関係したイオンだけで表した反応式。

両辺において，各原子の数だけでなく，電荷の総和も等しく合わせること。

例 硝酸銀水溶液に塩化ナトリウム水溶液を加えると，塩化銀の沈殿を生じる反応。

$AgNO_3 + NaCl \longrightarrow AgCl + NaNO_3$ (化学反応式)

$Ag^+ + Cl^- \longrightarrow AgCl$ (イオン反応式)

❷ 化学反応式の量的関係

・反応式の**係数の比**は，反応に関係する**物質の物質量(mol)の比を表す**。

・気体の反応の場合，反応式の**係数の比**は，同温，同圧における**体積の比も表す**。

❶化学反応式の示す量的関係

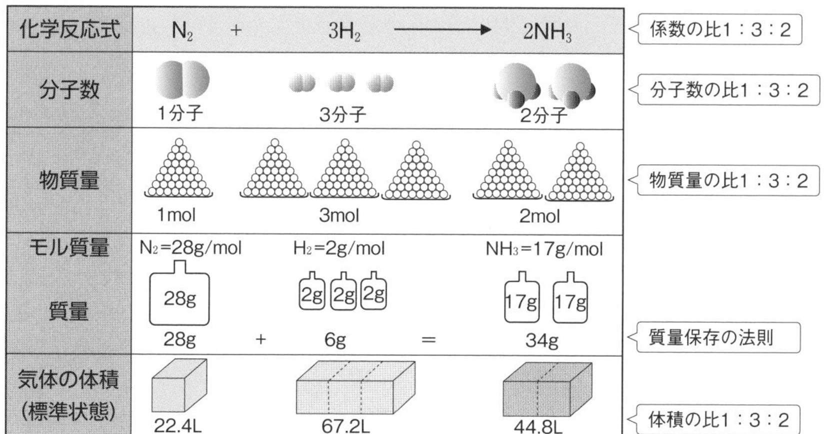

化学反応式
N_2 + $3H_2$ → $2NH_3$
係数の比1：3：2
分子数
1分子
3分子
2分子
分子数の比1：3：2
物質量
1mol
3mol
2mol
物質量の比1：3：2
モル質量
N_2=28g/mol
H_2=2g/mol
NH_3=17g/mol
質量
28g
2g 2g 2g
17g 17g
28g + 6g = 34g
質量保存の法則
気体の体積
(標準状態)
22.4L
67.2L
44.8L
体積の比1：3：2

❷化学反応式の量的計算

〔1〕 与えられた物質の物質量を求める。
〔2〕 反応式の係数の比から，目的物質の物質量を求める。
〔3〕 目的物質の物質量を，指定された量に変換する。

❸反応物に過不足がある反応の量的計算

一方の物質が余る場合，すべてが反応する(不足する)方の反応物の物質量を基準として，生成物の物質量を求めるようにする。

❸ 化学の基本法則

法則(発見者，年)	内容
質量保存の法則 (ラボアジエ　1774年)	化学変化の前後で，反応物と生成物の質量の総和は変わらない。
定比例の法則 (プルースト　1799年)	化合物を構成する元素の質量比は常に一定である。
倍数比例の法則 (ドルトン　1803年)	2種類の元素からなる2種類以上の化合物では，一方の元素の一定質量と化合する他方の元素の質量比は簡単な整数比になる。
気体反応の法則 (ゲーリュサック　1808年)	気体が関係する反応では，反応・生成する気体の体積は，同温・同圧の下で簡単な整数比になる。
アボガドロの法則 (アボガドロ　1811年)	すべての気体は，同温・同圧で同体積中に同数の分子を含む。

確認＆チェック

1 次の記述に当てはまる化学用語を答えよ。

(1) 化学変化を化学式を用いて表した式を何というか。

(2) イオンが関係する反応において，反応に関係したイオンだけで表した反応式を何というか。

2 次の文の［　　］に適語を入れよ。

(1) 化学反応式は，反応前の物質(①［　　］)の化学式を左辺に，反応後の物質(②［　　］)の化学式を右辺に書き，矢印で結ぶ。

(2) 両辺にある各原子の数が等しくなるように，化学式の前に③［　　］をつける。その［③］は最も簡単な④［　　］比となるようにし，1は省略する。

(3) イオン反応式では，両辺で⑤［　　］の総和も合わせる。

3 表は，窒素と水素からアンモニアを合成する反応の量的関係を示している。窒素の物質量を1molとして，空欄に適する数値と単位を含めて記入せよ。(分子量：N_2=28，H_2=2.0，NH_3=17)

化学反応式	N_2 ＋	$3H_2$ ⟶	$2NH_3$
物質量	1mol	①	②
体積(標準状態)	22.4L	③	④
質量	⑤	⑥	⑦

4 次の文に該当する化学の基本法則の名称を答えよ。

(1) 気体どうしの反応では，反応に関係する気体の体積間に簡単な整数比が成り立つ。

(2) 化学変化の前後では，物質の質量の総和は変わらない。

(3) 化合物を構成する元素の質量比は，常に一定である。

(4) 同温･同圧において，同体積の気体は同数の分子を含む。

(5) 2種類の元素A，Bからなる複数の化合物について，一定質量のAと化合するBの質量は，簡単な整数比となる。

解答

1 (1) 化学反応式
(2) イオン反応式
→p.48 [1]

2 ① 反応物
② 生成物
③ 係数
④ 整数
⑤ 電荷
→p.48 [1]

3 ① 3mol
② 2mol
③ 67.2L
④ 44.8L
⑤ 28g
⑥ 6.0g
⑦ 34g
→p.49 [2]

4 (1) 気体反応の法則
(2) 質量保存の法則
(3) 定比例の法則
(4) アボガドロの法則
(5) 倍数比例の法則
→p.49 [3]

例題 14 化学反応式の係数

次の化学反応式の係数を求め，化学反応式を完成させよ。

(1) (　)C_2H_2 + (　)O_2 ⟶ (　)CO_2 + (　)H_2O

(2) (　)Fe + (　)O_2 ⟶ (　)Fe_2O_3

2-6

考え方 **化学反応式**では，両辺の各原子の数が等しくなるように，化学式の前に係数をつける必要がある。ある物質の係数を 1 とおき，暗算で係数を決めていく目算法が有効である。

(1)①原子の種類が多くて複雑な化学式の C_2H_2 の係数を 1 とおく。

②登場回数の少ない原子(C，H)に着目し，CO_2 の係数を 2，H_2O の係数を 1 と決める。

$1C_2H_2 + (\ \ ) O_2 \longrightarrow 2CO_2 + 1H_2O$

③右辺の O 原子の数が 5 個だから，O_2 の係数を $\frac{5}{2}$ と決める。

④全体を 2 倍して，係数の分母を払い，最も簡単な整数比に直す。

(2) 最も複雑な Fe_2O_3 の係数を 1 とおく。右辺の Fe 原子の数は 2 個より，左辺 Fe の係数は 2。右辺の O 原子の数が 3 個より，O_2 の係数を $\frac{3}{2}$ と決める。全体を 2 倍して係数を整数に直す。

解 答 (1) $2C_2H_2 + 5O_2 \rightarrow 4CO_2 + 2H_2O$　(2) $4Fe + 3O_2 \rightarrow 2Fe_2O_3$

例題 15 化学反応式の量的関係

プロパン C_3H_8 22g の完全燃焼の反応について，次の問いに答えよ。

分子量は，$C_3H_8 = 44$，$H_2O = 18$，$O_2 = 32$ とする。

(1) 発生する二酸化炭素の体積は標準状態で何 L か。

(2) 生成する水の質量は何 g か。

(3) 燃焼に必要な酸素の体積は標準状態で何 L か。

考え方 プロパンの完全燃焼についての反応式とその量的関係は次のようになる。

	C_3H_8	+	$5O_2$	⟶	$3CO_2$	+	$4H_2O$
物質量比	1mol		5mol		3mol		4mol

(1) プロパンの分子量が $C_3H_8 = 44$ より，モル質量は 44g/mol である。

プロパン 22g の物質量は，$\dfrac{\text{質量}}{\text{モル質量}} = \dfrac{22\text{g}}{44\text{g/mol}} = 0.50$〔mol〕

発生する CO_2 の物質量は，$C_3H_8 : CO_2 = 1:3$(物質量の比)より，0.50mol × 3 = 1.5〔mol〕

CO_2 1.5mol の体積(標準状態)は，1.5mol × 22.4L/mol = 33.6 ≒ 34〔L〕

(2) 生成する H_2O の物質量は，係数の比より，0.50mol × 4 = 2.0〔mol〕

水の分子量が $H_2O = 18$ より，モル質量は 18g/mol なので，

水 2.0mol の質量は，2.0mol × 18g/mol = 36〔g〕

(3) 燃焼に必要な O_2 の物質量は，係数の比より，0.50mol × 5 = 2.5〔mol〕

O_2 2.5mol の体積(標準状態)は，2.5mol × 22.4L/mol = 56〔L〕

解 答 (1) 34L　(2) 36g　(3) 56L

例題 16 過不足ある反応の量的関係 □□

メタン CH_4 の完全燃焼は，$CH_4 + 2O_2 \longrightarrow CO_2 + 2H_2O$ の反応式で表される。1.0mol のメタンと 3.0mol の酸素を反応させた場合について，次の問いに答えよ。

(1) 反応せずに余る気体は何か。また，何 mol 余るか。

(2) 生成した二酸化炭素と水の物質量はそれぞれ何 mol か。

考え方 反応物の量に過不足がある場合，反応物の物質量の大小関係を調べる。そして，完全に反応する(不足する)方の物質の物質量を基準にして，生成物の物質量を求めるとよい。

(1) 反応式の係数から，1.0mol のメタンとちょうど反応する酸素は 2.0mol である。酸素は 3.0mol あるので，全部は反応せずに，3.0－2.0＝1.0〔mol〕余る。

(2) メタン 1.0mol は完全に反応するから，これを基準として，生成する CO_2 と H_2O の物質量は反応式の係数から次のようにまとめられる。

	CH_4	+	$2O_2$	⟶	CO_2	+	$2H_2O$
反応前	1.0mol		3.0mol		0mol		0mol
変化量	－1.0mol		－2.0mol		＋1.0mol		＋2.0mol
反応後	0mol		1.0mol		1.0mol		2.0mol

解 答 (1) 酸素，1.0mol　(2) 二酸化炭素　1.0mol，水　2.0mol

例題 17 気体反応の量的計算 □□

右図のような装置に酸素 100mL を通して無声放電したところ，その体積が 96.0mL となった。ただし，温度，圧力は変化しないものとする。

(1) 反応した酸素の体積は何 mL か。

(2) 反応後の混合気体中のオゾンは体積で何％を占めているか。

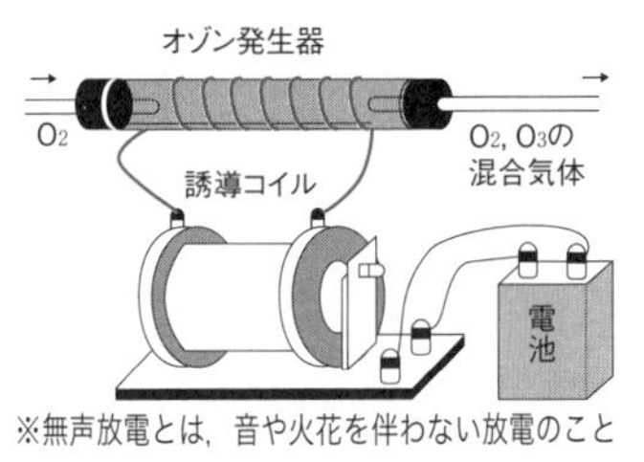

※無声放電とは，音や火花を伴わない放電のこと

考え方 化学反応の量的計算は，通常は，**係数の比＝物質量の比**の関係から，物質量に直して行う。しかし，本問のように気体どうしの反応の場合，同温・同圧では，**係数の比＝体積の比**の関係が成り立つので，気体の体積の増減だけで量的計算を行うことができる。

(1) 反応式 $3O_2 \longrightarrow 2O_3$ より

物質量比　3mol　2mol

反応した O_2 を x〔mL〕とおくと，

生成した O_3 は $\frac{2}{3}x$〔mL〕だから，

	$3O_2$	⟶	$2O_3$	
(反応前)	100		0	〔mL〕
(変化量)	$-x$		$+\frac{2}{3}x$	〔mL〕
(反応後)	$100-x$		$\frac{2}{3}x$	〔mL〕

反応後の気体の体積は $100-\frac{1}{3}x$〔mL〕

$100-\frac{1}{3}x=96.0$　∴　$x=12.0$〔mL〕

(2) 生成した O_3 の体積は

$\frac{2}{3}\times 12.0=8.00$〔mL〕だから，

$\frac{O_3\text{の体積}}{\text{全体積}}=\frac{8.00}{96.0}\times 100 ≒ 8.33$〔％〕

解 答 (1) 12.0mL　(2) 8.33％

問題A

必は重要な必須問題。時間のないときはここから取り組む。

必 68 □□ ◀化学反応式の係数▶ 次の化学反応式の係数を定めよ(1も答えよ)。

(1) □ C_2H_4 + □ O_2 ⟶ □ CO_2 + □ H_2O

(2) □ C_2H_6 + □ O_2 ⟶ □ CO_2 + □ H_2O

(3) □ $KClO_3$ ⟶ □ KCl + □ O_2

(4) □ CH_3OH + □ O_2 ⟶ □ CO_2 + □ H_2O

(5) □ FeS_2 + □ O_2 ⟶ □ Fe_2O_3 + □ SO_2

必 69 □□ ◀化学反応式▶ 次の化学変化を化学反応式で示せ。

(1) 窒素 N_2 と水素 H_2 を反応させると，アンモニア NH_3 が生成する。

(2) メタノール CH_4O を完全燃焼させると，二酸化炭素と水を生成する。

(3) 過酸化水素水に触媒として酸化マンガン(Ⅳ)を加えると，酸素が発生する。

(4) 石灰水 $Ca(OH)_2$ に二酸化炭素を通じると，炭酸カルシウム $CaCO_3$ が沈殿する。

(5) ナトリウム Na を水に入れると，水酸化ナトリウム NaOH と水素が生成する。

必 70 □□ ◀イオン反応式の係数▶ 次のイオン反応式の係数を定めよ(1も答えよ)。

(1) (　) Ag^+ + (　) Cu ⟶ (　) Ag + (　) Cu^{2+}

(2) (　) Al + (　) H^+ ⟶ (　) Al^{3+} + (　) H_2

(3) (　) Fe^{3+} + (　) Sn^{2+} ⟶ (　) Fe^{2+} + (　) Sn^{4+}

(4) (　) Fe^{2+} + (　) H_2O_2 + (　) H^+ ⟶ (　) Fe^{3+} + (　) H_2O

71 □□ ◀化学の基本法則▶ 次の文の［　　］に適切な語句，人物名を入れよ。

18世紀末に，ラボアジエは「化学反応の前後で，物質の質量の総和は変化しない」という①［　　］を発見した。同じころ，プルーストにより，「化合物を構成する元素の質量比は常に一定である」という②［　　］も発見された。

これらの実験事実を説明するために，③［　　］は「すべての物質は原子からなる」という④［　　］を主張するとともに，「2種類の元素からなる複数の化合物において，一方の元素の一定質量と化合する他方の元素の質量は，それらの化合物の間では簡単な整数比になる」という⑤［　　］を発表した。

ゲーリュサックは「気体の反応では，反応に関係する気体の体積には簡単な整数比が成り立つ」という⑥［　　］を発表した。しかし，⑥に④を適用しても，うまく説明できなかった。その後，⑦［　　］は，「すべての気体は同種・異種を問わず，一定数個の原子が結合した分子からなる」という⑧［　　］を提唱し，⑥を矛盾なく説明した。

必 72 □□ ◀化学反応の量的関係▶

プロパン C_3H_8 を完全燃焼させた。この反応について，次の問いに答えよ。ただし，原子量は H＝1.0，C＝12，O＝16 とする。

(1) この変化を化学反応式で示せ。

(2) プロパン 4.4g を完全燃焼させた。発生した二酸化炭素は標準状態で何 L か。

(3) プロパン 4.4g を完全燃焼させた。生成した水は何 g か。

(4) プロパン 4.4g を完全燃焼させるのに，必要な酸素は標準状態で何 L か。

73 □□ ◀化学反応の量的関係▶

塩素酸カリウム $KClO_3$ に触媒として酸化マンガン(Ⅳ)を加え加熱すると，次の反応により酸素が発生する。(原子量：O＝16，K＝39，Cl＝35.5)

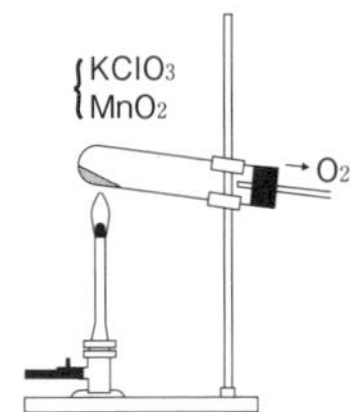

$$2KClO_3 \longrightarrow 2KCl + 3O_2$$

(1) 0.20mol の $KClO_3$ から標準状態で何 L の O_2 が発生するか。

(2) 0.60mol の O_2 を発生させるには，$KClO_3$ が何 g 必要か。

74 □□ ◀混合気体の燃焼▶

メタン CH_4 とプロパンを完全燃焼させると，二酸化炭素と水を生成する。これらの反応は次の化学反応式で表される。

$$CH_4 + 2O_2 \longrightarrow CO_2 + 2H_2O$$

$$C_3H_8 + 5O_2 \longrightarrow 3CO_2 + 4H_2O$$

いま，メタン CH_4 とプロパン C_3H_8 の混合気体を完全燃焼させると，標準状態で 0.56L の二酸化炭素と 0.72g の水が得られた。次の問いに答えよ。(原子量：C＝12，O＝16)

(1) 燃焼前の混合気体中のメタンとプロパンの物質量の比を整数比で示せ。

(2) この混合気体を完全燃焼させるのに消費された酸素は，標準状態で何 L か。

75 □□ ◀化学反応の量的関係▶

炭酸カルシウムに希塩酸を加えると，次の反応により二酸化炭素が発生する。

$$CaCO_3 + 2HCl \longrightarrow CaCl_2 + H_2O + CO_2$$

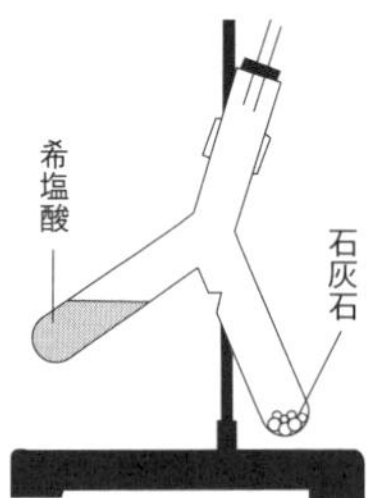

いま，石灰石(主成分は炭酸カルシウム)15.0g に十分量の希塩酸を加えて反応させたら，標準状態で 2.80L の二酸化炭素が発生した。次の問いに答えよ。ただし，石灰石中の不純物は希塩酸とは反応しないものとする。(原子量：H＝1.0，C＝12，O＝16，Ca＝40)

(1) 発生した二酸化炭素の物質量は何 mol か。

(2) この石灰石の純度は何％か。　ただし，純度〔%〕$= \dfrac{\text{主成分の質量〔g〕}}{\text{混合物の質量〔g〕}} \times 100$ で表される。

76 □□ ◀**溶液反応の量的計算**▶　硝酸銀 $AgNO_3$ 水溶液に希塩酸 HCl を加えると，塩化銀 AgCl の白色沈殿を生じた。次の問いに答えよ。(式量：AgCl＝143.5)

(1)　0.10mol/L 硝酸銀水溶液 50mL と過不足なく反応する 0.50mol/L 希塩酸の体積は何 mL か。

(2)　(1)のとき，生じた塩化銀の沈殿の質量は何 g か。

(3)　0.12mol/L 硝酸銀水溶液 50mL に 0.15mol/L 希塩酸 50mL を加えたとき，生じた塩化銀の沈殿の質量は何 g か。

2-6

問題 B

必は重要な必須問題。時間のないときはここから取り組む。

必 **77** □□ ◀**化学反応の量的関係**▶　一定量のマグネシウムに一定濃度の塩酸を加えて水素を発生させた。

$$Mg + 2HCl \longrightarrow MgCl_2 + H_2$$

このとき，加えた塩酸の体積と発生した水素の体積(標準状態)の関係はグラフのようになった。

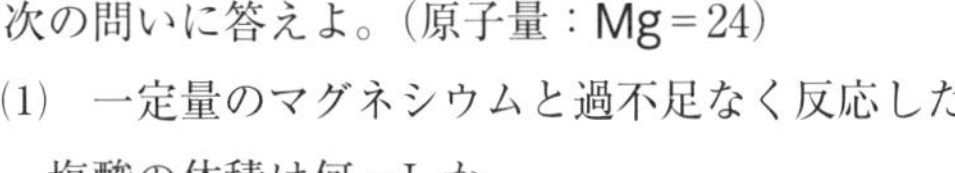

次の問いに答えよ。(原子量：Mg＝24)

(1)　一定量のマグネシウムと過不足なく反応した塩酸の体積は何 mL か。

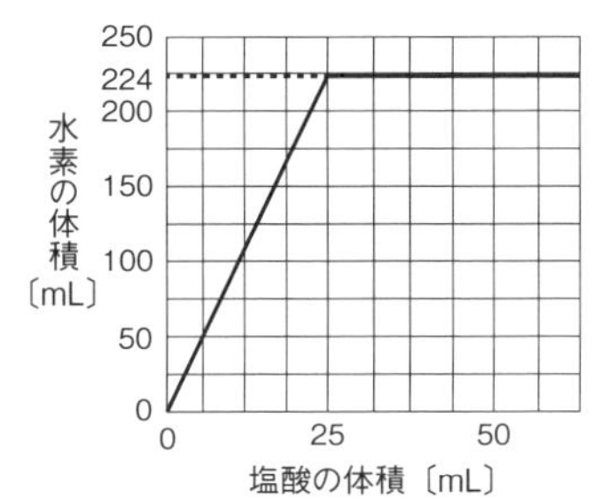

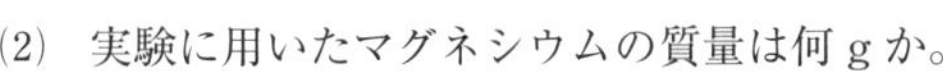

(2)　実験に用いたマグネシウムの質量は何 g か。

(3)　実験に用いた塩酸のモル濃度は何 mol/L か。

78 □□ ◀**化学反応の計算**▶　マグネシウム Mg とアルミニウム Al と銅 Cu の合金 4.50g に，十分な量の塩酸を加えて完全に反応させたら，標準状態で 4.48L の水素が発生し，0.60g の金属が溶けずに残った。この合金中のアルミニウムの質量パーセントを求めよ。(原子量：Mg＝24，Al＝27，Cu＝64)

79 □□ ◀**硫酸の製造**▶　硫黄から硫酸をつくる工程は，次の反応式で示される。

$$S + O_2 \longrightarrow SO_2 \quad \cdots①$$

$$2SO_2 + O_2 \longrightarrow 2SO_3 \quad \cdots②$$

$$SO_3 + H_2O \longrightarrow H_2SO_4 \quad \cdots③$$

以上の反応式を参考にして，次の問いに答えよ。(原子量：H＝1.0，O＝16，S＝32)

(1)　上記の 3 つの反応式を，1 つにまとめた化学反応式で示せ。

(2)　16kg の硫黄から生成する 98％の硫酸は，理論上，何 kg になるか。

(3)　16kg の硫黄をすべて硫酸にするのに必要な酸素の体積は，標準状態で何 L か。

7 酸と塩基

1 酸と塩基

❶酸・塩基の定義　塩基のうち，水に溶けやすいものを特にアルカリという。

	酸	塩基
アレニウスの定義 (1887 年)	水に溶けて水素イオン H^+＊を生じる物質。 $HCl + H_2O \longrightarrow H_3O^+ + Cl^-$	水に溶けて水酸化物イオン OH^-を生じる物質。 $NaOH \longrightarrow Na^+ + OH^-$
ブレンステッド・ローリーの定義 (1923 年)	相手に水素イオン H^+(陽子)を与える物質。	相手から水素イオン H^+(陽子)を受け取る物質。
	塩基 NH_3 ＋ 酸 HCl $\longrightarrow$ NH_4Cl 塩化アンモニウム（H^+：HCl → NH_3）	

＊酸の水溶液中では，水素イオン H^+は H_2O と結合して，**オキソニウムイオン** H_3O^+として存在する。H_3O^+は H_2O を省略して，単に H^+として示されることがある。

2 酸・塩基の分類

❶酸の価数　酸 1 分子から放出することができる H^+の数。

❷塩基の価数　塩基の化学式から放出することができる OH^-の数。

または，塩基 1 分子が受け取ることのできる H^+の数。

価数	酸	塩基
1 価	塩化水素 HCl　硝酸 HNO_3 酢酸 CH_3COOH	水酸化ナトリウム $NaOH$ アンモニア NH_3
2 価	硫酸 H_2SO_4　炭酸 H_2CO_3 シュウ酸 $(COOH)_2$	水酸化カルシウム $Ca(OH)_2$ 水酸化バリウム $Ba(OH)_2$
3 価	リン酸 H_3PO_4	水酸化アルミニウム $Al(OH)_3$

注）2 価以上の酸(**多価の酸**)は段階的に電離を行うが，第 1 段階の電離度が最も大きい。

❸電離度　電解質が水溶液中で電離する度合い。

$$\text{電離度}\ \alpha = \frac{\text{電離した電解質の物質量}}{\text{溶解した電解質の物質量}} \quad (0 < \alpha \leqq 1)$$

酸の分子
H^+
酸の陰イオン

電離度 $\alpha = \frac{1}{5} = 0.2$

❹酸・塩基の強弱　同濃度の水溶液で電離度の大小を比較。

強酸・強塩基　電離度が 1 に近い酸・塩基。

弱酸・弱塩基　電離度が 1 より著しく小さい酸・塩基。

	強酸	弱酸		強塩基	弱塩基
酸	HCl　HNO_3 H_2SO_4	CH_3COOH H_2S　$(COOH)_2$ H_2CO_3	塩基	$NaOH$　KOH $Ca(OH)_2$ $Ba(OH)_2$	NH_3　$Mg(OH)_2$ $Cu(OH)_2$ $Al(OH)_3$

3 水素イオン濃度とpH

❶水の電離　水はわずかに電離している。　$H_2O \rightleftarrows H^+ + OH^-$

純水では，水素イオン濃度$[H^+]$と水酸化物イオン濃度$[OH^-]$は等しい。

$[H^+] = [OH^-] = 1.0 \times 10^{-7}$mol/L　(25℃)

❷水のイオン積 K_w　水溶液中では$[H^+]$と$[OH^-]$の積(水のイオン積)は一定となる。

$K_w = [H^+] \times [OH^-] = 1.0 \times 10^{-14} (\text{mol/L})^2$　(25℃)

この関係は，酸性，中性，塩基性いずれの水溶液中でも成立する。

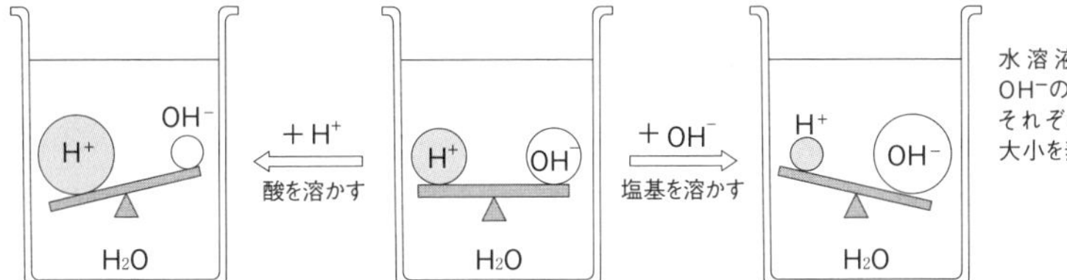

水溶液中のH+とOH−の円の大小は，それぞれの濃度の大小を表す。

❸水素イオン濃度$[H^+]$と水酸化物イオン濃度$[OH^-]$

C〔mol/L〕の a 価の酸(電離度 α)の水溶液　　$[H^+] = aC\alpha$〔mol/L〕

C〔mol/L〕の b 価の塩基(電離度 α)の水溶液　　$[OH^-] = bC\alpha$〔mol/L〕

※2価の強酸(H_2SO_4)，2価の強塩基($Ba(OH)_2$，$Ca(OH)_2$)の場合は，価数2を代入する。

❹水素イオン指数 pH(ピーエイチ)

水溶液中の$[H^+]$は，通常，10^{-n}mol/L のように小さい値をとる。そこで，$[H^+]$の値を10の累乗で表し，その指数の符号を逆にした数値をpHという。

> $[H^+] = 1.0 \times 10^{-n}$mol/L　のとき　pH$= n$
> 別の表し方では，pH$= -\log_{10}[H^+]$

例 $[H^+] = 1.0 \times 10^{-7}$mol/L　のとき　pH＝7(中性)

❺水溶性の性質(液性)とpHの関係(25℃)

> 酸　性：$[H^+] > 1 \times 10^{-7}$mol/L$> [OH^-]$，pH<7
> 中　性：$[H^+] = 1 \times 10^{-7}$mol/L$= [OH^-]$，pH=7
> 塩基性：$[H^+] < 1 \times 10^{-7}$mol/L$< [OH^-]$，pH>7

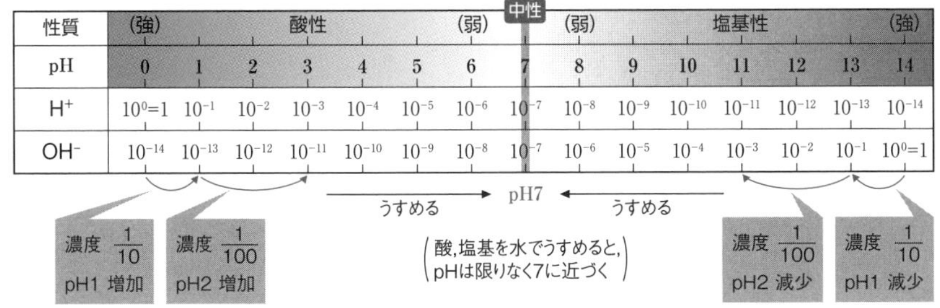

性質	(強)			酸性			(弱)	中性	(弱)			塩基性			(強)
pH	0	1	2	3	4	5	6	7	8	9	10	11	12	13	14
H^+	$10^0=1$	10^{-1}	10^{-2}	10^{-3}	10^{-4}	10^{-5}	10^{-6}	10^{-7}	10^{-8}	10^{-9}	10^{-10}	10^{-11}	10^{-12}	10^{-13}	10^{-14}
OH^-	10^{-14}	10^{-13}	10^{-12}	10^{-11}	10^{-10}	10^{-9}	10^{-8}	10^{-7}	10^{-6}	10^{-5}	10^{-4}	10^{-3}	10^{-2}	10^{-1}	$10^0=1$

確認＆チェック

解答

1 次の文の□に適語を記せ。

アレニウスの定義では，水に溶けて①□を生じる物質を酸，水に溶けて②□を生じる物質を塩基という。

ブレンステッド・ローリーの定義では，相手にH^+(陽子)を与える物質を③□，相手からH^+を受け取る物質を④□という。

1 ① 水素イオン（オキソニウムイオン）
② 水酸化物イオン
③ 酸 ④ 塩基
→ p.56 1

2 次の記述に当てはまる化学用語を答えよ。

(1) 酸1分子から放出することができるH^+の数。
(2) 塩基の化学式から放出することができるOH^-の数。
(3) 電離度が1に近い酸。
(4) 電離度が1より著しく小さい塩基。

2 (1) 酸の価数
(2) 塩基の価数
(3) 強酸
(4) 弱塩基
→ p.56 2

3 次の酸・塩基の強弱，および価数をそれぞれ示せ。

(1) HCl　(2) $Ca(OH)_2$
(3) CH_3COOH　(4) NH_3
(5) H_2SO_4　(6) NaOH

3 (1) 強酸，1価
(2) 強塩基，2価
(3) 弱酸，1価
(4) 弱塩基，1価
(5) 強酸，2価
(6) 強塩基，1価
→ p.56 2

4 次の酸・塩基を水に溶かしたとき，電離するようすをイオン反応式で示せ。

(1) $HNO_3 \longrightarrow$
(2) $CH_3COOH \rightleftarrows$
(3) $NaOH \longrightarrow$
(4) $NH_3 + H_2O \rightleftarrows$

4 (1) $H^+ + NO_3^-$
(2) $CH_3COO^- + H^+$
(3) $Na^+ + OH^-$
(4) $NH_4^+ + OH^-$
→ p.56 2

5 水素イオン濃度を$[H^+]$，水酸化物イオン濃度を$[OH^-]$として，次の□に適する数値を答えよ。

(1) $[H^+] = 1.0 \times 10^{-5}$ mol/L のとき，pH＝①□
(2) 純水(25℃)では，$[H^+] = [OH^-] =$ ①□mol/L
(3) 水溶液(25℃)では，$[H^+] \times [OH^-] =$ ②□$(mol/L)^2$

5 (1) 5
(2) 1.0×10^{-7}
(3) 1.0×10^{-14}
→ p.57 3

例題 18 酸・塩基の定義

次の①，②の酸・塩基の反応について，あとの問いに答えよ。

$$CO_3^{2-} + H_2O \rightleftarrows HCO_3^- + OH^- \quad \cdots①$$

$$CH_3COOH + H_2O \rightleftarrows CH_3COO^- + H_3O^+ \quad \cdots②$$

(1) ブレンステッド・ローリーの定義によると，①，②の反応における H_2O はそれぞれ酸・塩基のどちらのはたらきをしているか。

(2) ①，②の逆反応(右辺から左辺への反応)において，ブレンステッド・ローリーの酸としてはたらいている物質をそれぞれ化学式で示せ。

考え方 ブレンステッドとローリーは，**H^+(陽子)を与える物質を酸，H^+(陽子)を受け取る物質を塩基**と定義した。

(1) ブレンステッド・ローリーの定義では H^+ の動きだけに着目すればよい。

①では，H_2O は CO_3^{2-} に H^+ を与えているから酸，②では，H_2O は CH_3COOH から H^+ を受け取っているので塩基としてはたらく。このように，物質が酸としてはたらくか，塩基としてはたらくかは，最初から決まっているわけではない。そのはたらきは相手によって変化する。

(2) ①の逆反応においては，HCO_3^- が H^+ を OH^- に与えているから酸，②の逆反応では，H_3O^+ が H^+ を CH_3COO^- に与えているから酸としてはたらいている。

解答 (1) ①酸 ②塩基 (2) ① HCO_3^- ② H_3O^+

例題 19 酸・塩基の水溶液の pH

次の各水溶液の pH を求めよ。ただし，25℃における水のイオン積 K_w は，$K_w = [H^+][OH^-] = 1.0 \times 10^{-14} (mol/L)^2$ とする。

(1) 0.10mol/L の酢酸(電離度は 0.010)

(2) 0.010mol/L の水酸化ナトリウム水溶液

考え方 まず，酸の水溶液では，水素イオン濃度$[H^+]$を求める。塩基の水溶液では，水酸化物イオン濃度$[OH^-]$を求め，水のイオン積 K_w の関係から$[H^+]$を求めること。

C〔mol/L〕の a 価の酸(電離度 α)の電離で生じる水素イオン濃度は，$[H^+] = \boldsymbol{aC\alpha}$ **〔mol/L〕**。
C〔mol/L〕の b 価の塩基(電離度 α)の電離で生じる水酸化物イオン濃度は，$[OH^-] = \boldsymbol{bC\alpha}$ **〔mol/L〕**。

(1) 酢酸は1価の弱酸で，電離度は 0.010 と与えられている。

$[H^+] = aC\alpha = 1 \times 0.10 \times 0.010 = 1.0 \times 10^{-3}$〔mol/L〕　よって，pH=3

(2) 水酸化ナトリウムは1価の強塩基なので，電離度は1である。

$[OH^-] = bC\alpha = 1 \times 0.010 \times 1 = 1.0 \times 10^{-2}$〔mol/L〕

水のイオン積 $K_w = [H^+][OH^-] = 1.0 \times 10^{-14} (mol/L)^2$ より，

$[H^+] = \dfrac{K_w}{[OH^-]} = \dfrac{1.0 \times 10^{-14}}{1.0 \times 10^{-2}} = 1.0 \times 10^{-12}$〔mol/L〕　よって，pH=12

解答 (1) 3 (2) 12

2-7

問題A

必は重要な必須問題。時間のないときはここから取り組む。

80 □□ ◀酸性・塩基性▶ 次の文について，酸性を示すものはA，塩基性を示すものはBに分類し，記号で答えよ。

(1) 水溶液に苦味がある。　(2) 水溶液に酸味がある。

(3) 青色リトマス紙を赤変する。　(4) 赤色リトマス紙を青変する。

(5) 指につけるとぬるぬるする。　(6) BTB溶液を黄色にする。

(7) 多くの金属と反応して水素を発生する。

(8) フェノールフタレイン溶液を赤色にする。

81 □□ ◀酸・塩基の定義▶ 次の文の□に適語を入れよ。

1887年，アレニウスは，「酸とは水溶液中で①□を生じる物質，塩基とは水溶液中で②□を生じる物質である」と定義した。

1923年，ブレンステッドとローリーは，水溶液以外でも酸・塩基の反応が説明できるように，「酸とは③□を放出する物質，塩基とは④□を受け取る物質である」と定義した。これによると，空気中でアンモニアと塩化水素が直接反応して塩化アンモニウムの白煙を生じる反応では，HClが⑤□，NH_3が⑥□としてはたらく。

$$NH_3 + HCl \longrightarrow NH_4Cl$$

アレニウスの定義では，水素イオンは現在では⑦□イオンに相当するものであり，ブレンステッド・ローリーの定義では，水素イオンは⑧□そのものである。

必 **82** □□ ◀酸・塩基の定義▶ 次の下線部の物質は，ブレンステッド・ローリーの定義から考えて，酸・塩基のどちらのはたらきをしているか答えよ。

(1) $HCl + \underline{H_2O} \longrightarrow Cl^- + H_3O^+$

(2) $NH_3 + \underline{H_2O} \rightleftarrows NH_4^+ + OH^-$

(3) $\underline{CH_3COO^-} + H_2O \rightleftarrows CH_3COOH + OH^-$

必 **83** □□ ◀酸・塩基の分類▶ 酸・塩基に関して，それぞれの問いに答えよ。

(1) 次の各酸の化学式と価数を答えよ。また，強酸はA・弱酸はaと分類せよ。

(ア) 塩酸　(イ) 硫酸　(ウ) 酢酸　(エ) 炭酸

(オ) リン酸　(カ) 硝酸　(キ) シュウ酸　(ク) 硫化水素

(2) 次の各塩基の化学式と価数を答えよ。また，強塩基はB，弱塩基はbと分類せよ。

(ケ) 水酸化ナトリウム　(コ) 水酸化カルシウム　(サ) アンモニア

(シ) 水酸化バリウム　(ス) 水酸化銅(Ⅱ)　(セ) 水酸化アルミニウム

2-7

84 □□ ◀酸と塩基▶ (1)〜(8)の各文のうち，正しい記述には○，誤っている記述には×を記せ。

(1) 酸はその化学式に必ず酸素Oが含まれる。

(2) 酸はその化学式に必ず水素Hが含まれる。

(3) 1価の酸よりも2価の酸の方が強い酸である。

(4) 水によく溶ける塩基は，強塩基に分類される。

(5) アレニウスの定義によると，塩基は必ずOHをもつのでNH_3は塩基ではない。

(6) 水酸化鉄(Ⅱ)$Fe(OH)_2$はほとんど水に溶けないが，塩基である。

(7) 酸1分子中に含まれる水素原子の数を，酸の価数という。

(8) 化学式中にOHが含まれる化合物は，すべて塩基である。

85 □□ ◀水の電離，pH▶ 次の文の□に適切な語句，数字を入れよ。

純水もわずかに電離し，25℃では$[H^+]=[OH^-]=$①□mol/Lである。したがって，$[H^+]\times[OH^-]=$②□$(mol/L)^2$となる。この関係は，純水だけでなく，酸・塩基の水溶液を含めて，すべての水溶液で成り立つ。

さらに，水素イオン濃度$[H^+]$を10^{-n}mol/Lの形で表し，その指数の符号を逆にした数値nを③□という。酸性水溶液のpHは7より④□，塩基性水溶液のpHは7より⑤□。

86 □□ ◀正誤問題▶ (1)〜(6)の各文のうち，正しい記述には○，誤っている記述には×を記せ。

(1) pHが3の塩酸を純水で100倍に希釈すると，pHは5になる。

(2) pHが5の塩酸を純水で1000倍に希釈すると，pHは8になる。

(3) 酢酸水溶液の濃度が変化しても，酢酸の電離度は変化しない。

(4) 0.10mol/L塩酸のpHと0.10mol/L硫酸のpHは等しい。

(5) pHが12の水酸化ナトリウム水溶液を純水で100倍に希釈すると，pHは10になる。

(6) pHが11のアンモニア水を純水で10倍に希釈すると，pHは10になる。

必 87 □□ ◀電離度▶ 次の問いに答えよ。

(1) 5.0×10^{-2}mol/Lの酢酸水溶液の水素イオン濃度$[H^+]$は1.2×10^{-3}mol/Lであった。この酢酸水溶液中での酢酸の電離度を求めよ。

(2) 0.036mol/Lの酢酸水溶液のpHは3であった。この酢酸水溶液中での酢酸の電離度を求めよ。

問題B　必は重要な必須問題。時間のないときはここから取り組む。

必88 □□ ◀水溶液の pH▶　次の各水溶液の pH を小数第1位まで求めよ。水のイオン積 $K_w = [H^+][OH^-] = 1.0 \times 10^{-14} (mol/L)^2$ とする。

(1)　0.10mol/L の塩酸

(2)　0.050mol/L の酢酸水溶液(電離度は 0.020 とする)

(3)　0.010mol/L の水酸化ナトリウム水溶液

(4)　5.0×10^{-3}mol/L の硫酸(電離度は 1 とする)

(5)　0.010mol/L の塩酸 55mL に 0.010mol/L の水酸化ナトリウム水溶液 45mL を加えた混合水溶液

(6)　0.10mol/L の塩酸 10mL に 0.30mol/L の水酸化ナトリウム水溶液 10mL を加えた混合水溶液

89 □□ ◀弱酸の濃度と電離度▶　右図は，25℃における酢酸水溶液の濃度と電離度の関係を示す。次の問いに答えよ。ただし，水のイオン積 $K_w = [H^+][OH^-] = 1.0 \times 10^{-14} (mol/L)^2$ とする。

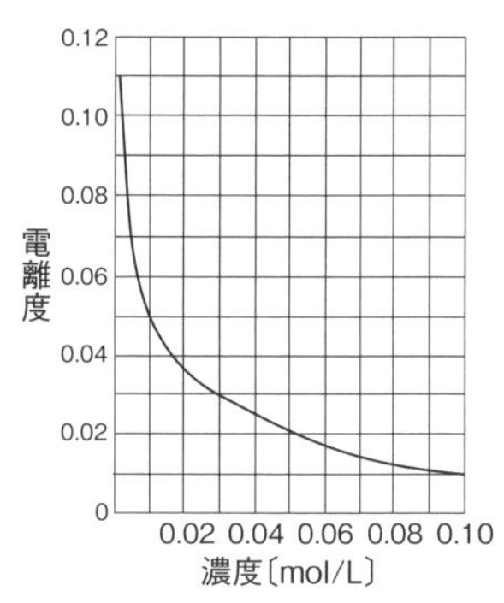

(1)　0.010mol/L の酢酸の水素イオン濃度$[H^+]$を求めよ。

(2)　0.050mol/L の酢酸中の水素イオン濃度$[H^+]$は，水酸化物イオン濃度$[OH^-]$の何倍か。

(3)　0.10mol/L の酢酸を純水で 0.010 mol/L に希釈すると，水素イオン濃度はもとの何分の 1 になるか。

90 □□ ◀弱塩基の濃度と電離度▶

右図は，25℃におけるアンモニア水の濃度と電離度の関係を示す。次の各問いに答えよ。

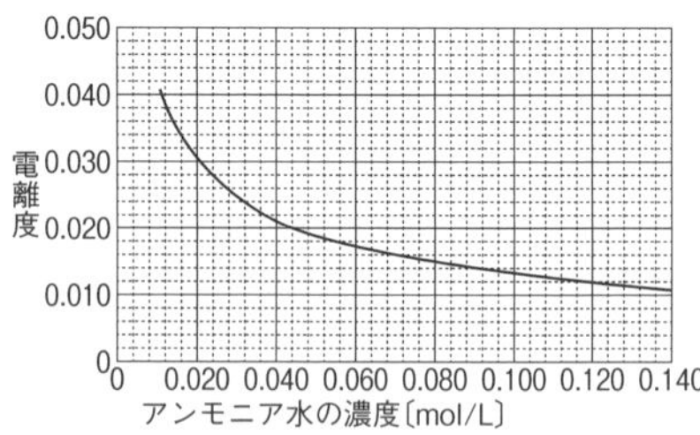

(1)　0.080mol/L のアンモニア水の水酸化物イオン濃度$[OH^-]$と同じ水酸化物イオン濃度をもつ水酸化ナトリウム水溶液の濃度は何 mol/L か。

(2)　0.080mol/L のアンモニア水を水で 4 倍に希釈すると，水酸化物イオン濃度はもとの何倍になるか。

8 中和反応と塩

1 中和反応

❶中和反応　酸の H^+ と塩基の OH^- が反応して，水 H_2O が生成する反応。

（イオン反応式）　$H^+ + OH^- \longrightarrow H_2O$

❷中和の量的関係　酸と塩基が過不足なくちょうど中和する条件。

酸の出す H^+ の物質量　＝　塩基の出す OH^- の物質量

酸の物質量　×　価数　＝　塩基の物質量　×　価数

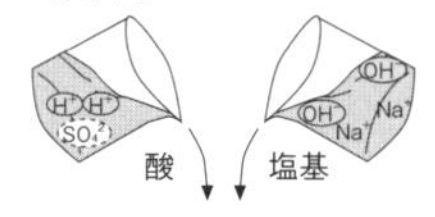

〈中和の公式〉

$$a \times C \times v = b \times C' \times v'$$

a，*b* …酸，塩基の価数
C，*C′* …酸・塩基の濃度〔mol/L〕
v，*v′* …酸・塩基の体積〔L〕

加えたH⁺とOH⁻の数が等しいとき,過不足なく中和する。

注）この関係は，酸・塩基の強弱に関係なく成り立つ。

2 塩とその分類

❶塩　中和反応で，塩基の陽イオンと酸の陰イオンがイオン結合してできた物質。

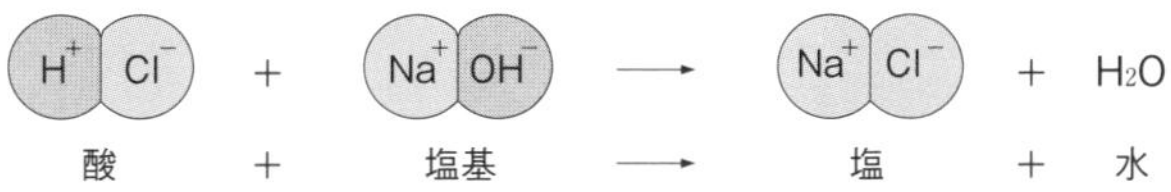

❷塩の分類

分　類	定　　義	例
正　塩	酸のHも塩基のOHも残っていない塩。	NaCl，Na_2SO_4，CH_3COONa
酸性塩	酸のHが残っている塩。	$NaHCO_3$，$NaHSO_4$
塩基性塩	塩基のOHが残っている塩。	MgCl(OH) 塩化水酸化マグネシウム

注）塩の組成に基づく分類で，塩の液性（中性，酸性，塩基性）とは無関係である。

❸塩の水溶液の性質（液性）　塩を構成する酸・塩基の強弱（→p.56）により決まる。

塩のタイプ	水溶液の液性	例
強酸と強塩基の正塩	中　性	NaCl，Na_2SO_4，KNO_3
弱酸と強塩基の正塩	塩基性	CH_3COONa，Na_2CO_3
強酸と弱塩基の正塩	酸　性	NH_4Cl，$CuSO_4$

注）ただし，強酸と強塩基からなる酸性塩の硫酸水素ナトリウム $NaHSO_4$ は，
$NaHSO_4 \longrightarrow Na^+ + H^+ + SO_4^{2-}$　と電離して，酸性を示す。

❹酸化物の分類

酸性酸化物	酸としてはたらく酸化物。	非金属元素の酸化物。	例 CO_2, SO_2
塩基性酸化物	塩基としてはたらく酸化物。	金属元素の酸化物。	例 Na_2O, CaO
両性酸化物	酸，塩基としてはたらく酸化物。	両性金属*の酸化物。	例 Al_2O_3, ZnO

＊酸・塩基いずれの水溶液とも反応する金属。例 Al, Zn, Sn, Pb

❸ 中和滴定

❶中和滴定　濃度が正確にわかった酸(塩基)の水溶液(標準溶液という)を用いて，濃度未知の塩基(酸)の水溶液の濃度を求める操作。次のような器具を用いて行う。

器　具	使　用　目　的	洗　浄　法
メスフラスコ	一定濃度の溶液をつくる。	純水でぬれていてもよい。
ホールピペット	一定体積の溶液をはかり取る。	使用する溶液で洗う(**共洗い**)。
ビュレット	溶液の任意の滴下量をはかる。	使用する溶液で洗う(**共洗い**)。
コニカルビーカー	中和滴定の反応容器として使用。	純水でぬれていてもよい。

〈操作〉　酢酸水溶液の水酸化ナトリウム水溶液による中和滴定。

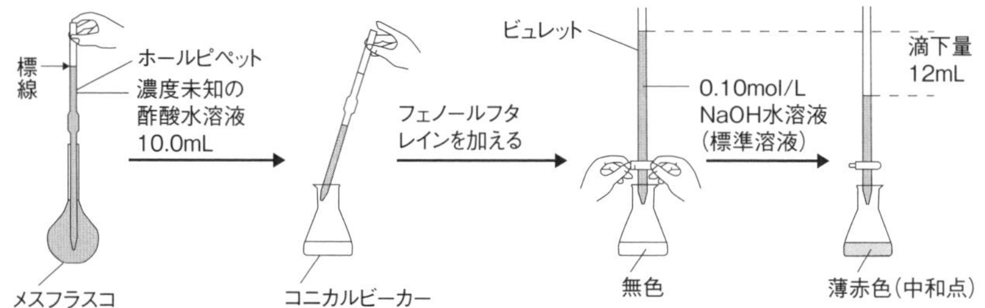

❷滴定曲線　中和滴定に伴う混合水溶液の pH の変化を表す曲線。

❸ pH 指示薬　水溶液の pH の変化により色の変わる色素。酸・塩基が過不足なく中和した点(**中和点**)を知るのに用いる。指示薬の変色する pH の範囲を変色域という。

（網掛け：変色域）

指示薬＼pH	1	2	3	4	5	6	7	8	9	10	11	12
メチルオレンジ			赤	（変色域）	黄							
メチルレッド				赤	（変色域）	黄						
ブロモチモールブルー						黄	（変色域）	青				
フェノールフタレイン								無	（変色域）	赤		

注）リトマスは変色域が広く，色の変化が鋭敏ではないので，中和滴定の指示薬には用いない。

❹指示薬の選択　中和点付近では，pH の急激な変化(**pH ジャンプ**)が起こる。この pH ジャンプの範囲内に変色域をもつ指示薬を用いて中和点を知る。

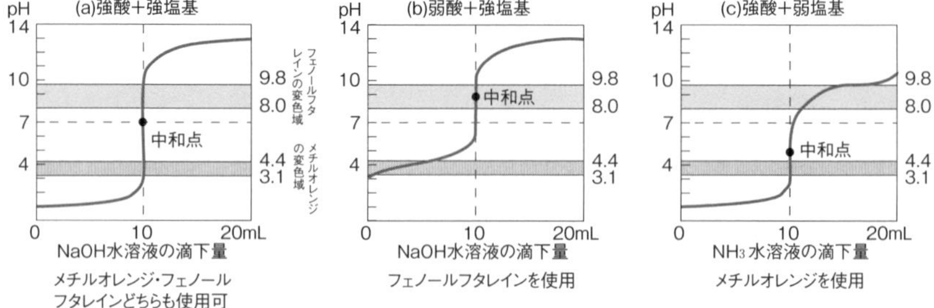

確認＆チェック

解答

1 塩酸と水酸化ナトリウム水溶液を混ぜると，塩化ナトリウムと水を生じる。次の問いに答えよ。

$$HCl + NaOH \longrightarrow NaCl + H_2O$$

(1) このときに起こった反応を何というか。

(2) NaCl のように，塩基の陽イオンと酸の陰イオンがイオン結合してできた物質を一般に何というか。

1 (1) 中和
(2) 塩
→ p.63 1

2 次の塩(えん)を，(a)正塩，(b)酸性塩，(c)塩基性塩に分類せよ。

(1) NaCl　　(2) $NaHSO_4$

(3) MgCl(OH)　　(4) Na_2SO_4

2 (1) (a)　(2) (b)
(3) (c)　(4) (a)
→ p.63 2

3 次の各塩の水溶液は，何性を示すかを答えよ。

(1) 強酸と強塩基からなる正塩

(2) 強酸と弱塩基からなる正塩

(3) 弱酸と強塩基からなる正塩

3 (1) 中性
(2) 酸性
(3) 塩基性
→ p.63 2

4 次の中和滴定の操作に最も適した器具を1つずつ記号で選べ。

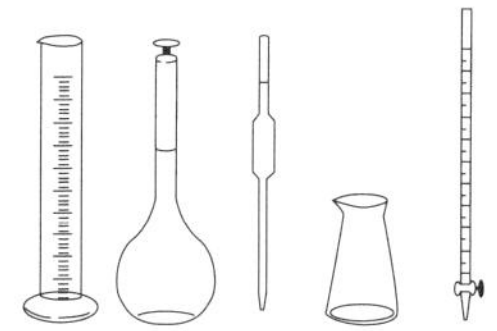

(1) 一定体積の溶液をはかる。

(2) 一定濃度の酸・塩基の標準溶液をつくる。

(3) 溶液の任意の滴下量を正確にはかる。

(4) 中和滴定の反応容器として使用する。

4 (1) (ウ)
(2) (イ)
(3) (オ)
(4) (エ)
→ p.64 3

5 次の図は，代表的な pH 指示薬の変色域を示す。該当する指示薬の名称を，あとの(ア)〜(エ)から選べ。　□ 変色域を示す

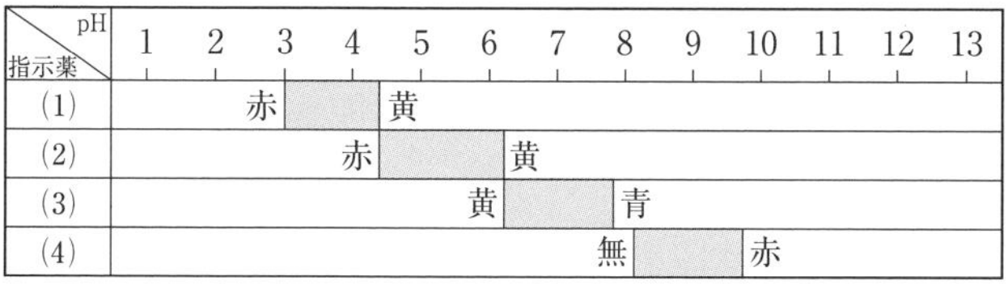

指示薬＼pH	1	2	3	4	5	6	7	8	9	10	11	12	13
(1)			赤		黄								
(2)				赤			黄						
(3)						黄		青					
(4)								無		赤			

(ア) メチルレッド　(イ) ブロモチモールブルー（BTB）

(ウ) メチルオレンジ　(エ) フェノールフタレイン

5 (1) (ウ)
(2) (ア)
(3) (イ)
(4) (エ)
→ p.64 3

例題 20 中和の量的関係 □□

ある濃度の硫酸 100mL を中和するのに，0.10mol/L の水酸化ナトリウム水溶液が 50mL 必要であった。この硫酸の濃度は何 mol/L か。

考え方 酸と塩基の水溶液が過不足なく中和した点を中和点という。

中和点では，**(酸の放出した H^+ の物質量)＝(塩基の放出した OH^- の物質量)**，

または，**(酸の物質量×価数)＝(塩基の物質量×価数)** の関係が成り立つ。

a 価，C mol/L，v L の酸の水溶液と，b 価，C' mol/L，v' L の塩基の水溶液がちょうど中和する条件は，

$$a \times C \times v = b \times C' \times v' \quad \text{(中和の公式)}$$

中和の量的関係には，酸・塩基の強弱は関係しないが，酸・塩基の価数が関係する。

硫酸の濃度を x〔mol/L〕とおくと，H_2SO_4 は 2 価の酸，NaOH は 1 価の塩基であり，中和点では次式が成り立つ。

$$2 \times x \times \frac{100}{1000} = 1 \times 0.10 \times \frac{50}{1000} \qquad \therefore \quad x = 0.025\text{〔mol/L〕}$$

解答 0.025mol/L

例題 21 逆滴定 □□

濃度不明の硫酸 10.0mL を 0.10mol/L の水酸化ナトリウム水溶液で中和滴定したが，誤って中和点を越え，12.5mL を滴下してしまった。そこで，この混合溶液を 0.010mol/L の塩酸で再び中和滴定したところ，5.0mL 加えた時点でちょうど中和点に達した。最初の硫酸の濃度は何 mol/L であったか。

考え方 過剰に加えた塩基(酸)の残りを，別の酸(塩基)で滴定することを逆滴定という。

逆滴定は，本問のように，中和滴定実験を失敗して，中和点を越えてしまった場合のほか，気体や固体の酸・塩基の物質量を求める場合によく使われる。

たとえば，① CO_2(酸性気体)を過剰の塩基の水溶液に吸収させ，残った塩基を別の酸の水溶液で滴定して，CO_2 の物質量を求める。

② NH_3(塩基性気体)を過剰の酸の水溶液に吸収させ，残った酸を別の塩基の水溶液で滴定して NH_3 の物質量を求めるなどの場合がある。

逆滴定のように，2 種類以上の酸・塩基が関係する中和滴定であっても，最終的に，中和点では次の関係が成り立つ。

(酸の放出した H^+ の総物質量)＝(塩基の放出した OH^- の総物質量)

求める硫酸の濃度を x〔mol/L〕とおくと，硫酸は 2 価の酸，塩酸は 1 価の酸，水酸化ナトリウムは 1 価の塩基であり，中和点では次式が成り立つ。

$$2 \times x \times \frac{10.0}{1000} + 1 \times 0.010 \times \frac{5.0}{1000} = 1 \times 0.10 \times \frac{12.5}{1000} \qquad \therefore \quad x = 0.060\text{〔mol/L〕}$$

解答 0.060mol/L

例題 22 塩の水溶液の性質（液性）

次の(ア)～(エ)の塩の水溶液は，酸性，中性，塩基性のいずれを示すか。

(ア) $NaCl$　(イ) CH_3COONa　(ウ) NH_4Cl　(エ) $CuSO_4$

考え方 **正塩**（酸の H も塩基の OH も残っていない塩）の水溶液の液性（酸性，中性，塩基性）は，その塩がどのような酸と塩基の中和で生成した塩であるかを考え，もとの酸・塩基の強弱から，次のように判定できる。したがって，主な酸・塩基の強弱（p.56）を覚えておくことが必要である。

- **強酸と強塩基からなる正塩は中性**
- **強酸と弱塩基からなる正塩は酸性**
- **弱酸と強塩基からなる正塩は塩基性**

(ア) HCl（強酸）と $NaOH$（強塩基）からなる正塩だから，水溶液は中性を示す。

(イ) CH_3COOH（弱酸）と $NaOH$（強塩基）からなる正塩だから，水溶液は塩基性を示す。

(ウ) HCl（強酸）と NH_3（弱塩基）からなる正塩だから，水溶液は酸性を示す。

(エ) H_2SO_4（強酸）と $Cu(OH)_2$（弱塩基）からなる正塩だから，水溶液は酸性を示す。

解答 (ア) 中性　(イ) 塩基性　(ウ) 酸性　(エ) 酸性

例題 23 中和滴定

シュウ酸二水和物 $(COOH)_2 \cdot 2H_2O$（式量 126）0.567g をはかり取り，100mL の水溶液とした。この水溶液 10.0mL をコニカルビーカーにとり，濃度未知の水酸化ナトリウム水溶液で滴定したところ 12.5mL で中和点に達した。

(1) この滴定で使用できる指示薬の名称を答えよ。

(2) シュウ酸の水溶液の濃度は何 mol/L か。

(3) 水酸化ナトリウム水溶液の濃度は何 mol/L か。

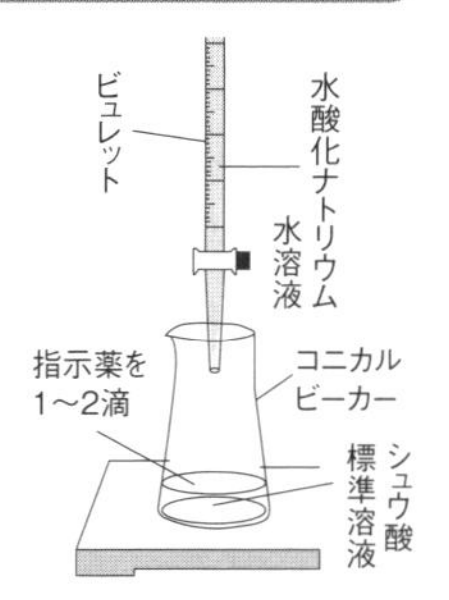

考え方 (1) 通常，中和点は適切な **pH 指示薬**の変色で知ることができる。シュウ酸（弱酸）と水酸化ナトリウム（強塩基）の中和滴定では，中和点は**塩基性側に偏る**ので，塩基性側に変色域をもつフェノールフタレインという指示薬を使う必要がある。

ビュレットから $NaOH$ 水溶液を滴下するごとにコニカルビーカーを振り混ぜ，溶液の色が無色→淡赤色になったときが中和点である。

(2) シュウ酸二水和物（結晶）$(COOH)_2 \cdot 2H_2O$ の式量は 126 より，モル質量は 126g/mol。

シュウ酸二水和物 0.567g の物質量は，$\dfrac{0.567}{126} = 4.50 \times 10^{-3}$ mol。

これが溶液 100mL 中に含まれるので，シュウ酸水溶液のモル濃度は，

$$\frac{4.50 \times 10^{-3}\,\text{mol}}{0.100\,\text{L}} = 4.50 \times 10^{-2}\,(\text{mol/L})$$

(3) $NaOH$ 水溶液の濃度を x (mol/L) とすると，シュウ酸は 2 価の酸，水酸化ナトリウムは 1 価の塩基であり，中和点では次式が成り立つ。

$$2 \times 4.50 \times 10^{-2} \times \frac{10.0}{1000} = 1 \times x \times \frac{12.5}{1000} \qquad \therefore\ x = 7.20 \times 10^{-2}\,(\text{mol/L})$$

解答 (1) フェノールフタレイン　(2) 4.50×10^{-2} mol/L　(3) 7.20×10^{-2} mol/L

問題A

必は重要な必須問題。時間のないときはここから取り組む。

必91 □□ ◀中和の量的関係▶　次の問いに答えよ。

(1)　0.50mol/L の硫酸 10mL を完全に中和するのに必要な 0.20mol/L のアンモニア水は何 mL か。

(2)　濃度不明の硫酸 10.0mL を 0.500mol/L の水酸化ナトリウム水溶液で中和滴定したら，12.0mL 加えた時点で中和点に達した。この硫酸の濃度は何 mol/L か。

(3)　水酸化カルシウム $Ca(OH)_2$ 0.020mol を，完全に中和するのに必要な 1.0mol/L 塩酸は何 mL か。

(4)　濃度不明の硫酸 10.0mL に 0.10mol/L の水酸化ナトリウム水溶液を 12.0mL 加えたら中和点を越えてしまった。そこで，さらに 0.050mol/L の塩酸を加えたところ，4.0mL 加えた時点でちょうど中和点に達した。この硫酸の濃度は何 mol/L か。

必92 □□ ◀塩の分類と液性▶　次の塩について，あとの問いに記号で答えよ。

(1)　次の塩を，①正塩，②酸性塩，③塩基性塩に分類せよ。

(a)　KNO_3　(b)　$(NH_4)_2SO_4$　(c)　$MgCl(OH)$

(d)　Na_2CO_3　(e)　$NaHCO_3$　(f)　CH_3COONa

(2)　次の塩の水溶液が，酸性を示せば A，塩基性を示せば B，中性を示せば N と記せ。

(a)　KCl　(b)　$(NH_4)_2SO_4$　(c)　Na_2CO_3

(d)　$Ba(NO_3)_2$　(e)　CH_3COOK　(f)　Na_2S

(g)　$CuCl_2$　(h)　$NaHCO_3$　(i)　$NaHSO_4$

必93 □□ ◀中和滴定に使用する器具▶　図は中和滴定に用いられるガラス器具を示す。

(1)　器具 A～D の名称をそれぞれ記せ。

(2)　器具 A～D のおもな役割を次から記号で選べ。

㋐　一定濃度の溶液(標準溶液)をつくる。

㋑　滴下した液体の正確な体積をはかる。

㋒　一定体積の液体を正確にはかり取る。

㋓　酸と塩基の中和反応を行う反応容器。

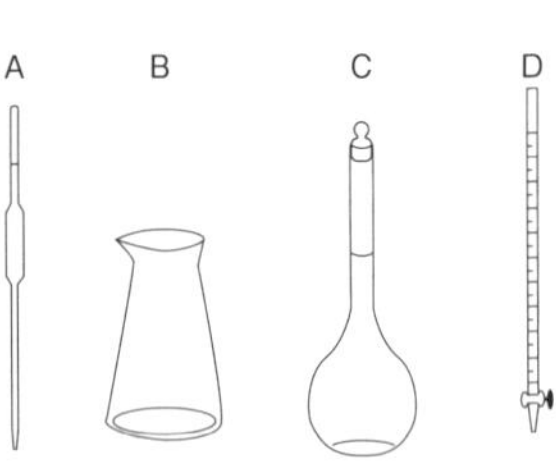

(3)　器具 A～D の最適な使用法を次から記号で選べ。重複して選んでもよい。

(a)　純水でぬれたまま使用してもよい。

(b)　清潔な布で内部をよくふいてから使用する。

(c)　これから使用する溶液で内部を数回すすいでから，ぬれたまま使用する。

(4)　器具 A～D のうち，加熱乾燥してもよいものを記号で選び，理由も示せ。

必 94 □□ ◀**中和滴定**▶　次の実験について，あとの問いに答えよ。

① 市販の食酢をホールピペットを用いて正確に 10.0mL はかり取り，メスフラスコに入れ，純水で薄めて正確に 100mL とした。

② ①で 10 倍に薄めた水溶液を別のホールピペットを用いて 10.0mL 正確にはかり取り，コニカルビーカーへ移した。

③ ここへフェノールフタレイン溶液を 2 滴加え，ビュレットから 0.100mol/L 水酸化ナトリウム水溶液を滴下したら，ちょうど中和するのに 7.20mL を要した。

(1) このような実験は，一般に何とよばれるか。

(2) 中和点前後での水溶液の色の変化を答えよ。

(3) この滴定の指示薬にフェノールフタレインを用いた理由を答えよ。

(4) 市販の食酢中の酢酸のモル濃度を求めよ。

(5) 市販の食酢(密度 $1.02\,g/cm^3$)中の酢酸の質量パーセント濃度を求めよ。

(原子量：H＝1.0，C＝12，O＝16)

必 95 □□ ◀**滴定曲線と指示薬**▶　次の図は，0.1 mol/L の酸の水溶液に，0.1 mol/L の塩基の水溶液を加えたときの混合溶液の pH の変化を表したものである。これらの図に該当する最適な酸と塩基の組み合わせを[A]群から，各滴定において，中和点を知るのに最適な指示薬を[B]群からそれぞれ記号で選べ。

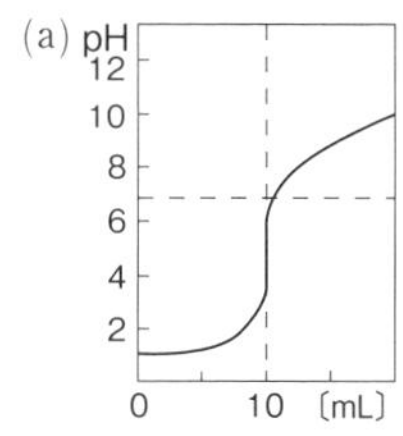

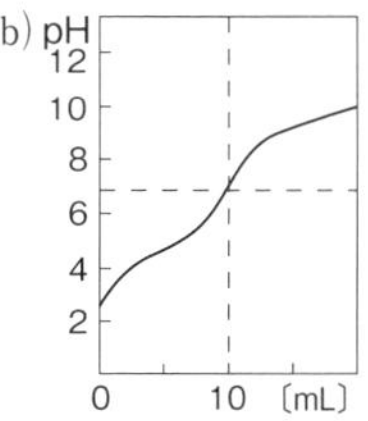

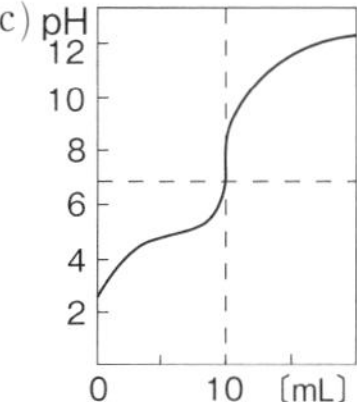

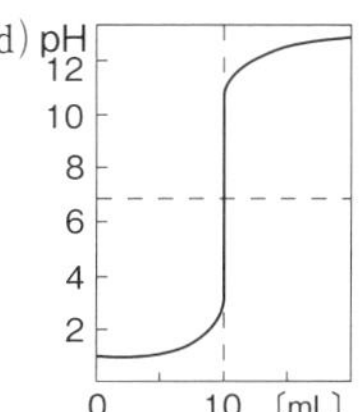

［A］ (ア) 塩酸とアンモニア水　(イ) 酢酸と水酸化ナトリウム水溶液
　　 (ウ) 酢酸とアンモニア水　(エ) 塩酸と水酸化ナトリウム水溶液

［B］ (オ) メチルオレンジのみが使用できる。
　　 (カ) フェノールフタレインのみが使用できる。
　　 (キ) メチルオレンジまたはフェノールフタレインのいずれでもよい。
　　 (ク) メチルオレンジもフェノールフタレインもともに使用できない。

問題B

必は重要な必須問題。時間のないときはここから取り組む。

96 □□ ◀中和滴定▶ 次の問いに答えよ。(原子量は H＝1.0，C＝12，O＝16)

(a) シュウ酸二水和物$(COOH)_2 \cdot 2H_2O$ に少量の純水を加えて溶かしてから，器具Aに移し，標線まで純水を加えて 500mL の水溶液とした。

(b) 水酸化ナトリウムの結晶約 2.0g を純水に溶かし 500mL の水溶液をつくった。

(c) (a)のシュウ酸標準溶液 20.0mL を器具Bを用いて器具Cに取り，少量のフェノールフタレイン溶液を加えた後，器具Dを用いて(b)の水酸化ナトリウム水溶液で滴定したら，19.6mL で中和点に達した。

(1) 器具A～Dに適する器具の名称をそれぞれ答えよ。

(2) (a)のシュウ酸標準溶液の濃度は何 mol/L か。

(3) (b)の水酸化ナトリウム水溶液の濃度は何 mol/L か。

97 □□ ◀逆滴定▶ 0.500mol/L の希硫酸 100mL にある量のアンモニアを完全に吸収させたところ，まだ酸性を示した。そこで，この水溶液を 1.00mol/L の水酸化ナトリウム水溶液で滴定したところ，24.0mL 加えたとき中和点に達した。

これより，希硫酸に吸収させたアンモニアの物質量は何 mol か。

98 □□ ◀二段階中和▶ 炭酸ナトリウムを含む水酸化ナトリウムの結晶約 1g を純水に溶かして 100mL の溶液とした。このうち 10.0mL をコニカルビーカーにとり，フェノールフタレインを指示薬として 0.100mol/L 塩酸で滴定したところ，18.6mL を加えた時点でⓐ指示薬が変色した。(第一中和点)

続いて，指示薬のメチルオレンジを加えて，さらに同濃度の塩酸で滴定したところ，3.00mL 加えた時点でⓑ指示薬が変色した。(第二中和点)

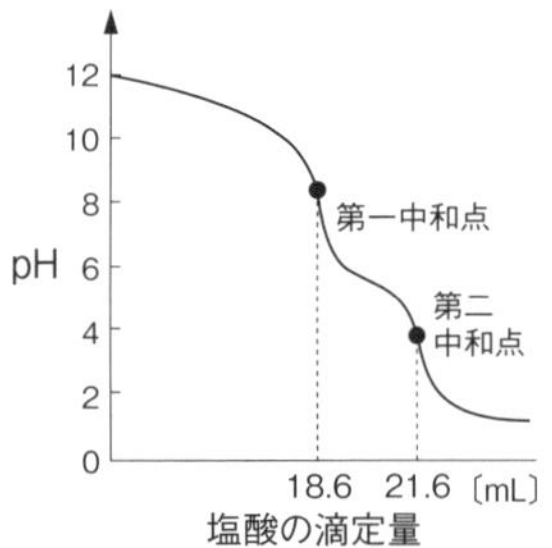

(1) 下線部ⓐ，ⓑでの水溶液の色の変化を記せ。

(2) (i)滴定開始～第一中和点，および(ii)第一中和点～第二中和点までに起こる変化を化学反応式で示せ。

(3) もとの水溶液 100mL 中に含まれる水酸化ナトリウムと炭酸ナトリウムの質量〔g〕をそれぞれ求めよ。NaOH の式量 40.0，Na_2CO_3 の式量を 106 とする。

酸化還元反応

1 酸化と還元

❶酸化・還元の定義

定義	酸素原子	水素原子	電子	酸化数
酸化	受け取る	失う	失う	増加する
還元	失う	受け取る	受け取る	減少する

例 $CuO + H_2 \longrightarrow Cu + H_2O$ （H_2 は酸化された（→ H_2O），CuO は還元された（→ Cu））

（通常，「酸化された」「還元された」のように受身形で表現する。）

❷酸化数　原子，イオンの酸化の程度を表す数値。

・原子1個あたりの整数値で示し，必ず＋，－の符号をつける。

・±1，±2，…と算用数字で表すほか，±Ⅰ，±Ⅱ，…とローマ数字でも表す。

酸化数の決め方	例
単体中の原子の酸化数は0。	H_2（H…0），Cu（Cu…0）
化合物中の原子の酸化数の総和は0。 水素原子の酸化数は＋1，酸素原子の酸化数は－2。	H_2S（S…－2） SO_2（S…＋4）
単原子イオンの酸化数は，イオンの電荷に等しい。	Na^+（Na…＋1）
多原子イオン中の原子の酸化数の総和はイオンの電荷に等しい。	NH_4^+（N…－3）

（例外）過酸化水素 H_2O_2（H－O－O－H）のように，－O－O－結合があると，Oの酸化数は－1。

❸酸化還元反応　酸化と還元は常に同時に起こる。（酸化還元反応の同時性）

・酸化数の変化した原子を含む反応…酸化還元反応である。

例 $CuO + H_2 \longrightarrow Cu + H_2O$
酸化数 （＋2）（0）→（0）（＋1）
（H_2 は酸化された，CuO は還元された）

・酸化数の変化した原子を含まない反応…酸化還元反応ではない。

例 $CuO + H_2SO_4 \longrightarrow CuSO_4 + H_2O$
酸化数 （＋2）（＋1）→（＋2）（＋1）

2 酸化剤と還元剤

❶酸化剤　相手の物質を酸化する物質。その物質自身は還元される。

❷還元剤　相手の物質を還元する物質。その物質自身は酸化される。

酸化剤
・自身は還元される。
・電子を受け取る。
・酸化数は減少する。

どちらにでもなる物質
SO_2, H_2O_2

還元剤
・自身は酸化される。
・電子を失う。
・酸化数は増加する。

酸化剤(電子を受け取る)		還元剤(電子を放出する)	
Cl_2, Br_2, I_2	$Cl_2 + 2e^- \longrightarrow 2Cl^-$	Na	$Na \longrightarrow Na^+ + e^-$
$KMnO_4$(酸性)	$MnO_4^- + 8H^+ + 5e^- \longrightarrow Mn^{2+} + 4H_2O$	$FeSO_4$	$Fe^{2+} \longrightarrow Fe^{3+} + e^-$
$K_2Cr_2O_7$(酸性)	$Cr_2O_7^{2-} + 14H^+ + 6e^- \longrightarrow 2Cr^{3+} + 7H_2O$	$SnCl_2$	$Sn^{2+} \longrightarrow Sn^{4+} + 2e^-$
HNO_3(濃)	$HNO_3 + H^+ + e^- \longrightarrow NO_2 + H_2O$	$(COOH)_2$	$(COOH)_2 \longrightarrow 2CO_2 + 2H^+ + 2e^-$
HNO_3(希)	$HNO_3 + 3H^+ + 3e^- \longrightarrow NO + 2H_2O$	H_2S	$H_2S \longrightarrow S + 2H^+ + 2e^-$
H_2SO_4(熱濃)	$H_2SO_4 + 2H^+ + 2e^- \longrightarrow SO_2 + 2H_2O$	KI	$2I^- \longrightarrow I_2 + 2e^-$
H_2O_2	$H_2O_2 + 2H^+ + 2e^- \longrightarrow 2H_2O$	H_2O_2	$H_2O_2 \longrightarrow O_2 + 2H^+ + 2e^-$
SO_2	$SO_2 + 4H^+ + 4e^- \longrightarrow S + 2H_2O$	SO_2	$SO_2 + 2H_2O \longrightarrow SO_4^{2-} + 4H^+ + 2e^-$

❸電子の授受を表すイオン反応式(半反応式)のつくり方

例 酸性水溶液中における MnO_4^-(酸化剤)と SO_2(還元剤)の半反応式。

(1) 左辺に反応前の物質(**反応物**)，右辺に反応後の物質(**生成物**)を書く。	
$MnO_4^- \longrightarrow Mn^{2+}$	$SO_2 \longrightarrow SO_4^{2-}$
(2) 両辺の O 原子の数が等しくなるように，**水 H_2O** を加える。	
$MnO_4^- \longrightarrow Mn^{2+} + \boxed{4H_2O}$	$SO_2 + \boxed{2H_2O} \longrightarrow SO_4^{2-}$
(3) 両辺の H 原子の数が等しくなるように，**水素イオン H^+** を加える。	
$MnO_4^- + \boxed{8H^+} \longrightarrow Mn^{2+} + 4H_2O$	$SO_2 + 2H_2O \longrightarrow SO_4^{2-} + \boxed{4H^+}$
(4) 両辺の電荷の総和が等しくなるように，**電子 e^-** を加える。	
$MnO_4^- + 8H^+ + \boxed{5e^-} \longrightarrow Mn^{2+} + 4H_2O$	$SO_2 + 2H_2O \longrightarrow SO_4^{2-} + 4H^+ + \boxed{2e^-}$

❹酸化還元反応の反応式のつくり方

・酸化剤と還元剤の半反応式の電子 e^- の係数を合わせてから，両式を足し合わせる。

例 二酸化硫黄と硫化水素の反応

酸化剤：$SO_2 + 4H^+ + 4e^- \longrightarrow S + 2H_2O$ …(1)

還元剤：$H_2S \longrightarrow S + 2H^+ + 2e^-$ …(2)

(2)式を 2 倍して(1)式に加える。両辺で同じ $4H^+$ は消去する。

$SO_2 + 2H_2S \longrightarrow 3S + 2H_2O$ …(3)

3 酸化還元滴定

酸化剤と還元剤が過不足なく(ちょうど)反応するための条件

$$\begin{pmatrix}\text{酸化剤の受け取る}\\ \text{電子 } e^- \text{の物質量}\end{pmatrix} = \begin{pmatrix}\text{還元剤の放出する}\\ \text{電子 } e^- \text{の物質量}\end{pmatrix}$$

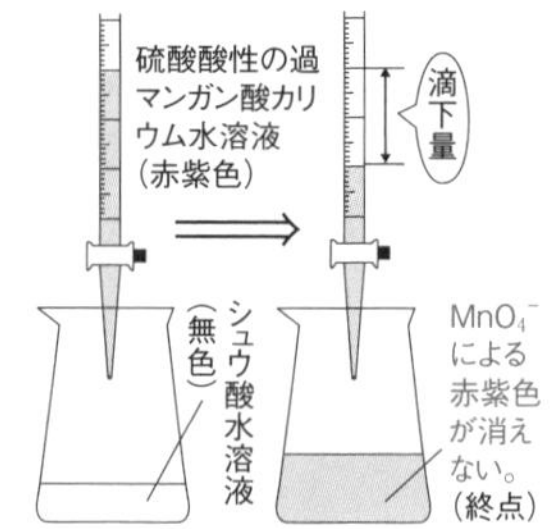

❶過マンガン酸塩滴定 酸化剤の過マンガン酸カリウム $KMnO_4$(指示薬を兼ねる)の色の変化を利用し，還元剤の濃度を決定することができる。

$MnO_4^- + 8H^+ + 5e^- \longrightarrow Mn^{2+} + 4H_2O$ …①

$(COOH)_2 \longrightarrow 2CO_2 + 2H^+ + 2e^-$ …②

①×2＋②×5 より，両辺から e^- を消去すると，

$$2MnO_4^- + 6H^+ + 5(COOH)_2 \longrightarrow 2Mn^{2+} + 10CO_2 + 8H_2O$$

以上より，$KMnO_4$ 2mol と $(COOH)_2$ 5mol は，過不足なく反応する。

・滴定の終点…MnO_4^- の赤紫色が消えなくなり，薄い赤紫色になったとき。

❷ヨウ素滴定　KI（還元剤）と濃度未知の酸化剤を反応させてヨウ素 I_2 を遊離させる。このI₂をデンプン溶液を指示薬として，濃度のわかっているチオ硫酸ナトリウム $Na_2S_2O_3$ 水溶液（還元剤）で滴定すると，酸化剤の濃度を決定できる。

・滴定の終点…ヨウ素デンプン反応の青紫色が消え，無色になったとき。

2-9

4 金属のイオン化傾向

❶金属のイオン化傾向　金属の単体が水溶液中で陽イオンとなる性質。

イオン化傾向大＝電子を失いやすい＝還元力が強い
イオン化傾向小＝電子を失いにくい＝還元力が弱い

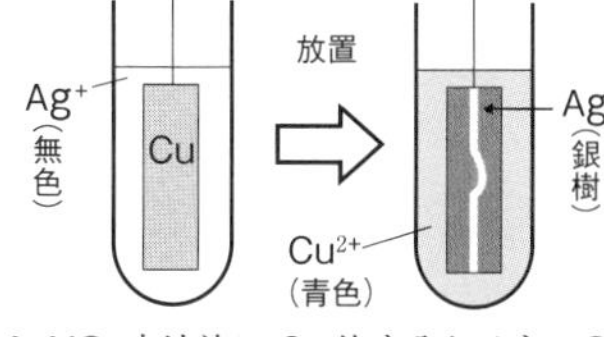

$AgNO_3$ 水溶液に Cu 片を入れると，Cu 片の表面に黒色～灰色の苔（こけ）状の析出物（Ag）が付着する。放置すると，白色の金属光沢をもつ**銀樹**が成長する。

❷金属イオンと別の金属の単体の反応

硝酸銀 $AgNO_3$ 水溶液に銅 Cu 片を入れる。

$$Cu + 2Ag^+ \longrightarrow Cu^{2+} + 2Ag$$

$$Cu^{2+} + 2Ag \;\not\longrightarrow\; \text{反応しない}$$

以上より，イオン化傾向は，Cu>Ag とわかる。

❸イオン化列　金属をイオン化傾向の大きい順に並べたもの（ボルタによる）。

（覚え方）リッチ（に）貸（か）（そう）か な ま あ あ て に す な ひ ど す ぎ（る）借 金

<table>
<tr><td rowspan="2">イオン化列</td><td>Li</td><td>K</td><td>Ca</td><td>Na</td><td>Mg</td><td>Al</td><td>Zn</td><td>Fe</td><td>Ni</td><td>Sn</td><td>Pb</td><td>(H₂)</td><td>Cu</td><td>Hg</td><td>Ag</td><td>Pt</td><td>Au</td></tr>
<tr><td colspan="17">大 ←――― イオン化傾向 ―――→ 小</td></tr>
<tr><td>空気中での反応（常温）</td><td colspan="4">すみやかに酸化される</td><td colspan="9">酸化され，表面に酸化物の被膜を生じる</td><td colspan="4">酸化されない</td></tr>
<tr><td>水との反応</td><td colspan="4">常温の水と反応*1</td><td>熱水と反応</td><td colspan="3">高温の水蒸気と反応</td><td colspan="9">反応しない</td></tr>
<tr><td>酸との反応</td><td colspan="11">塩酸，希硫酸と反応し，水素を発生して溶ける*2</td><td colspan="4">酸化力のある酸（硝酸，熱濃硫酸）に溶ける*3</td><td colspan="2">王水に溶ける</td></tr>
</table>

注）①Pb を塩酸や希硫酸に浸してもほとんど溶けない。それは Pb の表面を，水に溶けない $PbCl_2$ や $PbSO_4$ が覆うため，それ以上 Pb が酸と反応するのを妨げるからである。

②Al，Fe，Ni は，濃硝酸には不動態となって溶けない。不動態とは，金属の表面がち密な酸化被膜で覆われて，内部が保護されている状態のことである。

③王水は，濃硝酸と濃塩酸を 1：3 の体積比で混合したもので，酸化力がきわめて強い。

＊1）例　ナトリウムを常温の水に入れる。　$2Na + 2H_2O \longrightarrow 2NaOH + H_2$

＊2）例　鉄を希硫酸に入れる。　$Fe + H_2SO_4 \longrightarrow FeSO_4 + H_2$

＊3）例　銅を希硝酸に入れる。　$3Cu + 8HNO_3 \longrightarrow 3Cu(NO_3)_2 + 4H_2O + 2NO$

銅を濃硝酸に入れる。　$Cu + 4HNO_3 \longrightarrow Cu(NO_3)_2 + 2H_2O + 2NO_2$

銅を熱濃硫酸に入れる。　$Cu + 2H_2SO_4 \longrightarrow CuSO_4 + 2H_2O + SO_2$

確認&チェック

1 次の表に当てはまる語句を下の語群から選べ。

定　義	酸素原子	水素原子	電　子	酸化数
酸化される	受け取る	①	③	⑤
還元される	失う	②	④	⑥

〔　受け取る，失う，増加する，減少する　〕

2 次の物質中で，下線をつけた原子の酸化数を求めよ。

(1) $\underline{Cl}_2$　(2) $\underline{N}H_3$　(3) $\underline{Ca}^{2+}$　(4) $\underline{N}O_3^-$

3 次の文の□に適語を入れよ。

化学反応において，相手の物質を酸化する物質を①□といい，その物質自身は②□される。

化学反応において，相手の物質を還元する物質を③□といい，その物質自身は④□される。

4 次の物質を酸化剤と還元剤に分けよ。

(ア) $KMnO_4$　(イ) H_2S　(ウ) HNO_3　(エ) $FeSO_4$

5 図は，Ag^+を含む水溶液に銅片を入れ，しばらく放置したようすを示す。次の問いに答えよ。

(1) 銅片に析出した樹枝状の銀の結晶を何というか。

(2) 銅と銀では，どちらがイオン化傾向が大きいか。

(3) このとき起こった変化を，イオン反応式で示せ。

6 次の(1)～(4)に当てはまる金属を〔　〕から選べ。

(1) 常温の水と反応する。

(2) 熱水とは反応しないが，塩酸には溶ける。

(3) 塩酸には溶けないが，硝酸には溶ける。

(4) 硝酸には溶けないが，王水には溶ける。

〔Cu，Na，Fe，Au〕

解答

1 ① 失う
② 受け取る
③ 失う
④ 受け取る
⑤ 増加する
⑥ 減少する
→ p.71 1

2 (1) 0　(2) −3
(3) +2　(4) +5
➡(4) $x+(-2)\times 3=-1$
∴ $x=+5$
→ p.71 1

3 ① 酸化剤
② 還元
③ 還元剤
④ 酸化
→ p.71 2

4 酸化剤 (ア), (ウ)
還元剤 (イ), (エ)
→ p.72 2

5 (1) 銀樹
(2) 銅
(3) $Cu + 2Ag^+ \rightarrow Cu^{2+} + 2Ag$
→ p.73 4

6 (1) Na　(2) Fe
(3) Cu　(4) Au
→ p.73 4

例題 24 酸化数と酸化剤・還元剤

次の各反応の下線部の原子の酸化数の変化を調べ，酸化剤および還元剤に相当する物質をそれぞれ化学式で答えよ。

(1) $\underline{I}_2 + \underline{S}O_2 + 2H_2O \longrightarrow 2HI + H_2SO_4$

(2) $\underline{Cu} + 4H\underline{N}O_3 \longrightarrow Cu(NO_3)_2 + 2NO_2 + 2H_2O$

考え方

原子の酸化数が増加 → 原子が酸化された → その物質が**酸化された**
原子の酸化数が減少 → 原子が還元された → その物質が**還元された**

(1) $\underline{I}_2 + \underline{S}O_2 + 2H_2O \longrightarrow 2H\underline{I} + H_2\underline{S}O_4$

I: (0) → (−1) **酸化数減少**(還元された)　S: (+4) → (+6) **酸化数増加**(酸化された)

(2) $\underline{Cu} + 4H\underline{N}O_3 \longrightarrow \underline{Cu}(NO_3)_2 + 2\underline{N}O_2 + 2H_2O$

Cu: (0) → (+2) **酸化数増加**(酸化された)　N: (+5) → (+4) **酸化数減少**(還元された)

酸化剤 → 相手を酸化する物質(自身は還元される…酸化数が減少する)

還元剤 → 相手を還元する物質(自身は酸化される…酸化数が増加する)

解答 (1) I：0 →−1　酸化剤は I_2,　S：+4 →+6　還元剤は SO_2

(2) Cu：0 →+2　還元剤は Cu,　N：+5 →+4　酸化剤は HNO_3

例題 25 酸化剤・還元剤のイオン反応式

(1) 過酸化水素 H_2O_2(酸性)が酸化剤としてはたらくときのイオン反応式を示せ。

(2) 過酸化水素 H_2O_2 が還元剤としてはたらくときのイオン反応式を示せ。

考え方 酸化剤(還元剤)の電子の授受を示すイオン反応式を，半反応式という。半反応式を書くには，酸化剤・還元剤が，反応後にどんな物質になるのかを知っておく必要がある。

(1) 過酸化水素が酸化剤としてはたらく場合

① 反応物は H_2O_2，生成物は H_2O である。　$H_2O_2 \longrightarrow H_2O$

② 両辺の O 原子の数を H_2O で合わせる。　$H_2O_2 \longrightarrow 2H_2O$

③ 両辺の H 原子の数を H^+ で合わせる。　$H_2O_2 + 2H^+ \longrightarrow 2H_2O$

④ 両辺の電荷の総和を e^- で合わせる。　$H_2O_2 + 2H^+ + 2e^- \longrightarrow 2H_2O$

解答 $H_2O_2 + 2H^+ + 2e^- \longrightarrow 2H_2O$

(2) 過酸化水素が還元剤としてはたらく場合

① 反応物は H_2O_2，生成物は O_2 である。　$H_2O_2 \longrightarrow O_2$

② 両辺の O 原子の数を H_2O で合わせる。(合っている)

③ 両辺の H 原子の数を H^+ で合わせる。　$H_2O_2 \longrightarrow O_2 + 2H^+$

④ 両辺の電荷の総和を e^- で合わせる。　$H_2O_2 \longrightarrow O_2 + 2H^+ + 2e^-$

解答 $H_2O_2 \longrightarrow O_2 + 2H^+ + 2e^-$

例題 26 酸化還元滴定 □□

ある濃度の過酸化水素水 10.0mL に硫酸を加えて酸性にした。この水溶液に 0.0200mol/L の過マンガン酸カリウム水溶液を滴下したところ，14.0mL で反応が終点に達した。(1)この滴定の終点をどう判断すればよいか。(2)この過酸化水素水の濃度は何 mol/L か。

$MnO_4^- + 8H^+ + 5e^- \longrightarrow Mn^{2+} + 4H_2O$ …①

$H_2O_2 \longrightarrow O_2 + 2H^+ + 2e^-$ …②

考え方 酸化還元反応を利用して，濃度既知の酸化剤（還元剤）から，還元剤（酸化剤）の濃度を決定する操作を酸化還元滴定という。

反応容器に H_2O_2 が残っている間は，滴下した MnO_4^-（赤紫色）と反応して直ちに Mn^{2+}（無色）になる。しかし，H_2O_2 がなくなると，MnO_4^- の色が消えなくなる。このときが滴定の終点となる。すなわち，酸化剤の $KMnO_4$ は指示薬としての役割も兼ねている。

①より MnO_4^- 1mol は電子 5mol を受け取り，②より H_2O_2 1mol は電子 2mol を放出する。酸化剤と還元剤が過不足なく（ちょうど）反応するときには，
（酸化剤の受け取った e^- の物質量）＝（還元剤の与えた e^- の物質量）の関係が成り立つ。
過酸化水素水の濃度を x〔mol/L〕とすると，

$$0.0200 \times \frac{14.0}{1000} \times 5 = x \times \frac{10.0}{1000} \times 2 \qquad \therefore \ x = 0.0700 \text{〔mol/L〕}$$

解 答 (1) 溶液の色が無色から薄い赤紫色に変化したとき。 (2) 0.0700mol/L

例題 27 金属の反応性 □□

次の(1)〜(5)の記述に当てはまる金属を，〔 〕から選び元素記号で答えよ。

(1) 常温の水と激しく反応し，水素を発生する。
(2) 常温の水とは反応しにくいが，熱水とは反応して水素を発生する。
(3) 王水とだけ反応し，溶ける。
(4) 塩酸や希硫酸には溶けないが，硝酸や熱濃硫酸には溶ける。
(5) 熱水とは反応しないが，高温の水蒸気とは反応して水素を発生する。

〔 Zn Cu Na Mg Au 〕

考え方 (1) イオン化傾向の特に大きい Li，K，Ca，Na は，常温の水とも激しく反応して H_2 を発生する。
(2) Mg は常温の水とは反応しにくいが，熱水とは徐々に反応して H_2 を発生する。
(3) イオン化傾向がきわめて小さい Pt，Au は酸化力の非常に強い王水にしか溶けない。
(4) H_2 よりもイオン化傾向の小さい Cu，Ag は，酸化力のある希硝酸，濃硝酸，熱濃硫酸とは反応して溶け，それぞれ NO，NO_2，SO_2 の気体を発生する。
(5) Al，Zn，Fe は熱水には溶けないが，高温の水蒸気とは反応して H_2 を発生する。

解 答 (1) Na (2) Mg (3) Au (4) Cu (5) Zn

問題A

必は重要な必須問題。時間のないときはここから取り組む。

99 □□ ◀酸化と還元▶　次の文の［　　］に適語を入れよ。

(1) ある物質が酸素原子を受け取ったとき，その物質は①［　　］されたといい，ある物質が酸素原子を失ったとき，その物質は②［　　］されたという。

(2) ある物質が水素原子を受け取ったとき，その物質は③［　　］されたといい，ある物質が水素原子を失ったとき，その物質は④［　　］されたという。

(3) ある物質中の原子が電子を失ったとき，その原子，およびその原子を含む物質は⑤［　　］されたといい，ある物質中の原子が電子を受け取ったとき，その原子，およびその原子を含む物質は ⑥［　　］されたという。

(4) ある物質中の原子の酸化数が増加したとき，その原子，およびその原子を含む物質は⑦［　　］されたといい，ある物質中の原子の酸化数が減少したとき，その原子，およびその原子を含む物質は⑧［　　］されたという。

必 **100** □□ ◀酸化数▶　次の下線をつけた原子の酸化数を求めよ。

(1) $\underline{Cl}_2$　(2) $H_2\underline{S}$　(3) $H_2\underline{S}O_4$　(4) $\underline{N}O_3^-$

(5) $K\underline{Mn}O_4$　(6) $K_2\underline{Cr}_2O_7$　(7) $H_2\underline{C}_2O_4$　(8) $H_2\underline{O}_2$

必 **101** □□ ◀酸化還元反応▶　次の化学反応のうち，酸化還元反応であるものをすべて選べ。また，その反応について，酸化・還元された原子とその酸化数の変化も示せ。

(1) $2KI + Br_2 \longrightarrow I_2 + 2KBr$

(2) $NaCl + H_2SO_4 \longrightarrow NaHSO_4 + HCl$

(3) $2Fe + 3H_2O_2 + 6HCl \longrightarrow 2FeCl_3 + 6H_2O$

(4) $NH_3 + 2O_2 \longrightarrow HNO_3 + H_2O$

(5) $Cu + 4HNO_3 \longrightarrow Cu(NO_3)_2 + 2NO_2 + 2H_2O$

102 □□ ◀酸化剤と還元剤の半反応式▶　次の酸化剤・還元剤のはたらきを示すイオン反応式の(　)に適する係数を入れよ(1も答えよ)。

(1) H_2O_2 + (　)H^+ + (　)e^- ⟶ (　)H_2O

(2) HNO_3 + (　)H^+ + (　)e^- ⟶ NO + (　)H_2O

(3) $(COOH)_2$ ⟶ (　)CO_2 + (　)H^+ + (　)e^-

(4) SO_2 + (　)H_2O ⟶ SO_4^{2-} + (　)H^+ + (　)e^-

(5) MnO_4^- + (　)H^+ + (　)e^- ⟶ Mn^{2+} + (　)H_2O

(6) MnO_4^- + (　)H_2O + (　)e^- ⟶ MnO_2 + (　)OH^-

103 □□ ◀**酸化還元反応式**▶　次の酸化還元反応を，イオン反応式と化学反応式の両方で示せ。

(1)　硫酸で酸性にした過酸化水素水にヨウ化カリウム KI 水溶液を加えると，溶液の色が無色から褐色に変化した。

(2)　硫酸で酸性にした二クロム酸カリウム $K_2Cr_2O_7$ 水溶液に過酸化水素水を加えると，溶液の色が赤褐色から暗緑色に変化し，気体が発生した。

必 **104** □□ ◀**酸化剤の強さ**▶　硫酸酸性の水溶液中で，次の(a)～(c)の酸化還元反応が右向きに進行した。このことから，I_2，Br_2，Cl_2，S を酸化剤として作用(酸化作用)の強いものから順に並べよ。

(a)　$2KI + Br_2 \longrightarrow 2KBr + I_2$

(b)　$I_2 + H_2S \longrightarrow 2HI + S$

(c)　$2KBr + Cl_2 \longrightarrow 2KCl + Br_2$

必 **105** □□ ◀**酸化還元反応の量的関係**▶　水溶液中では，塩素は酸化剤，塩化鉄(Ⅱ)は還元剤としてはたらき，それぞれ次の①，②のイオン反応式のように反応する。あとの各問いに答えよ。

$Cl_2 + 2e^- \longrightarrow 2Cl^-$　……①

$Fe^{2+} \longrightarrow Fe^{3+} + e^-$　……②

(1)　塩素水と塩化鉄(Ⅱ)水溶液との反応を，化学反応式で書け。

(2)　0.10mol/L の塩化鉄(Ⅱ)水溶液 50.0mL を完全に酸化するには，0.10mol/L の塩素水は少なくとも何 mL 必要か。

106 □□ ◀**正誤問題**▶　次の記述のうち，正しいものをすべて記号で選べ。

(ア)　電子を受け取った物質は，必ず還元されたといえる。

(イ)　酸化還元反応では，必ず酸化数の変化した原子が存在する。

(ウ)　自身が酸化された物質は，酸化剤とよばれる。

(エ)　酸化剤にも還元剤にもはたらく物質もある。

(オ)　酸化還元反応では，必ず酸素原子あるいは水素原子の授受を伴う。

(カ)　同一種類の物質間であっても，お互いに電子の授受が行われ，一方が酸化剤，他方が還元剤としてはたらく場合がある。

(キ)　アルカリ金属の単体は電子を放出しやすく，他の物質を酸化する力が強い。

(ク)　酸化還元反応では，酸化数が増加した原子の数と，酸化数が減少した原子の数は常に等しい。

必 107 □□ ◀金属の反応性▶ 下表の①～⑧に該当する性質を(ア)～(ク)の記号で選べ。

<table>
<tr><td>イオン化列</td><td>Li</td><td>K</td><td>Ca</td><td>Na</td><td>Mg</td><td>Al</td><td>Zn</td><td>Fe</td><td>Ni</td><td>Sn</td><td>Pb</td><td>(H_2)</td><td>Cu</td><td>Hg</td><td>Ag</td><td>Pt</td><td>Au</td></tr>
<tr><td>空気中での反応</td><td colspan="4">①</td><td colspan="9">②</td><td colspan="4">反応しない</td></tr>
<tr><td>水との反応</td><td colspan="4">③</td><td>④</td><td colspan="3">⑤</td><td colspan="9">反応しない</td></tr>
<tr><td>酸との反応</td><td colspan="12">⑥</td><td colspan="3">⑦</td><td colspan="2">⑧</td></tr>
</table>

(ア) 塩酸や希硫酸と反応し，水素を発生する。

(イ) すみやかに内部まで酸化される。　(ウ) 表面に酸化物の被膜を生じる。

(エ) 硝酸や熱濃硫酸と反応する。　(オ) 王水にのみ反応する。

(カ) 熱水と反応し，水素を発生する。　(キ) 常温の水と反応し，水素を発生する。

(ク) 高温の水蒸気と反応し，水素を発生する。

108 □□ ◀金属の反応性▶ 次の金属 A ～ D をイオン化傾向の大きい順に並べよ。

① 常温では C は水と反応するが，A・B・D は反応しない。

② A は希硫酸と反応して水素を発生するが，B・D は反応しない。

③ B と D を電極として電池をつくると，B が正極になる。

109 □□ ◀正誤問題▶ 次の各文のうち，正しいものを 2 つ選べ。

(1) 銅に希硫酸を加えると，水素を発生する。

(2) 白金・金は熱濃硫酸に溶けないが，王水には溶ける。

(3) 銀を常温の空気中に放置すると，表面に酸化銀 Ag_2O を生じる。

(4) 鉛(Ⅱ)イオン Pb^{2+} を含む水溶液にみがいた銅線を浸すと，鉛樹ができる。

(5) 鉄は，希塩酸・希硫酸・希硝酸のいずれにも溶けるが，濃硝酸には溶けない。

(6) ナトリウムやカリウムは常温の水と激しく反応するが，希塩酸とは反応しない。

110 □□ ◀金属のイオン化傾向▶ 次の文中の金属 A ～ G は，［　］のどれに該当するか。それぞれの元素記号で示せ。

(a) C は常温の水と反応するが，他は反応しない。

(b) A，D，F は希硫酸と反応して水素を発生するが，B，E，G は反応しない。B，E，G に希硝酸を作用させると，B，G は溶けたが E は溶けなかった。

(c) B の金属塩の水溶液に G を入れると，G の表面に B が析出した。

(d) A に F と D をメッキしたものを比べると，傷がついた場合，D をメッキしたものの方が，F をメッキしたものよりも内部の A が速く腐食された。

【金属】［ 鉄　ナトリウム　白金　銅　スズ　亜鉛　銀 ］

問題B　必は重要な必須問題。時間のないときはここから取り組む。

必 111 □□◀酸化還元滴定▶　濃度 5.00×10^{-2} mol/L のシュウ酸水溶液 20.0mL に 6mol/L の硫酸水溶液を約 20mL 加えて酸性にし，水を加えて液量を約 70mL にした。この<u>ⓐ溶液を 60 ～ 70 ℃に温め</u>ながら，濃度不明の過マンガン酸カリウム水溶液を 12.5mL 滴下したとき，溶液の<u>ⓑ色の変化</u>が見られたので，これを滴定の終点とした。次の問いに答えよ。

(1)　この実験で酸性にするのに硫酸を用い，塩酸や硝酸を使用しない理由を述べよ。

(2)　下線部ⓐで溶液を温める理由を述べよ。

(3)　下線部ⓑの溶液の色の変化を示せ。

(4)　過マンガン酸カリウム水溶液のモル濃度を求めよ。

112 □□◀ヨウ素還元滴定▶　次の文を読み，あとの問いに答えよ。

〔1〕　濃度のわからない過酸化水素水 100mL を硫酸酸性として，過剰量のヨウ化カリウム水溶液を加えたところヨウ素が遊離した。ただし，このときの変化は次式で示される。

$$H_2O_2 + 2KI + H_2SO_4 \longrightarrow I_2 + 2H_2O + K_2SO_4$$

〔2〕　〔1〕で生じたヨウ素を含む水溶液に，デンプン水溶液を数滴加えてから，0.0800mol/L のチオ硫酸ナトリウム $Na_2S_2O_3$ 水溶液で滴定したら，終点までに 37.5mL を要した。ただし，このときの変化は次式で示される。

$$I_2 + 2Na_2S_2O_3 \longrightarrow 2NaI + Na_2S_4O_6$$

(1)　この滴定の終点は，どのように判断すればよいか。

(2)　この過酸化水素水のモル濃度を求めよ。

113 □□◀ヨウ素酸化滴定▶　次の文を読み，あとの問いに答えよ。

ビタミンC(アスコルビン酸)は水溶性ビタミンの一種で，還元剤として作用する。

いま，アスコルビン酸 $C_6H_8O_6$ を含む試料水溶液 10.0mL に硫酸を加えて酸性にした。この溶液に指示薬として少量のデンプン水溶液を加えた後，1.0×10^{-2}mol/L のヨウ素溶液(ヨウ化カリウムを含む)を加えたところ，18.0mL で終点に達した。

このとき，次の反応が定量的に進行するものとする。

$$C_6H_8O_6 \longrightarrow C_6H_6O_6 + 2H^+ + 2e^- \quad \cdots\cdots①$$

$$I_2 + 2e^- \longrightarrow 2I^- \quad \cdots\cdots②$$

(1)　この滴定の終点での溶液の色の変化を答えよ。

(2)　上記の滴定結果から，試料水溶液中のアスコルビン酸のモル濃度を求めよ。

共通テストチャレンジ

114 □□ 貝殻は，炭酸カルシウム $CaCO_3$(式量 100)を主成分として含み，塩酸との反応は次式で表される。 $CaCO_3 + 2HCl \longrightarrow CaCl_2 + H_2O + CO_2$

濃度 C(mol/L)の塩酸 50mL に貝殻の粉末を 2.0g ずつ加えて十分に反応させ，発生した CO_2 の物質量を調べ，その結果を図にまとめた。次の問いに答えよ。ただし，貝殻に含まれる $CaCO_3$ 以外の成分は塩酸とは反応しないものとする。

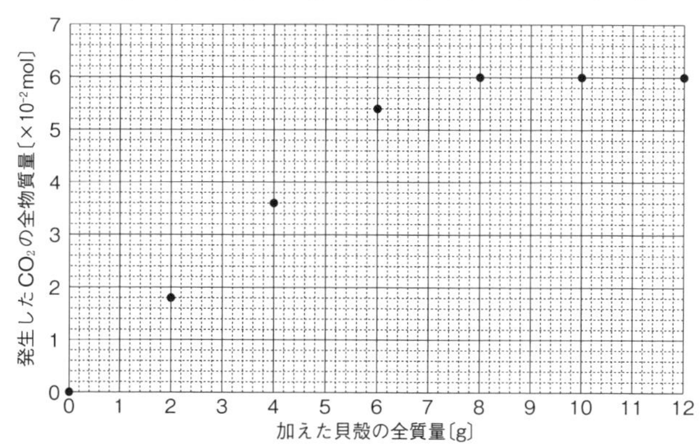

(1) この実験で用いた塩酸の濃度 C は何 mol/L か。

① 0.060　② 0.12　③ 0.24　④ 0.60　⑤ 1.2　⑥ 2.4

(2) この実験で用いた貝殻に含まれる $CaCO_3$ の含有率(質量パーセント)は何%か。

① 40　② 43　③ 45　④ 80　⑤ 86　⑥ 91

115 □□ 水溶液 A150mL をコニカルビーカーに入れ，水溶液 B をビュレットから滴下しながら pH の変化を記録したところ，図の曲線が得られた。水溶液 A および B として最も適当なものを，次の①～⑨から選べ。

① 0.10mol/L 塩酸
② 0.010mol/L 塩酸
③ 0.0010mol/L 塩酸
④ 0.10mol/L 酢酸水溶液
⑤ 0.010mol/L 酢酸水溶液
⑥ 0.0010mol/L 酢酸水溶液
⑦ 0.10mol/L 水酸化ナトリウム水溶液
⑧ 0.010mol/L 水酸化ナトリウム水溶液
⑨ 0.0010mol/L 水酸化ナトリウム水溶液

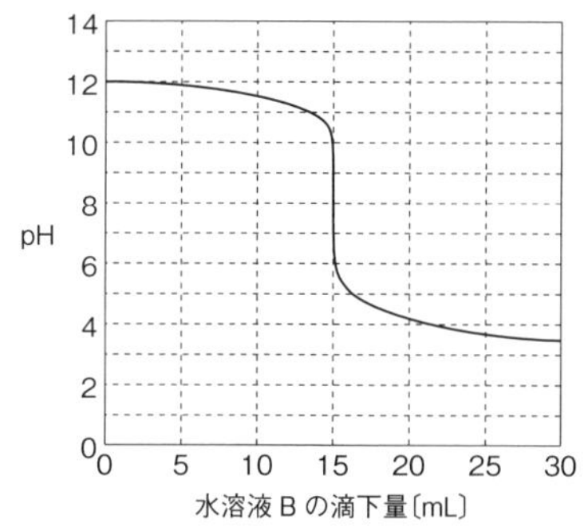

116 □□　湖沼や河川の有機物による汚染度を知る指標として，試料水 1L 中の有機物を酸化したときに消費される酸化剤の量を，それに相当する酸素の質量〔mg〕に換算した値をCOD(化学的酸素要求量)という。CODが大きい水ほど汚染度は大きい。

操作 1　三角フラスコに試料水を v〔L〕取り，これに過剰量の過マンガン酸カリウム $KMnO_4$ a〔mol〕を含む硫酸酸性の水溶液を加え 30 分間加熱する。このとき，試料水中の有機物はすべて $KMnO_4$ によって酸化され，未反応の $KMnO_4$ が残る(溶液 1)。

操作 2　溶液 1 に過剰量のシュウ酸ナトリウム $Na_2C_2O_4$ b〔mol〕を含む水溶液を加える。このとき，未反応の $KMnO_4$ が $Na_2C_2O_4$ によって還元され，未反応の $Na_2C_2O_4$ が残る(溶液 2)。

操作 3　溶液 2 に残る未反応の $Na_2C_2O_4$ を酸化するのに，$KMnO_4$ c〔mol〕を加えると，終点に達した。

本実験における $KMnO_4$ および $Na_2C_2O_4$ の反応は，次のイオン反応式で表される。

$$MnO_4^- + 8H^+ + 5e^- \longrightarrow Mn^{2+} + 4H_2O$$

$$C_2O_4^{2-} \longrightarrow 2CO_2 + 2e^-$$

操作 1 ～ 3 を電子 e^- の授受に着目して考えると，次の図のようになる。

酸化剤	操作 1 で加えた $KMnO_4$ が受け取る e^-	操作 3 で加えた $KMnO_4$ が受け取る e^-
還元剤	試料水中の有機物が放出する e^-	操作 2 で加えた $Na_2C_2O_4$ が放出する e^-

(1)　試料水中の有機物の分解で放出された電子 e^- の物質量は何 mol か。次のうちから 1 つ選べ。

① $a-b+c$　② $a-0.4b+c$　③ $0.4a-b+0.4c$
④ $2a-5b+2c$　⑤ $5a-2b+5c$

(2)　酸素 O_2 の酸化剤としてのはたらきを示すイオン反応式は次式で表される。

$$O_2 + 4H^+ + 4e^- \longrightarrow 2H_2O$$

試料水 1L 中の有機物を $KMnO_4$ ではなく O_2 で酸化した場合，必要な酸素の物質量〔mol〕を a，b，c，v を用いて表すとどうなるか。次の中から 1 つ選べ。

① $\dfrac{(a-b+c)\times 4}{v}$　② $\dfrac{(a-b+c)\times 1}{4v}$　③ $\dfrac{(a-0.4b+c)\times 4}{5v}$

④ $\dfrac{(a-0.4b+c)\times 5}{4v}$　⑤ $\dfrac{(2a-5b+2c)\times 4}{v}$　⑥ $\dfrac{(2a-5b+2c)\times 1}{4v}$

⑦ $\dfrac{(5a-2b+5c)\times 4}{v}$　⑧ $\dfrac{(5a-2b+5c)\times 1}{4v}$

(3)　ある湖水 100mL 中に含まれる有機物を完全に酸化するのに必要な $KMnO_4$ は 2.0×10^{-5}mol であった。以上より，この湖水の COD はいくらか。次の中から 1 つ選べ。(分子量：$O_2=32$)

① 3.0　② 4.0　③ 5.0　④ 6.0　⑤ 7.0　⑥ 8.0

10 物質の状態変化

1 物質の三態

❶熱運動　物質の構成粒子(原子，分子，イオンなど)が行う不規則な運動。

❷拡散　粒子の熱運動により，気体分子や液体中の粒子が一様に広がる現象。

❸物質の三態　温度・圧力により，物質は**固体・液体・気体**のいずれかの状態をとる。

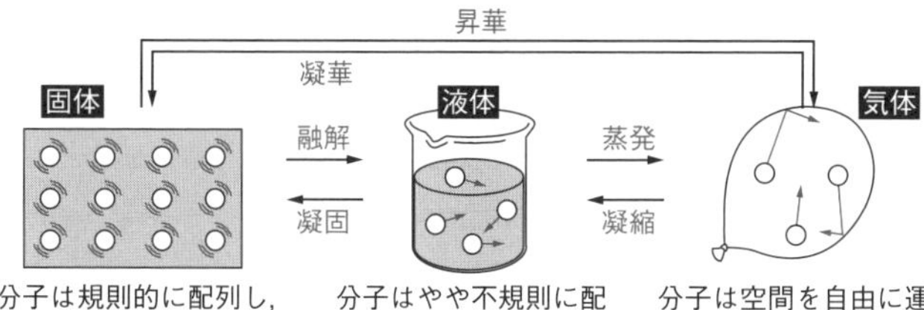

分子は規則的に配列し，一定の位置でわずかに振動・回転している。

分子はやや不規則に配列し，相互に位置を変えている(流動性)。

分子は空間を自由に運動している。分子間の引力(分子間力)はほぼ0。

❹融解熱　固体 1mol を液体にするのに必要な熱量。 例 水 6.0kJ/mol(0℃)

❺蒸発熱　液体 1mol を気体にするのに必要な熱量。 例 水 41kJ/mol(100℃)

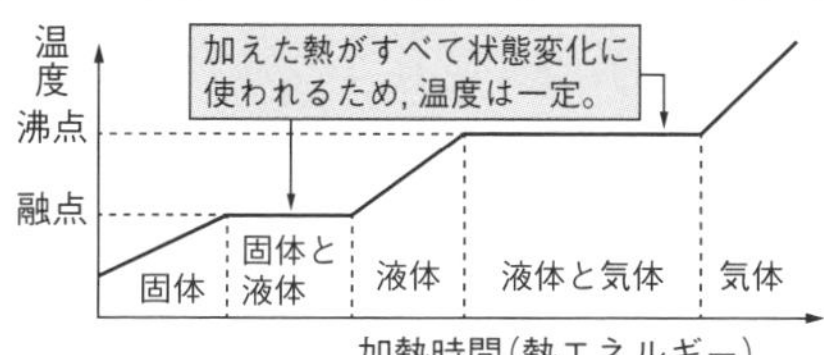

エネルギー…気体＞液体＞固体
密度…固体＞液体＞気体
(水の密度は，液体＞固体＞気体)

2 状態変化と分子間力

❶分子間力　分子間にはたらく弱い引力の総称。

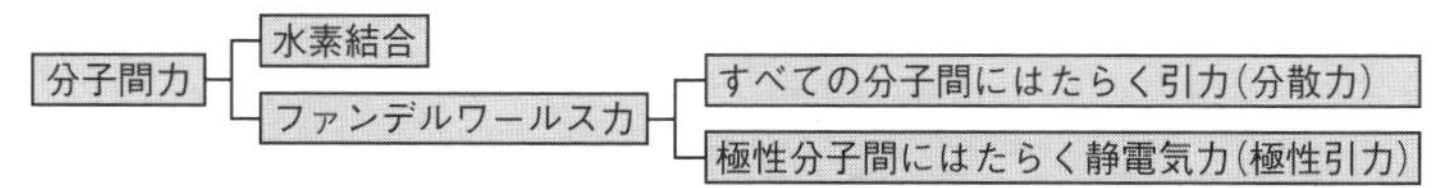

(a)構造の似た分子では，**分子量が大きいほど融点・沸点は高くなる。**

例

分子(分子量)	H_2(2)	O_2(32)	Cl_2(71)	Br_2(160)
分子間力	弱(小) ──→			強(大)
沸点[℃]	−253	−183	−35	59

(b)分子量が同程度の分子では，無極性分子より極性分子の方が融点・沸点は高くなる。

❷分子結晶　多数の分子が分子間力によって，規則的に配列してできた結晶。

例 ドライアイス CO_2，ヨウ素 I_2，ナフタレン $C_{10}H_8$

(性質)軟らかく，融点が低い。電気伝導性はない。昇華性を示すものが多い。

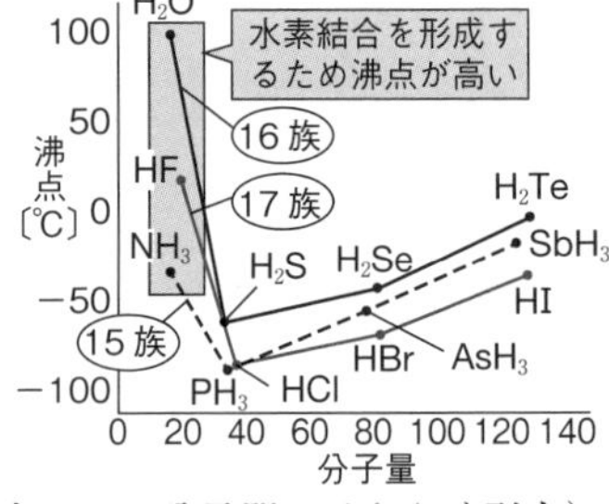

❸**水素結合**　電気陰性度の大きい F，O，N の原子の間に，H 原子が介在して生じる分子間の結合。本書では，記号------で表す。

(a) HF，H_2O，NH_3 など強い極性分子間に生じる静電気力による結合。方向性がある。

(b) 水素結合を形成している物質は，分子量に比べて，融点・沸点が著しく高くなる。

❹**分子間力の強さ**　水素結合＞極性引力＞分散力(すべての分子間にはたらく引力)

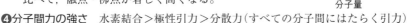

3 気体の圧力と蒸気圧

❶**気体の圧力**　気体分子が器壁に衝突するとき，単位面積あたりにおよぼす力。

1Pa(パスカル) **は，$1m^2$ の面積に 1N**(ニュートン) **の力がはたらいたときの圧力。**

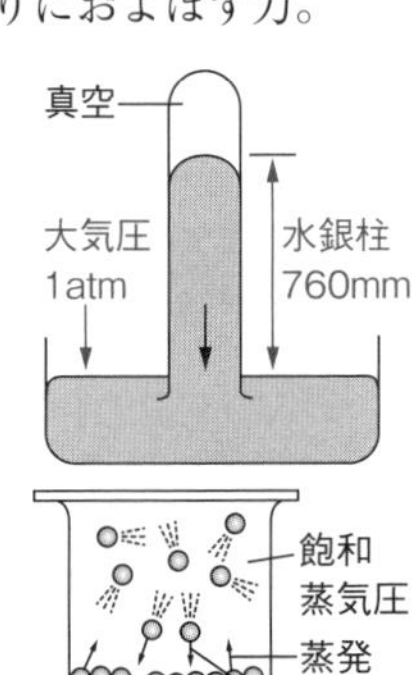

❷**圧力の測定**　気体の圧力は水銀柱の高さを測定して求める。

1atm(気圧) = 760mmHg(ミリメートル水銀柱) = 1.013×10^5 Pa

❸**気液平衡**　密閉容器に液体を入れて放置すると，やがて**(蒸発分子の数)＝(凝縮分子の数)**となり，見かけ上，蒸発や凝縮が止まった状態になる。この状態を気液平衡という。

❹**飽和蒸気圧(蒸気圧)**　気液平衡のとき，蒸気の示す圧力。

(a)　温度が高くなると，急激に大きくなる。

(b)　一定温度では，空間の体積，他の気体によらず一定。

❺**蒸気圧曲線**　温度と蒸気圧の関係を表したグラフ。

分子間力の大きい物質ほど，蒸気圧は低く，沸点は高い。

❻**沸騰と沸点**　**(飽和蒸気圧)＝(外圧(大気圧))**になると，液体表面だけでなく，**液体内部からも気泡が発生する。**

この現象を沸騰といい，このときの温度を沸点という。

・外圧が低くなると，沸点は低くなる。

例 富士山頂(約 0.54×10^5Pa)で，水の沸点は約 92℃。

・外圧が高くなると，沸点は高くなる。例 圧力鍋

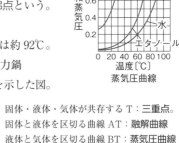

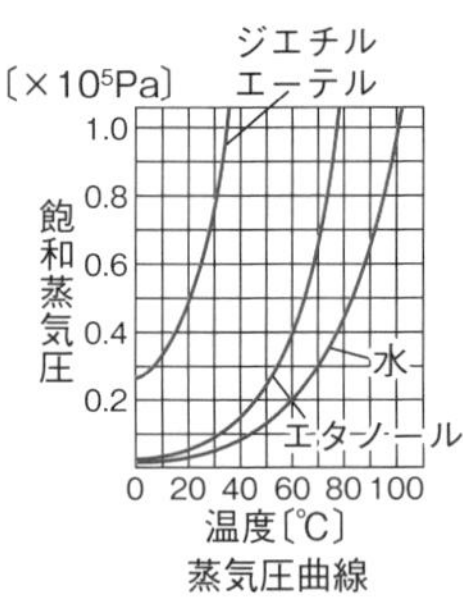

蒸気圧曲線

❼**状態図**　温度･圧力に応じて，物質がとる状態を示した図。

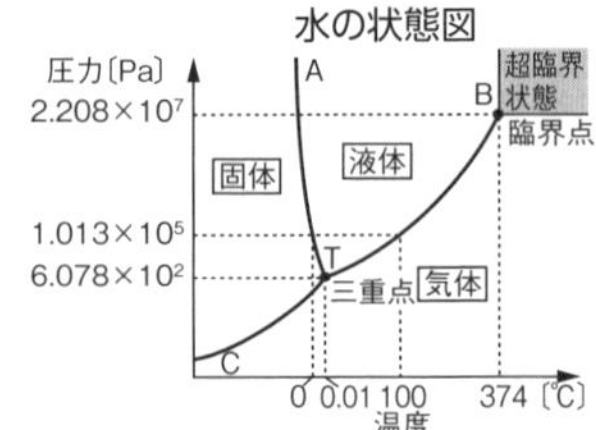

固体・液体・気体が共存する T：**三重点**。

固体と液体を区切る曲線 AT：**融解曲線**

液体と気体を区切る曲線 BT：**蒸気圧曲線**

固体と気体を区切る曲線 CT：**昇華圧曲線**

これらの曲線上では両側の状態が共存する。

液体と気体の区別ができない状態：**超臨界状態**

超臨界状態にある物質：**超臨界流体**

確認&チェック

1 次の文は，固体A，液体B，気体Cのいずれに該当するか。

(1) 分子間力がほとんどはたらいていない。

(2) 分子が規則正しく配列している。

(3) 分子間力が最も強くはたらいている。

(4) 分子は不規則に配列し，流動性を示す。

(5) 他の状態に比べて，体積が著しく大きい。

2 次の文の[ ]に適語を記せ。

(1) 構造の似た分子では，分子量が大きいほど，融点・沸点は①[ ]なる。

(2) 分子量が同程度の分子では，無極性分子よりも極性分子の方が融点・沸点は②[ ]なる。

(3) HF，H_2O，NH_3など強い極性分子間には③[ ]結合が生じるため，融点・沸点は著しく④[ ]なる。

3 次の文で示された現象や化学用語を答えよ。

(1) 密閉容器に液体を入れしばらく放置すると，見かけ上，蒸発も凝縮も止まった状態になること。

(2) (1)の状態のとき，蒸気の示す圧力。

(3) 液体がその表面から気体になる現象。

(4) (飽和蒸気圧)=(外圧)になると，液体内部からも気泡が発生する現象。

(5) (4)の現象がおこる温度。

4 右の図は二酸化炭素について，温度・圧力によってその状態が変化する様子を示したものである。

(1) このような図を何というか。

(2) 領域Ⅰ，Ⅱ，Ⅲ，Ⅳのとき，二酸化炭素はどのような状態にあるか。

(3) T点，B点を何というか。

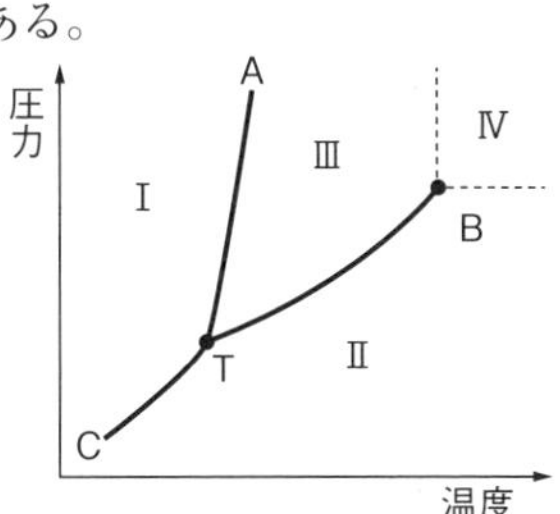

解答

1 (1) C
(2) A
(3) A
(4) B
(5) C
→p.83 1

2 ① 高く
② 高く
③ 水素
④ 高く
→p.83 2

3 (1) 気液平衡
(2) 飽和蒸気圧（蒸気圧）
(3) 蒸発
(4) 沸騰
(5) 沸点
→p.84 3

4 (1) 状態図
(2) Ⅰ：固体
Ⅱ：気体
Ⅲ：液体
Ⅳ：超臨界状態
(3) T：三重点
B：臨界点
→p.84 3

例題 28 物質の状態変化

右図は，−20℃の氷 9.0g を一様に加熱したときの温度変化のようすを示す。次の問いに答えよ。

(1) BC 間で，加熱しても温度が上昇しないのはなぜか。

(2) BE 間で加えられた熱エネルギーは何 kJ か。ただし，水の比熱を 4.2J/(g·K)，融解熱を 6.0kJ/mol，蒸発熱を 41kJ/mol，分子量 H_2O = 18 とする。

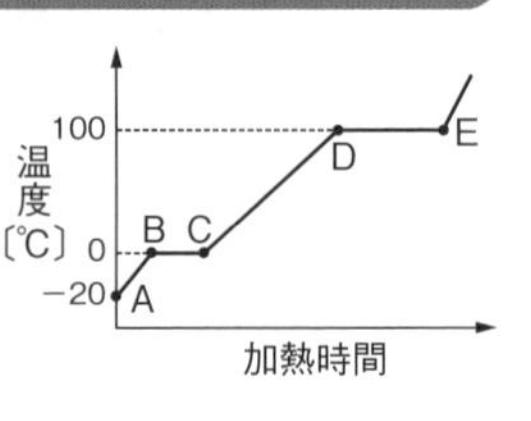

考え方 (1) B 点で氷が融け始めてから，C 点で融け終わるまで，0℃のままで温度の変化はない。このように，BC 間で温度が上昇しないのは，加えられた熱エネルギーが水分子の運動エネルギーの増加ではなく，水の状態変化(氷の融解)に使われるためである。

(2) 水 9.0g は 0.50mol である。0℃の氷 0.50mol を 100℃の水蒸気にするには，

① 0℃の氷を 0℃の水にするための熱量は，6.0×0.50＝3.0〔kJ〕

② **比熱は，物質 1g の温度を 1K 上昇させるのに必要な熱量〔J/(g·K)〕である。**

(熱量)＝(比熱)×(質量)×(温度変化) より，

0℃の水を 100℃の水にするための熱量は，4.2×9.0×100＝3780〔J〕＝3.78〔kJ〕

③ 100℃の水を 100℃の水蒸気にするための熱量は，41×0.50＝20.5〔kJ〕

①＋②＋③より，3.0＋3.78＋20.5＝27.3≒27〔kJ〕

解答 (1) 考え方の波線部分参照。 (2) 27kJ

例題 29 蒸気圧曲線

右図の蒸気圧曲線を見て，次の問いに答えよ。

(1) 物質 A の沸点は約何℃か。

(2) 外圧 4.0×10^4Pa で，物質 C の沸点は約何℃か。

(3) 物質 B を 50℃で沸騰させるには，外圧を約何 Pa にすればよいか。

(4) 物質 C を点 P の状態から，外圧を 2.0×10^4Pa に保ったまま温度を下げたら，約何℃で液体が生じ始めるか。

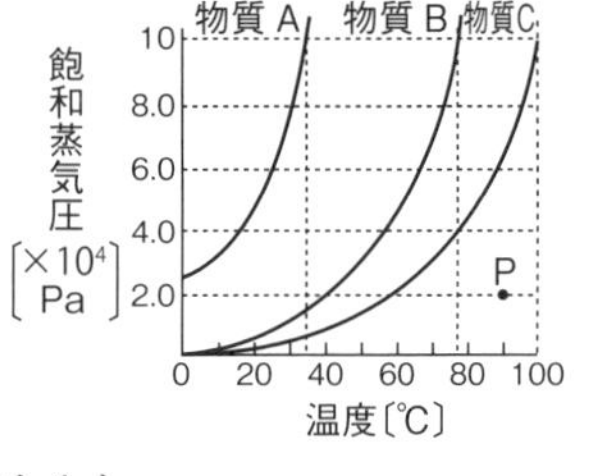

考え方 (1) **沸点は，液体の飽和蒸気圧が外圧に等しくなる温度**である。外圧が表示されていないときは，外圧が 1.0×10^5Pa であると考えればよい。A の蒸気圧が外圧 1.0×10^5Pa に達する温度をグラフから読み取ると，約 34℃。

(2) **外圧が変化すると，液体の沸点も変化する。** グラフより，C の蒸気圧が外圧 4.0×10^4Pa に達する温度を読み取ると，約 78℃。

(3) B の 50℃での蒸気圧は約 3.0×10^4Pa。これと等しい外圧をかけると，B は沸騰する。

(4) 蒸気圧曲線より上側では，液体が存在するが，蒸気圧曲線より下側では，気体のみが存在する。P 点から横軸に平行に左へ移動すると，約 60℃で C の蒸気圧曲線と交わり，凝縮が起こる。

解答 (1) 約34℃ (2) 約78℃ (3) 約3.0×10^4Pa (4) 約 60℃

問題A

必は重要な必須問題。時間のないときはここから取り組む。

117 □□◀**物質の三態**▶　次の各文のうち，正しいものをすべて番号で選べ。

(1) 気体は，分子間の平均距離は大きいが，分子のもつエネルギーは小さい。
(2) 気体は，分子が空間を自由に運動をしている。
(3) 液体は，分子が不規則に配列している。
(4) 液体は，分子間の平均距離が小さく，分子が規則正しく配列している。
(5) 固体は，分子間の平均距離が小さく，分子間にはたらく引力が最も強い。
(6) 固体では，分子は一定の位置で静止している。
(7) 物質のもつエネルギーは，固体，液体，気体の順に大きくなっていく。
(8) どの物質でも，密度は，固体，液体，気体の順に小さくなっていく。
(9) 温度が一定ならば，圧力を変化させても，状態変化は起こらない。

3-10

必**118** □□◀**状態変化とエネルギー**▶　図は，1.0×10^5 Pa の下で，ある固体物質1.0mol に毎分 2.0kJ の割合で熱エネルギーを加えたときの温度変化を示す。次の問いに答えよ。

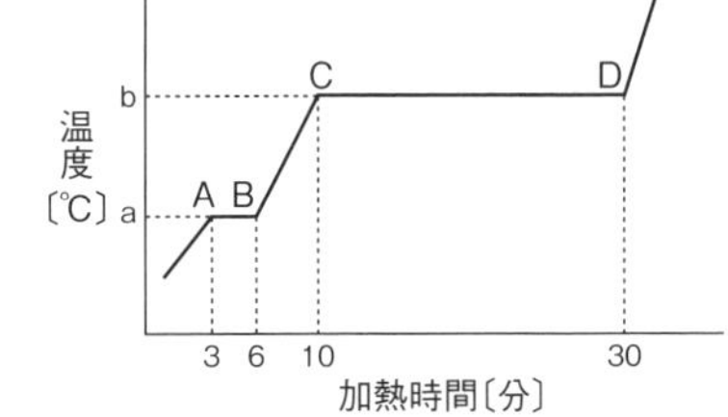

(1) 図の a，b の温度をそれぞれ何というか。
(2) AB 間，CD 間で起こる現象をそれぞれ何というか。
(3) AB 間，CD 間でのこの物質の状態をそれぞれ答えよ。
(4) この物質の蒸発熱は何 kJ/mol か。
(5) 一般に，蒸発熱の方が融解熱よりも大きい。この理由を簡単に説明せよ。

119 □□◀**気液平衡と沸騰**▶　次の文の(　　)に適語を入れよ。

液体を密閉容器に入れて放置すると，やがて，単位時間あたりに蒸発する分子の数と(　①　)する分子の数が等しくなる。この状態を(　②　)という。このときに蒸気が示す圧力を(　③　)といい，温度が高いほど(　④　)くなる。

液体を開放容器に入れて加熱すると，液体の表面から分子が空間へ飛び出す。この現象を(　⑤　)といい，さらに温度を高くすると，液体の内部からもさかんに気泡(蒸気)が発生するようになる。この現象を(　⑥　)といい，このときの温度を(　⑦　)という。

液体が沸騰するのは，その(　⑧　)が外圧と等しくなるときである。したがって，高山では平地に比べて，液体の沸点が(　⑨　)くなる。

120 □□ ◀蒸気圧曲線▶

右図は，物質A～Cの蒸気圧曲線である。次の問いに答えよ。

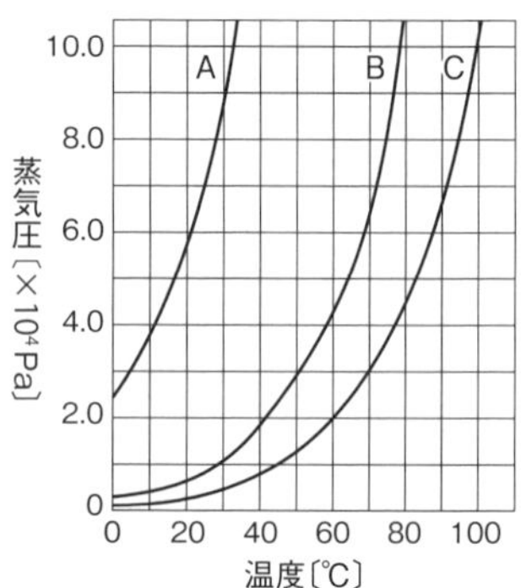

(1) 物質Aの沸点は約何℃か。

(2) 大気圧が6.0×10^4Paの場所では，物質Bは約何℃で沸騰するか。

(3) Cを80℃で沸騰させるには，外圧を何Paにすればよいか。

(4) 物質A～Cを，分子間力が小さいものから順に並べよ。

必121 □□ ◀蒸気圧の性質▶

ピストン付きの容器に空気と少量の水を入れてしばらく放置したところ，水の一部が蒸発して気液平衡の状態になった。そこへ次の操作を行って平衡状態になったとき，水の蒸気圧および，空間を占める水分子の数はそれぞれどう変化するか。あとの(ア)～(ウ)より選べ。ただし，容器内には常に液体の水が存在するものとする。

空間

水

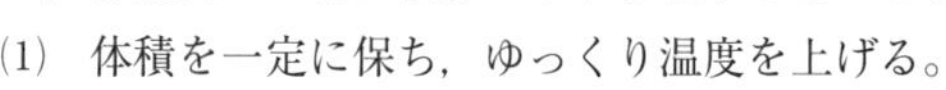

(1) 体積を一定に保ち，ゆっくり温度を上げる。

(2) 温度を一定に保ち，ゆっくり体積を大きくする。

(3) 温度を一定に保ち，ゆっくり体積を小さくする。

(ア) 増加する。　(イ) 減少する。　(ウ) 変化しない。

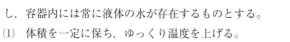

122 □□ ◀状態図▶

右図は，水の状態と，温度と圧力との関係を示している。次の各問いに答えよ。

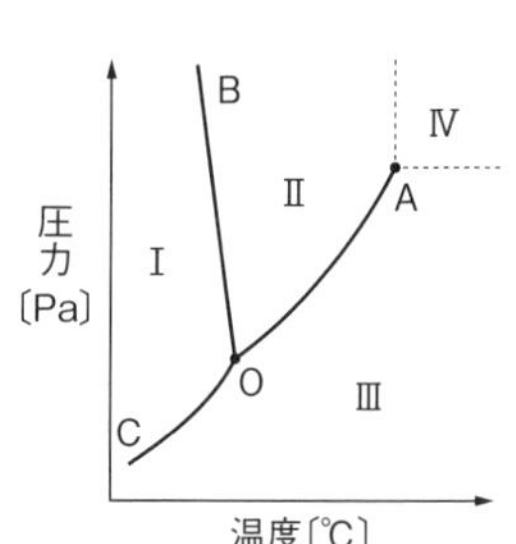

(1) 領域Ⅰ～Ⅲが示している状態(固体，液体，気体)はそれぞれ何か。

(2) 曲線OA，OB，OCをそれぞれ何というか。

(3) 領域Ⅳの状態にある物質を何というか。

(4) 点O，Aを何というか。また，それぞれどんな状態かを簡単に説明せよ。

(5) 圧力を大きくすると，水の融点はどうなるか。

(6) 次の記述のうち，正しいものをすべて選べ。

(ア) 点Oより低圧の領域では，いかなる温度でも水の沸騰は起こらない。

(イ) 点Oより高圧の領域では，外圧を大きくすると水の沸点は上昇する。

(ウ) 点Aより高温の領域では，圧力を高くすれば水は凝縮する。

問題B　必は重要な必須問題。時間のないときはここから取り組む。

必123 □□ ◀分子間力と沸点▶　次の(1)～(4)の各組み合わせの物質について，沸点の高い方を選べ。また，その理由として最も適するものを(a)～(c)から選べ。

（原子量：H＝1.0，C＝12，O＝16，F＝19，S＝32，Cl＝35.5，Br＝80）

(1) CH_4 と CCl_4　(2) H_2O と H_2S　(3) HCl と HF　(4) F_2 と HCl

（理由）(a) 分子量が大きく，ファンデルワールス力が大きい。

(b) 分子の極性が大きく，ファンデルワールス力が大きい。

(c) 分子間にはたらく水素結合の影響が大きい。

124 □□ ◀蒸気圧の測定▶　1.0×10^5 Pa，30℃で，水銀で満たしたガラス管を水銀槽に倒立させた(図1)。さらに，管の下から水を注入した(図2)。次の各問いに答えよ。ただし，図2の水の質量と体積は無視してよい。

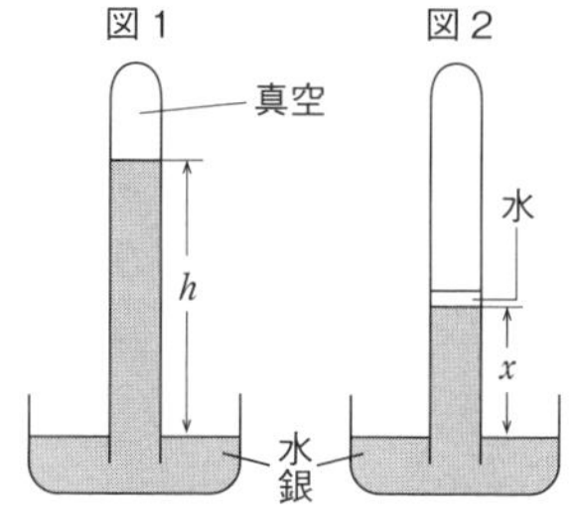

温度〔℃〕	20	30
飽和蒸気圧〔mmHg〕	18	32

(1) 図1の水銀柱の高さ h は何 mm か。

(2) 図2の水銀柱の高さ x は何 mm か。

(3) 20℃，8.0×10^4 Pa の室内で図2と同様の実験を行うと，その水銀柱の高さ x' は何 mm になるか。

125 □□ ◀水素化合物の沸点▶　下の図は，14～17族元素の水素化合物の沸点を示す。①各族とも分子量が大きくなると沸点が高くなる傾向が見られる。ところが，第2周期元素のうち，15，16，17族の水素化合物は他の族の水素化合物に比べて著しく高い沸点を示す。たとえば，16族の水素化合物の沸点は，$H_2Te>H_2Se>H_2S$ の順に直線的に低くなるが，②H_2Oの沸点は期待される値より著しく高い。

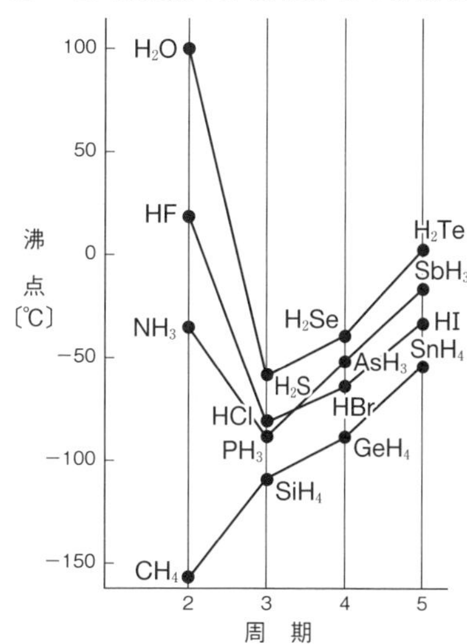

(1) 下線部①についてその理由を説明せよ。

(2) 下線部②についてその理由を説明せよ。

(3) H_2O と HF の沸点を比較すると，H_2O の方がかなり高い。その理由を，1分子あたりの水素結合の数の違いに基づいて説明せよ。

11 気体の法則

1 気体の法則

❶**ボイルの法則**　一定温度では，一定量の気体の体積 V は，圧力 P に反比例する。　$\boldsymbol{P_1V_1 = P_2V_2}$

ボイルの法則

❷**セルシウス温度**　水の凝固点と沸点の間を 100 等分し，1℃の温度差を定めた温度。

❸**絶対温度**　絶対零度（−273℃）を基点とした温度。単位〔K〕（ケルビン）

絶対温度 T とセルシウス温度 t との関係

$$T\text{〔K〕} = t\text{〔℃〕} + 273$$

❹**シャルルの法則**　一定圧力では，一定量の気体の体積 V は，絶対温度 T に比例する。　$\boldsymbol{\dfrac{V_1}{T_1} = \dfrac{V_2}{T_2}}$

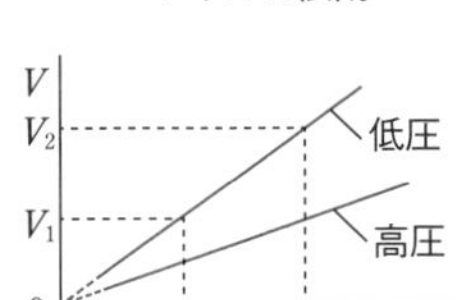

シャルルの法則

❺**ボイル・シャルルの法則**　一定量の気体の体積 V は，圧力 P に反比例し，絶対温度 T に比例する。

$$\frac{P_1V_1}{T_1} = \frac{P_2V_2}{T_2}$$

❻**気体の状態方程式**　物質量 n〔mol〕の気体が，圧力 P〔Pa〕，絶対温度 T〔K〕で，体積 V〔L〕を占めるとき，次の関係が成り立つ。この比例定数を**気体定数 R** という。

$$PV = nRT^{*1}$$

＊1）この式を使うとき，P，V，T の単位は，気体定数 R と同じ単位を用いなければならない。

❼**気体定数 R**　アボガドロの法則より，0℃，1.013×10^5Pa（標準状態という）のとき，気体 1mol の体積は，どれも 22.4L を占めるから，これを状態方程式に代入すると，

$$R = \frac{PV}{nT} = \frac{1.013 \times 10^5\text{〔Pa〕} \times 22.4\text{〔L〕}}{1\text{〔mol〕} \times 273\text{〔K〕}} \fallingdotseq \mathbf{8.3 \times 10^3}\text{〔Pa・L/(K・mol)〕}$$

❽**気体の分子量の求め方**　状態方程式を変形した次の式を用いる。

$$\boldsymbol{PV = \frac{w}{M}RT} \quad \left(\begin{array}{l} \boldsymbol{w}：\text{質量〔g〕} \\ \boldsymbol{M}：\text{分子量} \end{array}\right) \Longrightarrow \boldsymbol{M = \frac{wRT}{PV}}$$

2 混合気体の全圧と分圧

❶**全圧と分圧**　混合気体の示す圧力を**全圧** P，混合気体中の各成分気体が，混合気体と同体積を占めるときの圧力を各成分気体の**分圧** p_A，p_B，…という。

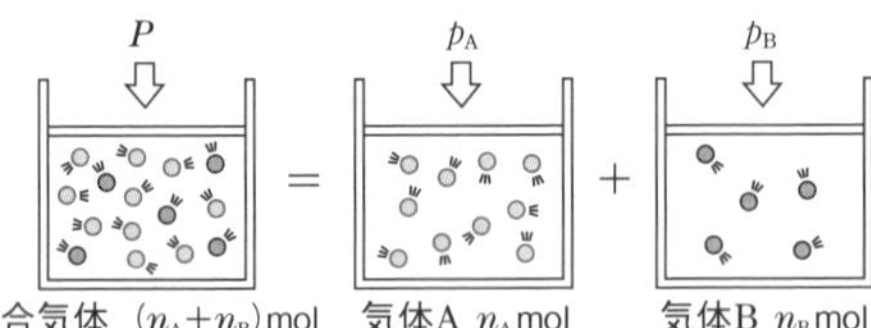

❷**ドルトンの分圧の法則**　混合気体の全圧 P は，各成分気体の分圧 p_A，p_B，…の和に等しい。　$\boldsymbol{P = p_A + p_B + \cdots}$

❸**全圧と分圧の関係**

図の混合気体とその成分気体 A，B に関して，それぞれ状態方程式を適用すると，

$PV = (n_A + n_B)RT$　…①

$p_AV = n_ART$　…②　　　$p_BV = n_BRT$　……③

②÷③より，$\dfrac{p_A}{p_B} = \dfrac{n_A}{n_B}$　　∴ **(分圧の比) = (物質量の比)**

②÷①より，$\boldsymbol{p_A = P \times \dfrac{n_A}{n_A + n_B}}$　　∴ (分圧) = (全圧) × (モル分率) *2

*2) 気体の全物質量に対する各成分気体の物質量の割合を，**モル分率**という。

❹**水上捕集した気体**　水上捕集した気体は飽和水蒸気を含む。

捕集気体の分圧 p **= 大気圧** P **− 飽和水蒸気圧** p_{H_2O}

❺**平均分子量**　混合気体を 1 種類の分子からなる気体とみなして求めた見かけの分子量。

混合気体 1mol の質量から単位〔g〕をとった数値。

例 空気〔$N_2 : O_2$ = 4 : 1(物質量の比)〕の平均分子量は，

$28.0 \times \dfrac{4}{5} + 32.0 \times \dfrac{1}{5} = 28.8$

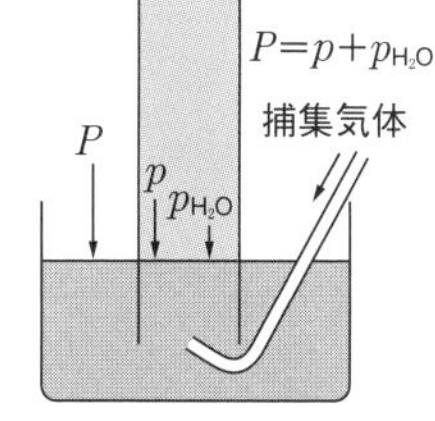

気体の水上捕集

容器内外の水面の高さを一致させておく。
(容器内の気体の全圧を大気圧にあわせるため)

3 理想気体と実在気体

❶**理想気体**：気体の状態方程式に完全に従う仮想の気体。

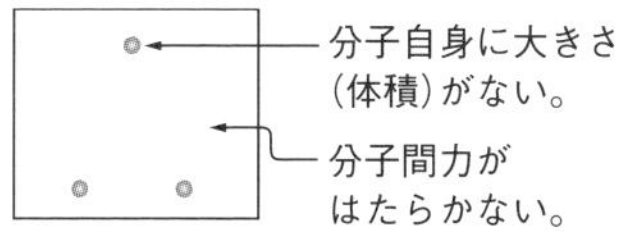

❷**実在気体**：実際に存在する気体。状態方程式には完全には従わない。

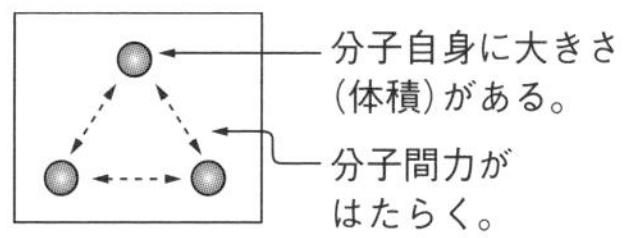

高温ほど，主に分子間力の影響が小。
低圧ほど，主に分子の体積の影響が小。
→ 実在気体は高温・低圧にするほど，理想気体に近づく。

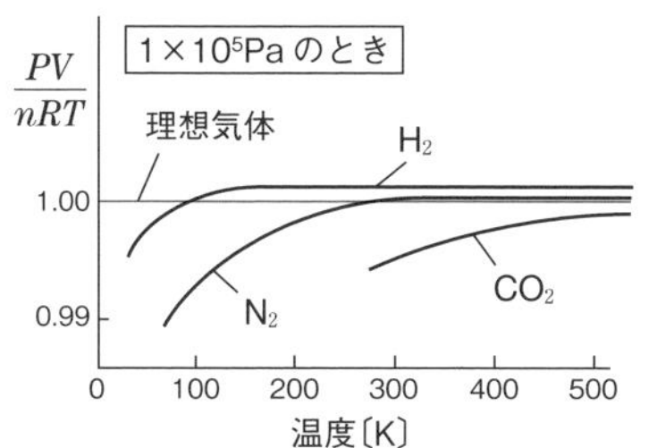

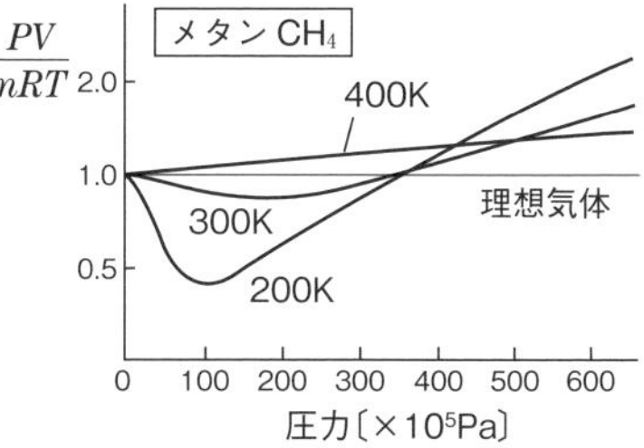

※実在気体は**低温・高圧**にするほど，理想気体からのずれが大きくなる。

確認&チェック

1 次の各文で述べている気体の法則名を書け。

(1) 一定温度で，一定量の気体の体積は圧力に反比例する。

(2) 一定圧力で，一定量の気体の体積は絶対温度に比例する。

(3) 一定量の気体の体積は，圧力に反比例し，絶対温度に比例する。

2 次の文の［　　］に適切な語句，数値を記せ。

(1) 水の凝固点と沸点の間を100等分し，1℃の温度差を定めた温度を①［　　］という。

(2) 絶対零度(−273℃)を基点とし，①と同じ目盛り間隔をもつ温度を②［　　］という。

3 次の問いに答えよ。

(1) 物質量 n〔mol〕の気体の圧力を P〔Pa〕，体積 V〔L〕，温度 T〔K〕とするとき，$PV=nRT$ の関係式を何というか。

(2) $R=8.31\times10^3$〔Pa･L/(K･mol)〕という定数を何というか。

4 次の記述に当てはまる化学用語を答えよ。

(1) 混合気体が示す圧力。

(2) 混合気体中の各成分気体が示す圧力。

(3) 混合気体の全圧は，各成分気体の分圧の和に等しい。

(4) 混合気体を1種類の分子からなる気体とみなして求めた見かけの分子量。

5 次の文の［　　］に適切な語句，記号を入れよ。

状態方程式に完全に従う仮想の気体を①［　　］という。一方，実際に存在する気体を②［　　］といい，状態方程式には完全には従わない。

理想気体は，分子自身に大きさ(体積)がなく，③［　　］がはたらかないと仮定している。

実在気体であっても，④［　　］温・⑤［　　］圧になるほど理想気体に近づく。

解答

1 (1) ボイルの法則
(2) シャルルの法則
(3) ボイル・シャルルの法則
→ p.90 1

2 ① セルシウス温度(セ氏温度)
② 絶対温度
→ p.90 1

3 (1) 気体の状態方程式
(2) 気体定数
→ p.90 1

4 (1) 全圧
(2) 分圧
(3) ドルトンの分圧の法則
(4) 平均分子量
→ p.90 2

5 ① 理想気体
② 実在気体
③ 分子間力
④ 高
⑤ 低
→ p.91 3

例題 31 では，気体定数 $R = 8.3 \times 10^3$ Pa·L/(K·mol) として計算せよ。

例題 30 ボイル・シャルルの法則

(1) 0℃，1.0×10^5 Pa で 91 L の気体(状態 A)を，27℃，2.0×10^5 Pa にすると体積は何 L(状態 B)になるか。

(2) 状態 B の気体を，3.0×10^5 Pa で 80L にするには温度を何 K にすればよいか。

考え方 気体の物質量は一定であるが，温度，圧力，体積が変化しているので，いずれも**ボイル・シャルルの法則**を適用する。

$$\frac{P_1V_1}{T_1}=\frac{P_2V_2}{T_2}$$

圧力 P と体積 V の単位は両辺で揃えればよいが，温度 T は必ず，絶対温度 $\boldsymbol{T}$**〔K〕=273+$\boldsymbol{t}$〔℃〕**を用いること。

(1) $\dfrac{1.0\times10^5\times91}{273}=\dfrac{2.0\times10^5\times V}{273+27}$ $\therefore$ $V=\dfrac{91\times1.0\times10^5\times300}{2.0\times10^5\times273}=50$〔L〕

(2) $\dfrac{2.0\times10^5\times50}{300}=\dfrac{3.0\times10^5\times80}{T}$ $\therefore$ $T=\dfrac{80\times3.0\times10^5\times300}{50\times2.0\times10^5}=720$〔K〕

解答 (1) 50L (2) 720K

例題 31 気体の状態方程式

次の問いに答えよ。ただし，分子量は，$H_2=2.0$ とする。

(1) 27℃，6.0×10^4 Pa で，0.20mol の気体の体積は何 L を占めるか。

(2) 水素 4.0g を 127℃で 20L の容器に詰めると，圧力は何 Pa になるか。

(3) ある気体 2.0g を 27℃で 2.0L の容器に入れたら，5.0×10^4 Pa を示した。この気体の分子量を求めよ。

考え方 気体の物質量〔mol〕や質量〔g〕を求めるときは，まず，**気体の状態方程式 $\boldsymbol{PV=nRT}$ の適用**を考える(ボイル・シャルルの法則は使えない)。

気体の状態方程式 $\boldsymbol{PV=nRT}$ で**気体定数 $\boldsymbol{R}$=8.3×10³〔Pa·L/(K·mol)〕**を使う場合，圧力 P は〔Pa〕，体積 V は〔L〕，温度 T は〔K〕の単位を用いること。

(1) $\boldsymbol{PV=nRT}$ の式にそれぞれの値を代入する。

$$V=\frac{nRT}{P}=\frac{0.20\times8.3\times10^3\times300}{6.0\times10^4}=8.3\text{〔L〕}$$

(2) $\boldsymbol{PV=\frac{w}{M}RT}$ の式にそれぞれの値を代入する。

$$P=\frac{wRT}{VM} \qquad P=\frac{4.0\times8.3\times10^3\times400}{20\times2.0}=3.32\times10^5\fallingdotseq3.3\times10^5\text{〔Pa〕}$$

(3) $PV=\frac{w}{M}RT$ の式にそれぞれの値を代入する。

$$M=\frac{wRT}{PV} \qquad M=\frac{2.0\times8.3\times10^3\times300}{5.0\times10^4\times2.0}=49.8\fallingdotseq50$$

解答 (1) 8.3L (2) 3.3×10^5 Pa (3) 50

3-11

例題 33 では，気体定数 $R = 8.3 \times 10^3$ Pa·L/(K·mol)として計算せよ。

例題 32 混合気体の全圧と分圧 □□

右図のように，27℃において容器に封入した水素と窒素を，コックを開いて混合した。

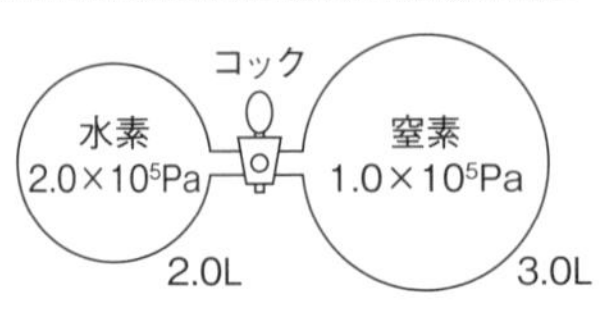

(1) 水素と窒素の分圧はそれぞれ何 Pa か。

(2) 混合気体の全圧は何 Pa か。

考え方 混合の前後で，各気体の物質量，温度は変化していない。変化しているのは，各気体の体積，圧力だけであるから，**ボイルの法則 $P_1V_1 = P_2V_2$** が適用できる。

(1) 混合後の水素の分圧を p_{H_2}〔Pa〕，窒素の分圧を p_{N_2}〔Pa〕とする。

混合気体の体積は，2.0＋3.0＝5.0〔L〕であるから，

〔水素について〕 $2.0 \times 10^5 \times 2.0 = p_{H_2} \times 5.0$ ∴ $p_{H_2} = 8.0 \times 10^4$〔Pa〕

〔窒素について〕 $1.0 \times 10^5 \times 3.0 = p_{N_2} \times 5.0$ ∴ $p_{N_2} = 6.0 \times 10^4$〔Pa〕

(2) **ドルトンの分圧の法則**より，全圧 P は分圧 p_{H_2} と p_{N_2} の和に等しいから，

$P = p_{H_2} + p_{N_2} = 8.0 \times 10^4 + 6.0 \times 10^4 = 14 \times 10^4 = 1.4 \times 10^5$〔Pa〕

解答 (1) 水素の分圧：8.0×10^4 Pa 窒素の分圧：6.0×10^4 Pa (2) 1.4×10^5 Pa

例題 33 水蒸気を含む気体 □□

ピストン付き容器に，27℃で 0.010mol の水とある量の窒素を入れ，気体の体積を 3.0L にしたら，容器内の気体の圧力は 6.3×10^4 Pa で，液体の水が存在していた。次の問いに答えよ。27℃の水の飽和蒸気圧を 3.0×10^3 Pa，窒素は水に溶けないものとする。

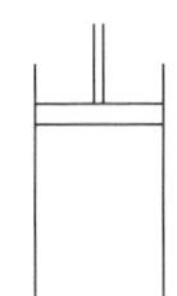

(1) 気体の体積が 3.0L のとき，窒素の分圧は何 Pa か。

(2) 気体の体積を 2.0L にしたとき，容器内の気体の全圧は何 Pa か。

(3) 容器内の水をすべて蒸発させるには，気体の体積を何 L 以上にすればよいか。

考え方 窒素の圧力はボイルの法則に従って変化するが，水蒸気の圧力は水が共存している間は，空間の体積には無関係に，**飽和蒸気圧**(一定)であることに留意する。

(1) 容器内の気体の全圧を P，窒素の分圧を p_{N_2}，水蒸気の分圧を p_{H_2O} とすると，液体の水が残っているので，p_{H_2O} は 27℃の飽和蒸気圧 3.0×10^3 Pa である。

∴ $p_{N_2} = P - p_{H_2O} = 6.3 \times 10^4 - 3.0 \times 10^3 = 6.0 \times 10^4$〔Pa〕

(2) 窒素の分圧が p'_{N_2} になったとすると，ボイルの法則より，

$6.0 \times 10^4 \times 3.0 = p'_{N_2} \times 2.0$ ∴ $p'_{N_2} = 9.0 \times 10^4$〔Pa〕

気体の体積が変化しても，液体の水が存在する限り，水蒸気の分圧は 3.0×10^3 Pa のままである。よって，全圧は，$9.0 \times 10^4 + 3.0 \times 10^3 = 9.3 \times 10^4$〔Pa〕

(3) 0.010mol の水がちょうど蒸発したとき，水蒸気の分圧は 3.0×10^3 Pa である。そのときの気体の体積 V は，気体の状態方程式 $\boldsymbol{PV = nRT}$ から求められる。

$3.0 \times 10^3 \times V = 0.010 \times 8.3 \times 10^3 \times 300$ ∴ $V = 8.3$〔L〕

解答 (1) 6.0×10^4 Pa (2) 9.3×10^4 Pa (3) 8.3L

問題A　必は重要な必須問題。時間のないときはここから取り組む。

必126 □□ ◀ボイル・シャルルの法則▶　次の問いに答えよ。

(1)　27℃，2.0×10^5 Pa で 5.0L を占める気体を 0℃，1.0×10^5 Pa にすると，体積は何 L になるか。

(2)　27℃，8.0×10^4 Pa の気体 2.5L を，圧力 6.0×10^4 Pa の下で体積を 4.0L にするには，温度を何℃にすればよいか。

127 □□ ◀気体の状態方程式▶　次の各問いに答えよ。

(1)　27℃，1.5×10^5Pa で体積が 830mL の気体の物質量は何 mol か。

(2)　127℃で，メタン CH_4 4.0g を容積 10L の容器につめた。このとき容器内の圧力は何 Pa を示すか。

(3)　27℃，1.0×10^5 Pa において，ある気体の密度は 2.0g/L であった。この気体の分子量を求めよ。

128 □□ ◀気体の比較▶　次の(1)～(3)の問いに当てはまる気体を，あとの(a)～(d)から記号で選び，(a)>(b)>(c)>(d)のように答えよ。(原子量：H＝1.0，C＝12，O＝16)

(1)　同温・同圧における体積の大きいもの順

(2)　同温・同圧における密度の大きいもの順

(3)　同温・同体積の容器に詰めたとき，圧力の高いもの順

(a)　0℃，2.0×10^5 Pa の水素 1.0g　　(b)　4.0g のメタン

(c)　27℃，1.0×10^5 Pa の酸素 10L　　(d)　127℃，2.0×10^5 Pa の二酸化炭素 5.0L

必129 □□ ◀気体のグラフ▶　1mol の理想気体について，次の関係を表すグラフとして最も適切なものを，下の①～④から１つずつ選べ。

(1)　絶対温度 T が一定のとき，気体の体積 V と圧力 P との関係。ただし，$T_2>T_1$ の関係が常に満たされているものとする。

(2)　圧力 P が一定のとき，気体の体積 V と絶対温度 T との関係。ただし，$P_2>P_1$ の関係が常に満たされているものとする。

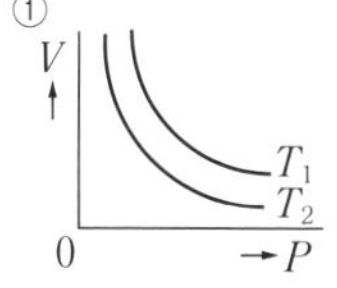

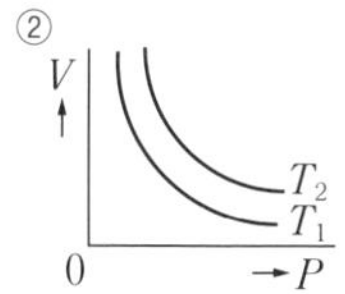

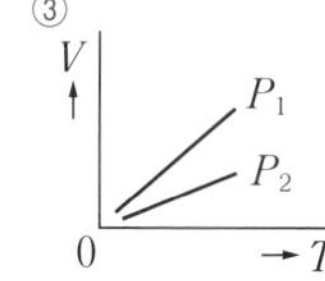

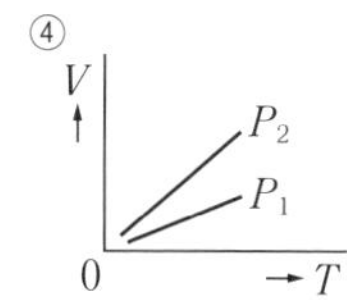

130 □□ ◀全圧と分圧▶ 8.3L の密閉容器に，気体 A を 0.30mol，気体 B を 0.20mol を入れて 27℃に保った。次の問いに答えよ。

(1) 混合気体中の気体 A，および B の分圧はそれぞれ何 Pa か。

(2) 混合気体の全圧は何 Pa か。

必 **131** □□ ◀分圧と全圧▶ 右図のような連結容器の中央のコックを閉じ，容器 A に 4.0g のアルゴンを，容器 B には 8.4g の窒素を封入し，温度を 27℃に保った。次の問いに，有効数字 2 桁で答えよ。(原子量：Ar = 40，N = 14)

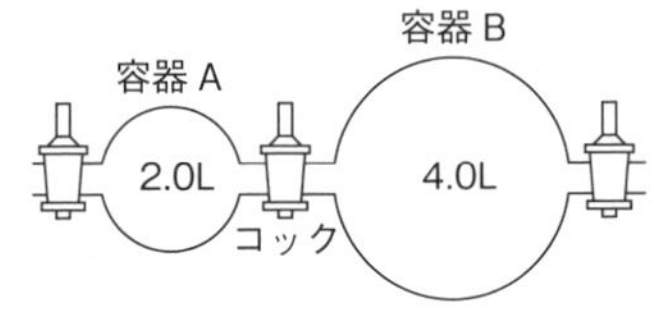

(1) 中央のコックを開き，容器内の気体が十分に混合したとき，混合気体の全圧は何 Pa か。また，アルゴンと窒素の分圧の比を求めよ。

(2) (1)のとき，混合気体の平均分子量はいくらになるか。

132 □□ ◀理想気体と実在気体▶ 次の文の［ ］に適語を入れよ。

気体の状態方程式に完全に従う仮想の気体を①［ ］という。一方，実際に存在する気体を②［ ］といい，気体の状態方程式に完全に従わない。

これは，②では，分子どうしの間に③［ ］が働き，また，分子自身が一定の④［ ］をもつためである。

必 **133** □□ ◀理想気体と実在気体▶ 図は，0℃における 3 種類の実在気体と理想気体各 1mol について，圧力 P に対する $\frac{PV}{RT}$ の関係を示す。ここで，V は気体の体積，T は絶対温度，R は気体定数を示す。次の問いに答えよ。

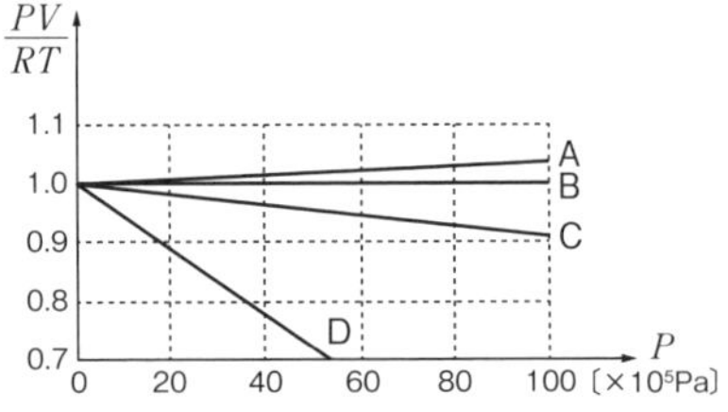

(1) 図中の気体 A ～ D は，それぞれメタン，水素，アンモニア，理想気体のどの気体に該当するか。

(2) 実在気体のうち，図の圧力範囲で，最も圧縮されにくい気体を記号で示せ。

(3) 曲線 D が曲線 C よりも下側にあることの原因として，最も適切と思われるものを次から記号で選べ。

(ア) 分子の大きさ　(イ) 分子の極性　(ウ) 分子の質量　(エ) 分子の原子数

(4) 100℃では，気体 C のグラフは 0℃のときのグラフに比べて，上方，下方のいずれにずれるか。

問題134～137で，必要な場合は，気体定数 $R = 8.3 \times 10^3$ Pa・L/(K・mol) として計算せよ。

問題B

必は重要な必須問題。時間のないときはここから取り組む。

必134 □□ ◀**気体の水上捕集**▶ 水素を右図のように捕集したら，27℃，1.0×10^5 Pa で，その体積は 0.52L であった。27℃における飽和水蒸気圧を 4.0×10^3 Pa とする。

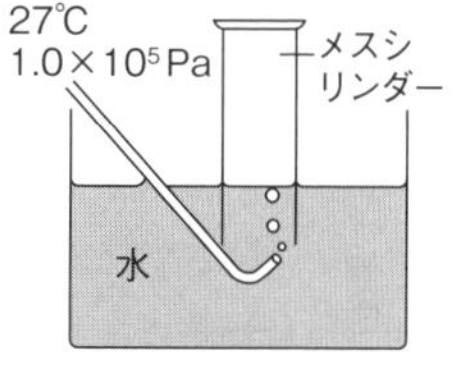

(1) メスシリンダーの内外の水面を一致させてから，体積の測定を行うのはなぜか。その理由を簡単に説明せよ。

(2) 捕集した水素の物質量を求めよ。

必135 □□ ◀**分子量の測定**▶ 揮発性の液体 A 2.0g を内容積 0.50L のフラスコに入れ，小さな穴をあけたアルミ箔でふたをしたところ，質量は 153.2g であった。右図のように，沸騰水(100℃)で A を十分に蒸発させ，冷却後，フラスコの外側の水をよくふき取り，質量を測定すると 154.7g であった。実験時の大気圧は 1.0×10^5 Pa，室温での A の蒸気圧は無視できるものとして，この液体 A の分子量を整数値で求めよ。

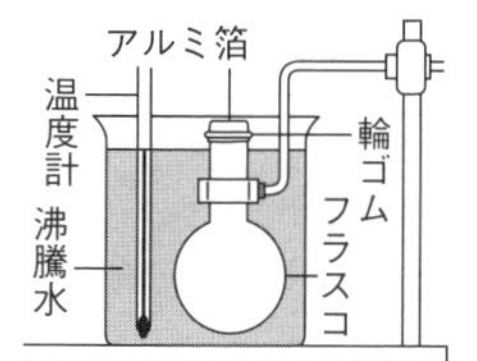

136 □□ ◀**水蒸気を含む混合気体**▶ ピストンつきの容器に，27℃で窒素と少量の水を入れ気体部分の体積を 3.0L に保った。このとき，容器内の気体の全圧は 6.4×10^4 Pa を示し，液体の水が存在していた(状態Ⅰ)。次に，27℃に保ってピストンを押し，気体部分の体積を 2.0L にした(状態Ⅱ)。次の問いに答えよ。ただし，27℃での水の飽和蒸気圧を 4.0×10^3 Pa とし，窒素の水への溶解，および液体の体積は無視できるものとする。

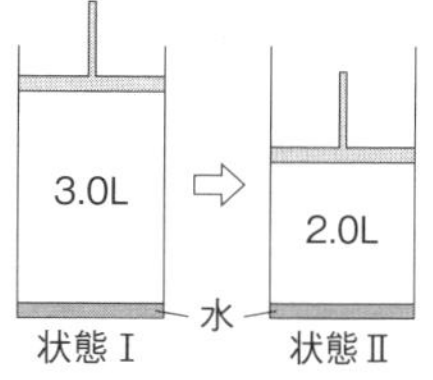

(1) 状態Ⅰのとき，窒素の分圧は何 Pa か。

(2) 状態Ⅱのとき，容器内の気圧の全圧は何 Pa か。

(3) 状態Ⅱのとき，容器内に存在する水蒸気の物質量は何 mol か。

137 □□ ◀**混合気体の燃焼**▶ 容積 10L の密閉容器に，0.10mol のメタンと 0.40mol の酸素を入れ，完全燃焼させた。次の問いに答えよ。ただし，57℃での飽和水蒸気圧を 2.0×10^4 Pa，液体の体積や，液体への気体の溶解は無視できるものとする。

(1) 燃焼前，57℃における混合気体の全圧は何 Pa か。

(2) 燃焼後，57℃における混合気体の全圧は何 Pa か。

(3) (2)のとき，凝縮している水の物質量は何 mol か。

12 溶解と溶解度

1 物質の溶解

❶溶液 液体(**溶媒**)中に他の物質(**溶質**)が溶け込んだ均一な混合物。

溶質	電解質	水に溶けて電離する物質	NaCl, NaOH, HCl など
	非電解質	水に溶けて電離しない物質	$C_6H_{12}O_6$, C_2H_5OH など

❷水和(溶媒和) 溶質粒子が水(溶媒)分子で取り囲まれ安定化する現象。

❸溶解性の原則 極性の似たものどうしがよく溶け合う。

溶媒＼溶質	イオン結晶	極性分子	無極性分子
	NaCl	$C_6H_{12}O_6$	I_2
水(極性分子)	溶ける	溶ける	不溶
ヘキサン(無極性分子)	不溶	不溶	溶ける

(a) イオン結晶…イオンが静電気力で**水和**されて溶ける。

(b) 極性分子…分子が**水素結合**で水和されて溶ける。

(c) 無極性分子…分子が分子間力で**溶媒和**されて溶ける。

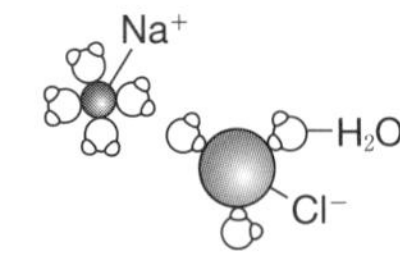

NaCl 水溶液中のイオンの水和

2 固体の溶解度

❶溶解度 一定量の溶媒に溶けうる溶質の限度量。

❷飽和溶液 一定量の溶媒に溶質を溶解度まで溶かした溶液。

❸溶解平衡 飽和溶液では, **(溶解する粒子数)＝(析出する粒子数)**となり, 見かけ上, 溶解も析出も止まった状態にある。

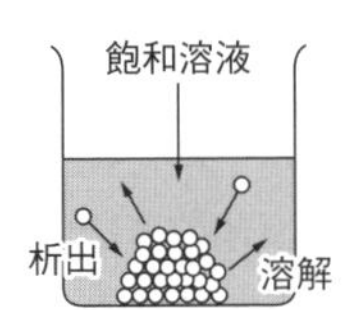

❹固体の溶解度 **溶媒 100g に溶ける溶質の最大質量〔g〕**の数値。

❺溶解度曲線 温度と溶解度の関係を表すグラフ。

一般に, 固体の溶解度は, 温度が高くなると大きくなる。

❻再結晶法 高温の飽和溶液を冷却して, 純粋な結晶だけを析出させる方法。固体物質の精製に利用。

飽和溶液では, 次式が成り立つ。

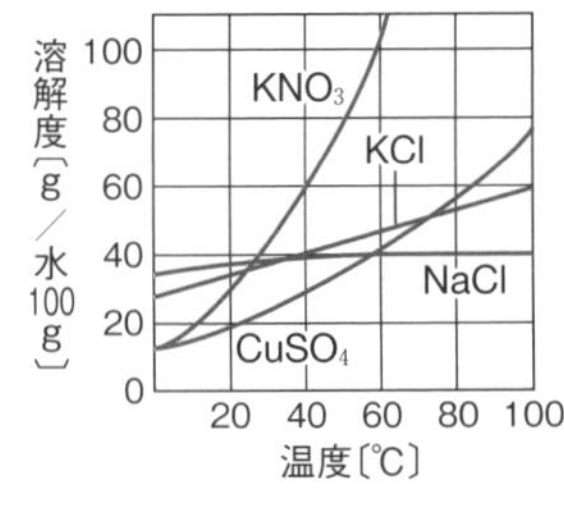

$$\frac{\text{溶質の質量}}{\text{飽和溶液の質量}}=\frac{S}{100+S}\quad (S\text{ は溶解度})$$

例 不純物を含む硝酸カリウム KNO_3 から純粋な KNO_3 の結晶を析出させる。

❼温度変化による溶質の析出量の求め方

$$\frac{\text{溶質の析出量〔g〕}}{\text{高温での飽和溶液の質量〔g〕}}=\frac{S_1-S_2}{100+S_1}$$

S_1：高温での溶質の溶解度
S_2：低温での溶質の溶解度

3 気体の溶解度

❶気体の溶解度　気体の圧力が 1.013×10^5 Pa のとき，溶媒 1L に溶ける気体の物質量，または気体の体積を標準状態（0℃，1.013×10^5 Pa）に換算した値で表す。

❷温度と気体の溶解度　気体の溶解度は温度が高くなるほど，小さくなる。

❸圧力と気体の溶解度　次に述べるヘンリーの法則*が成り立つ。

(i) 温度一定で，気体の溶解度（物質量，質量）は，その気体の圧力に比例する。

(ii) 温度一定で，気体の溶解度（体積）は，溶解した圧力の下では一定である。

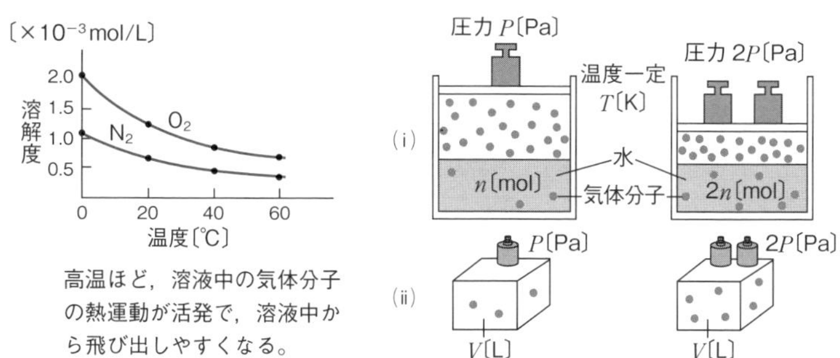

*ヘンリーの法則は，HCl，NH_3 のような水への溶解度の大きい気体では成立しない。

4 溶液の濃度

❶濃度　溶液中に含まれる溶質の割合。次の 3 つの表し方がある。

濃度	単位	定義	公式
質量パーセント濃度	%	溶液 100g 中に溶けている溶質の質量〔g〕	$\frac{溶質の質量}{溶液の質量} \times 100$
モル濃度	mol/L	溶液 1L 中に溶けている溶質の物質量〔mol〕	$\frac{溶質の物質量〔mol〕}{溶液の体積〔L〕}$
質量モル濃度	mol/kg	溶媒 1kg 中に溶けている溶質の物質量〔mol〕	$\frac{溶質の物質量〔mol〕}{溶媒の質量〔kg〕}$

質量パーセント濃度　日常生活で最もよく使われる。

モル濃度　化学分野で，温度の変化しない溶液反応全般で用いる。

質量モル濃度　化学分野で，温度の変化する沸点上昇，凝固点降下で用いる。

❷質量パーセント濃度からモル濃度への変換

質量パーセント濃度 w〔%〕の溶液の密度が d〔g/cm³〕，モル濃度が C〔mol/L〕のとき，溶液 1L（= 1000mL = 1000cm³）あたりで考えると，

$$C〔mol/L〕= \frac{1000〔cm^3〕\times d〔g/cm^3〕\times \frac{w}{100}}{M〔g/mol〕}$$

M：溶質のモル質量〔g/mol〕

確認＆チェック

1 次の文の［　　］に適語を入れよ。

(1) 液体中に他の物質が溶け込んだ均一な混合物を①［　　］という。このとき，物質を溶かす液体を②［　　］，その中に溶けている物質を③［　　］という。

(2) 溶質粒子が水分子で取り囲まれ，安定化する現象を④［　　］という。

2 表の溶媒と溶質の組み合わせ①～⑥で，溶質が溶媒に溶ける場合は○，溶けない場合は×をつけよ。

溶媒＼溶質	塩化ナトリウム	グルコース	ヨウ素
水（極性分子）	①	③	⑤
ヘキサン（無極性分子）	②	④	⑥

3 次の文の［　　］に適語を入れよ。

溶媒①［　　］g に溶ける溶質の最大質量〔g〕の数値を，固体の溶解度という。一般に，固体の溶解度は温度が高くなるほど②［　　］なる。

4 右図を見て，次の問いに答えよ。

(1) 右図のグラフを何というか。

(2) 図中の物質のうち，再結晶法により，①最も精製しやすいもの，②最も精製しにくいものをそれぞれ記号で答えよ。

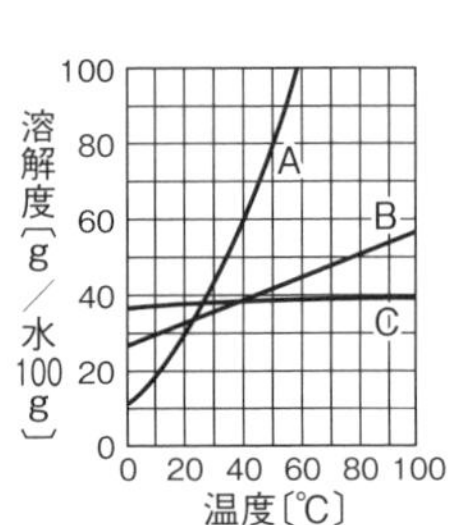

5 次の文の［　　］に適語を入れよ。

(1) 気体の溶解度は，温度が高くなるほど①［　　］なる。

(2) 温度一定で，気体の溶解度（物質量，質量）は，その気体の②［　　］に比例する。

(3) 温度一定で，気体の溶解度（体積）は，溶解した圧力の下では③［　　］である。

(4) (2)と(3)をまとめて④［　　］の法則という。

解答

1 ① 溶液　② 溶媒　③ 溶質　④ 水和

→ p.98 1

2 ① ○　② ×　③ ○　④ ×　⑤ ×　⑥ ○

→ p.98 1

3 ① 100　② 大きく

→ p.98 2

4 (1) 溶解度曲線

(2) ① A　② C

➡①溶解度の温度変化が最も大きいもの。
②溶解度の温度変化が最も小さいもの。

→ p.98 2

5 ① 小さく　② 圧力　③ 一定　④ ヘンリー

→ p.98 3

例題 34　固体の溶解度

塩化カリウムの水への溶解度は，20℃で35，80℃で56である。次の問いに答えよ。

(1) 20℃の20%の塩化カリウム水溶液100gを80℃の飽和溶液にするとさらに何gの塩化カリウムが溶解するか。

(2) 80℃の塩化カリウムの飽和水溶液200gを20℃に冷却すると，何gの塩化カリウムの結晶が析出するか。

考え方 溶解量，析出量を求める問題では，各温度で $\frac{溶質}{溶媒}$，$\frac{溶質}{溶液}$ の質量比が一定であることを利用して解くとよい。

(1) **固体の溶解度**は，水100gに溶質が最大何g溶けるかを数値で表したものだから，溶媒(水)の質量がわかれば，比例計算であと何gの溶質が溶解できるかがわかる。

20℃の20% KCl水溶液100gには，KCl 20g，水80gを含む。80℃で，あと x〔g〕のKClが溶けるとすると，$\frac{溶質}{溶媒}=\frac{20+x}{80}=\frac{56}{100}$　∴ $x=24.8$〔g〕

(2) 80℃の飽和水溶液(100+56)gを20℃に冷却すると，溶解度の差(56−35)gの溶質が析出する。よって，200gの飽和水溶液から析出する結晶を y〔g〕とおくと，

$\frac{析出量}{溶液}=\frac{56-35}{100+56}=\frac{y}{200}$　∴ $y=26.92 \fallingdotseq 26.9$〔g〕

解答 (1) 24.8g　(2) 26.9g

例題 35　溶液の濃度

水200gにグルコース $C_6H_{12}O_6$（分子量180）を50g溶かした溶液の密度は1.1g/mLである。次の濃度をそれぞれ求めよ。

(1) 質量パーセント濃度　(2) モル濃度

考え方 各濃度を求める公式を利用する。

> 質量%濃度 $=\frac{溶質の質量〔g〕}{溶液の質量〔g〕}\times 100$
>
> モル濃度 $=\frac{溶質の物質量〔mol〕}{溶液の体積〔L〕}$
>
> 質量モル濃度 $=\frac{溶質の物質量〔mol〕}{溶媒の質量〔kg〕}$

(1) $\frac{溶質の質量}{溶液の質量}=\frac{50}{200+50}\times 100=20$〔%〕

(2) **モル濃度は，溶液の体積1L(=1000mL)を基準量として考える**とよい。この水溶液1L(=1000mL)の質量は，溶液の**密度**を用いて，

1000mL×1.1g/mL=1100〔g〕

(1)より，この溶液中に溶質が20%含まれるから，

グルコース(溶質)の質量：1100×0.20=220〔g〕。

グルコースの分子量が180より，モル質量は180g/molである。

グルコース220gの物質量を求めると，∴ $\frac{220}{180}=1.22 \fallingdotseq 1.2$〔mol〕

これが溶液1L中に含まれるから，モル濃度は1.2mol/L

解答 (1) 20%　(2) 1.2mol/L

例題 36 気体の溶解度

酸素は25℃，1.0×10^5 Pa で，1L の水に 28mL(標準状態に換算した値)溶ける。

(1) 25℃, 4.0×10^5 Pa で，水 1L に溶ける酸素は何 g か。(分子量：$O_2=32$)

(2) 25℃, 4.0×10^5 Pa で，水 1L に溶ける酸素は，0℃，4.0×10^5 Pa では何 mL か。

考え方 ヘンリーの法則には 2 通りの表現方法がある。

① 溶解する気体の物質量は,圧力に比例する。
② 溶解する気体の体積は，溶解した圧力の下では，圧力に関係なく一定である。

(1) まず，体積を物質量に直した後，モル質量を用いて質量に変換する。

O_2 の 28mL(標準状態)の物質量は，$\dfrac{28}{22400}=1.25\times10^{-3}$〔mol〕

気体の溶解度(物質量)は圧力に比例するから，4.0×10^5 Pa での O_2 の溶解量は，

$1.25\times10^{-3}\times4.0=5.0\times10^{-3}$〔mol〕

$O_2=32$ より，モル質量は 32g/mol より，　∴ $5.0\times10^{-3}\times32=0.16$〔g〕

(2) 気体の溶解度(体積)は，溶解した圧力の下では，圧力に関係なく一定である。

1.0×10^5 Pa で O_2 が 28mL 溶けるならば，4.0×10^5 Pa でも O_2 は 28mL 溶ける。

解答 (1) 0.16g　(2) 28mL

例題 37 水和物の溶解度

硫酸銅(Ⅱ)$CuSO_4$ の水に対する溶解度は，20℃で 20，80℃で 60 である。次の文の[　　]に適する数値を記入せよ。ただし，$H_2O=18$，$CuSO_4=160$ とする。

80℃での硫酸銅(Ⅱ)の飽和溶液 400g には，硫酸銅(Ⅱ)が①[　　]g，溶媒の水が②[　　]g 含まれる。この溶液を 20℃に冷却すると，結晶析出後に残った溶液は 20℃の飽和溶液であるから，析出する硫酸銅(Ⅱ)五水和物の質量は③[　　]g である。

考え方 結晶中に取り込まれた水を**水和水**という。$CuSO_4\cdot5H_2O$ のように水和水をもつ物質を**水和物**，$CuSO_4$ のように水和水をもたない物質を**無水物**という。

水和物の溶解度も，飽和溶液中の水 100g に溶ける無水物の質量〔g〕の数値で表す。

①，② 80℃の飽和溶液 400g に溶けている溶質の質量を x〔g〕とすると，

$\dfrac{溶質量}{溶液量}=\dfrac{x}{400}=\dfrac{60}{100+60}$　∴ $x=150$〔g〕　よって，溶媒(水)は，$400-150=250$〔g〕

③ 硫酸銅(Ⅱ)五水和物 y〔g〕を構成する無水物と水和水の各質量は，下図のようになる。

無水物：$\dfrac{160}{250}y$〔g〕　水和水：$\dfrac{90}{250}y$〔g〕

$CuSO_4$ の飽和溶液を冷却したとき，$CuSO_4\cdot5H_2O$ が y〔g〕析出したとすると，結晶析出後に残った溶液は，その温度での飽和溶液であるから，20℃の飽和条件より

$\dfrac{溶質量}{溶液量}=\dfrac{150-\dfrac{160}{250}y}{400-y}=\dfrac{20}{120}$　∴ $y=176.0\fallingdotseq176$〔g〕

250	
160	90
$CuSO_4$	$5H_2O$
$\frac{160}{250}y$	$\frac{90}{250}y$
y〔g〕	

解答 ① 150　② 250　③ 176

問題A

必は重要な必須問題。時間のないときはここから取り組む。

138 □□ ◀物質の溶解▶　次の文の［　　］に適切な語句を入れよ。

水 H_2O 分子は，水素原子がやや正（δ＋）に，酸素原子がやや負（δ−）に帯電した①［　　］分子である。そのため，塩化ナトリウム NaCl の結晶を水に加えると，結晶表面の Na^+ は水分子の②［　　］原子と，Cl^- は水分子の③［　　］原子とそれぞれ静電気力（クーロン力）で引き合う。このように，溶質粒子が水分子に取り囲まれて安定化する現象を④［　　］という。一般に，溶質粒子が溶媒分子で取り囲まれて安定化する現象を⑤［　　］という。

グルコース $C_6H_{12}O_6$ は水などの極性溶媒には溶けやすい。これは，グルコース分子中にある親水性の⑥［　　］基と水分子との間に⑦［　　］結合が生じて④されるからである。一方，ヨウ素 I_2 などの⑧［　　］分子は，水分子との間に静電気力がはたらかず④されにくいので，水に溶けにくい。しかし，ヨウ素はヘキサン C_6H_{14} などの無極性溶媒にはよく溶ける。これは，⑧分子は分子間力によって⑤されるからである。

必 **139** □□ ◀物質の溶解性▶　次にあげた固体物質の溶解性について，該当するものをあとの(A)〜(D)から選べ。なお，ヘキサン C_6H_{14} は無極性の溶媒である。

(1) 塩化ナトリウム　NaCl　(2) ヨウ素　I_2　(3) グルコース　$C_6H_{12}O_6$
(4) 硝酸カリウム　KNO_3　(5) 炭酸カルシウム　$CaCO_3$　(6) ナフタレン　$C_{10}H_8$
(7) エタノール　C_2H_5OH　(8) 塩化銀　AgCl

※ヘキサンは石油の一成分。

(A) 水には溶けやすいが，ヘキサンには溶けにくい。
(B) 水には溶けにくいが，ヘキサンには溶けやすい。
(C) 水にもヘキサンにも溶けやすい。
(D) 水にもヘキサンにも溶けにくい。

必 **140** □□ ◀固体の溶解度▶　硝酸カリウム KNO_3 の溶解度曲線を利用して，次の問いに小数第1位まで答えよ。

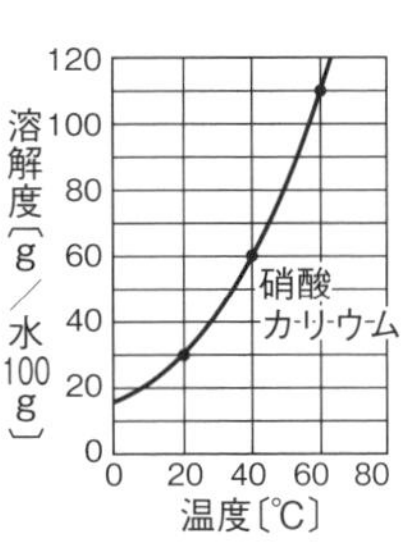

(1) 40℃の飽和溶液120gには何gの KNO_3 が溶けているか。
(2) 60℃の飽和溶液200gから温度を変えずに水40gを蒸発させると，何gの KNO_3 が析出するか。
(3) 60℃の飽和溶液120gを20℃まで冷却すると，何gの KNO_3 が析出するか。
(4) 40℃の飽和溶液120gから同温のまま水40gを蒸発させた後，さらに20℃に冷却した。あわせて何gの KNO_3 が析出するか。

3-12

141 □□ ◀気体の溶解度▶　1.0×10^5 Pa の窒素 N_2 は，0℃の水 1.0L に対して 2.24×10^{-2} L 溶ける。いま，5.0×10^5 Pa の窒素が 0℃の水 10L に接している。次の各問いに答えよ。

(1)　この水に溶けている窒素の質量は何 g か。(分子量：N_2 = 28)

(2)　この水に溶けている窒素の体積は，0℃，5.0×10^5 Pa では何 L か。

(3)　この水に溶けている窒素の体積は，0℃，1.0×10^5 Pa では何 L か。

問題 B

必は重要な必須問題。時間のないときはここから取り組む。

142 □□ ◀シュウ酸水溶液の濃度▶　シュウ酸二水和物 $(COOH)_2\cdot2H_2O$ 63g を水に溶かしてちょうど 1L とすると，密度が 1.02g/cm^3 の水溶液ができた。この水溶液について，次の(1)～(3)の濃度を有効数字 2 桁で求めよ。ただし，式量を $(COOH)_2$ = 90，$(COOH)_2\cdot2H_2O$ = 126 とする。

(1)　質量パーセント濃度　　(2)　モル濃度　　(3)　質量モル濃度

必 **143** □□ ◀気体の溶解度▶　右表は，1.0×10^5 Pa の下で，水 1.0L に溶ける気体の体積〔L〕を標準状態に換算した値で表したものである。次の問いに答えよ。(原子量：N = 14，O = 16)

温度〔℃〕	水素	窒素	酸素
a	0.016	0.011	0.021
b	0.018	0.015	0.030
c	0.021	0.024	0.048

(1)　表の温度 a，b，c は 0℃，20℃，50℃のいずれかを示している。0℃を示すのは，どの温度のときか。a ～ c の記号で答えよ。

(2)　窒素と酸素の体積比が 2：1 である 3.0×10^5 Pa の混合気体が 20℃の水に接しているとき，この水に溶けている窒素と酸素の質量比を求めよ。

(3)　窒素と酸素の体積比が 4:1 である 1.0×10^6 Pa の空気が 0℃の水に接しているとき，この水に溶けている窒素と酸素の 0℃，1.0×10^5 Pa における体積比を求めよ。

144 □□ ◀硫酸銅(Ⅱ)の溶解度▶　硫酸銅(Ⅱ)(無水物) $CuSO_4$ の水に対する溶解度は，30℃で 25，60℃で 40 である。次の問いに有効数字 3 桁で答えよ。($CuSO_4$ = 160，H_2O = 18)

(1)　硫酸銅(Ⅱ)五水和物 $CuSO_4\cdot5H_2O$ 100g を完全に溶解させて 60℃の飽和溶液をつくるには，何 g の水を加えればよいか。

(2)　60℃の硫酸銅(Ⅱ)の飽和溶液 210g を 30℃まで冷却すると，何 g の硫酸銅(Ⅱ)五水和物の結晶が析出するか。

13 希薄溶液の性質

1 沸点上昇と凝固点降下

❶**蒸気圧降下**　不揮発性の物質を溶かした溶液の蒸気圧は，純溶媒の蒸気圧より低くなる。

❷**沸点上昇**　蒸気圧降下のため，不揮発性の物質を溶かした溶液の沸点は純溶媒の沸点より高くなる。

❸**凝固点降下**　溶液の凝固点は純溶媒の凝固点より低くなる。　例 海水の凝固点：約 −1.8℃

純溶媒
溶液
蒸気圧降下
蒸気圧 P_1
P_2
沸点上昇
t_1　t_2
温度

❹**沸点上昇度と凝固点降下度と溶液の濃度の関係**

希薄溶液の沸点上昇度 Δt_b〔K〕や凝固点降下度 Δt_f〔K〕は，溶質の種類に関係なく，溶液の質量モル濃度 m〔mol/kg〕に比例する。

$\Delta t_b = k_b \cdot m$　　k_b：モル沸点上昇
$\Delta t_f = k_f \cdot m$　　k_f：モル凝固点降下

（k_b，k_f は溶媒の種類によって決まる定数）

2 浸透圧

❶**半透膜**　水などの溶媒分子は通すが，比較的大きな溶質粒子は通さない膜。　例 セロハン膜

❷**浸透圧**　半透膜で溶液と溶媒を仕切ると，半透膜を通って，溶媒分子が溶液側へ移動する。この現象を溶媒の浸透という。

溶媒分子が溶液側へ浸透するのを阻止するために，溶液側に加える圧力を，溶液の浸透圧という。

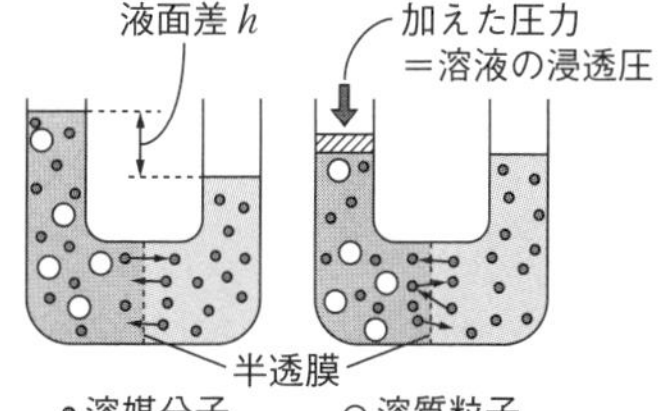

❸**ファントホッフの法則**　希薄溶液の浸透圧 Π〔Pa〕は，モル濃度 C〔mol/L〕と絶対温度 T〔K〕に比例する。

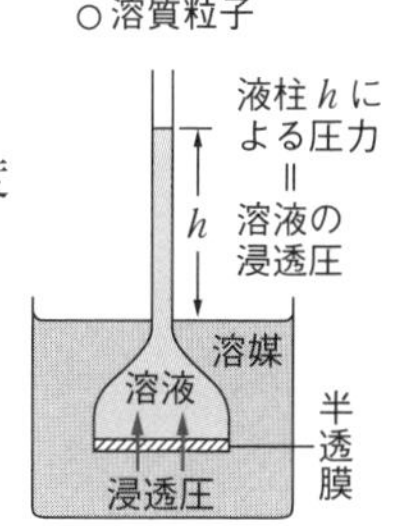

$\Pi = CRT$
$\Pi V = nRT$
$\Pi V = \dfrac{w}{M}RT$

（$R = 8.3 \times 10^3$〔Pa・L/(K・mol)〕で，気体定数と全く同じ値）

V：溶液の体積〔L〕，n：溶質の物質量〔mol〕，
w：溶質の質量〔g〕，M：溶質のモル質量〔g/mol〕

3 電解質水溶液の取扱い

電解質水溶液では，溶質粒子が電離し，溶質粒子の数が増加する。

例 塩化ナトリウム　$NaCl \longrightarrow Na^+ + Cl^-$（粒子数 2 倍）

塩化カルシウム　$CaCl_2 \longrightarrow Ca^{2+} + 2Cl^-$（粒子数 3 倍）

それに応じて，沸点上昇度，凝固点降下度，浸透圧も非電解質に比べて大きくなる。

確認＆チェック

1 次の(1)〜(3)で説明した現象を何というか。

(1) 不揮発性の物質を溶かした溶液の蒸気圧は，純溶媒の蒸気圧よりも低くなる。

(2) 不揮発性の物質を溶かした溶液の沸点は，純溶媒の沸点よりも高くなる。

(3) 溶液の凝固点は，純溶媒の凝固点よりも低くなる。

2 右図のように，密閉容器のA側に純水，B側に高濃度のスクロース(ショ糖)水溶液を同じ高さまで入れる。この容器を室温で長く放置すると，水面の高さはどうなるか。正しいものを次から記号で選べ。

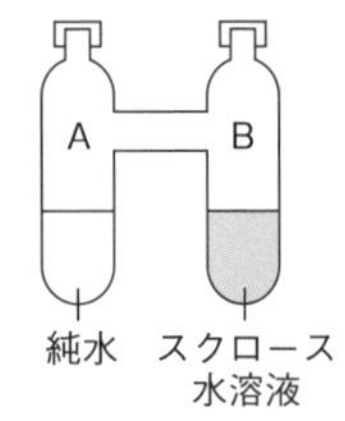

(ア) 変化なし　(イ) B側が高くなる。

(ウ) A側が高くなる。　(エ) A側・B側ともに低くなる。

3 右図は，純水と水溶液の蒸気圧曲線を示す。なお，横軸は温度〔℃〕，縦軸は蒸気圧〔$\times10^5$Pa〕を示す。次の問いに答えよ。

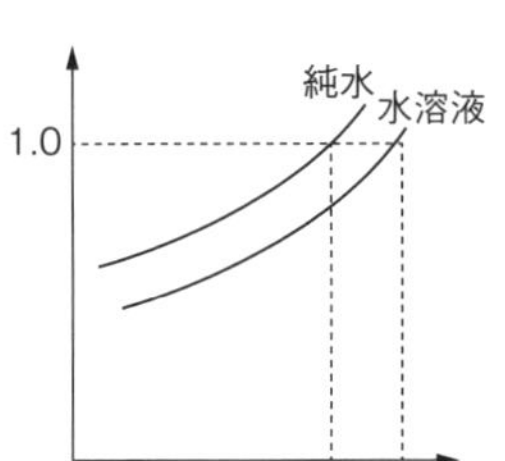

(1) 純水の沸点は何℃か。

(2) 水溶液の沸点は何℃か。

(3) 水溶液の沸点上昇度は何Kか。

4 次の記述に当てはまる化学用語を答えよ。

(1) 溶媒と溶液をセロハン膜で隔てて放置したとき，溶媒分子が溶液中へ移動する現象。

(2) 溶媒分子が溶液側へ浸透するのを阻止するため，溶液側に加える圧力。

(3) 希薄溶液の浸透圧は溶液のモル濃度と絶対温度に比例するという法則。

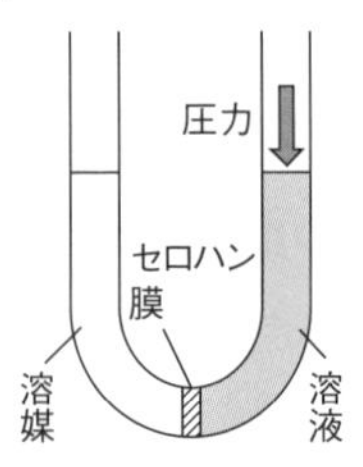

解答

1 (1) 蒸気圧降下
(2) 沸点上昇
(3) 凝固点降下
→ p.105 1

2 (イ)
➡純水の蒸気圧の方がスクロース水溶液の蒸気圧よりも高いため。
→ p.105 1

3 (1) t_1 ℃
(2) t_2 ℃
(3) (t_2-t_1) K
→ p.105 1

4 (1) 浸透
(2) 浸透圧
(3) ファントホッフの法則
→ p.105 2

例題 38 沸点上昇と凝固点降下 □□

次の(ア)〜(オ)の各物質 1g を，それぞれ 100g の水に溶かした溶液がある。この中で，沸点および凝固点が最も高いものはそれぞれ何か。化学式で答えよ。ただし，電解質は完全に電離しているものとする。原子量は，H＝1.0，C＝12，N＝14，O＝16，Na＝23，Cl＝35.5，K＝39，Ca＝40 とする。

(ア) グルコース($C_6H_{12}O_6$)　(イ) 尿素 $CO(NH_2)_2$　(ウ) 硝酸カリウム
(エ) 塩化カルシウム　(オ) メタノール

考え方 沸点上昇や凝固点降下の大きさ(**沸点上昇度，凝固点降下度**)は，いずれも溶液の質量モル濃度に比例する。本問は，溶かした溶媒の質量が同じ 100g なので，溶質粒子の物質量の大小を比較すればよい。

ただし，**電解質の場合は，電離によって生じたイオンの総物質量で比較する**必要がある。

〔電解質〕金属元素と非金属元素の化合物
$NaCl$　KNO_3　Na_2SO_4　$CaCl_2$
〔非電解質〕非金属元素のみの化合物
$C_6H_{12}O_6$　$C_{12}H_{22}O_{11}$　$CO(NH_2)_2$　C_2H_6O

$KNO_3 \longrightarrow K^+ + NO_3^-$ (粒子数 2 倍)
$CaCl_2 \longrightarrow Ca^{2+} + 2Cl^-$ (粒子数 3 倍)

分子量，および式量は，$C_6H_{12}O_6$＝180，$CO(NH_2)_2$＝60，KNO_3＝101，$CaCl_2$＝111，CH_4O＝32 より，

(ア) $\frac{1}{180}$ mol　(イ) $\frac{1}{60}$ mol　(ウ) $\frac{1}{101}\times 2=\frac{1}{50.5}$ mol　(エ) $\frac{1}{111}\times 3=\frac{1}{37}$ mol　(オ) $\frac{1}{32}$ mol

∴ 溶質粒子の総物質量の最も多い(エ)の沸点上昇度が最も大きく，沸点は最も高い。
(ただし，メタノールは揮発性物質なので，沸点上昇は起こらないことに注意すること。)
∴ 溶質粒子の総物質量の最も少ない(ア)の凝固点降下度が最も小さく，凝固点は最も高い。

解答 沸点：$CaCl_2$　凝固点：$C_6H_{12}O_6$

例題 39 凝固点降下 □□

水 100g にグルコース $C_6H_{12}O_6$(分子量 180)3.6g を溶かした溶液の凝固点は何℃か。ただし，水のモル凝固点降下を 1.85K･Kg/mol とする。

考え方 凝固点降下度 Δt は，溶液の質量モル濃度 m に比例する。

$\Delta t = k_f \times m$　(k_f：モル凝固点降下)

モル凝固点降下 k_f は，1mol/kg の溶液の凝固点降下度を表し，各溶媒に固有の定数である。
グルコースのモル質量が $C_6H_{12}O_6$＝180g/mol より，グルコース水溶液の質量モル濃度 m は，

$$m=\frac{\text{溶質の物質量}}{\text{溶媒の質量}}=\frac{\frac{3.6\text{g}}{180\text{g/mol}}}{0.100\text{kg}}=0.20\text{〔mol/kg〕}$$

$\Delta t = k_f \cdot m = 1.85\times 0.20 = 0.37$〔K〕

水の凝固点は 0℃だから，この水溶液の凝固点は，0－0.37＝－0.37〔℃〕

解答 －0.37℃

例題 40 電解質の凝固点降下

右図のような装置により，100g の水に塩化バリウム $BaCl_2$ 2.08g を溶かした水溶液の凝固点を測定したところ -0.481℃であった。この水溶液中における塩化バリウムの電離度を求めよ。ただし，水のモル凝固点降下を 1.85K･kg/mol, 原子量 Ba＝137, Cl＝35.5 とする。

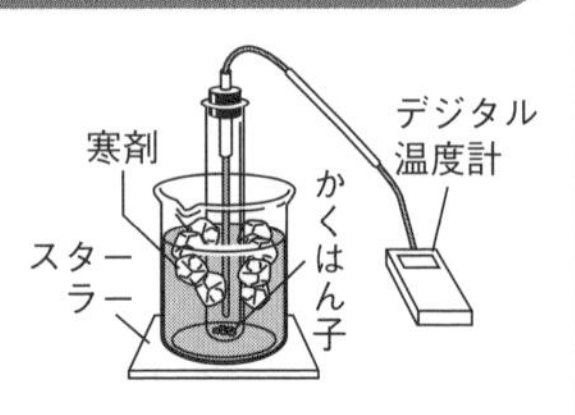

考え方 溶解した電解質のうち，電離したものの割合を**電離度(α)**という。

いま，C〔mol〕の $BaCl_2$ を水に溶かしたとき，その電離度が α であるとすると，

$$BaCl_2 \rightleftarrows Ba^{2+} + 2Cl^-$$

(電離後) $C(1-\alpha)$　　$C\alpha$　　$2C\alpha$　〔mol〕

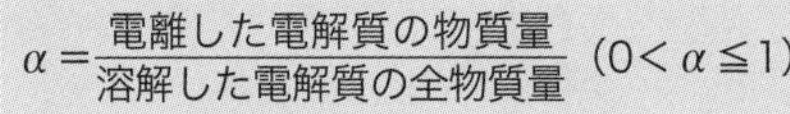

$$\alpha = \frac{\text{電離した電解質の物質量}}{\text{溶解した電解質の全物質量}} \quad (0 < \alpha \leqq 1)$$

溶質粒子(分子，イオン)の総物質量は，$C(1+2\alpha)$mol となり，$BaCl_2$ の電離により溶質粒子の数は$(1+2\alpha)$倍になる。

塩化バリウムのモル質量は $BaCl_2$＝208g/mol より，$BaCl_2$ 水溶液の質量モル濃度 m は，

$$m = \frac{\text{溶質の物質量}}{\text{溶媒の質量}} = \frac{\frac{2.08\text{g}}{208\text{g/mol}}}{0.100\text{kg}} = 0.100\text{〔mol/kg〕}$$

$\Delta t_f = k_f \cdot m$ の式に各値を代入して，$0.481 = 1.85 \times 0.100 \times (1+2\alpha)$

$1+2\alpha = 2.60$　　$\therefore\ \alpha = 0.800$

解答 0.800

例題 41 溶液の浸透圧

右図のように，U 字管をセロハン膜で仕切り，水とスクロース水溶液を等量ずつ入れて放置した。次の問いに答えよ。ただし，気体定数は $R = 8.3 \times 10^3$ Pa･L/(K･mol)とする。

(1) 液面 A，B の高さはそれぞれどう変化したか。

(2) 47℃，0.20mol/L のスクロース水溶液の浸透圧は何 Pa か。

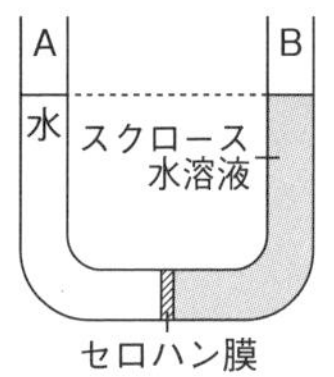

考え方 溶液の浸透圧Πは，モル濃度 C と絶対温度 T に比例する(**ファントホッフの法則**)。

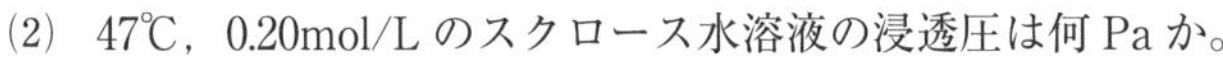

$\Pi = CRT$ (R＝8.3×10^3 Pa･L/(K･mol)) 溶液の体積を V，溶質粒子の物質量を n とすると，$\Pi V = nRT$(気体の状態方程式と同じ式)が成り立つ。

(1) 溶液と溶媒を半透膜で隔てると，溶媒分子だけが半透膜を通過できるので，溶媒分子が半透膜を通って溶液側へ移動する。この現象を溶媒の**浸透**という。

溶媒の浸透を防ぐために溶液側に加える圧力を，溶液の浸透圧という。

(2) $\Pi V = nRT$ の公式を利用する。　注)単位は，Πは〔Pa〕，Vは〔L〕，Tは〔K〕を使う。

$\Pi \times 1.0 = 0.20 \times 8.3 \times 10^3 \times 320$　　$\therefore\ \Pi = 5.31 \times 10^5 \fallingdotseq 5.3 \times 10^5$〔Pa〕

解答 (1) A の液面が下がり，B の液面が上がる。　(2) 5.3×10^5 Pa

問題A

必は重要な必須問題。時間のないときはここから取り組む。

必145 □□ ◀**溶液の沸点・凝固点**▶　次の水溶液について答えよ。ただし，水のモル沸点上昇を 0.52K・kg/mol，水のモル凝固点降下を 1.85K・kg/mol，ベンゼンのモル凝固点降下を 5.1K・kg/mol とし，電解質水溶液中での電解質の電離度は 1 とする。

(1)　尿素 $CO(NH_2)_2$(分子量 60)1.5g を水 100g に溶かした水溶液の沸点は何℃か。小数第 2 位まで求めよ。

(2)　0.20mol/kg の塩化ナトリウム水溶液の凝固点は何℃か。小数第 2 位まで求めよ。

(3)　ベンゼン 50g にある非電解質 0.42g を溶かした溶液の凝固点は 4.99℃であった。この非電解質の分子量を求めよ。ただし，ベンゼンの凝固点は 5.50℃とする。

146 □□ ◀**希薄溶液の性質**▶　次の(1)～(4)と最も関係が深い現象を，あとの(ア)～(エ)から 1 つずつ選べ。

(1)　海水でぬれた水着は，真水でぬれた水着よりも乾きにくい。

(2)　道路に塩化カルシウムをまいておくと，ぬれた路面の水分が凍結しにくくなる。

(3)　野菜に食塩をまぶしておくと，自然に水が染み出してくる。

(4)　沸騰水に食塩を加えると，しばらくは沸騰が止まる。

(ア)　沸点上昇　　(イ)　凝固点降下　　(ウ)　蒸気圧降下　　(エ)　浸透圧

必147 □□ ◀**沸点上昇と凝固点降下**▶　右図の㋐～㋒は，いずれも質量モル濃度 0.10mol/kg のグルコース水溶液，塩化ナトリウム水溶液，塩化カルシウム水溶液の蒸気圧曲線である。次の問いに答えよ。

(1)　図の㋐～㋒は，それぞれどの水溶液の蒸気圧曲線か。

(2)　t_1 と t_2 の差が 0.052K のとき，t_3 の温度は何℃か。小数第 2 位まで求めよ。

(3)　図の㋐～㋒のグラフが示す水溶液中で，最も凝固点の低いものはどれか。

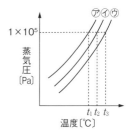

必148 □□ ◀**溶液の浸透圧**▶　次の問いに有効数字 2 桁で答えよ。ただし，電解質水溶液中では電解質は完全に電離しているものとする。

(1)　27℃において，0.10mol/L のグルコース水溶液の浸透圧は何 Pa か。

(2)　27℃において，0.10mol/L の塩化ナトリウム水溶液の浸透圧は何 Pa か。

(3)　ある非電解質 2.0g を水に溶かして 200mL とした水溶液の浸透圧は，27℃で 3.0×10^2 Pa であった。この物質の分子量を求めよ。

問題B　必は重要な必須問題。時間のないときはここから取り組む。

必**149** □□◀凝固点降下の測定▶　ある非電解質 0.40g を水 50g に溶かした水溶液を図1のような装置で撹拌しながら冷却し，その温度を測定したところ，図2のような冷却曲線が得られた。なお，曲線Ⅰは純水の冷却曲線，曲線Ⅱは水溶液の冷却曲線を示す。（水のモル凝固点降下を 1.86K･kg/mol とする。）

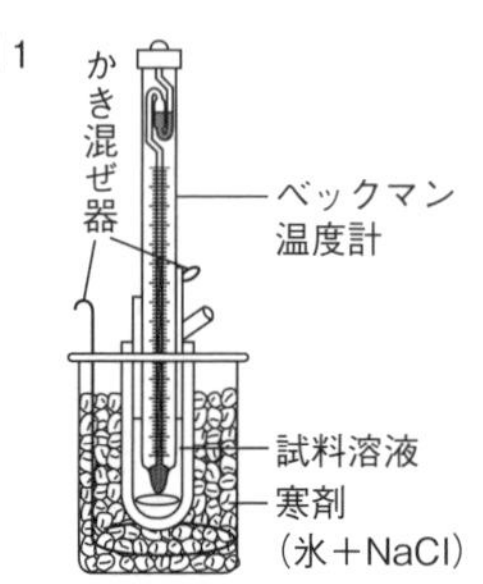

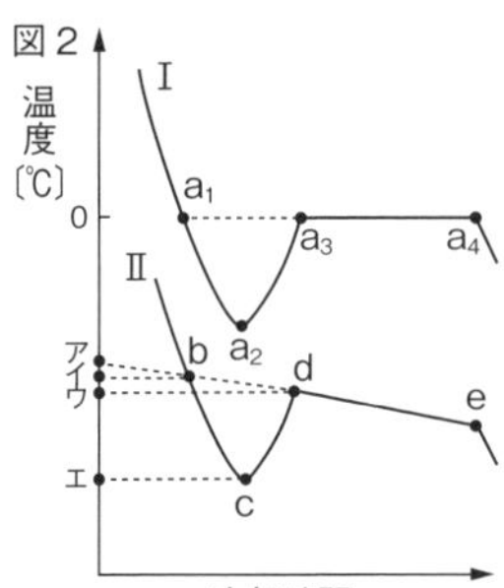

(1)　図中の a_1 ～ a_2 間の状態を何というか。

(2)　曲線Ⅰで結晶が析出し始めるのは a_1 ～ a_2 のどの点か。

(3)　曲線Ⅰの a_2 ～ a_3 間で温度が上昇する理由を述べよ。

(4)　曲線Ⅰで a_3 ～ a_4 間で，冷却しているにも関わらず，温度が一定になっている理由を述べよ。

(5)　曲線Ⅱで，d ～ e 間の温度が一定にならずに，わずかずつ下がっている理由を述べよ。

(6)　水溶液の凝固点は，図2のア～エのどの点か。

(7)　(6)で測定された温度を－0.24℃として，非電解質Xの分子量を有効数字2桁で求めよ。

(8)　この水溶液を－1.0℃まで冷却したとき，生じた氷の質量は何gか。

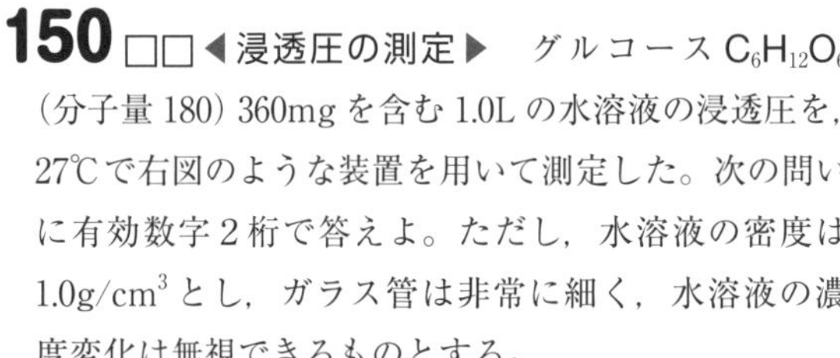

150 □□◀浸透圧の測定▶　グルコース $C_6H_{12}O_6$（分子量 180）360mg を含む 1.0L の水溶液の浸透圧を，27℃で右図のような装置を用いて測定した。次の問いに有効数字2桁で答えよ。ただし，水溶液の密度は $1.0g/cm^3$ とし，ガラス管は非常に細く，水溶液の濃度変化は無視できるものとする。

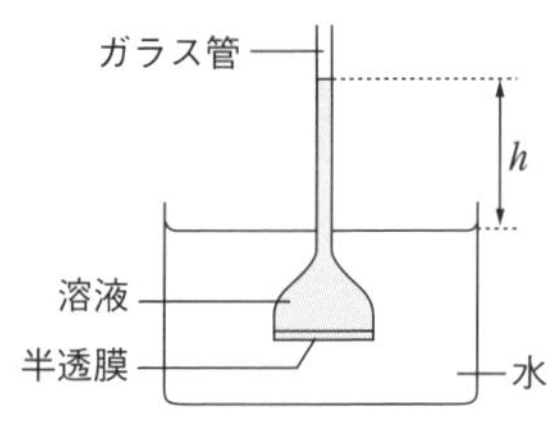

(1)　この水溶液の浸透圧は何 Pa か。（気体定数 $R=8.3\times10^3$ Pa･L/(K･mol) とする。）

(2)　図の溶液柱の高さ h は何 cm を示すか。ただし，1.0×10^5 Pa＝76cmHg とし，水銀の密度は $13.5g/cm^3$ である。

151 □□◀凝固点降下▶　水 100g に塩化カルシウム $CaCl_2$ 2.22g を溶かした水溶液の凝固点は－0.98℃であった。水のモル凝固点降下を 1.85K･kg/mol，塩化カルシウムの式量を 111 として，この水溶液中での塩化カルシウムの電離度を有効数字2桁で求めよ。

14 コロイド

1 コロイドとは

❶コロイド粒子　直径10^{-9}〜10^{-6}m*1 程度の粒子。*1)〜10^{-7}m とすることもある。

❷コロイド溶液　コロイド粒子(**分散質**)が，液体(**分散媒**)中に分散したもの。

分子コロイド	分子1個がコロイド粒子となる。 例 デンプン，タンパク質
会合コロイド	多数の分子が集合してコロイド粒子となる。 例 セッケン
分散コロイド	不溶性物質を分割してコロイド粒子とする。 例 金属，粘土

❸ゾル　流動性のあるコロイド溶液。 例 ゼラチン溶液，牛乳

ゲル　流動性のない半固体状のコロイド。 例 ゼリー，ヨーグルト

2 コロイド溶液の性質

チンダル現象	コロイド溶液に横から強い光を当てると，コロイド粒子が光を**散乱**し，光の進路が明るく輝いて見える。
ブラウン運動	コロイド粒子が分散媒(水)分子の熱運動によって，不規則に動く現象。**限外顕微鏡**(集光器をつけた顕微鏡)では光点の動きとして観察できる。
透析	コロイド溶液を半透膜の袋に入れて純水中に浸すと，小さな分子やイオンが膜を通って水中へ出ていき，コロイド溶液が精製される。
電気泳動	コロイド粒子は正または負に帯電しているので，コロイド溶液に直流電圧をかけると，コロイド粒子は自身と反対符号の電極へ移動する。

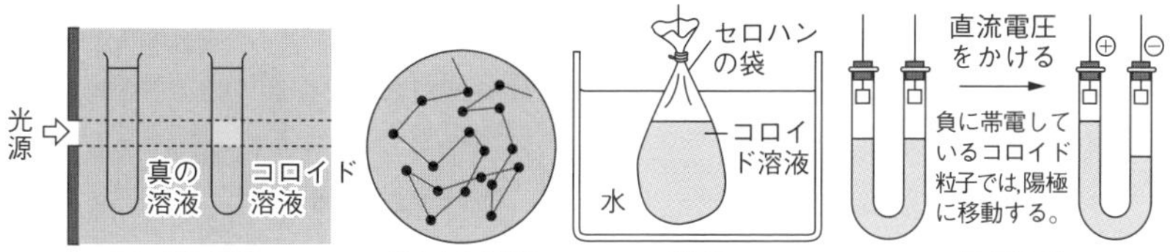

チンダル現象　ブラウン運動　透析　電気泳動

3 疎水コロイドと親水コロイド

種類	疎水コロイド	親水コロイド
構成粒子	無機物質のコロイドに多い。 例 酸化水酸化鉄(Ⅲ)，硫黄，粘土	有機化合物のコロイドに多い。 例 タンパク質，デンプン，セッケン
水和状態	水和している水分子が少ない。	多数の水分子が水和している。
安定性	同種の電荷の反発により安定化。 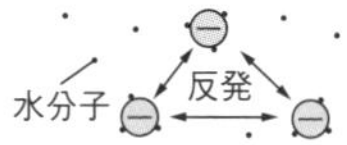	水和により安定化。 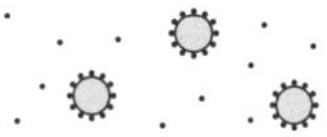
電解質を加える	少量加えると，電気的反発力を失い沈殿する(凝析)*2。	少量加えても沈殿しないが，多量に加えると水和水を失い沈殿する(塩析)。

※**保護コロイド**　疎水コロイドに少量の親水コロイド(**保護コロイド**という)を加えると，凝析しにくくなる。
例 インク中のアラビアゴム(多糖類)，墨汁中のにかわ(タンパク質)

*2)疎水コロイドの凝析は，コロイド粒子の電荷と反対符号で，その価数の大きいイオンほど有効にはたらく。

確認＆チェック

1 次の記述に当てはまる化学用語を答えよ。

(1) 直径 10^{-9} ～ 10^{-6}m 程度の大きさの粒子。

(2) (1)の粒子が液体中に分散しているもの。

(3) ゼラチン溶液のように，流動性のあるコロイド。

(4) ゼリーのように，流動性のない半固体状のコロイド。

(5) コロイド粒子を分散させている物質。

(6) 分散しているコロイド粒子のこと。

2 次の記述に当てはまるコロイドを何コロイドというか。また，その物質例をあとの(ア)～(ウ)から記号で選べ。

(1) 分子1個がコロイド粒子の大きさをもつもの。

(2) 多数の分子が集合してコロイド粒子となったもの。

(3) 不溶性の物質を分割してコロイド粒子としたもの。

(ア) セッケン　(イ) デンプン　(ウ) 金属

3 次の記述に関係の深い化学用語を答えよ。

(1) コロイド粒子が不規則に動く現象。

(2) 直流電圧をかけると，コロイド粒子が自身と反対符号の電極へ移動する現象。

(3) コロイド溶液に横から強い光を当てると，光の進路が輝いて見える現象。

(4) 半透膜を用いて，コロイド溶液を精製する操作。

4 次の記述に当てはまる化学用語を答えよ。

(1) 粘土のように，水との親和力の小さいコロイド。

(2) タンパク質のように，水との親和力の大きいコロイド。

(3) 少量の電解質を加えると，コロイド粒子が沈殿する現象。

(4) 少量の電解質では沈殿を生じないが，多量の電解質を加えると，コロイド粒子が沈殿する現象。

(5) 疎水コロイドを沈殿しにくくするために加える親水コロイド。

解答

1 (1) コロイド粒子
(2) コロイド溶液
(3) ゾル
(4) ゲル
(5) 分散媒
(6) 分散質
→ p.111 1

2 (1) 分子コロイド，(イ)
(2) 会合コロイド，(ア)
(3) 分散コロイド，(ウ)
→ p.111 1

3 (1) ブラウン運動
(2) 電気泳動
(3) チンダル現象
(4) 透析
→ p.111 2

4 (1) 疎水コロイド
(2) 親水コロイド
(3) 凝析
(4) 塩析
(5) 保護コロイド
→ p.111 3

例題 42 コロイド溶液

コロイド溶液について，次の文を読み，あとの問いに答えよ。

塩化鉄(Ⅲ)水溶液を沸騰水に加えると，酸化水酸化鉄(Ⅲ)のコロイド溶液が生じた。このコロイド溶液を半透膜のチューブに入れ，蒸留水中に浸しておくと，純度の高いコロイド溶液が得られる。この操作を(　ア　)という。このコロイド溶液をU字管に入れ，直流電圧をかけると，コロイド粒子は陰極側へ移動する。この現象を(　イ　)という。また，酸化水酸化鉄(Ⅲ)のコロイドに少量の電解質を加えると沈殿が生じる。この現象を(　ウ　)といい，このようなコロイドを(　エ　)という。

コロイド溶液に横から強い光を当てると，光の進路が輝いて見える。この現象を(　オ　)という。これは，コロイド粒子が光をよく(　カ　)するために起こる。

一方，ゼラチンのコロイド溶液に多量に電解質を加えると沈殿が生じる。この現象を(　キ　)といい，このようなコロイドを(　ク　)という。

(1) 文中の(　)に適語を入れよ。

(2) 波線部の変化を化学反応式で記せ。

(3) 下線部の操作について，次の同じモル濃度の電解質水溶液のうち，最も少量で沈殿が生じるものを記号で選べ。

(a) KNO_3　(b) Na_2SO_4　(c) $CaCl_2$　(d) $AlCl_3$

考え方 (1) コロイド溶液から，コロイド粒子以外の小さな分子やイオンを除き，コロイド溶液を精製する操作を**透析**という。

コロイド溶液に，直流電圧をかけると，コロイド粒子は一方の電極へ移動する。このような現象を**電気泳動**という。

比較的大きなコロイド粒子は，可視光線をよく散乱するので，**チンダル現象**が見られる。

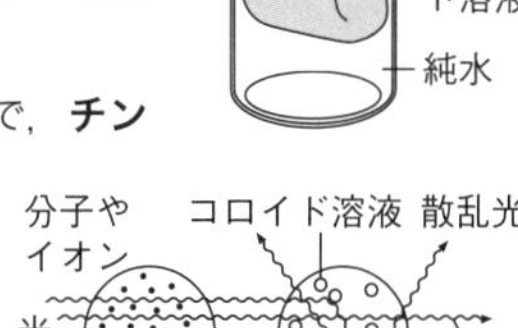

無機物の酸化水酸化鉄(Ⅲ)などからなる**疎水コロイド**は，少量の電解質を加えると沈殿する(凝析)。一方，有機物のゼラチンなどからなる**親水コロイド**は，多量の電解質を加えないと沈殿しない(塩析)。

(2) 沸騰水に黄褐色の塩化鉄(Ⅲ)$FeCl_3$水溶液を加えると，加水分解(中和の逆反応)が起こり，赤褐色の酸化水酸化鉄(Ⅲ)FeO(OH)のコロイド溶液が生成する。

(3) **疎水コロイドの凝析には，コロイド粒子の電荷と反対の電荷をもち，その価数が大きいイオンほど有効である**(少量で凝析が起こる)。FeO(OH)のコロイド粒子は陰極へ電気泳動したので，正の電荷をもつ**正コロイド**である。したがって，価数の大きい陰イオンを含む電解質の(b)を選べばよい。　(a) NO_3^-　(b) SO_4^{2-}　(c) Cl^-　(d) Cl^-

解答 (1) ア 透析　イ 電気泳動　ウ 凝析　エ 疎水コロイド　オ チンダル現象　カ 散乱　キ 塩析　ク 親水コロイド

(2) $FeCl_3 + 2H_2O \longrightarrow FeO(OH) + 3HCl$　(3) (b)

問題A

必は重要な必須問題。時間のないときはここから取り組む。

必152 □□ ◀コロイドとその性質▶ 次の文の[　　]に適切な数値，語句を記入せよ。

コロイド粒子の直径は約①[　　～　　]m の大きさで，ろ紙は通過できるが，セロハン膜などの②[　　]は通過できない。この性質を利用して，コロイド溶液中に混じっている小さな分子やイオンを除く方法を③[　　]という。

一般に，コロイド溶液に横から強い光を当てると，光の進路が明るく輝いて見える。この現象を④[　　]という。また，コロイド溶液を限外顕微鏡で観察すると，光った粒子が不規則に運動しているのが確認できる。この運動を⑤[　　]という。

泥水中の粘土のコロイド溶液に電極を入れ，直流電圧をかけると，コロイド粒子は陽極側へ移動した。このような現象を⑥[　　]という。このことから，粘土のコロイド粒子は⑦[　　]に帯電していることがわかる。

硫黄や粘土のコロイド溶液に少量の電解質溶液を加えると沈殿が生じる。この現象を⑧[　　]といい，このようなコロイドを⑨[　　]という。一方，ゼラチンやデンプンのコロイド溶液に少量の電解質溶液を加えても沈殿を生じないが，多量に加えると沈殿が生じる。この現象を⑩[　　]といい，このようなコロイドを⑪[　　]という。

153 □□ ◀コロイド溶液の性質▶ 次の記述のうち，正しいものには○，誤っているものには×をつけよ。

(1) コロイド溶液をろ過しても，ろ紙の上には何も残らない。

(2) 卵白水溶液に少量の電解質を加えると凝析が起こる。

(3) 寒天水溶液を冷却したときにできる固化した状態をゲルという。

(4) 親水コロイドが凝析しにくいのは，水を強く吸着しているためである。

(5) 疎水コロイドを凝析するためには，コロイド粒子と同じ符号の電荷をもつ多価のイオンを含む塩類を用いると効率がよい。

(6) セッケン水に横から光束を当てるとチンダル現象を示すが，これはコロイド粒子が光を強く吸収するためである。

(7) ブラウン運動は周囲の水分子がコロイド粒子に不規則に衝突するために起こる。

(8) 疎水コロイドである炭素のコロイドに，にかわを加えたものが墨汁である。この墨汁に少量の電解質を加えると，容易に凝析が起こる。

(9) 粘土で濁った河川の水を清澄な水にするには，硫酸ナトリウムよりも硫酸アルミニウムの方が有効である。

(10) 金は本来は水に溶けないが，コロイド粒子の大きさに分割して水と混合すると，コロイド溶液となる。

問題154～155で，必要な場合は，気体定数 $R = 8.3 \times 10^3$ Pa・L/(K・mol)として計算せよ。

154 □□ ◀コロイドの性質▶ 次の各事象と関係の深い語句を下から記号で選べ。

(1) 長い年月の間には，河口に三角州が発達する。

(2) 煙突の一部に高い直流電圧をかけておくと，ばい煙を除去することができる。

(3) 寒天水溶液を冷蔵庫で冷やすと，軟らかく固まる。

(4) 墨汁にはにかわが入っているため，沈殿が生じにくい。

(5) 映画館では，映写機の光の進路が明るく見える。

(6) 濃いセッケンの水溶液に飽和食塩水を加えると，セッケンが沈殿する。

(7) 血液中の老廃物を除去するのに，セルロースの中空糸が利用されている。

(8) 限外顕微鏡で観察すると，コロイド粒子は不規則な運動をしている。

(ア) 透析　(イ) ゲル化　(ウ) 凝析　(エ) 塩析　(オ) 吸着　(カ) 電気泳動
(キ) 親水コロイド　(ク) 保護コロイド　(ケ) チンダル現象　(コ) ブラウン運動

3-14

問題B

必は重要な必須問題。時間のないときはここから取り組む。

155 □□ ◀コロイド溶液▶ 次の実験操作について，あとの問いに答えよ。ただし，塩化鉄(Ⅲ) $FeCl_3$ の式量は162.5とする。

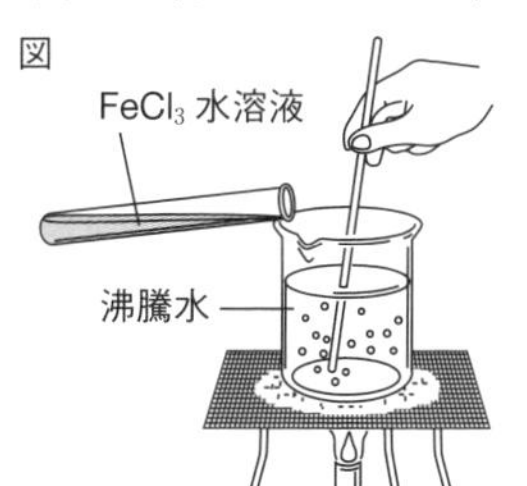

① 1.0mol/L 塩化鉄(Ⅲ) $FeCl_3$ 2.0mL を沸騰水に加えて100mLとした(図)。

② ①で得られた溶液をセロハン膜で包み，純水を入れたビーカーに10分間浸した。

③ ビーカー内の水を2本の試験管A，Bに取り，AにはBTB溶液，Bには硝酸銀水溶液を加えた。

④ セロハン膜内に残った溶液を2本の試験管C，Dに取る。Cに少量の硫酸ナトリウム水溶液を加えると沈殿を生じた。一方，Dにゼラチン水溶液を加えた後，Cと同量の硫酸ナトリウム水溶液を加えたが，沈殿は生じなかった。

(1) 操作①で起こった変化を化学反応式で書け。

(2) 操作③の試験管A，Bではそれぞれどんな変化が見られるか。

(3) 操作④で，ゼラチンのようなはたらきをするコロイドを一般に何というか。

(4) 一般に，正に帯電したコロイド粒子からなるコロイド溶液を凝析させるのに，最も少ない物質量で沈殿を生じさせる電解質は次の(ア)～(オ)のうちどれか。

(ア) $NaCl$　(イ) $AlCl_3$　(ウ) $Mg(NO_3)_2$　(エ) Na_2SO_4　(オ) Na_3PO_4

(5) 生じた酸化水酸化鉄(Ⅲ) $FeO(OH)$ のコロイド溶液の浸透圧を27℃で測定したところ，3.4×10^2 Pa であった。このコロイド粒子1個には平均何個の鉄(Ⅲ)イオンを含むか。ただし，コロイド溶液の精製時に Fe^{3+} の損失や水の増減はないものとする。

15 固体の構造

1 結晶格子

❶結晶 原子，分子，イオンなどの粒子が規則正しく配列した固体。

❷結晶格子 結晶中の粒子の立体的な配列構造。

❸単位格子 結晶格子の中の最小の繰り返し単位。

❹配位数 1つの粒子に最も近接する他の粒子の数。

❺結晶の種類 構成粒子の種類と結合方法により4種類ある。

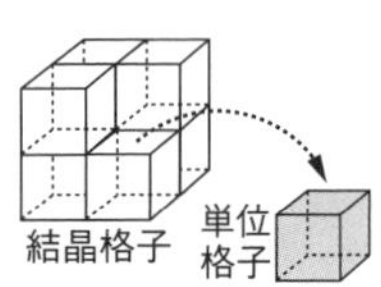

・金属結晶　・イオン結晶　・共有結合の結晶　・分子結晶

2 金属結晶

❶金属結晶 金属原子が金属結合によって規則正しく配列した結晶。

水銀(液体)を除いて，金属の単体は常温ではすべて固体(**金属結晶**)である。

単位格子の種類	体心立方格子	面心立方格子	六方最密構造
金属の結晶構造	$\frac{1}{8}$個　1個	$\frac{1}{8}$個　$\frac{1}{2}$個	単位格子　$\frac{1}{12}$個　$\frac{1}{6}$個　合わせて1個
単位格子中の原子数	各頂点$\frac{1}{8}$個×8 ＋中心1個 ＝2個	各頂点$\frac{1}{8}$個×8 ＋各面$\frac{1}{2}$個×6 ＝4個	1個＋$\frac{1}{6}$個×4 ＋$\frac{1}{12}$個×4 ＝2個
配位数	8	12	12
金属の例	Na，K，Fe	Cu，Ag，Au，Ca，Al	Mg，Zn，Ti
充塡率※	68%	74%	74%

※充塡率とは，単位格子中の原子の占める体積の割合。

面心立方格子と六方最密構造は，いずれも球を最も密に詰めた**最密構造**である。

❷単位格子の一辺の長さ l と原子半径 r の関係

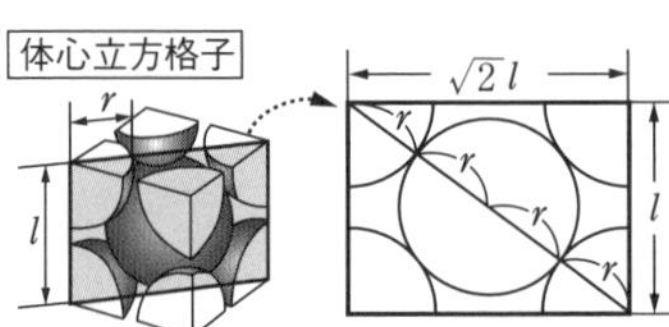

原子は立方体の対角線上で接する。
∴　$4r=\sqrt{3}l$

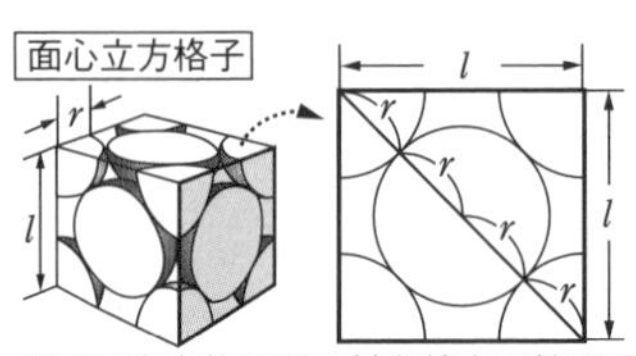

原子は立方体の面の対角線上で接する。
∴　$4r=\sqrt{2}l$

3 イオン結晶

❶イオン結晶　陽イオンと陰イオンがイオン結合によって規則正しく配列した結晶。

$A^{n+}:B^{n-}=1:1$ であるイオン結晶の構造には，次の3種類がある。

	塩化セシウム型	塩化ナトリウム型	硫化亜鉛(閃亜鉛鉱)型
単位格子	○Cs^+ ●Cl^-	○Na^+ ●Cl^-	○Zn^{2+} ●S^{2-}
単位格子中の粒子の数	Cs^+:1個 Cl^-:$\frac{1}{8}\times8=1$個	Na^+:$\frac{1}{4}\times12+1=4$個 Cl^-:$\frac{1}{8}\times8+\frac{1}{2}\times6=4$個	Zn^{2+}:$1\times4=4$個 S^{2-}:$\frac{1}{8}\times8+\frac{1}{2}\times6=4$個
配位数	8	6	4

単位格子に含まれる陽イオンと陰イオンの数の比は組成式と一致する。

3-15

4 その他の結晶

❶共有結合の結晶　すべての原子が共有結合によって規則正しく配列した結晶。

ダイヤモンド	黒鉛(グラファイト)*1	二酸化ケイ素
C	C	O　Si

❷分子結晶　分子が分子間力によって規則正しく配列した結晶。

二酸化炭素(ドライアイス)	ヨウ素*2	氷*3
CO_2	I_2	水素結合

*1）各層どうしは分子間力で結びついている。

黒鉛は，平面構造内を自由に動ける電子が存在し，電気をよく通す。

*2）ヨウ素の単位格子は直方体である。

*3）氷は隙間の多い結晶のため，融解して液体の水になると，体積が減少する。

5 非晶質

❶非晶質(アモルファス)　粒子の配列が不規則な固体物質。

(性質)・一定の融点を示さない。

・融解が徐々に進行する。

・決まった外形を示さない。

例　アモルファスシリコン，石英ガラス

結晶

非晶質

確認&チェック

解答

1 次の記述に当てはまる化学用語を答えよ。

(1) 物質を構成する粒子が規則正しく配列した固体。

(2) 結晶をつくる粒子の立体的な配列構造。

(3) 結晶格子の中の最小の繰り返し単位。

(4) 1つの粒子に最も近接する他の粒子の数。

1 (1) 結晶
(2) 結晶格子
(3) 単位格子
(4) 配位数
→p.116 1

2 図は金属結晶の単位格子を示す。単位格子の名称を答えよ。また，各単位格子に該当する金属を下から記号で選べ。

(1)

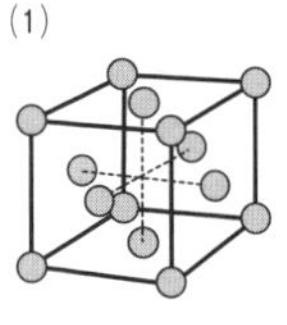

(2)

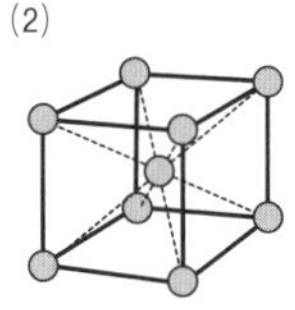

(3)

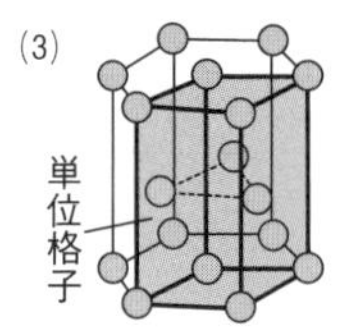

(ア) Mg，Zn　(イ) Cu，Ag，Al　(ウ) Na，K，Fe

2 (1) 面心立方格子，(イ)
(2) 体心立方格子，(ウ)
(3) 六方最密構造，(ア)
→p.116 2

3 右図のイオン結晶について答えよ。

(1) 単位格子中には，陽イオンと陰イオンは何個ずつ含まれているか。

(2) この結晶の配位数はいくらか。

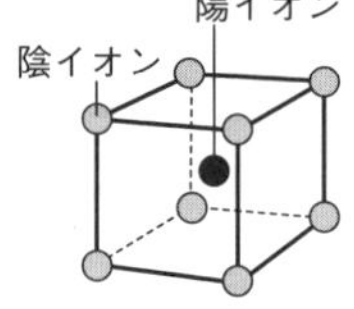

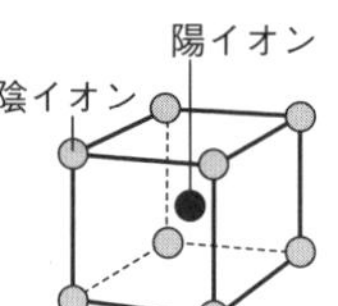
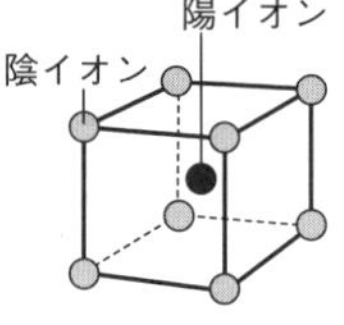

3 (1) 陽イオン1個
陰イオン1個
➡$\frac{1}{8}\times 8=1$(個)
(2) 8
→p.117 3

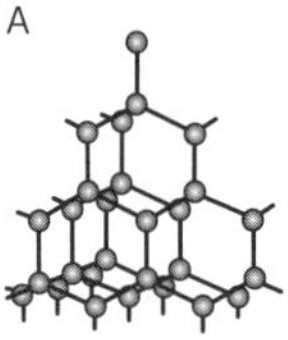

4 右図は，いずれも炭素の同素体の結晶構造を示す。

(1) A，Bの名称を答えよ。

(2) 電気をよく通すのは，A，Bのうちどちらか。

(3) A，Bのような結晶は何という結晶に分類されるか。

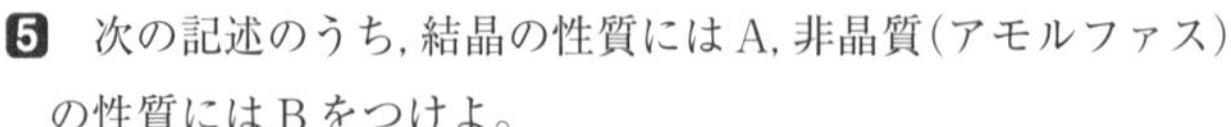

4 (1) A：ダイヤモンド
B：黒鉛(グラファイト)
(2) B
(3) 共有結合の結晶
→p.117 4

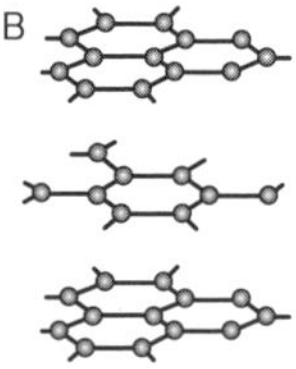

5 次の記述のうち，結晶の性質にはA，非晶質(アモルファス)の性質にはBをつけよ。

(1) 粒子の配列に規則性がある。

(2) 一定の融点を示さない。

(3) 決まった外形を示す。

5 (1) A
(2) B
(3) B
→p.117 5

例題 43 金属結晶の構造 ■■

ある金属の結晶をX線で調べたら，図のような単位格子をもち，一辺の長さが 4.06×10^{-8}cm であった。アボガドロ定数を 6.0×10^{23}/mol として，次の問いに答えよ。

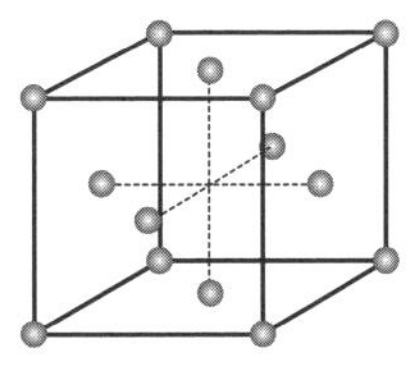

(1) この単位格子を何というか。

(2) この単位格子中には何個の原子が含まれるか。

(3) この金属原子の半径は何 cm か。($\sqrt{2} = 1.41$，$\sqrt{3} = 1.73$)

(4) この金属の結晶の密度を 2.70g/cm^3 として，この金属の原子量を有効数字3桁で求めよ。($4.06^3 = 66.9$)

考え方 (1) 上記の金属結晶の単位格子は，立方体の各頂点と各面の中心に原子が存在しているので，**面心立方格子**である。

(2)

> **面心立方格子**
> 単位格子中に含まれる原子の割合は，
> 各頂点… $\frac{1}{8}$ 個　各面… $\frac{1}{2}$ 個

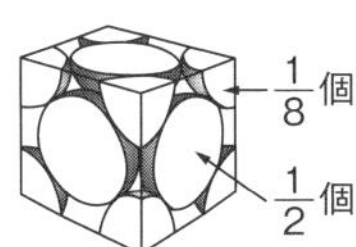

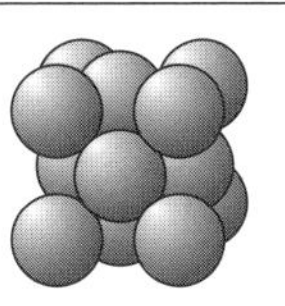

頂点は8つ，面は6つあるから，上記の単位格子中に含まれる原子の数は，

$$\left(\frac{1}{8} \times 8\right) + \left(\frac{1}{2} \times 6\right) = 4 \text{〔個〕}$$

(3) 面心立方格子では，面の対角線（面対角線）上で原子が接している。単位格子の1辺の長さを a とすると，面対角線の長さは $\sqrt{2}a$ で，この長さは原子半径 r の4倍に等しい。

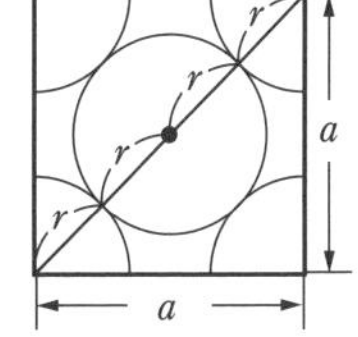

$\therefore \ \sqrt{2}a = 4r$

$$r = \frac{\sqrt{2}a}{4} = \frac{1.41 \times 4.06 \times 10^{-8}}{4} = 1.431 \times 10^{-8} \fallingdotseq 1.43 \times 10^{-8} \text{〔cm〕}$$

(4) **単位格子の体積**〔cm^3〕× **結晶の密度**〔g/cm^3〕= **単位格子の質量**〔g〕の関係を利用する。

(2)より，単位格子中には原子4個分が含まれるから，単位格子の質量を4で割れば，金属原子1個分の質量が求められる。

$$\text{金属原子1個分の質量} = \frac{\text{単位格子の質量}}{4} = \frac{(4.06 \times 10^{-8})^3 \times 2.70}{4} \text{〔g〕}$$

金属原子1個分の質量〔g〕× **アボガドロ定数**〔/mol〕= **金属のモル質量**〔g/mol〕

金属原子1個分の質量をアボガドロ定数倍したものが金属のモル質量となる。

原子量は，原子1mol あたりの質量（モル質量）から単位〔g/mol〕を取った数値に等しい。

$$\frac{(4.06 \times 10^{-8})^3 \times 2.70}{4} \times 6.0 \times 10^{23} = 27.09 \fallingdotseq 27.1 \text{〔g/mol〕}$$

解答 (1) 面心立方格子　(2) 4個　(3) 1.43×10^{-8}cm　(4) 27.1

例題 44　金属結晶の構造

右図は，ある金属の結晶構造を示し，単位格子の1辺の長さは 4.3×10^{-8}cm であった。アボガドロ定数を 6.0×10^{23}/mol として，次の問いに答えよ。

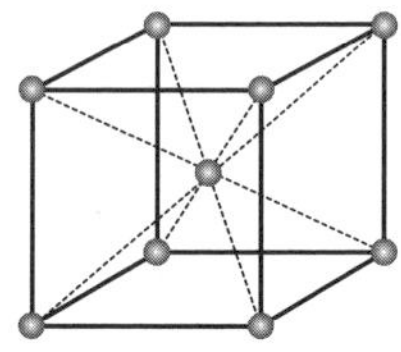

(1)　この単位格子は何とよばれるか。

(2)　この単位格子中には何個の原子が含まれるか。

(3)　この金属原子の半径は何 cm か。($\sqrt{2}=1.41$，$\sqrt{3}=1.73$)

(4)　この金属の結晶の密度を $0.97\,\text{g/cm}^3$ として，この金属の原子量を有効数字2桁で求めよ。($4.3^3=79.5$)

考え方 (1)　上記の金属結晶の単位格子は，立方体の各頂点とその中心に原子が存在しているので，**体心立方格子**である。

(2)

体心立方格子

単位格子中に含まれる原子の割合は，

各頂点…$\frac{1}{8}$個　中心…1個

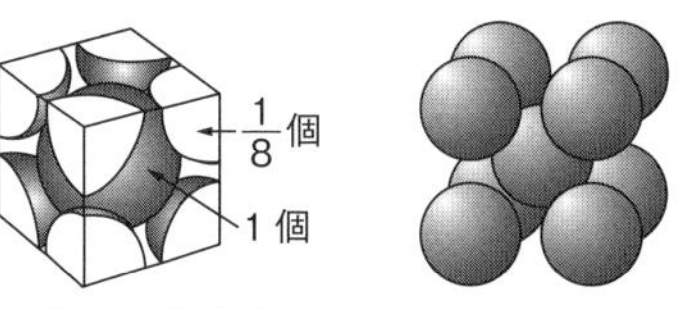

頂点は8つあるから，上記の単位格子中に含まれる原子の数は，

$\left(\frac{1}{8}\times8\right)+1=2$〔個〕

(3)　体心立方格子では，立方体の対角線(体対角線)上で原子が接している。単位格子の1辺の長さを a とすると対角線の長さは $\sqrt{3}a$ で，原子半径 r の4倍に等しい。

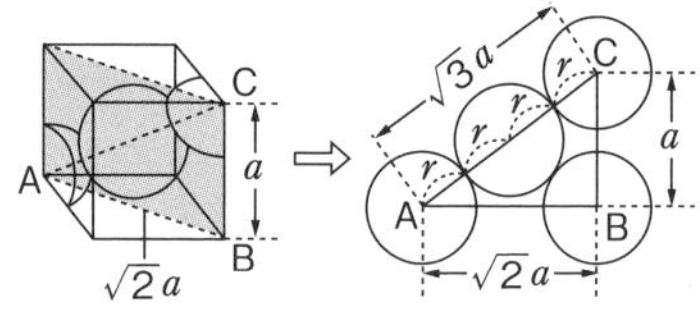

∴　$\sqrt{3}a=4r$

$r=\frac{\sqrt{3}a}{4}=\frac{1.73\times4.3\times10^{-8}}{4}=1.85\times10^{-8}\fallingdotseq1.9\times10^{-8}$〔cm〕

(4)　**単位格子の体積**〔cm^3〕×**結晶の密度**〔g/cm^3〕＝**単位格子の質量**〔g〕の関係を利用する。

(2)より，単位格子中には原子2個分が含まれるから，単位格子の質量を2で割れば，金属原子1個分の質量が求められる。

金属原子1個分の質量＝$\frac{\text{単位格子の質量}}{2}=\frac{(4.3\times10^{-8})^3\times0.97}{2}$〔g〕

金属原子1個分の質量〔g〕×**アボガドロ定数**〔/mol〕＝**金属のモル質量**〔g/mol〕

金属原子1個分の質量をアボガドロ定数倍したものが金属のモル質量となる。

原子量は，原子1mol あたりの質量(モル質量)から単位〔g/mol〕を取った数値に等しい。

$\frac{(4.3\times10^{-8})^3\times0.97}{2}\times6.0\times10^{23}=23.1\fallingdotseq23$〔g/mol〕

解答 (1) 体心立方格子　(2) 2個　(3) 1.9×10^{-8}cm　(4) 23

問題A　必は重要な必須問題。時間のないときはここから取り組む。

156 □□ ◀結晶の種類▶　次の文の［　　］に適語を入れよ。

(1)　金属原子が自由電子によって結合し，規則的に配列した結晶を①［　　］という。

(2)　陽イオンと陰イオンが静電気力で引き合う結合を②［　　］といい，②によってできた結晶を③［　　］という。

(3)　分子間にはたらく弱い引力を④［　　］という。多数の分子が④によって規則的に配列した結晶を⑤［　　］という。

(4)　多数の原子が共有結合だけで結びついてできた結晶を⑥［　　］という。

3-15

必 **157** □□ ◀金属の結晶構造▶　ある金属結晶は図のような単位格子をもち，その一辺の長さを a〔cm〕，金属原子は球形で最も近い原子は互いに接しているとする。

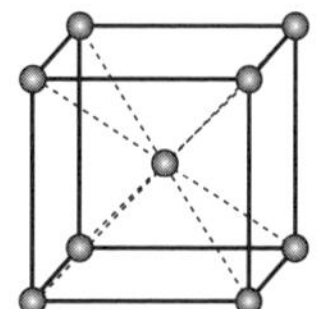

(1)　この単位格子には何個の原子が含まれるか。

(2)　1個の原子に隣接する原子の数(配位数)はいくらか。

(3)　この金属原子の半径は何 cm か。(根号はそのままでよい)

(4)　この金属の原子量を M，アボガドロ定数を N とすると，この金属結晶の密度は何 g/cm^3 になるか。

必 **158** □□ ◀金属の結晶構造▶　ある金属結晶は図のような単位格子をもち，その一辺の長さを a〔cm〕，金属原子は球形で最も近い原子は互いに接しているとする。

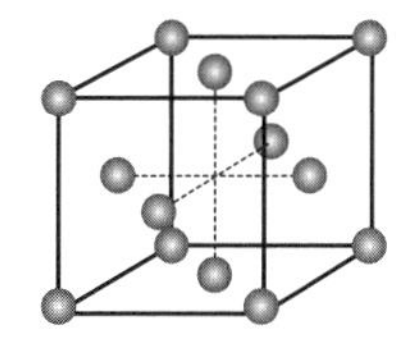

(1)　この単位格子には何個の原子が含まれるか。

(2)　この結晶の配位数はいくらか。

(3)　この金属原子の半径は何 cm か。(根号はそのままでよい)

(4)　この金属の原子量を M，アボガドロ定数を N とすると，この金属結晶の密度は何 g/cm^3 になるか。

必 **159** □□ ◀イオン結晶▶　図の塩化ナトリウムの結晶の単位格子について，次の問いに答えよ。

5.6×10⁻⁸ cm　Na⁺　Cl⁻

(1)　結晶中で，Na^+ は何個の Cl^- と接しているか。

(2)　結晶中で，Na^+ を最も近い距離で取り囲んでいる Na^+ の数は何個か。

(3)　Cl^- の半径は 1.7×10^{-8}cm であるとして，Na^+ の半径は何 cm か。

(4)　この結晶の密度〔g/cm^3〕を有効数字2桁で求めよ。(NaCl の式量：58.5，$5.6^3=176$ とする。)

問題 160 〜 163 で，必要な場合は，アボガドロ定数を 6.0×10^{23}/mol として計算せよ。

160 □□ ◀イオン結晶と組成式▶ 図は，陽イオン Cu^+ と陰イオン O^{2-} からできたイオン結晶の単位格子である。

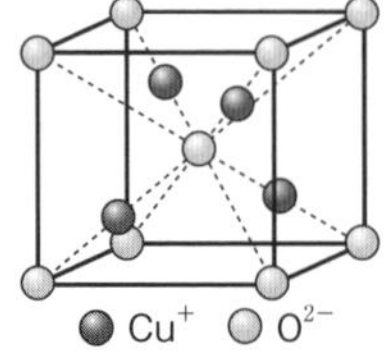

(1) この化合物の組成式を求めよ。

(2) Cu^+ は何個の O^{2-} と，O^{2-} は何個の Cu^+ とそれぞれ接しているか。

(3) 単位格子の一辺の長さを 0.428nm，酸化物イオン O^{2-} の半径を 0.126nm として，銅(Ⅰ)イオン Cu^+ の半径を求めよ。($\sqrt{2}=1.41$，$\sqrt{3}=1.73$)

161 □□ ◀ヨウ素の結晶▶ ヨウ素の分子結晶の単位格子は直方体であり，ヨウ素分子は直方体の各頂点と，各面の中心に位置する。(ヨウ素の分子量：254)

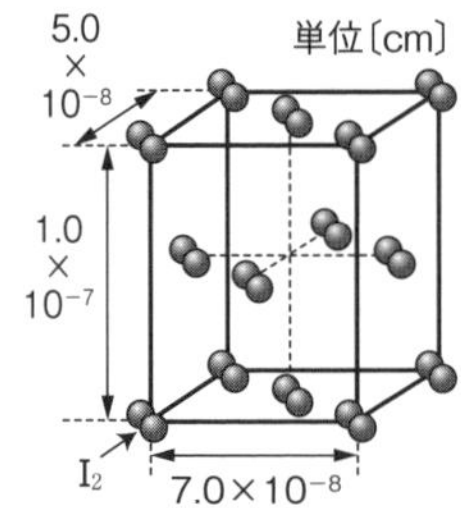

(1) この単位格子に含まれるヨウ素分子の数を求めよ。

(2) 単位格子の体積は何 cm^3 か。

(3) ヨウ素の結晶の密度は何 g/cm^3 か。

問題 B

必は重要な必須問題。時間のないときはここから取り組む。

必 **162** □□ ◀ダイヤモンドの結晶▶ ダイヤモンドを X 線で調べると，図のような単位格子をもち，1 辺の長さが 3.56×10^{-8}cm であった。次の問いに答えよ。

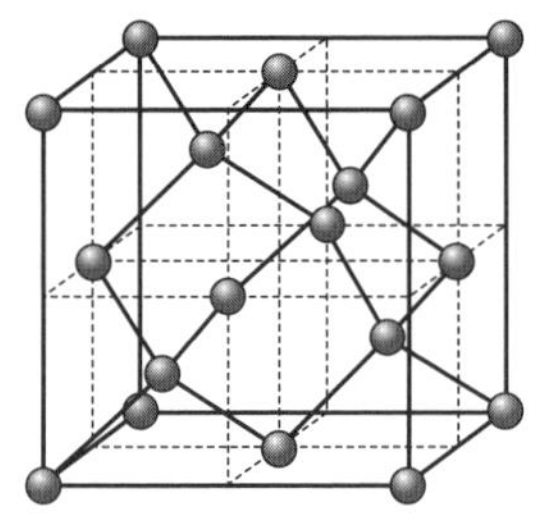

(1) この単位格子に含まれる炭素原子は何個か。

(2) 炭素原子の中心間距離〔cm〕を求めよ。ただし，$\sqrt{2}=1.41$，$\sqrt{3}=1.73$ とする。

(3) ダイヤモンドの結晶の密度〔g/cm^3〕を求めよ。原子量は C＝12，$3.56^3=45.1$ とする。

163 □□ ◀六方最密構造▶ マグネシウムの結晶は右図のような六方最密構造をとり，その単位格子は，灰色で示した底面が菱形の四角柱である。四角柱の底面の一辺の長さ $a=3.2 \times 10^{-8}$cm，高さ $b=5.2 \times 10^{-8}$cm として次の問いに答えよ。

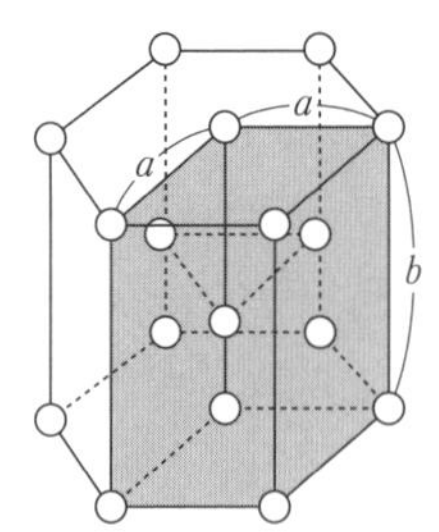

(1) この単位格子に含まれる Mg 原子の数を求めよ。

(2) この単位格子の体積は何 cm^3 か。($\sqrt{2}=1.41$，$\sqrt{3}=1.73$)

(3) マグネシウムの結晶の密度は何 g/cm^3 か。(原子量：Mg＝24.3)

共通テストチャレンジ

164 □□　硫化カルシウム CaS(式量 72)の結晶について，次の問いに答えよ。

CaS の結晶中では，Ca^{2+} と S^{2-} が図のように配列しており，Ca^{2+} と S^{2-} の配位数はいずれも［ア］である。また，Ca^{2+} と S^{2-} のイオン半径をそれぞれ r，R とすると，CaS の結晶の単位格子の体積 V は［イ］で表される。

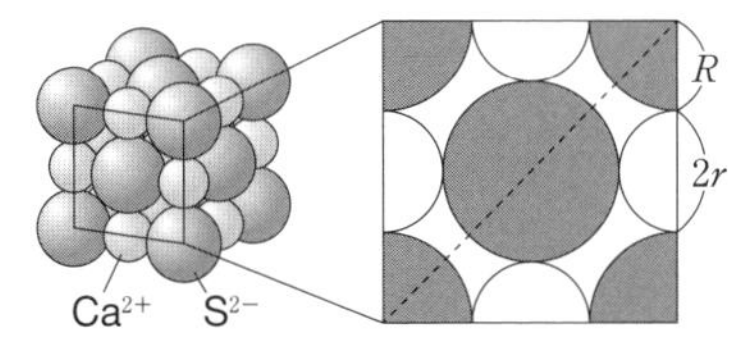

図　CaS の結晶構造と単位格子の断面

アの解答群

① 4　② 6　③ 8　④ 10　⑤ 12

イの解答群

① $V=8(R+r)^3$　② $V=32(R^3+r^3)$　③ $V=(R+r)^3$

④ $V=\dfrac{16}{3}\pi(R^3+r^3)$　⑤ $V=\dfrac{4}{3}\pi(R^3+r^3)$

エタノール $40cm^3$ を入れたメスシリンダーに，CaS の結晶 40g を加えたところ，結晶はもとの形のまま溶けずに沈み，液面は 40 の目盛りの位置から 55 の目盛りの位置に移動した。この結晶の単位格子の体積 V は［ウ］である。アボガドロ定数を 6.0×10^{23}/mol，メスシリンダーの目盛りの単位は cm^3 とする。

ウの解答群

① $4.5\times10^{-23}\,cm^3$　② $1.8\times10^{-22}\,cm^3$　③ $3.6\times10^{-22}\,cm^3$

④ $6.6\times10^{-22}\,cm^3$　⑤ $1.3\times10^{-21}\,cm^3$

165 □□　容積 x(L)の容器 A と容積 y(L)の容器 B がコックでつながれている。容器 A には 1.0×10^5 Pa の窒素が，容器 B には 3.0×10^3 Pa の酸素が入っている。コックを開いて二つの気体を混合したとき，全圧が 2.0×10^5 Pa になった。x と y の比 $x:y$ を，下から一つ選べ。ただし，コック部の容積は無視する。また，容器 A，B に入っている気体の温度は同じであり，混合の前後で変わらないものとする。

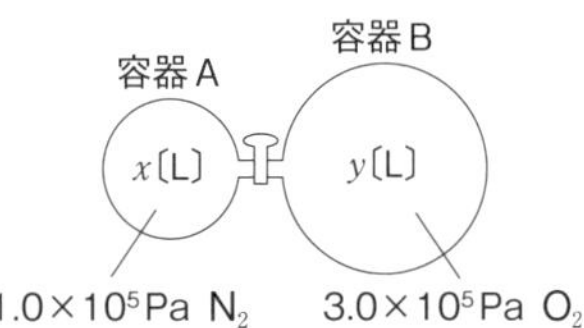

① 3：1　② 2：1　③ 1：1　④ 1：2　⑤ 1：3

166 □□　エタノール C_2H_5OH の蒸気圧曲線(右図)を参考に，次の問いに答えよ。

(1) ピストン付きの容器に90℃で，1.0×10^5 Pa の C_2H_5OH の気体が入っている。90℃に保ったまま，この気体の体積を5倍にした。その状態から圧力を一定に保ったまま温度を下げたとき，凝縮が始まる温度は何℃か。

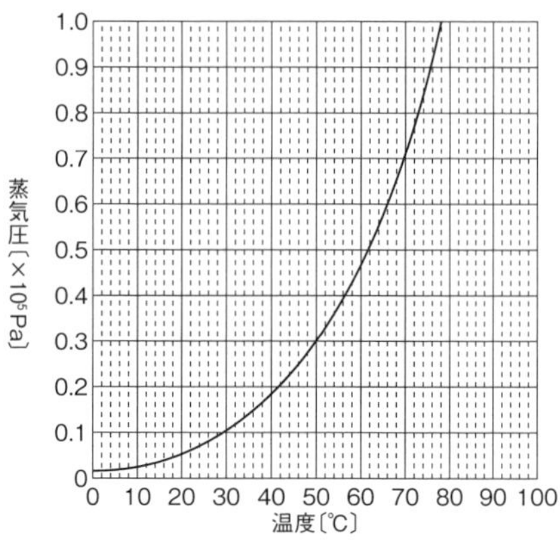

図　C_2H_5OH の蒸気圧曲線

(2) 体積が一定の容器に100℃で 5.0×10^4 Pa の C_2H_5OH の気体が入っている。この気体を体積一定のまま，温度を下げたとき，凝縮が始まる温度は何℃か。　［ウ］［エ］℃

167 □□　1.0×10^5 Pa の N_2 と O_2 の溶解度(水 1L に溶ける気体の物質量)の温度変化を図1に示す。次の問いに答えよ。ただし，N_2 と O_2 の水への溶解は，ヘンリーの法則に従うものとする。

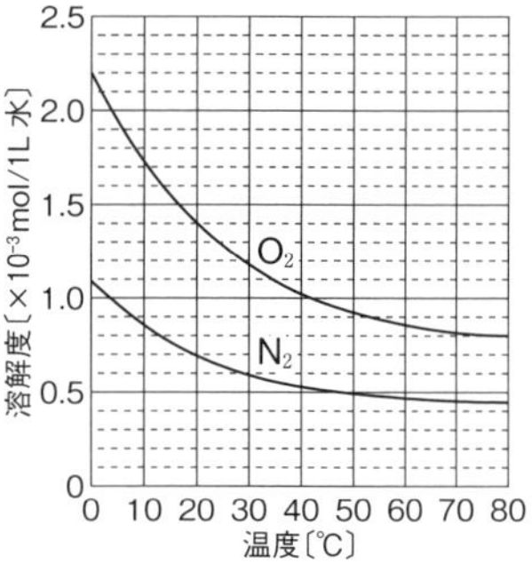

図1

(1) 1.0×10^5 Pa の O_2 が水 20L に接している。同じ圧力で温度を10℃から20℃にすると，水に溶解している O_2 の物質量はどう変化するか。

① 3.5×10^{-4}mol 減少する
② 7.0×10^{-3}mol 減少する　③ 変化しない
④ 3.5×10^{-4}mol 増加する　⑤ 7.0×10^{-3}mol 増加する

(2) 図2のように，ピストン付きの容器に水と空気(物質量比　$N_2:O_2=4:1$)を入れ，ピストンに 5.0×10^5 Pa の圧力を加えると，20℃で水および空気の体積はそれぞれ 1.0L, 5.0L になった。

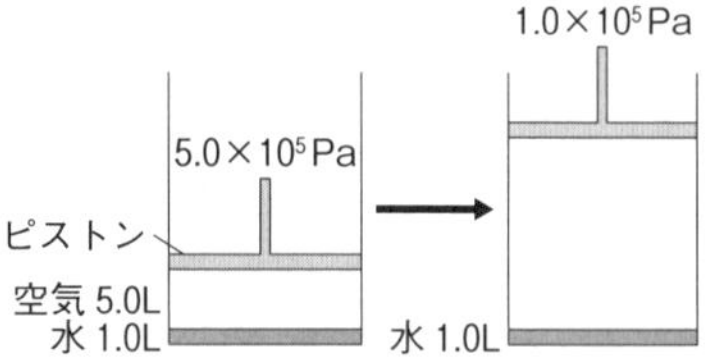

図2

次に，温度を一定に保ったままピストンを引き上げ，圧力を 1.0×10^5 Pa にすると水に溶解していた気体の一部が遊離した。このとき，遊離した N_2 の体積は0℃，1.013×10^5 Pa のもとで何 mL になるか。ただし，容器内での空気の N_2 と O_2 の物質量比の変化，水の蒸気圧は無視できるとする。

① 13　② 16　③ 50　④ 63　⑤ 78

16 化学反応と熱・光

1 反応熱と反応エンタルピー

❶**発熱反応**　熱を発生する反応。　**吸熱反応**　熱を吸収する反応。

❷**反応熱**　化学反応に伴って出入りする熱量。記号 Q(単位 kJ/mol)で表す。

❸**エンタルピー**　圧力一定のときに，物質 1mol のもつ化学エネルギーの量。記号 H(単位 kJ/mol)で表す。

❹**反応エンタルピー**　一定圧力下での化学反応(**定圧反応**)において，放出・吸収される熱量。化学反応にともなうエンタルピーの変化量(**エンタルピー変化**) ΔHとも等しい。

> **エンタルピー変化 ΔH＝(生成物のエンタルピーの和)－(反応物のエンタルピーの和)**
> 発熱反応($Q>0$)では，反応系のエンタルピーが減少するので，エンタルピー変化 $\Delta H<0$ になる。
> 吸熱反応($Q<0$)では，反応系のエンタルピーが増加するので，エンタルピー変化 $\Delta H>0$ になる。

反応熱 Q と反応エンタルピー ΔH は大きさが等しいが，符号が逆になる。

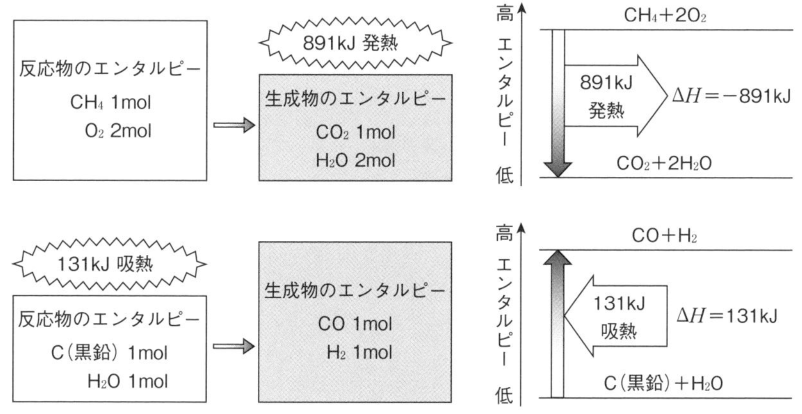

反応熱 Q は反応系から出入りしたエネルギー量を反応系外(外界)から観測しているが，反応エンタルピー ΔH は反応系内にある物質のもつエネルギー量の変化に着目しているので，お互いに符号が逆になる。

2 熱化学反応式

本書では，「化学反応式に反応エンタルピーを書き加えた式」を簡単に「熱化学反応式」と表現している。

❶**熱化学反応式**　化学反応式の後に，反応エンタルピー ΔH を書き加えた式。

〈書き方〉・**着目する物質の係数を 1 にする**。他の物質の係数は分数でも可。
・反応エンタルピーに，**発熱反応は－，吸熱反応は＋(省略)**をつける。
・各化学式に，(気)，(液)，(固)，aq などの物質の状態を付記する。
・同素体の存在する場合は，その種類を C(黒鉛)のように付記する。

例 水素 1mol が完全燃焼して液体の水が生成するとき，286kJ の熱が発生する。

$$H_2(気) + \frac{1}{2}O_2(気) \longrightarrow H_2O(液) \qquad \Delta H = -286\text{kJ}$$

3 反応エンタルピーの種類 着目する物質 1mol あたりの値で表し，単位は〔kJ/mol〕

反応エンタルピー	内容と例
燃焼エンタルピー	**物質 1mol が完全燃焼する**とき放出する熱量。 例 炭素の燃焼エンタルピー C(黒鉛) + O_2(気) → CO_2(気) $\Delta H = -394$kJ
溶解エンタルピー	**物質 1mol が多量の水に溶解する**とき放出，吸収する熱量。 例 NaCl の溶解エンタルピー NaCl(固) + aq → NaClaq $\Delta H = 3.9$kJ
中和エンタルピー	**酸と塩基の水溶液が中和し，水 1mol を生じる**とき放出する熱量。 例 HClaq + NaOHaq → NaClaq + H_2O(液) $\Delta H = -56.5$kJ
生成エンタルピー	**物質 1mol がその成分元素の単体から生成する**とき放出，吸収する熱量。 例 CO の生成エンタルピー C(黒鉛) + $\frac{1}{2}O_2$(気) → CO(気) $\Delta H = -111$kJ

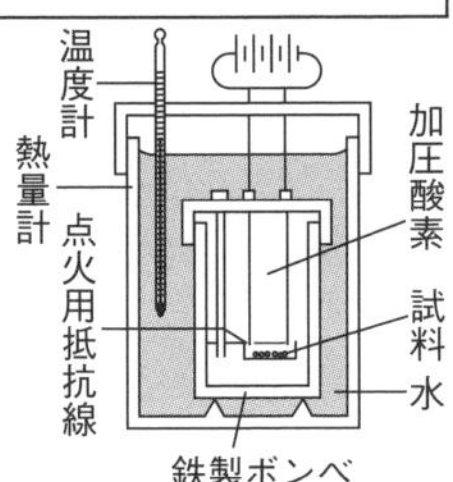

※物質の状態変化なども熱化学反応式で表せる。

例 水の融解エンタルピー H_2O(固) ⟶ H_2O(液) $\Delta H = 6.0$kJ

水の蒸発エンタルピー H_2O(液) ⟶ H_2O(気) $\Delta H = 41$kJ

黒鉛の昇華エンタルピー C(黒鉛) ⟶ C(気) $\Delta H = 715$kJ

※**燃焼エンタルピーの測定**：鉄製ボンベに一定量の試料と十分量の酸素を入れ，試料を完全燃焼させる。発生した熱量は断熱容器(熱量計)に入れた水の温度上昇から次式で求められる。

熱量Q〔J〕＝比熱C〔J/(g·K)〕×質量m〔g〕×温度変化t〔K〕 (1K＝1℃)

4 ヘスの法則

❶ヘスの法則(総熱量保存の法則)

反応エンタルピーは，反応経路に関係なく，反応の最初と最後の物質の種類と状態で決まる。

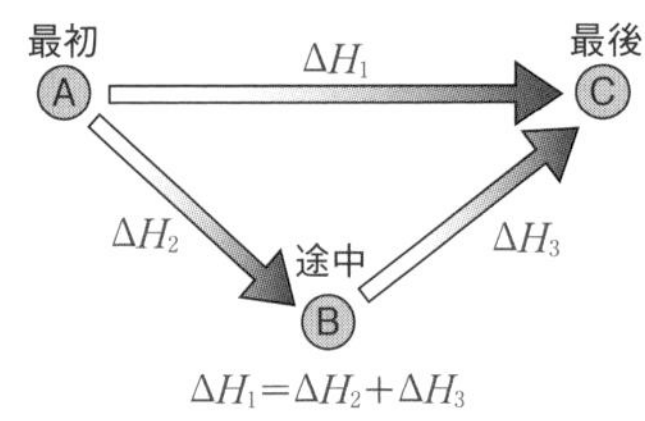

❷ヘスの法則の利用 熱化学反応式も数学の方程式のように四則計算が可能であり，**測定が困難な反応エンタルピーを測定可能な反応エンタルピーから計算で求めることができる。**

例 H_2(気) + $\frac{1}{2}O_2$(気) ⟶ H_2O(液) $\Delta H_1 = x$ …(1)

H_2(気) + $\frac{1}{2}O_2$(気) ⟶ H_2O(気) $\Delta H_2 = -242$kJ …(2)

H_2O(気) ⟶ H_2O(液) $\Delta H_3 = -44$kJ …(3)

(2)+(3)より H_2(気) + $\frac{1}{2}O_2$(気) ⟶ H_2O(液)

ΔHについても同様の計算を行うと，

$\Delta H_1 = x = \Delta H_2 + \Delta H_3 = -286$(kJ)

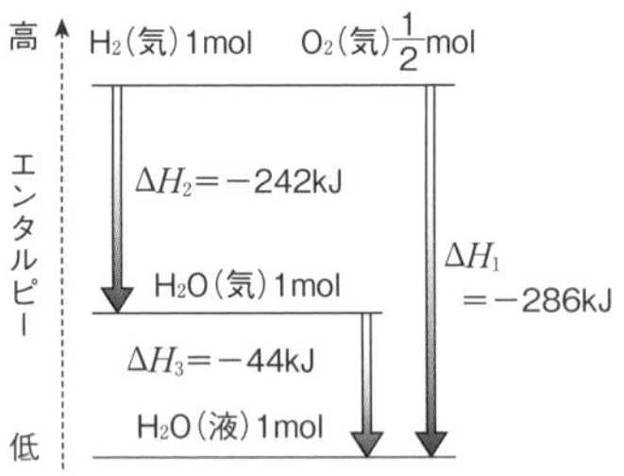

❸生成エンタルピーと反応エンタルピー 反応に関係するすべての物質の生成エンタルピーの値がわかっている場合，次の公式を用いて，反応エンタルピーが求められる。

> **反応エンタルピー ΔH ＝(生成物の生成エンタルピーの和)－(反応物の生成エンタルピーの和)**
> (ただし，単体の生成エンタルピーを 0 とする。)

5 結合エンタルピー

❶結合エンタルピー　気体分子内の共有結合1molを切断するのに必要なエネルギー。 ばらばらの原子から共有結合1molが形成されるとき放出されるエネルギー（単位はkJ/mol）。熱化学反応式では，結合の切断は $\Delta H > 0$，結合の生成は $\Delta H < 0$ となる。

例 H－H結合の結合エンタルピーは436kJ/molである。

$$H_2(気) \longrightarrow 2H(気) \quad \Delta H = 436kJ$$

❷解離エンタルピー　気体分子1mol中の共有結合をすべて切断するのに必要なエネルギー。 解離エンタルピーは，分子を構成する結合エンタルピーの総和に等しい。

例 メタン CH_4 の解離エンタルピーは1664kJ/molである。

$$CH_4(気) \longrightarrow C(気) + 4H(気) \quad \Delta H = 1664kJ$$

❸結合エンタルピーと反応エンタルピー　反応に関係するすべての結合エンタルピーの値がわかっている場合，次のように反応エンタルピーを求めることができる。

例 H−H，Cl−Cl，H−Clの結合エンタルピーをそれぞれ436kJ/mol，243kJ/mol，432kJ/molとして，次の反応の反応エンタルピー ΔH を求めよ。

$$H_2(気) + Cl_2(気) \longrightarrow 2HCl(気) \quad \Delta H = x$$

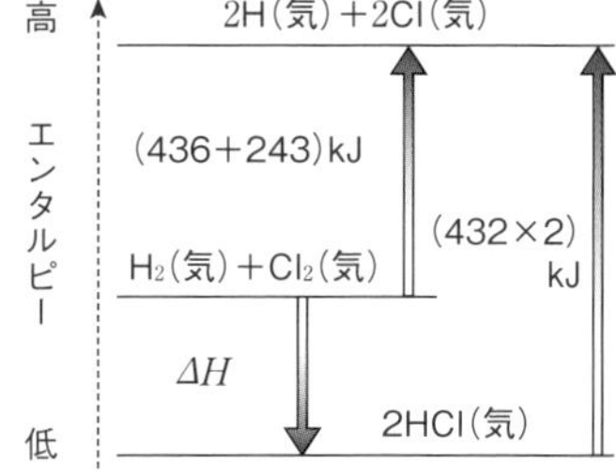

〔解〕H−H結合1molを切断するには436kJ，Cl−Cl結合1molを切断するには243kJ，合計679kJのエネルギーが必要である。一方，H，Cl原子が結合してH−Cl結合2molを生成するとき，$432 \times 2 = 864$kJのエネルギーが放出される。以上のエネルギー収支(和)を計算すると，679kJの吸熱と864kJの発熱だから，$\Delta H = x = 679 + (-864) = -185$kJ

〔別解〕次の公式を用いると，反応エンタルピーを簡単に求めることができる。

> **反応エンタルピー ΔH ＝(反応物の結合エンタルピーの和)－(生成物の結合エンタルピーの和)**
> この公式が使用できるのは，反応物，生成物がともに**気体**の場合に限られる。

6 化学反応と光

❶化学発光　化学反応によって，光エネルギーが放出される反応。

エネルギーの高い励起状態からエネルギーの低い基底状態へのエネルギー差が，可視光線(波長400～800nm)の範囲にあれば，私達は発光を感じる。

例 ルミノール反応　ルミノール($C_8H_7N_3O_2$)は鉄触媒があれば，過酸化水素 H_2O_2 で酸化されて，明るい青色光(波長460nm)を発する。血痕の鑑定に利用。

❷光化学反応　光エネルギーの吸収によって起こる反応。

例 水素と塩素の反応　$H_2 + Cl_2 \longrightarrow 2HCl \quad \Delta H = -185kJ$

この反応は発熱反応($\Delta H < 0$)であるが，Cl_2 分子が光エネルギーを吸収してCl原子に解離すると，爆発的に反応が次々に進行する(**連鎖反応**)。

4-16

確認＆チェック

1 次の文の[　　　]に適語を入れよ。

熱が発生する反応を①[　　　]，熱を吸収する反応を②[　　　]という。

圧力一定のときに，物質 1mol のもつ化学エネルギーの量を③[　　　]といい，記号 H で表す。

一定圧力下での化学反応（定圧反応）において，出入りする熱量を④[　　　]といい，記号 ΔH で表す。

化学反応式の後に反応エンタルピーを書き加えた式を⑤[　　　]という。

2 次の熱化学反応式について，｛　｝内で正しい方を選べ。

$$H_2(気) + \frac{1}{2}O_2(気) \longrightarrow H_2O(液) \quad \Delta H = -286\text{kJ}$$

(1) この反応は｛発熱，吸熱｝反応である。

(2) この反応が進むと，周囲の温度は｛上がる，下がる｝。

(3) この反応が進むと，反応系内の物質のもつエンタルピーは，｛増加する，減少する｝。

(4) エンタルピーの総和は，｛反応物，生成物｝の方が大きい。

3 次の①～⑤の反応エンタルピーの名称を記せ。

① 物質 1mol が完全燃焼するときの発熱量。

② 物質 1mol が多量の水に溶解するときの発・吸熱量。

③ 化合物 1mol が成分元素の単体から生成するときの発・吸熱量。

④ 酸・塩基の水溶液が中和し，水 1mol 生成するときの発熱量。

⑤ 液体 1mol が蒸発するときの吸熱量。

4 右のエンタルピー図をみて，次の問いに答えよ。

高
エンタルピー〔kJ〕
低
$C+O_2$
(b) 111
$CO+\frac{1}{2}O_2$
(a) 394
x
CO_2

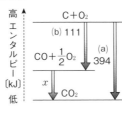

(1) 矢印(a)の反応の反応エンタルピーはいくらか。

(2) 矢印(b)の反応の反応エンタルピーはいくらか。

(3) 矢印 x の反応の反応エンタルピーはいくらか。

解答

1 ① 発熱反応
② 吸熱反応
③ エンタルピー
④ 反応エンタルピー
⑤ 熱化学反応式
→ p.125 1，2

2 (1) 発熱
(2) 上がる
(3) 減少する
(4) 反応物
→ p.125 2

3 ① 燃焼エンタルピー
② 溶解エンタルピー
③ 生成エンタルピー
④ 中和エンタルピー
⑤ 蒸発エンタルピー
→ p.126 3

4 (1) −394kJ/mol
(2) −111kJ/mol
(3) −283kJ/mol
➡ $x = (-394) - (-111) = -283$ (kJ)
→ p.126 4

例題 45 熱化学反応式の表し方 □□

次の(1)〜(3)の内容を，それぞれ熱化学反応式で表せ。

(1) メタン CH_4 1mol が完全燃焼すると，891kJ の発熱がある。生じる水は液体とする。

(2) 一酸化窒素 NO の生成エンタルピーは，90kJ/mol である。

(3) 硫酸 H_2SO_4 1mol が多量の水に溶けると，95kJ の発熱がある。

考え方 **熱化学反応式**は次のように表す。(化学反応式に反応エンタルピー ΔH を書き加えた式)

①**基準となる物質の係数が 1** になるように，化学反応式を書く。
②反応エンタルピー ΔH は，**発熱反応は－**，**吸熱反応は＋(省略)**の符号と，単位〔kJ〕をつける。
③物質の状態を(　)をつけて付記する。同素体が存在する物質は区別すること。

(1) $CH_4 + 2O_2 \longrightarrow CO_2 + 2H_2O$
CH_4 の係数が 1 なので，そのままでよい。発熱反応なので，$\Delta H = -891$kJ を加える。
CH_4(気)＋$2O_2$(気)$\longrightarrow$ CO_2(気)＋$2H_2O$(液)　**ΔH＝－891kJ**

(2) $N_2 + O_2 \longrightarrow 2NO$
NO **の係数を 1 とする**ため，両辺を 2 で割る。それに，$\Delta H = 90$kJ を加える。
$\frac{1}{2}N_2$(気)＋$\frac{1}{2}O_2$(気)$\longrightarrow$ NO(気)　**ΔH＝90kJ**

(3) 硫酸は H_2SO_4(液)，多量の水は aq，硫酸水溶液は H_2SO_4aq と表される。
発熱反応なので，$\Delta H = -95$kJ を加える。 H_2SO_4(液)＋aq$\longrightarrow$ H_2SO_4 aq　**ΔH＝－95kJ**

解 答 考え方を参照

例題 46 燃焼エンタルピーの測定 □□

右図のような熱量計で，炭素 1.0g を完全燃焼させたら，熱量計内の水 1.0kg の温度が 7.5K 上昇した。これより，炭素の燃焼エンタルピーを求めよ。ただし，水の比熱を 4.2J/g・K，熱量計の熱容量を 180J/K とする。(原子量：C＝12)

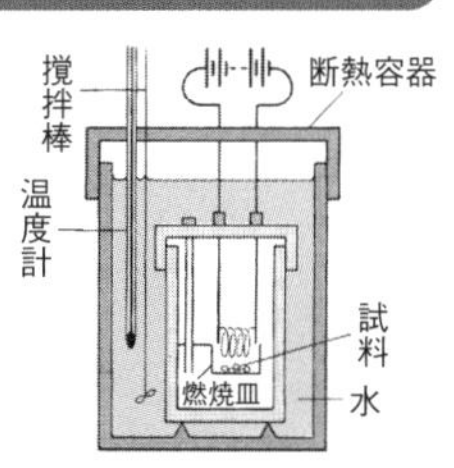

考え方 物質(物体)の温度変化から，発熱量を求める公式は次の通りである。

発熱量〔J〕＝比熱〔J/g・K〕×質量〔g〕×温度変化〔K〕
発熱量〔J〕＝熱容量〔J/K〕×温度変化〔K〕

炭素 1.0g を完全燃焼したときの発熱量は，水の温度上昇と熱量計の温度上昇の和に等しい。

$\underbrace{4.2 \times 1000 \times 7.5}_{\text{水の温度上昇分}} + \underbrace{180 \times 7.5}_{\text{熱量計の温度上昇分}} = 32850$〔J〕

これを炭素 C 1mol(＝12g)あたりに換算すると，32850×12＝394200〔J〕⇒ 394.20〔kJ〕
炭素の燃焼は発熱反応なので，炭素の燃焼エンタルピーは－394kJ/mol となる。

解 答 －394kJ/mol

4-16

例題 47 ヘスの法則の利用 □□

次の熱化学反応式を用いて，プロパン C_3H_8 の生成エンタルピーを求めよ。

$C(黒鉛) + O_2(気) \longrightarrow CO_2(気) \quad \Delta H = -394kJ \quad \cdots①$

$H_2(気) + \frac{1}{2}O_2(気) \longrightarrow H_2O(液) \quad \Delta H = -286kJ \quad \cdots②$

$C_3H_8(気) + 5O_2(気) \longrightarrow 3CO_2(気) + 4H_2O(液) \quad \Delta H = -2220kJ \quad \cdots③$

考え方 **熱化学反応式**は，ヘスの法則より，化学式を移項したり，四則計算を行うことができる。熱化学反応式を用いて反応エンタルピーを求める方法は次の通りである。

(1) 目的とする熱化学反応式を書く。

(2) (1)に含まれていない化学式を消去する方法(**消去法**)か，(1)に含まれる化学式を与えられた熱化学反応式から集め，それを組み立てる方法(**組立法**)がある。

目的とするプロパンの生成エンタルピーを表す熱化学反応式は次の通り。

$3C(黒鉛) + 4H_2(気) \longrightarrow C_3H_8(気) \quad \Delta H = x\ kJ \quad \cdots④$

本問のように，目的の式が比較的簡単なときは，組立法を用いるほうが便利である。

左辺の 3C(黒鉛)に着目して ⟶ ①×3

左辺の $4H_2$(気)に着目して ⟶ ②×4

右辺の C_3H_8(気)に着目して ⟶ ③×(−1)

(C_3H_8 は③式の左辺にあるが，④式では右辺に移項が必要である。このとき符号が逆になるので，③式を(−1)倍しておく。)

④式は，①×3＋②×4−③で求められる。ΔH についても，同様の計算を行うと，

$x = (-394 \times 3) + (-286 \times 4) - (-2220) = -106$〔kJ〕

解答 −106kJ/mol

例題 48 結合エンタルピーと反応エンタルピー □□

H−H，O＝O，O−H の各結合の結合エンタルピーを 436kJ/mol，498kJ/mol，463kJ/mol として，次の反応の反応エンタルピーを求めよ。

$H_2(気) + \frac{1}{2}O_2(気) \longrightarrow H_2O(気) \quad \Delta H = x\ kJ$

考え方 結合エンタルピーを使って反応エンタルピーを求める場合，**エンタルピー図**(下図)を用いる方法がある。

① 反応物(H_2, $\frac{1}{2}O_2$)を各原子に解離する。

② 各原子を組み換え，生成物(H_2O)をつくる。

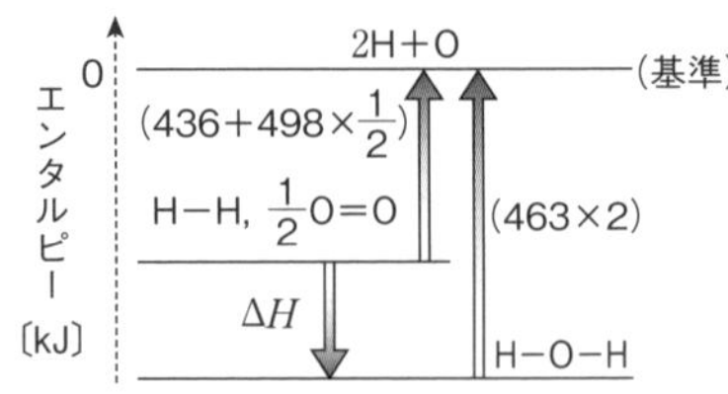

ΔH の大きさは，エンタルピー図より，

$(463 \times 2) - \left(436 + 498 \times \frac{1}{2}\right) = 241$〔kJ〕

エンタルピー図より，$H_2 + \frac{1}{2}O_2$(反応物)から H_2O(生成物)へ向かう矢印(⇒)が下向き(発熱反応)なので，反応エンタルピーの値に負(−)の符号をつけて，−241kJ/mol となる。

解答 −241kJ/mol

問題A　必は重要な必須問題。時間のないときはここから取り組む。

168 □□ ◀反応エンタルピー▶　次の文の［　　］に適する語句を入れよ。

圧力一定のときに，物質 1mol のもつ化学エネルギーの量を①［　　］といい，記号 H で表す。また，一定圧力下での化学反応(定圧反応)において，放出・吸収される熱量を②［　　］といい，記号 ΔH で表す。化学反応において，反応物のエンタルピーの和が生成物のエンタルピーの和より大きい場合は③［　　］，反応物のエンタルピーの和が生成物のエンタルピーの和より小さい場合は④［　　］となる。

169 □□ ◀反応エンタルピーの種類▶　次の熱化学反応式で表される反応エンタルピーの種類を下から記号で選べ。ただし，2つ以上あるときは，すべてを選べ。

(1)　$NaCl$(固) + aq ⟶ $NaClaq$　　$\Delta H = 3.9\text{kJ}$

(2)　H_2O(液) ⟶ H_2O(気)　　$\Delta H = 44\text{kJ}$

(3)　C(黒鉛) + $\frac{1}{2}O_2$(気) ⟶ CO(気)　　$\Delta H = -111\text{kJ}$

(4)　Al(固) + $\frac{3}{4}O_2$(気) ⟶ $\frac{1}{2}Al_2O_3$(固)　　$\Delta H = -838\text{kJ}$

(5)　S(斜方) + O_2(気) ⟶ SO_2(気)　　$\Delta H = -297\text{kJ}$

(6)　$HClaq$ + $NaOHaq$ ⟶ $NaClaq$ + H_2O(液)　　$\Delta H = -56.5\text{kJ}$

［(ア)　燃焼エンタルピー　　(イ)　生成エンタルピー　　(ウ)　溶解エンタルピー
　(エ)　融解エンタルピー　　(オ)　蒸発エンタルピー　　(カ)　中和エンタルピー］

必 **170** □□ ◀熱化学反応式▶　次の各内容を熱化学反応式で表せ。

(1)　エチレン C_2H_4 0.10mol を完全燃焼させると，141kJ の熱が発生する。

(2)　メタノール CH_4O の生成エンタルピーは，−239kJ/mol である。

(3)　水酸化ナトリウム 0.10mol を多量の水に溶解すると，4.4kJ の熱が発生する。

(4)　Cl−Cl 結合の結合エンタルピーは 239kJ/mol である。

(5)　1mol/L 塩酸 0.5L と 0.5mol/L NaOH 水溶液 1L を混合すると，28kJ の熱が発生する。

(6)　炭素(黒鉛)の昇華エンタルピーは，715kJ/mol である。

必 **171** □□ ◀熱化学反応式の利用▶　メタン CH_4 とエタン C_2H_6 の混合気体 112L(標準状態)を完全燃焼させたところ，5254kJ の発熱があった。この混合気体中のメタンの体積百分率〔%〕を求めよ。ただし，メタンの燃焼エンタルピーを−890kJ/mol，エタンの燃焼エンタルピーを−1560kJ/mol とする。

4-16

172 □□ ◀**発熱量の計算**▶　次の熱化学反応式に基づき，次の問いに有効数字 2 桁で答えよ。（原子量：H＝1.0，O＝16，Na＝23）

$NaOHaq + HClaq \longrightarrow NaClaq + H_2O$(液)　　$\Delta H = -56.5$kJ

$NaOH$(固) $+ HClaq \longrightarrow NaClaq + H_2O$(液)　　$\Delta H = -101$kJ

(1) 2.0mol/L 塩酸 200mL と 2.0mol/L 水酸化ナトリウム水溶液 250mL を混合すると，何 kJ の熱量が発生するか。

(2) 1.0mol/L 塩酸 200mL に水酸化ナトリウムの結晶 4.0g を完全に溶解すると，何 kJ の熱量が発生するか。

必 **173** □□ ◀**ヘスの法則**▶　次の熱化学反応式を用いて，エタン C_2H_6 の燃焼エンタルピーを求めよ。ただし，燃焼で生成する水は液体とする。

C(黒鉛) $+ O_2$(気) $\longrightarrow CO_2$(気)　　$\Delta H = -394$kJ　…①

H_2(気) $+ \frac{1}{2}O_2$(気) $\longrightarrow H_2O$(液)　　$\Delta H = -286$kJ　…②

2C(黒鉛) $+ 3H_2$(気) $\longrightarrow C_2H_6$(気)　　$\Delta H = -84$kJ　…③

174 □□ ◀**生成物エンタルピーと反応エンタルピー**▶　次の各問いに答えよ。

(1) 酸化アルミニウム Al_2O_3 の生成エンタルピーは－1676kJ/mol，酸化鉄(Ⅲ)Fe_2O_3 の生成エンタルピーは－824kJ/mol である。これより，次の反応の反応エンタルピーを求めよ。

2Al(固) $+ Fe_2O_3$(固) $\longrightarrow Al_2O_3$(固) + 2Fe(固)

(2) アンモニア NH_3 の生成エンタルピーは－46kJ/mol，一酸化窒素 NO の生成エンタルピーは 90kJ/mol, 水(気)の生成エンタルピーは－242kJ/mol である。これより，次の反応の反応エンタルピーを求めよ。

$4NH_3$(気) $+ 5O_2$(気) $\longrightarrow$ 4NO(気) $+ 6H_2O$(気)

175 □□ ◀**結合エンタルピー**▶　右図は，C(黒鉛)$+2H_2$(気)$\longrightarrow CH_4$(気)の反応エンタルピーと各物質のエンタルピーとの関係を示す。図を参考にして，次の各値をそれぞれ求めよ。

(1) C(黒鉛)の昇華エンタルピー

(2) H−H 結合の結合エンタルピー

(3) CH_4 分子の解離エンタルピー

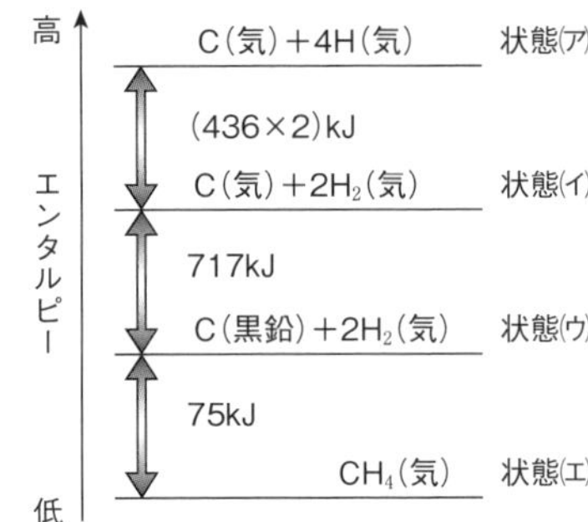

問題B　必は重要な必須問題。時間のないときはここから取り組む。

必**176** □□◀結合エンタルピーと反応エンタルピー▶　水素 H_2 の H−H 結合，窒素 N_2 の N≡N 結合，アンモニア NH_3 の N−H 結合の結合エンタルピーをそれぞれ 436kJ/mol，946kJ/mol，391kJ/mol である。これらの値を用いて次の反応エンタルピーを求めよ。

N_2(気)＋$3H_2$(気)⟶ $2NH_3$(気)

必**177** □□◀反応エンタルピーの測定▶　図1のような発泡ポリスチレン製の断熱容器を用いて，次の実験(a)，(b)を行った。なお，すべての水溶液の比熱を 4.20J/(g·K)，その密度を 1.00g/mL，NaOH の式量を 40.0 として下の問いに答えよ。

(a)　純水 48.0g に NaOH の結晶 2.00g を加え，かくはんしながら液温を測定したら，図2のような結果となった。

(b)　1.00mol/L 塩酸 50.0mL に NaOH の結晶 2.00g を加え，(a)と同様に液温を測定し，グラフを書いて真の最高温度を求めたら，液温は実験前に比べて 23.0K 上昇していることがわかった。

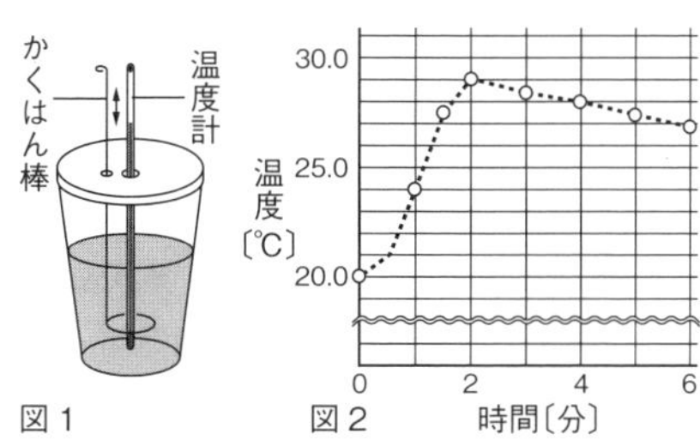

図1　図2

(1)　実験(a)において，発生した熱量は何 kJ か。

(2)　水酸化ナトリウムの水への溶解エンタルピーを求めよ。

(3)　実験(b)の反応における反応エンタルピーを求めよ。

(4)　塩酸と水酸化ナトリウム水溶液との中和エンタルピーを求めよ。

178 □□◀溶解エンタルピーの測定▶　右図は，断熱容器に入れた水 46.0g に尿素 $CO(NH_2)_2$(分子量 60) 4.0g を加えてよくかき混ぜ，すべて溶解させたときの水溶液の温度変化を一定時間ごとに記録しグラフ化したものである。なお，図中の点 A，B，C，D，E の各温度は，それぞれ 20.0℃，15.8℃，16.4℃，15.2℃，15.5℃であった。この結果から，尿素の水への溶解エンタルピーを求めよ。ただし，水溶液の比熱は 4.2J/(g・K)とする。

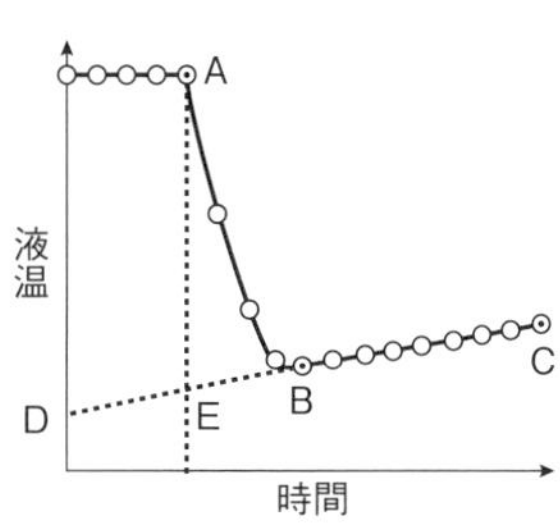

17 電池

1 電池の原理

❶**電池**　酸化還元反応で放出される化学エネルギーを，電気エネルギーとして取り出す装置。→イオン化傾向の異なる2種類の金属 M_1, M_2(**電極**)を電解質水溶液(**電解液**)に浸し導線でつなぐと，両電極間に電位差(**電圧**)を生じる。

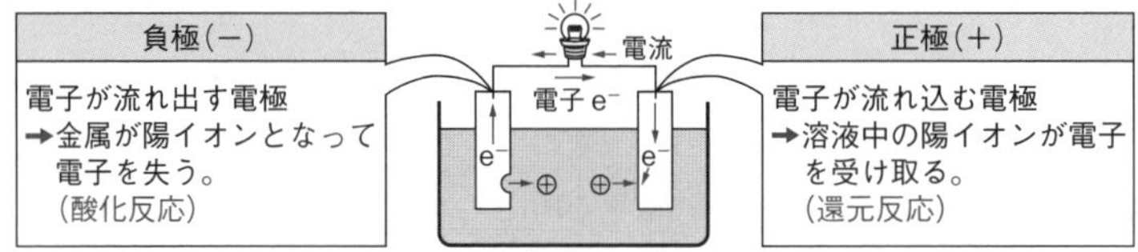

負極(−)
電子が流れ出す電極
➡金属が陽イオンとなって
電子を失う。
(酸化反応)
電流
電子 e⁻
e⁻
⊕
⊕
e⁻
正極(＋)
電子が流れ込む電極
➡溶液中の陽イオンが電子
を受け取る。
(還元反応)

❷**電池の構成**

・イオン化傾向の大きい金属→**負極**(−)となる。 酸化反応が起こる。

・イオン化傾向の小さい金属→**正極**(＋)となる。 還元反応が起こる。

❸**電池式**　電池の構成を化学式で表したもの。

(−)負極物質 | 電解質 aq | 正極物質(＋)

❹**電池の起電力**　電池の両電極間に生じる電位差(電圧)。単位〔V(ボルト)〕

金属 M_1 と M_2 のイオン化傾向の差が大きいほど，起電力は大きくなる。

❺**負極活物質**　負極で電子を放出する物質(還元剤)。

正極活物質　正極で電子を受け取る物質(酸化剤)。

❻**放電**　電池から電流を取り出すこと。起電力が徐々に低下する。

充電　放電の逆反応を起こし，電池の起電力を回復させる操作。

❼**一次電池**　充電できない使い切りの電池。 例 マンガン乾電池

❽**二次電池(蓄電池)**　充電すると繰り返し使用できる電池。 例 鉛蓄電池

2 各種の電池の反応

❶**ダニエル電池**　(−)Zn | $ZnSO_4$aq | $CuSO_4$aq | Cu(＋)　起電力 1.1V

負極(−)：$Zn \longrightarrow Zn^{2+} + 2e^-$

正極(＋)：$Cu^{2+} + 2e^- \longrightarrow Cu$

全体の反応：$Zn + Cu^{2+} \longrightarrow Zn^{2+} + Cu$

多孔質の素焼き板は，両電解液の混合を防ぎつつ，イオンを通過させて，両液を電気的に接続する役割をもつ。

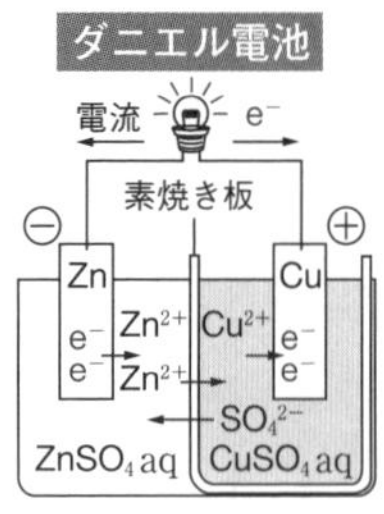

❷**ボルタ電池**　(−)Zn | H_2SO_4aq | Cu(＋)

放電すると，起電力が急激に低下する現象を**電池の分極**という。

❸マンガン乾電池　$(-)Zn \mid ZnCl_2aq, NH_4Claq \mid MnO_2(+)$　起電力 1.5V

負極(－)： $Zn \longrightarrow Zn^{2+} + 2e^-$

正極(＋)： $MnO_2 + H^+ + e^- \longrightarrow MnO(OH)^*$　＊酸化水酸化マンガン(Ⅲ)

❹アルカリマンガン乾電池　電解液に KOHaq を用いたもの。電池容量が大きい。

❺鉛蓄電池　$(-)Pb \mid H_2SO_4aq \mid PbO_2(+)$　起電力 2.0V

負極(－)： $Pb + SO_4^{2-} \longrightarrow PbSO_4 + 2e^-$

正極(＋)： $PbO_2 + SO_4^{2-} + 4H^+ + 2e^- \longrightarrow PbSO_4 + 2H_2O$

全体の反応： $Pb + PbO_2 + 2H_2SO_4 \underset{充電}{\overset{放電}{\rightleftarrows}} 2PbSO_4 + 2H_2O$

放電すると，両電極の質量は増加し，希硫酸の濃度は減少する。

❻リチウムイオン電池　$(-)Li_xC$ ｜有機溶媒＋ Li の塩｜ $Li_{(1-x)}CoO_2(+)$

負極(－)：$Li_xC \underset{充電}{\overset{放電}{\rightleftarrows}} C + xLi^+ + xe^-$　$(0 < x < 0.5)$

正極(＋)：$Li_{(1-x)}CoO_2 + xLi^+ + xe^- \underset{充電}{\overset{放電}{\rightleftarrows}} LiCoO_2$　$(0 < x < 0.5)$

❼燃料電池　$(-)H_2 \mid H_3PO_4aq \mid O_2(+)$　［リン酸形］　起電力 1.2V

負極(－)： $H_2 \longrightarrow 2H^+ + 2e^-$　　負極活物質：H_2

正極(＋)： $O_2 + 4H^+ + 4e^- \longrightarrow 2H_2O$　　正極活物質：O_2

(特徴)･電気エネルギーへの変換効率が大。　･生成物が水で，環境への負荷が少。

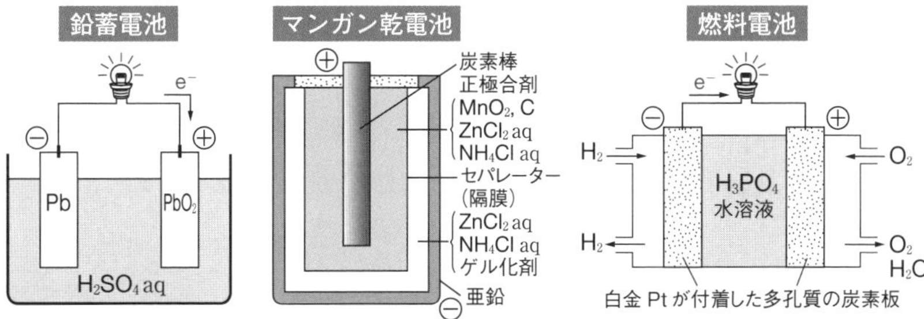

❽その他の実用電池　＊1)水素吸蔵合金　＊2)酸化水酸化ニッケル(Ⅲ)　＊3)コバルト酸リチウム

	電池の名称	電池の構成			起電力
		負極活物質	電解質	正極活物質	〔V〕
一次電池	酸化銀電池	Zn	KOH	Ag_2O	1.55
	リチウム電池	Li	有機溶媒	MnO_2	3.0
	空気電池	Zn	KOH	O_2	1.65
二次電池	ニッケル・カドミウム電池	Cd	KOH	NiO(OH) ＊2	1.3
	ニッケル・水素電池	MH ＊1	KOH	NiO(OH)	1.3
	リチウムイオン電池	Li^+を含む黒鉛	有機溶媒	$LiCoO_2$ ＊3	4.0

確認&チェック

1 次の分の□に適語を入れよ。

(1) 酸化還元反応で放出される化学エネルギーを，電気エネルギーとして取り出す装置を①□という。

(2) イオン化傾向の異なる2種類の金属を電解液に浸し，導線でつないだとき，イオン化傾向の大きい金属が②□極，イオン化傾向の小さい金属が③□極となる。

(3) 電池の両電極間に生じる電位差(電圧)④□といい，2種の金属のイオン化傾向の差が大きいほど⑤□なる。

2 次の記述に当てはまる化学用語を答えよ。

(1) 電池の負極で電子を放出する物質(還元剤)。

(2) 電池の正極で電子を受け取る物質(酸化剤)。

(3) 電池から電流を取り出すこと。

(4) (3)の逆反応を起こし，電池の起電力を回復させる操作。

3 右図に示した電池について答えよ。

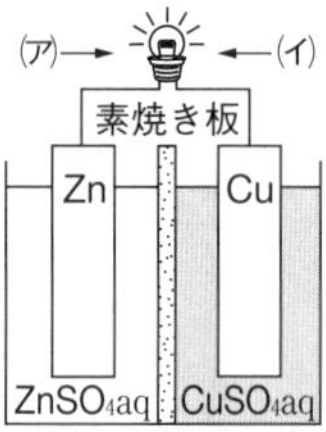

(1) この電池を何と言うか。

(2) この電池の起電力は何Vか。

(3) 負極，正極となる金属を，それぞれ元素記号で示せ。

(4) 電子の移動する方向を，(ア)，(イ)の記号で示せ。

(5) 電流の流れる方向を，(ア)，(イ)の記号で示せ。

4 次の文の□に適語を入れよ。

(1) 希硫酸に銅板と亜鉛板を浸した電池を①□という。この電池を放電すると，起電力が急激に低下する。この現象を電池の②□という。

(2) 充電できない使い切りの電池を③□という。充電すると繰り返し使える電池を④□という。

解答

1 ① 電池
② 負
③ 正
④ 起電力
⑤ 大きく
→ p.134 1

2 (1) 負極活物質
(2) 正極活物質
(3) 放電
(4) 充電
→ p.134 1

3 (1) ダニエル電池
(2) 1.1 V
(3) 負極：Zn
正極：Cu
(4) (ア)
(5) (イ)
→ p.134 2

4 ① ボルタ電池
② 分極
③ 一次電池
④ 二次電池(蓄電池)
→ p.134 2

例題 49 ダニエル型電池 □□

1mol/L の金属イオンの水溶液と，それと同種の金属を浸した電池(半電池)(a)〜(d)を用意し，このうち任意の2個を塩橋(えんきょう)*(記号‖)でつなぐと，電池が形成された。次の問いに答えよ。

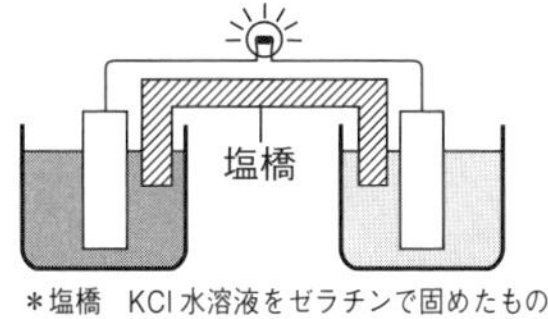

＊塩橋　KCl 水溶液をゼラチンで固めたもの。

(a)(Zn, $ZnSO_4$aq)　(b)(Cu, $CuSO_4$aq)

(c)(Fe, $FeSO_4$aq)　(d)(Ag, $AgNO_3$aq)

例 (−)Zn | $ZnSO_4$aq ‖ $CuSO_4$aq | Cu(+)

(1) 起電力が最大になる電池の組合せを選び，その電池式を上の例にならって示せ。

(2) 塩橋の役割について簡単に述べよ。

考え方 ある金属とその塩の水溶液でつくられた電池を**半電池**という。2つの**半電池**を塩橋で接続すると，**ダニエル型電池**ができる。

このとき，イオン化傾向の大きい金属が負極，小さい金属が正極となり，電子は負極から正極へ，電流は正極から負極へと流れる。

電池の起電力は，電極に用いた金属のイオン化傾向の差が大きいほど，大きくなる。

(1) 金属のイオン化傾向は，Zn>Fe>Cu>Ag の順なので，Zn の半電池と Ag の半電池を組み合わせた電池の起電力が最大となる。

解答 (1) (−)Zn | $ZnSO_4$aq ‖ $AgNO_3$aq | Ag(+)

(2) 2種の電解液の混合を防ぎつつ，両電解液を電気的に接続するはたらき。

例題 50 鉛蓄電池 □□

次の文の［　　］に適切な語句，数値を入れよ。(O = 16, S = 32, Pb = 207)

鉛蓄電池は，負極に鉛，正極に①［　　］，電解液に②［　　］を用いたもので，放電すると，負極・正極ともに③［　　］が生成され，質量が増加する。鉛蓄電池に放電時とは逆向きに電流を流すと，逆反応が起こり起電力が回復する。この操作を④［　　］といい，④の可能な電池を⑤［　　］(蓄電池)という。

考え方 **鉛蓄電池**の構成は，次の電池式で表される。(−)Pb | H_2SO_4aq | PbO_2(+)

放電時の反応は，(−)$Pb + SO_4^{2-} \longrightarrow PbSO_4 + 2e^-$

(+)$PbO_2 + 4H^+ + 2e^- + SO_4^{2-} \longrightarrow PbSO_4 + 2H_2O$

両電極の変化を1つの反応式にまとめると，

$$Pb + PbO_2 + 2H_2SO_4 \xrightarrow{2e^-} 2PbSO_4 + 2H_2O$$

放電により，両電極には水に不溶な $PbSO_4$ が付着するため，その質量が増加する。

また，放電で H_2SO_4(溶質)が消費され，H_2O(溶媒)が生成するので，電解液である希硫酸の濃度は減少する。

放電の逆の反応を**充電**といい，充電が可能で繰り返し使用できる電池を**二次電池(蓄電池)**，充電できない使い切りの電池を**一次電池**という。

解答 ① 酸化鉛(IV)　② 希硫酸　③ 硫酸鉛(II)　④ 充電　⑤ 二次電池

例題 51　燃料電池　□□

次の文を読み，あとの問いに答えよ。

燃料のもつ化学エネルギーを，直接①[　　　]エネルギーとして取り出すようにつくられた装置を②[　　　]という。

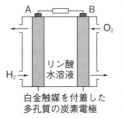

(1)　上の文の[　　　]に適語を入れよ。

(2)　右図の電池のA極，B極で起こるイオン反応式の[　　　]に，適当な化学式と係数を入れよ。

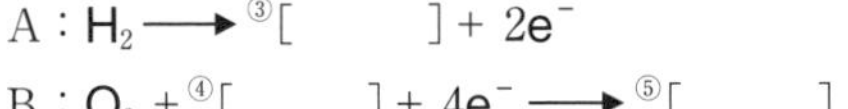

A：$H_2 \longrightarrow$ ③[　　　] $+ 2e^-$

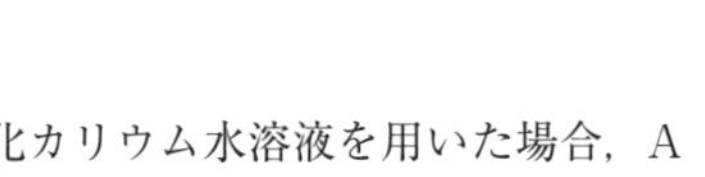

B：$O_2 +$ ④[　　　] $+ 4e^- \longrightarrow$ ⑤[　　　]

(3)　電解液としてリン酸水溶液の代わりに水酸化カリウム水溶液を用いた場合，A極，B極で起こる反応をそれぞれ電子 e^- を用いたイオン反応式で示せ。

(4)　この電池を放電させたら，負極で0.20molの水素が消費された。このとき取り出された電気量は何C（クーロン）か。電子1molのもつ電気量は 9.65×10^4 C とする。

(5)　この電池の特徴を1つ答えよ。

考え方　(1)　水素などの燃料を酸素と反応(燃焼)させて熱エネルギーを得る代わりに，負極では酸化反応，正極では還元反応を起こすことによって，直接，電気エネルギーを取り出すようにつくられた装置を，燃料電池という。

本問で取り上げた燃料電池は，**負極活物質**(還元剤)に水素，**正極活物質**(酸化剤)に酸素，電解液にリン酸水溶液を用いたもので，この燃料電池の構成は次式で表される。

$(-)H_2 \mid H_3PO_4aq \mid O_2(+)$

(2)　負極(A極)：H_2(還元剤)は電極に電子を放出して H^+ となる。

$H_2 \longrightarrow 2H^+ + 2e^-$　(炭素電極に付着させた白金触媒は，この反応を促進する。)

正極(B極)：O_2(酸化剤)は電極から電子を受け取り，まず O^{2-} となるが，直ちに溶液中の H^+ と結合して H_2O となる。　$O_2 + 4H^+ + 4e^- \longrightarrow 2H_2O$

(3)　負極(A極)：H_2 は電極に電子を放出して H^+ となるが，直ちに水溶液中の OH^- で中和されて H_2O となる。　$H_2 + 2OH^- \longrightarrow 2H_2O + 2e^-$

正極(B極)：O_2 は電極から電子を受け取り，まず O^{2-} となるが，直ちに水溶液中の H_2O と反応して，OH^- が生成する。　$O_2 + 4e^- + 2H_2O \longrightarrow 4OH^-$

(4)　負極での反応式　$H_2 \longrightarrow 2H^+ + 2e^-$

より H_2 0.20mol が反応すると，電子0.40mol分の電気量が取り出される。

$\therefore\ 0.40 \times 9.65 \times 10^4 = 3.86 \times 10^4 \fallingdotseq 3.9 \times 10^4$〔C〕

(5)　燃料電池の電気エネルギーへの変換効率は45～50%で，火力発電に比べて大きい。

解答　(1)(2) ① 電気　② 燃料電池　③ $2H^+$　④ $4H^+$　⑤ $2H_2O$　(3) 考え方を参照。

(4) 3.9×10^4 C

(5)・電気エネルギーへの変換効率が高い。　・生成物が水だけで，環境への負荷が少ない。

・活物質である燃料と酸素を供給する限り，いくらでも発電できる。(いずれか1つ)

問題A

必は重要な必須問題。時間のないときはここから取り組む。

179 □□ ◀電池の原理▶　次の文の[　　]に適語を入れよ。

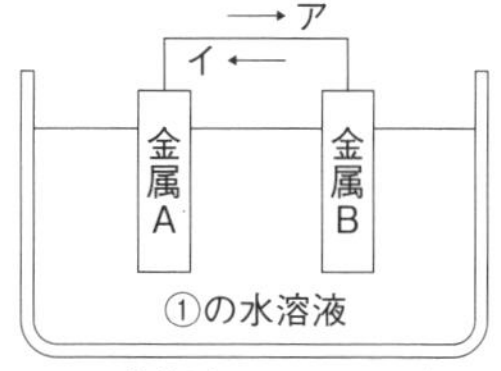

イオン化傾向は A>B とする。

右図のように，イオン化傾向の異なる2種類の金属板A，Bを①[　　]の水溶液に浸し，両金属を導線で結ぶと②[　　]ができる。このとき，金属Aは③[　　]となって溶け出す一方，生じた電子は導線を通って金属Bへと移動する。電池では，電子は外部へ流れ出す電極を④[　　]，電子が外部から流れ込む電極を⑤[　　]と定義しているので，イオン化傾向の大きい金属Aが⑥[　　]，小さい金属Bが⑦[　　]となる。また，この電池を放電すると，金属Aでは⑧[　　]反応，金属Bでは⑨[　　]反応が進行し，電流は図の⑩[　　]の方向に流れることになる。

必**180** □□ ◀ダニエル電池▶　右図で示す電池について，次の各問いに答えよ。

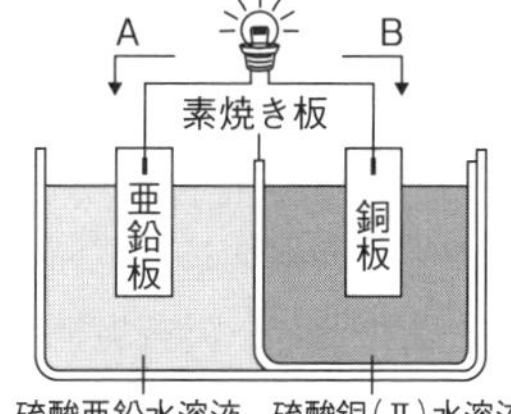

(1) この電池の名称を答えよ。

(2) 亜鉛板と銅板で起こる変化を，電子 e^- を用いたイオン反応式で表せ。

(3) 電流は，図中のA，Bのどの向きに流れるか。

(4) 図の電池において，負極活物質と正極活物質はそれぞれ何か。化学式で答えよ。

(5) 素焼き板を(i)左から右へ，(ii)右から左へ移動する主なイオンは何か。それぞれイオンの化学式で示せ。

(6) 図中の素焼き板の役割について簡単に述べよ。

(7) 図の電池において，次の①～④のようにすると，新しい電池の起電力はそれぞれどうなるか。

① 素焼き板のかわりにガラス板を用いる。

② 亜鉛と硫酸亜鉛水溶液のかわりに鉄と硫酸鉄(Ⅱ)水溶液を用いる。

③ 銅と硫酸銅(Ⅱ)水溶液のかわりに銀と硝酸銀水溶液を用いる。

④ 亜鉛板と銅板の面積を大きくする。

(8) この電池をなるべく長時間使用するには，①硫酸亜鉛水溶液，②硫酸銅(Ⅱ)水溶液の濃度をそれぞれどうすればよいか。下から記号で選べ。

(ア) 濃くする　　(イ) 薄くする

181 □□◀マンガン乾電池▶　次の文の［　　］に適切な語句，（　　）に適切な化学式を入れよ。

マンガン乾電池は，負極活物質に①［　　］，正極活物質に②［　　］，電解液には③［　　］などの水溶液に合成糊(のり)などのゲル化剤を加えて固めたものを用いてつくられた代表的な実用電池である。放電すると，負極・正極では次のような反応が起こる。

$Zn \longrightarrow Zn^{2+} + 2e^-$

$MnO_2 + e^- + H^+ \longrightarrow$ ④（　　　）

問題B

必は重要な必須問題。時間のないときはここから取り組む。

必**182** □□◀鉛蓄電池▶　鉛蓄電池(−)Pb | H_2SO_4aq | PbO_2(+)について，次の問いに答えよ。

(1) 負極活物質，正極活物質は何か。それぞれ物質名で答えよ。

(2) 放電時，負極・正極でおこる変化を，電子 e^- を用いたイオン反応式で示せ。

(3) 放電すると，負極・正極とも何という物質に変化するか。物質名で答えよ。

(4) 放電すると，電解液の希硫酸の濃度はどう変化するか。下から記号で選べ。

(ア) 増加する　　(イ) 減少する　　(ウ) 変わらない

(5) 鉛蓄電池に放電時と逆向きの電流を流し，起電力を回復させる操作を何というか。このとき，外部電源の(−)極に鉛蓄電池の何極をつなげばよいか。

(6) 放電により1.0molの電子が流れた場合，負極板・正極板の質量は放電前に比べてそれぞれ何gずつ増減したか。(原子量：Pb＝207，H＝1.0，O＝16，S＝32)

(7) 放電により1.0molの電子が流れた場合，放電前の希硫酸が35％，1.0kgであったとすると，放電後の希硫酸の濃度は何％になるか。

183 □□◀燃料電池▶　図は，白金を添加した多孔質の炭素電極，電解液にリン酸水溶液を用いた水素−酸素型の燃料電池の構造を示す。この電池をある時間放電すると，負極で1.12L(標準状態)の水素が消費された。次の問いに答えよ。

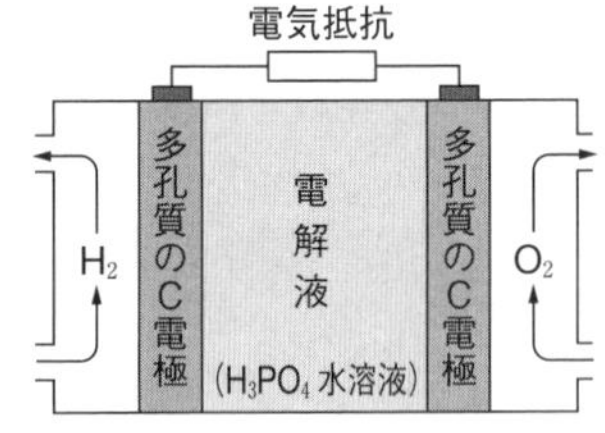

(1) 負極・正極で起こる変化を，電子 e^- を用いたイオン反応式で示せ。

(2) この放電で得られた電気量は何Cか。ただし，電子1molのもつ電気量を 9.65×10^4C とする。

(3) この放電時の平均電圧が0.700Vとすると，何kJの電気エネルギーが得られたか。ただし，電気エネルギー〔J〕＝電気量〔C〕×電圧〔V〕で表されるとする。

18 電気分解

1 電気分解

❶電気分解　電気エネルギーを用いて，酸化還元反応を起こすこと。

→電解質の水溶液や融解液に電極を入れ，外部から直流電流を通じる。

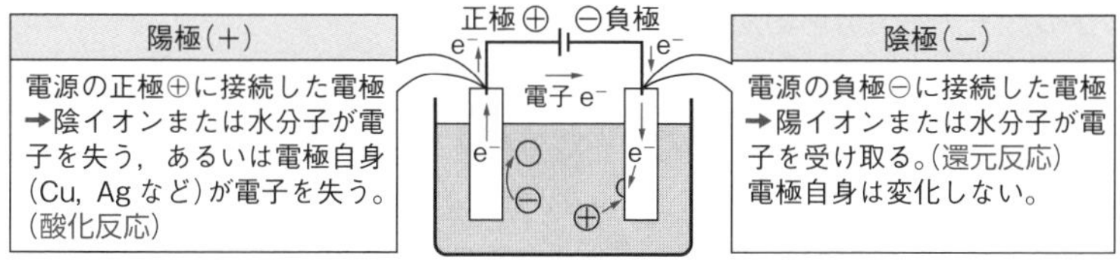

陽極（＋）
電源の正極⊕に接続した電極
➔陰イオンまたは水分子が電子を失う，あるいは電極自身（Cu, Ag など）が電子を失う。（酸化反応）
正極⊕
⊖負極
e⁻
電子 e⁻
陰極（－）
電源の負極⊖に接続した電極
➔陽イオンまたは水分子が電子を受け取る。（還元反応）
電極自身は変化しない。

通常，電極には化学変化しにくい白金 Pt，炭素 C を用いる。

❷水溶液の電気分解　水溶液中に存在する電解質の電離で生じたイオンと，水分子自身の酸化還元反応の起こりやすさを考える。

陰極での反応　水溶液中の陽イオン，または水分子が電子を受け取る（**還元反応**）。

還元反応の起こりやすさ：Ag^+，Cu^{2+} ＞ H^+，H_2O ≫ Al^{3+}～Na^+，K^+
（Ag^+，Cu^{2+}：①還元されやすい　Al^{3+}～Na^+，K^+：②還元されない）

陽イオン	生成物	反応例
①イオン化傾向の小さい金属イオン Cu^{2+}，Ag^+など	金属が析出	$Cu^{2+} + 2e^- \longrightarrow Cu$ $Ag^+ + e^- \longrightarrow Ag$
②イオン化傾向の大きい金属イオン K^+，Ca^{2+}，Na^+，Mg^{2+}，Al^{3+}	H_2 が発生	$2H_2O + 2e^- \longrightarrow H_2 + 2OH^-$ （H^+が多いとき）$2H^+ + 2e^- \longrightarrow H_2$

注）イオン化傾向が中程度の金属イオンの場合，濃度により，金属の析出と H_2 発生が起こる。

陽極での反応　水溶液中の陰イオン，または水分子が電子を放出する（**酸化反応**）。

酸化反応の起こりやすさ：I^-，Br^-，Cl^- ＞ OH^-，H_2O ≫ NO_3^-，SO_4^{2-}
（I^-，Br^-，Cl^-：①酸化されやすい　NO_3^-，SO_4^{2-}：②酸化されない）

(a)　電極に白金 Pt または炭素 C を用いたときの変化

陰イオン	生成物	反応例
①ハロゲン化物イオン Cl^-，Br^-，I^-（F^-除く）	ハロゲン単体 Cl_2 など	$2Cl^- \longrightarrow Cl_2 + 2e^-$
② SO_4^{2-}，NO_3^- などの多原子イオン	O_2 が発生	$2H_2O \longrightarrow O_2 + 4H^+ + 4e^-$ （OH^-が多いとき）$4OH^- \longrightarrow 2H_2O + O_2 + 4e^-$

(b)　陽極に Cu，Ag などの金属を用いたときの変化

電極自身が酸化され，陽イオンとなって溶け出す。

例　陽極（Cu）：$Cu \longrightarrow Cu^{2+} + 2e^-$　　陽極（Ag）：$Ag \longrightarrow Ag^+ + e^-$

2 電気分解の量的関係

❶電気量 電気量 Q〔C〕＝電流 I〔A〕×時間 t〔秒〕で求める。

1 クーロン〔C〕 1A の電流が 1 秒(s)間流れたときの電気量。

例 2A の電流を 1 分間流したときの電気量：2A × 60s = 120C

❷ファラデー定数 F 電子 1mol あたりの電気量の大きさ。

F = 9.65 × 10^4〔C/mol〕 →電気量〔C〕と電子の物質量〔mol〕の変換に利用する。

❸ファラデーの電気分解の法則

(1) 各電極で変化する物質の量は，流れた**電気量**に比例する。
(2) 同じ電気量で変化するイオンの物質量は，その**イオンの価数**に反比例する。

例 $CuSO_4$ 水溶液の電気分解(Pt 電極)で，電子が 1.0mol 反応したとき，

(陰極) $Cu^{2+} + 2e^- \longrightarrow Cu$ より，Cu が 0.50mol 析出する。

(陽極) $2H_2O \longrightarrow O_2 + 4H^+ + 4e^-$ より，O_2 が 0.25mol 発生する。

3 電気分解の応用

❶水酸化ナトリウムの製造 炭素電極を用いて，飽和食塩水を電気分解すると，陽極では塩素 Cl_2，陰極では水素 H_2 と水酸化ナトリウム NaOH を生成する。高純度の NaOH を得るため，両電極間を陽イオン交換膜で仕切って電気分解を行う(**イオン交換膜法**)。

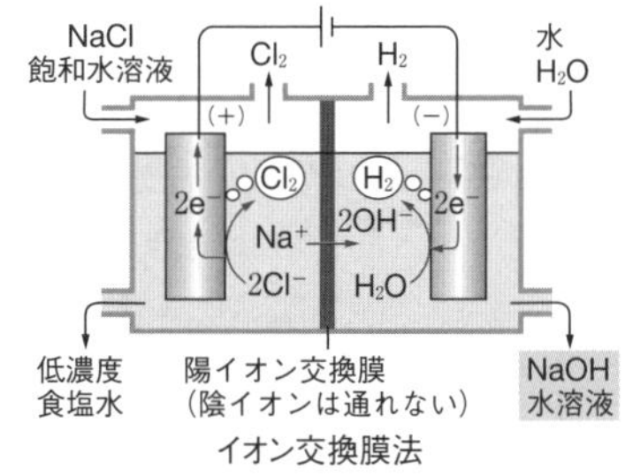

イオン交換膜法

❷銅の精錬 黄銅鉱を溶鉱炉で還元して**粗銅**(Cu：約 99%)をつくる。粗銅を陽極，**純銅**(Cu：約 99.99%)を陰極として，硫酸酸性の硫酸銅(Ⅱ)水溶液を電気分解する(電解精錬)。粗銅中の不純物 Ag，Au などはそのまま陽極の下に沈殿する(**陽極泥**)。

❸アルミニウムの製錬 **ボーキサイト**から純粋な酸化アルミニウム(**アルミナ**)をつくる。これを**氷晶石**(融剤)とともに加熱融解し，炭素電極を用いて溶融塩電解(**融解塩電解**)すると，陰極にアルミニウムが析出する。(**ホール・エルー法**)

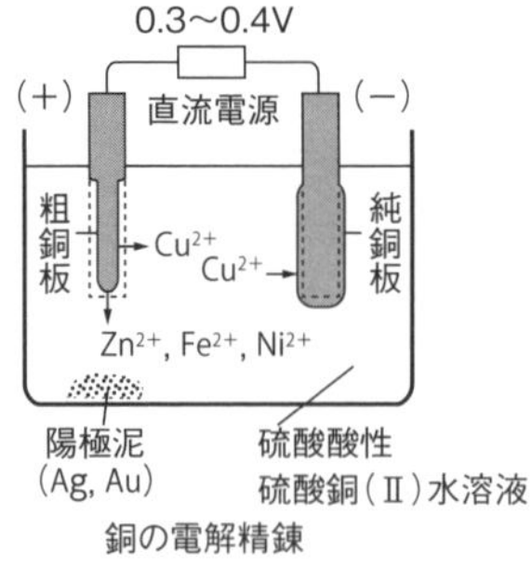

銅の電解精錬

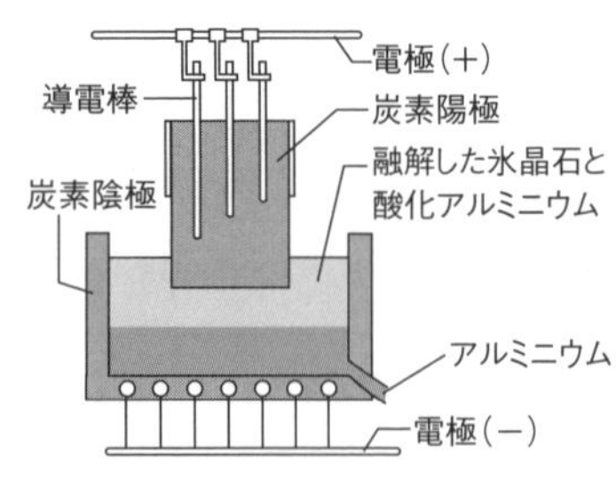

アルミニウムの溶融塩電解

確認＆チェック

解答

1 次の文の［　　］に適語を入れよ。

(1) 電気エネルギーを用いて，酸化還元反応を起こす操作を①［　　］という。このとき，直流電源の負極⊖につないだ電極を②［　　］，正極⊕につないだ電極を③［　　］という。

(2) 水溶液の電気分解の陰極では，陽イオンや水分子が電子を受け取る④［　　］反応が起こり，陽極では，陰イオンや水分子が電子を失う⑤［　　］反応が起こる。

1 ① 電気分解
② 陰極
③ 陽極
④ 還元
⑤ 酸化
→p.141 1

2 次のイオンを含む水溶液を炭素電極を用いて電気分解したとき，その生成物として適切なものを(ア)～(エ)から選べ。

(1) Ag^{+}，Cu^{2+}を含む水溶液
(2) Al^{3+}，Na^{+}を含む水溶液
(3) H^{+}を多く含む酸性の水溶液
(4) Cl^{-}，Br^{-}を含む水溶液
(5) NO_3^{-}，SO_4^{2-}を含む水溶液
(6) OH^{-}を多く含む塩基性の水溶液

直流電源
⊖ ⊕
電解質 aq

(ア) H_2が発生　(イ) Cl_2，Br_2が生成
(ウ) O_2が発生　(エ) Ag，Cuが析出

2 (1) (エ)
(2) (ア)
(3) (ア)
(4) (イ)
(5) (ウ)
(6) (ウ)
→p.141 1

3 次の文の［　　］に適切な語句，数値を入れよ。

(1) 1アンペア[A]の電流が①［　　］秒〔s〕間流れたときの電気量を1②［　　］〔C〕という。

(2) 電子1molあたりの電気量の大きさを③［　　］といい，記号Fで表す。$F=9.65\times10^{4}$C/molである。

(3) 各電極で変化する物質の量は，流れた④［　　］に比例する。

3 ① 1
② クーロン
③ ファラデー定数
④ 電気量
→p.142 2

4 次の電気分解をそれぞれ何というか。

(1) 両電極間を陽イオン交換膜で仕切り，NaCl水溶液を電気分解して，高純度のNaOHを製造する。

(2) 酸化アルミニウム(アルミナ)を氷晶石とともに加熱融解しながら電気分解して，Alを製造する。

4 (1) イオン交換膜法
(2) 溶融塩電解
(融解塩電解)
→p.142 3

例題 52 食塩水の電気分解 □□

図のような装置を用いて，2.0A の電流を 80 分 25 秒間流して飽和食塩水の電気分解を行った。ファラデー定数 $F=9.65\times10^4$C/mol とする。

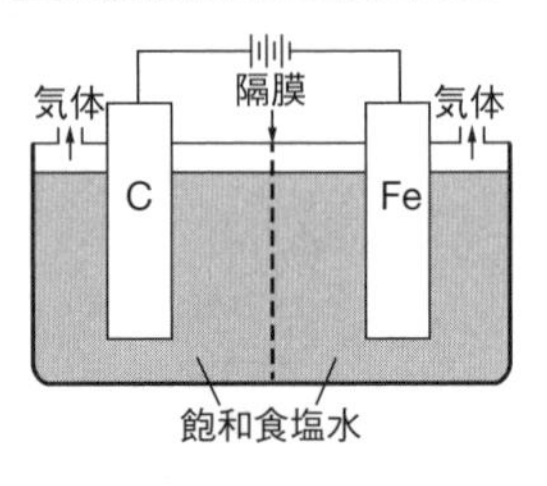

(1) 陽極で発生する気体の物質量は何 mol か。

(2) 陰極付近で生成した水酸化ナトリウムの物質量は何 mol か。

考え方 〈電気分解の計算のポイント〉

① **電気量〔C〕＝電流〔A〕×時間〔秒〕**で求めた電気量〔C〕を，ファラデー定数 $F=9.65\times10^4$C/mol を使って，**電子の物質量〔mol〕**に変換する。

② **各電極の反応式を書き**，係数比を使って生成物の物質量〔mol〕を求める。

(1) 流れた電気量 Q は，$Q=2.0\times(80\times60+25)=9650$〔C〕

ファラデー定数 $F=9.65\times10^4$C/mol より，反応した電子の物質量は，

$$\frac{9650\,\text{C}}{9.65\times10^4\,\text{C/mol}}=0.10\text{〔mol〕}$$

陽極では，陰イオン Cl^- が酸化される。　$2Cl^- \longrightarrow Cl_2 + 2e^-$

電子 2mol が反応すると，Cl_2 1mol が発生するから，Cl_2 の発生量は，$0.10\times\frac{1}{2}=0.050$〔mol〕

(2) 陰極ではイオン化傾向の大きい Na^+ は還元されず，代わりに水分子が還元される。

$2H_2O+2e^- \longrightarrow H_2+2OH^-$

電子 2mol が反応すると，OH^- 2mol が生成するから，NaOH の生成量は 0.10mol。

解答 (1) 0.050mol　(2) 0.10mol

例題 53 硫酸銅(Ⅱ)水溶液の電気分解 □□

銅板を電極として，1.0mol/L の硫酸銅(Ⅱ)水溶液 500mL を，1.5A の電流で 1 時間，電気分解を行った。次の問いに答えよ。

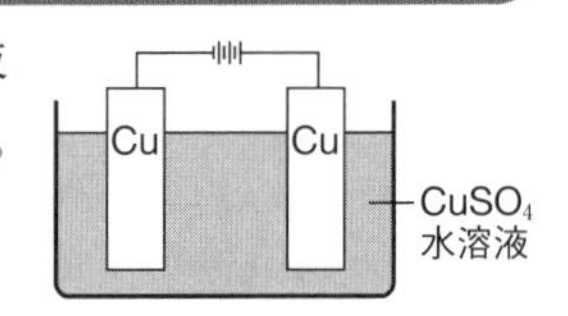

(1) 流れた電気量は何 C か。

(2) 電気分解後の硫酸銅(Ⅱ)水溶液は何 mol/L か。

考え方 (1) **電気量 Q〔C〕＝電流 I〔A〕×時間 t〔秒〕**より，$Q=1.5\times3600=5.4\times10^3$〔C〕

(2) 陽極が銅の場合，陰イオンの Cl^- は反応せず，銅自身が酸化されて溶解する。

$Cu \longrightarrow Cu^{2+} + 2e^-$ ……①

一方，陰極ではイオン化傾向の小さい Cu^{2+} が還元され，銅が析出する。

$Cu^{2+}+2e^- \longrightarrow Cu$ ……②

①，②より，電子 2mol が反応すると，陽極で Cu^{2+} 1mol が生成し，陰極で Cu^{2+} 1mol が減少する。　∴ Cu^{2+} の濃度は変化しない。

解答 (1) 5.4×10^3C　(2) 1.0mol/L

問題 184 ～ 187 において，必要ならば，ファラデー定数 $F = 9.65 \times 10^4$ C/mol を用いよ。

問題 A

必は重要な必須問題。時間のないときはここから取り組む。

必 184 □□ ◀水溶液の電気分解▶ 次の電解質水溶液を電気分解した場合，各電極での生成物を化学式で示せ。

電解質水溶液	陰極	生成物	陽極	生成物
(1) 希硫酸 H_2SO_4	Pt	(a)	Pt	(b)
(2) 水酸化ナトリウム NaOH 水溶液	Pt	(c)	Pt	(d)
(3) 硝酸銀水溶液	Pt	(e)	Pt	(f)
(4) 硫酸銅(Ⅱ)水溶液	Cu	(g)	Cu	(h)

必 185 □□ ◀電気分解▶ 1.00A の電流を 32 分 10 秒間流して電気分解を行った。(原子量：Cu＝63.5)

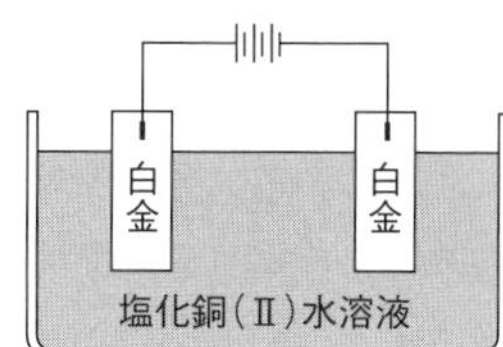

(1) 流れた電気量は何 C か。

(2) 陰極で析出した金属は何 g か。

(3) 陽極で発生した気体は，標準状態で何 L か。

4-18

必 186 □□ ◀陽イオン交換膜法▶ 下図は，イオン交換膜法による塩化ナトリウム水溶液の電気分解を示し，2.00A の電流を 1 時間 36 分 30 秒間流した。

(1) 図中の A ～ F に適する化学式を入れよ。

(2) 陰極での反応を電子 e^- を用いた反応式で示せ。

(3) 陽極で発生する気体の体積は，標準状態で何 L か。ただし，気体の水への溶解はないとする。

(4) F 水溶液が 100L 生成したとすると，その濃度は何 mol/L か。

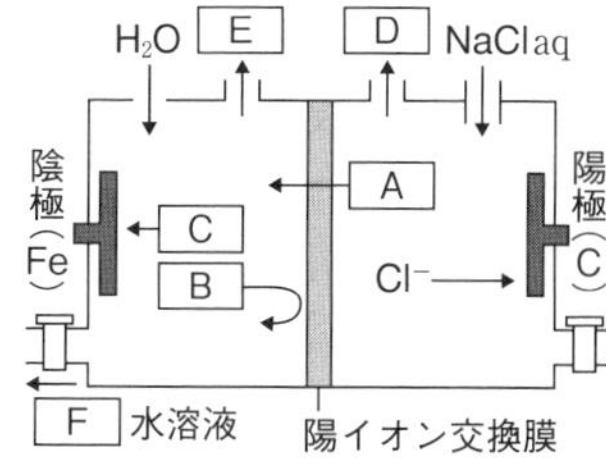

問題 B

必は重要な必須問題。時間のないときはここから取り組む。

187 □□ ◀直列接続の電気分解▶ 図に示した装置に一定電流を 32 分 10 秒流したところ，A 槽の陰極に銀が 2.16g 析出した。次の各問いに答えよ。(原子量：Cu＝63.5，Ag＝108)

(1) 回路を流れた電子の物質量は何 mol か。

(2) 回路を流れた電流の平均値は何 A か。

(3) A 槽の陽極で発生した気体の体積は，0℃，1.01×10^5Pa で何 L か。

(4) B 極の陰極に析出した物質の質量は何 g か。

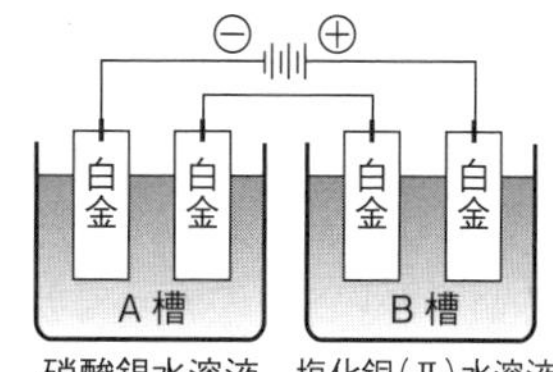

問題 188 ～ 190 において，必要ならば，ファラデー定数 $F = 9.65 \times 10^4$ C/mol を用いよ。

必 188 □□ ◀ Al の溶融塩電解 ▶ アルミニウムを製造するには，氷晶石の融解液に酸化アルミニウム(アルミナ)を少しずつ加えながら，炭素電極を用いて約 960℃で溶融塩電解を行う。このとき，陰極では融解状態のアルミニウムが析出し，陽極では一酸化炭素や二酸化炭素が発生する。上記の方法で電気分解を行ったところ，陰極ではアルミニウム 4.5kg，陽極では $CO : CO_2 = 1 : 2$（体積比）の混合気体が得られた。この電気分解の電流効率を 100％として，次の問いに答えよ。(原子量：C＝12，Al＝27)

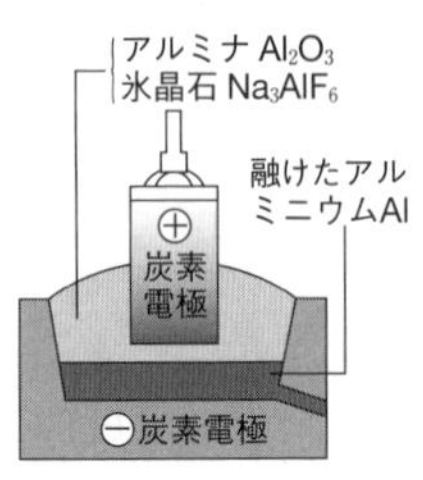

(1) Al^{3+}を含む水溶液の電気分解では，Al の単体は得られない理由を述べよ。

(2) この電気分解で氷晶石を用いるのはなぜか。

(3) 陰極，陽極での変化を電子 e^-を用いた反応式で示せ。

(4) この電気分解では，200A の電流を何時間流せばよいか。

(5) この電気分解で消費された炭素の質量は何 kg か。

189 □□ ◀ 並列接続の電気分解 ▶ 図のように電解槽を連結し，1.0A の電流で 16 分 5 秒間電気分解したところ，A 槽の陰極の質量が 0.648g 増加した。次の問いに答えよ。

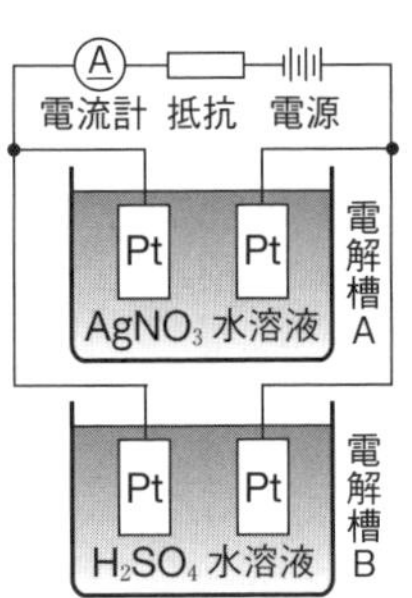

(1) 電源から流れ出た電気量は何 C か。

(2) A 槽を流れた電流の平均値は何 A か。

(3) B 槽の両極で発生した気体の体積は，0℃，1.013×10^5Pa で何 mL か。

190 □□ ◀ 銅の精錬 ▶ 銅の鉱石(主成分：$CuFeS_2$)である①□にコークス，石灰石などを加えて溶鉱炉で加熱すると，粗銅(Cu：約 99%)が得られる。粗銅から純銅(Cu：99.99%)を得るには，電解液に硫酸酸性の②□水溶液を用い，低電圧で電気分解を行う。このとき，陽極の下にたまる金属の沈殿物を③□という。このように粗銅から純銅を得る方法を銅の④□という。

(1) 上の文の□に適切な語句を入れよ。

(2) 下線部で，低電圧で電気分解を行わなければならない理由を説明せよ。

(3) 不純物として，亜鉛・金・銀・鉄・鉛を含んだ粗銅を用いたとき，③となって沈殿する金属をすべて元素記号で答えよ。

(4) 銀とニッケルを含む粗銅を，1.0A の電流で 96 分 30 秒間電気分解したら，粗銅は 1.94g 減少し，0.03g の沈殿が生じた。粗銅中のニッケルの質量%を求めよ。(原子量：Ni＝59，Cu＝64，Ag＝108)

19 化学反応の速さ

1 反応速度

❶**反応速度の表し方**　単位時間あたりの，**反応物の物質量（濃度）の減少量**，または**生成物の物質量（濃度）の増加量**で表す。（単位）mol/s，mol/(L・s)，mol/(L・min)など。

例　$A + B \longrightarrow 2C$　の反応において，

Aの減少速度 $v_A = -\dfrac{\Delta[A]}{\Delta t}$	Bの減少速度 $v_B = -\dfrac{\Delta[B]}{\Delta t}$	Cの生成速度 $v_C = \dfrac{\Delta[C]}{\Delta t}$

$v_A : v_B : v_C = 1 : 1 : 2$

反応式の係数比は，各物質の反応速度の比を表す。

2 活性化エネルギーと触媒

❶**化学反応の起こり方**　化学反応は，一定以上のエネルギーをもつ分子どうしが衝突し，途中に**エネルギーの高い不安定な状態（遷移状態）**を経て進行する。

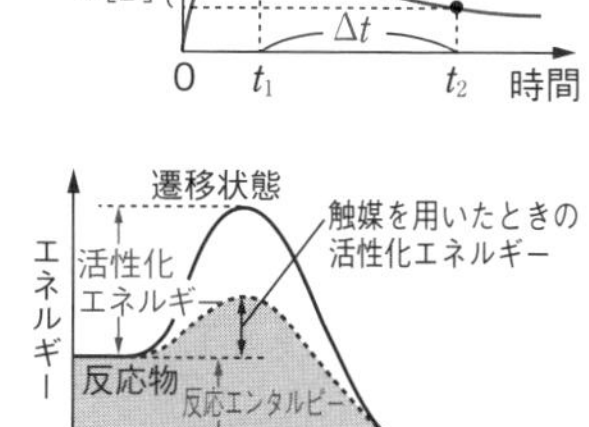

❷**活性化エネルギー**　反応物を遷移状態にするのに必要な最小のエネルギー。単位〔kJ/mol〕

❸**触媒**　**自身は変化せず反応速度を大きくする物質**。反応エンタルピーは一定。

❹**反応速度と温度**　一般に，10K上昇するごとに反応速度が2～4倍になる。

❺**反応速度式**　反応速度と反応物の濃度の関係式を表す式。この式の比例定数 k を**反応速度定数（速度定数）**といい，温度の変化と触媒の有無によって変化する。

$aA + bB \longrightarrow cC$　（a，b，c は係数）の反応において，

Cの生成速度 v は　$v = k[A]^x[B]^y$　（$x + y$ を**反応次数**という）

※反応次数は実験によって決められ，必ずしも反応式の係数とは一致しない。

例　$2H_2O_2 \longrightarrow 2H_2O + O_2$　　$v = k[H_2O_2]$　（一次反応）

3 反応速度を変える条件

（注）固体の**表面積**を大きくしたり，**光**を当てると反応速度が大きくなる反応もある。

条件	反応速度の変化	理　由
濃度（圧力）	高濃度（気体では高圧）ほど大	反応する分子の衝突回数が増加するため（気体では単位体積あたりの分子の数が増加するため）。
温度	高温ほど大	活性化エネルギーを超えるエネルギーをもつ分子の割合が増加するため。
触媒	触媒を使うと大	活性化エネルギーの小さい別の反応経路を通って反応が進むため。　例 MnO_2，Pt，Fe_3O_4 など

確認&チェック

1 A ⟶ 2B の反応において，反応開始から Δt 秒間で，A の濃度は $\Delta[\mathrm{A}]$，B の濃度は $\Delta[\mathrm{B}]$だけ変化した。

(1) A の減少速度 v_{A} を $\Delta[\mathrm{A}]$，Δt を用いて表せ。

(2) B の生成速度 v_{B} を $\Delta[\mathrm{B}]$，Δt を用いて表せ。

(3) v_{A} と v_{B} の関係を正しく表したものを(ア)〜(ウ)から選べ。

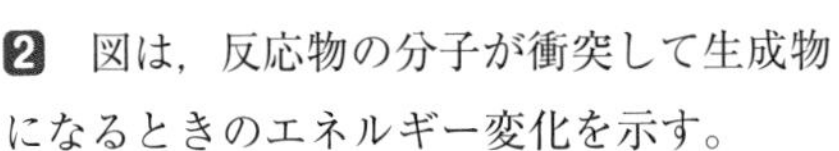

(ア) $v_{\mathrm{A}} = v_{\mathrm{B}}$　　(イ) $v_{\mathrm{A}} = 2v_{\mathrm{B}}$　　(ウ) $2v_{\mathrm{A}} = v_{\mathrm{B}}$

2 図は，反応物の分子が衝突して生成物になるときのエネルギー変化を示す。

(1) 反応途中の状態 X を何というか。

(2) 反応物が状態 X になるのに必要な最小のエネルギーを何というか。

(3) 反応物と生成物のエンタルピーの差を何というか。

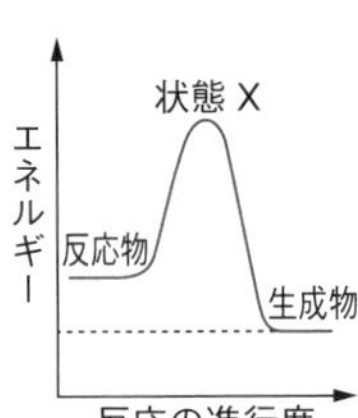

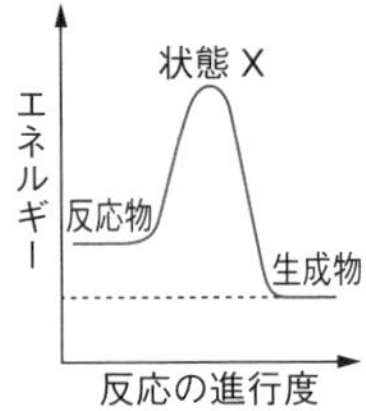

3 図は，ある温度における気体分子のエネルギー分布を示す。次の問いに答えよ。

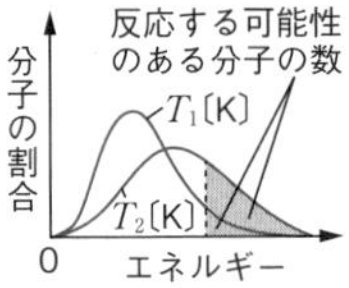

(1) T_1，T_2 のうち，どちらが高温か。

(2) 温度が 10K 上昇すると，通常，反応速度は何倍になるか。次から選べ。

(ア) 1〜2倍　　(イ) 2〜4倍　　(ウ) 4〜5倍

4 反応 A+B ⟶ C において，C の生成速度 v が A および B のモル濃度[A]，[B]のそれぞれに比例するとき，$v = k$ ①____ という関係が成り立つ。このような式を②____といい，②式の比例定数 k を③____という。

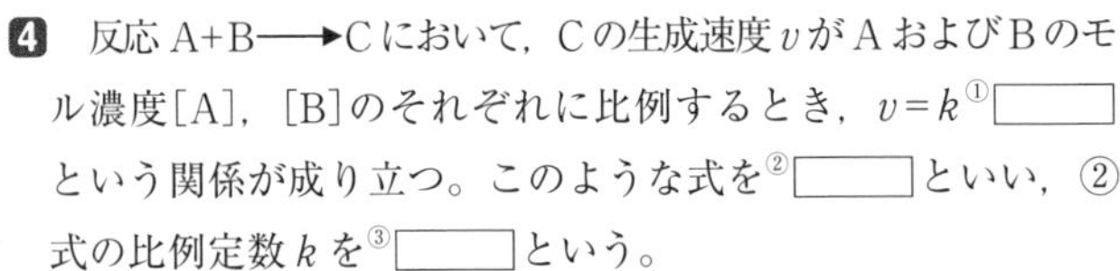

5 次のように条件を変えると，反応速度はどう変化するか。A〜C から記号で選べ。

(1) 反応物の濃度を大きくする。

(2) 温度を低くする。　　(3) 触媒を加える。

A. 速くなる　　B. 遅くなる　　C. 変化しない

解答

1
(1) $v_{\mathrm{A}} = -\dfrac{\Delta[\mathrm{A}]}{\Delta t}$
(2) $v_{\mathrm{B}} = \dfrac{\Delta[\mathrm{B}]}{\Delta t}$
(3) (ウ)
➡ $v_{\mathrm{A}} : v_{\mathrm{B}} = 1 : 2$ より，$2v_{\mathrm{A}} = v_{\mathrm{B}}$
→ p.147 1

2
(1) 遷移状態
(2) 活性化エンタルピー
(3) 反応エンタルピー
→ p.147 2

3
(1) T_2
(2) (イ)
→ p.147 2

4
① [A][B]
② 反応速度式
③ 反応速度定数（速度定数）
→ p.147 2

5
(1) A
(2) B
(3) A
→ p.147 3

例題 54　過酸化水素の平均の分解速度

過酸化水素の分解反応 $2H_2O_2 \longrightarrow 2H_2O + O_2$ において，過酸化水素のモル濃度と時間との関係を右図に示す。次の問いに答えよ。

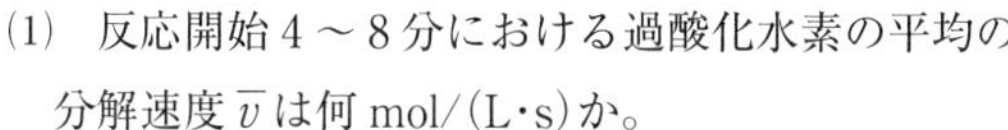

(1) 反応開始 4 ～ 8 分における過酸化水素の平均の分解速度 $\bar{v}$ は何 mol/(L･s)か。

(2) 反応開始 4 ～ 8 分における過酸化水素の平均の濃度 $[\overline{H_2O_2}]$ は何 mol/L か。

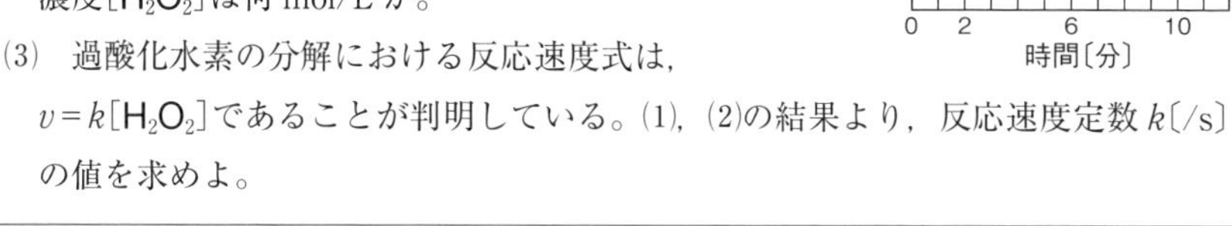

(3) 過酸化水素の分解における反応速度式は，$v=k[H_2O_2]$ であることが判明している。(1)，(2)の結果より，反応速度定数 k〔/s〕の値を求めよ。

考え方 (1) 反応物が時刻 t_1 ～ t_2 の間に，濃度が c_1 ～ c_2 に変化したとき，この間の平均の反応速度は，$\bar{v}=-\dfrac{c_2-c_1}{t_2-t_1}$〔mol/(L･s)〕で表される。

グラフより，$[H_2O_2]$ は 4 分で 0.40mol/L，8 分で 0.25mol/L なので，

$$\bar{v}=-\frac{0.25-0.40\text{〔mol/L〕}}{(8-4)\times 60\text{〔s〕}}=6.25\times 10^{-4}\fallingdotseq 6.3\times 10^{-4}\text{〔mol/(L･s)〕}$$

(2) 平均の濃度は，各時刻の濃度を足して 2 で割ればよい。

$$[\overline{H_2O_2}]=\frac{0.40+0.25}{2}=0.325\fallingdotseq 0.33\text{〔mol/L〕}$$

(3) 別の実験より $v=k[H_2O_2]$ が判明しているので，この式に(1)，(2)のデータを代入すると，

$$k=\frac{v}{[H_2O_2]}=\frac{6.25\times 10^{-4}}{0.325}=1.92\times 10^{-3}\fallingdotseq 1.9\times 10^{-3}\text{〔/s〕}$$

解答 (1) 6.3×10^{-4}mol/(L･s)　(2) 0.33mol/L　(3) 1.9×10^{-3}/s

例題 55　反応速度式

過酸化水素水に酸化マンガン(Ⅳ)を加えると，$2H_2O_2 \longrightarrow 2H_2O + O_2$ の分解反応が起こった。反応開始 t 分後の H_2O_2 の濃度 $[H_2O_2]$ は 0.40mol/L で，このときの過酸化水素の分解速度は 0.035mol/(L･min)であった。過酸化水素の分解速度 v はその濃度 $[H_2O_2]$ に比例するものとして，この反応の反応速度定数 k の値を求めよ。

考え方 本問は，瞬間の反応速度と，そのときの濃度が与えられている。

H_2O_2 の分解速度 v は，H_2O_2 の濃度 $[H_2O_2]$ に比例するとあるので，この反応の反応速度式は $\boldsymbol{v=k}[H_2O_2]$ である。ここへ v=0.035mol/(L･min)，$[H_2O_2]$=0.40mol/L を代入すると，

$$k=\frac{v}{[H_2O_2]}=\frac{0.035}{0.40}=0.0875\text{〔/min〕}$$

解答 8.8×10^{-2}/min

例題 56 五酸化二窒素の分解速度

五酸化二窒素 N_2O_5 を四塩化炭素(溶媒)に溶かして温めると，次式のように二酸化窒素 NO_2 と酸素 O_2 に分解するが，NO_2 は溶媒に溶け，O_2 だけが発生する。

$$2N_2O_5 \longrightarrow 4NO_2 + O_2$$

次の表は，45℃で五酸化二窒素を分解したときの実験結果である。五酸化二窒素の分解反応の反応速度式は $v=k[N_2O_5]$ で表されるものとして，次の問いに答えよ。

時間 t〔min〕	濃度 $[N_2O_5]$〔mol/L〕	平均の濃度 $\overline{[N_2O_5]}$〔mol/L〕	平均の反応速度 $\bar{v}$〔mol/(L·min)〕	$\dfrac{\bar{v}}{\overline{[N_2O_5]}}$〔/min〕
0	5.32			
		5.11	(イ)	4.11×10^{-2}
2	4.90			
		(ア)	0.187	4.04×10^{-2}
5	4.34			
		3.94	0.160	(ウ)
10	3.54			

(1) 表の空欄(ア)〜(ウ)に適する数値を入れよ。

(2) 実験データより，反応速度定数 k の平均値を求めよ。

(3) t = 10min における N_2O_5 の分解速度と NO_2 の生成速度をそれぞれ求めよ。

考え方 (1) (ア) 平均の濃度は，各時間間隔の最初と最後の濃度を足して 2 で割ればよい。

$$\overline{[N_2O_5]}=\frac{4.90+4.34}{2}=4.62〔mol/L〕$$

(イ) 平均の反応速度 $\bar{v}$ は，$\bar{v}=\dfrac{濃度の変化量}{反応時間}$ で求める。

$$\bar{v}=-\frac{\Delta[N_2O_5]}{\Delta t}=-\frac{4.90-5.32}{2-0}=\frac{5.32-4.90}{2}=0.210〔mol/(L·min)〕$$

(ウ) 反応速度式 $v=k[N_2O_5]$ より，$k=\dfrac{v}{[N_2O_5]}$

v に平均の反応速度 $\bar{v}$，$[N_2O_5]$ に平均の濃度 $\overline{[N_2O_5]}$ の値を代入する。

$$k=\frac{\bar{v}}{\overline{[N_2O_5]}}=\frac{0.160}{3.94}\fallingdotseq 4.06\times10^{-2}〔/min〕$$

(2) 表の 3 つの反応速度定数の値を平均すると，

$$k=\frac{(4.11+4.04+4.06)\times10^{-2}}{3}=4.07\times10^{-2}〔/min〕$$

〔参考〕 求めた k の値が各時間間隔において一定であるから，反応速度式 $v=k[N_2O_5]$ が成り立つ。

(3) (2)で求めた k の値を用いると，各時刻における瞬間の反応速度も求められる。

t=10〔min〕における N_2O_5 の分解速度(瞬間の反応速度) v は，

$v=4.07\times10^{-2}〔/min〕\times3.54〔mol/L〕=1.44\times10^{-1}〔mol/(L·min)〕$

NO_2 の生成速度を v' とすると反応式の係数比より，$v : v' = 1 : 2$

$v'=1.44\times10^{-1}\times2=2.88\times10^{-1}〔mol/(L·min)〕$

解答 (1) (ア) 4.62 (イ) 0.210 (ウ) 4.06×10^{-2} (2) 4.07×10^{-2}/min
(3) N_2O_5 1.44×10^{-1}mol/(L·min)，NO_2 2.88×10^{-1}mol/(L·min)

必 191 □□ ◀**反応速度**▶　次の［　　］に適語を入れよ。

反応の速さは，単位時間あたりに減少する①［　　］の濃度の変化量，または単位時間あたりに増加する②［　　］の濃度の変化量によって表される。

反応物の③［　　］が大きくなると，反応物どうしの④［　　］回数が多くなり，反応速度は大きくなる。また，温度を上昇させると，反応速度は⑤［　　］なる。これは，温度が上昇すると，反応物の⑥［　　］エネルギーが大きくなり，反応が起こるのに必要な⑦［　　］以上のエネルギーをもつ分子の割合が増加するためである。

また，固体が関係する反応では，固体の⑧［　　］が大きいほど反応速度は大きくなる。気体の反応では，気体の⑨［　　］が大きいほど，反応物の濃度は大きくなるので，反応速度は大きくなる。反応速度を支配する要因には，第三の物質，すなわち⑩［　　］の影響がある。⑩は，反応の⑦を小さくすることで反応速度を大きくするが，それ自身は反応によって変化しない。

必 192 □□ ◀**反応の速さ**▶　次の(1)～(6)の内容に最も関係の深い語句を，語群から一つずつ重複なく選べ。

(1)　鉄は，塊状よりも粉末状の方がはやくさびる。

(2)　濃硝酸は，褐色のびんに入れて保存する。

(3)　過酸化水素水に少量の塩化鉄(Ⅲ)水溶液を加えると，酸素が激しく発生する。

(4)　同量の亜鉛に1mol/Lの塩酸と酢酸を加えると，塩酸の方が激しく水素を発生する。

(5)　マッチは，空気中よりも酸素中の方が激しく燃焼する。

(6)　過酸化水素水は，なるべく冷蔵庫で保存する方がよい。

【語群】　圧力，　濃度，　触媒，　温度，　表面積，　光

193 □□ ◀**反応のエネルギー変化**▶　次の文の［　　］に適する数値を入れよ。

右の図は，$H_2 + I_2 \rightleftarrows 2HI$ で示す反応の経路とエネルギーの関係を示す。

正反応の活性化エネルギーは①［　　］kJ，逆反応の活性化エネルギーは②［　　］kJ，正反応の反応エンタルピーは③［　　］kJである。

また，白金触媒を加えると，正反応の活性化エネルギーが触媒なしの場合の$\frac{1}{3}$となったと

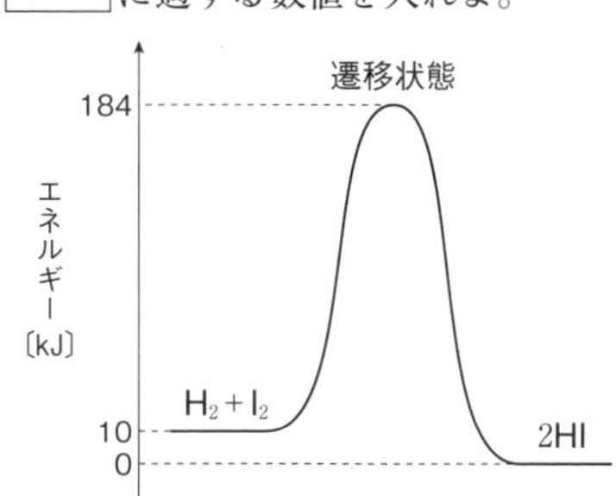

すると，正反応の活性化エネルギーは④ □ kJ，逆反応の活性化エネルギーは⑤ □ kJ，逆反応の反応エンタルピーは⑥ □ kJ となる。

（正反応は右向きの反応，逆反応は左向きの反応を示す。）

194 □□ ◀過酸化水素の分解速度▶ 0.50mol/L の過酸化水素水 100mL に酸化マンガン(Ⅳ)の粉末を少量加え，温度 20℃に保ったところ，次式のように分解がおこり，反応開始から 100 秒間で酸素が 0.010mol 発生した。 $2H_2O_2 \longrightarrow 2H_2O + O_2$

(1) 反応開始から 100 秒間の酸素の発生速度は何 mol/s か。

(2) 反応開始から 100 秒後の過酸化水素水のモル濃度は何 mol/L か。

(3) 反応開始から 100 秒間の過酸化水素の平均分解速度は何 mol/(L･s)か。

問題 B

必は重要な必須問題。時間のないときはここから取り組む。

必 **195** □□ ◀反応速度式▶ $aA + bB \longrightarrow cC$（$a$, b, c は係数）で表される反応がある。いま，A と B の濃度を変えて，C の生成速度 v を求めたら，表の結果が得られた。次の問いに答えよ。

実験	[A]〔mol/L〕	[B]〔mol/L〕	v〔mol/(L･s)〕
1	0.30	1.20	3.6×10^{-2}
2	0.30	0.60	9.0×10^{-3}
3	0.60	0.60	1.8×10^{-2}

(1) この反応の反応速度式として，どれが適当か。次から記号で選べ。

(ア) $v = k[A][B]$ (イ) $v = k[A]^2[B]$ (ウ) $v = k[A][B]^2$ (エ) $v = k[A]^2[B]^2$

(2) 速度定数 k（単位も含む）を求めよ。

(3) [A] = 0.40mol/L，[B] = 0.80mol/L のとき，C の生成速度は何 mol/(L･s)になるか。

(4) この反応は，温度を 10K 上げるごとに 3 倍ずつ速くなるとする。反応温度を 10℃から 25℃にすると，C の生成速度はもとの何倍になるか。（$\sqrt{3} = 1.73$ とする。）

必 **196** □□ ◀反応の速さ▶ 3.0％過酸化水素水 10mL に酸化マンガン(Ⅳ)の粉末 0.50g を加えたときのグラフは，図のアであった。この実験を次の条件で行ったときのグラフを図中の記号で答えよ。

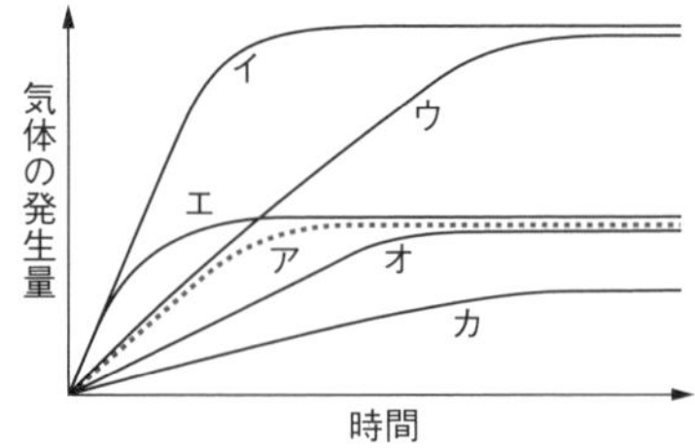

(1) 過酸化水素水の温度を 10℃高くする。

(2) 粒状の酸化マンガン(Ⅳ)0.50g を用いる。

(3) 6.0％過酸化水素水 10mL を用いる。

(4) 1.5％過酸化水素水 10mL を用いる。

(5) 3.0％過酸化水素水 20mL を用いる。

20 化学平衡

1 可逆反応と化学平衡

❶**可逆反応**　**正反応**(右向きの反応)も**逆反応**(左向きの反応)もいずれにも進む反応。

❷**不可逆反応**　一方向だけにしか進まない反応。

❸**化学平衡**　可逆反応で，**正反応と逆反応の反応速度が等しくなり，見かけ上，反応が停止したような状態**を化学平衡の状態(平衡状態)という。

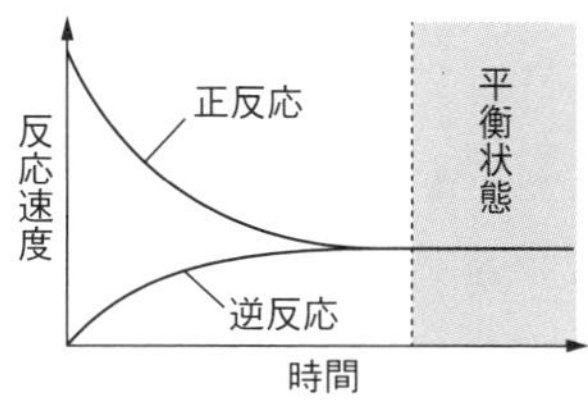

例　$H_2 + I_2 \underset{v_2}{\overset{v_1}{\rightleftarrows}} 2HI$　(平衡状態)$\boldsymbol{v_1 = v_2}$

2 化学平衡の量的関係

❶**化学平衡の法則(質量作用の法則)**　可逆反応が平衡状態にあるとき，次の関係式が成り立つ。

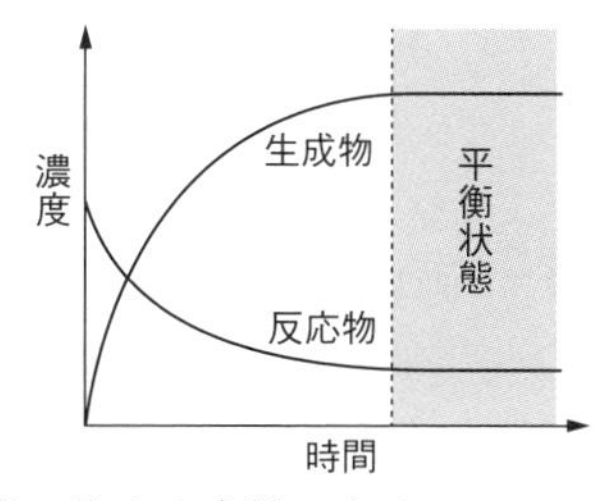

$a\mathrm{A} + b\mathrm{B} \rightleftarrows x\mathrm{X} + y\mathrm{Y}$ (a, b, x, y：係数)

$\dfrac{[\mathrm{X}]^x[\mathrm{Y}]^y}{[\mathrm{A}]^a[\mathrm{B}]^b} = K$(一定)　([　]は平衡時の各物質のモル濃度。)

この K を平衡定数*(**濃度平衡定数 $\boldsymbol{K_c}$**)といい，温度で決まる定数である。

＊固体の関係した平衡では，[(固)]は常に一定なので，平衡定数の式には含めない。

❷**圧平衡定数**　気体間の反応で，各成分気体の分圧を用いて表した平衡定数。

$\dfrac{p_X{}^x \cdot p_Y{}^y}{p_A{}^a \cdot p_B{}^b} = K_p$(一定)　この K_p を**圧平衡定数**といい，温度で決まる定数である。

K_c と K_p の関係は，気体の状態方程式より，$\boldsymbol{K_c = K_p \times (RT)^{(a+b)-(x+y)}}$ である。

3 化学平衡の移動

❶**ルシャトリエの原理**　可逆反応が平衡状態にあるとき，濃度，圧力，温度などの条件を変えると，その影響を打ち消す(緩和する)方向へ平衡が移動し，新しい平衡状態となる。これをルシャトリエの原理または平衡移動の原理という。

条件	平衡が移動する方向	例　$N_2 + 3H_2 \rightleftarrows 2NH_3$　$\Delta H = -92\mathrm{kJ}$
濃度	反応物の濃度を増すと正反応の方向 生成物の濃度を増すと逆反応の方向 } に移動	N_2 や H_2 を加える ⇨右に移動 NH_3 を加える　⇨左に移動
圧力(気体)	加圧すると気体分子数の減少する方向 減圧すると気体分子数の増加する方向 } に移動	加圧する ⇨右に移動 減圧する ⇨左に移動
温度	温度を上げると吸熱反応($\Delta H>0$)の方向 温度を下げると発熱反応($\Delta H<0$)の方向 } に移動	温度を上げる ⇨左に移動 温度を下げる ⇨右に移動

※気体の分子数が変わらない反応では，圧力を変えても平衡は移動しない。
※触媒を用いると，平衡に達するまでの時間は短縮されるが，平衡そのものは移動しない。

確認&チェック

1 次の文の[　　]に適語を入れよ。

(1) 化学反応において，右向きの反応を①[　　]，左向きの反応を②[　　]という。

(2) 正・逆いずれにも進む反応を③[　　]という。一方向だけにしか進まない反応を④[　　]という。

(3) 可逆反応が一定時間経過すると，正反応と逆反応の反応速度が等しくなり，見かけ上反応が停止したような状態になる。この状態を⑤[　　]という。

(4) 平衡状態において，濃度，圧力，温度などを変化させると，その影響を打ち消す（緩和する）方向へ平衡が移動する。これを⑥[　　]の原理，または平衡移動の原理という。

2 可逆反応 $H_2 + I_2 \rightleftarrows 2HI$ が一定温度で平衡状態にある。このときの状態について正しい記述を次から選べ。

(1) H_2 と I_2 と HI の分子数の比が 1：1：2 である。

(2) H_2 と I_2 の分子数の和と HI の分子数が等しい。

(3) 正反応と逆反応の速さは等しい。

(4) 正反応も逆反応も起こらず，反応が停止している。

3 次の文の[　　]に適する語句を入れよ。

可逆反応 $aA + bB \rightleftarrows cC + dD$（$a$，$b$，$c$，$d$ は係数）が平衡状態にあるとき，平衡時の濃度を[A]，[B]，[C]，[D]とすると，反応物と生成物の各物質の濃度の間には，

$\frac{[C]^c[D]^d}{[A]^a[B]^b} = K$（一定）の関係が成り立つ。この K を①[　　]といい，この式で表される関係を，②[　　]の法則という。

4 次の可逆反応の平衡定数を表す式を書け。ただし，指定のない物質は，すべて気体とする。

(1) $H_2 + I_2 \rightleftarrows 2HI$

(2) $2NO_2 \rightleftarrows N_2O_4$

(3) $CO_2 + C(固) \rightleftarrows 2CO$

解答

1 ① 正反応
② 逆反応
③ 可逆反応
④ 不可逆反応
⑤ 化学平衡の状態（平衡状態）
⑥ ルシャトリエ

→ p.153 [1]，[3]

2 (3)
➡(1)，(2) 平衡状態における各物質の分子数の比は，反応式の係数とは無関係である。

→ p.153 [1]

3 ① 平衡定数
② 化学平衡

→ p.153 [2]

4 (1) $K = \frac{[HI]^2}{[H_2][I_2]}$

(2) $K = \frac{[N_2O_4]}{[NO_2]^2}$

(3) $K = \frac{[CO]^2}{[CO_2]}$

➡平衡定数は，固体成分を除き，気体成分のみで表す。

→ p.153 [2]

例題 57 平衡の移動

次の可逆反応が平衡状態にあるとき，①〜④の条件変化によって，それぞれ平衡はどう移動するか。「左」，「右」，「移動しない」で答えよ。

$2SO_2(気) + O_2(気) \rightleftarrows 2SO_3(気) \quad \Delta H = -198\,\mathrm{kJ}$

① 温度を上げる。　② 体積を小さくする。

③ 触媒を加える。　④ SO_3 を取り除く。

考え方 可逆反応が平衡状態にあるとき，反応の条件(濃度，圧力，温度)を変化させると，その変化を打ち消す(緩和する)方向へ平衡が移動する(**ルシャトリエの原理**)。

① 温度を上げると，吸熱反応($\Delta H > 0$)の方向(左)へ平衡が移動する。

② 体積を小さくすると，圧力が大きくなる。そのため，圧力を減少させる方向，つまり気体分子の数が減少する方向(右)へ平衡が移動する。

(注意) 平衡の移動は，粒子の数に関係する示量変数である**体積**ではなく，粒子の数に関係しない示強変数である**圧力**で考える必要がある。

③ 触媒を加えると，反応速度が増大するが，平衡に達した反応系では，何も変化はない。

④ 生成物の SO_3 を除くと，SO_3 の濃度が増加する方向(右)へ平衡が移動する。

解答 ① 左　② 右　③ 移動しない　④ 右

例題 58 平衡定数

700K に保った一定容積の容器に水素 1.0mol，ヨウ素 1.0mol を入れたら，次のように反応が起こり平衡に達した。

$H_2(気) + I_2(気) \rightleftarrows 2HI(気)$

また，ヨウ化水素 HI の生成量は図のように変化した。

700K でのこの反応の平衡定数を求めよ。

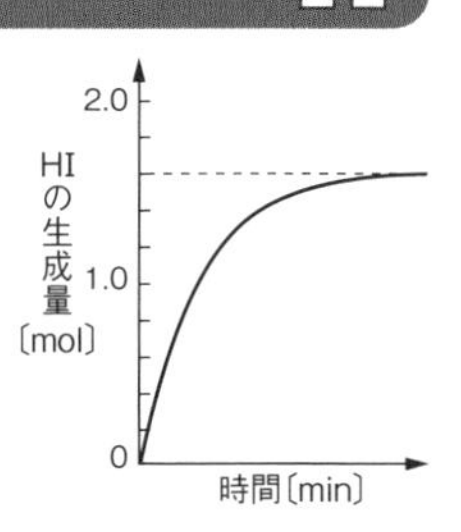

考え方 可逆反応 $aA + bB \rightleftarrows cC$ (a，b，c は係数)が平衡状態にあるとき，各物質の濃度の間には次の関係(**化学平衡の法則**)が成り立つ。

$$\frac{[C]^c}{[A]^a[B]^b} = K \text{(平衡定数という)}$$

平衡定数を求めるときは，平衡時に存在する各物質の物質量を正確に把握し，それをモル濃度に変換してから，上式に代入すること。

グラフより，生成した HI が 1.6mol で一定になっているから，平衡時における各物質の物質量は次の通りである。

	H_2	+	I_2	$\rightleftarrows$	2HI	
平衡時	(1.0−0.80)		(1.0−0.80)		1.6	mol

反応容器の容積を V〔L〕として，平衡定数の式に上記の値を代入する。

$$K = \frac{[HI]^2}{[H_2][I_2]} = \frac{\left(\dfrac{1.6}{V}\right)^2}{\left(\dfrac{0.20}{V}\right)\left(\dfrac{0.20}{V}\right)} = \frac{1.6^2}{0.20^2} = 64$$

解答 64

例題 59 平衡定数の計算

ある一定容積の反応容器に 2.0mol の水素と 1.5mol のヨウ素を入れ，一定温度に保つと，次の反応が平衡状態に達した。このとき，容器内にヨウ化水素が 2.0mol 生成していた。次の問いに答えよ。($\sqrt{2}=1.4$, $\sqrt{3}=1.7$, $\sqrt{5}=2.2$, $\sqrt{7}=2.6$)

$$H_2 + I_2 \rightleftarrows 2HI$$

(1) この反応の平衡定数を求めよ。

(2) 別の同じ容積の容器に水素 1.0mol とヨウ素 1.0mol を入れて，同じ温度に保つと，平衡に達した。このとき生成しているヨウ化水素は何 mol か。

考え方 「可逆反応が平衡状態に達したとき，反応物の濃度の積と生成物の濃度の積の比は，温度が変わらなければ一定である」。これを**化学平衡の法則**という。

可逆反応 $aA+bB \rightleftarrows cC+dD$ が平衡状態にあるとき，

$$K=\frac{[C]^c[D]^d}{[A]^a[B]^b} \quad K \text{ は平衡定数}$$

[A]，[B]，[C]，[D] は平衡時の各物質のモル濃度，a，b，c，d は各物質の係数を表す。

(1) この反応によってヨウ化水素が 2.0mol 生成したので，反応した水素とヨウ素はそれぞれ 1.0mol である。平衡時の各物質の物質量は次のようになる。

	H_2	+ I_2	$\rightleftarrows$ 2HI	
反応前	2.0	1.5	0	(mol)
変化量	−1.0	−1.0	+2.0	(mol)
平衡時	1.0	0.5	2.0	(mol)

反応容器の容積を V〔L〕とおき，H_2，I_2，HI のモル濃度を平衡定数の式に代入する。

$$K=\frac{[HI]^2}{[H_2][I_2]}=\frac{\left(\frac{2.0}{V}\right)^2}{\left(\frac{1.0}{V}\right)\left(\frac{0.5}{V}\right)}=\frac{2.0^2}{1.0\times0.5}=8.0$$

(K の式の分母・分子がともに〔mol/L〕^{2} だから，平衡定数の単位はない。)

(2) 同じ温度だから，平衡定数 K の値も 8.0 で変化しない。H_2，I_2 がそれぞれ x〔mol〕ずつ反応し平衡に達したとすると，平衡時の各物質の物質量は次のようになる。

	H_2	+ I_2	$\rightleftarrows$ 2HI	
反応前	1.0	1.0	0	(mol)
変化量	$-x$	$-x$	$+2x$	(mol)
平衡時	$1.0-x$	$1.0-x$	$2x$	(mol)

反応容器の容積を V〔L〕とおき，H_2，I_2，HI のモル濃度を平衡定数の式に代入する。

$$K=\frac{[HI]^2}{[H_2][I_2]}=\frac{\left(\frac{2x}{V}\right)^2}{\left(\frac{1.0-x}{V}\right)\left(\frac{1.0-x}{V}\right)} \qquad \therefore \quad \frac{(2x)^2}{(1.0-x)^2}=8.0$$

完全平方式なので両辺の平方根をとる。

$0<x<1$，$\sqrt{2}=1.4$ より，$\frac{2x}{1.0-x}=2\sqrt{2}$ $\quad x \fallingdotseq 0.583$〔mol〕

∴ 平衡時の HI：$2x=2\times0.583=1.16\fallingdotseq1.2$〔mol〕

解答 (1) 8.0 (2) 1.2mol

問題A　必は重要な必須問題。時間のないときはここから取り組む。

197 □□ ◀平衡状態▶ N_2(気) + $3H_2$(気) ⇄ $2NH_3$(気)の反応が平衡状態にあるとき，この状態を正しく表した記述を下の①～④からすべて選べ。

① N_2 と H_2 から NH_3 ができる反応が完全に停止した状態。

② NH_3 が生成する速度と NH_3 が分解する速度が等しくなった状態。

③ N_2，H_2，NH_3 の物質量の比が，1：3：2になった状態。

④ N_2，H_2，NH_3 の濃度が，それぞれ一定となった状態。

必 **198** □□ ◀平衡の移動▶ C(固)＋H_2O(気) ⇄ H_2(気)＋CO(気) $\Delta H = 135\,\mathrm{kJ}$ の反応が平衡に達している。次の(A)～(F)の操作を行った場合，平衡はどう移動するか。(ア)～(エ)から選べ。

(A) 圧力一定で，温度を上げる。　(B) 温度一定で，体積を小さくする。

(C) 温度・圧力ともに上げる。　(D) 温度・圧力一定で，触媒を加える。

(E) 温度・体積を一定に保ったまま，アルゴンを加える。

(F) 温度・圧力を一定に保ったまま，アルゴンを加える。

［(ア) 左へ移動　(イ) 右へ移動　(ウ) 移動しない。
(エ) この条件では判断できない。］

必 **199** □□ ◀平衡の移動と温度・圧力▶ (1)～(3)の可逆反応について，生成物の生成量と温度・圧力の関係を正しく表したグラフを，それぞれ記号で選べ。ただし，温度は $T_1 < T_2$ とする。

(1) N_2(気)＋O_2(気) ⇄ $2NO$(気)　$\Delta H = 181\,\mathrm{kJ}$

(2) N_2(気)＋$3H_2$(気) ⇄ $2NH_3$(気)　$\Delta H = -92\,\mathrm{kJ}$

(3) N_2O_4(気) ⇄ $2NO_2$(気)　$\Delta H = 57\,\mathrm{kJ}$

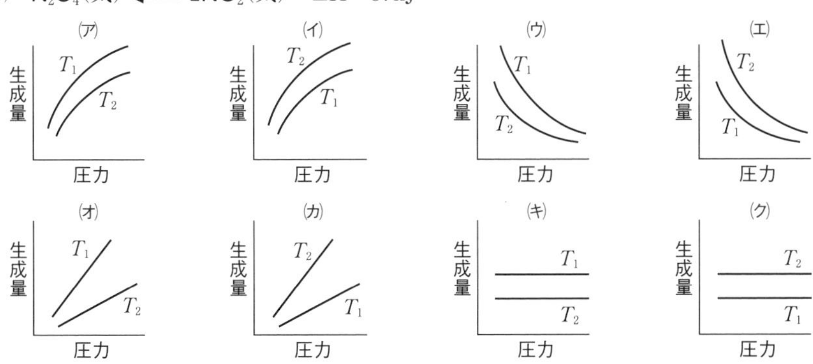

必 200 □□ ◀**平衡移動の実験**▶ 常温では，二酸化窒素 NO_2 は，この2分子が結合した四酸化二窒素 N_2O_4 と次式で示すような平衡状態にある。

$2NO_2$(赤褐色) $\rightleftarrows$ N_2O_4(無色)

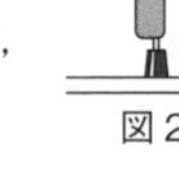

図2

実験Ⅰ：右図のように混合気体を注射器に入れ，筒の先をゴム栓で押さえ，注射器を強く圧縮し，矢印の方向から気体の色を観察した。

実験Ⅱ：この混合気体を密閉容器に入れ，25℃，1.0×10^5 Pa において，それぞれの濃度を調べたら，NO_2 は 0.010mol/L，N_2O_4 は 0.030mol/L であった。

(1) 実験Ⅰで，注射器を圧縮すると，混合気体の色はどのように変化するか。正しい記述を次のア～エから選べ。

ア　圧縮した直後から赤褐色が濃くなる。

イ　圧縮した直後から赤褐色がうすくなる。

ウ　圧縮した直後は赤褐色が濃くなり，その後，赤褐色はうすくなる。

エ　圧縮した直後は赤褐色がうすくなり，その後，赤褐色は濃くなる。

(2) 実験Ⅱの結果より，この反応の平衡定数を求めよ。

必 201 □□ ◀**平衡定数の計算**▶ 酢酸 CH_3COOH 1.0mol とエタノール C_2H_5OH 1.2mol の混合物に少量の濃硫酸(触媒)を加えて 70℃に加熱したところ，酢酸エチル $CH_3COOC_2H_5$ が 0.80mol 生じて平衡状態となった。次の問いに答えよ。

$CH_3COOH + C_2H_5OH \rightleftarrows CH_3COOC_2H_5 + H_2O$

(1) この反応の 70℃における平衡定数はいくらか。

(2) 酢酸 2.0mol とエタノール 2.0mol を混合して 70℃に保ち，平衡状態になったとき，酢酸エチルは何 mol 生成しているか。($\sqrt{2} = 1.4$，$\sqrt{3} = 1.7$)

(3) 酢酸 1.0mol，エタノール 1.0mol，水 2.0mol の混合物を 70℃に保ち平衡状態に達したとき，酢酸エチルは何 mol 生成しているか。

202 □□ ◀**アンモニアの合成**▶ 図は，体積比 1：3の N_2 と H_2 の混合気体から出発し，$N_2 + 3H_2 \rightleftarrows 2NH_3$ の可逆反応が平衡に達したとき，全気体に対する NH_3 の体積百分率〔%〕を各温度ごとに示したものである。次の文の □ に適切な語句・数値を記入せよ。

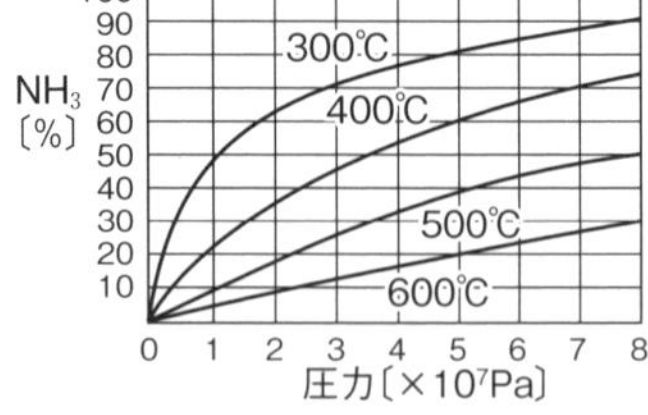

この反応が[①] □ 反応であることは，圧力を一定にして温度を[②] □ と，NH_3 の体積百分率が増加することからわかる。また，温度を一定にして圧力を増加させると，平衡は気体の分子数が[③] □ する方向へ移動している。

よって，工業的にNH_3を合成するには，温度は④[　　]，圧力は⑤[　　]の条件が有利であるが，④では⑥[　　]が低下するので，実際には四酸化三鉄Fe_3O_4などの⑦[　　]が使用される。また，400℃，5×10^7Paで平衡に達したとき，N_2の体積百分率は⑧[　　]%である。

問題B

必は重要な必須問題。時間のないときはここから取り組む。

203 □□ ◀**平衡定数**▶　ある一定容積の容器に，水素0.70molとヨウ素1.00molを入れ，ある一定温度に保つとすべて気体となり，次の反応は平衡状態となった。このとき水素は0.10mol残っていた。次の問いに答えよ。

$$H_2 + I_2 \rightleftarrows 2HI$$

(1)　この可逆反応の平衡定数を求めよ。

(2)　ヨウ化水素2.0molを同温度の同容器に保ち，平衡状態に達したとき，水素とヨウ素はそれぞれ何molずつ生成しているか。

(3)　同温度の同容器に水素，ヨウ素，ヨウ化水素を各1.0molずつ入れて放置したとき，上式の反応はどちらの方向に進むか。平衡定数を用いて説明せよ。

必 **204** □□ ◀**反応速度と平衡**▶　図中のグラフSはある温度，圧力で窒素と水素を反応させたときの，時間経過に伴うアンモニアの生成量の変化を示す。

$$N_2 + 3H_2 \rightleftarrows 2NH_3 \quad \Delta H = -92\text{kJ}$$

いま，次の(1)～(5)のように反応条件を変えたとき，予想されるグラフはa～eのどれになるか。

(1)　温度を上げる。　(2)　温度を下げる。

(3)　圧力を上げる。　(4)　圧力を下げる。

(5)　触媒を加える。

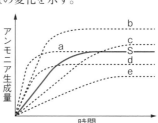

アンモニア生成量
時間
a b c S d e

205 □□ ◀**化学平衡と平衡定数**▶　窒素と水素からアンモニアを合成する反応の熱化学反応式は次の通りである。（気体定数$R = 8.3\times10^3$Pa・L/(K・mol)）

$$N_2 + 3H_2 \rightleftarrows 2NH_3 \quad \Delta H = -92\text{kJ}$$

容積可変の反応容器に3.0molの窒素と9.0molの水素を入れ，触媒の存在下で450℃，4.0×10^7Paの条件で反応させたところ，平衡状態に達し，体積百分率で50%のアンモニアを含むようになった。気体はすべて理想気体であるとして次の問いに答えよ。

(1)　平衡状態での窒素，水素，アンモニアの物質量はそれぞれ何molか。

(2)　反応により発生した熱量は何kJか。

(3)　平衡状態での混合気体の体積を求め，この反応の濃度平衡定数K_Cを求めよ。

21 電解質水溶液の平衡

1 電離平衡

❶**強電解質** 水に溶けると完全に電離する物質。例 強酸，強塩基など

弱電解質 水に溶けても一部しか電離しない物質。例 弱酸，弱塩基など

❷**電離平衡** 弱電解質を水に溶かすと，その一部が電離して平衡状態となる。この状態を電離平衡という。

❸**電離度** 電解質が電離する割合を**電離度**($\boldsymbol{\alpha}$)という。$0 < \alpha \leqq 1$

❹**電離定数** 電離平衡における平衡定数を**電離定数**といい，$[H_2O]$は定数と扱う。

例 酢酸水溶液のモル濃度C〔mol/L〕，電離度αとする。

$$CH_3COOH \rightleftarrows CH_3COO^- + H^+$$

$C(1-\alpha)$　　$C\alpha$　　$C\alpha$〔mol/L〕

$$K_a = \frac{[CH_3COO^-][H^+]}{[CH_3COOH]} = \frac{C\alpha^2}{1-\alpha} \quad \cdots ⓐ$$

K_aを酸の電離定数という。

例 アンモニア水のモル濃度C〔mol/L〕，電離度αとする。

$$NH_3 + H_2O \rightleftarrows NH_4^+ + OH^-$$

$C(1-\alpha)$　一定　$C\alpha$　　$C\alpha$〔mol/L〕

$$K_b = \frac{[NH_4^+][OH^-]}{[NH_3]} = \frac{C\alpha^2}{1-\alpha}$$

K_bを塩基の電離定数という。

❺**オストワルトの希釈律** 弱酸の電離度αは，濃度Cが薄くなるほど大きくなる。弱酸の濃度が極端に薄くない限り，$\alpha \ll 1$なので，$1-\alpha \fallingdotseq 1$と近似できる。

ⓐ式は，$K_a = C\alpha^2$　これを解いて，$\alpha = \sqrt{\dfrac{K_a}{C}}$

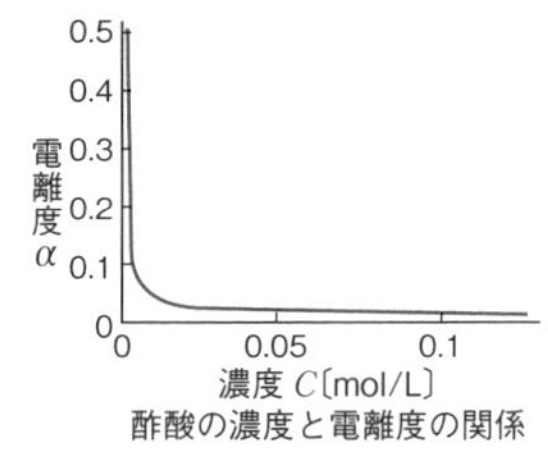

酢酸の濃度と電離度の関係

❻**水素イオン濃度$[H^+]$と電離定数K_aの関係**

$[H^+] = C\cdot\alpha$だから，$[H^+] = \sqrt{C\cdot K_a}$

⇨この式を使うと，弱酸水溶液のpHが求められる。

❼**段階的電離** 2価以上の弱酸は，段階的に電離する。

$$H_2S \rightleftarrows H^+ + HS^- \quad K_1 = \frac{[H^+][HS^-]}{[H_2S]}$$

$$HS^- \rightleftarrows H^+ + S^{2-} \quad K_2 = \frac{[H^+][S^{2-}]}{[HS^-]}$$

$K_1 \times K_2 = \boldsymbol{K_a}$
$\boldsymbol{K_a}$：H_2Sの電離定数

※一般に，第二電離定数K_2の方が，第一電離定数K_1よりかなり小さい。

2 水のイオン積とpH

❶**水のイオン積** 温度一定のとき，水溶液中の水素イオン濃度$[H^+]$と水酸化物イオン濃度$[OH^-]$の積は，常に一定である。この値を**水のイオン積K_w**という。

$$K_w = [H^+][OH^-] = 1.0 \times 10^{-14}\,(\text{mol/L})^2 \quad (25℃)$$

この関係は純水だけでなく，酸性・中性・塩基性のいずれの水溶液でも成り立つ。

❷水素イオン指数 pH(ピーエイチ) と水酸化物イオン指数 pOH(ピーオーエイチ)

$[H^+]=1\times10^{-n}$mol/L	⟺	pH$=n$	pH$=-\log_{10}[H^+]$
$[OH^-]=1\times10^{-n}$mol/L	⟺	pOH$=n$	pOH$=-\log_{10}[OH^-]$

$[H^+]\times[OH^-]=1\times10^{-14}(\mathrm{mol/L})^2$ ⟺ pH＋pOH＝14

❸ 塩の加水分解

❶**塩の加水分解**　塩から生じた弱酸(弱塩基)のイオンの一部が水と反応して，もとの弱酸(弱塩基)に戻る現象。この現象により，水溶液は塩基性や酸性を示す。

❷**強酸と強塩基からできた塩**　加水分解しない。電離するだけ。

❸**弱酸と強塩基からできた塩**　加水分解する。水溶液は塩基性を示す。

例 CH_3COONa の場合　$CH_3COO^- + H_2O \rightleftarrows CH_3COOH + OH^-$

$$\text{加水分解定数 } K_h=\frac{[CH_3COOH][OH^-]\times[H^+]}{[CH_3COO^-]\times[H^+]}=\frac{K_w}{K_a}$$

K_w ⇦(水のイオン積)　K_a ⇦(酢酸の電離定数)

❹**強酸と弱塩基からできた塩**　加水分解する。水溶液は酸性を示す。

例 NH_4Cl の場合　$NH_4^+ + H_2O \rightleftarrows NH_3 + H_3O^+$　$[H_3O^+]$を$[H^+]$と略記する。

$$\text{加水分解定数 } K_h=\frac{[NH_3][H^+]\times[OH^-]}{[NH_4^+]\times[OH^-]}=\frac{K_w}{K_b}$$

K_w ⇦(水のイオン積)　K_b ⇦(アンモニアの電離定数)

❹ 緩衝溶液

❶**緩衝溶液**　少量の酸や塩基を加えても，pH がほとんど変化しない溶液。
弱酸とその塩，弱塩基とその塩の混合水溶液は，**緩衝溶液(緩衝液)**となる。

例　酢酸と酢酸ナトリウムの混合水溶液　CH_3COOH と CH_3COO^-が多量に存在。

・酸を加える⇨ $CH_3COO^- + H^+ \longrightarrow CH_3COOH$ ⇨$[H^+]$はさほど増えない。

・塩基を加える⇨ $CH_3COOH + OH^- \longrightarrow CH_3COO^- + H_2O$ ⇨$[OH^-]$はさほど増えない。

❺ 溶解平衡と溶解度積

❶**溶解平衡**　飽和溶液中にその固体(結晶)が存在するとき，(溶解する粒子数)＝(析出する粒子数)となった状態(右図)。

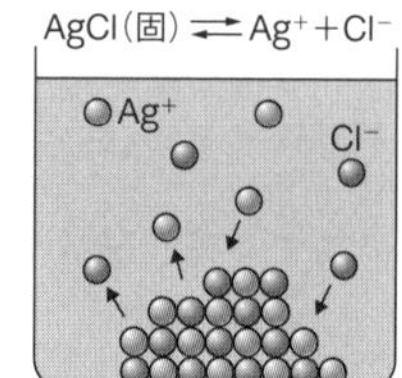

AgCl の溶解平衡

❷**共通イオン効果**　電解質の水溶液に，電解質と同種のイオンを加えると，そのイオンが減少する方向に平衡が移動する。

❸**溶解度積**　水に難溶性の塩が溶解平衡の状態にあるとき，温度一定ならば，水溶液中の各イオンの濃度の積は一定の値(溶解度積 K_{sp} という)をとる。

例　AgCl(固) $\rightleftarrows Ag^+ + Cl^-$　$K_{sp}=[Ag^+][Cl^-]$

　$PbCl_2$(固) $\rightleftarrows Pb^{2+} + 2Cl^-$　$K_{sp}=[Pb^{2+}][Cl^-]^2$

・一般に，溶解度積 K_{sp} は，沈殿生成の判定に用いる。

$[M^+][X^-]>K_{sp}$…沈殿を生じる。　$[M^+][X^-]\leqq K_{sp}$…沈殿を生じない。

4-21

確認&チェック

1 次の文の［　　］に適切な語句または化学式を入れよ。

弱電解質(弱酸，弱塩基)を水に溶かすと，その一部が電離して平衡状態となる。この状態を①［　　］という。

酢酸の場合：$CH_3COOH \rightleftarrows CH_3COO^- + H^+$

$$K_a = \frac{[CH_3COO^-][H^+]}{[CH_3COOH]} \cdots\cdots ①$$

①式で表される K_a を酸の②［　　］といい，温度によって決まる。

2 次の電離平衡について，電離定数を表す式を書け。

(1) $H_2S \rightleftarrows 2H^+ + S^{2-}$

(2) $NH_3 + H_2O \rightleftarrows NH_4^+ + OH^-$

3 次の文の［　　］に適切な語句を，〔　　〕に適切な化学式を入れよ。

酢酸ナトリウム CH_3COONa を水に溶かすと電離し，生じた酢酸イオンは，次式のように水と反応して，①［　　］性を示す。

$CH_3COO^- + H_2O \rightleftarrows$ ②〔　　〕$+ OH^-$

このように，弱酸のイオンの一部が水と反応して，もとの弱酸に戻る現象を，塩の③［　　］という。

4 次の文の［　　］に適語を入れよ。

少量の酸や塩基を加えても，pH がほとんど変化しない溶液を①［　　］という。たとえば，弱酸とその塩，または②［　　］とその塩の混合水溶液は，①となる。

5 次の文の［　　］に適語を入れよ。

塩化銀 AgCl のような水に難溶性の塩も水にわずかに溶け，次式のような①［　　］の状態にある。

$AgCl(固) \rightleftarrows Ag^+ + Cl^-$

このとき，温度一定ならば $[Ag^+]$ と $[Cl^-]$ の積 K_{sp} は一定値をとる。この K_{sp} を AgCl の②［　　］という。

解答

1 ① 電離平衡
② 電離定数
→p.160 1

2 (1) $K = \frac{[H^+]^2[S^{2-}]}{[H_2S]}$
(2) $K = \frac{[NH_4^+][OH^-]}{[NH_3]}$
➡ $[H_2O]$ は定数とみなして K に含める。
→p.160 1

3 ① 塩基
② CH_3COOH
③ 加水分解
→p.161 3

4 ① 緩衝溶液（緩衝液）
② 弱塩基
→p.161 4

5 ① 溶液平衡
② 溶解度積
→p.161 5

例題 60 酢酸の電離平衡 □□

弱酸である酢酸は，水溶液中で一部が電離し，次式のような電離平衡が成立する。また，酢酸の電離定数 K_a は 25℃で 2.7×10^{-5}mol/L である。

$$CH_3COOH \rightleftarrows CH_3COO^- + H^+$$

(1) 0.030mol/L の酢酸の電離度 α を求めよ。

(2) 0.030mol/L の酢酸の pH を小数第 1 位まで求めよ。($\log_{10}2=0.30$，$\log_{10}3=0.48$)

考え方 (1) 酢酸の濃度を C〔mol/L〕，その電離度を α とすると，平衡時の各成分の濃度は次のようになる。

$$CH_3COOH \rightleftarrows CH_3COO^- + H^+$$

$$C(1-\alpha) \quad C\alpha \quad C\alpha \quad \text{〔mol/L〕}$$

$$\therefore \quad K_a=\frac{[CH_3COO^-][H^+]}{[CH_3COOH]}=\frac{C\alpha\cdot C\alpha}{C(1-\alpha)}=\frac{C\alpha^2}{1-\alpha}$$

$C\gg K_a$ のとき $\alpha\ll1$ とみなしてよく，$1-\alpha\fallingdotseq1$ と近似できる。

$$\therefore \quad \alpha=\sqrt{\frac{K_a}{C}}=\sqrt{\frac{2.7\times10^{-5}}{3.0\times10^{-2}}}=3.0\times10^{-2}$$

(2) $[H^+]=C\alpha=3.0\times10^{-2}\times3.0\times10^{-2}=9.0\times10^{-4}$〔mol/L〕

$pH=-\log_{10}[H^+]$ より，

$pH=-\log_{10}(9.0\times10^{-4})=4-2\log_{10}3=4-0.96=3.04\fallingdotseq3.0$

解答 (1) 3.0×10^{-2} (2) 3.0

例題 61 アンモニア水の電離平衡 □□

アンモニア水中では，次式のような電離平衡が成立している。

$$NH_3 + H_2O \rightleftarrows NH_4^+ + OH^-$$

アンモニアの電離定数 $K_b=2.3\times10^{-5}$mol/L として，0.23mol/L アンモニア水の pH を小数第 1 位まで求めよ。ただし，$\log_{10}2.3=0.36$ とする。

考え方 NH_3 水の濃度を C〔mol/L〕，電離度を α とすると，平衡時の各成分の濃度は次の通り。

$$NH_3 + H_2O \rightleftarrows NH_4^+ + OH^-$$

$$C(1-\alpha) \quad \text{一定} \quad C\alpha \quad C\alpha \quad \text{〔mol/L〕}$$

$$K_b=\frac{[NH_4^+][OH^-]}{[NH_3]}=\frac{C\alpha\cdot C\alpha}{C(1-\alpha)}$$

$C\gg K_b$ のとき，$\alpha\ll1$ とみなしてよく，$1-\alpha\fallingdotseq1$ と近似できる。

$$K_b=C\alpha^2 \quad \therefore \quad \alpha=\sqrt{\frac{K_b}{C}} \qquad [OH^-]=C\alpha=C\times\sqrt{\frac{K_b}{C}}=\sqrt{C\cdot K_b}$$

ここへ，$C=0.23$，$K_b=2.3\times10^{-5}$ を代入。$[OH^-]=\sqrt{0.23\times2.3\times10^{-5}}=2.3\times10^{-3}$〔mol/L〕

水酸化物イオン指数 $pOH=-\log_{10}[OH^-]$ より，

$pOH=-\log_{10}(2.3\times10^{-3})=3-\log_{10}2.3=3-0.36=2.64$

$pH+pOH=14$ より，$pH=14-2.64=11.36\fallingdotseq11.4$

解答 11.4

4-21

例題 62 緩衝溶液の pH

0.10mol/L の酢酸水溶液 100mL に，0.20mol/L 酢酸ナトリウム水溶液 100mL を混合して緩衝溶液をつくった。この溶液の pH を小数第 1 位まで求めよ。ただし，酢酸の電離定数 $K_a = 2.7\times10^{-5}$mol/L，$\log_{10}2 = 0.30$，$\log_{10}2.7 = 0.43$ とする。

考え方 $CH_3COOH \rightleftarrows CH_3COO^- + H^+$…① 　酢酸と酢酸ナトリウムの混合水溶液中でも，①**式の酢酸の電離平衡は成立している。**

酢酸に酢酸ナトリウムを加えると，水溶液中には CH_3COO^- が増加する。すると，①式の平衡は大きく左へ移動し，酢酸の電離は抑えられ，酢酸の電離はほぼ無視できるようになる。

いま，a〔mol〕の酢酸と b〔mol〕の酢酸ナトリウムを水に溶かして 1L とした溶液の場合，

$[CH_3COOH] = a$〔mol/L〕…もとの酢酸の濃度　$[CH_3COO^-] = b$〔mol/L〕…酢酸ナトリウムの濃度

これらを酢酸の電離定数 K_a の式に代入すれば，この緩衝溶液の pH が求まる。混合水溶液の体積は 200mL(もとの 2 倍)となっており，各濃度がもとの $\frac{1}{2}$ となることに注意する。

$[CH_3COOH] = 0.10\times\frac{1}{2} = 0.050$〔mol/L〕　　$[CH_3COO^-] = 0.20\times\frac{1}{2} = 0.10$〔mol/L〕

上記の値を，酢酸の電離定数 K_a の式に代入。$K_a = \frac{[CH_3COO^-][H^+]}{[CH_3COOH]} \Longrightarrow [H^+] = K_a\frac{[CH_3COOH]}{[CH_3COO^-]}$

$\therefore\ [H^+] = 2.7\times10^{-5}\times\frac{0.050}{0.10} = \frac{2.7}{2}\times10^{-5}$〔mol/L〕

$pH = -\log_{10}(2.7\times2^{-1}\times10^{-5}) = 5 - \log_{10}2.7 + \log_{10}2 = 5 - 0.43 + 0.30 = 4.87 \fallingdotseq 4.9$

解答 4.9

例題 63 溶解度積

塩化銀の飽和水溶液中では，次式のような溶解平衡が成立しており，一定温度では Ag^+ と Cl^- の積は常に一定になる。この値を塩化銀の溶解度積 K_{sp} といい，20℃ における塩化銀の溶解度積 $K_{sp} = 1.2\times10^{-10}(\text{mol/L})^2$ とする。

$AgCl$(固) $\rightleftarrows Ag^+ + Cl^-$

1.0×10^{-3}mol/L 硝酸銀水溶液 100mL に，1.0×10^{-3}mol/L 塩化ナトリウム水溶液 0.20mL を加えたとき，塩化銀の沈殿は生じるかどうかを判断せよ。

考え方 塩化銀の飽和水溶液では，わずかに溶けた Ag^+ と Cl^- と，溶けずに残っている $AgCl$(固)の間で**溶解平衡**の状態が成立し，$[Ag^+][Cl^-] = K_{sp}$(＝一定)の関係が成立する。

混合直後の各イオン濃度の積と，溶解度積 K_{sp} との大小関係を比較すればよい。

$[Ag^+][Cl^-] > K_{sp}$…沈殿を生じる。　$[Ag^+][Cl^-] \leqq K_{sp}$…沈殿を生じない。

$[Ag^+] = 1.0\times10^{-3}\times\frac{100}{100+0.20} \fallingdotseq 1.0\times10^{-3}$〔mol/L〕

$[Cl^-] = 1.0\times10^{-3}\times\frac{0.20}{100+0.20} \fallingdotseq 2.0\times10^{-6}$〔mol/L〕

$[Ag^+][Cl^-] = 2.0\times10^{-9} > K_{sp}(=1.2\times10^{-10})(\text{mol/L})^2$　したがって，AgCl の沈殿は生じる。

解答 生じる。

問題A　必は重要な必須問題。時間のないときはここから取り組む。

206□□◀電離度▶　正しい記述には○，誤っている記述には×をつけよ。

ア　強酸の電離度は，濃度の違いによらず，ほぼ1となる。

イ　弱酸の電離度は，濃度が薄くなるほど小さくなる。

ウ　1価の弱酸の水素イオン濃度は，モル濃度と電離度の積に等しい。

エ　弱酸の電離度は，温度が高いほど小さくなる。

オ　2価の弱酸では，第一段と第二段の電離度はほぼ等しい。

207□□◀平衡の移動▶　アンモニア NH_3 水では次式のような平衡状態にある。

$$NH_3 + H_2O \rightleftarrows NH_4^+ + OH^-$$

アンモニア水に次の(1)〜(6)の操作をすると，上式の平衡はどちらの方向へ移動するか。「右」，「左」，「移動しない」で答えよ。

(1)　塩酸を加える。　(2)　水酸化ナトリウム(結晶)を加える。

(3)　加熱する。　(4)　塩化アンモニウム(結晶)を加える。

(5)　水を加える。　(6)　塩化ナトリウム(結晶)を加える。

必**208**□□◀酢酸の電離平衡▶　次の文の□に適する語句や式，数値を入れよ。($\log_{10}2 = 0.30$，$\log_{10}3 = 0.48$)

酢酸 CH_3COOH は，水溶液中では(i)式で表される電離平衡の状態にある。

$$CH_3COOH \rightleftarrows CH_3COO^- + H^+ \quad \cdots(\text{i})$$

このような平衡を①□という。(i)式に化学平衡の法則を適用すると，K_a =②□で表される。この K_a の値を酸の③□という。

いま，0.50mol/L の酢酸水溶液があり，その水素イオン濃度$[H^+]$を調べたところ，3.6×10^{-3}mol/L であった。この水溶液の酢酸の電離度は④□であり，これをもとに K_a の値を求めると⑤□ mol/L である。

209□□◀水溶液の pH▶　次の各水溶液の pH を小数第1位まで求めよ。ただし，強酸，強塩基は完全に電離するものとし，$\log_{10}2 = 0.30$，$\log_{10}3 = 0.48$ とする。

(1)　0.010mol の水酸化バリウムを水に溶かして，500mL とした水溶液。

(2)　0.10mol/L の塩酸 150mL と，0.10mol/L の水酸化ナトリウム水溶液 100mL を混合した水溶液。

(3)　3.0×10^{-3}mol/L の希硫酸。

(4)　pH = 1.0 の塩酸と，pH = 4.0 の塩酸を 100mL ずつ混合した水溶液。

210 □□ ◀正誤問題▶ 次の文のうち，正しいものをすべて記号で選べ。

(ア) pH＝2 の塩酸と pH＝12 の水酸化ナトリウム水溶液を等体積ずつ混合すると，その水溶液は pH＝7 となる。

(イ) pH＝2 の塩酸を純水で 100 倍に希釈すると，その水溶液は pH＝4 になる。

(ウ) pH＝5 の塩酸を純水で 1000 倍に希釈すると，その水溶液は pH＝8 になる。

(エ) 水溶液の pH は，常に 0≦pH≦14 の範囲にある。

必 **211** □□ ◀弱酸の電離平衡▶ 酢酸は，水溶液中で次式のような電離平衡の状態にある。

$$CH_3COOH \rightleftarrows CH_3COO^- + H^+$$

酢酸の電離定数 K_a は 2.7×10^{-5}mol/L，$\sqrt{2.7}=1.6$，$\log_{10}2.0=0.30$，$\log_{10}2.7=0.43$ とする。

(1) 0.10mol/L 酢酸水溶液の電離度を求めよ。

(2) 0.10mol/L 酢酸水溶液の pH を小数第 1 位まで求めよ。

(3) 0.010mol/L 酢酸水溶液の pH を小数第 1 位まで求めよ。

必 **212** □□ ◀弱塩基の電離平衡▶ アンモニアは，水溶液中で次のような電離平衡の状態にある。 $NH_3 + H_2O \rightleftarrows NH_4^+ + OH^-$

(1) アンモニア水のモル濃度を C，電離定数を K_b とすると，アンモニア水における水酸化物イオン濃度$[OH^-]$を表す式は，次のうちどれか。ただし，アンモニアの電離度αは 1 よりはるかに小さいものとする。

(ア) $\sqrt{\dfrac{C}{K_b}}$ (イ) $C\sqrt{C\cdot K_b}$ (ウ) $\sqrt{\dfrac{K_b}{C}}$ (エ) $\sqrt{C\cdot K_b}$

(2) 標準状態で，1.12L のアンモニアを水に溶かして，250mL の水溶液をつくった。25℃におけるアンモニア水の pH を小数第 1 位まで求めよ。ただし，アンモニアの電離定数 $K_b=2.3\times10^{-5}$mol/L，$\log_{10}2=0.30$，$\log_{10}2.3=0.36$ とする。

213 □□ ◀塩の加水分解▶ 次の文を読み，下の各問いに答えよ。

酢酸ナトリウムを水に溶かすと，酢酸イオンとナトリウムイオンに電離する。①この酢酸イオンの一部が水分子と反応し，水酸化物イオンを生じるため，水溶液は弱い［ア］性を示す。また，塩化アンモニウムを水に溶かすと，アンモニウムイオンと塩化物イオンに電離する。②このアンモニウムイオンの一部が水分子と反応し，オキソニウムイオンを生じるため，水溶液は弱い［イ］性を示す。このような現象を塩の［ウ］という。

(1) 文中の［　］に適する語句を入れよ。

(2) 下線部①，②の反応をイオン反応式で表せ。

必 214 □□ ◀緩衝液▶ 次の文章中の［　　］に適する語句や数値を入れよ。

酢酸 CH_3COOH は弱電解質であるから，水中ではわずかに電離し(i)式で示すような①［　　］が成立している。

$$CH_3COOH \rightleftarrows CH_3COO^- + H^+ \quad \cdots(i)$$

また，酢酸ナトリウム CH_3COONa は，水中ではほぼ完全に電離している。

$$CH_3COONa \longrightarrow CH_3COO^- + Na^+$$

いま，酢酸水溶液に酢酸ナトリウムを加えた混合水溶液をつくると，その pH はもとの酢酸水溶液に比べて②［　　］くなる。

この混合溶液に少量の酸を加えると，増加した水素イオン H^+ が混合水溶液中に多量にある③［　　］と結合するため，混合水溶液中の H^+ の濃度はほとんど変わらない。また，少量の塩基を加えると，増加した水酸化物イオン OH^- が溶液中の酢酸分子と④［　　］反応するため，混合水溶液中の OH^- の濃度はほとんど変わらない。このように，少量の酸や塩基を加えても，pH がほとんど変化しない溶液を⑤［　　］という。

問題 B

必は重要な必須問題。時間のないときはここから取り組む。

215 □□ ◀緩衝液の pH ▶ 0.20mol/L 酢酸 CH_3COOH 水溶液 1.0L と，0.10mol/L 酢酸ナトリウム CH_3COONa 水溶液 1.0L を混合した。混合および溶解による溶液の体積変化はないものとして，次の各問いに答えよ。$\log_{10}2=0.30$，$\log_{10}2.7=0.43$，酢酸の電離定数；$K_a=2.7\times10^{-5}$mol/L とする。

(1) この混合水溶液の pH を小数第 1 位まで求めよ。

(2) この混合水溶液に水酸化ナトリウム NaOH の結晶 0.10mol を加えてよく混ぜた。混合溶液の pH を小数第 1 位まで求めよ。

必 216 □□ ◀中和滴定と pH ▶ 右図は，0.10mol/L 酢酸水溶液 20mL に，0.10mol/L 水酸化ナトリウム水溶液を滴下したときの滴定曲線である。次の問いに答えよ。ただし，酢酸の電離定数 K_a を 2.0×10^{-5}mol/L，水のイオン積 $K_w=1.0\times10^{-14}(\text{mol/L})^2$，$\log_{10}2=03.0$，$\log_{10}3=0.48$ として，pH は小数第 1 位まで求めよ。

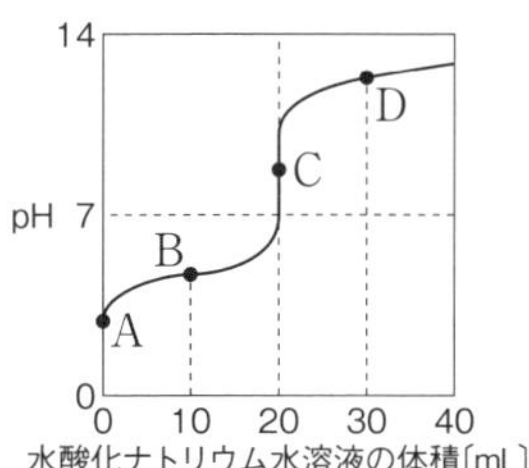

(1) 図中の A 点の pH を求めよ。

(2) 図中の B 点の pH を求めよ。

(3) 図中の C 点が塩基性になる理由を説明せよ。

(4) 図中の D 点の pH を求めよ。

217 □□ ◀２価の弱酸の電離平衡▶　二酸化炭素は水に溶解すると，炭酸 H_2CO_3 になり，次のように２段階の電離平衡が成立している。また，K_1，K_2 はそれぞれ①式，②式の電離定数である。

$H_2CO_3 \rightleftarrows H^+ + HCO_3^-$　…①　$K_1 = 4.5\times10^{-7}$mol/L

$HCO_3^- \rightleftarrows H^+ + CO_3^{2-}$　…②　$K_2 = 4.3\times10^{-11}$mol/L

(1)　これより，4.0×10^{-3}mol/L の炭酸 H_2CO_3 の水溶液の pH を求めよ。ただし，②式の第二電離は①式の第一電離に比べてきわめて小さく無視することができるものとする。また，$\log_{10}2=0.30$，$\log_{10}3=0.48$ とする。

(2)　(1)の水溶液中の炭酸イオン CO_3^{2-} のモル濃度を求めよ。

218 □□ ◀溶解度積▶　塩化銀は水溶液中で①式のように溶解平衡となり，②式の関係が成り立つ。水溶液の温度は 20℃として，次の問いに答えよ。$\sqrt{1.8}=1.3$ とする。

$AgCl$(固) $\rightleftarrows Ag^+ + Cl^-$　…①

$[Ag^+][Cl^-] = 1.8\times10^{-10}(\text{mol/L})^2$　…②

(1)　塩化銀の飽和水溶液中では，$[Ag^+]$は何 mol/L になっているか。

(2)　1.0×10^{-4}mol/L 塩化ナトリウム水溶液 100mL に，1.0×10^{-2}mol/L 硝酸銀水溶液 0.10mL を加えたとき，塩化銀の沈殿が生じるかどうかを溶解度積に基づいて判断せよ。ただし，溶液の混合による体積変化は無視できるものとする。

(3)　塩化銀の飽和水溶液 1.0L に塩化ナトリウムの結晶 0.010mol を溶かした。この水溶液中での$[Ag^+]$は何 mol/L か。ただし，溶解による体積変化はないものとする。

219 □□ ◀溶解平衡と沈殿の生成▶　次の文章を読んで，あとの各問いに答えよ。

硫化水素 H_2S は，水中で次式のように電離している。

$H_2S \rightleftarrows 2H^+ + S^{2-}$

銅(Ⅱ)イオン Cu^{2+} と鉄(Ⅱ)イオン Fe^{2+} を含む水溶液を pH が１程度の酸性にして H_2S を通じると，①□が小さい硫化銅(Ⅱ)CuS が先に沈殿する。沈殿をろ過した後，水溶液の pH を②□くして H_2S を通じると，溶液中の S^{2-} の濃度が③□くなるため，④□が比較的大きい硫化鉄(Ⅱ)FeS も沈殿し始める。

(1)　上の文章中の□に，適する語句を入れよ。

(2)　$[Cu^{2+}]$と$[Fe^{2+}]$がともに 0.10mol/L である混合水溶液に H_2S を通じたとき，CuS だけが沈殿する$[S^{2-}]$の範囲を求めよ。ただし，CuS と FeS の溶解度積を，それぞれ $6.5\times10^{-30}\text{mol}^2/\text{L}^2$，$1.0\times10^{-16}\text{mol}^2/\text{L}^2$ とする。

共通テストチャレンジ

220 □□　鉛蓄電池は，負極活物質に鉛 Pb，正極活物質に酸化鉛(Ⅳ) PbO_2，電解液に希硫酸を用い，その充電と放電における反応をまとめると，次の(1)式で表される。

$$Pb + PbO_2 + 2H_2SO_4 \underset{\text{充電}}{\overset{\text{放電}}{\rightleftarrows}} 2PbSO_4 + 2H_2O \quad \cdots(1)$$

濃度 3.00mol/L の硫酸 100mL を用いた鉛蓄電池を外部回路に接続し放電させたところ，硫酸の濃度が 2.00mol/L に低下した。このとき，外部回路に流れた電気量〔C〕を下から選べ。ただし，ファラデー定数は 9.65×10^4C/mol とし，電極での反応による電解液の体積変化は無視できるものとする。

① 1.93×10^2　② 9.65×10^2　③ 2.90×10^3
④ 9.65×10^3　⑤ 1.93×10^4　⑥ 2.90×10^4

221 □□　ニッケル・水素電池は代表的な二次電池であり，次の電池式で表される。

$$(-)MH \mid KOHaq \mid NiO(OH)(+)$$

放電時には Ni の酸化数が +3 から +2 に変化し，その全体の反応は次式となる。

$$NiO(OH) + MH \longrightarrow Ni(OH)_2 + M$$

(M は条件により水素を吸収・放出する水素吸蔵合金を表す。)

二次電池に蓄えられる電気量は，A･h(アンペア時)を用いて表され，1A･h とは 1A の電流が 1 時間流れたときの電気量である。

完全に放電した状態で 9.3g の $Ni(OH)_2$ を用いたこの電池が，1 回の充電で蓄えることのできる最大の電気量は［　ア　］.［　イ　］A･h である。

空欄に数字を入れよ。ただし，式量：$Ni(OH)_2$ = 93，電子 1mol のもつ電気量は 9.65×10^4C，1C(クーロン) = 1A･s(アンペア・秒)とする。

222 □□　窒素 N_2 とその 3 倍量の水素 H_2 を混合して，500℃で平衡状態にしたときの全圧とアンモニア NH_3 の体積百分率(生成率)の関係を右図に示す。

鉄触媒を入れた容積一定の反応容器に，N_2 0.70mol，H_2 2.10mol を入れて 500℃に保ったら平衡状態に達し，全圧が 5.8×10^7Pa になった。このとき，生成した NH_3 の物質量は何 mol か。下から選べ。

① 0.40　② 0.80　③ 1.10
④ 1.40　⑤ 2.80

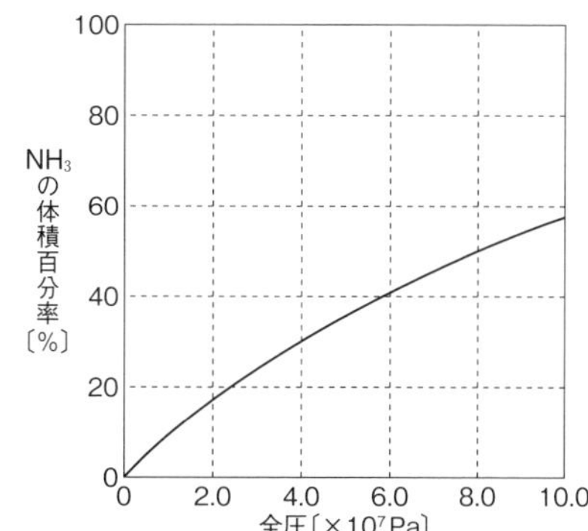

223 □□　白金電極を用いて $CuSO_4$ 水溶液 200mL を 0.100A の電流で電気分解した。このとき，陽極では O_2 が発生し，陰極では表面に Cu が析出したが気体は発生しなかった。一方，水溶液中の水素イオン濃度 $[H^+]$ は 1.00×10^{-5}mol/L から 1.00×10^{-3}mol/L に変化した。電流を流した時間は何秒間か。最も適当な数値を下から一つ選べ。ただし，ファラデー定数は 9.65×10^4C/mol，$[H^+]$ の変化はすべての電極での反応によるものとする。

① 48　② 1.9×10^2　③ 3.8×10^2　④ 7.6×10^2

224 □□　容積一定の密閉容器 X に水素 H_2 とヨウ素 I_2 を入れて，一定温度 T に保ったところ，次の式の反応が平衡状態に達した。

$$H_2(気) + I_2(気) \rightleftarrows 2HI(気)$$

平衡状態の H_2，I_2，ヨウ化水素 HI の物質量は，それぞれ 0.40mol，0.40mol，3.2mol であった。

次に，X の半分の一定容積をもつ密閉容器 Y に 1.0mol の HI を入れて，同じ一定温度 T に保つと，平衡状態に達した。このときの HI の物質量は何 mol か。最も適当な数値を下から一つ選べ。ただし，H_2，I_2，HI はすべて気体として存在するものとする。

① 0.060　② 0.11　③ 0.20　④ 0.80　⑤ 0.89　⑥ 0.94

225 □□　ある温度の AgCl 飽和水溶液において，Ag^+ および Cl^- のモル濃度は，$[Ag^+] = 1.4 \times 10^{-5}$mol/L，$[Cl^-] = 1.4 \times 10^{-5}$mol/L であった。

(1)　この温度において，1.0×10^{-5}mol/L の $AgNO_3$ 水溶液 25mL に，ある濃度の NaCl 水溶液を加えていくと，10mL を超えた時点で AgCl の白色沈殿が生じ始めた。NaCl 水溶液のモル濃度は何 mol/L か。最も適当な数値を下から一つ選べ。

① 8.1×10^{-5}　② 9.6×10^{-5}　③ 2.0×10^{-4}　④ 5.1×10^{-4}

(2)　1.0×10^{-4}mol/L の硝酸銀水溶液 10mL に，1.0×10^{-4}mol/L の塩化ナトリウム水溶液を少量ずつ加えた。何 mL 加えたとき，塩化銀の沈殿が生成し始めるか。最も適当な数値を下から選べ。ただし，加えた塩化ナトリウム水溶液による溶液の体積変化は無視してよい。

① 2.0×10^{-1}　② 4.0×10^{-1}　③ 2.0×10^{-2}　④ 4.0×10^{-2}

22 非金属元素①

1 周期表と元素の分類

周期＼族	1	2	3	4	5	6	7	8	9	10	11	12	13	14	15	16	17	18
1	H																	He
2	Li	Be											B	C	N	O	F	Ne
3	Na	Mg											Al	Si	P	S	Cl	Ar
4	K	Ca				Cr	Mn	Fe	Co	Ni	Cu	Zn	Ga	Ge	As	Se	Br	Kr
5	Rb	Sr									Ag	Cd		Sn			I	Xe
6	Cs	Ba									Au	Hg		Pb			At	Rn

典型非金属元素
典型金属元素
遷移元素

単体の状態(常温)： 液体 気体 固体(分子結晶 金属結晶 共有結合の結晶)

典型元素(1, 2, 13～18 族)	遷移元素(3～12 族)
金属元素と非金属元素。	すべて金属元素。
最外殻電子の数は族番号の 1 位の数と一致。(ただし，貴ガス(希ガス)を除く)	最外殻電子の数は 2 個，または 1 個。
同族元素の性質が類似。	同周期元素の性質も類似。
無色のイオン・化合物が多い。	有色のイオン・化合物が多い。
決まった酸化数を示す。	いろいろな酸化数を示す。

5－22

2 ハロゲン(17 族)の単体と化合物

❶ハロゲン(17 族) F・Cl・Br・I　価電子を 7 個もち，**1 価の陰イオン**になりやすい。

単体・分子式	融点・沸点	状態・色	反応性	水素との反応性
フッ素 F_2	分子量↓ 融点・沸点↓	**気体・淡黄色**	大 ↑ 酸化作用	冷暗所でも爆発的に反応。
塩素 Cl_2		**気体・黄緑色**		光により爆発的に反応。
臭素 Br_2		**液体・赤褐色**		高温にすると反応。
ヨウ素 I_2	大　高	**固体・黒紫色**		高温で一部が反応(平衡状態)。

❷塩素の実験室的製法

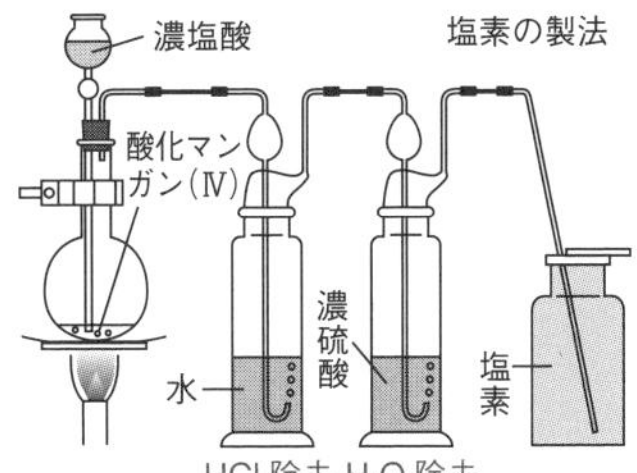

(a)　酸化マンガン(Ⅳ)(酸化剤)に濃塩酸を加えて加熱する。

$$MnO_2 + 4HCl \longrightarrow MnCl_2 + \underset{(\text{刺激臭})}{Cl_2} + 2H_2O$$

(b)　高度さらし粉に希塩酸を加える。

$$Ca(ClO)_2 \cdot 2H_2O + 4HCl \longrightarrow CaCl_2 + 2Cl_2 + 4H_2O$$

(性質)　水溶液(**塩素水**)中に，強い酸化作用のある HClO(次亜塩素酸)を生じ，殺菌・漂白作用を示す。　$Cl_2 + H_2O \rightleftarrows HCl + HClO$

❸ハロゲン化水素　すべて無色・刺激臭の気体(有毒)で，水によく溶ける。

ハロゲン化水素	フッ化水素	塩化水素	臭化水素	ヨウ化水素
化学式(酸性)	HF(弱酸)	HCl(強酸)	HBr(強酸)	HI(強酸)
沸点〔℃〕	20 *1	−85	−67	−35
Ag塩(ハロゲン化銀)	AgF(可溶)	AgCl↓(白沈)	AgBr↓(淡黄沈)	AgI↓(黄沈)

＊1) HFの分子間には，H—F----Hのような**水素結合**が形成されるため，沸点が著しく高くなる。

(a)　**フッ化水素　HF**

(製法)　$CaF_2 + H_2SO_4 \xrightarrow{加熱} CaSO_4 + 2HF\uparrow$

(性質)　ガラス(主成分 SiO_2)を溶かす。

$SiO_2 + 6HF(水溶液) \longrightarrow H_2SiF_6 + 2H_2O$

ヘキサフルオロケイ酸

H−F----H−F----H−F----H−F

フッ化水素の水素結合

(b)　**塩化水素　HCl**

(製法)　$NaCl + H_2SO_4 \xrightarrow{加熱} NaHSO_4 + HCl\uparrow$

(検出)　アンモニアと反応し，白煙を生成。

$NH_3 + HCl \longrightarrow NH_4Cl$

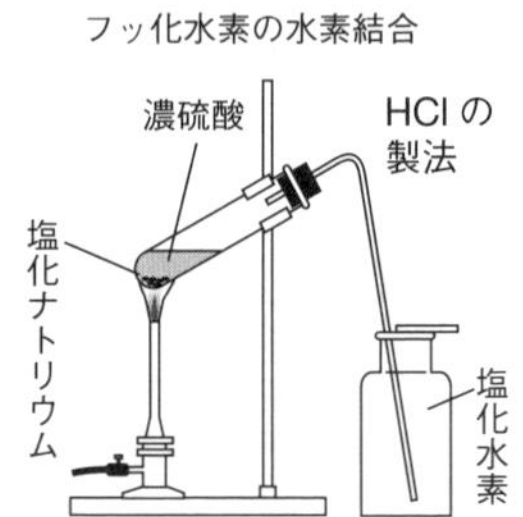

❸ 酸素・硫黄(16族)の単体と化合物

単体	同素体	酸素 O_2	無色・無臭の気体，支燃性あり　**製法**　$2H_2O_2 \longrightarrow 2H_2O + O_2$		
		オゾン O_3	淡青色・特異臭の気体，酸化作用が強い　**製法**　$3O_2 \xrightarrow{放電} 2O_3$		
	同素体	斜方硫黄	黄色・八面体の結晶	S_8 環状分子	S_8 環状分子　鎖状分子 S_x
		単斜硫黄	黄色・針状の結晶	S_8 環状分子	
		ゴム状硫黄	暗褐色・無定形固体，弾性	S_x 鎖状分子	
化合物	二酸化硫黄 SO_2		無色・刺激臭の有毒気体。 弱酸性(亜硫酸)，**還元性**あり。	**製法**	銅に濃硫酸を加え加熱する。 亜硫酸塩に希硫酸を加える。
	硫化水素 H_2S		無色・腐卵臭の有毒気体。 弱酸性，**強い還元性**あり。	**製法**	硫化鉄(Ⅱ)に希塩酸，または 希硫酸を加える。

❶硫酸の工業的製法　固体触媒を用いるので，**接触法**という。

$$S \xrightarrow{O_2} SO_2 \xrightarrow[V_2O_5(触媒)]{O_2} SO_3 \xrightarrow{H_2O^{*2}} H_2SO_4$$

＊2) 三酸化硫黄 SO_3 を濃硫酸に吸収させて**発煙硫酸**とし，希硫酸で薄めて濃硫酸をつくる。

❷濃硫酸の性質　電離度は小さく，強い酸性を示さない。

(a)　**不揮発性**：沸点(338℃)が高い。*　＊水素結合の形成による。

(b)　**吸湿性**：水分を吸収する。乾燥剤として使う。

(c)　**脱水作用**：有機化合物からH：O = 2：1の割合で奪う。

(d)　**酸化作用**：加熱時，銅・銀なども溶解する。

(e)　**溶解エンタルピー(発熱)大**。水に加えて希釈する。

希硫酸の調製法

❸希硫酸の性質　電離度は大きく，**強い酸性**を示す。

確認&チェック

解答

1 次の文のうち，典型元素に該当するものはA，遷移元素に該当するものはBと答えよ。

(1) 最外殻電子の数は，2個または1個である。
(2) 金属元素と非金属元素の両方が含まれる。
(3) 周期表の中央部に位置している。
(4) 最外殻電子の数は，族番号の1位の数と等しい。
(5) 化合物やイオンには有色のものが多い。
(6) 金属元素のみが含まれている。

1 (1) B (2) A (3) B (4) A (5) B (6) B
→p.171 1

2 ハロゲンの単体に関する下の表の空欄をうめよ。

	フッ素 F_2	塩素 Cl_2	臭素 Br_2	ヨウ素 I_2
色	①	②	④	⑥
状態(常温)	気体	③	⑤	⑦
水素との反応	冷暗所でも爆発的に反応	⑧ により爆発的に反応	⑨ にすると反応	高温で一部反応(平衡)

2 ① 淡黄色 ② 黄緑色 ③ 気体 ④ 赤褐色 ⑤ 液体 ⑥ 黒紫色 ⑦ 固体 ⑧ 光 ⑨ 高温
→p.171 2

3 右図を参考に，次の文の□に適語を入れよ。

高度さらし粉に希塩酸を加えると，①□が発生する。①は②□臭のある有毒気体である。①の水溶液中には，塩化水素と酸化作用のある③□を生じ，③は殺菌・漂白作用を示す。

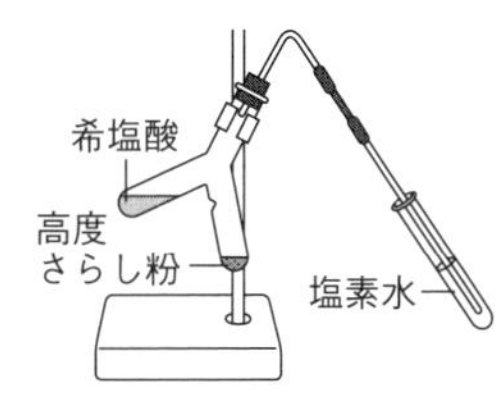

3 ① 塩素 ② 刺激 ③ 次亜塩素酸
→p.171 2

4 次の硫酸に関する文の□に適語を入れよ。

(1) 濃硫酸は有機化合物からH：O=2：1の割合で奪う①□作用がある。
(2) 濃硫酸は②□性が強く，乾燥剤として用いる。
(3) 熱濃硫酸は③□作用が強く，銅や銀も溶解する。
(4) 濃硫酸は沸点の高い④□性の酸である。
(5) 濃硫酸は⑤□(発熱)が大きく，水に加えて希釈する。
(6) 希硫酸は電離度が大きく，強い⑥□を示す。

4 ① 脱水 ② 吸湿 ③ 酸化 ④ 不揮発 ⑤ 溶解エンタルピー ⑥ 酸性
→p.172 3

例題 64 元素の周期表

次の表の空欄を埋め，完成した周期表について，あとの問いに元素記号で答えよ。

周期＼族	1	2	3	4	5	6	7	8	9	10	11	12	13	14	15	16	17	18
1	H																	He
2	Li	Be											B	C	N	O	F	Ne
3	Na	Mg											Al	Si	P	S	Cl	Ar
4	K	Ca	Sc	Ti	V	①	②	③	Co	Ni	④	⑤	Ga	Ge	As	Se	⑥	⑦

(1) 原子半径が最大の元素　　(2) イオン化エネルギーが最大の元素

(3) 原子番号が最小の遷移元素　　(4) 単体の融点が最高の典型元素

考え方 (1) 原子半径は同周期では，アルカリ金属が最も大きく，原子番号が増加すると，しだいに減少する。ただし，貴ガス（希ガス）でやや増加する。周期表の左下(K)で最大。

(2) 安定な電子配置の貴ガス（希ガス）で大きな値をとる。周期表の右上(He)で最大。

(3) 第4周期の遷移元素は3族(Sc)から12族(Zn)までの10元素。

(4) 14族の(C，Si)の単体は，共有結合の結晶をつくり，融点がきわめて高い（ダイヤモンド：約4430℃，黒鉛：3530℃）。

解答 ① Cr ② Mn ③ Fe ④ Cu ⑤ Zn ⑥ Br ⑦ Kr　(1) K (2) He (3) Sc (4) C

例題 65 ハロゲン単体の性質

次の文の［　　］に適切な語句または数値を入れよ。

周期表の17族の元素は①［　　］とよばれ，その原子はいずれも最外殻に②［　　］個の価電子をもつため，③［　　］価の陰イオンになりやすい。

単体は，④［　　］結合からなる⑤［　　］分子であり，融点・沸点は原子番号が増すにつれて⑥［　　］くなる。常温でフッ素は淡黄色の⑦［　　］体，塩素は⑧［　　］色の⑨［　　］体で，臭素は⑩［　　］色の⑪［　　］体，ヨウ素は黒紫色の⑫［　　］体である。また，単体の化学的性質は，相手の物質から電子を奪う⑬［　　］作用があり，その強さは原子番号が増すにつれて⑭［　　］くなる。

考え方 ハロゲン原子の価電子は7個で，いずれも**1価の陰イオン**になりやすい。

一般に，構造が類似した分子では，分子量が大きくなるほど，分子間力が強くなり，融点・沸点は高くなる(F_2<Cl_2<Br_2<I_2)。

ハロゲンの単体はいずれも有毒であり，原子番号が増加するほど密度は大きくなり，色も濃くなる傾向がある。

また，ハロゲンの単体X_2は相手の物質から電子を奪って，ハロゲン化物イオンX^-になりやすい。ハロゲン原子は，原子半径が小さいほど，電子を取り込む作用（酸化作用）が強い。したがって，**単体の反応性（酸化作用）は**，F_2>Cl_2>Br_2>I_2の順に小さくなる。

解答 ① ハロゲン ② 7 ③ 1 ④ 共有 ⑤ 二原子 ⑥ 高 ⑦ 気
⑧ 黄緑 ⑨ 気 ⑩ 赤褐 ⑪ 液 ⑫ 固 ⑬ 酸化 ⑭ 小さ（弱）

例題 66 塩素の製法

乾燥した塩素をつくる実験装置(支持具は省略)を見て，次の問いに答えよ。

⑴ この実験において，酸化マンガン(Ⅳ)はどんなはたらきをしているか。

⑵ 塩素を水で湿らせたヨウ化カリウムデンプン紙に当てると，何色に変化するか。

⑶ この実験装置には不適切な点が3つある。それらを見つけ，正しい方法を記せ。

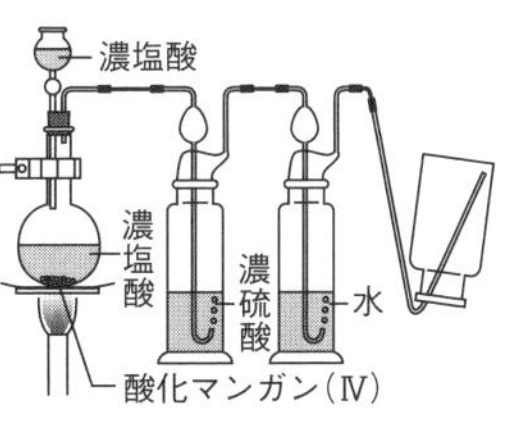

考え方 酸化マンガン(Ⅳ)に濃塩酸を加えて熱すると，酸化還元反応で塩素が発生する。

$MnO_2 + 4HCl \longrightarrow MnCl_2 + Cl_2 + 2H_2O$

⑴ 上式で，Mn の酸化数は＋4 から＋2 へと減少したので，**MnO_2 は酸化剤**である。

⑵ 酸化力は $Cl_2 > I_2$ なので，Cl_2 は I^- から電子を奪い取ってヨウ素 I_2 が遊離し，さらに**ヨウ素デンプン反応**で青紫色を示す。

⑶ ①このまま滴下ろうとのコックを開くと，ろうとから気体が吹き出してくる。
②発生した気体は，まず，水に通して塩化水素を除き，次に濃硫酸に通して乾燥させる。
③塩素は水に溶け，空気より重い気体であるから下方置換で捕集する。

解 答 ⑴ 酸化剤 ⑵ 青紫色
⑶・滴下ろうとの下端をフラスコの底近くまでつける。 ・洗気びんを水，濃硫酸の順につなぐ。
・塩素は下方置換で捕集する。

例題 67 第3周期元素の酸化物

次の文を読み，第3周期元素の酸化物 A ～ E の化学式をそれぞれ示せ。

(a) A は水に溶けないが，塩酸にも水酸化ナトリウム水溶液にも溶ける。

(b) B は水と反応して，強塩基性の水酸化物を生成する。

(c) C は＋2 の酸化数の元素を含み，水には溶けないが希塩酸には溶ける。

(d) D は最も高い酸化数の元素を含み，水に溶解すると強酸を生成する。

元素	Na	Mg	Al	Si	P	S	Cl
酸化物 (酸化数)	Na_2O (＋1)	MgO (＋2)	Al_2O_3 (＋3)	SiO_2 (＋4)	P_4O_{10} (＋5)	SO_3 (＋6)	Cl_2O_7 (＋7)
水酸化物， オキソ酸	NaOH 強← 塩基性	$Mg(OH)_2$ →弱	$Al(OH)_3$ 両性	弱← H_2SiO_3	酸性 H_3PO_4	 H_2SO_4	→強 $HClO_4$

考え方 (a) A は，酸にも強塩基の水溶液にも溶けるので，**両性酸化物**の Al_2O_3 である。

(b) 水と反応すると強塩基性の水酸化物を生成する元素は，アルカリ金属の Na である。よって，B は Na_2O である。 $Na_2O + H_2O \longrightarrow 2NaOH$

(c) 酸化数が＋2 の酸化物 C は MgO のみ。MgO は塩基性酸化物で，酸には溶ける。

(d) D は最高の酸化数＋7 をもつ Cl_2O_7 のみ。 $Cl_2O_7 + H_2O \longrightarrow 2HClO_4$(過塩素酸)

解 答 A Al_2O_3 B Na_2O C MgO D Cl_2O_7

5－22

問題A

必は重要な必須問題。時間のないときはここから取り組む。

226□□◀周期表と元素の推定▶ (1)〜(6)の問いに該当する元素を，次の表中の(ア)〜(サ)で示された元素の中から選び，それぞれ元素記号で答えよ。

周期＼族	1	2	3	4	5	6	7	8	9	10	11	12	13	14	15	16	17	18
2	Li	Be											B	C	N	(ア)	(イ)	Ne
3	(ウ)	Mg											(エ)	Si	P	S	(オ)	Ar
4	(カ)	Ca	Sc	Ti	V	Cr	(キ)	(ク)	Co	Ni	(ケ)	(コ)	Ga	Ge	As	Se	(サ)	Kr

(1) 電気陰性度の最も大きい元素。

(2) 希塩酸とも水酸化ナトリウム水溶液ともよく反応する元素。(2つ)

(3) イオン化エネルギーの最も小さい元素。

(4) 遷移元素はScからこの元素までである。

(5) 常温・常圧で単体が液体である元素。

(6) 単体の融点が最も低い金属元素。

227□□◀貴ガス(希ガス)▶ 次の文の［　　］に適切な語句または数字を入れよ。

①［　　］は空気中に体積で約0.9%含まれ，電球の封入ガスに用いる。

②［　　］は水素に次いで軽く，爆発の危険がない。また，あらゆる物質中で最も沸点が③［　　］ので，気球の充填ガスや超伝導磁石の冷却剤として用いられる。

④［　　］は低圧放電させると赤色光を発するので，各種の広告灯に使われる。これらの元素はいずれも周期表⑤［　　］族に属し，価電子の数はすべて⑥［　　］である。

必**228**□□◀塩素の製法▶ 図のような装置で塩素を発生させた。次の問いに答えよ。

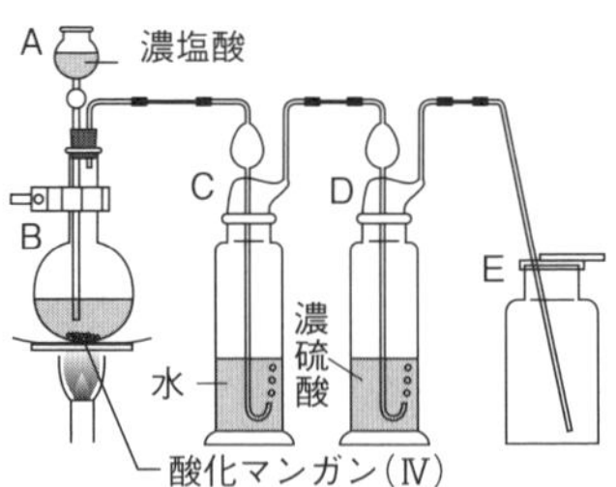

塩素は，酸化マンガン(Ⅳ)に濃塩酸を加えて加熱すると得られる。

(1) 器具A，B，C，Eの名称を記せ。

(2) この変化を化学反応式で表せ。

(3) この反応での酸化マンガン(Ⅳ)の役割を答えよ。

(4) 器具C，Dに入れた液体物質はそれぞれ何か。

(5) 器具C，Dで取り除かれる物質はそれぞれ何か。

(6) 図のような気体の捕集法を何というか。

(7) 高度さらし粉 $Ca(ClO)_2 \cdot H_2O$ に希塩酸を加えると塩素が発生する。この変化を化学反応式で示せ。

229 □□ ◀ハロゲンの単体▶ 次のうち正しい文には○，誤った文には×を記せ。

(1) ハロゲンの単体の沸点は，$F_2>Cl_2>Br_2>I_2$ である。

(2) 水素とハロゲンの単体との反応の起こりやすさは，$F_2>Cl_2>Br_2>I_2$ である。

(3) ハロゲンの単体 X_2 を水と反応させると，すべて HX と HXO が生成する。

(4) ハロゲンの単体は，いずれも水によく溶解する。

(5) ハロゲンの単体は，いずれも常温・常圧において有色である。

(6) ハロゲンは，すべて単体として天然に存在する。

(7) ハロゲンの単体は，すべて二原子分子であり，有毒なものと無毒なものとがある。

必 **230** □□ ◀塩化水素▶ 塩化ナトリウムに濃硫酸を加え穏やかに加熱すると，塩化水素が発生した。次の問いに答えよ。

(1) この変化を化学反応式で表せ。

(2) 塩化水素の適切な捕集法を答えよ。

(3) 塩化水素を検出する方法を簡単に説明せよ。

231 □□ ◀オゾン▶ 次の文の［　　］に適語を入れよ。あとの問いにも答えよ。

自然界のオゾンは，地上 20 ～ 40km 付近にある①［　　］に多く存在し，ここでは太陽から放射される強い②［　　］を吸収して，③［　　］からつくられる。なお，①は，太陽光中に含まれる②を吸収し，地上の生物を保護するはたらきをもつ。

オゾンは，実験室では酸素中で④［　　］を行うか，強い⑤［　　］を当てると生成する。オゾンは特有の生臭いにおいのする⑥［　　］色の気体で有毒である。オゾンは O_2 に分解しやすく，強い⑦［　　］作用を示し，飲料水の殺菌や消毒および繊維の漂白などに用いられる。<u>オゾンは水で湿らせたヨウ化カリウムデンプンを青変させること</u>で検出される。

(1) 下線部の変化を化学反応式で表せ。

(2) オゾンの電子式を示し，分子の形も答えよ。

必 **232** □□ ◀硫黄の同素体▶ 次の文の［　　］に適切な語句，化学式を入れよ。

硫黄の同素体のうち，常温・常圧で最も安定なものは黄色八面体状の①［　　］であり，その分子式は②［　　］である。これを約 120℃に加熱して得られる黄色の融解液を空気中で放冷すると，黄色針状の③［　　］が得られる。さらに，硫黄の融解液を約 250℃に加熱して得られる暗褐色の融解液を水中で急冷すると，やや弾性のある④［　　］が得られる。

233 □□ ◀**酸素の製法**▶　過酸化水素水に少量の酸化マンガン(Ⅳ)を加えると，酸素が発生する。次の問いに答えよ。

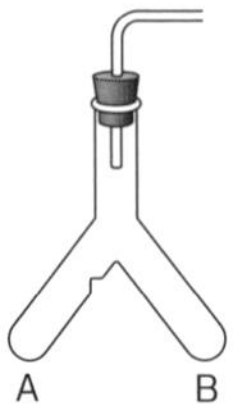

A　B

(1)　右図のA，Bに入れる物質名をそれぞれ記せ。

(2)　この反応における酸化マンガン(Ⅳ)のはたらきを記せ。

(3)　酸素は，塩素酸カリウム $KClO_3$ と酸化マンガン(Ⅳ)の混合物を加熱しても得られる。$KClO_3$ 4.90g から，標準状態で最大何Lの酸素が得られるか。ただし，式量は $KClO_3 = 122.5$ とする。

(4)　次の酸化物と水の反応で生成するオキソ酸，または水酸化物の化学式を示せ。

(ア)　CaO　　(イ)　CO_2　　(ウ)　SO_3　　(エ)　Na_2O

必 **234** □□ ◀**硫化水素の製法と性質**▶　次の文を読み，あとの問いに答えよ。

ⓐ鉄粉と硫黄を加熱すると黒褐色の①［　　　］が生成する。ⓑ①を右図の装置に入れ希硫酸を注ぐと，②［　　　］臭の気体が発生する。ⓒこの気体を硝酸銀水溶液に通じると③［　　　］が沈殿する。

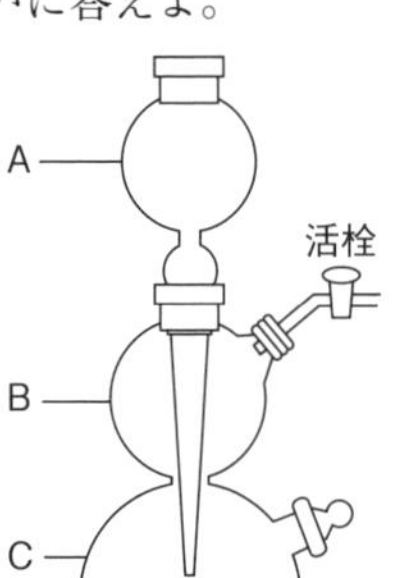

(1)　文中の①～③の［　　　］に適当な語句を入れよ。

(2)　下線部ⓐ，ⓑ，ⓒを化学反応式で示せ。

(3)　図の装置名を記せ。また，生成物①は図のA～Cのどの部分へ入れたらよいか。

(4)　硫化水素を発生させるのに，希硫酸のかわりに希硝酸を用いることはできない。その理由を簡単に示せ。

(5)　発生した硫化水素の乾燥剤として適当なものを次からすべて選べ。

(ア)　濃硫酸　　(イ)　十酸化四リン　　(ウ)　酸化カルシウム　　(エ)　塩化カルシウム

必 **235** □□ ◀**硫酸の性質**▶　次の各文に当てはまる硫酸の性質を，選択肢(ア)～(カ)からそれぞれ1つずつ選べ。

(1)　銅に濃硫酸を加えて加熱すると，二酸化硫黄が発生する。

(2)　スクロース(ショ糖)に濃硫酸を滴下すると，炭素が遊離する。

(3)　亜鉛や鉄に希硫酸を加えると，水素が発生する。

(4)　塩化ナトリウムに濃硫酸を加えて加熱すると，塩化水素が発生する。

(5)　発生した気体を濃硫酸に通じると，乾燥した気体が得られる。

(6)　濃硫酸を水で希釈すると，液温が上昇した。

【選択肢】　(ア)　脱水作用　　(イ)　強酸性　　(ウ)　吸湿性

(エ)　酸化作用　　(オ)　不揮発性　　(カ)　溶解エンタルピー(発熱)が大

問題B　必は重要な必須問題。時間のないときはここから取り組む。

236 □□ ◀塩素の性質▶　次の文の[　　]に適語を入れ，あとの問いに答えよ。

ⓐ塩素は水に溶けると，その一部は水と反応して，強い酸性を示す①[　　]と強い酸化作用を示す②[　　]を生じる。

ⓑフッ素は水と激しく反応して酸素を発生する。フッ素と水素の混合物は冷暗所でも爆発的に反応して③[　　]を生成するが，塩素と水素の混合物に光を当てると爆発的に反応して④[　　]を生成する。

(1)　下線部ⓐ，ⓑの変化を，化学反応式で示せ。

(2)　塩素に加熱した銅線を入れたら激しく反応した。生成物の化学式を示せ。

必 **237** □□ ◀ハロゲン化水素▶　ハロゲン化水素は，無色・刺激臭の気体で，①その水溶液はいずれも酸性を示す。また，その沸点は②ある化合物を除いて分子量の増加にともなって高くなる。フッ化水素を水に溶かしたアフッ化水素酸はガラスの主成分である二酸化ケイ素を腐食する。ハロゲン化物イオンを含む水溶液に硝酸銀水溶液を加えると，③ハロゲン化銀を生成する。

(1)　下線部①のうち，弱酸性を示すものは何か。化学式で示せ。

(2)　下線部②の化合物を化学式で示し，その理由を簡単に説明せよ。

(3)　下線部アの反応を化学反応式で表せ。

(4)　ヨウ化カリウム水溶液に塩素を通じると褐色を呈した。そこへデンプン水溶液を加えた。(i)前半の変化を化学反応式で書け。(ii)後半の呈色反応を何というか。

(5)　下線部③のうち，沈殿を生じないものを化学式で記せ。

必 **238** □□ ◀硫酸の製法▶　次の文を読んで，あとの問いに答えよ。

(a)　硫黄またはⓐ黄鉄鉱(FeS_2)を燃焼させると酸化鉄(Ⅲ)と二酸化硫黄が生成する。

(b)　ⓑ二酸化硫黄を空気中の酸素と反応させて，三酸化硫黄をつくる。

(c)　ⓒ三酸化硫黄を濃硫酸中の水分に吸収させて濃硫酸をつくる。

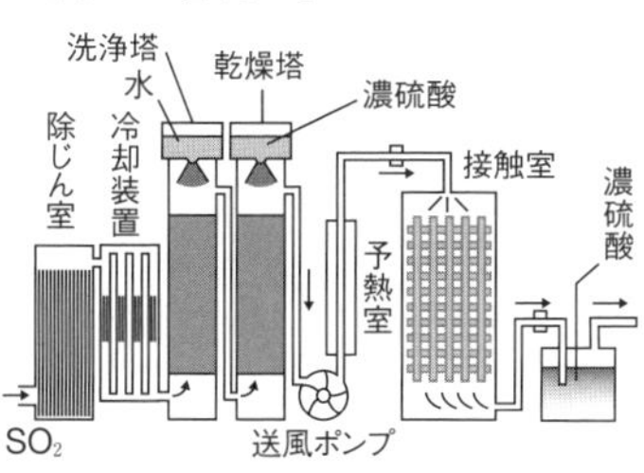

(1)　このような硫酸の工業的製法を何というか。

(2)　触媒を必要とする反応を(a)～(c)から選び，その触媒の化学式を示せ。

(3)　下線部ⓐ，ⓑ，ⓒの変化を，それぞれ化学反応式で示せ。

(4)　下線部ⓒでは，三酸化硫黄を水ではなく濃硫酸に吸収させる理由を述べよ。

(5)　理論上，硫黄 1.6kg から 98% 硫酸は何 kg できるか。(H＝1.0，O＝16，S＝32)

5-22

23 非金属元素②

1 窒素・リン(15 族)の単体と化合物

❶窒素 N，リン P の単体

窒素 N_2		空気の主成分，無色・無臭の気体。常温では化学的に不活発。不燃性。	
リン P（同素体）	黄リン	淡黄色固体，**猛毒**	自然発火(**水中保存**)
	赤リン	暗赤色粉末，微毒	自然発火しない。

高純度のものは**白リン**という。

(反応)空気中で白煙をあげて燃焼。$4P + 5O_2 \longrightarrow P_4O_{10}$（十酸化四リン）

窒素の化合物		
アンモニア NH_3	無色・刺激臭の気体。水に溶け塩基性，HCl と白煙生成。	塩化アンモニウムと水酸化カルシウムを加熱。$2NH_4Cl + Ca(OH)_2 \longrightarrow CaCl_2 + 2NH_3 + 2H_2O$
一酸化窒素 NO	無色の気体。水に難溶。酸素と反応して NO_2 になる。	銅に希硝酸を加える。$3Cu + 8HNO_3 \longrightarrow 3Cu(NO_3)_2 + 2NO + 4H_2O$
二酸化窒素 NO_2	赤褐色・刺激臭の有毒気体。水に溶け酸性(硝酸生成)。	銅に濃硝酸を加える。$Cu + 4HNO_3 \longrightarrow Cu(NO_3)_2 + 2NO_2 + 2H_2O$

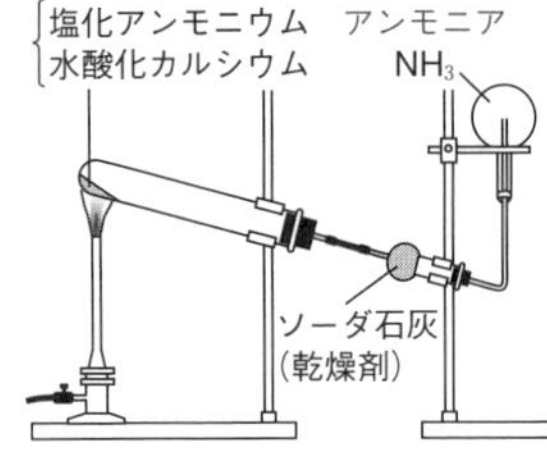

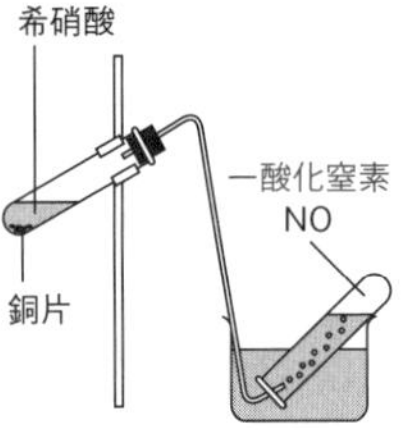

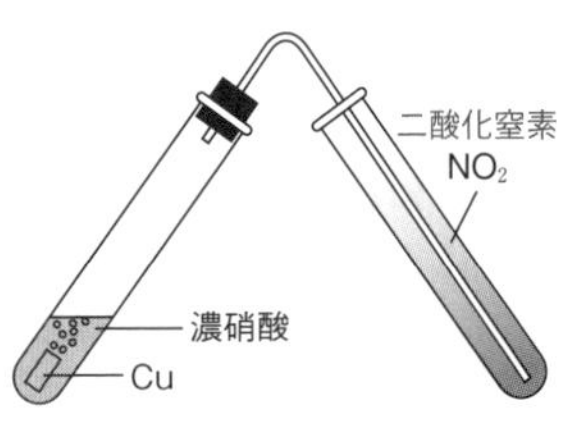

リンの化合物	
十酸化四リン P_4O_{10}	白色粉末，強い吸湿性(乾燥剤)・脱水剤。水と煮沸すると，リン酸を生成。$P_4O_{10} + 6H_2O \longrightarrow 4H_3PO_4$
リン酸 H_3PO_4	無色・潮解性の結晶(融点 42℃)。水に溶け，水溶液は中程度の強さの酸性を示す。

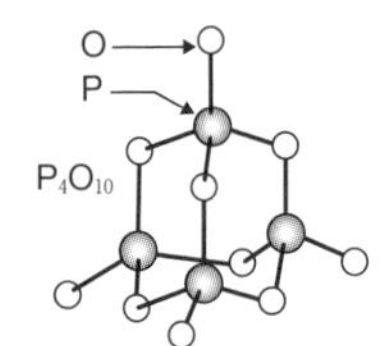

❷硝酸の工業的製法　オストワルト法という。

加熱した白金網(触媒)で NH_3 を酸化して得る。

$$NH_3 \xrightarrow[ⓐ]{O_2\,(Pt)} NO \xrightarrow[ⓑ]{O_2} NO_2 \xrightarrow[ⓒ]{H_2O} HNO_3 + NO$$

ⓐ　$4NH_3 + 5O_2 \longrightarrow 4NO + 6H_2O$

ⓑ　$2NO + O_2 \longrightarrow 2NO_2$

ⓒ　$3NO_2 + H_2O \longrightarrow 2HNO_3 + NO$

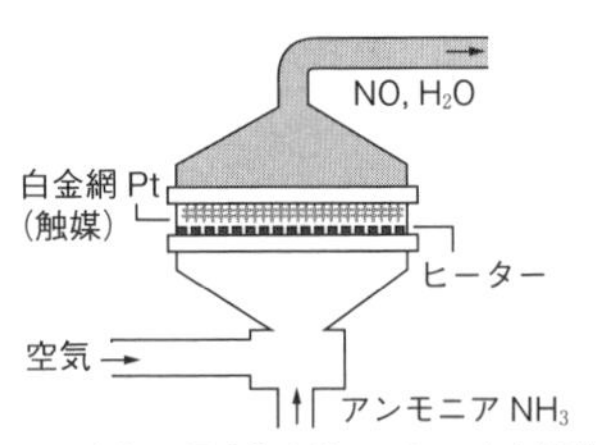

NH_3 と空気の混合物を約 800℃の白金触媒で酸化して NO とし，冷却して NO_2 とする。

(性質)(i) 無色・揮発性の強酸，光で分解しやすい(**褐色びん**で保存)。

(ii) 強い酸化作用，ただし，Al，Fe，Ni は濃硝酸には不動態となり不溶。

❷ 炭素・ケイ素(14族)の単体と化合物

炭素C(同素体)	ダイヤモンド	無色・透明，硬度最大，電気伝導性なし。	
	黒鉛	黒色，軟らかい，電気伝導性あり。	
	無定形炭素	黒鉛の微結晶の集合体，多孔質，電気伝導性あり。	
	フラーレン	球状の炭素分子，C_{60}，C_{70} など。電気伝導性なし。	
ケイ素Si		金属光沢をもつ暗灰色の共有結合の結晶，**半導体**として利用。	
化合物	二酸化炭素 CO_2	無色・無臭の気体。水溶液は弱い酸性。石灰水を白濁し，CO_2 過剰で沈殿は溶解。	$CaCO_3 + 2HCl \longrightarrow CaCl_2 + CO_2 + H_2O$
	一酸化炭素 CO	無色・無臭の有毒気体。可燃性(青い炎)。水に不溶，高温では還元性あり。	ギ酸に濃硫酸を加え加熱。$HCOOH \longrightarrow CO + H_2O$
	二酸化ケイ素 SiO_2	石英，水晶，ケイ砂の主成分。無色透明の固体，ガラスの原料。強塩基と反応 $SiO_2 + 2NaOH \xrightarrow{(融解)} Na_2SiO_3 + H_2O$	

C_{60} の分子

二酸化ケイ素の反応

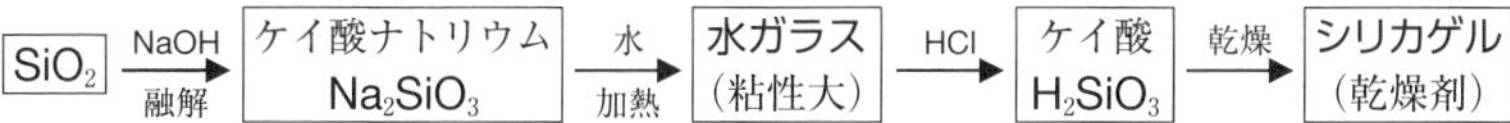

❸ 気体の製法と性質

❶気体の発生装置 試薬が固体か液体か，加熱が必要か不要かで決める。

固体と固体　加熱が必要…(A)の装置

固体と液体 { 加熱が必要な場合…(B)の装置(濃硫酸か濃塩酸を使う場合)
　　　　　　 加熱が不要の場合…(C)，(D)，(E)のいずれの装置でもよい。

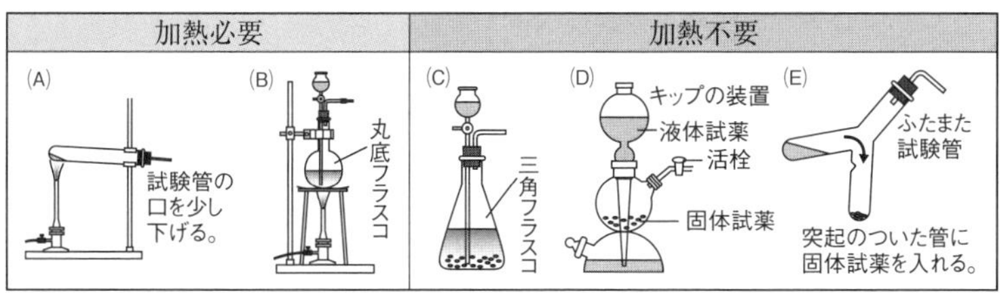

❷気体の捕集法 水に対する溶解性と，空気に対する比重で決める。

水に溶けにくい気体：H_2，O_2，NO，CO など …………………………… 水上置換

水に溶ける気体 { 空気より軽い(分子量＜29)：NH_3 のみ ………… 上方置換
　　　　　　　　 空気より重い：HCl，Cl_2，NO_2 など …………… 下方置換

❸気体の乾燥剤 気体と反応しない乾燥剤を選択する。

酸性の乾燥剤	P_4O_{10}，濃硫酸	塩基性気体(NH_3)は吸収され，不適。H_2S は濃硫酸で酸化され，不適。
中性の乾燥剤	$CaCl_2$	$CaCl_2 \cdot 8NH_3$ をつくる(NH_3 は不適)。
塩基性の乾燥剤	CaO，ソーダ石灰	酸性気体(Cl_2，HCl，SO_2，NO_2 など)は吸収され，不適。

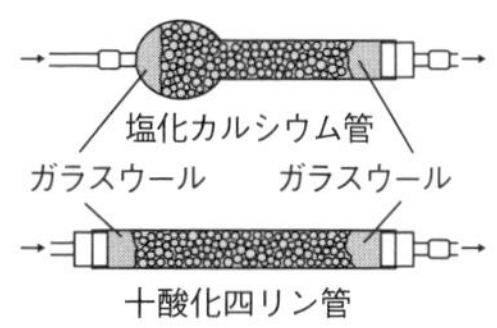

確認＆チェック

1 次の文の［　　］に適語を入れよ。

(1) アンモニア NH_3 は無色，①［　　］臭の気体で，水溶液は弱い②［　　］性を示す。実験室では，③［　　］に水酸化カルシウムを加え加熱して得られる。

(2) リン P の同素体のうち，④［　　］は淡黄色の固体で猛毒である。空気中で自然発火するので，⑤［　　］中に保存する。⑥［　　］は暗赤色の粉末で，空気中で自然発火⑦［　　］。

(3) リン P は空気中で白煙をあげて燃焼し，⑧［　　］を生成する。⑧を熱水と反応させると，⑨［　　］を生成する。

2 次の文の［　　］に適語を入れ，{　　}から正しい記号を選べ。

(1) 一酸化窒素 NO は①［　　］色の気体で，水に溶け②{(ア)やすい，(イ)にくい}。空気に触れると③［　　］色になる。銅に④{(ウ)希硝酸，(エ)濃硝酸}を反応させて得られる。

(2) 二酸化窒素 NO_2 は⑤［　　］色の刺激臭の気体で有毒である。水に溶けると⑥{(ア)酸性，(イ)塩基性}を示す。銅に⑦{(ウ)希硝酸，(エ)濃硝酸}を反応させて得られる。

3 次の文の［　　］に適語を入れよ。

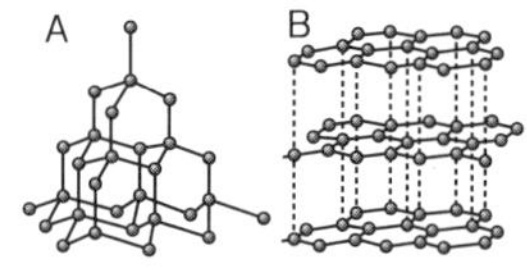

炭素の同素体のうち，図 A の結晶は①［　　］で，非常に硬く，電気伝導性は②［　　］。

図 B の結晶は③［　　］で，軟らかく，電気伝導性は④［　　］。このほか，③の微結晶の集合体で多孔質な構造をもつ⑤［　　］や，C_{60}，C_{70} など球状の炭素分子からなる⑥［　　］もある。

4 次の文で，一酸化炭素に該当するものは A，二酸化炭素に該当するものは B と記せ。

(1) 水に不溶な気体である。

(2) 水に溶けて弱い酸性を示す。

(3) 無色・無臭の気体で，きわめて有毒である。

(4) 空気中では青い炎を出して燃焼する。

解答

1 ① 刺激
② 塩基
③ 塩化アンモニウム（硫酸アンモニウム）
④ 黄リン
⑤ 水
⑥ 赤リン
⑦ しない
⑧ 十酸化四リン
⑨ リン酸
→ p.180 1

2 ① 無
② イ
③ 赤褐
④ ウ
⑤ 赤褐
⑥ ア
⑦ エ
→ p.180 1

3 ① ダイヤモンド
② ない
③ 黒鉛（グラファイト）
④ ある
⑤ 無定形炭素
⑥ フラーレン
→ p.181 2

4 (1) A　(2) B
(3) A　(4) A
→ p.181 2

例題 68 窒素の化合物

次の文の[ ]に適語を入れ，あとの問いに答えよ。

濃硝酸は無色，揮発性の液体で，強い①[ ]性と②[ ]作用を示す。イオン化傾向の小さな銅や銀とも反応し，③[ ]が発生する。ただし，鉄やアルミニウムは濃硝酸とは全く反応しない。この状態を④[ ]という。

(1) 濃硝酸は褐色びんで保存する。この理由を記せ。

(2) 文中の④は，どういう状態であるかを記せ。

考え方 濃硝酸，希硝酸は，ともに強い**酸性**と**酸化作用**を示し，イオン化傾向が小さなCu，Agをも溶かす。銅と濃硝酸が反応すると，二酸化窒素(赤褐色)の気体が発生する。

(1) 濃硝酸は光が当たると次のように分解され，NO_2 の生成により淡黄色を帯びる。

$4HNO_3 \xrightarrow{光} 4NO_2 + 2H_2O + O_2$

(2) 鉄，アルミニウム，ニッケルは濃硝酸には溶けない。この状態を**不動態**という。

解答 ① 酸 ② 酸化 ③ 二酸化窒素 ④ 不動態

(1) 光による濃硝酸の分解を防ぐため。

(2) 金属表面にち密な酸化物の被膜を生じ，それ以上反応が進まなくなった状態。

例題 69 気体の性質

次の文に該当する気体をあとの語群から選び，それぞれ化学式で示せ。

(1) 無色・刺激臭の気体で，水にきわめて溶けやすく，水溶液は酸性を示す。

(2) 赤褐色・刺激臭の気体で，水に溶けて，水溶液は酸性を示す。

(3) 無色の気体で，空気に触れると直ちに赤褐色になる。

(4) 無色・腐卵臭の気体で，酢酸鉛(Ⅱ)水溶液に通じると黒色沈殿を生じる。

(5) 無色・刺激臭の気体で，水溶液に赤色リトマス紙を浸すと青変する。

(6) 無色・刺激臭の気体で，赤い花の色素を脱色する。

(7) 有色の気体で，水素との混合気体に光を当てると，爆発的に反応する。

【語群】
[一酸化炭素　塩素　硫化水素　アンモニア
塩化水素　一酸化窒素　二酸化硫黄　二酸化窒素]

考え方 ・有色の気体…Cl_2・NO_2・O_3
・水に不溶の気体…H_2・O_2・N_2・CO・NO　・酸化力のある気体…Cl_2・NO_2・O_3
・水に非常に溶けやすい気体…HCl・NH_3　・還元力のある気体…H_2S・SO_2，CO(高温)

(1) 水に非常に溶けやすい気体はHClとNH_3で，水溶液が酸性なのはHCl。

(2) 赤褐色よりNO_2。水に溶け硝酸を生成。

(3) $2NO + O_2 \rightarrow 2NO_2$(赤褐色)よりNO。

(4) 腐卵臭はH_2S。$Pb^{2+} + S^{2-} \rightarrow PbS\downarrow$(黒)

(5) 水溶液が塩基性を示すのはNH_3のみ。

(6) 無色の気体で漂白作用を示すのはSO_2。

(7) $H_2 + Cl_2 \xrightarrow{光} 2HCl$より，$Cl_2$。

解答 (1) HCl (2) NO_2 (3) NO (4) H_2S (5) NH_3 (6) SO_2 (7) Cl_2

5-23

例題 70 種々の炭素の同素体

次の文の[ ]に適切な語句または数値を記入せよ。

炭素の同素体のうち，①[ ]は無色透明な結晶で，各炭素原子は隣接する②[ ]個の原子と③[ ]結合で結ばれた立体網目構造をもつ。そのため，非常に硬く，電気伝導性は示さ④[ ]。

⑤[ ]は黒色の結晶で，各炭素原子は隣接する⑥[ ]個の原子と③結合で結ばれた平面層状構造をつくる。この構造は互いに⑦[ ]で積み重なっているだけなので軟らかい。⑤の細かな粉末は，結晶状の外観を示さないので，⑧[ ]とよばれ，印刷のインクやプリンターのトナーなどに利用される。

また，1985 年に黒鉛にレーザーを照射してできた煤(すす)の中から⑨[ ]とよばれる中空の球状構造をもった C_{60} などの炭素分子が発見された。この物質は電気伝導性は⑩[ ]。1991 年に黒鉛のシート構造を円筒状に丸めた構造をもつ⑪[ ]が発見された。この物質は層の巻き方の違いによって電気伝導性が変わる性質をもつ。2004 年に⑫[ ]とよばれる黒鉛のシート一層分が単離された。

考え方 ダイヤモンドは天然物質の中で最も硬く，各炭素原子は 4 個の価電子すべてを用いて共有結合でつながり，正四面体を基本単位とする**立体網目構造**の共有結合の結晶で，電気伝導性は示さない。

黒鉛(グラファイト)は，各炭素原子が 3 個の価電子を使って共有結合し，正六角形を基本単位とする**平面層状構造**を形成し，この構造が比較的弱い**分子間力**で積み重なったものである。残る 1 個の価電子は平面構造上を自由に動くことができるので，電気伝導性を示す。

無定形炭素は黒鉛の微結晶の集合体で，多孔質で吸着力が大きい。活性炭も無定形炭素で，脱臭剤や脱色剤として利用される。

1985 年，クロトー，スモーリーらによって発見された C_{60}，C_{70} などの球状の炭素分子はフラーレンと総称される。フラーレンは面心立方格子からなる分子結晶をつくり，電気伝導性を示さない。しかし，K，Rb などのアルカリ金属を添加してつくられたフラーレンは，19K 以下で電気抵抗が 0 となる**超伝導**の性質を示し，注目されている。

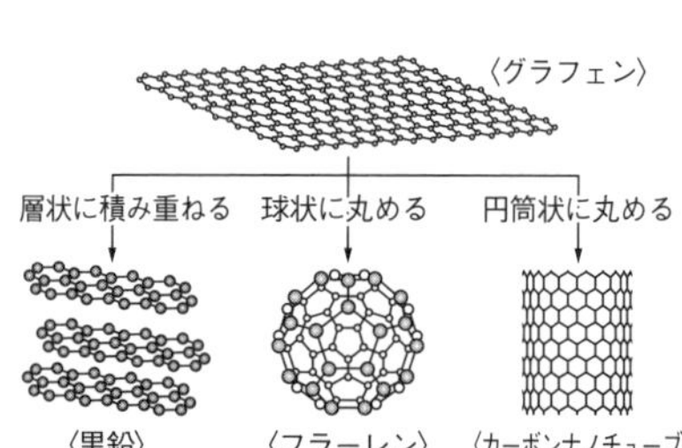

1991 年，日本の飯島澄男博士によって，黒鉛のシート構造を円筒状に丸めた構造をもつ**カーボンナノチューブ**が発見された。この物質は層の巻き方の違いによって，金属の性質を示すものや，半導体の性質を示すものなどがあり，電子部品などへの利用が開始されている。2004 年，ガイムとノボセロフらによって，黒鉛のシート一層分だけが単離され，**グラフェン**と命名された。

解答 ① ダイヤモンド　② 4　③ 共有　④ ない　⑤ 黒鉛(グラファイト)　⑥ 3
⑦ 分子間力(ファンデルワールス力)　⑧ 無定形炭素　⑨ フラーレン　⑩ ない
⑪ カーボンナノチューブ　⑫ グラフェン

問題A

必は重要な必須問題。時間のないときはここから取り組む。

必239 □□ ◀アンモニア▶ 図のアンモニアの発生装置について，次の問いに答えよ。

(1) この変化を化学反応式で示せ。

(2) この気体の捕集法を何というか。

(3) 試験管を図のように傾ける理由を示せ。

(4) アンモニアの乾燥剤として適切なものを選べ。

(ア) ソーダ石灰　　(イ) 塩化カルシウム

(ウ) 十酸化四リン　　(エ) 濃硫酸

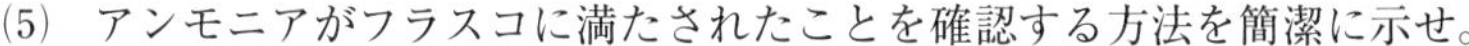

(5) アンモニアがフラスコに満たされたことを確認する方法を簡潔に示せ。

(6) 水酸化カルシウムの代わりに用いることができる物質を，次から選べ。

(ア) HCl　　(イ) $CaCl_2$　　(ウ) H_2SO_4　　(エ) $NaOH$

240 □□ ◀窒素の酸化物▶ 次の記述のうち，一酸化窒素 NO に当てはまるものはA，二酸化窒素 NO_2 に当てはまるものはBと答えよ。

(1) 無色の気体である。　　(2) 水に溶けやすい気体である。

(3) 水に溶けにくい気体である。　　(4) 空気中で速やかに酸化される。

(5) 銅と希硝酸の反応でつくる。　　(6) 銅と濃硝酸の反応でつくる。

(7) 赤褐色の気体である。　　(8) 高温で窒素と酸素の反応で生成する。

必241 □□ ◀リンとその化合物▶ 次の文の□に適語を入れ，問いにも答えよ。原子量は，H＝1.0，O＝16，P＝31，Ca＝40とする。

リンの単体には，代表的な2種の①□が存在する。分子式が P_4 の②□は，毒性が強く，空気中では自然発火するので③□中に保存する。一方，②を空気を絶って約250℃で長時間加熱してできる④□は，毒性は少なく，空気中で安定に存在する暗赤色の高分子で，⑤□の側薬などに用いる。

リンを空気中で燃焼させると，⑥□を生じる。⑥は吸湿性に富む白色の粉末で⑦□として用いる。⑥に水を加えて煮沸すると⑧□が得られる。

リン鉱石（主成分 $Ca_3(PO_4)_2$）は水に溶けないが，これに適量の硫酸を作用させると，水溶性の⑨□が生成し，リン酸肥料として用いられる。

(1) リン鉱石（質量で80％の $Ca_3(PO_4)_2$ を含む）500gから得られる黄リンの質量は何gか。

(2) 赤リン100gから得られる80％リン酸の質量は何gか。

242 □□ ◀炭素の化合物▶ 次の文を読み，あとの各問いに答えよ。

一酸化炭素は炭素の不完全燃焼で生じるほか，実験室では1価の弱酸である ⓐ［ア］を濃硫酸で脱水して発生させる。一酸化炭素は血液中の［イ］と強く結合してその酸素運搬作用を失わせるので，きわめて有毒である。一方，高温においては強い［ウ］性を示すので，鉄の製錬などに利用される。

二酸化炭素は実験室ではⓑ大理石に希塩酸を加えて発生させる。また，ⓒ水酸化ナトリウム溶液に吸収される性質をもつ。ⓓ二酸化炭素を石灰水に通じると白色の沈殿を生じる。ⓔさらに過剰に通じるとこの沈殿は溶けて無色透明な溶液になる。

近年，ⓕ大気中の二酸化炭素濃度は人間の活動により増加しており，これが地球［エ］の一因と考えられている。

(1) 文中の［　　］に適切な語句を記入せよ。

(2) 下線部ⓐ～ⓔの変化を，化学反応式で示せ。

(3) 下線部ⓕの主な原因を2つ答えよ。

必243 □□ ◀気体の製法と性質▶ 次の各気体を実験室で発生させるのに必要な試薬を［Ⅰ群］，その発生装置を［Ⅱ群］，その捕集方法を［Ⅲ群］からそれぞれ選べ。また，各気体の性質を［Ⅳ群］からそれぞれ選べ。

(1) アンモニア　(2) 二酸化炭素　(3) 塩化水素　(4) 二酸化硫黄

(5) 一酸化窒素　(6) 二酸化窒素　(7) 硫化水素　(8) 一酸化炭素

［Ⅰ群］ (a) NaCl　(b) FeS　(c) NH_4Cl　(d) H_2O_2　(e) Cu

(f) $Ca(OH)_2$　(g) MnO_2　(h) ギ酸　(i) $CaCO_3$

(j) 濃硝酸　(k) 希硝酸　(l) 濃硫酸　(m) 希塩酸

［Ⅱ群］ (A)

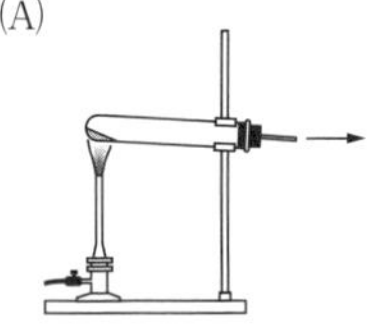

(B)

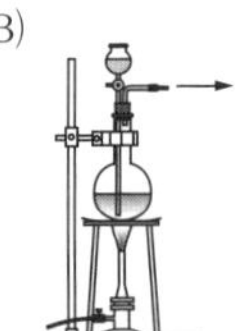

(C)

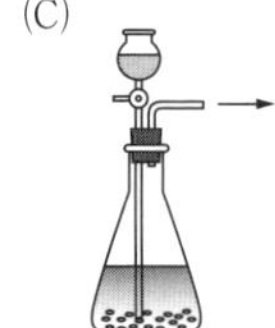

［Ⅲ群］ (A) 上方置換　(B) 下方置換　(C) 水上置換

［Ⅳ群］ (ア) 空気に触れると赤褐色になる。　(イ) 水に溶け塩基性を示す。

(ウ) 赤褐色で水に溶け酸性を示す。　(エ) 無色で水に溶け強酸性を示す。

(オ) 石灰水に通すと白濁する。　(カ) H_2S と反応し S と水を生じる。

(キ) 腐卵臭の有毒な気体である。　(ク) 無色，無臭の有毒気体である。

問題B　必は重要な必須問題。時間のないときはここから取り組む。

必244□□◀ケイ素と化合物▶　次の文の[　　]に適語を入れ，問いに答えよ。

ケイ素の単体は，炭素の単体の①[　　]と同じ結晶構造をもつ②[　　]の結晶である。高純度のものは③[　　]として電子部品の材料に用いられる。

二酸化ケイ素は，天然には主に④[　　]という鉱物として多量に存在し，透明で大きな結晶を⑤[　　]，砂状のものを⑥[　　]という。高純度の二酸化ケイ素を繊維状に加工したものは⑦[　　]とよばれ，光通信に利用されている。

ⓐ二酸化ケイ素を水酸化ナトリウムの固体と強く熱するとガラス状の⑧[　　]となる。⑧の水溶液を長時間加熱すると⑨[　　]とよばれる粘性の大きな液体が得られる。

ⓑ⑨の水溶液に塩酸を加えると，白色ゲル状の⑩[　　]が沈殿する。⑩を水洗いし，加熱乾燥させると⑪[　　]が得られる。⑪は乾燥剤や吸着剤として用いられる。

(1)　下線部ⓐ，ⓑを化学反応式で示せ。

(2)　⑪が乾燥剤として用いられる理由を，その構造に基づいて説明せよ。

必245□□◀硝酸の製法▶　次の文の[　　]に適語を入れ，あとの問いに答えよ。

(a)　アンモニアと空気の混合気体を，約800℃に加熱した白金網に触れさせると，①[　　]色の気体の②[　　]が生成する。

(b)　②はさらに空気中の酸素と反応して，③[　　]色の気体の④[　　]になる。

(c)　④を水と反応させると，⑤[　　]と②を生成する。ここで副生する②は(b)と(c)の反応を繰り返すことですべて⑤に変わる。この工業的製法を⑥[　　]という。

(1)　(a)，(b)，(c)を，それぞれ化学反応式で示せ。

(2)　(a)，(b)，(c)を，1つにまとめた化学反応式で示せ。

(3)　上記の方法で，アンモニア1.7kgから63％硝酸は何kg得られるか。

(原子量：H＝1.0，N＝14，O＝16)

246□□◀気体の精製▶　次のA～Eに示す混合気体中の不純物を除去したい。下の(ア)～(エ)の中から最も適した方法を1つずつ選べ。

混合気体	A	B	C	D	E
主成分	N_2	N_2	N_2	NH_3	Cl_2
不純物	CO_2	O_2	H_2	H_2O	H_2O

(ア)　熱した銅網の中を通す。　(イ)　濃硫酸の中を通す。

(ウ)　ソーダ石灰の中を通す。

(エ)　熱した酸化銅(Ⅱ)片の中を通したのち，塩化カルシウム管の中を通す。

24 典型金属元素

1 アルカリ金属 Hを除く1族元素 Li, Na, K, Rb, Cs, Frの6元素

単体	原子は1個の価電子をもち，1価の陽イオンになる。 銀白色の軟らかい軽金属で，低融点，密度小。 (a)水や酸素と反応しやすく，石油中で保存する。 (b)常温の水と激しく反応し，水素を発生する。 $2Na + 2H_2O \longrightarrow 2NaOH + H_2\uparrow$	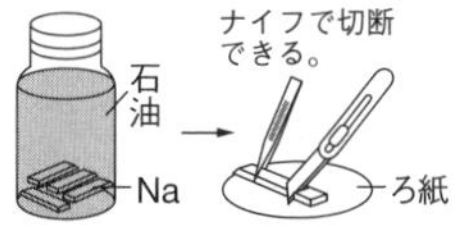
化合物	水酸化ナトリウム $NaOH$	白色の固体で潮解性を示す。水溶液は強い塩基性で皮膚を侵す。CO_2をよく吸収する。$2NaOH + CO_2 \longrightarrow Na_2CO_3 + H_2O$
	炭酸ナトリウム Na_2CO_3	白色粉末，$Na_2CO_3 \cdot 10H_2O$は風解性を示し，一水和物になる。水溶液は加水分解して塩基性を示す。加熱しても分解しない。
	炭酸水素ナトリウム $NaHCO_3$	白色粉末，重曹(じゅうそう)ともいう。水溶液は加水分解して弱い塩基性を示す。加熱すると分解し，CO_2を発生する。

注)単体，化合物は炎色反応を示す。例 Li(赤)，Na(黄)，K(赤紫)，Rb(深赤)，Cs(青紫)

アンモニアソーダ法(ソルベー法)

Na_2CO_3の工業的製法。飽和食塩水にNH_3とCO_2を通して，比較的水に溶けにくい$NaHCO_3$を沈殿させ，これを熱分解してNa_2CO_3をつくる。

(主反応)$NaCl + NH_3 + CO_2 + H_2O$

$\longrightarrow NaHCO_3 + NH_4Cl$

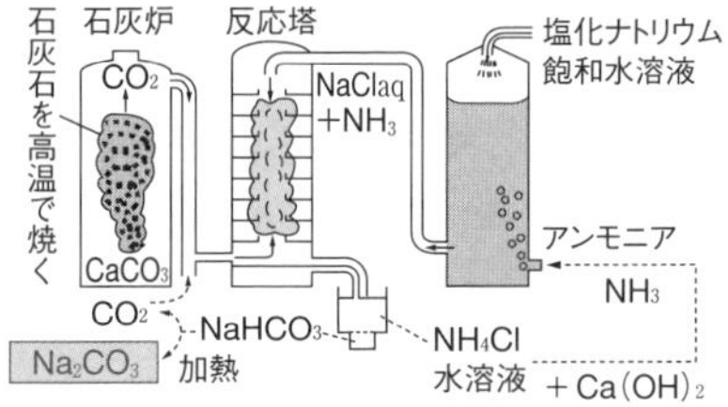

アンモニアソーダ法の原理

2 アルカリ土類金属 Be, Mg, Ca, Sr, Ba, Raの6元素

アルカリ土類金属にBe，Mgを含めない場合もある。

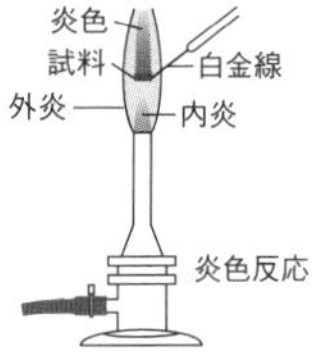

	マグネシウム Mg	Ca, Sr, Ba, Ra
電子配置	原子は2個の価電子をもち，2価の陽イオンになる。	
単体の特徴	銀白色の軽金属，低融点(1族よりやや高い)。	
反応性	Mg < Ca < Sr < Ba	
水との反応(水酸化物)	熱水と反応(弱塩基)	常温の水と反応(強塩基)
硫酸塩	水に可溶	水に不溶(沈殿)
炎色反応	なし	Ca(橙赤)，Sr(紅)，Ba(黄緑)

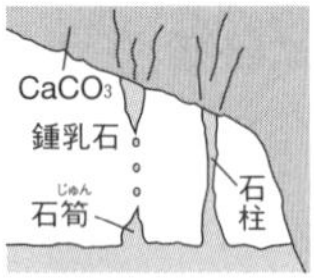

Caの化合物

炭酸カルシウム $CaCO_3$	石灰石，大理石の主成分，熱分解する。
酸化カルシウム CaO	生石灰，白色固体，吸湿性(乾燥剤)
水酸化カルシウム $Ca(OH)_2$	消石灰，白色粉末，水溶液(石灰水)
硫酸カルシウム $CaSO_4$	$CaSO_4 \cdot 2H_2O \underset{固化}{\overset{加熱}{\rightleftarrows}} CaSO_4 \cdot \frac{1}{2}H_2O + \frac{3}{2}H_2O$ (セッコウ ⇄ 焼きセッコウ)

石灰石$CaCO_3$は，CO_2を含む地下水に溶ける。

$CaCO_3 + CO_2 + H_2O \underset{鍾乳石}{\overset{鍾乳洞}{\rightleftarrows}} Ca(HCO_3)_2$

❸ アルミニウムとその化合物

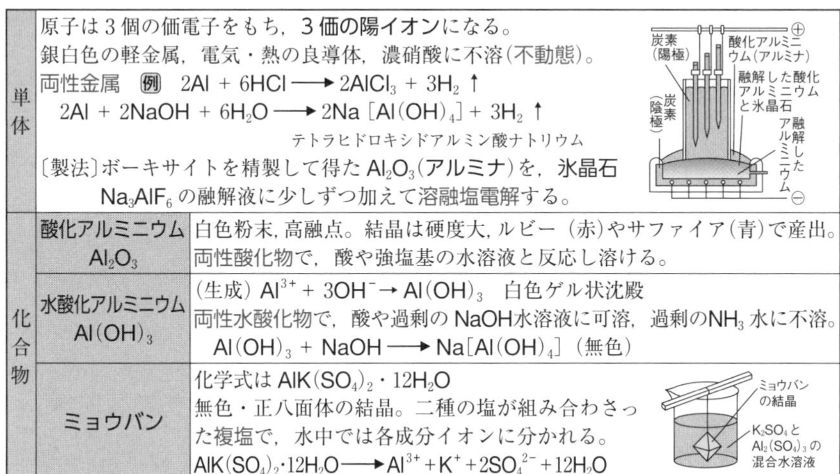

単体		原子は3個の価電子をもち，**3価の陽イオン**になる。 銀白色の軽金属，電気・熱の良導体，濃硝酸に不溶（不動態）。 両性金属　例　$2Al + 6HCl \longrightarrow 2AlCl_3 + 3H_2\uparrow$ $2Al + 2NaOH + 6H_2O \longrightarrow 2Na[Al(OH)_4] + 3H_2\uparrow$ テトラヒドロキシドアルミン酸ナトリウム 〔製法〕ボーキサイトを精製して得たAl_2O_3（アルミナ）を，氷晶石Na_3AlF_6の融解液に少しずつ加えて溶融塩電解する。
化合物	酸化アルミニウム Al_2O_3	白色粉末，高融点。結晶は硬度大，ルビー（赤）やサファイア（青）で産出。 両性酸化物で，酸や強塩基の水溶液と反応し溶ける。
	水酸化アルミニウム $Al(OH)_3$	（生成）$Al^{3+} + 3OH^- \rightarrow Al(OH)_3$　白色ゲル状沈殿 両性水酸化物で，酸や過剰のNaOH水溶液に可溶，過剰のNH_3水に不溶。 $Al(OH)_3 + NaOH \longrightarrow Na[Al(OH)_4]$（無色）
	ミョウバン	化学式は$AlK(SO_4)_2\cdot 12H_2O$ 無色・正八面体の結晶。二種の塩が組み合わさった複塩で，水中では各成分イオンに分かれる。 $AlK(SO_4)_2\cdot 12H_2O \longrightarrow Al^{3+} + K^+ + 2SO_4^{2-} + 12H_2O$

❹ 亜鉛・水銀とその化合物

12族元素（Zn，Hg）は遷移元素（p.219）に分類されることが多いが，典型金属との類似性が高いので，本書ではあえてここで扱う。

亜鉛（Zn）	単体		原子は2個の価電子をもち，**2価の陽イオン**になる。 青白色の重金属，低融点，**トタン**（Fe + Zn めっき），**黄銅**（+ Cu 合金）。 両性金属　例　$Zn + 2HCl \longrightarrow ZnCl_2 + H_2\uparrow$ $Zn + 2NaOH + 2H_2O \longrightarrow Na_2[Zn(OH)_4] + H_2\uparrow$ テトラヒドロキシド亜鉛（Ⅱ）酸ナトリウム
	化合物	酸化亜鉛 ZnO	白色粉末，水に不溶。亜鉛の燃焼で得られる。 両性酸化物で，酸や強塩基の水溶液と反応し溶ける。
		水酸化亜鉛 $Zn(OH)_2$	（生成）$Zn^{2+} + 2OH^- \longrightarrow Zn(OH)_2$ 白色ゲル状沈殿 両性水酸化物，**酸や過剰の NaOH 水溶液，過剰の NH_3 水に可溶**。 $Zn(OH)_2 + 2NaOH \longrightarrow Na_2[Zn(OH)_4]$ $Zn(OH)_2 + 4NH_3 \longrightarrow [Zn(NH_3)_4]^{2+} + 2OH^-$ テトラアンミン亜鉛（Ⅱ）イオン
水銀（Hg）			12族，銀白色の重金属，常温で液体，蒸気は有毒，Hgとの合金は**アマルガム**。 Hg_2Cl_2 塩化水銀（Ⅰ）は水に難溶。$HgCl_2$ 塩化水銀（Ⅱ）は水に可溶，猛毒。

❺ スズ・鉛とその化合物

スズ（Sn）	14族，銀白色の重金属，低融点，両性金属，**ブリキ**（Fe + Sn めっき），**青銅**（+Cu 合金）。 $SnCl_2$ 塩化スズ（Ⅱ）は還元性が大（$Sn^{2+} \rightarrow Sn^{4+} + 2e^-$），無鉛はんだ（+Ag，Cu）。
鉛（Pb）	14族，灰白色の重金属，密度大（11.4g/cm^3），低融点。 両性金属。放射線をよく遮蔽（しゃへい）する。軟らかい。 水に不溶性の沈殿をつくりやすい。有毒。 $PbCl_2$（白），$PbSO_4$（白），PbS（黒），$PbCrO_4$（黄） クロムイエロー（黄色顔料） クロムイエローは$PbCrO_4$が主成分である。

確認&チェック

解答

1 次の文の［　　］に適語を入れよ。

ナトリウム Na の単体は，銀白色の軟らかい軽金属で，水や酸素と反応しやすいので，①［　　］中で保存する。

Na は常温の水と激しく反応し，②［　　］を発生する。

水酸化ナトリウム NaOH は白色の固体で，空気中に放置すると水分を吸収して溶ける。この現象を③［　　］という。

解答 1 ① 石油　② 水素　③ 潮解

→ p.188 1

2 次の文の｛　｝内より，正しい方を記号で示せ。

炭酸ナトリウム Na_2CO_3 は白色の粉末で，その水溶液は ①｛(ア)塩基性，(イ)弱い塩基性｝を示す。また，加熱した場合，分解②｛(ア)する，(イ)しない｝。

炭酸水素ナトリウム $NaHCO_3$ は白色の粉末で，その水溶液は③｛(ア)塩基性，(イ)弱い塩基性｝を示す。また，加熱した場合，分解④｛(ア)する，(イ)しない｝。

解答 2 ① (ア)　② (イ)　③ (イ)　④ (ア)

→ p.188 1

3 右図のように，ある化合物の水溶液を白金線につけて，バーナーの外炎に入れたら，特有の色が現れた。次の問いに答えよ。

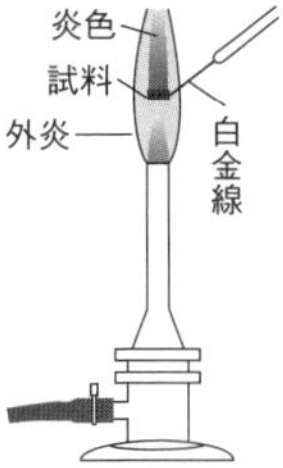

(1) このような反応を何というか。

(2) 次の水溶液は何色の炎色を示すか。

(ア) $CaCl_2$　(イ) $SrCl_2$　(ウ) $BaCl_2$

解答 3 (1) 炎色反応　(2) (ア) 橙赤色　(イ) 紅(深赤)色　(ウ) 黄緑色

→ p.188 2

4 次のカルシウム化合物の主成分の化学式を下から選べ。

(1) 石灰石　(2) 生石灰　(3) セッコウ

(4) 消石灰　(5) 焼きセッコウ

(ア) CaO　(イ) $CaCO_3$　(ウ) $Ca(OH)_2$

(エ) $CaSO_4 \cdot 2H_2O$　(オ) $CaSO_4 \cdot \frac{1}{2}H_2O$

解答 4 (1) イ　(2) ア　(3) エ　(4) ウ　(5) オ

→ p.188 2

5 次の各問いに答えよ。

(1) Al，Zn，Sn，Pb のように，酸・強塩基の水溶液いずれとも反応する金属を何というか。

(2) Al に濃硝酸を加えても反応しない。この状態を何というか。

解答 5 (1) 両性金属　(2) 不動態

→ p.189 3，4

例題 71 アルカリ金属 □□

次の文の□に適語を入れ，あとの問いに答えよ。

Na の単体は密度が水より①□く，軟らかい軽金属である。ⓐNa は空気中の酸素と容易に反応し，ⓑ常温の水とも激しく反応するので②□中に保存される。

(1) 下線部ⓐ，ⓑの変化を化学反応式で示せ。

(2) Li，Na，K の単体を，融点の低いものから順に示せ。

(3) Li, Na, Kの単体を，水との反応性が小さいものから順に示せ。

(4) Li，Na，K の各元素の炎色反応の色を記せ。

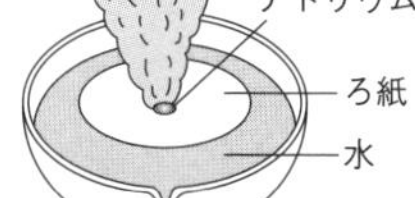

考え方 **アルカリ金属**の単体(Li，Na，K)が化合物になると，1 価の陽イオンになる。

酸化ナトリウム…Na_2O(Na^+：O^{2-}＝2：1)　水酸化ナトリウム…NaOH(Na^+：OH^-＝1：1)

(2) **アルカリ金属の単体の融点は，原子番号が大きいものほど低くなる。**これは原子番号が大きくなるほど，原子半径が大きくなるため，自由電子の密度が小さくなり，金属結合が弱くなるからである。　K(63℃)＜Na(98℃)＜Li(181℃)

(3) アルカリ金属のイオン化エネルギーは，原子番号が大きくなるほど小さくなり，単体の反応性も大きくなる。Li＜Na＜K

解 答 ① 小さ　② 石油　(1) ⓐ $4Na+O_2 \longrightarrow 2Na_2O$　ⓑ $2Na+2H_2O \longrightarrow 2NaOH+H_2$

(2) K＜Na＜Li　(3) Li＜Na＜K　(4) Li　赤色，Na　黄色，K　赤紫色

例題 72 アンモニアソーダ法 □□

図は，炭酸ナトリウムを工業的に製造する工程を示す。あとの問いに答えよ。

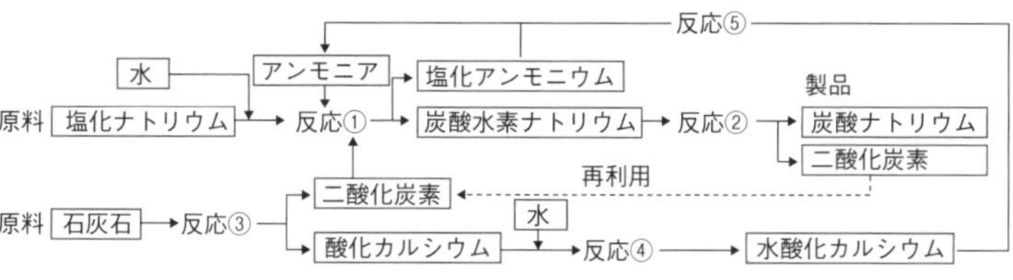

〔問〕 図中の反応①，②をそれぞれ化学反応式で示せ。

考え方 反応①：飽和食塩水に NH_3 と CO_2 を吹き込むと，水溶液中の 4 種のイオン(Na^+，Cl^-，NH_4^+，HCO_3^-)からなる塩のうち，溶解度の最も小さい $NaHCO_3$ が沈殿する。

反応②：$NaHCO_3$ は容易に熱分解し，目的の製品である Na_2CO_3 が得られる。

反応③：石灰石の熱分解反応で CO_2 を補う。　$CaCO_3 \longrightarrow CaO + CO_2$

反応④：酸化カルシウム CaO(**生石灰**)を水と反応させて，水酸化カルシウム $Ca(OH)_2$(**消石灰**)とする。　$CaO + H_2O \longrightarrow Ca(OH)_2$

反応⑤：$2NH_4Cl + Ca(OH)_2 \xrightarrow{加熱} CaCl_2 + 2NH_3 + 2H_2O$ の反応で NH_3 を補う。

解 答 ① $NaCl + NH_3 + CO_2 + H_2O \longrightarrow NaHCO_3 + NH_4Cl$

② $2NaHCO_3 \longrightarrow Na_2CO_3+CO_2+H_2O$

例題 73 2族元素 □□

次の文の[ ]に適語を入れ，問いに答えよ。

周期表の2族元素は①[ ]と総称され，そのうち，カルシウム，②[ ]，③[ ]の単体はいずれも常温の水と反応し，④[ ]を発生する。また，これらの元素は特有の炎色反応を示す。一方，ベリリウムや⑤[ ]の単体はいずれも常温の水とは反応せず，炎色反応を示さないので，①から除外する場合もある。

〔問〕 カルシウムの単体と水との反応を化学反応式で記せ。

考え方 2族元素は，一般に**アルカリ土類金属**とよばれる。①2価の陽イオンになりやすい，②炭酸塩が水に溶けにくい，③塩化物が水に溶けやすい，などの共通性がある。

そのうち，Ca，Sr，Ba，Raの4元素は，①特有の炎色反応を示す，②単体は常温の水と反応して水素を発生する，③硫酸塩が水に溶けにくい，など性質が特によく似ている。

炎色反応は，Caが橙赤色，Srが紅色，Baが黄緑色，Raが桃色である。

2族元素のうち，Be，Mgは常温の水とは反応せず，炎色反応も示さないので，アルカリ土類金属に含めない場合もある。

〔問〕 イオン化傾向の大きいCaは反応性が大きく，水を還元して水素を発生させる。

解答 ① アルカリ土類金属 ② ストロンチウム ③ バリウム ④ 水素 ⑤ マグネシウム

〔問〕 $Ca + 2H_2O \longrightarrow Ca(OH)_2 + H_2$

例題 74 アルミナの精製（バイヤー法） □□

次の文の[ ]に適語を入れ，下線部を化学反応式で示せ。

アルミニウムの鉱石であるⓐ①[ ]を濃い水酸化ナトリウム水溶液とともに加熱すると，主成分の酸化アルミニウムは溶解するが，酸化鉄(Ⅲ)や二酸化ケイ素などの不純物は溶けずに沈殿する。この溶液を水でうすめると加水分解が起こり，②[ ]の白色沈殿が生成する。ⓑこの沈殿を約1200℃に加熱すると，アルミナともよばれる純粋な③[ ]が得られる。

考え方 両性金属（Al，Zn，Sn，Pb）の単体，酸化物，水酸化物は，いずれも酸，強塩基の水溶液と反応して溶ける。とくに，強塩基のNaOH水溶液に溶けるのは，次のようなヒドロキシド錯イオンを生成するためである。 $[Al(OH)_4]^-$，$[Zn(OH)_4]^{2-}$，$[Pb(OH)_4]^{2-}$

ⓐ Al_2O_3は**両性酸化物**なので，NaOH水溶液と反応して溶ける。

$Al_2O_3 + 2NaOH + 3H_2O \longrightarrow 2Na[Al(OH)_4]$

$Al(OH)_3$にNaOH水溶液を加えると，テトラヒドロキシドアルミン酸ナトリウム$Na[Al(OH)_4]$を生成して溶ける。一方，$Na[Al(OH)_4]$の水溶液に水を加えてpHを下げると，次式の平衡が左へ移動し，$Al(OH)_3$の白色沈殿が生成する。 $Al(OH)_3 + NaOH \rightleftarrows Na[Al(OH)_4]$

ⓑ $Al(OH)_3$を加熱すると，脱水反応が起こる。 $2Al(OH)_3 \longrightarrow Al_2O_3 + 3H_2O$

解答 ① ボーキサイト ② 水酸化アルミニウム ③ 酸化アルミニウム 反応式は考え方を参照。

問題A

必は重要な必須問題。時間のないときはここから取り組む。

必 247 □□ ◀ナトリウムとその化合物▶ 次の文の[　　]に適語を入れよ。

ナトリウム Na の単体は融点が①[　　]く，軟らかい銀白色の金属で，イオン化傾向が②[　　]い。Na の単体は水と激しく反応して③[　　]を発生し，水溶液は④[　　]性を示す。また，空気中で速やかに酸化されるので，⑤[　　]中に保存する。

水酸化ナトリウム NaOH の結晶を空気中に放置すると，空気中の水分を吸収して溶ける。この現象を⑥[　　]という。また，NaOH は空気中の CO_2 と反応してしだいに⑦[　　]に変化する。⑦の水溶液から再結晶させると，無色透明な炭酸ナトリウム十水和物 $Na_2CO_3 \cdot 10H_2O$ の結晶が得られる。これを空気中に放置すると，しだいに⑧[　　]の一部を失って炭酸ナトリウム一水和物 $Na_2CO_3 \cdot H_2O$ の白色の粉末となる。この現象を⑨[　　]という。

248 □□ ◀炭酸水素ナトリウム・炭酸水素ナトリウム▶ 次の記述について，炭酸ナトリウムのみに該当するものはA，炭酸水素ナトリウムのみに該当するものはB，両方に該当するものはC，両方に該当しないものはDと記せ。

(1) 水によく溶け，水溶液は強い塩基性を示す。
(2) 水に少し溶け，水溶液は弱い塩基性を示す。
(3) 希塩酸を加えると，二酸化炭素を発生する。
(4) 加熱すると，容易に分解して二酸化炭素を発生する。
(5) ソーダ灰ともよばれ，ガラスの原料として用いられる。
(6) 重曹ともよばれ，ベーキングパウダー，胃腸薬に用いられる。

249 □□ ◀ナトリウムの化合物▶ 図は4種類のナトリウム化合物の相互関係を示す。反応(a)～(i)には，下の(ア)～(カ)のどの実験操作を用いたらよいか。記号で示せ。

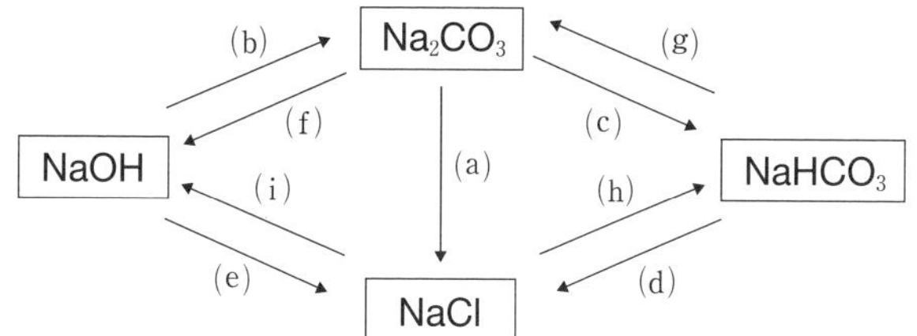

(ア) 水溶液に CO_2 および NH_3 を通じる。
(イ) 加熱する。
(ウ) 水溶液に CO_2 を通じる。
(エ) 塩酸を加える。
(オ) 水溶液を電気分解する。
(カ) 水溶液に $Ca(OH)_2$ を加える。

必250 □□ ◀**MgとCaの性質**▶ 次の記述のうち，Mgだけに当てはまる性質にはA，Caだけに当てはまる性質にはB，MgとCaに共通する性質にはCと示せ。

(1) 2価の陽イオンになりやすい。 (2) 炎色反応を示さない。

(3) 硫酸塩が水に溶けやすい。 (4) 塩化物が水に溶けやすい。

(5) 炭酸塩は水に溶けにくいが，炭酸水素塩は水に溶ける。

(6) 常温で水と容易に反応する。

(7) 炭酸塩を加熱すると分解し，二酸化炭素を発生する。

(8) 水酸化物の水溶液は強い塩基性を示す。

必251 □□ ◀**Caの化合物**▶ 次の図を見て，問いに答えよ。(式量 $CaCO_3$＝100)

(1) (a)～(e)の物質の化学式と名称を記せ。

(2) ①～⑦の反応を化学反応式で示せ。

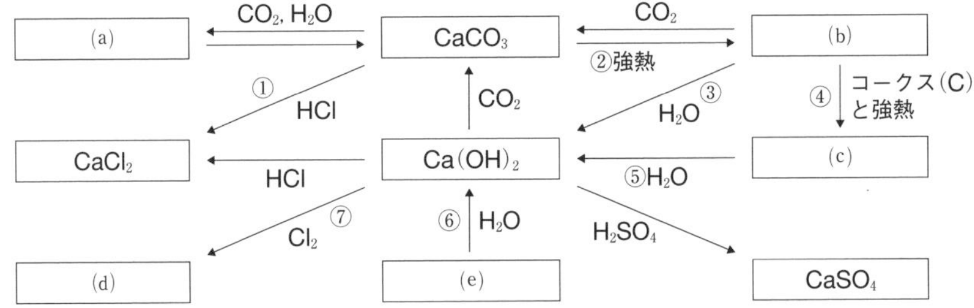

(3) 大理石に強酸を作用させて二酸化炭素を発生させる場合，希塩酸のかわりに希硫酸を用いるのは不適当である。その理由を記せ。

(4) ある石灰石1.5gに1.0mol/L塩酸を注いだら，気体が発生しなくなるまでに24mLを要した。これより，この石灰石中の炭酸カルシウムの含有率〔%〕を求めよ。

252 □□ ◀**2族の化合物**▶ 次の化合物の性質をそれぞれ下から選び，記号で示せ。

(1) 酸化カルシウム (2) 硫酸バリウム (3) 塩化カルシウム

(4) 硫酸カルシウム二水和物 (5) 水酸化カルシウム (6) 炭酸カルシウム

(ア) 吸湿性が強く，乾燥剤として用いる。

(イ) 加熱後，水を加えて練ると膨張しながら固化する。

(ウ) 水に対する溶解度がきわめて小さく，白色顔料やX線造影剤として用いる。

(エ) 吸湿性が強く，水と反応すると多量の熱を放出する。乾燥剤として用いる。

(オ) 水に少し溶けて塩基性を示し，二酸化炭素を通すと白濁する。

(カ) 水に溶けにくいが，二酸化炭素を含む水には少し溶ける。

必 253 □□ ◀ Al とその化合物 ▶ 次の文の ☐ に適語を入れ，問いにも答えよ。

アルミニウムと亜鉛の単体は①☐金属であり，塩酸および水酸化ナトリウム水溶液に②☐を発生しながら溶ける。酸化アルミニウムは③☐や④☐などの宝石の主成分であり，水には溶けないが，強酸および強塩基の水溶液にも溶ける。このような化合物を⑤☐という。また，アルミニウムは酸化されやすい。つまり⑥☐性が強く，アルミニウムと酸化鉄(Ⅲ)の粉末の混合物に点火すると，激しい反応が起こり融解した鉄が得られる。この反応を⑦☐という。

(1) 下線部の変化を化学反応式で表せ。

(2) アルミニウムは高温の水蒸気とも反応する。この変化を化学反応式で表せ。

254 □□ ◀ Al の化合物と反応 ▶ 次の問いに答えよ。

ⓐ塩化アルミニウム $AlCl_3$ 水溶液に水酸化ナトリウム水溶液を加えると，白色沈殿が生成する。ⓑこの沈殿に過剰に水酸化ナトリウム水溶液を加えると溶解し，無色透明の水溶液となる。

(1) 下線部ⓐ，ⓑの変化を化学反応式で表せ。

(2) 硫酸アルミニウム $Al_2(SO_4)_3$ と硫酸カリウム K_2SO_4 の混合水溶液を濃縮して得られる正八面体状の結晶を何というか。また，その化学式を答えよ。

必 255 □□ ◀ Zn の反応 ▶ 図は，亜鉛およびその化合物の反応系統図で，☐は固体，(網掛け楕円)は溶液を示す。(a)～(f)に該当する物質の化学式を示せ。

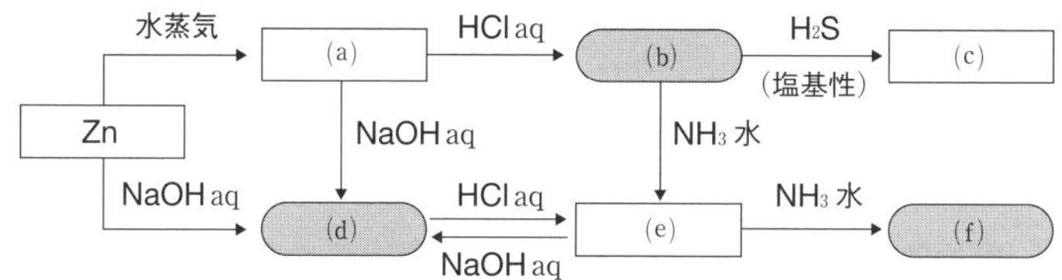

256 □□ ◀ Al と Zn の反応性 ▶ 次の記述のうち，Al，Zn に共通する性質には A，Al だけに該当する性質には B，Zn だけに該当する性質には C を記せ。

(1) 原子は価電子を 3 個もち，3 価の陽イオンになる。

(2) 単体は塩酸に溶けて水素を発生する。

(3) 単体は不動態となるため，濃硝酸に溶けない。

(4) 単体は水酸化ナトリウム水溶液に溶けて水素を発生する。

(5) 水酸化物は過剰のアンモニア水に溶ける。

(6) 酸化物は塩酸にも水酸化ナトリウム水溶液にも溶ける。

5-24

問題B　必は重要な必須問題。時間のないときはここから取り組む。

必**257** □□ ◀炭酸ナトリウムの製法▶　下の図は，石灰石，塩化ナトリウム，アンモニアを主原料として，炭酸ナトリウムを工業的に製造する工程の概略を示す。実線は製造の工程，点線は回収の工程を表す。下の各問いに答えよ。

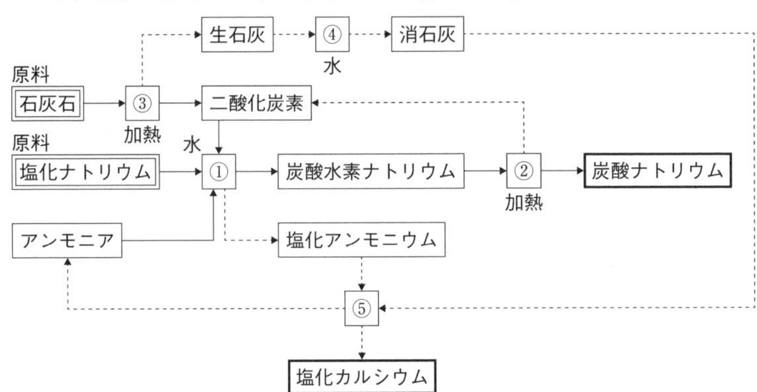

(1)　この炭酸ナトリウムの工業的製法を何というか。

(2)　図中の反応①～⑤を，それぞれ化学反応式で示せ。

(3)　①～⑤の化学反応式を，1つの反応式にまとめよ。

(4)　①～⑤の反応のうち，加熱しなければ進行しないものはどれか。

(5)　①の反応で使用する二酸化炭素のうち，③の反応で発生する二酸化炭素は何％を占めるか。ただし，②の反応で発生する二酸化炭素は100％再利用するものとする。

(6)　この方法で2.0kgの炭酸ナトリウムをつくるためには，理論上，塩化ナトリウムは何kg必要か。ただし，式量は，$NaCl = 58.5$，$Na_2CO_3 = 106$とする。

258 □□ ◀塩の推定▶　次の文に該当する塩を(ア)～(ク)から1つずつ記号で選べ。

(a)　加熱すると分解し，気体を発生する。水溶液は黄色の炎色反応を示す。

(b)　水に溶けにくく，塩酸を加えると気体を発生する。

(c)　水に溶けて中性の水溶液になり，塩化バリウム水溶液を加えると白色沈殿を生じる。

(d)　水溶液にアンモニア水を加えると白色沈殿を生じる。さらに過剰のアンモニア水を加えると，この沈殿は溶ける。

(e)　水溶液にアンモニア水を加えると白色沈殿を生じる。さらに過剰のアンモニア水を加えても，この沈殿は溶けない。

(ア)　$Al(NO_3)_3$　(イ)　$CaCl_2$　(ウ)　$CaCO_3$　(エ)　$CaSO_4$

(オ)　Na_2CO_3　(カ)　$NaHCO_3$　(キ)　Na_2SO_4　(ク)　$Zn(NO_3)_2$

25 遷移元素

1 遷移元素と錯イオン

❶遷移元素　周期表3〜12族の元素。すべて金属元素，同周期元素の性質も類似。複数の酸化数をとるものが多く，イオンや化合物には有色のものが多い。

❷錯イオン　金属イオンに非共有電子対をもつ分子や陰イオンが配位結合して生じたイオン。配位結合した分子や陰イオンを**配位子**，その数を**配位数**という。

(配位子の種類)NH_3：アンミン，H_2O：アクア，CN^-：シアニド，OH^-：ヒドロキシド

(錯イオンの例)　$[Fe(CN)_6]^{4-}$　(名称)ヘキサシアニド鉄(Ⅱ)酸イオン

金属イオン(Fe)　**配位子**(CN)　**配位数**(6)(2：ジ，4：テトラ，6：ヘキサと読む)

(錯イオンの名称)　陽イオンでは「**〜イオン**」，陰イオンでは「**〜酸イオン**」とする。

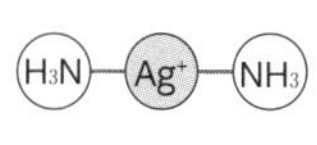

$[Ag(NH_3)_2]^+$
ジアンミン銀(Ⅰ)イオン
(直線形)

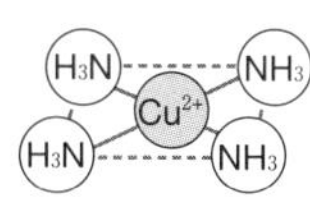

$[Cu(NH_3)_4]^{2+}$
テトラアンミン銅(Ⅱ)イオン
(正方形)

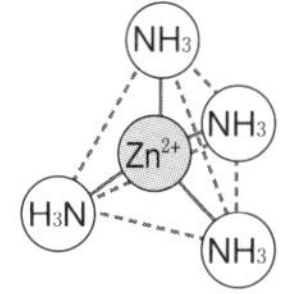

$[Zn(NH_3)_4]^{2+}$
テトラアンミン亜鉛(Ⅱ)イオン
(正四面体形)

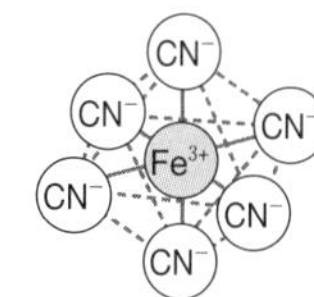

$[Fe(CN)_6]^{3-}$
ヘキサシアニド鉄(Ⅲ)酸イオン
(正八面体形)

2 鉄とその化合物

単体

(製法)鉄鉱石(Fe_2O_3など)をCOで還元して得る。

$Fe_2O_3 \longrightarrow Fe_3O_4 \longrightarrow FeO \longrightarrow Fe$(段階的還元)

主反応　$Fe_2O_3 + 3CO \longrightarrow 2Fe + 3CO_2$

銑鉄(せんてつ)…溶鉱炉から取り出した鉄(Cを約4%含む)

鋼(こう)…炭素量を2〜0.02%に減らした強靭(きょうじん)な鉄

ステンレス鋼…FeとCr，Niとの合金で，さびにくい。

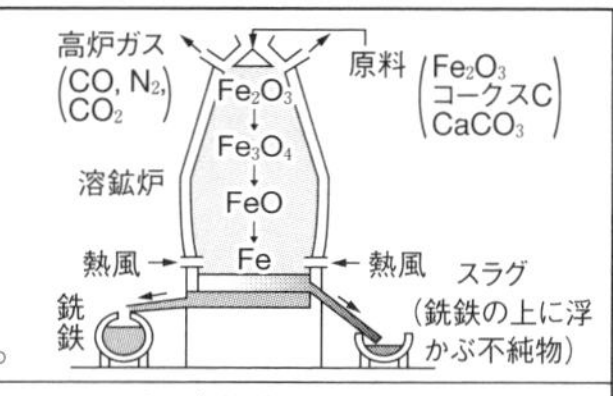

化合物

鉄の化合物は，+2，+3の**酸化数**をとる。空気中では**+3の方が安定**。

Fe_2O_3：酸化鉄(Ⅲ)，赤褐色，赤鉄鉱。Fe_3O_4：四酸化三鉄，黒色，磁鉄鉱。

$FeSO_4 \cdot 7H_2O$：硫酸鉄(Ⅱ)七水和物，淡緑色の結晶，Fe^{2+}はFe^{3+}に酸化されやすい。

$FeCl_3 \cdot 6H_2O$：塩化鉄(Ⅲ)六水和物，黄褐色の結晶，潮解性が強い。

$K_4[Fe(CN)_6]$：ヘキサシアニド鉄(Ⅱ)酸カリウム，黄色結晶(水溶液は淡黄色)。

$K_3[Fe(CN)_6]$：ヘキサシアニド鉄(Ⅲ)酸カリウム，暗赤色結晶(水溶液は黄色)。

鉄イオンの反応

加える試薬	Fe^{2+}(淡緑色)	Fe^{3+}(黄褐色)
NaOH	$Fe(OH)_2$↓(緑白色沈殿)	$FeO(OH)$↓(赤褐色沈殿)
$K_4[Fe(CN)_6]$	青白色沈殿	濃青色沈殿(紺青)*
$K_3[Fe(CN)_6]$	濃青色沈殿(ターンブル青)*	褐色溶液(酸性では緑色溶液)
KSCN	変化なし	血赤色溶液

*ターンブル青，紺青(ベルリン青)は，ともに$KFe[Fe(CN)_6]$などの同一組成をもつ物質。

3 銅とその化合物

単体	赤味のある金属光沢，電気・熱の良導体。展性・延性が大。 湿った空気中で緑青(ろくしょう) $CuCO_3 \cdot Cu(OH)_2$ をつくる。 **塩酸，希硫酸に溶けず，硝酸，熱濃硫酸に溶ける。** $Cu + 2H_2SO_4$(熱濃) $\longrightarrow CuSO_4 + SO_2 + 2H_2O$ (製法)黄銅鉱 $CuFeS_2$ $\xrightarrow{溶鉱炉}$ 粗銅(Cu：99%) **電解精錬**で粗銅から純銅(Cu：99.99%)を得る(右図)。 **黄銅**：銅と亜鉛(Zn)の合金，**青銅**：銅とスズ(Sn)の合金。	
化合物	CuO 酸化銅(Ⅱ)	黒色粉末，銅を空気中で加熱，強酸に溶ける。
	Cu_2O 酸化銅(Ⅰ)	赤色粉末，銅を1000℃～で加熱，フェーリング液の還元で生成。
	$CuSO_4 \cdot 5H_2O$ 硫酸銅(Ⅱ)五水和物	$CuSO_4 \cdot 5H_2O$ (青色結晶) $\underset{水分}{\overset{150℃～}{\rightleftarrows}}$ $CuSO_4$ (白色粉末) (この反応は，水分の検出に利用。)
Cu^{2+}	Cu^{2+} (青色) $\xrightarrow{NaOHaq}$ $Cu(OH)_2\downarrow$ (青白色沈殿) $\xrightarrow{NH_3水過剰}$ $[Cu(NH_3)_4]^{2+}$(テトラアンミン銅(Ⅱ)イオン) (深青色溶液)	

電源
約0.4V
e^-
Cu^{2+}
純銅
粗銅
硫酸酸性 $CuSO_4aq$　陽極泥
陽極に粗銅，陰極に純銅を接続

4 銀とその化合物

単体	銀白色の金属，電気・熱の最良導体，展性・延性に富む(Au に次ぐ)。 **塩酸，希硫酸に溶けず，硝酸，熱濃硫酸には溶ける。**空気中では酸化されない。 $Ag + 2HNO_3$(濃) $\longrightarrow AgNO_3 + H_2O + NO_2\uparrow$ 銀の化合物は，**常に＋1の酸化数**をとる。光により分解しやすい(**感光性**)。					
化合物	$AgNO_3$ 硝酸銀	無色の板状結晶。水に可溶，還元性物質と銀鏡をつくる。				
	AgX ハロゲン化銀 (光が当たると Ag を遊離し，黒くなる)	ハロゲン化銀	AgF	AgCl	AgBr	AgI
		水への溶解性	可溶	白色沈殿	淡黄色沈殿	黄色沈殿
		NH_3 水への溶解性	—	可溶	難溶	不溶
Ag^+	Ag^+ (無色) $\xrightarrow{NaOHaq}$ $Ag_2O\downarrow$ (褐色沈殿) $\xrightarrow{NH_3水過剰}$ $[Ag(NH_3)_2]^+$(ジアンミン銀(Ⅰ)イオン) (無色溶液)					

5 クロムとその化合物

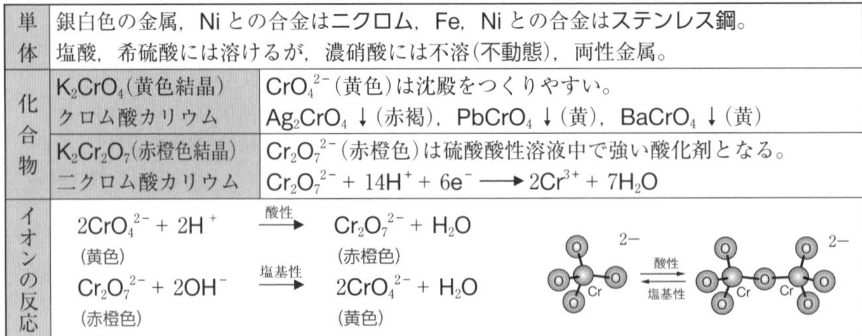

単体	銀白色の金属，Ni との合金は**ニクロム**，Fe，Ni との合金は**ステンレス鋼**。 塩酸，希硫酸には溶けるが，濃硝酸には不溶(不動態)，両性金属。	
化合物	K_2CrO_4(黄色結晶) クロム酸カリウム	CrO_4^{2-}(黄色)は沈殿をつくりやすい。 $Ag_2CrO_4\downarrow$(赤褐)，$PbCrO_4\downarrow$(黄)，$BaCrO_4\downarrow$(黄)
	$K_2Cr_2O_7$(赤橙色結晶) 二クロム酸カリウム	$Cr_2O_7^{2-}$(赤橙色)は硫酸酸性溶液中で強い酸化剤となる。 $Cr_2O_7^{2-} + 14H^+ + 6e^- \longrightarrow 2Cr^{3+} + 7H_2O$
イオンの反応	$2CrO_4^{2-} + 2H^+ \xrightarrow{酸性} Cr_2O_7^{2-} + H_2O$ (黄色)　(赤橙色) $Cr_2O_7^{2-} + 2OH^- \xrightarrow{塩基性} 2CrO_4^{2-} + H_2O$ (赤橙色)　(黄色)	

確認&チェック

1 次の錯イオンの立体構造を，下の(ア)～(エ)から選べ。

(1) $[Ag(NH_3)_2]^+$　(2) $[Cu(NH_3)_4]^{2+}$

(3) $[Zn(NH_3)_4]^{2+}$　(4) $[Fe(CN)_6]^{3-}$

(ア)正方形　(イ)正四面体形　(ウ)直線形　(エ)正八面体形

2 次の表中の(　　)に適する語句を下から選べ。

試薬	Fe^{2+}(淡緑色)	Fe^{3+}(黄褐色)
NaOHaq	①(　　)	②(　　)
$K_4[Fe(CN)_6]$aq	青白色沈殿	③(　　)
$K_3[Fe(CN)_6]$aq	④(　　)	褐色溶液
KSCNaq	変化なし	⑤(　　)

[濃青色沈殿，赤褐色沈殿，緑白色沈殿，血赤色溶液]

3 次の文の□に適する語句を入れよ。

(1) ①□は赤色の金属光沢をもち，湿った空気中で②□とよばれる緑色のさびを生じる。銅と亜鉛との合金は③□，銅とスズとの合金は④□とよばれる。

(2) ⑤□は白色の金属光沢をもち，空気中では酸化されず，電気・熱の最良導体である。この金属の化合物は光により分解しやすい性質(⑥□)がある。

4 次の文の〔　〕に適する化学式を入れよ。

(1) Cu^{2+}を含む水溶液にNaOH水溶液を加えると①〔　〕の青白色沈殿を生じ，さらに過剰のNH_3水を加えると，②〔　〕を生じて深青色の水溶液となる。

(2) Ag^+を含む水溶液にNaOH水溶液を加えると③〔　〕の褐色沈殿を生じ，さらに過剰のNH_3水を加えると，④〔　〕を生じて無色の水溶液となる。

5 次の文の□に適語を入れよ。

クロム酸イオンCrO_4^{2-}は①□色を示し，Ag^+と②□(赤褐色)の沈殿，Pb^{2+}とは③□(黄色)の沈殿をつくる。

二クロム酸イオン$Cr_2O_7^{2-}$は④□色を示し，酸性条件では強い⑤□剤として作用する。

解答

1 (1) (ウ)　(2) (ア)　(3) (イ)　(4) (エ)

→p.197 1

2 ① 緑白色沈殿　② 赤褐色沈殿　③ 濃青色沈殿　④ 濃青色沈殿　⑤ 血赤色溶液

→p.197 2

3 ① 銅　② 緑青　③ 黄銅　④ 青銅　⑤ 銀　⑥ 感光性

→p.198 3，4

4 ① $Cu(OH)_2$　② $[Cu(NH_3)_4]^{2+}$　③ Ag_2O　④ $[Ag(NH_3)_2]^+$

→p.198 3，4

5 ① 黄　② クロム酸銀　③ クロム酸鉛(Ⅱ)　④ 赤橙　⑤ 酸化

→p.198 5

例題 75 鉄の製錬 □□

溶鉱炉に鉄鉱石，①＿＿＿，石灰石を入れ，下から熱風を送ると，ⓐ鉄鉱石（主成分 Fe_2O_3）は一酸化炭素によって②＿＿＿され，鉄が得られる。この鉄を③＿＿＿といい，炭素を約 4% 含み，硬くてもろい。③を転炉に移し酸素を吹き込むと，粘りが強く丈夫な④＿＿＿となる。一方，溶鉱炉内では，ⓑ石灰石が熱分解した物質と鉄鉱石中の不純物（主成分 SiO_2）が反応して，⑤＿＿＿とよばれる物質を生成する。

(1) 文の＿＿＿に適語を入れよ。

(2) 下線部ⓐ，ⓑを化学反応式で示せ。

考え方 (1) 溶鉱炉から出てきた**銑鉄**（せんてつ）は，硬くて展性・延性に乏しいが，純鉄よりも融けやすい。銑鉄を転炉（右図）に入れて酸素を吹き込み，P，S などの不純物を除き，炭素を約 2% 以下に減らすと粘り強い**鋼**（こう）となる。

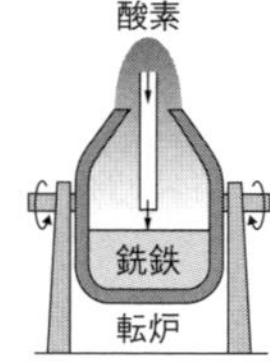

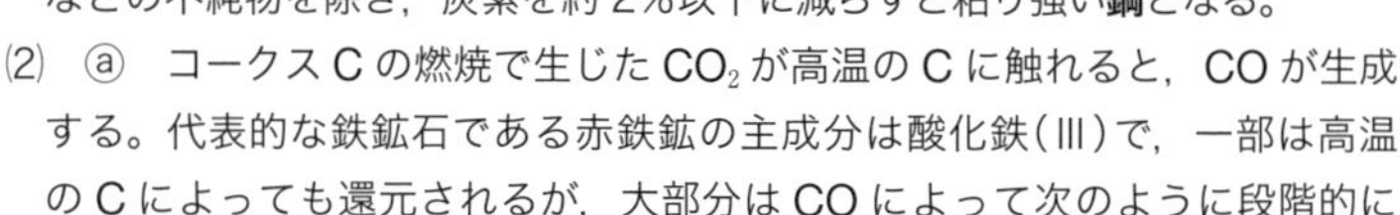

(2) ⓐ コークス C の燃焼で生じた CO_2 が高温の C に触れると，CO が生成する。代表的な鉄鉱石である赤鉄鉱の主成分は酸化鉄(Ⅲ)で，一部は高温の C によっても還元されるが，大部分は CO によって次のように段階的に Fe へと還元される。 $Fe_2O_3 \longrightarrow Fe_3O_4 \longrightarrow FeO \longrightarrow Fe$

ⓑ 石灰石は熱分解して CaO となり，これが鉄鉱石中の主な不純物である SiO_2 と反応して**スラグ**となる。スラグは，銑鉄の上に浮かび，銑鉄の酸化を防止する。

解 答 (1) ① コークス ② 還元 ③ 銑鉄 ④ 鋼 ⑤ スラグ

(2) ⓐ $Fe_2O_3 + 3CO \longrightarrow 2Fe + 3CO_2$ ⓑ $CaO + SiO_2 \longrightarrow CaSiO_3$

例題 76 錯イオン □□

金属イオンに陰イオンや分子が①＿＿＿結合して生じたイオンを錯（さく）イオンといい，①結合した陰イオンや分子を②＿＿＿，その数を③＿＿＿という。また，④＿＿＿元素のイオンは水溶液中で特徴的な色を示すものが多いが，この色はⓐ$[Cu(H_2O)_4]^{2+}$やⓑ$[Fe(H_2O)_6]^{3+}$のような水分子が①結合したアクア錯イオンの存在による。

(1) 文中の＿＿＿に適語を入れよ。

(2) 下線部ⓐ，ⓑの錯イオンの名称，立体構造をそれぞれ記せ。

考え方 (1) 金属イオンに陰イオンや分子（配位子）が配位結合してできたイオンを錯イオンという。錯イオンの電荷は，金属イオンと配位子の電荷の和に等しい。

例 $Fe^{2+} + 6CN^- \longrightarrow [Fe(CN)_6]^{4-}$

遷移元素の多くは有色の錯イオンをつくるが，銀と 12 族の錯イオンは無色である。

(2) 錯イオンの立体構造は，**金属イオンの種類**と，**配位数**によって決まる。金属イオンに対して配位子は対称的な配置をとるので，配位数 2 の Ag^+ は**直線形**，配位数 4 の Zn^{2+} は**正四面体形**，配位数 6 の Fe^{2+}，Fe^{3+} は**正八面体形**。ただし，配位数 4 の Cu^{2+} は**正方形**である。

解 答 (1) ① 配位 ② 配位子 ③ 配位数 ④ 遷移

(2) ⓐ テトラアクア銅(Ⅱ)イオン 正方形 ⓑ ヘキサアクア鉄(Ⅲ)イオン 正八面体形

例題 77 銅の単体

次の文の［　　］に適切な語句，数字を入れよ。

(1) 銅の単体には，赤味を帯びた金属光沢があり，電気伝導性は①［　　］に次いで大きく，展性・延性も金と銀に次いで大きい。銅は電気材料のほか，黄銅や青銅などの②［　　］の材料に用いられる。

(2) 銅の化合物には，銅の酸化数が+2のほか③［　　］のものも存在する。銅を空気中で加熱すると，黒色の④［　　］を，1000℃以上では，赤色の⑤［　　］を生じる。また，銅を湿った空気中に放置すると，⑥［　　］とよばれる緑色のさびを生成する。

考え方 (1) 金属の電気伝導性は，銀が最大で，銅，金の順である。また，金属の展性・延性は，金が最大で，銀，銅の順である。**銅と亜鉛の合金を**黄銅，**銅とスズの合金を**青銅，**銅とニッケルの合金を**白銅という。

(2) 銅を空気中で加熱すると，酸化銅(Ⅱ)CuO(黒色)を生成するが，さらに1000℃以上に強熱すると熱分解が起こり，酸化銅(Ⅰ)Cu_2O(赤色)となる。

$2Cu + O_2 \longrightarrow 2CuO$　　$4CuO \longrightarrow 2Cu_2O + O_2$

銅を湿った空気中に放置すると，空気中の水分やCO_2と徐々に反応して，化学式$CuCO_3 \cdot Cu(OH)_2$などで表される**緑青**(ろくしょう)とよばれる青緑色のさびを生成する。

解答 ① 銀　② 合金　③ +1　④ 酸化銅(Ⅱ)　⑤ 酸化銅(Ⅰ)　⑥ 緑青

例題 78 遷移金属の推定

次の文中の遷移金属A，B，Cの名称を記せ。

(1) 金属Aは，希塩酸には気体を発生して溶け，淡緑色の水溶液になる。
この水溶液に塩素を通じると，黄褐色の水溶液になる。

(2) 金属Bは，希硫酸には溶けないが，濃硝酸には気体を発生して溶ける。
この水溶液に希塩酸を加えると，白色の沈殿を生じる。

(3) 金属Cを空気中で加熱すると，黒色の化合物を生じる。
この化合物に希硫酸を加えると，青色の水溶液が得られる。

考え方 (1) Fe^{2+}を含む水溶液は淡緑色を示す。よって，金属Aは鉄Fe。鉄は水素よりイオン化傾向が大きいので，希塩酸に溶けて水素を発生する。　$Fe + 2HCl \longrightarrow FeCl_2 + H_2$

淡緑色のFe^{2+}はCl_2などの酸化剤によって酸化されて，黄褐色のFe^{3+}に変化する。

(2) 希硫酸に溶けず濃硝酸に溶けるのは，水素よりイオン化傾向の小さいCuかAg。希塩酸で生じる白色沈殿はAgCl。よって，金属Bは銀Ag。銀は濃硝酸にNO_2を発生して溶け，同時に$AgNO_3$が生成する。　$Ag + 2HNO_3 \longrightarrow AgNO_3 + NO_2 + H_2O$

(3) Cu^{2+}を含む水溶液は青色を示す。よって，金属Cは銅Cu。銅を空気中で熱すると，黒色の酸化銅(Ⅱ)CuOに変化する。これは塩基性酸化物なので，酸とは中和反応により溶解し，硫酸銅(Ⅱ)を生成する。　$CuO + H_2SO_4 \longrightarrow CuSO_4 + H_2O$

解答 A 鉄　B 銀　C 銅

問題A

必は重要な必須問題。時間のないときはここから取り組む。

必259 □□遷移元素の性質▶ 次の文のうち，遷移元素に該当する性質をすべて選べ。

(1) 化合物，イオンに有色のものが多い。

(2) 最外殻電子の数は，周期表の族番号と一致する。

(3) 金属元素がほとんどで非金属元素がわずかに含まれる。

(4) 錯イオンや合金をつくるものが多い。

(5) Fe^{2+}, Fe^{3+}のように2種類のイオンになったり，何種類かの酸化数をとる元素が多い。

260 □□◀錯イオン▶ 錯イオンをまとめた表の空欄に適切な語句，化学式を入れよ。

化学式	名称	形	水溶液の色
$[Ag(NH_3)_2]^+$	(ア)	(イ)	無色
$[Zn(NH_3)_4]^{2+}$	(ウ)	(エ)	無色
(オ)	テトラアンミン銅(Ⅱ)イオン	(カ)	深青色
$[Fe(CN)_6]^{3-}$	(キ)	(ク)	黄色

必261 □□◀鉄とその化合物▶ 次の文の□に適語を入れ，問いに答えよ。

鉄を湿った空気中に放置すると，赤褐色のさびを生じる。このさびの主成分は①□である。一方，ⓐ鉄を高温の水蒸気と反応させると，黒色のさびを生じる。このさびの主成分は②□である。

ⓑ鉄は希硫酸と反応し③□を発生して溶ける。一方，鉄は濃硝酸には溶けない。この状態を④□という。

(1) 下線部ⓐ，ⓑを化学反応式で示せ。

(2) 鉄の腐食を防ぐため，鉄にクロムやニッケルを混ぜた合金を何というか。

必262 □□◀銅とその化合物▶ 次の文の□に適語を入れ，問いに答えよ。

銅は塩酸や希硫酸には溶けないが，ⓐ希硝酸とは反応して無色の気体①□を発生して溶ける。この水溶液に水酸化ナトリウム水溶液を加えると②□の青白色沈殿を生じ，ⓑこの沈殿を加熱すると黒色の③□となる。これを二つに分け，一方を1000℃以上に加熱すると赤色の④□に変化する。③に希硫酸を加えて溶解し，濃縮したのち，室温で放置すると青色の⑤□の結晶が析出する。

(1) 下線部ⓐ，ⓑの変化を化学反応式で示せ。

(2) 銅を湿った空気中に放置しておくと生成する青緑色のさびの一般名を記せ。

(3) ⑤の結晶を150℃以上に加熱したとき，起こる変化について説明せよ。

必 263 □□ ◀鉄の化合物▶ 下図を見て，次の各問いに答えよ。

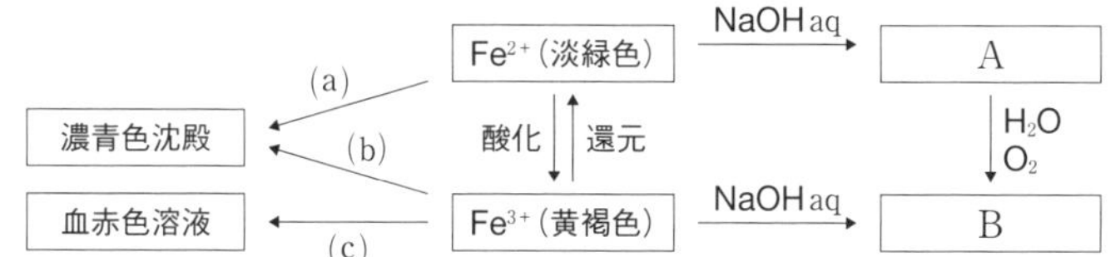

(1) 化合物AとBの化学式と色をそれぞれ答えよ。

(2) 試薬(a)，(b)，(c)に当てはまるものを下から選び，その名称で答えよ。

〔 H_2SO_4　$K_4[Fe(CN)_6]$　$K_3[Fe(CN)_6]$　NH_3 水　H_2S　KSCN 〕

必 264 □□ ◀銅の化合物▶ 次の文を読み，各問いに答えよ。

硫酸銅(Ⅱ)水溶液に水酸化ナトリウム水溶液を加えると(ア)青白色の沈殿を生じる。この沈殿を加熱すると(イ)黒色の物質に変化した。また，Cu^{2+} を含む水溶液に多量のアンモニア水を加えると，最初に生じた青白色の沈殿は溶け，(ウ)深青色の溶液となる。また，硫酸銅(Ⅱ)水溶液に硫化水素を通じると(エ)黒色の沈殿を生じた。

(1) 下線部(ア)，(イ)，(エ)の物質の化学式と，その化合物名を答えよ。

(2) 下線部(ウ)の溶液中に生成した錯イオンの化学式と，その名称を答えよ。

5-25

265 □□ ◀銀イオンの反応▶ 硝酸銀水溶液を出発物質とした反応系統図を示す。

［実線枠］には沈殿の化学式を，［点線枠］には生成する錯イオンの化学式を示せ。

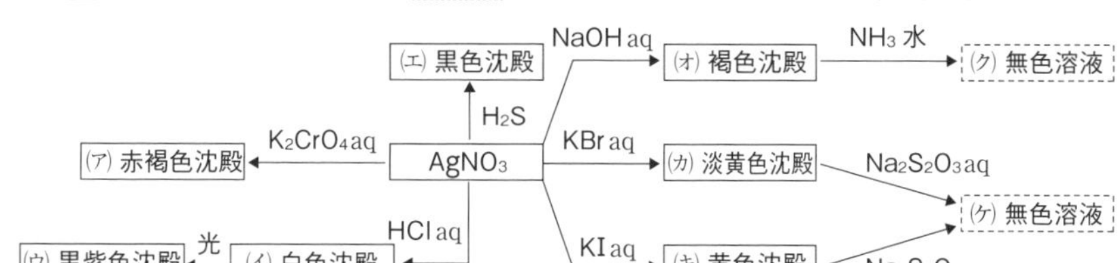

266 □□ ◀金属の推定▶ 次の性質を示すA～Eの金属を元素名で記せ。

(1) Aは希塩酸に不溶であるが，希硝酸には溶ける。空気中で加熱すると，黒色または赤色の酸化物になる。

(2) Bは空気中で加熱しても酸化されない。金属中で最も電気伝導度が大きい。

(3) Cは希塩酸には溶けにくいが，希硝酸には溶ける。Cのイオンを含む水溶液にアンモニア水を加えると白色沈殿を生じる。

(4) Dは有色の金属光沢をもち，濃塩酸や濃硝酸には不溶だが，王水には溶ける。

(5) Eは希硫酸には溶けるが，濃硝酸には不溶である。水中または湿った空気中では，しだいに赤褐色の酸化物となる。

問題B

必は重要な必須問題。時間のないときはここから取り組む。

267□□◀クロムの化合物▶　次の文の［　　］に適語を入れ，下線部をイオン反応式で示せ。

二クロム酸カリウムの水溶液は，$Cr_2O_7^{2-}$ に特有な①［　　］色を呈するが，ⓐこの水溶液を塩基性にすると，$Cr_2O_7^{2-}$ は②［　　］色の CrO_4^{2-} に変化する。

CrO_4^{2-} は，Pb^{2+} と反応して黄色の沈殿③［　　］を生じ，Ag^+ と反応して赤褐色の沈殿④［　　］を生じる。また，ⓑ硫酸酸性の二クロム酸カリウム水溶液に過酸化水素水を加えると，⑤［　　］を発生するとともに，水溶液は⑥［　　］色に変化する。

必**268**□□◀金属と錯イオン▶　次の文中のA～Dに該当する金属を元素記号で示せ。また，下線部ⓐ～ⓒの錯イオンの化学式，名称および立体構造を答えよ。

金属Aは水酸化ナトリウム水溶液と反応して水素を発生した。金属Aのイオンを含む水溶液にアンモニア水を加えると白色沈殿を生じ，さらにアンモニア水を加えると，この沈殿はⓐ錯イオンを生じて溶けた。

金属Bは塩酸に溶けないが，濃硝酸には溶けた。金属Bのイオンを含む水溶液にアンモニア水を加えると褐色沈殿を生じ，さらにアンモニア水を加えると，この沈殿はⓑ錯イオンを生じて溶けた。

金属Cは常温の水と反応して水素を発生した。金属Cのイオンを含む水溶液に炭酸ナトリウム水溶液を加えると白色沈殿を生じた。また，金属Cのイオンを含む水溶液にクロム酸カリウム水溶液を加えると，黄色沈殿を生じた。

金属Dは塩酸に溶けないが，熱濃硫酸には溶けた。金属Dのイオンを含む水溶液にアンモニア水を加えると青白色沈殿を生じ，さらにアンモニア水を加えると，この沈殿はⓒ錯イオンを生じて溶けた。

269□□◀錯イオンの立体構造▶　次の文を読み，あとの問いに答えよ。

$CrCl_3 \cdot 6H_2O$ の組成式で表される錯塩A，B，Cがある。それぞれ0.01molを水に溶かして硝酸銀水溶液を十分加えたところ，Aからは0.03mol，Bからは0.01molの塩化銀が沈殿したが，Cからは沈殿は生じなかった。

(1)　錯塩A，B，Cの示性式は，それぞれ次のどれに相当するか。記号で示せ。

(ア)　$[Cr(H_2O)_6]Cl_3$　　(イ)　$[CrCl(H_2O)_5]Cl_2 \cdot H_2O$

(ウ)　$[CrCl_2(H_2O)_4]Cl \cdot 2H_2O$　　(エ)　$[CrCl_3(H_2O)_3] \cdot 3H_2O$

(2)　クロム(Ⅲ)イオン Cr^{3+} の錯イオンはすべて正八面体形の構造をもつとすれば，錯塩B，Cに含まれる錯イオンには，それぞれ何種類の立体異性体が存在するか。

26 金属イオンの分離と検出

1 金属イオンの沈殿反応

❶塩類の溶解性　塩類(イオン性物質)の水への溶解性は，次のように整理できる。

(a) アルカリ金属の塩，アンモニウム塩，硝酸塩，酢酸塩はどれも水によく溶ける。

(b) 強酸の塩(塩化物，硫酸塩)は水に溶けやすいものが多いが，例外もある。

(i) **塩化物**が水に不溶であるもの

$AgCl$(白)…NH_3 水に溶ける。光により分解しやすい。
$PbCl_2$(白)…熱湯に溶ける。NH_3 水には溶けない。

(ii) **硫酸塩**が水に不溶であるもの

$CaSO_4$(白)，$SrSO_4$(白)，$BaSO_4$(白)，$PbSO_4$(白)　(強酸にも不溶)

(c) **水酸化物**は水に溶けにくいものが多いが，例外的に，アルカリ金属，アルカリ土類金属(Be，Mg を除く)の水酸化物は水に可溶。水酸化物の沈殿のうち，

(i) 両性水酸化物のように，過剰の NaOH 水溶液に溶解するもの*1

$Al(OH)_3 \longrightarrow [Al(OH)_4]^-$，$Zn(OH)_2 \longrightarrow [Zn(OH)_4]^{2-}$

(ii) 過剰の NH_3 水に対して，アンミン錯イオンをつくって溶解するもの

Ag_2O *2 $\longrightarrow [Ag(NH_3)_2]^+$，$Cu(OH)_2 \longrightarrow [Cu(NH_3)_4]^{2+}$
$Zn(OH)_2 \longrightarrow [Zn(NH_3)_4]^{2+}$

*1) $Pb(OH)_2$ に過剰の NaOH 水溶液を加えると，$[Pb(OH)_4]^{2-}$ の形で溶ける。
*2) 水酸化銀 AgOH は不安定で，常温でも分解し，酸化銀 Ag_2O として沈殿する。

(d) **炭酸塩**は水に溶けにくいものが多いが，例外的に，アルカリ金属の炭酸塩だけが水に可溶。したがって，アルカリ土類金属(Be，Mg を除く)のイオンは通常，炭酸塩として沈殿させる。(なお，炭酸塩は硫酸塩と異なり，強酸に可溶である。)

$CaCO_3$(白)，$SrCO_3$(白)，$BaCO_3$(白)

(e) いかなる試薬とも沈殿をつくらないアルカリ金属は，炎色反応で検出する。

〔強酸の塩で沈殿するイオン〕

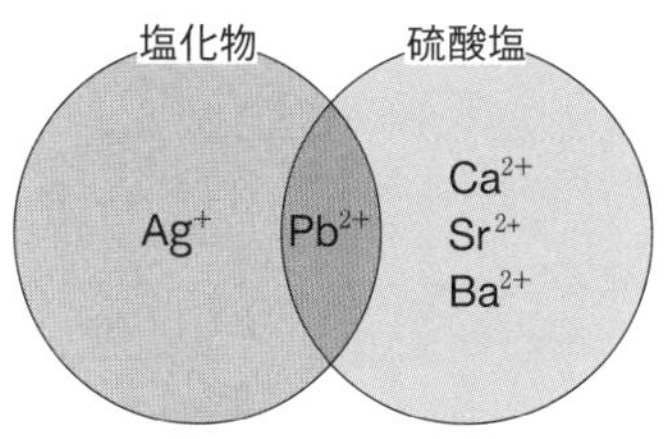

〔水酸化物の溶解性〕

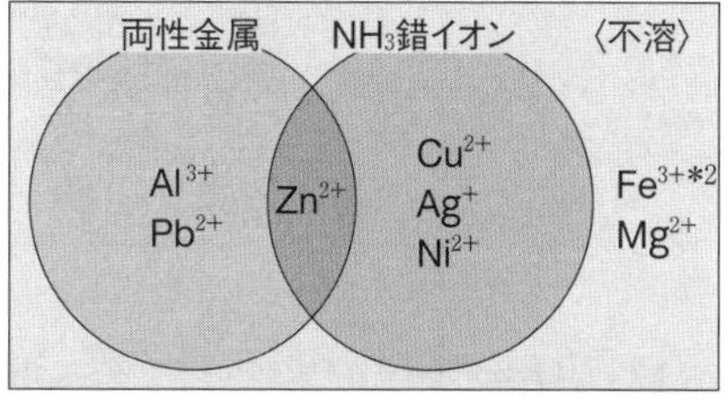

上図で，異なる円に2種の金属イオンが属するように試薬の種類を選べば，それぞれを沈殿とろ液に分離することができる。　　*2) Fe^{3+} は FeO(OH)として沈殿する。

2 硫化物の沈殿生成

金属の硫化物は，水溶液の pH により，沈殿するものと，沈殿しないものに分かれる。

酸性，中性，塩基性のいずれでも沈殿	$Cu^{2+} \longrightarrow CuS$（黒色）　$Ag^{+} \longrightarrow Ag_2S$（黒色）　$Pb^{2+} \longrightarrow PbS$（黒色） $Cd^{2+} \longrightarrow CdS$（黄色）
中性，塩基性のときに沈殿	$Fe^{2+} \longrightarrow FeS$（黒色）　$Zn^{2+} \longrightarrow ZnS$（白色）　$Ni^{2+} \longrightarrow NiS$（黒色） 注）$Fe^{3+}$は還元されて$Fe^{2+}$となり，FeSとして沈殿。
沈殿を生じない（炎色反応で確認）	Li^{+}（赤色）　Na^{+}（黄色）　K^{+}（赤紫色）　Ca^{2+}（橙赤色） Sr^{2+}（深赤色）　Ba^{2+}（黄緑色）　注）（　）内は炎色反応の色を示す。

硫化水素の電離平衡　$H_2S \rightleftarrows 2H^{+} + S^{2-}$で考えると，

・酸性では平衡が左に偏る（S^{2-}の濃度小）$\longrightarrow$ 硫化物の沈殿が生成しにくい。
溶解度積 K_{sp} のきわめて小さな CuS，Ag_2S，PbS のみが沈殿する。

・中性，塩基性では平衡が右へ偏る（S^{2-}の濃度大）$\longrightarrow$ 硫化物の沈殿が生成しやすい。
溶解度積 K_{sp} の比較的大きな FeS，ZnS なども沈殿する。
（溶解度の大きな Na_2S，K_2S，CaS などは，いかなる条件でも硫化物は沈殿しない。）

3 金属イオンの系統分離

多くの金属イオンを含む混合水溶液に**特定の試薬（分属試薬）を加えて，性質の類似した金属イオンのグループに分離**する。この操作を金属イオンの系統分離という。

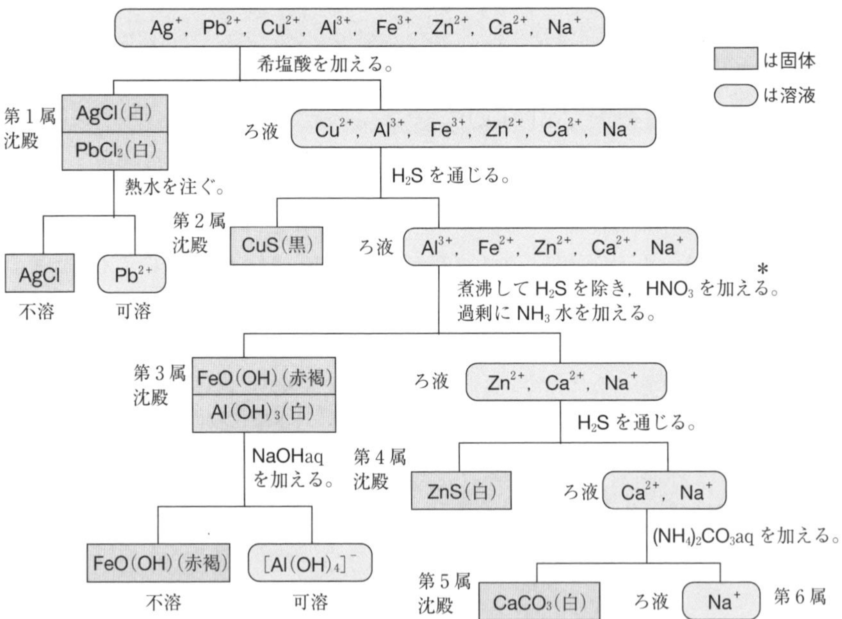

（* Fe^{3+}はH_2Sで還元されFe^{2+}になっている。これにHNO_3（酸化剤）を加えてFe^{3+}に戻す。Fe^{2+}でも$Fe(OH)_2$が沈殿するが，FeO(OH)の方が溶解度が小さく，より完全に鉄イオンを沈殿させることができる。）

確認&チェック

解答

1 下の金属イオンのうち，(1)～(4)に該当するものをすべて選べ。

(1) 希塩酸を加えると，白色沈殿を生じる。

(2) 希硫酸を加えると，白色沈殿を生じる。

(3) 希塩酸・希硫酸いずれとも白色沈殿をつくる。

(4) 希塩酸，希硫酸いずれとも沈殿をつくらない。

(ア) Cu^{2+}　(イ) Ba^{2+}　(ウ) Ag^{+}　(エ) Pb^{2+}

1 (1) (ウ)，(エ)
(2) (イ)，(エ)
(3) (エ)
(4) (ア)
→p.205 1

2 下の化合物のうち，(1)～(4)に該当するものをすべて選べ。

(1) 過剰の NaOH 水溶液に溶ける。

(2) 過剰の NH_3 水に溶ける。

(3) 過剰の NaOH 水溶液，過剰の NH_3 水いずれにも溶ける。

(4) 過剰の NaOH 水溶液，NH_3 水いずれにも溶けない。

(ア) $Zn(OH)_2$　(イ) $FeO(OH)$　(ウ) $Cu(OH)_2$　(エ) $Al(OH)_3$

2 (1) (ア)，(エ)
(2) (ア)，(ウ)
(3) (ア)
(4) (イ)
→p.205 1

3 下の金属イオンを含む水溶液に硫化水素を通じた。(1)～(3)に該当するものすべてを示せ。

(1) 酸性，中性，塩基性のいずれの場合も，硫化物が沈殿する。

(2) 酸性では沈殿を生じないが，中性，塩基性では硫化物が沈殿する。

(3) 酸性，中性，塩基性のいずれの場合も，硫化物が沈殿しない。

(ア) Cu^{2+}　(イ) Ca^{2+}　(ウ) Pb^{2+}　(エ) Zn^{2+}

3 (1) (ア)，(ウ)
(2) (エ)
(3) (イ)
→p.206 2

4 次の記述に当てはまる沈殿を［　　］の中から選べ。

(1) 熱湯を加えると，沈殿が溶解した。　［AgCl，$PbCl_2$］

(2) NH_3 水を加えると，沈殿が溶解した。　［AgCl，$PbCl_2$］

(3) 希塩酸を加えると，沈殿が溶解した。　［$CaCO_3$，$CaSO_4$］

(4) 希塩酸を加えても，沈殿は溶解しなかった。　［$CaCO_3$，$CaSO_4$］

4 (1) $PbCl_2$
(2) AgCl
(3) $CaCO_3$
(4) $CaSO_4$
→p.205 1，p.206 3

5-26

例題 79 金属イオンの反応 □□

次の(1)~(5)に該当する金属イオンをあとの〔 〕からすべて選べ。

(1) 希塩酸を加えたとき，沈殿を生じるイオン。

(2) 希硫酸を加えたとき，沈殿を生じるイオン。

(3) 酸性条件で硫化水素を通じたとき，沈殿を生じるイオン。

(4) 酸性条件では硫化水素を通じても沈殿を生じないが，中性・塩基性条件で硫化水素を通じると，沈殿を生じるイオン。

(5) 水溶液の pH によらず，硫化水素を通じても沈殿を生じないイオン。

〔 Ag^+，Ba^{2+}，Cu^{2+}，Fe^{2+}，Na^+，Pb^{2+}，Zn^{2+} 〕

考え方 (1) 塩酸を加えたとき，AgCl と $PbCl_2$ が沈殿する。よって，塩酸を加えて沈殿する金属イオンは，Ag^+ と Pb^{2+}。

(2) 希硫酸を加えたときに沈殿するのは，$CaSO_4$，$BaSO_4$，$PbSO_4$ である。よって，硫酸を加えて沈殿する金属イオンは，Ba^{2+} と Pb^{2+}。

(3) 酸性条件で硫化水素を通じても硫化物が沈殿するのは，Sn よりもイオン化傾向の小さい金属イオン(Ag^+，Cu^{2+}，Pb^{2+}など)である。

(4) 酸性条件で硫化水素を通じても硫化物が沈殿しないが，中性・塩基性条件で硫化水素を通じると硫化物が沈殿するのは，イオン化傾向が中程度の金属イオン(Fe^{2+}，Zn^{2+}など)である。

(5) イオン化傾向が大きい金属イオン(Na^+，K^+，Ca^{2+}，Ba^{2+}など)は，いかなる条件で硫化水素を通じても硫化物は沈殿しない。

解 答 (1) Ag^+，Pb^{2+} (2) Ba^{2+}，Pb^{2+} (3) Ag^+，Cu^{2+}，Pb^{2+} (4) Fe^{2+}，Zn^{2+} (5) Ba^{2+}，Na^+

例題 80 金属イオンの系統分離 □□

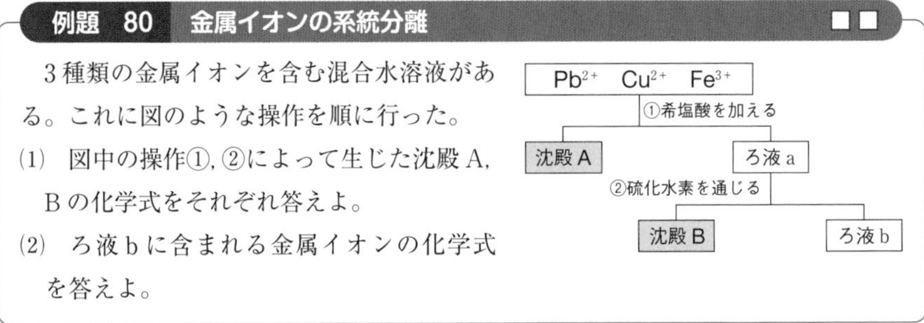

3種類の金属イオンを含む混合水溶液がある。これに図のような操作を順に行った。
(1) 図中の操作①，②によって生じた沈殿 A，B の化学式をそれぞれ答えよ。
(2) ろ液 b に含まれる金属イオンの化学式を答えよ。
Pb2+ Cu2+ Fe3+
①希塩酸を加える
沈殿 A
ろ液 a
②硫化水素を通じる
沈殿 B
ろ液 b

考え方 金属イオンの混合水溶液に特定の試薬(分属試薬)を加え，原則として，イオン化傾向の小さい金属イオンから大きい金属イオンの順序で，各金属イオンを沈殿として分離する操作を，金属イオンの系統分離という。

操作①では，HCl を加えており，白色の塩化鉛(Ⅱ)$PbCl_2$ が沈殿する。

操作②では，酸性条件で H_2S を通じており，黒色の硫化銅(Ⅱ)CuS が沈殿する。

操作②で H_2S を通じると，H_2S の還元作用によって，Fe^{3+} は Fe^{2+} へと還元されている。

解 答 (1) A $PbCl_2$ B CuS (2) Fe^{2+}

例題 81　金属イオンの分離

次の2種類の金属イオンを含む混合溶液から，下線をつけたイオンだけを沈殿させる試薬を(ア)～(オ)からすべて選べ。また，生じた沈殿の化学式を示せ。

(1)　<u>Ag^{+}</u>，Fe^{3+}　　(2)　Ag^{+}，<u>Fe^{3+}</u>　　(3)　<u>Cu^{2+}</u>，Ba^{2+}

(4)　Cu^{2+}，<u>Ba^{2+}</u>　　(5)　<u>Al^{3+}</u>，Zn^{2+}　　(6)　Al^{3+}，<u>Zn^{2+}</u>

(ア)　希塩酸　　(イ)　希硫酸　　(ウ)　水酸化ナトリウム水溶液(過剰)

(エ)　アンモニア水(過剰)　　(オ)　硫化ナトリウム水溶液

考え方　金属イオンと各試薬との沈殿反応の有無を調べる表を書くとわかりやすい。

硫化ナトリウム Na_2S は，塩基性条件で硫化水素 H_2S ガスを通じるのと同じ効果がある。

表をよく見て，▯や▯のように，一方が沈殿し，他方は沈殿をつくらない試薬をそれぞれ選択する。

水溶液		HCl	H_2SO_4	NaOH	NH_3	Na_2S
(1)	Ag^{+}	○		○	＊	○
(2)	Fe^{3+}			○	○	○
(3)	Cu^{2+}			○	＊	○
(4)	Ba^{2+}		○			
(5)	Al^{3+}			＊	○	
(6)	Zn^{2+}			＊	＊	○

○は沈殿生成　＊は錯イオン生成

解答　(1) (ア)，AgCl　(2) (エ)，FeO(OH)

(3) (ウ)，$Cu(OH)_2$　(オ)，CuS　(4) (イ)，$BaSO_4$　(5) (エ)，$Al(OH)_3$　(6) (オ)，ZnS

例題 82　金属イオンの系統分離

右図のような操作で，5種類の金属イオンを分離した。次の問いに答えよ。

(1)　沈殿A～Dの化学式を示せ。

(2)　ろ液Eに分離される錯イオンを化学式で示せ。

(3)　ろ液Fに含まれる金属イオンを確認する方法を示せ。

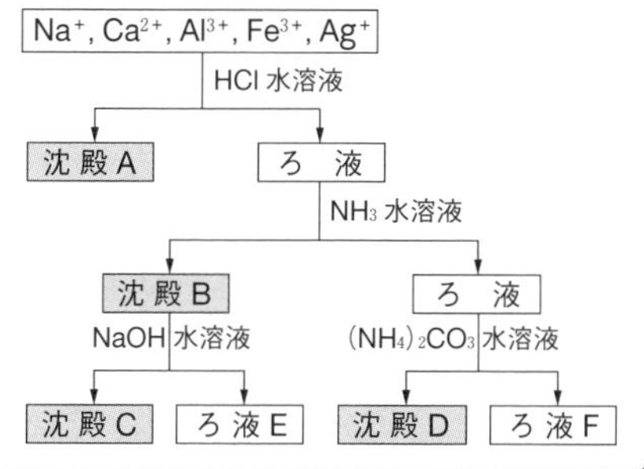

考え方　金属イオンの混合水溶液に，次の1～5の分属試薬を順に加えて，生じる沈殿をろ別し，第1～第6属の金属イオンのグループに分離する操作を，**金属イオンの系統分離**という。

属	試　薬	イオン	沈　殿
1	HCl	Ag^{+}, Pb^{2+}	塩化物：白色沈殿
2	H_2S(酸性)	Cu^{2+}, Cd^{2+}, Hg^{2+}	硫化物：CdS黄，他は黒
3	NH_3 水	Fe^{3+}, Al^{3+}	水酸化物：FeO(OH)赤褐，$Al(OH)_3$白
4	H_2S(塩基性)	Zn^{2+}, Ni^{2+}	硫化物：ZnS白，他は黒
5	$(NH_4)_2CO_3$	Ca^{2+}, Ba^{2+}	炭酸塩：白色沈殿
6	沈殿しない	Na^{+}, K^{+}	炎色反応：Na^{+}黄，K^{+}赤紫

希塩酸で沈殿するのは Ag^{+} で，AgCl を生成する。残る4種類の金属イオンのうち，NH_3 水で沈殿するのは，Al^{3+} と Fe^{3+} であり，それぞれ $Al(OH)_3$，FeO(OH)を生成する。そのうち，$Al(OH)_3$ は過剰の NaOH 水溶液でヒドロキシド錯イオン$[Al(OH)_4]^{-}$を生成して溶解する。

Na^{+} と Ca^{2+} のうち，$(NH_4)_2CO_3$ 水溶液で沈殿するのは Ca^{2+} であり，$CaCO_3$ を生成する。

解答　(1) A AgCl　B FeO(OH)と$Al(OH)_3$　C FeO(OH)　D $CaCO_3$　(2) $[Al(OH)_4]^{-}$

(3) 炎色反応の黄色によって Na^{+} を確認する。

5-26

問題A　必は重要な必須問題。時間のないときはここから取り組む。

必270 □□ ◀金属イオンの反応▶　次の〔　〕内の金属イオンのうち，(1)～(7)の内容に該当するものを(　)の中の数だけ選べ。

〔Cu^{2+}，Fe^{3+}，Zn^{2+}，Ag^{+}，Ba^{2+}，Pb^{2+}，Mg^{2+}〕

(1) 有色のイオンである。(2つ)

(2) 塩酸によって沈殿する。(2つ)

(3) 硫酸によって沈殿する。(2つ)

(4) 酸性条件で硫化物が沈殿する。(3つ)

(5) いかなる条件下でも，硫化物が沈殿しない。(2つ)

(6) 水酸化ナトリウム水溶液を加えると沈殿を生じ，その過剰に溶ける。(2つ)

(7) アンモニア水によって沈殿を生じ，その過剰に溶ける。(3つ)

必271 □□ ◀金属イオンの分離▶　A群の水溶液から下線をつけたイオンだけを沈殿として分離したい。それぞれ適切な方法をB群から1つ記号で選べ。また，生成した沈殿の化学式を示せ。

〔A群〕(1) Cu^{2+}，Fe^{3+}，<u>Ag^{+}</u>　(2) Al^{3+}，<u>Fe^{3+}</u>，Zn^{2+}　(3) <u>Ba^{2+}</u>，K^{+}，Na^{+}

(4) Fe^{3+}，<u>Cu^{2+}</u>，Zn^{2+}　(5) Ag^{+}，Ca^{2+}，<u>Fe^{3+}</u>

〔B群〕(ア) 希硫酸を加える。　(イ) 希塩酸を加える。

(ウ) アンモニア水を加えて塩基性としたのち，硫化水素を通じる。

(エ) 希塩酸を加えて酸性としたのち，硫化水素を通じる。

(オ) 過剰の水酸化ナトリウム水溶液を加える。

(カ) 過剰のアンモニア水を加える。

必272 □□ ◀陰イオンの推定▶　次の記述に当てはまる陰イオンを下から記号で選べ。

(1) 鉛(Ⅱ)イオンと反応して，黒色沈殿をつくる。

(2) 鉛(Ⅱ)イオンと反応して，黄色沈殿をつくる。

(3) 銀イオンと反応して，白色沈殿をつくる。

(4) 銀イオンと反応して，黄色沈殿をつくる。

(5) カルシウムイオンと反応して，白色沈殿(塩酸に可溶)をつくる。

(6) カルシウムイオンと反応して，白色沈殿(塩酸に不溶)をつくる。

(7) いかなる金属イオンとも反応せず，沈殿をつくらない。

［(ア) OH^{-}　(イ) Cl^{-}　(ウ) SO_4^{2-}　(エ) NO_3^{-}
 (オ) S^{2-}　(カ) CO_3^{2-}　(キ) I^{-}　(ク) CrO_4^{2-}］

273□□◀金属イオンの分離・確認▶ 5種類の金属イオンを含む水溶液を図のような操作で，各イオンに分離した。次の問いに答えよ。ただし，加える試薬は十分に加えるものとする。

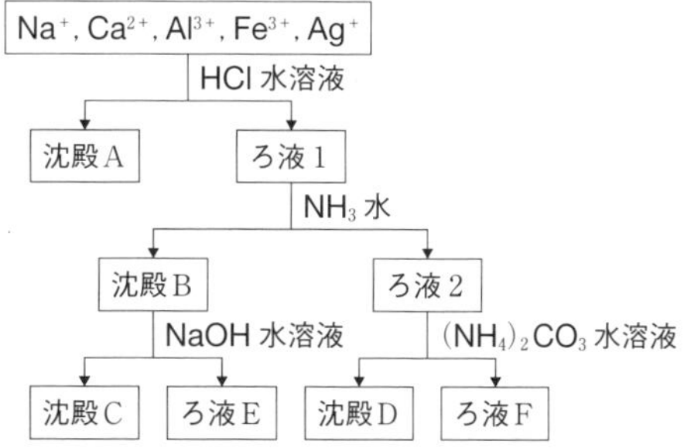

(1) 沈殿A～Dの化学式を示せ。

(2) ろ液Eに分離される錯イオンを化学式で示せ。

(3) ろ液Fに含まれる金属イオンを確認する方法を示せ。

(4) 沈殿Aにアンモニア水を加えたとき，生じる錯イオンの名称を記せ。

274□□◀金属イオンの推定▶ 次の各文は下の(ア)～(カ)のどの水溶液についての記述か。適切なものを1つずつ選べ。また，文中の□に適切な化学式を入れよ。

(1) 有色の溶液で，アンモニア水を加えると青白色沈殿①□を生じるが，過剰に加えると沈殿は溶けて深青色の溶液②□になる。

(2) 塩化バリウム溶液を加えると白色沈殿③□を生じる。また，水酸化ナトリウム水溶液を加えると白色沈殿④□を生じるが，過剰に加えると沈殿は溶けて無色の溶液⑤□になる。

(3) アンモニア水や水酸化ナトリウム水溶液を加えると赤褐色沈殿⑥□を生じる。この沈殿はアンモニア水を過剰に加えても溶けない。

(4) 希塩酸を加えると白色沈殿⑦□を生じ，温めるとその沈殿は溶解する。また，水酸化ナトリウム水溶液を加えると白色沈殿⑧□を生じ，過剰に加えると沈殿は溶けて無色の溶液となる。

(ア) $AgNO_3$　(イ) $CuSO_4$　(ウ) $ZnCl_2$
(エ) $Al_2(SO_4)_3$　(オ) $FeCl_3$　(カ) $(CH_3COO)_2Pb$

275□□◀金属イオンの推定▶ 次の実験(a)～(d)より，A～Dに含まれる金属イオンの種類をあとの語群から選べ。

(a) 炎色反応を調べると，Bは青緑色，Dは黄色であった。

(b) 希硝酸で酸性にしたのち硫化水素を通じると，B, Cは黒色の沈殿を生じたが，A, Dは沈殿を生じなかった。

(c) 水酸化ナトリウム水溶液を加えるとA，B，Cは沈殿を生じたが，Dは生じなかった。過剰の水酸化ナトリウム水溶液を加えると，Aから生じた沈殿のみ溶解した。

(d) 塩化カリウム水溶液を少量加えると，Cのみが白色の沈殿を生じた。

【語群】［ Na^+　Mg^{2+}　Fe^{2+}　Cu^{2+}　Ca^{2+}　Zn^{2+}　Ag^+ ］

5-26

問題B　必は重要な必須問題。時間のないときはここから取り組む。

276□□◀金属塩の推定▶　次の文を読んで，A～Eは(ア)～(キ)のいずれの水溶液であるかを推定せよ。ただし，同じものは2回以上使用しないこととする。

(1)　A，Bに水酸化ナトリウム水溶液を加えると白色沈殿ができるが，どちらも過剰の水酸化ナトリウム水溶液を加えると溶けて無色の溶液になる。

(2)　A，Bにアンモニア水を加えるとどちらも白色沈殿ができるが，過剰のアンモニア水を加えるとAは溶けないが，Bは溶ける。

(3)　C，Eに水酸化ナトリウム水溶液，アンモニア水を加えるとどちらも有色の沈殿ができ，これらは過剰の水酸化ナトリウム水溶液，アンモニア水にも溶けない。

(4)　C，Eに希塩酸を加えてから硫化水素を通じたら，Eだけから黒色沈殿ができた。

(5)　A，B，Dに塩化バリウム水溶液を加えるといずれも白色沈殿ができる。これらに過剰のアンモニア水を加えるとDにできた沈殿だけが溶ける。

(ア)　KCl　(イ)　$Pb(NO_3)_2$　(ウ)　$FeCl_3$　(エ)　$ZnSO_4$

(オ)　Na_2SO_4　(カ)　$AgNO_3$　(キ)　$HgCl_2$

277□□◀金属イオンの系統分離▶　Ag^+，Al^{3+}，Ba^{2+}，Cu^{2+}，Pb^{2+}，Zn^{2+}，Fe^{3+}，Na^+の金属イオンを含む硝酸塩水溶液を，下図の要領で分離した。次の問いに答えよ。

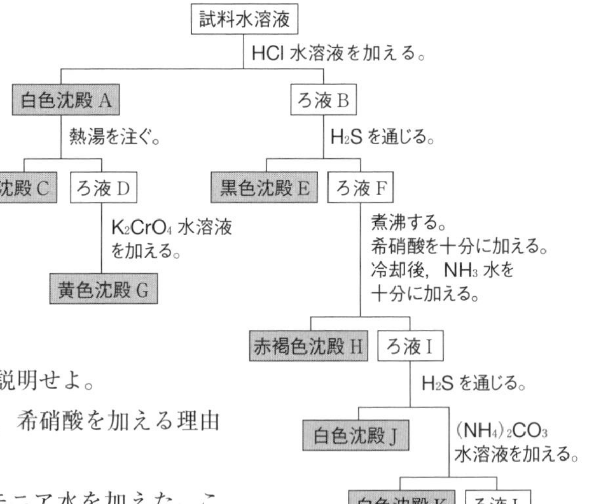

(1)　沈殿C，E，G，H，J，Kの化学式を示せ。ただし，Hには2種類の化合物を含む。

(2)　ろ液Lに最も多く含まれる金属イオンの化学式と，そのイオンの確認法を説明せよ。

(3)　ろ液Fに対する操作で，まず煮沸する理由を説明せよ。

(4)　ろ液Fに対する操作で，希硝酸を加える理由を説明せよ。

(5)　沈殿Cに過剰にアンモニア水を加えた。この反応を化学反応式で示せ。

(6)　沈殿Hに水酸化ナトリウム水溶液を加えたところ，一方の化合物は溶解した。この反応を化学反応式で示せ。

共通テストチャレンジ

278□□ アンモニアソーダ法はNa_2CO_3の代表的な製造法である(右図)。この方法では，反応の過程で生じるCO_2とNH_3を回収して無駄なく再利用するという特徴がある。(原子量：C＝12，O＝16，Na＝23，Cl＝35.5，Ca＝40)

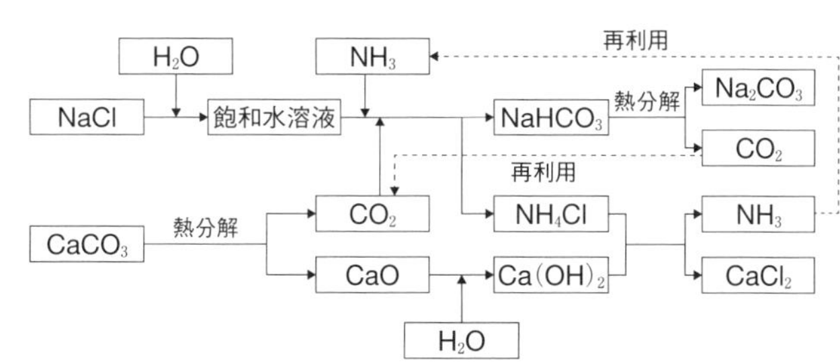

図　アンモニアソーダ法によるNa_2CO_3の製造過程

(1) アンモニアソーダ法に関する記述として誤りを含むものを下から一つ選べ。

① $NaHCO_3$の水への溶解度は，NH_4Clより大きい。

② NaCl飽和水溶液にNH_3を吸収させた後にCO_2を通じるのは，CO_2を溶かしやすくするためである。

③ 図のそれぞれの反応は，触媒を必要としない。

④ $NaHCO_3$の熱分解でNa_2CO_3を生成する過程では，CO_2のほかに水も生成する。

(2) NaCl 58.5kgがすべて反応してNa_2CO_3と$CaCl_2$を生成するときに，最小限必要な$CaCO_3$は何kgか。適当な数値を下から一つ選べ。ただし，この製造過程で生じるNH_3とCO_2は，すべて再利用されるものとする。

① 25.0kg　② 50.0kg　③ 100kg　④ 200kg　⑤ 250kg

279□□ ある量のマグネシウムの酸化物MgO，水酸化物$Mg(OH)_2$，炭酸塩$MgCO_3$の混合物Aを右図の装置を用いて乾燥した空気を通じて加熱すると，吸収管Bでは0.18g，吸収管Cでは0.22g質量が増加し，反応管中にはMgOのみが2.00g残った。以上より，加熱前の混合物Aに含まれていたマグネシウムのうち，MgOとして存在していたマグネシウムの物質量の割合は何%か。適当な数値を下から一つ選べ。(原子量：H＝1.0，C＝12，O＝16，Mg＝24)

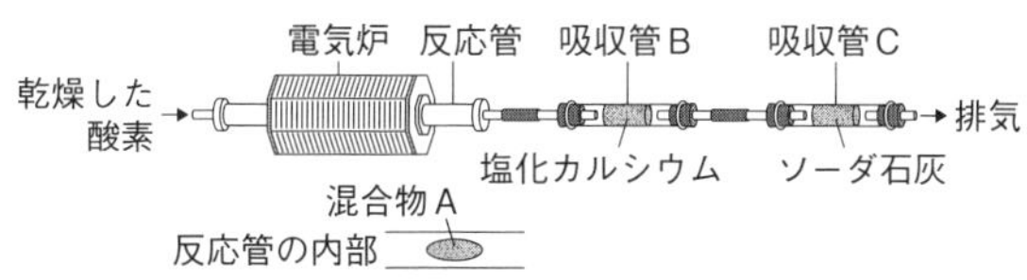

図　混合物Aを加熱し発生する気体を捕集する装置

① 30　② 40　③ 60　④ 70　⑤ 80

280□□ 実験Ⅰ Al，Cu，Mg からなる合金A 50.0g をすべて硝酸に溶解した。この溶液に十分な量の硫化水素を通じたところ，沈殿が生じた。この沈殿をろ過によってすべて回収し，乾燥して得られた固体の質量は，3.6g であった。

実験Ⅱ 実験Ⅰで得られたろ液を加熱して硫化水素を除いた後，水酸化ナトリウム水溶液を加えたところ，白色ゲル状の沈殿が生じた。この溶液にさらに水酸化ナトリウム水溶液を加えたところ，沈殿の一部が溶解したので，沈殿の量が一定になるまで水酸化ナトリウム水溶液を加えた。

実験Ⅲ 実験Ⅱで得られた沈殿をろ過によってすべて回収し，強熱して酸化物の固体を得た。この固体の質量は 1.5g であった。

実験Ⅰ～Ⅲの結果から，合金A中の Cu，Al の含有率(質量パーセント)は何％になるか。最も適当な数値を下から一つずつ選べ。ただし，実験ⅠとⅢで沈殿として回収された物質の水への溶解度は十分小さいものとする。ただし，原子量は H＝1.0，O＝16，Na＝23，Mg＝24，Al＝27，S＝32，Cu＝64 とする。

① 1.6％　② 1.8％　③ 2.4％　④ 4.8％　⑤ 5.8％
⑥ 10.8％　⑦ 84.2％　⑧ 93.4％　⑨ 94.5％

281□□ Ag^{+}，Al^{3+}，Pb^{2+}，Zn^{2+} の4種類の金属イオンを含む水溶液から，図に示す操作Ⅰ・Ⅱにより，各イオンを分離した。次の各問いに答えよ。

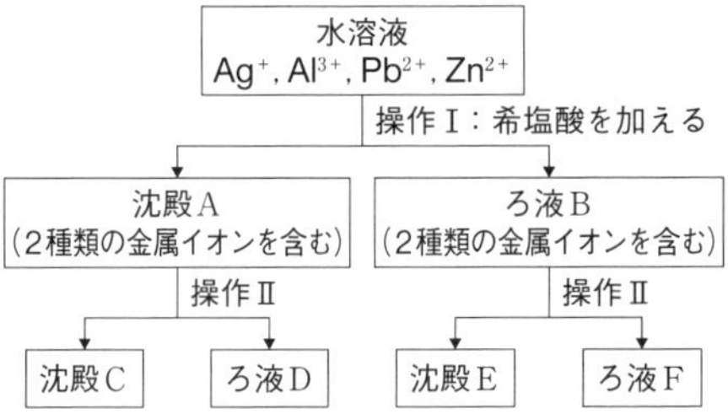

水溶液
Ag^{+}, Al^{3+}, Pb^{2+}, Zn^{2+}
操作Ⅰ：希塩酸を加える
沈殿A（2種類の金属イオンを含む）
ろ液B（2種類の金属イオンを含む）
操作Ⅱ
操作Ⅱ
沈殿C
ろ液D
沈殿E
ろ液F

(1) 沈殿Aに含まれる2種類の金属イオンの組み合わせとして最も適当なものを下から一つ選べ。

① Ag^{+}，Al^{3+}　② Ag^{+}，Pb^{2+}　③ Ag^{+}，Zn^{2+}
④ Al^{3+}，Pb^{2+}　⑤ Al^{3+}，Zn^{2+}　⑥ Pb^{2+}，Zn^{2+}

(2) 操作Ⅱとして最も適当なのはどれか。下から一つ選べ。

① 過剰のアンモニア水を加える。
② 過剰の水酸化ナトリウム水溶液を加える。
③ 希硝酸を加える。　④ 希塩酸を加える。

(3) 沈殿Eおよびろ液Fとして分離される金属イオンはどれか。最も適切なものを，下から1つずつ選べ。

① Ag^{+}　② Al^{3+}　③ Pb^{2+}　④ Zn^{2+}

27 有機化合物の特徴と構造

1 有機化合物の特徴

炭素原子を骨格とした化合物を有機化合物という。(CO_2, $CaCO_3$, KCN などを除く)

(a) 炭素原子が共有結合で次々とつながり，**鎖状**や**環状**の構造をとる。

(b) 構成元素の種類は少ない(C，H，O，N，S など)が，化合物の種類は多い。

(c) ほとんどが分子性の物質で，融点・沸点が低く，可燃性のものが多い。

(d) 極性の小さい分子が多く，水に溶けにくく，有機溶媒に溶けやすいものが多い。

2 有機化合物の分類

❶炭素骨格による分類　炭素と水素だけからなる化合物を炭化水素という。

分類	飽和炭化水素 (炭素間の結合がすべて単結合)	不飽和炭化水素 (炭素間に二重結合や三重結合を含む)
鎖式炭化水素	メタン　エタン	エチレン　アセチレン
環式炭化水素	シクロヘキサン	シクロヘキセン　ベンゼン

❷炭化水素基　炭化水素からH原子がとれた原子団(基)を炭化水素基(記号R－)という。特に，鎖式飽和炭化水素(アルカン)からH原子1個を除いた基をアルキル基という。

	名称	化学式	名称	化学式
アルキル基	メチル基	CH_3-	ビニル基	$CH_2=CH-$
アルキル基	エチル基	C_2H_5-	メチレン基	$-CH_2-$
アルキル基	プロピル基	C_3H_7-	フェニル基	C_6H_5-

❸官能基による分類　有機化合物の特性を表す原子団を官能基という。

官能基	官能基の名称	一般名	例		性質
$-OH$	ヒドロキシ基	アルコール	メタノール	CH_3OH	中性
		フェノール類	フェノール	C_6H_5OH	弱酸性
$-CHO$	ホルミル(アルデヒド)基	アルデヒド	ホルムアルデヒド	$HCHO$	還元性
$>CO$	カルボニル(ケトン)基	ケトン	アセトン	CH_3COCH_3	中性
$-COOH$	カルボキシ基	カルボン酸	酢酸	CH_3COOH	弱酸性
$-NH_2$	アミノ基	アミン	アニリン	$C_6H_5NH_2$	弱塩基性
$-NO_2$	ニトロ基	ニトロ化合物	ニトロベンゼン	$C_6H_5NO_2$	中性
$-SO_3H$	スルホ基	スルホン酸	ベンゼンスルホン酸	$C_6H_5SO_3H$	強酸性
$-O-$	エーテル結合	エーテル	ジエチルエーテル	$C_2H_5OC_2H_5$	中性
$-COO-$	エステル結合	エステル	酢酸エチル	$CH_3COOC_2H_5$	中性

❹有機化合物の表し方　分子式以外に，次の化学式をよく用いる。

・**示性式**　分子式から官能基を抜き出して表した化学式。⇒炭化水素基＋官能基

・**構造式**　分子内の原子間の結合を価標（－）を用いて表した化学式。

3 有機化合物の構造決定

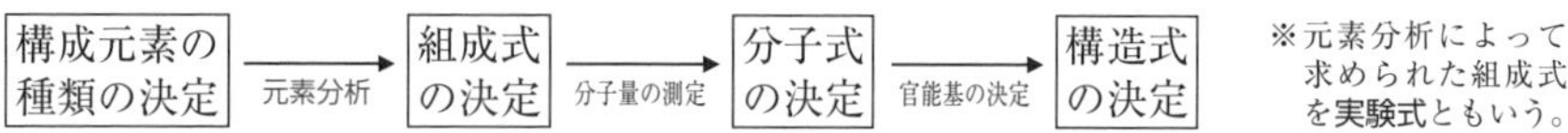

※元素分析によって求められた組成式を**実験式**ともいう。

❶元素分析　試料中の成分元素の質量と割合を求める操作。

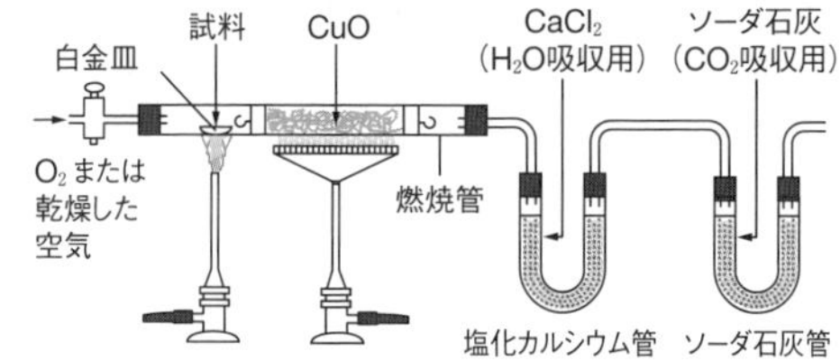

・一定質量の試料を燃焼管に入れ，完全燃焼させる。

・酸化銅（Ⅱ）CuO は，試料を完全燃焼させるために加える。

・燃焼管には，先に $CaCl_2$ 管，次にソーダ石灰管をつなぐ。

C の質量：CO_2 の質量 × $\dfrac{\text{C の原子量}(12)}{CO_2\text{ の分子量}(44)}$　　H の質量：H_2O の質量 × $\dfrac{\text{2H の原子量}(2.0)}{H_2O\text{ の分子量}(18)}$

酸素 O の質量は，（試料の質量）－（他のすべての元素の質量の和）で求める。

❷組成式の決定　各元素の質量を原子量で割り，各元素の原子数の比を求める。

$$\underset{(\text{原子数の比})}{C:H:O} = \frac{\text{C の質量}}{12} : \frac{\text{H の質量}}{1.0} : \frac{\text{O の質量}}{16} = x : y : z$$

組成式は $C_xH_yO_z$

❸分子式の決定　分子式は組成式（$C_xH_yO_z$）を整数倍したものだから，

組成式の式量×n＝分子量 の関係から，整数 n を求める。分子式は $C_{nx}H_{ny}O_{nz}$

4 異性体

分子式は同じであるが，構造や性質の異なる化合物を異性体という。

❶構造異性体　原子の結合の仕方，つまり構造式が異なる異性体。

(a) **炭素骨格の違い**

$CH_3-CH_2-CH_2-CH_3$

$CH_3-CH(CH_3)-CH_3$

(b) **官能基の種類の違い**

CH_3-CH_2-OH

CH_3-O-CH_3

(c) **官能基の位置の違い**

$CH_3-CH_2-CH_2-OH$

$CH_3-CH(OH)-CH_3$

❷立体異性体　構造式では区別できず，各原子（団）の立体配置が異なる異性体。

(a) シス－トランス異性体（**幾何異性体**）

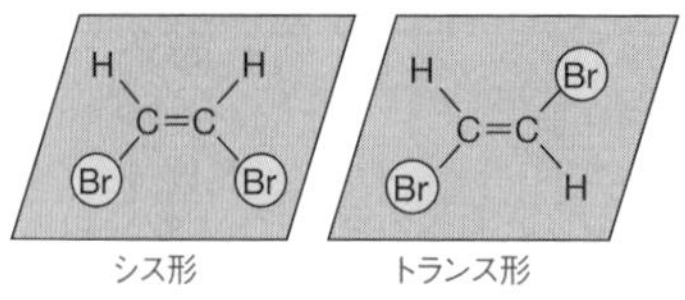

二重結合をはさんだ原子（団）の結合位置が異なる。
（二重結合が自由に回転できないために生じる。）

(b) 鏡像異性体（**光学異性体**）

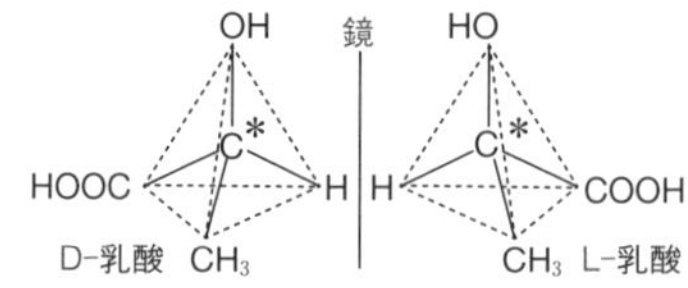

中心の不斉炭素原子＊に結合する 4 つの原子（団）の立体配置が異なる。

確認&チェック

1 次の物質のうち，有機化合物であるものをすべて選べ。

(ア) CH_4　(イ) CO_2　(ウ) $CO(NH_2)_2$
(エ) $CaCO_3$　(オ) CH_3COOH　(カ) KCN

2 有機化合物の官能基をまとめた次の表を完成せよ。

官能基	官能基の名称	化合物	化合物の一般名
−OH	①	R−OH	②
−CHO	③	R−CHO	④
−O−	⑤	R−O−R′	⑥
−CO−	⑦	R−CO−R′	⑧
−COOH	⑨	R−COOH	⑩
$-NO_2$	⑪	$R-NO_2$	⑫
$-SO_3H$	⑬	$R-SO_3H$	⑭
$-NH_2$	⑮	$R-NH_2$	⑯

R− は炭化水素基を示す。

3 C，H，O からなる有機化合物を，図のような装置で分析を行った。次の問いに答えよ。

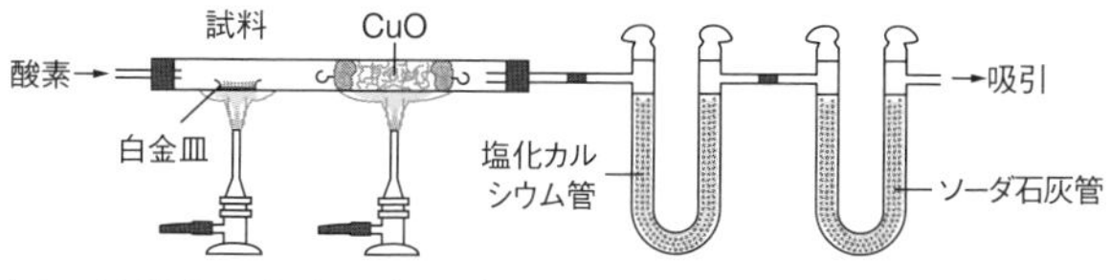

(1) 試料中の成分元素の質量と割合を求める操作を何というか。
(2) 塩化カルシウム管で吸収される物質名を記せ。
(3) ソーダ石灰管で吸収される物質名を記せ。
(4) 燃焼管中に CuO を入れる目的は何か。

4 次のような有機化合物の表し方を何式というか。

(1) $C_2H_4O_2$　(2) CH_3COOH　(3)

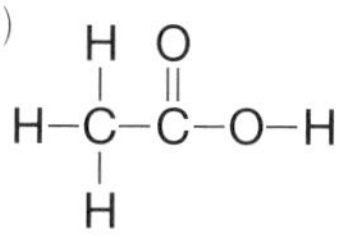

```
   H  O
   |  ‖
H—C—C—O—H
   |
   H
```

解答

1 (ア)，(ウ)，(オ)
→ p.215 1

2 ① ヒドロキシ基
② アルコール
③ ホルミル基
④ アルデヒド
⑤ エーテル結合
⑥ エーテル
⑦ カルボニル基
⑧ ケトン
⑨ カルボキシ基
⑩ カルボン酸
⑪ ニトロ基
⑫ ニトロ化合物
⑬ スルホ基
⑭ スルホン酸
⑮ アミノ基
⑯ アミン
→ p.215 2

3 (1) 元素分析
(2) 水
(3) 二酸化炭素
(4) 試料を完全燃焼させるため。
→ p.216 3

4 (1) 分子式
(2) 示性式
(3) 構造式
→ p.215 2

6 | 27

例題 83 官能基

メタン CH_4 の水素原子 1 個を，次の原子団(基)で置き換えた各化合物に含まれる官能基の名称と，その官能基をもつ化合物の一般名をそれぞれ記せ。

(a) $-OH$　(b) $-COOH$　(c) $-CHO$　(d) $-OCH_3$　(e) $-COCH_3$
(f) $-NO_2$　(g) $-NH_2$　(h) $-SO_3H$　(i) $-COOC_2H_5$

考え方 有機化合物の特性を表す原子団を官能基という。**炭化水素**(炭素と水素のみからなる化合物)以外の有機化合物は，官能基の種類ごとにいくつかのグループに分類される。また，同じ官能基をもち，共通の一般式で表される化合物を同族体といい，化学的性質が類似している。

メタンから水素原子 1 個を取り去るとメチル基 $-CH_3$ となる。メチル基にそれぞれの官能基を結合させた化合物の示性式を書いてみる。

(a) $CH_3\underline{OH}$　(b) $CH_3\underline{COOH}$　(c) $CH_3\underline{CHO}$　(d) $CH_3\underline{O}CH_3$
(e) $CH_3\underline{CO}CH_3$　(f) $CH_3\underline{NO_2}$　(g) $CH_3\underline{NH_2}$
(h) $CH_3\underline{SO_3H}$　(i) $CH_3\underline{COO}C_2H_5$　(＿ が官能基を示す)

解 答 (a) ヒドロキシ基　アルコール　(b) カルボキシ基　カルボン酸
(c) ホルミル基(アルデヒド基)　アルデヒド　(d) エーテル結合　エーテル
(e) カルボニル基(ケトン基)　ケトン　(f) ニトロ基　ニトロ化合物
(g) アミノ基　アミン　(h) スルホ基　スルホン酸　(i) エステル結合　エステル

例題 84 元素分析

C，H，O からなる有機化合物 40.0mg を完全燃焼させたところ，CO_2 58.7mg と H_2O 24.3mg を生じた。また，この物質の分子量は別の方法によって 180 と求められている。次の問いに答えよ。原子量は H＝1.0，C＝12，O＝16 とする。

(1) この有機化合物の組成式(実験式)を示せ。

(2) この有機化合物の分子式を示せ。

考え方 〈有機化合物の構造決定の方法〉

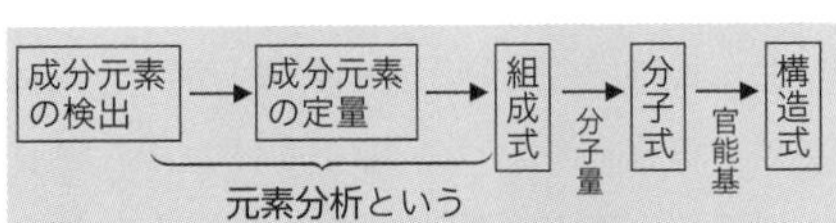

化合物を構成する原子の数を最も簡単な整数比で表した式が**組成式**，分子を構成する原子の種類と数を表した式が**分子式**である。

〈組成式(実験式)の求め方〉

C，H，O のみからなる有機化合物の場合，完全燃焼で生じた CO_2，H_2O の質量から，この試料 40.0mg 中に含まれる C 原子と H 原子の質量を求め，残りを O 原子の質量とする。

(酸素は，試料中と燃焼のために供給された O_2，および酸化剤 CuO に由来するものがあり，CO_2，H_2O の質量から試料中の O 原子の質量を求めることはできない。)

C の質量：$58.7\times\dfrac{C}{CO_2}=58.7\times\dfrac{12}{44}\fallingdotseq16.0$〔mg〕

H の質量：$24.3\times\dfrac{2H}{H_2O}=24.3\times\dfrac{2.0}{18}=2.70$〔mg〕

O の質量：$40.0-(16.0+2.70)=21.3$〔mg〕

各元素の質量を原子量で割ると，物質量の比，つまり**各原子数の比**が求まる。

$$\underset{(原子数の比)}{C:H:O}=\frac{16.0}{12}:\frac{2.70}{1.0}:\frac{21.3}{16}=1.33:2.70:1.33\fallingdotseq 1:2:1$$

∴　組成式は CH_2O　組成式の式量は 30。

〈分子式の求め方〉

分子式は組成式を整数倍したものだから，分子式を $(CH_2O)_n$（n は整数）とおくと，分子量は組成式の式量の整数倍になる。

$30n=180$　　∴　$n=6$　　したがって，分子式は $C_6H_{12}O_6$

解答 (1) CH_2O　(2) $C_6H_{12}O_6$

例題 85　構造異性体

分子式が C_5H_{12}，C_6H_{14} の化合物には，それぞれ何種類の構造異性体があるか。

考え方 異性体のうち，原子のつながり方，つまり，構造式の異なる化合物を**構造異性体**という。

〈構造異性体の書き方〉

① C 原子の並び方（**炭素骨格**）だけで構造の違いを区別する。

② 最後に，C 原子の価標が 4 本になるように，そのまわりに H 原子をつけ加える。

炭素骨格のうち，最も長い炭素鎖を**主鎖**，短い炭素鎖で枝にあたる部分を**側鎖**という。

① C_5H_{12}

(i) まず，直鎖状のものを書く。　C−C−C−C−C

(ii) 主鎖の炭素数を 4 とし，側鎖 1 つを両端以外の炭素につける。

```
C−C−C−C
    |
    C
```

すなわち，**両端の炭素につけた側鎖は無意味**で，直鎖状のものと同じになる。

（単結合は自由に回転できるので，
```
C−C−C−C
      |
      C
```
は，直鎖(i)と同じになる。
```
   ‖
C−C−C−C−C
```
）

(iii) 主鎖の炭素数を 3 とし，側鎖 2 つを両端以外の炭素につける。

```
  C
  |
C−C−C
  |
  C
```

計 **3 種類**

② C_6H_{14}

(i) 直鎖状　C−C−C−C−C−C

(ii) 主鎖の炭素数 5 つ，側鎖 1 つ

```
C−C−C−C−C    C−C−C−C−C
      |            |
      C            C
```

(iii) 主鎖の炭素数 4 つ，側鎖 2 つ

```
    C
    |
C−C−C−C    C−C−C−C
    |        |  |
    C        C  C
```

（
```
C−C−C−C
    |
    C          =   C−C−C−C−C
    |                  |
    C                  C
```
↖こちらが主鎖になる。　(ii)の右側と同じ）

すなわち，両端から x 番目の炭素には，炭素数が $(x-1)$ 個の側鎖しかつけられない。　計 **5 種類**

解答 C_5H_{12}　3 種類，C_6H_{14}　5 種類

問題A　必は重要な必須問題。時間のないときはここから取り組む。

必282 □□ ◀有機化合物の特徴▶ 次の(ア)～(ク)のうち，有機化合物の一般的な特徴を述べているものをすべて選べ。

(ア) 成分元素の種類が多いため，その化合物の種類も多い。

(イ) 水に溶けにくく，有機溶媒に溶けやすいものが多い。

(ウ) 融点が高く，熱や光に対して安定なものが多い。

(エ) 常温で固体の物質が多く，溶液中では電離してイオンを生じやすい。

(オ) 加熱しても，分解したり，燃焼したりはしない。

(カ) 分子からなる物質が多く，一般に反応の速さが小さい。

(キ) 炭素原子が共有結合で結びつき，分子量の大きい化合物もつくる。

(ク) 無機化合物から人工的に合成することはできない。

283 □□ ◀官能基と一般名▶ 次の有機化合物について，あとの問いに答えよ。

(a) R−OH　(b) R−CHO　(c) R−COOH　(d) R−CO−R′

(e) R−O−R′　(f) $R-NO_2$　(g) $R-NH_2$　(h) $R-SO_3H$　(R：炭化水素基を表す)

(1) (a)～(h)に含まれる官能基(結合)の名称を答えよ。

(2) (a)～(h)を，官能基(結合)で分類した化合物の一般名を答えよ。

(3) (a)～(h)のうち，次の性質を示すものを選び，記号で答えよ。

① 酸性を示すもの　② 塩基性を示すもの　③ 還元性を示すもの

284 □□ ◀成分元素の検出▶ 次の操作で検出できる元素を元素記号で答えよ。

(1) ソーダ石灰と加熱し，発生した気体に濃塩酸を近づけると白煙を生じた。

(2) 酸化銅(Ⅱ)とよく混合して加熱し，発生した気体を石灰水に通じると白濁した。

(3) 黒く焼いた銅線につけてバーナーで加熱すると，炎は青緑色を呈した。

(4) 金属 Na と加熱融解後，酢酸鉛(Ⅱ)水溶液を加えると黒色沈殿が生成した。

(5) 完全燃焼後，生成物を塩化コバルト(Ⅱ)紙につけると青色から淡赤色になった。

必285 □□ ◀元素分析(質量百分率)▶ ある有機化合物 A を元素分析したら，質量百分率で炭素 60.0%，水素 13.3%，酸素 26.7% であった。また，A の分子量を測定したら 60 であった。次の問いに答えよ。(原子量：H＝1.0，C＝12，O＝16)

(1) 化合物 A の組成式と分子式をそれぞれ示せ。

(2) 化合物 A の考えられる構造式をすべて示せ。

286 □□ ◀**異性体の区別**▶　次の各組の中で，２つの構造式が同一の化合物を表しているものにはＡを，異性体であるものにはＢを記せ。

(1)
```
    H           Cl
    |           |
H - C - Cl  H - C - H
    |           |
    Cl          Cl
```
(2)
```
    H   H   H   H          H   H   H
    |   |   |   |          |   |   |
H - C - C - C - C - H  H - C - C - C - H
    |   |   |   |          |   |   |
    H   H   H   H          H   |   H
                               |
                           H - C - H
                               |
                               H
```
(3)
```
    H       H              H   H
    |       |              |   |
H - C - O - C - H      H - C - C - O - H
    |       |              |   |
    H       H              H   H
```
(4)
```
     H   H   H               H   Cl  H
     |   |   |               |   |   |
Cl - C - C - C - H       H - C - C - C - H
     |   |   |               |   |   |
     H   H   H               H   H   H
```
(5)
```
       CH3
       |
CH3 - CH - CH2 - CH3      CH3 - CH2 - CH - CH3
                                      |
                                      CH3
```
(6)
```
H \       / CH3        H \       / Cl
    C = C                  C = C
H /       \ Cl         H /       \ CH3
```
(7)
```
CH3 - CH2 - CH - CH3      CH3 - CH2 - CH - CH2 - CH3
            |                         |
            CH2 - CH3                 CH3
```

問題Ｂ

必は重要な必須問題。時間のないときはここから取り組む。

287 □□ ◀**異性体**▶　次の文の［　　］に当てはまる適語を入れ，あとの問いに答えよ。

異性体のうち，原子どうしの結合順序が異なる異性体を①［　　］という。一方，原子・原子団の立体配置が異なる異性体を②［　　］という。たとえば，(a)2－ブテン $CH_3CH=CHCH_3$ には，二重結合が自由に回転できないことが原因で生じる③［　　］が存在する。また，(b)乳酸 $CH_3CH(OH)COOH$ のように，分子内に４種の異なる原子・原子団と結合した④［　　］原子をもつ化合物には，実像と鏡像の関係にある１対の⑤［　　］が存在する。⑤どうしは物理・化学的性質は等しいが，旋光性の方向が逆である。

〔問〕　下線部(a)，(b)の２つの異性体を，立体構造の違いがわかるように示せ。

必 **288** □□ ◀**元素分析**▶　炭素，水素，酸素からなる化合物Ｘの45mgを下図の白金皿に入れ，完全燃焼させた。その結果，吸収管Ａは27mg，吸収管Ｂは66mgの質量増加があった。また，化合物Ｘは１価の酸で，その0.27gを中和するのに0.10mol/L水酸化ナトリウム水溶液45mLを要した。次の問いに答えよ。(H＝1.0，C＝12，O＝16)

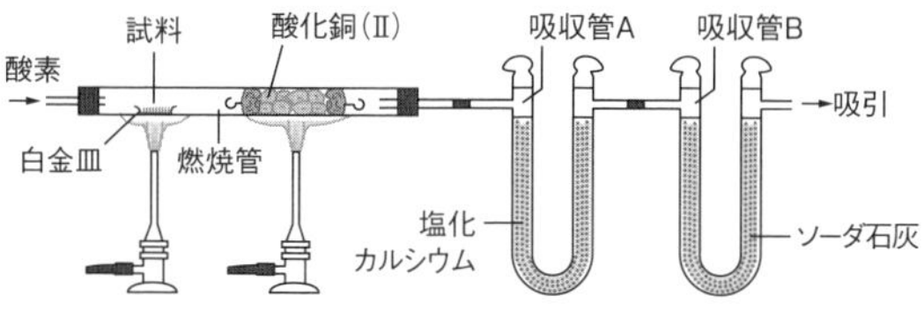

(1)　燃焼管の中の酸化銅(Ⅱ)のはたらきについて述べよ。

(2)　吸収管Ａ，Ｂで吸収される物質はそれぞれ何か。化学式で答えよ。

(3)　化合物Ｘの組成式と分子式を示せ。

28 脂肪族炭化水素

1 炭化水素の分類

〈一般式〉

- 炭化水素
  - 鎖式炭化水素（脂肪族炭化水素）
    - 飽和炭化水素——アルカン（単結合のみ）　C_nH_{2n+2}
    - 不飽和炭化水素
      - アルケン（二重結合 1 個）　C_nH_{2n}
      - アルキン（三重結合 1 個）　C_nH_{2n-2}
  - 環式炭化水素
    - 飽和炭化水素——シクロアルカン*1　C_nH_{2n}
    - 不飽和炭化水素
      - シクロアルケン（二重結合1個）*1　C_nH_{2n-2}
      - 芳香族炭化水素（ベンゼン環をもつ）

＊1）芳香族炭化水素を除く環式炭化水素を**脂環式炭化水素**という。

❶**同族体**　共通の一般式で表され，分子式が CH_2 ずつ異なる一群の化合物。一般に，同族体では，分子量が大きくなるほど，融点・沸点は高くなる。

2 飽和炭化水素

❶**アルカン**　**単結合**のみからなる鎖式の飽和炭化水素。一般式 C_nH_{2n+2}

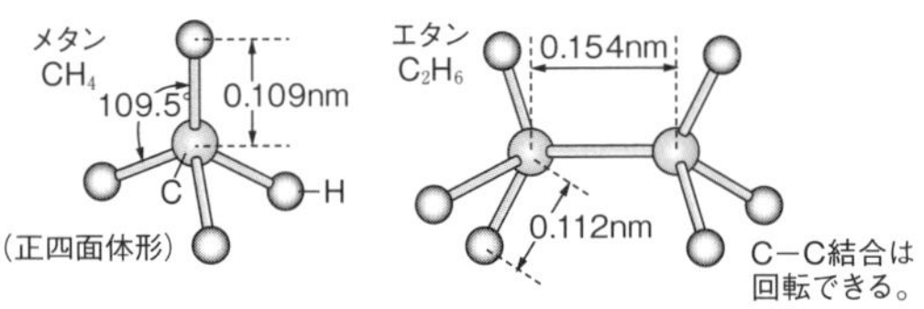

名称	分子式	状態
メタン	CH_4	気体
エタン	C_2H_6	
プロパン	C_3H_8	
ブタン	C_4H_{10}	
ペンタン	C_5H_{12}	液体
ヘキサン	C_6H_{14}	

炭素数が増加すると，融点・沸点が高くなる。

炭素数が 4 以上で，構造異性体が存在する。

例　C_4H_{10}（2 種），C_5H_{12}（3 種），C_6H_{14}（5 種）

（メタンの製法）酢酸ナトリウムにソーダ石灰を加えて加熱。

$$CH_3COONa + NaOH \longrightarrow CH_4\uparrow + Na_2CO_3$$

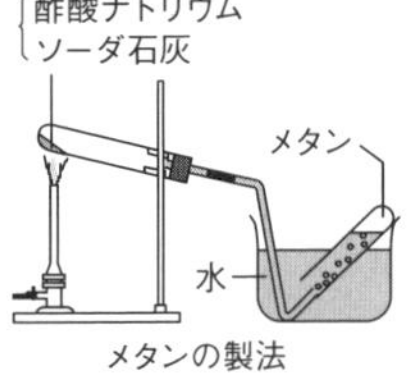

メタンの製法

（性質）化学的に安定。光存在下でハロゲンと置換反応を行う。

置換反応とは，原子が他の原子（団）と置き換わる反応。

$$CH_4 \xrightarrow[光]{Cl_2} CH_3Cl \xrightarrow[光]{Cl_2} CH_2Cl_2 \xrightarrow[光]{Cl_2} CHCl_3 \xrightarrow[光]{Cl_2} CCl_4$$

メタン　クロロメタン（塩化メチル）　ジクロロメタン（塩化メチレン）　トリクロロメタン（クロロホルム）　テトラクロロメタン（四塩化炭素）

❷**シクロアルカン**　環式の飽和炭化水素。C_nH_{2n}（$n \geqq 3$），性質はアルカンに類似。

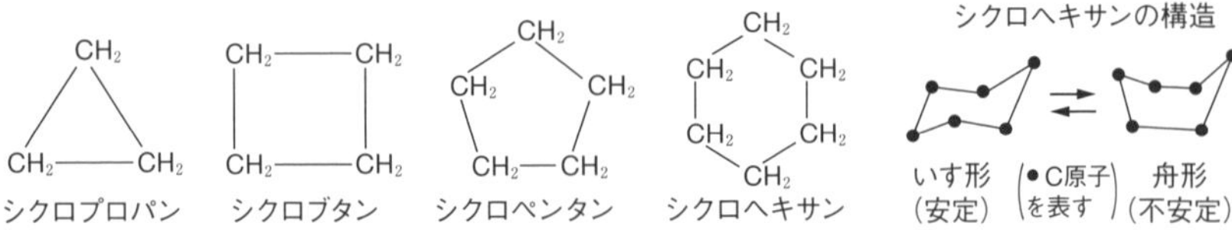

3 不飽和炭化水素

❶アルケン　炭素間の**二重結合**を1個もつ鎖式の不飽和炭化水素。一般式 C_nH_{2n}
シクロアルカンと構造異性体の関係にある。

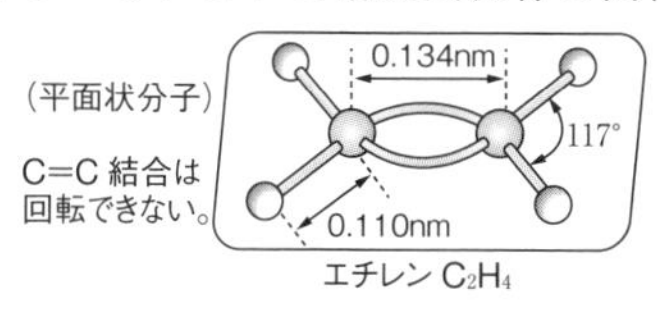

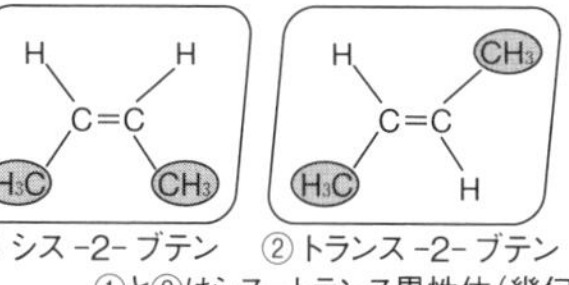

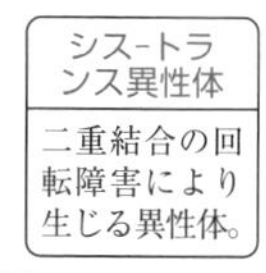

シス-トランス異性体
二重結合の回転障害により生じる異性体。

(エチレンの製法) エタノールと濃硫酸の混合物を約170℃に加熱する。

$$CH_3CH_2OH \xrightarrow[170℃]{(H_2SO_4)} CH_2=CH_2 + H_2O$$

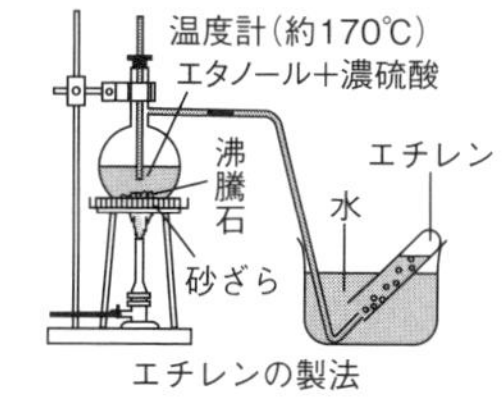

エチレンの製法

(性質)・**付加反応**　二重結合が切れ，他の原子が結合する。
・**付加重合**　多数のアルケン分子が結合し，高分子になる。
・**酸化反応**　$KMnO_4$ 水溶液を脱色する。(二重結合の開裂)
・**臭素水(赤褐色)の脱色**は，不飽和結合の検出に利用。

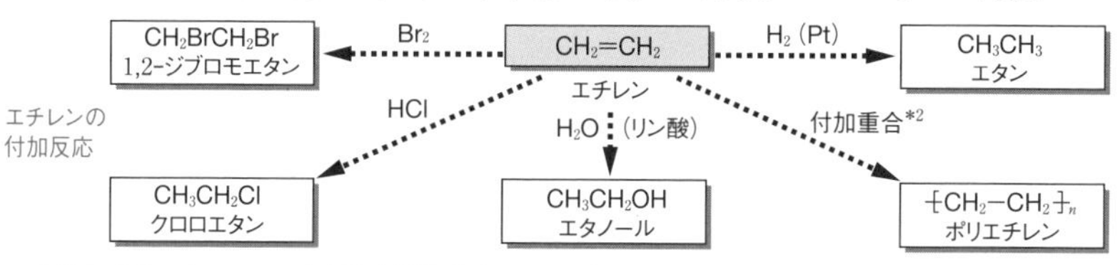

*2)付加重合において，反応物を**単量体(モノマー)**，生成物を**重合体(ポリマー)**という。

❷アルキン　炭素間の**三重結合を1個**もつ鎖式の不飽和炭化水素。一般式 C_nH_{2n-2}
アルカジエン(二重結合を2個もった炭化水素)，シクロアルケン($n \geqq 3$)と構造異性体の関係にある。

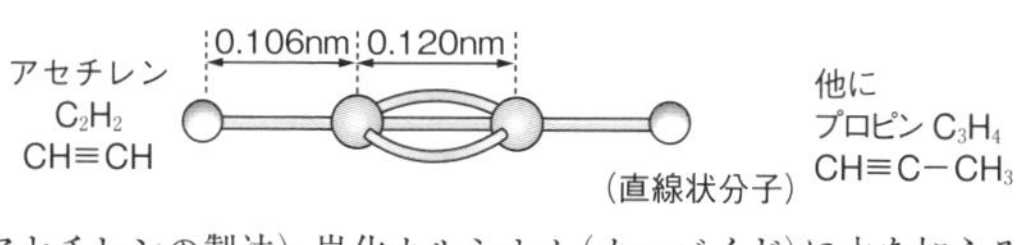

水
カーバイド(CaC_2)
アセチレン
水
アセチレンの製法

(アセチレンの製法) 炭化カルシウム(カーバイド)に水を加える。

$$CaC_2 + 2H_2O \longrightarrow Ca(OH)_2 + CH \equiv CH$$

(性質)　アルケンと同様に，**付加反応**，**重合反応**を行う。
・$3CH \equiv CH \xrightarrow[500℃]{赤熱鉄管}$ (ベンゼン環)　ベンゼン(3分子重合)
・アンモニア性硝酸銀溶液で銀アセチリド Ag_2C_2 の白色沈殿を生成。

$$HC \equiv CH + 2[Ag(NH_3)_2]^+ \longrightarrow AgC \equiv CAg \downarrow + 2NH_3 + 2NH_4^+$$

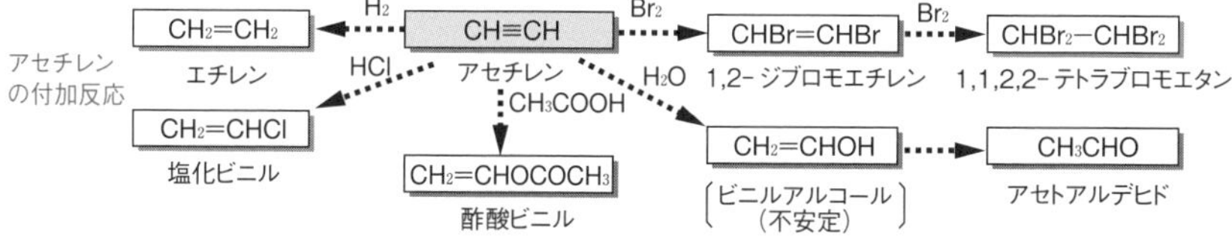

4 炭化水素の命名法について

❶直鎖状のアルカン

C_1 ～ C_4 は慣用名。C_5 以上はギリシャ語(＊ラテン語)の数詞の語尾を -ane(アン) に変える。

n	1	2	3	4	5	6	7	8	9	10
分子式	CH_4	C_2H_6	C_3H_8	C_4H_{10}	C_5H_{12}	C_6H_{14}	C_7H_{16}	C_8H_{18}	C_9H_{20}	$C_{10}H_{22}$
名称	メタン	エタン	プロパン	ブタン	ペンタン	ヘキサン	ヘプタン	オクタン	ノナン	デカン
数詞	mono	di	tri	tetra	penta	hexa	hepta	octa	nona＊	deca

アルキル基の名称はアルカンの語尾 -ane を -yl(イル) に変える。アルキル基は一般式 $C_nH_{2n+1}-$ で表される。

例　CH_3- メチル基，　C_2H_5- エチル基，　CH_3CH_2CH- プロピル基

❷枝分かれのあるアルカン・ハロゲン置換体

(a)　分子鎖で最長の炭素鎖を**主鎖**，短い枝分かれの炭素鎖を**側鎖**という。

(b)　主鎖の炭化水素の炭素数に対応した炭化水素の名称をつけ，その前に側鎖のアルキル基名をつける。側鎖の位置は，主鎖の端の炭素原子からつけた位置番号(なるべく小さい数)で示す。なお，位置番号と名称の間はハイフン(－)でつなぐ。

(c)　同じ置換基が複数あるときは，数詞を置換基の前につける。

(側鎖，置換基の例)

メチル CH_3-，エチル C_2H_5-，フルオロ F－，クロロ Cl－，ブロモ Br－，ヨード I－

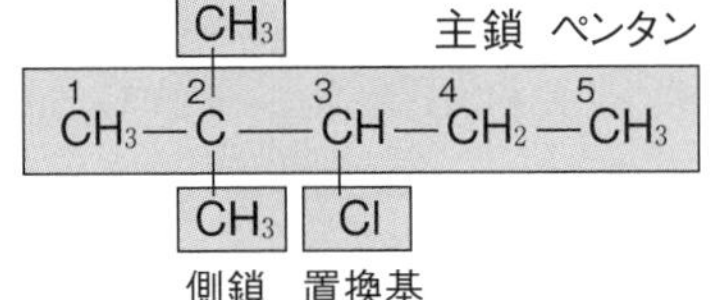

3-クロロ-2,2-ジメチルペンタン

(側鎖にアルキル基，置換基にハロゲンをもつ化合物では，両者をアルファベット順に並べる(数詞は考慮しない)。)

❸アルケン，アルキン

(a)　最長の炭素鎖(主鎖)の炭素数に対応するアルカン名の語尾 -ane を，アルケンの場合は -ene(エン) に変え，アルキンの場合は -yne(イン) に変える。

(b)　二重結合，三重結合の位置も，主鎖の端からつけた位置番号(なるべく小さい数)で示し，化合物名の前にハイフン(-)をつけて表す)。

(c)　二重結合が 2 個，3 個あるときは，語尾 -ene を -diene(ジエン)，-triene(トリエン) などに変える。

$\overset{1}{C}H_3=\overset{2}{C}(CH_3)-\overset{3}{C}H_2-\overset{4}{C}H_3$

2-メチル -1-ブテン

$\overset{1}{C}H_3-\overset{2}{C}H=\overset{3}{C}H-\overset{4}{C}H(CH_3)-\overset{5}{C}H_3$

4-メチル -2-ペンテン

(側鎖よりも二重結合により小さな位置番号を与える。)

❹環式化合物

対応するアルカン，アルケンの名称の前に，接頭語(cyclo(シクロ))をつける。

確認＆チェック

1 下図は炭化水素の分類を示す。□に適する語句や化学式を記入せよ。

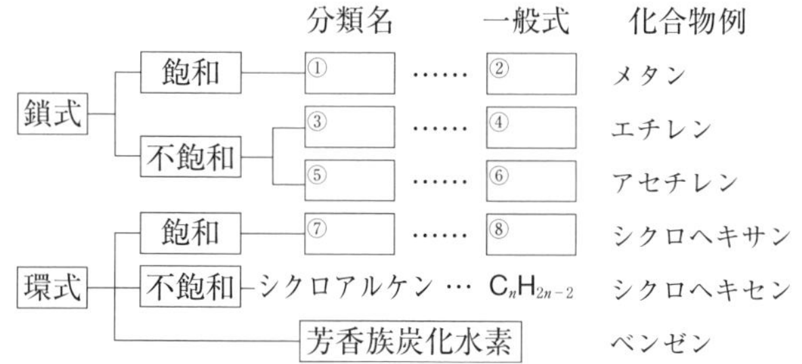

2 次の文の□に適語を入れよ。

アルカン C_nH_{2n+2} では，炭素数が増加すると，融点・沸点が①□くなる。室温での状態は，$n=1$ ～ 4 は②□，$n=5$ ～ 16 は③□，$n=17$ ～は④□である。また，炭素数が⑤□以上で構造異性体が存在する。

3 メタンと塩素の混合気体に光を当てると，次式に示すように，H 原子と Cl 原子の置換反応が順次進行した。次の□に適する物質の化学式と名称をそれぞれ答えよ。

CH_4 → ①□ → ②□ → ③□ → CCl_4

4 エチレンの付加反応について，□に適する化合物の示性式を入れよ。（ ）は触媒を示す。

①□ $\xleftarrow{Br_2}$ $CH_2{=}CH_2$ $\xrightarrow[(Pt)]{H_2}$ ②□

5 アセチレンを図のような方法でつくり，捕集した。次の問いに答えよ。

(1) この反応を化学反応式で示せ。

(2) アセチレンを臭素水に通じたときの変化について述べよ。

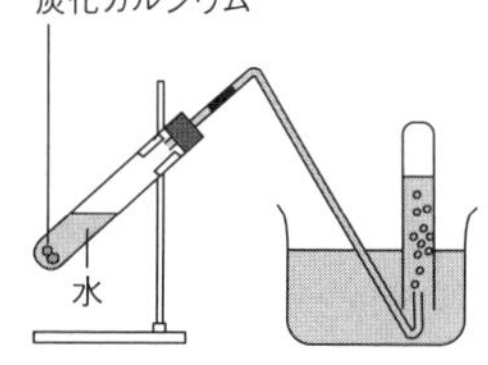

解答

1 ① アルカン
② C_nH_{2n+2}
③ アルケン
④ C_nH_{2n}
⑤ アルキン
⑥ C_nH_{2n-2}
⑦ シクロアルカン
⑧ C_nH_{2n}
→ p.222 1

2 ① 高
② 気体
③ 液体
④ 固体
⑤ 4
→ p.222 2

3 ① CH_3Cl クロロメタン
② CH_2Cl_2 ジクロロメタン
③ $CHCl_3$ トリクロロメタン
→ p.222 2

4 ① CH_2BrCH_2Br
② CH_3CH_3
→ p.223 3

5 (1) $CaC_2 + 2H_2O \rightarrow C_2H_2 + Ca(OH)_2$
(2) 臭素の赤褐色が消える。
→ p.223 3

例題 86 メタン・エチレン・アセチレン □□

次の(A)～(C)の化合物を発生させるための試薬と装置および捕集法を下図，語群から選べ。また，下の問いに答えよ。

(A) メタン　(B) エチレン　(C) アセチレン

〈試薬〉①炭化カルシウムと水
②酢酸ナトリウムと水酸化ナトリウム
③エタノールと濃硫酸

〈捕集法〉(ア)水上置換　(イ)上方置換
(ウ)下方置換　(エ)どれでもよい

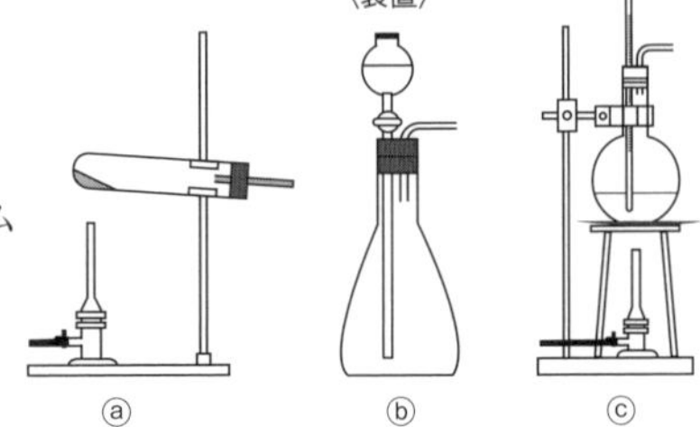

〔問〕 化合物(A)～(C)は，次の文①～③のいずれに当てはまるか。重複なく選べ。

① 完全燃焼させると高温の炎が得られ，金属の溶接に用いられる。

② 光を当てると臭素とゆっくりと置換反応を起こし，臭素の赤褐色が消える。

③ 臭素と速やかに付加反応を起こし，臭素の赤褐色が消える。

考え方 (A) **メタン**は, CH_3COONa と NaOH（いずれも固体）の混合物を加熱して発生させる。固体どうしの加熱では，試験管の口を少し下げ，試験管が割れないようにする。

(B) **エチレン**は，エタノールと濃硫酸の混合物を，約 170℃に加熱すると得られる。

(C) **アセチレン**は炭化カルシウム CaC_2（固体）に水を加えて発生させる。加熱は不要である。
いずれの気体も水に溶けにくいので，水上置換で捕集する。

〔問〕① アセチレンは，完全燃焼させると約 3000℃の炎（**酸素アセチレン炎**）が得られる。

② メタンは，**光の存在下で臭素とゆっくりと置換反応**を起こし，臭素の赤褐色が消える。

③ エチレンは，**臭素と速やかに付加反応**を起こし，臭素の赤褐色が消える。

解答 (A)…②，ⓐ，(ア)　(B)…③，ⓒ，(ア)　(C)…①，ⓑ，(ア)　〔問〕(A)②　(B)③　(C)①

例題 87 炭化水素の分子式 □□

ある炭化水素の気体 1.0L を完全燃焼させるのに，同温・同圧で 6.0L の酸素を必要とした。この炭化水素の分子式を示せ。

考え方 炭化水素の分子式を C_xH_y とおく。完全燃焼するときの化学反応式は，

$$C_xH_y + \left(x + \frac{y}{4}\right)O_2 \longrightarrow xCO_2 + \frac{y}{2}H_2O$$

化学反応式の係数比は，反応する気体の体積比に等しいので，炭化水素 1.0L の完全燃焼には $\left(x+\frac{y}{4}\right)$L の O_2 が必要である。　$x+\frac{y}{4}=6.0$

$4x+y=24$　このままでは解けないが，x，y は**整数**($y \leqq 2x+2$)だから，

$x=1$ のとき $y=20$　（H が多すぎる）　$x=2$ のとき $y=16$　（H が多すぎる）

$x=3$ のとき $y=12$　（H が多すぎる）　$x=4$ のとき $y=8$　（適する）

$x=5$ のとき $y=4$　（C_5H_4 は液体なので不適）

解答 C_4H_8

例題 88 異性体

分子式 C_4H_8 の化合物に存在する異性体をすべて構造式で示せ。ただし，立体異性体をもつものについては，立体構造がわかるように示せ。

考え方 炭化水素の異性体は次の順に考える。

一般式	不飽和度	例
C_nH_{2n+2}	0	アルカン
C_nH_{2n}	1	アルケン，シクロアルカン
C_nH_{2n-2}	2	アルキン，アルカジエン，シクロアルケン　など

① 飽和炭化水素(アルカン)に比べて不足するH原子の数の $\frac{1}{2}$ を，その化合物の**不飽和度**という。不飽和度がわかると，炭化水素の大まかなグループが予測できる。

② **炭素骨格**の形を考える。直鎖か分枝か。

③ **二重結合など**の数，位置を考える。(シス－トランス異性体の存在に注意する)

④ 環式化合物は，$n≧3$ のとき存在する。

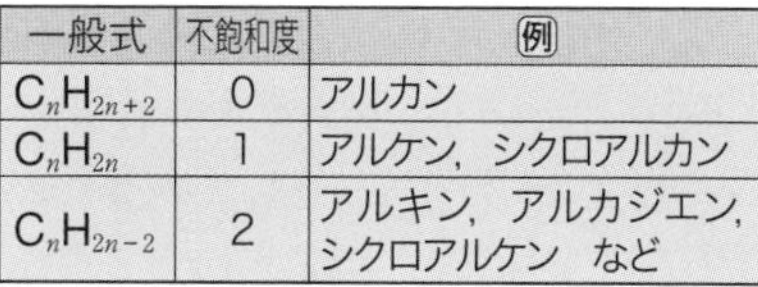

C_4H_8 は一般式 C_nH_{2n} で表せるので，アルケン(i)～(iii)と，シクロアルカン(iv)，(v)の構造異性体がある。

ただし，(ii) 2-ブテンには，**シス-トランス異性体**が存在する。

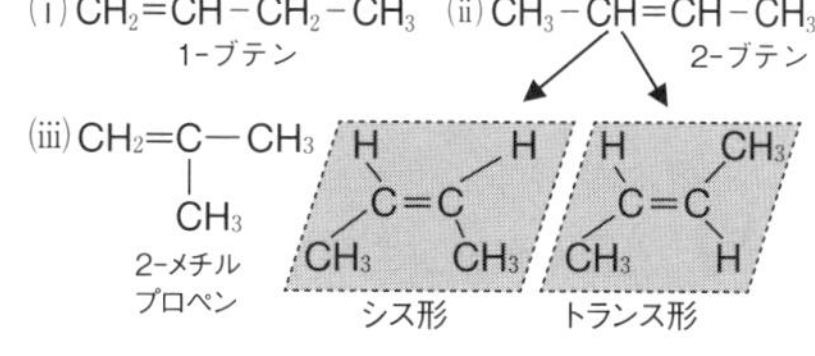

環式化合物は $n≧3$，つまり，環をつくるC原子が3個以上について考えればよい。

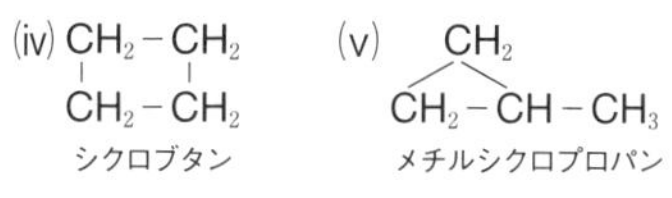

解答 考え方を参照。

例題 89 エチレンの反応

エチレンの反応経路図の□に適する化合物の示性式を入れよ。

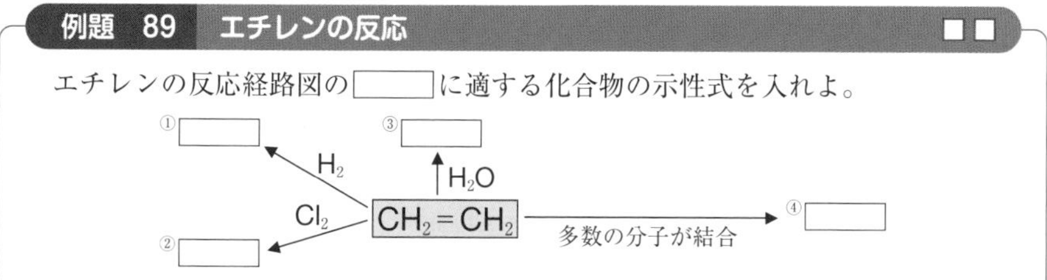

考え方 エチレンの二重結合は，結合力の強い結合(**σ結合**)とやや弱い結合(**π結合**)からなり，エチレンに反応性の高い物質を作用させると，弱い方のπ結合が切れて，強い方のσ結合だけが残り単結合になる。このように，二重結合が開裂して各炭素原子に新たに他の原子(原子団)が結合する反応を付加反応という。

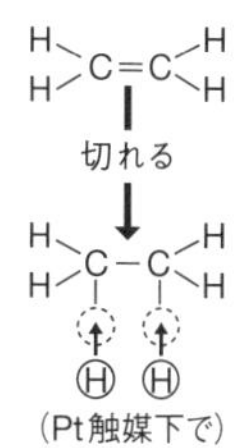

① エチレンに水素が付加すると，**エタン**が生成する(右図)。

② $CH_2=CH_2 + Cl_2 \longrightarrow CH_2Cl-CH_2Cl$ (1, 2-ジクロロエタン)

③ $CH_2=CH_2 + H_2O \xrightarrow{(H_3PO_4)} CH_3CH_2OH$ (エタノール)

④ エチレン分子どうしが，付加反応によって次々に結びつく反応を**付加重合**といい，高分子の**ポリエチレン**が生成する。

解答 ① CH_3CH_3　② CH_2ClCH_2Cl　③ CH_3CH_2OH　④ $\{CH_2-CH_2\}_n$

6-28

問題A　必は重要な必須問題。時間のないときはここから取り組む。

必289 □□ ◀炭化水素の分類▶　次の文の［　　］に適する語句・数式を入れよ。

炭化水素は炭素骨格の形や構造に基づいて分類される。炭素間の結合がすべて単結合からなるものを①［　　］，炭素間の結合に二重結合や三重結合を含むものを②［　　］という。また，炭素骨格が鎖状のものを③［　　］，炭素骨格が環状のものを④［　　］という。炭素原子の数を n とすると，鎖式の飽和炭化水素を⑤［　　］といい，一般式は⑥［　　］$(n \geqq 1)$ で表される。二重結合を1個もつ鎖式の不飽和炭化水素を⑦［　　］といい，一般式は⑧［　　］$(n \geqq 2)$，三重結合を1個もつ鎖式の不飽和炭化水素を⑨［　　］といい，一般式は⑩［　　］$(n \geqq 2)$ で表される。

また，環式の飽和炭化水素を⑪［　　］，その一般式は⑫［　　］$(n \geqq 3)$ といい，ベンゼン環とよばれる独特な炭素骨格をもつ環式炭化水素を⑬［　　］という。

必290 □□ ◀メタンの反応▶　メタンと十分量の塩素の混合気体に光(紫外線)を当てると，メタンの水素原子は塩素原子によって置換され，A，B，C，Dの順に塩素化される。この塩素置換体A，B，C，Dの化学式と名称をそれぞれ記せ。

$$CH_4 \xrightarrow[\text{光}]{Cl_2} \boxed{A} \xrightarrow[\text{光}]{Cl_2} \boxed{B} \xrightarrow[\text{光}]{Cl_2} \boxed{C} \xrightarrow[\text{光}]{Cl_2} \boxed{D}$$

必291 □□ ◀アセチレンの反応▶　次の図はアセチレンの反応系統図である。［　　］に適する化合物の示性式(⑤は構造式)と名称を入れよ。

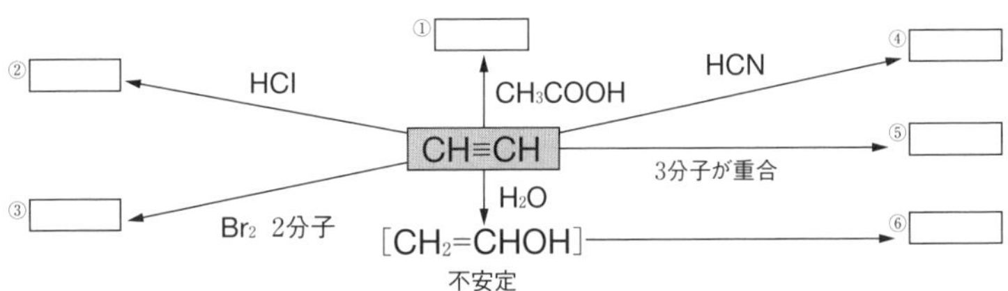

292 □□ ◀炭化水素の構造▶　次の(1)〜(5)に該当する化合物を，下からすべて選べ。

(1) すべての原子が一直線上にはないが，常に同一平面上にある。

(2) 光の存在下では，ハロゲンとの置換反応が起こる。

(3) ハロゲンとの付加反応を起こしやすい。

(4) 常温・常圧で液体である。

(5) 硫酸酸性の $KMnO_4$ 水溶液で酸化される。

(ア) エチレン　(イ) アセチレン　(ウ) エタン　(エ) プロペン　(オ) シクロヘキサン

問題B ◈は重要な必須問題。時間のないときはここから取り組む。

293 □□ ◀炭化水素の燃焼▶ 次の問いに答えよ。

(1) あるアルケン 1mol を完全燃焼させるのに，酸素が 3mol 必要であった。このアルケンの分子式を示せ。

(2) ある鎖式炭化水素 C_mH_n 1mol を完全燃焼させるのに，酸素が 5.5mol 必要であった。この炭化水素の分子式を示せ。

必 **294** □□ ◀異性体▶ 次の分子式で示される化合物の異性体は全部で何種類あるか。ただし，立体異性体を区別するものとする。

(1) $C_2H_2Cl_2$ (2) C_4H_9Cl

(3) C_5H_{10}(鎖式化合物) (4) C_5H_{10}(環式化合物)

295 □□ ◀ C_4H_8 の異性体▶ 分子式 C_4H_8 で表される炭化水素 A ～ E がある。A ～ E に触媒を用いて水素を作用させたところ，A，B からはアルカン F が，C からはアルカン G が得られたが，D，E は水素と反応しなかった。また，B にはシス-トランス異性体が存在するが，A には存在せず，D はメチル基をもつことがわかった。

(1) A ～ E の構造式を記せ。ただし，B はシス-トランス異性体を区別できるように表すこと。

(2) F，G の化合物名を答えよ。

296 □□ ◀アルケンの構造決定▶ 次の文を読み，A，B，C の構造式を示せ。

(a) ある鎖式の不飽和炭化水素 A，B，C の各 1mol を完全燃焼させるのに，いずれも 7.5mol の酸素を必要とした。

(b) A，B，C 各 1mol に対して，Ni 触媒下でいずれも 1mol の水素が付加すると，A，B は E に，C は F に変化した。また，F は直鎖の飽和炭化水素である。

(c) A，B，C を硫酸酸性の過マンガン酸カリウム水溶液と反応させると，A からは CO_2 とケトンが得られ，B からはカルボン酸と CO_2 が得られたが，C からはカルボン酸のみが生成した。ただし，アルケンを硫酸酸性の $KMnO_4$ 水溶液と反応させると，次式のように二重結合が酸化・開裂されて，カルボン酸あるいはケトンが得られる。$R_1 = H$ の場合は，さらに酸化されて CO_2 になる。

$$\mathrm{(R_1)(H)C{=}C(R_2)(R_3) \xrightarrow{KMnO_4} (R_1)(HO)C{=}O + O{=}C(R_2)(R_3)}$$

6-28

29 アルコールとカルボニル化合物

1 アルコール

脂肪族炭化水素のH原子をヒドロキシ基－OHで置換した化合物。R－OH

❶アルコールの分類

ヒドロキシ基の数による分類		－OHが結合したC原子がもつRの数による分類	
1価アルコール（－OH 1個）	CH_3OH メタノール	第一級アルコール $R-CH_2-OH$	CH_3-OH メタノール　CH_3-CH_2-OH エタノール
2価アルコール（－OH 2個）	CH_2-OH ｜ CH_2-OH エチレングリコール	第二級アルコール R_1, R_2 >CH－OH	CH_3, CH_3 >CH－OH 2-プロパノール
3価アルコール（－OH 3個）	CH_2-OH ｜ $CH-OH$ ｜ CH_2-OH グリセリン	第三級アルコール R_1 ｜ R_2-C-OH ｜ R_3	CH_3 ｜ CH_3-C-OH ｜ CH_3 2-メチル-2-プロパノール

注）炭素原子の数の少ないものを低級アルコール，多いものを高級アルコールという。

❷物理的性質

(a)炭素数1～3のものは水に可溶，炭素数4以上で水に難溶。（水素結合で水和し溶ける）

(b)分子間に水素結合を形成し，同程度の分子量の炭化水素に比べ，沸点が高い。水溶液は中性。

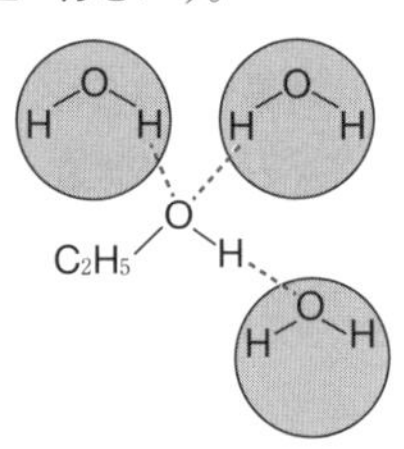

エタノールと水の水素結合

❸化学的性質

(a)置換反応　金属Naと反応し，水素を発生する。

$$2C_2H_5OH + 2Na \longrightarrow 2C_2H_5ONa + H_2$$

ナトリウムエトキシド（塩）

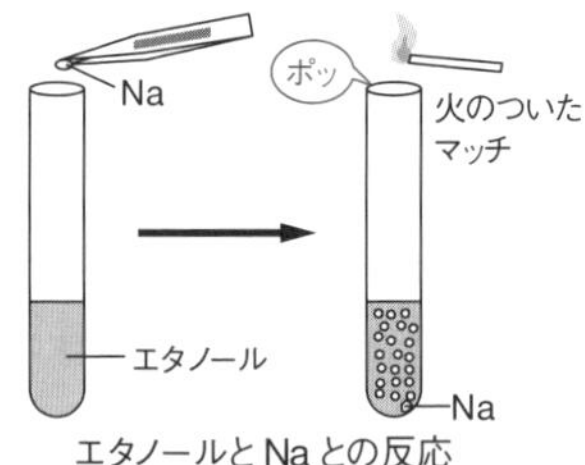

エタノールとNaとの反応

(b)脱水反応　濃硫酸との加熱によって脱水される。反応温度により，生成物が異なる。

$$2C_2H_5OH \xrightarrow[130\sim140^\circ C]{(H_2SO_4)} C_2H_5OC_2H_5 + H_2O$$

ジエチルエーテル

$$C_2H_5OH \xrightarrow[160\sim170^\circ C]{(H_2SO_4)} CH_2=CH_2 + H_2O$$

エチレン

(c)酸化反応　硫酸酸性の二クロム酸カリウム $K_2Cr_2O_7$（酸化剤）で酸化される。

・$R-CH_2-OH \xrightarrow[-2H]{(O)} R-CHO \xrightarrow{(O)} R-COOH$

第一級アルコール　アルデヒド　カルボン酸

・R_1, R_2 >CH－OH $\xrightarrow[-2H]{(O)}$ R_1, R_2 >C＝O

第二級アルコール　ケトン

・第三級アルコールは，酸化されにくい。

2 エーテル

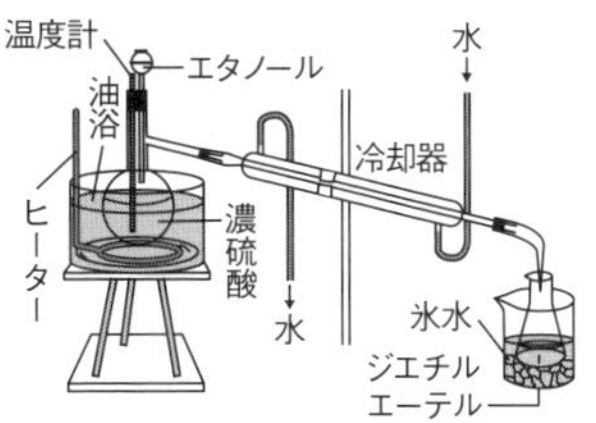

ジエチルエーテルの製法

エーテル結合 −O− をもつ化合物を**エーテル**という。

・炭素数の同じ1価アルコールとは構造異性体。

・融点・沸点は，1価アルコールより著しく低い（水素結合が形成されないため）。

・金属ナトリウム Na とは**反応しない**。

・**ジエチルエーテル**（沸点34℃）は揮発性の液体で，**水に難溶**。エーテルともいう。有機溶媒として利用される。引火性，麻酔性がある。

3 アルデヒドとケトン

アルデヒド，ケトンはカルボニル基 >C=O をもち，**カルボニル化合物**という。

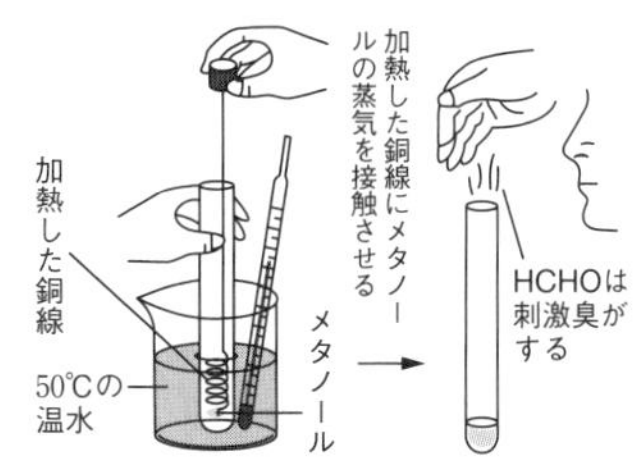

$CH_3OH + CuO \longrightarrow HCHO + Cu + H_2O$
約40%水溶液は**ホルマリン**とよばれる。
ホルムアルデヒドの製法

❶アルデヒド

構造	ホルミル基（アルデヒド基）−CHO をもつ。
製法	第一級アルコールの酸化
性質	容易に酸化され，還元性を示す。銀鏡反応を示し，フェーリング液を還元する。
例	HCHO　ホルムアルデヒド CH_3CHO　アセトアルデヒド

(a)**銀鏡反応**　アンモニア性硝酸銀溶液 $[Ag(NH_3)_2]^+$ 中の Ag^+ を還元し，銀 Ag が析出する。

(b)**フェーリング液の還元**　フェーリング液中の Cu^{2+} を還元し，酸化銅(Ⅰ) Cu_2O の**赤色沈殿**を生成する。

低級のアルデヒドは，沸点が比較的低く，水に溶けやすい。

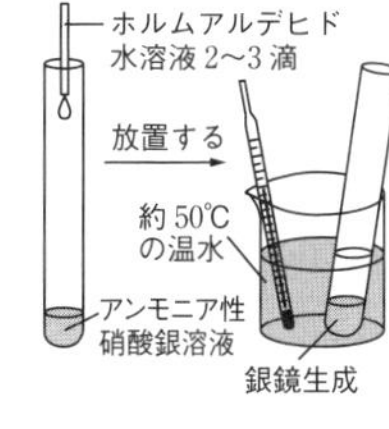

❷ケトン

構造	カルボニル基（ケトン基）>C=O をもつ。
製法	第二級アルコールの酸化
性質	酸化されにくく，還元性はなし。
例	CH_3COCH_3　アセトン（芳香臭あり）

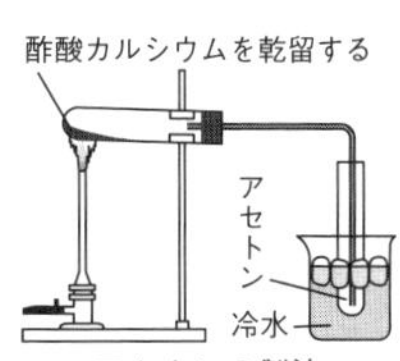

アセトンの製法

❸ヨードホルム反応

アセトン CH_3COCH_3 にヨウ素 I_2 と NaOH 水溶液を加えて温めると，特異臭のあるヨードホルム CHI_3 の黄色沈殿を生成。この反応がヨードホルム反応。

$$CH_3-\underset{\underset{O}{\|}}{C}-R(H) \quad \text{または}, \quad CH_3-\underset{\underset{OH}{|}}{CH}-R(H)$$

の構造をもつ化合物（アセトン，アセトアルデヒド，エタノール，2-プロパノールなど）でヨードホルム反応が陽性。

ヨードホルム反応

確認＆チェック

1 次のアルコールは第何級アルコールに分類されるか。

(1) $CH_3-CH_2-CH_2-OH$

(2) 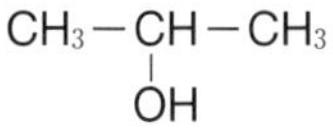 $CH_3-CH(OH)-CH_3$

(3) $CH_3-C(CH_3)(OH)-CH_3$

2 次の反応で生成する有機化合物の名称を答えよ。

(1) エタノールを金属ナトリウムと反応させた。

(2) エタノールと濃硫酸の混合物を約130℃に加熱した。

(3) エタノールと濃硫酸の混合物を約170℃に加熱した。

(4) 第二級アルコールを硫酸酸性の $K_2Cr_2O_7$ で酸化した。

3 次の記述のうち，ジエチルエーテル $C_2H_5OC_2H_5$ に当てはまるものの番号を選べ。

(1) 金属 Na と反応する。　(2) 金属 Na と反応しない。

(3) 常温で気体である。　(4) 常温で液体である。

(5) 水に可溶である。　(6) 水に難溶である。

4 次の文の□に適語を入れよ。

アルデヒドは，酸化されてカルボン酸に変化しやすい。つまり，①□性をもつ化合物である。

ホルムアルデヒドの水溶液をアンモニア性硝酸銀溶液に加えて温めると，試験管の内壁に②□が析出する。この反応を③□という。

ホルムアルデヒドの水溶液をフェーリング液に加えて加熱すると，④□(Cu_2O)の⑤□色の沈殿を生じる。

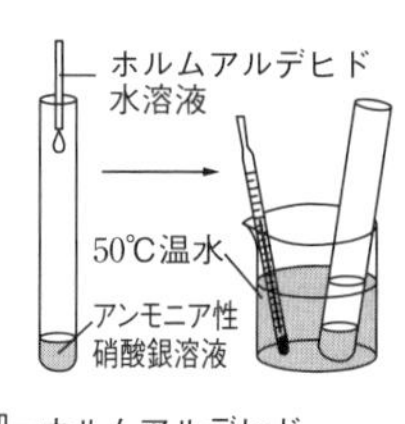

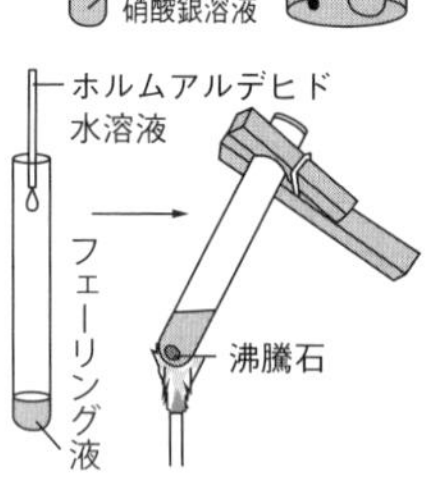

5 アセトンにヨウ素 I_2 と NaOH 水溶液を加えて温めると，特有の臭いをもつ黄色沈殿が生成する。

(1) この反応を何というか。

(2) この黄色沈殿の名称と化学式を記せ。

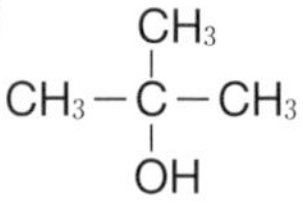

解答

1 (1) 第一級アルコール
(2) 第二級アルコール
(3) 第三級アルコール
→ p.230 1

2 (1) ナトリウムエトキシド
(2) ジエチルエーテル
(3) エチレン
(4) ケトン
→ p.230 1

3 (2), (4), (6)
→ p.231 2

4 ① 還元
② 銀
③ 銀鏡反応
④ 酸化銅(Ⅰ)
⑤ 赤
→ p.231 3

5 (1) ヨードホルム反応
(2) ヨードホルム CHI_3
→ p.231 3

例題 90 エタノールの反応 □□

次の文の［　　］に適語を入れよ。

エタノールに金属ナトリウムを加えると，水素を発生して，①［　　］を生じる。エタノールを二クロム酸カリウムの硫酸酸性溶液によって穏やかに酸化すると②［　　］になり，さらに，②を酸化すると③［　　］を生成する。また，エタノールと濃硫酸の混合物を，約 130℃ に加熱すると④［　　］を生じ，約 170℃ に加熱すると⑤［　　］を生成する。

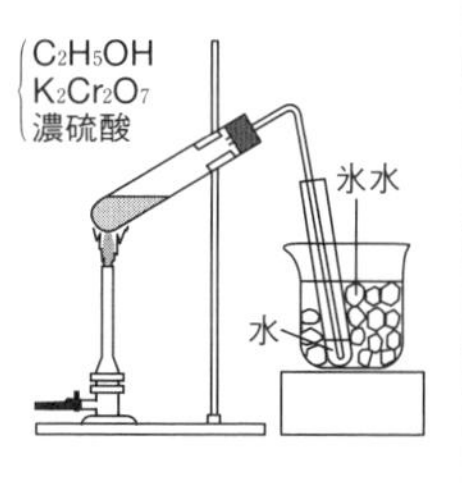

考え方 工業用のエタノールは，エチレンを原料としてリン酸を触媒に用いた水の付加反応でつくられる。 $CH_2=CH_2 + H_2O \longrightarrow CH_3CH_2OH$

アルコールは**金属 Na と置換反応**を行う。 $2C_2H_5OH + 2Na \longrightarrow 2C_2H_5ONa + H_2$（$C_2H_5ONa$：ナトリウムエトキシド(塩)）

この反応は，ヒドロキシ基 −OH の検出に用いられる。

エタノールを $K_2Cr_2O_7$(酸化剤)で穏やかに酸化すると**アセトアルデヒド** CH_3CHO を生じる。これをさらに酸化すると**酢酸** CH_3COOH になる。

（$KMnO_4$ や HNO_3 などの酸化剤を使うと，エタノールは一気に酢酸まで酸化される。）

エタノールの濃硫酸による脱水反応では，

(i) **130 〜 140℃**では，主に**分子間脱水**が起こり，**ジエチルエーテル**が生成する。

(ii) **160 〜 170℃**では，主に**分子内脱水**が起こり，**エチレン**が生成する。

解答 ① ナトリウムエトキシド ② アセトアルデヒド ③ 酢酸 ④ ジエチルエーテル ⑤ エチレン

例題 91 エタノール □□

エタノールに関して述べた次の(ア)〜(エ)のうち，誤っているものをすべて選べ。

(ア) エタノールを濃硫酸とともに 130 〜 140℃ に加熱すると，エチレンが生成する。

(イ) エタノールにヨウ素と水酸化ナトリウム水溶液を加えて加熱すると，黄色のヨードホルムの沈殿が生成する。

(ウ) エタノールは疎水性を示すエチル基をもつが，水と任意の割合に溶けあう。

(エ) エタノールのヒドロキシ基の水素原子は，水素イオンとして電離するので，その水溶液は弱い酸性を示す。

考え方 (ア) エタノールの濃硫酸による脱水反応では，温度によって生成物の種類が変わる。130 〜 140℃では**ジエチルエーテル**が生成し，160 〜 170℃では**エチレン**が生成する。

(イ) エタノールは $CH_3CH(OH)-$ の構造をもつので，ヨウ素と水酸化ナトリウム水溶液と加熱すると，ヨードホルム CHI_3 の黄色沈殿が生成する。この反応を**ヨードホルム反応**という。

(ウ) 低級アルコールのうち，炭素数 1 〜 3 のアルコールは親水基のヒドロキシ基 −OH の影響が大きく，水とは無制限に溶けあう。

(エ) アルコールのヒドロキシ基の電離度は水よりもかなり小さく，中性の物質である。

解答 (ア)，(エ)

6-29

例題 92　C_3H_8O の異性体　□□

次の文で示される有機化合物 A ～ F を，それぞれ示性式で示せ。

分子式 C_3H_8O で示される有機化合物 A，B，C がある。A と B は金属ナトリウムと反応して水素を発生するが，C は反応しない。また，硫酸酸性の二クロム酸カリウム水溶液と加熱すると，A からは D が，B からは E が得られる。D は，フェーリング液を還元して赤色沈殿を生じたが，E は生成しなかった。D をさらに酸化すると F を生じたが，E はこれ以上酸化されなかった。

考え方　分子式 C_3H_8O は，一般式 $C_nH_{2n+2}O$ に該当するので，**アルコールかエーテル**である。

(i) $CH_3-CH_2-CH_2-OH$　1-プロパノール

(ii) $CH_3-CH(OH)-CH_3$　2-プロパノール

(iii) $CH_3-O-CH_2-CH_3$　エチルメチルエーテル

アルコールは Na と反応するが，エーテルは Na とは反応しない。よって，C は(iii)である。

第一級アルコールを酸化すると，**還元性を示すアルデヒド**を生成する。よって，A は第一級アルコールの(i)である。

$$CH_3CH_2CH_2OH \xrightarrow{(O)} CH_3CH_2CHO \xrightarrow{(O)} CH_3CH_2COOH$$

A 1-プロパノール　D プロピオンアルデヒド　F プロピオン酸

第二級アルコールを酸化すると，**還元性を示さないケトン**を生成する。よって，B は第二級アルコールの(ii)である。

$$CH_3CH(OH)CH_3 \xrightarrow{(O)} CH_3COCH_3$$

B 2-プロパノール　E アセトン

解答　A $CH_3(CH_2)_2OH$　B $CH_3CH(OH)CH_3$　C $CH_3OCH_2CH_3$
D CH_3CH_2CHO　E CH_3COCH_3　F CH_3CH_2COOH

例題 93　脂肪族化合物の性質　□□

次の(1)～(4)の性質に当てはまる化合物を，あとの(ア)～(オ)からすべて選べ。

(1) アンモニア性硝酸銀溶液を加えて温めると，銀が析出する。

(2) 水によく溶け，その水溶液は酸性を示す。

(3) 金属ナトリウムと反応して，水素を発生する。

(4) 水に溶けにくく，引火性のある揮発性の物質で，麻酔性がある。

(ア) エタノール　(イ) アセトアルデヒド　(ウ) 酢酸
(エ) アセトン　(オ) ジエチルエーテル

考え方　分子中に親水基の $-OH$，$-COOH$，$-CHO$，$-NH_2$ などをもち，炭素数の少ない低級の有機化合物は，水に可溶である。

(1) ホルミル（アルデヒド）基 $-CHO$ をもつ化合物は**還元性**を示し，**銀鏡反応**が陽性である。

(2) カルボキシ基 $-COOH$ をもつ化合物は，**弱い酸性**を示す。

(3) ヒドロキシ基 $-OH$ をもつ化合物は，金属 Na と反応し，水素を発生する。ただし，アルコールだけでなく，カルボン酸にも $-OH$ があり，激しく Na と反応する。

(4) 水に溶けにくく，引火性，揮発性，麻酔性をもつ物質は，ジエチルエーテルである。

解答　(1) (イ)　(2) (ウ)　(3) (ア)，(ウ)　(4) (オ)

問題A

必は重要な必須問題。時間のないときはここから取り組む。

必297 □□ ◀エタノールの反応▶ 次の図は，エタノールを中心とした反応系統図である。あとの問いに答えよ。ただし，図中の→の矢印は，その先にある物質を生成する化学反応を表す矢印である。

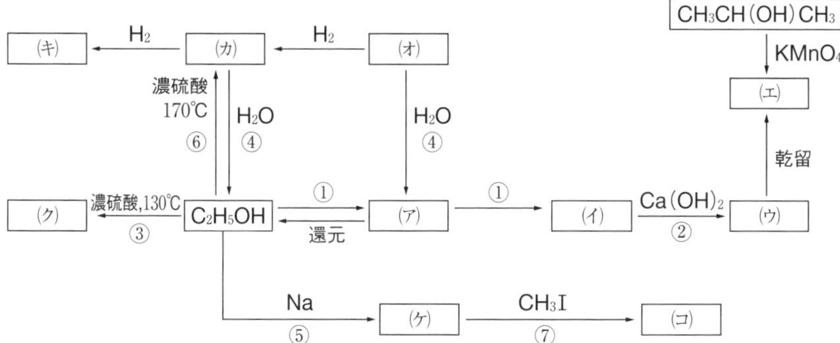

(1) 図中の□に適切な有機化合物の示性式を入れよ。

(2) ①〜⑤に最も適する反応名を，次の(ア)〜(カ)から選べ。

(ア) 酸化　(イ) 中和　(ウ) 還元　(エ) 縮合　(オ) 置換　(カ) 付加

(3) ③，⑥，⑦の反応を化学反応式で示せ。

(4) 一般式 $C_nH_{2n+1}OH$ で表される飽和1価アルコール A 3.70g に，十分量のナトリウムを加えると，標準状態で 0.560L の水素が発生した。考えられるアルコール A の示性式をすべて示せ。（原子量：H＝1.0，C＝12，O＝16，Na＝23）

必298 □□ ◀ホルムアルデヒドの生成▶ 次の文の□に適語を入れよ。

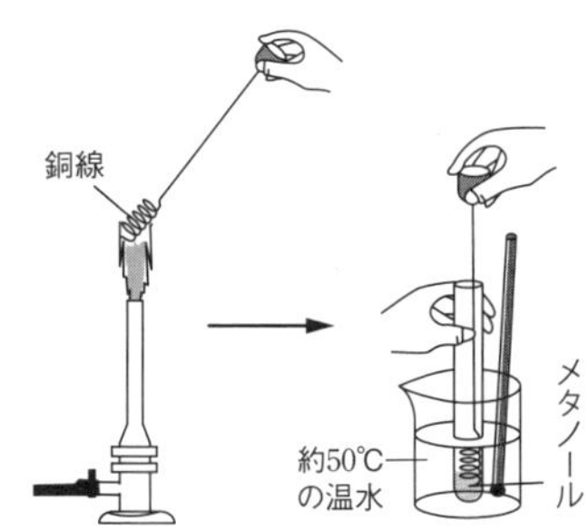

らせん状に巻いた銅線を赤熱してから空気に触れさせて表面を黒色の①□にし，熱いうちにメタノールの蒸気に触れさせる。この操作を数回繰り返すと，刺激臭をもつ②□が発生する。

②の水溶液にフェーリング液を加えて加熱すると，③□の赤色沈殿を生じる。

また，②の水溶液にアンモニア性硝酸銀溶液を加えて温めると，銀イオンが還元されて銀が析出する。この反応を④□という。

④では，銀のほかに②が酸化されて⑤□という化合物も生成する。⑤は一般のカルボン酸とは異なり，⑥□基をもつために還元性を示す。

299 □□ ◀アルコールの分類▶　(1)〜(4)に該当するアルコールを下から記号で選べ。

(1)　2 価アルコール　　(2)　第二級アルコール

(3)　第一級アルコール　　(4)　第三級アルコール

(ア)　$CH_3CH_2CH_2OH$　(イ)　$CH_3CH(OH)CH_3$　(ウ)　$CH_3CH_2CH(OH)CH_3$

(エ)　$C_2H_4(OH)_2$　(オ)　$(CH_3)_2CHCH_2OH$　(カ)　$(CH_3)_3COH$

問題 B

必は重要な必須問題。時間のないときはここから取り組む。

300 □□ ◀エタノールの反応▶　エタノールに次の操作を行ったとき，観察される現象を下から記号で選べ。

(1)　金属ナトリウムの小片を加えた。　(2)　同量の水を加えて振り混ぜた。

(3)　ヨウ素と水酸化ナトリウム水溶液を加えて加熱した。

(4)　うすい過マンガン酸カリウム(硫酸酸性)水溶液を少量加えて加熱した。

(5)　うすい過マンガン酸カリウム水溶液を少量加えて加熱した。

(a)　二層に分離した。　(b)　特異臭のある黄色沈殿が生じた。

(c)　赤紫色が消えた。　(d)　黒色の沈殿を生じた。

(e)　気体が発生し溶けた。　(f)　均一に混合した。

301 □□ ◀カルボニル化合物▶　分子式 $C_5H_{10}O$ のカルボニル化合物がある。

(1)　(a)アルデヒド，(b)ケトンの構造異性体は，それぞれ何種類ずつあるか。

(2)　(a)のうち，鏡像異性体が存在するものは何種類あるか。

(3)　(b)のうち，ヨードホルム反応を示すものは何種類あるか。

必 **302** □□ ◀ $C_4H_{10}O$ の異性体▶　次の文を読み，あとの問いに答えよ。

分子式 $C_4H_{10}O$ でヒドロキシ基をもつ化合物は，A，B，C，D の 4 種類の構造異性体が存在する。A，B を銅を触媒として空気酸化すると，それぞれ E，F が生じる。

E，F はアンモニア性硝酸銀溶液を還元して銀を析出する。また，A の沸点は B よりも高く，C には鏡像異性体が存在する。この C を酸化すると G を生成する。また，D は 4 種類の構造異性体 A，B，C，D の中で，最も酸化されにくい。

(1)　化合物 A 〜 D の構造式をそれぞれ示せ。

(2)　化合物 A の沸点は同じ分子量をもつアルカンに比べて高い。その理由を述べよ。

(3)　化合物 A 〜 G のうち，ヨードホルム反応が陽性であるものをすべて選べ。

(4)　分子式 $C_4H_{10}O$ で表される化合物のうち，金属ナトリウムと反応しないものをすべて示性式で示せ。

30 カルボン酸・エステルと油脂

1 カルボン酸

❶カルボン酸　カルボキシ基 $-COOH$ をもつ化合物。$R-COOH$

鎖式の炭化水素基をもつ1価カルボン酸を，特に脂肪酸という。

また，炭素原子の数が少ない脂肪酸を低級脂肪酸，炭素数が多い脂肪酸を高級脂肪酸という。

	1価カルボン酸（$-COOH$ 1つ）		2価カルボン酸（$-COOH$ 2つ）	
飽和カルボン酸（C=C 結合なし）	CH_3COOH 酢酸	C_2H_5COOH プロピオン酸	$(COOH)_2$ シュウ酸　還元性あり	$(CH_2-COOH)_2$ コハク酸
不飽和カルボン酸（C=C 結合あり）	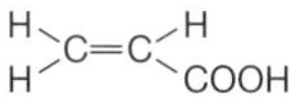 アクリル酸	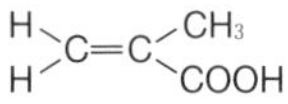 メタクリル酸	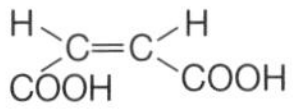 マレイン酸（シス形）脱水しやすい。	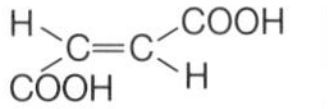 フマル酸（トランス形）脱水しにくい。

（性質）・低級脂肪酸は，刺激臭のある無色の液体。（高級脂肪酸は白色の固体）
- 低級脂肪酸は水によく溶け，**弱酸性**を示す。（高級脂肪酸は水に不溶）
- 炭酸より強い酸で，炭酸塩，炭酸水素塩を分解し CO_2 を発生（$-COOH$ の検出）。

❷主なカルボン酸

ギ酸 HCOOH	脂肪酸の中では最も強い酸性。ホルミル基をもち，還元性あり。 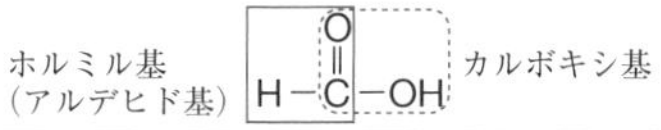
酢酸 CH_3COOH	純粋なものは，冬期に氷結するので，**氷酢酸**（融点 17℃）ともいう。脱水縮合すると，無水酢酸（酸無水物）を生成する。（酸無水物は，加水分解すると，もとの酸に戻る。） $2CH_3COOH \longrightarrow (CH_3CO)_2O + H_2O$
乳酸 $CH_3\overset{*}{C}HCOOH$（OH）（$C_3H_6O_3$）	$-OH$ をもつカルボン酸を**ヒドロキシ酸**という。不斉炭素原子 C^*（4個の異なる原子（団）と結合した炭素原子）をもつ化合物には，1対の鏡像異性体（**光学異性体**）が存在する。 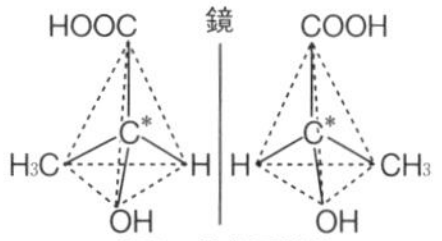 乳酸の鏡像異性体

2 エステル

❶エステル　カルボン酸とアルコールの混合物に，濃硫酸（触媒）を加えて加熱すると，脱水縮合（**エステル化**）が起こり，エステルが生成する。

$$R-CO\boxed{OH} + \boxed{H}O-R' \rightleftarrows R-\boxed{COO}-R' + H_2O$$

（$-H_2O$）　エステル結合

（性質）・水に難溶。低級のエステルは芳香のある液体。
- 構造異性体の関係にあるカルボン酸よりも沸点が低い（**水素結合**が形成されないため）。

酢酸エチル（エステル）の合成

❷無機酸エステル　オキソ酸(硫酸，硝酸など)もアルコールとエステルをつくる。

例　$C_3H_5(OH)_3 + 3HO-NO_2 \longrightarrow C_3H_5(ONO_2)_3 + 3H_2O$
グリセリン　　ニトログリセリン(**硝酸エステル**。ニトロ化合物ではない)

❸エステルの加水分解　エステルに希酸(触媒)を加えて加熱すると，酸とアルコールに加水分解される。一方，塩基を用いたエステルの加水分解を**けん化**という。

$$R-COO-R' + NaOH \xrightarrow{\text{けん化}} R-COONa + R'-OH$$
(カルボン酸塩)　(アルコール)

3 油脂

❶油脂　高級脂肪酸とグリセリン(3価アルコール)とのエステル。

(構造)
$CH_2-OCO-R_1$
$CH-OCO-R_2$
$CH_2-OCO-R_3$
(R_1, R_2, R_3 は炭化水素基)

飽和脂肪酸	不飽和脂肪酸
$C_{15}H_{31}COOH$ パルミチン酸	$C_{17}H_{33}COOH$ (1) オレイン酸
$C_{17}H_{35}COOH$ ステアリン酸	$C_{17}H_{31}COOH$ (2) リノール酸
	$C_{17}H_{29}COOH$ (3) リノレン酸

油脂を構成する主な高級脂肪酸　(C＝C 結合の数)

(分類)

脂肪(常温で固体)　飽和脂肪酸が多い。

脂肪油(常温で液体)　不飽和脂肪酸が多い
- **乾性油**(C＝C 結合が多い。空気中で固化しやすい。)　例 アマニ油
- **不乾性油**(C＝C 結合が少ない。空気中で固化しにくい。)　例 オリーブ油

※脂肪油に Ni 触媒を用いて H_2 を付加させ，固体状にした油脂を**硬化油**という。

4 セッケンと合成洗剤

❶セッケン　高級脂肪酸のアルカリ金属の塩。油脂の**けん化**でつくる。

$C_3H_5(OCOR)_3 + 3NaOH \longrightarrow 3RCOONa(セッケン) + C_3H_5(OH)_3$

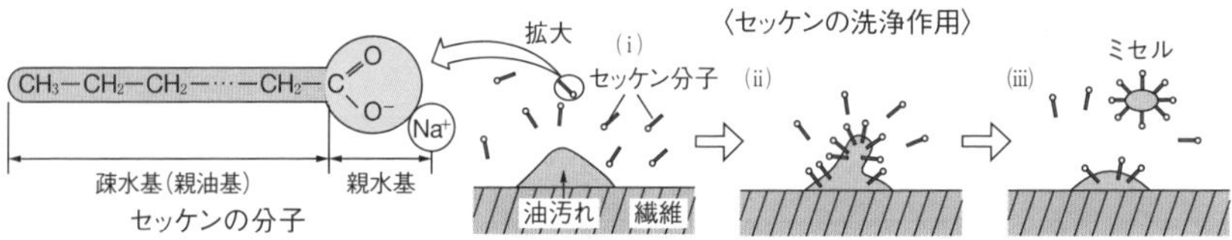

(i)油をセッケン水に入れて振り混ぜると，(ii)セッケン分子は疎水基を油滴側(内側)に向けて取り囲み，(iii)のような安定なコロイド粒子(ミセル)となって，水溶液中に分散させる(乳化作用)。

❷合成洗剤　高級アルコールの硫酸エステル塩など。セッケンよりも洗浄力が大きい。

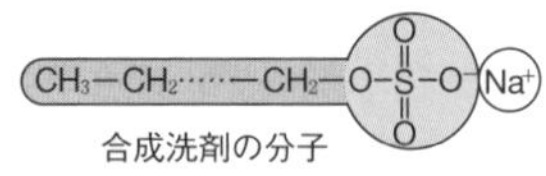

合成洗剤の分子

洗剤	化学式	水溶液	強酸を加える	硬水(Ca^{2+}, Mg^{2+} を含む水)中
セッケン	$R-COO^-Na^+$	弱塩基性	R−COOH が遊離(洗浄力を失う)	沈殿を生じ，**洗浄力を失う**
合成洗剤	$R-O-SO_3^-Na^+$ $R-C_6H_4-SO_3^-Na^+$	中性	変化なし	沈殿せず，**洗浄力は変化なし**

確認&チェック

1 次の有機化合物の名称をそれぞれ記せ。

(1) $HCOOH$　(2) CH_3COOH　(3) $(COOH)_2$

(4) $(CH_3CO)_2O$

(5) H＼C=C／H、HOOC／　＼COOH

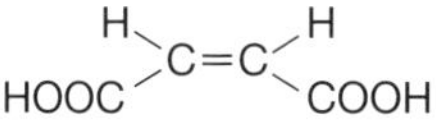

(6) H＼C=C／COOH、HOOC／　＼H

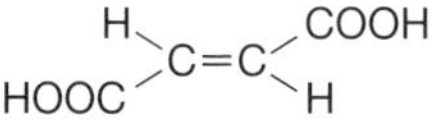

2 次の性質をもつ有機化合物を下から記号で選べ。

(1) 還元性をもつ1価カルボン酸(脂肪酸)

(2) 還元性をもつ2価カルボン酸

(3) 酢酸2分子が脱水縮合してできた物質

(4) 水を含まない純粋な酢酸

(5) 分子式 $C_3H_6O_3$ で不斉炭素原子をもつヒドロキシ酸

(ア) 氷酢酸　(イ) 無水酢酸　(ウ) 乳酸

(エ) ギ酸　(オ) シュウ酸

3 右図のように，エタノールと氷酢酸の混合物に少量の濃硫酸を加えて温めたら，果実臭のある物質Aが生成した。

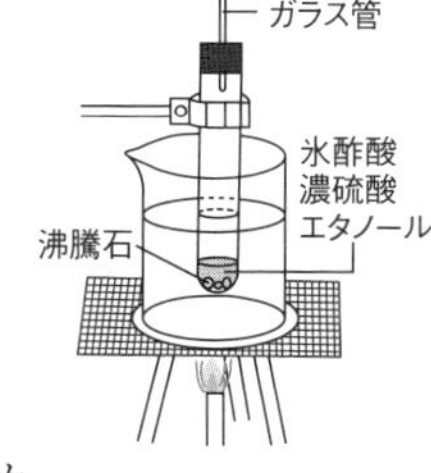

(1) 物質Aの示性式と名称を記せ。

(2) この反応名を何というか。

(3) 反応生成物に冷水を加えた。物質Aは上層，下層どちらに分離されるか。

4 次の文の［　　］に適語を入れよ。

油脂は高級脂肪酸と①［　　］とのエステルであり，常温で固体のものを②［　　］，液体のものを③［　　］という。

空気中で固化しやすい脂肪油を④［　　］という。

空気中で固化しにくい脂肪油を⑤［　　］という。

5 次の文の［　　］に適語を入れ，{　}から適切な記号を選べ。

セッケン水に油を加えて振り混ぜると，油滴は①［　　］というコロイド粒子となって水中に分散する。この現象をセッケンの②［　　］作用という。

セッケンの水溶液は③{(ア) 中性　(イ) 弱い塩基性}を示す。

解答

1 (1) ギ酸 (2) 酢酸
(3) シュウ酸
(4) 無水酢酸
(5) マレイン酸
(6) フマル酸
→p.237 1

2 (1) (エ)
(2) (オ)
(3) (イ)
(4) (ア)
(5) (ウ)
→p.237 1

3 (1) $CH_3COOC_2H_5$
酢酸エチル
(2) エステル化
(脱水縮合)
(3) 上層
➡エステルは水に溶けにくく，水よりも軽い物質である。
→p.237 2

4 ① グリセリン
② 脂肪
③ 脂肪油
④ 乾性油
⑤ 不乾性油
→p.238 3

5 ① ミセル
② 乳化
③ (イ)
→p.238 4

例題 94 エステルの構造決定 □□

分子式 $C_3H_6O_2$ をもつエステル A，B を水酸化ナトリウム水溶液とともに加熱すると，A からはCの塩と D が，B からはEの塩と F がそれぞれ得られた。C は銀鏡反応を示したが，E は示さなかった。また，D を酸化すると，E が生成した。これより，エステル A，B の示性式をそれぞれ答えよ。

考え方 エステルは，NaOH 水溶液と温めると**加水分解**され，**カルボン酸** Na(塩)とアルコールを生じる。この反応を**けん化**という。

$$R\text{-}COO\text{-}R' + NaOH \xrightarrow{\text{けん化}} R\text{-}COONa + R'\text{-}OH$$

エステルは R−COO−R′ で表されるから，分子式 $C_3H_6O_2$ からエステル結合 −COO− を引くと，$R+R'=C_2H_6$ が得られる。これを R と R′ に振り分ければ，エステルの示性式が下のように得られる。

注)アルコール側の R′ =H のときは，エステルではなく，カルボン酸であることに注意する。

	R	R′	示性式	名称
(i)	H−	C_2H_5−	H-COO-C_2H_5	ギ酸エチル
(ii)	CH_3−	CH_3−	CH_3-COO-CH_3	酢酸メチル

エステル A の加水分解生成物のカルボン酸 C は，還元性を示すのでギ酸である。

∴ A は(i)のギ酸エチル $HCOOC_2H_5$

エステル A の加水分解生成物 D はエタノール。これを酸化すると，酢酸 E が生成する。

∴ B は(ii)の酢酸メチル CH_3COOCH_3

エステル B は加水分解されて，酢酸 E の Na 塩とメタノール F が生成する。

解 答 A $HCOOC_2H_5$　B CH_3COOCH_3

例題 95 エステルの合成 □□

次の実験について，あとの問いに答えよ。

試験管に<u>ⓐ氷酢酸 2mL とエタノール 3mL を入れ，よく混合したのち，少量の</u>①濃硫酸と沸騰石を入れて，右図のように水浴でしばらく加熱した。反応後，試験管を放冷してから，約 10mL の②冷水を加えてよく混合して静置すると，内容物は上下二層に分かれ，上層は甘い果実のような香りがした。

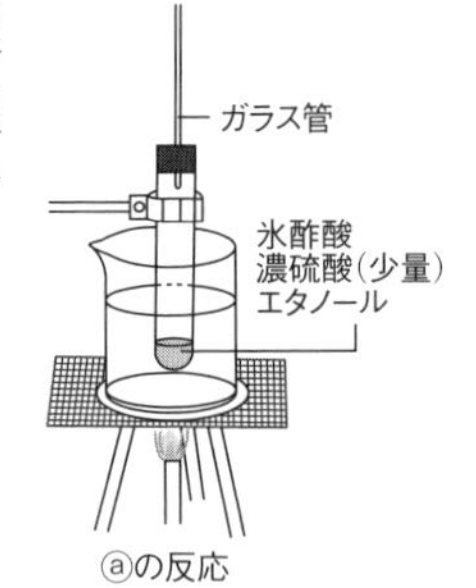

ⓐの反応

(1) 下線部ⓐの変化を，化学反応式で示せ。

(2) 上図のガラス管は，どんな役割をしているのか述べよ。

(3) 波線部①で，濃硫酸を加えた理由を述べよ。

(4) 波線部②で，冷水を加えた理由を述べよ。

考え方 (1) 氷酢酸とエタノールの混合物に，触媒として少量の濃硫酸を加えて加熱すると，脱水縮合が起こり，酢酸エチルと水を生じる。この反応を**エステル化**という。

ⓐ $CH_3CO\text{-}OH + H\text{-}O\text{-}C_2H_5 \rightleftarrows CH_3COOC_2H_5 + H_2O$（$-H_2O$）

⑵　試験管やフラスコで揮発性の有機化合物を加熱する際，内容物が蒸発して失われないように，**還流冷却器**(ガラス管，リービッヒ冷却器など)を取りつける。

⑶　エステル化の反応速度を大きくするために，**触媒**として濃硫酸を使用する。

⑷　エステル化は可逆反応で，反応は完全には進行せず，生成物のエステルと水の他に，未反応の酢酸やエタノールとの混合物が得られる。ここへ冷水を加えると，反応溶液から，水に溶けやすい酢酸とエタノールが下の水層に移るので，結局，水に溶けにくく水より軽いエステルは，上層に分離される。

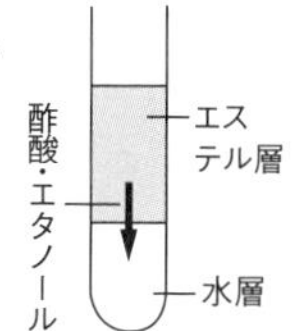

解答　⑴ 考え方を参照。　⑵ 試験管の内容物が蒸発して失われないようにするため。
⑶ エステル化の触媒としての役割。
⑷ 反応溶液中に含まれる未反応の酢酸とエタノールなどを水層に分離するため。

例題 96　油脂の計算　□□

⑴　ステアリン酸 $C_{17}H_{35}COOH$ のみからなる油脂の分子量を求めよ。(原子量：H＝1.0，C=12，O＝16)

⑵　ある油脂 1.4g をけん化するのに，水酸化ナトリウム 0.19g を要した。この油脂の分子量を求めよ。(式量：NaOH ＝ 40)

⑶　⑵の油脂 100g にヨウ素 86.2g が付加した。この油脂は 1 種類の脂肪酸のみからなるとして，この脂肪酸 1 分子中に含まれる C=C 結合は何個か。(I_2 ＝ 254)

考え方　〈油脂の計算のポイント〉

①けん化に要する NaOH の物質量から，油脂の分子量が求まる。
②付加する I_2 の物質量から，油脂の不飽和度(C＝C 結合の数)が決まる。

⑴　油脂は高級脂肪酸 RCOOH と 3 価アルコールのグリセリン $C_3H_5(OH)_3$ のエステルである。

$$\begin{matrix} CH_2-OH \\ | \\ CH-OH \\ | \\ CH_2-OH \end{matrix} + 3R-COOH \longrightarrow \begin{matrix} CH_2-OCOR \\ | \\ CH-OCOR \\ | \\ CH_2-OCOR \end{matrix} + 3H_2O$$

グリセリン　　高級脂肪酸　　油脂

よって，この油脂の示性式は $(C_{17}H_{35}COO)_3C_3H_5$ であり，その分子式は $C_{57}H_{110}O_6$ である。
分子量は，$C_{57}H_{110}O_6 = (12\times57)+(1.0\times110)+(16\times6) = 890$

⑵　$C_3H_5(OCOR)_3 + 3NaOH \xrightarrow{けん化} C_3H_5(OH)_3 + 3RCOONa$
油脂 1mol のけん化には，NaOH 3mol が必要である。油脂の分子量を M とすると，

$$\frac{1.4}{M}\times3 = \frac{0.19}{40} \quad \therefore\ M \fallingdotseq 884$$

⑶　この油脂を構成する脂肪酸 1 分子あたりの C＝C 結合の数を x 個とすると，油脂 1 分子ではこの 3 倍の $3x$ 個含まれる。

$$>C=C< + I_2 \longrightarrow -\underset{I}{\overset{|}{C}}-\underset{I}{\overset{|}{C}}-$$

より，C=C 結合 1mol には，I_2 1mol が付加するから，

$$\frac{100}{884}\times3x = \frac{86.2}{254} \quad \therefore\ x \fallingdotseq 1$$

解答　⑴ 890　⑵ 884　⑶ 1 個

6－30

問題A　必は重要な必須問題。時間のないときはここから取り組む。

必303 □□ ◀酢酸の反応▶　酢酸の反応経路図について，次の各問いに答えよ。

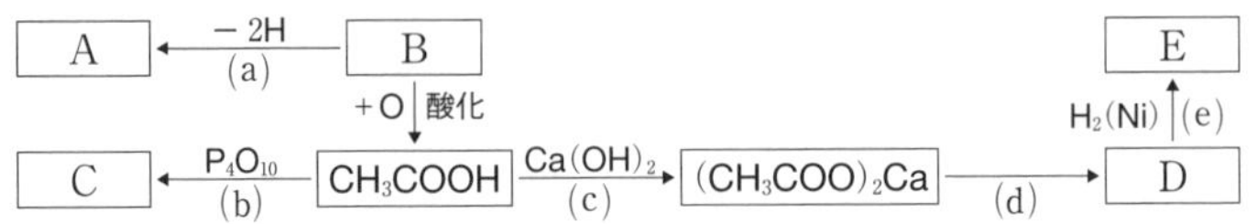

(1)　化合物A～Eの示性式および名称を答えよ。

(2)　反応(a)～(e)の名称を下から記号で選べ。

(ア)　縮合　　(イ)　熱分解　　(ウ)　酸化　　(エ)　還元　　(オ)　中和

304 □□ ◀カルボン酸▶　次の記述に当てはまる化合物A～Hを下から記号で選べ。

(1)　AとBはともに脂肪酸である。Aは還元性を示すが，Bは還元性を示さない。

(2)　CとDは2価カルボン酸で，互いにシス－トランス異性体である。加熱するとCは脱水して酸無水物に変化するが，Dは酸無水物に変化しない。

(3)　EとFは2価カルボン酸である。Eは還元性を示すが，Fは還元性を示さない。

(4)　GとHはヒドロキシ酸である。Gは不斉炭素原子をもつが，Hはもたない。

(ア)　フマル酸　　(イ)　シュウ酸　　(ウ)　ギ酸　　(エ)　マレイン酸
(オ)　コハク酸　　(カ)　酢酸　　(キ)　乳酸　　(ク)　クエン酸

305 □□ ◀ギ酸と酢酸▶　次の記述のうち，ギ酸だけに該当すればA，酢酸だけに該当すればB，両方に該当すればCと答えよ。

(1)　水によく溶け弱酸性を示す。　　(2)　銀鏡反応を示さない。

(3)　酸化すると，二酸化炭素を生じる。　　(4)　無色・刺激臭のある液体である。

(5)　炭酸水素ナトリウム水溶液に加えると，二酸化炭素を発生する。

(6)　金属ナトリウムと反応して水素を発生する。

必306 □□ ◀分子式 $C_3H_6O_2$ の異性体▶　分子式 $C_3H_6O_2$ をもつエステルA，Bを水酸化ナトリウム水溶液とともに加熱すると，AからはCの塩とDが，BからはEの塩とFがそれぞれ得られた。Cは銀鏡反応を示したが，Eは示さなかった。また，Dを酸化すると，Eが生成した。

(1)　エステルA，Bの示性式と名称をそれぞれ示せ。

(2)　エステルA，Bと異性体の関係にある化合物は，炭酸水素ナトリウム水溶液に気体を発生して溶ける。この化合物の示性式と名称を示せ。

必307 □□ ◀カルボン酸の構造決定▶ 有機化合物 A，B および C はいずれも炭素 41.38%，水素 3.45%，酸素 55.17%からなる 2 価カルボン酸で，分子量を測定したら 116 であった。

A と B は白金触媒の存在下で，それぞれ同じ物質量の水素と反応して同一の化合物 D を生成した。また，A は約 160℃に加熱すると，脱水して化合物 E を生成したが，B は同じ条件で加熱しても，脱水は起こらなかった。

(1) 化合物 A，B および C の分子式を求めよ。(原子量：H＝1.0，C＝12，O＝16)

(2) 化合物 A，B，C，D の構造式と A，B の名称をそれぞれ答えよ。

308 □□ ◀セッケンと合成洗剤▶ 次の文の［　　］に適語を入れよ。

セッケンは①［　　］を水酸化ナトリウム水溶液などで②［　　］して得られる高級脂肪酸のアルカリ金属塩の総称である。セッケン分子は，炭化水素基のような③［　　］基と，イオンの部分のような④［　　］基の部分からなる。このような物質を，一般に⑤［　　］という。セッケンの水溶液が一定濃度以上になると，③基を内側に，④基を外側に向けたコロイド粒子をつくる。これを⑥［　　］という。また，セッケンの水溶液は水よりも⑦［　　］が小さく，繊維などの細かな隙間に浸透しやすい。

水と脂肪油とは混ざらないが，セッケンの水溶液に脂肪油を加えて振り混ぜると，セッケン分子は，③基を油滴(内)側に，④基を水(外)側に向けて取り囲み，やがて，油滴を細かく分割して水溶液中に分散させる。このような作用をセッケンの⑧［　　］といい，できたコロイド溶液を⑨［　　］という。

セッケンの水溶液は加水分解して⑩［　　］性を示し，絹や⑪［　　］などの動物性繊維を傷めたり，Mg^{2+} や Ca^{2+} を多く含む⑫［　　］中で使用すると，水に⑬［　　］の塩を生じ，洗浄力が低下する。一方，合成洗剤では親水基の部分が $-OSO_3Na$ や，$-SO_3Na$ のため，水溶液は⑭［　　］性であり，⑫中で使用しても沈殿をつくらず，その洗浄力は低下しない。

309 □□ ◀セッケンと合成洗剤▶ 次の文で，正しいものには○，誤っているものには×をつけよ。

(1) セッケンも合成洗剤も，動・植物性の油脂からつくられる。

(2) 合成洗剤の水溶液に，フェノールフタレインを加えると赤く着色する。

(3) 合成洗剤は，合成繊維の洗浄に適しているが，天然繊維の洗浄には適さない。

(4) セッケンは Na^+ と水に不溶性の塩をつくるため，硬水中では泡立ちが悪い。

(5) セッケン，合成洗剤はともに，分子内に親水基と疎水基の 2 つの部分をもつ。

(6) セッケンや合成洗剤は，疎水性の部分が繊維の表面に付着した油汚れと結びつき，繊維から油汚れを落とすはたらきがある。

問題B

必は重要な必須問題。時間のないときはここから取り組む。

310 □□ ◀エステルの合成▶　試験管に$_{ⓐ}$氷酢酸 2mL とエタノール 3mL を入れ，よく混合したのち，少量の$_{①}$濃硫酸と沸騰石を入れて，右図のように水浴でしばらく加熱した。反応後，試験管を放冷してから，約10mL の$_{②}$冷水を加えてよく混合して静置すると，内容物は上下二層に分かれ，上層は甘い果実臭がした。

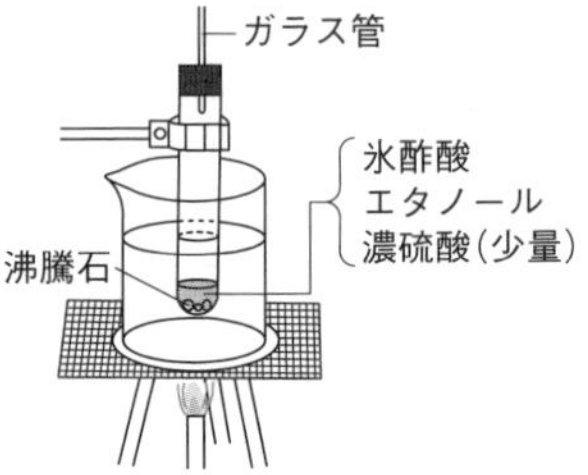

$_{ⓑ}$上層の液体を試験管に取り出し，水酸化ナトリウム水溶液を加えて加熱すると変化が起こった。

(1) 下線部ⓐ，ⓑの変化をそれぞれ何というか。

(2) 図中のガラス管は，どんな役割をしているのか述べよ。

(3) 波線部①で，濃硫酸を加えた理由を述べよ。

(4) 波線部②で，冷水を加えた理由を述べよ。

(5) 下線部ⓑで起こった試験管内の水溶液の変化について説明せよ。

必**311** □□ ◀エステルの構造決定▶　分子式 $C_4H_8O_2$ で示されるカルボン酸エステル A，B，C，D がある。それぞれを水酸化ナトリウム水溶液を用いてけん化した後，希硫酸を加えて対応するカルボン酸を得た。このカルボン酸を過マンガン酸カリウム水溶液を加えて温めると，A と D から得られたカルボン酸だけが赤紫色を脱色した。

一方，得られたアルコールの沸点は，相当するエステルに対して D>A>C>B の順であり，ヨードホルム反応は A と C から得られたアルコールのみ陽性であった。

以上より，化合物 A，B，C，D の構造式と名称をそれぞれ答えよ。

必**312** □□ ◀油脂の構造▶　ある油脂 A 30.0g を完全にけん化するのに，水酸化カリウム 7.00g を要した。けん化後，塩酸を加えてエーテル抽出を行ったところ，飽和脂肪酸 B と不飽和脂肪酸 C が 2：1 の物質量比で得られた。また，油脂 A100g に対してヨウ素 35.3g が付加した。一方，飽和脂肪酸 B の 0.520g をエタノールに溶かし，0.100mol/L の水酸化カリウム水溶液で中和したところ 26.0mL を要した。次の問いに答えよ。ただし，原子量は H＝1.0，C＝12，O＝16，K＝39，I＝127 とする。

(1) 油脂 A の分子量を求めよ。

(2) 脂肪酸 B，C の示性式をそれぞれ示せ。

(3) 油脂 A の可能な構造式をすべて示せ。

(4) 油脂 A100g に完全に水素を付加するには，標準状態の水素が何 L 必要か。

31 芳香族化合物①

1 芳香族炭化水素

❶ベンゼン C_6H_6 の構造　正六角形の平面状分子。

炭素原子間の結合は単結合と二重結合の中間状態にある。

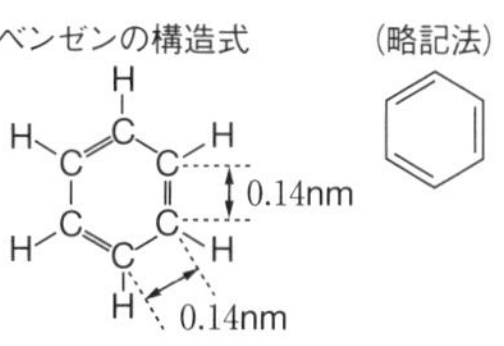

❷芳香族炭化水素　ベンゼン環をもつ炭化水素。

無色で独特の匂いをもつ液体や固体。有毒。水に不溶。

ベンゼンの二置換体には，*o*-，*m*-，*p*- の構造異性体がある。

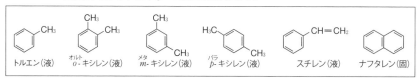

トルエン（液）　*o*-キシレン（液）（オルト）　*m*-キシレン（液）（メタ）　*p*-キシレン（液）（パラ）　スチレン（液）　ナフタレン（固）

❸ベンゼンの反応

・付加反応よりも**置換反応**が起こりやすい。

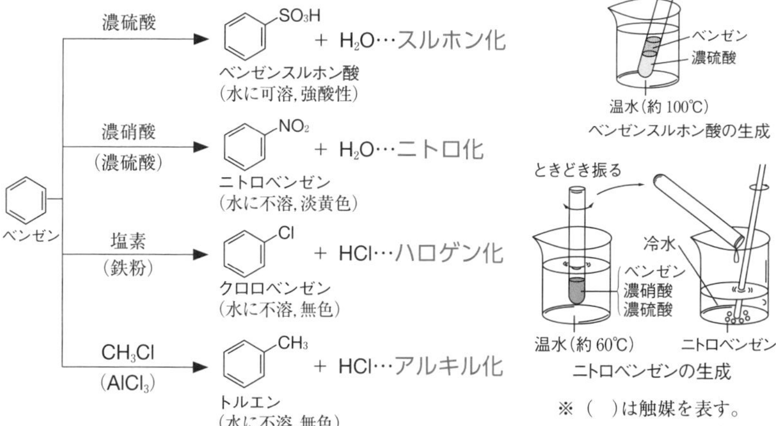

※（　）は触媒を表す。

・特別な条件下では，**付加反応**も起こる。

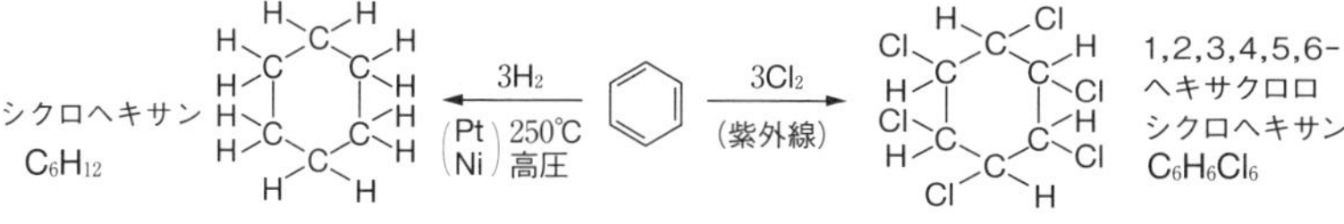

❹酸化反応　ベンゼン環は酸化されにくいが，ベンゼン環に結合した炭化水素基（側鎖）は，その炭素数に関係なく，酸化されると**カルボキシ基**－COOH になる。

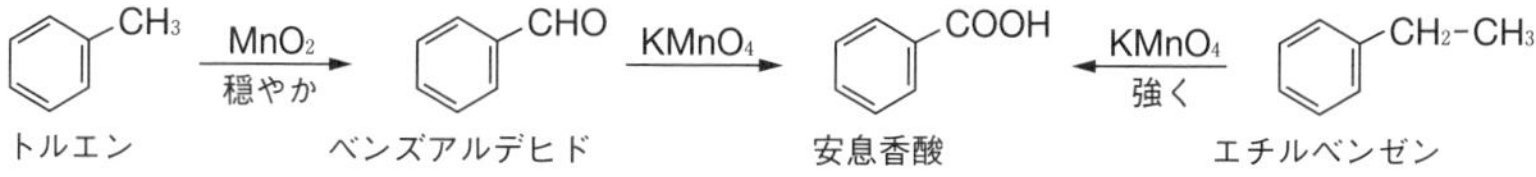

❷ フェノール類

❶**フェノール類** ベンゼン環にヒドロキシ基－OHが直接結合した化合物。

塩化鉄(Ⅲ)$FeCl_3$水溶液を加えると，青～赤紫色を呈する(検出)。

水に少し溶け，**弱酸性**を示す。酸の強さは，**炭酸H_2CO_3＞フェノール類**である。

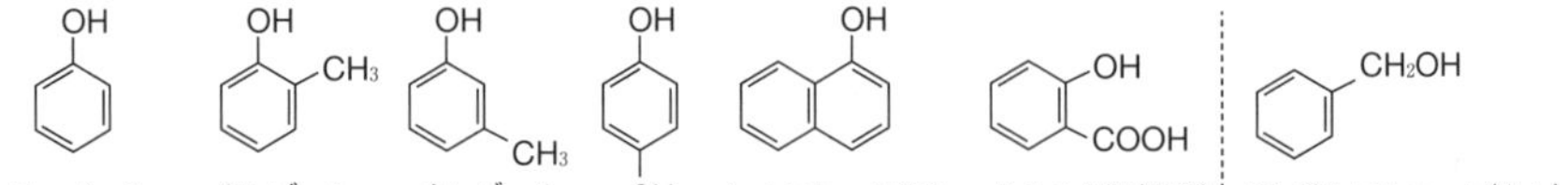

フェノール(紫)　o-クレゾール(青)　m-クレゾール(青紫)　p-クレゾール(青)　1-ナフトール(紫)　サリチル酸(赤紫)　ベンジルアルコール(なし)

(　)内は，$FeCl_3$水溶液による呈色を示す。

❷**フェノールC_6H_5OH** 特有の匂いのある無色の結晶(融点41℃)。

NaOH水溶液と反応し，水溶性の塩(ナトリウムフェノキシド)を生成して溶ける。

$$C_6H_5OH + NaOH \longrightarrow C_6H_5ONa + H_2O$$

ナトリウムフェノキシド

・ナトリウムフェノキシドの水溶液にCO_2を通じると，フェノールが遊離する。

$$C_6H_5ONa + CO_2 + H_2O \longrightarrow C_6H_5OH + NaHCO_3$$

弱い酸の塩　強い酸　弱い酸　強い酸の塩

・無水酢酸と反応し，エステルを生成する(酢酸とは反応しにくい)。

$$C_6H_5OH + (CH_3CO)_2O \longrightarrow C_6H_5OCOCH_3 + CH_3COOH$$

無水酢酸　酢酸フェニル

(反応)　ベンゼンよりも反応性に富み，o-，p-位で置換反応が起こりやすい。

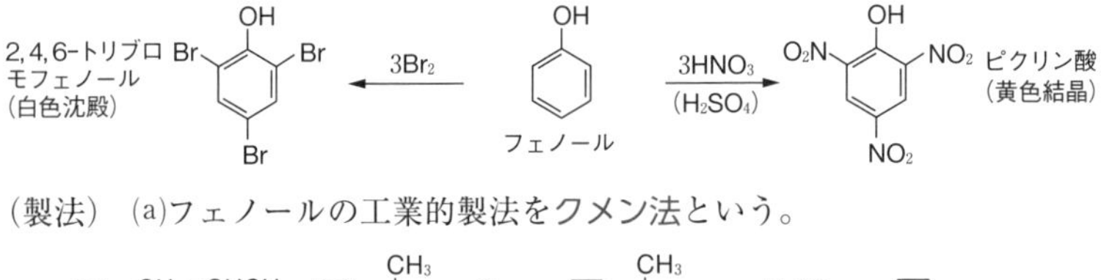

2,4,6-トリブロモフェノール(白色沈殿) ←($3Br_2$)― フェノール ―($3HNO_3$ (H_2SO_4))→ ピクリン酸(黄色結晶)

(製法)　(a)フェノールの工業的製法をクメン法という。

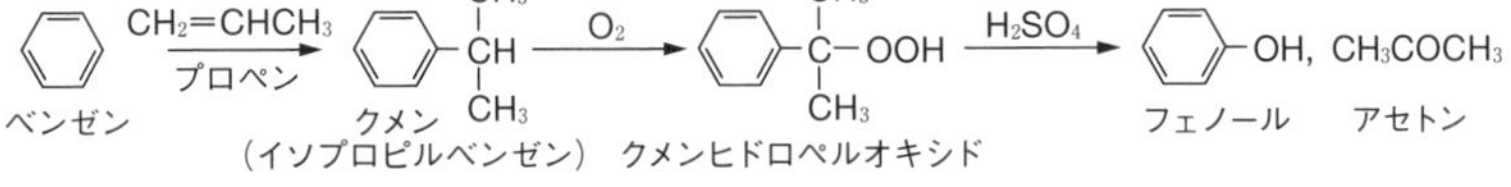

ベンゼン ―($CH_2{=}CHCH_3$ プロペン)→ クメン(イソプロピルベンゼン) ―(O_2)→ クメンヒドロペルオキシド ―(H_2SO_4)→ フェノール，アセトン(CH_3COCH_3)

(b)その他の製法

ベンゼン ―(H_2SO_4)→ ベンゼンスルホン酸($C_6H_5SO_3H$) ―(NaOH(固) アルカリ融解 300℃)→ ナトリウムフェノキシド

ベンゼン ―(Cl_2 (Fe))→ クロロベンゼン(C_6H_5Cl) ―(NaOHaq 高温・高圧)→ ナトリウムフェノキシド

ナトリウムフェノキシド ―(CO_2，H_2O)→ フェノール

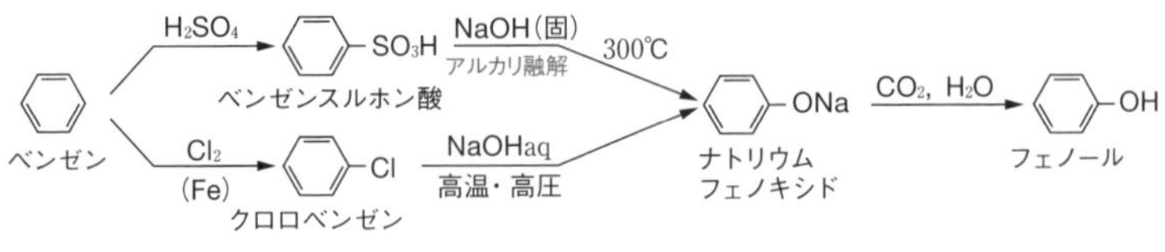

確認＆チェック

1 次の芳香族炭化水素の名称を記せ。

(1) 　　(2) 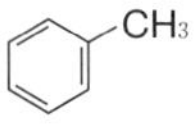 CH_3　　(3) CH_3 CH_3

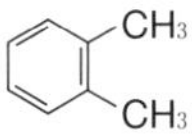

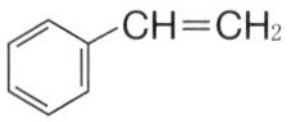

(4) 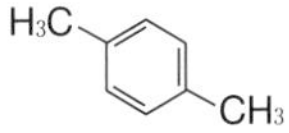 H_3C CH_3　　(5) $CH{=}CH_2$　　(6)

2 次の芳香族化合物の名称を記せ。

(1) 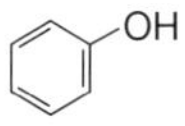 OH　　(2) 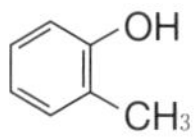 OH CH_3　　(3) OH

(4) NO_2　　(5) SO_3H　　(6) CH_2OH

3 次の反応で生成する有機化合物の名称を記せ。また，それぞれの反応名を下の(ア)～(オ)から選べ。

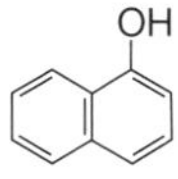

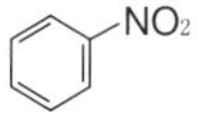

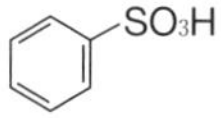

(1) ベンゼンに濃硝酸と濃硫酸の混合物を作用させる。

(2) ベンゼンに濃硫酸を作用させる。

(3) 鉄粉を触媒として，ベンゼンに塩素を作用させる。

(4) 白金を触媒として，ベンゼンに高圧の水素を作用させる。

(5) トルエンに過マンガン酸カリウム水溶液を作用させる。

(ア) ハロゲン化　　(イ) 付加反応　　(ウ) 酸化反応

(エ) ニトロ化　　(オ) スルホン化

4 次の文の［　　］に適語を入れよ。

(1) ベンゼン環にヒドロキシ基 −OH が直接結合した化合物を①［　　］といい，その水溶液は②［　　］性を示す。

(2) フェノール類に③［　　］水溶液を加えると，青～赤紫色に呈色する(検出反応)。

(3) フェノールは NaOH 水溶液と反応し，④［　　］とよばれる塩を生成して溶ける。

(4) フェノールの最も重要な工業的製法を⑤［　　］といい，このときフェノールとともに⑥［　　］も生成する。

解答

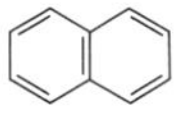

1 (1) ベンゼン
(2) トルエン
(3) *o*-キシレン
(4) *p*-キシレン
(5) スチレン
(6) ナフタレン
→ p.245 ①

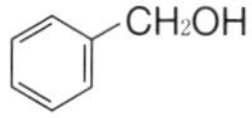

2 (1) フェノール
(2) *o*-クレゾール
(3) 1-ナフトール
(4) ニトロベンゼン
(5) ベンゼンスルホン酸
(6) ベンジルアルコール
→ p.245 ①，②

3 (1) ニトロベンゼン，(エ)
(2) ベンゼンスルホン酸，(オ)
(3) クロロベンゼン，(ア)
(4) シクロヘキサン，(イ)
(5) 安息香酸，(ウ)
→ p.245 ①

4 ① フェノール類
② 弱い酸
③ 塩化鉄(III)
④ ナトリウムフェノキシド
⑤ クメン法
⑥ アセトン
→ p.246 ②

例題 97 芳香族化合物の性質

次の文に該当する化合物を１つずつ下から重複なく記号で選び，名称も答えよ。

(1) 水に可溶の固体で，水溶液は強い酸性を示す。

(2) 水には不溶の淡黄色の液体で，水よりも密度が大きい。

(3) 水には不溶の液体で金属 Na とも反応しない。強く酸化すると安息香酸になる。

(4) 水にも NaOH 水溶液にも溶けない。金属 Na とは反応して水素を発生する。

(5) 水に少量しか溶けないが，NaOH 水溶液にはよく溶ける。

(6) 芳香をもつ無色の液体で，容易に酸化されて安息香酸になる。

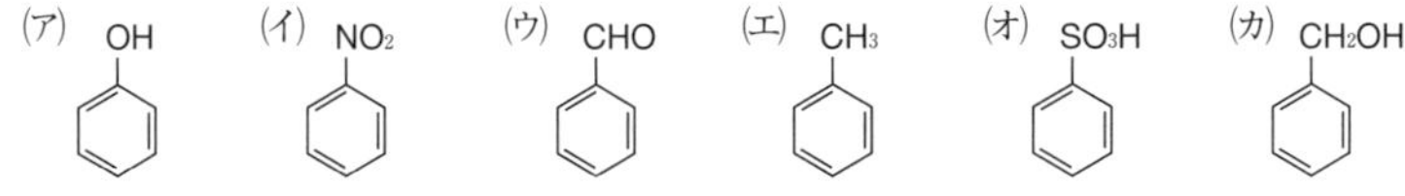

考え方 (1) ベンゼンスルホン酸 $C_6H_5SO_3H$ は水に可溶の固体で，水溶液は強い酸性を示す。

(2) 淡黄色の原因は，ニトロ基 $-NO_2$ にある。ニトロベンゼン $C_6H_5NO_2$ は水に不溶の油状の液体で, 水よりも密度が大きい(1.2g/cm^3)。

(3) トルエン $C_6H_5CH_3$ を強く酸化すると, 安息香酸 C_6H_5COOH を生成する。

(4) NaOH 水溶液に溶けない中性物質には，(イ)，(ウ)，(エ)，(カ)が該当するが，金属 Na と反応するのは，$-OH$ をもつ(カ)だけである。

(5) NaOH 水溶液に溶ける酸性物質には(ア)，(オ)が該当するが，水に少量しか溶けないのは弱酸であるフェノール(ア)である。

(6) ホルミル(アルデヒド)基 $-CHO$ は酸化されやすく，容易に $-COOH$ に変化する。

解 答 (1) (オ) ベンゼンスルホン酸　(2) (イ) ニトロベンゼン　(3) (エ) トルエン
(4) (カ) ベンジルアルコール　(5) (ア) フェノール　(6) (ウ) ベンズアルデヒド

例題 98 構造異性体の数

次の各化合物のベンゼン環の水素原子１個を塩素原子で置換した場合，何種類の構造異性体が生じるか。その数を示せ。

(1) *o*-キシレン　(2) *m*-キシレン　(3) *p*-キシレン　(4) ナフタレン

考え方 ベンゼンの二置換体には，オルト(*o*-)，メタ(*m*-)，パラ(*p*-)の３種類の構造異性体がある。

図(1)～(4)の→は Cl 原子の置換位置を，----は対称面を，①，②はそれぞれ等価な炭素原子を示す。

(*o*-) (*m*-)
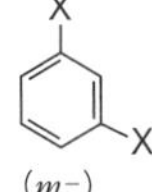

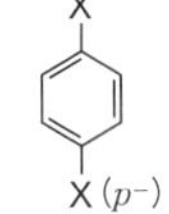

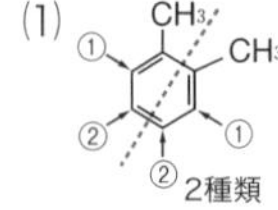

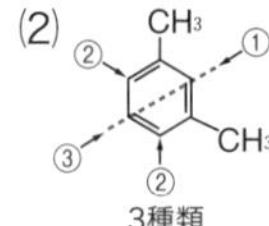

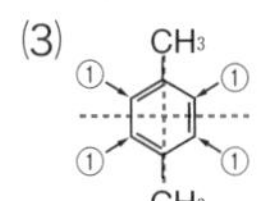

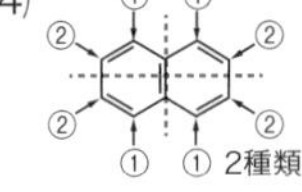

(ナフタレンの①位をα位，②位をβ位ともいう。)

解 答 (1) 2　(2) 3　(3) 1　(4) 2

例題 99 芳香族炭化水素の特徴

次の(1)～(4)のうち，ベンゼン C_6H_6 とシクロヘキサン C_6H_{12} の両方に当てはまるときはAを，ベンゼンだけに当てはまるときはBを，シクロヘキサンだけに当てはまるときはCを記せ。

(1) 分子内のすべての原子が，同一平面上にある。

(2) 分子内の炭素原子間の結合距離，結合角はすべて等しい。

(3) 水素原子1個をヒドロキシ基で置換した化合物は，中性の物質である。

(4) 鉄を触媒として塩素を作用させると，置換反応が起こる。

考え方 (1) C_6H_6 は正六角形の平面状構造を，C_6H_{12} ではいす形の立体構造をとる。

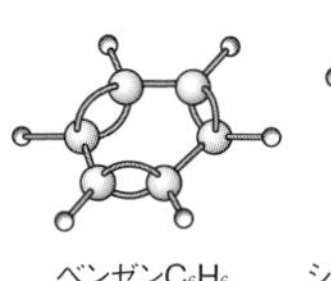

ベンゼンC_6H_6

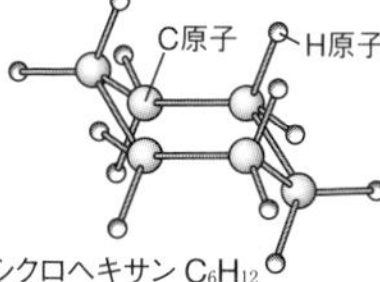

シクロヘキサン C_6H_{12}

(2)

	C–C 結合距離	結合角
C_6H_6	0.140nm	120°
C_6H_{12}	0.154nm	109.5°

結合距離，結合角ともに等しい。

(3) C_6H_5OH フェノールは**弱酸性**を示すが，$C_6H_{11}OH$ シクロヘキサノールは中性物質である。

(4) C_6H_6に鉄を触媒として塩素を作用させると，置換反応が起こりクロロベンゼンが生成する。C_6H_{12}は飽和炭化水素で，鉄触媒を用いても塩素と置換反応はしない。

解答 (1) B (2) A (3) C (4) B

例題 100 環式化合物の性質

(a)シクロヘキサン C_6H_{12} (b)シクロヘキセン C_6H_{10} (c)ベンゼン C_6H_6 各1mLを試験管に取り，下記の実験を行った。次の問いに答えよ。

(1) 光が当たらない条件で，(a)～(c)に臭素の四塩化炭素溶液2滴を加え振り混ぜた。反応が起こったものはどれか。

(2) (a)～(c)に硫酸酸性の過マンガン酸カリウム水溶液2滴を加え振り混ぜた。反応が起こったものはどれか。

考え方 (1) **シクロヘキサン**は飽和炭化水素で，アルカンとよく似た性質をもち，いかなる条件でも臭素とは付加反応はしない。また，光が当たらなければ臭素とは置換反応はしない。

シクロヘキセンは不飽和炭化水素で，アルケンに似た性質をもち，触媒なしでハロゲンと付加反応を行う。本問では臭素(赤褐色)が付加して，溶液の色は消える。

ベンゼンの炭素間の結合は，単結合と二重結合の中間的な結合であり，付加反応よりも置換反応が起こりやすい。光が当たらなければ臭素とは置換反応しない。

(2) シクロヘキセンの二重結合は，$KMnO_4$(酸化剤)によって酸化されて開裂する。

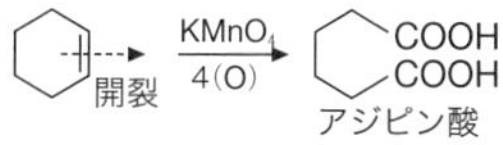

ベンゼンもシクロヘキサンも，酸化剤の $KMnO_4$ に対しては安定で，反応しない。

解答 (1) (b) (2) (b)

6-31

問題A　必は重要な必須問題。時間のないときはここから取り組む。

必313 □□ ◀ベンゼン・トルエンの反応▶　次の文の[　　]に適語を記入せよ。また，(1)〜(6)の各反応については反応の名称を下から記号で選べ。

(1)　ベンゼンに鉄粉を触媒として臭素を作用させると，①[　　]が生成する。

(2)　ベンゼンに濃硫酸を加えて加熱すると，②[　　]が生成する。

(3)　ベンゼンに濃硝酸と濃硫酸を作用させると，③[　　]が生成する。

(4)　トルエンに$KMnO_4$水溶液を作用させると，④[　　]が生成する。

(5)　ベンゼンにNi触媒下，H_2を高温・高圧で反応させると，⑤[　　]が生成する。

(6)　ベンゼンに紫外線を当てながら塩素を作用させると，⑥[　　]が生成する。

(7)　トルエンに紫外線を当てながら塩素を作用させると，⑦[　　]が生成する。

(8)　トルエンに鉄粉を触媒として塩素を作用させると，⑧[　　]が生成する。

［(ア)　ニトロ化　　(イ)　スルホン化　　(ウ)　付加反応
　(エ)　塩素化　　(オ)　酸化反応　　(カ)　臭素化］

必314 □□ ◀芳香族化合物▶　ベンゼンの水素原子１個を次の原子団で置換した化合物の名称を記せ。また，これらの化合物の性質に該当するものを下から記号で選べ。

(1)　$-CH_3$　　(2)　$-OH$　　(3)　$-NO_2$　　(4)　$-CH_2OH$

(5)　$-COOH$　　(6)　$-SO_3H$　　(7)　$-CH{=}CH_2$

(ア)　水溶液は弱酸性で，塩化鉄(Ⅲ)水溶液により紫色を呈する。

(イ)　水より重い油状の液体で，水にも酸や塩基の水溶液にも不溶である。

(ウ)　水に溶けにくい中性の液体で，カルボン酸と反応してエステルをつくる。

(エ)　水によく溶け，水溶液は強い酸性を示す。

(オ)　水より軽く，芳香のある無色の液体で，臭素水を脱色しない。

(カ)　昇華性のある無色の結晶で，水にわずかに溶けて弱い酸性を示す。

(キ)　付加反応により，臭素水を脱色する。

必315 □□ ◀エタノールとフェノール▶　次に示す性質の中で，エタノールに関するものにはE，フェノールに関するものにはP，両方に関するものには○をつけよ。

(1)　金属ナトリウムと反応する。　　(2)　水に少し溶け，弱酸性を示す。

(3)　水酸化ナトリウム水溶液と反応し溶ける。

(4)　塩化鉄(Ⅲ)水溶液で紫色に呈色する。

(5)　水と任意の割合で溶け合う。　　(6)　酸化されてアルデヒドを生じる。

(7)　無水酢酸と反応してエステルになる。　　(8)　濃い溶液は皮膚を激しく侵す。

問題B　必は重要な必須問題。時間のないときはここから取り組む。

必316 □□ ◀フェノールの製法・性質▶　フェノールは次の3つの方法で合成できる。

ベンゼン —プロペン→ [A] —O_2→ C_6H_5-C(CH_3)$_2$-O-O-H —H_2SO_4→ C_6H_5-OH + [B] …①

ベンゼン —H_2SO_4 (a)→ [C] —NaOHaq 常温・常圧→ C_6H_5-SO_3Na —NaOH (融解) (b)→ [D] —H^+→ C_6H_5-OH…②

ベンゼン —Cl_2 (Fe)→ [E] —NaOHaq 高温・高圧→ [D] —H^+→ C_6H_5-OH…③

(1) [A]～[E]に当てはまる化合物の構造式と名称を答えよ。

(2) ①のフェノールの工業的製法，および，(a)，(b)の反応名をそれぞれ何というか。

(3) フェノールに次の各物質を作用させた場合，生成する有機化合物の構造式を書け。

(a) ナトリウム　(b) 水酸化ナトリウム水溶液　(c) 無水酢酸

317 □□ ◀分子式C_7H_8Oの異性体▶　分子式C_7H_8Oで示される芳香族化合物A，B，Cの構造式を答えよ。

(1) Aに金属Naを加えると水素を発生する。$FeCl_3$水溶液を加えても呈色しない。

(2) Bに金属Naを加えても水素を発生しない。$FeCl_3$水溶液を加えても呈色しない。

(3) Cに金属Naを加えると水素を発生する。$FeCl_3$水溶液を加えると青紫色に呈色する。適切な酸化剤で酸化すると，医薬品の原料となるサリチル酸が得られる。

318 □□ ◀芳香族化合物の異性体数▶　次の分子式をもつ芳香族化合物には，何種類の構造異性体が存在するか。

(1) $C_6H_4Cl_2$　(2) $C_6H_3Cl_3$　(3) C_7H_7Cl　(4) $C_7H_6Cl_2$

319 □□ ◀芳香族炭化水素▶　次の文を読み，あとの問いに答えよ。

分子式がC_8H_{10}で表される芳香族炭化水素A，B，C，Dを$KMnO_4$で酸化すると，Aからは安息香酸が得られ，B，C，Dからは分子式$C_8H_6O_4$の芳香族ジカルボン酸B′，C′，D′がそれぞれ得られた。B′を加熱すると容易に脱水反応が起こり，分子式が$C_8H_4O_3$の化合物Eに変化した。また，B′，C′，D′のベンゼン環の水素原子1個を臭素原子で置換した化合物には，それぞれ2種，1種，3種の異性体が存在した。

〔問〕 A，B，C，D，Eの構造式をそれぞれ記せ。

32 芳香族化合物②

1 芳香族カルボン酸

❶芳香族カルボン酸 ベンゼン環の－Hを－COOHで置換した化合物。

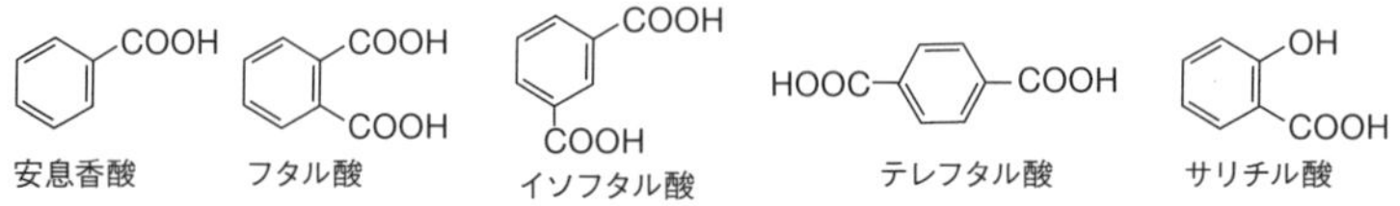

安息香酸　フタル酸　イソフタル酸　テレフタル酸　サリチル酸

❷安息香酸 C_6H_5COOH トルエンの酸化で得られる。無色の結晶。食品の防腐剤。

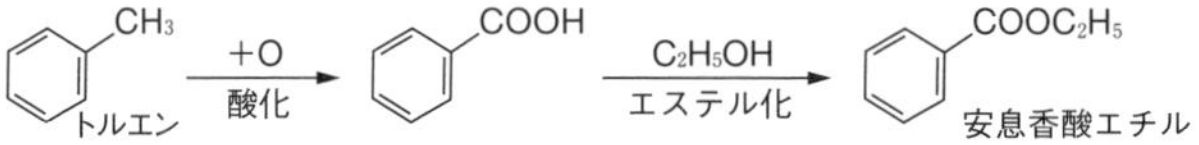

トルエン $\xrightarrow[\text{酸化}]{+O}$ 安息香酸 $\xrightarrow[\text{エステル化}]{C_2H_5OH}$ 安息香酸エチル（$COOC_2H_5$）

（性質）・水に少し溶け，**弱い酸性**を示す（炭酸 H_2CO_3 より強い酸）。

・炭酸水素ナトリウム水溶液に溶け，CO_2 を発生する（－COOHの検出）。

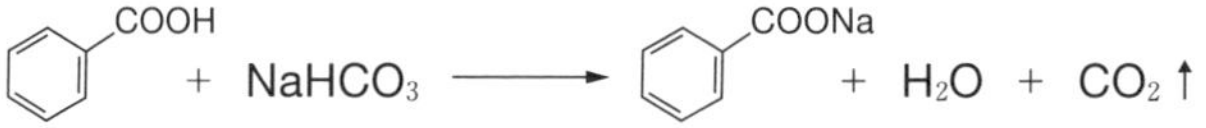

$C_6H_5COOH + NaHCO_3 \longrightarrow C_6H_5COONa + H_2O + CO_2\uparrow$

❸フタル酸とテレフタル酸 *o*-キシレンと *p*-キシレンの酸化で得られる。無色の結晶。

o-キシレン $\xrightarrow[\text{酸化}]{+O}$ フタル酸 $\xrightarrow{\text{加熱}}$ 無水フタル酸 $\xleftarrow[(V_2O_5)]{O_2}$ ナフタレン

p-キシレン（$H_3C-C_6H_4-CH_3$） $\xrightarrow[\text{酸化}]{+O}$ テレフタル酸（$HOOC-C_6H_4-COOH$） $\xrightarrow[\text{縮合重合}]{HO(CH_2)_2OH}$ ポリエチレンテレフタラート（PET）

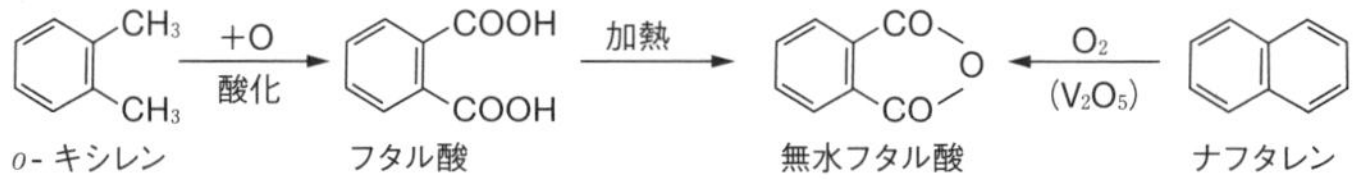

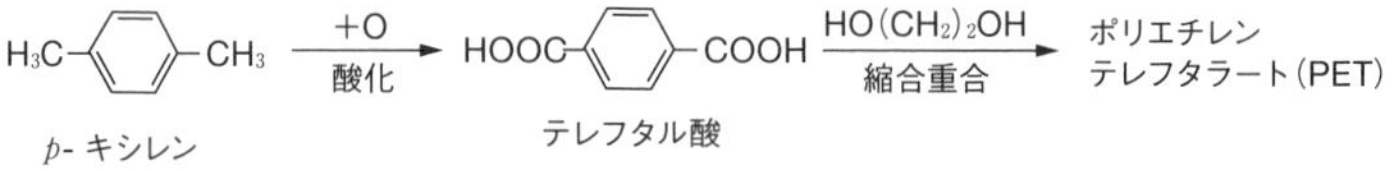

❹サリチル酸 無色の結晶。フェノールとカルボン酸の両方の性質を示す。

塩化鉄（Ⅲ）水溶液で**赤紫色**を示す。

（製法） ナトリウムフェノキシドに高温・高圧下で CO_2 を作用させる。

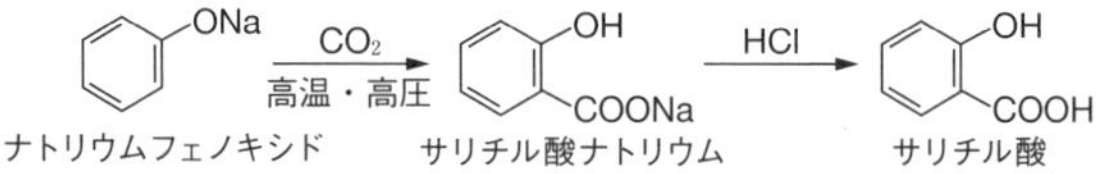

ナトリウムフェノキシド（ONa） $\xrightarrow[\text{高温・高圧}]{CO_2}$ サリチル酸ナトリウム（OH, COONa） $\xrightarrow{HCl}$ サリチル酸（OH, COOH）

（反応） 無水酢酸や，メタノールと反応し，2種類のエステルを生成する。

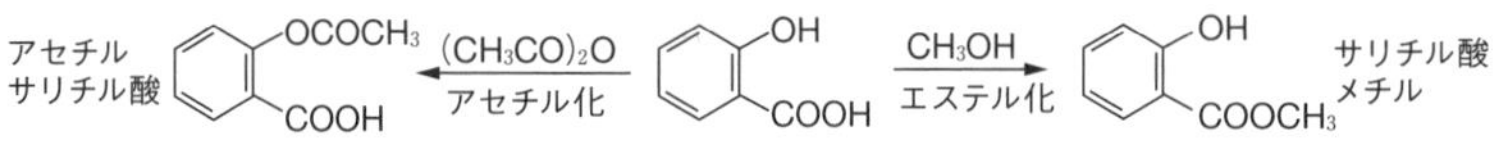

アセチルサリチル酸（$OCOCH_3$, COOH） $\xleftarrow[\text{アセチル化}]{(CH_3CO)_2O}$ サリチル酸（OH, COOH） $\xrightarrow[\text{エステル化}]{CH_3OH}$ サリチル酸メチル（OH, $COOCH_3$）

名称	アセチルサリチル酸	サリチル酸	サリチル酸メチル
$FeCl_3$aq	呈色しない	赤紫色	赤紫色
$NaHCO_3$aq	溶解する	溶解する	溶解しない
用途	解熱鎮痛剤	医薬品の原料	消炎鎮痛剤

❷ 芳香族アミン

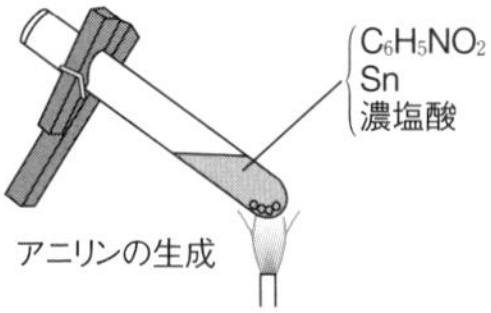

❶アニリン $C_6H_5NH_2$　ニトロベンゼンを Sn または Fe と塩酸で還元。$C_6H_5NO_2 + 6(H) \longrightarrow C_6H_5NH_2 + 2H_2O$

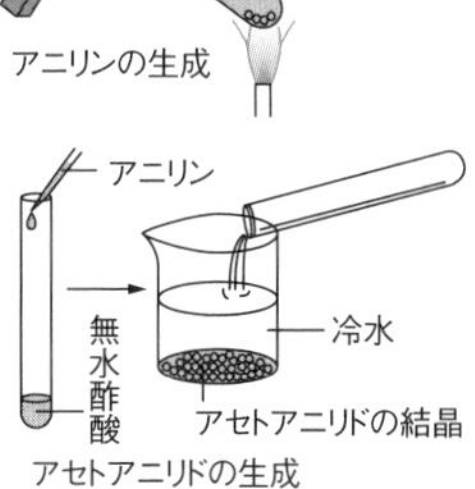

（性質）(a) 水に難溶の液体，弱塩基で塩酸に溶ける。

$C_6H_5NH_2 + HCl \longrightarrow C_6H_5NH_3Cl$（アニリン塩酸塩）

(b) 酸化されやすい。**さらし粉水溶液で赤紫色に呈色。**

(c) 硫酸酸性の $K_2Cr_2O_7$ で，**アニリンブラック**を生成。

(d) 無水酢酸と反応し，**アセトアニリド**を生成する。

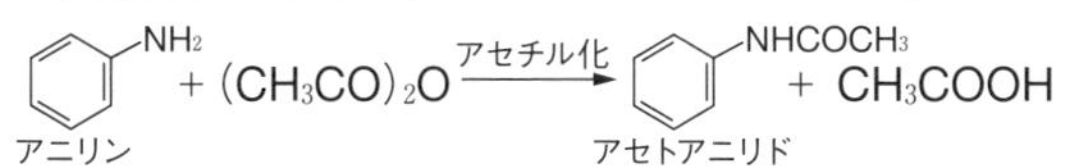

❷ジアゾ化　アニリンを，低温で塩酸と亜硝酸ナトリウム $NaNO_2$ と反応させる。

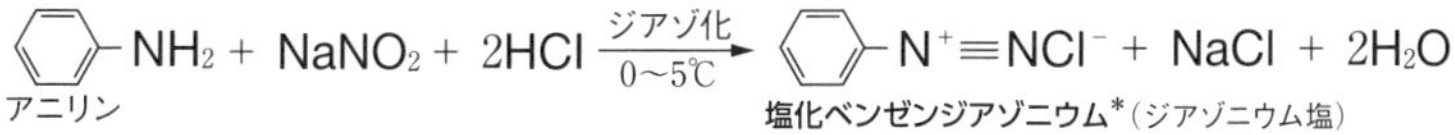

$$C_6H_5-NH_2 + NaNO_2 + 2HCl \xrightarrow[0\sim5℃]{ジアゾ化} C_6H_5-N^+{\equiv}NCl^- + NaCl + 2H_2O$$

アニリン　　**塩化ベンゼンジアゾニウム***（ジアゾニウム塩）

＊塩化ベンゼンジアゾニウムは熱に不安定な物質で，加温するとフェノールと N_2 に分解する。

❸カップリング　ジアゾニウム塩をフェノール類，芳香族アミンなどと反応させる。

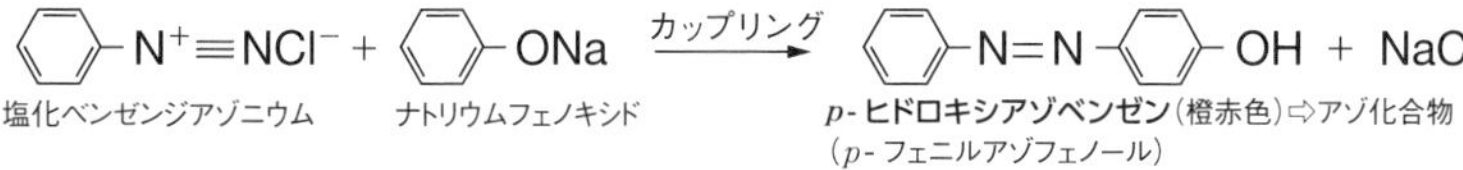

❸ 芳香族化合物の分離

芳香族化合物は極性が小さくエーテルなどの有機溶媒に溶けやすい。適切な酸，塩基との中和反応で水溶性の塩にすれば，下図のように芳香族化合物と分離できる。

溶媒	溶ける芳香族化合物
ジエチルエーテル	ほとんどの芳香族化合物
塩酸	アミン
$NaHCO_3$ 水溶液	カルボン酸
NaOH 水溶液	カルボン酸，フェノール類

〈酸の強さ〉
塩酸，硫酸＞カルボン酸＞炭酸＞フェノール類

〈分液ろうとの使い方〉

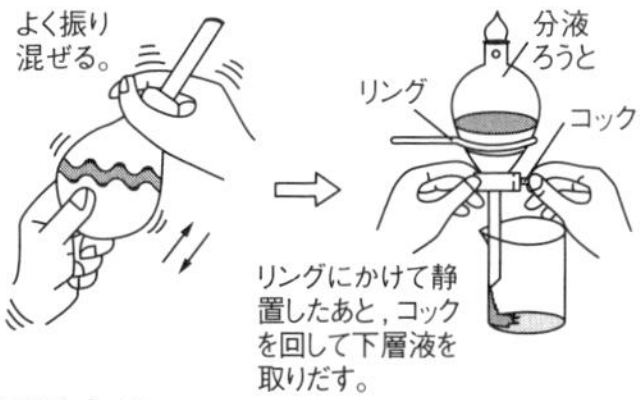

よく振り混ぜる。
分液ろうと
リング
コック
リングにかけて静置したあと，コックを回して下層液を取りだす。

（弱酸の塩）＋（強酸）→（強酸の塩）＋（弱酸）の関係を利用する。

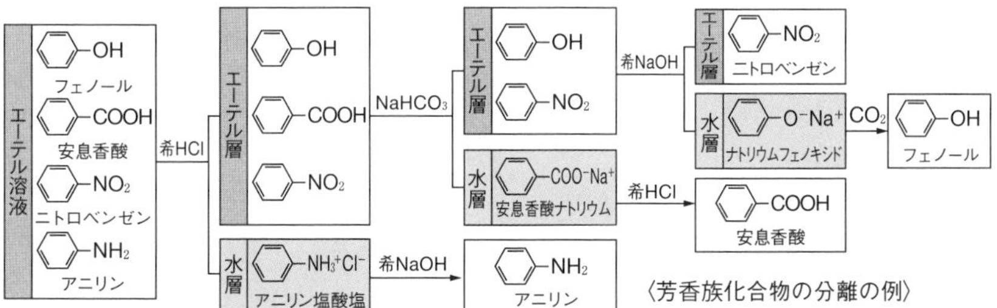

〈芳香族化合物の分離の例〉

確認＆チェック

1 次の芳香族化合物の名称を答えよ。

(1) 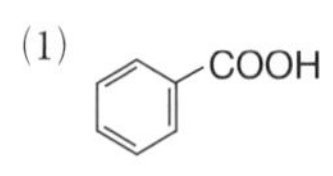
(2) 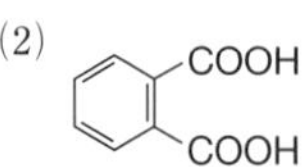
(3) 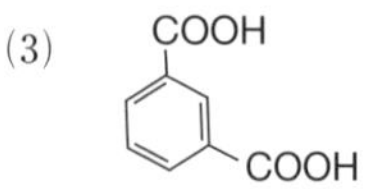
(4) 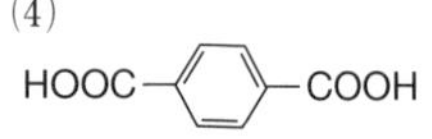
(5) 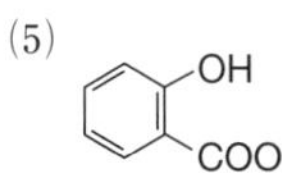
(6) NH₂

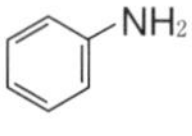

2 サリチル酸の反応について，次の問いに答えよ。

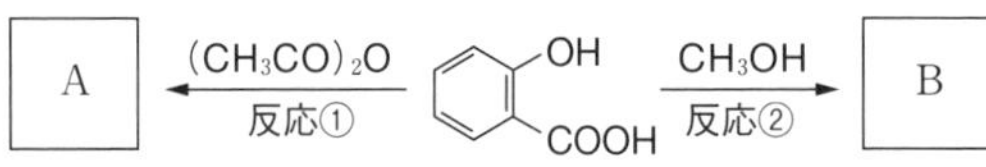

(1) 化合物 A，B の名称を記せ。
(2) ①，②の反応名を答えよ。
(3) 塩化鉄(Ⅲ)水溶液で呈色するのは，A，B のどちらか。
(4) 消炎鎮痛剤に用いられるのは，A，B のどちらか。
(5) $NaHCO_3$ 水溶液に溶けるのは，A，B のどちらか。
(6) 解熱鎮痛剤に用いられるのは，A，B のどちらか。

3 次の文の［　　］に適する語句を入れよ。
(1) アニリンは水に溶けにくいが，塩基性の物質であり希塩酸を加えると，①［　　］を生じて水に溶ける。
(2) アニリンは酸化されやすく，②［　　］水溶液を加えると赤紫色に呈色する(検出反応)。
(3) アニリンを硫酸酸性の $K_2Cr_2O_7$ 水溶液で酸化すると③［　　］とよばれる黒色物質を生成する。

4 次の文の［　　］に適する語句を入れよ。

アニリンに低温で塩酸と亜硝酸ナトリウム $NaNO_2$ 水溶液と反応させると，①［　　］を生成する(右図)。この反応を②［　　］という。

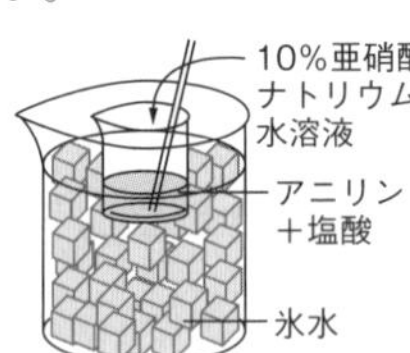

①にナトリウムフェノキシドの水溶液を加えると，橙赤色の③［　　］を生成する。この反応を④［　　］という。

解答

1 (1) 安息香酸
(2) フタル酸
(3) イソフタル酸
(4) テレフタル酸
(5) サリチル酸
(6) アニリン
→ p.252 1，253 2

2 (1) A アセチルサリチル酸
B サリチル酸メチル
(2) ① アセチル化
② エステル化
(3) B
(4) B
(5) A
(6) A
→ p.252 1，253 2

3 ① アニリン塩酸塩
② さらし粉
③ アニリンブラック
→ p.253 2

4 ① 塩化ベンゼンジアゾニウム
② ジアゾ化
③ *p*-ヒドロキシアゾベンゼン(*p*-フェニルアゾフェノール)
④ カップリング
→ p.253 2

例題 101 サリチル酸の合成と反応

次の反応系統図について，下の問いに答えよ。

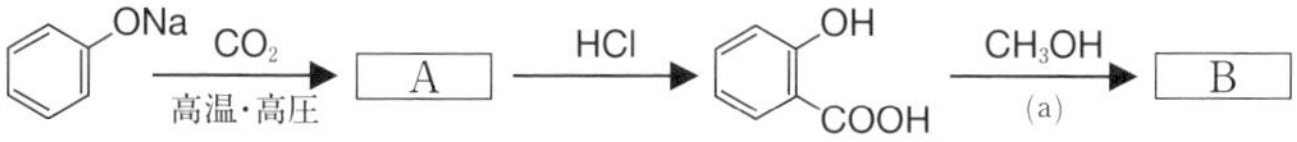

ONa →(CO_2, 高温・高圧)→ [A] →(HCl)→ (OH, COOH) →(CH_3OH, (a))→ [B]

(1) 化合物 A，B の構造式および，(a)の反応名を記せ。

(2) サリチル酸と無水酢酸との反応名と，生成する芳香族化合物の構造式を記せ。

考え方 (1) ナトリウムフェノキシドの固体に高温・高圧下で CO_2 を反応させると，**サリチル酸ナトリウム**(A)が生成する(コルベの反応)。これに強酸を加えると，**サリチル酸**(弱酸)が遊離する。

サリチル酸をメタノールと反応させると，そのカルボキシ基が**エステル化**(a)されて，**サリチル酸メチル**(B)が生成する。

(OH, COOH) + CH_3OH ⟶ (OH, $COOCH_3$) + H_2O

(2) サリチル酸を無水酢酸と反応させると，そのヒドロキシ基が**アセチル化**されて，**アセチルサリチル酸**が生成する。

(OH, COOH) + $(CH_3CO)_2O$ ⟶ ($OCOCH_3$, COOH) + CH_3COOH

解答 (1) A (OH, COONa)　B (OH, $COOCH_3$)　(a)エステル化　(2) アセチル化 ($OCOCH_3$, COOH)

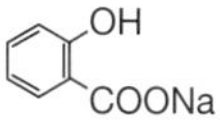

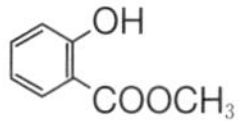

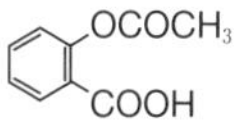

例題 102 芳香族化合物の分離

4種類の芳香族化合物トルエン，アニリン，フェノール，安息香酸を溶解したエーテル溶液がある。右図の順序にしたがって，①～③の操作を行い，各成分を分離した。

(A)～(D)の各層にはどの化合物がどんな形で含まれているか。その構造式を示せ。

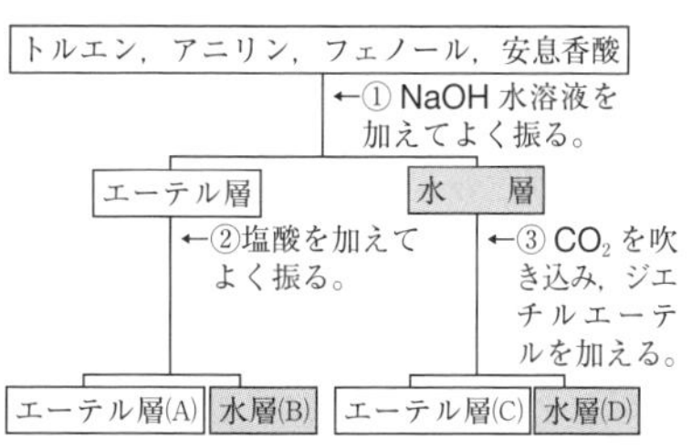

考え方 水に不溶な芳香族化合物は，酸，塩基と中和して塩にすると，水に可溶となる。逆に，塩の状態から分子に戻すには，**(弱い酸の塩)＋(強い酸)→(強い酸の塩)＋(弱い酸)**を利用する。

〔酸の強さ〕 塩酸＞カルボン酸＞炭酸＞フェノール類

① 酸性物質のフェノール，安息香酸がともに水溶性の塩をつくって，水層へ移る。

② 塩基性物質のアニリンが水溶性の塩をつくって，水層(B)へ移る。

中性物質のトルエンは，酸・塩基とは塩をつくらず，エーテル層(A)に存在する。

③ 水層に CO_2 を吹きこむと，炭酸より弱い酸であるフェノールが遊離し，エーテル層(C)へ移る。炭酸より強い酸である安息香酸 Na は反応せず，水層(D)にとどまる。

解答

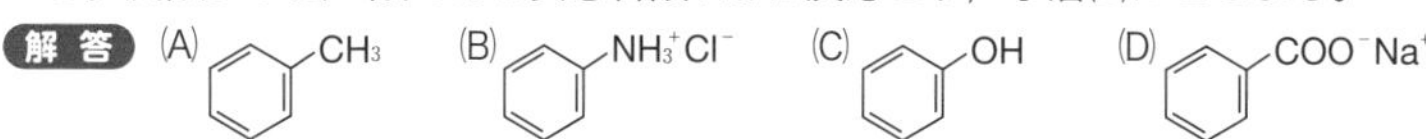

6－32

問題A

必は重要な必須問題。時間のないときはここから取り組む。

必320 □□ ◀アニリンの性質▶ アニリン $C_6H_5NH_2$ について，次の問いに答えよ。

(1) アニリンは酸性，中性，塩基性のいずれの性質を示す物質か。

(2) アニリンは塩酸にはよく溶ける。このとき生じた物質の名称を答えよ。

(3) アニリンにさらし粉水溶液を加えると，何色を呈するか。

(4) アニリンに硫酸酸性の二クロム酸カリウム水溶液を加えると生成する，水に不溶性の黒色物質を何というか。

(5) アニリンに無水酢酸 $(CH_3CO)_2O$ を反応させると，アセトアニリドとよばれる白色の結晶が生成した。この物質の構造式を答えよ。

(6) ①アセトアニリドに塩酸を加えて加熱した。このときの変化を化学反応式で示せ。
②アセトアニリドに水酸化ナトリウム水溶液を加えて加熱した。このときの変化を化学反応式で示せ。

321 □□ ◀芳香族化合物の識別▶ 次の(1)～(6)の各組み合わせの化合物を識別するのに最も適した試薬を(ア)～(カ)から1つずつ選べ。

(1) アニリンとニトロベンゼン　(2) ベンゼンとベンズアルデヒド

(3) フェノールとサリチル酸　(4) サリチル酸とアセチルサリチル酸

(5) トルエンとスチレン　(6) フェノールとベンジルアルコール

(ア) 水酸化ナトリウム水溶液　(イ) 炭酸水素ナトリウム水溶液

(ウ) さらし粉水溶液　(エ) アンモニア性硝酸銀水溶液

(オ) 塩化鉄(Ⅲ)水溶液　(カ) 臭素水

必322 □□ ◀サリチル酸▶ 次の文を読み，あとの問いに答えよ。

フェノールに水酸化ナトリウム水溶液を加えると，Aが生成する。

Aの結晶と高温・高圧の二酸化炭素を反応させるとBを生成し，この水溶液に希塩酸を加えて酸性にするとCが得られる。

Cに無水酢酸を反応させるとエステルDが生成する。

Cに濃硫酸を触媒としてメタノールを反応させるとエステルEが生成する。

(1) A～Eの構造式をそれぞれ答えよ。

(2) C，D，Eのうち，(i)酸性の最も強いもの，(ii)酸性の最も弱いものを記号で示せ。

(3) フェノールに濃硝酸と濃硫酸の混合物を反応させた。生成物の名称を答えよ。

(4) フェノールの水溶液に臭素水を加えたら白色の沈殿を生じた。この物質の構造式を答えよ。

必 323 □□ ◀アゾ染料の合成▶ アゾ染料の反応経路図について，問いに答えよ。

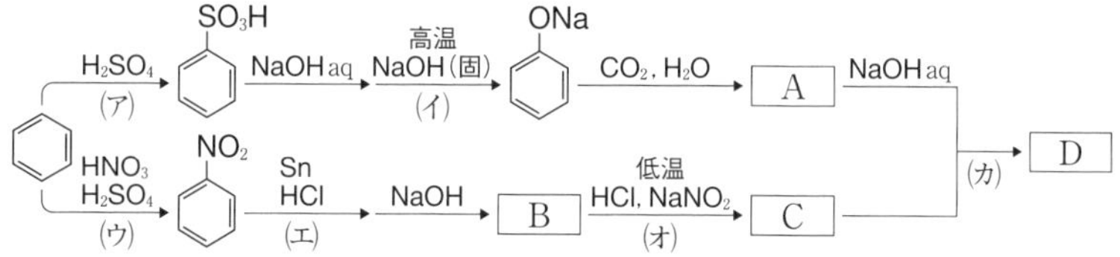

(1) (ア)～(カ)の反応や操作の名称をそれぞれ答えよ。

(2) A～Dの構造式と名称をそれぞれ答えよ。

(3) 反応(オ)は低温で行う必要がある。その理由を説明せよ。

(4) ベンゼン 15.6g からニトロベンゼンは何 g 生成するか。ただし，ベンゼンの 70.0% が反応するものとする。(原子量：H＝1.0，C＝12，N＝14，O＝16)

324 □□ ◀アセトアニリドの合成▶ アニリンを無水酢酸と反応させた後，冷水に注ぐと白色の結晶が析出した。この反応について，下の各問いに答えよ。

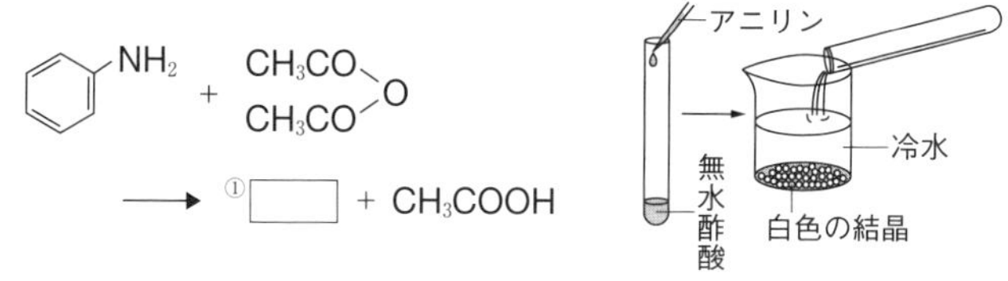

(1) 生成物①の構造式および名称を記せ。また，この反応の名称を記せ。

(2) 生成物①に含まれる −NHCO− の結合を何というか。また，その結合をもつ物質を一般に何というか。

(3) アニリン 4.65g から生成物①をつくるのに，理論上，最低何 g の無水酢酸が必要か。また，このとき，理論上，生成物①は何 g 得られるか。有効数字 3 桁で答えよ。ただし，原子量は H＝1.0，C＝12，N＝14，O＝16 とする。

325 □□ ◀芳香族化合物の分離▶ 安息香酸，アニリン，ニトロベンゼン，フェノールを溶かしたジエチルエーテル溶液に対して，右図のような分離操作を行った。

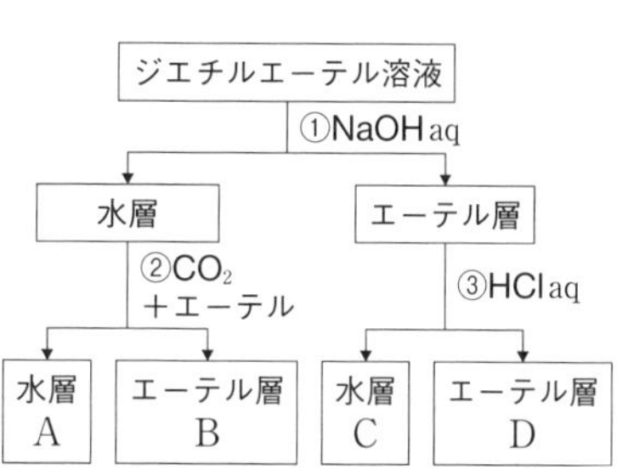

(1) A～Dの各層に含まれる芳香族化合物について，その溶液中での構造式を記せ。

(2) 次の(ア)～(エ)に上図と同様の操作を行うと，A～Dのどの層に分離されるか。

(ア) トルエン　(イ) サリチル酸　(ウ) ナフタレン　(エ) *o*-クレゾール

6-32

問題B　必は重要な必須問題。時間のないときはここから取り組む。

必326 □□ ◀有機化合物の分離▶　図示する操作により，5種類の有機化合物のジエチルエーテル混合溶液をそれぞれ分離した。あとの問いに答えよ。

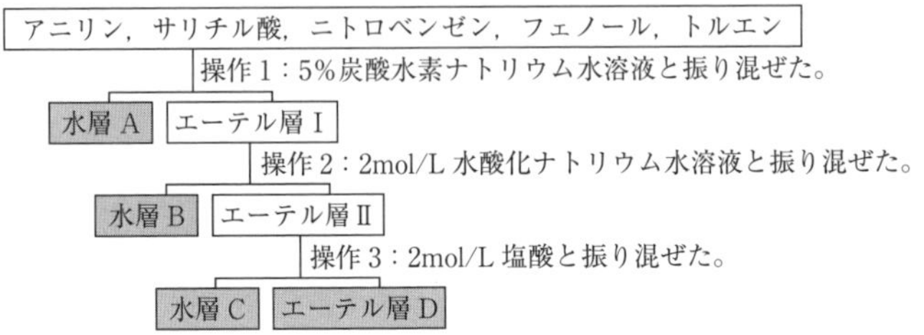

アニリン，サリチル酸，ニトロベンゼン，フェノール，トルエン
- 操作1：5%炭酸水素ナトリウム水溶液と振り混ぜた。
  - 水層A
  - エーテル層Ⅰ
    - 操作2：2mol/L 水酸化ナトリウム水溶液と振り混ぜた。
      - 水層B
      - エーテル層Ⅱ
        - 操作3：2mol/L 塩酸と振り混ぜた。
          - 水層C
          - エーテル層D

(1)　水層A，B，Cに溶解している有機化合物の各溶液中での構造式をそれぞれ示せ。

(2)　次の文の□に適切な構造式を入れよ。

水層Aに希塩酸を十分に加えると白色の①□が析出した。水層Bに二酸化炭素を十分に通じると②□が得られた。水層Cに水酸化ナトリウム水溶液を十分に加えると③□が得られた。エーテル層Dを蒸留すると，油状物質の④□が容器中に残った。

(3)　代表的な解熱鎮痛剤である(ア)～(ウ)を，上図にしたがって分離操作を行ったとき，それぞれ水層A，水層B，水層C，エーテル層Dのいずれに分離されるかを答えよ。

(ア)　アセトアミノフェン　$HO-C_6H_4-N(H)-C(=O)-CH_3$

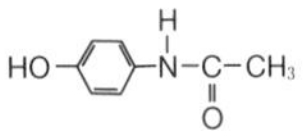

(イ)　フェナセチン　$C_2H_5-O-C_6H_4-N(H)-C(=O)-CH_3$

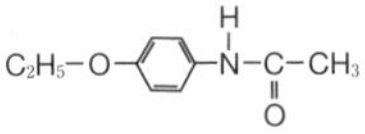

(ウ)　イブプロフェン　$(H_3C)_2CH-CH_2-C_6H_4-C(H)(H_3C)-C(=O)-OH$

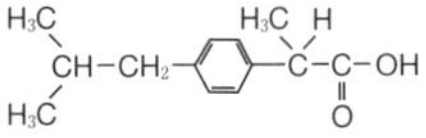

327 □□ ◀アニリンの合成▶　次の実験操作について，下の各問いに答えよ。

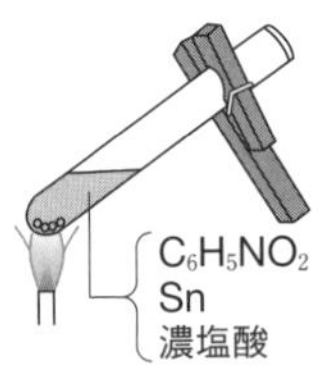

A：試験管にニトロベンゼンとスズと濃塩酸を入れ，液体中の油滴がなくなるまで約60℃でおだやかに加熱した。

B：反応後，固体を残して内容物をビーカーにあけ，冷却しながらNaOH水溶液を少しずつ加えると，油滴が遊離してきた。

C：ビーカーにエーテルを加え，よく降って静置したら，二層に分離した。

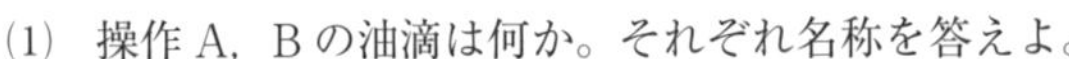

(1)　操作A，Bの油滴は何か。それぞれ名称を答えよ。

(2)　操作Cの前に，操作BでNaOH水溶液を加えるのはなぜか。

(3)　下線部の変化を化学反応式で示せ。

(4)　呈色反応を利用してアニリンを確認する方法を1つ述べよ。

必 328 □□ ◀アスピリンの合成▶ 次の文を読んで，あとの問いに答えよ。

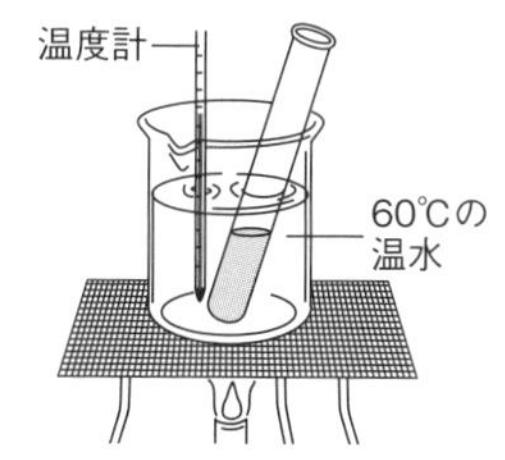

① (ア)乾いた試験管にサリチル酸 1.0g をとり，無水酢酸 2mL を加えた。よく振り混ぜながら，濃硫酸を数滴加えたのち，試験管を 60℃の温水に 10 分間浸した。

② 試験管を温水から取り出し流水で冷やしたのち，(イ)水 15mL を加えガラス棒でよくかき混ぜると結晶が析出した。この結晶をろ過してよく乾燥すると，0.95g 得られた。

$収率〔\%〕=\frac{実際の生成量}{理論的な生成量}\times 100$ である。

(1) 下線部(ア)で乾いた試験管を用いる理由を記せ。

(2) 下線部(イ)の操作は，何の目的で行うのか。

(3) この実験で起こった変化を，構造式を用いた反応式で書け。

(4) この反応の収率〔%〕を整数で求めよ。(原子量：H＝1.0，C＝12，O＝16)

必 329 □□ ◀芳香族カルボン酸▶ 次の文を読み，化合物 A ～ F の構造式を示せ。

分子式 $C_8H_8O_2$ で示される芳香族カルボン酸 A，B，C がある。これらを過マンガン酸カリウム水溶液で酸化すると，A からは分子式 $C_7H_6O_2$ の化合物 D が，B と C からはそれぞれ分子式 $C_8H_6O_4$ の化合物 E，F が得られた。D はトルエンを過マンガン酸カリウムで酸化して得られる化合物と同一であった。E を加熱すると，容易に 1 分子の水を失った化合物を生成したが，F は加熱しても変化しなかった。ただし，C のベンゼン環の水素原子 1 つを臭素原子で置換した化合物には，2 種類の異性体が存在する。

6-32

330 □□ ◀芳香族エステル▶ 分子式が $C_8H_8O_2$ で表される芳香族エステル A，B，C はいずれもベンゼンの一置換体である。

(a) A，B，C を加水分解したのち，水溶液から分離が容易な芳香族化合物のみを分離，精製した。その結果，A からは D，B からは E，C からは F が得られた。

(b) D は水酸化ナトリウム水溶液とは反応しなかったが，金属ナトリウムとは反応して水素を発生した。また，D を過マンガン酸カリウム水溶液で酸化すると，芳香族カルボン酸 F になった。

(c) E は炭酸水素ナトリウム水溶液とは反応しなかったが，水酸化ナトリウム水溶液とは塩をつくって溶けた。

(1) 化合物 A ～ F の構造式を示せ。

(2) A ～ F のうち，塩化鉄(Ⅲ)水溶液と呈色反応するものはどれか。すべて記号で選べ。

共通テストチャレンジ

331 □□水溶液中に含まれる金属イオンの物質量を求めたいとき，有機化合物を金属イオンに結合させて生成する沈殿の質量をはかる方法がある。この有機化合物の例として，化合物 A(分子式 $C_{13}H_9NO_2$，分子量 211)がある。pH を適切に調整すると，(1)式のように化合物の窒素原子と酸素原子が 2 価の金属イオン M^{2+} に配位結合し，M^{2+} が化合物 B として沈殿する。

M^{2+} + 2 A ⇄ B + 2 H^+ (1)

A　　B

0mol から 0.005mol までの Cu^{2+} を含む水溶液を用意し，各水溶液に 0.0040mol の化合物 A を加え pH を調整して Cu^{2+} と十分に反応させて化合物 B を沈殿させた。用意した水溶液中の Cu^{2+} の物質量と，生じた化合物 B の沈殿の質量の関係を表したグラフとして適当なものを下から 1 つ選べ。(原子量：Cu＝64)

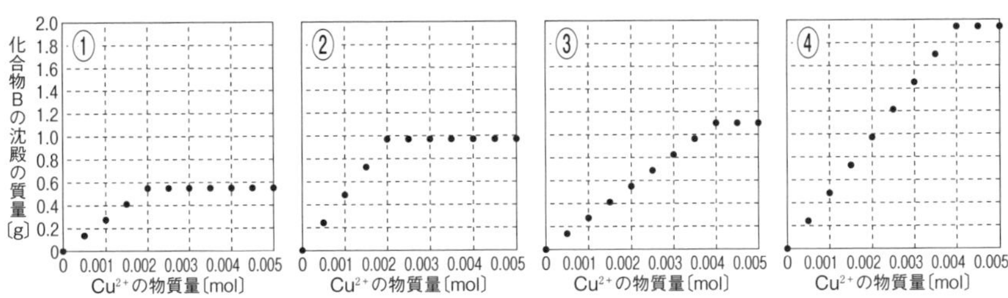

332 □□カルボン酸を適当な試薬を用いて還元すると，第一級アルコールが得られる。カルボキシ基を 2 個もつ 2 価カルボン酸をある試薬 X で還元するとき，この反応を途中で止めると，生成物としてヒドロキシ酸と 2 価アルコールが得られるが，アルデヒドは生成しないものとする。いま，分子式 $C_5H_8O_4$ をもつ 2 価カルボン酸には，下図に示す(i)～(iv)の構造異性体が存在する。これらを還元して生成するヒドロキシ酸と 2 価アルコールは，立体異性体を区別しないで数えると［ア］種類あり，そのうち不斉炭素原子をもつものは［イ］種類存在する。空欄に適する数字を入れよ。

(i) $HOOC-CH_2-CH_2-CH_2-COOH$

(ii) $CH_3-CH(COOH)-CH_2-COOH$

(iii) $CH_3-CH_2-CH(COOH)-COOH$

(iv) $CH_3-C(COOH)_2-CH_3$

33 糖類(炭水化物)

1 単糖類

❶**糖類(炭水化物)**　分子式が $C_m(H_2O)_n$ ($m \geqq 3$, $m \geqq n$)で，複数の－OHをもつ物質。

❷**単糖類 $C_6H_{12}O_6$**　これ以上，加水分解されない糖類の最小単位。

無色の結晶で甘味がある。－OHを多くもつため，水によく溶ける。

五炭糖(ペントース)　炭素数5の単糖。分子式は $C_5H_{10}O_5$　例 リボース

六炭糖(ヘキソース)　炭素数6の単糖。分子式は $C_6H_{12}O_6$　例 グルコース

グルコース(ブドウ糖)	動・植物体内に広く分布。	すべて還元性あり。(フェーリング液の還元 銀鏡反応が陽性)
フルクトース(果糖)	果実，蜂蜜などに含まれ，最も甘味が強い。	
ガラクトース	寒天に含まれるガラクタンの構成単糖。	
マンノース	こんにゃくに含まれるマンナンの構成単糖。	

❸**グルコース**　普通の結晶はα型。水溶液中で次の3種類の異性体が**平衡状態**にある。

グルコース水溶液の還元性は，**鎖状構造に含まれる**ホルミル基(アルデヒド基)による。

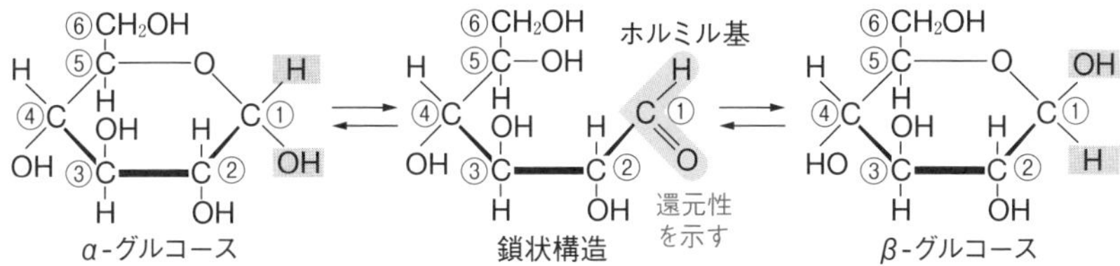

※グルコースのC原子を区別するため，－CHO基を1位(上図の①)として時計回りに順に番号をつける。
6位の－CH_2OHを環の上側に置いたとき，1位の－OHが下側にあるのをα型，上側にあるのをβ型という。

❹**フルクトース**　水溶液中では，六員環(α型，β型)，五員環(α型，β型)，鎖状構造の5種類の異性体が平衡状態にある。フルクトース水溶液が還元性を示すのは，**鎖状構造に含まれる**ヒドロキシケトン基(－$COCH_2OH$)による。

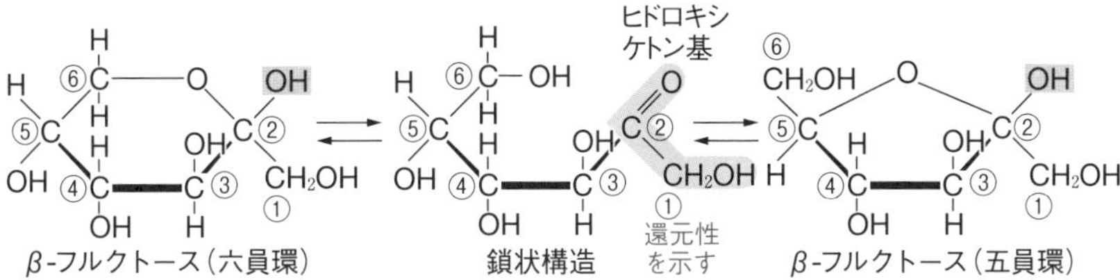

※鎖状構造にホルミル基(アルデヒド基)をもつ単糖を**アルドース**，カルボニル基をもつ単糖を**ケトース**という。
グルコース，ガラクトース，マンノースはアルドースで，フルクトースはケトースに属している。

❺**アルコール発酵**　単糖類(六炭糖に限る)は酵母菌のもつ酵素群**チマーゼ**の作用で，エタノールと二酸化炭素を生成する。　$C_6H_{12}O_6 \longrightarrow 2C_2H_5OH + 2CO_2$

7－33

2 二糖類・多糖類

❶二糖類 $C_{12}H_{22}O_{11}$　単糖２分子が脱水縮合した糖類。

名称	還元性	構成単糖	加水分解酵素	所在
マルトース(麦芽糖)	あり	グルコース	マルターゼ	水あめ
スクロース(ショ糖)	なし	グルコース，フルクトース	スクラーゼ	サトウキビ
ラクトース(乳糖)	あり	グルコース，ガラクトース	ラクターゼ	乳汁
セロビオース	あり	グルコース	セロビアーゼ	マツの葉

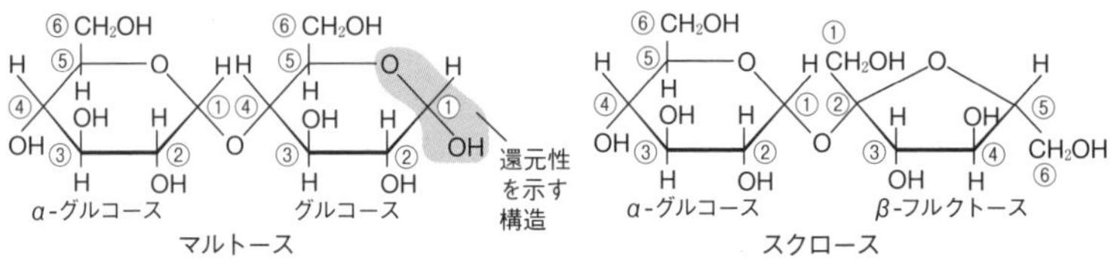

※転化糖　スクロースの加水分解で得られるグルコースとフルクトースの混合物で，還元性を示す。蜂蜜は，花の蜜(スクロース)がミツバチの酵素(スクラーゼ)によって加水分解されて生じた天然の転化糖である。スクロースの加水分解では，旋光性が右旋性から左旋性へと変化するので，特に**転化**という。

※スクロースは，α-グルコースの①の－OH，β-フルクトースの②の－OHのいずれも還元性を示す部分どうしで脱水縮合しており，水溶液中でも開環できず，鎖式構造をとれないので**還元性は示さない**。

❷多糖類 $(C_6H_{10}O_5)_n$　多数の単糖が縮合重合した糖類。どれも還元性なし。

(a)デンプン　**α-グルコースの縮合重合体**で，らせん構造をとる。

アミロース	直鎖状構造(1,4結合のみ)	熱水に可溶	ヨウ素デンプン反応で濃青色に呈色
アミロペクチン	枝分かれ構造(1,4と1,6結合)	熱水に不溶	ヨウ素デンプン反応で赤紫色に呈色

(b)グリコーゲン　動物デンプンともいい，アミロペクチンよりさらに枝分かれが多い。水に可溶。ヨウ素デンプン反応で赤褐色に呈色。

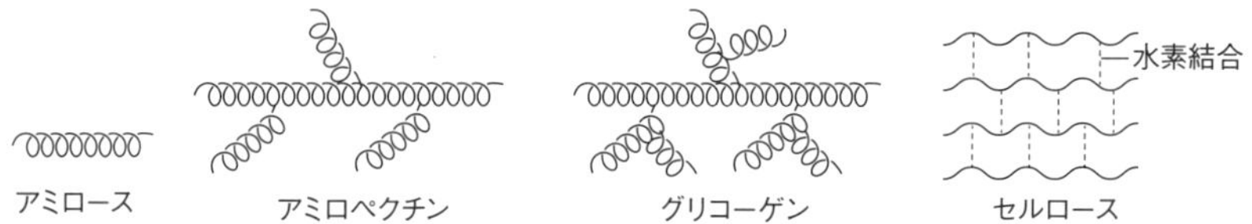

※デンプンのらせん構造にI_3^-などが入り込むことで呈色する(**ヨウ素デンプン反応**)。らせんの長さが長い場合は濃青色であるが，しだいに短くなると，赤紫色→赤褐色→無色に変化する。

(c)セルロース　**β-グルコースの縮合重合体**で，直線状構造をとる。

植物の細胞壁の主成分。レーヨン，綿火薬の原料。示性式は$[C_6H_7O_2(OH)_3]_n$

熱水にも溶けない。ヨウ素デンプン反応を示さない。ヒトは消化できない。

❸糖類の加水分解反応　$(C_6H_{10}O_5)_n + nH_2O \longrightarrow nC_6H_{12}O_6$

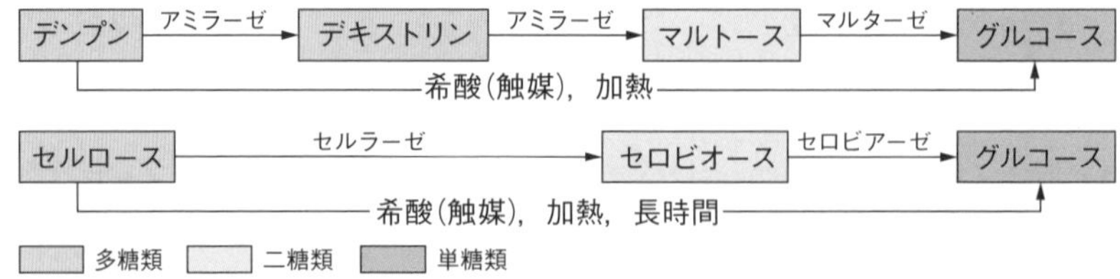

確認＆チェック

1 次の記述にあてはまる化学用語を答えよ。

(1) 分子式が $C_m(H_2O)_n(m \geqq 3)$ で，複数の −OH をもつ物質。

(2) これ以上加水分解されない糖の最小単位。

(3) 炭素数 6 の単糖（六炭糖）の分子式。

(4) 単糖類の水溶液が示す共通の性質。

2 次の空欄に該当する単糖類の名称を答えよ。

①	果実，蜂蜜に含まれ，最も甘味が強い。
②	動・植物体に広く分布する。血液中に存在。
③	寒天を構成し，①の立体異性体である。

3 次の空欄に該当する二糖類・多糖類の名称を答えよ。

種類	名称	構成単糖	所在
二糖類	①	グルコースのみ	水あめ
	②	グルコース＋フルクトース	サトウキビ
	③	グルコース＋ガラクトース	牛乳
	④	グルコースのみ	マツの葉
多糖類	⑤	α−グルコース	穀類・いも類
	⑥	β−グルコース	細胞壁
	⑦	α−グルコース	肝臓・筋肉

4 次の糖類を，①単糖類，②二糖類，③多糖類に分類せよ。

(ア) グルコース　(イ) デンプン

(ウ) マルトース　(エ) スクロース

(オ) セルロース　(カ) フルクトース

(キ) ラクトース　(ク) ガラクトース

5 次の各問いに答えよ。

(1) 熱水に可溶なデンプンの成分を何というか。

(2) 熱水に不溶なデンプンの成分を何というか。

(3) デンプンにヨウ素溶液（ヨウ素ヨウ化カリウム水溶液）を加えると青紫色を示す反応を何というか。

(4) 熱水に不溶で，植物の細胞壁の主成分を構成する多糖類を何というか。

解答

1 (1) 糖類

(2) 単糖類

(3) $C_6H_{12}O_6$

(4) 還元性

→ p.261 1

2 ① フルクトース（果糖）

② グルコース（ブドウ糖）

③ ガラクトース

→ p.261 1

3 ① マルトース（麦芽糖）

② スクロース（ショ糖）

③ ラクトース（乳糖）

④ セロビオース

⑤ デンプン

⑥ セルロース

⑦ グリコーゲン

→ p.262 2

4 ① (ア), (カ), (ク)

② (ウ), (エ), (キ)

③ (イ), (オ)

→ p.261 1, p.262 2

5 (1) アミロース

(2) アミロペクチン

(3) ヨウ素デンプン反応

(4) セルロース

→ p.262 2

例題 103 糖類の判別 □□

次の(1)〜(4)の実験結果より，A〜Fに相当する糖類を(ア)〜(カ)から記号で選べ。

(1) A，B，Cはフェーリング液を還元したが，Dは還元しなかった。

(2) Dを希塩酸と加熱したら，A，Cの等量混合物となった。

(3) Bを希塩酸と加熱したら，Aだけが得られた。

(4) E，Fは冷水に溶けないが，Eは熱水に溶け，Fは熱水にも溶けなかった。

(ア) スクロース　(イ) フルクトース　(ウ) セルロース
(エ) グルコース　(オ) マルトース　(カ) デンプン

考え方 **単糖類**…すべて還元性を示す。 **二糖類**…スクロース,トレハロース以外は還元性を示す。
多糖類…すべて還元性を示さない(非還元性)。

(1)，(2)より，還元性を示すA，B，Cは単糖類か，スクロース以外の二糖類である。

Dは非還元性の二糖類の**スクロース**である。加水分解で得られたA，Cはともに単糖類。よって，Bは二糖類の**マルトース**である。

(3)より，Bのマルトースを加水分解して得られるAは**グルコース。**よって，Cは**フルクトース。**

(4)より，E，Fは冷水に溶けないのでともに多糖類だが，熱水に溶けるEは**デンプン**である。熱水にも溶けないFは**セルロース**である。

解答 A (エ)　B (オ)　C (イ)　D (ア)　E (カ)　F (ウ)

例題 104 単糖類の構造 □□

次の文の□に適する語句，〔　〕に適する化学式を入れ，あとの問いに答えよ。

グルコースのように，分子式①〔　〕で表され，それ以上加水分解されない糖を②□という。グルコースの水溶液中では，α-グルコース(Ⅰ)が鎖状構造の(Ⅱ)を経て環状構造の(Ⅲ)となり，これらが平衡状態となっている。

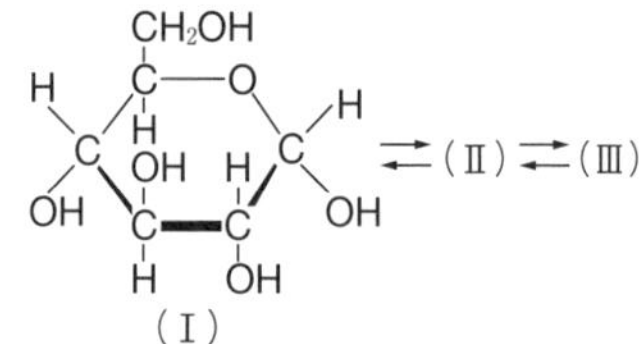

(1) 右図の(Ⅲ)の構造式を(Ⅰ)にならって記せ。

(2) グルコースの水溶液が還元性を示す理由を説明せよ。

考え方 (1) α-グルコースを水に溶かすと，その一部は開環し，最終的にはα型：β型：鎖状構造≒1：2：少量 の平衡混合物となる。α-グルコースとβ-グルコースは，1位の炭素原子に結合する −H と −OH の立体配置が異なる**立体異性体**である。

1位の −OH が環の下側にあるものをα型，環の上側にあるものをβ側と区別している。

(2) グルコースの鎖状構造には**ホルミル基**が存在するため，グルコースの水溶液は**還元性を示す。**すなわち，アンモニア性硝酸銀溶液を還元して銀を析出させたり(**銀鏡反応**)，**フェーリング液を還元**して酸化銅(Ⅰ)Cu_2O の赤色沈殿を生成させる。

解答 ① $C_6H_{12}O_6$　② 単糖類　(1) p.261 のβ-グルコースの構造式を参照。
(2) グルコースの鎖状構造の中に，ホルミル基(アルデヒド基)が存在するため。

例題 105 スクロースの構造

右のスクロースの構造式を参考にして，次の問いに答えよ。

(1) スクロースが加水分解したとき，生じる単糖類の名称をそれぞれ記せ。

(2) スクロースの水溶液が還元性を示さない理由を説明せよ。

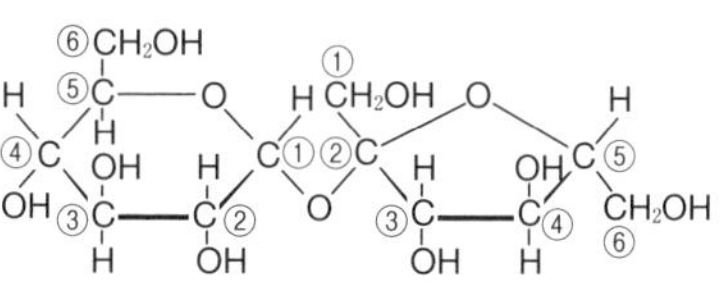

考え方 (1) **スクロース(ショ糖)**は，単糖類2分子が脱水縮合した**二糖類**で，左側の六員環構造がα-グルコースに，右側の五員環構造がβ-フルクトースに由来する。

(2) α-グルコースは，水溶液中で開環して鎖状構造となり，①(1位)の炭素がホルミル基として存在するので還元性を示す。

β-フルクトースも水溶液中で開環して鎖状構造となり，②(2位)の炭素がヒドロキシケトン基として存在するので還元性を示す。

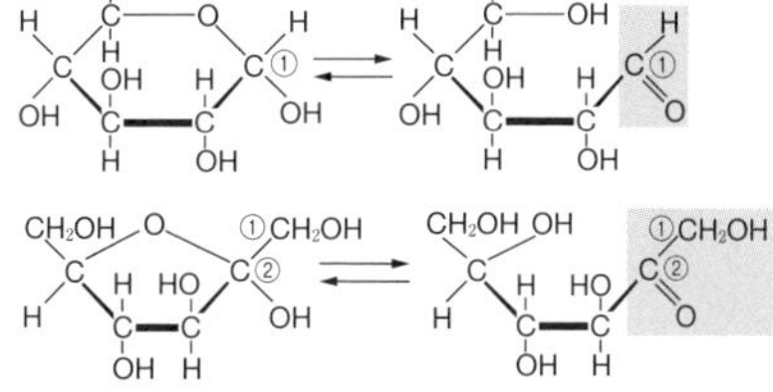

スクロースは，α-グルコースの①(1位)の$-OH$と，β-フルクトースの②(2位)の$-OH$の間で脱水縮合しており，還元性を示さない。

解答 (1) グルコース，フルクトース

(2) スクロースは，α-グルコースの1位の$-OH$とβ-フルクトースの2位の$-OH$という還元性を示す部分どうしで脱水縮合しており，水溶液中で開環できず，鎖状構造がとれないため。

例題 106 多糖類

次の文の□に適語を入れよ。

デンプンは多数の①□が脱水縮合した高分子で，分子内の②□結合により③□構造をとるので，ヨウ素溶液により青紫色に呈色する。一方，セルロースは多数の④□が脱水縮合した高分子で，分子間の②結合により⑤□状構造をとるので，ヨウ素溶液により呈色しない。

考え方 **デンプン**はα-グルコースの縮合重合体で，1,4結合のみからなる直鎖状構造の**アミロース**と，1,4結合のほかに1,6結合をもち，枝分かれ構造の**アミロペクチン**からなる。

デンプンの水溶液にヨウ素溶液を加えると，その**らせん状構造**の中にI_3^-(三ヨウ化物イオン)などが取りこまれ，ヨウ素とデンプン分子の間で電荷移動が起こって青紫色に呈色する。

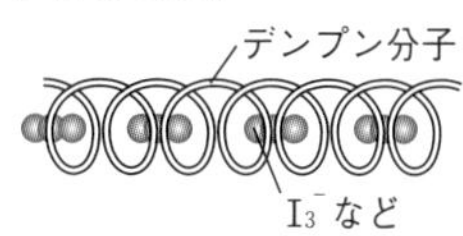

セルロースはβ-グルコースの縮合重合体で，**直線状構造**をしており，ヨウ素溶液により呈色反応しない。また，平行に並んだ分子間では，網目状に**水素結合**が形成され，強い繊維状の物質となる。セルロースが熱水にも溶けないのは，分子間に多数の水素結合が形成されて結晶化しているためである。

解答 ① α-グルコース ② 水素 ③ らせん ④ β-グルコース ⑤ 直線

7－33

問題A

必は重要な必須問題。時間のないときはここから取り組む。

333 □□ ◀糖の分類▶ 次の文の□に適語を入れよ。

糖類は，一般式 $C_m(H_2O)_n$（$m \geqq 3$，$m \geqq n$）で表される。それ以上加水分解されない糖類を①□といい，含まれる炭素原子が6個のものを②□，5個のものを③□という。また，単糖2分子が脱水縮合した糖類を④□といい，水溶液が還元性を示す⑤□と，還元性を示さない⑥□とに分けられる。さらに，多数の単糖が脱水縮合した糖類を⑦□という。

必 **334** □□ ◀単糖類▶ 次の文の□に適語を入れ，あとの問いにも答えよ。

グルコースは①□ともよばれ，結晶中ではAのような構造であるが，水溶液中ではB，Cのような構造の間で平衡状態にある。なお，AとCは互いに②□の関係にある。グルコースの結晶は還元性を示さないが，その水溶液中では③□基をもつ鎖状構造が存在するため還元性を示す。したがって，アンモニア性硝酸銀水溶液から銀を析出させる④□や，フェーリング液と反応して⑤□の赤色沈殿を生成する。

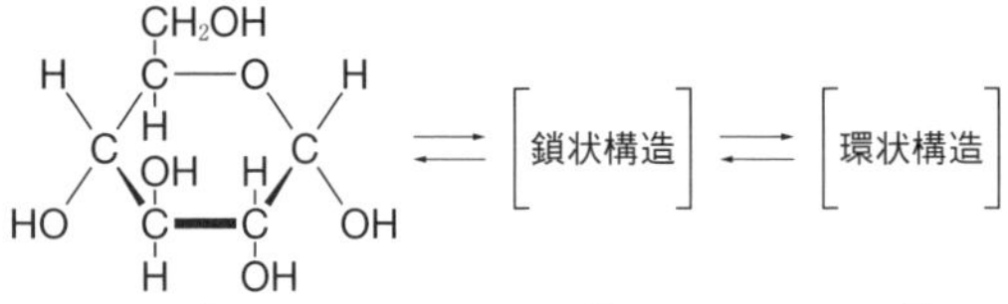

A ⇄ [鎖状構造] ⇄ [環状構造]

A　　B　　C

フルクトースは⑥□ともよばれ，最も甘味の強い糖類であり，グルコースとは互いに⑦□の関係にある。フルクトースの結晶は，通常，六員環構造であるが，水溶液中では鎖状構造や五員環構造（左図）との間で平衡状態にある。

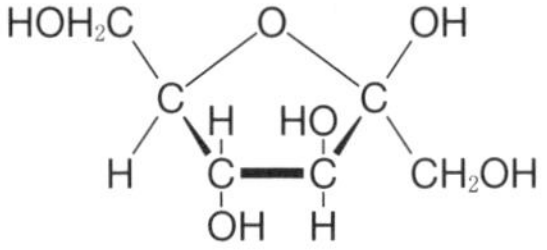

β-フルクトース

(1) グルコースの構造B，CをAの例にならって記せ。

(2) グルコースの構造A，Bにはそれぞれ何個の不斉炭素原子が存在するか。

(3) グルコースに酵母菌を加えたときに起こるアルコール発酵を化学反応式で記せ。

(4) フルクトースの還元性の原因となる構造を次の(ア)〜(オ)から選び，記号で答えよ。

(ア) $-CH_2OH$　(イ) $-OH$　(ウ) $-CHO$　(エ) $-COOH$　(オ) $-COCH_2OH$

335 □□ ◀糖類▶ 次の記述のうち，正しいものをすべて選べ。

(1) フルクトースの水溶液は還元性を示し，その鎖状構造はホルミル基をもつ。

(2) 酸を触媒としてデンプンを加水分解するとα-グルコースのみが得られ，同様にセルロースを加水分解するとβ-グルコースのみが得られる。

(3) セルロースに濃硝酸と濃硫酸（混酸）を反応させたものは，ニトロ化合物ではない。

必 336 □□ ◀二糖類▶ 次の文の[　　]に適語を入れ，あとの問いに答えよ。

マルトースは①[　　]とよばれ，α-グルコースと別のグルコースが脱水縮合した構造をもつ。また，スクロースは②[　　]ともよばれ，α-グルコースとβ-フルクトースが脱水縮合した構造をもつ。

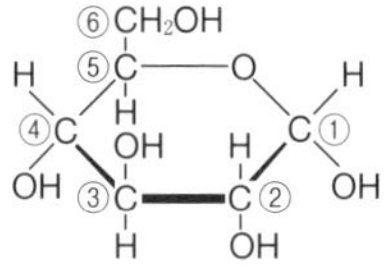

α-グルコース

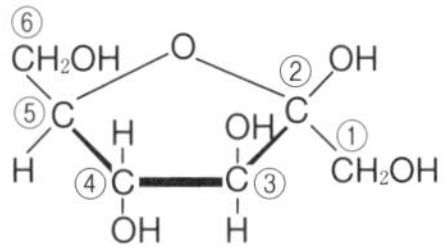

β-フルクトース

スクロースは結晶だけでなく，その水溶液も還元性を示さないが，希硫酸や酵素③[　　]を用いて加水分解すると，④[　　]とよばれる単糖の混合物が得られ，その水溶液は還元性を⑤[　　]。

ラクトースは⑥[　　]ともよばれ，グルコースと⑦[　　]が脱水縮合した構造をもち，その水溶液は還元性を⑧[　　]。

(1) マルトースとスクロースの構造式を，右上の構造式の例にならって記せ。

(2) スクロースの水溶液が還元性を示さない理由を説明せよ。

(3) スクロース 2.4g を完全に加水分解して得られた単糖の混合物に，フェーリング液を十分に加えて熱すると，何 g の赤色沈殿が生じるか。ただし，単糖 1mol から酸化銅(Ⅰ) 1mol が生成するものとし，原子量は H＝1.0，C＝12，O＝16，Cu＝63.5 とする。

必 337 □□ ◀多糖類▶ 次の文の[　　]に適切な語句，または化学式を入れ，あとの問いに答えよ。原子量は H＝1.0，C＝12，O＝16 とする。

デンプンは，多数の①[　　]が縮合重合した構造をもつ高分子化合物で，分子内の水素結合により②[　　]構造をとり，その水溶液にヨウ素ヨウ化カリウム水溶液(ヨウ素溶液)を加えると青紫色になる。この呈色反応を③[　　]という。

デンプンは，一般に，直鎖状構造で熱水に可溶な④[　　]と，枝分かれ構造をもち熱水に不溶な⑤[　　]の混合物であるが，モチ米のように⑤のみからなるデンプンもある。

デンプンを希塩酸を触媒として加水分解すると，⑥[　　]を生成するが，酵素アミラーゼを用いて加水分解すると⑦[　　]を経て，マルトースが生成する。

なお，動物体内にも⑤と似た構造をもつ多糖が存在し，これを⑧[　　]という。

一方，セルロースは，多数の⑨[　　]が縮合重合した構造をもつ高分子化合物で，分子間の水素結合により⑩[　　]状構造をとり，熱水にも溶けず，ヨウ素溶液とも呈色反応しない。セルロースを酵素⑪[　　]を用いて加水分解すると，二糖類の⑫[　　]が生成し，さらに酵素⑬[　　]がはたらくと，最終的に⑭[　　]が生成する。

(1) デンプン 9.0g を希硫酸で完全に加水分解すると何 g のグルコースが生じるか。

(2) デンプン 16.2g を酵素マルターゼで加水分解してすべてをマルトースにしたとすると，生成するマルトースは何 g か。

問題 338 ～ 340 においては，原子量：H＝1.0，C＝12，O＝16 を用いよ。

問題 B

必 は重要な必須問題。時間のないときはここから取り組む。

必 338 □□ ◀糖類の決定▶　次の記述に該当する糖類すべてを下から記号で選べ。

(1)　水溶液がフェーリング液を還元するものはどれか。

(2)　高分子化合物であるものはどれか。

(3)　加水分解によってグルコースのみを生じるものはどれか。

(4)　加水分解によって異なる単糖を生じるものはどれか。

(5)　ヨウ素溶液で呈色反応するものはどれか。

［(ア)　グルコース　　(イ)　グリコーゲン　　(ウ)　スクロース　　(エ)　デンプン
　(オ)　ラクトース　　(カ)　フルクトース　　(キ)　マルトース　　(ク)　セルロース］

339 □□ ◀シクロデキストリン▶　α-グルコース分子がグリコシド結合を形成して環状構造になったものをシクロデキストリンという。

(1)　このシクロデキストリン水溶液の還元性の有無を理由とともに答えよ。

(2)　このシクロデキストリン 0.10mol を完全に加水分解すると，何 g のグルコースを生成するか。

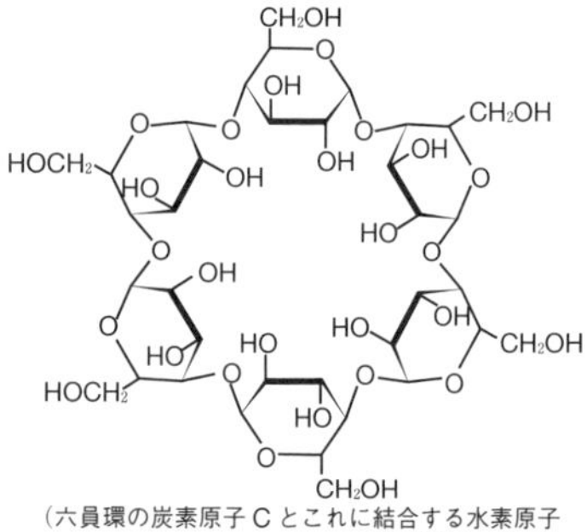

（六員環の炭素原子 C とこれに結合する水素原子 H は省略してある）

340 □□ ◀デンプンの構造▶　次の文の［　　］に適する数値(整数)を入れよ。

ある植物の種子から得た分子量 4.05×10^5 のデンプンがある。このデンプンは ①［　　］個のグルコースが脱水縮合したものである。

このデンプンの $-OH$ にメチル基を導入(メチル化)して，すべて $-CH_3O$ としたのち，希硫酸で加水分解すると，次の A ～ C の化合物が得られた。

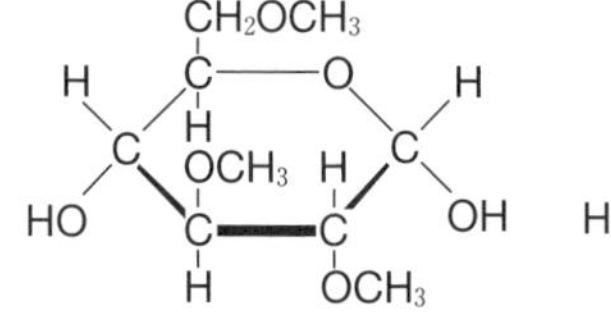

A：分子式 $C_9H_{18}O_6$

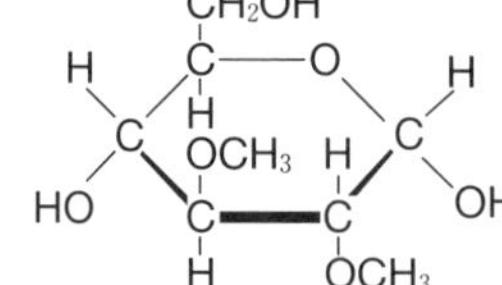

B：分子式 $C_8H_{16}O_6$

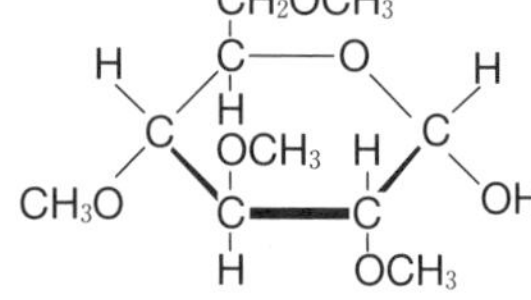

C：分子式 $C_{10}H_{20}O_6$

このデンプン 2.430g を完全にメチル化し加水分解すると，A が 3.064g，B は 0.125g，C は 0.142g 生じた。この結果から，A，B，C の分子数の比は，②［　　］：1：1 となる。したがって，このデンプンではグルコース③［　　］分子あたり 1 個の割合で枝分かれがあり，このデンプン 1 分子中には④［　　］か所の枝分かれが存在している。

34 アミノ酸とタンパク質，核酸

1 アミノ酸

❶α-アミノ酸　R−CH(NH_2)−COOH　同一の炭素原子にアミノ基−NH_2とカルボキシ基−COOHが結合した化合物。タンパク質は約20種のα-アミノ酸で構成される。

(a)グリシン以外は不斉炭素原子をもち，**鏡像異性体**が存在する。

(b)**ニンヒドリン反応**　ニンヒドリン溶液と加熱すると，紫色に呈色。

(c)酸・塩基とも反応する**両性化合物**で，結晶中では分子内塩をつくり，双性イオンの形で存在する。

(d)比較的融点が高く，水に溶けやすく，有機溶媒に溶けにくい。

□中性アミノ酸　■酸性アミノ酸　■塩基性アミノ酸

名称	側鎖(R)	等電点
グリシン	−H	6.0
アラニン	−CH_3	6.0
セリン	−CH_2−OH	5.7
システイン	−CH_2−SH	5.1
リシン	−CH_2−CH_2−CH_2−CH_2−NH_2	9.7
アスパラギン酸	−CH_2−COOH	2.8
グルタミン酸	−CH_2−CH_2−COOH	3.2
メチオニン	−CH_2−CH_2−S−CH_3	5.7
フェニルアラニン	−CH_2−C_6H_5	5.5
チロシン	−CH_2−C_6H_4−OH	5.7

(e)水溶液のpHにより，その電荷の状態が次のように変化し，3種類のイオンが平衡状態にある。

$$H_3N^+-CH(R)-COOH \underset{H^+}{\overset{OH^-}{\rightleftarrows}} H_3N^+-CH(R)-COO^- \underset{H^+}{\overset{OH^-}{\rightleftarrows}} H_2N-CH(R)-COO^-$$

陽イオン（酸性溶液中）　　双性イオン（等電点）　　陰イオン（塩基性溶液中）

※中性アミノ酸を純水に溶かすと，双性イオンの濃度が最も大きくなる。その水溶液を酸性にすると上記の平衡が左に移動して陽イオンが多くなり，塩基性にすると平衡が右へ移動して陰イオンが多くなる。

(f)**等電点**　アミノ酸の電荷が全体として0になるpHの値。このとき，電気泳動を行ってもアミノ酸は移動しない。等電点の違いにより，各アミノ酸が分離できる。

❷ペプチド　複数のアミノ酸が**ペプチド結合**(−CONH−)でつながった化合物。

$$H-N(H)-CH(R)-C(=O)-OH + H-N(H)-CH(R')-C(=O)-OH \xrightarrow[\text{脱水縮合}]{-H_2O} H-N(H)-CH(R)-C(=O)-N(H)-CH(R')-C(=O)-OH + H_2O$$

※アミノ酸2個のものを**ジペプチド**，3個のものを**トリペプチド**，多数のものを**ポリペプチド**という。ポリペプチドのうち構成アミノ酸の数が数十個以上で，特有の機能をもつものを**タンパク質**とよぶ。

2 タンパク質

❶タンパク質　多数のα-アミノ酸が**ペプチド結合**によってつながった高分子化合物。

❷タンパク質の構造　タンパク質の二次構造以上を**高次構造**という。

(a)タンパク質の種類は，基本的にアミノ酸の配列順序(**一次構造**)で決まる。

(b)ペプチド結合の部分ではたらく**水素結合**により，らせん状の**α-ヘリックス構造**や，波形状の**β-シート構造**などの基本構造(二次構造)ができる。

(c)側鎖(R−)の間にはたらく種々の相互作用や，**ジスルフィド結合**(S−S)などによりポリペプチド鎖が折りたたまれて，特有の立体構造(三次構造)ができる。

(d)三次構造(サブユニット)が集まって(四次構造)，特有のはたらきをする場合がある。

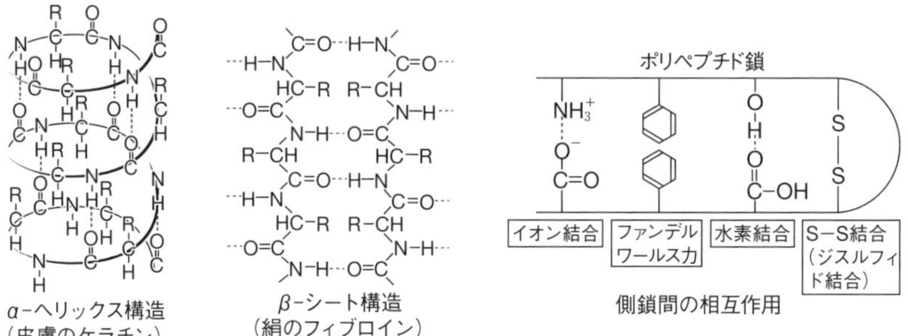

α-ヘリックス構造(皮膚のケラチン)　β-シート構造(絹のフィブロイン)　側鎖間の相互作用

❸タンパク質の変性　熱，強酸，強塩基，有機溶媒，重金属イオン(Cu^{2+}，Pb^{2+}，Hg^{2+}など)によってタンパク質の高次構造が壊れ，タンパク質が凝固・沈殿する現象。タンパク質は，通常，約60℃～70℃で変性する。一度，変性したタンパク質をもとに戻すことは難しい。

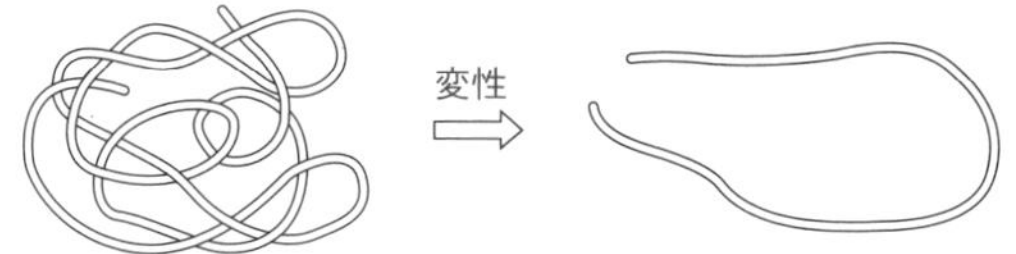

❹塩析　タンパク質は**親水コロイド**なので，その水溶液に多量の電解質を加えると，水和水が奪われて沈殿する。もとの状態に戻すことは可能である。

❺タンパク質の分類　アミノ酸だけからなるものを**単純タンパク質**，アミノ酸以外に糖，リン酸，色素，核酸などを含むものを**複合タンパク質**という。このほか，分子の形が球状をした**球状タンパク質**，繊維状をした**繊維状タンパク質**に分けられる。

単純タンパク質	球状	アルブミン	水に可溶。卵白・血清アルブミンなど。
		グロブリン	水に不溶。食塩水に可溶。卵白・血清グロブリンなど。
		グルテリン	水に不溶。酸・アルカリに可溶。小麦など。
	繊維状	ケラチン	毛髪，爪など。動物体の保護の役割。
		コラーゲン	軟骨，腱(けん)，皮膚など。動物体の組織の結合。
		フィブロイン	絹糸，クモの糸。

複合タンパク質	糖タンパク質	多糖が結合したもの。ムチン(だ液，粘液)
	リンタンパク質	リン酸が結合したもの。カゼイン(牛乳)
	色素タンパク質	色素が結合したもの。ヘモグロビン(血液)
	核タンパク質	核酸が結合したもの。ヒストン(細胞の核)
	リポタンパク質	脂質が結合したもの。(血液中)

❻タンパク質の呈色反応

呈色反応	操作方法	呈色	原因
ビウレット反応	NaOHaq を加えたのち，少量の $CuSO_4$aq を加える。	赤紫色	Cu^{2+}がペプチド結合と錯イオンを形成
キサントプロテイン反応	濃 HNO_3 を加え加熱する。冷却後，NH_3 水を加える。	黄色 橙黄色	ベンゼン環に対する**ニトロ化**
硫黄反応	NaOH(固)と加熱後，$(CH_3COO)_2Pb$ aq を加える。	黒色 (PbS)	硫黄との反応(含硫アミノ酸の検出)
ニンヒドリン反応	ニンヒドリン aq を加え，加熱。	紫色	α-NH_2 基による反応

3 酵素

❶**酵素**　生体内でつくられる**触媒作用**をもつ物質。主成分は**タンパク質**。

※酵素(生体触媒)に対して，Pt や MnO_2 のような触媒を**無機触媒**という。

❷**基質特異性**　酵素が，それぞれ決まった物質(**基質**)にだけ作用する性質。

例　酵素アミラーゼは，デンプンを分解するが，セルロースは分解できない。

⇨酵素のはたらきは，酵素の中のある特定の部分(**活性部位**)で行われるため。

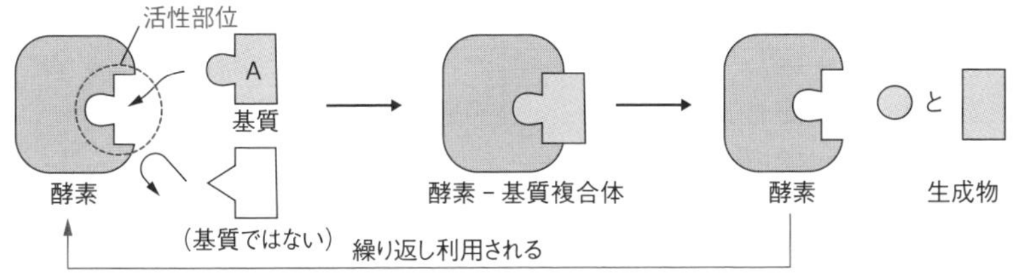

❸**最適温度**　酵素が最もよくはたらく温度。

多くの酵素の最適温度は，35℃～40℃。

高温(60℃～)では，酵素ははたらきを失う(**失活**)。

⇨酵素のタンパク質が熱により**変性**するため。

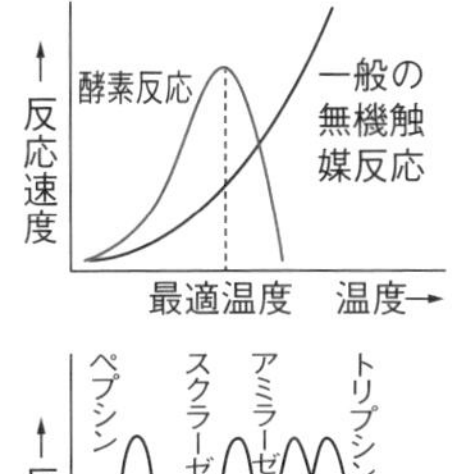

❹**最適 pH**　酵素が最もよくはたらく pH。

多くの酵素の最適 pH は，中性(pH ＝ 7)付近。

⇨酸性，塩基性が強くなると，タンパク質が変性する。

例外　ペプシン(胃液 pH ≒ 2)，トリプシン(膵液 pH ≒ 8)

❺**補酵素**　酵素のはたらきを調節する低分子の有機化合物。

例　脱水素酵素の補酵素 NAD，NADP，ビタミン B 群など。熱に比較的強い。

❻**酵素の種類**　基質の種類ごとに，3000 種類以上の酵素が存在する(ヒトの場合)。

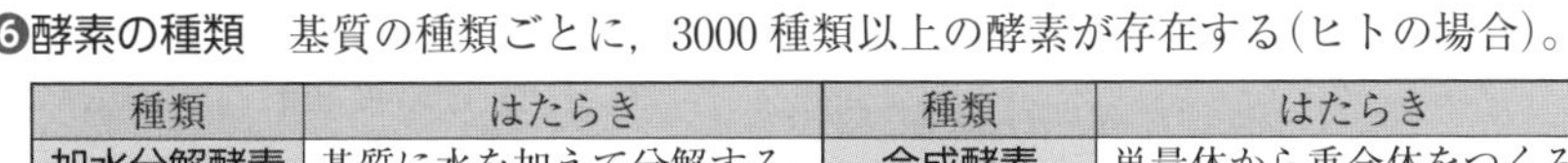

種類	はたらき	種類	はたらき
加水分解酵素	基質に水を加えて分解する。	**合成酵素**	単量体から重合体をつくる。
酸化還元酵素	基質を酸化・還元する。	**転移酵素**	基質から基を別の分子に移動する。
脱離酵素	基質から基や分子を取り去る。	**異性化酵素**	基質中の原子の配列を変える。

7-34

4 核酸

❶**核酸**　生物の遺伝情報の保存・伝達・発現に関わる高分子化合物。

❷**ヌクレオチド**　リン酸，糖，窒素Nを含む塩基(核酸塩基)各1分子が結合した化合物。**核酸**は，多数のヌクレオチドが，糖とリン酸の部分で脱水縮合してできた鎖状の高分子化合物である。

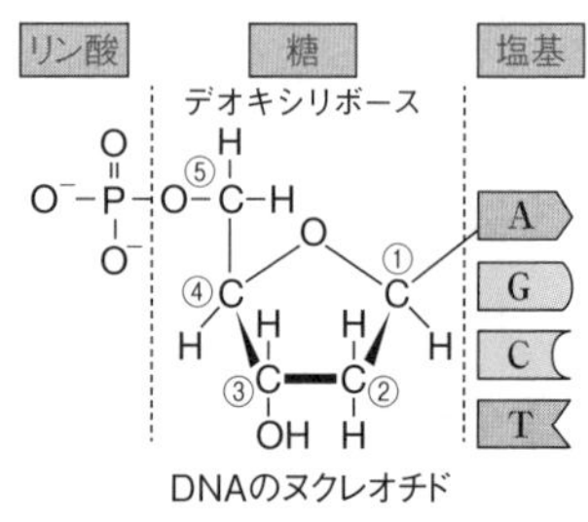

DNAのヌクレオチド

②の下側のHがOHにかわった糖がリボースである。

❸**DNA**　デオキシリボ核酸　主に**核**に存在する。**遺伝子の本体**で，**2本鎖の構造**をもつ。

❹**RNA**　リボ核酸　**核**と**細胞質**の両方に存在する。**タンパク質の合成に関与**し，主に**1本鎖の構造**をもつ。

	DNA	RNA
糖	デオキシリボース($C_5H_{10}O_4$)	リボース($C_5H_{10}O_5$)
塩基	アデニン(A)，チミン(T) グアニン(G)，シトシン(C)	アデニン(A)，ウラシル(U) グアニン(G)，シトシン(C)
分子量	10^6 ～ 10^8	10^4 ～ 10^6
はたらき	遺伝情報の保持，複製など。	遺伝情報の転写，翻訳など。

❺**DNAの二重らせん構造**

(a)**シャルガフの法則**　DNAの塩基組成を調べると，どの生物でも，AとT，GとCの割合はほぼ等しい(1949年)。

生物＼塩基	A	G	C	T
ヒト	30.9	19.9	19.8	29.4
酵母菌	31.3	18.7	17.1	32.9
大腸菌	24.7	26.0	25.7	23.6
バッタ	29.3	20.5	20.7	29.3

(単位：モル％)

(b)**DNAのX線回折像**　ウィルキンスとフランクリンは，DNAが**らせん構造**をもつことを示唆するX線回折像の撮影に成功した(1952年)。

(c)**二重らせん構造**　**ワトソン**と**クリック**は，2本のDNAのヌクレオチド鎖が，AとT，GとCという塩基対どうしの**水素結合**によって結ばれ，分子全体が大きなりせんを描いているモデルを発表した(1953年)。このようなDNAの構造を**二重らせん構造**という。

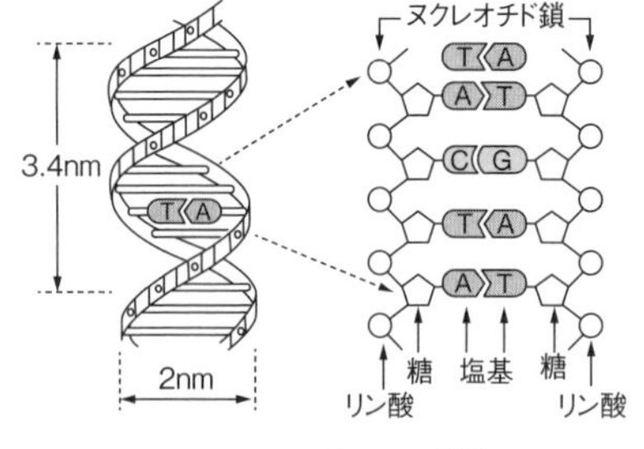

DNAの二重らせん構造

※各塩基どうしが水素結合をつくる相手は，AとT，GとCに決まっている。この関係を相補性という。

A，T，G，Cの塩基配列が全生物に共通する遺伝情報として利用されている。

(d)**DNAの複製**　細胞分裂の前には，DNAの2本鎖が部分的にほどけて1本鎖となり，各鎖が鋳型となってもとと全く同じ2本鎖DNA鎖がつくられる。

確認&チェック

1 次の問いに答えよ。

(1) 不斉炭素原子をもたないα-アミノ酸は何か。
(2) タンパク質を構成するα-アミノ酸は何種類あるか。
(3) 結晶中では，アミノ酸はどんな形で存在しているか。
(4) 側鎖(−R)に −COOH をもつアミノ酸を何というか。
(5) 側鎖(−R)に $-NH_2$ をもつアミノ酸を何というか。

2 タンパク質は，次の(A)〜(D)のような構造に分けられる。下の問いに答えよ。

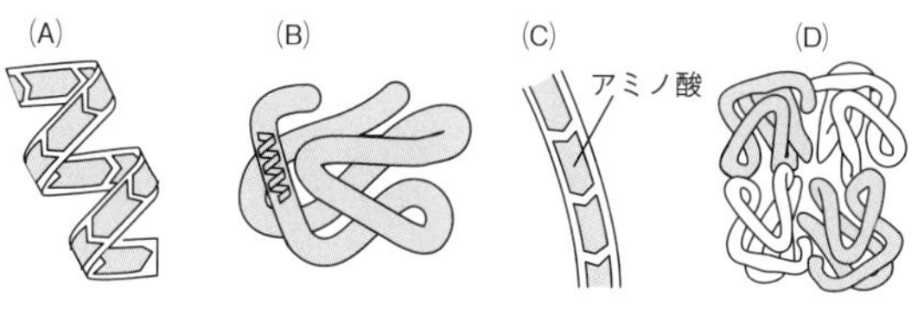

(1) それぞれのタンパク質の構造を，何構造というか。
(2) 高次構造に該当しないものは，(A)〜(D)のうちどれか。
(3) タンパク質水溶液を加熱すると凝固する現象を何というか。

3 タンパク質の水溶液に次の操作を行うと何色を呈するか。

(1) NaOH 水溶液を加え，硫酸銅(Ⅱ)水溶液を少量加える。
(2) 濃硝酸を加えて加熱する。
(3) NaOH(固)を加えて熱し，酢酸鉛(Ⅱ)水溶液を加える。
(4) ニンヒドリン水溶液を加えて加熱する。

4 酵素について次の問いに答えよ。

(1) 酵素が最もよくはたらく温度を何というか。
(2) 酵素が最もよくはたらく pH を何というか。
(3) 酵素が決まった基質にだけ作用する性質を何というか。
(4) 酵素の主成分は何という物質か。

5 核酸について次の問いに答えよ。

(1) 核酸を構成するリン酸・糖・塩基が結合した物質を何というか。
(2) 遺伝子の本体としてはたらく核酸を何というか。
(3) タンパク質の合成に関与する核酸を何というか。
(4) DNA の立体構造は，一般に何とよばれているか。

解答

1 (1) グリシン
(2) 20 種類
(3) 双性イオン
(4) 酸性アミノ酸
(5) 塩基性アミノ酸
→ p.269 1

2 (1) (A) 二次構造
(B) 三次構造
(C) 一次構造
(D) 四次構造
(2) (C)
(3) 変性
→ p.270 2

3 (1) 赤紫色
(2) 黄色
(3) 黒色
(4) 紫色
→ p.271 2

4 (1) 最適温度
(2) 最適 pH
(3) 基質特異性
(4) タンパク質
→ p.271 3

5 (1) ヌクレオチド
(2) DNA
(3) RNA
(4) 二重らせん構造
→ p.272 4

例題 107 アミノ酸

次の文を読み，あとの各問いに答えよ。

α-アミノ酸は，分子中の同じ炭素原子に酸性の①□基と塩基性の②□基が結合した構造をもち，酸・塩基の両方の性質を示す③□化合物である。アミノ酸は結晶中では(A)④□イオンとして存在するが，(B)酸性の水溶液，(C)塩基性の水溶液ではそれぞれ異なる電荷をもつイオンとして存在する。

(1) □に適語を入れよ。

(2) 下線部(A), (B), (C)の各イオンの構造式を(例)にならって示せ。

例

```
     H
     |
R－C－COOH
     |
    NH2
```

考え方 (1) **アミノ酸**は分子中に酸性の $-COOH$ と，塩基性の $-NH_2$ の両方をもつ**両性化合物**である。アミノ酸は，結晶中では，$-COOH$ から $-NH_2$ へ H^+ が移動して分子内で塩をつくり，双性イオンとして存在する。そのため，有機物でありながら，イオン結晶のように融点が高く，水に溶けやすく，有機溶媒に溶けにくいものが多い。

(2) α-アミノ酸の水溶液では，その pH に応じて，次のように電荷の状態が変化し，3 種類のイオンが平衡状態にある。

$$\underset{\text{陽イオン}}{\mathrm{R\text{-}CH(NH_3^+)COOH}} \underset{H^+}{\overset{OH^-}{\rightleftarrows}} \underset{\text{双性イオン}}{\mathrm{R\text{-}CH(NH_3^+)COO^-}} \underset{H^+}{\overset{OH^-}{\rightleftarrows}} \underset{\text{陰イオン}}{\mathrm{R\text{-}CH(NH_2)COO^-}}$$

双性イオンは強酸性水溶液中では H^+ を受け取って**陽イオン**になり，強塩基性水溶液中では H^+ を放出して**陰イオン**となる。中性水溶液中では主に双性イオンとして存在する(中性アミノ酸の場合)。

解答 (1) ① カルボキシ ② アミノ ③ 両性 ④ 双性

(2) (A) $\mathrm{R-CH(NH_3^+)-COO^-}$ (B) $\mathrm{R-CH(NH_3^+)-COOH}$ (C) $\mathrm{R-CH(NH_2)-COO^-}$

例題 108 ジペプチド

分子量が 200 以下のあるジペプチドを加水分解して，α-アミノ酸 A，B を単離したところ，アミノ酸 A には鏡像異性体が存在しなかった。また，アミノ酸 B を元素分析したところ，その 0.178g から標準状態で 22.4mL の窒素 N_2 が発生した。これよりアミノ酸 A，B の示性式と名称をそれぞれ記せ。(H＝1.0, C＝12, N＝14, O＝16)

考え方 2 分子のアミノ酸が脱水縮合してできた化合物を**ジペプチド**という。

(i)鏡像異性体が存在しないα-アミノ酸 A は，側鎖(R－)が H－ である**グリシン**である。

(ii)アミノ酸 B から発生した N_2 の物質量は，$\dfrac{22.4}{22400}=1.00\times10^{-3}$(mol)

アミノ酸 B が $-NH_2$ を 1 個含むとすると，アミノ酸 B 1mol から N_2 0.5mol が発生する。アミノ酸 B の分子量を M とおくと，

$$\frac{0.178}{M}\times\frac{1}{2}=1.00\times10^{-3} \quad \therefore \ M=89.0$$

アミノ酸 B が $-NH_2$ を 2 個含むとすると，アミノ酸 B 1mol から N_2 1mol が発生する。

$$\frac{0.178}{M}=1.00\times10^{-3}\quad\therefore\quad M=178$$

アミノ酸Aのグリシン(分子量75)とアミノ酸Bからなるジペプチドの分子量は，178+75−18=235となり，題意に反する。よって，アミノ酸Bの分子量は89である。

α-アミノ酸の一般式は，右図の通りで，共通部分の分子量は74である。よって，側鎖(R−)の分子量は89−74=15となり，メチル基(CH_3−)が該当する。したがって，アミノ酸Bはアラニンである。

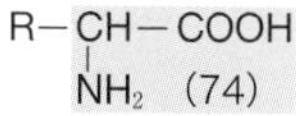

R−CH−COOH
　 |
　 NH_2 (74)

解答 A $CH_2(NH_2)COOH$，グリシン　B $CH_3CH(NH_2)COOH$，アラニン

例題 109 タンパク質の呈色反応

次の文の［　　］に適語を入れよ。

(1) タンパク質の水溶液に濃硝酸を加えて加熱すると①［　　］色に変化する。冷却後，アンモニア水を加えて塩基性にすると②［　　］色を呈した。この反応を③［　　］という。

(2) タンパク質の水溶液に水酸化ナトリウム水溶液を加えた後，少量の硫酸銅(Ⅱ)水溶液を加えたら④［　　］色を呈した。この反応を⑤［　　］という。

(3) タンパク質の水溶液に水酸化ナトリウム(固体)を加えて加熱後，酢酸鉛(Ⅱ)水溶液を加えて⑥［　　］色の沈殿を生じた場合，試料中の⑦［　　］元素が検出される。

(4) タンパク質の水溶液にニンヒドリン水溶液を加えて温めると，⑧［　　］色に変化した。この反応を⑨［　　］という。

考え方 (1) タンパク質に濃硝酸を加えて加熱すると，しだいにベンゼン環に対するニトロ化が進行して黄色に変化する。冷却後，アンモニア水を加えて溶液を塩基性にすると呈色が強くなり，橙黄色を示す。この反応はキサントプロテイン反応とよばれる。

(2) この反応はビウレット反応とよばれ，ペプチド結合(−CONH−)中のN原子部分がCu^{2+}と配位結合してキレート錯イオンを生じることによって，赤紫色に呈色する。

2個以上のペプチド結合をもつ化合物(トリペプチド以上)であれば呈色する。

(3) タンパク質中の硫黄Sが，強塩基と加熱することによって放出されて生じたS^{2-}がPb^{2+}と反応して，硫化鉛(Ⅱ)PbSの黒色沈殿を生成する(硫黄反応)。この反応では，タンパク質中の硫黄元素(S)が検出できる。

(4) タンパク質中のα-アミノ基$-NH_2$とニンヒドリン分子との複雑な縮合反応により，紫色の色素(ルーヘマン紫)を生成する。この反応をニンヒドリン反応という。

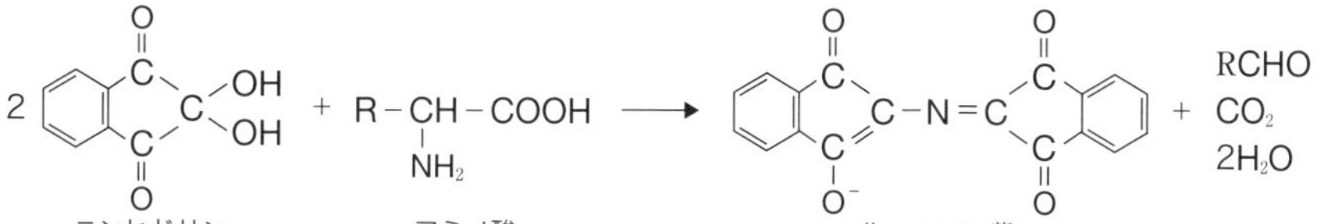

2 ニンヒドリン + R−CH(NH_2)−COOH（アミノ酸） ⟶ ルーヘマン紫 + RCHO, CO_2, $2H_2O$

ニンヒドリン　アミノ酸　ルーヘマン紫

解答 ① 黄　② 橙黄　③ キサントプロテイン反応　④ 赤紫　⑤ ビウレット反応
⑥ 黒　⑦ 硫黄　⑧ 紫　⑨ ニンヒドリン反応

7-34

問題A

必は重要な必須問題。時間のないときはここから取り組む。

必341 □□ ◀α-アミノ酸▶ 次のα-アミノ酸について，次の問いに答えよ。

(ア) $H-CH(NH_2)-COOH$　(イ) $CH_3-CH(NH_2)-COOH$　(ウ) $HS-CH_2-CH(NH_2)-COOH$

(エ) 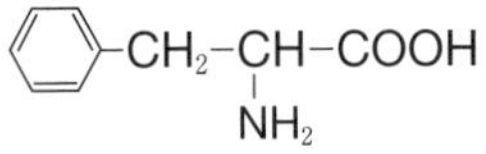 $C_6H_5-CH_2-CH(NH_2)-COOH$　(オ) $HOOC-(CH_2)_2-CH(NH_2)-COOH$

(カ) $HO-CH_2-CH(NH_2)-COOH$　(キ) $N_2N-(CH_2)_4-CH(NH_2)-COOH$

(ク) 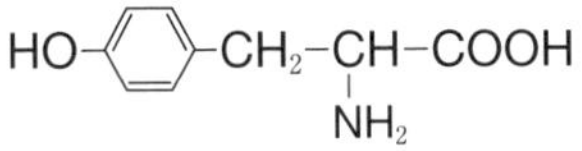 $HO-C_6H_4-CH_2-CH(NH_2)-COOH$　(ケ) $CH_3-S-(CH_2)_2-CH(NH_2)-COOH$

(1) (ア)～(ケ)のα-アミノ酸の名称を答えよ。

(2) ①酸性アミノ酸，②塩基性アミノ酸に該当するものを(ア)～(ケ)から選べ。

(3) 必須アミノ酸とは何か。簡単に説明せよ。

必342 □□ ◀アミノ酸▶ 次の文の［　　］に適語を入れ，あとの問いに答えよ。

タンパク質を加水分解すると，約①［　　］種類のα-アミノ酸が生じる。α-アミノ酸は，②［　　］以外はすべて不斉炭素原子をもち，③［　　］が存在する。なお，タンパク質を構成するのは，すべて④［　　］型のα-アミノ酸である。α-アミノ酸は，一般式 $R-CH(NH_2)COOH$ で表され，酸と塩基の両方の性質を示す⑤［　　］化合物である。そのため，結晶内で分子内塩をつくり，⑥［　　］として存在する。アミノ酸が水に可溶で，融点が⑦［　　］ものが多いのは，この理由による。中性アミノ酸は，一般に(A)酸性水溶液中では⑧［　　］イオン，(B)中性に近い水溶液中では⑨［　　］イオン，(C)塩基性水溶液中では⑩［　　］イオンとして存在する。また，アミノ酸がほぼ⑨のみで占められ，溶液全体の電荷が0になるときのpHを，そのアミノ酸の⑪［　　］という。

〔問〕 下線部(A)，(B)，(C)の各イオンの構造式を，α-アミノ酸の一般式にならって記せ。

343 □□ ◀ペプチド▶ 2種類のα-アミノ酸X，Yが複数個結合したペプチドがある。Xは分子量が最小のα-アミノ酸で，Yは2番目に小さな分子量をもつα-アミノ酸である。このペプチド32.2gを完全に加水分解すると，Xが22.5g，Yが17.8g生じた。次の問いに答えよ。(原子量：H＝1.0，C＝12，N＝14，O＝16)

(1) このペプチドを構成するα-アミノ酸XとYの名称をそれぞれ答えよ。

(2) このペプチドの分子量はいくらか。整数で答えよ。

必 344 □□ ◀アミノ酸の分離▶ 次の文を読み，あとの問いに答えよ。

α-アミノ酸は，特定のpHの水溶液において双性イオンの状態になる。このとき，正・負の電荷がつりあい，全体としての電荷が0になる。このときのpHをα-アミノ酸の① □ といい，アラニンは6.0，グルタミン酸は3.2，リシンは9.7である。

アラニン，グルタミン酸，およびリシンが等物質量ずつ含まれているpH＝6.0の水溶液がある。この混合水溶液の1滴を細長いろ紙の中央部に塗布した後，pH＝6.0の緩衝液で湿らせ，左下図のような② □ 装置にかけた。直流電圧を一定時間加えた後，ろ紙を乾燥し，これに③ □ 試薬を噴霧した。このろ紙をドライヤーで加熱した結果，右下図のような3個の④ □ 色のスポットa，b，cが観察された。

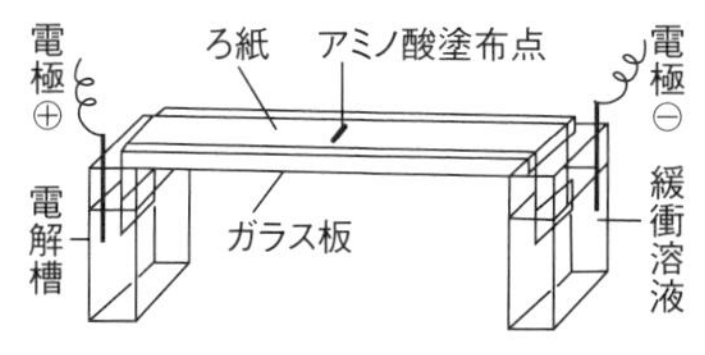

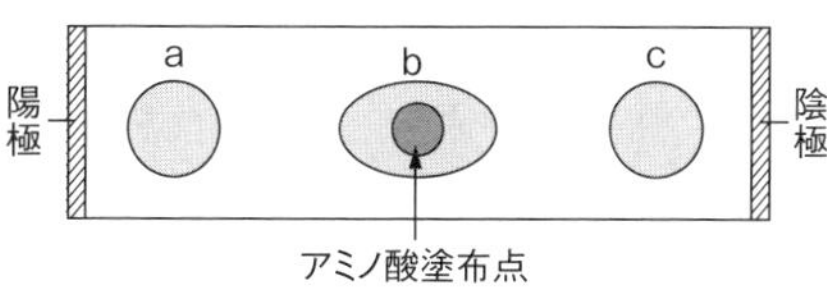

(1) 文中の □ に適切な語句を入れよ。

(2) スポットa～cは，文中の3つのアミノ酸の中のどれに由来するか答えよ。

345 □□ ◀トリペプチド▶ あるタンパク質を部分的に加水分解したところ，天然に存在するα-アミノ酸A，B，Cからなる鎖状のトリペプチドを単離した。

α-アミノ酸Aは旋光性を示さなかったが，B，Cは旋光性を示した。Bの分子式は$C_9H_{11}NO_3$で，キサントプロテイン反応が陽性で，塩化鉄(Ⅲ)水溶液で青紫色を示した。

また，Cの元素分析を行ったところ，C：29.8％，H：5.8％，N：11.6％，O：26.4％で，残りはSで，メチル基をもたず，分子量は121であった。(原子量：H＝1.0，C＝12，N＝14，O＝16，S＝32)

(1) α-アミノ酸A，B，Cを，それぞれ構造式で書け。

(2) トリペプチドXには，何種類の立体異性体が考えられるか。ただし，鏡像異性体の存在を考慮するものとする。

346 □□ ◀タンパク質の分類▶ 次の各問いに答えよ。

(1) 加水分解するとα-アミノ酸だけが得られるタンパク質を何というか。

(2) 加水分解するとα-アミノ酸以外に他の成分が得られるタンパク質を何というか。

(3) 何本かのポリペプチド鎖が束状にまとまったタンパク質を何というか。

(4) ポリペプチド鎖が複雑に折りたたまれてできたタンパク質を何というか。

7-34

347 □□ ◀タンパク質の種類▶　次の(1)〜(6)に当てはまるタンパク質を，(ア)〜(カ)より１つ選び，記号で答えよ。

(1)　軟骨，腱，皮膚などに含まれる。　(2)　毛髪，爪，羽毛などに含まれる。

(3)　絹糸やクモの糸に含まれる。　(4)　リン酸が結合し，牛乳中に含まれる。

(5)　水に可溶で，卵白や血清中に含まれる。

(6)　ヘム色素が結合し，血液中に含まれる。

(ア)　ケラチン　(イ)　アルブミン　(ウ)　カゼイン

(エ)　フィブロイン　(オ)　ヘモグロビン　(カ)　コラーゲン

必**348** □□ ◀タンパク質の性質▶　次の(1)〜(5)の反応，現象名を書け。また，文中の［　　］に最も適する色を答えよ。

(1)　タンパク質の水溶液に濃硝酸を加えて加熱すると［ア］色になる。さらにアンモニア水を加えて塩基性にすると［イ］色になる。

(2)　タンパク質の水溶液に水酸化ナトリウム水溶液を加えてから，少量の硫酸銅(Ⅱ)水溶液を加えると［ウ］色になる。

(3)　卵白は無色透明だが，加熱すると［エ］色の沈殿に変化する。

(4)　タンパク質やアミノ酸の水溶液にニンヒドリン溶液を加えて加熱すると，［オ］色になる。

(5)　タンパク質の水溶液に濃い水酸化ナトリウム水溶液を加えて加熱した後，酢酸鉛(Ⅱ)水溶液を加えると［カ］色の沈殿を生じる。

必**349** □□ ◀タンパク質の構造▶　次の文の［　　］に適語を入れ，問いにも答えよ。

a.　タンパク質は多数のアミノ酸が①［　　］結合で連結したポリペプチドからできている。ポリペプチド鎖中のアミノ酸の配列順序をタンパク質の②［　　］という。

b.　タンパク質では，同一のポリペプチド鎖のペプチド結合の部分で，$>C=O\cdots H-N<$のように③［　　］結合が形成され，らせん状の④［　　］構造をつくったり，同一または隣接するポリペプチド鎖で③結合が形成され，波形状の⑤［　　］構造をつくったりする。このような構造をタンパク質の⑥［　　］という。

c.　ポリペプチド鎖は，ジスルフィド結合(S−S 結合)や，<u>側鎖(R−)間の相互作用</u>によって折りたたまれ，特有の立体構造をつくる。このような構造をタンパク質の⑦［　　］という。

d.　ある種のタンパク質では，⑦を形成したポリペプチド鎖がいくつか集合して複合体をつくることがある。このような構造をタンパク質の⑧［　　］という。

(1)　下線部の相互作用の具体的な例を２つ答えよ。

(2)　ジスルフィド結合を形成するアミノ酸の名称を書け。

350 □□ ◀タンパク質▶ 次の文で，正しいものには○，誤っているものには×をつけよ。

(1) すべてのタンパク質は，加水分解するとα-アミノ酸だけを生じる。

(2) すべてのタンパク質は，折りたたまれた球状の構造をとっている。

(3) タンパク質の変性は，タンパク質をつくるペプチド結合が切断されて起こる。

(4) タンパク質に含まれている硫黄は，水酸化ナトリウム水溶液を加えて加熱した後，酢酸鉛(Ⅱ)水溶液を加えると，黒色沈殿を生じることで検出できる。

(5) タンパク質の水溶液は，すべてビウレット反応を示す。

(6) タンパク質の水溶液は，すべてキサントプロテイン反応を示す。

(7) 熱によるタンパク質の変性では，アミノ酸の配列順序が変わることがある。

(8) タンパク質の水溶液に，多量に無機塩類を加えると塩析が起こり沈殿が生じる。

(9) タンパク質に窒素が含まれていることは，タンパク質の水溶液に水酸化ナトリウムと少量の酢酸鉛(Ⅱ)水溶液を加えて加熱すると，色が変化することで検出する。

(10) 生命を維持するために生体内で合成されるアミノ酸を，必須アミノ酸という。

351 □□ ◀酵素の性質▶ 次の文中の□に適する語句を記入せよ。

酵素は，生物が生命活動を営むために行う種々の化学反応を促進させるが，自身は変化を受けない一種の①□である。酵素は，②□を主成分としているため，ある温度以上になると③□が起こり，失活する。酵素の反応に最も適した温度を④□といい，通常35～40℃で活性が最大となる。

また，酵素は水溶液のpHの影響を受けやすく，最もよくはたらくpHの値を⑤□という。多くの酵素は，pHが7付近で最もよくはたらくが，胃液に含まれる⑥□はpHが2付近で，すい液に含まれる⑦□はpHが8～9付近で活性が最大になる。さらに，酵素は，特定の化学構造をもつ⑧□にだけ作用する性質がある。これを酵素の⑨□という。

352 □□ ◀酵素の種類▶ 次の各物質を加水分解する酵素とその生成物を，それぞれ[A群]と[B群]より記号で選べ。

(1) マルトース　(2) スクロース　(3) セルロース

(4) タンパク質　(5) 油脂　(6) デンプン

[A群]	a アミラーゼ	b インベルターゼ	c マルターゼ
	d セルラーゼ	e ラクターゼ	f セロビアーゼ
	g ペプシン	h リパーゼ	i カタラーゼ
[B群]	ア グルコース	イ フルクトース	ウ ガラクトース
	エ マルトース	オ セロビオース	カ ペプチド
	キ 脂肪酸	ク モノグリセリド	ケ 酸素と水

7-34

353 □□ ◀核酸▶　次の記述のうち，DNAのみに該当するものはA，RNAのみに該当するものはB，両方に該当するものはC，両方に該当しないものはDと記せ。

(1)　窒素Nを含む塩基と五炭糖，およびリン酸からなる高分子化合物からなる。

(2)　構成塩基は，アデニン，グアニン，シトシン，チミンの4種である。

(3)　構成する糖は，デオキシリボース $C_5H_{10}O_4$ である。

(4)　多くは1本鎖の構造である。

(5)　核と細胞質の両方に存在する。

(6)　C，H，O，Nの4種類の元素からできている。

必 **354** □□ ◀DNAの構造▶　DNAの構造を示す模式図をみて，次の問いに答えよ。

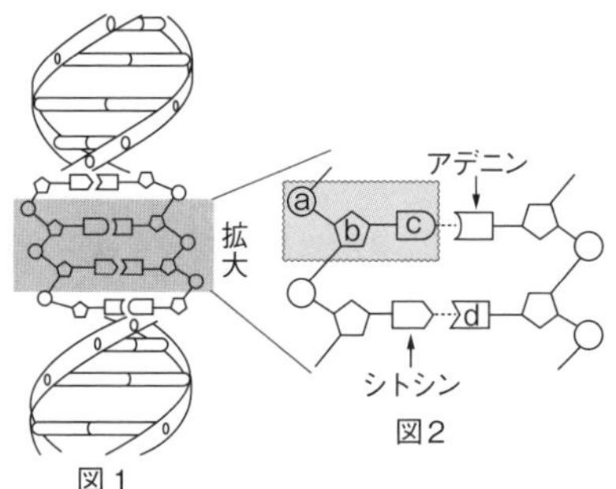

図1　図2

(1)　DNAの正式名称を何というか。

(2)　図2の赤色で示した部分を何というか。

(3)　図1のようなDNAの構造を何というか。また，この構造を初めて提唱した2人の人物名を答えよ。

(4)　図2のa～dの各名称を答えよ。

(5)　図2に示した点線---を何結合というか。

(6)　DNAの成分中で，A(アデニン)の占める割合が27.5〔mol%〕であったとき，C(シトシン)の占めるmol%を求めよ。

(7)　DNAを構成する元素には，炭素，水素，酸素の他にあと2種類ある。その元素名を答えよ。

(8)　DNAのらせん1回転には塩基対10個を含み，その長さは3.4nmである。30億個の塩基対をもつヒトのDNAのらせんの長さは何mになるか。

必 **355** □□ ◀ペプチド▶　次の問いに答えよ。(原子量：H＝1.0，C＝12，O＝16)

(1)　分子量 3.7×10^4 のポリペプチドを加水分解すると，グリシンとアラニンが物質量比2：1の割合で生じた。このポリペプチド1分子中に含まれるペプチド結合の数を有効数字2桁で求めよ。

(2)　グリシン1分子とアラニン2分子が縮合してできた鎖状のトリペプチドがある。この構造異性体は何種類あるか。

(3)　グリシンとアラニンおよびフェニルアラニン各1分子が縮合してできた鎖状のトリペプチドがある。この構造異性体は何種類あるか。

問題B

必は重要な必須問題。時間のないときはここから取り組む。

356□□◀アミノ酸の決定▶　次の文を読み，アミノ酸A～Eの構造を決定せよ。原子量はH=1.0，C=12，N=14，O=16，S=32とする。

(1)　Aの分子式は$C_9H_{11}NO_3$でベンゼン環を含み，等電点は5.7である。Aの水溶液に塩化鉄(Ⅲ)水溶液を加えると青紫色に呈色する。また，濃硝酸によってAのベンゼン環の水素原子1個をニトロ基で置換すると，2種類の異性体が生じる。

(2)　Bの分子式は$C_4H_9NO_3$で2個の不斉炭素原子を含み，等電点は6.2である。Bの水溶液にヨウ素と水酸化ナトリウム水溶液を加えて熱すると黄色沈殿を生じる。

(3)　Cの分子式は$C_4H_7NO_4$で，等電点は2.8である。Cのエタノール溶液に少量の濃硫酸を加えて加熱すると，得られる生成物の分子量は189である。

(4)　Dの分子式は$C_3H_7NO_2S$で，等電点は5.1である。Dの水溶液にフェーリング溶液を加えて加熱すると，赤色沈殿を生じる。

(5)　Eの分子式は$C_6H_{13}NO_2$で，2個の不斉炭素原子を含み，等電点は6.0である。

357□□◀核酸の塩基対▶　DNA中ではシトシンとグアニンは右図のように塩基対を形成する(---は水素結合，Rはデオキシリボース部分を示す)。

ある塩基Aと3本の水素結合を形成する塩基は，①，②，③のうちどれか。

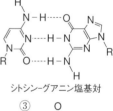

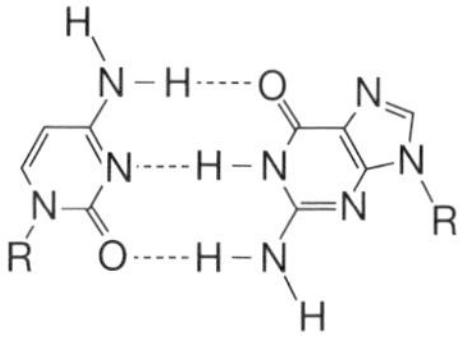

シトシン−グアニン塩基対

A　① 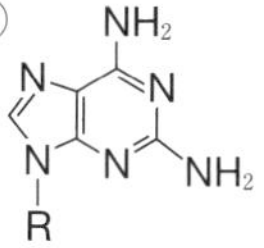　② 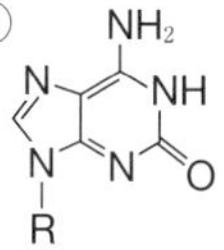　③

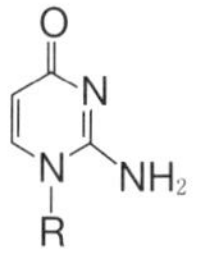

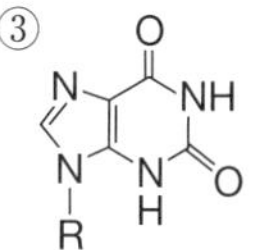

358□□◀タンパク質の定量▶　大豆1.0gを濃硫酸で分解後，タンパク質中の窒素をすべてアンモニアに変え，発生したアンモニアを0.050mol/Lの硫酸50mLに吸収させた。残った硫酸を0.050mol/Lの水酸化ナトリウム水溶液で中和滴定したら30mLを要した。次の問いに答えよ。(原子量：H＝1.0，N＝14)

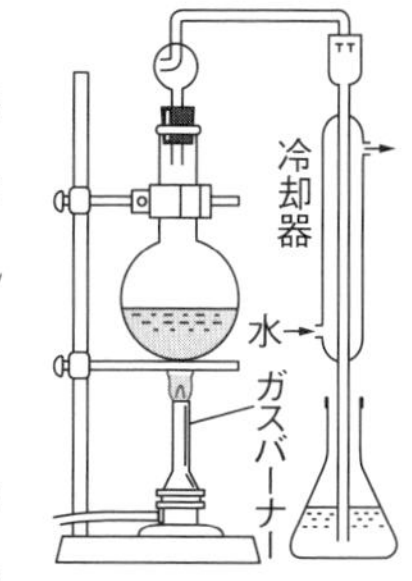

(1)　発生したアンモニアの物質量は何molか。

(2)　大豆のタンパク質が16％の窒素Nを含むとすれば，大豆中にはタンパク質は何％含まれていたか。発生したアンモニアの質量から求めよ。

359 □□ ◀アミノ酸の電離平衡▶ 次の文を読み，あとの問いに答えよ。

グリシン水溶液中では，グリシンの陽イオン A^+，陰イオン C^-，双性イオン B との間に，次に示す平衡関係がある。ただし，$\log_{10}2 = 0.30$，$\log_{10}3 = 0.48$ とする。

$$\underset{A^+}{H_3N^+-CH_2-COOH} \underset{}{\overset{K_1}{\rightleftarrows}} \underset{B^{\pm}}{H_3N^+-CH_2-COO^-} + H^+ \quad \cdots ①$$

$$\underset{B^{\pm}}{H_3N^+-CH_2-COO^-} \overset{K_2}{\rightleftarrows} \underset{C^-}{H_2N-CH_2-COO^-} + H^+ \quad \cdots ②$$

ここで，①，②式の電離定数は，$K_1 = 5.0\times10^{-3}$mol/L，$K_2 = 2.0\times10^{-10}$mol/L とする。

(1) グリシン水溶液に塩酸を加えて，pH を 3.5 に調整した。このとき，$\dfrac{[A^+]}{[C^-]}$ の濃度比はいくらになるか。

(2) $[A^+] = [C^-]$ となるとき，グリシン水溶液のもつ電荷は全体として 0 になる。このときの pH を小数第 1 位まで求めよ。

(3) 0.10mol/L のグリシン水溶液 10mL に，0.10mol/L の水酸化ナトリウム水溶液 6.0mL 加えた。この混合水溶液の pH を小数第 1 位まで求めよ。

必 360 □□ ◀ペプチドの構造決定▶ 次の文を読み，あとの問いに答えよ。

アミノ酸	略号
グリシン	Gly
グルタミン酸	Glu
システイン	Cys
チロシン	Tyr
リシン	Lys
アラニン	Ala

(A) ペプチド X は，直鎖状で一端に α−アミノ基（N 末端），他端に α−カルボキシ基（C 末端）をもつ。

(B) ペプチド X は，右表のアミノ酸のうちの 5 個からなる。

(C) N 末端のアミノ酸は酸性アミノ酸であった。

(D) C 末端のアミノ酸を亜硝酸でジアゾ化した後加水分解すると，乳酸 $CH_3CH(OH)COOH$ が得られた。

(E) 塩基性アミノ酸のカルボキシ基側のペプチド結合のみを加水分解する酵素を作用させると，ペプチドⅠ，Ⅱが得られた。

(F) ペプチドⅠ，Ⅱのうち，Ⅱだけがビウレット反応を示した。

(G) 水酸化ナトリウム水溶液を加えて加熱し，酢酸鉛（Ⅱ）水溶液を加えたらペプチドⅠのみに黒色沈殿を生じた。

(H) 右表のアミノ酸の 1 つを酸化すると，<u>二量体構造をもつアミノ酸に変化した</u>。

(I) 濃硝酸を加えて加熱後，塩基性にすると，ペプチドⅡのみが橙黄色を示した。

(1) 下線部の反応で，新たに形成された化学結合の名称を記せ。

(2) ペプチド X のアミノ酸配列を N 末端から略号で記せ。

(3) ペプチドⅡを完全に加水分解して得られたアミノ酸の酸性水溶液を，pH2.5 の緩衝液中で電気泳動を行ったとき，最も移動速度の大きいアミノ酸の名称を記せ。

35 プラスチック・ゴム

1 合成高分子化合物

❶**高分子化合物(高分子)**　分子量が 10000 以上の化合物。

❷**合成高分子化合物**　分子量の小さな**単量体(モノマー)**を重合させると，**重合体(ポリマー)**が得られる。重合体をつくる単量体の数を**重合度**といい，n で表す。

付加重合	C＝C 結合をもつ単量体が二重結合を開きながら重合する。	
縮合重合	単量体どうしの間で水などの簡単な分子がとれながら重合する。	水など

共重合　2 種類以上の単量体を混合して(付加)重合すること。

開環重合　環状構造の単量体が，環を開きながら重合すること。

❸**合成高分子化合物の性質**

(1) 分子量が一定でない。
(2) 明確な融点を示さない。
(3) 溶媒に溶けにくく，電気を導かない。
(4) **結晶部分**と**非結晶部分**を合わせもつ。

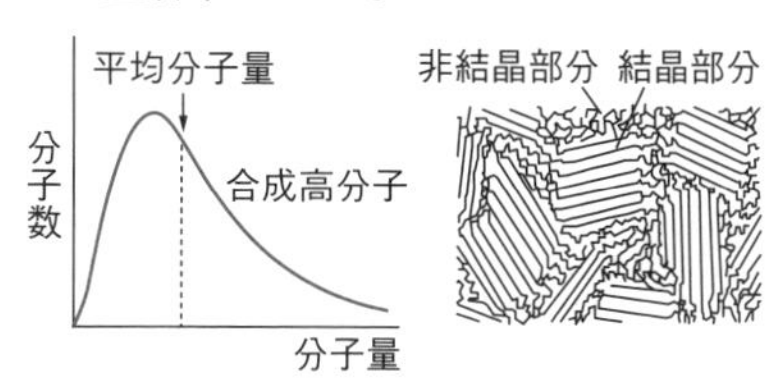

2 プラスチック(合成樹脂)

❶**合成樹脂**　合成繊維，合成ゴム以外の合成高分子で，成型・加工が可能なもの。

熱可塑性樹脂	加熱すると軟化し，冷やすと硬くなる性質(**熱可塑性**)をもつ。**鎖状構造**の高分子。	**付加重合**で得られるすべての高分子。2 個の官能基をもつ単量体(**2 官能性モノマー**)どうしが**縮合重合**して得られる高分子。
熱硬化性樹脂	加熱すると硬くなり，再び軟化しない性質(**熱硬化性**)をもつ。**立体網目構造**の高分子。	3 個以上の官能基をもつ単量体(**多官能性モノマー**)が**付加縮合**，または**縮合重合**して得られる高分子。

❷**付加重合で得られる合成樹脂**(付加重合体)

性質	名称	単量体	重合反応の形式	X の化学式
熱可塑性	**ポリエチレン**	エチレン	$n\,\mathrm{CH_2{=}CHX} \longrightarrow \left[\mathrm{CH_2{-}CHX}\right]_n$	$-\mathrm{H}$
	ポリ塩化ビニル	塩化ビニル		$-\mathrm{Cl}$
	ポリプロピレン	プロピレン		$-\mathrm{CH_3}$
	ポリスチレン	スチレン		$-\mathrm{C_6H_5}$
	ポリ酢酸ビニル	酢酸ビニル		$-\mathrm{OCOCH_3}$
	ポリアクリロニトリル	アクリロニトリル		$-\mathrm{CN}$

※メタクリル酸メチル $\mathrm{CH_2{=}C(CH_3)COOCH_3}$ を付加重合させた**メタクリル樹脂**や，塩化ビニリデン $\mathrm{CH_2{=}CCl_2}$ を付加重合させた**ポリ塩化ビニリデン**もある。

※テトラフルオロエチレン $\mathrm{CF_2{=}CF_2}$ を付加重合させた**ポリテトラフルオロエチレン(テフロン®)**は，耐熱性，耐薬品性が大きく，摩擦係数が小さい。

❸縮合重合で得られる合成樹脂（縮合重合体）

性質	名称(一般名)	単量体	重合体	用途
熱可塑性	**ナイロン66**（ポリアミド）	アジピン酸，ヘキサメチレンジアミン	$\left[\mathrm{-C(=O)-(CH_2)_4-C(=O)-N(H)-(CH_2)_6-N(H)-}\right]_n$	合成繊維としても利用される。
	ポリエチレンテレフタラート（ポリエステル，PET）	テレフタル酸，エチレングリコール	$\left[\mathrm{-C(=O)-C_6H_4-C(=O)-O-(CH_2)_2-O-}\right]_n$	
	ポリカーボネート	ビスフェノールA，ホスゲン	$\left[\mathrm{-O-C_6H_4-C(CH_3)_2-C_6H_4-O-C(=O)-}\right]_n$	ヘルメット，CD基盤など

❹付加縮合で得られる合成樹脂（付加縮合体）

単量体の付加反応と縮合反応を繰り返して進む重合(付加縮合)で生成する。

単量体の一方にホルムアルデヒド HCHO を用いたものが多い。

性質	名称	単量体	重合体	特性	用途
熱硬化性	**フェノール樹脂**（ベークライト）	C_6H_5OH HCHO	…フェノール環(OH)がCH₂で結ばれた網目構造…	耐熱性，電気絶縁性，耐薬品性	配電盤，ソケット
	尿素樹脂（ユリア樹脂）	$CO(NH_2)_2$ HCHO	$\mathrm{\cdots-N(CH_2-)-C(=O)-N(H)-CH_2-N(H)-C(=O)-N(CH_2-)-\cdots}$	接着性，透明，着色性，電気絶縁性	合板の接着剤，成形品
	メラミン樹脂	$C_3N_3(NH_2)_3$ HCHO	…トリアジン環がNH−CH₂−NHで結ばれた網目構造…	耐久性，耐熱性，高強度，光沢大	化粧板，塗料，木材の接着剤

※このほか，熱硬化性樹脂には，無水フタル酸とグリセリンの縮合重合で得られる**グリプタル樹脂**もある。

3 ゴム

❶天然ゴム（生ゴム）　熱分解するとイソプレン $CH_2=CH-C(CH_3)=CH_2$ が得られる。イソプレンが付加重合した $\left[CH_2-CH=C(CH_3)-CH_2\right]_n$ の構造(**シス形**)をもつ。

❷加硫　天然ゴムに硫黄(数%)を加えて加熱すると，S原子による**架橋構造**が生じ，弾性，耐久性が増す。硫黄を多量(数十%)に反応させると，黒色で硬い**エボナイト**になる。

❸合成ゴム　ブタジエン系の化合物の付加重合でつくる。

名称(略称)	単量体	重合体	重合反応	特徴
ブタジエンゴム	ブタジエン	$\left[CH_2-CH=CH-CH_2\right]_n$	付加重合	気体不透過性
クロロプレンゴム	クロロプレン	$\left[CH_2-CH=CCl-CH_2\right]_n$		耐熱性
スチレン－ブタジエンゴム(SBR)	スチレン，ブタジエン	$\left[(CH_2-CH=CH-CH_2)_x(CH(C_6H_5)-CH_2)_y\right]_n$	共重合	耐摩耗性
アクリロニトリル－ブタジエンゴム(NBR)	アクリロニトリル，ブタジエン	$\left[(CH_2-CH=CH-CH_2)_x(CH(CN)-CH_2)_y\right]_n$		耐油性

確認&チェック

1 高分子化合物の合成方法について答えよ。

(1) 二重結合を開きながら重合する。

(2) 水などの簡単な分子が取れながら重合する。

(3) 2種類以上の単量体を混合して重合する。

(4) 環状構造の単量体が環を開きながら重合する。

2 次の構造をもつプラスチックの名称を答えよ。

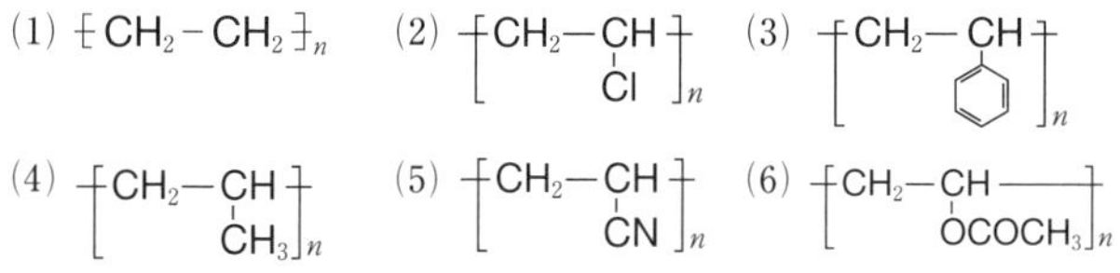

(1) $\mathrm{\{CH_2-CH_2\}_n}$ (2) $\mathrm{\{CH_2-CH(Cl)\}_n}$ (3) $\mathrm{\{CH_2-CH(C_6H_5)\}_n}$

(4) $\mathrm{\{CH_2-CH(CH_3)\}_n}$ (5) $\mathrm{\{CH_2-CH(CN)\}_n}$ (6) $\mathrm{\{CH_2-CH(OCOCH_3)\}_n}$

3 次の記述の中で，熱可塑性樹脂の特徴にはA，熱硬化性樹脂の特徴にはBをつけよ。

(1) 加熱すると軟化する。

(2) 加熱しても軟化しない。

(3) 図Xの構造をもつ。

(4) 図Yの構造をもつ。

図X　図Y

4 次のプラスチックのうち，熱可塑性樹脂にはA，熱硬化性樹脂にはBをつけよ。

(1) ポリエチレン　(2) ポリスチレン

(3) フェノール樹脂　(4) 尿素樹脂

(5) ポリ塩化ビニル　(6) メラミン樹脂

5 天然ゴム(生ゴム)について，次の問いに答えよ。

(1) 天然ゴムを熱分解して得られる炭化水素の名称を記せ。

(2) 天然ゴムの弾性を高めるために行う操作を何というか。

(3) 天然ゴムに多量に硫黄を加え，長時間加熱してできた黒色で硬いプラスチック状の物質は何か。

(4) 次の反応式で，(　　)に適する化学式を答えよ。

$n\mathrm{CH_2{=}CH{-}CH{=}CH_2} \longrightarrow$ (　　　)

解答

1 (1) 付加重合
(2) 縮合重合
(3) 共重合
(4) 開環重合
→p.283 1

2 (1) ポリエチレン
(2) ポリ塩化ビニル
(3) ポリスチレン
(4) ポリプロピレン
(5) ポリアクリロニトリル
(6) ポリ酢酸ビニル
→p.283 2

3 (1) A
(2) B
(3) A
(4) B
→p.283 2

4 (1) A　(2) A
(3) B　(4) B
(5) A　(6) B
→p.283，284 2

5 (1) イソプレン
(2) 加硫
(3) エボナイト
(4) $\mathrm{\{CH_2{-}CH{=}CH{-}CH_2\}_n}$
→p.284 3

例題 110 合成高分子化合物の構造

次の(a)〜(e)の合成高分子化合物の単位構造を参考にして，あとの問いに答えよ。

(a) $-\mathrm{CO}-C_6H_4-\mathrm{CO}-O-CH_2-CH_2-O-$

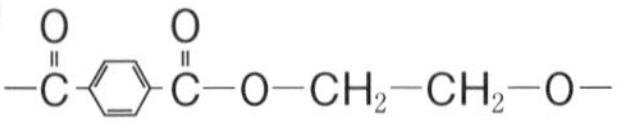

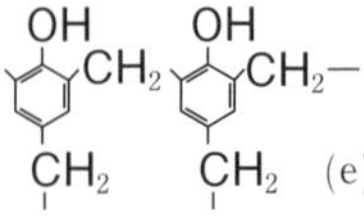

(b) フェノール環(OH)が CH_2 で結合した網目構造 $-CH_2-$

(c) $-CH_2-C(CH_3)(COOCH_3)-$

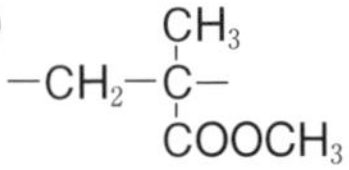

(d) $-CH_2-CH(C_6H_5)-$

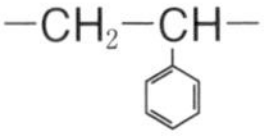

(e) $-CH_2-CH(OCOCH_3)-$

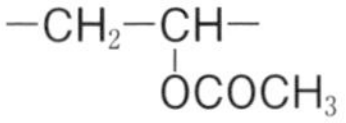

(1) 各高分子化合物の名称を記せ。また，その原料を次の物質からすべて選べ。

酢酸ビニル　　ホルムアルデヒド　　メタクリル酸メチル

スチレン　　テレフタル酸　　フェノール　　エチレングリコール

(2) (a)〜(e)の中で，熱硬化性樹脂をすべて記号で選べ。

考え方 (1) (a) **テレフタル酸**と**エチレングリコール**の縮合重合で得られるポリエチレンテレフタラートである。

(b) **フェノール**と**ホルムアルデヒド**の付加縮合で得られるフェノール樹脂である。

(c) **メタクリル酸メチル**の付加重合で得られるポリメタクリル酸メチルである。

(d) **スチレン**の付加重合で得られるポリスチレンである。

(e) **酢酸ビニル**の付加重合で得られるポリ酢酸ビニルである。

(2) 鎖状構造をもつ高分子が**熱可塑性樹脂**，立体網目構造をもつ高分子が**熱硬化性樹脂**となる。問題の単位構造から明らかなように，フェノール樹脂だけが立体網目構造をもつので，**熱硬化性樹脂**である。残りはすべて熱可塑性樹脂である。

解答 (1) 考え方の太字の部分を参照。　(2) (b)

例題 111 天然ゴム・合成ゴム

次の文の［　　］に適語を入れよ。

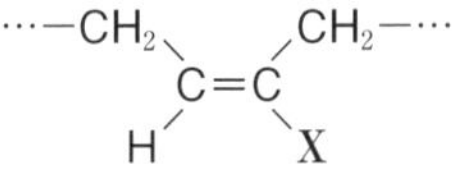

天然ゴムは炭化水素の①［　　］を単量体とする高分子で，図のような構造をもち，－X の部分は②［　　］基である。通常，これに適量の③［　　］を加え加熱すると，弾性・強度・耐久性が向上したゴムになる。この操作を④［　　］という。

$\cdots-CH_2-C(H)=C(X)-CH_2-\cdots$

合成ゴムには，－X の部分が Cl である⑤［　　］を付加重合させた⑥［　　］がある。また，ブタジエンとスチレンを共重合してつくられた⑦［　　］もある。

考え方 **天然ゴム**は，炭化水素のイソプレン C_5H_8 が付加重合してできたシス形の**ポリイソプレン**である。

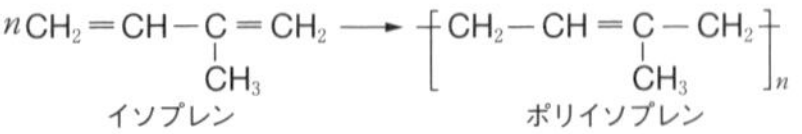

イソプレンの付加重合では，分子の両端の 1 位と 4 位の炭素原子で付加重合(1, 4 付加)するので，中央の 2 位と 3 位の炭素原子間に新た

$$n\,CH_2=CH-C(CH_3)=CH_2 \longrightarrow \left[CH_2-CH=C(CH_3)-CH_2\right]_n$$

イソプレン　　　　ポリイソプレン

に二重結合が生じる。このうち，**シス形**のポリイソプレンは**ゴム弾性**を示す。

C=C 結合が**シス形**の**天然ゴム**では，分子が折れ曲がった構造となり，分子間力があまり強く作用しないため，軟らかいゴム状の物質となる。一方，C=C 結合が**トランス形**の**グッタペルカ**では，分子が直鎖状の構造となり，分子間力が強く作用して，硬いプラスチック状の物質となる。

天然ゴム(生ゴム)に硫黄(数%)を加えて加熱する操作を加硫という。この操作により，ゴム分子内の C=C 結合に S 原子が付加して −S−, −S−S− などの**架橋構造**ができ，鎖状構造であったポリイソプレンが立体網目構造となる。そのため，化学的にも安定になり，弾性・強度・耐久性も大きくなる。日常，使用されている天然ゴムは，みな加硫されたゴム(**弾性ゴム**)である。

イソプレンとよく似た構造をもつ単量体を付加重合させて, **合成ゴム**がつくられる。図の X = Cl である単量体は**クロロプレン**で，その重合体が**クロロプレンゴム**である。

$n\mathrm{CH_2{=}CH{-}CCl{=}CH_2} \longrightarrow \mathrm{\lbrack CH_2{-}CH{=}CCl{-}CH_2 \rbrack}_n$

合成ゴムには，2 種類以上の単量体を混合して付加重合させる**共重合**でつくるものもある。たとえば，スチレンとブタジエンの共重合体は，**スチレン−ブタジエンゴム**(SBR)である。

$\left[\left(\mathrm{CH_2{-}CH{=}CH{-}CH_2} \right)_x \left(\mathrm{CH{-}CH_2} \right)_y \right]_n$ (CH に C_6H_5 が結合)

解 答 ① イソプレン ② メチル ③ 硫黄 ④ 加硫 ⑤ クロロプレン
⑥ クロロプレンゴム(CR) ⑦ スチレン-ブタジエンゴム(SBR)

例題 112 共重合体の構成

ブタジエン 50g とアクリロニトリル 15g を混合し，密閉容器で適当な条件の下で共重合させた。反応後，未重合の単量体を除くと，45g の高分子化合物が得られ，この中の窒素含有率は 6.5%であった。次の問いに答えよ。(H = 1.0, C = 12, N = 14)

(1) この高分子化合物中の，ブタジエンとアクリロニトリルの物質量の比を m : 1 としたとき，m の値を整数で求めよ。

(2) はじめに与えられたアクリロニトリルのうち何%が反応したか。

考え方 ブタジエンとアクリロニトリルの示性式は，それぞれ $\mathrm{CH_2{=}CH{-}CH{=}CH_2}$, $\mathrm{CH_2{=}CHCN}$ で，互いに共重合させると，**アクリロニトリル-ブタジエンゴム(NBR)** が得られる。

(1) この共重合体の構成単位は，次のようである。

$\cdots \left[\mathrm{CH_2{-}CH{=}CH{-}CH_2} \right]_m \left[\mathrm{CH_2{-}CH(CN)} \right]_1 \cdots$

(分子量 54)　(分子量 53)

このゴムの窒素含有率が 6.5%なので，

$\dfrac{14}{54m+53} \times 100 = 6.5 \qquad \therefore \ m \fallingdotseq 3$

(2) この共重合体のブタジエン：アクリロニトリル＝3：1(物質量比)だから，反応した単量体の物質量比もそれぞれ 3：1 である。

反応したブタジエンを x〔g〕，アクリロニトリルを y〔g〕とすると，

$\begin{cases} \dfrac{x}{54} : \dfrac{y}{53} = 3 : 1 \\ x + y = 45 \end{cases}$

これを解いて，$x \fallingdotseq 34$〔g〕，$y \fallingdotseq 11$〔g〕

∴ 反応した割合(%)：$\dfrac{11}{15} \times 100 \fallingdotseq 73$〔%〕

解 答 (1) 3 (2) 73%

7−35

問題A

必は重要な必須問題。時間のないときはここから取り組む。

必361 □□ **◀合成樹脂の種類▶** 次の文の［　　］に適語を入れよ。

合成高分子化合物のうち，熱や圧力を加えると成形が可能なものを合成樹脂，または①［　　］という。ポリエチレンやポリ塩化ビニルのように，加熱すると軟化し，冷やすと再び硬化する合成樹脂を②［　　］といい，その多くは③［　　］とよばれる重合反応で合成され，④［　　］構造をもつ高分子で構成されている。

一方，フェノール樹脂や尿素樹脂のように，加熱しても軟化せず，より一層硬化する合成樹脂を⑤［　　］といい，その多くは⑥［　　］とよばれる特殊な重合反応で合成され，⑦［　　］構造をもつ高分子で構成されている。

362 □□ **◀合成高分子の特徴▶** 次の文のうち，正しいものをすべて記号で選べ。

(1) 合成高分子は，構成単位の低分子化合物が分子間力で集まったものである。
(2) 合成高分子の分子量は，一定の分布(幅)をもち，平均分子量で表される。
(3) 合成高分子には，一定の融点を示すものは少ない。
(4) すべての合成高分子は，加熱によって軟らかくなる性質をもつ。
(5) 合成高分子は，分子が規則正しく配列して，結晶をつくっている。
(6) 合成高分子は，加熱すると液体を経て気体に変化するものが多い。
(7) 合成高分子の中には溶媒に溶け，接着剤や塗料として用いられるものもある。

363 □□ **◀プラスチックの特徴▶** プラスチックの一般的特徴を選べ。

(ア) 電気絶縁性があり，熱に対して比較的弱い。
(イ) 酸や塩基に対して，比較的侵されやすい。
(ウ) 成型・加工しやすいが，着色は困難である。
(エ) 金属よりも軽量で，かつ，機械的強度は大きい。
(オ) 腐食しにくく，微生物により分解されにくい。

364 □□ **◀重合体▶** 次の記述に該当する重合体すべてを，語群から記号で選べ。

(1) 縮合重合で合成される。　　(2) 分子内にエステル結合をもつ。
(3) ペット(PET)ボトルとして多く利用される。
(4) エボナイトの合成原料となる。　　(5) 分子構造中に窒素を含んでいる。

【語群】
(ア) ポリエチレン　(イ) ナイロン66　(ウ) ポリスチレン
(エ) ポリ酢酸ビニル　(オ) ポリエチレンテレフタラート
(カ) ポリイソプレン　(キ) ポリアクリロニトリル

必 365 □□ ◀合成高分子▶　次の(a)〜(f)の構造をもつ合成高分子について答えよ。

(a)
$\cdots-CH_2-CH=CH-CH_2-\cdots$

(b)
$\cdots-\underset{\underset{O}{\|}}{C}-(CH_2)_4-\underset{\underset{O}{\|}}{C}-\underset{\underset{H}{|}}{N}-(CH_2)_6-\underset{\underset{H}{|}}{N}-\cdots$

(c)
$\cdots-CH_2-\underset{\underset{C_6H_5}{|}}{CH}-\cdots$

(d)
$\cdots-CH_2\diagdown N(CH_2-\cdots)-\underset{\|}{C}=O$ / $\cdots-CH_2\diagup N(CH_2-\cdots)$（尿素の両N原子に CH_2 が2つずつ結合した構造）

(e)
$\cdots-CH_2-\overset{\overset{CH_3}{|}}{\underset{\underset{COOCH_3}{|}}{C}}-\cdots$

(f)
トリアジン環（C_3N_3）の3つのC原子にそれぞれ $NH-CH_2-\cdots$、$NH-CH_2-\cdots$、$N(CH_2-\cdots)(CH_2-\cdots)$ が結合した構造

(1)　それぞれの合成高分子の名称を記せ。

(2)　それぞれの合成高分子の原料となる単量体の名称をすべて記せ。

(3)　次の(ア)〜(カ)の記述に関係の深い合成高分子を，上の(a)〜(f)から１つずつ選べ。

(ア)　熱可塑性樹脂で，発泡させたものは断熱材に使用される。

(イ)　硫黄を加えて加熱すると，適度な弾性をもつゴムになる。

(ウ)　ポリアミドともよばれ，合成繊維としての利用が多い。

(エ)　熱硬化性樹脂で，家庭用品，電気器具などに使用される。

(オ)　透明な有機ガラスとして，プラスチックレンズに使用される。

(カ)　熱硬化性樹脂で，耐熱性に優れ，化粧板や食器などに使用される。

必 366 □□ ◀天然ゴム▶　次の文の［　　］に適語を入れ，あとの問いに答えよ。

ゴムの木の樹皮に傷をつけると①［　　］とよばれる乳白色の樹液が得られる。これに②［　　］などを加えると凝固し，得られる沈殿を乾燥させたものを③［　　］，または生ゴムという。天然ゴムを空気を遮断して加熱すると，その単量体である無色の液体④［　　］が得られる。したがって，天然ゴムは④が付加重合してできた⑤［　　］形の立体構造をもつ高分子化合物である。

天然ゴムは弾性が弱く，耐久性にも乏しいが，数％の硫黄を加えて加熱するとゴム分子の間に硫黄S原子による⑥［　　］構造が形成されるため，弾性・強度・耐久性に優れたゴムになる。この操作を⑦［　　］といい，生じたゴムを⑧［　　］という。

また，天然ゴムに数十％の硫黄を加えて長時間加熱すると，黒色で硬いプラスチック状の⑨［　　］が得られる。

(1)　分子式 C_5H_8 で表される④の構造式を書け。

(2)　天然ゴムの構造式を，その立体構造がわかるように示せ。重合度は n とする。

(3)　天然ゴムを空気中に放置するとしだいに弾性を失う。この現象を何というか。また，この現象はどのような化学変化によるものなのかを説明せよ。

7－35

367 □□ ◀ポリエチレンの構造▶　次の文の［　　］に適する語句をあとの(ア)～(サ)から重複なく選んで記号で答え，問いにも答えよ。

ポリエチレンなどの高分子の固体には，高分子鎖が規則正しく配列した結晶部分と不規則に配列した非結晶部分が混在する。エチレンを 1.0×10^8 ～ 2.5×10^8 Pa，150 ～ 300℃で付加重合させて得られるⓐ低密度ポリエチレンは，①［　　］構造を多く含む。一方，触媒を用いて 1.0×10^5 ～ 5.0×10^6 Pa，60 ～ 80℃で付加重合させて得られるⓑ高密度ポリエチレンは，②［　　］構造を多く含む。ⓐとⓑの分子間力を比較すると，③［　　］ポリエチレンの方が強い。また，高密度ポリエチレンは低密度ポリエチレンに比べて④［　　］，軟化点が⑤［　　］，透明度が⑥［　　］などの特徴をもつ。

(ア)　直鎖状　　(イ)　枝分かれ　　(ウ)　大きい　　(エ)　小さい　　(オ)　高密度
(カ)　低密度　　(キ)　軟らかく　　(ク)　硬く　　(ケ)　高く　　(コ)　低く

〔問〕　下線部ⓐ，ⓑの分子構造として，それぞれふさわしい図を下から記号で選べ。

(A)
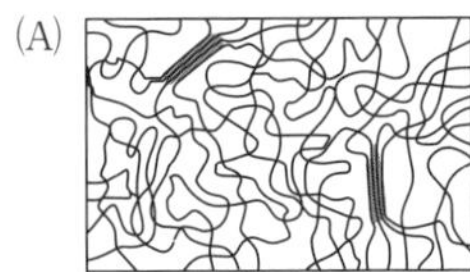
(B)
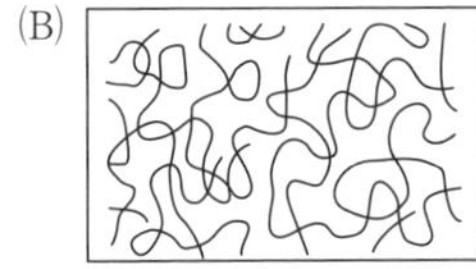
(C)
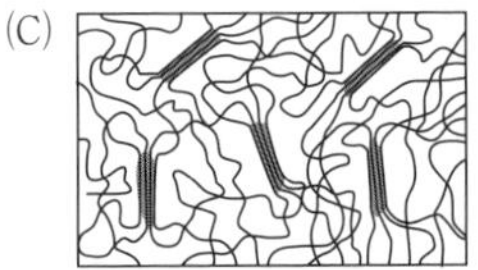

必 **368** □□ ◀高分子化合物▶　次の高分子化合物について，[A 群]よりその原料となる単量体を，[B 群]よりその高分子化合物に該当する記述を，それぞれ記号で選べ。

(1)　フェノール樹脂　　(2)　ポリ塩化ビニル　　(3)　尿素樹脂
(4)　ポリブタジエン　　(5)　ナイロン6　　(6)　ポリアクリロニトリル
(7)　ポリエチレンテレフタラート　(8)　ポリ酢酸ビニル

［A群］ ア．ホルムアルデヒド　　イ．1, 3-ブタジエン　　ウ．アジピン酸
エ．フェノール　　オ．テレフタル酸　　カ．アクリロニトリル
キ．尿素　　ク．カプロラクタム　　ケ．エチレングリコール
コ．塩化ビニル　　サ．酢酸ビニル

［B群］ a.　ポリエステルとよばれ，衣料や飲料容器に広く用いられる。
b.　熱硬化性樹脂で，アミノ樹脂に分類されている。
c.　付加重合で得られるが，分子中に二重結合をもち弾性がある。
d.　熱可塑性樹脂で燃えにくく，可塑剤の量により軟質と硬質のものがある。
e.　付加重合で得られ，分子中にシアノ基 −CN をもつ。
f.　開環重合で得られるポリアミドで，樹脂だけでなく繊維にも利用される。
g.　熱可塑性樹脂で軟化点が低く，樹脂よりも塗料，接着剤の用途が多い。
h.　熱硬化性樹脂で電気絶縁性に優れ，電子基板や電気部品に用いる。

369 □□ ◀プラスチックの種類▶　次の文に当てはまるプラスチックを記号で選べ。

(1)　電気絶縁性が高く，ベークライトともよばれる。

(2)　軟質から硬質まであり，家庭用品などに最も多量に使用される。

(3)　塩素を含み難燃性であるが，燃焼させると有毒なガスを発生する。

(4)　有機ガラスともよばれ，透明でかつ強度がある。

(5)　耐熱性，耐久性，耐薬品性に富み，硬度が大きい。

(6)　耐熱性，撥水(はっすい)性，耐薬品性に富み，テフロンとよばれている。

(ア)　ポリ塩化ビニル　(イ)　メラミン樹脂　(ウ)　ポリエチレン

(エ)　フェノール樹脂　(オ)　フッ素樹脂　(カ)　メタクリル樹脂

問題 B

必は重要な必須問題。時間のないときはここから取り組む。

370 □□ ◀合成高分子の特徴▶　次の文を読み，合成高分子の A，B，C，D に該当する物質を下から記号で選べ。

(1)　構成元素として，A と B は炭素と水素のみ，C は炭素，水素，酸素を，D は炭素，水素，酸素，窒素が含まれる。

(2)　B，C はベンゼン環を含むが，A，D はベンゼン環を含まない。

(3)　A，B，C は加熱すると軟化するが，D は加熱しても軟化しない。

(ア)　尿素樹脂　(イ)　ポリスチレン　(ウ)　ポリエチレンテレフタラート

(エ)　ポリエチレン　(オ)　フェノール樹脂　(カ)　ポリ酢酸ビニル

(キ)　ポリ塩化ビニル　(ク)　ポリアクリロニトリル

371 □□ ◀合成ゴム▶　次の文を読み，下の問いに答えよ。(H＝1.0，C＝12，N＝14)

代表的な合成ゴムの原料であるブタジエンは，2 分子のアセチレン $CH \equiv CH$ から得られるビニルアセチレン $CH_2=CH-C \equiv CH$ に特別な触媒を用いて水素を作用させてつくる。このブタジエンを付加重合させるとポリブタジエンが得られる。ポリブタジエンには，天然ゴムと同じようなゴムの弾性を示す[①]□と，ゴム弾性に乏しい[②]□のシス-トランス異性体が存在する。このほか，スチレンとブタジエンを共重合させると[③](　　)が得られ，スチレンとアクリロニトリルを共重合させると[④](　　)が得られる。

(1)　上の文の□に適切な構造式を，(　　)には適する物質名を記せ。

(2)　スチレンとブタジエンが 1：4 の物質量比で合成された SBR 4.0g に，触媒存在下で水素を完全に付加反応させると，標準状態で何 L の水素が消費されるか。

(3)　窒素を 8.75％（質量％）含む NBR 10kg をつくるには，計算上，何 kg(有効数字 2 桁)のブタジエンが必要か。

36 繊維・機能性高分子

1 合成繊維

❶付加重合で得られる合成繊維

ポリビニル系	アクリル繊維	アクリロニトリル，アクリル酸メチル	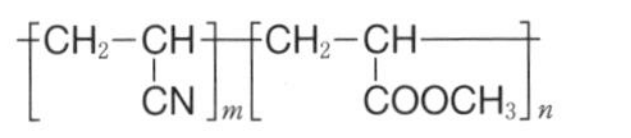 $\left[CH_2-CH(CN)\right]_m\left[CH_2-CH(COOCH_3)\right]_n$	セーター，毛布
ポリビニル系	ビニロン	ポリビニルアルコール，ホルムアルデヒド	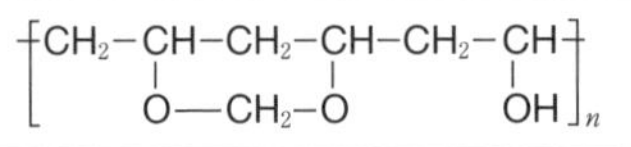 $\left[CH_2-CH-CH_2-CH-CH_2-CH(OH)\right]_n$（2つのCHのOが $O-CH_2-O$ で結合）	漁網，ロープ

$n CH_2=CH(OCOCH_3)$ 酢酸ビニル $\xrightarrow{\text{付加重合}}$ $\left[CH_2-CH(OCOCH_3)\right]_n$ ポリ酢酸ビニル $\xrightarrow[+NaOHaq]{\text{けん化}}$ $\left[CH_2-CH(OH)\right]_n$ ポリビニルアルコール（水溶性）

$\xrightarrow[+HCHO]{\text{アセタール化}}$ $\cdots-CH_2-CH-CH_2-CH-CH_2-CH(OH)-\cdots$（$O-CH_2-O$ 架橋）ビニロン*2（不溶性）

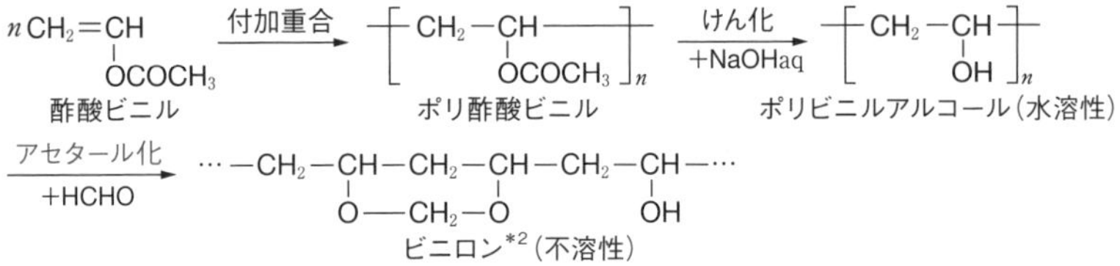

❷縮合重合で得られる合成繊維

ナイロン66	アジピン酸，ヘキサメチレンジアミン	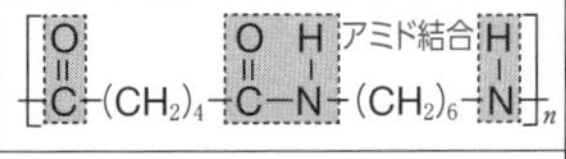 $\left[C(=O)-(CH_2)_4-C(=O)-NH-(CH_2)_6-NH\right]_n$ アミド結合	ポリアミド系	くつ下，ストッキング
ポリエチレンテレフタラート	テレフタル酸，エチレングリコール	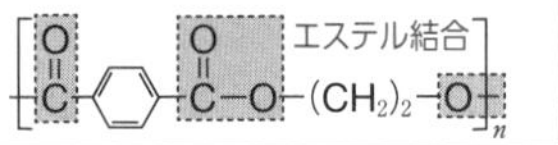 $\left[C(=O)-C_6H_4-C(=O)-O-(CH_2)_2-O\right]_n$ エステル結合	ポリエステル系	ワイシャツ，ペットボトル
アラミド繊維（ケブラー®）	テレフタル酸ジクロリド，p-フェニレンジアミン	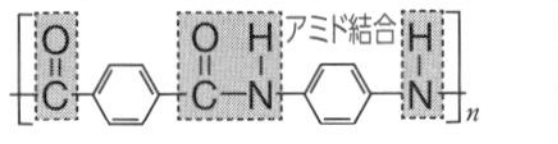 $\left[C(=O)-C_6H_4-C(=O)-NH-C_6H_4-NH\right]_n$ アミド結合	ポリアミド系	消防服，スポーツ用品

❸開環重合で得られる合成繊維

ナイロン6	カプロラクタム $\left[(CH_2)_5\ CONH\right]$	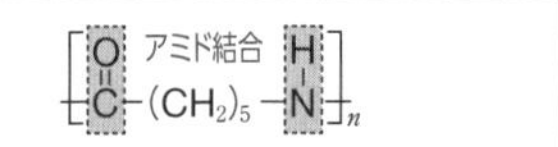 $\left[C(=O)-(CH_2)_5-NH\right]_n$ アミド結合	ポリアミド系	歯ブラシ，タイヤコード

❹合成繊維の特徴

ナイロン　絹に似た感触をもち，丈夫で耐久性があり耐薬品性が大。吸湿性は小さい。

ポリエステル　軽く丈夫で，しわになりにくい。吸湿性に乏しく，乾燥が速い。

アクリル繊維　羊毛に似た感触をもち，保温性，弾力性に富む。吸湿性は小さい。

ビニロン　綿に似た性質をもち，耐摩耗性や耐薬品性が大。適度な吸湿性をもつ。

❺ナイロン 66 の製法

アジピン酸ジクロリド $ClCO-(CH_2)_4-COCl$ のシクロヘキサン溶液を，ヘキサメチレンジアミン $H_2N-(CH_2)_6-NH_2$ の NaOH 水溶液に静かに加える。境界面に生成した薄膜がナイロン66 $\left[CO-(CH_2)_4-CONH-(CH_2)_6-NH\right]_n$ である。

❷ 天然繊維

❶**綿**　ワタの種子の表面の毛(約3cm)を利用。**セルロース**が主成分。
扁平で，天然のねじれ「撚り」があり，紡糸しやすい。摩擦にも強い。
内部に中空部分(ルーメン)があり，吸湿性も大きい。水にぬれると強くなる。

❷**羊毛**　羊の体毛(数cm)を繊維として利用。タンパク質の**ケラチン**が主成分。
システインを多く含み，ジスルフィド結合(S−S)で架橋結合をしている。
表面に鱗状の表皮(キューティクル)をもち，撥水性，吸湿性，保温性，弾力性が大。

❸**絹**　カイコガの繭の繊維(約1500m)を利用。タンパク質の**フィブロイン**が主成分。
生糸の表面を被うにかわ質のセリシン(タンパク質)を除いて，絹糸をつくる。
繊維の表面はなめらかで，しなやかで美しい光沢をもつ。光に弱く黄ばみやすい。

❹**各繊維の燃え方と酸・塩基に対する強さ**

綿	速やかに燃え，紙が燃える弱いにおい。	比較的酸に弱い。	比較的塩基に強い。
絹・羊毛	徐々に燃え，毛髪や爪が燃える強いにおい。	比較的酸に強い。	塩基に弱い。

❸ 再生繊維

❶**レーヨン**　天然繊維を溶媒に溶解してから再生させた繊維を**再生繊維**という。セルロース系の再生繊維をレーヨンという。セルロースの−OHには変化なし。
綿に似た吸湿性と光沢があるが，水にぬれると弱く，しわになりやすい。

❷**銅アンモニアレーヨン(キュプラ)**　コットンリンター*1をシュワイツァー試薬*2に溶かしたものを，希硫酸中へ噴出させてセルロースを再生したもの。

*1)コットンリンター　綿の種子毛(リント)に付着しているごく短い繊維。
*2)シュワイツァー試薬　$Cu(OH)_2$を濃NH_3水に溶かした溶液。$[Cu(NH_3)_4](OH)_2$が主成分。

❸**ビスコースレーヨン**　木材パルプを原料として，次の工程でつくる。

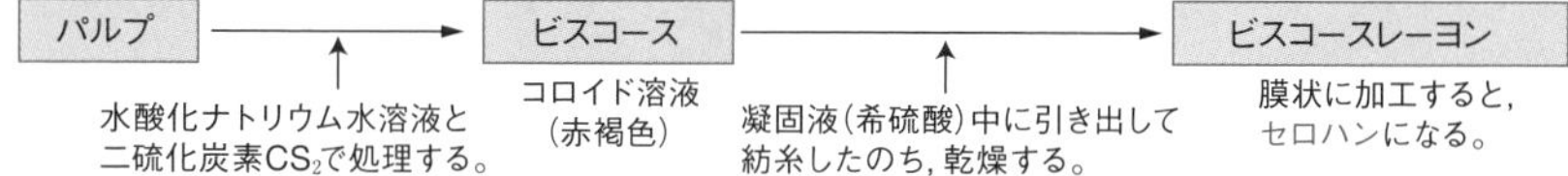

パルプ
水酸化ナトリウム水溶液と
二硫化炭素CS₂で処理する。
ビスコース
コロイド溶液
(赤褐色)
凝固液(希硫酸)中に引き出して
紡糸したのち，乾燥する。
ビスコースレーヨン
膜状に加工すると，
セロハンになる。

❹ 半合成繊維

❶**アセテート繊維**　セルロースの−OHのすべてを無水酢酸でアセチル化したものが**トリアセチルセルロース**で，アセトンに溶けない。そこで，水を加えて加水分解してできる**ジアセチルセルロース**をアセトンに溶かした溶液を温かい空気中に噴出させて，紡糸後，乾燥してアセトンを蒸発させると，**アセテート繊維**が得られる。

アセテート繊維は，適度な吸湿性があり絹に似た光沢がある。

天然繊維の官能基の一部を変化させてつくられた繊維を**半合成繊維**という。

セルロース $(C_6H_{10}O_5)_n$ —無水酢酸／アセチル化→ トリアセチルセルロース $[C_6H_7O_2(OCOCH_3)_3]_n$ —H_2O／加水分解→ ジアセチルセルロース $[C_6H_7O_2(OH)(OCOCH_3)_2]_n$

5 機能性高分子

❶**イオン交換樹脂**　溶液中のイオンを別のイオンと交換する作用をもつ合成樹脂。

合成法　スチレンと *p*-ジビニルベンゼンの共重合体に，適当な官能基を導入する。

(a)　**陽イオン交換樹脂**

酸性のスルホ基やカルボキシ基をもち H^+ と陽イオンが交換される。

$$\text{—C}_6\text{H}_4\text{—SO}_3^-\ \text{H}^+ + \text{Na}^+$$

スルホ基

(b)　**陰イオン交換樹脂**

塩基性のトリメチルアンモニウム基をもち OH^- と陰イオンが交換される。

$$\text{—C}_6\text{H}_4\text{—CH}_2\text{—N}^+(\text{CH}_3)_3\ \text{OH}^- + \text{Cl}^-$$

トリメチルアンモニウム基

※イオン交換反応は可逆反応なので，(a)を強酸，(b)を強塩基で洗うと，もとの状態に再生できる。

❷**導電性高分子**　金属並みの電気伝導性をもった高分子。

アセチレンの付加重合体の**ポリアセチレン**(トランス形)にハロゲンを少量注入したもの。コンデンサー，ポリマー型の二次電池などに利用。

$$n\text{CH}\equiv\text{CH} \longrightarrow \text{-[CH=CH]-}_n$$ ポリアセチレン

❸**感光性高分子**　光の作用により物理・化学的変化を生じる高分子。

光が当たると，熱可塑性の鎖状の高分子から熱硬化性の立体網目状の高分子に変化し，溶媒に不溶となる。印刷用凸版，プリント配線，金属加工などに利用。

❹**高吸水性高分子**　吸水力が強く，樹脂中に多量の水を保持できる高分子。

$$n\text{CH}_2\text{=CH(COONa)} \longrightarrow \text{-[CH}_2\text{—CH(COONa)]-}_n$$ ポリアクリル酸ナトリウム

多量の水を吸収して膨らむ。紙おむつ，生理用品，土壌保水剤などに利用。

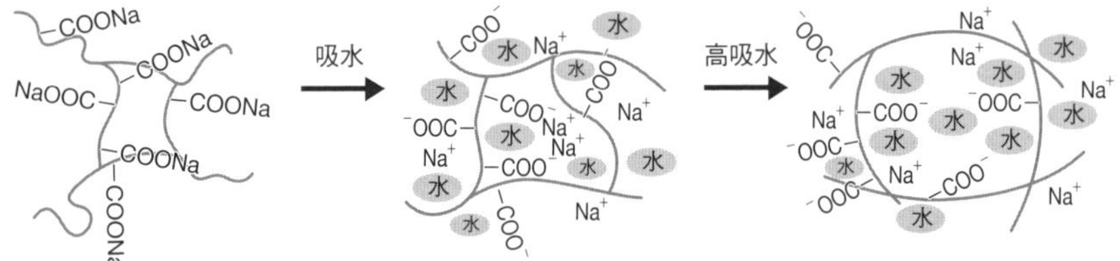

乾燥した固体状態では，分子鎖がからみ合っている。　吸水すると，$-COONa$ の部分が $-COO^-$ と Na^+ に電離する。　$-COO^-$ どうしの静電気的な反発力で網目が拡大する。

❺**生分解性高分子**　生体内や微生物などによって分解されやすい高分子。

ポリグリコール酸 $\text{-[O-CH}_2\text{-CO]-}_n$ やポリ乳酸 $\text{-[O-CH(CH}_3\text{)-CO]-}_n$ など外科手術用の縫合糸，釣り糸，砂漠緑化用の土壌保水材などに利用。

6 プラスチックのリサイクル(再生利用)

❶**マテリアルリサイクル**　製品を融かしてもう一度製品として利用する。

❷**ケミカルリサイクル**　原料物質(単量体)まで分解し，再び材料を合成して利用する。

❸**サーマルリサイクル**　燃焼させて発生する熱エネルギーを利用する。

確認＆チェック

解答

1 次の単量体からつくられる合成繊維の名称を，下から記号で選べ。

(1) アジピン酸とヘキサメチレンジアミン
(2) テレフタル酸とエチレングリコール
(3) ポリビニルアルコールとホルムアルデヒド
(4) カプロラクタム
(5) テレフタル酸ジクロリドと *p*-フェニレンジアミン

［(ア) アラミド繊維　(イ) ナイロン6　(ウ) ナイロン66
(エ) ビニロン　(オ) ポリエチレンテレフタラート］

1 (1) (ウ)
(2) (オ)
(3) (エ)
(4) (イ)
(5) (ア)
→ p.292 1

2 次の記述に当てはまる繊維の一般名を，下から記号で選べ。

(1) 植物や動物などからつくられた繊維。
(2) 天然繊維を適当な溶媒に溶かしてから再生させた繊維。
(3) 石油などを原料として，化学的な方法でつくられた繊維。
(4) 天然繊維の官能基の一部を変化させてつくられた繊維。
(5) 天然繊維以外の繊維の総称。

［(ア) 合成繊維　(イ) 半合成繊維
(ウ) 天然繊維　(エ) 再生繊維　(オ) 化学繊維］

2 (1) (ウ)
(2) (エ)
(3) (ア)
(4) (イ)
(5) (オ)
➡化学繊維とは，(ウ)を除く(ア)，(イ)，(エ)の総称である。
→ p.292 1
p.293 2〜4

3 次の記述に当てはまる合成繊維の名称を，下から記号で選べ。

(1) 羊毛に似た感触があり，保温性，弾力性に富む。
(2) 絹に似た光沢があり丈夫で，耐久性がある。
(3) 吸湿性に乏しく，しわになりにくい。乾燥が速い。
(4) 綿に似た性質をもち，耐摩耗性が大。吸湿性がある。

［(ア) ナイロン　(イ) ポリエステル
(ウ) ビニロン　(エ) アクリル繊維］

3 (1) (エ)
(2) (ア)
(3) (イ)
(4) (ウ)
→ p.292 1

4 次の記述にあてはまる合成樹脂をそれぞれ何というか。

(1) スチレンと *p*-ジビニルベンゼンに $-SO_3H$ や $-COOH$ などの酸性の官能基を導入した樹脂。
(2) スチレンと *p*-ジビニルベンゼンに $-N^+(CH_3)_3OH^-$ などの塩基性の官能基を導入した樹脂。

4 (1) 陽イオン交換樹脂
(2) 陰イオン交換樹脂
→ p.294 5

7-36

例題 113 ポリエステルの重合度

テレフタル酸 p-$C_6H_4(COOH)_2$ とエチレングリコール $(CH_2OH)_2$ の縮合重合で得られた平均分子量 4.8×10^5 のポリエチレンテレフタラート（ポリエステル）について，次の問いに答えよ。原子量は，H＝1.0，C＝12，O＝16 とし，この高分子の末端の構造は考慮しなくてよい。

(1) このポリエステルの繰り返し単位の数（重合度）を求めよ。

(2) このポリエステル1分子中には，何個のエステル結合が含まれるか。

考え方 (1) ポリエチレンテレフタラートは，テレフタル酸（2価カルボン酸）とエチレングリコール（2価アルコール）の縮合重合によりつくられ，その反応式は次の通り。ただし，題意より，高分子の末端にある −H，−OH の構造は省略して示してある。

$$n\mathrm{HOOC{-}C_6H_4{-}COOH} + n\mathrm{HO{-}(CH_2)_2{-}OH} \longrightarrow \mathrm{\left[OC{-}C_6H_4{-}COO{-}(CH_2)_2{-}O\right]}_n + 2n\mathrm{H_2O}$$

繰り返し単位 $C_{10}H_8O_4$ の式量は 192 なので，このポリエステルの分子量は $192n$ である。

$192n = 4.8\times10^5$　　$n = 2500 = 2.5\times10^3$

(2) このポリエステル1分子中に含まれるエステル結合の数は，縮合重合によって取れた水分子の数 $2n$ 個と等しい。　　$2\times2500 = 5000 = 5.0\times10^3$（個）

解答 (1) 2.5×10^3　(2) 5.0×10^3 個

例題 114 セルロースの反応

(1) セルロースを構成している単糖類は何か。その名称を記せ。

(2) セルロースのもつ官能基がわかるように，その示性式を書け。

(3) 次の(a)～(c)の各操作により生成する物質の示性式を書け。

　(a) セルロースをシュワイツァー試薬に溶かし，これを希硫酸中に押し出す。

　(b) セルロースに十分量の無水酢酸を作用させる。

　(c) セルロースに濃硝酸と濃硫酸の混合溶液を作用させる。

考え方 (1) **セルロース**は，β-グルコースが縮合重合した高分子で，直線状構造をもつ。

(2) セルロースの分子式は $(C_6H_{10}O_5)_n$ であるが，分子中に3個の −OH が存在するので，示性式では $[C_6H_7O_2(OH)_3]_n$ と表す。

(3) (a) セルロースは熱水にも不溶だが，濃アンモニア水に $Cu(OH)_2$ を溶かした**シュワイツァー試薬** $[Cu(NH_3)_4](OH)_2$ に溶ける。これを希硫酸中に押し出すと，もとのセルロースが再生する。これを**銅アンモニアレーヨン（キュプラ）**という。

(b) セルロースに無水酢酸（主薬），氷酢酸（溶媒），濃硫酸（触媒）を作用させると，セルロース中の −OHのすべてがアセチル化され，**トリアセチルセルロース**ができる。

(c) セルロースに濃硝酸（主薬），濃硫酸（触媒）を作用させると，セルロースの硝酸エステルである**トリニトロセルロース**が得られ，綿火薬に用いられる。

解答 (1) β-グルコース　(2) $[C_6H_7O_2(OH)_3]_n$

(3) (a) $[C_6H_7O_2(OH)_3]_n$　(b) $[C_6H_7O_2(OCOCH_3)_3]_n$　(c) $[C_6H_7O_2(ONO_2)_3]_n$

例題 115 ビニロン

次の文の[ ]に適語を入れよ。

ビニロンは，水溶性のポリビニルアルコールを①[ ]で処理して不溶化したもので，この操作を②[ ]という。ポリビニルアルコールはビニルアルコールの付加重合体としての構造をもつが，実際には，単量体の酢酸ビニルを③[ ]した後，塩基の水溶液で④[ ]してつくる。(H=1.0，C=12，O=16)

考え方 **ポリビニルアルコール**は分子中に多数の親水性の $-OH$ をもち，水に溶けやすい。そこで，ポリビニルアルコールにホルムアルデヒド HCHO を加えて，$-OH$ どうしをメチレン基 $-CH_2-$ で結びつけ，疎水性のアセタール構造($-O-CH_2-O-$)に変えたものが**ビニロン**である。この操作をアセタール化という。

ポリビニルアルコールはビニルアルコールの付加重合では合成されない。それは，ビニルアルコールが不安定で，すぐに安定な異性体のアセトアルデヒドに変化するためである。

$$CH_2=CH(OH) \longrightarrow CH_3-C(=O)-H$$

したがって，ポリビニルアルコールは，ポリ酢酸ビニルを強塩基の NaOH 水溶液で加水分解(**けん化**)してつくる。

$$n CH_2=CH(OCOCH_3) \longrightarrow \left[CH_2-CH(OCOCH_3) \right]_n \longrightarrow \left[CH_2-CH(OH) \right]_n$$

解答 ① ホルムアルデヒド ② アセタール化 ③ 付加重合 ④ けん化(加水分解)

例題 116 イオン交換樹脂

陽イオン交換樹脂($R-SO_3H$)を詰めたカラムがある。これに 0.20mol/L 食塩水 10mL を流した後，十分に水洗したところ，100mL の流出液が得られた。次の問いに答えよ。

(1) 上記のイオン交換反応により，流出した水素イオンの物質量は何 mol か。

(2) 流出液 100mL を 0.10mol/L 水酸化ナトリウム水溶液で中和すると，何 mL 必要か。

考え方 **陽イオン交換樹脂**は，架橋構造をもつポリスチレンを濃硫酸でスルホン化して，その中のベンゼン環に $-SO_3H$ を導入したもので，樹脂中の H^+ と溶液中の陽イオンが交換される。

(1) 流した陽イオンが 1 価の場合，$Na^+ : H^+$ **= 1 : 1 の割合で交換される**点に注目して，反応式を書けばよい。 $R-SO_3H + NaCl \longrightarrow R-SO_3Na + HCl$

反応式の係数比より，加えた NaCl の物質量と流出した HCl の物質量は等しい。

よって，流出した H^+ の物質量は，$0.20 \times \frac{10}{1000} = 2.0 \times 10^{-3}$〔mol〕

(2) イオン交換のあと，樹脂を水洗するのは，交換された H^+ を完全に集めるためである。

流出した HCl を中和するのに必要な NaOH 水溶液を x〔mL〕とすると，

$$2.0 \times 10^{-3} = 0.10 \times \frac{x}{1000} \quad \therefore x = 20〔mL〕$$

解答 (1) 2.0×10^{-3}mol (2) 20mL

7-36

問題A

必は重要な必須問題。時間のないときはここから取り組む。

必372□□ ◀繊維の種類▶　次の文の［　　］に適語を入れよ。

繊維には，天然繊維と化学繊維があり，化学繊維はさらに，再生繊維，半合成繊維，①［　　］に分類される。

天然繊維のうち，綿や麻の主成分は②［　　］，羊毛や絹の主成分は③［　　］である。

セルロースからつくられる再生繊維を④［　　］という。水酸化銅(Ⅱ)を濃アンモニア水に溶かした溶液を⑤［　　］といい，⑤にセルロースを溶解し，希硫酸中に押し出して繊維としたものを⑥［　　］という。一方，木材パルプを水酸化ナトリウム水溶液と二硫化炭素 CS_2 と反応させると⑦［　　］とよばれる粘性のある液体になる。これを希硫酸中に押し出して繊維としたものを⑧［　　］，膜状に加工したものを⑨［　　］という。

半合成繊維の⑩［　　］は，木材パルプを⑪［　　］でアセチル化後，部分的に加水分解して得られたジアセチルセルロースを，アセトンに溶かして繊維としたものである。

必373□□ ◀合成繊維▶　次の問いに答えよ。(原子量：H=1.0，C=12，N=14，O=16)

絹に似た合成繊維の①<u>ナイロン66</u>は［ア］とヘキサメチレンジアミンの［イ］重合で合成される。②<u>ナイロン6</u>はカプロラクタムの［ウ］重合で合成される。一方，ポリエステル系合成繊維の③<u>ポリエチレンテレフタラート</u>は分子中に［エ］結合をもち，テレフタル酸と［オ］を［イ］重合させて合成される。羊毛に似た風合いをもつアクリル繊維には，④<u>アクリロニトリルが［カ］重合したもの</u>のほか，アクリロニトリルに塩化ビニルなどを混合したものを［キ］重合させたものもある。また，高強度で，耐熱性に優れた⑤<u>アラミド繊維</u>は，テレフタル酸ジクロリドと p-フェニレンジアミンを［ク］重合させて得られる。

(1)　上の文の［　　］に適切な語句，化合物名を入れよ。

(2)　下線部①～⑤の化合物の構造式を示せ。高分子の末端の構造は考慮しなくてよい。

(3)　ナイロンが引っ張り力に強い繊維である理由を，分子構造から説明せよ。

(4)　分子量 2.0×10^5 のナイロン66の1分子中には，何個のアミド結合が存在するか。ただし，高分子の末端の構造は考慮しなくてよい。

374□□ ◀機能性高分子▶　次の(1)～(4)に該当する機能性高分子の名称を記せ。

(1)　自身の質量の数百倍以上の水を吸収・保存する高分子。

(2)　金属並みの電気伝導性をもつ高分子。

(3)　体内や微生物によって分解されやすい高分子。

(4)　光が当たると硬化し，溶媒に対して不溶となる高分子。

375□□◀繊維の区別▶　次の記述に該当する繊維を下から1つずつ記号で選べ。

(1)　撥水性，保温性に優れ，吸湿性が最も大きい天然繊維。

(2)　摩擦や引っ張りに強く，絹に似た構造をもつ合成繊維。

(3)　美しい光沢をもつ天然繊維で，光に弱く黄ばみやすい。

(4)　吸湿性に富み，水にぬれるとかえって強くなる天然繊維。

(5)　吸湿性がなく，乾きが速くしわになりにくい。生産量が最大の合成繊維。

(6)　木材パルプを原料とした化学繊維で，吸湿性は高いが水にぬれると弱くなる。

(7)　羊毛のような感触と風合いをもつ合成繊維で，高温処理すると炭素繊維が得られる。

(8)　綿に似た性質をもち，適度な吸湿性をもつ国産初の合成繊維。

(9)　非常に高い弾性と強度，および耐熱性をもつ合成繊維。

(ア)　綿　　(イ)　絹　　(ウ)　羊毛　　(エ)　炭素繊維
(オ)　ポリエステル　　(カ)　アクリル繊維　　(キ)　ナイロン
(ク)　ビニロン　　(ケ)　レーヨン　　(コ)　アラミド繊維

376□□◀ナイロン66の合成▶　次の実験について，あとの問いに答えよ。

〔1〕有機溶媒A約30mLに，アジピン酸ジクロリド $ClCO-(CH_2)_4-COCl$ 0.010molを完全に溶かした。

〔2〕約50mLの水に，NaOH 0.80gと化合物B 0.010molを完全に溶かした。

〔3〕〔1〕の溶液に〔2〕の溶液をゆっくり加えると，2種の溶液の境界面にナイロン66の薄膜が生成した。

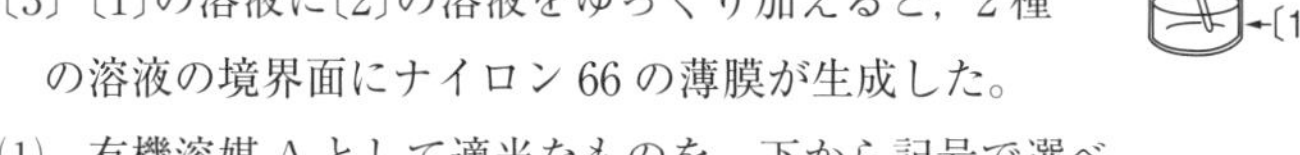

(1)　有機溶媒Aとして適当なものを，下から記号で選べ。

(ア)　アセトン　　(イ)　ジクロロメタン　　(ウ)　ジエチルエーテル

(2)　化合物Bの名称を記せ。

(3)　アジピン酸ジクロリドの70%が反応したとき，ナイロン66は何g生成するか。
（原子量：H＝1.0，C＝12，N＝14，O＝16）

必**377**□□◀ビニロン▶　次の文の□に適語を入れよ。

わが国で開発されたビニロンは，まず，酢酸ビニルを[①]□させてポリ酢酸ビニルとした後，水酸化ナトリウム水溶液を作用させて[②]□すると，ポリビニルアルコール(PVA)が得られる。PVAは水に溶けやすいので，そのままでは繊維にならない。そこで，飽和硫酸ナトリウム水溶液中で紡糸した後，[③]□水溶液で処理する。この際，PVA分子鎖中で隣接する[④]□基の一部が互いに③と反応して，メチレン基($-CH_2-$)で結ばれた疎水性の構造ができる。この操作を[⑤]□という。

378□□◀イオン交換樹脂▶ 下図は異なるイオン交換樹脂 A，B に，塩化ナトリウム NaCl 水溶液を通したときの変化を示す。次の各問いに答えよ。

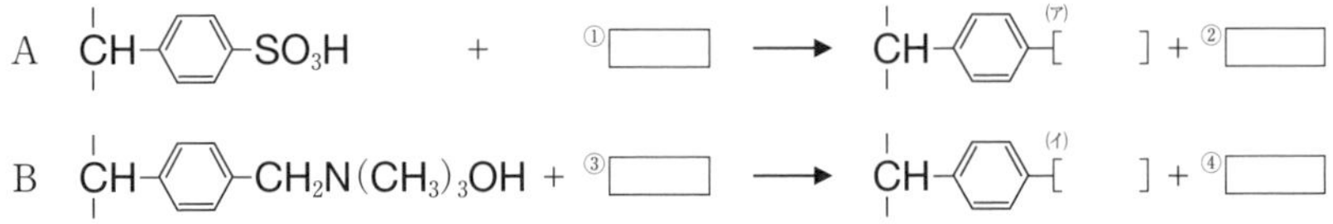

A　$-CH(-C_6H_4-SO_3H)-$　＋　①□　⟶　$-CH(-C_6H_4-$(ア)[　　]$)-$　＋　②□

B　$-CH(-C_6H_4-CH_2N(CH_3)_3OH)-$　＋　③□　⟶　$-CH(-C_6H_4-$(イ)[　　]$)-$　＋　④□

(1) ①～④には適するイオンの化学式を，(ア)，(イ)には適する化学式を入れよ。

(2) A，B を使用してその機能がなくなったとき，その機能を回復するにはどのような操作が必要か。A，B それぞれについて簡単に説明せよ。

379□□◀セルロースの利用▶ 次の文の□に適する語句を入れよ。

Ⅰ　セルロースに濃硝酸と濃硫酸の混合物（混酸）を作用させると，ニトロセルロースが得られる。これはニトロ化合物ではなく①□である。ニトロセルロースのうち，②□は無煙火薬の原料となり，③□はセルロイドとよばれる合成樹脂の原料となる。

Ⅱ　セルロースを濃い水酸化ナトリウム水溶液に浸した後，二硫化炭素 CS_2 と反応させ，これをうすい水酸化ナトリウム水溶液に溶かすと，④□とよばれる赤褐色のコロイド溶液が得られる。これを細孔から希硫酸中へ押し出してセルロースを再生させた繊維を⑤□といい，④からセルロースを膜状に再生させたものを⑥□という。

Ⅲ　水酸化銅（Ⅱ）$Cu(OH)_2$ を濃アンモニア水に溶かすと，⑦□とよばれる深青色の溶液が得られる。これにセルロースを溶かしたコロイド溶液を細孔から希硫酸中に押し出してセルロースを再生させた繊維を⑧□，またはキュプラという。

Ⅳ　セルロースに氷酢酸中で無水酢酸を反応させると，⑨□が得られる。⑨はアセトンに溶けにくいので，穏やかに加水分解して⑩□にすると，アセトンに溶けるようになる。⑩を温かい空気中に押し出して乾燥させて得られる繊維を⑪□という。

必 **380**□□◀アクリル繊維▶ アクリロニトリル $CH_2=CH(CN)$ とアクリル酸メチル $CH_2=CH(COOCH_3)$ を共重合したアクリル繊維がある。この共重合体の平均重合度を 500，平均分子量を 29800 としたとき，アクリロニトリルとアクリル酸メチルの物質量比を整数比で求めよ。（原子量：H＝1.0，C＝12，N＝14，O＝16）

問題B

㊙は重要な必須問題。時間のないときはここから取り組む。

㊙381 □□ ◀イオン交換樹脂▶　次の文の［　　］に適語を入れ，あとの問いに答えよ。

①［　　］に少量の *p*-ジビニルベンゼンを混合して②［　　］重合させると，立体網目構造をもつ水に不溶性の合成樹脂(樹脂Aとする)が得られる。

樹脂Aに濃硫酸を作用させて③［　　］基を導入したものは，水溶液中の④［　　］を捕捉し，同時に，水素イオンを放出できる。このような樹脂を⑤［　　］という。一方，樹脂Aに $-CH_2-N(CH_3)_3OH$ のような基を導入したものは，水溶液中の⑥［　　］を捕捉し，同時に，水酸化物イオンを放出できる。このような樹脂を⑦［　　］という。

〔問〕 十分量の⑤を詰めたガラス管に濃度不明の塩化カルシウム水溶液10mLを通じ，次いでこの樹脂を純水で洗い，流出液のすべてを0.10mol/Lの水酸化ナトリウム水溶液で滴定したら40mLを要した。この塩化カルシウム水溶液のモル濃度を求めよ。

382 □□ ◀ビニロン▶　次の問いに有効数字2桁で答えよ。(H = 1.0, C = 12, O = 16)

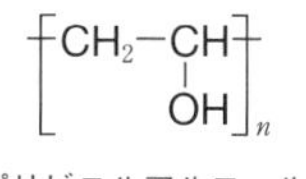

$\xrightarrow[\text{アセタール化}]{\text{HCHO}}$ $\cdots-CH_2-CH(OH)-\cdots-CH_2-CH(O-)-CH_2-CH(-O)-\cdots$（2つのOは CH_2 で結ばれる：$O-CH_2-O$）

ポリビニルアルコール　　　　ビニロン

(1) ポリビニルアルコール500g中のヒドロキシ基の40%をホルムアルデヒドと反応させたビニロンをつくりたい。生成するビニロンの質量は何gか。

(2) ポリビニルアルコール100gにホルムアルデヒドを反応させたら，その質量は4.5g増加した。生成したビニロンはもとのポリビニルアルコールのヒドロキシ基の何%がホルムアルデヒドと反応(アセタール化)したものか。

383 □□ ◀アセチルセルロース▶　セルロースを無水酢酸と氷酢酸，少量の濃硫酸と反応させると，セルロース中のすべての$-OH$がアセチル化され，トリアセチルセルロースになる。トリアセチルセルロースを穏やかに加水分解すると，アセトンに可溶なアセチルセルロースが得られる。このことを参考にあとの問いに答えよ。

ただし，原子量をH = 1.0，C = 12，O = 16とする。

(1) セルロースが無水酢酸と反応して，トリアセチルセルロースが生成する変化を，化学反応式で記せ。

(2) セルロース324gを完全にアセチル化するには，無水酢酸が何g必要か。

(3) トリアセチルセルロース576gを加水分解したとき，アセトンに可溶なアセチルセルロースが508g得られた。この化合物は，はじめのセルロース中のヒドロキシ基の何%がアセチル化されたものか。

共通テストチャレンジ

384□□ グルコース $C_6H_{12}O_6$ は，水溶液中で主に環状構造のα-グルコースとβ-グルコースとして存在し，これらは鎖状構造を経由して，相互に変換している。

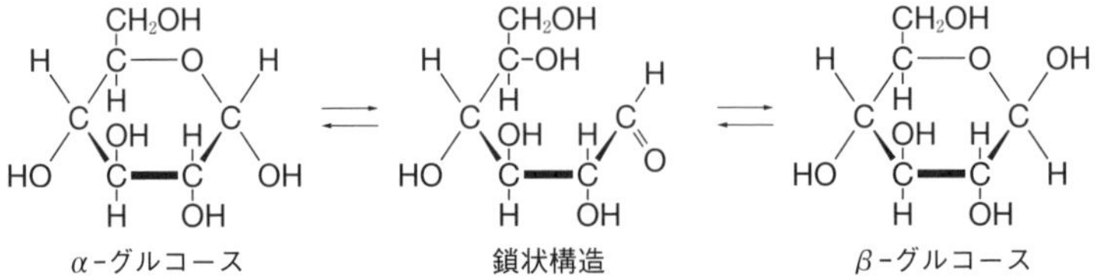

α-グルコース ⇄ 鎖状構造 ⇄ β-グルコース

グルコースの水溶液について，平衡に達するまでのα-グルコースとβ-グルコースの物質量の時間変化を調べた実験Ⅰ，実験Ⅱに関する問いに答えよ。ただし，鎖状構造の分子の割合は少なく，無視できるものとする。

実験Ⅰ　α-グルコース 0.100mol を 20℃の水 1.0L に加えて溶かし，20℃に保ったままα-グルコースの物質量の時間変化を調べた。表に示すように，α-グルコースの物質量は減少し，10 時間後には平衡に達した。こうして得られた溶液を溶液 A とする。

水溶液中でのα-グルコースの物質量の時間変化

時間〔h〕	0	0.5	1.5	3.0	5.0	7.0	10.0
α-グルコースの物質量〔mol〕	0.100	0.079	0.055	0.040	0.034	0.032	0.032

(1) 平衡に達したときのβ-グルコースの物質量は何 mol か。最も適当な数値を下から 1 つ選べ。

① 0.016mol　② 0.032mol　③ 0.048mol
④ 0.068mol　⑤ 0.084mol

(2) 水溶液中のβ-グルコースの物質量が，平衡に達したときの物質量の 50%であったのは，α-グルコースを加えた何時間後か。最も適当な数値を下から 1 つ選べ。

① 0.5 時間後　② 1.0 時間後　③ 1.5 時間後
④ 2.0 時間後　⑤ 2.5 時間後　⑥ 3.0 時間後

実験Ⅱ　溶液 A に，さらにβ-グルコースを 0.100mol 加えて溶かし，20℃で 10 時間放置したところ，新たな平衡に達した。

(3) 新たな平衡に達したときのβ-グルコースの物質量は何 mol か。下から 1 つ選べ。

① 0.032mol　② 0.068mol　③ 0.100mol
④ 0.136mol　⑤ 0.168mol

(4) グルコースのメタノール溶液に塩化水素を通じると，グルコースとメタノールが1分子ずつ反応して1分子の水がとれた化合物Xが，右図に示すα型とβ型の混合物として得られた。Xの水溶液は還元性を示さなかった。この混合物から分離したα型のX 0.1molを，水に溶かして20℃に保ち，α型のXの物質量の時間変化を調べた図として適当なものを下から1つ選べ。

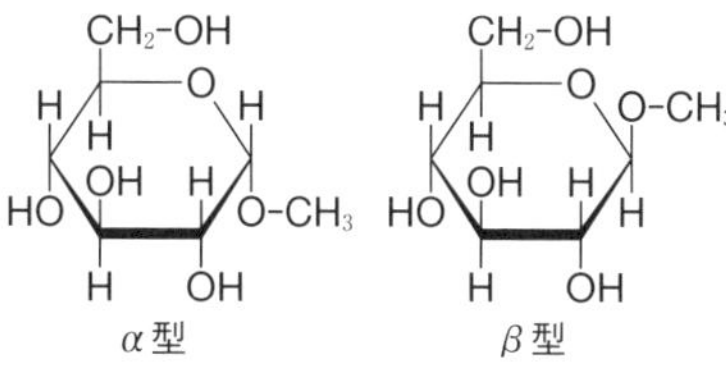

図　α型とβ型の化合物Xの構造

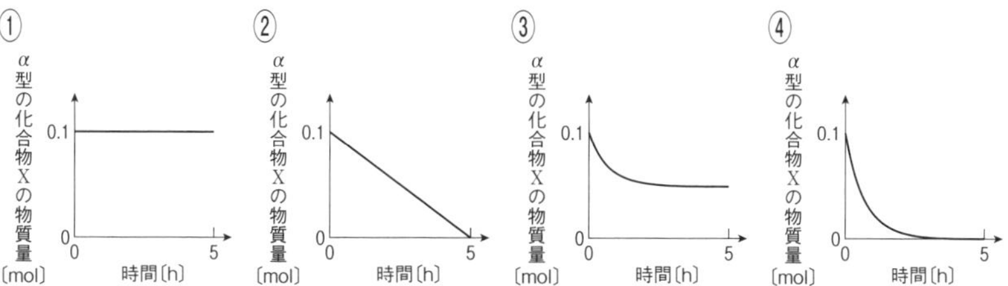

385□□　分子量 2.56×10^4 のポリペプチド鎖Aは，アミノ酸B(分子量89)のみを脱水縮合して合成されたものである。図のように，Aがらせん構造をとると仮定すると，Aのらせんの全長 L は何nmか。最も適当な数値を，下から1つ選べ。ただし，らせんのひと巻きはアミノ酸の単位3.6個分であり，ひと巻きとひと巻きの間隔を0.54nm（$1\text{nm}=1\times10^{-9}\text{m}$）とする。(原子量：H＝1.0，O＝16)

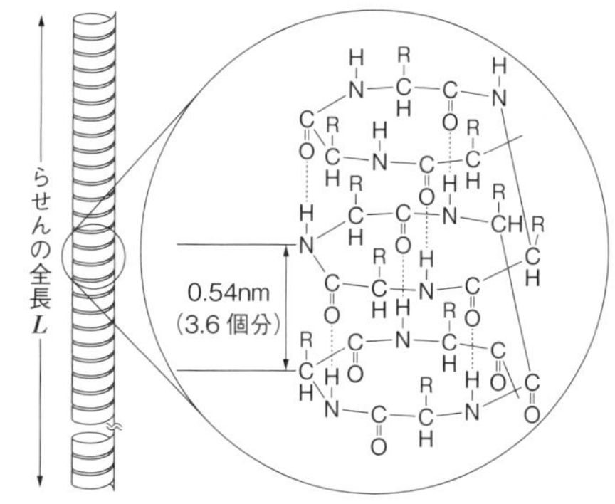

① 43　② 54　③ 72　④ 1.6×10^2　⑤ 1.9×10^2　⑥ 2.6×10^2

386□□単量体A(CH_2=CHC_6H_5)と単量体B(CH_2=CHCN)を反応させることで，共重合体を合成した。この共重合体中のベンゼン環に結合した水素原子の数と，それ以外の水素原子の総数の比は，5：4であった。このとき反応した単量体AとBの物質量の比として最も適当なものを，下から1つ選べ。

① 1：3　② 4：5　③ 1：1　④ 5：4　⑤ 3：1

大学入学共通テスト・理系学部受験
化学の新基本演習

2024年 7 月 10 日　第 1 刷発行

著　者　卜部吉庸
発行者　株式会社　三省堂
代表者　瀧本多加志
印刷者　三省堂印刷株式会社
発行所　株式会社　三省堂
〒102-8371　東京都千代田区麴町五丁目7番地2
電話　(03)3230-9411
https://www.sanseido.co.jp/

〈化学の新基本演習・304＋184pp.〉

落丁本・乱丁本はお取り替えいたします。ISBN 978-4-385-26087-7

本書の内容に関するお問い合わせは、弊社ホームページの
「お問い合わせ」フォーム(https://www.sanseido.co.jp/support/)にて承ります。

原子量概数，基本定数，単位の関係

原子量概数

元素名	記号		原子量
水素	H	……	1.0
ヘリウム	He	……	4.0
リチウム	Li	……	7.0
炭素	C	……	12
窒素	N	……	14
酸素	O	……	16
フッ素	F	……	19
ネオン	Ne	……	20
ナトリウム	Na	……	23
マグネシウム	Mg	……	24
アルミニウム	Al	……	27
ケイ素	Si	……	28
リン	P	……	31
硫黄	S	……	32
塩素	Cl	……	35.5
アルゴン	Ar	……	40
カリウム	K	……	39
カルシウム	Ca	……	40
クロム	Cr	……	52
マンガン	Mn	……	55
鉄	Fe	……	56
ニッケル	Ni	……	59
銅	Cu	……	63.5
亜鉛	Zn	……	65.4
臭素	Br	……	80
銀	Ag	……	108
スズ	Sn	……	119
ヨウ素	I	……	127
バリウム	Ba	……	137
鉛	Pb	……	207

基本定数

アボガドロ定数　$N_A = 6.02 \times 10^{23}$〔/mol〕

モル体積　標準状態(0℃，1.013×10^5Pa)の**気体**　22.4〔L/mol〕

水のイオン積　$K_w = [H^+] \cdot [OH^-] = 1.0 \times 10^{-14}$〔mol/L〕^{2}　(25℃)

ファラデー定数　$F = 9.65 \times 10^4$〔C/mol〕

気体定数　$R = 8.31 \times 10^3$〔Pa・L/(K・mol)〕= 8.31〔J/(K・mol)〕

体積の単位に〔m^3〕**を用いると**　8.31〔Pa・m^3/(K・mol)〕

単位の関係

長さ　1nm(ナノメートル) = 10^{-7}cm = 10^{-9}m

圧力　1013hPa(ヘクトパスカル) = 1.013×10^5Pa(パスカル)

= 1atm = 1気圧 = 760mmHg

熱量　1cal = 4.18J(ジュール)，1J = 0.24cal

指数の意味とその計算方法

化学では，非常に大きな数や小さな数を扱うことが多いが，このような数を簡単かつ正確に表す方法を考えてみよう。

指数の意味

ある数を繰り返し掛けることを累乗といい，10000（$=10\times10\times10\times10$）は，1に10を4回掛けた数と考え，$1\times10^4$と書く。一般に，ある数$A$に10を$n$回掛けた数を$A\times10^n$と表し，$n$を10の指数という。

一方，0.001（$=1\div10\div10\div10$）は，1を10で3回割った数と考え1×10^{-3}とかく。一般に，ある数Aを10でn回割った数を$A\times10^{-n}$と表す。このように，大きな数や小さな数は10の累乗を使って表すと便利である。

指数の表し方

すべての数は，$A\times10^n$，すなわち，測定値Aと位取りを表す10^nとの積の形で表せる。ただし，$A=1$のときは，単に10^nと表してもよい。

例　$600000=6\times10^5$　　$0.0002=2\times10^{-4}$

指数の計算規則

(1)　$10^0=1$

(2)　$10^a\times10^b=10^{a+b}$　　例　$10^4\times10^2=10^{4+2}=10^6$

(3)　$10^a\div10^b=10^{a-b}$　　例　$10^6\div10^4=10^{6-4}=10^2$

(4)　$(10^a)^b=10^{ab}$　　例　$(10^3)^4=10^{3\times4}=10^{12}$

指数で表された数$A\times10^m$と$B\times10^n$どうしの計算は，AとBの部分および，10^mと10^nの部分に分けて行えばよい。

例　$(3.0\times10^{-3})\times(5.0\times10^7)=(3.0\times5.0)\times10^{-3+7}$

$=15\times10^4=1.5\times10^5$

15×10^4と1.5×10^5は全く同じ値であるが，$A\times10^n$の形で数を表す場合，Aは$1\leqq A<10$にする約束があるので，1.5×10^5と表す方がよい。

例　$(3.0\times10^5)\div(6.0\times10^{-3})=\left(\dfrac{3.0}{6.0}\right)\times10^{5-(-3)}$

$=0.50\times10^8=5.0\times10^7$

大学入学共通テスト・理系学部 受験

化学の新基本演習

化学基礎収録

【解答・解説集】

CHEMISTRY

三省堂

解答・解説集の使い方

この小冊子は，本冊にある問題 A・問題 B・共通テストチャレンジの解答・解説集です。

それぞれの問題を解くための解説と解答を書いたものですが，ただ単に解き方を解説するだけでなく，それを解くための背景となる既習事項のほか，内容は高度だが知っておきたい諸知識などについても丁寧に説明しています。それぞれの問題で完結するように解説したので，同様の説明が重複して出てくるところがありますが，理解の再確認のために最後まで読むようにしてください。

【解答・解説集で用いた記号など】

覚えておきたい語句や重要な化合物名などは，**太字**

解説文中の特に注意すべき事項には，**波のアンダーライン**

特に重要で理解しておきたい事項には，**紙面の地のグレー**

また、「∴」は「**ゆえに**」と読み，**結果など**を示します。

各ページの中央上には，そのページで解答・解説が始まる問題番号が示してあります。問題の解答・解説を探すときに利用して下さい。

もくじ

化学基礎

第1編 物質の構成

第2編 物質の変化

化 学

第3編 物質の状態

第4編 物質の変化と平衡

第5編 無機物質

第6編 有機化合物

第7編 高分子化合物

物質の成分と元素

1 （解説） **混合物**は，2種類以上の物質が混じり合った物質であり，1つの化学式では表せない。一方，**純物質**は，混合物の分離・精製などによって得られた1種類の物質であり，1つの化学式で表せることから両者を区別することができる。

純物質のうち，電気分解や熱分解などの**化学的方法**(化学変化を利用した方法)によって，2種類以上の成分に分けられるものが**化合物**，化学的方法によっても別の成分に分けられないものが**単体**である。

すなわち，物質を化学式で表したとき，1種類の元素記号だけを含めば**単体**，2種類以上の元素記号を含めば**化合物**と判断できる。

(1) ドライアイスは，**二酸化炭素**(CO_2)の固体で純物質の化合物である。

(2) 牛乳は，水にタンパク質・脂肪・糖類などが溶け込んだ溶液で混合物である。一般に，溶液は混合物と考えてよい。

(3) 都市ガスは，メタン(CH_4)を主成分とし，他の**炭化水素**(炭素と水素の化合物)として，エタン(C_2H_6)なども少量含む混合物である。

(4) 水銀(Hg)は，常温で唯一の液体の金属で，純物質の単体である。

(5) グルコースはブドウ糖($C_6H_{12}O_6$)ともよばれ，植物の光合成により二酸化炭素と水からつくられる純物質の化合物である。

(6) カコウ岩(花崗岩)は，石英(白色)，長石(灰色)，雲母(黒色)などの鉱物が不均一に混じり合った混合物である。一般に，岩石は混合物と考えてよい。

(7) 空気は，体積で窒素(78%)，酸素(21%)，アルゴン(0.9%)，二酸化炭素(0.04%)などを含む混合物である。

(8) 青銅は銅 Cu とスズ Sn をいろいろな割合で含んだ合金で，混合物である。青銅は十円硬貨や銅像，鐘などさまざまな方面に利用されている。

　五円硬貨は銅と亜鉛 Zn の合金(**黄銅**)，五十円硬貨，百円硬貨は銅とニッケル Ni の合金(**白銅**)でできている。一般に，2種類以上の金属を融かしてできる**合金**は混合物に分類される。

(9) 食塩ともよばれる純物質の化合物である。化学式は NaCl。

(10) アンモニア水はアンモニアの水溶液で混合物である。

(11) 塩素は黄緑色で強い刺激臭のある有毒な気体で，純物質の単体である。化学式は Cl_2 と表される。水道水の殺菌などに利用される。

(12) オゾン(O_3)は淡青色，特異臭のある有毒な気体で純物質の単体である。殺菌・消毒・漂白作用などを示す。

解答 **混合物** (2)，(3)，(6)，(7)，(8)，(10)
単体 (4)，(11)，(12)　**化合物** (1)，(5)，(9)

2 （解説） 混合物から純物質を取り出す操作を**分離**といい，分離した物質から不純物を取り除き，物質の純度を高める操作を**精製**という。一般に，分離と精製は同時に行われることが多い。

混合物の分離は，ろ過や蒸留などの**物理的方法**(物理変化を利用した方法)によって行う。

(1) 海水を加熱して得られる蒸気を冷却する蒸留によって，純水のみを分離することができる。

(2) 原油を加熱して得られる蒸気を分留塔(下図)に導くと，内部の温度の違いにより，沸点の低い成分は上方に，沸点の高い成分は下方に分離される。

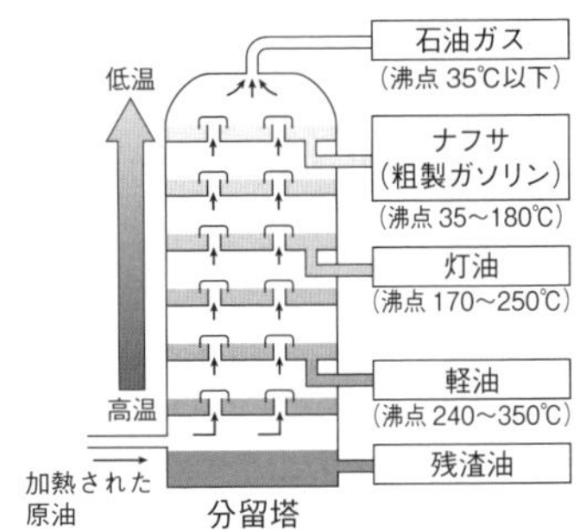

(3) 砂粒の混じったヨウ素を穏やかに加熱すると，ヨウ素だけが昇華するため，冷却することで純粋なヨウ素を分離できる。

(4) 少量の塩化ナトリウムを含む硝酸カリウムを水に加熱溶解させ，冷却することで純粋な硝酸カリウムだけを結晶として析出させることができる。

(5) 黒インクをろ紙の一端に染み込ませ，適当な溶媒に浸すと，インク中の各色素をろ紙の吸着力の差に応じて異なる位置に分離することができる。

(6) コーヒーの粉末に熱水を加えると，コーヒーの香りや味の成分が熱水中に溶け出し，分離できる。

(7) 砂粒の混ざった海水をろ過すると，水に不溶の砂粒だけをろ紙上に分離することができる。

解答 (1) **(オ)**　(2) **(ア)**　(3) **(キ)**　(4) **(エ)**
(5) **(ウ)**　(6) **(カ)**　(7) **(イ)**

3～5

3 （解説） (1)　硫黄の粉末を試験管に入れ，穏やかに120℃くらいまで加熱し，黄色の液体をつくる。これを，乾いたろ紙上に流し込み，空気中で放冷すると，黄色で針状の**単斜硫黄**(図b)の結晶が得られる。

(2)　硫黄の融解液をさらに250℃くらいまで加熱し，生じた暗褐色の液体を，冷水に流し込んで急冷すると，暗褐色でやや弾性のある**ゴム状硫黄**(図a)が得られる。(ただし，高純度の結晶硫黄からつくられたゴム状硫黄は黄色のものもある。)

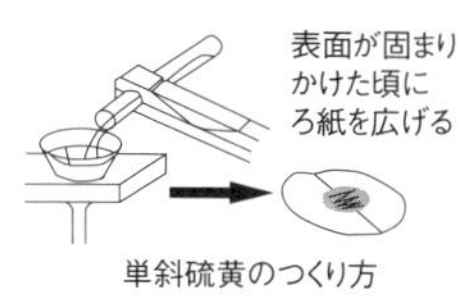

単斜硫黄のつくり方

ゴム状硫黄のつくり方

(3)　硫黄の粉末を二硫化炭素 CS_2 という溶媒に溶かし，その溶液を蒸発皿に移し，CS_2 を蒸発させると，黄色で八面体状の**斜方硫黄**(図c)の結晶が析出する。

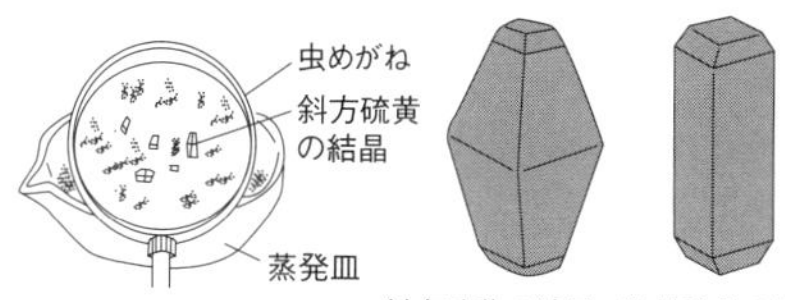

斜方硫黄の結晶　単斜硫黄の結晶

単斜硫黄もゴム状硫黄も，常温で一週間ほど放置すると，徐々に斜方硫黄に変化する。これは，常温では斜方硫黄が最も安定であるためである。

同素体には，酸素 O_2 とオゾン O_3 のように，分子を構成する原子の数が異なるものと，ダイヤモンドCと黒鉛Cのように，原子の結合の仕方が異なるものの他，斜方硫黄と単斜硫黄のように，結晶の構造が異なるものなどがある。

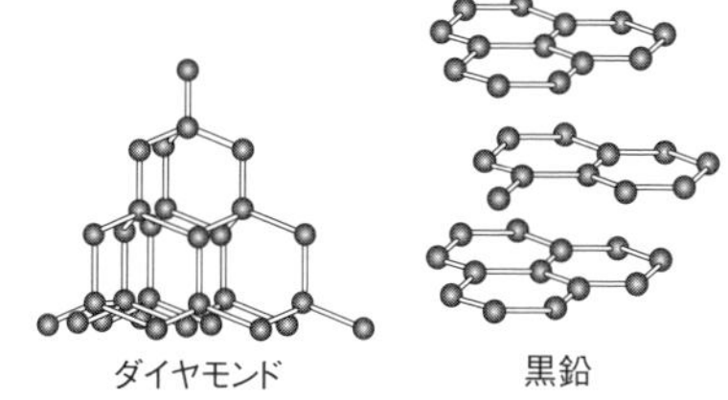
ダイヤモンド　黒鉛

（解答） (a) **ゴム状硫黄**　(b) **単斜硫黄**　(c) **斜方硫黄**
(1) (b)　(2) (a)　(3) (c)

4 （解説） ヨウ素 I_2 は水には溶けにくいが，ヨウ化カリウムKI水溶液には**三ヨウ化物イオン** I_3^- となってよく溶ける($I_2 + I^- \rightarrow I_3^-$(褐色))。この褐色の溶液を**ヨウ素溶液**(ヨウ素－ヨウ化カリウム水溶液)という。

ヨウ素溶液からヨウ素だけを取り出すには，ヨウ素をよく溶かし，水には溶けない性質をもつ，石油から分離されたヘキサンなどの有機溶媒を用いるとよい。

(1)　ヨウ素溶液とヘキサンをよく混合するために，**分液ろうと**とよばれるガラス器具が使われる。

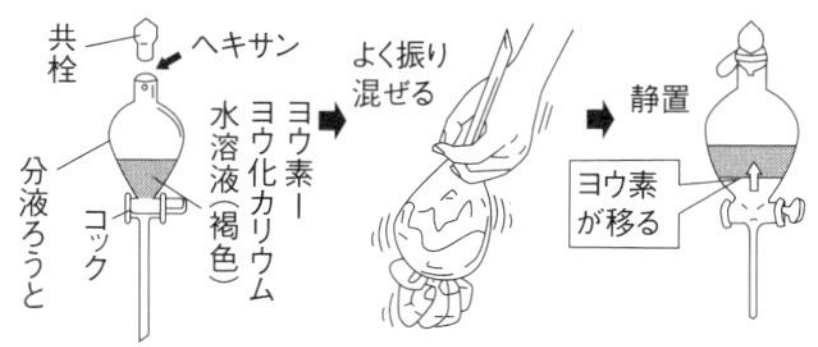

ヨウ素溶液とヘキサンを分液ろうとに入れてよく振り混ぜて静置すると，ヘキサン(密度0.66g/cm^3)は，水(密度1.0g/cm^3)の上層に分離される。なお，ヘキサンは無色の液体であるが，ヨウ素を溶解すると，紫色を示す(これがヨウ素分子 I_2 の色である)。

このように，適当な溶媒を用いて，混合物中の目的物質だけを溶かし出して分離する方法を**抽出**という。抽出後，下層(ヨウ化カリウム水溶液)は分液ろうとのコックを開けて下から流出させる。その後，上層(ヨウ素を溶かしたヘキサン溶液)を分液ろうとの上方の口から取り出す。

(2)　ヨウ素 I_2 は水よりもヘキサンに溶けやすいので，ヨウ素溶液中の I_3^- は I_2 となってヘキサン層に移動していく($I_3^- \rightarrow I_2 + I^-$)。問題文より，抽出後，上層が紫色になったことから，a(上層)がヘキサン層であることがわかる。

（解答） (1) **抽出**　(2) a

5 （解説） (2)　液体中に混じっている不溶性の固体物質(砂)は，**ろ過**によって分離できるが，液体に完全に溶けた溶質粒子(分子，イオンなど)は分離できない。

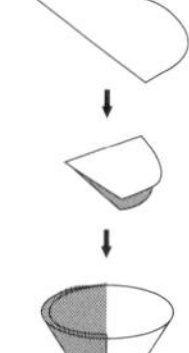

(4)　ろ過における留意点は次の通り。

①　図のように，四つ折りにしたろ紙を円錐状に開き，ろうとに当てる。次に，ろ紙に少量の純水を注ぎ，ろうとに密着させる。

②　ろ過しようとする液体は，飛び散らないように**ガラス棒**に伝わらせてゆっくりと注ぐ(ガラス棒は，ろ紙が三重になったところ(図の灰色の部分)

に軽く当てるようにする)。

③ ろ紙上に注ぐ液体の量は，ろ紙の高さの8分目より多くならないようにする。

④ ろうとの先端(長い方)はビーカーの内壁につける。これは，ろ液がはねるのを防ぐためと，ろ液が絶え間なくビーカーの器壁を流れ落ちるようになり，ろ過速度を大きくするためである。

⑤ ビーカー内の不溶物が沈殿したのち，上澄み液の部分からろ過し始めると，効率的にろ液が出てくる。

ろ過では，液体に溶けない程度の大きさの沈殿粒子は分離できるが，液体に溶けた溶質粒子は分離できない。

解答 (1) (a) **ろうと**　(b) **ろうと台**
(2) **ろ過**　(3) **ろ液**
(4) ・**ろ過しようとする液体をガラス棒に伝わらせながら，静かに流し込む。**
・**ろ紙に少量の水を注ぎ，ろうとに密着させておく。**
・**ろうとの先端(長い方)をビーカーの内壁につけておく。**

6 **解説** (1) 同素体は単体にしか存在しない。たとえば，酸素 O_2(融点−218℃，沸点−183℃)，オゾン O_3(融点−193℃，沸点−111℃)のように，同素体は互いに別の物質で，その性質は異なる。〔○〕

(2) たとえば，黄リン(融点44℃)と赤リン(融点590℃)は，融点のような物理的性質だけでなく，自然発火する性質などの化学的性質も異なる。〔×〕

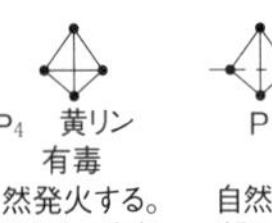

(3) 同じ元素からなる単体で，物理的性質や化学的性質の異なる物質どうしが同素体である。たとえば，斜方硫黄(融点113℃)，単斜硫黄(融点119℃)のように，物理的性質がよく似ている場合もあるが，全く同じではない。〔○〕

(4) 同素体は，性質の異なる別の物質であるから，たとえば黄リンと赤リンを混ぜ合わせたものは混合物になる。〔×〕

(5) 水 H_2O と過酸化水素 H_2O_2 のような，同じ元素を含む化合物で性質が異なる物質は同素体とは言わない。〔×〕

(6) 斜方硫黄は，1.01×10^5 Pa(1気圧)では，95.3℃以上に長時間放置すると単斜硫黄に徐々に変化する。また，常温・常圧では，単斜硫黄はゆっくりと斜方硫黄へ変化する。〔○〕

解答 (1)，(3)，(6)

7 **解説** 単体と元素は同じ名称でよばれるため，しばしば混同されて使用される。**単体**は実在する具体的な物質を指し，**元素**は物質を構成する成分(要素)を指す。

したがって，実際に，具体的な物質やその性質が思い浮かべば「単体名」として使用され，具体的な性質が思い浮かばなければ「元素名」として使用されている。また，その語句の前に「単体の」という言葉を補うと文意がよく通じれば「単体名」と判断できるし，その語句の後に「～という成分」という言葉を補うと文意がよく通じれば「元素名」と判断してよい。

(1) 実在する気体の水素(単体)のもつ可燃性という性質を述べている。

(2) 実在する気体の酸素(単体)のことではなく，地球の表層部(地殻)を構成する成分(元素)の種類を指している。

(3) 植物の生育には実在する気体の窒素(単体)ではなく，窒素という成分(元素)を含む肥料が必要である。

(4) 一定量の水に溶けた気体の酸素(単体)のことを指している。

(5) 食品中に金属のカルシウム(単体)が含まれているのではなく，食品中に含まれるカルシウムという成分(元素)の種類を指している。

解答 (1) **単体**　(2) **元素**　(3) **元素**
(4) **単体**　(5) **元素**

8 **解説** 各元素に特有な反応を利用して，物質中の成分元素が検出できる。たとえば，化学反応などにより，溶液中に生じた不溶性の固体物質を**沈殿**といい，溶液中に沈殿が生じる反応を**沈殿反応**という。

ある元素を含む物質をガスバーナーの外炎の中に入れると，その元素に特有な色が現れることがある。この現象を**炎色反応**という。

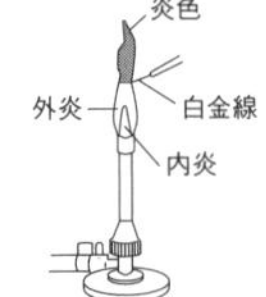

元素名と元素記号		炎色反応の色
リチウム	Li	赤
ナトリウム	Na	黄
カリウム	K	赤紫
カルシウム	Ca	橙赤
バリウム	Ba	黄緑
ストロンチウム	Sr	紅(深赤)
銅	Cu	青緑

(1) 橙赤色の炎色反応を示す元素は，カルシウム Ca

9～10

である。

(2) 生じた白色沈殿は塩化銀 AgCl である。

$$Ag^+ + Cl^- \longrightarrow AgCl$$

Ag^+ は硝酸銀水溶液から供給され，Cl^- は物質Bから供給されたものである。よって，物質B中に含まれる元素として，塩素 Cl が検出される。

(3) 石灰水を白濁させる気体は二酸化炭素である。二酸化炭素には，炭素 C と酸素 O の 2 種の元素が含まれる。

二酸化炭素中の炭素 C は物質Cに由来するが，酸素 O は酸化銅(Ⅱ)，空気中の酸素，物質Cのどれに由来するかは明らかではない。よってこの実験からは，酸素 O が物質Cの成分元素であるかどうかは確認されたことにはならない。

物質Cを完全燃焼させるために酸化銅(Ⅱ)が加えてある。酸化銅(Ⅱ)は高温では酸化作用を示す。

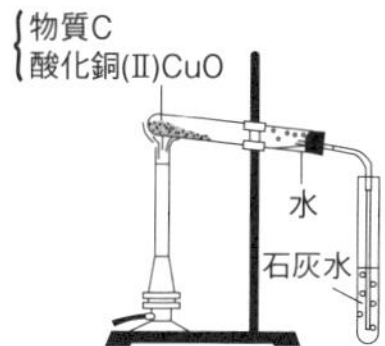

物質Cと酸化銅(Ⅱ)の混合物を左図のように加熱すると，試験管の口付近に液体(水)がたまってくる。

(4) 硫酸銅(Ⅱ)無水塩 $CuSO_4$ は水分を吸収して，硫酸銅(Ⅱ)五水和物 $CuSO_4 \cdot 5H_2O$ になる性質がある。

$$CuSO_4 + 5H_2O \longrightarrow CuSO_4 \cdot 5H_2O$$

(白色)　　　　　　　(青色)

したがって，白色の硫酸銅(Ⅱ)無水塩の青色への変化から，この液体は水であり，物質C中に含まれる元素として水素 H が検出される。

解答 (1) **Ca**　(2) **Cl**　(3) **C**　(4) **H**

9 **解説** (1) 物質の状態は，温度と圧力によって，固体，液体，気体の間で変化する。この 3 つの状態を**物質の三態**という。また，三態間での変化を**状態変化**という。

固体では，分子間の引力が強くはたらき，各分子は定位置で振動しているだけである。そのため，形も体積も一定である。

液体では，固体よりも熱運動がやや活発であり，各分子の位置は互いに変化するので，形は変化する(**流動性**という)が，分子間の引力はかなり強くはたらいているので，体積は一定である。

気体では，分子間の引力はほとんどはたらいておらず，各分子は空間を自由に運動している。そのため，形も体積も一定ではない。

物質の三態間での状態変化には，それぞれ固有の名称があるので，必ず覚えておく必要がある。

(2) ① 分子の熱運動が最も激しく行われている状態が気体であり，分子間にはたらく引力(**分子間力**)がほとんどはたらいていない。

② 固体では，分子が規則的に配列しており結晶を形成しているものが多い。

③ 分子間にはたらく引力が最も強い状態は，固体である。

④ 液体では，分子は互いに位置を変えることができるので，流動性を示し，自由に形を変えることができる。

⑤ 通常の物質では，固体の体積を 1 とすると，液体の体積は 1.1 倍，気体の体積は 1000 倍程度である。したがって，密度は，固体＞液体≫気体の順となり，気体の密度が最も小さくなる。

(3) (a) 通常の物質では，液体が固体になると体積が減少する。しかし，水は例外的な性質をもち，水(液体)が**凝固**して氷(固体)になると，体積が約 10％も増加する。したがって，冬季には屋外の水道管が水の凝固による膨張によって破裂することがある。

(b) 洗濯物に含まれていた水(液体)が**蒸発**して水蒸気(気体)となり，空気中へ拡散していく。

(c) 空気中の水蒸気(気体)がコップの冷水で冷やされて**凝縮**し，水滴(液体)となる。

(d) 温度が 0℃以上になると，氷(固体)が**融解**して水(液体)になる。

(e) 水分を含んだ食品を凍らせ，真空に近い減圧状態で氷だけを**昇華**させて，水蒸気の形で取り除く方法を**フリーズドライ**(**凍結乾燥**)**法**といい，インスタントコーヒーなどの加工食品の製造に利用される。

解答 (1) ア **融解**　イ **凝固**　ウ **蒸発**
エ **凝縮**　オ **昇華**　カ **凝華**
(2) ① **気体**　② **固体**　③ **固体**
④ **液体**　⑤ **気体**
(3) (a) **イ**　(b) **ウ**　(c) **エ**　(d) **ア**　(e) **オ**

10 **解説** (1) ガスバーナーを正常に燃焼させたとき，中央部の青色の炎Aを**内炎**，外側のほぼ無色の炎を**外炎**という。内炎では，空気の供給が不十分なため不完全燃焼しており，炎の温度は低い(約 500℃)。一方，外炎では空気の供給が十分なため完全燃焼しており，炎の温度は高い(最高約 1500℃)。

11～13

炎色反応を調べるには，白金線を高温の外炎へ入れる。(内炎では温度が低く，炎色は現れない。)

(2) 炎色反応を行う試料には，揮発性の塩化物($CaCl_2$, $BaCl_2$, $CuCl_2$, LiCl, NaCl, KCl)の各水溶液を用いる。

Li	Na	K	Cu	Ba	Ca	Sr
赤	黄	赤紫	青緑	黄緑	橙赤	紅(深赤)

(3) 異なる水溶液で炎色反応を調べるときは，白金線を濃塩酸に浸してから，外炎に入れる操作(空焼き)を繰り返し，外炎に白金線を入れても炎に色がつかないことを確認してから行う。

解答 (1) **B**

(2) (a) **(カ)**　(b) **(ウ)**　(c) **(エ)**
(d) **(ア)**　(e) **(イ)**　(f) **(オ)**

(3) **白金線に付着した酸化物などを取り除くため。**

11 **解説** (1), (2) 物質を加熱すると，粒子の熱運動が激しくなり，温度が上昇する。しかし，グラフ中には温度が変化していない区間が2か所ある。

この区間では**状態変化**が起こっている。

最初のBC間では，固体から液体への状態変化(**融解**)が起こっており，その温度 a は水の**融点**である。2番目のDE間では，液体から気体への状態変化(**沸騰**)が起こっており，その温度 b は水の**沸点**である。

(3) BC間では融解が進行中で，固体と液体が共存している。DE間では沸騰が進行中で，液体と気体が共存している。

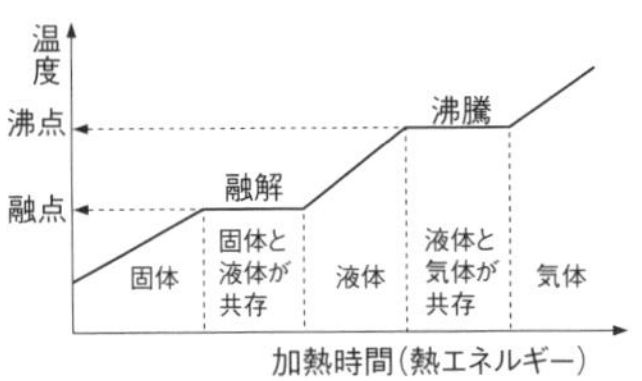

(4) 物質を加熱すると温度が上がるが，これは粒子の運動エネルギーが大きくなるからである。一方，物質が状態変化するときは温度は一定に保たれる。それは，加えられた熱エネルギーが粒子間の位置エネルギー（ポテンシャルエネルギー）の増加に費されるためである。たとえば，融解のときは，加えられた熱エネルギーが構成粒子間の結合を弱め，粒子の規則的な配列を崩すのに用いられるからである。また，沸騰のときは，加えられた熱エネルギーが粒子間の結合を切り，粒子をばらばらにするのに用いられるからである。一般に，融解に必要な熱エネルギーよりも，沸騰に必要な熱エネルギーの方が大きい。

解答 (1) a **融点**，b **沸点**

(2) ア **融解**　イ **沸騰**

(3) AB間 **固体**　BC間 **固体と液体**
CD間 **液体**　DE間 **液体と気体**
EF間 **気体**

(4) **加えられた熱エネルギーが固体から液体への状態変化，または，液体から気体への状態変化に使われるためである。**

12 **解説** (1) 固体が直接気体になる状態変化を**昇華**，気体が直接固体になる状態変化を**凝華**という。ヨウ素は黒紫色の結晶であるが，昇華しやすい性質(**昇華性**)をもち，穏やかに加熱すると液体にならずに直接，紫色の気体になる。これを冷却すると再び固体になるので，**昇華法**によって不純物を除く(精製)することができる(ガラス片は昇華しない)。

(2) 昇華法を利用して純粋なヨウ素を精製するには，混合物を加熱してヨウ素だけを昇華させて生じた気体を，冷たいものに触れさせて冷却することでヨウ素の固体に凝華させる。したがって，加熱器具と冷水が入ったフラスコのある②の装置が適切である。

解答 (1) **昇華法**　(2) ②

13 **解説** (1) 高温の飽和溶液を冷却すると，溶けきれなくなった固体物質が結晶として析出する。このように，温度による溶解度の差を利用して，固体物質を精製する方法を**再結晶**という。

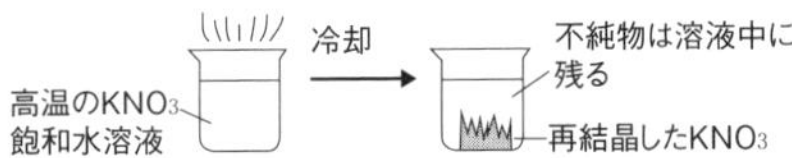

(2) 水に不溶性の固体物質は，ろ紙の目を通過できないので，液体(ろ液)と分離することができる。たとえば白濁した石灰水を**ろ過**して白色の沈殿を除けば，無色透明な石灰水が得られる。

(3) 特定の物質をよく溶かす液体(溶媒)を用いて目的の物質を溶かし出して分離する。このように，溶媒に対する溶解性の違いを利用して，特定の物質を分離する方法を**抽出**という。茶葉に熱湯を加えてお茶(飲料)を淹れるのは，熱水による抽出の例である。

(4) 液体と固体の混合物(溶液)から，液体(溶媒)だけを分離するのには**蒸留**を用いる。たとえば，塩化ナトリウム水溶液から水だけを取り出すには，塩化ナトリウム水溶液を加熱し，蒸発した水蒸気を冷却すればよい。

(5)　液体どうしの混合物から，沸点の低いものから順に各成分を分離する操作を**分留**(**分別蒸留**)という。たとえば，液体空気をゆっくりと温めると，沸点の低い窒素(−196℃)が先に多く蒸発し，あとに酸素(−183℃)が多く残る。これを繰り返すことで，窒素と酸素を分離することができる。

(6)　昇華性のある物質(ヨウ素やナフタレン)は昇華を利用すると不純物を除き，精製することができる。この方法を**昇華法**という。

(7)　黒色インクの中には，赤，黄，青などさまざまな色素が含まれる。これを，細長いろ紙の一端につけ，適当な展開液(アルコール・酢酸・水の混合溶液など)に浸すと，各色素のろ紙への吸着力の違いに応じて，異なる位置に分離される。たとえば，展開液への溶解度が大きく，ろ紙への吸着力の小さい色素は上方に分離され，展開液への溶解度が小さく，ろ紙への吸着力の大きい色素は下方に分離される。このような操作を**クロマトグラフィー**といい，特に，吸着剤としてろ紙を用いるクロマトグラフィーを**ペーパークロマトグラフィー**という。

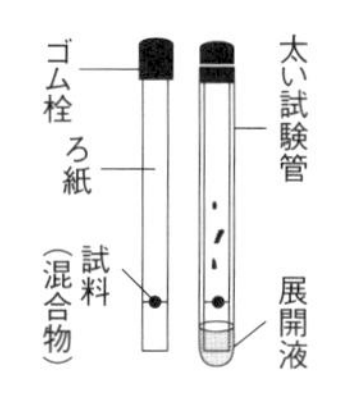

解答　(1) **再結晶**　(2) **ろ過**　(3) **抽出**　(4) **蒸留**　(5) **分留**　(6) **昇華法**　(7) **クロマトグラフィー**

14　**解説**　蒸留装置では，フラスコ内の液量，温度計の位置，沸騰石の有無，冷却器に流す冷却水の方向などに注意する。

(1)　液体混合物(溶液)を加熱すると，低沸点の揮発性の成分(溶媒)が先に蒸発する。この蒸気を冷却すれば，純粋な液体として分離できる。このような混合物の分離法を**蒸留**という。

(3)　リービッヒ冷却器内に冷却水が満たされるように，冷却水は下方から入れ，上方から出すように流す。逆方向に流すと，冷却器内を水で満たすことができず，冷却効果が非常に悪くなる。

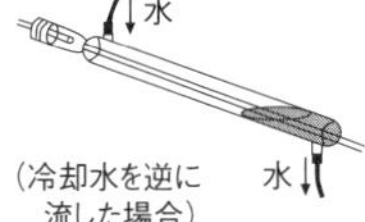

(冷却水を逆に流した場合)

(4)　[点火方法]コックを開いたのち，ガス調節ねじbを開いて点火し，ガス量を調節する。次に，空気調節ねじaを開いて空気量を調節し，適正な炎の状態にする。

[消火方法]空気調節ねじaを閉じ，次にガス調節ねじbを閉じて消火する。最後にコックも閉めておく。

(5)　**沸騰石**には，素焼きの小片や一方を封じた細いガラス管を用いる。液体を加熱し続けると，突然，急激な沸騰が起こることがある。この現象を**突沸**(とっぷつ)といい，これを防ぐために，沸騰石を加えてから液体を加熱するとよい。

(閉じた方を上にする)

沸騰石に用いる素焼きの小片は多孔質で，小孔の中に空気を含んでいる。この空気が，液体が沸騰するきっかけをつくるので，突沸を防ぎながら，穏やかに沸騰を続けることができる。

(6)　・温度計は，冷却器に向かう蒸気の温度が正しく測れるように，温度の測定部(球部)を枝付きフラスコの枝元に置く。正確に測定したいのは，沸騰している溶液の温度ではなく，冷却器に導かれる蒸気の温度である。蒸気の温度が目的物質の沸点と一致している間に得られる留出液(純物質)だけを，受器(三角フラスコ)に集めるとよい。

・液量があまり多いと，液面と枝の部分までの距離が短くなり，沸騰の際に生じた溶液の飛沫がフラスコの枝の部分へ入り，受器にたまる液体に不純物が混入する恐れがある。また，液量が多いと，液面の面積が小さくなり，蒸留の効率も悪くなる。

・アダプターと受器である三角フラスコとの間は，装置内部の圧力の上昇により，接続部がはずれたり，器具が破損するのを防ぐために，ゴム栓などで密閉せず，開放状態にしておく。ただし，ゴミが入らないように，脱脂綿を軽くつめるか，アルミ箔(はく)をかぶせておく方がよい。

解答　(1) **蒸留**

(2) (ア) **枝付きフラスコ**　(イ) **ガスバーナー**　(ウ) **リービッヒ冷却器**　(エ) **アダプター**　(オ) **三角フラスコ**

(3) ②

(4) a **空気**　b **ガス**

(5) **突沸(急激に起こる激しい沸騰)を防ぐため。**

(6) **・温度計の球部をフラスコの枝元の位置に置く。**
・フラスコ内の液量は，半分以下にする。
・三角フラスコ(受器)の口は，脱脂綿などを軽くつめるか，アルミ箔をかぶせる。

2 原子の構造と周期表

15 解説　原子は，中心部に存在する正の電荷をもつ**原子核**と，その周囲に存在する負の電荷をもついくつかの**電子**からなる。原子核は，さらに，正の電荷をもつ**陽子**と，電荷をもたない**中性子**から構成される(水素原子 $^{1}_{1}H$ の原子核だけは陽子のみからなる)。

陽子と中性子の質量はほぼ等しい(中性子の方がわずかに重い)が，電子の質量は陽子や中性子の質量の約 $\frac{1}{1840}$ と非常に小さいので，原子の質量は，ほぼ原子核の質量に等しいといえる。

また，各元素の原子では，陽子の数は決まっており，この数を**原子番号**といい，原子の種類を区別するのに使われる。一方，原子核中の陽子の数と中性子の数の和を**質量数**といい，原子の質量を比較するのに使われる。

解答　① **原子核**　② **電子**　③ **陽子**　④ **中性子**　⑤ **原子番号**　⑥ **質量数**

原子番号 1 ～ 20 までの元素名と元素記号は，次のようにして完全に覚えておかなければならない。原子番号と元素記号は，指を折りながら，次のような文章とともに覚えていけばよい。

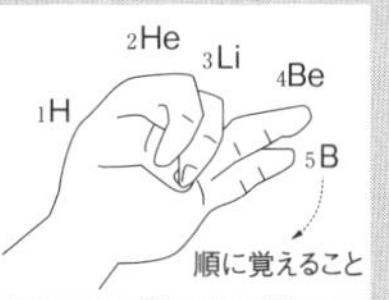

水	兵	リー	ベ	ぼ	く	の		船	
H	He	Li	Be	B	C	N	O	F	Ne
なな	まがり		シッ	プ	ス	ク	ラ	ー ク	か
Na	Mg	Al	Si	P	S	Cl	Ar	K	Ca

リーベ＝ドイツ語で love の意味
シップス＝ship's　クラーク＝船長の名前

16 解説　原子番号が同じでも質量数が異なる原子を互いに**同位体(アイソトープ)**という。同位体の生じる原因は，中性子の数が異なることに基づく。同位体どうしは質量が異なるだけで，化学的性質はほとんど変わらない。

(ア)　質量数が異なるので，原子の質量は異なる。〔×〕

(イ)　原子番号が等しい同種の原子であるため，化学的性質はほぼ等しい。〔○〕

(ウ)　陽子の数が等しいが，中性子の数が異なる。〔○〕

(エ)　すべての原子は，(陽子の数)＝(電子の数)である。〔×〕

(オ)　陽子の数が異なれば，違う種類の原子であるから，互いに同位体ではない。〔×〕

解答　**(イ)，(ウ)**

17 解説　ロシアの化学者**メンデレーエフ**は，1869 年，当時発見されていた 63 種類の元素を**原子量**(原子の相対質量)の順に配列して**元素の周期律**を発見し，性質の似た元素を同じ縦の列に並べて，**元素の周期表**の原型となるものを発表した。しかし，その後の研究によると，元素を**原子番号**の順に並べた方がその周期性がより明確に現れることから，改良が加えられた。現在，元素の周期律は，原子番号の増加に伴って価電子の数が周期的に変化することと関係が深いことが明らかになっている。

現在では，元素の周期表は，1 族～ 18 族，第 1 周期～第 7 周期で構成されており，第 1 周期には 2 元素，第 2，3 周期には 8 元素，第 4，5 周期には 18 元素が並んでいる。

第 1～第 3 周期の元素は，電子が最外殻へと配置される**典型元素**で，原子番号の増加とともに価電子の数が変化し，元素の化学的性質も周期的に変化する。一方，第 4 周期以降では，典型元素に加えて**遷移元素**が現れる。遷移元素では，最外殻ではなく内殻へ電子が配置されるため，最外殻電子の数は 2 個(または 1 個)で変化せず，原子番号が増加しても，元素の化学的性質はあまり変化しない。

解答　① **メンデレーエフ**　② **周期律**　③ **原子番号**　④ **周期**　⑤ **族**　⑥ **2**　⑦ **8**　⑧ **典型**　⑨ **遷移**

18 解説　**電子の数＝陽子の数＝原子番号**より，各原子の電子の総数を読み取ると，(ア)は $_{2}He$，(イ)は $_{3}Li$，(ウ)は $_{9}F$，(エ)は $_{12}Mg$，(オ)は $_{16}S$，(カ)は $_{17}Cl$ である。

各原子の**価電子の数**は，(ア)～(カ)の電子配置の図の最も外側の電子殻(**最外殻**)の電子の数を読み取ればよい。ただし，貴ガス(希ガス)(He，Ne，Ar…)の原子の価電子の数はすべて 0 個である。

(ア)　He は貴ガスなので 0 個　　(イ)　Li は 1 個

(ウ)　F は 7 個　　(エ)　Mg は 2 個

(オ)　S は 6 個　　(カ)　Cl は 7 個

①　価電子の数が最小の原子は(ア)の He。

②　価電子の数が最大の原子は(カ)の Cl。

(2)　価電子の数が 1，2，3 個の原子は，電子を放出して 1 価，2 価，3 価の陽イオンになりやすい。

19～21

価電子の数が6，7個の原子は，電子を受け取り2価，1価の陰イオンになりやすい。

① 価電子を1個もつLiは，電子1個を放出して1価の陽イオンになりやすい。

② 価電子を6個もつSは，電子2個を受け取り2価の陰イオンになりやすい。

(3) 貴ガスの電子配置(最外殻電子の数が，Heは2個，Ne，Ar，Kr，…はすべて8個)はきわめて安定で，他の原子と結合しない。

(4) 第2周期に属する原子は，内側から2番目の電子殻のL殻に電子が配置されていく原子であり，(イ)のLiと(ウ)のFが該当する。

(5) 典型元素の同族元素は，価電子の数が等しい。よって，価電子の数が7個である(ウ)のFと(カ)のClが**同族元素**である。

解答 (1) ① **He**　② **Cl**　(2) ① **Li**　② **S**
(3) **He**　(4) **Li，F**　(5) **FとCl**

19 **解説** 価電子の数が1，2，3個の原子は，それぞれ価電子を1，2，3個放出して，1価，2価，3価の陽イオンとなりやすい。一方，価電子の数が6個，7個の原子は，それぞれ電子を2個，1個取り入れて2価，1価の陰イオンになりやすい。すなわち，単原子イオンの電子配置は，すべてHe，Ne，Ar，Krなどの**貴ガスの電子配置**をとっている。

ただし，カリウム $_{19}K$ では，電子の数が19であり，K殻に2個，L殻に8個，M殻に9個入ることができるはずであるが，実際には，M殻に8個入ると電子配置は安定(**オクテット**)となり，残る1個の電子はさらに外側のN殻に配置されることになる。

また，原子が陽イオンになると，最外殻に電子がなくなり，1つ内側の電子殻が新たに最外殻となるので，イオン半径はかなり小さくなる。

原子が陰イオンになっても最外殻は変わらないが，もとの電子と新たに入った電子が静電気的に反発しあうため，イオン半径は少し大きくなる。

(ア) 陽子の数が3より，原子番号3のLi。
Li(K2，L1)が，L殻の電子1個を失うと Li^+(K2)

(イ) 陽子の数が8より，原子番号8のO。
O(K2，L6)が，L殻に電子2個を取り入れると
O^{2-}(K2，L8)

(ウ) 陽子の数13より，原子番号13のAl。
Al(K2，L8，M3)が，M殻の電子3個を失うと
Al^{3+}(K2，L8)

(エ) 陽子の数17より，原子番号17のCl。
Cl(K2，L8，M7)が，M殻に電子1個を取り入れると Cl^-(K2，L8，M8)

(オ) 陽子の数19より，原子番号19のK。
K(K2，L8，M8，N1)が，N殻の電子1個を失うと K^+(K2，L8，M8)

解答 (ア) **Li^+ リチウムイオン　He**
(イ) **O^{2-} 酸化物イオン　Ne**
(ウ) **Al^{3+} アルミニウムイオン　Ne**
(エ) **Cl^- 塩化物イオン　Ar**
(オ) **K^+ カリウムイオン　Ar**

20 **解説** イオンの化学式(**イオン式**)の書き方と読み方は次の通りである。

〈イオンの化学式の書き方〉
イオンの化学式は，元素記号の右上にイオンの価数と電荷の符号(＋，－)をつけて表し，価数の1は省略する。

〈イオンの化学式の読み方〉
単原子イオンの場合，陽イオンは元素名に「イオン」をつける。陰イオンは元素名の語尾を「化物イオン」に変える。

Fe^{2+}，Fe^{3+}のように，同じ元素で価数の異なるイオンの場合は，元素名のあとの(　)内に価数をローマ数字のⅠ，Ⅱ，Ⅲ，…で書く。たとえば，

Fe^{2+} 鉄(Ⅱ)イオン　Fe^{3+} 鉄(Ⅲ)イオン

多原子イオンは，それぞれに固有の名称が用いられており，これは覚えるしかない。

NH_4^+ アンモニウムイオン	OH^- 水酸化物イオン
NO_3^- 硝酸イオン	CO_3^{2-} 炭酸イオン
SO_4^{2-} 硫酸イオン	PO_4^{3-} リン酸イオン

どのイオンも重要なものばかりである。イオンの化学式，名称は完全に覚えてしまうことが必要である。

解答 (1) **アルミニウムイオン**　(2) **塩化物イオン**
(3) **カルシウムイオン**　(4) **炭酸イオン**
(5) **硝酸イオン**　(6) **カリウムイオン**
(7) **酸化物イオン**　(8) **水酸化物イオン**
(9) **硫酸イオン**　(10) **リン酸イオン**
(11) **アンモニウムイオン**　(12) **硫化物イオン**
(13) Na^+　(14) Al^{3+}　(15) Cl^-　(16) O^{2-}
(17) NH_4^+　(18) S^{2-}　(19) OH^-　(20) SO_4^{2-}
(21) NO_3^-　(22) CO_3^{2-}　(23) Fe^{3+}　(24) PO_4^{3-}

21 **解説** **原子番号＝陽子の数＝電子の数**より，各原子のもつ電子の数は，原子番号の総和に等しい。したがって，原子番号1～20の原子については，そ

の原子番号を覚えておかなければならない。

さらに，陽イオンでは，原子番号の総和からその価数分だけ電子の数を減らしておくこと。また，陰イオンでは，原子番号の総和にその価数分だけ電子の数を増やしておくこと。

(1) ${}_{26}Fe^{3+}$　26－3＝23 個

(2) NH_4^+　7＋(1×4)－1＝10 個

(3) NO_3^-　7＋(8×3)+1＝32 個

(4) SO_4^{2-}　16＋(8×4)＋2＝50 個

解答 (1) **23 個**　(2) **10 個**　(3) **32 個**　(4) **50 個**

22 **解説** (1) 典型元素だけで考えると，金属元素と非金属元素の境界線は右図の通りである。

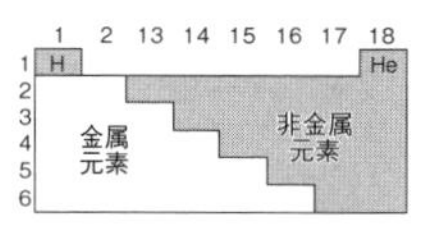

非金属元素は，水素 H を除いて，周期表の右上側に位置している(金属元素は，周期表の左下側に位置している)。ただし，水素は，H^+という陽イオンになるが，単体 H_2 が電気の絶縁体であるなど，金属としての性質を示さないので，非金属元素に分類される。

(2) ① 元素の周期表では，左下に位置する元素ほど陽性が強いので，領域 B が該当する。

② 元素の周期表では，領域 H の 18 族の貴ガスを除いて，右上に位置する元素ほど陰性が強いので，領域 G が該当する。

(3) **貴ガスの電子配置**はきわめて安定で，通常，他の元素と化合物をつくらない。つまり，最も安定で反応性に乏しい元素といえる。領域 H が該当する。

(4) 周期表の第 4 周期以降に登場する 3～12 族の元素 D を**遷移元素**といい，すべて金属元素に属する。

B は H を除いた 1 族元素の**アルカリ金属**である。

C は 2 族元素の**アルカリ土類金属**，G は 17 族元素の**ハロゲン**，H は 18 族元素の**貴ガス(希ガス)**である。

解答 (1) **A，F，G，H**　(2) ① **B**　② **G**　(3) **H**
(4) B **アルカリ金属**　C **アルカリ土類金属**
D **遷移元素**　G **ハロゲン**
H **貴ガス(希ガス)**

23 **解説** **周期表では，左下の元素ほど陽性が大，右上の元素ほど陰性は大である(貴ガスを除く)。**

(ア) 1 族のアルカリ金属元素では，原子番号が大きいほど原子半径は大きく，電子を放出しやすいので，陽イオンになりやすい。〔○〕

(イ) 17 族のハロゲン元素では，原子番号が小さいほど原子半径は小さく，電子を取り込みやすいので，陰イオンになりやすい。〔×〕

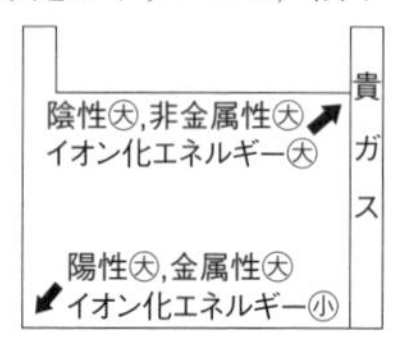

(ウ) 原子番号 4(Be) は第 2 周期である。第 2，第 3 周期は，ともに 8 個の元素を含むので，原子番号に 8 を足すと，次の周期の同族元素の原子番号になる。

4＋8＝12　　12＋8＝20

よって，原子番号 4(Be)，12(Mg)，20(Ca) が同族元素となる。〔×〕

(エ) 15 族元素は典型元素なので，族番号の一の位の数 5 が価電子の数に等しい。〔○〕

(オ) 問題文の記述は，遷移元素の特徴である。

一方，典型元素では，原子番号が増加すると価電子の数が変化するので，周期表で縦に並んだ元素(**同族元素**)どうしの化学的性質がよく似ている。〔×〕

解答 (ア) **○**　(イ) **×**　(ウ) **×**　(エ) **○**　(オ) **×**

24 **解説** ①，② 原子から電子 1 個を取り去って 1 価の陽イオンにするのに必要なエネルギーを，その原子の**イオン化エネルギー**という。イオン化エネルギーが小さい原子ほど，陽イオンになりやすいことを示す。

③ グラフが増加から減少に変わる点を**極大点**といい，そのときの値を**極大値**という。**貴ガス(希ガス)**(${}_2He$，${}_{10}Ne$，${}_{18}Ar$)は，電子配置が安定で，いずれも陽イオンになりにくい。つまり，イオン化エネルギーは極大値をとる。

④ グラフが減少から増加に変わる点を**極小点**といい，そのときの値を**極小値**という。**アルカリ金属**(${}_3Li$，${}_{11}Na$，${}_{19}K$)は，価電子の数が 1 個で，いずれも 1 価の陽イオンになりやすい。つまり，イオン化エネルギーは極小値をとる。

⑤ 原子番号 1～20 の原子の中で，最も陽イオンになりやすいのは，イオン化エネルギーが最小値をとるカリウム ${}_{19}K$ である。

⑥ 原子番号 1～20 の原子の中で，最も陽イオンになりにくいのは，イオン化エネルギーが最大値をとるヘリウム ${}_2He$ である。

⑦ 同周期の原子では，原子番号が大きくなるほど原子核の正電荷が大きくなり，原子核が電子を引きつける力が強くなるので，イオン化エネルギーは大きくな

る。

⑧　同族の原子では，原子番号が大きくなるほど，原子半径が大きくなり，原子核が電子を引きつける力が弱くなるので，イオン化エネルギーは小さくなる。

⑨　原子が電子を1個取り込んで1価の陰イオンになるときは，イオン化エネルギーの場合とは逆に，エネルギーが放出される。このエネルギーをその原子の**電子親和力**という。

⑩　電子親和力が大きいほど，その原子は陰イオンになりやすいといえる。下図を見ると，フッ素 F，塩素 Cl などのハロゲン元素の電子親和力が大きく，これらの原子は陰イオンになりやすいことがわかる。

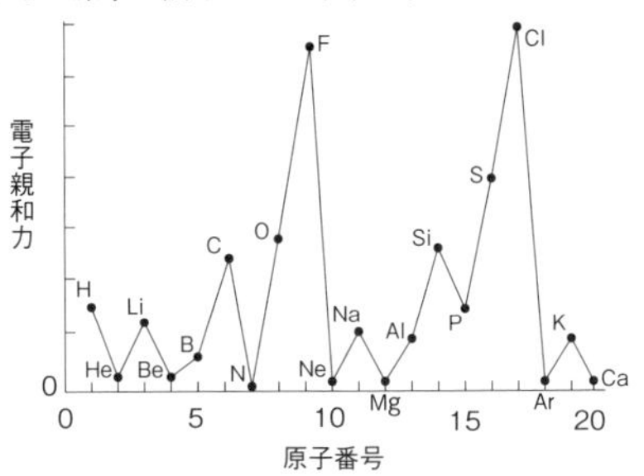

解答　① **イオン化エネルギー**　② **小さい**
③ **貴ガス(希ガス)**　④ **アルカリ金属**
⑤ **カリウム**　⑥ **ヘリウム**　⑦ **大き**
⑧ **小さ**　⑨ **電子親和力**　⑩ **大きい**

25 **解説**　(1)　陽子の数(＝電子の数)は等しいが，中性子の数の異なる原子を互いに**同位体**という。

質量の異なる分子の種類は，同位体の組み合わせで考えればよい。自然界の塩素原子には，^{35}Cl, ^{37}Cl の2種類の同位体があり，この中から2個選ぶ組み合わせは，^{35}Cl·^{35}Cl，^{35}Cl·^{37}Cl，^{37}Cl·^{37}Cl の3種類が考えられる。

(2)　^{35}Cl・^{35}Cl，^{35}Cl・^{37}Cl，^{37}Cl・^{37}Cl の各塩素分子の存在比は，各同位体の存在比の積となる。ただし，^{35}Cl・^{37}Cl からなる塩素分子については，^{35}Cl・^{37}Cl と ^{37}Cl・^{35}Cl の2通り考えられるが，これらは裏返すと重なるので同一分子である。したがって，^{35}Cl・^{37}Cl 分子の存在比は，

$$\left(\frac{3}{4}\times\frac{1}{4}\right)\times 2=\frac{6}{16}\Rightarrow 37.5\%$$

〈別解〉　$^{35}Cl_2$ の占める割合は，$\left(\frac{3}{4}\times\frac{3}{4}\right)=\frac{9}{16}$

$^{37}Cl_2$ の占める割合は，$\left(\frac{1}{4}\times\frac{1}{4}\right)=\frac{1}{16}$

∴ ^{35}Cl・^{37}Cl の占める割合は，塩素分子全体の割合が1なので，

$$1-\left(\frac{9}{16}+\frac{1}{16}\right)=\frac{6}{16}\Rightarrow 37.5\%$$

解答　(1) **3 種類**　(2) **37.5%**

26 **解説**　(1)　電子の数はいずれも10個で，最外電子殻は同じL殻であるが，原子核の正電荷は，$_{8}O<_{9}F<_{11}Na<_{12}Mg$ である。原子核の正電荷が大きいほど，周囲の電子をより強く引きつけるので，**イオン半径**は小さくなる。

(2)　同族元素の単原子イオンでは，原子番号の大きいものほど，より外側の電子殻に電子が配置されているため，イオン半径が大きくなる。

解答　(1) **原子番号が大きいほど，原子核の正電荷が大きいため，電子がより強く原子核に引きつけられるから。**
(2) **K^+　原子番号が大きい原子ほど，より外側の電子殻に電子が配置されているため。**

27 **解説**　原子核が不安定で，放射線(α線，β線，γ線など)を放出しながら別の原子に変わっていく(壊変する)同位体を，**放射性同位体**(ラジオアイソトープ)という。

放射線には，α**線**(^{4}He の原子核の流れ)，β**線**(電子の流れ)，γ**線**(短波長の電磁波)などがあり，α線を放つと，原子番号が2小さく質量数が4小さい原子になる。β線を放つと原子番号が1大きく質量数が同じ原子になる。(γ線を放っても，原子番号，質量数は変化しない。)すなわち，原子の種類の変換が起こる。どの放射線も生物にとって有害であるから，放射性同位体の取り扱いには，十分な注意が必要である。下図は，α線，β線，γ線の物質に対する透過力の違いを表したものである。

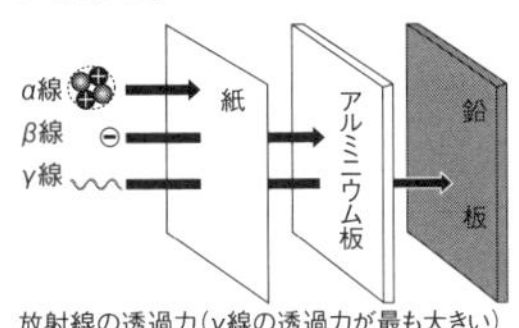

放射線の透過力(γ線の透過力が最も大きい)

$^{14}_{6}C$ の原子核は不安定で，原子核中の1個の中性子が陽子と電子に変化し，この電子がβ線として原子核の外に放射される(**β壊変**)。その結果，質量数は変わらないが，陽子の数(原子番号)が1増える。

$$^{14}_{6}C \xrightarrow{\beta壊変} {}^{14}_{7}N + e^-$$

放射性同位体の量が元の量の$\frac{1}{2}$になるまでの時間

を**半減期**といい，温度・圧力などの外部条件の影響を受けず，各放射性同位体に固有な値となる。

$^{14}_{6}C$ は太陽からの宇宙線(宇宙空間を飛び交う放射線の総称)によって大気中で生成されており，大気中の $^{12}_{6}C$ と $^{13}_{6}C$ の総和1に対する $^{14}_{6}C$ の割合は 1.2×10^{-12} で一定である。(ただし，^{14}C をほとんど含まない化石燃料の大量使用により，近年，大気中の ^{14}C の割合は減少傾向にある。)しかし，その生物が死ぬと，外界からの $^{14}_{6}C$ の供給が止まるので，$^{14}_{6}C$ は β 線(電子の流れ)を放射しながら半減期5700年かかって $^{14}_{7}N$ に変化していく。したがって，この木片中の $^{14}_{6}C$ の割合と現存する生物，または現在の大気中の $^{14}_{6}C$ の割合を比較すれば，その生物の死後の経過年数が推定できる。

$^{14}_{6}C$ の半減期が5700年であるので，$^{14}_{6}C$ の割合は5700年で元の量の $\frac{1}{2}$ に，さらに5700年で元の量の $\frac{1}{4}$ …と減少する。

$$\frac{\text{試料中の}\ ^{14}_{6}\text{C の濃度}}{\text{大気中の}\ ^{14}_{6}\text{C の濃度}}=\frac{1}{5}=\frac{2}{10}$$

これが半減期の何倍(x倍とする)に相当するかを求めればよい。

$\frac{2}{10}=\left(\frac{1}{2}\right)^{x}$ とおき，両辺の常用対数をとると，

$$\log_{10}\frac{2}{10}=\log_{10}2^{-x}$$

$$\log_{10}2-\log_{10}10=-x\log_{10}2$$

$$x=\frac{1-\log_{10}2}{\log_{10}2}=\frac{0.7}{0.3}=\frac{7}{3}$$

$^{14}_{6}C$ の濃度が大気中の $\left(\frac{1}{2}\right)^{\frac{7}{3}}$ に減少するには，$^{14}_{6}C$ の半減期の $\frac{7}{3}$ 倍，$5700\times\frac{7}{3}=13300$ 年を要する。

解答　**1.33×10^{4} 年前**

3 化学結合①

28 (解説)　金属元素のNa原子は，価電子を1個放出してナトリウムイオン Na^{+} になる。非金属元素のCl原子は，その電子1個を受け取って塩化物イオン Cl^{-} になる。このように，陽イオンと陰イオンとの間にはたらく**静電気力**(**クーロン力**)によって引き合う結合を**イオン結合**という。

移動

Na・ ・C̤̈l: ——→ Na⁺……:C̤̈l:⁻　イオン結合

陽イオンと陰イオンがイオン結合によって規則的に配列してできた結晶を**イオン結晶**といい，イオン間の結合力は強いので，その結晶は硬くて，融点は高いものが多い。

解答　① **ナトリウムイオン**　② **塩化物イオン**　③ **クーロン力**　④ **イオン結合**　⑤ **イオン結晶**　⑥ **高**

29 (解説)　非金属元素のCl原子どうしが結合することもある。Cl原子の電子式 :C̤̈l・ でわかるように，7個の価電子のうち6個は**電子対**をつくっているが，1個だけは対をつくらず**不対電子**として存在する。

2個のCl原子がそれぞれの不対電子を出し合って電子対をつくり，それらを互いに共有することで生じる結合を**共有結合**という。

このとき，2個のCl原子に共有されている電子対を**共有電子対**という。また，2原子間で共有されていない電子対を**非共有電子対**という。

:C̤̈l・ ・C̤̈l: ——→ :C̤̈l:C̤̈l:　(共有電子対／非共有電子対)

分子中での各原子の結合のようすを**価標**とよばれる線(－)で表した化学式を**構造式**という。構造式では，1組の共有電子対(:)を1本の価標(－)で表す約束がある。

H－H，Cl－Clのように，1本の価標で結ばれた共有結合を**単結合**といい，O＝O，N≡Nのように，2本，3本の価標で結ばれた共有結合をそれぞれ**二重結合**，**三重結合**という。なお，構造式は，分子中の原子の結合を平面的に示したもので，必ずしも実際の分子の形を正確に表したものではない。また，原子1個のもつ価標の数を，その原子の**原子価**という。原子価はその原子のもつ不対電子の数にも等しい。

解答　① **6**　② **1**　③ **不対電子**　④ **共有結合**　⑤ **共有電子対**　⑥ **非共有電子対**　⑦ **構造式**

30 (解説)　塩化ナトリウムNaClのように，陽イオンと陰イオンが**イオン結合**によって規則的に配列した結晶を**イオン結晶**という。イオン結晶では，Na^{+} と Cl^{-} が交互に規則的に並んでいるだけで，分子に相当する単位粒子がない。これは，銅のような**金属結晶**やダイヤモンドのような**共有結合の結晶**でも同様である。こうした物質では，分子式の代わりに，物質を構成するイオンや原子の数の比を最も簡単な整数比で表した**組成式**を用いて表す。組成式は分子として存在しない物質を化学式で表すときに用いる。

〈イオンからなる物質の組成式の書き方〉

① 陽イオンと陰イオンの正・負の電荷が等しくな

31～32

るような割合(個数の比)を考える。たとえば，陽イオン Ca^{2+} と陰イオン NO_3^- の価数の比が2：1なので，$Ca^{2+}:NO_3^-=1:2$ の個数の比で結合する。

② 陽イオンを先に，陰イオンを後に，それぞれ電荷を省略して書き，その個数を元素記号の右下に書く(数字の1は省略)。

《注》 多原子イオンが2個以上のときは(　)でくくり，右下に数を書く。1個のときは(　)も不要。

$Ca^{2+}(NO_3^-)_2 \Rightarrow Ca(NO_3)_2$

〈イオンからなる物質の組成式の読み方〉

① 組成式ABは，B(陰性部分)→A(陽性部分)と逆に読む。すなわち，右側の陰イオンの「物イオン」や「イオン」を省略して読み，次に，左側の陽イオンの「イオン」を省略して読む。

② Cu，Feのように2種類以上の価数をもつ原子は，原子名のあとに，2価の場合は(Ⅱ)を，3価の場合は(Ⅲ)のように，ローマ数字で区別する。

(1) Na^+ と S^{2-} は価数の比が1：2だから，Na^+ と S^{2-} は2：1の個数の比で結合し，組成式は Na_2S となる。

(2) Mg^{2+} と NO_3^- は価数の比が2：1だから，Mg^{2+} と NO_3^- は1：2の個数の比で結合し，組成式は $Mg(NO_3)_2$ となる。

(3) Al^{3+} と OH^- は価数の比が3：1だから，Al^{3+} と OH^- は1：3の個数の比で結合し，組成式は $Al(OH)_3$ となる。

(4) NH_4^+ と CO_3^{2-} は価数の比が1：2だから，NH_4^+ と CO_3^{2-} は2：1の個数の比で結合し，組成式は $(NH_4)_2CO_3$ となる。

(5) Al^{3+} と SO_4^{2-} は価数の比が3：2だから，Al^{3+} と SO_4^{2-} は2：3の個数の比で結合し，組成式は $Al_2(SO_4)_3$ となる。

(6) Ca^{2+} と PO_4^{3-} は価数の比が2：3だから，Ca^{2+} と PO_4^{3-} は3：2の個数の比で結合し，組成式は $Ca_3(PO_4)_2$ となる。

(7) Cu^{2+} と Cl^- は価数の比が2：1だから，Cu^{2+} と Cl^- は1：2の個数の比で結合し，組成式は $CuCl_2$ となる。

(8) Ca^{2+} と CH_3COO^- は価数の比が2：1だから，Ca^{2+} と CH_3COO^- は1：2の個数の比で結合し，組成式は $(CH_3COO)_2Ca$ となる。

(組成式では，通常は陽イオン→陰イオンの順に並べるが，酢酸イオンの場合は，例外的に陰イオン→陽イオンの順に並べる。)

解答 (1) **Na_2S　硫化ナトリウム**
(2) **$Mg(NO_3)_2$　硝酸マグネシウム**
(3) **$Al(OH)_3$　水酸化アルミニウム**
(4) **$(NH_4)_2CO_3$　炭酸アンモニウム**
(5) **$Al_2(SO_4)_3$　硫酸アルミニウム**
(6) **$Ca_3(PO_4)_2$　リン酸カルシウム**
(7) **$CuCl_2$　塩化銅(Ⅱ)**
(8) **$(CH_3COO)_2Ca$　酢酸カルシウム**

31 **解説** (1) イオン結合は，金属元素と非金属元素の間で形成される。したがって，金属元素と非金属元素の化合物である $CuCl_2$，KI，$Al_2(SO_4)_3$ を選べばよい。

N_2	Cu Cl_2	C_2 H_6	C O_2	K I
非	金 非	非 非	非 非	金 非
I_2	Al_2 $(SO_4)_3$	Si O_2	(金：金属元素　非：非金属元素)	
非	金 非	非 非		

(2) ① イオン結晶は多数の陽イオンと陰イオンが静電気力(クーロン力)で結合したものであり，分子が集まってできているわけではない。〔×〕

② イオン結晶は硬いが，強い力を加えると特定の面に沿って割れやすい性質(**へき開性**という)がある。〔×〕

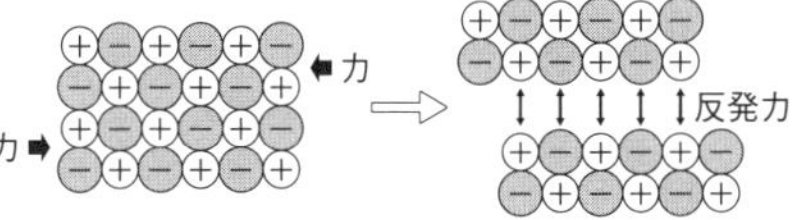

外力によって粒子の配列がずれると，強い反発力がはたらく。

③ イオン結晶の固体では，イオンが動くことができないので，電気を通さない。〔×〕

④ イオン結晶を融解させて直流電圧をかけると，陽イオンは陰極に，陰イオンは陽極に移動する。〔○〕

⑤，⑥ 陽イオンと陰イオンの間にはたらく**静電気力(クーロン力)** f は，各イオンの電荷を q_1，q_2，イオンの中心間距離を r，比例定数を k とすると，次式で表される(**クーロンの法則**)。

$$f=k\cdot\frac{q_1\cdot q_2}{r^2}$$

イオン結合は，陽イオンの電荷と陰イオンの電荷が大きいほど強くなる。〔○〕

イオン結合は，陽イオンと陰イオンの間の距離が大きいほど弱くなる。〔×〕

解答 (1) **$CuCl_2$，KI，$Al_2(SO_4)_3$**
(2) **④，⑤**

32 **解説** H_2，O_2，CO_2，H_2O のように，分子で構成されている物質は，分子を構成する原子の種類

33 ～ 35

とその数を示した**分子式**で表す。本問に取り上げたような代表的な分子の分子式や名称は確実に覚えておく必要がある。

〈分子式の書き方・読み方〉

① 元素は次の順に書き，その個数を右下に書く。
B, Si, C, P, N, H, S, O, I, Br, Cl, F

② 右側の元素名から"素"をとって"化"をつけ，左側の元素名を続けて読む。同じ元素からなる複数の化合物がある場合，原子の数を漢数字で区別する(「一」も省略しない)。
(例) CO ⇒一酸化炭素　CO_2 ⇒二酸化炭素

③ 分子からなる物質には，古くからの慣用名が使われていることが多く，これらは覚えるしかない。

④ **オキソ酸**(酸素を含む酸)の化学式は「H 原子＋中心原子＋ O 原子」の形で表され，その命名は最も一般的な化合物を基準とし，酸素原子の多少は次の接頭語をつけて表す。
過…1 つ多い　亜…1 つ少ない　次亜…2 つ少ない
(例) H_2SO_4 ⇒硫酸，H_2SO_3 ⇒亜硫酸
HClO ⇒次亜塩素酸
$HClO_2$ ⇒亜塩素酸
$HClO_3$ ⇒塩素酸
$HClO_4$ ⇒過塩素酸

解答 (1) **一酸化窒素**　(2) **二酸化窒素**
(3) **四酸化二窒素**　(4) **二酸化硫黄**
(5) **過酸化水素**　(6) **十酸化四リン**
(7) **硝酸**　(8) **硫酸**

33 解説　2 個の原子が不対電子を出し合って電子対をつくり，これを共有することで生じた結合が**共有結合**である。これに対して，一方の原子の**非共有電子対**が他方の原子や陽イオンに提供され，これを共有することで生じた結合が**配位結合**である。共有結合と配位結合は，結合のでき方が異なるだけで，生じた結合は同種の共有結合と全く同じ性質(結合距離や結合の強さなど)をもち，区別することができない。

アンモニア分子 NH_3 の N 原子の非共有電子対が水素イオン H^+ に提供されると，アンモニウムイオン NH_4^+ を生じる。

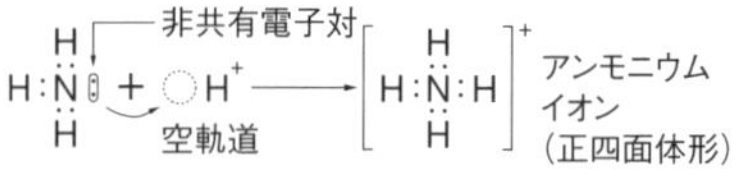

非共有電子対
H:N(H)(H):　＋ ○H^+ ⟶ [H:N(H)(H):H]$^+$ アンモニウムイオン(正四面体形)
空軌道

同様に，水分子 H_2O の O 原子の 2 組の非共有電子対のうち 1 組だけが水素イオン H^+ に提供されると，オキソニウムイオン H_3O^+ を生成する(もう 1 組の非共有電子対はそのまま残っている)。

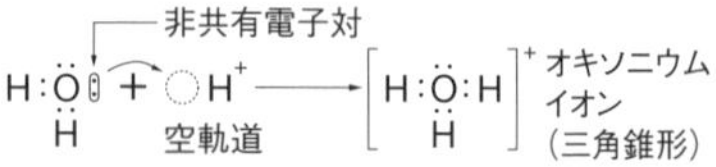

非共有電子対
H:Ö:(H)　＋ ○H^+ ⟶ [H:Ö:H (H)]$^+$ オキソニウムイオン(三角錐形)
空軌道

解答 ① **塩化アンモニウム**　② **非共有電子対**
③ **水素イオン**　④ **配位結合**
⑤ **正四面体**　⑥ **オキソニウムイオン**
⑦ **三角錐**

34 解説　(1) 塩化ナトリウム NaCl は海水中に最も多く含まれる固体成分で，食塩とも呼ばれる。
(2) 硫酸バリウム $BaSO_4$ は水に溶けにくく，X 線を透過させないので，X 線撮影の造影剤に用いられる。
(3) 炭酸カルシウム $CaCO_3$ は石灰石や大理石の主成分で，塩酸とは次のように反応し，二酸化炭素を発生する。

$$CaCO_3 + 2HCl \longrightarrow CaCl_2 + H_2O + CO_2$$

(4) 塩化カルシウム $CaCl_2$ は水によく溶け，除湿剤や道路の凍結防止剤として用いられる。
(5) 炭酸水素ナトリウム $NaHCO_3$ は重曹とも呼ばれ，水に少し溶け弱い塩基性を示す。ベーキングパウダー，胃腸薬，発泡性入浴剤などに利用される。

解答 (1) **c**　(2) **e**　(3) **d**　(4) **a**　(5) **f**

35 解説　分子中の各原子の結合のようすを**価標**とよばれる線(−)を用いて表した化学式が**構造式**である。各原子のもつ価標の数を**原子価**(下表に示す)といい，各原子の原子価に過不足がないように組み合わせると，正しい分子の構造式が書ける。このとき，原子価の多い原子を分子の中心に置き，原子価の少ない原子をその周囲に並べていくとよい。

最下段は各族の原子の原子価を表す。

1 族	14 族	15 族	16 族	17 族
H−	−C−(上下にも価標)	−N−(下にも価標)	−O−	F−
	−Si−(上下にも価標)	−P−(下にも価標)	−S−	Cl−
1	4	3	2	1

(ア) N≡ ＋ ≡N ⟶ N≡N (窒素)

(イ) H− ＋ Cl− ⟶ H−Cl (塩化水素)

(ウ) −O− ＋ 2H− ⟶ H−O−H (水)

(エ) −N− ＋ 3H− ⟶ H−N(−H)−H (アンモニア)

(オ) −C− ＋ 4H− ⟶ H−C(−H)(−H)−H (メタン)

35 ～ 35

(カ) =C=　+ 2O=　⟶　O=C=O（二酸化炭素）

元素記号のまわりに最外殻電子を点・で表した化学式を**電子式**という。

〈原子の電子式の書き方〉

① 元素記号の上下左右に4つの場所(電子軌道)を考える。各場所には，最大2個まで電子が入ることができる。

② 電子はできるだけ分散する方が安定になるので，4個目までの電子は，別々の場所へ入れる(すべて**不対電子**・となる)。

③ 5個目からの電子は，すでに1個入った場所のいずれかに入れる(**電子対**：をつくるようにする)。

〔注意〕 O原子の価電子の数は6個，電子式では電子対が2組，不対電子が2個ある。したがって，·Ö·または:Ö·のどちらで表してもよいが，:Ö:のように電子対が3組あるように表してはいけない。また，第1周期のHeには電子軌道が1つしかないので，2個の電子は不対電子2個ではなく，電子対：として表すこと。

各元素の原子の化学的性質は価電子の数によって決まるから，原子番号1～20までの原子の**電子式**は，完全に書けるようになっておくこと。

H·							He:
Li·	·Be·	·B·	·C·	·N·	·O·	:F·	:Ne:
Na·	·Mg·	·Al·	·Si·	·P·	·S·	:Cl·	:Ar:
K·	·Ca·						
価電子の数 1	2	3	4	5	6	7	0

〈分子の電子式の書き方〉

①構造式の価標1本(－)を共有電子対1組(：)で表す。

価標1本(－)を共有電子対1組(：)に直す。

価標2本(＝)を共有電子対2組(∷)に直す。

価標3本(≡)を共有電子対3組(⠿)に直す。

②分子をつくったとき，各原子は安定な貴ガスの電子配置をとっているので，各原子の周囲に8個の電子(H原子だけは2個の電子)になるように，非共有電子対：を書き加える。

	〔構造式〕		〔途中〕		〔電子式〕
(ア)	N≡N	⟶	N⠿N	⟶	:N⠿N:
(イ)	H－Cl	⟶	H:Cl	⟶	H:C̤̈l:
(ウ)	H－O－H	⟶	H:O:H	⟶	H:Ö̤:H
(エ)	H－N－H（下にH）	⟶	H:N:H（下にH）	⟶	H:N̈:H（下にH）
(オ)	H－C－H（上下にH）	⟶	H:C:H（上下にH）		
(カ)	O=C=O	⟶	O∷C∷O	⟶	:Ö∷C∷Ö:

（：共有電子対　⁝ 非共有電子対）

(1) 代表的な分子の立体構造は覚えておく必要がある。中心原子が何個の原子と結合しているかによって，分子の立体構造(形)が決まる。

[C]H_4	4個の原子	→	**正四面体形**
[:N]H_3	3個の原子	→	**三角錐形**（非共有電子対あり）
BH_3	3個の原子	→	**正三角形**（非共有電子対なし）
H_2[Ö:]	2個の原子	→	**折れ線形**（非共有電子対あり）
[C]O_2	2個の原子	→	**直線形**（非共有電子対なし）

分子に含まれる共有電子対や非共有電子対は，負の電荷をもっており，これらは互いに反発し，遠ざかろうとする。分子の形は，このような電子対どうしの反発ができるだけ小さくなるように決まる。このような考え方を**電子対反発則**といい，1939年，槌田龍太郎博士によって提唱された。

たとえば，メタン分子CH_4では，炭素原子Cのまわりに4組の共有電子対があり，これらの電子対は互いに反発し合う。これらの電子対がCを中心として正四面体の頂点方向に位置するとき，その反発力は最小となる。したがって，メタン分子は**正四面体形**となる。同様に，アンモニア分子NH_3では，窒素原子Nのまわりに3組の共有電子対と1組の非共有電子対があり，これら4組の電子対が互いに反発し合い，四面体の頂点方向に伸びる。しかし，NH_3分子の形はH原子の結合した共有電子対の伸びる方向だけで決まるので，**三角錐形**となる。同様に，水分子H_2Oでは，酸素原子Oのまわりに2組の共有電子対と2組の非共有電子対があり，これら4組の電子対が互いに反発し合い，四面体の頂点方向に伸びる。しかし，H_2O分子の形はH原子の結合した共有電子対の伸びる方向だけで決まるので，**折れ線形**となる。

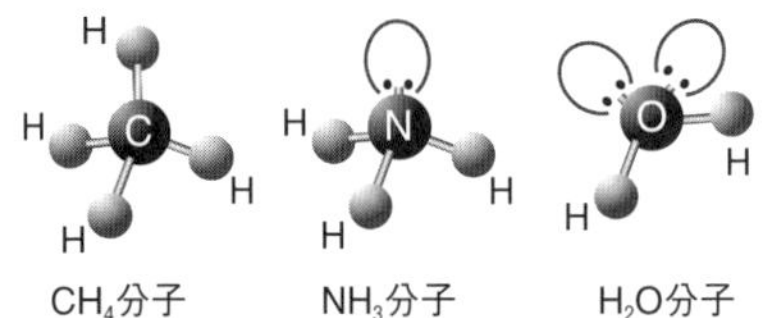

CH_4分子　NH_3分子　H_2O分子

また，二酸化炭素分子 CO_2 のように，二重結合をもつ分子の場合，二重結合を形成する電子対をひとまとめとして考える。二酸化炭素分子では，炭素原子 C のまわりに二重結合を形成する共有電子対が 2 組あり，これらの反発が最小となる反対方向に伸びるので，二酸化炭素分子は**直線形**になると予想できる。

(2)　構造式において，価標 1 本(－)からなる共有結合を**単結合**，価標 2 本(＝)からなる共有結合を**二重結合**，価標 3 本(≡)からなる共有結合を**三重結合**という。

(3)　電子式を書いて，共有電子対や非共有電子対の数を判断する。

(4)　H^+ と配位結合が可能な分子は，非共有電子対をもつ(ア)，(イ)，(ウ)，(エ)，(カ)。しかし，実際に配位結合が形成されるのは，生じたイオンが安定に存在できる(ウ)，(エ)に限られる。

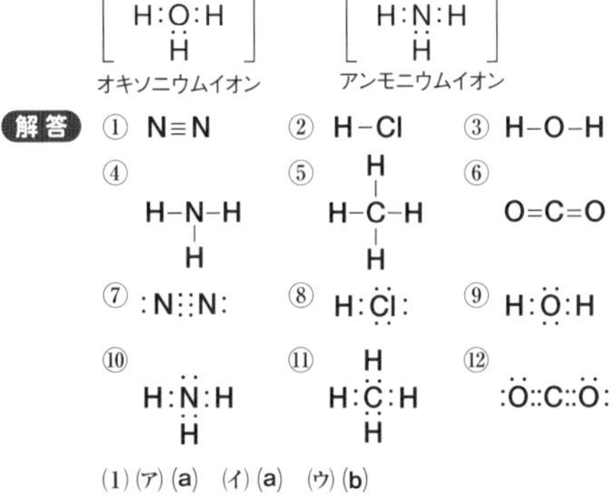

オキソニウムイオン　アンモニウムイオン

解答　① N≡N　② H－Cl　③ H－O－H　④ H－N(－H)－H　⑤ H－C(H)(H)－H　⑥ O＝C＝O　⑦ :N⋮⋮N:　⑧ H:C̤l̤:　⑨ H:Ö:H　⑩ H:N(H):H　⑪ H:C(H)(H):H　⑫ :Ö::C::Ö:

(1) (ア) (a)　(イ) (a)　(ウ) (b)
(エ) (c)　(オ) (d)　(カ) (a)

(2) **(カ)**　(3) ⓐ **(イ)**　ⓑ **(カ)**

(4) **(ウ)，(エ)**

36 **(解説)**　(1)　アンモニア NH_3 は無色・刺激臭の気体で，植物の生育に必要な窒素肥料に用いられる。

(2)　水素 H_2 は密度が最も小さな気体で，ロケットの燃料や燃料電池の活物質に用いる。

(3)　二酸化炭素の固体は，ドライアイスとよばれ，簡単な冷却材に用いられる。

(4)　空気中の各気体の存在率(体積比)は，N_2 78%，O_2 21%，その他 1%である。

(5)　天然ガスの主成分はメタン CH_4 である。燃焼させても CO_2 の発生量が少ないのが特徴である。

解答　(1) **(ア)**　(2) **(エ)**　(3) **(オ)**　(4) **(イ)**　(5) **(ウ)**

37 **(解説)**　ダイヤモンドと黒鉛(グラファイト)は炭素 C の**同素体**で，ともに共有結合だけでできた**共有結合の結晶**に分類されるが，性質が大きく異なる。これは，炭素原子の共有結合の仕方が違うためである。

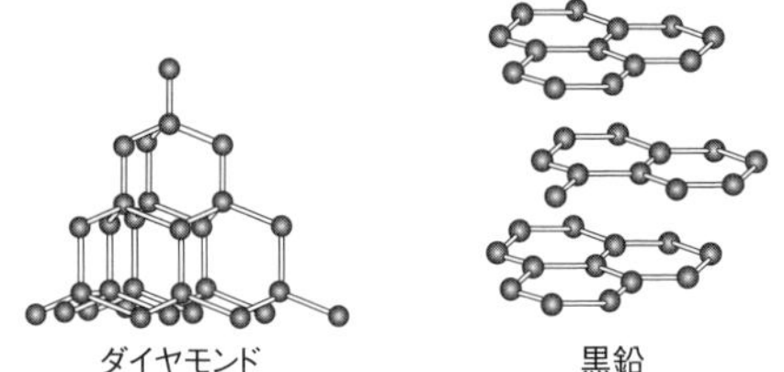

ダイヤモンド　黒鉛

ダイヤモンドは，無色透明の結晶であり，電気伝導率は小さく，電気の絶縁体である(ただし，熱伝導率はきわめて大きい)。天然物の中では最も硬く，宝石のほか，ガラスカッター，削岩機などに利用される。

ダイヤモンドは各炭素原子が 4 個の価電子すべてを共有結合に使って，**正四面体**を基本単位とした**立体構造**をもつ結晶である。これらの炭素原子は強い共有結合だけで結合しているので，硬くて融点も非常に高い(約 4430℃)。また，炭素原子のもつ価電子がすべて共有結合に使われているので，電気を通さない。

黒鉛は，黒色不透明の結晶であり，電気伝導率は大きく，電気の良導体である。電池や電気分解の電極などに利用されるほか，軟らかく，減摩剤，鉛筆の芯などに利用される。

黒鉛(グラファイト)は各炭素原子が 3 個の価電子を共有結合に使って，**正六角形**を基本単位とした**平面構造**をつくり，さらにこの平面どうしが積み重なってできた結晶である。しかし，この平面どうしは弱い**分子間力**で引き合っているだけなので，黒鉛はこの方向に薄くはがれやすく軟らかい。また，各炭素原子に残った 1 個の価電子は平面構造の中を自由に動くことができるので，黒鉛は電気をよく通し，融点は非常に高い(約 3530℃)。

いずれも酸・塩基などの薬品にも安定で侵されないが，空気中で加熱すると燃焼して二酸化炭素となる。

1985 年，クロトー，スモーリーらによって発見された C_{60}，C_{70} などの球状の炭素分子は，建築家バックミンス

38 ～ 41

ター・フラーの設計したドーム状建築物にちなんで，**フラーレン**と名づけられた。

1991 年，飯島澄男博士によって，黒鉛の平面構造が筒状に丸まった構造をもつ**カーボンナノチューブ**が発見され，同質量で比較すると，鋼鉄の約 20 倍もの引っ張り強度があり，銀よりも電気伝導率が高く，ダイヤモンドよりも熱伝導率が高いなど，その特異な性質に注目が集まっている。

フラーレン(C_{60})

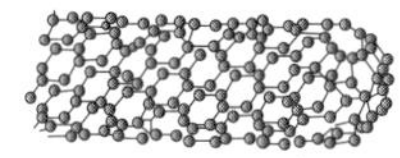
カーボンナノチューブ

解答　① **硬い**　② **軟らかい**　③ **非常に高い**　④ **非常に高い**　⑤ **絶縁体**　⑥ **良導体**　⑦ **透明**　⑧ **不透明**

38 **解説**　原子では，**電子の数＝陽子の数＝原子番号**の関係が成り立つので，電子の数から原子番号がわかる。(a)は $_{6}C$　(b)は $_{10}Ne$　(c)は $_{12}Mg$　(d)は $_{17}Cl$

(1)　**単原子分子**として存在するのは，安定な電子配置をもつ貴ガス(希ガス)の(b) Ne である。

(2)　**共有結合の結晶**は，共有結合のみによって形成された結晶である。(a)の C の単体であるダイヤモンドや黒鉛は，共有結合の結晶の代表的な物質である。

(3)　**金属結晶**は金属原子どうしでつくられる金属結合によって形成された結晶である。この中で金属元素は(c)の Mg である

(4)　(c)の Mg は金属元素，(d)の Cl は非金属元素である。一般に，金属元素の原子が陽イオン，非金属元素の原子が陰イオンとなり，**イオン結合**を形成する。Mg は2 価の陽イオン Mg^{2+}, Cl は1 価の陰イオン Cl^{-} となるので，生成する化合物の組成式は $MgCl_2$ となる。

解答　(1) **(b)**　(2) **(a)**　(3) **(c)**
(4) **イオン結合**　**$MgCl_2$**

39 **解説**　**イオン結晶**は，陽イオンと陰イオンが**静電気力(クーロン力)**によって結合してできた結晶である。静電気力が強いほど，それぞれのイオンを引き離すために必要なエネルギーが大きくなるため，イオン結晶の融点は高くなる。

陽イオンの電荷を q_1，その半径を r_1，陰イオンの電荷を q_2，その半径を r_2 とすると，陽イオンと陰イオン間にはたらく静電気力 f は次式で表される。

この関係を，**クーロンの法則**という。

$$f = k\frac{q_1 \cdot q_2}{(r_1 + r_2)^2} \quad (k：比例定数)$$

すなわち，イオンの価数が大きく，イオン半径が小さいほど，陽イオンと陰イオン間にはたらく静電気力は強くなり，イオン結晶の融点は高くなる。逆に，イオンの価数が小さく，イオン半径が大きいほど，陽イオンと陰イオン間にはたらく静電気力は弱くなり，イオン結晶の融点は低くなる。

解答　(1) **ハロゲン化ナトリウムに比べて，2 族元素の酸化物の方が，各イオンの価数が 2 倍となっているため，陽イオンと陰イオンの間にはたらく静電気力が強くなり，結晶の融点が高くなる。**
(2) **ハロゲン化ナトリウムでは，ハロゲン化物イオンの半径が F^{-} < Cl^{-} < Br^{-} < I^{-} の順に大きくなるので，この順に陽イオンと陰イオンの間にはたらく静電気力が弱くなり，結晶の融点が低くなる。**

4 化学結合②

40 **解説**　(1)　原子が共有電子対を引きつける強さを表した数値を**電気陰性度**という。電気陰性度は，貴ガスを除いて，周期表の右上の元素ほど大きい傾向を示す。

(2), (3)　電気陰性度は，1 族のアルカリ金属元素の原子で小さく，17 族のハロゲン元素の原子で大きくなる。

(4)　貴ガスのうち，He，Ne，Ar のように原子番号の小さな原子は他の原子と共有結合をつくらないので，電気陰性度は求められていない。

(Kr，Xe，Rn のような原子番号の大きな貴ガスの原子は，フッ素などの陰性の元素と化合物をつくるので，例外的に電気陰性度が求められている。
Kr 3.0，Xe 2.6，Rn 2.2)

解答　(1) **電気陰性度**　(2) **ハロゲン**
(3) **アルカリ金属**
(4) **18 族元素　貴ガスの原子は共有結合をつくらないため。**

41 **解説**　**電気陰性度**は，周期表において，左下の元素ほど小さく(陽性大)，右上の元素ほど大きい(陰性大)。

ただし，貴ガス(希ガス)の原子は共有結合をつくらないので，電気陰性度の値は求められていない。電気陰性度は全元素中では，**フッ素 F が最大**である。

42～43

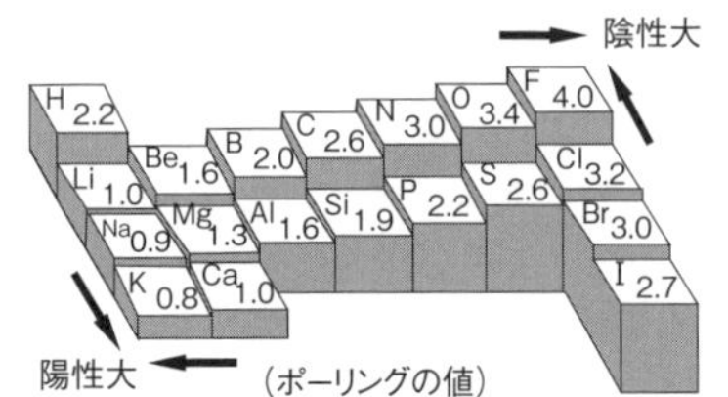

共有結合を形成した2原子間では，共有電子対が電気陰性度の大きい方の原子に引きつけられ，電荷の偏り(**極性**)を生じる。これを**結合の極性**という。一般に，2原子間の電気陰性度の差が大きいほど，結合の極性も大きくなる。

分子全体にみられる電荷の偏りを**分子の極性**という。たとえば，同種の原子からなる二原子分子では，結合に極性がないので，分子全体でも**無極性分子**となる。一方，異種の原子からなる二原子分子は，結合の極性と分子の極性が一致して，すべて**極性分子**となる。

しかし，異種の原子からなる多原子分子では，極性分子になる場合と，無極性分子になる場合とがある。この違いには，分子の立体構造(形)が影響する。すなわち，メタン(正四面体形)や二酸化炭素(直線形)では，分子全体では，各結合の極性が打ち消し合って**無極性分子**になる。しかし，水(折れ線形)やアンモニア(三角錐形)では，分子全体では各結合の極性が打ち消し合わずに**極性分子**となることに留意したい。

解答　① **共有電子対**　② **大き**　③ **フッ素**
④ **大き**　⑤ **負**　⑥ **正**　⑦ **極性**
⑧ **立体構造(形)**　⑨ **極性分子**
⑩ **無極性分子**

42 **解説**　同種の原子からなる共有結合では，2つの原子が共有電子対を引きつける強さは同じであり，**結合に極性は生じない**。一方，異種の原子からなる共有結合では，2つの原子の共有電子対を引きつける強さは異なり，**結合に極性が生じる**。

塩化水素分子 HCl では，H−Cl結合に極性があり，結合の極性と分子の極性が一致して，分子全体として極性をもつ**極性分子**となる。

メタン分子 CH_4 では，C−H 結合に極性があるが，分子が**正四面体形**なので，4つの C−H 結合の極性は互いに打ち消し合い，分子全体として極性をもたない**無極性分子**となる。

アンモニア分子 NH_3 では，N−H 結合に極性があり，分子が**三角錐形**であるため，3つの N−H 結合の極性は打ち消し合うことなく，分子全体として極性をもつ**極性分子**となる。

水分子 H_2O では，O−H 結合に極性があり，分子が**折れ線形**であるため，2つの O−H 結合の極性は打ち消し合うことなく，分子全体として極性をもつ**極性分子**となる。

二酸化炭素分子 CO_2 では，C=O 結合に極性があるが，分子が**直線形**であり，2つの C=O 結合の極性は，大きさが等しく逆向きなので，互いに打ち消し合い，分子全体として極性をもたない**無極性分子**となる。

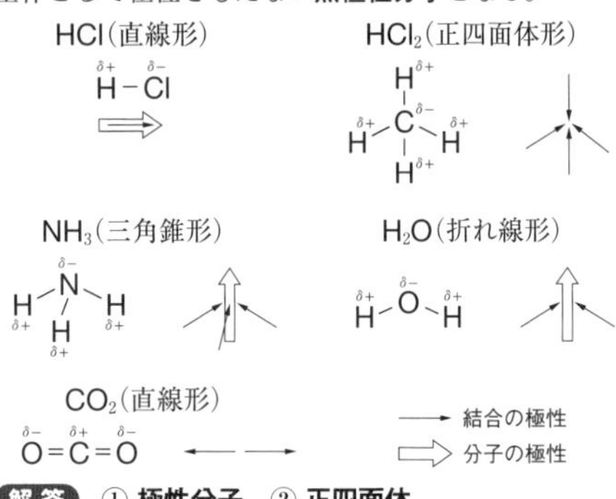

解答　① **極性分子**　② **正四面体**
③ **無極性分子**　④ **三角錐**
⑤ **極性分子**　⑥ **折れ線**
⑦ **極性分子**　⑧ **極性**
⑨ **直線**　⑩ **無極性分子**

43 **解説**　分子の極性は，結合の極性の有無と分子の形から判断できる。

(ア)，(イ)　二原子分子はすべて直線形であり，同種の原子からなる塩素 Cl_2 は**無極性分子**，異種の原子からなるフッ化水素 HF は**極性分子**となる。

多原子分子では，分子の形から判断できる。(ウ)～(カ)の分子の極性は図のようになる。

(ウ)　二硫化炭素 CS_2 は，二酸化炭素 CO_2 の O 原子を S 原子で置換した化合物で，CO_2 と同じ**直線形**をしている。したがって、分子の極性も CO_2 と同様に**無極性分子**となる。

(エ)　硫化水素 H_2S は，水 H_2O の O 原子を S 原子で置換した化合物で，H_2O と同じ**折れ線形**をしている。したがって，分子の極性も H_2O と同様に**極性分子**となる。

(オ)　ホスフィン PH_3 は，アンモニア NH_3 の N 原子を P 原子で置換した化合物で，NH_3 と同じ**三角錐形**をしている。したがって，分子の極性も NH_3 と同

44〜47

様に**極性分子**となる。

(カ)　四塩化炭素 CCl_4 は，メタン CH_4 の H 原子を Cl 原子で置換した化合物で，CH_4 と同じ**正四面体形**をしている。したがって，分子の極性も CH_4 と同様に**無極性分子**となる。

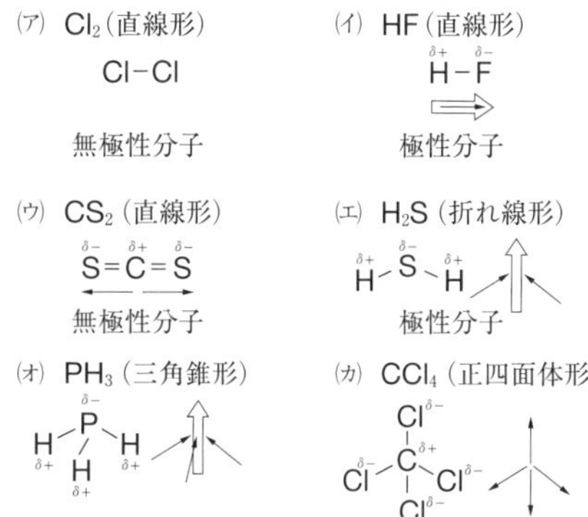

—— 結合の極性　⇨ 分子の極性

解答　**極性分子 (イ)，(エ)，(オ)**
無極性分子 (ア)，(ウ)，(カ)

44 (解説)

金属原子はイオン化エネルギーが小さく，価電子を放出しやすい性質をもつ。このため，多数の金属原子が集合した金属の単体では，価電子は特定の原子に所属することなく，金属中を自由に動き回ることができる。このような電子を**自由電子**といい，自由電子による金属原子間の結合を**金属結合**という。金属の単体には特有の光沢(**金属光沢**)が見られる。これは，自由電子が金属表面に入射する光のほとんどを反射してしまうからである。また，金属が電気・熱をよく導くのは，自由電子の移動によって電気や熱エネルギーが運ばれるからである。さらに，金属には，**展性**(薄く広げて箔状にできる性質)や**延性**(長く延ばして線状にできる性質)がある。これは，金属結合には，共有結合のような方向性がないので，原子相互の位置が多少ずれても，自由電子がすぐに移動してきて，以前と同じ強さの金属結合を回復できるからである(下図)。

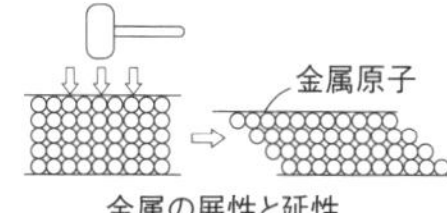

金属の展性と延性

解答　① **自由電子**　② **金属結合**　③ **電気**
④ **展性**　⑤ **延性**　⑥ **自由電子**

45 (解説)

(1)　常温・常圧で液体の金属は水銀だけで，その蒸気は有毒である。

(2)　銀は，金属中で最も電気・熱の伝導性が大きい。

(3)　銅は電気伝導性が銀に次いで大きく，電線などに多く利用される。

(4)　アルミニウムは軽くて，さびにくい。電気・熱の伝導性も銀・銅・金に次いで大きい。

(5)　鉄は生産量が最大の金属で，用途は幅広い。

(6)　展性・延性の最も大きい金属は金で，1g で約 $0.52m^2$ の大きさの箔，または約 3200m の線にすることができる。

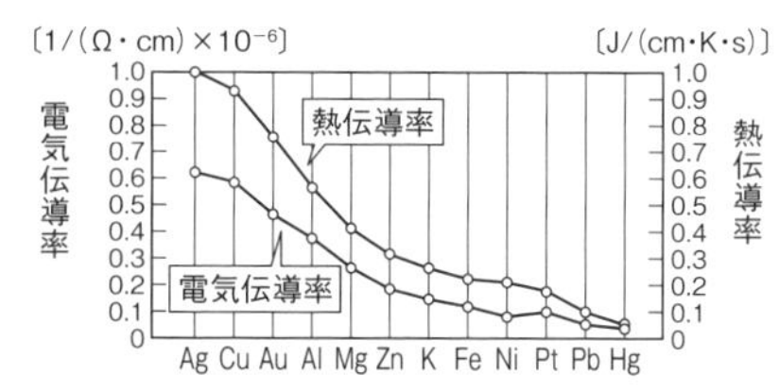

解答　(1) **Hg**　(2) **Ag**　(3) **Cu**
(4) **Al**　(5) **Fe**　(6) **Au**

46 (解説)

各結晶の性質は，結晶を構成する結合の種類によって変化する。一般に，結合力が強いと結晶は硬くて融点は高くなり，結合力が弱いと結晶は軟らかく融点は低くなる。

陽イオンと陰イオンの間の静電気力(クーロン力)による結合を**イオン結合**，生じた結晶を**イオン結晶**という。イオン結晶は硬くて，融点は高い。

原子が共有結合だけで結びついた結晶を**共有結合の結晶**といい，非常に硬くて，融点は極めて高い。

分子と分子の間にはたらく弱い引力を**分子間力**といい，分子が分子間力で集合してできた結晶を**分子結晶**という。分子結晶は軟らかく，融点は低い。

自由電子による金属原子間の結合を**金属結合**，生じた結晶を**金属結晶**という。金属結晶の融点は，低いものから高いものまで様々であるが，典型金属の融点は比較的低いが，遷移金属の融点は高いものが多い。

解答　(ア) **イオン**　(イ) **原子**　(ウ) **分子**
(エ) **原子**　(オ) **イオン結合**　(カ) **共有結合**
(キ) **分子間力**　(ク) **金属結合**　(ケ) **高い**
(コ) **極めて高い**　(サ) **低い**

47 (解説)

(1)　**イオン結晶**は，陽イオンと陰イオンからなり，これらの静電気力(クーロン力)による**イオン結合**で構成される。結晶の状態では，イオンが固定されているため電気を導かないが，水溶液や融解して液体の状態にすると，イオンが移動できるようになり，電気を導くようになる。金属元素と非金属元素の化合物を選ぶ。

(2)　**共有結合の結晶**は，原子が共有結合によって次々に結合してできた結晶で，融点が非常に高く，硬いものが多い。14 族の C や Si の単体と Si の化合物を選ぶ。

(3)　**分子結晶**は，分子間力によって分子が集合してできた結晶で，融点が低く，昇華性を示すものが多い。(2)を除く非金属元素の単体と化合物を選ぶ。

(4)　**金属結晶**は，自由電子による結合でできた結晶で，構成粒子は陽イオンに近い状態にある金属原子である。金属には金属光沢，電気・熱の伝導性が大きい，展性・延性に富むなどの特徴がある。

原子，イオン間にはたらく強い結合(**化学結合**)は，次の 3 種類である。

●イオン結合…金属元素と非金属元素

●共有結合…非金属元素どうし

●金属結合…金属元素どうし

B 群の物質を化学式に直し，金属元素，非金属元素の区別がつけば，ほぼ結晶の種類は推定できる。

一般に，金属元素と非金属元素との結合はイオン結合，非金属元素どうしの結合は共有結合，金属元素どうしの結合は金属結合と考えてよい。

(a) I_2 非　(b) $FeCl_3$ 金非　(c) Na 金　(d) KBr 金非

(e) Fe 金　(f) SiC 非非　(g) CO_2 非非　(h) C 非　（金：金属　非：非金属）

(f)の炭化ケイ素 SiC はカーボランダムともいわれ，共有結合の結晶できわめて硬く，研磨剤・耐熱材などに用いる。

解答　(1) **(ウ)** **(b)** **(d)**　(2) **(ア)** **(f)** **(h)**
(3) **(エ)** **(a)** **(g)**　(4) **(イ)** **(c)** **(e)**

48　**解説**　(1)　ダイヤモンドは，C 原子のみが**共有結合**だけで結びついた**共有結合の結晶**である。

(2)　CO_2 の固体(ドライアイス)は，C 原子と O 原子が**共有結合**で分子をつくり，さらに，多数の CO_2 分子が**分子間力**で集合してできた**分子結晶**である。

(3)　マグネシウムは，Mg 原子が金属結合で結びついた**金属結晶**である。

(4)　二酸化ケイ素 SiO_2 は，Si 原子と O 原子が交互に共有結合だけで結びついた**共有結合の結晶**である。

(5)　塩化銅(Ⅱ)は，銅(Ⅱ)イオン Cu^{2+} と，塩化物イオン Cl^- が**イオン結合**で結びついた**イオン結晶**である。

(6)　塩化アンモニウムは，アンモニウムイオン NH_4^+ と Cl^- がイオン結合で結びついたイオン結晶である。また，NH_4^+ は，共有結合でできた NH_3 分子が H^+ と**配位結合**してできたものである。

(7)　貴ガス(希ガス)のアルゴン Ar は単原子分子で，その固体は多数の Ar 分子(原子)が**分子間力**だけで集合し，**分子結晶**をつくる。

解答　(1) **(ウ)**　(2) **(ウ)，(オ)**　(3) **(ア)**　(4) **(ウ)**
(5) **(イ)**　(6) **(イ)，(ウ)，(エ)**　(7) **(オ)**

49　**解説**　(1)　各結合を構成する原子の電気陰性度の差が大きいほど，**結合の極性**も大きい。各結合を構成する原子の電気陰性度の差は，次の通りである。

(ア)　O－H ⇒ 3.4 − 2.2 = 1.2

(イ)　N－H ⇒ 3.0 − 2.2 = 0.8

(ウ)　F－H ⇒ 4.0 − 2.2 = 1.8

(エ)　F－F ⇒ 0

したがって，(ウ)の F−H 結合が最も電気陰性度の差が大きく，結合の極性が最も大きい。

(2)　電気陰性度の差が大きくなるほど，その結合はイオン結合の性質(**イオン結合性**)が強くなり，共有結合の性質(**共有結合性**)は弱くなる。一般に，電気陰性度の差が 2.0 を超えると，その結合はイオン結合とみなしてよい。

いま，元素 A，B の電気陰性度の差を横軸，結合 A−B のイオン結合性の割合〔%〕を縦軸にとってグラフに表すと下図のようになる。グラフからわかるように，電気陰性度の差が 1.7 のとき，その結合のイオン結合性は 50% となる。したがって，電気陰性度の差が 2.0 以上では，その結合はほぼイオン結合であるとみなしてよい。

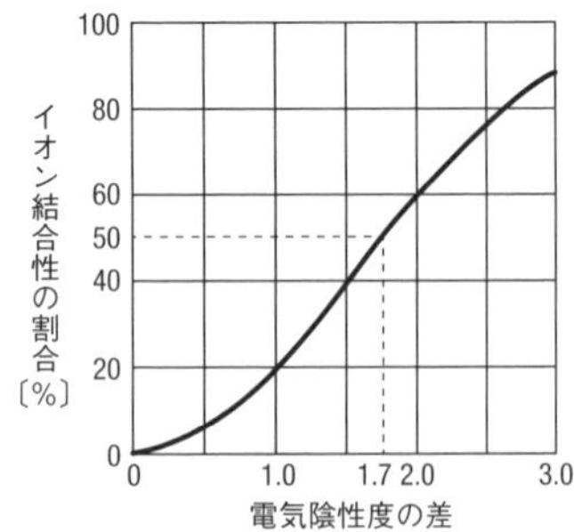

各物質を構成する原子の電気陰性度の差は次の通

りである。

HCl ⇒ $3.2-2.2=1.0$

O_2 ⇒ $3.4-3.4=0$

HF ⇒ $4.0-2.2=1.8$

NaCl ⇒ $3.2-0.9=2.3$

NaF ⇒ $4.0-0.9=3.1$

したがって，電気陰性度の差が最も大きい NaF のイオン結合の性質が最も大きい。

電気陰性度の差が最も小さい O_2 の共有結合の性質が最も大きい。

(3) 分子の形は，CH_3Cl(四面体形)，H_2S(折れ線形)，F_2(直線形)，CS_2(直線形)，NH_3(三角錐形)である。二硫化炭素 CS_2 は，二酸化炭素 CO_2 と同じ直線形の S＝C＝S の構造をしているため，無極性分子である。フッ素 F_2 は，同種の原子からなる二原子分子であり，無極性分子である。

クロロメタン CH_3Cl は，メタン CH_4(正四面体形)の H 1 個が Cl に置き換わった化合物なので，四面体形ではあるが，正電荷と負電荷の中心が一致せず，極性分子となる。

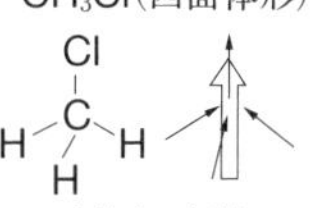

極性分子

解答 (1) **ウ**　(2) ① **フッ化ナトリウム**　② **酸素**
(3) **フッ素，二硫化炭素**

共通テストチャレンジ

50 **解説** 気体分子は，いろいろな方向にいろいろな速さで運動している。この運動は，**熱運動**とよばれ，そのため，気体分子は自然に全体に広がり(**拡散**)，均一に混合していく。

気体分子は，同じ温度でもすべてが同じ速度で熱運動しているのではなく，右図のような一定の速度分布(**マクスウェル・ボルツマン分布**)を示す。

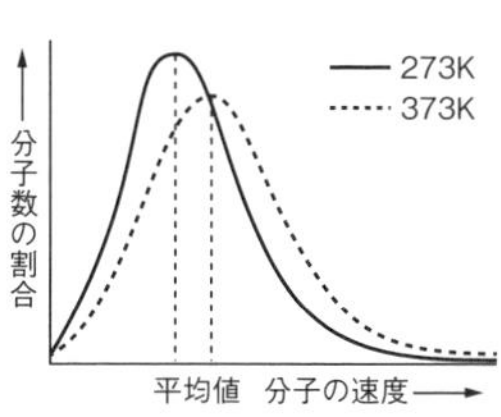

温度が高くなると，大きな運動エネルギーをもつ気体分子の割合が増加する。その結果，高温ほど，気体分子の速度分布を表す曲線のピークは右側へずれる。しかし，気体分子の総数(グラフでは山の面積に相当する)は一定なので，高温ほど，速度分布を示すグラフの山は少しずつ低くなだらかになる。

① 100K でのグラフのピークは，約 240m/s の速さと読める。〔○〕

② 約 240m/s の速さをもつ分子の割合は，100K，300K，500K の順に減少している。〔○〕

③ 約 800m/s の速さをもつ分子の割合は，100K，300K，500K の順に増加している。〔○〕

④ 高温ほど，分子の速さの分布の幅が広がっている。1000K ではさらに分布の幅が広くなると予想される。〔○〕

⑤ 500K のグラフのピークは，約 540m/s の速さと読める。1000K では分子の速さの分布の幅が広くなるが，グラフの山の面積に相当する分子の数は一定であるから，グラフの山の高さは低くなり，約 540m/s の速さをもつ分子の数の割合は減少すると予想される。〔×〕

解答 ⑤

51 **解説** **化学結合**には，イオン結合，共有結合，金属結合の 3 種類があるが，実際の物質中では，これらが単独で存在するのではなく，混ざり合って存在すると考えられる。1941 年，ケテラー (Ketelaar)は，貴ガスを除く単体，および異種の元素からなる化合物において，その物質を構成する主要な化学結合は，2 つの元素の電気陰性度の差 Δx を縦軸，電気陰性度の平均値 $\overline{x}$ を横軸とする三角形(**ケテラーの三角形**という)を用いて判別できることを示した。

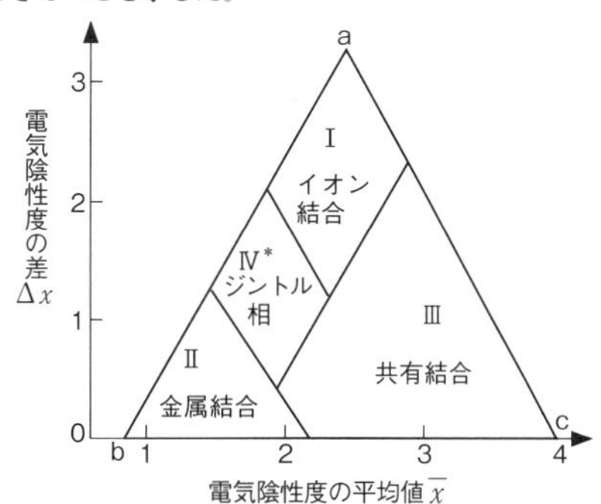

＊イオン結合と金属結合の間にある領域Ⅳは，**ジントル相**とよばれ，半導体的な電気伝導率とセラミックスのような性質をもちながら金属光沢を示すという不思議な物質群である。

(1) 二原子の電気陰性度の差を Δx，電気陰性度の平均値を $\overline{x}$ とし，それぞれを求めると，

① Mg… $(\Delta x,\ \overline{x})=(0,\ 1.3)$

② KCl… $(\Delta x,\ \overline{x})=(2.4,\ 2.0)$

③　HCl…　$(\Delta x,\ \bar{x})=(1.0,\ 2.7)$
④　CaO…　$(\Delta x,\ \bar{x})=(2.4,\ 2.2)$
⑤　AgCl…　$(\Delta x,\ \bar{x})=(1.3,\ 2.6)$
⑥　F_2…　$(\Delta x,\ \bar{x})=(0,\ 4.0)$

点アの物質の$(\Delta x,\ \bar{x})$は$(2.4,\ 2.2)$と読めるので，CaO が該当する。→ ④

点イの物質の$(\Delta x,\ \bar{x})$は$(1.3,\ 2.6)$と読めるので，AgCl が該当する。→ ⑤

(2)　イオン結合は，Δx が大きいことが特徴で，一般に x の小さい金属元素と x の大きい非金属元素から構成されるので，$\bar{x}$ は中間程度の値になる。したがって，その領域はⅠである。

金属結合は，Δx が小さいことが特徴で，一般に x の小さい金属元素から構成されるので，$\bar{x}$ は小さな値となる。したがって，その領域はⅡである。

共有結合は，Δx が小さいことが特徴で，一般に x の大きい非金属元素から構成されるので，$\bar{x}$ は大きな値になる。したがって，その領域はⅢである。

各元素の電気陰性度（ポーリングの値）の最小値は Cs の 0.8，最大値は F の 4.0 であるから，ケテラーの三角形の頂点 a，b，c に相当する物質は，それぞれフッ化セシウム CsF，セシウム Cs，フッ素 F_2 となる。

解答　(1) 点ア…④　点イ…⑤
(2) Ⅰ…②　Ⅱ…③　Ⅲ…①

5　物質量と濃度

52　**解説**　原子１個の質量はきわめて小さく，そのままの値で扱うのは不便である。そこで，質量数12の炭素原子 ^{12}C の質量をちょうど12と定め，これと他の原子の質量を比較することで，^{12}C 原子以外のすべての原子の**相対質量**が求められる。原子の相対質量は各原子の質量を比較した比の値なので，単位はない。

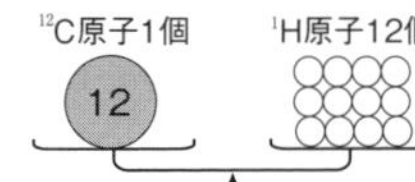

^{12}C原子1個と^{1}H原子12個がちょうどつり合うとき，^{1}H原子の相対質量は1.0と求められる。
原子の相対質量の意味

天然に存在する多くの元素には，質量の異なる同位体が一定の割合（存在比）で存在する。このような同位体が存在する元素では，各同位体の相対質量に存在比をかけて求めた平均値を，その**元素の原子量**という。

同位体の存在しない元素（F，Na，Al など）の原子量は，それらの原子の相対質量と等しい。

(1)　同位体の存在する元素の原子量は，各同位体の相対質量に存在比をかけて求めた平均値で表す。

（元素の原子量）＝（同位体の相対質量）×（存在比）の和で求められるから，

$$\text{ホウ素の原子量}=10\times\frac{20.0}{100}+11\times\frac{80.0}{100}=10.8$$

すなわち，天然のホウ素原子は，すべて相対質量が10.8のホウ素原子のみからなるとして扱うことができる（右図）。

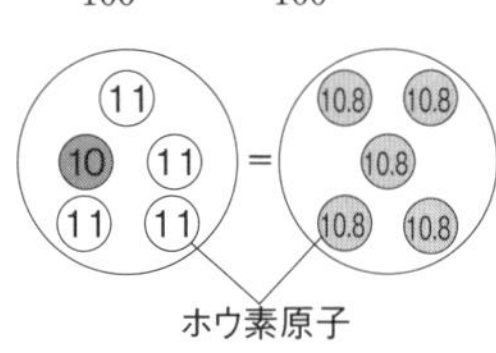

(2)　^{35}Cl の存在比を x〔%〕とおくと，^{37}Cl の存在比は $100-x$〔%〕である。

（元素の原子量）＝（同位体の相対質量）×（存在比）の和で求められるから，

$$35.0\times\frac{x}{100}+37.0\times\frac{100-x}{100}=35.5$$

$x=75.0$〔%〕

解答　(1) **10.8**　(2) **75.0%**

53　**解説**　(ア)　現在，原子の相対質量を求めるとき，基準となる原子は，質量数12の炭素原子 ^{12}C であり，その質量を12としている。〔○〕

(イ)　原子の相対質量は，^{12}C 原子を基準として，他の原

54〜56

子の質量を比較した相対値なので,単位はない。〔○〕

(ウ) たとえば,炭素のように,2種の同位体 ^{12}C(98.9%), ^{13}C(1.1%)があり(他にごく微量の ^{14}C がある), 一方の同位体の存在比が圧倒的に大きい場合, 炭素の原子量は存在比の多い方の ^{12}C の相対質量の12にきわめて近い値(12.01)になるが, 全く同じ値にはならない。〔×〕

(エ) 1961年以前は, 原子量の基準は, 自然界に存在するすべての酸素原子の相対質量の平均値を16としてきたが, 1961年からは ^{12}C 原子の相対質量を12とすることに変更された。〔×〕

(オ) 同位体が存在しなければ, 原子の相対質量がその元素の原子量と等しくなる。しかし, 原子の相対質量と質量数の値はよく似ているが, 厳密には一致しないので, 原子の相対質量も整数にならない。したがって, 同位体が存在しなくても, 原子量は整数にならない。〔×〕

解答 (ア), (イ)

54 **解説** ^{12}C 原子からなる単体12g中に含まれる ^{12}C 原子の数はほぼ 6.0×10^{23} 個であり, この数を**アボガドロ数**という。

6.0×10^{23} 個の同一粒子の集団を **1mol**(**モル**)という。

mol(モル)を単位として表した物質の量を**物質量**という, 国際単位系では, すべての物理量*は, 7種の基本単位, およびその積・商の組立単位で表される。物質量〔mol〕は, 基本単位の1つに数えられている。

1molあたりの粒子の数を**アボガドロ定数** $\boldsymbol{N_A}$ といい, **6.0×10^{23}/mol** である。

物質1molあたりの質量を**モル質量**といい, 原子・分子・イオンの場合, それぞれ原子量・分子量・式量に単位〔g/mol〕をつけたものに等しい。

物質1molあたりの体積を**モル体積**といい, **標準状態**(0℃, 1.013×10^5 Pa)において, 気体のモル体積は気体の種類を問わず **22.4L/mol** である。

*物理量とは, 単位をもつ量のことである。

解答 ① **12**　② **アボガドロ数**　③ **1mol**　④ **物質量**　⑤ **アボガドロ定数**　⑥ **モル質量**　⑦ **原子量**　⑧ **分子量**　⑨ **式量**　⑩ **標準状態**　⑪ **22.4**

55 **解説** **物質量〔mol〕**がわかると, 粒子の数, 質量, 気体の体積へは, 容易に変換することができる。物質量〔mol〕の計算をする際には, 次の関係をよく頭に入れておく必要がある。

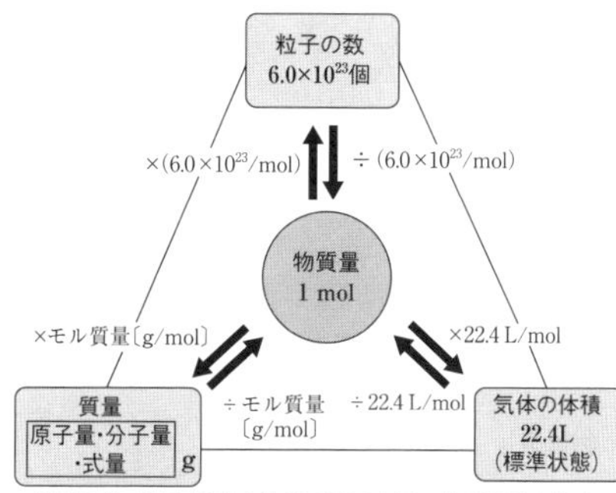

粒子の数, 質量, 気体の体積の間で相互に物理量を変換するときは, 物質量(mol)を経由して行うとよい。

(1) 物質1molあたりの質量を**モル質量**といい, 原子量・分子量・式量に単位〔g/mol〕をつけたものに等しい。

メタノール CH_3OH の分子量は, $CH_3OH = 12 + (1 \times 4) + 16 = 32$ より, メタノールのモル質量は32g/molである。

よって, メタノール1.6gの物質量は,

$$\frac{\text{質量}}{\text{モル質量}} = \frac{1.6\text{g}}{32\text{g/mol}} = 0.050〔\text{mol}〕$$

(2) 物質1molあたりの粒子の数を**アボガドロ定数** N_A といい, $\boldsymbol{N_A = 6.0 \times 10^{23}}$**/mol** である。

メタノール0.050mol中に含まれる分子の数は,
$0.050\text{mol} \times 6.0 \times 10^{23}/\text{mol} = 3.0 \times 10^{22}$ 個

(3) CH_3OH 1分子中には, C原子1個, H原子4個, O原子1個の合計6個の原子が含まれる。

∴ 原子の総数 $= 3.0 \times 10^{22} \times 6 = 1.8 \times 10^{23}$ 個

(4) アボガドロ定数 $N_A = 6.0 \times 10^{23}$/mol より, メタノール分子 1.5×10^{24} 個の物質量は,

$$\frac{\text{粒子の数}}{\text{アボガドロ定数}} = \frac{1.5 \times 10^{24}}{6.0 \times 10^{23}/\text{mol}} = 2.5〔\text{mol}〕$$

解答 (1) **0.050mol**　(2) **3.0×10^{22} 個**　(3) **1.8×10^{23} 個**　(4) **2.5mol**

56 **解説** 原子, 分子, イオン1molあたりの質量を**モル質量**とよび, 原子量, 分子量, 式量に, 単位〔g/mol〕をつけて表す。たとえば, メタンの分子量は, $CH_4 = 16$ なので, メタン1molあたりの質量は16gという代わりに, メタンのモル質量は16g/molと表す。

同様に, 物質1mol中に含まれる粒子の数 6.0×10^{23} を**アボガドロ数**という代わりに, 物質1molあたりの粒子の数を**アボガドロ定数**といい, 6.0×10^{23}/molと表す。

さらに, 気体1molの体積(標準状態)は **22.4L** であるという代わりに, 標準状態における気体1molあたりの体積を**モル体積**といい, 22.4L/molと表す。

57～59

モル質量，アボガドロ定数，モル体積を使うと，物質量〔mol〕の計算において，両辺の単位は必ず一致する。したがって，単位に注目すれば，自分の立てた計算式が正しいか否かを即座に判断できるので，結果的に計算間違いを減らすことができる。

$$\textbf{物質量〔mol〕}=\frac{\textbf{粒子の数}}{\textbf{アボガドロ定数〔/mol〕}}=\frac{\textbf{物質の質量〔g〕}}{\textbf{モル質量〔g/mol〕}}=\frac{\textbf{気体の体積(標準状態)〔L〕}}{\textbf{気体のモル体積〔L/mol〕}}$$

(1)　**物質量**$=\dfrac{\textbf{粒子の数}}{\textbf{アボガドロ定数}}$より，

$\dfrac{2.4\times10^{24}}{6.0\times10^{23}/\text{mol}}=4.0$〔mol〕

(2)　塩化水素の分子量は $HCl=36.5$ より，HCl のモル質量は 36.5g/mol である。

物質量$=\dfrac{\textbf{物質の質量}}{\textbf{モル質量}}$より，

$\dfrac{7.3\text{g}}{36.5\text{g/mol}}=0.20$〔mol〕

(3)　**物質量**$=\dfrac{\textbf{気体の体積(標準状態)}}{\textbf{気体のモル体積(標準状態)}}$より，

$\dfrac{11.2\text{L}}{22.4\text{L/mol}}=0.500$〔mol〕

(4)　**粒子の数＝物質量×アボガドロ定数**より，

$2.0\text{mol}\times6.0\times10^{23}/\text{mol}=1.2\times10^{24}$ 個

(5)　酸素の原子量は，$O=16$ より，O 原子のモル質量は 16g/mol である。

物質の質量＝物質量×モル質量より，

$1.5\text{mol}\times16\text{g/mol}=24$〔g〕

(6)　**気体の体積(標準状態)＝物質量×気体のモル体積**より，$0.25\text{mol}\times22.4\text{L/mol}=5.6$〔L〕

解答　(1) **4.0mol**　(2) **0.20mol**　(3) **0.500mol**　(4) **1.2×10^{24} 個**　(5) **24g**　(6) **5.6L**

57 (解説)　「質量」⟷「粒子の数」⟷「気体の体積」の間で相互に変換するときは，いったん，物質量に直してから行うとよい。

(1)　$\dfrac{1.5\times10^{23}}{6.0\times10^{23}/\text{mol}}=0.25$mol であり，

分子量 $O_2=32$ より，モル質量は 32g/mol。

∴ $0.25\text{mol}\times32\text{g/mol}=8.0$〔g〕

(2)　分子量 $CH_4=16$ より，モル質量は 16g/mol。

$\dfrac{3.2\text{g}}{16\text{g/mol}}=0.20$mol だから，

$0.20\text{mol}\times22.4\text{L/mol}=4.48\fallingdotseq4.5$〔L〕

(3)　$\dfrac{5.6\text{L}}{22.4\text{L/mol}}=0.25$mol だから，

$0.25\text{mol}\times6.0\times10^{23}/\text{mol}=1.5\times10^{23}$ 個

(4)　$\dfrac{2.8\text{L}}{22.4\text{L/mol}}=0.125$〔mol〕であり，

分子量 $CO_2=44$ より，モル質量は 44g/mol。

∴ $0.125\text{mol}\times44\text{g/mol}=5.5$〔g〕

解答　(1) **8.0g**　(2) **4.5L**　(3) **1.5×10^{23} 個**　(4) **5.5g**

58 (解説)　(1)　**気体の密度**〔g/L〕は，体積 1L あたりの質量で表される。気体 1mol あたりの質量(モル質量)を気体 1mol あたりの体積(モル体積)で割れば，気体の密度が求められる。

窒素の密度$=\dfrac{28\text{g/mol}}{22.4\text{L/mol}}=1.25$〔g/L〕

(2)　気体 1mol の質量は，分子量に単位〔g〕をつけたものに等しい。したがって，気体 1mol(＝22.4L)あたりの質量を求め，単位〔g〕を取ると，気体の分子量が求められる。

$1.96\text{g/L}\times22.4\text{L}\fallingdotseq43.90$〔g〕$\Longrightarrow$ 43.9

(3)　**アボガドロの法則**より，気体は同温・同圧で同体積中に同数の分子を含むから，結局，気体の密度の比は，気体の分子量の比を表すことになる。

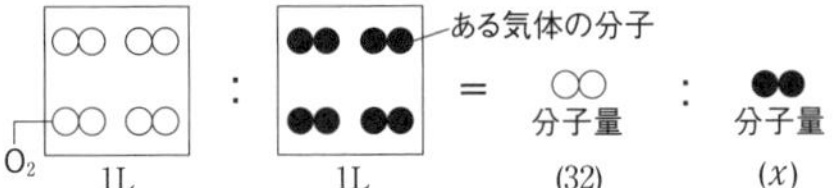

$1:2.22=32:x$　∴　$x\fallingdotseq71.04\fallingdotseq71.0$

(4)　ドライアイスは，二酸化炭素 CO_2 の固体である。固体のドライアイス 1mol(＝44g)の体積は，密度が 1.6g/cm^3 より，$\dfrac{44\text{g}}{1.6\text{g/cm}^3}=27.5$〔$\text{cm}^3$〕

固体のドライアイス 1mol が気体になると，標準状態での体積は 22.4L(＝22400cm^3)になるので，

$\dfrac{22400\text{cm}^3}{27.5\text{cm}^3}=814.5\fallingdotseq815$(倍)

解答　(1) **1.25g/L**　(2) **43.9**　(3) **71.0**　(4) **815 倍**

59 (解説)　(1)　**アボガドロの法則**より，同温・同圧で同体積の気体中には同数の分子が含まれる。よって，体積の比で 4：1 ということは，分子数の比も 4：1，つまり物質量の比も 4：1 と考えてよい。

(2)　「空気の分子」というものは存在しない。混合気体を純粋な 1 種類の気体分子からなると考えた場合，この仮想分子の見かけの分子量を**平均分子量**という。アボガドロの法則より，同温・同圧・同体積の気体

中には同数の分子を含むから，

体積の比＝分子数の比＝物質量の比が成り立つ。

上記の関係より，空気 1mol 中には，窒素 0.8mol，酸素 0.2mol を含むから，空気 1mol の質量を求め，その単位〔g〕を取ると，空気の平均分子量が求まる。

$28 \times 0.8 + 32 \times 0.2 = 28.8$〔g〕⇨ 28.8

(3) 気体は，同温・同圧では，同体積中に同数の分子を含むから，気体の密度の比は分子量の比と等しくなる。空気より軽い(密度が小さい)気体の分子量は空気の平均分子量の 28.8 より小さい。また，空気より重い(密度が大きい)気体の分子量は空気の平均分子量の 28.8 より大きい。

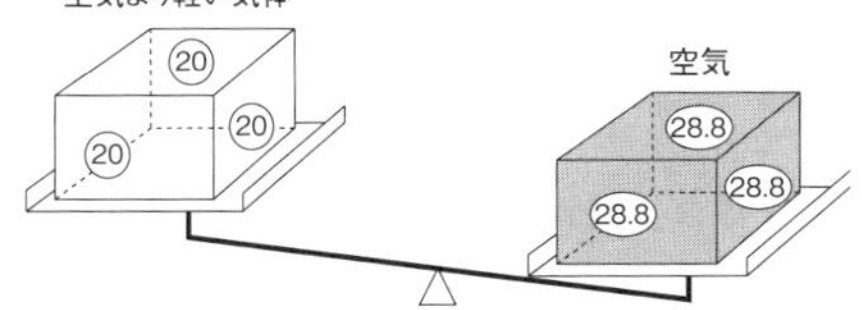

(ア)〜(エ)の各気体の分子量は次の通りである。

(ア) $NH_3 = 14 + 1.0 \times 3 = 17$

(イ) $C_3H_8 = 12 \times 3 + 1.0 \times 8 = 44$

(ウ) $NO_2 = 14 + 16 \times 2 = 46$

(エ) $CH_4 = 12 + 1.0 \times 4 = 16$

解答 (1) **4 : 1** (2) **28.8** (3) **(ア)，(エ)**

60 (解説) (1) **質量パーセント濃度**は，次式で求められる。 $\dfrac{\textbf{溶質の質量}}{\textbf{溶液の質量}} \times 100$

溶質の質量　$60\text{g} \times 0.03 + 90\text{g} \times 0.08 = 9.0\text{g}$

溶液の質量　$60 + 90 = 150\text{g}$

$\therefore \dfrac{\text{溶質の質量}}{\text{溶液の質量}} \times 100 = \dfrac{9.0}{150} \times 100 = 6.0$〔%〕

(2) **モル濃度**〔mol/L〕は，溶液 1L 中に含まれる溶質の物質量〔mol〕で表される。モル濃度を求めるには，まず，溶質の物質量を求め，それを，溶液の体積が 1L になるように溶液の体積〔L〕で割ればよい。

$$\textbf{モル濃度〔mol/L〕} = \frac{\textbf{溶質の物質量〔mol〕}}{\textbf{溶液の体積〔L〕}}$$

式量は NaOH = 40 より，そのモル質量は 40g/mol である。

水酸化ナトリウム 8.0g の物質量は，

$\dfrac{8.0\text{g}}{40\text{g/mol}} = 0.20$〔mol〕

これが水溶液 400mL 中に存在するので，

モル濃度 $= \dfrac{0.20\text{mol}}{0.400\text{L}} = 0.50$〔mol/L〕

(3) **溶質の物質量〔mol〕＝モル濃度〔mol/L〕×溶液の体積〔L〕**より，

C〔mol/L〕の水溶液 v〔mL〕中に含まれる溶質の物質量は，

C〔mol/L〕$\times \dfrac{v}{1000}$〔L〕 である。

したがって，0.10mol/L の NaOH 水溶液 250mL 中に含まれる NaOH の物質量は，

$0.10\text{mol/L} \times \dfrac{250}{1000}\text{L} = 0.025$〔mol〕

NaOH の式量は 40 で，モル質量は 40g/mol。

NaOH 0.025mol の質量は，

$0.025\text{mol} \times 40\text{g/mol} = 1.0$〔g〕となる。

(4) 0.16mol/L の硫酸水溶液 100mL，0.24mol/L の硫酸水溶液 300mL に含まれる硫酸の物質量は，

$0.16\text{mol/L} \times \dfrac{100}{1000}\text{L} = 0.016$〔mol〕

$0.24\text{mol/L} \times \dfrac{300}{1000}\text{L} = 0.072$〔mol〕

混合後の水溶液の体積は 400mL なので，混合水溶液のモル濃度は，

$\dfrac{(0.016 + 0.072)\text{mol}}{0.400\text{L}} = 0.22$〔mol/L〕

解答 (1) **6.0%** (2) **0.50mol/L**
(3) **1.0g** (4) **0.22mol/L**

61 (解説) (1) 一定量の液体の体積(内容量)を正確に測定するために，**メスフラスコ**とよばれる細長い首をもつ共栓つきのフラスコを用いる。

(2) 塩化ナトリウムの式量は NaCl = 58.5 より，モル質量は 58.5g/mol である。

ア　NaCl の 58.5g を水 1.0L に溶かしたとき，得られた溶液の体積は 1.0L ではない。(実際には，1.0L よりわずかに体積が増加する。) したがって，この方法では正確な 1.0mol/L の NaCl 水溶液はつくれない。

イ　溶質 58.5g に溶媒 941.5g を溶かして溶液の質量を 1000g としても，水溶液の密度が 1.0g/cm^3 ではないので，溶液の体積が 1.0L とは限らない。したがって，この方法では正確な 1.0mol/L NaCl 水溶液はつくれない。

ウ　溶質 1mol を溶媒 1kg に溶かした溶液は，質量モル濃度が 1.0mol/kg の NaCl 水溶液であるが，正確な 1.0mol/L の NaCl 水溶液ではない。

エ　NaCl 58.5g をある程度の量の水に溶かしたのち，全体の体積を 1.0L に合わせることで，正確な 1.0mol/L NaCl 水溶液が得られる。具体的な 1.0mol/L NaCl 水溶液のつくり方は以下の通り。

まず，天秤で正確に 58.5g の NaCl の結晶を量り取る。これを別のビーカーに入れ，メスフラスコの容量の半分程度の純水を加えて完全に溶かす。(溶質を水に溶かす時には，一般的に発熱や吸熱が起こり，温度が変化する。メスフラスコが温度変化により，膨張・収縮すると体積が正確に測定できないので一度，ビーカーで溶かして常温にしてからメスフラスコに移すようにする。)しかし，ビーカーの内壁やガラス棒には少量の溶質が付着しているので，少量の純水で洗い，その洗液もメスフラスコに加える。メスフラスコの中にできる三日月形の液面(**メニスカス**という)の底の部分が標線に一致するまでピペットで純水を加え，最後に，栓をしてよく振り混ぜ，均一な濃度の溶液にする。

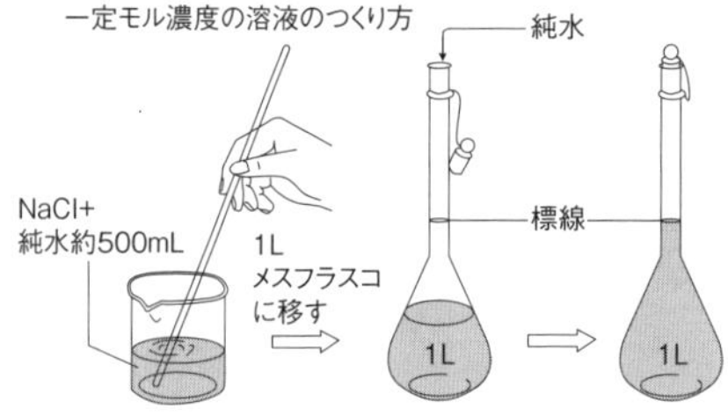

解答　(1) **メスフラスコ**　(2) **エ**

62 (解説)

質量パーセント濃度とモル濃度の変換の方法

質量パーセント濃度は，溶液の質量が決められていないので，いくらで考えても構わないが，**モル濃度**は，溶液の体積が 1L(＝1000cm^3)と決められている。以上より，2つの濃度を相互変換するときは，いずれも，**溶液 1L あたりで考えるとよい**。

なお，質量パーセント濃度は溶液の質量が，モル濃度は溶液の体積がそれぞれ基準になっているので，その変換には溶液の密度〔g/cm^3〕を使う。また，質量パーセント濃度は溶質の質量が，モル濃度は溶質の物質量がそれぞれ基準となっているので，その変換には溶質のモル質量〔g/mol〕を使うことも忘れないこと。

(1)　**溶液 1L(＝1000cm^3)あたりで考えると，**

溶液の質量＝1000cm^3×1.20g/cm^3＝1200〔g〕

NaOH の式量は 40.0 で，モル質量は 40.0g/mol より，

NaOH(溶質)の質量＝6.00mol×40.0g/mol＝240〔g〕

よって，質量パーセント濃度

$$=\frac{\text{溶質の質量}}{\text{溶液の質量}}\times100=\frac{240}{1200}\times100=20.0〔\%〕$$

(2)　**溶液 1L(＝1000cm^3)あたりで考えると，**

濃硫酸の質量＝1000cm^3×1.84g/cm^3＝1840〔g〕

この中に 98.0% の硫酸(溶質)を含むから，

硫酸の質量＝(1840×0.98)g である。

硫酸の分子量は H_2SO_4＝98.0 で，モル質量は 98.0 g/mol であるから，

$$\text{硫酸の物質量}=\frac{1840\times0.98\text{g}}{98.0\text{g/mol}}=18.4〔\text{mol}〕$$

よって，濃硫酸のモル濃度は 18.4mol/L。

解答　(1) **20.0%**　(2) **18.4mol/L**

63 (解説)

物質を構成する原子の種類と割合を最も簡単な整数比で表した化学式が**組成式**である。組成式を決定するには，構成する各元素の原子数の比が必要であるが，これには各原子の物質量の比を求めればよい。

$$\frac{\text{A の質量〔g〕}}{\text{A のモル質量〔g/mol〕}}:\frac{\text{B の質量〔g〕}}{\text{B のモル質量〔g/mol〕}}=x:y$$

とすると，組成式は A_xB_y となる。

(1)　この化合物の組成式を A_xB_y とおくと，各元素の原子数の比は物質量の比と等しい。

B の原子量を M_B とおくと，A の原子量は $3.5M_B$ となる。

また，化合物が 100g あるとすると，元素 A の質量は 70g，元素 B の質量は 30g となる。

$$A:B=\frac{70}{3.5M_B}:\frac{30}{M_B}=\underset{\text{(原子数の比)}}{x:y}$$

$\therefore x:y=2:3$

よって，この化合物の組成式は A_2B_3 (オ)となる。

(2)　金属原子 X と酸素原子 O の物質量の比が，原子数の比 3：4 になればよい。

まず，H_2O 1.8g 中の O 原子の質量を求めると，

$$18\times\frac{16}{18}=1.6〔\text{g}〕$$

この金属原子 X の原子量を M とおくと，

$$X:O=\frac{4.2}{M}:\frac{1.6}{16}=3:4$$

これを解くと，M＝56。

解答　(1) (オ)　(2) **56**

64 (解説)

^{25}Mg の存在比を x〔%〕とおくと，^{26}Mg

の存在比は 1.1x〔%〕である。

^{24}Mg，^{25}Mg，^{26}Mg の存在比の総和は 100%なので，^{24}Mg の存在比は，

$100 - x - 1.1x = 100 - 2.1x$〔%〕

Mg の原子量は，各同位体の相対質量(題意より質量数に等しいとする)に存在比を掛けて求めた平均値である。

$$24 \times \frac{100 - 2.1x}{100} + 25 \times \frac{x}{100} + 26 \times \frac{1.1x}{100} = 24.32$$

$3.2x = 32 \qquad x = 10$〔%〕

解答 **^{24}Mg：79%，^{25}Mg：10%，^{26}Mg：11%**

65 **解説** **モル濃度**は，溶液 1L 中に溶けている溶質の物質量〔mol〕で表した濃度であり，溶液の体積が 1L と決められているから，質量パーセント濃度とモル濃度を相互に変換するときは，**溶液 1L(＝1000cm^3)あたりで考える**とよい。

また，溶液の体積と質量を変換するには，溶液の**密度**〔g/cm^3〕が必要であり，溶質の物質量と質量を変換するには，溶質の**モル質量**〔g/mol〕も必要となる。

(1)　濃硫酸 1L(＝1000cm^3)の質量は，密度が 1.84g/cm^3 だから，1.84×10^3g になる。この中に含まれる硫酸の質量は，質量パーセント濃度が 96.0%だから，$1.84 \times 10^3 \times 0.960$g である。硫酸 H_2SO_4 の分子量が 98.0 なので，そのモル質量は 98.0g/mol である。

$$H_2SO_4 \text{ の物質量} = \frac{1.84 \times 10^3 \times 0.960\text{g}}{98.0\text{g/mol}} \fallingdotseq 18.0\text{〔mol〕}$$

よって，濃硫酸のモル濃度は 18.0mol/L。

(2)　濃硫酸を水で希釈しても，溶質である硫酸の物質量は変化しないから，濃硫酸が x〔mL〕必要であるとすると，

$$18.0 \times \frac{x}{1000} = 3.00 \times \frac{500}{1000}$$

$\therefore \quad x \fallingdotseq 83.3$〔mL〕

解答 (1) **18.0mol/L**　(2) **83.3mL**

66 **解説** **メタンハイドレート**は，低温・高圧の環境下で，かご状構造の氷の結晶中にメタン分子が取り込まれた**包接化合物**(**クラスレート化合物**)である。外観は氷に似たシャーベット状の固体物質であるが，点火するとよく燃える。水深 500 ～ 3000m 程度の海底の地層中に存在することが知られており，日本近海にも多量に存在し，石油などの代替エネルギーとして注目されている。

(1)　正十二面体は，正五角形が 12 個組み合わさった多面体であるから，正五角形の頂点の総数は 12×5＝60 個。ただし，各頂点は 3 個の原子で共有されているから，実際の正十二面体の頂点の数，すなわち水分子の数は20 個である。(問題文の図では 2 つの水分子がメタン分子の陰に隠れている。)

このメタンハイドレートの化学式は $CH_4 \cdot 20H_2O$ と表せる。その分子量は，$12 + 1.0 \times 4 + 20 \times 18 = 376$

(2)(i)　$2.2\text{kg} = 2.2 \times 10^3$g より，このメタンハイドレート 2.2kg の物質量は，$\dfrac{2.2 \times 10^3\text{g}}{376\text{ g/mol}} \fallingdotseq 5.85$〔mol〕

このメタンハイドレート 1 分子中には CH_4 1 分子が含まれるから，その分解により発生する CH_4 の体積(標準状態)は，

$5.85\text{mol} \times 22.4\text{L/mol} \fallingdotseq 131$〔L〕

(ii)　分子量 $H_2O = 18$ より，モル質量は 18g/mol。その分解により得られる H_2O の質量は，

$5.85\text{mol} \times 20 \times 18\text{g/mol} = 2106$〔g〕$\fallingdotseq 2.1$〔kg〕

解答 (1) **376**　(2)(i) **131L**　(ii) **2.1〔kg〕**

67 **解説** 滴下したステアリン酸の物質量にアボガドロ定数をかけると，単分子膜中のステアリン酸分子の数がわかる。そこで，単分子膜中のステアリン酸分子の数を実験で測定できれば，アボガドロ定数を求めることができる。

(1)　ステアリン酸の分子量 $C_{17}H_{35}COOH = 284$ より，そのモル質量は 284g/mol である。

溶液 100mL 中のステアリン酸の物質量は，$\dfrac{0.0284}{284}$ mol であるが，実際に滴下したのは 0.250mL だから，滴下したステアリン酸の物質量は，

$$\frac{0.0284}{284}\text{ mol} \times \frac{0.250\text{mL}}{100\text{mL}} = 2.50 \times 10^{-7}\text{〔mol〕}$$

(2)　ステアリン酸($C_{17}H_{35}COOH$)は，分子中に**疎水基**(水となじみにくい部分)と**親水基**(水となじみやすい部分)を合わせもつ。ステアリン酸のヘキサン溶液を水面上に滴下すると，ステアリン酸分子は親水基を水中に，疎水基を空気中に向けて，水面上に隙間なく一層に並ぶ性質がある。このような膜を**単分子膜**という。

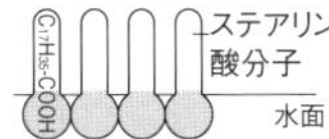

ステアリン酸分子中の炭化水素基($C_{17}H_{35}$−)にはほとんど極性がなく**疎水基**としてはたらき，カルボキシ基(−COOH)には強い極性があり**親水基**としてはたらく。

単分子膜の面積 S をステアリン酸 1 分子が水面上で占める面積(断面積)s で割れば，単分子膜を構

成するステアリン酸の分子の数が求まる。

分子の数 $= \dfrac{340}{2.20\times10^{-15}} = 1.545\times10^{17} \fallingdotseq 1.55\times10^{17}$ 個

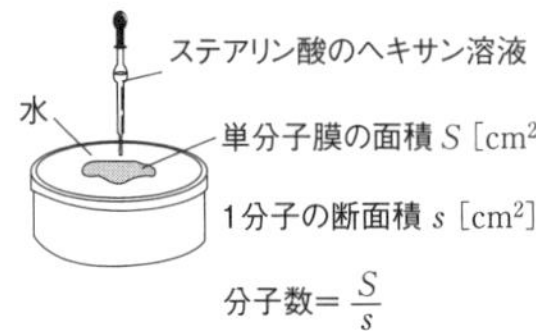

(3)　以上より，2.50×10^{-7}mol のステアリン酸の分子の数が 1.545×10^{17} 個だから，ステアリン酸 1mol の中に含まれる分子の数，つまり，この実験で求められるアボガドロ定数を N_A〔/mol〕とすると，

$2.50\times10^{-7}\text{mol}\times N_A/\text{mol} = 1.545\times10^{17}$

$\therefore\ N_A = 6.18\times10^{23}$〔/mol〕

解答　(1) **2.50×10^{-7}mol**　(2) **1.55×10^{17} 個**
(3) **6.18×10^{23}/mol**

6 化学反応式と量的関係

68　(解説)　化学変化を化学式を用いて表した式を**化学反応式**という。化学反応式においては，左辺と右辺で各原子の数が等しくなるように，それぞれの化学式の前に**係数**をつける必要がある。係数は最も簡単な整数比となるようにする。多くの化学反応式の係数は，以下に説明する**目算法**でつけるとよい。

① 最も複雑な(多くの種類の原子を含む)物質の係数を1とおいて，これをもとに他の物質の係数を決める。
② 両辺に登場する回数の少ない原子の数から合わせる。
③ 両辺に登場する回数の多い原子の数は，最後に合わせる。
④ 分数でもかまわないから，すべての係数を決める。最後に，係数の分母を払い，最も簡単な整数比とし，係数の1は省略する。

各原子の数に関する連立方程式を立て，それを解いて係数を求める**未定係数法**もある。この方法は，大変時間がかかるので，特別な場合を除いて，なるべく用いないほうがよい。

(1)　C_2H_4 の係数を1とおくと，CO_2 の係数は2，H_2O の係数も2。右辺のO原子の数は6個なので，O_2 の係数は3。

(2)　C_2H_6 の係数を1とおくと，CO_2 の係数は2，H_2O の係数は3。右辺のO原子の数は7個なので，O_2 の係数は $\dfrac{7}{2}$。全体を2倍して分母を払う。

(3)　$KClO_3$ の係数を1とおくと，KCl の係数は1。O_2 の係数は $\dfrac{3}{2}$。全体を2倍して分母を払う。

(4)　CH_3OH の係数を1とおくと，CO_2 の係数は1。H_2O の係数は2。右辺のO原子の数は4個である。左辺の CH_3OH 中のO原子は燃焼に使用されるので，O原子はあと3個必要である。よって，O_2 の係数は $\dfrac{3}{2}$。全体を2倍して分母を払う。

(5)　Fe_2O_3 の係数を1とおくと，FeS_2 の係数は2。左辺のS原子は4個なので，SO_2 の係数は4。右辺のO原子の数は11個なので，O_2 の係数は $\dfrac{11}{2}$。全体を2倍して分母を払う。

解答　(1) **1，3，2，2**　(2) **2，7，4，6**
(3) **2，2，3**　(4) **2，3，2，4**
(5) **2，11，2，8**

69　(解説)　化学反応式を書くには，まず，**反応物**を左辺に，**生成物**を右辺にそれぞれ**化学式**で書き，両辺を ⟶ で結ぶ。問題文にはすべての物質が書かれているとは限らないので十分注意すること。特に，燃焼における酸素，反応で生成する水などは省略されることが多いので必要に応じて補うこと。また，反応式には，気体発生の記号↑や，沈殿生成の記号↓などがつけられることがあるが，必ずしも書く必要はない。

(1)　$N_2 + H_2 \longrightarrow NH_3$

N_2 の係数を1とおくと，NH_3 の係数は2。

右辺のH原子の数は6個なので，H_2 の係数は3。

(2)　メタノールの燃焼にも，酸素 O_2 が必要である。CH_4O の係数を1とおく。CO_2 の係数は1，H_2O の係数は2。右辺のO原子の数は4個である。ただし，CH_4O にはO原子を1個含むので，あとO原子3個が必要である。よって，O_2 の係数は $\dfrac{3}{2}$。全体を2倍して分母を払う。

(3)　酸化マンガン(Ⅳ) MnO_2 は**触媒**(自身は変化せず化学反応を促進する物質)である。また，過酸化水素水の水は溶媒の水である。いずれもこの反応では変化しないので反応式中には書いてはいけない。

過酸化水素の分解反応では，酸素 O_2 のほかに水 H_2O も生成することに留意する。H_2O_2 の係数を1とおく。H_2O の係数は1，O_2 の係数は $\dfrac{1}{2}$。全体を2倍して分母を払う。

70～71

(4) 生成物は炭酸カルシウム $CaCO_3$ のほかに，水 H_2O が省略されていることに注意すること。

(5) $NaOH$ の係数を 1 とおく。Na の係数は 1。O 原子の数に注目して，H_2O の係数も 1。左辺の H 原子の数は 2 個なので，H_2 の係数は $\frac{1}{2}$。全体を 2 倍して分母を払う。

解答 (1) $N_2 + 3H_2 \longrightarrow 2NH_3$
(2) $2CH_4O + 3O_2 \longrightarrow 2CO_2 + 4H_2O$
(3) $2H_2O_2 \longrightarrow 2H_2O + O_2$
(4) $Ca(OH)_2 + CO_2 \longrightarrow CaCO_3 + H_2O$
(5) $2Na + 2H_2O \longrightarrow 2NaOH + H_2$

70 (解説) 反応に関係したイオンだけで表した反応式を，**イオン反応式**という。イオン反応式も化学反応式と同様に，なるべく目算法で係数を決定するとよいが，どうしてもつけられなくなったときは，未定係数法を使うとよい。ただし，イオン反応式では両辺の原子の数だけでなく，電荷の総和も等しく合わせることに留意する。したがって，各原子の数を合わせたのち，両辺の電荷の総和が等しいかどうかを確認する必要がある。

(1) 左辺の電荷は＋1，右辺の電荷は＋2 でつり合っていない。電荷を合わせるため，左辺の Ag^+ の係数を 2 とすると，右辺の Ag の係数は 2 となる。

$2Ag^+ + Cu \longrightarrow 2Ag + Cu^{2+}$

(2) 左辺の電荷は＋1，右辺の電荷は＋3 でつり合っていない。電荷を合わせるため，左辺の H^+ の係数を 3 とすると，右辺の H_2 の係数は $\frac{3}{2}$ となる。全体を 2 倍して分母を払う。

$2Al + 6H^+ \longrightarrow 2Al^{3+} + 3H_2$

(3) 左辺の電荷は＋5，右辺の電荷は＋6 でつり合っていない。この反応では，Fe は Fe^{3+} から Fe^{2+} へ電荷が 1 減少しているのに対して，Sn は Sn^{2+} から Sn^{4+} へ電荷が 2 増加している。

(電荷の増加量)＝(電荷の減少量)になるには，Sn^{2+} に対して Fe^{3+} が 2 倍量必要である。

$2Fe^{3+} + Sn^{2+} \longrightarrow 2Fe^{2+} + Sn^{4+}$

(4) H_2O_2 の係数を 1 とおく。
O 原子の数より，H_2O の係数は 2 となる。
H 原子の数より，H^+ の係数は 2 となる。
Fe^{2+} と Fe^{3+} の係数を x とおくと，電荷の総和のつり合いより，次式が成り立つ。

$+2x+2=+3x \quad \therefore \quad x=2$

$2Fe^{2+} + H_2O_2 + 2H^+ \longrightarrow 2Fe^{3+} + 2H_2O$

解答 (1) **2，1，2，1** (2) **2，6，2，3**
(3) **2，1，2，1** (4) **2，1，2，2，2**

71 (解説) 化学変化の前後では，物質の質量の総和は変化しない。これを**質量保存の法則**(発見者：**ラボアジエ**)という。たとえば，水素 2.0g と酸素 16g がちょうど反応して，水 18g を生成する。

同一の化合物を構成する成分元素の質量比は常に一定である。これを**定比例の法則**(発見者：**プルースト**)という。たとえば，水素の燃焼で生じた水も，海水の蒸留で得られた水も，成分元素の水素と酸素の質量比は，常に 1：8 である。

これらの法則を説明するために，**ドルトン**は次のような**原子説**を提唱した。

①すべての物質は，**原子**という最小の粒子からなる。
②同じ元素の原子は，固有の質量と性質をもつ。
③化学変化においては，原子間の組み合わせが変化するだけで，原子が新たに生成･消滅することはない。

元素 A，B からなる 2 種類以上の化合物において，一定質量の A と化合する B の質量は，それらの化合物の間では，簡単な整数比をなす。これを**倍数比例の法則**(発見者：**ドルトン**)という。たとえば，一酸化炭素と二酸化炭素で比べると，一定質量の炭素(12g とする)と化合している酸素の質量は，16g と 32g であるから，その質量比は 1：2 という整数比になる。

気体どうしの反応では，反応に関係する気体の体積比は，同温・同圧では簡単な整数比をなす。これを，**気体反応の法則**(発見者：**ゲーリュサック**)という。たとえば，水素 2 体積と酸素 1 体積が反応すると，水蒸気 2 体積を生じる。同体積中に同数の原子または，複合原子を含むと考えると，図(a)のように，酸素原子を分割しないと実験事実を説明することはできず，これはドルトンの**原子説**に反する。

ドルトンは，異種の原子は結合して複合原子をつくるが，同種の原子は結合しないと考えていた。しかし，**アボガドロ**は，すべての気体は同種・異種を問わず，いくつかの原子が結合した分子という粒子からできているという**分子説**を提唱した。

アボガドロの分子説により，水素も酸素も 2 原子が結合して 1 分子をつくるとすれば，図(b)のように気体反応の法則とドルトンの原子説とを矛盾なく説明できる。

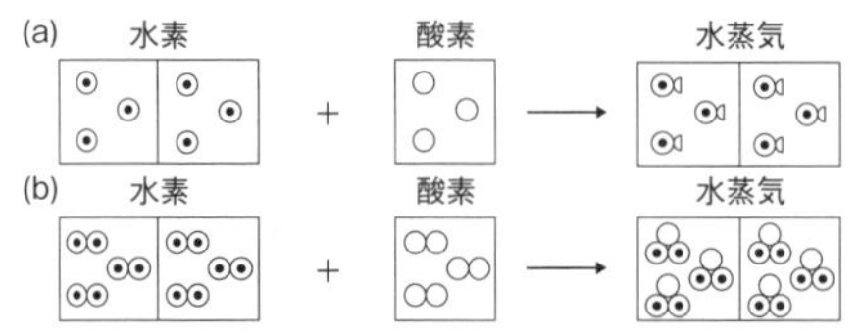

解答 ① **質量保存の法則**　② **定比例の法則**　③ **ドルトン**　④ **原子説**　⑤ **倍数比例の法則**　⑥ **気体反応の法則**　⑦ **アボガドロ**　⑧ **分子説**

72 **解説** まず，化学反応式を正しく書き，**(係数の比)＝(物質量の比)**の関係から，反応物と生成物の物質量〔mol〕に関する比例式を立てる。

(1) プロパンの完全燃焼の反応式とその量的関係は次のようになる。

$$C_3H_8 + 5O_2 \longrightarrow 3CO_2 + 4H_2O$$

1mol　5mol　3mol　4mol

(2) プロパンの分子量 C_3H_8＝44 より，モル質量は 44g/mol である。プロパン 4.4g の物質量は，

$$\frac{4.4\text{g}}{44\text{g/mol}} = 0.10〔\text{mol}〕$$

$C_3H_8 : CO_2$＝1：3(物質量の比)で反応するので，プロパン 0.10mol から，CO_2 が 0.30mol 生成する。標準状態において，気体 1mol あたりの体積(**モル体積**)は 22.4L/mol より，発生する CO_2 の体積(標準状態)は，0.30mol×22.4L/mol＝6.72≒6.7〔L〕

(3) $C_3H_8 : H_2O$＝1：4(物質量の比)で反応するので，プロパン 0.10mol から，H_2O が 0.40mol 生成する。水の分子量 H_2O＝18 より，モル質量は 18g/mol だから，生成する水の質量は，0.40mol×18g/mol＝7.2〔g〕

(4) $C_3H_8 : O_2$＝1：5(物質量の比)で反応するから，プロパン 0.10mol を完全燃焼するのに必要な O_2 の物質量は 0.50mol であり，その体積(標準状態)は，

0.50mol×22.4L/mol＝11.2≒11〔L〕

解答 (1) $C_3H_8 + 5O_2 \longrightarrow 3CO_2 + 4H_2O$　(2) **6.7L**　(3) **7.2g**　(4) **11L**

73 **解説** 酸化マンガン(Ⅳ)MnO_2 は触媒なので，化学反応式には書かない。塩素酸カリウムの熱分解の反応式とその量的関係は次のようになる。

$$2KClO_3 \longrightarrow 2KCl + 3O_2\uparrow$$

2mol　2mol　3mol

(1) 反応式の係数比より，$KClO_3$ 2mol から O_2 3mol が発生する。

よって，$KClO_3$ 0.20mol から発生する O_2 は 0.30mol である。

標準状態で，気体のモル体積は 22.4L/mol より，発生する O_2 の体積(標準状態)は，

0.30mol×22.4L/mol＝6.72≒6.7〔L〕

(2) 反応式の係数比より，$KClO_3 : O_2$＝2：3(物質量比)で反応するから，O_2 0.60mol を発生させるのに必要な $KClO_3$ の物質量は，

$$0.60\text{mol} \times \frac{2}{3} = 0.40〔\text{mol}〕$$

塩素酸カリウムの式量は $KClO_3$＝122.5 より，モル質量は 122.5g/mol である。必要な $KClO_3$ の質量は，

0.40mol×122.5g/mol＝49〔g〕

解答 (1) **6.7L**　(2) **49g**

74 **解説** (1) 混合気体の燃焼によって生じた CO_2 および H_2O(モル質量 18g/mol)の物質量は，発生した CO_2 が 0.56L，生じた H_2O が 0.72g であることから，それぞれ次のようになる。

$$CO_2 \quad \frac{0.56\text{L}}{22.4\text{L/mol}} = 2.5 \times 10^{-2}〔\text{mol}〕$$

$$H_2O \quad \frac{0.72\text{g}}{18\text{g/mol}} = 4.0 \times 10^{-2}〔\text{mol}〕$$

混合気体中に含まれるメタンの物質量を x〔mol〕，プロパンの物質量を y〔mol〕とすると，各気体の燃焼反応における量的関係は次のようになる。

$$CH_4 + 2O_2 \longrightarrow CO_2 + 2H_2O$$

変化量　$-x$　$-2x$　$+x$　$+2x$　〔mol〕

$$C_3H_8 + 5O_2 \longrightarrow 3CO_2 + 4H_2O$$

変化量　$-y$　$-5y$　$+3y$　$+4y$　〔mol〕

CO_2 および H_2O の生成量について，次式が成立する。

CO_2：　$x + 3y = 2.5 \times 10^{-2}$　…①

H_2O：　$2x + 4y = 4.0 \times 10^{-2}$　…②

①，②から，

$x = 1.0 \times 10^{-2}$〔mol〕　$y = 5.0 \times 10^{-3}$〔mol〕

したがって，混合気体中に含まれるメタンとプロパンの物質量の比は，

メタン：プロパン＝$1.0 \times 10^{-2} : 5.0 \times 10^{-3}$＝2：1

(2) 反応式の係数比より，メタン x〔mol〕の燃焼に必要な酸素の物質量は $2x$〔mol〕，プロパン y〔mol〕の燃焼に必要な酸素の物質量は $5y$〔mol〕である。したがって，この混合気体の完全燃焼で消費された酸素の物質量は $2x+5y$〔mol〕となる。

$$2x + 5y = 2 \times 1.0 \times 10^{-2} + 5 \times 5.0 \times 10^{-3}$$

$=4.5\times10^{-2}$〔mol〕

したがって，標準状態での酸素の体積は，

$22.4\text{L/mol}\times4.5\times10^{-2}\text{mol}=1.008\fallingdotseq1.0$〔L〕

解答 (1) **2：1** (2) **1.0L**

75 **解説** この反応の化学反応式より，次のような量的関係で反応が進行する。

$$\underset{1\text{mol}}{CaCO_3} + \underset{2\text{mol}}{2HCl} \longrightarrow \underset{1\text{mol}}{CaCl_2} + \underset{1\text{mol}}{CO_2} + \underset{1\text{mol}}{H_2O}$$

(1) 気体のモル体積は22.4L/mol(標準状態)より，CO_2 2.80L の物質量は，

$$\frac{2.80\text{L}}{22.4\text{L/mol}}=0.125\text{〔mol〕}$$

(2) 反応式の係数比より，$CaCO_3$ 1mol から CO_2 1molが生成するから，反応した $CaCO_3$ の物質量は，発生した CO_2 の物質量と同じ 0.125mol である。

炭酸カルシウムの式量は $CaCO_3=100$ より，モル質量は 100g/mol である。

よって，反応した $CaCO_3$ の質量は，

$0.125\text{mol}\times100\text{g/mol}=12.5$〔g〕

石灰石の純度は，$\dfrac{12.5}{15.0}\times100\fallingdotseq83.33\fallingdotseq83.3$〔%〕

解答 (1) **0.125mol** (2) **83.3%**

76 **解説** 硝酸銀水溶液と希塩酸との化学反応式と，その量的関係は次のようになる。

$$\underset{1\text{mol}}{AgNO_3} + \underset{1\text{mol}}{HCl} \longrightarrow \underset{1\text{mol}}{AgCl\downarrow} + \underset{1\text{mol}}{HNO_3}$$

(1) 反応式の係数比より，$AgNO_3：HCl=1：1$ (物質量比)で過不足なく反応する。

1.00mol/L 硝酸銀水溶液 50mL に 0.500mol/L 希塩酸を x〔mL〕加えたとき，過不足なく(ちょうど)反応したとする。

$$0.10\text{mol/L}\times\frac{50}{1000}\text{L}=0.50\text{mol/L}\times\frac{x}{1000}\text{L}$$

∴ $x=10$〔mL〕

(2) 反応式の係数比より，生成した AgCl の物質量は，反応した $AgNO_3$ の物質量，または HCl の物質量のいずれとも等しい。

生成した AgCl の質量を y〔g〕とする。AgCl の式量は 143.5 より，モル質量は 143.5g/mol だから，

$$\frac{y\text{〔g〕}}{143.5\text{〔g/mol〕}}=0.10\text{mol/L}\times\frac{50}{1000}\text{L}$$

∴ $y=0.717\fallingdotseq0.72$〔g〕

(3) 本問のように，反応物の量がそれぞれ与えられているときは，過不足のある問題とみてよい。すなわち，各反応物の物質量を比較しなければならない。

$AgNO_3$ $0.12\text{mol/L}\times\dfrac{50}{1000}\text{L}=6.0\times10^{-3}$〔mol〕⇒不足

HCl $0.15\text{mol/L}\times\dfrac{50}{1000}\text{L}=7.5\times10^{-3}$〔mol〕⇒余る

反応物のうち，不足する方の物質量によって，生成物の物質量が決定される。

$AgNO_3$ の物質量の方が少ないので，$AgNO_3$ がすべて反応し，生成する AgCl の物質量は，$AgNO_3$ の物質量と同じ 6.0×10^{-3}mol である。

AgCl の式量は 143.5より，モル質量は143.5g/mol。生成する AgCl の質量は，

$6.0\times10^{-3}\text{mol}\times143.5\text{g/mol}=0.861\fallingdotseq0.86$〔g〕

解答 (1) **10mL** (2) **0.72g** (3) **0.86g**

77 **解説** (1) グラフから，次のことがわかる。

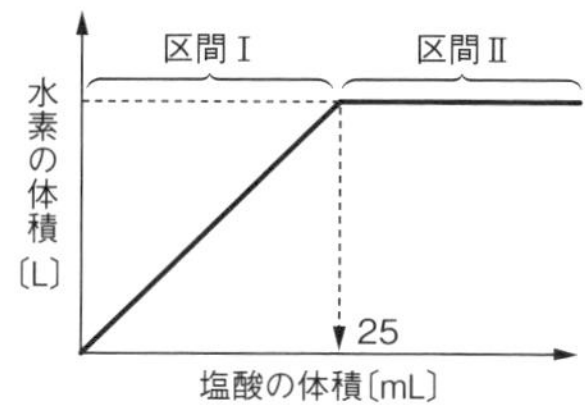

区間Ⅰ：塩酸の体積が増加すると，H_2 の発生量も増加している(反応物は HCl の方が不足している)。

区間Ⅱ：塩酸の体積が増加しても，H_2 の発生量は一定である(反応物は Mg の方が不足している)。

すなわち，グラフの屈曲点が Mg と HCl が過不足なく(ちょうど)反応した点を示す。

(2) 反応式とその量的関係は次の通りである。

$$\underset{1\text{mol}}{Mg} + \underset{2\text{mol}}{2HCl} \longrightarrow \underset{1\text{mol}}{MgCl_2} + \underset{1\text{mol}}{H_2}$$

反応式の係数比より，グラフの屈曲点では $Mg：H_2=1：1$(物質量比)の関係が成り立つ。

反応した Mg の質量を x〔g〕とすると，Mg のモル質量は 24g/mol だから，

$$\frac{x}{24}=\frac{224}{22400} \qquad ∴\ x=0.24\text{〔g〕}$$

(3) 反応式の係数比より，グラフの屈曲点では，$Mg：HCl=1：2$(物質量比)の関係が成り立つ。

反応した塩酸のモル濃度を y〔mol/L〕とすると，

$$\frac{0.24}{24}：\left(y\times\frac{25}{1000}\right)=1：2 \qquad ∴\ y=0.80\text{〔mol/L〕}$$

解答 (1) **25mL** (2) **0.24g** (3) **0.80mol/L**

78 解説　銅 Cu は塩酸には溶けないから，溶け残った 0.60g の金属は Cu である。

Mg と Al は，希塩酸と反応して H_2 を発生する。

$Mg + 2HCl \longrightarrow MgCl_2 + H_2$

$2Al + 6HCl \longrightarrow 2AlCl_3 + 3H_2$

発生した H_2 の物質量は，

$\dfrac{4.48\ L}{22.4\ L/mol} = 0.20$〔mol〕

この合金中の Mg を x〔mol〕，Al を y〔mol〕とおく。

H_2 の発生量に関して，

$x + 1.5y = 0.20$　…①

合金の質量（Cu を除く）に関して，Mg のモル質量は 24 g/mol，Al のモル質量は 27 g/mol なので，

$24x + 27y = 3.90$　…②

①，②を解くと，$x = 0.050$〔mol〕，$y = 0.10$〔mol〕

Al の質量は，0.10 mol × 27 g/mol = 2.7〔g〕

よって，この合金中の Al の質量%は

$\dfrac{2.7}{4.50} \times 100 = 60$〔%〕

解答　**60%**

79 解説　反応物（S）と最終生成物（H_2SO_4）の量的関係だけが問われているから，中間生成物（SO_2，SO_3）を省略して考えると，量的計算が楽になる。このとき，反応物中の原子のうち，そのすべてが目的生成物に移行している原子（S）に着目して，物質量の変化を調べていくとよい。

(1)　①× 2 +②より，SO_2 を消去する。

$2S + 3O_2 \longrightarrow 2SO_3$　…④

④+③× 2 より，SO_3 を消去する。

$2S + 3O_2 + 2H_2O \longrightarrow 2H_2SO_4$　…⑤

(2)　$S\left[\xrightarrow{O_2} SO_2 \xrightarrow{\frac{1}{2}O_2} SO_3 \xrightarrow{H_2O}\right] H_2SO_4$

S 1mol から H_2SO_4 1mol が生成する。S のモル質量は 32g/mol，H_2SO_4 のモル質量は 98g/mol より，生成した 98%の硫酸を x〔kg〕とおくと，

$\dfrac{16 \times 10^3}{32} = \dfrac{x \times 10^3 \times 0.98}{98}$　　∴　$x = 50$〔kg〕

（S の物質量）（H_2SO_4 の物質量）

(3)　⑤の反応式の係数比より，S 2mol からは H_2SO_4 2mol が生成し，そのために O_2 3mol が必要である。

必要な O_2 の物質量は，

$\dfrac{16 \times 10^3}{32} \times \dfrac{3}{2} = 750$〔mol〕

必要な O_2 の体積（標準状態）は，

$750 \times 22.4 \fallingdotseq 1.68 \times 10^4 \fallingdotseq 1.7 \times 10^4$〔L〕

解答　(1) $2S + 3O_2 + 2H_2O \longrightarrow 2H_2SO_4$
(2) **50kg**　(3) 1.7×10^4 **L**

7 酸と塩基

80 解説　酸の水溶液が示す性質を**酸性**，塩基の水溶液が示す性質を**塩基性**という。なお，水に溶けやすい塩基を**アルカリ**，その水溶液の示す性質を**アルカリ性**ともいう。

酸性	・薄い水溶液は酸味がある。 ・BTB 溶液を黄色に変える。 ・青色リトマス紙を赤色に変える。 ・多くの金属と反応して水素を発生する。 ・塩基の性質を打ち消す。
塩基性	・薄い水溶液は苦味がある。 ・BTB 溶液を青色に変える。 ・手につけるとぬるぬるする。 ・赤色リトマス紙を青色に変える。 ・フェノールフタレイン溶液を赤色に変える。 ・酸の性質を打ち消す。

解答　(1) **B**　(2) **A**　(3) **A**　(4) **B**　(5) **B**
(6) **A**　(7) **A**　(8) **B**

81 解説　**アレニウス**（スウェーデン）は，1887年，酸・塩基の水溶液が電気伝導性を示すことから，水溶液中では酸･塩基がイオンに電離していると考え，「**酸**とは，水に溶けて水素イオン H^+ を生じる物質，**塩基**とは，水に溶けて水酸化物イオン OH^- を生じる物質である。」と定義した。この定義は，水溶液中での酸・塩基の反応を考えるには便利であったが，水に不溶性の物質や気体の酸・塩基どうしの反応などを説明できなかった。そこで，**ブレンステッド**（デンマーク）と**ローリー**（イギリス）は，1923 年「**酸**とは相手に水素イオン H^+ を与える物質，**塩基**とは相手から水素イオン H^+ を受け取る物質である。」と定義した。

この定義によると，気体どうしの塩化水素 HCl とアンモニア NH_3 が，直接反応して塩化アンモニウム NH_4Cl の白煙を生じる現象は，次のように酸・塩基の反応として説明できる。

$$HCl + NH_3 \longrightarrow NH_4Cl \quad (H^+: HCl \rightarrow NH_3)$$

H^+ を与えている HCl が酸，H^+ を受け取っている NH_3 が塩基としてはたらいている。

アレニウスの定義による水素イオン H^+ とは，H^+ が H_2O 分子に配位結合して生じた**オキソニウムイオン**

H_3O^+のことである。一方，ブレンステッド・ローリーの定義による水素イオンH^+とは，H原子から電子が放出されて生じた**陽子(プロトン)**そのものである点が異なる。一般に，H_3O^+は単にH^+と略記することが多いので，混同しないようにする必要がある。

解答 ① **水素イオン** ② **水酸化物イオン** ③ **水素イオン** ④ **水素イオン** ⑤ **酸** ⑥ **塩基** ⑦ **オキソニウム** ⑧ **陽子(プロトン)**

82 (解説) ブレンステッドとローリーの定義は，H^+を与えることのできる物質を酸，相手からH^+を受け取ることのできる物質を塩基としているので，

(1) H_2OはHClからH^+を受け取っているので，塩基としてはたらいている。

(2) H_2OはNH_3にH^+を与えているので，酸としてはたらいている。

(3) CH_3COO^-はH_2OからH^+を受け取っているので，塩基としてはたらいている。

ブレンステッド・ローリーの定義によると，H_2Oのように，アレニウスの定義では酸でも塩基でもなかった物質が，酸，塩基のはたらきをすることがわかる。また，酸・塩基のはたらきは相対的なもので，H_2Oのような物質は相手しだいで,酸としてはたらいたり，塩基としてはたらいたりすることがわかる。

解答 (1) **塩基** (2) **酸** (3) **塩基**

83 (解説) 水溶液中でほぼ完全に電離している酸・塩基を，**強酸・強塩基**という。一方，水溶液中で一部しか電離していない酸・塩基を，**弱酸・弱塩基**という。

強酸	塩酸 HCl 硝酸 HNO_3 硫酸 H_2SO_4
弱酸	酢酸 CH_3COOH 硫化水素 H_2S，炭酸 H_2CO_3 シュウ酸 $(COOH)_2$
強塩基	水酸化ナトリウム $NaOH$ 水酸化カリウム KOH 水酸化カルシウム $Ca(OH)_2$ 水酸化バリウム $Ba(OH)_2$
弱塩基	アンモニア NH_3 水酸化銅(Ⅱ)$Cu(OH)_2$ 水酸化鉄(Ⅱ)$Fe(OH)_2$ 水酸化アルミニウム $Al(OH)_3$

酸・塩基の強弱は重要であるから，完全に覚えておく必要がある。なお，リン酸H_3PO_4は中程度の強さの酸性を示すが，分類上は弱酸である。

解答 (1)(ア) **HCl 1価 A**
(イ) **H_2SO_4 2価 A**
(ウ) **CH_3COOH 1価 a**
(エ) **H_2CO_3 2価 a**
(オ) **H_3PO_4 3価 a**
(カ) **HNO_3 1価 A**
(キ) **$(COOH)_2$ 2価 a**
(ク) **H_2S 2価 a**
(2)(ケ) **$NaOH$ 1価 B**
(コ) **$Ca(OH)_2$ 2価 B**
(サ) **NH_3 1価 b**
(シ) **$Ba(OH)_2$ 2価 B**
(ス) **$Cu(OH)_2$ 2価 b**
(セ) **$Al(OH)_3$ 3価 b**

84 (解説) (1) 硫酸H_2SO_4，硝酸HNO_3のように，酸素原子を含む**オキソ酸**のほかに，塩酸HCl，硫化水素H_2Sのように，酸素原子を含まない**水素酸**も存在する。〔×〕

(2) 酸は，水素イオンH^+を放出する物質であり，その化学式中には必ず水素原子が含まれる。〔○〕

(3) 酸1分子から放出することができるH^+の数を**酸の価数**という。塩基の化学式から放出することができるOH^-の数，または塩基1分子が受け取ることができるH^+の数を**塩基の価数**という。たとえば，硫酸H_2SO_4 1分子は，H^+を2個放出することができるので2価の酸である。

一方，酸・塩基の強弱は，水溶液中における酸・塩基の電離する程度(**電離度**)の大小で決まる。

$$\textbf{電離度}\,\alpha=\frac{\textbf{電離した酸・塩基の物質量〔mol〕}}{\textbf{溶解した酸・塩基の物質量〔mol〕}}$$

酸・塩基の価数の大小と酸・塩基の強弱とは全く関係がない。〔×〕

(4) 水によく溶ける塩基を**アルカリ**というが，アルカリはすべて強塩基とは限らない。たとえば，アンモニアは水によく溶けるのでアルカリであるが，水溶液中ではその一部しか電離しないので，弱塩基に分類される。〔×〕

(5) **アレニウスの定義**によると，NH_3は分子中にOH^-をもたないが，水に溶けるとその一部が次のように反応してOH^-を生じるので，塩基である。〔×〕

$$NH_3+H_2O \rightleftarrows NH_4^+ + OH^-$$

(6) **ブレンステッド・ローリーの定義**によると，水に不溶性の$Fe(OH)_2$，$Al(OH)_3$，$Cu(OH)_2$などの水酸化物も，酸と反応してH^+を受け取り，酸の性質

を打ち消すはたらきがあるので**塩基**である。〔○〕

(7) 酢酸 CH_3COOH のような有機酸では，分子中には全く電離しないHが多く存在するので，H原子の数が酸の価数とはならない。たとえば，CH_3COOH は，1分子中にH原子を4個含むが，H^+ を放出することができるのはCOOHの部分のH原子1個だけなので，1価の酸である。〔×〕

(8) アルコール C_2H_5OH のように，OHをもつが全く電離しないものは，酸でも塩基でもない。〔×〕

解答 (1) × (2) ○ (3) × (4) ×
(5) × (6) ○ (7) × (8) ×

85 **解説** 純水は，わずかに電気伝導性を示す。これは水分子の一部が次のように電離しているからである。

$$H_2O \rightleftarrows H^+ + OH^-$$

純水では，水素イオン濃度$[H^+]$と水酸化物イオン濃度$[OH^-]$は等しく，25℃では，

$[H^+]=[OH^-]=1.0\times10^{-7}$〔mol/L〕である。

水溶液中では$[H^+]$と$[OH^-]$は反比例の関係にある。

$[H^+]\times[OH^-]=1.0\times10^{-14}(mol/L)^2=K_w$(25℃)

の関係が成り立つ。このK_wを**水のイオン積**という。上記の関係は，純水だけでなく酸・塩基の水溶液を含めて，すべての水溶液で成り立つ。たとえば，$[H^+]$が10倍になれば$[OH^-]$は$\frac{1}{10}$倍になり，$[OH^-]$が10倍になれば，$[H^+]$は$\frac{1}{10}$倍になる。この関係を使うと，$[H^+]$と$[OH^-]$の相互変換が可能となる。したがって，水溶液の酸性・塩基性の程度は，$[H^+]$の大小だけで表すことができる。

中性では　$[H^+]=[OH^-]=1.0\times10^{-7}$〔mol/L〕

酸性では　$[H^+]>1.0\times10^{-7}$〔mol/L〕$>[OH^-]$

塩基性では　$[OH^-]>1.0\times10^{-7}$〔mol/L〕$>[H^+]$

ここで重要なのは，酸の水溶液であっても，H^+だけが存在するのではなく，わずかにOH^-(水の電離で生じたもの)が存在することである。塩基についても，同様の関係が成り立つ。

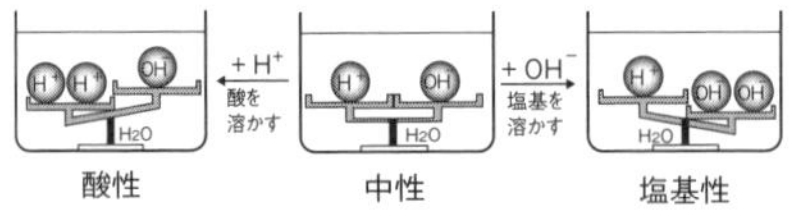

水溶液の酸性や塩基性の強弱は，いずれも水素イオン濃度$[H^+]$の大小で比較できるが，$[H^+]$は通常，その値は10^0～10^{-14}mol/Lの非常に広範囲にわたって変化するので，次のように定められた**pH(水素イオン指数)**を用いて酸性・塩基性の強弱が表される。

$[H^+]=1.0\times10^{-n}$mol/Lのとき，pH$=n$

中性の水溶液では，$[H^+]=1.0\times10^{-7}$mol/LよりpHは7である。酸性の水溶液はpHが7よりも小さく，その値が小さくなるほど酸性は強くなる。一方，塩基性の水溶液はpHが7よりも大きく，その値が大きくなるほど塩基性は強くなる。

解答 ① **1.0×10^{-7}** ② **1.0×10^{-14}**
③ **pH** ④ **小さく** ⑤ **大きい**

86 **解説** (1) pHが3の塩酸は，

$[H^+]=1\times10^{-3}$〔mol/L〕

これを水で100倍にうすめたので，塩酸の濃度は$\frac{1}{100}$倍になる。また，塩酸は1価の強酸なので，濃度に関わらず，電離度は1である。

$\therefore\ [H^+]=1\times10^{-3}\times\frac{1}{100}\times1=1\times10^{-5}$〔mol/L〕

よって，pH=5〔○〕

強酸の水溶液を水でうすめると，濃度が$\frac{1}{10}$になるごとにpHは1ずつ大きくなる。

(2) 酸を水でうすめる場合，最終的にpHは中性の7に限りなく近づく。しかし，酸をいくら水でうすめても，pHが7を超えて塩基性になることはない。〔×〕

この場合，pHは約7と考えてよい。

(同様に，塩基をいくら水でうすめても，中性の7を超えて酸性になることはない。)

(3) 強酸の電離度は濃度によって変化しないが，弱酸の電離度は濃度によって変化し，濃度が薄くなるほど大きくなる。〔×〕

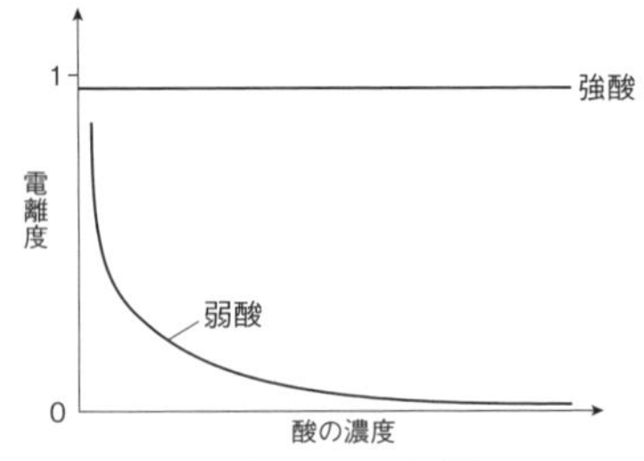

(4) 塩酸は1価の強酸なので，$[H^+]=0.10$mol/Lとなり，pHは1である。硫酸は2価の強酸なので，$[H^+]$は0.10mol/Lよりも大きくなり，pHは1よりも少し小さくなる。〔×〕

(5) pHが12の水酸化ナトリウム水溶液は，
$[H^+]=1\times10^{-12}$〔mol/L〕
$K_w=[H^+][OH^-]=1\times10^{-14}$〔mol/L〕^{2} より，
$[OH^-]=1\times10^{-2}$〔mol/L〕
水で100倍にうすめたので，水酸化ナトリウム水溶液の濃度も$\frac{1}{100}$倍になる。また，水酸化ナトリウムは1価の強塩基なので，濃度に関わらず，電離度は1である。

$[OH^-]=1\times10^{-2}\times\frac{1}{100}\times1=1\times10^{-4}$〔mol/L〕

$\therefore\ [H^+]=\frac{1\times10^{-14}}{1\times10^{-4}}=1\times10^{-10}$〔mol/L〕

よって，pH＝10 〔○〕

強塩基の水溶液を水でうすめると，濃度が$\frac{1}{10}$になるごとにpHは1ずつ小さくなる。

(6) pH＝11のNaOH(強塩基)水溶液を純水で10倍に薄めると，pHは1小さくなりpH＝10となる。しかし，pH＝11のアンモニア(弱塩基)水を純水で10倍に薄めると，電離度がやや大きくなるため，pH＝10にはならず，10＜pH＜11の範囲内になる。〔×〕

解答 (1) ○ (2) × (3) × (4) ×
(5) ○ (6) ×

87 **解説** (1) 弱酸である酢酸は，水に溶けてもその一部が電離するだけで，大部分は分子の状態にある。このように，電離が完全に進行していない状態を**電離平衡**といい，記号 ⇄ で表す。

C〔mol/L〕の酢酸水溶液の電離度がα $(0<\alpha\leqq1)$であったとすると，各成分の濃度は次の通りである。

$$CH_3COOH \rightleftarrows CH_3COO^- + H^+ \quad \cdots①$$

$C(1-\alpha)$　　$C\alpha$　　$C\alpha$〔mol/L〕

電離していない割合　　電離した割合

①より，$[H^+]=C\alpha$〔mol/L〕へ数値を代入して，
$1.2\times10^{-3}=5.0\times10^{-2}\times\alpha$
$\therefore\ \alpha=2.4\times10^{-2}$

(2) 水素イオン濃度$[H^+]$を10の累乗で表し，その指数を取り出し符号を逆にした数値を，**水素イオン指数pH**という。すなわち，

$[H^+]=1.0\times10^{-n}$mol/Lのとき pH＝n

pH＝3とは，$[H^+]=1.0\times10^{-3}$〔mol/L〕の水溶液のことである。

①より，$[H^+]=C\alpha$〔mol/L〕へ数値を代入して，
$1.0\times10^{-3}=0.036\times\alpha$
$\alpha\fallingdotseq2.8\times10^{-2}$

解答 (1) **2.4×10^{-2}** (2) **2.8×10^{-2}**

88 **解説** 酸の水溶液の場合，水素イオン濃度$[H^+]$を求め，**$[H^+]=1.0\times10^{-n}$mol/L ⇒ pH＝n** の関係を用いてpHを計算する。塩基の水溶液の場合，最初に求められるのは水酸化物イオン濃度$[OH^-]$であるから，これを**水のイオン積**$K_w=[H^+][OH^-]=1.0\times10^{-14}$(mol/L)^{2}の関係式を用いて，$[H^+]$に変換してから，pHを計算するようにする。

(1) **水素イオン濃度$[H^+]$＝酸の濃度C×価数a×電離度α**の関係を利用する。

塩酸は1価の強酸であり，その電離度は1である。
$[H^+]=0.10\times1\times1=1.0\times10^{-1}$〔mol/L〕
よって，pH＝1.0

(2) **水素イオン濃度$[H^+]$＝酸の濃度C×価数a×電離度α**の関係を利用する。

酢酸は1価の弱酸であり，その電離度は0.020なので，
$[H^+]=0.050\times1\times0.020=1.0\times10^{-3}$〔mol/L〕
よって，pH＝3.0

(3) **水酸化物イオン濃度$[OH^-]$＝塩基の濃度C×価数b×電離度α**の関係を利用する。

水酸化ナトリウムは1価の強塩基であり，その電離度は1である。
$[OH^-]=0.010\times1\times1=1.0\times10^{-2}$〔mol/L〕
水のイオン積の公式より，

$K_w=[H^+][OH^-]=1.0\times10^{-14}$(mol/L)^2

$[H^+]=\frac{K_w}{[OH^-]}=\frac{1.0\times10^{-14}}{1.0\times10^{-2}}=1.0\times10^{-12}$〔mol/L〕

よって，pH＝12.0

〈別解〉 塩基の水溶液のpHを求めるのに，**水酸化物イオン指数pOH**(ピーオーエイチ)を用いる方法がある。

$[OH^-]=1.0\times10^{-n}$mol/Lのとき，pOH＝n

水のイオン積$[H^+][OH^-]=1.0\times10^{-14}$より，
両辺の常用対数をとり，−1をかけると

$\log_{10}[H^+][OH^-]=\log_{10}10^{-14}$
$\log_{10}[H^+]+\log_{10}[OH^-]=-14$
$-\log_{10}[H^+]-\log_{10}[OH^-]=14$
$\therefore$ **pH＋pOH＝14**

この関係を知っていると，より簡単にpOHからpHを求めることができる。

(4) 硫酸は2価の強酸で，題意より，電離度は1で，次のように完全に電離する。

$$H_2SO_4 \longrightarrow 2H^+ + SO_4^{2-}$$

一般に，**$[H^+]$＝(酸の濃度)×(価数)×(電離度)**の関係を利用すると，

$[H^+]=\underbrace{5.0\times10^{-3}}_{酸の濃度}\times\underset{価数}{2}\times\underset{電離度}{1}=1.0\times10^{-2}$〔mol/L〕

よって，pH＝2.0

(5)　酸・塩基の混合溶液の pH を求めるときは，液性を見極めることが大切である。酸性ならば，$[H^+]$を求めるとすぐにpH が求まる。塩基性ならば，$[OH^-]$を求め，K_wを使って$[H^+]$に直してから pH を求める。

HCl の物質量と NaOH の物質量の比較から，混合溶液は酸性であることがわかる。

残ったH^+の物質量は，

$0.010\times\frac{55}{1000}-0.010\times\frac{45}{1000}=1.0\times10^{-4}$〔mol〕

これが混合溶液 55＋45＝100〔mL〕中に含まれるので，モル濃度にするには溶液 1L あたりに換算することが必要である。

$[H^+]=\frac{1.0\times10^{-4}\text{mol}}{0.10\text{L}}=1.0\times10^{-3}$〔mol/L〕

よって，pH＝3.0

(6)　HCl の物質量と NaOH の物質量の比較から，混合溶液は塩基性である。残ったOH^-の物質量は，

$0.30\times\frac{10}{1000}-0.10\times\frac{10}{1000}=2.0\times10^{-3}$〔mol〕

これが混合溶液 10＋10＝20〔mL〕中に含まれるので，モル濃度にするには溶液 1L あたりに換算する必要がある。

$[OH^-]=\frac{2.0\times10^{-3}\text{mol}}{0.020\text{L}}=1.0\times10^{-1}$〔mol/L〕

$K_w=[H^+][OH^-]=1.0\times10^{-14}(\text{mol/L})^2$ より，

$[H^+]=\frac{1.0\times10^{-14}}{1.0\times10^{-1}}=1.0\times10^{-13}$〔mol/L〕

よって，pH＝13.0

解答　(1) **1.0**　(2) **3.0**　(3) **12.0**
(4) **2.0**　(5) **3.0**　(6) **13.0**

89　**解説**　強酸は，濃度によらず電離度は 1 と考えてよいが，弱酸は，濃度によって電離度が変化することに注意せよ(問題の図参照)。

(1)　0.010mol/L の酢酸(価数は 1)の電離度は，グラフから 0.05 である。

$[H^+]$＝酸の濃度 C ×価数 a ×電離度 α

$[H^+]=Ca\alpha=0.010\times1\times0.05$
$=5.0\times10^{-4}$〔mol/L〕

(2)　0.050mol/L の酢酸の電離度は，グラフから 0.02。

$[H^+]=Ca\alpha=0.050\times1\times0.02$
$=1.0\times10^{-3}$〔mol/L〕

$[OH^-]=\frac{K_w}{[H^+]}=\frac{1.0\times10^{-14}}{1.0\times10^{-3}}=1.0\times10^{-11}$〔mol/L〕

$\therefore\quad\frac{[H^+]}{[OH^-]}=\frac{1.0\times10^{-3}}{1.0\times10^{-11}}=1.0\times10^{8}$〔倍〕

(3)　0.10mol/L の酢酸の電離度は，グラフから 0.01 である。したがって，

$[H^+]=Ca\alpha=0.10\times1\times0.01=1.0\times10^{-3}$〔mol/L〕

0.010mol/L の酢酸の電離度は，グラフから 0.05 である。したがって，

$[H^+]=Ca\alpha=0.01\times1\times0.05=5.0\times10^{-4}$〔mol/L〕

よって，$\frac{5.0\times10^{-4}}{1.0\times10^{-3}}=\frac{1}{2}$

解答　(1) **5.0×10^{-4}mol/L**
(2) **1.0×10^{8} 倍**　(3) $\frac{1}{2}$

90　**解説**　強塩基は，濃度によらず電離度は 1 と考えてよいが，弱塩基は，濃度によって電離度が変化することに注意すること(問題の図参照)。

(1)　C〔mol/L〕の b 価の塩基の電離度をαとすると，水溶液の水酸化物イオン濃度$[OH^-]$は，

$[OH^-]$＝塩基の濃度 C×価数 b×電離度αである。

0.080mol/L のアンモニア水中のNH_3の電離度は，グラフより 0.015 と読み取れるので，

$[OH^-]=0.080\times1\times0.015=1.20\times10^{-3}$〔mol/L〕

これと同じ$[OH^-]$を示す水酸化ナトリウム水溶液の濃度を C〔mol/L〕とすると，NaOH は 1 価の強塩基なので，電離度は 1.0 であるから，

$[OH^-]=C\times1\times1.0=1.20\times10^{-3}$〔mol/L〕

$\therefore\quad C=1.20\times10^{-3}$〔mol/L〕

(2)　0.080mol/L のアンモニア水を水で 4 倍に希釈すると，その濃度は 0.020mol/L になる。このときのNH_3の電離度をグラフから読み取ると 0.030 なので，$[OH^-]$は次のようになる。

$[OH^-]=0.020\times1\times0.030=6.00\times10^{-4}$〔mol/L〕

したがって，

$\frac{6.00\times10^{-4}\text{mol/L}}{1.20\times10^{-3}\text{mol/L}}=0.50$ 倍

解答　(1) **1.2×10^{-3}mol/L**　(2) **0.50 倍**

8　中和反応と塩

91　**解説**　酸と塩基が過不足なく中和した点を**中和点**といい，その条件は次の通りである。

92～92

(酸の出すH^+の物質量)＝(塩基の出すOH^-の物質量)
または，
(価数×酸の物質量)＝(価数×塩基の物質量)

たとえば，ともに1価の塩酸HCl，酢酸CH_3COOH各1molは，1価のNaOH 1molで中和されるが，2価の硫酸1molを中和するには，1価のNaOHは2molが必要となる。

酸・塩基がともに水溶液の場合は，
(酸の価数×酸のモル濃度×体積〔L〕)
＝(塩基の価数×塩基のモル濃度×体積〔L〕)

たとえば，濃度C〔mol/L〕，体積v〔L〕のa価の酸の水溶液と，濃度C'〔mol/L〕，体積v〔L〕のb価の塩基の水溶液がちょうど中和する条件は，

$$a\times C\times v=b\times C'\times v'$$

重要なことは，中和の量的関係には，酸・塩基の強弱は全く関係しないことである。なぜなら，弱酸・弱塩基は電離度が小さいため，電離しているH^+やOH^-の量はわずかであるが，中和反応によりH^+やOH^-が消費されると，弱酸・弱塩基の電離が進み，最終的には最初に存在したすべての弱酸・弱塩基が中和されたとき，中和反応が終了するからである。

(1)　H_2SO_4は2価の酸，NH_3は1価の塩基より，必要なNH_3水の体積をx〔mL〕とすると，

$$2\times0.50\times\frac{10}{1000}=1\times0.20\times\frac{x}{1000}$$

$\therefore\ x=50$〔mL〕

(2)　硫酸の濃度をx〔mol/L〕とおくと，H_2SO_4は2価の酸，NaOHは1価の塩基だから，
中和の公式　$a\times C\times v=b\times C'\times v'$より

$$2\times x\times\frac{10.0}{1000}=1\times0.500\times\frac{12.0}{1000}$$

$\therefore\ x=0.300$〔mol/L〕

(3)　酸の水溶液と塩基(固体)を中和させる場合，
(酸の価数×酸のモル濃度×酸の体積)
＝(塩基の価数×塩基の物質量)より，
HClは1価の酸，$Ca(OH)_2$は2価の塩基より，
必要な塩酸の体積をx〔mL〕とすると，

$$1\times1.0\times\frac{x}{1000}=2\times0.020\qquad\therefore\ x=40\text{〔mL〕}$$

(4)　硫酸の濃度をx〔mol/L〕とおくと，H_2SO_4は2価の酸，塩酸は1価の酸，NaOHは1価の塩基だから，中和の公式$a\times C\times v=b\times C'\times v'$より，

$$2\times x\times\frac{10.0}{1000}+1\times0.050\times\frac{4.0}{1000}=1\times0.10\times\frac{12.0}{1000}$$

$\therefore\ x=0.050$〔mol/L〕

解答　(1) **50mL**　(2) **0.300mol/L**
(3) **40mL**　(4) **0.050mol/L**

92 **解説**　(1)　酸と塩基の中和反応で，水とともに生成する物質を**塩**という。塩は，塩基由来の陽イオンと，酸由来の陰イオンがイオン結合してできた物質である。

塩の化学式中に，酸のHや塩基のOHがいずれも残っていないものを**正塩**，酸のHが残っているものを**酸性塩**，塩基のOHが残っているものを**塩基性塩**という。この分類は，塩の組成に基づく形式的なもので，あとで述べる塩の水溶液の性質(液性)とは無関係である。

(a) KNO_3 硝酸カリウム，(d) Na_2CO_3 炭酸ナトリウムには，酸のHも塩基のOHも残っていないので正塩である。(b) $(NH_4)_2SO_4$ 硫酸アンモニウムにはHが残っているように見えるが，このHは酸に由来しない(塩基のNH_3に由来する)ので正塩に分類される。また，(f) CH_3COONaにも，Hが残っているように見えるが，このHは酸の性質を示さないので，正塩に分類される。

(c) MgCl(OH)塩化水酸化マグネシウムには，塩基のOHが残っているので塩基性塩である。

(e) $NaHCO_3$ 炭酸水素ナトリウム，(h) $NaHSO_4$ 硫酸水素ナトリウムには，酸のHが残っているので酸性塩である。

(2)　一般に，化学式中にHもOHも含まない正塩の水溶液の性質(液性)は，その塩を構成する酸・塩基の強弱から次のように判断できる。

- **強酸と強塩基の正塩**は中性
- **弱酸と強塩基の正塩**は塩基性
- **強酸と弱塩基の正塩**は酸性

ただし，**強酸と強塩基の酸性塩**は酸性

まず，塩を陽イオンと陰イオンに分ける。次に，その陰イオンにH^+を加えると酸の化学式が，陽イオンにOH^-を加えると塩基の化学式がわかる。

(a)　$KCl \longrightarrow K^+ + Cl^-$
Cl^-にH^+を加えると，HCl(強酸)
K^+にOH^-を加えると，KOH(強塩基)
よって，KClの水溶液は中性。

(b)　$(NH_4)_2SO_4 \longrightarrow 2NH_4^+ + SO_4^{2-}$
SO_4^{2-}に$2H^+$を加えると，H_2SO_4(強酸)
NH_4^+にOH^-を加えると，NH_3(弱塩基)＋H_2O
よって，$(NH_4)_2SO_4$の水溶液は酸性。

(c)　$Na_2CO_3 \longrightarrow 2Na^+ + CO_3^{2-}$

CO_3^{2-}に$2H^+$を加えると，H_2CO_3(弱酸)

Na^+にOH^-を加えると，NaOH(強塩基)

よって，Na_2CO_3の水溶液は塩基性。

(d)　$Ba(NO_3)_2 \longrightarrow Ba^{2+} + 2NO_3^-$

NO_3^-にH^+を加えると，HNO_3(強酸)

Ba^{2+}に$2OH^-$を加えると，$Ba(OH)_2$(強塩基)

よって，$Ba(NO_3)_2$の水溶液は中性。

(e)　$CH_3COOK \longrightarrow CH_3COO^- + K^+$

CH_3COO^-にH^+を加えると，CH_3COOH(弱酸)

K^+にOH^-を加えると，KOH(強塩基)

よって，CH_3COOKの水溶液は塩基性。

(f)　$Na_2S \longrightarrow 2Na^+ + S^{2-}$

S^{2-}に$2H^+$を加えると，H_2S(弱酸)

Na^+にOH^-を加えると，NaOH(強塩基)

よって，Na_2Sの水溶液は塩基性。

(g)　$CuCl_2 \longrightarrow Cu^{2+} + 2Cl^-$

Cl^-にH^+を加えると，HCl(強酸)

Cu^{2+}に$2OH^-$を加えると，$Cu(OH)_2$(弱塩基)

よって，$CuCl_2$の水溶液は酸性。

(h)　$NaHCO_3$は，弱酸の炭酸H_2CO_3と強塩基のNaOHから生じた酸性塩である。水溶液中では

$NaHCO_3 \longrightarrow Na^+ + HCO_3^-$のように電離して$HCO_3^-$を生じるが，$HCO_3^-$は弱酸由来のイオンであるため，さらに電離して$H^+$を生じることはない。むしろ，水と反応(加水分解)して，H_2CO_3(弱酸)に戻り，OH^-を生じるので，$NaHCO_3$の水溶液は塩基性を示す。

$$HCO_3^- + H_2O \rightleftarrows H_2CO_3 + OH^-$$

(i)　$NaHSO_4$は，強酸の硫酸H_2SO_4と強塩基のNaOHから生じた酸性塩である。水溶液中では，

$NaHSO_4 \longrightarrow Na^+ + HSO_4^{2-}$のように電離して$HSO_4^-$を生じるが，$HSO_4^-$は強酸由来のイオンであるため，さらに電離して$H^+$を生じるので，$NaHSO_4$の水溶液は酸性を示す。

$$HSO_4^- \longrightarrow H^+ + SO_4^{2-}$$

解答　(1) ① **(a)，(b)，(d)，(f)**

② **(e)**　③ **(c)**

(2) (a) **N**　(b) **A**　(c) **B**

(d) **N**　(e) **B**　(f) **B**

(g) **A**　(h) **B**　(i) **A**

93　**解説**　(1)，(2)　A **ホールピペット**：中央部に膨らみのあるピペットで，一定体積の液体を正確にはかり取るために使う器具。

B **コニカルビーカー**：口が細くなったビーカーで，中に入れた液体を振り混ぜてもこぼれにくい。中和の反応容器に使う器具。

C **メスフラスコ**：細長い首をもつ平底フラスコで一定濃度の溶液(**標準溶液**)をつくったり，溶液を正確に希釈するのに使う器具。

D **ビュレット**：コックの付いた細長い目盛り付きのガラス管で，任意の液体の滴下量をはかるために使う器具。

(3)　**ホールピペットやビュレット**は，内部が水でぬれたままで使用すると，中に入れた溶液が薄まってしまい，正確に溶液の体積をはかっても，これからはかり取る溶質の物質量が変化してしまう。したがって，これから使用する溶液で器具の内部を数回洗う操作(**共洗い**)をしてから使用する必要がある。

共洗いをしなかった場合，中和滴定の結果は次のようになる。

①　ホールピペットの内部を純水で洗浄し，そのまま用いると，ホールピペットに入れた溶液の濃度が小さくなるため，中和滴定の滴定値は真の値より少し小さな値になる。

②　ビュレットの内部を純水で洗浄し，そのまま用いると，ビュレットに入れた溶液の濃度が小さくなるため，中和滴定の滴定値は真の値より少し大きな値になる。

コニカルビーカーの場合，ここへ一定濃度の溶液を一定体積はかり取って入れる。すなわち，中和反応に関係する酸や塩基の物質量はすでに決まっている。そのため，容器内が純水でぬれていてもこれから行う中和滴定の結果には影響はない。

メスフラスコの場合，正確に質量をはかった溶質を加えさえすれば，その後で純水を加えるので，容器内が純水でぬれていても，でき上がった溶液の濃度は変化しない。

(4)　コニカルビーカーだけは加熱乾燥してもよいが，これ以外の正確な目盛りが刻んであるビュレットや，標線が刻んであるホールピペットやメスフラスコは，加熱乾燥してはいけない。これは，ガラスは加熱すると膨張し，冷却するとき収縮するが，これを繰り返すと，ガラスが変形して，所定の体積を示さなくなるからである。

解答　(1) A **ホールピペット**

B **コニカルビーカー**

C **メスフラスコ**　D **ビュレット**

(2) A ㋒　B ㋓　C ㋐　D ㋑

94 ～ 96

(3) A **(c)**　B **(a)**　C **(a)**　D **(c)**

(4) **B　ガラス器具に目盛りや標線を刻んでいないから。**

94 解説 (1)　中和反応における酸・塩基の量的関係を利用して，濃度既知の酸(または塩基)の溶液(**標準溶液**)を用いて，濃度不明の塩基(または酸)の溶液の濃度を求める操作を**中和滴定**という。

(2)　指示薬のフェノールフタレインの変色域の pH は，8.0 ～ 9.8 であるから，酸の水溶液に塩基の水溶液を加えて中和滴定すると，中和点付近では，弱い酸性→弱い塩基性となり，フェノールフタレインは無色→薄赤色に変化する。

(3)　酢酸は弱酸，水酸化ナトリウムは強塩基なので，生成した塩の酢酸ナトリウム CH_3COONa の水溶液は塩基性を示すため，中和点は塩基性側に偏る。したがって，変色域が酸性側にあるメチルオレンジでは正確な中和点をみつけることはできず，塩基性側に変色域をもつフェノールフタレインを指示薬として用いる必要がある。

(4)　純水で 10 倍に希釈した食酢中の酢酸濃度を y〔mol/L〕とおくと，中和の公式より，

CH_3COOH は1価の酸，NaOH は1価の塩基なので，

$$1\times y\times\frac{10.0}{1000}=1\times0.100\times\frac{7.20}{1000}$$

$\therefore\quad y=0.0720$〔mol/L〕

元の食酢中の酢酸濃度はこの 10 倍の濃度なので，0.720mol/L である。

(5)　質量パーセント濃度とモル濃度の変換は，溶液 1L（$=1000\text{cm}^3$）あたりで考えるとよい。

食酢 1L（$=1000\text{cm}^3$）には，酢酸 CH_3COOH（分子量 60.0）が 0.720mol 含まれるから，その質量パーセント濃度は，

$$\frac{溶質の質量}{溶液の質量}\times100=\frac{60.0\times0.720}{1000\times1.02}\times100\fallingdotseq4.24〔\%〕$$

解答 (1) **中和滴定**　(2) **無色→薄赤色**

(3) **酢酸(弱酸)と水酸化ナトリウム(強塩基)の中和滴定では，中和点が塩基性側に偏る。このため，塩基性側に変色域をもつフェノールフタレインを指示薬として用いる必要があるから。**

(4) **0.720mol/L**　(5) **4.24%**

95 解説　中和滴定に伴う混合溶液の pH の変化を表すグラフを**滴定曲線**という。中和滴定に用いた酸・塩基の強弱は，滴定開始時の pH，中和点の pH，滴定終了時の pH の値から判断する。中和滴定の際，中和点の付近において，水溶液の pH が急激に変化する範囲を **pH ジャンプ**といい，通常，その中点が**中和点**とみなされる。一般に，pH ジャンプは中和点の許容範囲としてみなされ，中和滴定では使用する指示薬の**変色域**(色の変わる pH の範囲)が pH ジャンプの範囲に含まれているものを選択しなければならない。

［A］

(a)　滴定開始時の pH が 1 に近いことから強酸の HCl と，滴定終了時の pH が約 10 まで達しているだけなので弱塩基の NH_3 の組み合わせである。また，強酸と弱塩基の中和滴定では，中和点は酸性側に偏る。

(b)　滴定開始時の pH が 3 に近いことから弱酸の CH_3COOH と，滴定終了時の pH が約 10 まで達しているだけなので弱塩基の NH_3 の組み合わせである。弱酸と弱塩基の中和滴定では，pH ジャンプはほとんど見られない。

(c)　滴定開始時の pH が 3 に近いので弱酸の CH_3COOH と，滴定終了時の pH が 13 近くに達しているので強塩基の NaOH の組み合わせである。弱酸と強塩基の中和滴定では，中和点は塩基性側に偏る。

(d)　滴定開始時の pH が 1 に近いので強酸の HCl と，滴定終了時の pH が 13 近くに達しているので強塩基の NaOH の組み合わせである。強酸と強塩基の中和滴定では，pH ジャンプが非常に広く，中和点は中性（pH＝7）である。

［B］

(a)　中和点が酸性側にあるので，酸性側に変色域をもつ指示薬のメチルオレンジを用いる。

(b)　pH ジャンプがほとんど見られず，中和点をみつける適当な指示薬はない(反応溶液の電気伝導度の変化で，中和点を知る以外に方法はない)。

(c)　中和点が塩基性側にあるので，塩基性側に変色域をもつ指示薬のフェノールフタレインを用いる。

(d)　pH ジャンプが非常に広いので，メチルオレンジ，フェノールフタレインのどちらの指示薬も使用できる(通常は，色の変化が識別しやすいフェノールフタレインを用いることが多い)。

解答 (a) **(ア)，(オ)**　(b) **(ウ)，(ク)**

(c) **(イ)，(カ)**　(d) **(エ)，(キ)**

96 解説 (1)　**メスフラスコ** A は一定濃度の溶液

(**標準溶液**)をつくる器具である。

ホールピペットBは一定体積の溶液を正確にはかり取る器具である。

コニカルビーカーCは酸と塩基の水溶液を反応させる容器である。

ビュレットDは滴下した溶液の体積を正確にはかる器具である。

(2)　シュウ酸二水和物の式量が，$(COOH)_2 \cdot 2H_2O$＝126より，そのモル質量は126g/mol。

シュウ酸二水和物3.15gの物質量は，

$$\frac{3.15\text{g}}{126\text{g/mol}}=0.0250\text{〔mol〕}$$

シュウ酸二水和物は，水に溶けると次式のように無水物(溶質)と水和水(溶媒)に分かれる。

$$(COOH)_2 \cdot 2H_2O \longrightarrow (COOH)_2 + 2H_2O$$

1mol　　　1mol　　2mol

上式の係数比より，$(COOH)_2 \cdot 2H_2O$ 1mol中には，$(COOH)_2$ 1molが含まれる。つまり，シュウ酸二水和物の物質量と，シュウ酸無水物(溶質)の物質量はともに0.0250molで等しく，これが溶液500mL中に含まれるから，シュウ酸水溶液のモル濃度は，

$$\frac{0.0250\text{mol}}{0.500\text{L}}=0.0500\text{〔mol/L〕}$$

(3)　NaOHの結晶には空気中の水分を吸収して溶ける性質(**潮解性**)があり，正確に質量をはかることができない。また，NaOH(強塩基)は空気中のCO_2(酸性酸化物)を吸収して炭酸ナトリウムNa_2CO_3(塩)に変化するので，不純物を含む可能性が高い。したがって，NaOH水溶液をつくって保存していると，しだいに濃度が低下してしまう。そのため，使用直前にNaOH水溶液をシュウ酸の標準溶液などによって中和滴定し，正確な濃度を求めておく必要がある。

シュウ酸は2価の酸，NaOHは1価の塩基である。NaOH水溶液の濃度をx〔mol/L〕とおくと，

中和の公式 $a \times C \times v = b \times C' \times v'$ より，

$$2\times0.0500\times\frac{20.0}{1000}=1\times x\times\frac{19.6}{1000}$$

$\therefore$　$x \fallingdotseq 0.1020 \fallingdotseq 0.102$〔mol/L〕

解答　(1) A **メスフラスコ**　B **ホールピペット**
C **コニカルビーカー**　D **ビュレット**
(2) **0.0500mol/L**　(3) **0.102mol/L**

97 **解説**　過剰の酸の水溶液に塩基の試料(気体または固体)を完全に反応させ，残った酸を別の塩基の水溶液でもう一度滴定することを**逆滴定**という。

通常は，酸の水溶液と塩基の水溶液を用いて中和滴定が行われるが，酸・塩基のうち一方が，気体あるいは固体のときには，逆滴定が行われることが多い。結局，本問の逆滴定では，1種類の酸を2種類の塩基で中和したことになる。

吸収させたアンモニアの物質量をx〔mol〕とする。

H_2SO_4は2価の酸，NH_3とNaOHは1価の塩基だから，中和点では次の関係が成立する。

(酸の出したH^+の総物質量)
＝(塩基の出したOH^-の総物質量)

$$2\times0.500\times\frac{100}{1000}=1\times x+1\times1.00\times\frac{24.0}{1000}$$

$\therefore$　$x=7.60\times10^{-2}$〔mol〕

解答　**7.60×10^{-2}mol**

98 **解説**　水酸化ナトリウムの固体を空気中に放置すると，まず，空気中の水分を吸収して水溶液となる。この現象を**潮解**という。このNaOH水溶液は空気中のCO_2(酸性酸化物)をよく吸収して炭酸ナトリウムNa_2CO_3となるので，表面が白色を帯びてくる。一般に，水酸化ナトリウムの固体の表面には空気中のCO_2との中和反応で生じた少量のNa_2CO_3が付着していると考えられる。

(1)，(2)　Na_2CO_3を含むNaOH水溶液をフェノールフタレインを指示薬として加えて，塩酸で中和滴定すると，まず，強塩基であるNaOHとNa_2CO_3の両方が中和され，NaClと$NaHCO_3$が生成する(**第一中和点**)。

$$NaOH + HCl \longrightarrow NaCl + H_2O \quad \cdots①$$

$$Na_2CO_3 + HCl \longrightarrow NaHCO_3 + NaCl \quad \cdots②$$

第一中和点は$NaHCO_3$の加水分解によりpHが約8.4の弱い塩基性になるので，指示薬のフェノールフタレインは赤色→無色になる。

続いて，メチルオレンジを指示薬として加えて，同じ塩酸で滴定していくと，弱塩基である$NaHCO_3$が中和され，NaClとH_2O+CO_2が生成する(**第二中和点**)。

$$NaHCO_3 + HCl \longrightarrow NaCl + CO_2 + H_2O \quad \cdots③$$

第二中和点は生じたH_2O+CO_2(H_2CO_3，炭酸)によりpHが約4.0の弱い酸性になるので，指示薬のメチルオレンジは黄色→赤色になる。

(3)　試料溶液10.0mL中のNaOHおよびNa_2CO_3をそれぞれx〔mol〕，y〔mol〕とおくと，第一中和点までに，NaOHとNa_2CO_3の両方が中和される。

99～100

$$x+y=0.100\times\frac{18.6}{1000}\quad\cdots Ⓐ$$

第一中和点から第二中和点までは，$NaHCO_3$ の中和だけが起こるが，②式の係数を比べると，$NaHCO_3$ と Na_2CO_3 の物質量は等しいから，

$$y=0.100\times\frac{3.00}{1000}\quad\cdots Ⓑ$$

Ⓐ，Ⓑより，

$$x=\frac{1.56}{1000}\text{〔mol〕},\ y=\frac{0.300}{1000}\text{〔mol〕}$$

モル質量は，NaOH＝40.0〔g/mol〕，Na_2CO_3＝106〔g/mol〕より，
もとの水溶液 100mL 中の NaOH の質量は，

$$\frac{1.56}{1000}\text{mol}\times\underset{\sim}{10}\times 40.0\text{g/mol}=0.624\text{〔g〕}$$

（溶液量を 100mL にするため）

もとの水溶液 100mL 中の Na_2CO_3 の質量は，

$$\frac{0.300}{1000}\text{mol}\times\underset{\sim}{10}\times 106\text{g/mol}=0.318\text{〔g〕}$$

（溶液量を 100mL にするため）

解答 (1) ⓐ**赤色→無色**　ⓑ**黄色→赤色**
(2) (i) $NaOH+HCl \longrightarrow NaCl+H_2O$
$Na_2CO_3+HCl \longrightarrow NaHCO_3+NaCl$
(ii) $NaHCO_3+HCl \longrightarrow NaCl+CO_2+H_2O$
(3) **NaOH 0.624g，Na_2CO_3 0.318g**

9 酸化還元反応

99 解説　酸化と還元は，酸素原子，水素原子，電子の授受，または酸化数の増減などで定義される。

ある物質が酸素原子を受け取ると**酸化された**といい，逆に，酸素原子を失うと**還元された**という（酸化と還元は，「酸化された」というふうに受身的に表現するのが通例である）。一般に，酸素原子を失う物質があれば，必ず，酸素原子を受け取る物質があるので，酸化と還元は常に同時に起こる。酸化だけ，還元だけが起こることはない。

ある物質が水素原子を受け取ると**還元された**といい，逆に，水素原子を失うと**酸化された**という。

また，ある物質中の原子が電子を失ったとき，その原子，およびその原子を含む物質は**酸化された**といい，ある物質中の原子が電子を受け取ったとき，その原子，およびその原子を含む物質は**還元された**という。

酸化還元反応を理解しやすくするため，原子やイオンの酸化の程度を表す数値が決められた。この数値を**酸化数**という。ある原子が酸化も還元もされていないとき，酸化数は0とする。ある原子が電子を n 個失うと，酸化数は n だけ増加し $+n$ となり，電子を n 個受け取ると，酸化数は n だけ減少し $-n$ となる。つまり，ある物質中で，着目した原子の酸化数が増加したとき，その原子，およびその原子を含む物質は**酸化された**という。一方，着目した原子の酸化数が減少したとき，その原子，およびその原子を含む物質は**還元された**という。

解答 ① **酸化**　② **還元**　③ **還元**　④ **酸化**
⑤ **酸化**　⑥ **還元**　⑦ **酸化**　⑧ **還元**

100 解説　酸化還元反応において，イオンからなる物質，分子からなる物質を問わず，着目した物質が酸化されたのか，還元されたのかを区別できるように考案された概念が，**酸化数**である。

そこで，酸化数は次のような規則で決められている。

酸化数は必ず原子1個あたりの数値で表す。電子は分割できない素粒子であるから，酸化数は整数でなければならない。また，+，−の符号を忘れずにつけること。±1，±2，…のように算用数字の他に，±I，±II，…のようにローマ数字が使われることもある。

〈酸化数の決め方〉
①**単体中の原子の酸化数はすべて0**とする。
②単原子イオンの酸化数は，イオンの電荷と等しい。
③化合物中の**酸素原子の酸化数は−2**，**水素原子の酸化数は＋1**，また，化合物中のアルカリ金属の原子の酸化数は＋1，アルカリ土類金属の原子の酸化数は＋2とする。
ただし，過酸化物（−O−O−結合を含む化合物）中の酸素原子の酸化数は−1とする。
④化合物では，**原子の酸化数の総和は0**とする。
⑤多原子イオン中の原子の酸化数の総和は，イオンの電荷と等しい。

(1)　Cl_2 は単体なので，Cl 原子の酸化数は0。

(2)　化合物では，H の酸化数は＋1，O の酸化数は−2であり，各原子の酸化数の総和は0になる。
H_2S の S の酸化数を x とおくと，
$(+1)\times 2+x=0\qquad x=-2$

(3)　H_2SO_4 の S の酸化数を x とおくと，
$(+1)\times 2+x+(-2)\times 4=0\qquad x=+6$

(4)　多原子イオンでは，原子の酸化数の総和がイオンの電荷に等しい。
NO_3^- の N の酸化数を x とおくと，
$x+(-2)\times 3=-1\qquad x=+5$

(5)　化合物中のアルカリ金属 K の酸化数は常に＋1であるから，$KMnO_4$ の Mn の酸化数を x とおくと，

$+1+x+(-2)\times4=0\qquad x=+7$

〈別解〉 イオンからなる物質は，イオンに分けて考えれば原子の酸化数を求めやすい。

$KMnO_4 \longrightarrow K^+ + \underline{Mn}O_4^-$

$\underline{Mn}O_4^-$ の Mn の酸化数を x とおくと，

$x+(-2)\times4=-1\qquad x=+7$

(6)　$K_2\underline{Cr}_2O_7$ の Cr の酸化数を x とおくと，
化合物中の K の酸化数は常に＋1だから，

$(+1)\times2+2x+(-2)\times7=0\qquad x=+6$

〈別解〉 イオンに分けて考えると，

$K_2Cr_2O_7 \longrightarrow 2K^+ + \underline{Cr}_2O_7^{2-}$

$\underline{Cr}_2O_7^{2-}$ の Cr の酸化数を x とおくと，

$2x+(-2)\times7=-2\qquad x=+6$

(7)　$H_2\underline{C}_2O_4$ の C の酸化数を x とおくと，

$(+1)\times2+2x+(-2)\times4=0\qquad x=+3$

(8)　通常，化合物中の O 原子の酸化数は－2であるが，例外として，過酸化物(－O－O－結合を含む化合物)では，O 原子の酸化数は－1となる。

解答　(1) **0**　(2) **－2**　(3) **＋6**　(4) **＋5**
(5) **＋7**　(6) **＋6**　(7) **＋3**　(8) **－1**

101 **解説**　反応前後の各原子の酸化数を比較し，酸化数が増加した原子および，その原子を含む物質は**酸化された**と判断する。また，酸化数が減少した原子および，その原子を含む物質は**還元された**と判断する。

以上のように，酸化数の変化が見られた反応は**酸化還元反応**であるが，酸化数の変化が見られない反応は酸化還元反応ではない。酸化還元反応以外の化学反応としては，酸・塩基による中和反応や，イオンどうしが反応する沈殿反応などが，問題として登場することが多い。

一般に，化合物から単体，単体から化合物が生成する反応は，酸化還元反応といえる(ただし，(5)は化合物から化合物が生成する反応であるが，例外的に酸化還元反応である)。

各反応での下線部の原子の酸化数の変化は次の通り。

(1)　$2K\underline{I} + \underline{Br}_2 \longrightarrow \underline{I}_2 + 2K\underline{Br}$
　(－1) (0)　(0)　(－1)

(2)　$NaCl + H_2SO_4 \longrightarrow NaHSO_4 + HCl$
(この反応は，酸化数の変化した原子が存在しないので，酸化還元反応ではない。)

(3)　$2\underline{Fe} + 3H_2\underline{O}_2 + 6HCl \longrightarrow 2\underline{Fe}Cl_3 + 6H_2\underline{O}$
　(0)　(－1)　(＋3)　(－2)

(4)　$\underline{N}H_3 + 2\underline{O}_2 \longrightarrow H\underline{N}O_3 + H_2\underline{O}$
　(－3)　(0)　(＋5)　(－2)

(5)　$\underline{Cu} + 4H\underline{N}O_3 \longrightarrow \underline{Cu}(NO_3)_2 + 2\underline{N}O_2 + 2H_2O$
　(0)　(＋5)　(＋2)　(＋4)

解答

反応	酸化された原子	還元された原子
(1)	**I，－1→0**	**Br，0→－1**
(3)	**Fe，0→＋3**	**O，－1→－2**
(4)	**N，－3→＋5**	**O，0→－2**
(5)	**Cu，0→＋2**	**N，＋5→＋4**

102 **解説**　**酸化剤**とは相手の物質を酸化する物質で，自身は還元されやすい性質をもつ。一般に，高い酸化数をもつ原子を含む物質に多くみられる。

例　$KMnO_4$，$K_2Cr_2O_7$，HNO_3，H_2SO_4(熱濃硫酸)，Cl_2

還元剤とは相手を還元するはたらきをもつ物質で，自身は酸化されやすい性質をもつ。一般に，低い酸化数をもつ原子を含む物質に多くみられる。

例　H_2S，$SnCl_2$，$FeSO_4$，$(COOH)_2$ など

中間段階の酸化数をもつ物質は，相手の物質により酸化剤，還元剤いずれにもはたらくことがある。

例　H_2O_2，SO_2

酸化剤・還元剤のはたらきを示すイオン反応式(**半反応式**という)は次のようにしてつくる。

① 反応物を左辺，生成物を右辺に書く。
(酸化数の変化した中心原子の数をまず合わせる。)
② O 原子の数は，水 H_2O で合わせる。
③ H 原子の数は，水素イオン H^+ で合わせる。
④ 電荷の総和は，電子 e^- で合わせる。

(1)　O の数を合わせると，H_2O の係数は2。
H の数を合わせると，H^+ の係数は2。
電荷の総和を合わせると，e^- の係数は2。

(2)　O の数を合わせると，H_2O の係数は2。
H の数を合わせると，H^+ の係数は3。
電荷の総和を合わせると，e^- の係数は3。

(3)　O の数を合わせると，CO_2 の係数は2。
H の数を合わせると，H^+ の係数は2。
電荷の総和を合わせると，e^- の係数は2。

(4)　O の数を合わせると，H_2O の係数は2。
H の数を合わせると，H^+ の係数は4。
電荷の総和を合わせると，e^- の係数は2。

(5)　O の数を合わせると，H_2O の係数は4。
H の数を合わせると，H^+ の係数は8。
電荷の総和を合わせると，e^- の係数は5。

(6)　各原子の登場回数は，O は4回，H は2回，Mn は2回であり，H 原子の数から係数を合わせていく。

103～104

H_2O の係数を1とおくと，OH^- の係数は2。残る MnO_4^- と MnO_2 の係数を x，e^- の係数を y とおく。

$x MnO_4^- + H_2O + y e^- \longrightarrow x MnO_2 + 2OH^-$

O原子の数より，

$4x+1=2x+2$ …①

電荷の総和より，

$x+y=2$ …② $\therefore$ $x=\frac{1}{2}$，$y=\frac{3}{2}$

全体を2倍して分母を払う。

$MnO_4^- + 2H_2O + 3e^- \longrightarrow MnO_2 + 4OH^-$

〈別解〉 $\underline{Mn}O_4^- + H_2O + e^- \longrightarrow \underline{Mn}O_2 + OH^-$

酸化数〔+7〕――→3減少――→〔+4〕

① Mnの酸化数の変化に応じて，e^- の係数は3。
② 両辺の電荷を合わせて，OH^- の係数は4。
③ 両辺のH，O原子の数をあわせて，H_2O の係数は2。

解答 **左から順に係数を表すと，**

(1) **2，2，2** (2) **3，3，2**
(3) **2，2，2** (4) **2，4，2**
(5) **8，5，4** (6) **2，3，4**

103 解説 酸化還元反応は複雑な反応が多く，いきなり酸化還元反応式を作ることは難しい。そこで酸化剤，還元剤のはたらきを示すイオン反応式(**半反応式**)をつくり，それらを組み合わせることによって，酸化還元反応式を作ることができる。

〈酸化還元反応式の作り方〉

① 酸化剤，還元剤のはたらきを示すイオン反応式(**半反応式**)を書く。
② 2つの半反応式を整数倍して電子 e^- の数を合わせてから両式を足し合わせて，1つの**イオン反応式**をつくる。
③ 反応に直接関係せず，省略されていたイオンを両辺に補い，**酸化還元反応式**を完成させる。

(1) 過酸化水素 H_2O_2 は，通常，相手物質から電子を奪う酸化剤としてはたらき，自身は水 H_2O になる。

$H_2O_2 + 2H^+ + 2e^- \longrightarrow 2H_2O$ …①

一方，還元剤のヨウ化カリウム KI の I^-(無色)は，酸化されやすく，ヨウ素 I_2(褐色)になる。

$2I^- \longrightarrow I_2 + 2e^-$ …②

①+②より，$2e^-$ を消去すると，イオン反応式になる。

$H_2O_2 + 2H^+ + 2I^- \longrightarrow I_2 + 2H_2O$

省略されていたイオン $2K^+$ と SO_4^{2-} を両辺に補うと，化学反応式になる。

$H_2O_2 + H_2SO_4 + 2KI \longrightarrow I_2 + 2H_2O + K_2SO_4$

(2) 代表的な酸化剤の二クロム酸カリウム $K_2Cr_2O_7$ の $Cr_2O_7^{2-}$(赤橙色)は，酸性条件では，相手から電子を奪い，自身は Cr^{3+}(暗緑色)に変化する。

$Cr_2O_7^{2-} + 14H^+ + 6e^- \longrightarrow 2Cr^{3+} + 7H_2O$ …①

一方，過酸化水素は二クロム酸カリウムのような強力な酸化剤に対しては，還元剤としてはたらく。

$H_2O_2 \longrightarrow O_2 + 2H^+ + 2e^-$ …②

①+②×3より，$6e^-$ を消去すると，イオン反応式になる。

$Cr_2O_7^{2-} + 3H_2O_2 + 8H^+ \longrightarrow 2Cr^{3+} + 3O_2 + 7H_2O$

省略されていた $2K^+$，$4SO_4^{2-}$ を両辺に補うと，化学反応式になる。

$K_2Cr_2O_7 + 3H_2O_2 + 4H_2SO_4$
$\longrightarrow Cr_2(SO_4)_3 + 3O_2 + 7H_2O + K_2SO_4$

解答 **イオン反応式，化学反応式の順に示す。**

(1) $\mathbf{H_2O_2 + 2H^+ + 2I^- \longrightarrow I_2 + 2H_2O}$
$\mathbf{H_2O_2 + H_2SO_4 + 2KI \longrightarrow I_2 + 2H_2O + K_2SO_4}$

(2) $\mathbf{Cr_2O_7^{2-} + 3H_2O_2 + 8H^+ \longrightarrow 2Cr^{3+} + 3O_2 + 7H_2O}$
$\mathbf{K_2Cr_2O_7 + 3H_2O_2 + 4H_2SO_4}$
$\mathbf{\longrightarrow Cr_2(SO_4)_3 + 3O_2 + 7H_2O + K_2SO_4}$

104 解説 酸化剤と還元剤を混合すると，電子の授受，つまり酸化還元反応が起こる。いま，酸化剤Aと還元剤Bを混合したとする。酸化剤Aは相手から電子を奪って還元され，別の物質(還元剤C)となる。一方，還元剤Bは相手に電子を与えて酸化され，別の物質(酸化剤D)となる。

酸化剤A＋還元剤B ⇄ 還元剤C＋酸化剤D

左辺と右辺にある酸化剤どうしを比較したとき，左辺の酸化剤Aのはたらき(**酸化力**)が酸化剤Dのはたらきよりも強ければ，反応は右向きに進む。一方，右辺の酸化剤Dのはたらき(酸化力)が酸化剤Aのはたらきよりも強ければ，反応は左向きに進むことになる。このように，反応の進んだ方向によって，酸化剤A，Dの酸化剤としてのはたらきの強さがわかる(還元剤B，Cのはたらきの強さについても同様である)。

(a) $2KI + \boxed{Br_2} \longrightarrow 2KBr + \boxed{I_2}$
反応が右へ進んだので，$Br_2 > I_2$ …①

(b) $\boxed{I_2} + H_2S \longrightarrow 2HI + \boxed{S}$
反応が右へ進んだので，$I_2 > S$ …②

(c) $2KBr + \boxed{Cl_2} \longrightarrow 2KCl + \boxed{Br_2}$
反応が右へ進んだので，$Cl_2 > Br_2$ …③

①，②，③をまとめて，$Cl_2 > Br_2 > I_2 > S$

解答 $\mathbf{Cl_2 > Br_2 > I_2 > S}$

105～107

105 (解説) (1) ①＋②×2 より，$2e^-$ を消去すると，次のイオン反応式が得られる。

$Cl_2 + 2Fe^{2+} \longrightarrow 2Cl^- + 2Fe^{3+}$

省略されていた $4Cl^-$ を両辺に補うと，次の化学反応式が得られる。

$Cl_2 + 2FeCl_2 \longrightarrow 2FeCl_3$

(2) ①より，Cl_2 1mol は電子 2mol を受け取る 2 価の酸化剤である。②より，Fe^{2+} 1mol は電子 1mol を放出する 1 価の還元剤である。

必要な 0.10mol/L の塩素水を x〔mL〕とすると，
(酸化剤 Cl_2 が受け取る電子 e^- の物質量)
＝(還元剤 Fe^{2+} が放出する電子 e^- の物質量)より，

$$0.10\text{mol/L} \times \frac{x}{1000} \times 2 = 0.10\text{mol/L} \times \frac{50.0}{1000} \times 1$$

$\therefore\ x = 25.0$〔mL〕

解答 (1) $Cl_2 + 2FeCl_2 \longrightarrow 2FeCl_3$
(2) **25.0mL**

106 (解説) (ア) ある物質が電子を受け取ると，還元されたといえる。〔○〕

(イ) 酸化還元反応で電子の授受が起これば，それに伴って，酸化数が変化する。〔○〕

(ウ) 相手の物質に電子を与えて，自身が酸化された物質が**還元剤**であり，逆に，相手の物質から電子を奪って，自身が還元された物質が**酸化剤**である。〔×〕

(エ) 原子がとり得る酸化数の範囲は，各原子ごとに決まっている。ある原子がとり得る上限の酸化数を**最高酸化数**，下限の酸化数を**最低酸化数**という。一般に，最高酸化数をとる化合物は，反応によって，酸化数が減少することはあっても増加することはないので，酸化剤としてのみはたらく。一方，最低酸化数をとる化合物は，反応によって，酸化数が増加することはあっても減少することはないので，還元剤としてのみはたらく。

中間段階の酸化数をとる化合物では，反応する相手の物質しだいで，酸化剤，還元剤のいずれにもはたらくことがある。〔○〕

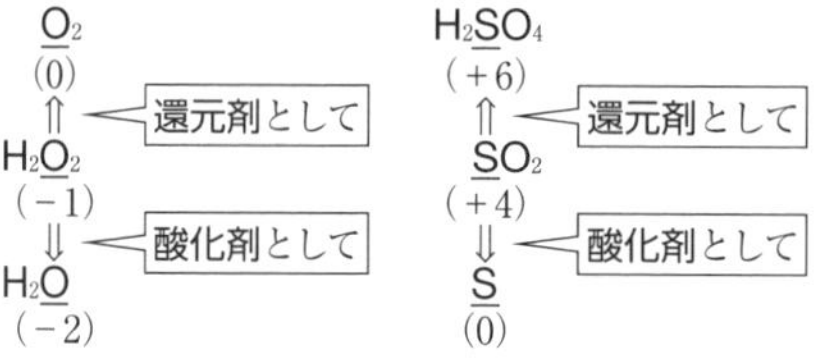

たとえば，過酸化水素 H_2O_2 は，ヨウ化カリウム KI と反応するときには酸化剤としてはたらき，過マンガン酸カリウム $KMnO_4$ と反応するときには還元剤としてはたらく。

二酸化硫黄 SO_2 は，過酸化水素 H_2O_2 と反応するときには還元剤としてはたらき，硫化水素 H_2S と反応するときは酸化剤としてはたらく。

(オ) たとえば，銅と塩素が反応して塩化銅(Ⅱ)が生成する反応は，電子の授受だけを伴う酸化還元反応である。〔×〕

還元された

$\underset{(0)}{Cu} + \underset{(0)}{Cl_2} \longrightarrow \underset{(+2)}{Cu}\underset{(-1)}{Cl_2}$

酸化された

(カ) たとえば，過酸化水素水に酸化マンガン(Ⅳ) MnO_2 を加えると，分解がおこり酸素が発生する。

酸化された(還元剤)

$2H_2\underset{(-1)}{O_2} \longrightarrow 2H_2\underset{(-2)}{O} + \underset{(0)}{O_2}$

酸化数

還元された(酸化剤)

このように，反応系に適切な酸化剤や還元剤が存在しない場合，同種の物質間で電子の授受が行われ，異なる 2 種の物質が生成することがある。このような反応を**自己酸化還元反応**(不均化反応)という。〔○〕

(キ) アルカリ金属の単体は容易に電子を放出し，相手を還元する力が高いので，強力な還元剤である。〔×〕

(ク) 酸化還元反応では，授受した電子の数は等しいので，

(酸化数の増加量)＝(酸化数の減少量)

の関係は常に成り立つが，(酸化数の増加した原子の数)と(酸化数の減少した原子の数)は必ずしも等しくない。〔×〕

解答 **(ア)，(イ)，(エ)，(カ)**

107 (解説) 金属(単体)が水溶液中で電子を放出して，陽イオンになろうとする性質を，**金属のイオン化傾向**という。代表的な金属をイオン化傾向の大きいものから順に並べたものを**イオン化列**という。イオン化傾向の大きい金属ほど酸化されやすく，相手の物質に対する還元力(反応性)が大きいので，より穏やかな反応条件でも反応が進行する。一方，イオン化傾向が小さい金属ほど酸化されにくく，相手の物質に対する還元力(反応性)が小さいので，より激しい反応条件を与えないと反応は進行しない。

108〜110

イオン化傾向の特に大きな Li〜Na は常温の空気中に放置すると，すみやかに内部まで酸化される。Mg〜Cu は常温の空気中に放置すると，表面から徐々に酸化され，酸化物の被膜を生じる。イオン化傾向の小さな Hg〜Au は常温の空気中に放置しても，酸化されない。

イオン化列で Li〜Na は常温の水，Mg は熱水，Al〜Fe は高温の水蒸気と，それぞれ反応して H_2 を発生する。Ni〜は水とはいかなる条件でも反応しない。

水素 H_2 よりもイオン化傾向の大きな Li 〜 Pb は，塩酸や希硫酸と反応して H_2 を発生する。ただし，Pb は希塩酸，希硫酸にはほとんど溶解しない。(→ **110** (解説))

水素 H_2 よりもイオン化傾向の小さな Cu〜Ag は塩酸や希硫酸とは反応せず，酸化力のある硝酸や熱濃硫酸によって酸化され溶解する。これらの反応は金属と NO_3^-，SO_4^{2-} との酸化還元反応であるから H_2 は発生せず，希硝酸では NO，濃硝酸では NO_2，熱濃硫酸では SO_2 がそれぞれ発生する。イオン化傾向の特に小さな Pt，Au はきわめて強力な酸化作用をもつ**王水**(濃硝酸：濃塩酸＝ 1：3)によって酸化され，溶解する。

解答 ① (イ) ② (ウ) ③ (キ) ④ (カ) ⑤ (ク)
⑥ (ア) ⑦ (エ) ⑧ (オ)

108 (解説) イオン化傾向の大きい金属は，水や酸と反応しやすい。

①より，常温の水と反応する C は，常温の水と反応しない B，D よりもイオン化傾向が大きい。

②より，希硫酸と反応する A は，希硫酸と反応しない B，D よりもイオン化傾向が大きい。

電池においては，イオン化傾向の大きい方の金属が負極になるので，③より，イオン化傾向は D>B である。

したがって，イオン化傾向の大きさの順番は，C>A>D>B である。

解答 **C>A>D>B**

109 (解説) (1) 銅は水素よりもイオン化傾向が小さいので，希硫酸には溶けない。〔×〕

(2) 白金・金はイオン化傾向が小さいので，酸化力をもつ熱濃硫酸にも溶けないが，酸化力の非常に強い王水には溶ける。〔○〕

(3) 銀は常温の空気中に放置しても酸化されない。〔×〕

(4) イオン化傾向は Pb>Cu なので，Pb^{2+} と Cu の状態は安定であり，Pb＋Cu^{2+} には変化しない。〔×〕

(5) 鉄は水素よりイオン化傾向が大きいので，希塩酸，希硫酸いずれにも溶ける。また，酸化力をもつ希硝酸にも溶ける。ただし，濃硝酸には不動態となり溶けない。〔○〕

(6) ナトリウムやカリウムは常温の水と激しく反応するが，希塩酸とはより激しく反応する。〔×〕

解答 **(2)，(5)**

110 (解説) イオン化列で Li〜Na は常温の水，Mg は熱水，Al〜Fe は高温の水蒸気とそれぞれ反応して H_2 を発生する。Ni〜は水とはいかなる条件でも反応しない。

水素H_2よりもイオン化傾向の大きなLi〜Pb は，希塩酸や希硫酸とは反応して H_2 を発生する。ただし，H_2 よりもイオン化傾向の大きい Pb は，希塩酸，希硫酸に溶けそうだが，実際は，その表面に水に不溶性の $PbCl_2$，$PbSO_4$ を生じるため，Pb の溶解はすぐに停止し，溶解しない。これは，水に不溶性の $PbCl_2$，$PbSO_4$ が金属の表面を覆い，それ以上 Pb と酸が反応するのを妨げるからである。

水素 H_2 よりもイオン化傾向の小さな Cu〜Ag は希塩酸，希硫酸とは反応せず，酸化力のある硝酸や熱濃硫酸により酸化されて溶解する。これらの反応は金属と NO_3^-，SO_4^{2-} との酸化還元反応であるから，H_2 は発生せず，希硝酸では NO，濃硝酸では NO_2，熱濃硫酸では SO_2 がそれぞれ発生する。Pt，Au は強力な酸化作用をもつ王水にのみ溶解する。

イオン化列から金属の種類を推定する問題では，まず，与えられた金属をイオン化傾向の大きい順に並べてみるとよい。それぞれに A〜G のどれが当てはまるかを考える方が楽に解ける。

(a) C はイオン化傾向が最大⇒ Na

(b) A，D，F は水素よりイオン化傾向が㊅
⇒ Fe，Sn，Zn
B，E，G は水素よりイオン化傾向が㊀
⇒ Cu，Ag，Pt
E は希硝酸にも溶けず，イオン化傾向が最小⇒ Pt

(c) 金属イオンと他の金属との反応では，イオン化傾向の大きいほうがイオンになり，イオン化傾向の小さいほうが単体に戻る。G がイオンとなり溶け出し，B が単体として析出したので，B，G のイオン化傾向は，G>B である。 ∴ G ⇒ Cu B ⇒ Ag

(d) 2 種類の金属の接触部分では，図のような小規模な電池(**局部電池**)が形成される。このとき，イオン化傾向の大きい方の金属は単独で存在するよりも，一層腐食しやすくなる。

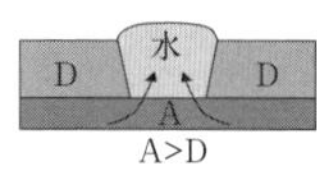

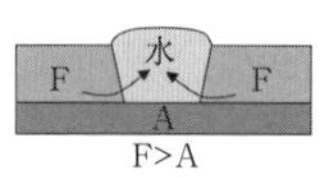

∴　イオン化傾向は　F＞A＞D

∴　F⇒Zn　A⇒Fe　D⇒Sn

鉄板の表面に，鉄 Fe よりイオン化傾向の小さいスズ Sn をメッキした**ブリキ**では，表面に傷がついて内部が露出すると，内部の鉄はメッキしない鉄よりさびやすくなる。

一方，鉄板の表面に鉄 Fe よりイオン化傾向の大きい亜鉛 Zn をメッキした**トタン**では，表面に傷がついても，亜鉛が先に溶解し，生じた電子が鉄に供給されるため，内部の鉄はメッキしない鉄よりさびにくい。

解答　A **Fe**　B **Ag**　C **Na**　D **Sn**　E **Pt**　F **Zn**　G **Cu**

111 **解説**　(1)　酸化還元反応において，多くの酸化剤がはたらきやすくするためには，水溶液を酸性にする必要がある。このとき，強酸を加えることが効率的である。代表的な強酸のうち，塩酸 HCl は $KMnO_4$(酸化剤)に対して還元剤として作用し，Cl_2 に酸化されてしまう。また，硝酸 HNO_3 は酸化剤として作用し，$(COOH)_2$ を酸化してしまうので，いずれも $KMnO_4$ と $(COOH)_2$ の酸化還元反応の定量関係を崩し，正確な滴定結果が得られなくなる。

一方，硫酸 H_2SO_4 は水溶液中では酸化剤としても還元剤としても作用しない。したがって，酸化剤と還元剤の量的関係を調べる酸化還元滴定では，希硫酸を用いて水溶液を酸性にするのがよい。

(2)　シュウ酸水溶液は常温では反応しにくいが，高温では生成物の CO_2 の水への溶解度が低下し，空気中へ拡散しやすくなるので，比較的速やかに酸化還元反応が進行するようになる。しかし，80℃を超えると MnO_4^- の分解が始まるので，通常 60～70℃位に温めながら滴定を行う。

(3)　反応溶液中に $(COOH)_2$ が残っている間は，$MnO_4^- \longrightarrow Mn^{2+}$ の反応によって MnO_4^- の赤紫色がすぐに消えるが，反応溶液中に $(COOH)_2$ がなくなると，MnO_4^- の赤紫色が消えなくなる。よって，溶液が無色から薄い赤紫色になった時点がこの滴定の終点である。このように，$KMnO_4$ の色の変化を利用した酸化還元滴定を**過マンガン酸塩滴定**という。

(4)　$MnO_4^- + 8H^+ + 5e^- \longrightarrow Mn^{2+} + 4H_2O$　…①

$(COOH)_2 \longrightarrow 2CO_2 + 2H^+ + 2e^-$　…②

①×2＋②×5 より，$10e^-$ を消去すると，次のイオン反応式になる。

$2MnO_4^- + 5(COOH)_2 + 6H^+ \longrightarrow 2Mn^{2+} + 10CO_2 + 8H_2O$　…③

③式のイオン反応式の係数比より，$KMnO_4$ と $(COOH)_2$ は，2：5 の物質量比で過不足なく反応するから，

$KMnO_4$ の濃度を x〔mol/L〕として，

$$\left(x \times \frac{12.5}{1000}\right) : \left(5.00 \times 10^{-2} \times \frac{20.0}{1000}\right) = 2 : 5$$

$x = 3.20 \times 10^{-2}$〔mol/L〕

〈別解〉　酸化剤・還元剤の半反応式の電子 e^- の係数から，酸化剤と還元剤の量的関係を導くことができる。

$MnO_4^- + 8H^+ + 5e^- \longrightarrow Mn^{2+} + 4H_2O$　…①

$(COOH)_2 \longrightarrow 2CO_2 + 2H^+ + 2e^-$　…②

①より，MnO_4^- 1mol は e^- 5mol を受け取り，②から $(COOH)_2$ 1mol は e^- 2mol を放出することがわかる。

酸化還元滴定の終点では，次の関係が成り立つ。

(酸化剤が受け取る e^- の物質量)
＝(還元剤が放出する e^- の物質量)

$$x \times \frac{12.5}{1000} \times 5 = 5.00 \times 10^{-2} \times \frac{20.0}{1000} \times 2$$

$x = 3.20 \times 10^{-2}$〔mol/L〕

解答　(1) **塩酸は過マンガン酸カリウムに対して還元剤として，硝酸はシュウ酸に対して酸化剤として作用する。したがって，本来の酸化剤と還元剤の酸化還元反応の定量関係を崩すことになるため。**

(2) **シュウ酸の場合，常温では反応がゆっくりとしか進まないので，温度を上げて反応速度を大きくするため。**

(3) **無色⟶薄い赤紫色**

(4) **3.20×10^{-2}mol/L**

112 **解説**　(1)　酸化剤の H_2O_2 と還元剤の $Na_2S_2O_3$ はいずれも無色のため，直接反応させたのでは滴定の終点を見つけられない。そこで，H_2O_2(酸化剤)と KI(還元剤)を反応させてヨウ素 I_2 を遊離させる。この I_2(酸化剤)を $Na_2S_2O_3$(還元剤)によって滴定するのである。この滴定を続けていくと，ヨウ素の色(褐色)がうすくなり，終点を判別しにくくなる。そこで，指示薬としてデンプン水溶液を加えると，微量のヨウ素でもはっきり青紫色を呈する(**ヨウ素デンプン反応**)ので，滴定の終点が判別しやすくなる。ヨウ素 I_2 を含む水溶液に指示薬としてデンプン水溶液を加えると，水溶液は青紫色を呈

113～114

する。これをチオ硫酸ナトリウム水溶液で滴定すると，反応溶液中にヨウ素が残っている間は水溶液は青紫色を示すが，ヨウ素がすべて反応した時点で水溶液が無色となる。このときが滴定の終点となる。このように，デンプン水溶液を指示薬として，過剰のヨウ化カリウム(還元剤)に濃度未知の酸化剤を反応させ，生じたヨウ素を濃度既知のチオ硫酸ナトリウム(還元剤)で滴定し，酸化剤を定量する酸化還元滴定を**ヨウ素還元滴定(ヨードメトリー)**という。

(2)〔1〕では，過酸化水素 H_2O_2 は**酸化剤**としてはたらき，還元剤としてはたらくヨウ化カリウム KI と反応して，ヨウ素 I_2 を生成する。

$H_2O_2 + 2H^+ + 2I^- \longrightarrow 2H_2O + I_2$　…①

〔1〕では，まず過剰の KI 水溶液に酸化剤を加えて I_2 を遊離させる。($2I^- \longrightarrow I_2 + 2e^-$)

〔2〕では，この I_2 をチオ硫酸ナトリウム $Na_2S_2O_3$ 水溶液で還元して($I_2 + 2e^- \longrightarrow 2I^-$)，もとの I^- に戻している。

①のイオン反応式より，H_2O_2 1mol から I_2 1mol が生成することがわかる。

$I_2 + 2Na_2S_2O_3 \longrightarrow 2NaI + Na_2S_4O_6$　…②

②の反応式の係数比より，I_2 1mol に対して $Na_2S_2O_3$ 2mol が反応することがわかる。

(この反応式は難しいので，必ず問題に与えてある。自分でこの反応式を書く必要はない。)

②より，滴定に要した $Na_2S_2O_3$ の物質量の半分が I_2 の物質量と等しく，①より，I_2 の物質量は H_2O_2 の物質量とも等しいので，過酸化水素水の濃度を x〔mol/L〕とおくと

$$\underbrace{\left(0.0800 \times \frac{37.5}{1000}\right)}_{Na_2S_2O_3\text{の物質量}} \times \frac{1}{2} = \underbrace{x \times \frac{100}{1000}}_{H_2O_2\text{の物質量}}$$

∴　$x = 0.0150$〔mol/L〕

解答　(1) **溶液の青紫色が消えたときを滴定の終点とする。**
(2) **0.0150mol/L**

113 **解説**　ビタミンC(アスコルビン酸)は，糖類の酸化生成物の一種で，分子中に，C=C 結合にヒドロキシ基 −OH が2個結合した構造(エンジオール構造)をもつ。この構造は，容易に酸素による酸化を受け，ケトン基 >C=O を2個もつ構造(ジケトン構造)に変化しやすい。このため，ビタミンCは比較的強い還元作用を示し，緑茶飲料などの清涼飲料水や食パンなど加工食品の酸化防止剤として広く利用される。

アスコルビン酸(還元型)　$\underset{+2H}{\overset{-2H}{\rightleftarrows}}$　デヒドロアスコルビン酸(酸化型)

アスコルビン酸の還元剤としてのはたらきを示す半反応式は次の通り。$C_6H_8O_6 \longrightarrow C_6H_6O_6 + 2H^+ + 2e^-$

(1)　アスコルビン酸を含む水溶液に少量のデンプン水溶液を加えた後，ヨウ素溶液(ヨウ化カリウムを含む)を滴下していくと，溶液中にアスコルビン酸が残っている間は I_2 が I^- に変化するため，ヨウ素デンプン反応を示さず無色のままである。溶液中にアスコルビン酸がなくなる終点では，溶液中に I_2 が残り，ヨウ素デンプン反応による青紫色を示す。

よって，溶液の色が無色から青紫色に変化したときがこの滴定の終点となる。

このように，デンプン水溶液を指示薬として，ヨウ素(酸化剤)を用いて，濃度未知の還元剤を定量する酸化還元滴定を**ヨウ素酸化滴定(ヨージメトリー)**という。

(2)　①式より，アスコルビン酸 1mol は電子 2mol を放出する2価の還元剤である。②式より，ヨウ素 1mol は電子 2mol を受け取る2価の酸化剤である。

一般に，酸化還元滴定の終点では，次の関係が成り立つ。

(酸化剤が受け取った電子 e^- の物質量)
＝(還元剤が放出した電子 e^- の物質量)

アスコルビン酸のモル濃度を x〔mol/L〕とすると，

$$1.0 \times 10^{-2} \times \frac{18.0}{1000} \times 2 = x \times \frac{10.0}{1000} \times 2$$

∴　$x = 1.8 \times 10^{-2}$〔mol/L〕

解答　(1) **溶液が無色から青紫色に変化したとき。**
(2) **1.8×10^{-2}mol/L**

共通テストチャレンジ

114 **解説**　問題図に与えられた各点を結んでグラフを描くと，折れ曲がり点の座標は$(x,\ y) = (6.6,\ 6.0 \times 10^{-2})$と読み取れる。

(i)　加えた貝殻が 6.6g までは，貝殻の質量に比例して CO_2 の物質量が増加している。

∴　$CaCO_3$ の方が不足している。

(ii)　加えた貝殻が 6.6g を超えると，貝殻の質量に関

係なく，CO_2 の物質量は一定になる。

∴ HCl の方が不足している。

(1) グラフの折れ曲がり点では，$CaCO_3$ と HCl が過不足なく反応している。このとき，

$$CaCO_3 + 2HCl \longrightarrow CaCl_2 + H_2O + CO_2$$

1mol : 2mol : 1mol : 1mol : 1mol

の量的関係が成り立つ。

反応式の係数比（HCl：CO_2＝2：1）は物質量の比に等しいから，CO_2 が 6.0×10^{-2}mol 発生するには，HCl は 1.2×10^{-1}mol 必要である。

塩酸の濃度を C〔mol/L〕とすると，

$$C\times\frac{50}{1000}=1.2\times10^{-1} \qquad \therefore\ C=2.4\text{〔mol/L〕}\rightarrow ⑥$$

(2) 反応式の係数比（$CaCO_3$：CO_2＝1：1）は物質量の比に等しいから，CO_2 が 6.0×10^{-2}mol 発生するには，$CaCO_3$ も 6.0×10^{-2}mol 必要である。

反応した $CaCO_3$ の質量を m〔g〕とおくと，$CaCO_3$ のモル質量は 100g/mol より，

$$\frac{m}{100}=6.0\times10^{-2} \qquad \therefore\ m=6.0\text{〔g〕}$$

よって，貝殻に含まれる $CaCO_3$ の質量％は，

$$\frac{6.0}{6.6}\times100=90.9\fallingdotseq91\text{〔％〕}\rightarrow ⑥$$

解答 (1) ⑥　(2) ⑥

115 **解説** この中和滴定の中和点は，pH が急激に変化する範囲（**pH ジャンプ**）の中点，すなわち pH≒8 付近の塩基性側にある。したがって，この中和滴定は，強塩基の NaOH と弱酸の CH_3COOH によるものである。

滴定開始時の pH は 12 に該当するのは，0.010mol/L NaOH 水溶液の⑧。

$$[OH^-]=0.010\times1=1\times10^{-2}\text{〔mol/L〕}$$

$$[H^+]=\frac{1\times10^{-14}}{1\times10^{-2}}=1\times10^{-12}\text{〔mol/L〕}$$

また，酢酸水溶液の濃度を C〔mol/L〕とすると，中和の公式 $a\times c\times V=b\times c'\times V'$ より

$$1\times C\times\frac{15}{1000}=1\times0.010\times\frac{150}{1000}$$

$$\therefore\ C=0.10\text{mol/L}\rightarrow ④$$

解答 A ⑧　B ④

116 **解説** 水中に含まれる有機物は，強力な酸化剤によって酸化されるときに還元剤として作用する。したがって，水中の有機物の量は，これを酸化するのに要した酸化剤の量から定量できる。

(1)（操作 1） 強力な酸化剤である $KMnO_4$ a〔mol〕は過剰に加えてあるので，有機物を完全に酸化した後，未反応の $KMnO_4$ が残り，溶液は赤紫色を示す。

（操作 2） ここへ過剰量の還元剤である $Na_2C_2O_4$ b〔mol〕を加えると，残っていた $KMnO_4$ すべてが反応するとともに，未反応の $Na_2C_2O_4$ が残り，溶液は無色を示す。

（操作 3） ここへ $KMnO_4$ c〔mol〕を加えていき，溶液が無色から薄赤紫色になった時点がこの滴定の終点となる。

$KMnO_4$ 1mol は電子 5mol を受け取ることができるので，5 価の酸化剤である。

$Na_2C_2O_4$ 1mol は電子 2mol を放出することができるので，2 価の還元剤である。

結局，（操作 3）の終点では次の関係が成り立つ。

（酸化剤が受け取る電子の総物質量）

＝（還元剤が放出する電子の総物質量）

有機物の酸化によって放出された電子の物質量を x〔mol〕とおく。

$$a\times5+c\times5=x+b\times2$$

$$x=5a-2b+5c\text{〔mol〕}\rightarrow ⑤$$

(2) O_2 1mol は電子 4mol を受け取ることができるので，4 価の酸化剤である。

よって，試料水 v〔L〕中の有機物を酸化するのに必要な O_2 の物質量を y〔mol〕とおくと，

$$4\times y=5a-2b+5c$$

$$y=\frac{5a-2b+5c}{4}$$

試料水 1L 当たりに換算すると，

$$\frac{5a-2b+5c}{4v}\text{〔mol〕}\rightarrow ⑧$$

(3) （$KMnO_4$ の受け取る e^- の物質量）

＝（O_2 の受け取る e^- の物質量）より，

湖水 100mL 中の有機物を酸化するのに必要な O_2 の物質量を x〔mol〕とする。

$$2.0\times10^{-5}\times5=x\times4$$

$$\therefore\ x=2.5\times10^{-5}\text{〔mol〕}$$

O_2 の分子量は 32 より，モル質量は 32g/mol。

湖水 1L 中の有機物を酸化するのに必要な O_2 の質量〔mg〕は

$$2.5\times10^{-5}\times32\times10^{3}\times10=8.0\text{〔mg〕}$$

よって，この湖水の COD は 8.0〔mg/L〕→ ⑥

解答 (1) ⑤　(2) ⑧　(3) ⑥

物質の状態変化

117 解説　物質には，固体・液体・気体の3つの状態が存在する。これらを**物質の三態**という。物質の三態間での変化を**状態変化**という。

固体は，形・体積がともに一定である。分子間には**分子間力**が強くはたらき，固体中の分子は定位置を中心に，振動・回転などの**熱運動**を行っている。

液体は，体積は一定であるが，形は変化できる。つまり，**流動性**をもつ。液体中の分子は，互いに移動することはできるので形は変化するが，分子間には，固体のときとほぼ同程度の分子間力がはたらいているので体積は一定である。

気体は，体積と形がいずれも決まっておらず自由に変化できる。気体中の分子は空間を自由に運動しており，分子間力はほとんどはたらいていない。

(1)　物質の三態のうち，気体は分子間の平均距離，および分子のもつエネルギーが最も大きい。〔×〕

(2)　気体は，分子の熱運動が活発であり，空間を自由に動き回っている。〔○〕

(3)　液体は，固体よりもゆるやかに結合しており，分子相互の移動が可能で，流動性をもつ。ミクロに見たときの分子の配列は不規則である。〔○〕

(4)　液体の分子間距離は，一般に，固体よりもやや大きい。液体では，分子の配列は固体のような規則的なものではない。〔×〕

(5)　固体は分子間の平均距離が最も小さく，分子間力が最も強くはたらいている。〔○〕

(6)　固体は，分子の熱運動が物質の三態の中では最も穏やかであるが，静止しているわけではなく，定位置を中心とした振動・回転などが行われている。〔×〕

(7)　物質のもつエネルギーは，状態によって異なり，同じ物質では，固体＜液体＜気体の順に大きくなる。〔○〕

(8)　多くの物質では，固体，液体，気体の順に密度は小さくなる。しかし，水，ゲルマニウム Ge，ビスマス Bi などは例外で，固体が隙間の多い結晶構造をしているため，液体の方が密度がやや大きくなる。〔×〕

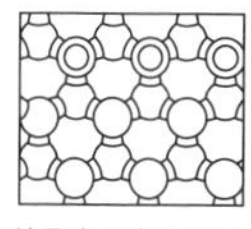

氷の結晶中の水分子の配置

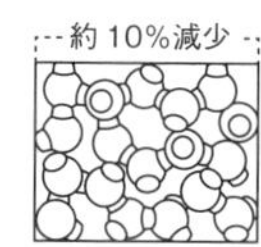

液体の水の水分子の配置

(9)　物質の状態は，温度だけでなく，圧力を変えても変化する。たとえば，0℃の氷に強い圧力をかけると，氷は体積の減少する方向への状態変化，つまり，融解が起こり，液体の水になる。この水が潤滑剤となり氷の上をスケートですべることができる。〔×〕

解答　(2)，(3)，(5)，(7)

118 解説　物質の状態変化は，温度・圧力を変えることによって起こる。たとえば，氷に熱エネルギーを加えていく場合，融点に達すると，水分子は互いに移動することができるようになり，液体となる。この現象が**融解**であり，このときの温度を**融点**という。液体では，液面付近にあって，一定以上の運動エネルギーをもった分子は，分子間力に打ち勝って，液面から空間へ飛び出す。この現象が**蒸発**である。さらに加熱を続けると，液体内部からも気泡が発生するようになる。この現象を**沸騰**といい，このときの温度を**沸点**という。

(1)　a は固体が融解して液体となる温度(**融点**)である。b は液体が沸騰して気体となる温度(**沸点**)である。

(2)，(3)　固体を加熱すると温度が上昇し，図中の A 点で融解が始まる。AB 間は温度が一定の状態が続き，固体と液体が共存した状態にある。B 点になるとすべて液体となり，再び温度が上昇しはじめるが，C 点で沸騰が始まると再び温度が一定となり，CD 間では液体と気体が共存した状態にある。AB 間，CD 間で加えた熱エネルギーは，粒子の運動エネルギーの増加のためではなく，状態変化のため(すなわち，粒子間の平均距離を大きくして，粒子間の位置エネルギー(ポテンシャルエネルギーともいう)を増大させるため)に使われるので，加熱しているにも関わらず，温度が一定に保たれる。

(4)　固体を加熱したとき，粒子の配列がくずれて液体になる現象を**融解**といい，固体 1mol を液体にするのに必要な熱量を**融解熱**という。

液体 1mol を気体にするのに必要な熱量を**蒸発熱**という。CD 間で加えた熱量は，

$(30-10)\times10=200$〔kJ〕

蒸発熱も物質 1mol あたりで表すから

$\dfrac{200\text{kJ}}{5.0\text{mol}}=40$〔kJ/mol〕

(5)　融点において，融解により吸収される熱量(融解熱)よりも，沸点において，蒸発により吸収される熱量(蒸発熱)の方が数倍も大きい。それは，融解の際には粒子間にはたらく結合の一部を切断するだけ

でよいが，沸騰の際には粒子間にはたらくすべての結合を切断しなければならないためである。

解答 (1) a **融点**，b **沸点**
(2) AB 間 **融解**　CD 間 **沸騰**
(3) AB 間 **固体と液体**　CD 間 **液体と気体**
(4) **40kJ/mol**
(5) **粒子間の結合の一部を切断して粒子どうしの配列をくずすためのエネルギーよりも，粒子間の結合をすべて切断して粒子どうしを引き離すためのエネルギーの方が大きいから。**

119 **解説** 密閉容器に液体を入れて放置すると，やがて蒸発･凝縮が止まったように見える状態となる。この状態を**気液平衡**といい，このとき空間を占める蒸気の圧力を**飽和蒸気圧(蒸気圧)**という。

開放容器に液体を入れて放置すると，液面から分子が空間へ飛び出す。この現象を**蒸発**という。液体をさらに加熱すると，液面だけでなく液体内部からも激しく気泡が発生する。この現象を**沸騰**といい，そのときの温度を**沸点**という。

液体が沸騰する条件は，液体の蒸気圧と外圧が等しくなるときである。したがって，外圧が高くなると沸点は高くなるが，外圧が低くなると沸点は低くなる。

解答 ① **凝縮**　② **気液平衡**
③ **飽和蒸気圧(蒸気圧)**　④ **大き**
⑤ **蒸発**　⑥ **沸騰**　⑦ **沸点**　⑧ **蒸気圧**
⑨ **低**

120 **解説** (1) 液体の沸点は，液体の蒸気圧が外圧と等しくなる温度である。単に，液体の沸点を問われたときは，液体の蒸気圧が外圧 1.0×10^5Pa と等しくなる温度(**標準沸点**という)のことであり，グラフより約 34℃である。

(2) 液体 B の蒸気圧が 6.0×10^4Pa になる温度は約 68℃である。

(3) 80℃での C の蒸気圧は，グラフによると約 4.5×10^4Pa なので，外圧がこの圧力になれば，液体 C は沸騰する。

(4) 同温度で比較したとき，分子間力の小さい物質ほど蒸気圧は大きくなる。逆に，分子間力の大きい物質ほど蒸気圧は小さくなる。よって，分子間力の大小関係は，A<B<C である。ちなみに，A はジエチルエーテル，B はエタノール，C は水の蒸気圧曲線を示す。

解答 (1) **34℃**　(2) **68℃**　(3) **4.5×10^4Pa**
(4) **A，B，C**

121 **解説** 一定温度の密閉容器に空気と少量の液体を入れて放置すると，液体は蒸発と凝縮を繰り返しながら，やがて**気液平衡**の状態となる。このとき，容器の空間を満たす蒸気(気体)の圧力を，液体の**飽和蒸気圧(蒸気圧)**という。

気液平衡の状態では，単位時間あたり**(蒸発する分子の数)＝(凝縮する分子の数)**となり，液体の蒸発と凝縮が等しい速さで起こっている。

液体の蒸気圧は，一定温度では，空間の体積，他の気体の存在，および液体の量によらず一定の値を示す。すなわち温度一定ならば，真空中でも空気中でも水の蒸気圧はまったく同じ値を示す。

(1) 温度を上げると水の蒸発が進み，水の蒸気圧は大きくなる。また，空間を占める水分子の数は増加する。

(2) 容器の空間の体積を大きくすると，一時的に水の蒸気圧は低下するが，さらに水の蒸発が進み，やがて水の蒸気圧は一定となる。ただし，容器の空間の体積が大きくなった分だけ，空間を占める水分子の数は増加している。

(3) 容器の空間の体積を小さくすると，一時的に水の蒸気圧は上昇するが，過剰な蒸気の凝縮が進み，やがて水の蒸気圧は一定となる。ただし，容器の空間の体積が小さくなった分だけ，空間を占める水分子の数は減少している。

蒸気圧の性質(まとめ)
① 一定温度では，空間の体積，他の気体の存在，液体の量などによらず，一定の値をとる。
② 高温ほど，大きくなる。
③ 一定温度では，分子間力が小さい物質ほど，蒸気圧は大きく，分子間力が大きい物質ほど，蒸気圧は小さくなる。

解答 (1) **蒸気圧 (ア)，分子数 (ア)**
(2) **蒸気圧 (ウ)，分子数 (ア)**
(3) **蒸気圧 (ウ)，分子数 (イ)**

122 **解説** 物質が温度や圧力によって，どんな状態をとるかを表した図を**状態図**という。

(1) 一般に，低温側に固体の領域，高温側に気体の領域，その中間に液体の領域が存在するが，はっきりと領域を区別するには次のように考える。水は 1.0×10^5Pa の下で加熱すると，0℃で氷→水へ，100

123 ～ 123

℃で水から水蒸気へと変化する。ゆえに，領域Ⅰが固体，領域Ⅱが液体，領域Ⅲが気体である。

(2)　曲線OB上では固体と液体の共存が可能で，圧力による融点の変化を示すので**融解曲線**，曲線OA上では液体と気体の共存が可能で，温度による蒸気圧の変化を示すので**蒸気圧曲線**，曲線OC上では固体と気体が共存でき，温度による昇華圧(固体が昇華したときに示す気体の圧力)の変化を示すので**昇華圧曲線**という。

　ただし，蒸気圧曲線は点Aで途切れており，これ以上の温度･圧力では液体と気体は共存できない。一方，融解曲線と昇華圧曲線には途切れはない。

(3)　密閉容器に液体を入れ加熱すると，容器内の蒸気の圧力は上昇する。やがて，ある温度･圧力(**臨界点，A**)に達すると，気体と液体の密度が全く同じになり，これ以上の温度・圧力の領域Ⅳでは，液体と気体の区別ができなくなる。この状態(**超臨界状態**という)にある物質を**超臨界流体**という。

(4)　点Oは**三重点**とよばれ，固体の氷と液体の水と気体の水蒸気が安定に共存している状態である。

　なお，水の三重点は，0.01℃，610Paで，温度の定点として利用されている。

　点Aは**臨界点**とよばれ，これ以上の温度(**臨界温度**)・圧力(**臨界圧力**)にある物質は，**超臨界流体**とよばれ，液体と気体の中間的な性質をもつ。特に，水の超臨界流体は，無極性溶媒に近い性質をもつ。

(5)　普通の物質では，融解曲線は正の傾きをもつので，圧力が高くなると，固体の融点は高くなる。しかし，水では融解曲線は負の傾きをもつので，圧力が高くなると，固体の融点は低くなる。

(6)　(ア)　三重点より低圧の領域では，液体の領域が存在しないので，いかなる温度でも液体→気体の状態変化である沸騰は起こらない。(昇華や凝華の状態変化は起こる。)〔○〕

(イ)　三重点より高圧の領域では，水の蒸気圧曲線はいかなる温度でも右上がり(傾き正)なので，外圧が上昇すると，水の沸点は高くなる。〔○〕

(ウ)　臨界点(374℃，7.4 × 10^6Pa)以上の温度では，気体と超臨界流体の領域のみが存在し，液体の領域は存在しないので，いくら圧力を高くしても水を凝縮させることはできない。〔×〕

解答　(1) Ⅰ **固体**，Ⅱ **液体**，Ⅲ **気体**
(2) OA **蒸気圧曲線**　OB **融解曲線**
OC **昇華圧曲線**
(3) **超臨界流体**
(4) 点O **三重点　固体と液体と気体が安定に共存している状態。**
点A **臨界点　液体と気体の区別ができない状態。(液体と気体の中間的な状態)**
(5) **低くなる**　(6) **(ア)，(イ)**

123 **解説**　(1)　どちらも正四面体形の**無極性分子**であり，分子間にはファンデルワールス力だけがはたらく。分子量はCH_4(16)，CCl_4(154)であり，分子量の大きいCCl_4の方がファンデルワールス力が強くはたらき，沸点も高くなる。

(2)　どちらも16族元素の水素化合物で，折れ線形の**極性分子**である。分子間には分子の極性に基づくファンデルワールス力もはたらくが，H_2O分子間には，O－H…Oのような水素結合がはたらくため，沸点は著しく高くなる。

(3)　どちらも17族元素の水素化合物で，**極性分子**である。分子量はHCl(36.5)の方がHF(20)よりも大きいが，HF分子間には，F－H…Fのような水素結合がはたらくため，沸点は著しく高くなる。

(4)　分子量は，F_2(38)とHCl(36.5)はほぼ同じだが，F_2は**無極性分子**であるのに対してHClは**極性分子**である。極性分子では無極性分子に比べて静電気的な引力に基づくファンデルワールス力が強くはたらく。したがって，HClの方が沸点が高くなる。

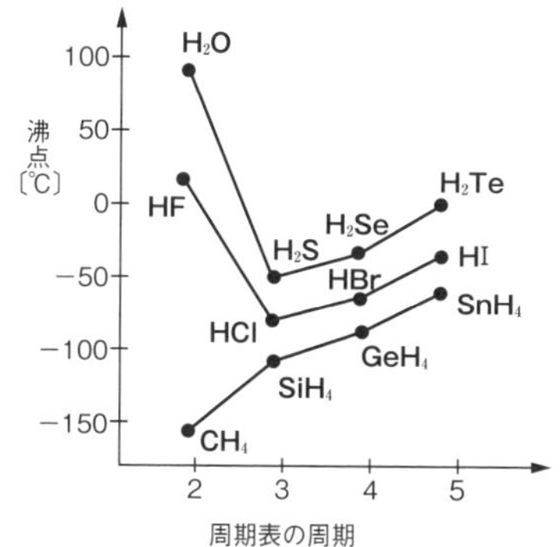

解答　(1) CCl_4　(a)　(2) H_2O　(c)
(3) HF　(c)　(4) HCl　(b)

124 (解説) (1)　右図のように，一端を閉じたガラス管に水銀を満たして水銀槽に倒立させると，水銀柱は760mmの高さになり，上端部は真空となる。この真空を**トリチェリーの真空**という。水銀槽の水銀面において，ガラス管内部の水銀柱の圧力と外部の大気圧はつり合っているので，このとき，**水銀柱による圧力760mmHgと大気圧の大きさは等しい**。

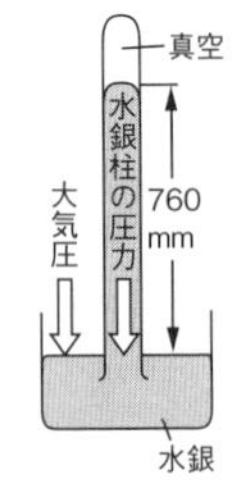

(2)　ガラス管の下から少量の液体を注入すると，液体の一部が蒸発して，ガラス管の上端部を満たす。そのため蒸気圧が生じ，水銀柱が押し下げられる。水銀槽の水銀面において，ガラス管内部の水銀柱の圧力と液体の蒸気圧の和が外部の大気圧とつり合っているので，

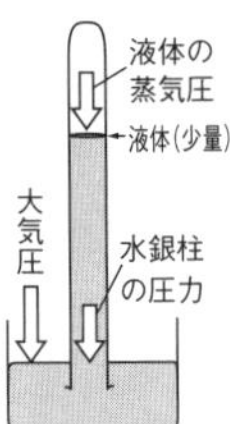

(液体の蒸気圧)＋(水銀柱による圧力)＝(大気圧)

表より，水の30℃における飽和蒸気圧(蒸気圧)は，32mmHgなので，水銀柱の高さxは，

$760-32=728$〔mm〕。

(3)　8.0×10^4Paの圧力を〔mmHg〕の単位に換算すると，

$$\frac{8.0\times10^4}{1.0\times10^5}\times760=608\text{〔mmHg〕}$$

表より，20℃における水の飽和蒸気圧(蒸気圧)は，18mmHgなので，水銀柱の高さx'は，

$608-18=590$〔mm〕。

(解答) (1) **760mm**　(2) **728mm**
(3) **590mm**

125 (解説) (1)　構造の似た分子どうしでは，分子量が大きいほど，沸点は高くなる。これは，分子の分子量が大きいほど，分子中に存在する電子の数が多く，分子どうしが接近したときにはたらく瞬間的な極性に基づく引力(**分散力**という)が強くなるからである。14族の水素化合物CH_4, SiH_4, GeH_4, SnH_4は，正四面体形の無極性分子である。この順に分子量が大きくなるので，分子間にはたらくファンデルワールス力も強くなり，沸点も高くなる。

(2)　一般に，水素化合物の融点・沸点は分子量が大きいほど高くなる。これは，分子量が大きいほど，分子間にはたらくファンデルワールス力が強くなるためである。しかし，H_2O, HF, NH_3などは他の同族の水素化合物に比べて著しく高い沸点を示す。これは，H_2O，HF，NH_3は強い極性分子であり，正に帯電したH原子は電気陰性度が大きく負に帯電した原子(F，O，N)の非共有電子対の方向に近づき，静電気力に基づく**水素結合**を形成するためであり，H－F…H－Fのように…で示される。

(3)　電気陰性度がN＜O＜Fであるため，結合の極性はH－N＜H－O＜H－Fである。したがって，1本あたりの水素結合の強さは，H…N＜H…O＜H…Fである。しかし，1分子あたりに形成される水素結合の数は，1分子あたりのH原子と非共有電子対の数のうち，少ない方で決まり，下表のようになる。したがって，1分子あたりの水素結合の強さは，NH_3＜HF＜H_2Oとなる。

	H原子	非共有電子対	水素結合の数(1分子あたり)
HF	1個	3個	1本
H_2O	2個	2個	2本
NH_3	3個	1個	1本

(解答) (1)　**構造の似た分子では，分子量が大きくなるほど，分子間力が強くはたらくため。**
(2)　**水分子どうしが水素結合で引き合っているため。**
(3)　**1分子あたりの水素結合の数が，HFよりもH_2Oの方が多いため。**

11 気体の法則

126 (解説)

気体の温度，圧力，体積の関係は**ボイル・シャルルの法則**を利用して求める。温度には，必ず，次の関係から求められる絶対温度〔K〕を用いること。

$$T\text{〔K〕}=t\text{〔℃〕}+273$$

また，体積は，LかmLのどちらを用いてもよいが，両辺を同じ単位で統一すること。

求める値を(1)，(2)はx，(3)ではtとする。

ボイル・シャルルの法則

$\dfrac{P_1V_1}{T_1}=\dfrac{P_2V_2}{T_2}$を利用する。

(1)　$$\frac{2.0\times10^5\times5.0}{273+27}=\frac{1.0\times10^5\times x}{273}$$

$$x=\frac{2.0\times10^5\times5.0\times273}{1.0\times10^5\times300}=9.1\text{〔L〕}$$

(2)　$$\frac{8.0\times10^4\times2.5}{273+27}=\frac{6.0\times10^4\times4.0}{t+273}$$

127 ～ 130

$$t+273=\frac{6.0\times10^4\times4.0\times300}{8.0\times10^4\times2.5}$$

$t+273=360$　　∴　$t=87$〔℃〕

解答　(1) **9.1L**　(2) **87℃**

127 **解説**　(1)　気体の状態方程式が $\boldsymbol{PV=nRT}$ を利用する。

$$n=\frac{PV}{RT}=\frac{1.5\times10^5\times0.83}{8.3\times10^3\times300}=0.050\text{〔mol〕}$$

(2)　気体の状態方程式 $\boldsymbol{PV=\frac{w}{M}RT}$ を利用する。

$$P=\frac{wRT}{MV}=\frac{4.0\times8.3\times10^3\times400}{16\times10}$$
$$=8.3\times10^4\text{〔Pa〕}$$

(3)　気体の状態方程式 $\boldsymbol{PV=\frac{w}{M}RT}$ を利用する。

$$M=\frac{wRT}{PV}=\frac{2.0\times8.3\times10^3\times300}{1.0\times10^5\times1.0}$$
$$=49.8\fallingdotseq50$$

解答　(1) **0.050mol**　(2) **8.3×10^4 Pa**　(3) **50**

128 **解説**　気体の状態方程式を変形して考える。

(1)　$PV=nRT\longrightarrow V=\dfrac{nRT}{P}$

条件より，P，T および R は一定なので，これらを k にまとめると，$V=kn$

気体の体積 V は物質量 n に比例する。

よって，各気体の物質量 n を比較すればよい。

モル質量は，H_2 2.0g/mol，CH_4 16g/mol より，

(a)　$\dfrac{1.0}{2.0}=0.50$〔mol〕　　(b)　$\dfrac{4.0}{16}=0.25$〔mol〕

(c)　$n=\dfrac{PV}{RT}=\dfrac{1.0\times10^5\times10}{8.3\times10^3\times300}\fallingdotseq0.40$〔mol〕

(d)　$n=\dfrac{PV}{RT}=\dfrac{2.0\times10^5\times5.0}{8.3\times10^3\times400}\fallingdotseq0.30$〔mol〕

∴　(a)>(c)>(d)>(b)

(2)　気体の密度を d〔g/L〕とおくと，

$$PV=\frac{w}{M}RT\longrightarrow d=\frac{w}{V}=\frac{PM}{RT}$$

条件より，P，T および R は一定なので，これらを k にまとめると，$d=kM$

気体の密度 d は分子量 M に比例する。

よって，各気体の分子量 M を比較すればよい。

(a) $H_2=2.0$　(b) $CH_4=16$　(c) $O_2=32$

(d) $CO_2=44$

∴　(d)>(c)>(b)>(a)

(3)　$PV=nRT\longrightarrow P=\dfrac{nRT}{V}$

条件より，V，T および R は一定なので，これらを k にまとめると，$P=kn$

気体の圧力 P は物質量 n に比例する。

結果は，(1)と同じになる。

解答　(1) **(a)>(c)>(d)>(b)**

(2) **(d)>(c)>(b)>(a)**

(3) **(a)>(c)>(d)>(b)**

129 **解説**　グラフの問題も，気体 1mol の状態方程式 $PV=RT$ を変形し，一定値をとるものをすべて k でまとめると，関係がわかりやすくなる。

(1)　T が一定のとき，P と V の関係は，

$PV=RT\longrightarrow PV=k$

∴　圧力 P と体積 V は反比例する。

この関係を満たすのは①，②であるが，題意より，同じ圧力のとき，T_2(高温)のときの体積の方が T_1(低温)のときの体積よりも大きくなる。よって，T_2 のときの曲線が T_1 のときの曲線よりも上位にくる②が正解となる。

(2)　P が一定のとき，V と T の関係は，

$PV=RT\longrightarrow V=kT$

∴　体積 V は絶対温度 T に比例する。

この関係を満たすのは③，④であるが，題意より，同じ温度のとき，P_2(高圧)のときの体積の方が P_1(低圧)のときの体積よりも小さくなる。よって，P_2 のときの直線が P_1 のときの直線より下位にくる③が正解となる。

解答　(1) **②**　(2) **③**

130 **解説**　(1)　気体の状態方程式は，混合気体についても適用できるし，その成分気体についても適用できる。必要に応じて使い分けるとよい。

気体 A，B の分圧をそれぞれ P_A，P_B とする。各成分気体 A，B について，それぞれ気体の状態方程式 $PV=nRT$ を適用すると，

$$P_A=\frac{nRT}{V}=\frac{0.30\times8.3\times10^3\times300}{8.3}$$
$$=9.0\times10^4\text{〔Pa〕}$$

$$P_B=\frac{nRT}{V}=\frac{0.20\times8.3\times10^3\times300}{8.3}$$
$$=6.0\times10^4\text{〔Pa〕}$$

(2)　混合気体の全圧 P は，各成分気体の分圧 P_A，P_B の和に等しい(**ドルトンの分圧の法則**)から，

$P = P_A + P_B = 9.0\times10^4 + 6.0\times10^4$
$= 1.5\times10^5$〔Pa〕

解答 (1) Aの分圧　**9.0×10^4Pa**
Bの分圧　**6.0×10^4Pa**
(2) **1.5×10^5Pa**

131 **解説** (1)　容器A，B内のArとN_2の物質量を求めると，分子量は$Ar=40$，$N_2=28$より，

Ar $\dfrac{4.0}{40}=0.10$〔mol〕　　N_2 $\dfrac{8.4}{28}=0.30$〔mol〕

混合後の気体の全圧をP〔Pa〕とおき，気体の状態方程式 $\boldsymbol{PV=nRT}$ を適用する。

$P\times6.0=(0.10+0.30)\times8.3\times10^3\times300$

$P=\dfrac{0.40\times8.3\times10^3\times300}{6.0}$
$=1.66\times10^5 \fallingdotseq 1.7\times10^5$〔Pa〕

(分圧の比)＝(物質量の比)の関係より，ArとN_2の分圧をそれぞれP_{Ar}，P_{N_2}とおくと，

$P_{Ar}:P_{N_2}=0.10:0.30=1:3$

(2)　混合気体の**平均分子量**(見かけの分子量)は，混合気体1molの質量を求め，その単位〔g〕を除いた数値に等しい。

混合気体0.40molの質量が，$8.4+4.0=12.4$〔g〕だから，混合気体1.0molの質量は，

$12.4\times\dfrac{1.0}{0.40}=31$〔g〕　∴　平均分子量は31

〈別解〉　混合気体の平均分子量を$\overline{M}$とおくと，混合気体について，$PV=\dfrac{w}{M}RT$を適用して，

$1.66\times10^5\times6.0=\dfrac{12.4}{\overline{M}}\times8.3\times10^3\times300$

$\overline{M}=\dfrac{12.4\times8.3\times10^3\times300}{1.66\times10^5\times6.0}=31$

解答 (1) 全圧 **1.7×10^5Pa**　分圧の比 **1：3**
(2) **31**

132 **解説** **理想気体**は，分子間力が働かず，分子自身の体積が0とみなす仮想の気体である。一方，**実在気体**は，分子間力が働き，分子自身の体積が0ではない。したがって，低温では分子の熱運動が穏やかになり，分子間力の影響が無視できなくなり，理想気体から外れる。また，高圧では気体全体の体積に対して気体分子自身の体積が無視できなくなり，理想気体から外れる。実在気体であっても，分子自身の体積の影響が小さくなる低圧や，分子間力の影響が小さくなる高温では理想気体に近づく。

解答 ① **理想気体**　② **実在気体**
③ **分子間力**　④ **体積(大きさ)**

133 **解説** 分子間力がはたらかず，分子自身の体積(大きさ)が0と仮定した気体を**理想気体**といい，気体の状態方程式は厳密に当てはまる。一方，現実に存在する気体を**実在気体**といい，分子間力がはたらき，分子自身が固有の体積をもつため，気体の状態方程式は厳密に当てはまらない。しかし，実在気体であっても，分子自身の体積が0とみなせる**低圧**や，分子間力の影響が小さくなる**高温**では，理想気体に近い挙動を示すようになる。

実在気体では，NH_3のような極性分子よりも，CH_4のような無極性分子，さらにH_2や貴ガス(希ガス)(He, Neなど)のような分子量の小さい無極性分子の方が理想気体により近い挙動を示す。

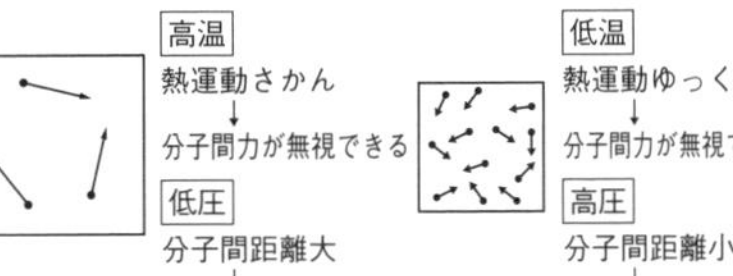

(1)　1molの理想気体では$PV=RT$が成り立つから，圧力に関係なく，常に$\dfrac{PV}{RT}=1.0$が成り立つ。よって，Bのグラフが理想気体である。分子間力は分子量の大きい気体ほど強く，極性分子のNH_3ではさらに強くなり，理想気体のグラフBからより離れるのでD。3種の実在気体中では，無極性分子で分子量が最小のH_2が理想気体に最も近い挙動をするのでA。残るCがH_2よりも分子量の大きな無極性分子のメタンCH_4である。

(2)　理想気体1molならば，$\dfrac{PV}{RT}$は常に1.0である。

$\dfrac{PV}{RT}$が1より小さい気体Dは，分子間力の影響が大きく最も圧縮されやすい。一方，$\dfrac{PV}{RT}$が1より大きい気体Aは，分子間力の影響が小さく，最も圧縮されにくい。

(3)　$\dfrac{PV}{RT}<1$となるのは，分子間力の影響が大きいためである。分子間力の大きさを決める要素としては，分子量と分子の極性があげられる。無極性分子のCH_4(分子量16)と，極性分子のNH_3(分子量17)

134～136

では，分子量にはほとんど差がないので，分子間力の大きさには**極性の有無**が大きく影響している。

(4) 実在気体であっても，分子自身の体積の影響が小さくなる低圧や，分子間力の影響が小さくなる高温では理想気体に近い挙動を示す。よって，高温にすると，分子間力の影響が小さくなるため，実在気体の体積を減少させる効果が小さくなり，気体Cのグラフは上方へずれて，理想気体Bに近づくと考えられる。

解答 (1) A **水素**　B **理想気体**　C **メタン**，D **アンモニア**
(2) **A**　(3) **(イ)**　(4) **上方**

134 **解説** **水上捕集**した気体中には，必ず，飽和の水蒸気が含まれていることに留意する。

(1) メスシリンダー内の気体の圧力は，直接測定できない。メスシリンダー内外の水面の高さを一致させると，メスシリンダー内の気体の圧力を大気圧に等しく合わせることができる。

(2) 水上捕集した気体は，集めた水素と水蒸気の混合気体となり，その全圧が大気圧とつり合う。容器内では，水の気液平衡が成り立つから，水蒸気の分圧は，27℃の飽和水蒸気圧の 4.0×10^3 Pa と等しい。

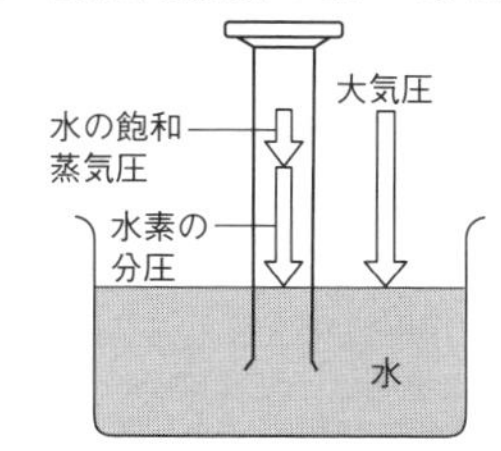

(水素の分圧)＝(大気圧)－(飽和水蒸気圧)より，

$p_{H_2}=1.0\times10^5-4.0\times10^3=9.6\times10^4$〔Pa〕

H_2 について，$PV=nRT$ を適用して，

$9.6\times10^4\times0.52=n\times8.3\times10^3\times300$

$$n=\frac{9.6\times10^4\times0.52}{8.3\times10^3\times300}$$
$$=2.00\times10^{-2}\fallingdotseq2.0\times10^{-2}\text{〔mol〕}$$

解答 (1) **メスシリンダー内の気体の圧力を，大気圧に合わせるため。**
(2) **2.0×10^{-2}mol**

135 **解説** フラスコを満たしていた蒸気の質量 w がわかれば，気体の状態方程式 $PV=\dfrac{w}{M}RT$ より，P，V，T を測定することで，揮発性の液体Aの蒸気(蒸気A)の分子量 M が求められる。

2.0gの液体Aを加熱するとAが蒸発し，蒸気Aはフラスコ内の空気をゆっくりと押し出しながら，やがて，フラスコ内は完全に蒸気で満たされる(余分な蒸気は，空気中へ追い出される)。

実験後，フラスコを冷却すると圧力が下がるので，フラスコ内へ実験前と同量の空気が入り込む。一方，フラスコを満たしていた蒸気Aは外へ出ていくことなく，フラスコ内にそのまま凝縮する。よって，実験前と実験後のフラスコの質量の差 $154.7-153.2=1.5$〔g〕が，100℃でフラスコを満たしていた蒸気Aの質量に等しい。また，アルミ箔に穴が開いているので，フラスコ内の蒸気の圧力は大気圧とつり合う。また，湯浴の温度が100℃なので，フラスコ内の蒸気Aの温度も100℃と考えてよい。

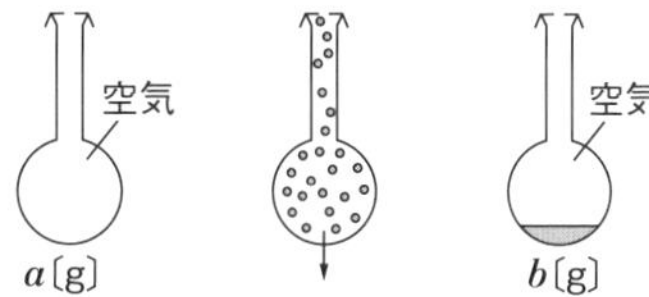

蒸気の質量は，$(b-a)$〔g〕で表される

100℃でフラスコ内の蒸気A(分子量 M)について，気体の状態方程式 $PV=\dfrac{w}{M}RT$ を適用すると，

$$1.0\times10^5\times0.50=\frac{1.5}{M}\times8.3\times10^3\times373$$
$$M=\frac{1.5\times8.3\times10^3\times373}{1.0\times10^5\times0.50}=92.8\fallingdotseq93$$

解答 **93**

136 **解説** (1) 状態Ⅰでは，容器内に液体の水が存在するから，水蒸気の分圧は27℃の飽和蒸気圧と等しく，4.0×10^3Pa である。

よって，**窒素の分圧＝全圧－水蒸気の分圧**より，

$6.4\times10^4-4.0\times10^3=6.0\times10^4$〔Pa〕

(2) 状態Ⅱで，気体部分の体積を2.0Lにしても，液体の水が存在するので，水蒸気の分圧は 4.0×10^3Pa のままである。ただし，気体部分の体積を2.0Lにすると，ボイルの法則より窒素の分圧は変化する。窒素の分圧を P_{N_2} とすると，

$6.0\times10^4\times3.0=P_{N_2}\times2.0$

∴ $P_{N_2}=9.0\times10^4$〔Pa〕

∴ 全圧は，$9.0\times10^4+4.0\times10^3=9.4\times10^4$〔Pa〕

(3) 状態Ⅱで存在する水蒸気の物質量を n〔mol〕とすると，気体の状態方程式 $PV=nRT$ より，

137 ～ 138

$$n=\frac{PV}{RT}=\frac{4.0\times10^3\times2.0}{8.3\times10^3\times300}$$
$$=3.21\times10^{-3}\fallingdotseq3.2\times10^{-3}\text{〔mol〕}$$

解答 (1) **6.0×10^4Pa** (2) **9.4×10^4Pa**
(3) **3.2×10^{-3}mol**

137 **解説** (1) 燃焼前の混合気体に気体の状態方程式を適用すると，

$$P\times10=(0.10+0.40)\times8.3\times10^3\times330$$
$$\therefore\quad P=1.36\times10^5\fallingdotseq1.4\times10^5\text{〔Pa〕}$$

(2) メタンが完全燃焼するときの量的関係は，

$$CH_4 + 2O_2 \longrightarrow CO_2 + 2H_2O$$

	CH_4	$2O_2$	CO_2	$2H_2O$	
燃焼前	0.10	0.40	0	0	〔mol〕
変化量	− 0.10	− 0.20	+ 0.10	+ 0.20	〔mol〕
燃焼後	0	0.20	0.10	0.20	〔mol〕

燃焼後のO_2, CO_2の分圧をp_{O_2}, p_{CO_2}として，各成分気体に気体の状態方程式を適用して，

$$p_{O_2}\times10=0.20\times8.3\times10^3\times330$$
$$p_{O_2}\fallingdotseq5.47\times10^4\text{〔Pa〕}$$
$$p_{CO_2}\times10=0.10\times8.3\times10^3\times330$$
$$p_{CO_2}\fallingdotseq2.73\times10^4\text{〔Pa〕}$$

普通の気体と水蒸気が混合した気体の場合，水蒸気とそれ以外の気体に分け，別々に圧力を計算すること。

水蒸気は，液体の水が存在するか否かで，その圧力が変わってくるので，下記のように，常に，飽和蒸気圧との比較検討(**気液の判定**)を行い，正しい値を見つける習慣をつけておく必要がある。

容器内に液体が存在するか否か(気液の判定)

まず，液体がすべて気体であるとして求めた蒸気の圧力(仮の圧力)をP，その温度における液体の飽和蒸気圧をP_Vとすると，次の関係が成り立つ。

$P>P_V$のとき，液体が存在する。
蒸気の圧力はP_Vと等しい。
$P\leqq P_V$のとき，液体は存在しない。
蒸気の圧力は，Pと等しい。

液体が存在する　　　液体が存在しない

$P>P_V$のとき飽和蒸気圧を超えた分の蒸気が凝縮し圧力はP_Vとなる。

$P<P_V$のとき蒸気が不飽和で凝縮せず圧力はPとなる。

H_2O 0.20molがすべて気体であるとすると，その圧力はP_{O_2}と同じで5.47×10^4Paである。

この値は，57℃の水の飽和蒸気圧2.0×10^4Paを超えているので，液体の水が存在する。

$\therefore$　真の水蒸気の分圧は，2.0×10^4〔Pa〕

よって，全圧$P=p_{O_2}+p_{CO_2}+p_{H_2O}$より，

$$P=5.47\times10^4+2.73\times10^4+2.0\times10^4$$
$$=1.02\times10^5\fallingdotseq1.0\times10^5\text{〔Pa〕}$$

(3) 蒸発している水の物質量をn〔mol〕とおくと，水蒸気に気体の状態方程式を適用して

$$2.0\times10^4\times10=n\times8.3\times10^3\times330$$
$$n=\frac{2.0\times10^4\times10}{8.3\times10^3\times330}\fallingdotseq0.0730\text{〔mol〕}$$

よって，凝縮している水の物質量は

$$0.20-0.0730=0.127\fallingdotseq0.13\text{〔mol〕}$$

解答 (1) **1.4×10^5Pa** (2) **1.0×10^5Pa**
(3) **0.13mol**

12 溶解と溶解度

138 **解説** 水H_2O分子は，H原子がやや正($\delta+$)，O原子がやや負($\delta-$)に帯電した**極性分子**である。

塩化ナトリウムNaClのようなイオン結晶を水に加えると，結晶表面のNa^+は水分子のO原子と，Cl^-は水分子のH原子とそれぞれ静電気力(クーロン力)で引き合う。このように，溶質粒子が何個かの水分子に取り囲まれて安定化する現象を**水和**といい，水和したイオンを**水和イオン**という。やがて，Na^+とCl^-は結晶から引き離され，それぞれの水和イオンとなって，水中に拡散し，溶解していく。

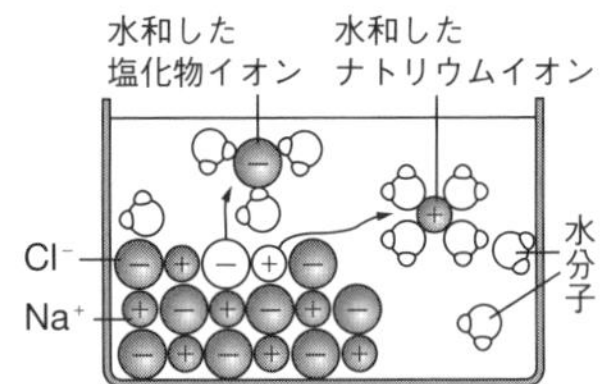

一般に，溶質粒子が溶媒分子で取り囲まれて安定化する現象を**溶媒和**という。

また，グルコース$C_6H_{12}O_6$などの極性分子からなる分子結晶は，水などの極性溶媒に溶けやすい。これは，グルコース分子中にある親水性のヒドロキシ基−OHの部分が水分子との間の**水素結合**によって水和され，水和分子となって水中に拡散し，溶解するためである。一方，ヨウ素I_2などの無極性分子は，水などの極性溶媒には溶けにくいが，ベンゼンC_6H_6，ヘキサン

139～140

C_6H_{14} などの無極性溶媒には溶けやすい。これは，ヨウ素と水分子との間には静電気力がはたらかないため，水和されにくく水に溶けにくい。一方，ヨウ素分子は分子間力によってベンゼンやヘキサンとは**溶媒和**されやすく，この状態で分子の熱運動によって溶媒中に拡散し，溶解するからである。

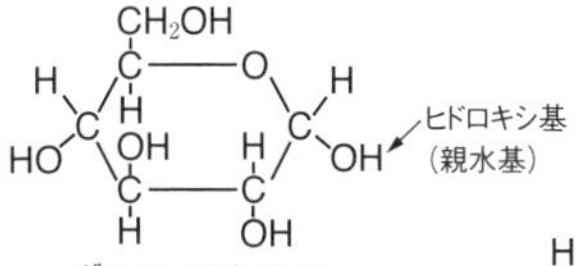

ヒドロキシ基（親水基）

グルコース $C_6H_{12}O_6$

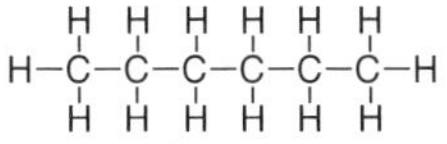

ヘキサン C_6H_{14}

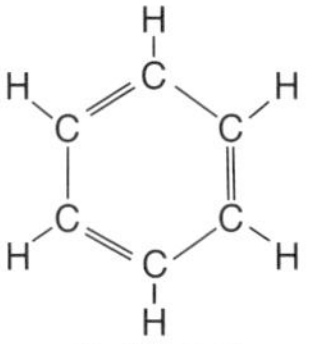

ベンゼン C_6H_6

解答 ① **極性** ② **酸素** ③ **水素** ④ **水和** ⑤ **溶媒和** ⑥ **ヒドロキシ** ⑦ **水素** ⑧ **無極性**

139 **解説** (1)，(4) 一般的なイオン結晶（NaCl や KNO_3 など）は水に溶けやすい。各イオンは静電気力（クーロン力）によって**水和**され，やがて水和イオン（下図）となって水（極性溶媒）に溶けていく。

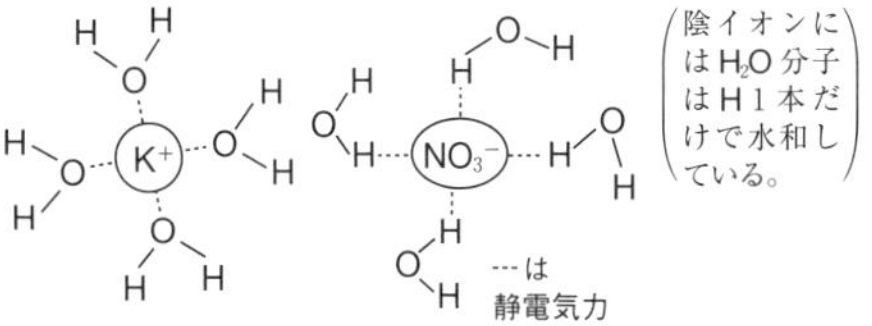

（陰イオンには H_2O 分子は H 1 本だけで水和している。）

…は静電気力

(2)，(6) ヨウ素 I_2 やナフタレン $C_{10}H_8$ は無極性分子なので水和は起こりにくいが，各分子は分子間力（ファンデルワールス力）によって**溶媒和**され，やがて分子の熱運動によってヘキサンなどの無極性溶媒に拡散し溶解していく。

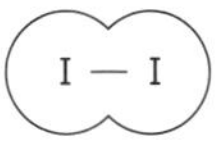

ヨウ素 I_2

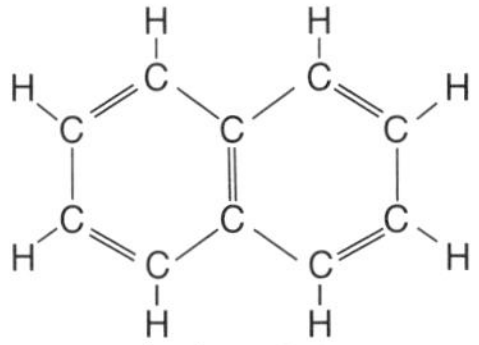

ナフタレン $C_{10}H_8$

(3) グルコース分子には，親水性のヒドロキシ基 $-OH$ が多く存在する。この部分に**水素結合**による水和が起こるので，水によく溶ける。

(5) イオン結晶であっても，イオン間の結合力が強い場合（$CaCO_3$ や $BaSO_4$ など）は，各イオンに水和が起こっても結晶を崩すことはできないので，水に溶けにくい。もちろん，ヘキサンなどの無極性溶媒が溶媒和しても，結晶を崩すことができないので，ヘキサンにも溶けない。

(7) エタノール分子は，水和されやすい原子団（**親水基という**）であるヒドロキシ基 $-OH$ と，水和されにくい原子団（**疎水基**という）であるエチル基 C_2H_5- の両方をもつ。また，分子全体に占める親水基と疎水基の影響はほぼ等しいので，親水基に水和が起これば水に溶け，疎水基に溶媒和が起これば，ヘキサンにも溶ける。

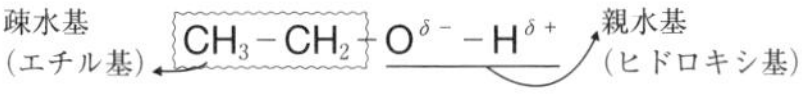

疎水基（エチル基） $CH_3-CH_2-O^{\delta-}-H^{\delta+}$ 親水基（ヒドロキシ基）

(8) イオン結晶であっても，AgCl のように Ag と Cl の電気陰性度の差が小さい場合，イオン結合性が小さくなり，代わりに共有結合性が大きくなるので，各イオンに水和が起こっても，結晶を崩すことができない。よって，水にもヘキサンにも溶けない。

	Na	Cl	Ag	Cl
電気陰性度	0.9	3.2	1.9	3.2
（差）	2.3		1.3	
	イオン結合性大		共有結合性大	

以上をまとめると，次の(A)～(D)のようになる。

(A) **水には溶けるが，ヘキサンには溶けにくい物質**には，グルコースのように，疎水基をもたず，親水基の影響が強い極性分子や，NaCl, KCl のような一般的なイオン結晶などが該当する。

(B) **水には溶けにくいが，ヘキサンには溶けやすい物質**は，ヨウ素やナフタレンのように，親水基をもたず，疎水基の影響の強い無極性分子などが該当する。

(C) **水にもヘキサンにも溶ける物質**は，エタノールのように，親水基と疎水基を両方もつ分子で，両基の影響がほぼ等しい場合などが該当する。

(D) **水にもヘキサンにも溶けない物質**は，硫酸バリウムのように，イオン間の結合力の強いイオン結晶や，塩化銀のようにイオン結合性が小さく，共有結合性が大きいイオン結晶などが該当する。

解答 (1) **(A)** (2) **(B)** (3) **(A)** (4) **(A)** (5) **(D)** (6) **(B)** (7) **(C)** (8) **(D)**

140 **解説** **固体の溶解度**は，溶媒（水）100g に溶ける溶質の最大質量〔g〕の数値で表される。したがって，溶媒（水）の質量がわかれば，比例計算によって，何 g の溶質が溶解するか，析出するかが計算できる。

飽和溶液では，次の 2 つの関係式が成り立つ。

$$\frac{\text{溶質の質量}}{\text{溶媒の質量}} = \frac{S}{100}\quad (S\text{は溶解度})$$

$$\frac{\text{溶質の質量}}{\text{溶液の質量}} = \frac{S}{100+S}$$

どちらで式を立てているかをよく確認し，左辺と右辺で混乱の起こらないように立式すること。

(1)　40℃の飽和溶液 120g に溶けている KNO_3 を x〔g〕とすると，

$$\frac{\text{溶質量}}{\text{溶液量}} = \frac{60}{100+60} = \frac{x}{120}\qquad \therefore\ x = 45.0\text{〔g〕}$$

(2)　飽和溶液から水を蒸発させると，その水に溶けていた溶質が析出する。

蒸発した水 40g に溶けていた KNO_3 を x〔g〕とすると

$$\frac{\text{溶質量}}{\text{溶媒量}} = \frac{110}{100} = \frac{x}{40}\qquad \therefore\ x = 44.0\text{〔g〕}$$

したがって，44.0g の KNO_3 が析出する。

(3)　60℃の飽和溶液を 20℃に冷却すると，
溶液 100＋110＝210〔g〕あたり，溶解度の差の 110－30＝80〔g〕の結晶が析出する。
120g の飽和溶液から x〔g〕の結晶が析出するとして，

$$\frac{\text{析出量}}{\text{溶液量}} = \frac{110-30}{210} = \frac{x}{120}\qquad \therefore\ x \fallingdotseq 45.7\text{〔g〕}$$

(4)　40℃の飽和溶液 120g から水 40g を蒸発させると，まず，40g の水に溶けていた KNO_3 が析出する。

$$60 \times \frac{40}{100} = 24\text{〔g〕}$$

残った溶液の質量は，120－40－24＝56〔g〕
残った溶液 56g を 20℃に冷却したとき，y〔g〕の結晶が析出するとして，

$$\frac{\text{析出量}}{\text{溶液量}} = \frac{60-30}{160} = \frac{y}{56}\qquad \therefore\ y = 10.5\text{〔g〕}$$

よって，析出量の合計は，24＋10.5＝34.5〔g〕

〈別解〉　40℃の飽和溶液 120g には，(1)より溶質 45g が含まれ，濃縮・冷却により合計 z〔g〕の結晶が析出するとすると，結晶析出後の上澄み液は，20℃の飽和溶液となるから，

$$\frac{\text{溶質量}}{\text{溶液量}} = \frac{45-z}{120-40-z} = \frac{30}{130}\qquad \therefore\ z = 34.5\text{〔g〕}$$

解答　(1) **45.0g**　(2) **44.0g**　(3) **45.7g**　(4) **34.5g**

141 **解説**　(1)　**気体の溶解度**は，気体の圧力が 1.0×10^5 Pa のとき，水 1L に溶ける気体の物質量，または体積(標準状態に換算した値)で表される。

ヘンリーの法則より，一定量の溶媒(水)に溶ける気体の溶解度(物質量，質量)は，その気体の圧力に比例する。

溶解する N_2 の質量は，5.0×10^5Pa のときは 1.0×10^5Pa のときの 5 倍になる。また，常識的ではあるが，気体の溶解量は，溶媒(水)の量にも比例し，10L のときは 1.0L のときの 10 倍になる。

窒素 N_2 のモル質量は 28g/mol より，この水に溶けている N_2 の質量は，

$$\underbrace{\frac{2.24\times10^{-2}}{22.4}}_{\text{物質量}} \times \underbrace{\frac{5.0\times10^5}{1.0\times10^5}}_{\text{圧力比}} \times \underbrace{\frac{10}{1.0}}_{\text{溶媒比}} \times 28 = 1.40\text{〔g〕}$$

(2)　**ヘンリーの法則**より，一定量の溶媒(水)に溶ける気体の体積は，溶解した圧力の下では，圧力に関係なく一定である。

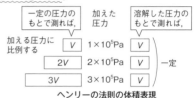

一定の圧力のもとで測れば，	加えた圧力	溶解した圧力のもとで測れば，
加える圧力に比例する　V	1×10^5Pa	V
$2V$	2×10^5Pa	V
$3V$	3×10^5Pa	V

（右列：一定）

ヘンリーの法則の体積表現

水 1.0L に溶ける N_2 の体積は，溶解した圧力(5.0×10^5Pa)の下では，1.0×10^5Pa で溶けた N_2 の体積と同じ 2.24×10^{-2}L となる。

水 10L では，$2.24\times10^{-2}\times10 = 0.224$L。

(3)　5.0×10^5Pa の下で溶けた 0.224L の N_2 の体積を，1.0×10^5Pa での体積(x〔L〕とする)で表すと

ボイルの法則 $P_1V_1 = P_2V_2$ より，

$5.0\times10^5\times0.224 = 1.0\times10^5\times x$

$x = 1.12$〔L〕

解答　(1) **1.40g**　(2) **0.224L**　(3) **1.12L**

142 **解説**　水和水をもつ物質(**水和物**)を水に溶解すると，**水和水**は溶媒に加わるので，溶媒の量は多くなる。つまり，溶液中においても溶質となるのは，水和物から水和水を除いた**無水物**だけである。

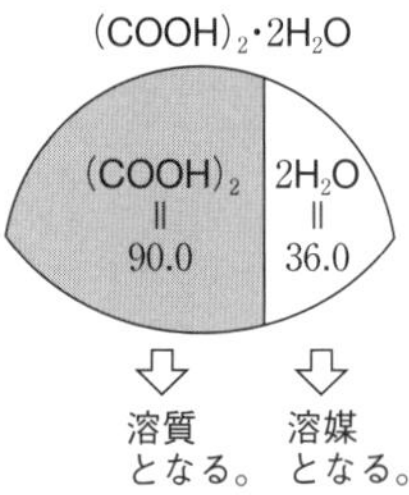

水和物中の無水物と水和水の質量は，その式量にしたがって比例配分すればよい。

(1)　式量は，$(COOH)_2\cdot2H_2O = 126$，$(COOH)_2 = 90$

シュウ酸二水和物$(COOH)_2 \cdot 2H_2O$ 63g 中のシュウ酸(無水物)$(COOH)_2$ の質量は，

$$63 \times \frac{90}{126} = 45\text{〔g〕}$$

質量パーセント濃度は次式で求められる。

$$\therefore \frac{\text{溶質の質量}}{\text{溶液の質量}} = \frac{45}{1000 \times 1.02} \times 100$$
$$= 4.41 \fallingdotseq 4.4\text{〔\%〕}$$

(2)　溶液 1L 中に含まれる溶質(無水物)の物質量で表した濃度が**モル濃度**となる。

シュウ酸二水和物 63g の物質量は，
$(COOH)_2 \cdot 2H_2O$ のモル質量が 126g/mol より，

$$\therefore \frac{63}{126} = 0.50\text{〔mol〕}$$

$$\underset{1\text{mol}}{(COOH)_2 \cdot 2H_2O} \longrightarrow \underset{1\text{mol}}{(COOH)_2} + \underset{2\text{mol}}{2H_2O}$$

シュウ酸二水和物の物質量とシュウ酸(無水物)の物質量は，上式の係数比 1：1 より等しい。

シュウ酸(無水物)0.50mol が溶液 1L 中に含まれるから，シュウ酸水溶液のモル濃度は 0.50mol/L。

(3)　溶媒 1kg(＝1000g)中に含まれる溶質の物質量で表した濃度が**質量モル濃度**である。

質量モル濃度を求めるときは，必ず，溶媒の質量を求める必要がある。

(溶媒の質量)＝(溶液の質量)－(溶質の質量)
$$= 1020 - 45 = 975\text{〔g〕}$$

$$\textbf{質量モル濃度} = \frac{\textbf{溶質の物質量(mol)}}{\textbf{溶媒の質量(kg)}}$$
$$= \frac{0.500}{\frac{975}{1000}} = 0.512 \fallingdotseq 0.51\text{〔mol/kg〕}$$

解答　(1) **4.4%**　(2) **0.50mol/L**
(3) **0.51mol/kg**

143 (解説)　(1)　**気体の溶解度**は，温度が低いほど大きく，温度が高いほど小さくなる。これは，温度が高くなると，溶液中の気体分子の熱運動が活発になり，溶液中から飛び出しやすくなるためである。よって，a 50℃，b 20℃，c 0℃

(2)　**混合気体の溶解度は，各成分気体の分圧に比例する**から，まず，N_2とO_2の分圧を求める。

(分圧)＝(全圧)×(モル分率)より，

$$P_{N_2} = 3.0 \times 10^5 \times \frac{2}{2+1} = 2.0 \times 10^5\text{〔Pa〕}$$

$$P_{O_2} = 3.0 \times 10^5 \times \frac{1}{2+1} = 1.0 \times 10^5\text{〔Pa〕}$$

20℃の水が 1.0L あるとすると，この水に溶けた N_2，O_2 はそれぞれ 0.015L，0.030L(標準状態に換算した値)である。したがって，20℃の水 1.0L に溶ける N_2とO_2 の質量比は，モル質量が N_2＝28g/mol，O_2＝32g/mol より，

$N_2 : O_2 =$

$$\frac{0.015}{22.4} \times \frac{2.0 \times 10^5}{1.0 \times 10^5} \times 28 : \frac{0.030}{22.4} \times \frac{1.0 \times 10^5}{1.0 \times 10^5} \times 32$$
$$= 7 : 8$$

(3)　(2)と同様に，N_2 と O_2 の分圧を求めると，

$$P_{N_2} = 1.0 \times 10^6 \times \frac{4}{4+1} = 8.0 \times 10^5\text{〔Pa〕}$$

$$P_{O_2} = 1.0 \times 10^6 \times \frac{1}{4+1} = 2.0 \times 10^5\text{〔Pa〕}$$

したがって，0℃の水が 1.0L あるとして，この水に溶けた N_2 と O_2 の 0℃，1.0×10^5Pa における体積比は，

$$N_2 : O_2 = 0.024 \times \frac{8.0 \times 10^5}{1.0 \times 10^5} : 0.048 \times \frac{2.0 \times 10^5}{1.0 \times 10^5}$$
$$= 2 : 1$$

解答　(1) **c**　(2) **7：8**　(3) **2：1**

144 (解説)　水和水を含む水和物の結晶を水に溶かしたとき，水和水は溶媒に加わるので，溶質は無水物だけとなることに留意する。

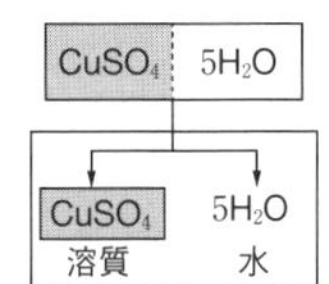

(1)　式量が $CuSO_4 \cdot 5H_2O$ ＝ 250，$CuSO_4$ ＝ 160 より，$CuSO_4 \cdot 5H_2O$ 100g 中の無水物と水和水の質量は，その式量にしたがって比例配分すればよい，

無水物 $CuSO_4$　$100 \times \frac{160}{250} = 64$〔g〕

水和水 $5H_2O$　$100 - 64 = 36$〔g〕

加える水を x〔g〕とすると，60℃の飽和溶液になるための条件は，

$$\frac{\text{溶質量}}{\text{溶媒量}} = \frac{64}{x+36} = \frac{40}{100} \qquad \therefore \ x = 124\text{〔g〕}$$

(2)　60℃の飽和溶液 210g 中の $CuSO_4$ を y〔g〕とおく。

$$\frac{\text{溶質量}}{\text{溶液量}} = \frac{40}{100+40} = \frac{y}{210} \qquad \therefore \ y = 60.0\text{〔g〕}$$

水の質量　$210 - 60.0 = 150$〔g〕

$CuSO_4$ の飽和溶液を冷却すると，析出する結晶には溶媒の一部が水和水として取り込まれ，硫酸銅(Ⅱ)五水和物 $CuSO_4 \cdot 5H_2O$ の結晶として析出する。

このため，結晶の析出により，残った溶液中では溶媒である水の質量が減少することに留意する。

析出する $CuSO_4 \cdot 5H_2O$ の結晶を x〔g〕とおくと，その中に含まれる無水物と水和水の質量は，

無水物 $\dfrac{CuSO_4}{CuSO_4 \cdot 5H_2O} \times x = \dfrac{160}{250}x$〔g〕

水和水 $\dfrac{5H_2O}{CuSO_4 \cdot 5H_2O} \times x = \dfrac{90}{250}x$〔g〕

結局，結晶析出後の上澄み液は30℃における飽和溶液であるから，

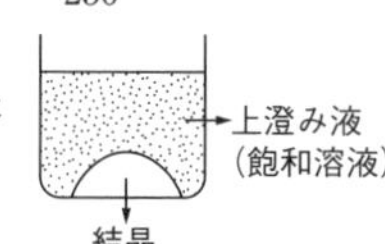

$$\frac{溶質量}{溶液量} = \frac{60.0 - \dfrac{160}{250}x}{210 - x} = \frac{25}{125}$$

∴　$x = 40.90 \fallingdotseq 40.9$〔g〕

〈別解〉

$$\frac{溶質量}{溶媒量} = \frac{60.0 - \dfrac{160}{250}x}{150 - \dfrac{90}{250}x} = \frac{25}{100}$$

∴　$x = 40.90 \fallingdotseq 40.9$〔g〕

解答　(1) **124g**　(2) **40.9g**

13 希薄溶液の性質

145 **解説**　水に不揮発性物質を溶かした溶液の蒸気圧は純溶媒の蒸気圧よりも低くなる(**蒸気圧降下**)。この溶液の蒸気圧降下により，溶液の沸点は純溶媒の沸点よりも高くなる(**沸点上昇**)。

また，溶液の凝固点は純溶媒の凝固点よりも低くなる(**凝固点降下**)。これは，溶液では溶質粒子の割合が増えるほど，相対的に溶媒分子の割合が減少し，溶媒分子の凝固が起こりにくくなるためである(溶液を冷却しても，凝固するのは溶媒分子だけであることに留意せよ)。

溶液と純溶媒との沸点の差を**沸点上昇度**，溶液と純溶媒との凝固点の差を**凝固点降下度**という。濃度のうすい溶液(**希薄溶液**)の場合，溶液の沸点上昇度，凝固点降下度 Δt は，溶質の種類に関係なく，いずれも溶液の質量モル濃度 m に比例する。

$$\boldsymbol{\Delta t = k_b \cdot m} \qquad \boldsymbol{\Delta t = k_f \cdot m}$$

上の式の比例定数 k_b，k_f をそれぞれ**モル沸点上昇**，**モル凝固点降下**といい，溶液の質量モル濃度が1mol/kgのときの沸点上昇度，凝固点降下度を表す。どちらも各溶媒に固有の定数である。また，同じ溶媒でも，k_b と k_f の値は異なるので，混同しないように注意したい。

沸点上昇度や凝固点降下度のように，**温度差**の単位には温度の単位の〔℃〕ではなく，絶対温度と同じ〔K〕を用いることにも注意してほしい。

(1)　まず，尿素水溶液の質量モル濃度 m を求める。

$$m = \frac{\dfrac{1.5}{60}}{0.10} = 0.25〔mol/kg〕$$

水のモル沸点上昇を k_b，沸点上昇度を Δt_b とすると，$\boldsymbol{\Delta t_b = k_b \cdot m}$ より

$\Delta t_b = 0.52 \times 0.25 = 0.13$〔K〕

水の沸点は100℃だから，この水溶液の沸点は，

$100 + 0.13 = 100.13$〔℃〕

(2)　$NaCl \longrightarrow Na^+ + Cl^-$ のように電離し，溶質粒子の数は電離前の2倍になる。よって，0.20mol/kgの NaCl 水溶液は，0.40mol/kgの非電解質水溶液と同じ凝固点降下度を示す。

水のモル凝固点降下を k_f，凝固点降下度を Δt_f とすると，$\boldsymbol{\Delta t_f = k_f \cdot m}$

$\Delta t_f = 1.85 \times 0.40 = 0.74$〔K〕

水の凝固点は0℃だから，NaCl 水溶液の凝固点は，

$0 - 0.74 = -0.74$〔℃〕

(3)　非電解質の分子量を M とすると，このベンゼン溶液の質量モル濃度 m は，

$$m = \frac{\dfrac{0.42}{M}}{0.050} = \frac{8.4}{M}〔mol/kg〕$$

このベンゼン溶液の凝固点降下度 Δt は，

$\Delta t = 5.50 - 4.99 = 0.51$〔K〕

$\Delta t = k_f \cdot m$ の関係式より，

$0.51 = 5.1 \times \dfrac{8.4}{M}$　　∴　$M = 84$

解答　(1) **100.13℃**　(2) **−0.74℃**　(3) **84**

146 **解説**　(1)　海水(溶液)は真水(純溶媒)に比べて，**蒸気圧降下**により，水の蒸発が起こりにくくなっている。したがって，海水でぬれた水着は真水でぬれた水着よりも乾きにくい。

(2)　溶液の**凝固点降下**により，水の凝固点(0℃)以下になっても，ぬれた路面の水分が凍結しにくくなる。塩化カルシウムが道路の凍結防止剤に使われるのは，$CaCl_2 \longrightarrow Ca^{2+} + 2Cl^-$ のように電離して，粒子数が3倍となり，凝固点降下が大きくなるからである。

(3)　野菜に食塩をまぶしておくと，野菜の表面にできた濃い食塩水(溶液)の**浸透圧**によって，野菜の細胞内部の水分が奪われる現象が起こる。

(4)　溶液の**沸点上昇**により，水の沸点(100℃)になっても沸騰は起こらない(沸騰水に食塩を入れるとし

ばらく沸騰が止む)。さらに加熱すると，食塩水の沸点(100℃以上)に達して沸騰が起こり始める。

解答　(1) **(ウ)**　(2) **(イ)**　(3) **(エ)**　(4) **(ア)**

147 **解説**　次のことを覚えておくこと。

蒸気圧降下度，**沸点上昇度**，**凝固点降下度**は，いずれも溶質粒子の**質量モル濃度**に比例する。ただし，溶質が電解質の場合，電離によって生じた全溶質粒子の質量モル濃度に比例する。

溶質が電解質の場合の取り扱い：1mol の電解質が電離して i〔mol〕のイオンになったとすると，溶質粒子数は i 倍になるため，沸点上昇度・凝固点降下度は，同じ質量モル濃度の非電解質の水溶液の i 倍になる。同様に，浸透圧の場合も同じモル濃度の非電解質の水溶液の i 倍になる。

(1)　グルコースは非電解質だが，塩化ナトリウムと塩化カルシウムは電解質で，とくに指示のない限り，完全に電離するものと考えればよい。

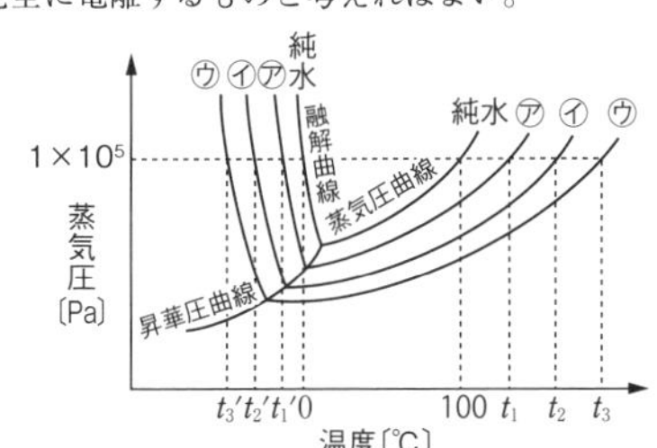

(t_1, t_2, t_3 は溶液ア，イ，ウの沸点を，t_1', t_2', t_3' は溶液ア，イ，ウの凝固点を示す)

$NaCl \longrightarrow Na^+ + Cl^-$

$CaCl_2 \longrightarrow Ca^{2+} + 2Cl^-$

上のように完全に電離すると，NaCl, $CaCl_2$ の溶質粒子の数はそれぞれ電離前の2倍，3倍になる。よって，同じ温度(たとえば t_1)で，最も蒸気圧の高いアがグルコース水溶液，最も低いウが塩化カルシウム水溶液，その中間のイが塩化ナトリウムの水溶液となる。

(2)　沸点上昇度も全溶質粒子の質量モル濃度に比例する。

0.10mol/kg と 0.20mol/kg の水溶液の沸点の差が 0.052K あるから，純水と 0.30mol/kg の水溶液との沸点の差は，$0.052 \times 3 = 0.156$〔K〕

水の沸点は100℃だから，

$t_3 = 100 + 0.156 = 100.156 \fallingdotseq 100.16$〔℃〕

(3)　(1)の図の通り，全溶質粒子の質量モル濃度の最も大きいウのグラフの水溶液の凝固点が最も低くなる。

解答　(1) ア　**グルコース**　イ　**塩化ナトリウム**
ウ　**塩化カルシウム**
(2) **100.16℃**　(3) **ウ**

148 **解説**　希薄溶液の浸透圧 Π〔Pa〕は，溶液の体積 V〔L〕，絶対温度 T〔K〕，溶質の物質量 n〔mol〕を用いると，$\boldsymbol{\Pi V = nRT}$ となる(**ファントホッフの法則**)。この式で，R は**気体定数**と等しく，$R = 8.3 \times 10^3$〔Pa・L/(mol・K)〕である。

また，溶液のモル濃度 $C = \dfrac{n}{V}$〔mol/L〕を用いると $\boldsymbol{\Pi = CRT}$ となる。

(1)　グルコース $C_6H_{12}O_6$ は非電解質で，水中でも溶質粒子の数は変化しない。

ファントホッフの法則 $\boldsymbol{\Pi = CRT}$ を用いる。

$\Pi = 0.10 \times 8.3 \times 10^3 \times 300$

$= 2.49 \times 10^5 \fallingdotseq 2.5 \times 10^5$〔Pa〕

(2)　塩化ナトリウム NaCl は電解質で，水中で Na^+ と Cl^- に電離するので，溶質粒子の数が2倍となり，溶液の浸透圧も，同濃度の非電解質水溶液の2倍になる。

$2.49 \times 10^5 \times 2 = 4.98 \times 10^5 \fallingdotseq 5.0 \times 10^5$〔Pa〕

(3)　ファントホッフの法則 $\boldsymbol{\Pi V = \dfrac{w}{M} RT}$ を用いる。

この非電解質の分子量を M とおくと，

$M = \dfrac{wRT}{\Pi V}$ に数値を代入して，

$M = \dfrac{2.0 \times 8.3 \times 10^3 \times 300}{3.0 \times 10^2 \times 0.20} = 8.3 \times 10^4$

解答　(1) $\boldsymbol{2.5 \times 10^5}$ **Pa**　(2) $\boldsymbol{5.0 \times 10^5}$ **Pa**
(3) $\boldsymbol{8.3 \times 10^4}$

149 **解説**　溶液などの温度が下がるようすを時間経過とともに表したグラフを**冷却曲線**といい，溶液の凝固点の測定に利用される。温度変化を正確に測定するには，0.01K の最小目盛りをもつ**ベックマン温度計**(右図)を用いる。

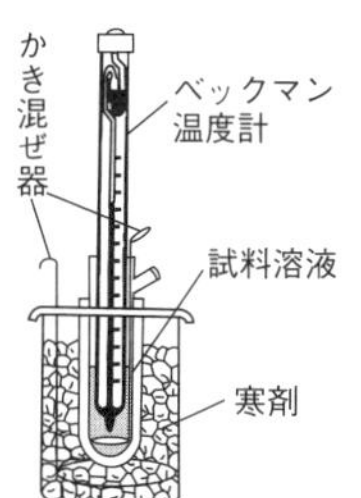

(1)，(2)　純水を冷却すると，本来の凝固点(a_1)になっても結晶は析出せず，さらに低温になってはじめて結晶が析出する(a_2)。凝固点以下でありながら液体状態を保っている不安定な状態(a_1 ～ a_2)を**過冷却**という。

(3)　a_2 点まで温度が下がると，液体中に小さな氷の結晶核が生成し始め，これを中心に急激に凝固が起こる。このとき，多量の凝固熱の発生により，一時的に温度が上がる(a_2～a_3)。その後，温度は一定の凝固点を保ったまま水の凝固が続く(a_3～a_4)。すべて氷になると，凝固熱の発生は止み，再び，温度が下がり始める(a_4～)。

(4) 純溶媒が凝固するときは，凝固が終了するまでは，凝固熱による発熱量と寒剤による吸熱量とがつり合っているので，温度が一定に保たれる。

(5) 溶液の場合，溶媒と溶質が一緒に凝固するのではなく，溶液中の溶媒だけが凝固するので，残りの溶液の濃度はしだいに濃くなる。それとともに凝固点降下も大きくなり，残った溶液の凝固点が低下していくので，冷却曲線は右下がりの直線になる。

(6) 過冷却が起こらなかったとしたときの理想的な**溶液の凝固点**(溶液中から初めて溶媒が凝固し始める温度)は，冷却曲線の後半の直線部分(d～e)を左に延長した線と前半の冷却曲線との交点のbである。このbの温度を正しく読み取ると，その温度はイである。

(7) 凝固点降下度は，溶液の質量モル濃度に比例する。

$\Delta t = k_f \cdot m$ より，

求める非電解質の分子量をMとおくと

$$0.24 = 1.86 \times \frac{\frac{0.40}{M}}{0.050} \qquad \therefore \quad M = 62$$

(8) 溶液の凝固が進行し，x〔g〕の氷が析出したとき，残った溶液の凝固点降下度Δtが1.0Kになればよい。

$$1.0 = 1.86 \times \frac{\frac{1.0}{62.0}}{\frac{50-x}{1000}}$$

$$\frac{1.86}{62.0} = \frac{50-x}{1000} \qquad \therefore \quad x = 20〔g〕$$

解答　(1) **過冷却**　(2) **a_2**

(3) **a_2から急激に凝固が始まり，多量の凝固熱が発生したため。**

(4) **凝固熱による発熱量と寒剤による吸熱量がつり合っているから。**

(5) **溶媒の水だけが凝固するので，溶液の濃度がしだいに大きくなり，凝固点降下により，溶液の凝固点が下がるから。**

(6) **イ**　(7) **62**　(8) **20g**

150 **解説**　溶液と溶媒を半透膜で仕切ると，どんな現象が起こるか考えてみよう。

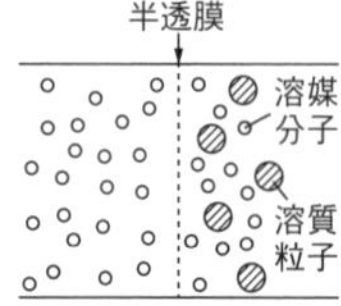

単位時間あたりに，溶媒側(左)から溶液側(右)へ移動できる溶媒分子を仮に10個とすると，溶液側(右)から溶媒側(左)へ移動できる溶媒分子は10個より少ない個数(たとえば，8個)に減少するはずである。この結果をミクロに見れば，単位時間あたりに，溶媒側から溶液側へ溶媒分子が2個ずつ移動し続けることになる。これを溶媒の**浸透**という。つまり，半透膜を通過できるのは溶媒分子だけであるから，その濃度の大きい溶媒側から，その濃度の小さい溶液側へと溶媒分子が移動していく現象が起こる。

(1) 希薄溶液の浸透圧Πは，溶液のモル濃度Cと絶対温度Tに比例する。

$\boldsymbol{\Pi = CRT}$　(R 気体定数)

このほか，気体の状態方程式と同じ$\boldsymbol{\Pi V = nRT}$の関係も成り立つ(**ファントホッフの法則**)。

グルコース$C_6H_{12}O_6$の分子量$M = 180$

溶質の質量$w = 360\text{mg} = 0.360\text{g}$を代入して，

$$\Pi \times 1.0 = \frac{0.360}{180} \times 8.3 \times 10^3 \times 300$$

$$\therefore \quad \Pi = 4.98 \times 10^3 \fallingdotseq 5.0 \times 10^3〔Pa〕$$

(2) 溶液の**浸透圧**は，半透膜を通って，溶媒分子が溶液中へ浸透しようとする圧力のことである。右図の装置を使うと，ガラス管に生じた溶液柱に相当する圧力と溶液の浸透圧がつり合うので，溶液の浸透圧を測定できる。

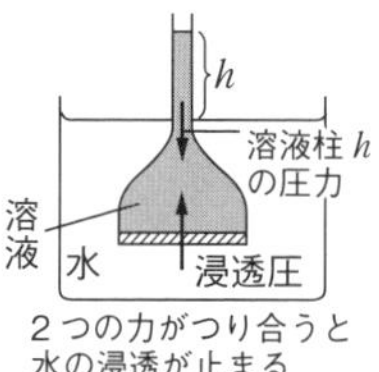

2つの力がつり合うと水の浸透が止まる

溶液の浸透圧の計算値は，パスカル(Pa)単位で表されているが，溶液の浸透圧の実験で測定されるのは，上図のような溶液柱の高さhである。そこで，パスカル〔Pa〕→水銀柱の圧力〔cmHg〕→溶液柱の高さ〔cm〕の順で単位を変換する。

1.0×10^5Pa＝76cmHg より，

(1)で求めた$\Pi = 4.98 \times 10^3$〔Pa〕を水銀柱の圧力〔cmHg〕に変換すると

$$\frac{4.98 \times 10^3}{1.0 \times 10^5} \times 76〔cmHg〕$$

圧力〔g/cm^2〕＝溶液の密度〔g/cm^3〕×高さ〔cm〕より，上記の水銀柱の圧力と等しい溶液柱の高さをx〔cm〕とおくと，

（水銀柱の高さ×水銀の密度）

=（溶液柱の高さ×水溶液の密度）なので，

$$\frac{4.98\times10^3\times76}{1.0\times10^5}\times13.5=x\times1.0$$

∴　$x=51.0\fallingdotseq51$〔cm〕

解答　(1) **5.0×10^3Pa**　(2) **51cm**

151 **解説**　$CaCl_2$ 水溶液の質量モル濃度は，

$$m=\frac{\frac{2.22}{111}}{0.10}=0.200\text{〔mol/kg〕}$$

$CaCl_2$ は，水溶液中で完全に電離した（電離度は 1）とすると，溶質粒子の数は 3 倍に増加する。

$CaCl_2 \longrightarrow Ca^{2+} + 2Cl^-$

これを，$\Delta t=k_f\cdot m$ の関係式に代入すると，予想される凝固点降下度 Δt は次のようになる。

$\Delta t=1.85\times0.200\times3=1.11$〔K〕

$CaCl_2$ 水溶液の凝固点降下度 Δt は 0.98K だから，$CaCl_2$ 水溶液は完全に電離していないことを示す。

$CaCl_2$ 水溶液の電離度を α $(0<\alpha\leqq1)$ とおくと，$CaCl_2$ 水溶液中での各粒子の質量モル濃度は次の通り。

$$CaCl_2 \overset{\alpha}{\rightleftarrows} Ca^{2+} + 2Cl^-$$

$0.200(1-\alpha)$　　0.200α　$+$　0.400α　〔mol/kg〕

全溶質粒子の質量モル濃度は，

$0.200(1+2\alpha)$〔mol/kg〕

この結果を，$\Delta t=k_f\cdot m$ の関係式へ代入すると，

$0.98=1.85\times0.200(1+2\alpha)$　∴　$\alpha=0.824\fallingdotseq0.82$

解答　**0.82**

14 コロイド

152 **解説**　**コロイド粒子**の大きさは，$10^{-7}\sim10^{-4}$ cm，$10^{-9}\sim10^{-6}$m，1nm ～ 1μm などと表現される。

コロイド粒子が物質中に均一に分散している状態，あるいは，この状態にある物質を**コロイド**という。

10^{-10}　10^{-9}　10^{-8}　10^{-7}　10^{-6}　10^{-5}　10^{-4}　10^{-3}　[m]

分子，イオン　半透膜　コロイド粒子　ろ紙　沈殿粒子

コロイド粒子を分散させている物質を**分散媒**，分散しているコロイド粒子を**分散質**といい，これらを合わせて**分散系**という。分散系は，分散質と分散媒の状態によって次のような種類がある。

分散媒＼分散質	気体	液体	固体
気体	存在しない	泡	シリカゲル
液体	雲・霧	牛乳（乳濁液）	ゼリー
固体	煙	墨汁（懸濁液）	色ガラス

コロイド粒子はろ紙は通過できるが，セロハンのような半透膜を通り抜けることができない。このことを利用して，不純物を含むコロイド溶液から，コロイド粒子以外の小さな分子やイオンを取り除くことができる。この操作を**透析**という。

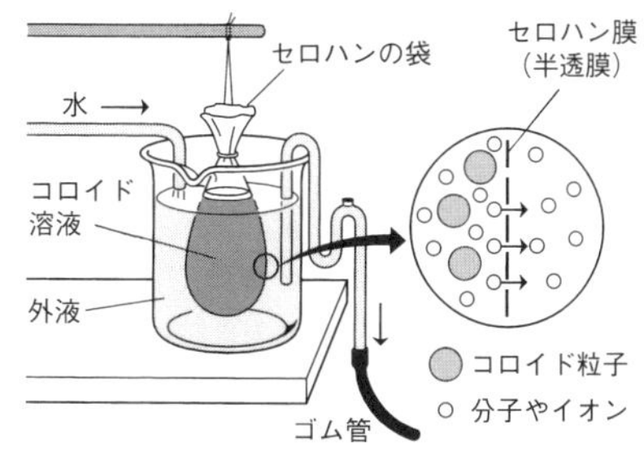

普通の分子・イオンに比べて大きなコロイド粒子は，可視光線をよく散乱させる。そのため，コロイド溶液にレーザー光線などの強い光を当てると，光の進路が輝いて見える。このような現象を**チンダル現象**という。

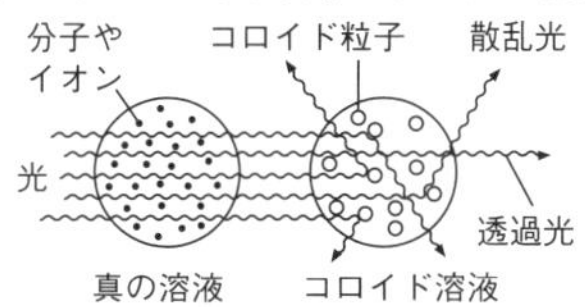

コロイド粒子を**限外顕微鏡**（チンダル現象を利用し，コロイド粒子の存在が観察できるように集光器をつけた顕微鏡）で見ると，暗視野の中に輝く光点が不規則に動く現象（**ブラウン運動**）が観察できる。これは，コロイド粒子の周囲にある水分子が不規則にコロイド粒子に衝突するために起こる見かけの現象である（コロイド粒子自身の動きによるものではない）。

コロイド粒子は正または負に帯電している。たとえば，酸化水酸化鉄（Ⅲ）FeO(OH) のコロイド溶液に電極を浸して直流電圧をかけると，陰極側へと移動するので，正に帯電していることがわかる。このように，正または負に帯電したコロイド粒子が自身と反対符号の電極に向かって動く現象を**電気泳動**という。

硫黄や粘土のコロイドのように，水との親和力の小さいコロイドを**疎水コロイド**といい，少量の電解質を加えると沈殿する。このような現象を**凝析**という。一方，ゼラチンやデンプンのコロイドのように，水との

親和力の大きいコロイドを**親水コロイド**といい，少量の電解質を加えても沈殿しないが，多量の電解質を加えると沈殿する。この現象を**塩析**という。

解答　① $\mathbf{10^{-9}}$ **～** $\mathbf{10^{-6}}$　② **半透膜**　③ **透析**　④ **チンダル現象**　⑤ **ブラウン運動**　⑥ **電気泳動**　⑦ **負**　⑧ **凝析**　⑨ **疎水コロイド**　⑩ **塩析**　⑪ **親水コロイド**

153 **解説**　(1)　コロイド粒子は半透膜は通れないが，ろ紙の目よりも小さいので，ろ紙を通り抜けることができる。〔○〕

(2)　卵白(主成分はタンパク質)の水溶液は**親水コロイド**である。親水コロイドは水和により安定している。少量の電解質では凝析は起こらないが，多量の電解質を加えると，水和水を失い，その電荷が中和され，凝集して沈殿が生じる(**塩析**)。〔×〕

(3)　流動性をもったコロイド溶液を**ゾル**，流動性を失い固化した状態を**ゲル**という。ゲルは，コロイド粒子が立体網目状につながり，その中に水が閉じ込められた状態にある。豆腐，寒天，こんにゃく，ゼリーなどがその例である。〔○〕

(4)　親水コロイドはその表面に親水基を多くもち，水和水を引きつけていることで安定化している。少量の電解質を加えただけでは，この水和水を奪うことができないので，凝析は起こらない。〔○〕

(5)　疎水コロイドの**凝析**には，反対符号の電荷で価数の大きいイオンを含む塩類が有効である。〔×〕

(6)　**チンダル現象**は，コロイド粒子が光を吸収するためではなく，光を散乱するために起こる。〔×〕

(7)　コロイド粒子が不規則に動く現象を**ブラウン運動**といい，これは分散媒である水分子が熱運動によってコロイド粒子に不規則に衝突することによって起こる見かけの現象である。〔○〕

(8)　にかわの主成分はタンパク質で，親水コロイドである。墨汁では炭素のコロイド(疎水コロイド)に対して，にかわが**保護コロイド**としてはたらくので，墨汁に少量の電解質を加えただけでは沈殿しない。〔×〕

(9)　粘土のコロイドは負の電荷をもつ**疎水コロイド**なので，これを凝析するには，正電荷をもつ陽イオンで，価数の小さい Na^+ より価数の大きい Al^{3+} の方が有効である。〔○〕

(10)　金属のような不溶性の無機物質を適当な方法で分割して，コロイド粒子の大きさにしたコロイドを**分散コロイド**という。一方，デンプンのように，分子1個でできたコロイドを**分子コロイド**，セッケンのように，多くの分子が分子間力によって集合(**会合**という)してできたコロイドを**会合コロイド**という。〔○〕

解答　(1) ○　(2) ×　(3) ○　(4) ○　(5) ×　(6) ×　(7) ○　(8) ×　(9) ○　(10) ○

154 **解説**　(1)　河川の水に含まれる粘土のコロイドは，水との親和力の小さい**疎水コロイド**であり，海水中の各種のイオンによって**凝析**され，河口に沈殿し，長い年月によって三角州をつくる。

(2)　ばい煙は，大気中に種々の固体のコロイド粒子が分散した**分散コロイド**で，正または負に帯電している。したがって，煙突の内部に直流電圧をかけて**電気泳動**を行うと，ばい煙を一方の電極に集めることができる。

(3)　比較的濃厚(3～5%)なゼラチンやデンプンの水溶液は，高温では流動性をもつ**ゾル**の状態であるが，冷却すると，内部に水を含んだまま立体網目状につながり合って流動性を失う。この状態を**ゲル**といい，豆腐，寒天，ゼリー，こんにゃく，温泉卵などがその例である。ゲルを乾燥させて水分を除いたものを**キセロゲル**といい，ゼラチンのほか，高野豆腐，シリカゲルなどがある。

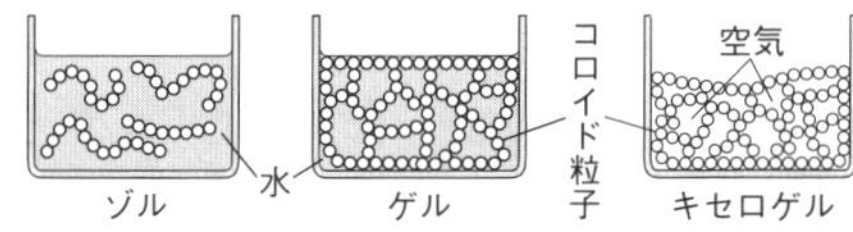

(4)　炭素のコロイドは，水との親和力の小さい**疎水コロイド**で凝析しやすい。しかし，親水コロイドであるにかわを加えておくと，その保護作用により凝析しにくくなる。このようなはたらきをする親水コロイドを，特に**保護コロイド**という。墨汁は，親水コロイドであるにかわを保護コロイドとして加えた炭素のコロイド溶液である。

(5)　空気中に浮遊している塵や水滴に光が当たると，その表面で光が散乱されて光の進路が明るく輝いて見える(**チンダル現象**)。普通の分子・イオンに比べて大きなコロイド粒子は，可視光線をよく散乱させる。そのため，コロイド溶液にレーザー光線などの強い光を当てると，光の進路が輝いて見える。

(6)　セッケンの水溶液は，多数(正確には数十～百個程度)のセッケン分子が会合してできた**会合コロイド**である。その表面には多くの水分子が水和しており，**親水コロイド**に分類される。セッケンの水溶液に飽和食塩水を加えると，NaCl の電離で生じた Na^+ や Cl^- に対して水分子が強く水和するため，これまでセッケンのコロイド粒子に弱く水和していた水分子が奪われる。さらに，コロイド粒子の表面電荷が，加えた塩類から生じた反対電荷のイオンで中和されることなどによって，セッケンの水への溶解度が低下し沈殿する。この現象を**塩析**という。

(7) コロイド溶液中に小さな分子やイオンが含まれている場合，半透膜で純水と接した状態にしておくと，コロイド溶液中から小さな分子やイオンを除くことができる。この操作を**透析**という。血液は，赤血球や白血球などのほかに，タンパク質などのコロイド粒子，グルコース，各種の金属イオンなどを含む複雑なコロイド溶液である。腎臓の機能が低下した場合，血液中から不要な成分だけを取り除く人為的な透析(人工透析)を行う必要がある。

(8) 分散媒の分子が熱運動によってコロイド粒子に衝突することにより，コロイド粒子が不規則に運動する現象を**ブラウン運動**という。

解答 (1) **(ウ)** (2) **(カ)** (3) **(イ)** (4) **(ク)** (5) **(ケ)**
(6) **(エ)** (7) **(ア)** (8) **(コ)**

155 **解説** (1) 濃い塩化鉄(Ⅲ)水溶液を沸騰水に加えると，酸化水酸化鉄(Ⅲ)のコロイド溶液が生じる。この反応は塩の加水分解反応(中和の逆反応)で，常温ではわずかしか進行しないが，高温では反応が急激に進み，赤褐色の FeO(OH) のコロイド粒子が生成する。

$$FeCl_3 + 2H_2O \longrightarrow FeO(OH) + 3HCl$$

操作①でつくった溶液中には，FeO(OH) のコロイド粒子と H^+ と Cl^- とが含まれる。これを操作②でセロハン袋(半透膜)に入れて純水に浸しておくと，小さな H^+ と Cl^- だけが純水中に出ていき，袋の中には FeO(OH) のコロイド粒子だけを含んだ純粋なコロイド溶液が得られる。このようにしてコロイド溶液中の不純物を除き精製する操作を，**透析**という。

(2) BTB溶液は酸塩基指示薬の1つで，酸性側で黄色，塩基性側で青色を示す。試験管 A では，透析により純水中へ H^+ が出てきたので，BTB 溶液が酸性側の黄色を示す。試験管 B では，$Ag^+ + Cl^- \longrightarrow AgCl$ より，塩化銀の白色沈殿を生成するが，Cl^- が少量のときは白濁する程度である。

(3) 酸化水酸化鉄(Ⅲ)のコロイドは疎水コロイドなので，操作④で少量の電解質の添加によって**凝析**が起こる。しかし，あらかじめゼラチン水溶液を加えておくと，少量の電解質を加えても凝析は起こらない。それは疎水コロイドがゼラチン(親水コロイド)によって包まれて，凝析しにくくなるためである。このようなはたらきをする親水コロイドを，特に**保護コロイド**という。

(4) 疎水コロイドを凝析させるのに加える電解質は，コロイド粒子と反対符号の電荷をもち，しかも価数の大きいものほど有効である(より少量で凝析させることができる)。そして，イオンの価数が1価→2価→3価になると，凝析力は1倍→2倍→3倍ではなく，1倍→数十倍→数百倍(正確には 1^6 倍→ 2^6 倍→ 3^6 倍)と大きくなる。この関係を**シュルツ・ハーディの法則**という。

負の電荷をもつコロイド粒子(**負コロイド**)では，$Na^+, K^+ < Mg^{2+}, Ca^{2+} < Al^{3+}$ の順に，陽イオンの価数が大きくなるほど，凝析力が大きくなる。

正の電荷をもつコロイド粒子(**正コロイド**)では，$Cl^-, NO_3^- < SO_4^{2-} < PO_4^{3-}$ の順に，陰イオンの価数が大きくなるほど，凝析力が大きくなる。

(ア)～(オ)の電解質のうち，価数の大きい陰イオンを含む塩の(オ)を選べばよい。

(ア) Na^+, Cl^- (イ) Al^{3+}, Cl^- (ウ) Mg^{2+}, NO_3^-
(エ) Na^+, SO_4^{2-} (オ) Na^+, PO_4^{3-}

(5) コロイド1粒子あたりに含まれる Fe 原子の数は

$$\frac{Fe^{3+}〔mol〕}{コロイド粒子〔mol〕}$$ で求められる。

$FeCl_3$ のモル質量は 162.5g/mol だから，加えた Fe^{3+} の物質量は，

$$\frac{1 \times 0.45}{162.5} \fallingdotseq 2.76 \times 10^{-3}〔mol〕$$

コロイド粒子の物質量を n〔mol〕とすると，浸透圧の公式 $\varPi V = nRT$ より，

$$3.4 \times 10^2 \times 0.10 = n \times 8.3 \times 10^3 \times 300$$

$$n \fallingdotseq 1.36 \times 10^{-5}〔mol〕$$

$$\therefore \quad \frac{2.76 \times 10^{-3}}{1.36 \times 10^{-5}} = 2.02 \times 10^2 \fallingdotseq 2.0 \times 10^2〔個〕$$

解答 (1) $FeCl_3 + 2H_2O \longrightarrow FeO(OH) + 3HCl$
(2) A **黄色を示す** B **白濁する**
(3) **保護コロイド**
(4) **(オ)** (5) **2.0×10^2 個**

15 固体の構造

156 解説 (1) 金属原子が自由電子によって結びつけられている結合が**金属結合**である。**金属結晶**は，金属原子が金属結合によってできた結晶である。

(2) **イオン結晶**は，陽イオンと陰イオンが静電気力(クーロン力)による**イオン結合**によってできた結晶である。

(3) **分子結晶**は，分子が**分子間力**によって集合してできた結晶である。

(4) **共有結合の結晶**は，多数の原子が共有結合によって次々に結合してできた結晶である。

解答 ① **金属結晶** ② **イオン結合** ③ **イオン結晶**
④ **分子間力**
⑤ **分子結晶** ⑥ **共有結合の結晶**

157 解説 (1) この金属結晶の単位格子は，**体心立方格子**である。単位格子にある各頂点の原子は$\frac{1}{8}$個分ずつ，立方体の中心の原子は1個分が含まれる。

したがって，単位格子中に含まれる原子の数は，

$\frac{1}{8}\times 8+1=2$〔個〕

(2) 結晶中で，1つの粒子の周囲にある最も近接する他の粒子の数を**配位数**という。体心立方格子の立方体の中心の原子に着目すると，立方体の各頂点の原子8個と近接しており，配位数は8である。

(3) 体心立方格子では右図のように，単位格子の立方体の対角線上で原子が接している。単位格子の1辺の長さをaとすると，三平方の定理より，対角線の長さは$\sqrt{3}\,a$で，この長さは原子半径rの4倍に等しい。

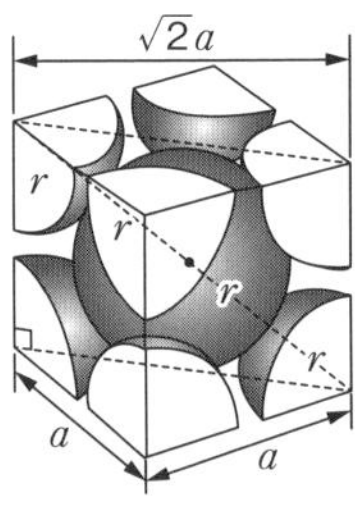

$\boldsymbol{4r=\sqrt{3}\,a}$

$\therefore\ r=\frac{\sqrt{3}\,a}{4}$

(4) この原子1molあたりの質量(モル質量)はM g/molより，アボガドロ定数をNとすると，原子1個あたりの質量は$\frac{M}{N}$〔g〕である。

単位格子中には，この原子が2個含まれるので，この金属結晶の密度は次式で表される。

$$密度=\frac{単位格子の質量}{単位格子の体積}=\frac{\frac{M}{N}\times 2}{a^3}$$

$$=\frac{2M}{a^3N}〔\mathrm{g/cm^3}〕$$

解答 (1) **2個** (2) **8** (3) $\frac{\sqrt{3}\,a}{4}$ (4) $\frac{2M}{a^3N}$

158 解説 (1) この金属結晶の単位格子は，**面心立方格子**である。単位格子の各頂点の原子は$\frac{1}{8}$個分ずつ，面の中心の原子は$\frac{1}{2}$個分ずつ含まれる。

したがって，単位格子中に含まれる原子の数は，

$\frac{1}{8}\times 8+\frac{1}{2}\times 6=4$〔個〕

(2) 面心立方格子の単位格子を右図のように2つ横につなぎ，その中心にある●の原子に着目すると，●の12個の原子と近接しており，配位数は12である。

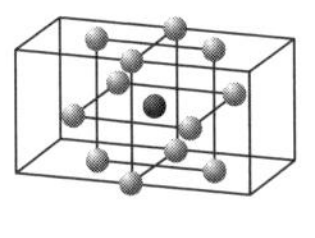

(3) 面心立方格子では右図のように，単位格子の面対角線上で原子が接している。単位格子の1辺の長さをaとすると，三平方の定理より，面対角線の長さは$\sqrt{2}\,a$で，この長さは原子半径rの4倍に等しい。

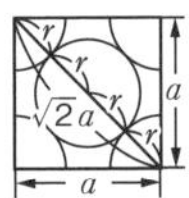

$\boldsymbol{4r=\sqrt{2}\,a}$　　$\therefore\ r=\frac{\sqrt{2}a}{4}$

(4) この金属の原子量がMだから，この原子1molあたりの質量はM〔g〕である。アボガドロ定数をNとすると，

原子1個あたりの質量は，$\frac{M}{N}$〔g〕である。

単位格子中には，この原子が4個含まれるので，

$$密度=\frac{単位格子の質量}{単位格子の体積}=\frac{\frac{M}{N}\times 4}{a^3}=\frac{4M}{a^3N}〔\mathrm{g/cm^3}〕$$

解答 (1) **4個** (2) **12個** (3) $\frac{\sqrt{2}a}{4}$ **cm**
(4) $\frac{4M}{a^3N}$ **g/cm³**

159 解説 NaClの結晶では，Na^+とCl^-はそれぞれ**面心立方格子**の配列をとっている。

(1) イオン結晶では，あるイオンを取り囲む反対符号のイオンの数を**配位数**という。これは，イオン結晶

では最も近接する異符号のイオンどうしは必ず接触しているからである。

単位格子の中心の Na^+ に着目すると，その上下，左右，前後に合計6個の Cl^- がある。

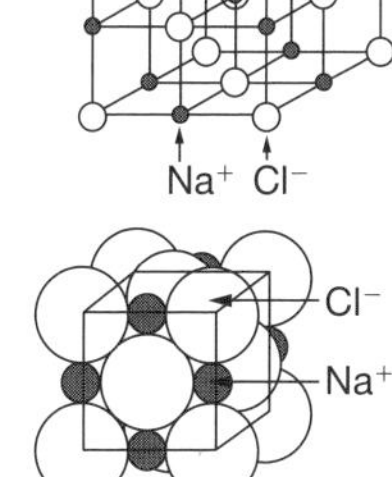

(2)　中心の Na^+ は，その周りを合計12個の Na^+ で取り囲まれている（これは配位数ではない）。

(3)　問題文の単位格子を実際のイオンの大きさと同じ大きさの比の球で表すと，右図のようになる。Na^+ と Cl^- は，単位格子の各辺上で接している。

単位格子の一辺の長さと各イオン半径との関係は，

(Na^+ の半径×2)＋(Cl^- の半径×2)＝(一辺の長さ)

(Na^+ の半径×2)＋$(1.7\times10^{-8}\times2)=5.6\times10^{-8}$

∴　Na^+ の半径＝1.1×10^{-8}〔cm〕

(4)　単位格子中の Na^+ と Cl^- は，いずれも面心立方格子の配列をしており，単位格子中の各イオンの数は，

Na^+　$\frac{1}{4}$(辺上)×12＋1(中心)＝4〔個〕

Cl^-　$\frac{1}{8}$(頂点)×8＋$\frac{1}{2}$(面心)×6＝4〔個〕

∴　単位格子中には，NaClの粒子を4個分含む。

NaCl の粒子1個分の質量は，NaCl 1mol の質量が 58.5g だから，$\frac{58.5}{6.0\times10^{23}}$〔g〕に等しい。

$$密度=\frac{単位格子の質量}{単位格子の体積}=\frac{\frac{58.5}{6.0\times10^{23}}\times4}{(5.6\times10^{-8})^3}$$

$=2.21\fallingdotseq2.2$〔g/cm^3〕

解答　(1) **6個**　(2) **12個**　(3) **1.1×10^{-8}cm**　(4) **$2.2g/cm^3$**

160 (解説)　(1)　Cu^+ は単位格子中に 1×4＝4〔個〕含まれる。

O^{2-} は，各頂点に8個，中心に1個存在するので，

$\frac{1}{8}\times8+1=2$〔個〕含まれる。

単位格子中に Cu^+ が4個と O^{2-} が2個含まれるので，各イオンの個数の比は，

$Cu^+:O^{2-}=4:2=2:1$　組成式は Cu_2O となる。

(2)　Cu^+ は対角線上にある O^{2-} 2個と接している。

立方体の中心にある O^{2-} はその周囲にある Cu^+ 4個と接している。

(3)　Cu^+ と O^{2-} は単位格子の対角線上で接しており，対角線の長さの $\frac{1}{2}$ が Cu^+ の直径と O^{2-} の直径の和に等しい。

単位格子の一辺の長さを a〔nm〕とすると対角線の長さは $\sqrt{3}\,a$〔nm〕。Cu^+ の半径を r〔nm〕とすると，

$$\frac{\sqrt{3}}{2}a=2(r+0.126)$$

$$r=\frac{1.73\times0.428-0.126\times4}{4}\fallingdotseq0.059〔nm〕$$

解答　(1) **Cu_2O**　(2) **Cu^+ 2個，O^{2-} 4個**　(3) **0.059nm**

161 (解説)　(1)　ヨウ素分子は，単位格子の頂点8か所と，面の中心6か所に位置している。

単位格子中に含まれる I_2 分子の数は，

$\left(\frac{1}{8}\times8\right)+\left(\frac{1}{2}\times6\right)=4$〔個〕

(2)　直方体の体積＝(縦)×(横)×(高さ)より，

$5.0\times10^{-8}\times7.0\times10^{-8}\times1.0\times10^{-7}$

$=3.5\times10^{-22}$〔cm^3〕

(3)　分子量が $I_2=254$ より，モル質量は 254g/mol。

アボガドロ定数を 6.0×10^{23}/mol とすると，I_2 分子1個の質量は，$\frac{254}{6.0\times10^{23}}$〔g〕

単位格子中には I_2 分子が4個含まれるから，

$$密度=\frac{単位格子の質量}{単位格子の体積}=\frac{\frac{254}{6.0\times10^{23}}\times4}{3.5\times10^{-22}}$$

$=4.83\fallingdotseq4.8$〔g/cm^3〕

解答　(1) **4個**　(2) **$3.5\times10^{-22}cm^3$**　(3) **$4.8g/cm^3$**

162 (解説)　(1)　単位格子の一辺の長さを a とおく。ダイヤモンドにおける炭素原子は，単位格子の各頂点と各面の中心，および，一辺 $\frac{a}{2}$ の小立方体の中心を1つおきに占めている。したがって，単位格子中に含まれる炭素原子の数は，

$\frac{1}{8}$(頂点)×8＋$\frac{1}{2}$(各面)×6＋4(中心)＝8〔個〕

(2)　小立方体の中心に位置する炭素原子は，その頂点に位置する4つの炭素原子と共有結合している。

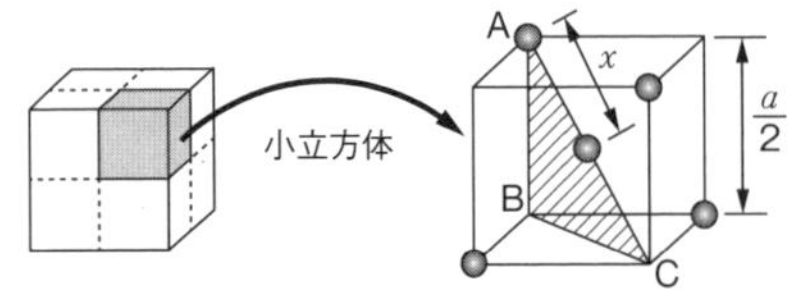

上図の斜線で示す△ABCを考えると，炭素原子の中心間距離をx〔cm〕として，

$AB=\frac{a}{2}$，$BC=\sqrt{\left(\frac{a}{2}\right)^2+\left(\frac{a}{2}\right)^2}=\frac{\sqrt{2}\,a}{2}$，$AC=2x$

△ABCについて三平方の定理より，

$$(2x)^2=\left(\frac{a}{2}\right)^2+\left(\frac{\sqrt{2}\,a}{2}\right)^2$$

$$x=\frac{\sqrt{3}\,a}{4}=\frac{1.73\times3.56\times10^{-8}}{4}\fallingdotseq1.54\times10^{-8}\text{〔cm〕}$$

(3)　C原子1個の質量は，$\frac{12}{6.0\times10^{23}}$〔g〕

単位格子中にはC原子を8個含むから，

$$\text{密度}=\frac{\text{単位格子の質量}}{\text{単位格子の体積}}=\frac{\frac{12}{6.0\times10^{23}}\times8}{(3.56\times10^{-8})^3}$$

$$=3.547\fallingdotseq3.55\text{〔g/cm}^3\text{〕}$$

解答　(1) **8個**　(2) **1.54×10^{-8}cm**
(3) **3.55g/cm^3**

163 （解説）　(1)　マグネシウムの結晶は，**六方最密構造**であり，その単位格子(最小の繰り返し単位)は，正六角柱の$\frac{1}{3}$に相当する四角柱である。その底面の菱形の頂点に位置するMg原子のうち，内角120°のものは$\frac{1}{6}$個分，内角60°のものは$\frac{1}{12}$個分が単位格子に含まれる。また，四角柱の内部にも1個分が含まれる。

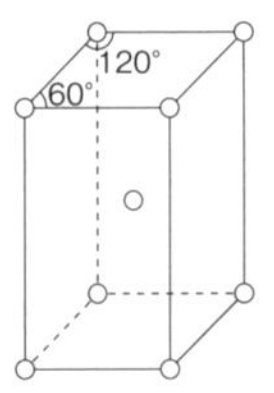

単位格子に含まれるMg原子の数は，

$$\left(\frac{1}{6}\times4\right)+\left(\frac{1}{12}\times4\right)+1=2\text{〔個〕}$$

(2)　単位格子の底面の菱形は，右図のように，一辺の長さがaの正三角形を2つ合わせたものである。したがって，菱形の底面積Sは，

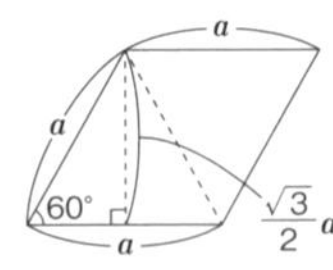

$$S=\frac{1}{2}\left(a\times\frac{\sqrt{3}}{2}a\right)\times2=\frac{\sqrt{3}\,a^2}{2}\text{〔cm}^2\text{〕}$$

よって，単位格子の四角柱の体積Vは，

$$V=\frac{\sqrt{3}\,a^2b}{2}\text{〔cm}^3\text{〕}$$

ここへ，$a=3.2\times10^{-8}$cm，$b=5.2\times10^{-8}$cm，$\sqrt{3}=1.73$を代入すると，

$$V=\frac{1.73}{2}\times(3.2\times10^{-8})^2\times5.2\times10^{-8}$$

$$=4.605\times10^{-23}\fallingdotseq4.61\times10^{-23}\text{〔cm}^3\text{〕}$$

(3)　Mgのモル質量は24.3g/molであるから，Mg原子1個の質量は，$\frac{24.3}{6.0\times10^{23}}$〔g〕

この単位格子中にはMg原子2個を含むから，

$$\text{密度}=\frac{\text{単位格子の質量}}{\text{単位格子の体積}}=\frac{\frac{24.3}{6.0\times10^{23}}\times2}{4.605\times10^{-23}}$$

$$=1.758\fallingdotseq1.76\text{〔g/cm}^3\text{〕}$$

解答　(1) **2個**　(2) **4.61×10^{-23}cm^3**
(3) **1.76g/cm^3**

共通テストチャレンジ

164 （解説）　ア　イオン結晶では，着目したイオンを取り囲む反対符号のイオンの数を**配位数**という。

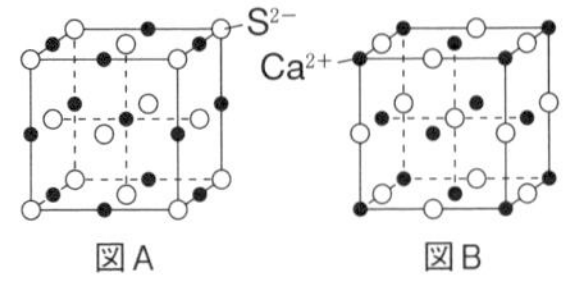

図Aと図Bは，CaS結晶の切り方を変えて，2通りの方法で単位格子を表したものである。

図Aで，立方体の中心に存在するCa^{2+}に着目すると，その上下左右前後にある6個のS^{2-}に取り囲まれており，Ca^{2+}の配位数は6である。図Bで，立方体の中心に存在するS^{2-}に着目すると，その上下左右前後にある6個のCa^{2+}に取り囲まれており，S^{2-}の配位数も6である。　②

イ　CaSのイオン結晶は，NaCl型構造と同じであり，Ca^{2+}とS^{2-}は単位格子の各辺上で接している。単位格子の一辺の長さをlとすると，$l=2(R+r)$

よって，単位格子の体積Vは，$8(R+r)^3$である。
①

ウ　CaSの結晶40gをエタノールに沈めると，メスシリンダーの目盛りが15cm^{3}だけ上昇したのでCaSの結晶の密度は$\frac{40}{15}$ g/cm^{3}である。

この結晶の単位格子(図Aで考える)の中には，

Ca^{2+}：$\frac{1}{4}$(辺)×12+1(内部)=4 個

S^{2-}：$\frac{1}{8}$(頂点)×8+$\frac{1}{2}$(面)×6=4 個

が含まれ，CaS 粒子 4 個分が含まれる。

CaS 粒子 1 個分の質量は $\frac{72}{6.0\times10^{23}}=1.2\times10^{-22}$g

よって，単位格子の体積を V〔cm^3〕とすると，

密度 $=\frac{1.2\times10^{-22}\times4}{V}=\frac{40}{15}$

∴　$V=1.8\times10^{-22}$〔cm^3〕　②

解答　ア ②　イ ①　ウ ②

165 解説

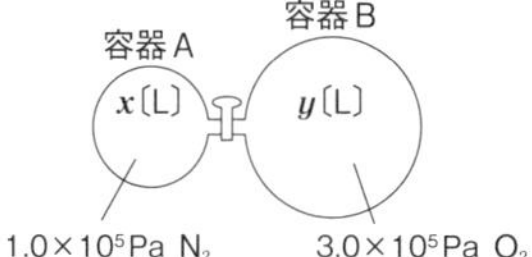

コックを開いた後，混合気体中の N_2，O_2 の分圧を P_{N_2}，P_{O_2} とおく。

混合前後で，各気体の物質量，温度は一定なので，ボイルの法則が適用できる。

$1.0\times10^5\times x=P_{N_2}\times(x+y)$

$3.0\times10^5\times y=P_{O_2}\times(x+y)$

混合気体の全圧は分圧の和に等しいので，

$$P_{N_2}+P_{O_2}=1.0\times10^5\times\frac{x}{x+y}+3.0\times10^5\times\frac{y}{x+y}=2.0\times10^5$$

$x+3y=2(x+y)$

$x=y$　　∴　$x:y=1:1$　→ ③

解答　③

166 解説

(1)　温度を 90℃に保ったまま，体積を 5 倍にすると，1.0×10^5Pa のエタノールの気体の圧力は $\frac{1}{5}$ になるから，

$1.0\times10^5\times\frac{1}{5}=2.0\times10^4$〔Pa〕

圧力一定で，一定量の気体の温度を下げると，エタノールの分圧は 2.0×10^4Pa のままで変化しない。よって，エタノールの蒸気圧 2.0×10^4Pa を示す直線とエタノールの蒸気圧曲線との交点を読み取ると，約 42℃。この温度でエタノールの凝縮が始まる。

(2)　体積一定で，一定量の気体の温度を下げると，気体の圧力はボイル・シャルルの法則に従って減少する。たとえば，27℃におけるエタノールの気体の圧力を x〔Pa〕とおくと，

$\frac{5.0\times10^4}{373}=\frac{x}{300}$　　∴　$x\fallingdotseq4.0\times10^4$〔Pa〕

グラフ上に，(100℃，5.0×10^4Pa)，(27℃，4.0×10^4Pa) の 2 点を通る直線を引き，これとエタノールの蒸気圧曲線との交点を読み取ると，約 58℃。この温度でエタノールの凝縮が始まる。

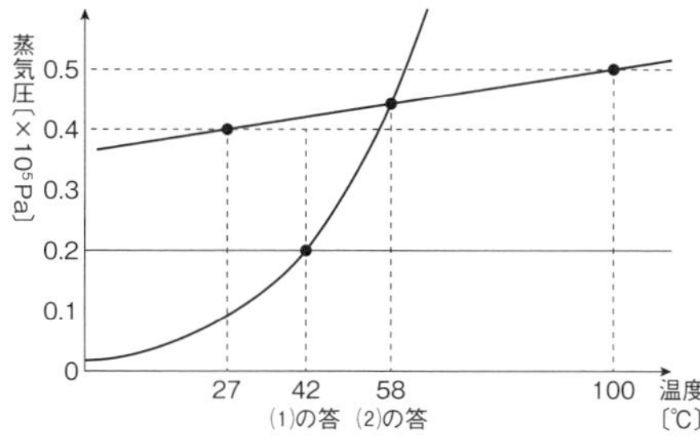

解答　ア 4　イ 2　ウ 5　エ 8

167 解説

(1)　ヘンリーの法則より，気体の溶解度(物質量)は，その気体の圧力に比例する。

10℃での O_2 の溶解度は 1.75×10^{-3}mol/1L 水，

20℃での O_2 の溶解度は 1.40×10^{-3}mol/1L 水

と読み取れる。

水 1L あたりで考えると，

$1.75\times10^{-3}-1.40\times10^{-3}=3.5\times10^{-4}$mol 減少する。

水 20L では，$3.5\times10^{-4}\times20=7.0\times10^{-3}$ 減少する。

→ ②

(2)　20℃での N_2 の溶解度は 0.70×10^{-3}mol/1L 水と読み取れる。

最初の状態での N_2 の分圧は，

$5.0\times10^5\times\frac{4}{5}=4.0\times10^5$〔Pa〕

このとき水に溶けている N_2 の物質量は，

$0.70\times10^{-3}\times4=2.8\times10^{-3}$〔mol〕

終わりの状態での N_2 の分圧は，

$1.0\times10^5\times\frac{4}{5}=0.8\times10^5$〔Pa〕

このとき水に溶けている N_2 の物質量は，

$0.70\times10^{-3}\times0.8=5.6\times10^{-4}$〔mol〕

∴　遊離した N_2 の物質量は，

$2.8\times10^{-3}-5.6\times10^{-4}=2.24\times10^{-3}$〔mol〕

0℃，1.013×10^5Pa での気体 1mol あたりの体積は 22400mL/mol だから，

$2.24\times10^{-3}\times22400=50.1\fallingdotseq50$〔mL〕　→ ③

解答　(1) ②　(2) ③

16 化学反応と熱・光

168 (解説) 化学反応には，一定体積中で行われる**定積反応**もあるが，一定圧力下で行われる**定圧反応**が多く，高等学校では，主に定圧反応を学習する。圧力一定のときに，各物質のもつ化学エネルギーの量を，**エンタルピー（熱含量，記号 H）**といい，着目する物質 1 mol あたりのエネルギー量(単位 kJ/mol)で表される。

また，定圧反応において，放出・吸収される熱量を**反応エンタルピー**といい，これは生成物のもつエンタルピーと反応物のもつエンタルピーの差である**エンタルピー変化**とも等しいので，記号 ΔH で表す。

反応エンタルピー ΔH＝(生成物がもつエンタルピー)
－(反応物がもつエンタルピー)

化学反応において，反応物のもつエンタルピーの総和が生成物のもつエンタルピーの総和よりも大きいときは，その差に相当する熱が放出される。このような反応を**発熱反応**という。一方，反応物のもつエンタルピーの総和よりも生成物のもつエンタルピーの総和よりも大きいときは，その差に相当する熱が吸収される。このような反応を**吸熱反応**という。

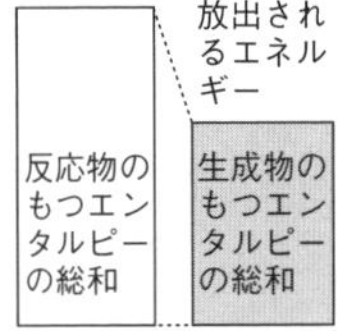

発熱反応　　　吸熱反応

発熱反応($Q>0$)では，反応系外に熱エネルギーが放出されるので，反応系内の物質のもつエンタルピーが減少し，$\Delta H<0$ となる。

吸熱反応($Q<0$)では，反応系外から熱エネルギーが吸収されるので，反応系内の物質のもつエンタルピーが増加し，$\Delta H>0$ となる。

したがって，反応熱 Q と反応エンタルピー ΔH は，その大きさは等しいが，符号が逆になる。

解答　① **エンタルピー**　② **反応エンタルピー**
③ **発熱反応**　④ **吸熱反応**

169 (解説) **反応エンタルピー**ΔH は，着目した物質 1mol あたりの値で示す約束があるので，熱化学反応式においては，その物質の係数が 1 になるように書く必要がある。すなわち，反応エンタルピーの種類を区別するには，まず，熱化学反応式中で係数が 1 の物質に着目すればよい。

反応エンタルピーには，次のような種類がある。

反応エンタルピー	内　容
燃焼エンタルピー	物質 1mol が**完全燃焼**するときに放出する熱量。$\Delta H<0$ のみ。
生成エンタルピー	物質 1mol が**その成分元素の単体**から生成するときに放出・吸収する熱量。$\Delta H>0$，$\Delta H<0$ の両方あり。
溶解エンタルピー	物質 1mol が多量の水に溶解するときに放出・吸収する熱量。$\Delta H>0$，$\Delta H<0$ の両方あり。
中和エンタルピー	酸・塩基の水溶液の中和で水 1mol が生成するときに放出する熱量。$\Delta H<0$ のみ。
融解エンタルピー	固体 1mol が液体になるときに吸収する熱量。$\Delta H>0$ のみ。
蒸発エンタルピー	液体 1mol が気体になるときに吸収する熱量。$\Delta H>0$ のみ。
昇華エンタルピー	固体 1mol が気体になるときに吸収する熱量。$\Delta H>0$ のみ。

(注意) 燃焼エンタルピー，生成エンタルピーなどの反応エンタルピーの単位は〔kJ/mol〕であるが，熱化学反応式の最後につける反応エンタルピーの単位は〔kJ〕だけである。熱化学反応式では，着目する物質の係数を 1 にして，その物質が 1 mol あることを示しているから，あえて「1mol あたり」を表す"kJ/mol"をつけずに，単に"kJ"だけを示す。

(1)　物質 1mol を多量の溶媒(通常，水 200mol 程度)に溶解したときの反応エンタルピーを**溶解エンタルピー**という。発熱反応($\Delta H<0$)と吸熱反応($\Delta H>0$)の両方の場合がある。

NaCl が多量の水に溶けるときの溶解エンタルピーを表す。ΔH＝3.9kJ(吸熱反応)

(2)　H_2O の**蒸発エンタルピー**を表す。

ΔH＝44kJ(吸熱反応)

(3)　左辺の C(黒鉛)に着目すれば燃焼エンタルピー。右辺の CO(気)に着目すれば**生成エンタルピー**となる。しかし，燃焼エンタルピーは物質 1 mol の完全燃焼における発熱量のことだから，本問のような不完全燃焼の場合は燃焼エンタルピーとはいわない。

(4)　左辺の Al に着目すれば，Al の**燃焼エンタルピー**を表す。右辺の Al_2O_3 は係数が 1 ではないので，Al_2O_3 の生成エンタルピーではない。

(5)　左辺の S(斜方)に着目すれば，S の**燃焼エンタルピー**。右辺の SO_2(気)に着目すれば，SO_2 の**生成エンタルピー**。どちらにも該当する。

(注意) 一般に，各元素の単体の燃焼エンタルピーは，その燃焼生成物の生成エンタルピーに等しい。また，硫黄の単体には同素体が存在するが，常温で安定な斜方硫黄が選ばれる。

(6)　酸と塩基の水溶液が中和して，水 1mol が生成しているから，**中和エンタルピー**を表す。ただし，弱

170～172

酸と強塩基，または強酸と弱塩基による中和エンタルピーは，弱酸または弱塩基の電離に必要な熱量(吸熱)が必要となるので，強酸と強塩基による中和エンタルピーの－56.5kJ/molよりもやや小さな負の値となる。たとえば，塩酸(強酸)とアンモニア(弱塩基)との中和エンタルピーは－50.2kJ/molを示す。

解答　(1) **(ウ)**　(2) **(オ)**　(3) **(イ)**　(4) **(ア)**
(5) **(ア)，(イ)**　(6) **(カ)**

170 **解説**　**熱化学反応式**は，化学反応式の後に，反応エンタルピー ΔH を書き加えた式である。物質の状態を付記するのを原則とするが，25℃，1.013×10^5 Pa(**熱化学の標準状態**)において，物質の状態が明らかなときは，省略してもよい。また，同素体の存在する物質(単体)では，C(ダイヤモンド)やC(黒鉛)のように，その種類を区別すること。

(1)　エチレン1molあたりでは，$141\times10=1410$〔kJ〕の発熱となる。エチレン C_2H_4 の完全燃焼では，CO_2 と H_2O(液)が生成する。

C_2H_4(気)＋$3O_2$(気)⟶$2CO_2$(気)＋$2H_2O$(液)

C_2H_4 の係数が1なので，上式の最後に，$\Delta H=-1410$ kJを加える。

(2)　メタノール CH_4O をつくるのに必要な単体は，C(黒鉛)，H_2，O_2 である。メタノールの生成エンタルピーだから，右辺の CH_4O の係数を1にする。

C(黒鉛)＋$2H_2$(気)＋$\frac{1}{2}O_2$(気)⟶CH_4O(液)

上式の最後に $\Delta H=-239$kJを加える。

(3)　NaOH(固)1molあたりでは，$4.4\times10=44$〔kJ〕の発熱がある。多量の水はaq，NaOHaqのように化学式の後ろにつけたaqはその水溶液を表す。

NaOH(固)＋aq⟶NaOHaq

上式の最後に，$\Delta H=-44$kJを加える。

(4)　気体分子中の共有結合1molを切断して，ばらばらの原子にするのに必要なエネルギーを，**結合エンタルピー**という。結合エンタルピーを熱化学反応式で表すときは次のようになる。

・結合を切断するとき…吸熱反応　$\Delta H>0$
・結合を生成するとき…発熱反応　$\Delta H<0$

Cl_2(気)⟶2Cl(気)　$\Delta H=239$kJ
2Cl(気)⟶Cl_2(気)　$\Delta H=-239$kJ

どちらで表してもよい。(通常は上式を書く。)

(5)　**中和エンタルピー**は，酸・塩基の水溶液が中和して H_2O 1molが生成するときの反応エンタルピーである。HClとNaOHの物質量を比較すると，

HCl　$1\times0.5=0.5$〔mol〕
NaOH　$0.5\times1=0.5$〔mol〕

よって，両者は過不足なく中和し，水0.5mol生成する。よって，H_2O 1molあたりの熱量に換算すると，

$28\times2=56$〔kJ〕

HClaq＋NaOHaq⟶NaClaq＋H_2O(液)

上式の最後に $\Delta H=-56$kJを加える。

(6)　物質の状態変化も熱化学反応式で表すことができる。このうち，**融解エンタルピー**(固体→液体)，**蒸発エンタルピー**(液体→気体)，**昇華エンタルピー**(固体→気体)はいずれも吸熱反応であり，$\Delta H>0$ である。

解答　(1) **C_2H_4(気)＋$3O_2$(気)⟶**
$2CO_2$(気)＋$2H_2O$(液)　$\Delta H=-1410$kJ

(2) **C(黒鉛)＋$2H_2$(気)＋$\frac{1}{2}O_2$(気)⟶**
CH_4O(液)　$\Delta H=-239$kJ

(3) **NaOH(固)＋aq⟶NaOHaq　$\Delta H=-44$kJ**

(4) **Cl_2(気)⟶2Cl(気)　$\Delta H=239$kJ**

(5) **HClaq＋NaOHaq⟶**
NaClaq＋H_2O(液)　$\Delta H=-56$kJ

(6) **C(黒鉛)⟶C(気)　$\Delta H=715$kJ**

171 **解説**　混合気体112L(標準状態)の物質量は，5.00molである。混合気体中のメタンを x〔mol〕，エタンを y〔mol〕とおくと，

物質量について，$x+y=5.00$　…①
発熱量について，$890x+1560y=5254$　…②

①，②より，

$x=3.80$〔mol〕，$y=1.20$〔mol〕

気体では(物質量比)＝(体積比)より，

メタンの体積％＝$\frac{3.80}{5.00}\times100=76.0$〔％〕

解答　**76.0%**

172 **解説**　(1)　HClとNaOHの物質量を比較する。

HCl　$2.0\times\frac{200}{1000}=0.40$〔mol〕

NaOH　$2.0\times\frac{250}{1000}=0.50$〔mol〕

物質量の少ない方のHClがすべて中和するので，生成する H_2O は0.40molである。(NaOHの一部は反応せずに残る。)

よって，発生する熱量は，

$0.40\times56.5=22.6\fallingdotseq23$〔kJ〕

(2) HCl と NaOH の物質量を比較する。

HCl　$1.0\times\frac{200}{1000}=0.20$〔mol〕

NaOH　$\frac{4.0}{40}=0.10$〔mol〕

物質量の少ない方の NaOH がすべて中和するので，生成する H_2O は 0.10mol である。(HCl の一部は反応せずに残る。)

よって，発生する熱量は，

$0.10\times101=10.1\fallingdotseq10$〔kJ〕

解答 (1) **23kJ** (2) **10kJ**

173 **解説** 問題文に，熱化学反応式が与えられている場合, 反応エンタルピーの計算は次のように行う。

①求めたい反応エンタルピーを x〔kJ/mol〕として，熱化学反応式で表す。
②与えられた熱化学反応式の中から，①に必要な物質を選び出す。
③それらを組み合わせて，求める熱化学反応式を組み立てる(**組立法**)。
④ ΔH の部分に対して，③と同様の計算を行うと，反応エンタルピー x の値が求められる。

エタンの燃焼エンタルピーを x〔kJ/mol〕とおくと，その熱化学反応式は次の通りである。

C_2H_6(気) $+\frac{7}{2}O_2$(気)
⟶ $2CO_2$(気) $+3H_2O$(液)　$\Delta H=x$kJ　…④

④式の右辺の $2CO_2$(気)に着目 ⟶ ①×2
④式の右辺の $3H_2O$(液)に着目 ⟶ ②×3
④式の左辺の C_2H_6(気)に着目 ⟶ ③×(−1)

(C_2H_6 は③式の右辺にあるが，④式では左辺に移項しなければならない。このとき符号が逆になることを考慮して，③式はあらかじめ(−1)倍しておく。)

したがって，①×2＋②×3－③より，④式が求まる。ΔH の部分に対して同様の計算を行うと，

$(-394)\times2+(-286)\times3-(-84)$
$=-1562$〔kJ〕

〈別解〉 反応に関係するすべての物質の生成エンタルピーが与えられているので, 次の公式が利用できる。

(反応エンタルピー)＝(生成物の生成エンタルピーの和)－(反応物の生成エンタルピーの和)

単体 O_2 の生成エンタルピーは 0(定義)とする。

たとえば，C(黒鉛) $+O_2$(気) ⟶ CO_2(気)　$\Delta H=-394$kJ …①
①式の $\Delta H=-394$kJ は，左辺の C(黒鉛)に着目すれば，C(黒鉛)の完全燃焼による燃焼エンタルピーを表し，右辺の CO_2(気)に着目すれば，その単体 C(黒鉛)と O_2(気)から生成するときの生成エンタルピーも表している。
一般に，各元素の単体を完全燃焼させたときの燃焼エンタルピーは，その燃焼生成物の生成エンタルピーと等しい。

$\Delta H=(-394\times2)+(-286\times3)-(-84+0)$
$=-1562$〔kJ〕

エタンの燃焼エンタルピーは -1562kJ/mol。

解答 **−1562kJ/mol**

174 **解説** (1) 反応に関係するすべての物質の生成エンタルピーが与えられているので，次の公式が利用できる。

(反応エンタルピー)＝(生成物の生成エンタルピーの和)－(反応物の生成エンタルピーの和)

ただし，単体 Al，Fe の生成エンタルピーは 0 とする。

$\Delta H=\{(-1676)+0\}-\{0+(-824)\}$
$=-852$〔kJ〕

(2) 反応に関係するすべての物質の生成エンタルピーが与えられている場合，次の公式が利用できる。

(反応エンタルピー)＝(生成物の生成エンタルピーの和)－(反応物の生成エンタルピーの和)

ただし, 単体 O_2 の生成エンタルピーは 0(定義)とする。

$\Delta H=(90\times4)+(-242\times6)-\{(-46\times4)+0\}$
$=-908$〔kJ〕

解答 (1) **−852kJ/mol** (2) **−908kJ/mol**

175 **解説** 圧力一定のときに，各物質が保有する化学エネルギーを**エンタルピー**といい，各物質のもつエンタルピーの相対的な大きさ(大小関係)を表した図を**エンタルピー図**という。

エンタルピー図は，保有するエンタルピーの大きい物質を上位に, 小さい物質を下位に書く。したがって，下に向かう反応が**発熱反応**で，そのエンタルピー変化は $\Delta H<0$ となる。また, 上に向かう反応が**吸熱反応**で，そのエンタルピー変化は $\Delta H>0$ となる。(なお，エンタルピー変化 $\Delta H=H_{反応後}-H_{反応前}$ と約束されている。)

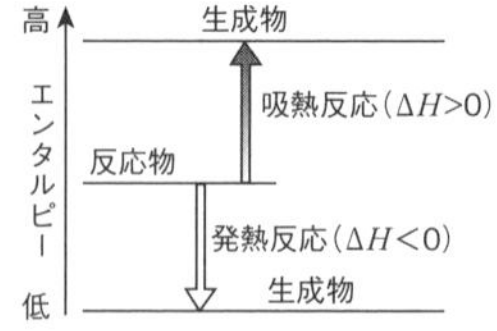

(1) C(黒鉛)の昇華エンタルピーを x〔kJ/mol〕として，その熱化学反応式は次の通り。

C(黒鉛) ⟶ C(気)　$\Delta H=x$kJ

エンタルピー図では，状態(ウ)から(イ)への変化に対応する。上向きの矢印(吸熱反応)なので，ΔHは正の値になる。$\Delta H=717$kJ/mol

(2) H−H結合の結合エンタルピーをy〔kJ/mol〕として，その熱化学反応式は次の通り。

H_2(気) ⟶ 2H(気)　$\Delta H=y$kJ

エンタルピー図では，状態(イ)から(ア)への変化の$\frac{1}{2}$に対応する。上向きの矢印(吸熱反応)なので，ΔHは正の値になる。$\Delta H=436$kJ/mol

(3) CH_4の解離エンタルピー(分子中の共有結合をすべて切断するのに必要なエネルギー)をz〔kJ/mol〕として，その熱化学反応式は次の通り。

CH_4(気) ⟶ C(気)＋4H(気)　$\Delta H=z$kJ

エンタルピー図では，状態(エ)から(ア)への変化に対応する。上向きの矢印なので，ΔHは正の値になる。

$\Delta H=75+717+(436\times2)$

$=1664$〔kJ/mol〕

解答 (1) **717kJ/mol** (2) **436kJ/mol**
(3) **1664kJ/mol**

176 **解説**

N_2(気)＋$3H_2$(気) ⟶ $2NH_3$(気)の反応エンタルピーΔHをx〔kJ/mol〕とする。

結合エンタルピーを使って反応エンタルピーを求める問題では，反応物をばらばらの原子に解離した状態を経由して，各原子を組み換えて生成物に変化するという反応経路を仮定し，**エンタルピー図**を書くとよい。

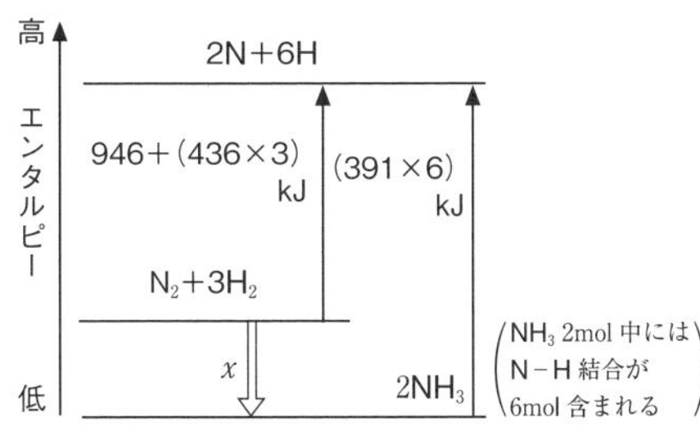

エンタルピー図を使って反応エンタルピーを求めるときは，まず，結合エンタルピーの符号を考慮せずに，数値だけを計算する。なぜなら，エンタルピー図では、上向き，下向きの矢印(→)で発熱，吸熱の符号が区別されているからである。最後に，反応エンタルピーは符号を区別して答える必要があるので，その反応の進行方向を表す矢印(⇨)が下向きであれば発熱反応($\Delta H<0$)なので，求めた数値に負号(−)と単位〔kJ/mol〕をつけて答える。逆に，上向きであれば吸熱反応($\Delta H>0$)なので，求めた数値にそのまま単位〔kJ/mol〕をつけて答えればよい。

$x=(391\times6)-(946+436\times3)$

$=92$〔kJ〕

N_2+3H_2(反応物)から$2NH_3$(生成物)に向かう矢印(⇨)が下向きなので，$\Delta H=-92$kJ/molと答える。

〈別解〉 次の公式を使って反応エンタルピーを求める方法がある。

(反応エンタルピー)＝(反応物の結合エンタルピーの和)−(生成物の結合エンタルピーの和)

反応物・生成物がともに気体の場合に限る。

上の公式に各結合エンタルピーの値を代入すると，

$\Delta H=946+(436\times3)-(391\times6)$

$=-92$〔kJ〕

解答 **−92kJ/mol**

177 **解説**

(1) 次図のA点でNaOHの水への溶解を開始し，B点で溶解が完了した。NaOH(固)をすべて水に溶解するには少し時間がかかる。この実験では断熱容器を用いているが，発生した熱の一部は一定の割合で周囲へ逃げていく。したがって，B点以降，液温が少しずつ低下していく。

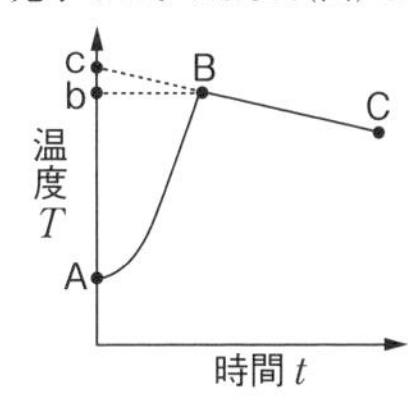

B点の溶液の温度(29.0℃)は測定中での最高温度であるが，真の最高温度ではない。なぜなら，NaOHの水への溶解過程(A～B点)ではすでに周囲への放冷が始まっているからである。NaOHの水への溶解が瞬時に終了し，周囲に全く熱が逃げなかったとすれば，もっと温度は上昇したはずである。そこで，真の最高温度は，周囲への放冷を示す直線BCを反応開始時($t=0$)まで延長すると(外挿という)求められ，グラフからc点の温度(30.0℃)と求められる。

実験(a)の温度変化は，$\Delta T=30.0-20.0=10.0$〔K〕

発熱量〔J〕＝比熱〔J/(g･K)〕×質量〔g〕×温度変化〔K〕

$Q=4.20\times(48.0+2.00)\times10.0=2100$〔J〕$=2.10$〔kJ〕

(2) NaOHの式量40.0より，モル質量は40.0g/mol。

(1)での発熱量をNaOH 1molあたりに換算して，

$2.10\times\frac{40.0}{2.00}=42.0$〔kJ〕

NaOH(固) 1molの水への溶解では，42.0kJの発熱があるので，NaOHの水への溶解エンタルピーは，−42.0kJ/molである。これを熱化学反応式で表すと，

NaOH(固)＋aq ⟶ NaOHaq　$\Delta H=-42.0$kJ…①

(3) 実験(b)の発熱量は，

$Q=4.20\times(50.0+2.00)\times23.0=5023$〔J〕

$=5.023$〔kJ〕

加えたHClの物質量は，

$$1.00\times\frac{50.0}{1000}=0.0500\text{〔mol〕}$$

溶かしたNaOHの物質量も0.0500molであるから，両者は完全に中和し，H_2O 0.0500molが生成する。

(3)での発熱量をH_2O1.00molあたりに換算すると，

$$5.023\times\frac{1.00}{0.0500}=100.46\fallingdotseq100.5\text{〔kJ〕}$$

これを熱化学反応式で表すと，

HClaq＋NaOH(固) ⟶
　　NaClaq＋H_2O(液)　$\Delta H=-100.5$kJ　…②

(4)　物質の最初の状態と最後の状態が同じであれば，途中の反応経路には関係なく，出入りする熱量の総和は一定である。これを**ヘスの法則**という。

塩酸と水酸化ナトリウム水溶液との中和エンタルピーをx〔kJ/mol〕とおくと，

②式－①式より，NaOH(固)を消去すると，

HClaq＋NaOHaq ⟶ NaClaq＋H_2O(液)＋xkJ

ΔHの部分に対して，同様の計算を行うと，

$$x=(-100.5)-(-42.0)=-58.5\text{〔kJ〕}$$

解答　(1) **2.10kJ**　(2) **−42.0kJ/mol**　(3) **−100.5kJ/mol**　(4) **−58.5kJ/mol**

178 **解説**　尿素の水への溶解をA点で開始し，B点で完了した。このとき，尿素の水への溶解が吸熱反応であるため，溶解の進行に伴って液温がしだいに低下する。B点の溶液の温度(15.8℃)は測定中の最低温度ではあるが，真の最低温度ではない。なぜなら，断熱容器ではあっても，B～C点への温度上昇からわかるように，周囲からの熱の流入が続いているからである。このことは，尿素の水への溶解過程(A～B点)においても，同様に周囲からの熱の流入は起こっていたはずである。

したがって，尿素の水への溶解が瞬時に終了し，周囲からの熱の流入がまったくなかったと仮定したときの真の最低温度は，周囲からの熱の流入を表す直線BCを，溶解開始時まで延長(外挿という)すると求められたE点の温度(15.5℃)である。

4.0gの尿素の水への溶解に伴う吸熱量は，

(吸熱量)＝(比熱)×(質量)×(温度変化)より

$$4.2\text{〔J/(g·K)〕}\times(46.0+4.0)\text{〔g〕}\times(20.0-15.5)\text{〔K〕}$$
$$=945\text{〔J〕}$$

尿素$CO(NH_2)_2$の分子量は60より，

モル質量は60g/molである。

求めた吸熱量を尿素1molあたりに換算すると，

$$0.945\text{〔kJ〕}\times\frac{60}{4.0}\fallingdotseq14.2\text{〔kJ/mol〕}$$

尿素の水への溶解は吸熱反応なので，その溶解エンタルピーΔHは正の値の14.2kJ/molになる。

解答　**14.2kJ/mol**

17 電池

179 **解説**　酸化還元反応を利用して電気エネルギーを取り出す装置を**電池**という。電池では，酸化反応と還元反応を別々の場所で行わせ，その間を導線で結び，授受された電子を電流として取り出している。

電池は，自発的に起こる酸化還元反応によって放出される化学エネルギーを，電気エネルギーとして取り出す装置であり，その放電時の反応はいずれも発熱反応である。

2種類の金属板を電解質の水溶液(**電解液**)に浸し，2つの金属板を導線でつなぐと，イオン化傾向の大きな金属は電子を放出して酸化され，陽イオンとなって溶け出す。このとき生じた電子は導線を通ってイオン化傾向の小さな金属へ移動し，電解液中の別の陽イオンが電子を受け取って還元される。

一般に，電子の授受を行わせる導電性の物質を**電極**という。酸化反応が起こり，導線へ電子が流れ出す電極を**負極**，還元反応が起こり，導線から電子が流れ込む電極を**正極**という。

したがって，酸化反応が起こりやすいイオン化傾向の大きい金属が負極となり，還元反応が起こりやすいイオン化傾向の小さい金属が正極となる。

また，両電極間に生じる電位差(電圧)を電池の**起電力**という。

電子は負極から正極の方向に移動するが，電流は電子と逆方向の，正極から負極へと流れることになる。

解答　① **電解質**　② **電池**　③**陽イオン**　④ **負極**　⑤ **正極**　⑥ **負極**　⑦ **正極**　⑧ **酸化**　⑨ **還元**　⑩ **イ**

180 **解説**　(1)　2種類の金属を電解質水溶液に浸し，両電極を導線でつなぐと**電池**ができる。このとき，イオン化傾向の大きい金属が負極，イオン化傾向の小さい金属が正極となる。電池の場合，負極では**酸化反応**が，正極では**還元反応**が起こる。

なお，電池から電流を取り出すことを**放電**という。放電の逆反応を起こし，電池の起電力を回復させる操作を**充電**という。

(2) 電池の構成を化学式で表したものを**電池式**といい，**ダニエル電池**の電池式は，

(−)Zn | $ZnSO_4$aq | $CuSO_4$aq | Cu(+)

と表される。ダニエル電池の負極では，イオン化傾向の大きいZnがZn^{2+}となって溶け出す**酸化反応**が起こる。このとき生じた電子は導線を通って銅板に達する。一方，正極ではイオン化傾向の小さいCuはCu^{2+}となって溶け出すことはなく，電解液中のCu^{2+}が電子を受け取り，Cuとなって析出する**還元反応**が起こる。

(3) 電池を放電すると，負極から正極へ向かって電子が移動し，その逆方向である正極から負極へ向かって電流が流れる。

(4) 電池の場合，負極で実際に電子を放出している物質(還元剤)を**負極活物質**，正極で実際に電子を受け取っている物質(酸化剤)を**正極活物質**という。電池内で電子を放出した負極活物質(還元剤)はZn，電子を受け取った正極活物質(酸化剤)はCu^{2+}である。

(5) 放電すると，負極液では$[Zn^{2+}]>[SO_4^{2-}]$となり，正極液では$[Cu^{2+}]<[SO_4^{2-}]$となる。各電解液中の正・負の電荷の不均衡を解消するため，素焼板の細孔を通って(i)Zn^{2+}が左から右へ，(ii)SO_4^{2-}が右から左へ移動して，両電解液の電気的中性が保たれる。

素焼板(隔膜)の代わりに，KCl，KNO_3などの電極反応に関係しない電解質の濃厚水溶液を寒天やゼラチンなどで固めたもの(**塩橋**)が使われることがある。隔膜は記号(|)で，塩橋は記号(||)で表す。

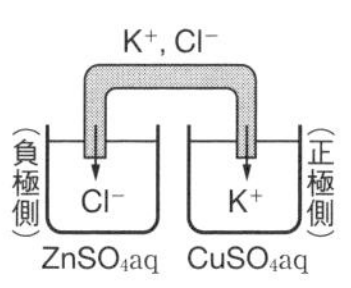

負極(左)側では，陽イオンZn^{2+}が増加するので，電荷のつり合いをとるために，塩橋からCl^-が流入する。正極(右)側では，陽イオンCu^{2+}が減少するので，電荷のつり合いをとるために，塩橋からK^+が流入する。これで各電解液の正・負電荷の不均衡が解消され，2つの半電池が電気的に接続されたことになる。塩橋では大きな電流を取り出すことはできないので，電池の起電力の測定などに用いられる。

(6) 素焼板の細孔内をイオンが移動できるので，電池内にも電気回路が形成され，電流が流れる。その結果，外部回路にも継続的に電流が流れることになる。

(7)① ガラス板は水やイオンを通さないので，電池内での電気回路が遮断される。その結果，外部回路への電流も流れなくなる。

② 正極と負極に用いる金属のイオン化傾向の差が大きいほど，電池の起電力は大きくなる。金属のイオン化傾向は㊇ Zn>Fe>Cu>Ag ㊈なので，ダニエル電池のCu板と$CuSO_4$水溶液をFe板と$FeSO_4$水溶液に取り替えると，Znとのイオン化傾向の差が小さくなり，電池の起電力は小さくなる。

③ Cu板と$CuSO_4$水溶液をAg板と$AgNO_3$水溶液に取り替えると，Znとのイオン化傾向の差が大きくなり，電池の起電力は大きくなる。

④ 負極板，正極板の面積を大きくすると，電池から流れ出す電流が大きくなるだけで，電池の起電力は変化しない。

(8) この電池全体の反応式は，次のようになる。

$$Zn + Cu^{2+} \rightleftarrows Zn^{2+} + Cu$$

この電池を放電すると，Zn^{2+}の濃度は高くなり，Cu^{2+}の濃度は低くなる。したがって，この電池をできるだけ長時間使用するには，Zn^{2+}の濃度を低く，Cu^{2+}の濃度を高くしておくのがよい。

解答 (1) **ダニエル電池**

(2) **負極 $Zn \longrightarrow Zn^{2+} + 2e^-$**

正極 $Cu^{2+} + 2e^- \longrightarrow Cu$

(3) **A**

(4) **負極活物質 Zn，正極活物質 Cu^{2+}**

(5) (i) **Zn^{2+}** (ii) **SO_4^{2-}**

(6) **両方の電解液の混合を防ぎつつ，電池内にも電気回路を形成する**

(7) ① **0になる** ② **小さくなる** ③ **大きくなる** ④ **変化しない**

(8) ① (イ) ② (ア)

181 (解説)

マンガン乾電池は，亜鉛を負極，酸化マンガン(Ⅳ)を正極，塩化亜鉛および塩化アンモニウムの水溶液を電解液とした一次電池で，次の**電池式**で表される。

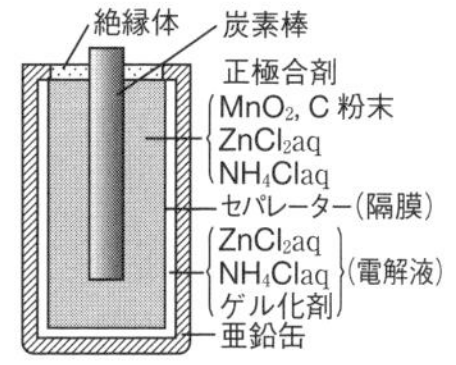

(−)Zn | $ZnCl_2$aq, NH_4Claq | MnO_2(+)(起電力1.5V)

負極で電子を放出する還元剤としての役割をしている物質が亜鉛で，**負極活物質**とよばれる。

一方，正極に使われている炭素棒自身は，化学変化しないので正極活物質ではなく，**集電体**とよばれる。正極で電子を受け取る酸化剤としての役割を果たしている物質は酸化マンガン(Ⅳ)で，**正極活物質**とよばれる。

負極では，電極の Zn がイオン化して Zn^{2+} となり電子を放出する。

$Zn \longrightarrow Zn^{2+} + 2e^-$

正極では，負極から導線を通って移動してきた電子と溶液中を移動してきた H^+ が，酸化マンガン(Ⅳ) MnO_2 と次式のように反応して，主に酸化水酸化マンガン(Ⅲ)が生成する。

$MnO_2 + H^+ + e^- \longrightarrow MnO(OH)$

こうして，正極での H_2 の発生が防止され，電池の起電力が急激に低下する現象(**電池の分極**)は起こらない。

従来のマンガン乾電池の電解質では NH_4Cl が多く含まれていたが，現在のマンガン乾電池には $ZnCl_2$ が多く加えられており，NH_4Cl を全く含まないものもある。この塩化亜鉛型のマンガン乾電池では，(1)液漏れが少ない，(2)電池の容量が大きい，という特長がある。

解答　① **亜鉛**　② **酸化マンガン(Ⅳ)**
③ **塩化亜鉛(または塩化アンモニウム)**
④ **MnO(OH)**

182 **解説**　(1)　**鉛蓄電池**は，

(−)Pb | H_2SO_4aq | PbO_2(+)の電池式で表される二次電池で，起電力は約 2.0V である。

鉛蓄電池は，鉛 Pb が電子を放出する**負極活物質**となり，酸化鉛(Ⅳ)PbO_2 が電子を受け取る**正極活物質**としてはたらく。このとき，PbO_2 は水素の発生を防ぐ役割も果たしている。

(2)，(3)　鉛蓄電池を放電すると，負極では Pb が酸化されて Pb^{2+} に，正極では酸化鉛(Ⅳ)PbO_2 が還元されて Pb^{2+} になるが，いずれも直ちに溶液中の SO_4^{2-} と結合し，極板表面に白色で水に不溶性の硫酸鉛(Ⅱ)$PbSO_4$ となり付着する。

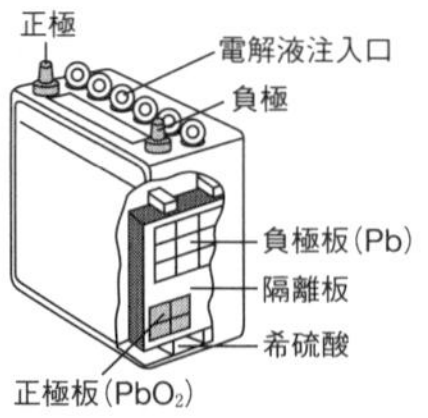

鉛蓄電池を放電したとき，負極(−)，正極(+)でおこる反応は次式の通りである。

(−) $Pb + SO_4^{2-} \longrightarrow PbSO_4 + 2e^-$　…㋐

(+) $PbO_2 + SO_4^{2-} + 4H^+ + 2e^- \longrightarrow PbSO_4 + 2H_2O$　…㋑

(4)　放電を続けると，電解液中の H_2SO_4(溶質)が消費され，H_2O(溶媒)が生成するので，電解液の濃度(密度)は減少する。

(5)　放電時には鉛蓄電池の負極から電子を外部回路へ取り出していたので，充電時には外部電源の負極から鉛蓄電池の負極へ電子を送り込む必要がある。したがって，外部電源の(−)極を鉛蓄電池の負極(−)に，外部電源の(+)極を鉛蓄電池の正極(+)にそれぞれ接続すればよい。このとき，放電時の逆反応が起こり，電極は元へ戻り起電力が回復する。充電により，負極(−)では，$PbSO_4$ が還元されて Pb に，正極(+)では，$PbSO_4$ が酸化されて PbO_2 に戻る。

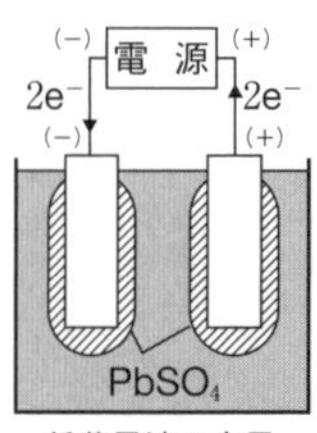

鉛蓄電池の充電

$2PbSO_4 + 2H_2O \xrightarrow{2e^-} Pb + PbO_2 + 2H_2SO_4$

(6)　㋐より電子 2mol が流れると，負極では，

Pb 1mol(207g) ⟶ $PbSO_4$ 1mol(303g)

の変化が起こり，303 − 207 = 96〔g〕が増加するので，電子 1mol では，この $\frac{1}{2}$ の 48g が増加する。

㋑より電子 2mol が流れると，正極では，

PbO_2 1mol(239g) ⟶ $PbSO_4$ 1mol(303g)

の変化が起こり，303 − 239 = 64〔g〕が増加するので，電子 1mol では，この $\frac{1}{2}$ の 32g が増加する。

(7)　電解液の濃度変化は，㋐，㋑を１つにまとめた化学反応式で考える。

㋐＋㋑より，

$Pb + PbO_2 + 2H_2SO_4 \xrightarrow{2e^-} 2PbSO_4 + 2H_2O$　…㋒

㋒より，電子 1mol が流れると，H_2SO_4(溶質) 1mol(98g)が消費され，H_2O(溶媒)1mol(18g)が生成する。

放電後の希硫酸の質量パーセント濃度は，

$$\frac{溶質量}{溶液量} = \frac{(1000 \times 0.35) - 98}{1000 - 98 + 18} \times 100 = 27.3 \fallingdotseq 27〔\%〕$$

解答　(1) **負極活物質　鉛**
正極活物質　酸化鉛(Ⅳ)
(2) 負極　$Pb + SO_4^{2-} \longrightarrow PbSO_4 + 2e^-$
正極　$PbO_2 + SO_4^{2-} + 4H^+ + 2e^- \longrightarrow PbSO_4 + 2H_2O$
(3) **硫酸鉛(Ⅱ)**　(4) **(イ)**　(5) **充電　負極**
(6) 負極　**48g 増加**　　正極　**32g 増加**
(7) **27%**

183 **解説**　(1)　水素−酸素型の**燃料電池**は，水素の燃焼に伴って発生するエネルギーを熱エネルギーとして得る代わりに，直接，電気エネルギーとして

取り出すようにつくられた電池である。燃料電池には，電解液にKOH水溶液を用いたアルカリ形と，リン酸水溶液を用いたリン酸形とがある。

〈リン酸形の場合〉

H_2(還元剤)は，電子e^-を放出してH^+になる。

$$(-)\ H_2 \longrightarrow 2H^+ + 2e^- \quad \cdots①$$

電子は導線を通って正極に達し，O_2(酸化剤)に受け取られる。その際，電解液中を移動してきたH^+が一緒に反応し，水が生成する。

$$(+)\ O_2 + 4H^+ + 4e^- \longrightarrow 2H_2O \quad \cdots②$$

①×2＋②で，電子e^-を消去すると，

$$2H_2 + O_2 \xrightarrow{4e^-} 2H_2O \quad \cdots③$$

〈アルカリ形の場合〉

H_2は電子を放出してH^+になるが，直ちに，溶液中のOH^-で中和され，水が生成する。

$$(-)\ H_2 + 2OH^- \longrightarrow 2H_2O + 2e^- \quad \cdots④$$

電子は導線を通って正極に達し，O_2(酸化剤)に受け取られる。その際，電解液中のH_2Oが一緒に反応し，OH^-が再生される。

$$(+)\ O_2 + 4e^- + 2H_2O \longrightarrow 4OH^- \quad \cdots⑤$$

④×2＋⑤より，電子e^-を消去すると，

$$2H_2 + O_2 \xrightarrow{4e^-} 2H_2O \quad \cdots⑥$$

(2)　水素1.12L(標準状態)の物質量は，

$$\frac{1.12}{22.4} = 0.0500〔mol〕$$

①式より，H_2が1mol反応すれば電子2mol分の電気量が取り出せるから，反応した電子の物質量は$0.0500 \times 2 = 0.100$〔mol〕である。

電子1molのもつ電気量は9.65×10^4Cだから，この放電により得られた電気量は，

$$0.100 \times 9.65 \times 10^4 = 9.65 \times 10^3〔C〕$$

(3)　問題文に与えられている次の関係を利用する。

電気エネルギー〔J〕＝電気量〔C〕×電圧〔V〕

放電によって得られた電気エネルギーは，

$$9.65 \times 10^3 C \times 0.700V$$
$$= 6.755 \times 10^3 \fallingdotseq 6.76 \times 10^3〔J〕 \Longrightarrow 6.76〔kJ〕$$

[補足] なお，H_2 0.0500molの燃焼で生じる発熱量は，$286 \times 0.0500 = 14.3$〔kJ〕なので，

この燃料電池によって，各電極物質のもつ化学エネルギーのうち電気エネルギーに変換された割合(**エネルギーの変換効率**)は，

$$\frac{6.76}{14.3} \times 100 \fallingdotseq 47\%$$である。

解答 (1) 負極　$H_2 \longrightarrow 2H^+ + 2e^-$

正極　$O_2 + 4e^- + 4H^+ \longrightarrow 2H_2O$

(2) **9.65×10^3C**　(3) **6.76kJ**

18 電気分解

184 **解説**　電解質の水溶液や融解液に電極を入れ，直流電流を通じて酸化還元反応をおこす操作を**電気分解**という。このとき，電源の負極(－)に接続した電極を**陰極**，電源の正極(＋)に接続した電極を**陽極**という。陰極では，電源から電子e^-が流れこむため，陽イオンが電子を受け取る**還元反応**がおこる。一方，陽極では，電源へ電子e^-が流れ出すため，陰イオンが電子を失う**酸化反応**がおこる。ただし，電解質の水溶液の電気分解において，陰極で陽イオンが電子を受け取りにくい場合は，代わりに水分子が電子を受け取り水素が発生する。同様に，陽極で陰イオンが電子を放出しにくい場合は，代わりに水分子が電子を放出して酸素が発生する。

電気分解の電極には，ふつう化学的に安定な白金Ptや黒鉛Cが用いられる。

［Ⅰ］ 化学的に安定なPt，Cを電極に使う場合

陰極　陽イオンが電子を受け取る(**還元反応**)。

イオン化傾向の小さいAg^+, Cu^{2+}から反応する。

(例) $Ag^+ + e^- \longrightarrow Ag$

イオン化傾向の大きいK^+, Na^+, Ca^{2+}, Al^{3+}などは還元されず，代わりに水分子H_2O(酸性条件ではH^+)が還元されH_2を発生する。

(例) $2H_2O + 2e^- \longrightarrow H_2 + 2OH^-$

$2H^+ + 2e^- \longrightarrow H_2$

陽極　陰イオンが電子を放出する(**酸化反応**)。

ハロゲン化物イオン(Cl^-, Br^-, I^-など。F^-除く)は酸化されやすい。

(例) $2Cl^- \longrightarrow Cl_2 + 2e^-$

$SO_4{}^{2-}$, $NO_3{}^-$などのオキソ酸の陰イオンは水溶液中で安定で，酸化されない。代わりに水分子(塩基性条件ではOH^-)が酸化されてO_2が発生する。

(例) $2H_2O \longrightarrow O_2 + 4H^+ + 4e^-$

$4OH^- \longrightarrow 2H_2O + O_2 + 4e^-$

［Ⅱ］ Cu，Agなどの金属を電極に使う場合

陽極　その金属自身が酸化され，陽イオンとなって溶け出す。

(例) $Cu \longrightarrow Cu^{2+} + 2e^-$

$Ag \longrightarrow Ag^+ + e^-$

(陰極ではどんな金属を使っても，電極自身の溶解はおこらない。)

185～186

(1) H_2SO_4 の電離
$H_2SO_4 \longrightarrow 2H^+ + SO_4^{2-}$
(a) 陰極では，H^+が還元される。
(－) $2H^+ + 2e^- \longrightarrow H_2$
(b) 陽極では，SO_4^{2-}は酸化されないので，代わりに H_2O が酸化される。
(＋) $2H_2O \longrightarrow O_2 + 4H^+ + 4e^-$

(2) NaOH の電離
$NaOH \longrightarrow Na^+ + OH^-$
(c) 陰極では，Na^+は還元されないので，代わりに H_2O が還元される。
(－) $2H_2O + 2e^- \longrightarrow H_2 + 2OH^-$
(d) 陽極では，OH^-が酸化される。
(＋) $4OH^- \longrightarrow 2H_2O + O_2 + 4e^-$

(3) $AgNO_3$ の電離
$AgNO_3 \longrightarrow Ag^+ + NO_3^-$
(e) 陰極では，Ag^+が還元される。
(－) $Ag^+ + e^- \longrightarrow Ag$
(f) 陽極では，NO_3^-は酸化されないので，代わりに H_2O が酸化される。
(＋) $2H_2O \longrightarrow O_2 + 4H^+ + 4e^-$

(4) $CuSO_4$ の電離
$CuSO_4 \longrightarrow Cu^{2+} + SO_4^{2-}$
(g) 陰極では，Cu^{2+}が還元される。
(－) $Cu^{2+} + 2e^- \longrightarrow Cu$
(h) **陽極が Cu の場合，銅自身が酸化されて溶け出す。**(陰イオンは反応しない。)
(＋) $Cu \longrightarrow Cu^{2+} + 2e^-$

解答 (a) H_2　(b) O_2　(c) H_2　(d) O_2
(e) Ag　(f) O_2　(g) Cu　(h) Cu^{2+}

185 (解説) 電気分解の計算方法は次の通りである。

① 電気分解に使われた電気量を計算する。
電気量 Q〔C〕＝電流 I〔A〕×時間 t〔s〕
② **ファラデー定数 F＝9.65×10^4C/mol** を用いて，電子の物質量を求める。
③ 各電極の反応式の係数比から，反応した電子の物質量と生成物の物質量の比を読み取る。

(1) $Q = It = 1.00 \times (32\times60+10)$
$= 1930 = 1.93\times10^3$〔C〕

(2) **ファラデー定数 F＝9.65×10^4C/mol** より，電気分解で反応した電子の物質量は，
$$\frac{1.93\times10^3}{9.65\times10^4} = 0.0200\text{〔mol〕}$$
陰極では，$Cu^{2+} + 2e^- \longrightarrow Cu$ より，2mol の電子が流れると，Cu 1mol が析出する。
モル質量は Cu＝63.5g/mol より，Cu の析出量は，
$$0.0200\times\frac{1}{2}\times63.5 = 0.635\text{〔g〕}$$

(3) 陽極では　$2Cl^- \longrightarrow Cl_2 + 2e^-$ より，2mol の電子が流れると，$Cl_2$1mol が発生する。
発生した Cl_2 の体積(標準状態)は，
$$0.0200\times\frac{1}{2}\times22.4 = 0.224\text{〔L〕}$$

解答 (1) **1.93×10^3C**　(2) **0.635g**　(3) **0.224L**

186 (解説) (1)，(2)　塩化ナトリウム NaCl の水溶液を電気分解すると，各電極で次の反応が起こる。

陽極　$2Cl^- \longrightarrow Cl_2 + 2e^-$　…①
陰極　$2H_2O + 2e^- \longrightarrow H_2 + 2OH^-$　…②

陽極付近では塩化物イオン Cl^-が消費されるため，ナトリウムイオン Na^+が余り，正電荷が過剰となる。一方，陰極付近では水酸化物イオン OH^-が生じるため，負電荷が過剰となる。

電荷のつり合いを保つために，各イオンが溶液中を移動することになるが，中央に設置した**陽イオン交換膜**は陽イオンだけを選択的に通すため，Na^+が陽極側から陰極側に移動する(OH^-は陽イオン交換膜を移動できない)。よって，電気分解を進めると，陰極側では Na^+と OH^-が増加するので，結果的に水酸化ナトリウム NaOH が生成することになる。

A. 陽極側から陰極側へと陽イオン交換膜を通過できるのは Na^+
B. 陰極側で生成し，陽イオン交換膜を通過できないのは OH^-
C. 陰極で電子を受け取る物質は H_2O
D. 陽極で発生する気体は Cl_2
E. 陰極で発生する気体は H_2
F. 陰極側で生成する物質は NaOH

(3) 反応した電子 e^-の物質量は，
$$\frac{2.00\times(96\times60+30)}{9.65\times10^4} = 0.120\text{〔mol〕}$$
①式から，2mol の e^-が反応すると 1mol の Cl_2 が発生する。発生する Cl_2 の標準状態での体積は，
$$0.120\times\frac{1}{2}\times22.4 = 1.344 \fallingdotseq 1.34\text{〔L〕}$$

(4) ②式から，2mol の e^-が反応すると 2mol の OH^-が生成する。このとき，2mol の Na^+が陽極側から移動してくるので，結果的に 2mol の NaOH が生成す

187 〜 188

ることになる。

(3)より，反応した電子は 0.120mol なので，生じた NaOH も 0.120mol である。これが 100L の溶液中に含まれているので，NaOH 水溶液のモル濃度は，

$\frac{0.120}{100} = 1.20 \times 10^{-3}$〔mol/L〕

解答 (1) A Na^+ B OH^- C H_2O D Cl_2,
E H_2 F NaOH
(2) $2H_2O + 2e^- \longrightarrow H_2 + 2OH^-$ (3) **1.34L**
(4) **1.20×10^{-3}mol/L**

187 (解説) **185** とは逆の計算が求められている。

① 各電極の反応式の係数比から，生成物の物質量と反応した電子の物質量の比を読み取る。
② **ファラデー定数 F＝9.65×10^4C/mol** を用いて，電気量を求める。
③ **電気量 Q〔C〕＝電流 I〔A〕×時間 t〔s〕**を用いて，電気分解に使われた電流値を計算する。

2つの電解槽を直列に接続した場合，回路に流れる電流はどこでも等しいので，

電解槽(a)に流れた電気量＝電解槽(b)に流れた電気量

直列接続の場合

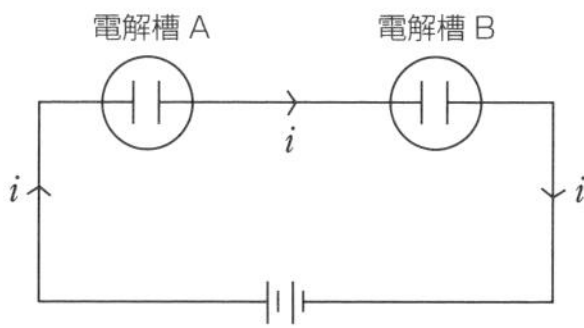

どの電解槽にも，同じ大きさの電流が同じ時間だけ流れるから，各電解槽を流れる電気量はすべて等しい。

$$Q_A = Q_B$$

(1) A 槽の陰極では $Ag^+ + e^- \longrightarrow Ag$ の反応がおこる。電子 1mol が反応すると Ag 1mol が析出する。

Ag のモル質量は 108g/mol より，

析出した Ag の物質量 $\frac{2.16}{108} = 0.0200$〔mol〕

反応した電子の物質量も 0.0200mol である。

(2) **ファラデー定数 F＝9.65×10^4C/mol** より，

電気量は，$0.0200 \times 9.65 \times 10^4 = 1.93 \times 10^3$〔C〕

流れた電流の平均値を x〔A〕とすると，

電気量〔C〕＝電流〔A〕×時間〔s〕より，

$1.93 \times 10^3 = x \times (32 \times 60 + 10)$

$\therefore \quad x = 1.00$〔A〕

(3) A 槽の陽極では NO_3^- は酸化されない。代わりに H_2O が酸化される。

$2H_2O \longrightarrow O_2 + 4H^+ + 4e^-$

電子 4mol が反応すると O_2 1mol が発生する。

発生する O_2 の体積（標準状態）は，

$0.0200 \times \frac{1}{4} \times 22.4 = 0.112$〔L〕

(4) B 槽の陰極では，$Cu^{2+} + 2e^- \longrightarrow Cu$ の反応が起こる。電子 2mol が反応すると Cu 1mol が析出する。

直列回路では，A 槽，B 槽に流れる電気量は等しく，流れた電子の物質量は 0.0200mol だから，析出した Cu の物質量は，$0.0200 \times \frac{1}{2} = 0.0100$mol である。

Cu のモル質量は 63.5g/mol より，析出した Cu の質量は，

$0.0100 \times 63.5 = 0.635$〔g〕

解答 (1) **0.0200mol** (2) **1.00A**
(3) **0.112L** (4) **0.635g**

188 (解説) アルミニウムの原料鉱石は，**ボーキサイト**（$Al_2O_3 \cdot nH_2O$）である。これに濃 NaOH 水溶液を加えると，両性酸化物（本冊 p.71）である Al_2O_3 はテトラヒドロキシドアルミン酸ナトリウム $Na[Al(OH)_4]$ となり溶解するが，不純物の Fe_2O_3, SiO_2 などは NaOH 水溶液には溶解せず，沈殿（赤泥という）となる。

$Al_2O_3 + 2NaOH + 3H_2O \longrightarrow 2Na[Al(OH)_4]$

この水溶液に適量の水を加えると加水分解が起こり，水酸化アルミニウムが沈殿する。

$Na[Al(OH)_4] \longrightarrow Al(OH)_3 + NaOH$

水酸化アルミニウムを高温で加熱すると，純粋な酸化アルミニウム（**アルミナ**）が得られる。

$2Al(OH)_3 \longrightarrow Al_2O_3 + 3H_2O$

このような Al_2O_3 の精製法を**バイヤー法**という。

(1) Al はイオン化傾向が大きいため，Al^{3+} を含む水溶液を電気分解すると，Al^{3+} は還元されずに，代わりに H_2O が還元されて H_2 が発生する。

$2H_2O + 2e^- \longrightarrow H_2 + 2OH^-$

そこで，Al_2O_3 を無水状態，つまり Al_2O_3 の融解液を電気分解することで Al の単体を得ている。このような電気分解を**溶融塩電解（融解塩電解）**という。

(2) 純物質よりも，融点の低い別の物質を含む混合物の方が融点が低くなる。この**融点降下**の原理を利用して酸化アルミニウムの融解塩電解が行われる。

Al_2O_3 は非常に融点が高い（2054℃）ので，**氷晶石** Na_3AlF_6（融点 1010℃）の融解液に少しずつ加える方法で融点を下げ，約 960℃ で電気分解を行う（**ホール・エルー法**）。このとき，氷晶石は全く電気分解

されず，Al_2O_3 の融点を下げる役割をしている。

Al_2O_3 と Na_3AlF_6 の融解液では，各塩は次のように電離している。

$$\begin{cases} Al_2O_3 \longrightarrow 2Al^{3+} + 3O^{2-} \\ Na_3AlF_6 \longrightarrow 3Na^{+} + Al^{3+} + 6F^{-} \end{cases}$$

(3) 陰極では，イオン化傾向の大きい Na^+ は還元されないが，代わりにイオン化傾向がやや小さい Al^{3+} が還元される。

$Al^{3+} + 3e^- \longrightarrow Al$ …①

陽極では，フッ化物イオン F^- は酸化されないので，代わりに酸化物イオン O^{2-} が酸化されて酸素 O_2 が発生するはずである。実際には，電解槽内が高温のため，電極の炭素 C と酸化物イオン O^{2-} が直接反応して，一酸化炭素 CO や二酸化炭素 CO_2 が発生する。

ただし，C(黒鉛) + CO_2 $\rightleftarrows$ 2CO　$\Delta H = 172kJ$

の平衡が高温ほど右に移動するため，CO の割合が増加する。(このとき発生する多量の熱は電解槽を高温に保つのに利用される。)

$C + O^{2-} \longrightarrow CO + 2e^-$ …②

$C + 2O^{2-} \longrightarrow CO_2 + 4e^-$ …③

(4) 陰極では，$Al^{3+} + 3e^- \longrightarrow Al$ の反応が起こる。

電子 3mol が反応すると Al 1mol が析出する。

Al 4.5kg をつくるのに必要な電子の物質量は，

$\dfrac{4.5 \times 10^3}{27} \times 3 = 500$〔mol〕

この電気分解に x〔時間〕を必要とすると，ファラデー定数 $F = 9.65 \times 10^4$ C/mol より

$500 \times 9.65 \times 10^4 = 200 \times (x \times 3600)$

$x = 67.0 \fallingdotseq 67$〔時間〕

(5) この電気分解において，CO が x〔mol〕，CO_2 が y〔mol〕生成したとする。

反応した電子の物質量に関して，

$2x + 4y = 500$ …④

発生した気体の体積比より，

$x : y = 1 : 2$ …⑤

$\therefore$　$x = 50$mol，$y = 100$mol

②，③式より，必要な C の物質量は，$x + y = 150$mol であり，C = 12g/mol より，その質量は，$150 \times 12 = 1800g \Rightarrow 1.8kg$

解答 (1) **Al^{3+} を含む水溶液の電気分解では，イオン化傾向の大きい Al^{3+} は還元されず，代わりに水分子が還元されて水素が発生するから。**

(2) **酸化アルミニウムの融点を下げるため。**

(3) **陰極　$Al^{3+} + 3e^- \longrightarrow Al$**

陽極　$C + O^{2-} \longrightarrow CO + 2e^-$

$C + 2O^{2-} \longrightarrow CO_2 + 4e^-$

(4) **67 時間**　(5) **1.8kg**

189 **解説** 電解槽を並列に接続すると，電源から出た全電流 I は，A槽には i_a，B槽には i_b と分かれて流れるから，$I = i_a + i_b$ より次の関係が成立する。

各電解槽を並列に接続した場合，電源から流れ出た**全電気量 Q は各電解槽に流れた電気量 Q_a と Q_b の和に等しい。**

$Q = Q_a + Q_b + \cdots$

並列接続の場合

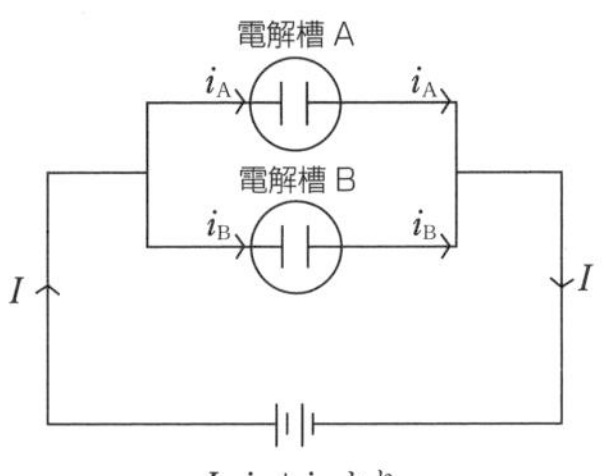

$I = i_A + i_B$ より

電源から流れ出た全電気量は，各電解槽を流れた電気量の和に等しい。

$$Q = Q_A + Q_B$$

並列回路での電気分解では，各電解槽に流れた電気量を求めることが先決である。

(1) 電源から流れ出た全電気量は，

$1.00 \times (16 \times 60 + 5) = 965$〔C〕

(2) A槽を流れた電気量は，陰極での Ag の析出量から求まる。

析出した Ag の物質量 $\dfrac{0.648}{108} = 0.00600$〔mol〕

$(-)Ag^+ + e^- \longrightarrow Ag$ より，

電子 1mol で Ag 1mol(108g) が析出するから，A槽を流れた電子の物質量も 0.00600〔mol〕である。

ファラデー定数 $F = 9.65 \times 10^4$C/mol より，

流れた電流を x〔A〕とおくと，

$x \times (16 \times 60 + 5) = 0.00600 \times 9.65 \times 10^4$

$x = 0.600$〔A〕

(3) **電解槽 B を流れた電気量**

＝全電気量－電解槽 A を流れた電気量

A槽を流れた電気量は，

$0.00600 \times 9.65 \times 10^4 = 579$〔C〕

190～190

電源から流れ出た全電気量は，(1)より 965C なので，B槽を流れた電気量は，

$965-579=386$〔C〕

B槽の陰極では，H^+が還元されH_2が発生する。陽極でも，SO_4^{2-}は酸化されず，代わりにH_2Oが酸化されO_2が発生する。すなわち，両極全体では，水の電気分解が起こることになる。

$2H_2O \xrightarrow{4e^-} 2H_2+O_2$

電子 4mol が反応すると，$H_2$2mol，$O_2$1mol 合わせて 3mol の気体が発生する。

B槽を流れた電子の物質量は，

$\dfrac{386}{9.65\times10^4}=0.00400$〔mol〕

両極で発生した気体の標準状態での体積は，

$0.00400\times\dfrac{3}{4}\times22.4\times10^3=67.2$〔mL〕

解答 (1) **9.65×10^2C**　(2) **0.600A**
(3) **67.2mL**

190 **解説** (1) 銅の主要な鉱石の**黄銅鉱** $CuFeS_2$ にコークス C，石灰石 $CaCO_3$ などを加え，右図のような溶鉱炉の中で加熱すると，イオン化傾向が Fe>Cu なので，酸化されやすい成分である FeS が先に酸化されて FeO になる。これは，石灰石や鉱石中の SiO_2 と反応して，$FeSiO_3$ や $CaSiO_3$ などの化合物をつくり，密度の小さな鍰（からみ）(3.5g/cm^3)となって上層に浮く。一方，CuS は酸化されにくいが，高温では Cu_2S と S に分解し，

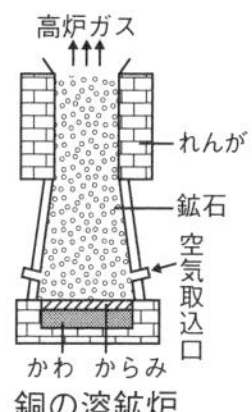

銅の溶鉱炉

$2CuS \longrightarrow Cu_2S+S$　…①

S はさらに燃焼して SO_2 になる。

$S+O_2 \longrightarrow SO_2$　…②

①＋②より，S を消去すると，

$2CuS+O_2 \longrightarrow Cu_2S+SO_2$

密度の大きい Cu_2S は鈹（かわ）(5.6g/cm^3)となって下層に沈み，分離される。

この鈹の部分を転炉に入れて，熱した空気を吹き込むと，次のような反応が起こり，純度 99％程度の**粗銅**が生成する。

$Cu_2S+O_2 \longrightarrow 2Cu+SO_2$

銅を電気材料として使うためには，粗銅から不純物を除き，純度 99.99％の純銅を得る必要がある。一般に，電気分解を利用して，不純物を含む金属から純粋な金属を取り出す操作を**電解精錬**という。銅の電解精錬では，電解液に硫酸酸性の $CuSO_4$ 水溶液(硫酸を加えるのは，空気中の O_2 が電解液に溶解すると，陽極の Cu が酸化されて CuO が副生するので，これを H_2SO_4 で溶解して $CuSO_4$ に戻すため)を用い，粗銅を陽極，純銅を陰極として約 0.4V の低電圧で電気分解を行う。

(2) 陽極では主に粗銅中の銅が酸化されて，銅(Ⅱ)イオンとなり溶解する。

$Cu \longrightarrow Cu^{2+}+2e^-$

一方，陰極では水溶液中の銅(Ⅱ)イオンだけが還元されて，銅が析出する。

$Cu^{2+}+2e^- \longrightarrow Cu$

低電圧を保つことにより，陽極では Cu よりもイオン化傾向の小さい Ag や Au のイオン化を防ぎ，かつ，陰極では Cu よりもイオン化傾向の大きい Zn^{2+}，Fe^{2+}，Ni^{2+} などが金属として析出するのを防ぎ，純銅の純度低下を抑えている。

(3) 粗銅中の不純物のうち，銅よりイオン化傾向の大きい金属(Zn，Fe，Ni など)は，イオン化して溶解する。一方，銅よりもイオン化傾向の小さい金属(Ag，Au など)はイオン化せず，陽極の下に単体のまま沈殿する。この沈殿を**陽極泥**という。

ただし，鉛 Pb は，いったんイオン化して Pb^{2+} となるが，直ちに溶液中の SO_4^{2-} と結合して $PbSO_4$ となり，陽極泥といっしょに沈殿することに注意したい。

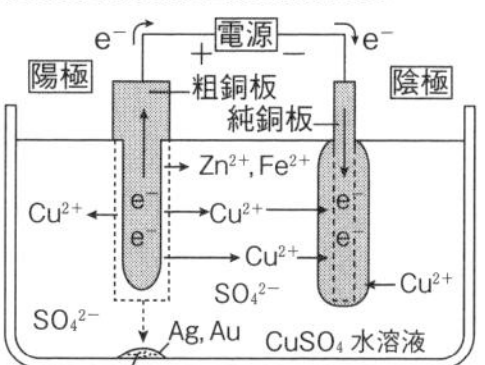

銅の電解精錬

(4) (電気量)＝(電流)×(時間)より，この電気分解で流れた電気量は，$1.0\times(96\times60+30)=5790$〔C〕

ファラデー定数 $F=9.65\times10^4$C/mol より，反応した電子の物質量は，

$\dfrac{5790}{9.65\times10^4}=6.0\times10^{-2}$〔mol〕

陽極に沈殿した 0.03g の金属は Ag であり，残る 1.91g が溶解した Cu と Ni の質量である。

陽極では，$Cu \longrightarrow Cu^{2+}+2e^-$ と

$Ni \longrightarrow Ni^{2+}+2e^-$ の反応が起こる。

陽極で溶解した Cu を x〔mol〕，Ni を y〔mol〕とおく。

反応したe^-の物質量に関して，

$2x+2y=6.0\times10^{-2}$　…①

溶解したCuとNiの質量に関して，

$64x+59y=1.91$　…②

$\therefore x=2.8\times10^{-2}$〔mol〕，$y=2.0\times10^{-3}$〔mol〕

よって，粗銅中のNiの質量パーセントは，

$\dfrac{2.0\times10^{-3}\times59}{1.94}\times100=6.08\fallingdotseq6.1$〔%〕

解答 (1) ① **黄銅鉱** ② **硫酸銅(Ⅱ)** ③ **陽極泥** ④ **電解精錬**

(2) **電圧を高くすると，陽極では銀が溶解したり，陰極では亜鉛や鉄などが析出して，純銅の純度が低くなるから。**

(3) **Ag，Au，Pb** (4) **6.1%**

19 化学反応の速さ

191 **解説** 反応の速さ(**反応速度**)は，単位時間あたりの反応物の減少量，または生成物の増加量で表される。その反応が一定体積中で進む場合には，単位時間あたりの反応物の濃度の減少量，または生成物の濃度の増加量で表されることが多い。

反応速度を変える条件には，反応物の濃度，温度などがある。反応物の**濃度**を大きくすると，反応物どうしの衝突回数が増加するので，反応速度が大きくなる。

一般に，化学反応が起こるには，反応物の粒子どうしが衝突する必要があるが，すべての衝突で結合の組み換えが起こるわけではない。化学反応は，ある一定以上のエネルギーをもつ粒子どうしが衝突し，途中にエネルギーの高い不安定な状態(**遷移状態**)を経て進行する。遷移状態にある原子の複合体を**活性錯体**という。反応物から活性錯体1molを生じるのに必要な最小のエネルギーを，その反応の**活性化エネルギー**といい，単位は〔kJ/mol〕である。活性化エネルギーはその反応が起こるのに必要な最小のエネルギーを意味し，各反応ごとに固有の値をとる。一般的には次の関係がある。

活性化エネルギー小なら，反応速度は大きい
活性化エネルギー大なら，反応速度は小さい

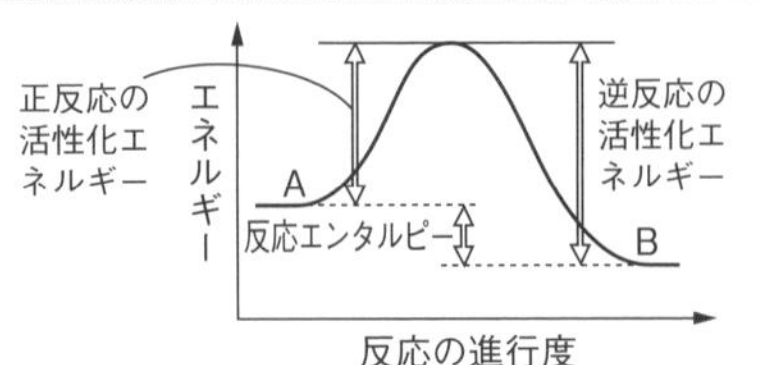

固体の関与する反応では，固体の**表面積**を大きくすると，固体表面で反応できる粒子の数が増加するので，反応速度は大きくなる。また，気体どうしの反応では，**圧力**を大きくすると反応物の濃度が大きくなるので，反応物どうしの衝突回数が増加し，反応速度は大きくなる。

自身は変化せず，反応速度を大きくする物質を**触媒**という。触媒を使うと，活性化エネルギーの小さい別の経路で反応が進むようになり，反応速度が大きくなる。

ただし，触媒の使用の有無に関わらず，反応によって出入りする熱量(**反応エンタルピー**)は変化しない。

解答 ① **反応物** ② **生成物** ③ **濃度** ④ **衝突** ⑤ **大きく** ⑥ **運動** ⑦ **活性化エネルギー** ⑧ **表面積** ⑨ **圧力** ⑩ **触媒**

192 **解説** (1) 固体の関与する反応では，固体を塊状から粉末にすると，その**表面積**が大きくなり，これまで固体内部で反応できなかった粒子が，固体表面で反応できるようになる。したがって，酸素分子との衝突回数が増すので，反応速度が大きくなる。

(2) 硝酸は光や熱の作用で分解反応が促進される。

$4HNO_3 \longrightarrow 4NO_2 + O_2 + 2H_2O$

そのため，硝酸は褐色びん中で光をさえぎって保存する。このように光によって促進される反応を**光化学反応**といい，塩化銀の光分解なども知られている。

$2AgCl \xrightarrow{光} 2Ag + Cl_2$

(3) 過酸化水素水の分解反応には，ふつう，固体の触媒のMnO_2が使われるが，Fe^{3+}のような遷移金属のイオンも**触媒**としてはたらく。

過酸化水素水に加えたFe^{3+}のように，反応物と触媒が均一に混じり合ってはたらく触媒を**均一触媒**という。多くの化学反応で使われる酸・塩基触媒(H^+やOH^-)や，酵素(生体触媒)などもこれに属する。

一方，MnO_2，Pt，V_2O_5のような固体の触媒は，反応物と均一に混じり合わずに，触媒の表面付近ではたらくので，**不均一触媒**という。

(4) 塩酸は強酸，酢酸は弱酸なので，同じモル濃度の水溶液でも塩酸の方が酢酸に比べて水素イオン濃度が大きい。酸の水溶液では，水素イオン濃度が大きいほど金属との反応は激しくなる。

(5) 空気の約20%(体積%)が酸素である。反応物(気体)の分圧が高い方が反応速度は大きくなる。「濃度」は(4)で使ったので，ここは「圧力」を選ぶ。

(6) $2H_2O_2 \longrightarrow 2H_2O + O_2$

この分解反応は温度が低いほど遅くなるので，過酸化水素水は低温で保存する。

温度が高くなると，右図で示すように，気体分子のもつ運動エネルギーの分布曲線が高エネルギー側へとずれる。すると，活性化エネルギーを上回る分子の割合が急激に増加し，反応速度が大きくなると考えることができる。

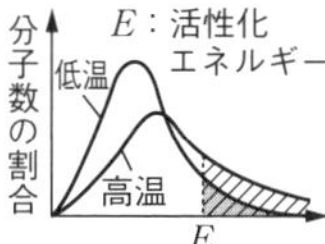

解答 (1) **表面積**　(2) **光**　(3) **触媒**　(4) **濃度**　(5) **圧力**　(6) **温度**

193 **解説**　下図は，X ⟶ Y の反応の進行に伴うエネルギーの変化を示している。

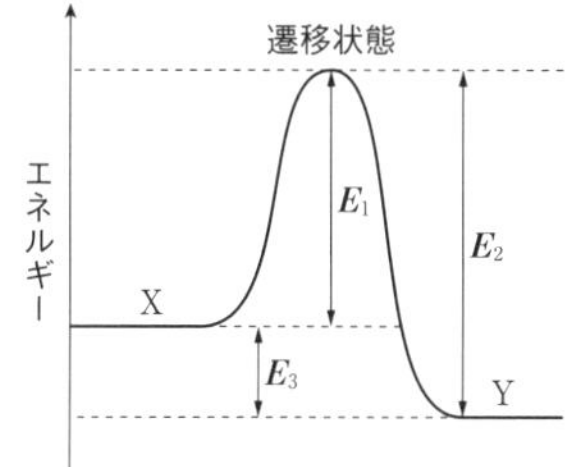

E_1 は反応物 X のエネルギーと遷移状態のエネルギーの差に相当し，正反応(X ⟶ Y)の活性化エネルギーを表す。

E_2 は生成物 Y のエネルギーと遷移状態のエネルギーの差に相当し，逆反応(Y ⟶ X)の活性化エネルギーを表す。

E_3 は反応物 X のエネルギーと生成物 Y のエネルギーの差に相当し，この反応の反応エンタルピーの大きさを示す。

① 反応物のエネルギーは 10kJ，遷移状態のエネルギーは 184kJ なので，正反応の活性化エネルギーは，$184-10=174$〔kJ〕

② 生成物のエネルギーは 0kJ，遷移状態のエネルギーは 184kJ なので，逆反応の活性化エネルギーは，$184-0=184$〔kJ〕

③ 反応物のエネルギーは 10kJ，生成物のエネルギーは 0kJ で，正反応は発熱反応なので，正反応の反応エンタルピーは，$0-10=-10$〔kJ〕

④ 白金触媒を使うと，正反応の活性化エネルギーは触媒なしの場合の 174kJ の $\frac{1}{3}$，つまり 58kJ になる。

⑤ 生成物のエネルギーは 0kJ，遷移状態のエネルギーは 68kJ になるので，逆反応の活性化エネルギーは，$68-0=68$〔kJ〕

⑥ 触媒を加えても，反応物と生成物のエネルギーは変化しない。反応物のエネルギーは 10kJ，生成物のエネルギーは 0kJ で，逆反応は吸熱反応なので，逆反応の反応エンタルピーは，$10-0=10$〔kJ〕

解答 ① **174**　② **184**　③ **−10**　④ **58**　⑤ **68**　⑥ **10**

194 **解説**　反応速度には，**瞬間の反応速度**と**平均の反応速度**があり，化学の実験で測定できるのは，各反応時間 Δt 内における**平均の反応速度**である。また，反応速度の表し方には，次の 4 通りがある。

(i) $-\dfrac{\text{反応物の濃度の減少量}}{\text{反応時間}}$　(ii) $\dfrac{\text{生成物の濃度の増加量}}{\text{反応時間}}$

これらは，反応物・生成物が溶液の場合に用いられ，単位は〔mol/(L·s)〕か〔mol/(L·min)〕である。

(iii) $-\dfrac{\text{反応物の減少量}}{\text{反応時間}}$　(iv) $\dfrac{\text{生成物の増加量}}{\text{反応時間}}$

これらは，反応物・生成物が気体，固体の場合に用いられ，単位は〔mol/s〕か〔mol/min〕である。

過酸化水素水 H_2O_2 は溶液なので，H_2O_2 の分解速度は(i)で，O_2 は気体なので，O_2 の発生速度は(iv)で表される。

なお，(i)，(iii)のマイナスは，反応速度を常に正の値で表すためにつけてある。

(1) 上の(iv)にデータを代入して，

$$v=\frac{0.010-0}{100-0}=1.0\times10^{-4}\text{〔mol/s〕}$$

(2) 反応前の過酸化水素の物質量は，

$$0.50\times\frac{100}{1000}=0.050\text{〔mol〕}$$

$2H_2O_2 \longrightarrow 2H_2O+O_2$ より，H_2O_2 2mol が反応すると，O_2 1mol が発生するから，100 秒間で反応した H_2O_2 の物質量は，発生した O_2 の物質量の 2 倍の 0.020mol である。

よって，100 秒後の過酸化水素水のモル濃度は，

$$[H_2O_2]=\frac{0.050-0.020}{0.10}=0.30\text{〔mol/L〕}$$

(3) 上の(i)にデータを代入して

$$v=-\frac{0.30-0.50}{100-0}=2.0\times10^{-3}\text{〔mol/(L·s)〕}$$

解答 (1) **1.0×10^{-4}mol/s**　(2) **0.30mol/L**　(3) **2.0×10^{-3}mol/(L·s)**

195 **解説**　反応物の濃度と反応速度の関係を示し

た式を**反応速度式**といい，**反応速度定数**を k とすると，一般に，$\boldsymbol{v=k[\mathrm{A}]^x[\mathrm{B}]^y}$ で表される。x と y は，**反応次数**とよばれ，この反応は，[A]に対して x 次，[B]に対して y 次，あわせて $(x+y)$ 次反応という。

このx，yの値は，反応式の係数から自動的に決まるのではなく，実験データの解析によって決められる。

反応開始直後の反応物Aの濃度[A]だけを変化させたとき，全体の反応速度 v の変化を調べれば，反応速度式における[A]の次数 x が求められる。

(1) 実験2，3の結果より，[B]が一定で，[A]だけを2倍にすると，v は2倍になる。

∴　v は[A]に比例する。

実験1，2の結果より，[A]が一定で，[B]だけを2倍にすると，v は4倍になる。

∴　v は $[\mathrm{B}]^2$ に比例する。

以上をまとめると，この反応の反応速度式は，

$\boldsymbol{v=k[\mathrm{A}][\mathrm{B}]^2}$

(2) 反応速度式が決まると，実験1，2，3の任意のデータを用いて，k を求めることができる。

$3.6\times10^{-2}\mathrm{mol/(L\cdot s)}$

$=k\times0.30\mathrm{mol/L}\times1.20^2\mathrm{mol^2/L^2}$

∴　$k=8.33\times10^{-2}\fallingdotseq8.3\times10^{-2}[\mathrm{L^2/(mol^2\cdot s)}]$

(3) この k の値と，[A]＝0.40mol/L，[B]＝0.80mol/Lを，反応速度式に代入すると，

$v=8.33\times10^{-2}\times0.40\times0.80^2$

$=2.13\times10^{-2}\fallingdotseq2.1\times10^{-2}[\mathrm{mol/(L\cdot s)}]$

(4) 温度が T[K]上昇すると，反応速度は $3^{\frac{T}{10}}$ 倍になるから，

$3^{\frac{15}{10}}=3^{\frac{3}{2}}=\sqrt{3^3}=3\sqrt{3}=5.19\fallingdotseq5.2$ 倍

解答　(1) (ウ)　(2) **$8.3\times10^{-2}\ \mathrm{L^2/(mol^2\cdot s)}$**　(3) **$2.1\times10^{-2}\mathrm{mol/(L\cdot s)}$**　(4) **5.2倍**

196 解説　**反応速度を大きくする条件は次の通り。**

① 温度を高くする。
② 反応物の濃度を大きくする。
③ 触媒を加える。
④ 固体の表面積を大きくする。
⑤ 気体の圧力を大きくする。

本問では，反応速度は，単位時間あたりの気体の発生量で表されているが，このグラフの傾きが大きいほど反応速度は大きいことを示す。

(1) 温度を高くすると，反応速度が大きくなる。グラフの傾きはアより大きくなるが，O_2 の発生量には変化がない。∴　エ

(2) 固体は，粉末より粒状の方が表面積が小さく，反応速度は小さくなる。グラフの傾きは小さくなるが，O_2 の発生量には変化がない。∴　オ

(3) 反応物の濃度を大きくすると，反応速度が大きくなる。グラフの傾きは大きくなり，O_2 の発生量も2倍になる。∴　イ

(4) 反応物の濃度を小さくすると，反応速度は小さくなる。グラフの傾きは小さくなり，O_2 の発生量は $\frac{1}{2}$ になる。∴　カ

(5) 反応物の濃度が変わらないので，反応速度は一定である。グラフの傾きは同じであるが，O_2 の発生量は2倍になる。∴　ウ

本問では，MnO_2(固)という**不均一触媒**を使用している点が重要である。過酸化水素の分解反応は，この触媒表面でしか起こらない。そのため，3%過酸化水素水を10mLから20mLに増やしても，触媒の表面積が一定なので，単位時間あたりの酸素の発生量も変わらない。したがって，(5)のグラフの傾きは，もとの点線のグラフの傾きと同じになる。

解答　(1) **エ**　(2) **オ**　(3) **イ**　(4) **カ**　(5) **ウ**

20 化学平衡

197 解説　可逆反応において，正反応の速さと逆反応の速さが等しくなり各物質の濃度が一定となって，見かけ上，反応が停止したように見える状態を**化学平衡の状態**，または**平衡状態**という。

① 平衡状態とは，すべての反応が完全に停止した状態ではない。〔×〕

② 平衡状態では，NH_3 の生成速度と NH_3 の分解速度がちょうど等しくなっている。〔○〕

③ 化学反応式の係数比は，反応時の各物質の物質量比を表したもので，平衡状態における各物質の物質量比を表すものではない。〔×〕

④ 平衡状態では，(正反応の速さ)＝(逆反応の速さ)のため，各物質の濃度が一定となっている。〔○〕

解答　②，④

198 解説　可逆反応が平衡状態にあるとき，温度・圧力・濃度などの条件を変化させると，その変化の影響を打ち消す(緩和する)方向へ平衡が移動する。これを，**ルシャトリエの原理**(**平衡移動の原理**)という。ルシャトリエの原理を用いて，平衡移動の向きを考えさせる問題は完璧に理解しておくこと。

炭素C(固体)の濃度[C(固)]は常に一定とみなせるから，平衡の移動を考えるときは，これを除外して考えなければならない。

(A)　温度を上げると，その温度上昇を打ち消す(緩和する)吸熱反応の方向(右向き)へ平衡が移動する。

(B)　体積を小さくすると，ボイルの法則より，気体の圧力は増加する。この圧力増加の影響を打ち消す(緩和する)方向，つまり，気体の分子数が減少する方向(左方向)へ平衡が移動する。

体積，質量などは，反応系の粒子の数に比例する**示量変数**とよばれる。一方，温度，濃度，圧力などは，反応系の粒子の数によらない**示強変数**とよばれる。ルシャトリエの原理は，厳密には示強変数を変化させた場合にしか成立しない。したがって，「体積の減少」は，「圧力の増加」と読みかえて，ルシャトリエの原理を適用しなければならない。

(C)　ルシャトリエの原理を適用すると，(A)で温度を上げると右向き，(B)で圧力を上げると左向きに移動するという結果となる。本問では，温度の影響が圧力の影響よりも大きければ右向き，その逆ならば左向きへ平衡が移動することになる。この問題文の条件だけでは，温度・圧力のどちらの影響が大きいのかが不明なので，平衡の移動の向きは判断できない。

(D)　触媒を加えると，(正反応，逆反応とも)反応速度は大きくなるが，平衡の移動には関係しない。

〔**参考**〕 C(固)を少量加えた場合，C(固)の濃度増加を緩和する方向(右向き)に平衡が移動するようにみえる。しかし，C(固)は反応容器中には拡散しないので，その濃度は常に一定で，いくら加えても，その濃度は増加しない。よって，平衡は移動しない。

(E)　体積一定でアルゴン(貴ガス)を加える。→「圧力が増す」→「気体分子の数が減少する方向(左向き)に平衡が移動する」と考えてはいけない。圧力の変化で平衡が移動するのは，平衡に関係する気体の圧力(分圧)が変化したときだけである。

アルゴンを加えても，体積は一定なので，平衡に関係する気体の圧力(分圧)は変化しない。よって，平衡は移動しない。

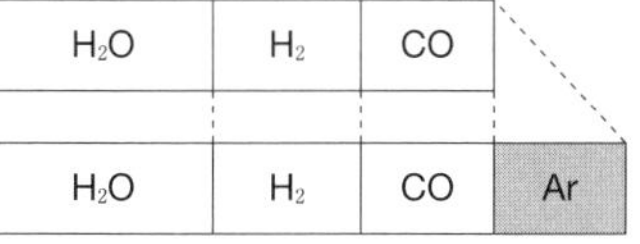

(H_2O(気)，H_2，COの分圧は変化しない。)

(F)　圧力一定になるようにアルゴンを加えていくと，混合気体の体積が増加する。よって，平衡に関係する気体の圧力(分圧)が減少し，その圧力減少を打ち消す(緩和する)方向，すなわち，気体の分子数が増加する方向(右向き)へ平衡が移動する。

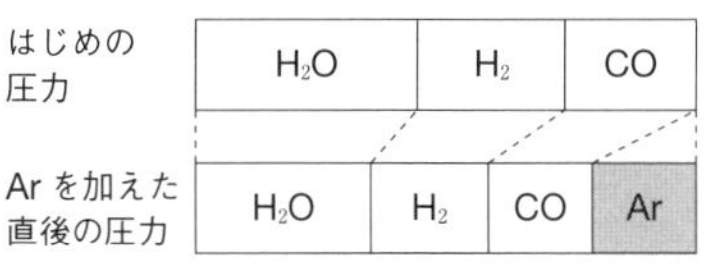

(H_2O(気)，H_2，COの分圧は小さくなる。)

解答　(A) (イ)　(B) (ア)　(C) (エ)
(D) (ウ)　(E) (ウ)　(F) (イ)

199 **解説**　可逆反応が平衡状態にあるとき，温度，圧力，濃度などの反応条件を変化させると，その変化による影響を打ち消す(緩和する)方向へ平衡が移動し，新しい平衡状態となる。これを**ルシャトリエの原理**，または**平衡移動の原理**という。

発熱反応では，(反応物のエンタルピー)よりも(生成物のエンタルピー)が減少するので，エンタルピー変化 $\Delta H<0$ である。吸熱反応では，(反応物のエンタルピー)よりも(生成物のエンタルピー)が増加するので，エンタルピー変化 $\Delta H>0$ である。

(1)　NOの生成は気体の分子数が変化しない反応なので，圧力を変えても，NOの生成量は変化しない。これに該当するのは，(キ)，(ク)。

また，NOの生成は吸熱反応なので，温度の高い T_2 の方がその生成量は増す。したがって，T_1 よりも T_2 の方が上位にある(ク)が適する。

(2)　NH_3 の生成は気体の分子数が減少する反応なので，圧力を高くした方がその生成量は増す。これに該当するのは，(ア)，(イ)，(オ)，(カ)。

また，NH_3 の生成は発熱反応なので，温度の低い T_1 の方がその生成量は増す。

したがって T_2 よりも T_1 の方が上位にある(ア)，(オ)が該当する。ただし，(オ)は圧力を高くすると，NH_3 の生成量がいくらでも増えるので，不適である。よって，(ア)が適する。

(3)　NO_2 の生成は，気体の分子数が増加する反応なので，圧力を高くすると，その生成量は減る。これに該当するのは(ウ)，(エ)。また，NO_2 の生成は吸熱反応なので，温度の高い T_2 の方がその生成量は増す。したがって，T_1 よりも T_2 の方が上位にある(エ)が適する。

解答 (1) (ク)　(2) (ア)　(3) (エ)

200 **解説** **ルシャトリエの原理**をもとに，平衡が移動する向きを考える。

NO_2 は赤褐色，N_2O_4 は無色の気体であるので，これらの気体の平衡混合物が，NO_2 側(左向き)に移動すれば赤褐色が濃くなり，N_2O_4 側(右向き)に移動すれば赤褐色が薄くなる。

$2NO_2$(赤褐色) $\rightleftarrows$ N_2O_4(無色)

この平衡は，高温にすると気体の色が濃くなることから，NO_2 が増加する左方向へ平衡が移動する。したがって，NO_2 が生成する反応が吸熱反応であり，N_2O_4 が生成する反応が発熱反応とわかる。

(1) 圧縮した瞬間は，体積が小さくなるので，NO_2 も N_2O_4 も同じ割合で濃度が大きくなるが，NO_2 の濃度の増加の影響によって，混合気体の色が濃くなる。その後，圧縮によって圧力が大きくなったので，気体分子の数が減少する向き(右向き)に平衡が移動し，気体の色はやや薄くなる。

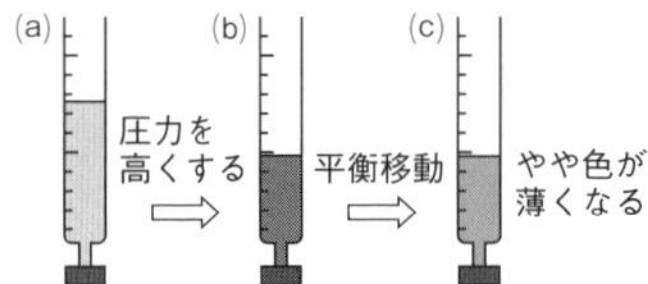

(2) ある可逆反応 $aA + bB \rightleftarrows xX + yY$ (a，b，x，y は係数)が平衡状態にあるとき，平衡時における各物質の濃度の間には次式が成り立つ。

$$\frac{[X]^x[Y]^y}{[A]^a[B]^b} = K(\text{一定})$$

この関係を**化学平衡の法則(質量作用の法則)**といい，K を**平衡定数**という。温度が一定ならば，反応開始時の各物質の濃度に関係なく，K は一定の値をとる。平衡時の各物質のモル濃度は，

$[NO_2] = 0.010$〔mol/L〕，$[N_2O_4] = 0.030$〔mol/L〕

$$K = \frac{[N_2O_4]}{[NO_2]^2} = \frac{0.030}{0.010^2} = 300\text{〔L/mol〕}$$

(注意)平衡定数の式には，必ず，平衡状態にある物質のモル濃度を代入する習慣をつけておく。物質量をそのまま代入しないよう十分に注意したい。なぜなら，$H_2 + I_2 \rightleftarrows 2HI$ のように，両辺の係数和が等しい場合，平衡定数では，反応容器の容積 V の項が消去されるので物質量をそのまま代入しても答に影響しないが，$2NO_2 \rightleftarrows N_2O_4$ のように，両辺の係数和が等しくない場合，平衡定数には，容積 V の項が消去されずに残るため，物質量をそのまま代入すると，誤った答が得られることになる。十分に留意すること。

解答 (1) **ウ**　(2) **3.0×10^2 L/mol**

201 **解説** (1) 酢酸とエタノールが反応して，酢酸エチル(エステル)と水が生成する反応は，典型的な可逆反応であり，やがて次式のような平衡状態となる。

	CH_3COOH +	C_2H_5OH $\rightleftarrows$	$CH_3COOC_2H_5$ +	H_2O
反応前	1.0	1.2	0	0〔mol〕
平衡時	(1.0 − 0.80)	(1.2 − 0.80)	0.80	0.80〔mol〕

反応容器の容積を V〔L〕とすると，

$$K = \frac{[CH_3COOC_2H_5][H_2O]}{[CH_3COOH][C_2H_5OH]} = \frac{\left(\frac{0.80}{V}\right)^2}{\left(\frac{0.20}{V}\right)\left(\frac{0.40}{V}\right)} = \frac{0.80^2}{0.20 \times 0.40} = 8.0$$

(2) 酢酸エチルが x〔mol〕生成して平衡に達したとき，

	CH_3COOH +	C_2H_5OH $\rightleftarrows$	$CH_3COOC_2H_5$ +	H_2O
平衡時	$(2.0 - x)$	$(2.0 - x)$	x	x〔mol〕

平衡定数 K は，$\dfrac{\left(\frac{x}{V}\right)^2}{\left(\frac{2.0-x}{V}\right)^2} = 8.0$

左辺が完全平方式なので，両辺の平方根をとる。

$\dfrac{x}{2.0 - x} = 2\sqrt{2}$ (負号は捨てる)

$\therefore\ x = 1.47 \fallingdotseq 1.5$〔mol〕

(3) 与えられたのは酢酸，エタノール，水であり，酢酸エチルだけは与えられていないので，平衡は必ず右向きに移動する。酢酸エチルが x〔mol〕生成して平衡状態に達したとすると，

	CH_3COOH +	C_2H_5OH $\rightleftarrows$	$CH_3COOC_2H_5$ +	H_2O
平衡時	$(1.0 - x)$	$(1.0 - x)$	x	$(2.0 + x)$〔mol〕

$$K = \frac{\left(\frac{x}{V}\right)\left(\frac{2.0+x}{V}\right)}{\left(\frac{1.0-x}{V}\right)^2} = 8.0$$

$7x^2 - 18x + 8 = 0$　　$\therefore$　$(x - 2)(7x - 4) = 0$

$0 < x < 1$ より，$x = \dfrac{4}{7} = 0.571 \fallingdotseq 0.57$〔mol〕

解答 (1) **8.0**　(2) **1.5mol**　(3) **0.57mol**

202 **解説** ①，② グラフから，低温ほど NH_3 の生成率が大きい。ルシャトリエの原理より，低温にすると，平衡は発熱反応の方向へ移動するから，NH_3 の生成反応は発熱反応とわかる。

③ グラフより，高圧にすると NH_3 の生成率が増加することから，平衡は気体の分子数が減少する右方向へ移動する。

203～203

④～⑦　ルシャトリエの原理によると，NH_3の生成に関しては，**低温・高圧**の条件が有利なように思われる。しかし，低温(400℃)前後では反応速度が小さく，なかなか平衡に到達しない。一方，高温(600℃～)では短時間に平衡に達するが，NH_3の生成率がかなり小さくなる。そこで，平衡に不利にならない500℃前後の温度を設定し，反応速度の低下を補うため，四酸化三鉄Fe_3O_4などの触媒を用いている。さらに，生じた平衡混合気体を冷却してNH_3だけを凝縮させて液体として反応系から除き，未反応の気体を原料気体に循環させ，再び反応を繰り返すという方法で，NH_3をより効率的に製造している。このようなNH_3の工業的製法を**ハーバー・ボッシュ法**という。

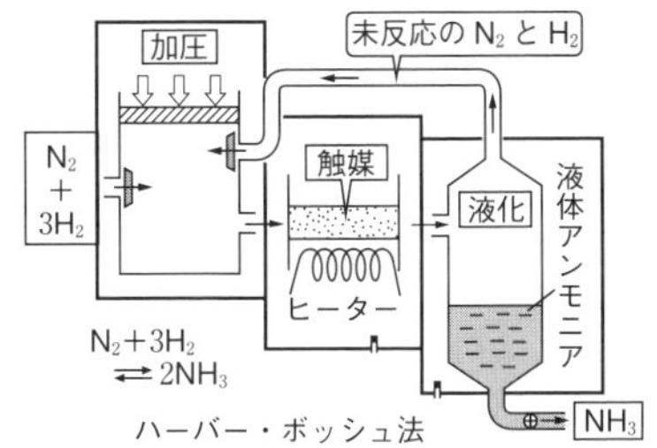

ハーバー・ボッシュ法

⑧　N_2 1mol，H_2 3molから反応を開始し，NH_3が$2x$〔mol〕生成して平衡に達したとする。

	N_2	+ $3H_2$	⇄ $2NH_3$	
反応前	1mol	3mol	0	合計
平衡時	$(1-x)$	$(3-3x)$	$2x$	$(4-2x)$〔mol〕

グラフより，400℃，5×10^7PaでNH_3の体積百分率は60%である。圧力一定では，気体の**(体積比)=(物質量比)**の関係が成り立つから，

$$\frac{2x}{4-2x}\times100=60 \quad \therefore \quad x=0.75〔mol〕$$

よって，平衡時の混合気体中のN_2の体積百分率は，

$$\frac{1-x}{4-2x}\times100=\frac{1-0.75}{4-1.5}\times100=10〔\%〕$$

解答　① **発熱**　② **下げる**
③ **減少**　④ **低温**　⑤ **高圧**
⑥ **反応速度**　⑦ **触媒**　⑧ **10**

203 **解説**　$H_2+I_2 \rightleftarrows 2HI$　の可逆反応の場合，
正反応の反応速度 $v_1=k_1[H_2][I_2]$
逆反応の反応速度 $v_2=k_2[HI]^2$ で表される。
平衡状態では，$v_1=v_2$となるから，
$k_1[H_2][I_2]=k_2[HI]^2$…①
①式を左辺にモル濃度，右辺に速度定数をまとめて整理すると，

$$\frac{[HI]^2}{[H_2][I_2]}=\frac{k_1}{k_2}=K(一定) \quad \cdots②$$

このKをこの反応の**平衡定数**といい，温度によってのみ変化する。また，②式で表される関係を**化学平衡の法則**という。

(1)　H_2 0.70mol，I_2 1.00molから反応を開始し，平衡に達したとき，H_2が0.10mol残っていたので，H_2は0.60mol反応したことがわかる。
平衡時の各気体の物質量は，

	H_2	+ I_2	⇄ $2HI$	
平衡前	0.70	1.00	0	〔mol〕
変化量	−0.60	−0.60	+1.20	〔mol〕
平衡時	0.10	0.40	1.20	〔mol〕

反応容器の容積をV〔L〕とすると，

$$K=\frac{[HI]^2}{[H_2][I_2]}=\frac{\left(\frac{1.20}{V}\right)^2}{\left(\frac{0.10}{V}\right)\left(\frac{0.40}{V}\right)}=36$$

(2)　HIから反応を開始し，H_2，I_2をx〔mol〕ずつ生成し，平衡に達したとする。

	$2HI$	⇄ H_2	+ I_2	
平衡前	2.0	0	0	〔mol〕
変化量	$-2x$	$+x$	$+x$	〔mol〕
平衡時	$(2.0-2x)$	x	x	〔mol〕

逆反応の平衡定数は，もとの正反応の平衡定数Kの逆数に等しい。

$$\frac{[H_2][I_2]}{[HI]^2}=\frac{1}{K}=\frac{1}{36}$$

$$\frac{\left(\frac{x}{V}\right)^2}{\left(\frac{2.0-2x}{V}\right)^2}=\frac{1}{36}$$

左辺が完全平方式より，両辺の平方根をとると，

$$\frac{x}{2.0-2x}=\frac{1}{6} \quad (負号は捨てる)$$

$2.0-2x=6x \quad \therefore \quad x=0.25$〔mol〕

(3)　各物質の任意の濃度を平衡定数の式に代入して得られた計算値をK'，真の平衡定数をKとすると，反応の移動する方向を次のように判断できる。

> $K'<K$のとき，正反応の向きに反応が進む。
> $K'=K$のとき，平衡状態で，平衡は移動しない。
> $K'>K$のとき，逆反応の向きに反応が進む。

解答　(1) **36**　(2) H_2 **0.25mol**　I_2 **0.25mol**
(3) **反応容器の容積をV〔L〕として，与えられた数値を平衡定数の式へ代入すると，**

$$K=\frac{[HI]^2}{[H_2][I_2]}=\frac{\left(\frac{1.0}{V}\right)^2}{\left(\frac{1.0}{V}\right)\left(\frac{1.0}{V}\right)}=1.0$$

この値は，真の平衡定数の 36 より小さいので，この値が大きくなる右方向へ反応が進み，新たな平衡状態となる。

204 解説 反応条件の変化による平衡の移動と反応速度の変化を同時に考えさせる良問題である。グラフが横軸に平行になったとき，この反応は平衡状態に達したことを示す。また，平衡状態になるまでのグラフの傾きは，この反応の反応速度の大きさを表す。

反応条件の変化に伴う反応速度の変化と，平衡の移動は区別して考える必要がある。

(1) 反応速度が増加するので，平衡状態に達する時間が短くなるが，平衡が左へ移動するので，NH_3 の生成量は減少する。

(2) 反応速度が減少し，平衡状態に達する時間が長くなる。平衡は右へ移動するので，NH_3 の生成量は増加する。

(3) 反応速度は増加し，平衡状態に達する時間が短くなる。平衡も右へ移動するので，NH_3 の生成量は増加する。

(4) 反応速度が減少し，平衡状態に達する時間が長くなる。平衡が左へ移動するので，NH_3 の生成量は減少する。

(5) 反応速度は増加し，平衡状態に達する時間が短くなる。平衡は移動しないので，NH_3 の生成量は変化しない。

解答 (1) **d** (2) **c** (3) **b** (4) **e** (5) **a**

205 解説 (1) NH_3 が $2x$〔mol〕生成して平衡状態に達したとすると，

	N_2	+	$3H_2$	⇄	$2NH_3$	
平衡前	3.0		9.0		0	〔mol〕
変化量	$-x$		$-3x$		$+2x$	〔mol〕
平衡時	$3.0-x$		$9.0-3x$		$2x$	〔mol〕

全物質量 $3.0-x+9.0-3x+2x=(12.0-2x)$〔mol〕

圧力一定では，気体の**(体積比)＝(物質量比)**より，

$$\frac{2x}{12.0-2x}\times 100=50 \qquad \therefore\ x=2.0〔\mathrm{mol}〕$$

よって，平衡時の各気体の物質量は，

N_2 $3.0-2.0=1.0$〔mol〕

H_2 $9.0-3\times 2.0=3.0$〔mol〕

NH_3 $2\times 2.0=4.0$〔mol〕

(2) 熱化学反応式より，NH_3 2mol が生成すると，92kJ の発熱がある。NH_3 が 4.0mol 生成したので，

$92\times 2=184\fallingdotseq 1.8\times 10^2$〔kJ〕

(3) 平衡状態の混合気体に $PV=nRT$ を適用して，

$4.0\times 10^7\times V=8.0\times 8.3\times 10^3\times 723$

$\therefore\ V=1.20\fallingdotseq 1.2$〔L〕

(1)，(3)のデータを平衡定数の式に代入する。

$$K=\frac{[NH_3]^2}{[N_2][H_2]^3}$$

$$K=\frac{\left(\frac{4.0}{1.20}\right)^2}{\left(\frac{1.0}{1.20}\right)\left(\frac{3.0}{1.20}\right)^3}=\frac{4.0^2\times 1.20^2}{1.0\times 3.0^3}$$

$=0.853\fallingdotseq 0.85$〔$(\mathrm{L/mol})^2$〕

（両辺の係数和が等しくないときは，平衡定数では体積 V の項は消去されずに残ることに留意せよ。）

解答 (1) **N_2 1.0mol　H_2 3.0mol　NH_3 4.0mol**
(2) **1.8×10^2kJ** (3) **$0.85(\mathrm{L/mol})^2$**

21 電解質水溶液の平衡

206 解説 ア 電離度の値が 1 に近い酸を**強酸**という。強酸の電離度は，その濃度の大小によらずほぼ 1 で変わらない。〔○〕

イ 電離度の値が 1 よりかなり小さい酸を**弱酸**という。弱酸の電離度は，酸の濃度が薄くなるほど大きくなる(下図参照)。この関係を式で表すと，

$$\alpha=\sqrt{\frac{K_a}{C}} \quad \left(\begin{array}{l}C：弱酸の濃度\\K_a：電離定数\end{array}\right)$$

この関係を，**オストワルトの希釈律**という。

K_a は酸の種類と温度によって決まり，酸の濃度によらない定数で，**酸の電離定数**とよばれる。

C→㊀小になるほど，α→㊀大となる。〔×〕

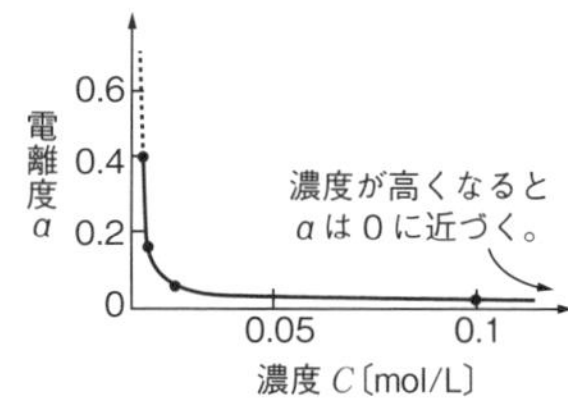

酢酸の濃度と電離度の関係

ウ 1 価の弱酸は水中では次式のような**電離平衡**の状態にある。弱酸の濃度を C〔mol/L〕，その電離度を α とすると，$[H^+]=C\alpha$ で表される。〔○〕

	HA	⇄	H^+	+	A^-	
平衡時	$C(1-\alpha)$		$C\alpha$		$C\alpha$	〔mol/L〕

エ 弱酸の電離度は温度によって変化し，一般に温度が高いほど大きくなる。これは弱酸の電離が吸熱反応であるため，高温ほど弱酸が電離する方向へ平衡が移動するためである。〔○〕

オ　多価の弱酸の電離では，1段目より2段目……になるほど電離度は小さくなる。これは，第一電離が中性分子からのH^+の電離であるのに対し，第二電離は陰イオンからのH^+の電離のため，静電気力がはたらき，H^+が電離しにくくなるためである。〔×〕

解答　ア○　イ×　ウ○　エ○　オ×

207 **解説**　弱酸・弱塩基などの弱電解質の水溶液中では，その一部が電離し，未電離の分子と電離によって生じたイオンとの間で平衡状態となる。このような平衡を**電離平衡**という。このような電解質水溶液の電離平衡についても，**ルシャトリエの原理**を利用して，平衡移動の方向を知ることができる。

一般に，電解質の水溶液に電離平衡に関係するイオン(**共通イオン**という)を含む電解質を加えると，平衡の移動が起こり，電解質の電離度や溶解度などが減少する。この現象を**共通イオン効果**という。

(1)　塩酸 HCl を加えると，電離して生じたH^+がOH^-と中和するために，OH^-が減少する。このOH^-の減少を補うために，平衡は右へ移動する。

(2)　水酸化ナトリウム NaOH の固体を加えると，水に溶けてOH^-を電離する。生じたOH^-の共通イオン効果によって，平衡は左へ移動する。

(3)　高温になると，NH_3の水へ溶解度が小さくなり，NH_3が減少する。このNH_3の減少を補うために，平衡は左へ移動する。

(4)　NH_4Clの固体を加えると，水に溶けてNH_4^+を電離する。生じたNH_4^+の共通イオン効果によって，平衡は左へ移動する。

(5)　H_2Oが増加するから，H_2Oが減少する右方向へ平衡が移動すると考えればよい。すなわち，弱塩基のアンモニアは，水で薄めるほど電離度は大きくなる。

(6)　NaCl の固体を加えると，水に溶けてNa^+とCl^-を生じる。Na^+とCl^-のどちらも共通イオンではないので，アンモニアの電離平衡は移動しない。

解答　(1) **右**　(2) **左**　(3) **左**　(4) **左**
(5) **右**　(6) **移動しない**

208 **解説**　一般に，弱酸・弱塩基などの弱電解質の水溶液中では，その一部が電離し，未電離の分子と電離によって生じたイオンとの間で平衡状態となる。このような平衡を**電離平衡**という。

酢酸水溶液の電離平衡において，電離度と電離定数の関係は次のようになる。

濃度C〔mol/L〕の酢酸の電離度をαとおくと，平衡時の各成分の濃度は次のようになり，①式のK_aを酸の**電離定数**という。

$$CH_3COOH \rightleftarrows CH_3COO^- + H^+$$

平衡時　$C(1-\alpha)$　　$C\alpha$　　$C\alpha$　〔mol/L〕

$$\therefore\ K_a = \frac{[CH_3COO^-][H^+]}{[CH_3COOH]} \quad \cdots①$$

$$= \frac{C\alpha \cdot C\alpha}{C(1-\alpha)} = \frac{C\alpha^2}{1-\alpha}$$

酢酸水溶液の濃度がよほど薄くない限り$\alpha \ll 1$なので，$1-\alpha \fallingdotseq 1$と近似できる。

$$\therefore\ \boldsymbol{K_a = C\alpha^2 \quad \alpha = \sqrt{\frac{K_a}{C}}} \quad \cdots②$$

$$[H^+] = C\alpha = C \times \sqrt{\frac{K_a}{C}} = \sqrt{CK_a} \quad \cdots③$$

以上の式の誘導はきわめて重要であるから，何度も練習をしておくこと。

$[H^+] = C\alpha$より，

$$\alpha = \frac{[H^+]}{C} = \frac{3.6\times10^{-3}}{0.50} = 7.2\times10^{-3}$$

②式に$C = 0.50$mol/L，$\alpha = 7.2\times10^{-3}$を代入すると，

$$K_a = C\alpha^2 = 0.50\times(7.2\times10^{-3})^2$$
$$= 2.59\times10^{-5} \fallingdotseq 2.6\times10^{-5}〔mol/L〕$$

解答　① **電離平衡**　② $\dfrac{[CH_3COO^-][H^+]}{[CH_3COOH]}$
③ **電離定数**　④ $\mathbf{7.2\times10^{-3}}$
⑤ $\mathbf{2.6\times10^{-5}}$

209 **解説**　酸の水溶液の場合，水素イオン濃度$[H^+]$を求め，$pH = -\log_{10}[H^+]$の公式を用いて pH を計算する。塩基の水溶液の場合，最初に求まるのは水酸化物イオン濃度$[OH^-]$であるから，これを，**水のイオン積**$K_w = [H^+][OH^-] = 1.0\times10^{-14}(mol/L)^2$の関係から，$[H^+]$に変換した後，pH を計算する。

pH を求める際，常用対数の計算は次のように行う。

〔1〕　$\log_{10}10 = 1$，$\log_{10}10^a = a$，$\log_{10}1 = 0$
〔2〕　$\log_{10}(a\times b) = \log_{10}a + \log_{10}b$
〔3〕　$\log_{10}(a\div b) = \log_{10}a - \log_{10}b$

(1)　$Ba(OH)_2$水溶液のモル濃度は，500mL = 0.50L で，

$$\frac{0.010mol}{0.50L} = 0.020〔mol/L〕$$

水酸化バリウムは**2価の強塩基**だから，電離度は1.0

$[OH^-]$=塩基の濃度×価数×電離度より，

$[OH^-] = 0.020\times2\times1.0 = 4.0\times10^{-2}$〔mol/L〕

水のイオン積の公式より，

$$[H^+]=\frac{K_W}{[OH^-]}=\frac{1.0\times10^{-14}}{4.0\times10^{-2}}=\frac{10^{-12}}{2^2}〔mol/L〕$$

$$pH=-\log_{10}(2^{-2}\times10^{-12})=12+2\log_{10}2=12.6$$

〈別解〉 塩基の水溶液の pH を求めるのに，**水酸化物イオン指数** pOH（ピーオーエイチ）を用いる方法がある。

$[OH^-]=1.0\times10^{-n}$mol/L のとき，pOH$=n$，
つまり，**$pOH=-\log_{10}[OH^-]$**

水のイオン積$[H^+][OH^-]=1.0\times10^{-14}(mol/L)^2$ より，両辺の常用対数をとり，さらに-1をかけると，

$$\log_{10}[H^+][OH^-]=\log_{10}10^{-14}$$

$$\log_{10}[H^+]+\log_{10}[OH^-]=-14$$

$$-(\log_{10}[H^+]+\log_{10}[OH^-])=14$$

$$\therefore\ \mathbf{pH+pOH=14}$$

この関係から，簡単に pH を求めることができる。

$$pOH=-\log_{10}(2^2\times10^{-2})=-2\log_{10}2+2=1.4$$

$pH+pOH=14$ より，$pH=14-1.4=12.6$

(2) 混合水溶液の pH を求めるときは，液性を見極めることが大切である。酸性ならば，$[H^+]$を求めると，すぐに pH が求まる。塩基性ならば，$[OH^-]$を求め，K_W を使って$[H^+]$に変換してから pH を求める。

酸の出す H^+　$0.10\times\frac{150}{1000}=\frac{15}{1000}$〔mol〕　…①

塩基の出す OH^-　$0.10\times\frac{100}{1000}=\frac{10}{1000}$〔mol〕　…②

①>②より，混合水溶液は酸性を示す。

①−②より，残ったH^+の物質量を求めると，

H^+　$\frac{15}{1000}-\frac{10}{1000}=\frac{5.0}{1000}$〔mol〕

これが混合水溶液 150＋100＝250〔mL〕中に含まれるから，モル濃度にするには，溶液 1L あたりに換算する。

$$[H^+]=\frac{5.0}{1000}\times\frac{1000}{250}=2.0\times10^{-2}〔mol/L〕$$

$$pH=-\log_{10}(2.0\times10^{-2})=-\log_{10}2+2=1.7$$

(3) 硫酸は**2価の強酸**だから，電離度は 1.0。

$[H^+]$＝酸の濃度×価数×電離度より，

$$[H^+]=3.0\times10^{-3}\times2\times1.0=6.0\times10^{-3}〔mol/L〕$$

$$pH=-\log_{10}(6.0\times10^{-3})=-\log_{10}(2\times3\times10^{-3})$$

$$=-\log_{10}2-\log_{10}3+3=2.22\fallingdotseq2.2$$

(4) pH＝1.0 の塩酸は，$[H^+]=1.0\times10^{-1}$〔mol/L〕

pH＝4.0 の塩酸は，$[H^+]=1.0\times10^{-4}$〔mol/L〕

混合溶液中での H^+ の物質量は，

$$1.0\times10^{-1}\times\frac{100}{1000}+\underbrace{1.0\times10^{-4}\times\frac{100}{1000}}_{\text{(無視できるほど小)}}\fallingdotseq\frac{10}{1000}〔mol〕$$

これが混合溶液 200mL 中に含まれるから，モル濃度にするには，溶液 1L あたりに換算する。

$$[H^+]=\frac{10}{1000}\times\frac{1000}{200}=\frac{10^{-1}}{2}〔mol/L〕$$

$$pH=-\log_{10}\left(\frac{10^{-1}}{2}\right)=1+\log_{10}2=1.3$$

pH＝4.0 の塩酸は，pH＝1.0 の塩酸に比べてかなり薄いため，pH＝1.0 の塩酸に同量の純水を加えた場合とほとんど同じ結果となる。

解答 (1) **12.6**　(2) **1.7**　(3) **2.2**　(4) **1.3**

210 （解説）

(ア) pH＝2 の塩酸の$[H^+]=1.0\times10^{-2}$mol/L である。

一方，pH＝12 の NaOH 水溶液の$[H^+]=1.0\times10^{-12}$mol/L，すなわち，

$$[OH^-]=\frac{K_W}{[H^+]}=\frac{1.0\times10^{-14}}{1.0\times10^{-12}}=1.0\times10^{-2}〔mol/L〕$$

である。よって，濃度・価数の等しい強酸と強塩基の水溶液を等体積ずつ混合すると，完全に中和し，pH＝7(中性)の水溶液になる。〔○〕

(イ) pH＝2 の塩酸の$[H^+]$は 1.0×10^{-2}mol/L である。これを水で 100 倍に薄めると$[H^+]$は 1.0×10^{-4}mol/L になる。

したがって，薄めた塩酸の水溶液の pH は，

$pH=-\log_{10}(1.0\times10^{-4})=4$ である。〔○〕

(このように，強酸を水で 10 倍に薄めるごとに，pH は 1 ずつ大きくなる。)

(ウ) pH＝5 の塩酸の$[H^+]$は 1.0×10^{-5}mol/L である。これを水で 1000 倍に薄めると，$[H^+]$は 1.0×10^{-8}mol/L になり，pH＝8 になるように思える。

しかし，酸の濃度がきわめて薄くなると，水の電離による H^+ の影響が無視できなくなる。

つまり，水の電離により生じた H^+ により，水溶液の **pH は純水の 7 に限りなく近づくだけ**である(酸をいくら水で薄めても，pH が 7 を超えて塩基性になることはない。次図参照)。〔×〕

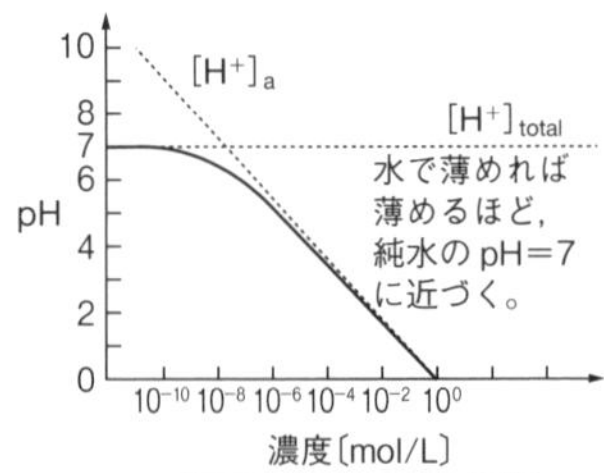

塩酸の濃度と pH の関係

(エ) 水溶液の pH は，通常，$0\leqq pH\leqq14$ の範囲で使用

される。しかし，10mol/L の塩酸の pH を求めてみると，$pH=-\log_{10}10^1=-1$ となる。

10mol/L の NaOH 水溶液の場合，

$pOH=-\log_{10}10^1=-1$

pH＋pOH＝14 より，$pH=14-(-1)=15$ となり，濃厚な酸，塩基の水溶液では，pH の値が上記の範囲を超えてしまうことがある。〔×〕

解答 **(ア)，(イ)**

211 **解説** (1)　酢酸の濃度を c〔mol/L〕，電離度を α とすると，電離平衡時の各成分のモル濃度は次の通り。

$$CH_3COOH \rightleftarrows CH_3COO^- + H^+$$

	CH_3COOH	CH_3COO^-	H^+	
電離前	c	0	0	〔mol/L〕
変化量	$-c\alpha$	$+c\alpha$	$+c\alpha$	〔mol/L〕
電離平衡時	$c(1-\alpha)$	$c\alpha$	$c\alpha$	〔mol/L〕

酢酸の電離定数の式に，これらの平衡時の濃度を代入すると

$$K_a=\frac{[CH_3COO^-][H^+]}{[CH_3COOH]}=\frac{c\alpha\times c\alpha}{c(1-\alpha)}=\frac{c\alpha^2}{1-\alpha}$$

弱酸は弱酸なので，酸の濃度がよほど薄くない限り，電離度 α は 1 に比べて非常に小さく，$1-\alpha\fallingdotseq1$ と近似できる。

よって，$K_a=c\alpha^2$　$0<\alpha\leqq1$ より，$\alpha=\sqrt{\dfrac{K_a}{c}}$

$$\alpha=\sqrt{\frac{K_a}{c}}=\sqrt{\frac{2.7\times10^{-5}\text{mol/L}}{0.10\text{mol/L}}}=\sqrt{2.7\times10^{-4}}$$
$$=1.6\times10^{-2}$$

(2)　$[H^+]=c\alpha=0.10\text{mol/L}\times1.6\times10^{-2}$
$=1.6\times10^{-3}$〔mol/L〕

$pH=-\log_{10}[H^+]=-\log_{10}(16\times10^{-4})$
$=4-4\log_{10}2=2.8$

(3)　$[H^+]=c\alpha=c\cdot\sqrt{\dfrac{K_a}{c}}=\sqrt{c\cdot K_a}$

$[H^+]=\sqrt{1.0\times10^{-2}\times2.7\times10^{-5}}$
$=\sqrt{2.7\times10^{-7}}$〔mol/L〕

$$pH=-\log_{10}\left(2.7^{\frac{1}{2}}\times10^{-\frac{7}{2}}\right)=\frac{7}{2}-\frac{1}{2}\log_{10}2.7$$
$$=3.5-0.215=3.285\fallingdotseq3.3$$

解答 (1) **1.6×10^{-2}**　(2) **2.8**　(3) **3.3**

212 **解説** アンモニア水の電離平衡において，電離度と電離定数の関係は次のようになる。

$$NH_3 + H_2O \rightleftarrows NH_4^+ + OH^-$$

の電離平衡において，化学平衡の法則により，

$$\frac{[NH_4^+][OH^-]}{[NH_3][H_2O]}=K(\text{一定})$$

$[H_2O]$ はアンモニア水中における水のモル濃度であるが，NH_3 の電離のために消費される分は非常に少ないので，$[H_2O]$＝一定と考えてよい。$K[H_2O]$ を K_b とおくと，NH_3 の電離定数は次式のようになる。

$$K_b=\frac{[NH_4^+][OH^-]}{[NH_3]}$$

(1)　アンモニア水の濃度を C〔mol/L〕，電離度を α とすると，水溶液中の各成分の濃度は次のようになる。

$$NH_3 + H_2O \rightleftarrows NH_4^+ + OH^-$$

平衡時　$C(1-\alpha)$　　$C\alpha$　　$C\alpha$　〔mol/L〕

したがって，アンモニアの電離定数 K_b は次のように表される。

$$K_b=\frac{[NH_4^+][OH^-]}{[NH_3]}=\frac{C\alpha\times C\alpha}{C(1-\alpha)}=\frac{C\alpha^2}{1-\alpha}$$

アンモニア水の濃度がよほど薄くない限り $\alpha\ll1$ なので，$1-\alpha\fallingdotseq1$ と近似できる。

$$\therefore\quad \boldsymbol{K_b=C\alpha^2},\quad \boldsymbol{\alpha=\sqrt{\frac{K_b}{C}}}$$

$$\therefore\quad [OH^-]=C\alpha=C\times\sqrt{\frac{K_b}{C}}=\boldsymbol{\sqrt{CK_b}}$$

(2)　アンモニア水のモル濃度 C は，

$$C=\frac{\frac{1.12}{22.4}\text{mol}}{0.250\text{L}}=0.20\text{〔mol/L〕}$$

$$[OH^-]=C\alpha=C\sqrt{\frac{K_b}{C}}=\sqrt{CK_b}$$

上式へ，各数値を代入して，

$[OH^-]=\sqrt{0.20\times2.3\times10^{-5}}=\sqrt{2.3\times2\times10^{-6}}$

$pOH=-\log_{10}(2.3^{\frac{1}{2}}\times2^{\frac{1}{2}}\times10^{-3})$

$=-\dfrac{1}{2}\log_{10}2.3-\dfrac{1}{2}\log_{10}2+3=2.67$

$pH+pOH=14$ より，

$pH=14-2.67=11.33\fallingdotseq11.3$

解答 (1) **(エ)**　(2) **11.3**

213 **解説** (1)，(2)　酢酸ナトリウム CH_3COONa は，水に溶けて酢酸イオン CH_3COO^- とナトリウムイオン Na^+ に電離する。このとき生じる酢酸イオンの一部が，水分子と反応して水酸化物イオン OH^- を生じるため，水溶液は弱い塩基性を示す。

$$CH_3COO^- + H_2O \rightleftarrows CH_3COOH + OH^-$$

一方，塩化アンモニウム NH_4Cl は，水に溶けてアンモニウムイオン NH_4^+ と塩化物イオン Cl^- に電離する。このとき生じるアンモニウムイオンの一部

が水と反応してオキソニウムイオンH_3O^+を生じるため，水溶液は弱い酸性を示す。

$NH_4^+ + H_2O \rightleftarrows NH_3 + H_3O^+$

このように，弱酸の陰イオンや弱塩基の陽イオンが水と反応して，もとの弱酸や弱塩基を生じる変化を**塩の加水分解**という。

解答 (1) ア **塩基**　イ **酸**　ウ **加水分解**

(2) ① $CH_3COO^- + H_2O \rightleftarrows CH_3COOH + OH^-$

② $NH_4^+ + H_2O \rightleftarrows NH_3 + H_3O^+$

214 **解説**　酢酸CH_3COOH水溶液中では，次式の電離平衡が成立している。

$CH_3COOH \rightleftarrows CH_3COO^- + H^+$ …(A)

一方，酢酸ナトリウムCH_3COONaは，水溶液中で次式のように完全に電離している。

$CH_3COONa \longrightarrow CH_3COO^- + Na^+$ …(B)

この結果，酢酸と酢酸ナトリウムの混合水溶液では，水溶液中の$[CH_3COO^-]$が増加し，その共通イオン効果により，酢酸の電離平衡は左へ移動する。そのため，水溶液中の$[H^+]$が減少し，酢酸だけのときよりもpHは大きくなる。

この混合水溶液中には，CH_3COOHとCH_3COO^-がともに多量に存在している。

この水溶液に少量の酸を加えても，次の反応が起こって加えたH^+の大部分が消費されるので，水溶液中の$[H^+]$はあまり増えない。

$CH_3COO^- + H^+ \longrightarrow CH_3COOH$

この水溶液に少量の塩基を加えても，次の中和反応が起こって，加えたOH^-の大部分が消費されるので，水溶液中の$[OH^-]$はあまり増えない。

$CH_3COOH + OH^- \longrightarrow CH_3COO^- + H_2O$

このように，少量の酸や塩基を加えても，水溶液のpHがほぼ一定に保たれるはたらきを**緩衝作用**といい，このようなはたらきを示す水溶液を**緩衝溶液**（**緩衝液**）という。

また，少量の純水を加えても，$\dfrac{[CH_3COO^-]}{[CH_3COOH]}$の比は変わらないので，水溶液中の$[H^+]$も一定である。

解答 ① **電離平衡**　② **大き**　③ **酢酸イオン**　④ **中和**　⑤ **緩衝液**

215 **解説**　(1)　CH_3COOHとCH_3COONaの混合水溶液中でも，酢酸の電離平衡は成立している。

$CH_3COOH \rightleftarrows CH_3COO^- + H^+$　…(A)

$$K_a = \frac{[CH_3COO^-][H^+]}{[CH_3COOH]}$$

この水溶液中に酢酸ナトリウムを溶かすと，酢酸ナトリウムは完全電離している。

$CH_3COONa \longrightarrow CH_3COO^- + Na^+$　…(B)

水溶液中のCH_3COO^-が増すので，(A)式の平衡は左に移動する。このとき，酢酸の電離平衡はかなり左に偏っており，緩衝溶液中の$[CH_3COOH]$は，最初に溶かしたCH_3COOHの濃度に等しい。また，$[CH_3COO^-]$は，酢酸の電離による増加分を無視して，最初に溶かしたCH_3COONaの濃度に等しいとみなせる。

両溶液の等量ずつの混合により，溶液の体積が2倍となり，各濃度はそれぞれもとの$\dfrac{1}{2}$となる。

$$[CH_3COOH] = 0.20 \times \frac{1}{2} = 0.10\,(\mathrm{mol/L})$$

$$[CH_3COO^-] = 0.10 \times \frac{1}{2} = 0.050\,(\mathrm{mol/L})$$

これらの値を酢酸の電離定数の式に代入すると，

$$[H^+] = K_a\frac{[CH_3COOH]}{[CH_3COO^-]} = 2.7\times10^{-5}\times\frac{0.10}{0.050}$$
$$= 2.7\times2\times10^{-5}\,(\mathrm{mol/L})$$

$pH = -\log_{10}[H^+]$より，

$$pH = -\log_{10}(2.7\times2\times10^{-5})$$
$$= -\log_{10}2.7 - \log_{10}2 + 5 = 4.27 \fallingdotseq 4.3$$

(2)　(1)の混合溶液に$NaOH$ 0.10molを加えると，次式のような中和反応が起こる。

$CH_3COOH + OH^- \longrightarrow CH_3COO^- + H_2O$

$$[CH_3COOH] = \frac{0.20-0.10}{2.0} = 0.050\,(\mathrm{mol/L})$$

$$[CH_3COO^-] = \frac{0.10+0.10}{2.0} = 0.10\,(\mathrm{mol/L})$$

これらの値を酢酸の電離定数を変形した式に代入すると，

$$[H^+] = K_a\frac{[CH_3COOH]}{[CH_3COO^-]} = 2.7\times10^{-5}\times\frac{0.050}{0.10}$$
$$= 2.7\times\frac{1}{2}\times10^{-5}\,(\mathrm{mol/L})$$

$pH = -\log_{10}[H^+]$より，

$$pH = -\log_{10}(2.7\times2^{-1}\times10^{-5})$$
$$= -\log_{10}2.7 + \log_{10}2 + 5 = 4.87 \fallingdotseq 4.9$$

解答 (1) **4.3**　(2) **4.9**

216 **解説**　(1)　滴定開始前のA点のpHは，0.10 mol/L酢酸水溶液のpHである。

$$CH_3COOH \rightleftarrows CH_3COO^- + H^+$$

平衡時　$C-x$　　x　　x〔mol/L〕

弱酸の濃度 C があまり薄くないとき($C \gg K_a$)，$C \gg x$ より，$C-x \fallingdotseq C$ と近似できる。

$$K_a = \frac{x^2}{C-x} \fallingdotseq \frac{x^2}{C}$$

$$\therefore \quad x = [H^+] = \sqrt{CK_a}$$

$C=0.10$，$K_a=2.0\times10^{-5}$ を代入して，

$$[H^+] = \sqrt{0.10\times2.0\times10^{-5}} = \sqrt{2.0\times10^{-6}}\text{〔mol/L〕}$$

$$pH = -\log_{10}\left(2^{\frac{1}{2}}\times10^{-3}\right)$$

$$= -\frac{1}{2}\log_{10}2+3 = -0.15+3 = 2.85 \fallingdotseq 2.9$$

(2)　B点は中和滴定の途中(中間点)で，未反応の CH_3COOH と，中和反応で生じた CH_3COONa との1：1の混合溶液(**緩衝溶液**)になっている。

この溶液に少量の OH^- を加えても，次の反応で OH^- が消費されるので，pH はあまり変化しない。

$$CH_3COOH + OH^- \longrightarrow CH_3COO^- + H_2O$$

同様に，この溶液に少量の H^+ を加えても，次の反応で H^+ が消費されるので，pHはあまり変化しない。

$$CH_3COO^- + H^+ \longrightarrow CH_3COOH$$

中和されずに残っている酢酸のモル濃度は，

$$\left(0.10\times\frac{20}{1000}-0.10\times\frac{10}{1000}\right)\times\frac{1000}{30} = \frac{1}{30}\text{〔mol/L〕}$$

生じた酢酸ナトリウムのモル濃度は，

$$\left(0.10\times\frac{10}{1000}\right)\times\frac{1000}{30} = \frac{1}{30}\text{〔mol/L〕}$$

B点(緩衝液)でも，酢酸の電離平衡が成り立つので，$[H^+] = K_a\dfrac{[CH_3COOH]}{[CH_3COO^-]}$

$$[H^+] = 2.0\times10^{-5}\times\frac{\frac{1}{30}}{\frac{1}{30}} = 2.0\times10^{-5}\text{〔mol/L〕}$$

$$pH = -\log_{10}(2.0\times10^{-5}) = -\log_{10}2+5 = 4.7$$

(3)　CH_3COOH(弱酸)と NaOH(強塩基)の中和滴定では，その中和点は塩基性側に偏る。それは，生じた塩 CH_3COONa の電離で生じた CH_3COO^- が次式のように加水分解するためである。

$$CH_3COO^- + H_2O \rightleftarrows CH_3COOH + OH^-$$

(4)　中和点以降の水溶液の pH は次のように求める。中和点以降に加えた 0.10mol/L NaOH 水溶液 10mL の物質量は，

$$0.10\times\frac{10}{1000} = 1.0\times10^{-3}\text{〔mol〕}$$

これが混合溶液 50mL 中に含まれるから，NaOH 水溶液のモル濃度は，

$$\frac{1.0\times10^{-3}}{0.050} = 2.0\times10^{-2}\text{〔mol/L〕}$$

NaOH は1価の強塩基だから，電離度は1である。

$$[OH^-] = 2.0\times10^{-2}\times1 = 2.0\times10^{-2}\text{〔mol/L〕}$$

$$pOH = -\log_{10}(2\times10^{-2}) = 2-\log_{10}2 = 1.7$$

pH + pOH = 14 より，

$$pH = 14-1.7 = 12.3$$

解答　(1) **2.9**　(2) **4.7**

(3) **C点は中和点で，CH_3COONa の水溶液になっている。CH_3COONa は水中で完全に電離し，生じた CH_3COO^- の一部が水分子と反応して，CH_3COOH と OH^- を生じるので，水溶液は塩基性を示す。**

(4) **12.3**

217 (解説)　炭酸 H_2CO_3 の第一段階の電離定数 K_1，第二段階の電離定数 K_2 は次のように表される。

$$K_1 = \frac{[HCO_3^-][H^+]}{[H_2CO_3]} = 4.5\times10^{-7}\text{〔mol/L〕}$$

$$K_2 = \frac{[CO_3^{2-}][H^+]}{[HCO_3^-]} = 4.3\times10^{-11}\text{〔mol/L〕}$$

(1)　炭酸 H_2CO_3 のような2価の弱酸では，第二段階の電離は，第一段階の電離に比較してきわめて小さいので，これを無視して第一段階の電離だけで水素イオン濃度，および pH を求めればよい。

多価の弱酸の電離では，第一段階より第二，第三，…，になるほど電離度は小さくなる。これは，第一段階の電離が中性分子からの H^+ の電離であるのに対し，第二段階の電離は陰イオンからの H^+ の電離のため，静電気的な引力がはたらき，H^+ が電離しにくくなるためである。別の見方をすれば，第一段階の電離によって生じた H^+ の共通イオン効果によって，第二段階の電離がより強く抑えられているためとも考えられる。

生じた $[H^+]$ を x〔mol/L〕とすれば，$[HCO_3^-]$ も x〔mol/L〕となる。また，$[H_2CO_3]$ は $(4.0\times10^{-3}-x)$〔mol/L〕であるが，x は 4.0×10^{-3} に比べて小さいので，$[H_2CO_3] = 4.0\times10^{-3}$〔mol/L〕とみなせる。

$$K_1 = \frac{x^2}{4.0\times10^{-3}} = 4.5\times10^{-7}$$

$$x^2 = [H^+]^2 = 18\times10^{-10}$$

$$\therefore x = [H^+] = 3\sqrt{2}\times10^{-5} = 3\times2^{\frac{1}{2}}\times10^{-5}\text{〔mol/L〕}$$

$$pH = -\log_{10}(3\times2^{\frac{1}{2}}\times10^{-5})$$

$$=5-\log_{10}3-\frac{1}{2}\log_{10}2$$
$$=5-0.48-0.15=4.37 \fallingdotseq 4.4$$

(2) $[CO_3^{2-}]$は第一段階の電離には含まれていないので，K_1からは求められない。また，$[CO_3^{2-}]$は第二段階の電離には含まれているが，$[HCO_3^-]$が不明なので求められない。したがって，

$[CO_3^{2-}]$は，H_2CO_3の第一段階と第二段階の電離をまとめた電離定数Kから求めるしかない。

$$H_2CO_3 \rightleftarrows 2H^+ + CO_3^{2-}$$
$$K=\frac{[H^+]^2[CO_3^{2-}]}{[H_2CO_3]}$$

上式は，次のように変形できる。

$$K=\frac{[H^+][HCO_3^-]}{[H_2CO_3]}\times\frac{[H^+][CO_3^{2-}]}{[HCO_3^-]}=K_1\times K_2$$
$$\therefore\quad [CO_3^{2-}]=\frac{[H_2CO_3]\times K_1\times K_2}{[H^+]^2}$$
$$=\frac{4.0\times10^{-3}\times4.5\times10^{-7}\times4.3\times10^{-11}}{18\times10^{-10}}$$
$$\fallingdotseq 4.3\times10^{-11}\text{〔mol/L〕}$$

解答 (1) **4.4**　(2) **4.3×10^{-11}mol/L**

218 **解説** 水に難溶性のAgClを水に溶かすと，ごく微量が水に溶解して飽和水溶液となる。

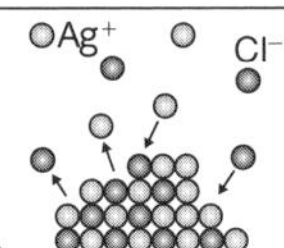

溶解したAgClはすべてAg^+とCl^-に電離し，溶けずに残っているAgCl(固)との間で，(溶解するAgClの数)＝(析出するAgClの数)の関係で表される**溶解平衡**が成り立つ。

また，混合直後の$[Ag^+][Cl^-]$の計算値とAgClの溶解度積K_{sp}を比較すると次の関係が成り立つ。

$[Ag^+][Cl^-]>K_{sp}$	…沈殿を生じる
$[Ag^+][Cl^-]=K_{sp}$	…(飽和水溶液)
$[Ag^+][Cl^-]<K_{sp}$	…沈殿を生じない

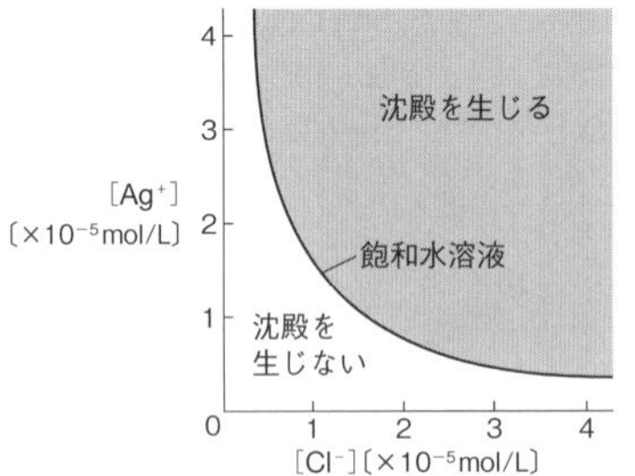

(1) 水1LにAgClがx〔mol〕溶解して飽和溶液になったとすると，

$$AgCl(固) \rightleftarrows Ag^+ + Cl^-\quad\cdots①$$

平衡時　一定　x　x〔mol/L〕

AgClの飽和水溶液中では，溶解度積K_{sp}は一定だから，

$$K_{sp}=[Ag^+][Cl^-]=x^2=1.8\times10^{-10}$$
$$\therefore\quad x=\sqrt{1.8\times10^{-10}}=1.3\times10^{-5}\text{〔mol/L〕}$$

(2) 混合直後の$[Ag^+]$と$[Cl^-]$を求めると，

$$[Ag^+]=1.0\times10^{-2}\times\frac{0.1}{100.1}\fallingdotseq1.0\times10^{-5}\text{〔mol/L〕}$$
$$[Cl^-]=1.0\times10^{-4}\times\frac{100}{100.1}\fallingdotseq1.0\times10^{-4}\text{〔mol/L〕}$$
$$[Ag^+][Cl^-]=1.0\times10^{-5}\times1.0\times10^{-4}$$
$$=1.0\times10^{-9}>K_{sp(AgCl)}$$

よって，AgClの沈殿を生じる。

(3) AgClの飽和水溶液中では，次の溶解平衡が成り立つ。

$$AgCl(固) \rightleftarrows Ag^+ + Cl^-\quad\cdots①$$

AgClの飽和水溶液にNaClの結晶を溶かすと，電離してCl^-を生じる。Cl^-の**共通イオン効果**によって，①の平衡は左に移動し，水溶液中の$[Ag^+]$はやや減少する。しかし，AgClの飽和水溶液中では，溶解度積$K_{sp}=[Ag^+][Cl^-]$の値は常に一定に保たれている。

このとき，AgCl(固)がy〔mol/L〕だけ電離して溶解平衡に達したとすると，$[Ag^+]=y$〔mol/L〕であるが，$[Cl^-]=(0.010+y)$〔mol/L〕であることに留意する。これらを溶解度積$K_{sp}=[Ag^+][Cl^-]$の式に代入すると，

$$K_{sp}=[Ag^+][Cl^-]=y\times(0.010+y)=1.8\times10^{-10}$$

$y\ll0.010$なので，$0.010+y\fallingdotseq0.010$と近似できる。

$$0.010y=1.8\times10^{-10}$$
$$\therefore\quad y=1.8\times10^{-8}\text{〔mol/L〕}$$

解答 (1) **1.3×10^{-5}mol/L**　(2) **沈殿を生じる。**
(3) **1.8×10^{-8}mol/L**

219 **解説** (1) 硫化水素の水溶液の電離平衡は次式で表される。

$$H_2S \rightleftarrows 2H^+ + S^{2-}\quad\cdots①$$

酸性が強くなると，①式の平衡は左へ移動して$[S^{2-}]$は小さくなる。

塩基性が強くなると，①式の平衡は右へ移動して$[S^{2-}]$は大きくなる。

硫化物(MS)のように，水に難溶性の塩が水中で飽

220～222

和溶液の状態にあるとき，塩MSとわずかに電離したイオンの間に，MS(固) $\rightleftarrows$ $M^{2+}+S^{2-}$のような**溶解平衡**が成立し，その平衡定数は次式で表される。

$$K=\frac{[M^{2+}][S^{2-}]}{[MS(固)]}$$

ただし，[MS(固)]のように，固体の濃度は常に一定とみなせるので，これをKにまとめると，

$[M^{2+}][S^{2-}]=K_{sp}$

このK_{sp}を塩MSの**溶解度積**といい，水に溶けにくい塩ほど小さな値をとる。

CuSの溶解度積は，FeSの溶解度積に比べてかなり小さいので，$[S^{2-}]$の小さい酸性溶液中でも，$[Cu^{2+}][S^{2-}]$の値がCuSのK_{sp}を上回り，CuSの沈殿を生じる。しかし，$[Fe^{2+}][S^{2-}]$の値はFeSのK_{sp}に達せず，FeSは沈殿しない。

溶液のpHを上げていくと，$[S^{2-}]$がしだいに大きくなる。すると，$[Fe^{2+}][S^{2-}]$の値がFeSのK_{sp}を上回り，FeSの沈殿を生じるようになる。このように，2種類以上の金属イオンを溶解度の小さいものから順に，別々の沈殿として分離する操作を**分別沈殿**という。

(2)　CuSが沈殿し始めるとき，$K_{sp(CuS)}=[Cu^{2+}][S^{2-}]$が成り立つ。

$6.5\times10^{-30}mol^2/L^2=0.10mol/L\times[S^{2-}]$

$[S^{2-}]=6.5\times10^{-29}mol/L$

また，FeSが沈殿し始めるとき，

$K_{sp(FeS)}=[Fe^{2+}][S^{2-}]$が成り立つ。

$1.0\times10^{-16}mol^2/L^2=0.10mol/L\times[S^{2-}]$

$[S^{2-}]=1.0\times10^{-15}mol/L$

したがって，CuSだけが沈殿するのは，

$6.5\times10^{-29}mol/L<[S^{2-}]\leqq1.0\times10^{-15}mol/L$

解答　(1) ① **溶解度積**　② **大き**　③ **大き**　④ **溶解度積**

(2) **$6.5\times10^{-29}mol/L<[S^{2-}]\leqq1.0\times10^{-15}mol/L$**

・共通テストチャレンジ・

220 (解説)　放電時の鉛蓄電池の負極・正極の反応は次の通り。

負極　$Pb+SO_4^{2-}\longrightarrow PbSO_4+2e^-$　…①

正極　$PbO_2+4H^++2e^-+SO_4^{2-}\longrightarrow PbSO_4+2H_2O$　…②

①+②より，全体の反応式は問題の(1)式の通り。

(1)式より，H_2SO_4 2molが反応(減少)すると，電子2molが外部回路に移動する。

題意より，電解後の体積は100mLで変化しないから，放電により減少した硫酸の物質量は，

$3.00\times0.10-2.00\times0.10=0.10$〔mol〕

よって，鉛蓄電池から取り出された電気量は，

$0.10\times9.65\times10^4=9.65\times10^3$〔C〕　→ ④

解答　④

221 (解説)　**ニッケル・水素電池**の構成は，

(−)MH|KOHaq|NiO(OH)(+)の電池式で表され，その起電力は約1.3Vである。

放電時，負極・正極ではそれぞれ次の反応が起こる。

負極(−)　$MH+OH^-\longrightarrow M+H_2O+e^-$　…①

正極(+)　$NiO(OH)+e^-+H_2O\longrightarrow Ni(OH)_2+OH^-$　…②

放電により負極でOH^-が消費されるが，正極では同量のOH^-が生成するので，電解液のOH^-の濃度は変化しない。全体の反応は，①+②よりe^-を消去すると，

$NiO(OH)+MH\longrightarrow Ni(OH)_2+M$　…③

③式より，放電時の正極では，NiO(OH) 1molが$Ni(OH)_2$ 1molに変化すると，電子e^-1mol分の電気量が外部回路へ流れる。逆に，充電時の正極では，$Ni(OH)_2$ 1molがNiO(OH) 1molに変化すると，電子e^-1mol分の電気量がこの電池に蓄えられる。

$Ni(OH)_2$の式量は93より，モル質量は93g/mol。

$Ni(OH)_2$ 9.3gの物質量は，$\frac{9.3}{93}=0.10$〔mol〕

よって，この電池には最大で電子0.10mol分の電気量が蓄えられることになる。この電気量を1Aの電流でx〔時間〕放電したとすると，

電気量〔C〕＝電流〔A〕×時間〔秒〕の関係より

$0.10\times9.65\times10^4=1\times(x\times3600)$

$x\fallingdotseq2.68\fallingdotseq2.7$〔時間〕

解答　ア ②　イ ⑦

222 (解説)　窒素と水素からアンモニアが生成する反応は可逆反応で，一定時間後に平衡状態となる。

N_2がx〔mol〕反応して，平衡状態になったとする。

反応式	N_2	+	$3H_2$	$\rightleftarrows$	$2NH_3$	
反応前	0.70		2.10		0	〔mol〕
変化量	$-x$		$-3x$		$+2x$	〔mol〕
平衡時	$0.70-x$		$2.10-3x$		$2x$	〔mol〕

平衡混合気体の総物質量は$2.80-2x$〔mol〕

グラフの横軸が5.8×10^7Paのとき，縦軸のNH_3の

生成率は40%と読み取れる。

気体の(体積比)=(物質量比)の関係より，

$\dfrac{2x}{2.80-2x}\times 100=40$　　$x=0.40$〔mol〕

∴　生成したNH_3の物質量は　$2x=0.80$〔mol〕→ ②

解答　②

223 解説　白金電極を用いて，硫酸銅(Ⅱ) $CuSO_4$水溶液を電気分解すると，次の反応が起こる。

陰極　$Cu^{2+}+2e^- \longrightarrow Cu$　…①

陽極　$2H_2O \longrightarrow O_2+4H^++4e^-$　…②

この電気分解で生成したH^+の物質量は，

$1.00\times 10^{-3}\times 0.20-1.00\times 10^{-5}\times 0.20$

$=1.98\times 10^{-4}$〔mol〕

②式の係数比より，この電気分解で流れた電子の物質量も1.98×10^{-4}molである。

電流を流した時間をx(秒)間とすると，

$0.100\times x=1.98\times 10^{-4}\times 9.65\times 10^4$

$x=191\fallingdotseq 1.9\times 10^2$〔s〕→ ②

解答　②

224 解説　平衡時の$[H_2]$，$[I_2]$，$[HI]$の値から，$H_2+I_2 \rightleftarrows 2HI$の反応の平衡定数が求められる。

	H_2	+	I_2	$\rightleftarrows$	$2HI$	
平衡時	0.40		0.40		3.2	〔mol〕

反応容器の容積をV〔L〕として，この反応の平衡定数Kが求められる。

$$K=\frac{[HI]^2}{[H_2][I_2]}=\frac{\left(\frac{3.2}{V}\right)^2}{\left(\frac{0.40}{V}\right)\left(\frac{0.40}{V}\right)}=\frac{3.2^2}{0.40^2}=64$$

1.0molのHIが$2x$〔mol〕反応すると，H_2，I_2がそれぞれx〔mol〕ずつ生成するから，

	H_2	+	I_2	$\rightleftarrows$	$2HI$	
反応前	0		0		1.0	〔mol〕
変化量	$+x$		$+x$		$-2x$	〔mol〕
平衡時	x		x		$1.0-2x$	〔mol〕

反応容器の容積は$0.5V$〔L〕として，各値を平衡定数の式に代入すると，

$$K=\frac{[HI]^2}{[H_2][I_2]}=\frac{\left(\frac{1.0-2x}{0.5V}\right)^2}{\left(\frac{x}{0.5V}\right)\left(\frac{x}{0.5V}\right)}$$

$$=\frac{(1.0-2x)^2}{x^2}=64$$

完全平方式なので，両辺の平方根をとる。

$\dfrac{1.0-2x}{x}=8$　(-8は不適)

$x=0.10$〔mol〕

∴　$HI=1.0-2x=1.0-0.20=0.80$〔mol〕→ ④

解答　④

225 解説　AgClの飽和水溶液においては，

$AgCl(固) \rightleftarrows Ag^++Cl^-$

の溶解平衡の状態にある。また，次の溶解度積$K_{sp}=[Ag^+][Cl^-]$の関係が成り立つ。

与えられた$[Ag^+][Cl^-]$を用いてAgClのK_{sp}を求めると，

$K_{sp}=[Ag^+][Cl^-]=(1.4\times 10^{-5})^2$

$=1.96\times 10^{-10}$〔mol/L〕^{2}

(1)　1.0×10^{-5}mol/L $AgNO_3$水溶液25mLに$x$mol/LのNaCl水溶液10mLを加えた時点でのAg^+とCl^-のモル濃度については，液量の変化に注意すること。

$[Ag^+]=1.0\times 10^{-5}\times\dfrac{25}{35}=\dfrac{5}{7}\times 10^{-5}$〔mol/L〕

$[Cl^-]=x\times\dfrac{10}{35}=\dfrac{2}{7}x$〔mol/L〕

AgClの沈殿が生成し始めたとき，次の関係が成り立つ。

$K_{sp}=[Ag^+][Cl^-]$

$=\dfrac{5}{7}\times 10^{-5}\times\dfrac{2}{7}x=1.96\times 10^{-10}$

$x\fallingdotseq 9.6\times 10^{-5}$〔mol/L〕→ ②

(2)　$[Ag^+][Cl^-]>K_{sp}$となると，AgClの沈殿が生成する。NaCl水溶液をx〔mL〕加えたとき，沈殿が生成し始めたとする。沈殿生成直前の各イオンの濃度は，

$[Ag^+]=1.0\times 10^{-4}\times\dfrac{10}{10+x}$〔mol/L〕

$[Cl^-]=1.0\times 10^{-4}\times\dfrac{x}{10+x}$〔mol/L〕

$[Ag^+][Cl^-]=\dfrac{1.0\times 10^{-7}x}{(10+x)^2}=1.96\times 10^{-10}$

題意より，$10+x\fallingdotseq 10$と近似できるから，

$1.0\times 10^{-7}x=1.96\times 10^{-8}$

∴　$x=1.96\times 10^{-1}\fallingdotseq 2.0\times 10^{-1}$〔mL〕

解答　(1) ②　(2) ①

22 非金属元素①

226 解説 (1) **電気陰性度**(原子が共有電子対を引きつける強さ)は，貴ガス(希ガス)を除いて，周期表の右上に位置する元素ほど大きい(周期表の左下に位置する元素ほど小さい)。17族の最も上位にある(イ)Fが最大である。

(2) 酸や塩基の水溶液とも反応する金属は**両性金属**(Al, Zn, Sn, Pb)であるが，第3周期では(エ)Alと，第4周期では(コ)Znが該当する。

(3) **イオン化エネルギー**（原子から電子1個を取り去り1価の陽イオンにするのに必要なエネルギー)は，周期表では右上に位置する元素ほど大きく，左下に位置する元素ほど小さい。表中の元素の中では，18族のNeが最大で，1族の(カ)Kが最小である。

(4) **遷移元素**(内側の電子殻に電子が配置されていく元素)は，第4周期以降の3～12族の元素であり，第4周期では$_{21}$Sc～$_{30}$Znまでの10元素が該当する。

(5) 常温・常圧で単体が液体である元素は，非金属元素では$_{35}$Br，金属元素では$_{80}$Hgのみである。第4周期までの元素では，臭素Br_2だけである。水銀Hgは第6周期なので該当しない。

(6) 金属元素は，(ウ)Na，(エ)Al，(カ)K，(キ)Mn，(ク)Fe，(ケ)Cu，(コ)Znであり，このうち，1族のアルカリ金属の単体は，原子半径が大きいほど，金属結合が弱くなり融点は低くなる。1族の最も下位にある(カ)Kの融点が最も低い。

Li ＞ Na ＞ K
融点　181℃　98℃　64℃

一般に，1原子あたりの自由電子の数が少なく，原子半径が大きい金属ほど，自由電子の密度が小さいので，金属結合が弱くなり融点も低くなる。

〔参考〕表中の金属元素の中では，最も融点の低いのはガリウムGa(30℃)である。

解答 (1) **F** (2) **Al, Zn** (3) **K** (4) **Zn** (5) **Br** (6) **K**

227 解説 空気中での**貴ガス(希ガス)**の存在割合は，アルゴンArが圧倒的に多く(0.93%)，他の貴ガスはごく少量である。貴ガスの原子の電子配置は安定で，すべて原子の状態で**単原子分子**として空気中に存在する。分子量が大きくなるほど，分子間力が強くなり，He＜Ne＜Ar＜Kr＜Xeの順に沸点は高くなる。

〔参考〕大気中のArの存在率が他の貴ガスに比べて著しく大きいのは，地殻中の放射性元素$^{40}_{19}$Kが核外電子1個を取り込み(**電子捕獲**という)，核内で電子＋陽子→中性子に変化し，$^{40}_{18}$Arに変化するからである(半減期約12.5億年)。

ヘリウムHe(分子量4，沸点－269℃)は，水素H_2(分子量2，沸点－253℃)よりも分子量は大きいが，沸点はあらゆる物質中で最も低い。一般に，分子量の大きい物質ほど分子間力が大きくなるが，ヘリウムは球形をしているため，水素より分子間力が小さく沸点が低い。

ヘリウムは軽くて不燃性なので，気球用の浮揚ガスや，液体ヘリウムは沸点が低いため，極低温を得る目的で超伝導磁石*の冷却剤などに用いられる。ネオンNeは低圧放電すると明るい赤色を出すのでネオンサインに，アルゴンやクリプトンは電球のフィラメントのタングステンWの蒸発を防ぐための封入ガスとして用いる。なお，キセノンは自動車のヘッドライトやストロボなどに用いられる。

フィラメント(タングステン)

〔参考〕＊ヘリウムの融点は−272℃ (2.6×10^6Pa)であるが，2.5×10^6Pa以下では絶対零度(−273℃)でも固体とならず，液体状態を示し，容器の壁を昇るなどの**超流動**とよばれる性質を示す。

ある温度(T_C)以下になると，電気抵抗が0になる現象を**超伝導**という。超伝導を利用すると，強力な電磁石をつくることができる。超伝導磁石はリニアモーターカーや医療機器**MRI**(核磁気共鳴画像診断装置)などに利用されている。

貴ガス(希ガス)は周期表の18族元素で，最外殻電子はHeは2個，他はすべて8個であるが，他の原子と結合したり化合物をつくらないので，**価電子の数は0**である。

解答 ① **アルゴン** ② **ヘリウム** ③ **低い** ④ **ネオン** ⑤ **18** ⑥ **0**

228 解説 (2) 塩素は，実験室では酸化マンガン(Ⅳ)MnO_2に濃塩酸を加えて加熱すると得られる。

$MnO_2 + 4H^+ + 2e^- \longrightarrow Mn^{2+} + 2H_2O$　…①

$2Cl^- \longrightarrow Cl_2 + 2e^-$　…②

①＋②より　$MnO_2 + 4H^+ + 2Cl^- \longrightarrow Mn^{2+} + Cl_2 + 2H_2O$　…③

③に$2Cl^-$を加え整理すると，化学反応式となる。

$MnO_2 + 4HCl \longrightarrow MnCl_2 + Cl_2 + 2H_2O$

(3) この反応で，酸化マンガン(Ⅳ)は，塩化マンガン(Ⅱ)に還元されており，酸化剤として作用している。

本実験では，濃塩酸に酸化マンガン(Ⅳ)のような比較的穏やかな酸化剤を作用させているので，加熱すれば塩素が発生するが，加熱を止めると塩素の発生はすぐに止まる。しかし，濃塩酸に過マンガン酸カリウムのような強力な酸化剤を作用させた場合，常温でも塩素が発生するが，反応が始まると塩素の発生は止められない(そのため，塩素の発生実験には適さない)。

(4)，(5)　濃塩酸を加熱しているため，この反応では発生する塩素 Cl_2 に塩化水素 HCl や水蒸気 H_2O が混じる。

塩化水素は塩素よりも水に溶けやすいので，まず，洗気びん C の水に通して HCl を吸収させる。次に，洗気びん D の濃硫酸に通して H_2O を除去し，乾燥させる。

(6)　塩素は水に少し溶け，また空気より重い気体なので，**下方置換**で捕集する。

(7)　高度さらし粉 $Ca(ClO)_2 \cdot 2H_2O$ に希塩酸を加えると，成分中の次亜塩素酸イオン ClO^-(酸化剤)が，塩酸中の HCl(還元剤)を酸化して，塩素 Cl_2 が発生する(加熱は不要である)。

$$2ClO^- + 4H^+ + 2e^- \longrightarrow Cl_2 + 2H_2O$$
$$+)\quad 2Cl^- \longrightarrow Cl_2 + 2e^-$$
$$2ClO^- + 4H^+ + 2Cl^- \longrightarrow 2Cl_2 + 2H_2O$$

両辺に Ca^{2+}，$2Cl^-$，$2H_2O$ を加えて整理すると

$$Ca(ClO)_2 \cdot 2H_2O + 4HCl \longrightarrow CaCl_2 + 2Cl_2 + 4H_2O$$

(したがって，4HCl のうち，2 分子は酸化されており還元剤としてはたらいているが，あと 2 分子は酸化されておらず，酸としてはたらいていることになる。)

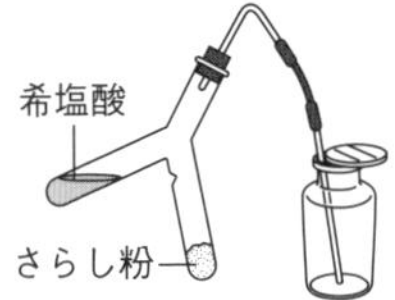

解答　(1) A **滴下ろうと**　B **丸底フラスコ**　C **洗気びん**　E **集気びん**
(2) $\mathbf{MnO_2 + 4HCl \longrightarrow MnCl_2 + Cl_2 + 2H_2O}$
(3) **酸化剤**　(4) C **水**　D **濃硫酸**
(5) C **塩化水素**　D **水**　(6) **下方置換**
(7) $\mathbf{Ca(ClO)_2 \cdot 2H_2O + 4HCl \longrightarrow CaCl_2 + 2Cl_2 + 4H_2O}$

229 **解説**　(1)　構造の類似した分子では，分子量が大きいほど，分子間力が強くなり，融点・沸点は高くなる。$F_2 < Cl_2 < Br_2 < I_2$ の順。〔×〕

(2)　ハロゲンの単体は，原子番号の小さいものほど，電子を取り込む力(**酸化力**)が大きく，$I_2 < Br_2 < Cl_2 < F_2$ の順に反応性が大きくなる。〔○〕

(3)　$X_2 + H_2O \rightleftarrows HX + HXO$ の反応を起こすハロゲン X_2 は，Cl_2 と Br_2 のみである。〔×〕

(4)　F_2 は水と激しく反応して O_2 を発生する。

$$2F_2 + 2H_2O \longrightarrow 4HF + O_2$$

Cl_2，Br_2 は水に少し溶ける。また，I_2 は水にほとんど溶けない。〔×〕

(5)　ハロゲンの単体は，F_2(淡黄色)，Cl_2(黄緑色)，Br_2(赤褐色)，I_2(黒紫色)のように，いずれも有色で，分子量が増すほど色が濃くなる。〔○〕

(6)　ハロゲンの単体は，相手の物質から電子を取り込む力(**酸化作用**)が強く，天然にはすべて化合物として存在し，単体として存在するものはない。〔×〕

(7)　ハロゲンの単体は，いずれも酸化作用があり，程度の差はあるが人体に有毒である。〔×〕

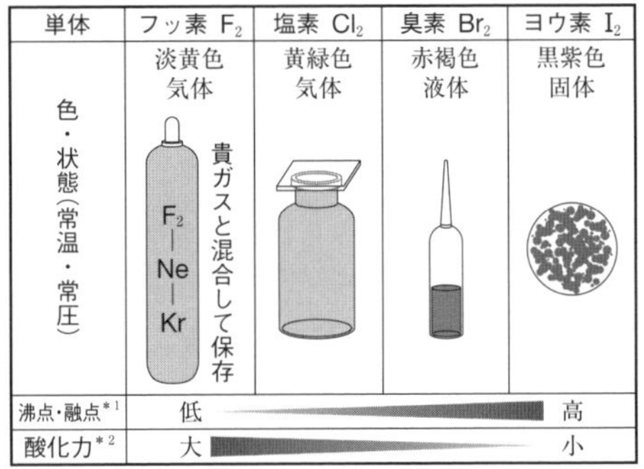

単体	フッ素 F_2	塩素 Cl_2	臭素 Br_2	ヨウ素 I_2
色・状態(常温・常圧)	淡黄色 気体	黄緑色 気体	赤褐色 液体	黒紫色 固体
沸点・融点[*1]	低	→	→	高
酸化力[*2]	大	→	→	小

＊1　分子量が大きくなるほど，分子間力が強くなり，沸点・融点は高くなる。

＊2　原子番号が小さくなるほど，電子を取り込む力(酸化力)が強くなる。

解答　(1) ×　(2) ○　(3) ×　(4) ×　(5) ○　(6) ×　(7) ×

230 **解説**　(1)　$NaCl + H_2SO_4 \longrightarrow NaHSO_4 + HCl$

この反応は，**(揮発性の酸の塩)＋(不揮発性の酸) ⟶ (不揮発性の酸の塩)＋(揮発性の酸)**の反応原理を利用しており，加熱により揮発性の酸が反応系から出ていくことにより反応が右向きに進行する。(加熱しなければ，左辺の H_2SO_4 と右辺の HCl はいずれも強酸であるため，反応は平衡状態となる。)

(2)　塩化水素 HCl(分子量 36.5)は水に溶けやすく，空気(平均分子量 29)よりも重い気体なので，下方置換で捕集する。

(3)　塩化水素とアンモニアが空気中で出合うと，塩化アンモニウムの白煙を生じる。

$$HCl + NH_3 \longrightarrow NH_4Cl$$

この変化は，塩化水素とアンモニアの相互の検出

に利用される。

解答　(1) $NaCl + H_2SO_4 \longrightarrow NaHSO_4 + HCl$
(2) **下方置換**
(3) **濃アンモニア水をつけたガラス棒を近づけると，白煙を生じる反応で検出する。**

231 (解説)

成層圏(地上約10～50kmの範囲)上部では，太陽から放射される強い紫外線を吸収して，酸素の一部がオゾンになり，地上20～40km付近にオゾンを3×10^{-4}%程度含む層(**オゾン層**)を形成している。

このオゾン層は，生物に有害な紫外線のほとんどを吸収し，地上の生物を保護するはたらきをもつ。

オゾンO_3は，酸素中で**無声放電**(火花や音を伴わない静かな放電)を行うか，酸素に強い紫外線を当てると生成する。

無声放電　スズはく　O_2とO_3　誘導コイルへ　O_2
オゾン発生器のしくみ

オゾンO_3は，魚の腐ったような生臭いにおいのする淡青色の気体で，有毒である。酸性条件では①式のように反応して**強い酸化作用**を示し，飲料水の殺菌や消毒や消臭，および繊維の漂白などに利用される。

$O_3 + 2H^+ + 2e^- \longrightarrow O_2 + H_2O$　…①

(1) オゾンは，水で湿らせた**ヨウ化カリウムデンプン紙の青変**により検出される。この反応では，まず，オゾンが中性条件でも酸化剤としてはたらき，ヨウ化カリウムKIを酸化してヨウ素I_2を遊離させる。このヨウ素が**ヨウ素デンプン反応**を起こして，青紫色を呈する。

中性条件では，H^+の濃度はきわめて小さいので，①式のように左辺にH^+を残しておくのは適切ではない。そこで，①式をH_2Oが反応した形に改めるため，両辺に$2OH^-$を加えて整理すると，次の②式が得られる。

$O_3 + H_2O + 2e^- \longrightarrow O_2 + 2OH^-$　…②

ヨウ化カリウムKIが還元剤としてはたらくと，

$2I^- \longrightarrow I_2 + 2e^-$　…③

②＋③より，e^-を消去するとイオン反応式になる。

$O_3 + H_2O + 2I^- \longrightarrow I_2 + O_2 + 2OH^-$　…④

④式の両辺に，$2K^+$を加えて式を整理すると化学反応式になる。

$O_3 + H_2O + 2KI \longrightarrow I_2 + O_2 + 2KOH$　…⑤

〔参考〕中性条件でO_3とKIを反応させるのは，O_3の酸化力は中性条件でもI^-をI_2に酸化するには十分な強さがあるためである。もし，酸性条件でO_3とKIを反応させると，I_2はヨウ素酸イオンIO_3^-まで酸化されてしまうので，ヨウ素デンプン反応は呈色しなくなるからである。

(2) オゾン分子O_3は，酸素分子の一方のO原子の非共有電子対が別のO原子の空軌道に対して提供されて，配位結合が形成された。と考えればよい。

提供　非共有電子対　空軌道

オゾン分子の中央のO原子には，二重結合の共有電子対1組と配位結合の共有電子対1組に加えて，非共有電子対の合計3組の電子対がある。これらが空間の最も離れた正三角形の頂点の方向に伸びるが，実際の分子の形は，共有電子対の伸びる方向で決まるので，O_3分子の形は**折れ線形**になる。

解答　① **オゾン層**　② **紫外線**　③ **酸素**
④ **(無声)放電**　⑤ **紫外線**　⑥ **淡青**
⑦ **酸化**
(1) $O_3 + H_2O + 2KI \longrightarrow I_2 + O_2 + 2KOH$
(2) **折れ線形**

232 (解説)

硫黄の粉末を二硫化炭素CS_2という溶媒に溶かし，蒸発皿に移し，常温で風通しのよいところでCS_2を蒸発させると，黄色八面体状の**斜方硫黄**の結晶が析出する。

硫黄の粉末を試験管に入れ，穏やかに約120℃まで加熱し，黄色の融解液をつくる。これを空気中で放冷すると，黄色針状の**単斜硫黄**の結晶が得られる。

黄色の融解液を250℃くらいまで加熱し，生じた暗褐色の融解液を，水中に流し込み急冷すると，暗褐色でやや弾性のある**ゴム状硫黄**が得られる。

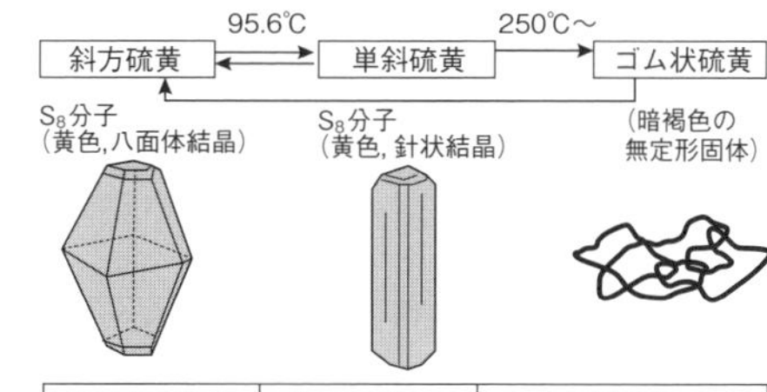

斜方硫黄 S_8	単斜硫黄 S_8	ゴム状硫黄 S_x
105°	105°	
融点113℃	融点119℃	融点不定

解答　① **斜方硫黄**　② **S_8**
③ **単斜硫黄**　④ **ゴム状硫黄**

233 ～ 234

233 解説　(1)　過酸化水素水の分解反応は次式で表される。

$2H_2O_2 \longrightarrow 2H_2O + O_2$

過酸化水素 H_2O_2 が水 H_2O になるとき，酸素の酸化数が－1から－2となり，相手から電子を奪う酸化剤としてはたらく。また，H_2O_2 が酸素 O_2 になるとき，酸素の酸化数が－1から0となり，相手に電子を与える還元剤としてはたらく。このように，酸化剤にも還元剤にもなり得る物質は，反応相手となる適当な酸化剤や還元剤が存在しない場合，同種の分子間で電子の授受を行うことがある。このような反応を**自己酸化還元反応**(不均化反応)という。

酸化された(還元剤)

$2H_2O_2 \longrightarrow 2H_2O + O_2$
(－1)　(－2)　(0)

還元された(酸化剤)

ふたまた試験管の突起のある方へ固体試薬の酸化マンガン(Ⅳ)MnO_2 を，突起のない方へ液体試薬の過酸化水素水を入れておく。これは，固体と液体を分離して反応を停止させるとき，固体が液体の方へ落ちないようにするためである。

(2)　MnO_2 のように，自身は変化せず，反応速度を大きくするはたらきをもつ物質を**触媒**という。触媒は反応式中には書かないこと。

(3)　反応式は $2KClO_3 \longrightarrow 2KCl + 3O_2$
この反応でも MnO_2 は触媒として作用している。

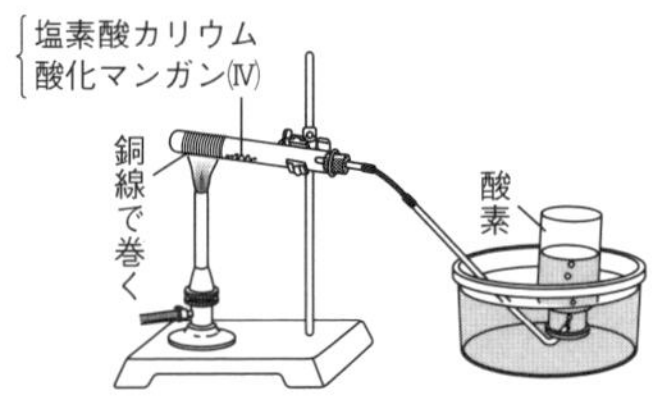

反応式の係数比より，$KClO_3$ 2mol から O_2 3mol が発生する。

$KClO_3 = 122.5$ より，モル質量は 122.5g/mol。
発生する酸素の体積(標準状態)を x〔L〕とする。

$\dfrac{4.90}{122.5} : \dfrac{x}{22.4} = 2 : 3$ より

$x = 1.344 \fallingdotseq 1.34$〔L〕

(4)　金属元素の酸化物である**塩基性酸化物**が水と反応すると**水酸化物**を生じ，水溶液は塩基性を示す。一方，非金属元素の酸化物である**酸性酸化物**が水と反応すると**オキソ酸**を生じ，水溶液は酸性を示す。

(ア)　$CaO + H_2O \longrightarrow Ca(OH)_2$
(イ)　$CO_2 + H_2O \longrightarrow H_2CO_3$
(ウ)　$SO_3 + H_2O \longrightarrow H_2SO_4$
(エ)　$Na_2O + 2H_2O \longrightarrow 2NaOH$

水酸化物とオキソ酸は，いずれも中心原子Xに OH が結合している。

X－O－H → $X^+ + OH^-$(水酸化物)
X－O－H → $XO^- + H^+$(オキソ酸)

中心原子の陽性が大きい場合，X－O 間の電子対は O の方へ強く引きつけられ，水の作用でこの結合が切れ，OH^- を生じ塩基性を示す。

中心原子の陰性が大きい場合，X－O 間の結合は切れず，代わりに，O－H 間の電子対が O の方へ強く引きつけられ，水の作用でこの結合が切れ，H^+ を生じ酸性を示す。

解答　(1) A **酸化マンガン(Ⅳ)**　B **過酸化水素水**
(2) **触媒**　(3) **1.34L**
(4) (ア) **$Ca(OH)_2$**　(イ) **H_2CO_3**　(ウ) **H_2SO_4**
(エ) **NaOH**

234 解説　(2)　ⓐ　鉄と硫黄が反応して硫化鉄(Ⅱ)を生成する反応は，次のような酸化還元反応である。FeS は Fe^{2+} と S^{2-} からなるイオン結晶である。

還元

$Fe + S \longrightarrow Fe\ S (= Fe^{2+}S^{2-})$
(0)　(0)　(＋2)　(－2)

酸化

ⓑ　$FeS + H_2SO_4 \longrightarrow FeSO_4 + H_2S$
弱酸の塩　強酸　強酸の塩　弱酸

弱酸由来のイオンである S^{2-} は強酸である H_2SO_4 が放出した H^+ を2個受け取り，弱酸の H_2S が生成する(**弱酸の遊離**)。一方，SO_4^{2-} は Fe^{2+} と新たに強酸の塩 $FeSO_4$ を生成する。

希硫酸の代わりに希塩酸も用いてもよい。

ⓒ　イオン反応式では，$2Ag^+ + S^{2-} \longrightarrow Ag_2S$ であるが，反応に関係しなかったイオン($2NO_3^-$, $2H^+$)を両辺に加えて整理すると，化学反応式になる。

$2AgNO_3 + H_2S \longrightarrow Ag_2S + 2HNO_3$

(3)　**キップの装置**は，固体と液体の試薬を反応させて気体を発生させる装置として用いる(加熱を要する反応には使えない)。活栓(コック)の開閉により，気体の発生量が自由に調節できるので便利である。図のBに粒状の固体試薬(粉末ではBとCの隙間から下へ落ちてしまうので不可)を入れ，Aの

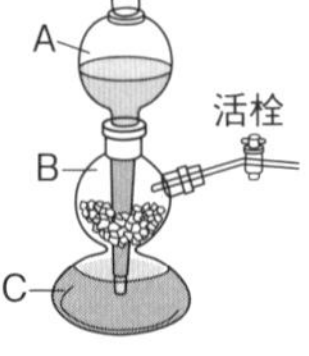

約半分の高さまで液体試薬を入れる。Cには排液口の栓があるが，ここから液体試薬を入れることはできない。

活栓を開けると，B内の圧力が減少し，Aにたまっていた希硫酸がCを経てBに達する。こうして，硫化鉄(Ⅱ)と希硫酸とが接触し，気体が発生し始める。発生した気体は，活栓付きのガラス管を通って外へ出て行く。

活栓を閉じると，B内に発生した気体がたまり，その圧力で希硫酸がCを経てAまで押し上げられ，希硫酸と硫化鉄(Ⅱ)が分離される。このため，気体の発生は停止する。

(4)　希硝酸には酸化力があるため，硫化水素は酸化されて単体の硫黄を遊離してしまう。したがって，硫化水素を発生させる強酸としては不適である。

$HNO_3 + 3e^- + 3H^+ \longrightarrow NO + 2H_2O$　…①

$H_2S \longrightarrow S + 2H^+ + 2e^-$　…②

①×2＋②×3より，

$3H_2S + 2HNO_3 \longrightarrow 3S + 2NO + 4H_2O$

(5)　硫化水素 H_2S は酸性の気体なので，塩基性の乾燥剤である酸化カルシウム CaO とは中和して吸収されるので不適。また，硫化水素は還元性が強いため，酸化力を有する濃硫酸 H_2SO_4 とは常温でも酸化還元反応を起こし，吸収されてしまうので不適。したがって，硫化水素と反応しない酸性の乾燥剤である十酸化四リン P_4O_{10} と，中性の乾燥剤である塩化カルシウム $CaCl_2$ は使用可能である。

解答　(1) ① **硫化鉄(Ⅱ)**　② **腐卵**

③ **硫化銀**

(2) ⓐ　$Fe + S \longrightarrow FeS$

ⓑ　$FeS + H_2SO_4 \longrightarrow FeSO_4 + H_2S$

ⓒ　$2AgNO_3 + H_2S \longrightarrow Ag_2S + 2HNO_3$

(3) **キップの装置　B**

(4) **硫化水素が希硝酸によって酸化されてしまうから。**

(5) **(イ)，(エ)**

235 **解説**　濃硫酸と希硫酸とでは，性質が大きく異なる。その違いを十分理解しておくこと。

〔濃硫酸の性質〕

①**不揮発性の酸である**　揮発性の酸 HCl の塩 $NaCl$ に，不揮発性の濃硫酸 H_2SO_4 を加えて加熱すると，不揮発性の酸の塩 $NaHSO_4$ を生じ，揮発性の酸 HCl が遊離する。

$NaCl + H_2SO_4 \longrightarrow NaHSO_4 + HCl\uparrow$

②**吸湿性がある**　水分を吸収する力が強く，固体，気体の乾燥剤に利用される(右図)。

③**脱水作用がある**　有機化合物から，HとOを2：1の割合で奪う。たとえば，スクロースに濃硫酸を滴下すると，次の反応が起こって，炭素Cが遊離する。

$C_{12}H_{22}O_{11} \xrightarrow{H_2SO_4} 12C + 11H_2O$

スクロースに濃硫酸を滴下し，しばらくすると，激しく反応して，黒色の炭素が遊離する。

④**溶解エンタルピーの発熱量が大きい**　濃硫酸に水を注ぐと，加えた水は密度の大きい硫酸の表面に浮かんだ状態となり，多量の熱が発生して水が激しく沸騰し，硫酸が周囲に飛散して危険である。濃硫酸を水で希釈するときは，多量の水の中へ濃硫酸を少しずつ加えていくと，水の沸騰は起こらず，安全に希硫酸をつくることができる。

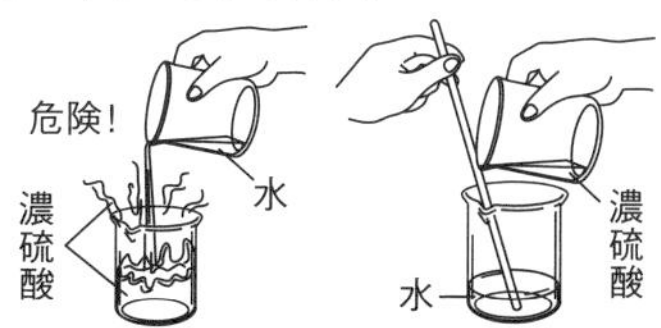

⑤**酸化作用がある**　加熱した濃硫酸(**熱濃硫酸**という)は酸化力が強く，希塩酸や希硫酸に溶けない Cu や Ag も溶かし，二酸化硫黄 SO_2 を発生する。

$Cu + 2H_2SO_4 \longrightarrow CuSO_4 + 2H_2O + SO_2\uparrow$

〔希硫酸の性質〕

①**強い酸性**を示す。

②**金属と反応して水素を発生**する。

$Zn + H_2SO_4 \longrightarrow ZnSO_4 + H_2\uparrow$

解答　(1) **(エ)**　(2) **(ア)**　(3) **(イ)**　(4) **(オ)**　(5) **(ウ)**　(6) **(カ)**

236 **解説**　(1)　塩素は水に少し溶け，その一部が水と反応して塩化水素 HCl と**次亜塩素酸** $HClO$ を

237～237

生成する。　$Cl_2 + H_2O \rightleftarrows HCl + HClO$

次亜塩素酸 HClO の酸性はかなり弱いが，次式のような反応により，強い**酸化作用**を示すので，殺菌・漂白作用がある。

$HClO + H^+ + 2e^- \longrightarrow Cl^- + H_2O$

ハロゲンの単体は，原子番号が小さいものほど電子を取り込む力(**酸化力**)が強く，酸化力の強さは，**$F_2 > Cl_2 > Br_2 > I_2$** である。酸化力の強い Cl_2 は，Br^- や I^- から電子を奪って Br_2 や I_2 を遊離させる。

$2I^- + Cl_2 \longrightarrow I_2 + 2Cl^-$

上式に $2K^+$ を加えて整理すると，解答になる。

遊離した I_2 は次式のように過剰の KI 水溶液に溶け，**三ヨウ化物イオン I_3^-** を生じて褐色を呈する。

$I_2 + I^- \rightleftarrows I_3^-$

生成した I_2 が多くなると，KI 水溶液に溶けきれなくなり，黒紫色のヨウ素 I_2 が沈殿する。

ハロゲンの単体のうち，フッ素 F_2 の酸化力が最も大きく，水 H_2O から電子を奪って酸化し，酸素 O_2 を発生させる。(この反応は，水の電気分解の陽極反応と全く同じである。)

$$
\begin{array}{lll}
 & 2H_2O & \longrightarrow O_2 + 4e^- + 4H^+ \\
+) & 2F_2 + 4e^- & \longrightarrow 4F^- \\
\hline
 & 2F_2 + 2H_2O & \longrightarrow 4HF + O_2
\end{array}
$$

また，ハロゲンと水素の反応性はフッ素 F_2 が最大で，冷暗所でも爆発的に反応するほど激しいが，塩素 Cl_2 は光があれば爆発的に反応する。

(2)　$Cu + Cl_2 \longrightarrow CuCl_2$

この反応により，褐色の塩化銅(Ⅱ)が生成する。

無水状態の塩化銅(Ⅱ) $CuCl_2$ は褐色であるが，水を加えると，$[Cu(H_2O)_4]^{2+}$ を生じて青色の水溶液になる。

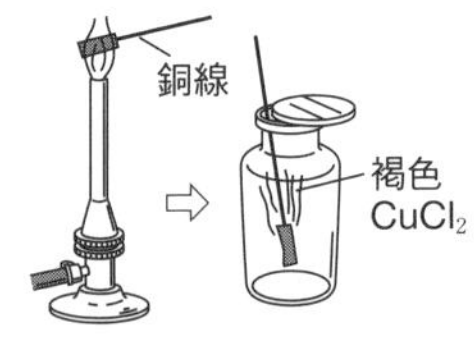

解答　① **塩化水素**　② **次亜塩素酸**
③ **酸素**　④ **塩化水素**
(1) ⓐ　$Cl_2 + H_2O \rightleftarrows HCl + HClO$
ⓑ　$2F_2 + 2H_2O \longrightarrow 4HF + O_2$
(2) $CuCl_2$

237 (解説)　(1)　ハロゲンと水素の化合物を**ハロゲン化水素**といい，水素とハロゲンを直接反応させて得られる無色・刺激臭の気体である。

$H_2 + X_2 \longrightarrow 2HX$

その水溶液を**ハロゲン化水素酸**といい，そのうちフッ化水素酸 HF だけは，H^+ が電離しにくく弱酸である。これは，H−F の結合エネルギーが特に大きいことが主な原因と考えられている。一方，塩化水素 HCl，臭化水素 HBr，ヨウ化水素 HI はどれも強い酸性を示し，HCl<HBr<HI の順に酸性は強くなる。

(2)　ハロゲン化水素の沸点を比較すると，HF だけは分子量が小さいにも関わらず，残りの分子よりも沸点が著しく高い。これは，HF の分子間には**水素結合**がはたらいており，この結合を切るのに余分な熱エネルギーを要するためである。

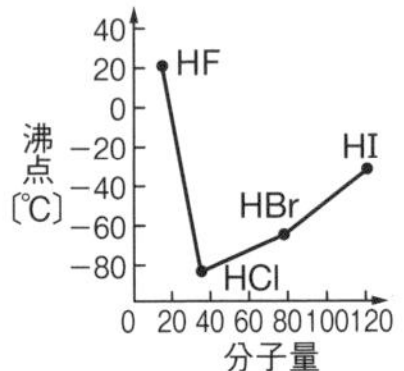

(3)　フッ化水素(気体)は，ガラスの主成分である二酸化ケイ素と次のように反応する。

$SiO_2 + 4HF \longrightarrow SiF_4 + 2H_2O$

四フッ化ケイ素 SiF_4 は無色・刺激臭の気体で，水溶液中ではさらに2分子の HF と反応して，ヘキサフルオロケイ酸 H_2SiF_6 となり溶ける。

したがって，二酸化ケイ素とフッ化水素酸(水溶液)との反応は次式のようになる。

$SiO_2 + 6HF \longrightarrow H_2SiF_6 + 2H_2O$

(4)　ハロゲンの単体の酸化力は，$F_2 > Cl_2 > Br_2 > I_2$ である。したがって，酸化力の強い Cl_2 は，酸化力の弱い Br^- や I^- から電子を奪って，Br_2 や I_2 を遊離させる。Br_2 や I_2 はいずれも褐色でよく似ている(同濃度では I_2 は Br_2 より濃い褐色を示す)。

I_2 にデンプン水溶液を少量加えると青紫色を呈する(**ヨウ素デンプン反応**)が，Br_2 はデンプン水溶液とは呈色反応しない。

$2KI + Cl_2 \longrightarrow 2KCl + I_2$

$2KBr + Cl_2 \longrightarrow 2KCl + Br_2$

(5)　ハロゲン化物イオンを含む水溶液に硝酸銀 $AgNO_3$ 水溶液を加えると，AgCl(白色)，AgBr(淡黄色)，AgI(黄色)は水に不溶で沈殿するが，AgF だけは水に可溶で沈殿しない。

ハロゲンと銀の電気陰性度の差を比較すると，AgF(2.1)，AgCl(1.1)，AgBr(0.9)，AgI(0.6)。電気陰性度の差が大きい AgF ではイオン結合性が強く水によく溶ける。一方，AgCl，AgBr，AgI の順に電気陰性度の差が減少し，イオン結合の性質が弱くなる代わりに，共有結合の性質が強くなるため，この順に水に溶けにくくなる。

238～239

解答 (1) **HF**

(2) **HF フッ化水素は分子間で水素結合を形成しているため。**

(3) **$SiO_2+6HF \longrightarrow H_2SiF_6+2H_2O$**

(4) (i) **$2KI+Cl_2 \longrightarrow 2KCl+I_2$**

(ii) **ヨウ素デンプン反応**

(5) **AgF**

238 (解説) (1) 硫酸の工業的製法は，反応の途中，SO_2 から SO_3 をつくる過程で，固体触媒の接触作用を利用することから，**接触法**とよばれる。

(2)～(4) ⓐ $FeS_2 + O_2 \longrightarrow Fe_2O_3 + SO_2$

登場回数の少ない原子の数から係数を決めていく。(Fe 2回，S 2回，O 3回)

Fe 原子の数を合わせる。Fe_2O_3 の係数を1とおくと，FeS_2 の係数は2。

S原子の数を合わせる。FeS_2 の係数が2なので，SO_2 の係数は4。

O原子の数を合わせる。右辺のO原子は11個なので，O_2 の係数は$\frac{11}{2}$。

全体を2倍して分母を払うと，

$4FeS_2 + 11O_2 \longrightarrow 2Fe_2O_3 + 8SO_2$

ⓑ $2SO_2 + O_2 \longrightarrow 2SO_3$

この反応は，実際には可逆反応で最も進行しにくい。そこで，反応速度を大きくする目的で，触媒として，酸化バナジウム(V)(五酸化二バナジウム)V_2O_5 を利用する。

ⓒ SO_3 を直接水に吸収させると，激しく発熱して水が沸騰し，生じた水蒸気に SO_3 が溶け込み，硫酸の霧となって空気中に発散してしまう。硫酸の霧の粒子は水分子に比べてかなり大きいため，容易に水に溶けない。そこで，水分の少ない濃硫酸にゆっくりと SO_3 を吸収させて**発煙硫酸**(濃硫酸に過剰の SO_3 を吸収させたもの)をつくり，必要に応じて希硫酸で薄めて，所定の濃度の濃硫酸をつくる。

(5) $S \rightarrow SO_2 \rightarrow SO_3 \rightarrow H_2SO_4$ と段階的に反応していくが，最終的には，**S1mol から $H_2SO_4$1mol が生成する**(このような段階的な反応の場合，中間生成物を省略し，反応物と生成物の量的関係だけをS原子に着目して考えればよい)。

モル質量は，S = 32g/mol，H_2SO_4 = 98g/mol より，生成する98%硫酸を x〔kg〕とすると，

$$\frac{1.6\times10^3}{32}=\frac{x\times10^3\times0.98}{98} \qquad \therefore \quad x=5.0\text{〔kg〕}$$

解答 (1) **接触法**

(2) (b) **V_2O_5**

(3) ⓐ **$4FeS_2+11O_2 \longrightarrow 2Fe_2O_3+8SO_2$**

ⓑ **$2SO_2+O_2 \longrightarrow 2SO_3$**

ⓒ **$SO_3+H_2O \longrightarrow H_2SO_4$**

(4) **三酸化硫黄を直接水に吸収させると，激しい発熱によって，硫酸が霧状となり発煙するので，水への吸収率が悪くなるから。**

(5) **5.0kg**

23 非金属元素②

239 (解説) (1) 塩化アンモニウム(弱塩基の塩)に水酸化カルシウム(強塩基)を加えて加熱すると，塩化カルシウム(強塩基の塩)を生じて，アンモニア(弱塩基)が発生する(**弱塩基の遊離**)。

(2) 水によく溶け，空気よりも軽い気体の捕集には，**上方置換**を用いる(NH_3 のみ)。

(3) 水和水を含む固体(水和物)を加熱する場合だけでなく，無水物の固体であっても，加熱によって分解反応などが起こって水が生成することがある。この水が加熱部に流れ落ちると試験管が割れる恐れがある。そこで，固体を加熱する場合は，試験管の口を少し下げて試験管が割れないようにする。

試験管の口を少し下げて加熱する。
試験管の口を上げて加熱してはいけない。

(4) NH_3 は塩基性の気体なので，ソーダ石灰(CaO + NaOH)，酸化カルシウム CaO などの塩基性の乾燥剤が適当である。濃硫酸や十酸化四リン P_4O_{10} などの酸性の乾燥剤は中和反応によって，NH_3 を吸収してしまうので不適である。また，$CaCl_2$ は中性の乾燥剤であるが，$CaCl_2 \cdot 8NH_3$ という分子化合物をつくって NH_3 を吸収するので適さない。

(5) 空気中でアンモニアと塩化水素が出会うと，直ちに反応して，塩化アンモニウムの白煙を生じる。この反応は，NH_3 と HCl の相互の検出に利用される。

$NH_3 + HCl \longrightarrow NH_4Cl$

塩基性の気体である NH_3 を検出するには，水で湿らせた赤色リトマス紙の青変でもよい。

(6)　塩化アンモニウム(弱塩基の塩)に，NaOH(強塩基)を加えて加熱しても塩化ナトリウム(強塩基の塩)を生じて，NH_3(弱塩基)が発生する(**弱塩基の遊離**)。

$NH_4Cl + NaOH \longrightarrow NaCl + NH_3 + H_2O$

通常，水酸化カルシウムが用いられるのは，安価なためと，細かい粉末状なので，塩化アンモニウムと混合しやすいためである。

解答　(1) **$2NH_4Cl + Ca(OH)_2 \longrightarrow CaCl_2 + 2NH_3 + 2H_2O$**

(2) **上方置換**

(3) **反応で生じた水が加熱部へ流れ落ちると，その部分で試験管が割れてしまうため。**

(4) **(ア)**

(5) **濃塩酸をつけたガラス棒をフラスコの口に近づけ，白煙を生じることで確認する。**

(6) **(エ)**

240 解説　一酸化窒素 NO の製法と性質

・銅と希硝酸の反応で生成する。

$3Cu + 8HNO_3 \longrightarrow 3Cu(NO_3)_2 + 2NO + 4H_2O$

・無色の気体で，水に溶けにくいので，水上置換で捕集する。

・空気に触れると容易に酸化され赤褐色になる。

$2NO + O_2 \longrightarrow 2NO_2$

二酸化窒素 NO_2 の製法と性質

・銅と濃硝酸の反応で生成する。

$Cu + 4HNO_3 \longrightarrow Cu(NO_3)_2 + 2NO_2 + 2H_2O$

・赤褐色，刺激臭の有毒な気体で，水に溶けやすく，下方置換で捕集する。

・水溶液は酸性を示す。

$3NO_2 + H_2O \longrightarrow 2HNO_3 + NO$

解答　(1) **A**　(2) **B**　(3) **A**　(4) **A**

(5) **A**　(6) **B**　(7) **B**　(8) **A**

241 解説

リン P の単体には，黄リン，赤リンなどの**同素体**が存在する。**黄リン**は，淡黄色のろう状の有毒な固体で，二硫化炭素 CS_2 に溶ける。黄リンは P_4 分子からなり，空気中で**自然発火**(発火点約 35℃)するので水中に保存する。黄リンは危険物であるが，n 型半導体の製造に使用されている。黄リンは精製すると白色になるので，**白リン**とよばれることがある。

白リンは白色ろう状の固体で，放置すると表面からしだいに淡黄色に変化する。このように，白リンは紫外線により赤リンに変化する性質があるので，黄リンは白リンと微量の赤リンとの混合物と考えられている。黄リンを空気を絶って約 250℃に加熱すると，ゆっくりと赤リンに変化する。

赤リンは暗赤色の粉末で，毒性は少なく，空気中に放置しても自然発火(発火点約 260℃)しない。赤リンは，P_4 分子が鎖状～立体網目状に連なった高分子化合物で，組成式で P と表す。また，CS_2 には溶解しない。赤リンは，マッチの側薬や農薬の原料などとして利用されている。

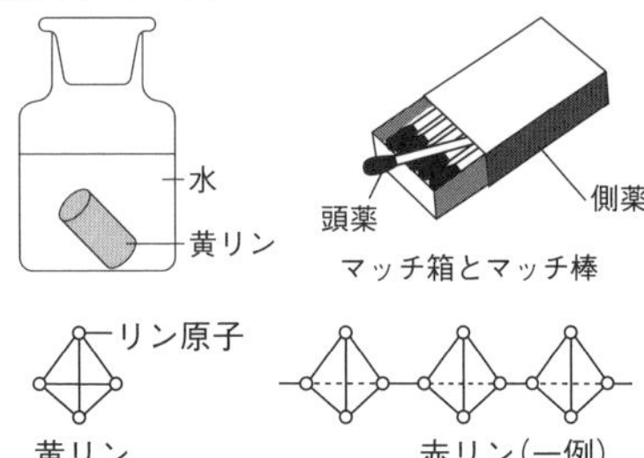

マッチ箱とマッチ棒

黄リン　　赤リン(一例)

リンを空気中で燃焼させると，白煙をあげながら激しく燃焼し，**十酸化四リン** P_4O_{10} が生成する。

$4P + 5O_2 \longrightarrow P_4O_{10}$

十酸化四リン P_4O_{10} は白色粉末で，吸湿性，脱水作用はいずれも濃硫酸よりも強力である。十酸化四リンを水に加えて煮沸すると，**リン酸** H_3PO_4 が生成する。

$P_4O_{10} + 6H_2O \longrightarrow 4H_3PO_4$

純粋なリン酸は無色の結晶(融点 42℃)であるが，通常は水分を含み，粘性の大きなシロップ状の液体である。水溶液は中程度の強さの酸性を示す。

リン鉱石の主成分であるリン酸カルシウム $Ca_3(PO_4)_2$ は水に不溶であるが，適量の硫酸と反応させると，水溶性のリン酸二水素カルシウム $Ca(H_2PO_4)_2$ と難溶性の硫酸カルシウム $CaSO_4$ の混合物が得られる。これを**過リン酸石灰**といい，リン酸肥料に用いる。

$Ca_3(PO_4)_2 + 2H_2SO_4 \longrightarrow Ca(H_2PO_4)_2 + 2CaSO_4$

(1)　リン鉱石中の P 原子に着目すると，

$2Ca_3(PO_4)_2 \longrightarrow P_4O_{10} \longrightarrow P_4$

リン酸カルシウム $Ca_3(PO_4)_2$ 2mol から黄リン P_4 1 mol が得られる。

モル質量は $Ca_3(PO_4)_2 = 310$g/mol，$P_4 = 124$g/mol より，黄リンが x〔g〕得られるとすると，

$$\frac{500 \times 0.80}{310} \times \frac{1}{2} = \frac{x}{124} \qquad \therefore \ x = 79.9 \fallingdotseq 80〔g〕$$

(2)　赤リン P からリン酸 H_3PO_4 への反応は，$4P \longrightarrow P_4O_{10} \longrightarrow 4H_3PO_4$ より，赤リン 4mol からリン酸 1mol が生成する。モル質量は，P = 31g/mol，H_3PO_4 = 98g/mol より，80％リン酸が y〔g〕得られたとすると，

242～243

$$\frac{100}{31}\times\frac{1}{4}=\frac{y\times0.80}{98}$$

∴ $y=395.1\fallingdotseq395$〔g〕

解答 ① **同素体** ② **黄リン** ③ **水** ④ **赤リン**
⑤ **マッチ** ⑥ **十酸化四リン**
⑦ **乾燥剤(脱水剤)** ⑧ **リン酸**
⑨ **リン酸二水素カルシウム**
(1) **80g** (2) **395g**

242 **解説** 一酸化炭素COは無色・無臭であるが，きわめて有毒であり，空気中に濃度0.1％含まれていてもCO中毒を起こす。生物に対するCOの毒性は，血液中のヘモグロビンと強く結合し，O_2の運搬能力を失わせるためである。また，COは高温では**還元性**を示し，

$Fe_2O_3 + 3CO \longrightarrow 2Fe + 3CO_2$

のように，酸化鉄(Ⅲ)から酸素を奪って鉄を遊離させる。この反応は鉄の製錬に利用されている。

二酸化炭素CO_2も無色・無臭の気体であるが，高濃度でない限り，生物に対する毒性は示さない。

CO_2が水に溶けて生じた炭酸H_2CO_3(水中のみで存在)は，きわめて弱い2価の弱酸である。ふつう，第一電離だけが起こると考えてよい。

$CO_2 + H_2O \rightleftarrows H^+ + HCO_3^-$

大気中のCO_2は，地球が宇宙空間へ放出する赤外線をよく吸収するので，地球を温めるはたらき(**温室効果**)を示す。

CO_2濃度は，1800年以前は約280ppmでほぼ一定であったが，1800年以降，増加し続けている。産業革命期におけるCO_2濃度の増加の主な原因は森林伐採であったが，1940年代以降はエネルギー革命に伴う化石燃料の大量消費(森林伐採も含む)が主な原因となっている。近年では約2.0ppm/年の割合で増加している。

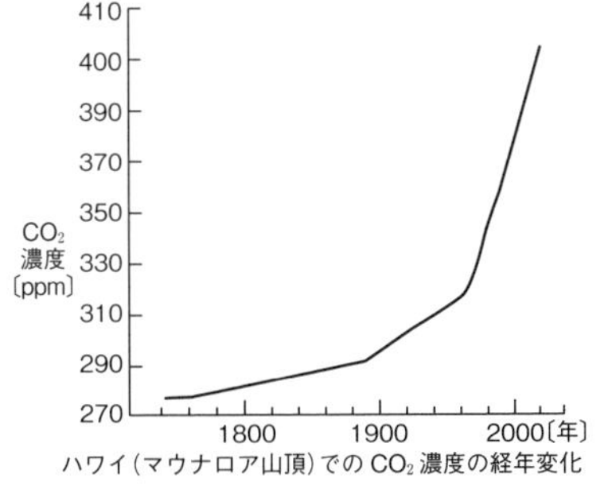

ハワイ(マウナロア山頂)でのCO_2濃度の経年変化

(2) ⓐ ギ酸HCOOHから，濃硫酸の脱水作用によって水H_2Oを除くと，一酸化炭素COが生成する。

ⓑ 大理石の主成分である炭酸カルシウム$CaCO_3$(弱酸の塩)に塩酸(強酸)を加えると，炭酸(弱酸)H_2CO_3が遊離し，さらに分解してH_2OとCO_2を生成する。

ⓒ CO_2(酸性酸化物)とNaOH(塩基)による中和反応がおこり，Na_2CO_3(塩)と水が生成する。

ⓓ 石灰水(水酸化カルシウムの水溶液)にCO_2を通じると，$Ca(OH)_2$(塩基)とCO_2(酸性酸化物)による中和反応がおこり，水に不溶性の炭酸カルシウム$CaCO_3$が沈殿する。

ⓔ さらにCO_2を過剰に通じると，炭酸イオンCO_3^{2-}は水溶液中に生じた炭酸H_2CO_3からH^+を受け取り，炭酸水素イオンHCO_3^-となり，水溶性の炭酸水素カルシウム$Ca(HCO_3)_2$となる。

$Ca(HCO_3)_2$が水に溶けやすいのは，Ca^{2+}とHCO_3^-の間にはたらく静電気力(クーロン力)が，Ca^{2+}とCO_3^{2-}の間にはたらく静電気力よりもかなり弱いためである。

解答 (1) ア **ギ酸** イ **ヘモグロビン**
ウ **還元** エ **温暖化**
(2) ⓐ $HCOOH \longrightarrow H_2O + CO$
ⓑ $CaCO_3 + 2HCl \longrightarrow CaCl_2 + CO_2 + H_2O$
ⓒ $CO_2 + 2NaOH \longrightarrow Na_2CO_3 + H_2O$
ⓓ $Ca(OH)_2 + CO_2 \longrightarrow CaCO_3 + H_2O$
ⓔ $CaCO_3 + CO_2 + H_2O \longrightarrow Ca(HCO_3)_2$
(3) **化石燃料の大量消費，森林の過剰な伐採**

243 **解説** 気体の**発生装置**は，使う試薬が(i)固体と固体か，(ii)固体と液体かで選ぶ(気体の発生では，液体と液体の組み合わせは少ない)。

(i) **固体と固体の場合**，いくら細かく砕いても，固体粒子間の接触面積は少ないため，加熱しないと反応は進まない。したがって，固体どうしの反応は加熱が必要である。

(ii) **固体と液体の場合**，加熱を要するものと，加熱を必要としないものがある。

希塩酸や希硫酸は強い酸性を示し，H^+が多く電離している典型的な**イオン反応**となり，その活性化エネルギーは小さい。よって，加熱は不要である。また，酸化力の強い硝酸も強い酸性を示し，加熱は不要である。

濃硫酸は水分が少なく電離度が小さい。よって，典型的な**分子反応**となり，その活性化エネルギーは大きい。したがって，加熱が必要となる。また，濃塩酸と

MnO_2を使って塩素を発生させる場合，MnO_2は酸化力がさほど強くないので，その酸化力を補い，HClを揮発させるために加熱が必要と考えられる。

なお，加熱する場合は，三角フラスコではなく，熱に強い丸底フラスコを用いる。

捕集装置は，水に溶けにくい気体は**水上置換**，水に溶けて空気より軽い気体(NH_3だけ)は**上方置換**，水に溶けて空気より重い気体は**下方置換**で集める。

・水に溶けにくい気体…単体(H_2，O_2，N_2)
　　低酸化数の酸化物(NO，CO，N_2O)
　　炭化水素(CH_4，C_2H_4，C_2H_2など)

・水に溶けて空気より軽い気体(分子量＜29)
　　…NH_3のみ

・水に溶けて空気より重い気体(分子量≧29)
　　…HCl，H_2S，SO_2，CO_2，NO_2，Cl_2など

各気体が発生する化学反応式は次の通りである。

(1)　$2NH_4Cl + Ca(OH)_2 \xrightarrow{加熱} CaCl_2 + 2NH_3 + 2H_2O$
(2)　$CaCO_3 + 2HCl \longrightarrow CaCl_2 + CO_2 + H_2O$
(3)　$NaCl + H_2SO_4 \xrightarrow{加熱} NaHSO_4 + HCl$
(4)　$Cu + 2H_2SO_4 \xrightarrow{加熱} CuSO_4 + SO_2 + 2H_2O$
(5)　$3Cu + 8HNO_3 \longrightarrow 3Cu(NO_3)_2 + 2NO + 4H_2O$
(6)　$Cu + 4HNO_3 \longrightarrow Cu(NO_3)_2 + 2NO_2 + 2H_2O$
(7)　$FeS + HCl \longrightarrow FeCl_2 + H_2S$
(8)　$HCOOH \xrightarrow{加熱} CO + H_2O$

(ア)　空気に触れると赤褐色(NO_2)になるのはNO。
(イ)　水に溶けて塩基性を示すのはNH_3。
(ウ)　赤褐色で水に溶け酸性を示すのはNO_2。
(エ)　無色で水に溶け強い酸性を示すのはHCl。
(オ)　石灰水に通すと白濁するのはCO_2。
(カ)　$2H_2S + SO_2 \longrightarrow 3S + 2H_2O$より，$H_2S$との反応によりSを生じて白濁するのは$SO_2$。
(キ)　腐卵臭の有毒な気体はH_2S。
(ク)　無色・無臭で有毒な気体はCO。

解答

		Ⅰ群	Ⅱ群	Ⅲ群	Ⅳ群
(1)	NH_3	c, f	A	A	イ
(2)	CO_2	i, m	C	B	オ
(3)	HCl	a, l	B	B	エ
(4)	SO_2	e, l	B	B	カ
(5)	NO	e, k	C	C	ア
(6)	NO_2	e, j	C	B	ウ
(7)	H_2S	b, m	C	B	キ
(8)	CO	h, l	B	C	ク

244　**解説**　**ケイ素**の単体は暗灰色の金属光沢をもつ結晶で，ダイヤモンドと同じ正四面体構造をもつ**共有結合の結晶**である。しかし，Si−Si結合(226kJ/mol)はC−C結合(354kJ/mol)に比べて結合エンタルピーがやや弱いので，光や熱により，その結合の一部が切れ，結晶中に価電子が遊離して，わずかに電気伝導性を示す。このように，金属と絶縁体(非金属)の中間程度の電気伝導性をもつ物質を**半導体**という。(ただし，金属は高温ほど電気伝導性が小さくなるが，半導体では高温ほど電気伝導性が大きくなる点が異なる。)

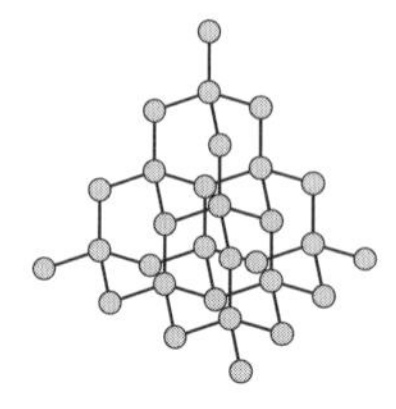

二酸化ケイ素SiO_2は，自然界には主に**石英**という鉱物として多量に存在するが，その透明で大きな結晶を**水晶**，砂状に風化したものを**ケイ砂**という。

光ファイバーは，高純度の二酸化ケイ素SiO_2(石英ガラス)を用いて，光が外へもれ出さないように二層構造にしたもので，光通信用のケーブルなどに用いられている。

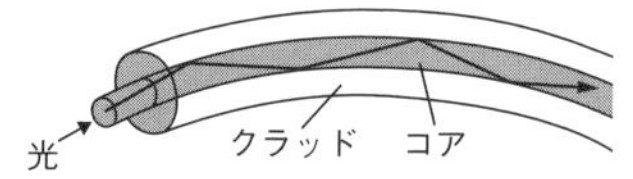

(光の屈折率の高い中心部（コア）と屈折率の少し低い周辺部（クラッド）の二層構造になっている。)

SiO_2は酸性酸化物に分類されるが，水とは直接反応しない。そこで，NaOHやNa_2CO_3などの強塩基とともに融解すると，徐々に反応してケイ酸ナトリウム(塩)Na_2SiO_3を生成する。ケイ酸ナトリウムは，Na^+と長い鎖状構造のケイ酸イオン$(SiO_3)_n{}^{2n-}$からなる物質で，水を加えて耐圧容器中で長時間加熱すると，**水ガラス**とよばれる粘性の大きな液体になる。これに希塩酸を加えると，**ケイ酸**H_2SiO_3とよばれる白色のゲル状沈殿が生成する。これは，(弱酸の塩)＋(強酸)→(強酸の塩)＋(弱酸)の反応で生じたものである。生じたケイ酸を水洗後，長時間穏やかに加熱すると，分子鎖の-OHどうしが脱水縮合して，不規則な立体網目構造をもつ**シリカゲル**ができる。

シリカゲルの表面には親水基の-OHがかなり残っており，しかも，多孔質な固体物質である。したがって，水素結合によって水蒸気や他の気体をよく吸着するので，乾燥剤や吸着剤に用いられる。

245～246

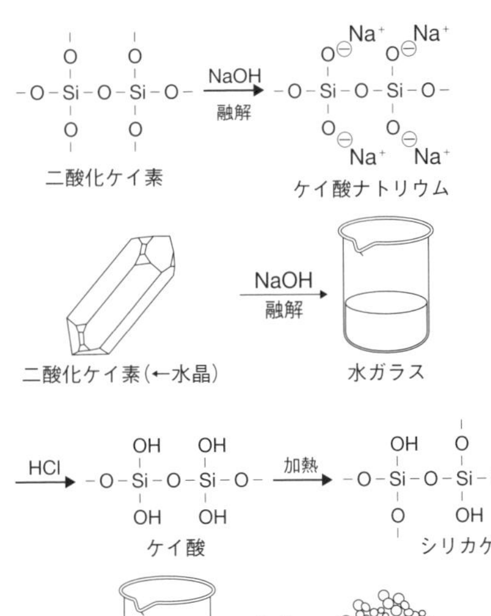

解答 ① **ダイヤモンド** ② **共有結合** ③ **半導体**
④ **石英** ⑤ **水晶** ⑥ **ケイ砂** ⑦ **光ファイバー**
⑧ **ケイ酸ナトリウム** ⑨ **水ガラス** ⑩ **ケイ酸**
⑪ **シリカゲル**

(1) ⓐ $SiO_2 + 2NaOH \longrightarrow Na_2SiO_3 + H_2O$
ⓑ $Na_2SiO_3 + 2HCl \longrightarrow H_2SiO_3 + 2NaCl$

(2) **シリカゲルは多孔質の固体で，その表面に親水性の－OH 基を多くもち，水素結合によって水分子を吸着しやすいから。**

245 **解説** (1)〔反応(a)〕 約800℃に加熱した白金網(触媒)に，NH_3 と空気の混合気体を短時間接触させると，無色の一酸化窒素 NO が生成する。

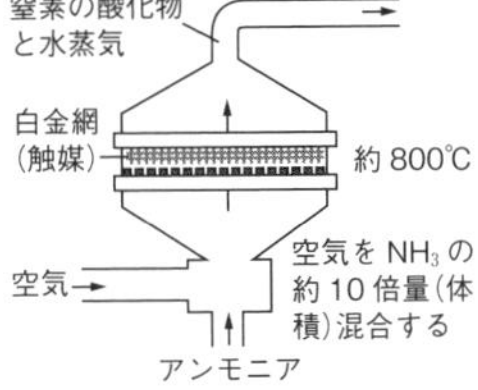

〔反応(b)〕 NO は140℃以下に冷却されると，空気中の O_2 により自然に酸化され，赤褐色の二酸化窒素 NO_2 が生成する。

〔反応(c)〕 NO_2 を水に吸収させて硝酸 HNO_3 を製造する。このとき副生する NO を，(b)の反応に戻して再び酸化し，(c)の反応を繰り返すことで，最終的に原料の NH_3 をすべて HNO_3 に変える。このような硝酸の工業的製法を**オストワルト法**という。

(c)の反応では，NO_2 3分子のうち，2分子は酸化されて HNO_3 に，残りの1分子は還元されて NO になる。このような同種の分子間で行われる酸化還元反応を**自己酸化還元反応**(不均化反応)という。

$4NH_3 + 5O_2 \longrightarrow 4NO + 6H_2O$ …(a)

$2NO + O_2 \longrightarrow 2NO_2$ …(b)

$3NO_2 + H_2O \longrightarrow 2HNO_3 + NO$ …(c)

(2) 反応式(a)～(c)から反応中間体の NO，NO_2 を消去する。

$\{(a)+(b)\times 3+(c)\times 2\} \div 4$ より，

$NH_3 + 2O_2 \longrightarrow HNO_3 + H_2O$

(3) オストワルト法では，(c)の反応で副生する NO を，(b)，(c)の反応を繰り返して再利用することから，NH_3 1mol から HNO_3 1mol が生成する。63％硝酸 x〔kg〕が生成するとすると，モル質量は $NH_3 = 17$g/mol，$HNO_3 = 63$g/mol より，

$$\frac{1.7\times 10^3}{17} = \frac{x\times 10^3\times 0.63}{63} \quad \therefore x = 10\text{〔kg〕}$$

解答 ① **無** ② **一酸化窒素** ③ **赤褐**
④ **二酸化窒素** ⑤ **硝酸**
⑥ **オストワルト法**

(1) (a) $4NH_3 + 5O_2 \longrightarrow 4NO + 6H_2O$
(b) $2NO + O_2 \longrightarrow 2NO_2$
(c) $3NO_2 + H_2O \longrightarrow 2HNO_3 + NO$

(2) $NH_3 + 2O_2 \longrightarrow HNO_3 + H_2O$

(3) **10kg**

246 **解説** 混合気体Aでは，酸性の気体である CO_2 が不純物として含まれるので，塩基性の乾燥剤であるソーダ石灰の中を通すと，CO_2 が吸収される。窒素 N_2 はソーダ石灰と反応しないので，吸収されない。

混合気体Bでは，不純物として酸素 O_2 が含まれている。Bを熱した銅網の中を通すと，酸素が酸化剤としてはたらいて次のように反応し，酸素を取り除くことができる。このとき，窒素は銅と反応しないので吸収されない。

$2Cu + O_2 \longrightarrow 2CuO$

混合気体Cでは，不純物として水素 H_2 が含まれる。熱した酸化銅(Ⅱ)CuO の中を通すと，水素が還元剤としてはたらいて次のように反応する。

$CuO + H_2 \longrightarrow Cu + H_2O$

このとき水蒸気が生じるので，これを取り除くために塩化カルシウム $CaCl_2$ の中を通すと，窒素 N_2 だけが得られる。

混合気体Dから水分を除くには，アンモニアと反応しない乾燥剤を選べばよい。アンモニアは塩基性の気体であるから，塩基性の乾燥剤であるソーダ石灰の中を通す。

混合気体Eから水分を除くには，塩素と反応しない乾燥剤を選べばよい。塩素は酸性の気体であるから，酸性の乾燥剤である濃硫酸の中を通す。

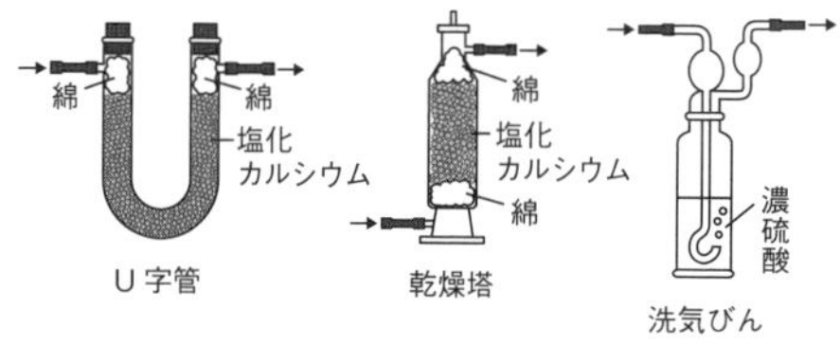

主な乾燥装置

解答　A (ウ)　B (ア)　C (エ)　D (ウ)　E (イ)

24 典型金属元素

247 **解説**　水素を除く1族元素を**アルカリ金属元素**という。アルカリ金属元素の原子は価電子を1個もち，**1価の陽イオン**になりやすい。その単体は塩化物の**溶融塩電解(融解塩電解)**で得られ，融点が低く，いずれも密度の小さな軟らかい金属で，化学的に非常に活発である。たとえば，Naは空気中の酸素や水蒸気と容易に反応するので，石油(灯油)中に保存する。

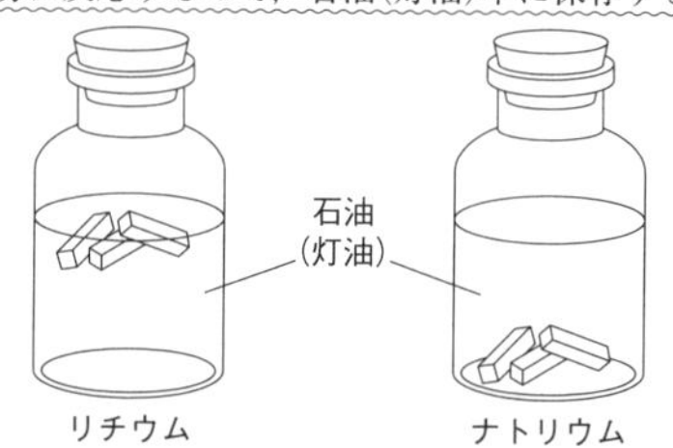

$4Na + O_2 \longrightarrow 2Na_2O$

$2Na + 2H_2O \longrightarrow 2NaOH + H_2$

NaOHの結晶を空気中に放置すると，水蒸気を吸収し，その水に溶けてしまう。この現象を**潮解**といい，NaOH以外でもKOH，$CaCl_2$，$FeCl_3$などで見られる。これらの物質は水によく溶け，飽和溶液の質量モル濃度が大きいため，その蒸気圧がきわめて小さい。そのため，空気中の水蒸気圧が飽和溶液の水蒸気圧より大きく，空気中の水蒸気が飽和溶液に絶えず凝縮するため，潮解が進行する。

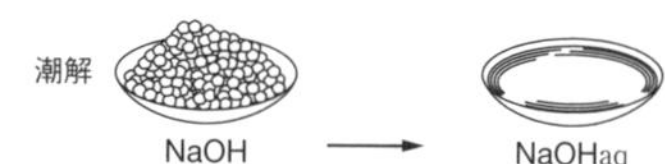

一方，$Na_2CO_3 \cdot 10H_2O$や$Na_2SO_4 \cdot 10H_2O$のように，水和物の飽和水蒸気圧が大気中の水蒸気圧よりも大きい物質では，結晶中から水和水が絶えず蒸発し続け，やがて，結晶は砕けて粉末状になる。

このように，水和水をもつ物質(**水和物**)が，大気中で自然に水和水の一部または全部を失う現象を**風解**という。炭酸ナトリウム十水和物を空気中に放置すると風解して，炭酸ナトリウム一水和物になる。

$Na_2CO_3 \cdot 10H_2O \longrightarrow Na_2CO_3 \cdot H_2O + 9H_2O$

しかし，$Na_2CO_3 \cdot H_2O$は100℃以上に加熱しないと無水物にはならないのでこの変化は風解とはいわない。

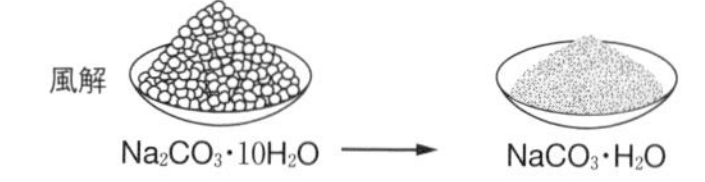

解答　① **低**　② **大き**　③ **水素**　④ **強塩基**
⑤ **石油**　⑥ **潮解**　⑦ **炭酸ナトリウム**
⑧ **水和水(結晶水)**　⑨ **風解**

248 **解説**　(1)，(2)　炭酸ナトリウムNa_2CO_3と炭酸水素ナトリウム$NaHCO_3$は，いずれも弱酸(H_2CO_3)と強塩基(NaOH)の塩で，水溶液は加水分解により塩基性を示す。酸性塩の$NaHCO_3$は，同じ酸・塩基からなる正塩のNa_2CO_3よりも塩基性は弱い。

$CO_3^{2-} + H_2O \rightleftarrows HCO_3^- + OH^-$　…①

$HCO_3^- + H_2O \rightleftarrows H_2CO_3 + OH^-$　…②

①式のCO_3^{2-}がHCO_3^-に戻ろうとする傾向は，②式のHCO_3^-がH_2CO_3に戻ろうとする傾向よりも強いため，Na_2CO_3は$NaHCO_3$よりも塩基性が強い。

(3)　Na_2CO_3，$NaHCO_3$はともに弱酸の塩で，HCl(強酸)を加えると次の反応が起こる。

(弱酸の塩)＋(強酸) ⟶ (強酸の塩)＋　(弱酸)

$Na_2CO_3 + 2HCl \longrightarrow 2NaCl + CO_2 + H_2O$

$NaHCO_3 + HCl \longrightarrow NaCl + CO_2 + H_2O$

なお遊離した炭酸H_2CO_3は，直ちにCO_2とH_2Oに分解する。

(4)　Na_2CO_3は加熱しても融解するだけで，熱分解は起こらないが，$NaHCO_3$を加熱すると，容易に熱分解してCO_2を発生し，Na_2CO_3に変化する。

$2NaHCO_3 \longrightarrow Na_2CO_3 + CO_2 + H_2O$

一般に，炭酸塩よりも炭酸水素塩のほうが熱に不

249～251

安定で熱分解しやすいといえる。

(5), (6) 炭酸ナトリウムはソーダ灰ともよばれる白色の粉末で，かなり強い塩基性を示し，ガラス・セッケンの原料，製紙，染料など化学工業で広く用いられる。

炭酸水素ナトリウムは重曹ともよばれる白色の粉末で，その塩基性はかなり弱い。また，加熱すると容易に熱分解する。ベーキングパウダー，発泡性入浴剤，消火剤，胃腸薬など広く用いられる。

解答 (1) **A** (2) **B** (3) **C** (4) **B** (5) **A** (6) **B**

249 **解説** (a) Na_2CO_3(弱酸の塩)から NaCl(強酸の塩)にするには，HCl(強酸)を加えればよい。

$$Na_2CO_3 + 2HCl \longrightarrow 2NaCl + CO_2 + H_2O$$

(b) NaOH(強塩基)から Na_2CO_3(弱酸の塩)にするには，NaOH 水溶液を CO_2(酸性酸化物)で中和すればよい。

$$2NaOH + CO_2 \longrightarrow Na_2CO_3 + H_2O$$

(c) Na_2CO_3(炭酸塩)から $NaHCO_3$(炭酸水素塩)にするには，H_2CO_3(弱酸)で中和するか，HCl(強酸)で部分中和すればよい。

$$Na_2CO_3 + CO_2 + H_2O \longrightarrow 2NaHCO_3$$
$$Na_2CO_3 + HCl \longrightarrow NaCl + NaHCO_3$$

(d) $NaHCO_3$(弱酸の塩)から NaCl(強酸の塩)にするには，HCl(強酸)を加えればよい。

$$NaHCO_3 + HCl \longrightarrow NaCl + CO_2 + H_2O$$

(e) NaOH(強塩基)から NaCl(強酸の塩)にするには，HCl(強酸)で中和すればよい。

$$NaOH + HCl \longrightarrow NaCl + H_2O$$

(f) Na_2CO_3(弱酸の塩)から NaOH(強塩基)は，通常の酸・塩基の反応ではつくれない。そこで，次のような特別な反応を利用する。Na_2CO_3 水溶液に $Ca(OH)_2$ を反応させると $CaCO_3$ を沈殿することで反応が右向きに進行し，ろ液中に NaOH が生成する。昔はこの方法で NaOH がつくられていた。

$$Na_2CO_3 + Ca(OH)_2 \longrightarrow 2NaOH + CaCO_3$$

(g) $NaHCO_3$(炭酸水素塩)から Na_2CO_3(炭酸塩)をつくるには，炭酸水素塩の熱分解しやすい性質を利用する。

$$2NaHCO_3 \longrightarrow Na_2CO_3 + CO_2 + H_2O$$

(h) NaCl(強酸の塩)から $NaHCO_3$(弱酸の塩)は，通常の酸・塩基の反応ではつくれない。そこで，アンモニアソーダ法(本冊 p.127 参照)の主反応を利用する。

$$NaCl + NH_3 + CO_2 + H_2O \longrightarrow NaHCO_3 + NH_4Cl$$

(i) NaCl(強酸の塩)から NaOH(強塩基)は，通常の酸・塩基の反応ではつくれない。そこで，NaCl 水溶液を電気分解すると，陽極に Cl_2，陰極に H_2 および NaOH が生成する。

$$2NaCl + 2H_2O \longrightarrow H_2 + Cl_2 + 2NaOH$$

解答 (a) **(エ)** (b) **(ウ)** (c) **(ウ)または(エ)**
(d) **(エ)** (e) **(エ)** (f) **(カ)** (g) **(イ)**
(h) **(ア)** (i) **(オ)**

250 **解説** Mg と Ca の相違点は次の通り。

	Mg	Ca
水との反応	熱水と反応し，$Mg(OH)_2$ を生成。	常温の水と反応し，$Ca(OH)_2$ を生成。
水酸化物	水にほとんど溶けず，**弱い塩基性**を示す。	水に少し溶け，**強い塩基性**を示す。
炎色反応	なし	橙赤色
硫酸塩	$MgSO_4$ は水に可溶。	$CaSO_4$ は水に難溶。

Mg と Ca の共通点は次の通り。

① 2 族元素で，2 価の陽イオンになる。

② 塩化物，硝酸塩は水に可溶である。

③ 炭酸塩は水に不溶であるが，過剰の CO_2 を通じると，炭酸水素塩となり水に溶ける。

$$CaCO_3 + CO_2 + H_2O \longrightarrow Ca(HCO_3)_2$$
$$MgCO_3 + CO_2 + H_2O \longrightarrow Mg(HCO_3)_2$$

④ 2 族の炭酸塩は熱分解して，CO_2 を発生する。

$$CaCO_3 \longrightarrow CaO + CO_2$$
$$MgCO_3 \longrightarrow MgO + CO_2$$

なお，上記④に対して，1 族の炭酸塩は熱分解しない(融解するだけである)。

解答 (1) **C** (2) **A** (3) **A** (4) **C** (5) **C**
(6) **B** (7) **C** (8) **B**

251 **解説** ① 弱酸の塩＋強酸→強酸の塩＋弱酸の反応で，CO_2 の製法に利用される。

$$CaCO_3 + 2HCl \longrightarrow CaCl_2 + CO_2 + H_2O$$

② 900℃以上に加熱すると，石灰石 $CaCO_3$ は熱分解して酸化カルシウム(**生石灰**)CaO になる。

$$CaCO_3 \longrightarrow CaO + CO_2$$

③ 生石灰は水分をよく吸収し，乾燥剤に用いる。生石灰に水を加えると発熱しながら反応し，水酸化カルシウム(**消石灰**)$Ca(OH)_2$ になる。

$$CaO + H_2O \longrightarrow Ca(OH)_2$$

④ 酸化カルシウムと炭素 C を電気炉中で強熱すると，**炭化カルシウム**(カーバイド)CaC_2 が生成する。

$$CaO + 3C \longrightarrow CaC_2 + CO$$

(1000℃以上では，$C + CO_2 \rightleftarrows 2CO$ の平衡が右へ

移動し，CO_2 ではなく CO が主に発生する。

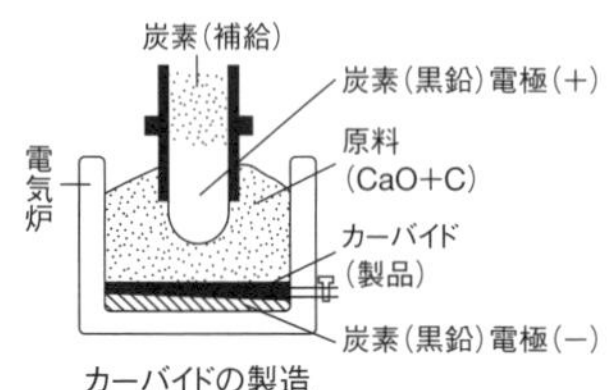

カーバイドの製造

⑤　炭化カルシウム CaC_2 に水を加えると，アセチレン C_2H_2 が発生し，水酸化カルシウムが生成する。

$$CaC_2 + H_2O \longrightarrow Ca(OH)_2 + C_2H_2$$

⑥　カルシウム Ca の単体は常温の水と反応し，水酸化カルシウムと水素が生成する。

$$Ca + 2H_2O \longrightarrow Ca(OH)_2 + H_2$$

⑦　湿った水酸化カルシウム(消石灰)に塩素を十分に通じると，さらし粉が生成する。

$$Ca(OH)_2 + Cl_2 \longrightarrow CaCl(ClO)\cdot H_2O$$

さらし粉の正式名は塩化次亜塩素酸カルシウム一水和物で，二種の塩($CaCl_2$ と $Ca(ClO)_2$)が組み合わさった複塩である。次亜塩素酸イオンを含み，酸化作用を示し，殺菌・漂白剤などに用いられる。

(4)　$CaCO_3 + 2HCl \longrightarrow CaCl_2 + CO_2 + H_2O$

反応式の係数比より，$CaCO_3$：HCl＝1：2（物質量比）で過不足なく反応する。石灰石中に含まれる $CaCO_3$ の質量を x〔g〕とおくと，モル質量は $CaCO_3$＝100g/mol より，

$$\frac{x}{100} : 1.0\times\frac{24}{1000} = 1:2 \qquad \therefore\ x = 1.2〔g〕$$

石灰石中の $CaCO_3$ の含有率は，

$$\frac{1.2}{1.5}\times 100 = 80〔\%〕$$

解答　(1) (a) **$Ca(HCO_3)_2$，炭酸水素カルシウム**
(b) **CaO，酸化カルシウム**
(c) **CaC_2，炭化カルシウム(カーバイド)**
(d) **$CaCl(ClO)\cdot H_2O$，さらし粉**
(e) **Ca，カルシウム**

(2) ① $CaCO_3 + 2HCl \longrightarrow CaCl_2 + CO_2 + H_2O$
② $CaCO_3 \longrightarrow CaO + CO_2$
③ $CaO + H_2O \longrightarrow Ca(OH)_2$
④ $CaO + 3C \longrightarrow CaC_2 + CO$
⑤ $CaC_2 + 2H_2O \longrightarrow Ca(OH)_2 + C_2H_2$
⑥ $Ca + 2H_2O \longrightarrow Ca(OH)_2 + H_2$
⑦ $Ca(OH)_2 + Cl_2 \longrightarrow CaCl(ClO)\cdot H_2O$

(3) **希硫酸を用いると，大理石の表面に水に不溶性の硫酸カルシウム $CaSO_4$ を生成するので，大理石と酸との接触が妨げられて，反応はやがて停止するから。**

(4) **80%**

252 **解説**　(1)　酸化カルシウム CaO(**生石灰**)は白色の固体で，吸湿性が強く，水分を吸収すると，多量の熱を発生しながら反応し，水酸化カルシウム(**消石灰**)になる。

$$CaO + H_2O \longrightarrow Ca(OH)_2$$

(2)　$BaCl_2$，$Ba(NO_3)_2$ など水溶性のバリウム塩は有毒であるが，硫酸バリウム $BaSO_4$ はほとんど水に不溶で，化学的安定性も大きいので白色顔料に，また，酸にも溶けず X 線をよく吸収するので，胃・腸の X 線撮影の造影剤に用いられる。

(3)　塩化カルシウム $CaCl_2$ は無水物，二水和物ともに吸湿性が強く，乾燥剤に用いられる。また，道路の凍結防止剤や融雪剤にも利用される。

(4)　硫酸カルシウム二水和物(**セッコウ**)$CaSO_4\cdot 2H_2O$ を約 140℃ に加熱すると，$CaSO_4\cdot\frac{1}{2}H_2O$(**焼きセッコウ**)になる。これに水を加えて練ると，しだいに水和水を取り込んでセッコウに戻り固化する(やや体積が膨張する)。この性質を利用して，セッコウ像，建築材料(セッコウボード)や陶磁器の型などに利用される。

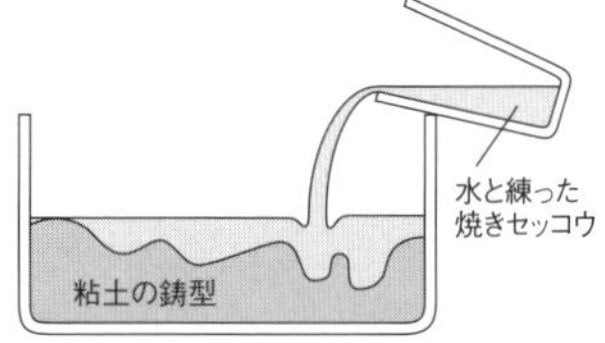

焼きセッコウは，水和水を取り込みながら溶解度の小さいセッコウとなって固化する。

(5)　水酸化カルシウム $Ca(OH)_2$ は**消石灰**ともいい，水に少し溶け，水溶液は**石灰水**とよばれる。石灰水は，CO_2 の検出に利用される。

$$Ca(OH)_2 + CO_2 \longrightarrow CaCO_3 + H_2O$$

また，水酸化カルシウムは強塩基で，安価な土壌中和剤に利用される。

(6)　炭酸カルシウム $CaCO_3$ は**石灰石**の主成分で，水にはほとんど溶けない。ただし強酸(HCl)を加えると，溶解して CO_2 を発生する。

$CaCO_3 + 2HCl \longrightarrow CaCl_2 + CO_2 + H_2O$

また，CO_2 を含んだ地下水に $CaCO_3$ が徐々に溶解して，地下に大きな洞窟(**鍾乳洞**)ができる。

$CaCO_3 + CO_2 + H_2O \rightleftarrows Ca(HCO_3)_2$

また，$Ca(HCO_3)_2$ を含む水が鍾乳洞の天井の隙間から染み出したり，滴下する際 H_2O や CO_2 が空気中に蒸発して，上式の逆反応が起こると，$CaCO_3$(鍾乳石，石筍(せきじゅん)など)が生成する。

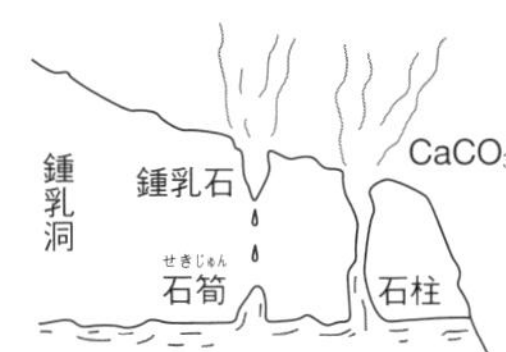

解答 (1) (エ)　(2) (ウ)　(3) (ア)
(4) (イ)　(5) (オ)　(6) (カ)

253 **解説** アルミニウム Al の単体は，**両性金属**とよばれ，酸(塩酸)，強塩基(NaOH)水溶液と反応して，水素を発生して溶ける。

$2Al + 6HCl \longrightarrow 2AlCl_3 + 3H_2$

$2Al + 3NaOH + 6H_2O \longrightarrow 2Na[Al(OH)_4] + 3H_2$

両性金属には，アルミニウム Al，亜鉛 Zn(第4周期)，スズ Sn(第5周期)，鉛 Pb(第6周期)などがある。

Al の単体と同様に，酸化アルミニウム Al_2O_3 も水酸化アルミニウム $Al(OH)_3$ も，酸，強塩基の水溶液と反応して溶ける。このような酸化物や水酸化物を**両性酸化物**，**両性水酸化物**という。

$Al_2O_3 + 6HCl \longrightarrow AlCl_3 + 3H_2O$

$Al_2O_3 + 2NaOH + 3H_2O \longrightarrow 2Na[Al(OH)_4]$

$Al(OH)_3 + 3HCl \longrightarrow AlCl_3 + 3H_2O$

$Al(OH)_3 + NaOH \longrightarrow Na[Al(OH)_4]$

このとき，希塩酸では塩化アルミニウム $AlCl_3$，NaOH 水溶液では**テトラヒドロキシドアルミン酸ナトリウム** $Na[Al(OH)_4]$ という塩が生成することを押さえておくと，反応式を書きやすくなる。

また，Al，Fe，Ni などの金属は，濃硝酸中では表面にち密な酸化被膜を生じ，内部を保護するため反応が進行しない。このような状態を**不動態**という。

酸化アルミニウム Al_2O_3 のうち，酸・塩基とも反応するのは結晶化していない無定形固体の γ-アルミナだけである。結晶化した α-アルミナには，赤色のルビー(Cr_2O_3 を含有)や青色などのサファイア(Fe_2O_3 や TiO_2 を含有)などがあり，これらは酸・塩基と全く反応せず，ダイヤモンドに次ぐ硬さをもつ。

Al はイオン化傾向が大きく酸化されやすい。つまり，強い**還元性**をもつ。したがって，Al 粉末と Fe_2O_3 粉末の混合物に，右図のようにMg リボンを埋め込み，その根元に少量の $KClO_3$(酸化剤)を盛り，導火線に点火すると，激しく反応が起こり，Al は Fe_2O_3 から酸素を奪って単体の Fe を遊離させるとともに，自身は Al_2O_3 に変化する。この反応を**テルミット反応**という。このとき，Al の燃焼エンタルピーの発熱量が非常に大きいので，これから Fe_2O_3 の還元に必要な吸熱量を差し引いても，発熱量が上回るので，融解状態の Fe が遊離する。

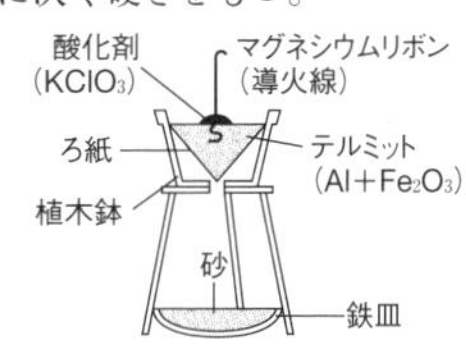

$Fe_2O_3 + 2Al \longrightarrow 2Fe + Al_2O_3$

この反応は，鉄道のレールの溶接に利用されている。

(1) Al と塩酸との反応では，Al 原子の放出した3個の価電子を酸の H^+ が受け取り，H_2 $\frac{3}{2}$ 分子を生成する。全体を2倍して分母を払うと次の反応式が得られる。

$2Al + 6HCl \longrightarrow 2AlCl_3 + 3H_2$

Al と水酸化ナトリウム水溶液との反応では，Al 原子が放出した3個の価電子を Na^+ は受け取らない。代わりに，H_2O 3分子が受け取り，H_2 $\frac{3}{2}$ 分子を生成する。水溶液中には，Na^+ と Al^{3+} と $4OH^-$ が生成している。まず，価数の大きい Al^{3+} が $4OH^-$ と錯イオン $[Al(OH)_4]^-$ をつくり，残った Na^+ とは錯塩 $Na[Al(OH)_4]$ をつくると考えればよい。全体を2倍して分母を払うと次の反応式が得られる。

$2Al + 2NaOH + 6H_2O \longrightarrow 2Na[Al(OH)_4] + 3H_2$

(2) マグネシウムは常温の水とは反応しないが，熱水とは次のように反応する。

$Mg + 2H_2O \longrightarrow Mg(OH)_2 + H_2$

アルミニウムは熱水とは反応しないが，高温の水蒸気とは次のように反応する。

$2Al + 3H_2O \longrightarrow Al_2O_3 + 3H_2$

このとき，高温のため水酸化物ではなく，直ちに脱水して酸化物が生成することに留意する。

解答 **① 両性　② 水素**
③，④ ルビー，サファイア(順不同)
⑤ 両性酸化物　⑥ 還元　⑦ テルミット反応
(1) 塩酸　$2Al + 6HCl \longrightarrow 2AlCl_3 + 3H_2$

254〜255

水酸化ナトリウム水溶液

$$2Al + 2NaOH + 6H_2O \longrightarrow 2Na[Al(OH)_4] + 3H_2$$

(2) $2Al + 3H_2O \longrightarrow Al_2O_3 + 3H_2$

254 解説　(1)　アルミニウムイオン Al^{3+} を含む水溶液に，アンモニア水，または少量の水酸化ナトリウム水溶液を加えると，水酸化アルミニウム $Al(OH)_3$ の白色ゲル状沈殿を生成する。

$Al^{3+} + 3OH^- \longrightarrow Al(OH)_3$

上式はイオン反応式なので，反応に関係しなかった $3Cl^-$，$3Na^+$ を両辺に加えると，解答の化学反応式になる。

この沈殿は両性水酸化物であり，希塩酸を加えると，アルミニウムイオン Al^{3+} となって溶解する。

また，水酸化ナトリウム水溶液を加えると，テトラヒドロキシドアルミン酸イオン $[Al(OH)_4]^-$ を生じて溶解する。

$Al(OH)_3 + OH^- \longrightarrow [Al(OH)_4]^-$

上式はイオン反応式なので，反応に関係しなかった Na^+ を両辺に加えると，解答の化学反応式になる。

硫酸アルミニウム $Al_2(SO_4)_3$ と硫酸カリウム K_2SO_4 の混合水溶液を濃縮すると，硫酸アルミニウムカリウム十二水和物 $AlK(SO_4)_2 \cdot 12H_2O$ の無色，正八面体形の結晶が得られる。これは**ミョウバン**ともよばれる。

(2)　ミョウバン $AlK(SO_4)_2 \cdot 12H_2O$ は，$Al_2(SO_4)_3$ と K_2SO_4 の2種類の塩が1：1の割合で結晶を構成している。このような塩を**複塩**とよぶ。複塩の特徴は，水に溶かすと次式のように各成分イオンに電離することである。

$$AlK(SO_4)_2 \cdot 12H_2O \longrightarrow Al^{3+} + K^+ + 2SO_4^{2-} + 12H_2O$$

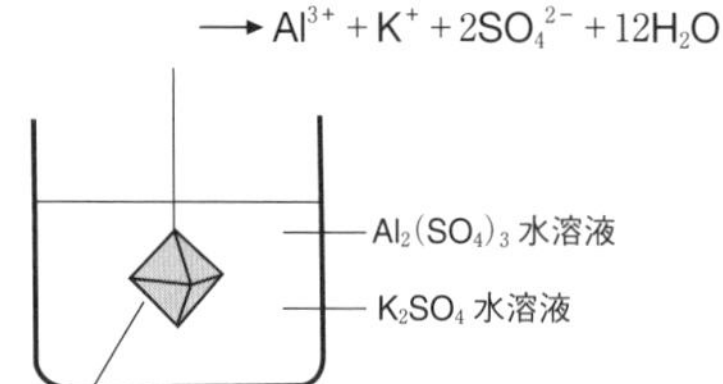

ミョウバンの結晶の生成

ミョウバンの水和水のうち，6分子は Al^{3+} と強く結合しており**配位水**とよばれる。残り6分子は K^+ と弱く結合し，結晶格子の特定の位置を占めているだけなので，**格子水**とよばれる。

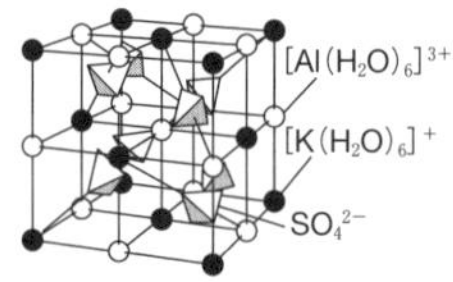

解答　(1) ⓐ　$AlCl_3 + 3NaOH \longrightarrow Al(OH)_3 + 3NaCl$

ⓑ　$Al(OH)_3 + NaOH \longrightarrow Na[Al(OH)_4]$

(2) **ミョウバン**　$AlK(SO_4)_2 \cdot 12H_2O$

255 解説　イオン化列でK，Ca，Naは常温の水，Mgは熱水，Al，Zn，Feは高温の水蒸気と反応し，いずれも H_2 を発生する。同時に生成する物質は，K〜Mgの場合は水酸化物であるが，Al〜Feの場合は高温のために水酸化物が脱水して酸化物が生成する。

$Zn + H_2O \longrightarrow ZnO + H_2$

Znの単体，ZnO(酸化物)，$Zn(OH)_2$(水酸化物)は，Alと同様に，いずれも酸，強塩基の水溶液と反応するので，それぞれ**両性金属**，**両性酸化物**，**両性水酸化物**とよばれる。このとき，いずれの場合にも，希塩酸では塩化亜鉛 $ZnCl_2$，希硫酸では硫酸亜鉛 $ZnSO_4$，NaOH水溶液では**テトラヒドロキシド亜鉛(Ⅱ)酸ナトリウム** $Na_2[Zn(OH)_4]$ という塩が生成することを押さえておくと反応式が書きやすくなる。

$$\begin{cases} Zn + 2HCl \longrightarrow ZnCl_2 + H_2 \\ Zn + 2NaOH + 2H_2O \longrightarrow Na_2[Zn(OH)_4] + H_2 \end{cases}$$

白色の酸化亜鉛ZnOは**両性酸化物**で，希塩酸，NaOH水溶液と反応して溶ける。

$$\begin{cases} ZnO + 2HCl \longrightarrow ZnCl_2 + H_2O \\ ZnO + 2NaOH + H_2O \longrightarrow Na_2[Zn(OH)_4] \end{cases}$$

白色ゲル状の水酸化亜鉛 $Zn(OH)_2$ は**両性水酸化物**で，希塩酸，NaOH水溶液と反応して溶けるだけでなく，過剰のアンモニア水にも**テトラアンミン亜鉛(Ⅱ)イオン**という錯イオンをつくって溶ける。

$Zn(OH)_2 + 2NaOH \longrightarrow Na_2[Zn(OH)_4]$

$Zn(OH)_2 + 4NH_3 \longrightarrow [Zn(NH_3)_4]^{2+} + 2OH^-$

また，Zn^{2+} を含む水溶液に中性〜塩基性条件で硫化水素を通じると，硫化亜鉛ZnSの白色沈殿を生じる。

$Zn^{2+} + S^{2-} \longrightarrow ZnS$

硫化物の沈殿で白色なのはZnSだけであるから，この反応によって Zn^{2+} が検出できる。

解答　(a) **ZnO**　(b) **$ZnCl_2$**　(c) **ZnS**
(d) **$Na_2[Zn(OH)_4]$**　(e) **$Zn(OH)_2$**
(f) **$[Zn(NH_3)_4](OH)_2$**

256～258

256 解説 (1) 価電子を3個もち，3価の陽イオンになるのはAlである。(価電子を2個もち，2価の陽イオンになるのはZnである。)

(2) Al，Znともに塩酸に溶け，水素を発生する。

(3) 濃硝酸で不動態となるのはAl，Fe，Niである。

(4) AlやZnは**両性金属**で，その単体は酸の水溶液にも強塩基の水溶液にも溶ける。

(5) $Al(OH)_3$は過剰のアンモニア水に不溶であるが，$Zn(OH)_2$は過剰のアンモニア水に溶ける。

(6) Al_2O_3やZnOは**両性酸化物**で，いずれも酸の水溶液や強塩基の水溶液にも溶ける。

解答 (1) **B** (2) **A** (3) **B**
(4) **A** (5) **C** (6) **A**

257 解説 (1)，(2) 食塩NaClと石灰石$CaCO_3$を原料とする炭酸ナトリウムの工業的製法を**アンモニアソーダ法(ソルベー法)**という。主反応①では，単にNaCl飽和水溶液にCO_2を溶解させるよりも，まずNH_3を十分に溶かした塩基性の溶液に酸性気体のCO_2を吹きこむ方が，CO_2の溶解量を多くすることができる。水溶液中にはNaClの電離で生じたNa^+とCl^-のほかに，NH_3(塩基)とCO_2(酸)+H_2Oが次のように反応して，$NH_4{}^+$と$HCO_3{}^-$が生成している。

$$NH_3+CO_2+H_2O \rightleftarrows NH_4{}^+ + HCO_3{}^-$$

このとき，水溶液中に存在する4種のイオン(Na^+，Cl^-，$HCO_3{}^-$，$NH_4{}^+$)のうち，溶解度の比較的小さい$NaHCO_3$が反応溶液中から沈殿することにより，①式の反応が進行する。$NaHCO_3$をろ過し，約200℃に加熱すると熱分解して，炭酸ナトリウムNa_2CO_3が得られる(②式)。さらに，ろ液中に残ったNH_4Clを取り出し，石灰石を熱分解(③式)して得られたCaOに水を加えてできた$Ca(OH)_2$(④式)とともに加熱すると，NH_3を回収することができる(⑤式)。

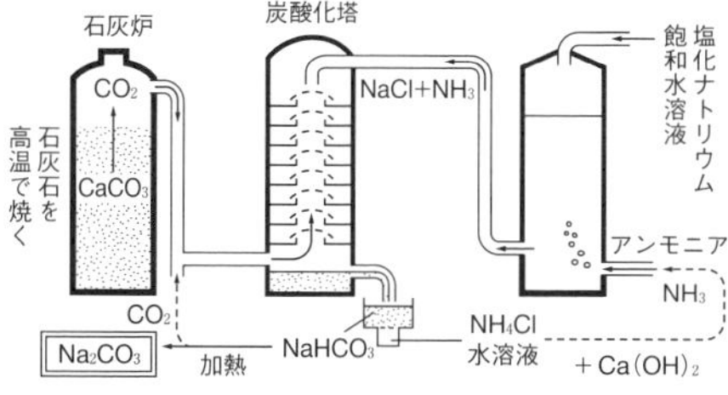

$$NaCl+NH_3+CO_2+H_2O \longrightarrow NaHCO_3+NH_4Cl \quad \cdots①$$
$$2NaHCO_3 \longrightarrow Na_2CO_3+CO_2+H_2O \quad \cdots②$$
$$CaCO_3 \longrightarrow CaO+CO_2 \quad \cdots③$$
$$CaO+H_2O \longrightarrow Ca(OH)_2 \quad \cdots④$$
$$2NH_4Cl+Ca(OH)_2 \longrightarrow CaCl_2+2NH_3+2H_2O \quad \cdots⑤$$

(3) ①×2+②+③+④+⑤より，中間生成物の$NaHCO_3$とNH_4Cl，および再利用するCO_2，NH_3などを消去すると，次の反応式が得られる。

$$2NaCl+CaCO_3 \longrightarrow Na_2CO_3+CaCl_2 \quad \cdots⑥$$

$CaCO_3$は沈殿するので，本来，⑥式は左向きに進む反応である。しかし，NH_3をうまく利用することによって，右向きに反応を進行させている。

(4) 反応式②，③は熱分解反応(吸熱反応)で加熱しなければ反応が進まない。⑤は吸熱反応ではないが，NH_4Clと$Ca(OH)_2$の固体どうしを反応させて，気体NH_3を発生させており，加熱が必要である。

(5) ①式で，$NaHCO_3$ 1molを得るにはCO_2が1mol必要であるが，②式では$NaHCO_3$ 1molからCO_2 0.5molしか生じない。このCO_2を100%回収しても，①式で必要とするCO_2の半分にしかならないため，残りの50%は③の反応により補給する必要がある。

(6) 反応式⑥より，NaCl 2molからNa_2CO_3 1molが生成する。

モル質量は，NaCl=58.5g/mol，Na_2CO_3=106g/molより，必要な塩化ナトリウムをx[kg]とすると，

$$\frac{x\times10^3}{58.5}\times\frac{1}{2}=\frac{2.0\times10^3}{106}$$

∴ $x=2.20 \fallingdotseq 2.2$[kg]

解答 (1) **アンモニアソーダ法(ソルベー法)**

(2) ① $\mathbf{NaCl+NH_3+CO_2+H_2O \longrightarrow NaHCO_3+NH_4Cl}$

② $\mathbf{2NaHCO_3 \longrightarrow Na_2CO_3+CO_2+H_2O}$

③ $\mathbf{CaCO_3 \longrightarrow CaO+CO_2}$

④ $\mathbf{CaO+H_2O \longrightarrow Ca(OH)_2}$

⑤ $\mathbf{2NH_4Cl+Ca(OH)_2 \longrightarrow CaCl_2+2NH_3+2H_2O}$

(3) $\mathbf{2NaCl+CaCO_3 \longrightarrow Na_2CO_3+CaCl_2}$

(4) **②，③，⑤** (5) **50%**

(6) **2.2kg**

258 解説 (a) 加熱すると熱分解するのは，**炭酸塩**と**炭酸水素塩**のいずれかであり，また，炎色反応が黄色よりNaの化合物である。これに該当するのはNa_2CO_3と$NaHCO_3$であるが，Na_2CO_3は加熱しても融解するだけで熱分解はしないことから，

$NaHCO_3$ に決定する(アルカリ金属の炭酸塩は熱分解しないと覚えておく。また，1族，2族の炭酸水素塩はどれも熱分解しやすいと覚えておく)。

(b)　強酸を加えると分解することから，弱酸の塩の炭酸塩か炭酸水素塩のいずれかである。(1)の $NaHCO_3$ を除くと，Na_2CO_3 と $CaCO_3$ が該当するが，水に溶けにくいのは，$CaCO_3$ である。

(c)　Ba^{2+} と沈殿をつくるのは，SO_4^{2-} か CO_3^{2-} である。ただし，硫酸塩は強酸の塩だから，加水分解せずに中性を示すのに対し，炭酸塩は弱酸の塩だから，加水分解して塩基性を示す。よって，水溶液が中性を示すので，硫酸塩の $CaSO_4$ か Na_2SO_4 が該当するが，水に可溶なのは Na_2SO_4 である。

(d)，(e)　NH_3 水を少量加えて生じる沈殿は水酸化物である。水酸化物が水に可溶で沈殿しないのは，アルカリ金属，アルカリ土類金属(Be，Mg を除く)である。したがって，水酸化物が水に溶けにくく沈殿するのは，Al^{3+} か Zn^{2+}。これらの水酸化物 $Al(OH)_3$，$Zn(OH)_2$ のうち，過剰の NH_3 水を加えると，アンミン錯イオンをつくるのは $Zn(OH)_2$ であるから，もとの(d)の化合物は $Zn(NO_3)_2$ である。

また，$Al(OH)_3$ と $Zn(OH)_2$ のうち，過剰の NH_3 水を加えても，アンミン錯イオンをつくらないのは $Al(OH)_3$ であるから，もとの(e)の化合物は $Al(NO_3)_3$ である。

解答　(a) **(カ)**　(b) **(ウ)**　(c) **(キ)**　(d) **(ク)**　(e) **(ア)**

25 遷移元素

259 **解説**　**遷移元素**の特徴は次の通りである。

> 遷移元素は周期表の3～12族に属し，すべて金属元素である。原子番号の増加とともに，電子は最外殻より1つ内側の電子殻へと配置されていく。したがって，原子番号が増加しても，最外殻電子の数は2個または1個(Pt は例外で0個)で変化せず，その化学的性質もあまり変化しない。同族元素だけでなく，同周期元素も互いによく似た性質を示す。

(1)　遷移元素の化合物，イオンには有色のものが多い。たとえば，Cu^{2+} 青，Fe^{2+} 淡緑，Fe^{3+} 黄褐，Cr^{3+} 暗緑，Mn^{2+} 淡赤，Ni^{2+} 緑，Co^{2+} 赤など。これらの色は，例題76で述べたように，すべて水分子を配位子とする**アクア錯イオン**の存在に基づく。ただし，Ag^+ と12族の Zn^{2+} などは無色である。

(2)　最外殻電子の数はどれも2，1個で，周期表の族番号と一致しない。

(3)　すべて金属元素で，その単体は一般に融点が高く，密度も大きい。非金属元素は含まない。遷移元素では，最外殻電子だけでなく，内殻電子の一部が自由電子のようにはたらき，かつ，原子半径も比較的小さいので，典型金属元素の単体に比べて，相対的に金属結合は強くなる。

(4)　遷移元素は，内殻が完全に閉殻ではないので，配位結合によって配位子を受け入れ，安定な**錯イオン**をつくりやすい。また，互いに化学的性質が似ているので，原子半径や結晶構造に大きな差がなければ，互いに**合金**をつくりやすい。

(5)　遷移元素の原子がイオン化するとき，最外殻電子だけでなく，内殻電子の一部が放出されることがある。したがって，価数が異なるイオンや，いろいろな酸化数をもつ化合物をつくるものが多い。

解答　**(1)，(4)，(5)**

260 **解説**　金属イオンを中心として，非共有電子対をもつ陰イオンや分子が配位結合してできた多原子イオンを**錯イオン**という。

> 錯イオンは金属イオンの種類によって配位数が決まる。また，配位子は金属イオンに対して空間的にできるだけ対称的に配置するので，錯イオンの立体構造は次のように決まる。
>
> 2配位　Ag^+→直線形
> 4配位　Zn^{2+}→正四面体形
> 　　　　Cu^{2+}→正方形
> 6配位　Fe^{2+}，Fe^{3+}，Ni^{2+}，Cr^{3+}→正八面体形

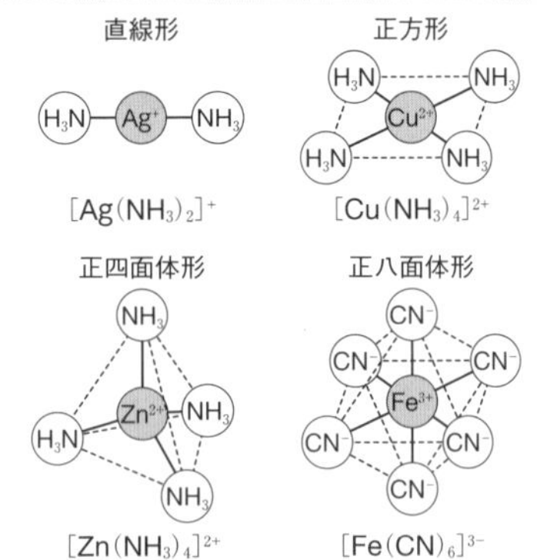

【錯イオンの化学式】　金属元素，配位子の化学式と配位数を順に書く。ただし，配位子が多原子のときは(　)でくくり，錯イオンの部分を[　]で囲み，その

261～262

右上に電荷を書く。

【**錯イオンの名称**】 化学式の後ろから順に，配位数，配位子名，金属元素名と酸化数をかっこ書きで示す。錯イオンが陽イオンのときは「…イオン」，陰イオンのときは「…酸イオン」とする。

配位数	2	4	6
数詞	ジ	テトラ	ヘキサ

配位子	NH_3	H_2O	OH^-	CN^-	$S_2O_3^{2-}$
名称	アンミン	アクア	ヒドロキシド	シアニド	チオスルファト

錯塩(錯イオンを含む塩)は，錯イオンを先に，他のイオンはあとに読む。

例 $[Cu(NH_3)_4]SO_4$ テトラアンミン銅(Ⅱ)硫酸塩

解答 (ア) **ジアンミン銀(Ⅰ)イオン** (イ) **直線形**
(ウ) **テトラアンミン亜鉛(Ⅱ)イオン**
(エ) **正四面体形**
(オ) $[Cu(NH_3)_4]^{2+}$ (カ) **正方形**
(キ) **ヘキサシアニド鉄(Ⅲ)酸イオン**
(ク) **正八面体形**

261

解説 鉄の酸化物には，“酸化鉄(Ⅱ)FeO，黒色”，“酸化鉄(Ⅲ)Fe_2O_3，赤褐色”，“四酸化三鉄(酸化二鉄(Ⅲ)鉄(Ⅱ))Fe_3O_4，黒色”の3種類がある。

FeOは天然には存在せず，人工的にのみ得られる。Fe_2O_3は赤鉄鉱として天然に存在する。

Fe_3O_4は$FeO \cdot Fe_2O_3$と書ける。つまり，Fe^{2+}とFe^{3+}を1：2の物質量比で含む**複酸化物**(2種の金属イオンとO^{2-}がイオン結合した化合物)とみなすことができ，天然には磁鉄鉱として存在する。

鉄は希塩酸と反応して溶け，水素を発生するが，濃硝酸とは**不動態**になるため反応しない。

鉄に亜鉛Znをめっきしたものは**トタン**とよばれ，建築材などに用いられる。鉄にスズSnをめっきしたものは**ブリキ**とよばれ，缶詰の缶などに用いる。トタンに傷がついても，イオン化傾向がZn>Feのため，Feの腐食は防がれる。一方，ブリキに傷がつくと，イオン化傾向がFe>Snのため，Feはめっき前よりも腐食しやすくなる。

(1) ⓐ 鉄を高温の空気や水蒸気に触れさせると，四酸化三鉄の被膜(鉄の黒さび)が生成する。

$$3Fe + 4H_2O \rightleftarrows Fe_3O_4 + 4H_2$$

ⓑ 鉄は希硫酸と反応して溶け，水素を発生する。

$$Fe + H_2SO_4 \longrightarrow FeSO_4 + H_2$$

(2) Fe-Cr(18%)を18-ステンレス鋼といい，耐食性が大きい。Fe-Cr(18%)-Ni(8%)を18-8ステンレス鋼といい，耐食性がさらに大きい。

解答 ① **酸化鉄(Ⅲ)** ② **四酸化三鉄**
③ **水素** ④ **不動態**
(1) ⓐ $3Fe + 4H_2O \rightleftarrows Fe_3O_4 + 4H_2$
ⓑ $Fe + H_2SO_4 \longrightarrow FeSO_4 + H_2$
(2) **ステンレス鋼**

262

解説 (1) (a) 銅は水素よりもイオン化傾向が小さいので，酸化力のない塩酸，希硫酸には溶けないが，酸化力のある希硝酸，濃硝酸，熱濃硫酸にはそれぞれ一酸化窒素NO，二酸化窒素NO_2，二酸化硫黄SO_2を発生して溶ける。

$$3Cu + 8HNO_3(希) \longrightarrow 3Cu(NO_3)_2 + 2NO + 4H_2O$$
$$Cu + 4HNO_3(濃) \longrightarrow Cu(NO_3)_2 + 2NO + 2H_2O$$
$$Cu + 2H_2SO_4(熱濃) \longrightarrow CuSO_4 + SO_2 + 2H_2O$$

(b) 水酸化銅(Ⅱ)を約80℃に加熱すると，脱水して黒色の酸化銅(Ⅱ)を生成する。

$$Cu(OH)_2 \longrightarrow CuO + H_2O$$

銅の酸化物には酸化数が+1と+2のものがあり，銅を空気中で加熱すると，1000℃以下では**酸化銅(Ⅱ)CuO(黒色)**が生成するが，さらに1000℃以上で強熱するとCuOの熱分解が起こり，**酸化銅(Ⅰ)Cu_2O(赤色)**となる。

$$4CuO \longrightarrow 2Cu_2O + O_2$$

酸化銅(Ⅱ)は希硫酸に溶けて硫酸銅(Ⅱ)となる。

$$CuO + H_2SO_4 \longrightarrow CuSO_4 + H_2O$$

その水溶液を濃縮すると，硫酸銅(Ⅱ)五水和物$CuSO_4 \cdot 5H_2O$の青色結晶が得られる。

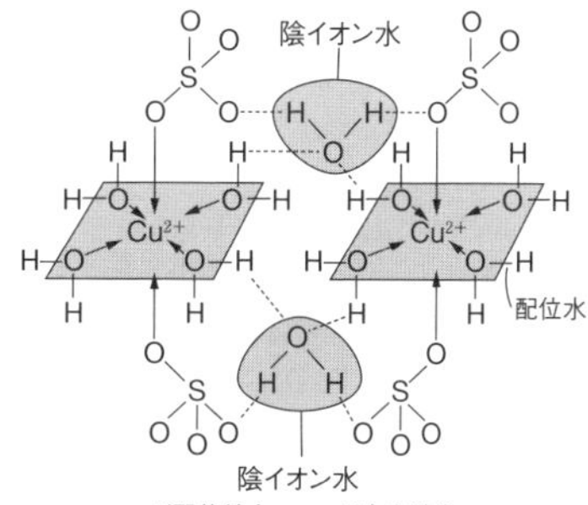

$CuSO_4 \cdot 5H_2O$の結晶中では，Cu^{2+} 1個に対して4個の水分子が正方形の頂点方向から強く配位結合している(**配位水**という)。また，この平面の上下方向の位置には2個のSO_4^{2-}があり，2個のCu^{2+}に少し弱く配位結合している。残る1個の水分子はSO_4^{2-}と配位水との間にあって水素結合でつながっている(**陰イオン水**という)。

(2) 銅の屋根や銅像の表面が青緑色を帯びてくるのは，**緑青(ろくしょう)**とよばれる銅のさびが生じたからである。緑青は，銅が空気中の水分やCO_2と徐々に反応して生じた$Cu_2CO_3(OH)_2$で表され，塩基性塩であることから，塩基性炭酸銅(Ⅱ)，または，炭酸二水酸化二銅(Ⅱ)などとよばれる。このさびは水に不溶で，内部の銅を保護するはたらきをもつ。

(3) 硫酸銅(Ⅱ)五水和物の結晶を加熱すると，段階的に水和水を失って，最終的には硫酸銅(Ⅱ)無水塩の白色粉末になる。

$$CuSO_4\cdot 5H_2O \xrightarrow{110℃} CuSO_4\cdot H_2O \xrightarrow{150℃} CuSO_4$$

硫酸銅(Ⅱ)無水塩は水分を吸収すると，再び硫酸銅(Ⅱ)五水和物に戻り青色になるので，微量の水分の検出に用いられる。

解答 ① **一酸化窒素**　② **水酸化銅(Ⅱ)**
③ **酸化銅(Ⅱ)**　④ **酸化銅(Ⅰ)**
⑤ **硫酸銅(Ⅱ)五水和物**

(1) ⓐ $3Cu + 8HNO_3 \longrightarrow 3Cu(NO_3)_2 + 2NO + 4H_2O$

ⓑ $Cu(OH)_2 \longrightarrow CuO + H_2O$

(2) **緑青**

(3) **硫酸銅(Ⅱ)五水和物の結晶中には，銅のアクア錯イオン$[Cu(H_2O)_4]^{2+}$が存在するため青色を呈するが，加熱すると水和水が失われ，結晶が壊れて白色粉末になる。**

263 (解説)

硫酸鉄(Ⅱ)$FeSO_4$水溶液はFe^{2+}を含み淡緑色を示す。これに$NaOH$水溶液やNH_3水を加えると，**水酸化鉄(Ⅱ)$Fe(OH)_2$**の緑白色沈殿を生成する。

$$Fe^{2+} + 2OH^- \longrightarrow Fe(OH)_2$$

塩化鉄(Ⅲ)$FeCl_3$水溶液はFe^{3+}を含み黄褐色を示す。これに$NaOH$水溶液やNH_3水を加えると，**酸化水酸化鉄(Ⅲ)$FeO(OH)$**の赤褐色沈殿を生成する。

$$Fe^{3+} + 3OH^- \longrightarrow FeO(OH) + H_2O$$

水酸化鉄(Ⅲ)$Fe(OH)_3$は存在せず，実際に存在するのは，$[Fe(OH)_3(H_2O)_3]_n$がOHとH_2O，およびOHとOHの間で脱水縮合を繰り返してできた$[FeO(OH)]_n$であり，これを組成式で$FeO(OH)$と表し，酸化水酸化鉄(Ⅲ)と呼んでいる。

Fe^{2+}を含む水溶液に，塩素や過酸化水素などの酸化剤を作用させるとFe^{3+}に変化する。一方，Fe^{3+}を含む水溶液に，硫化水素H_2Sや塩化スズ(Ⅱ)$SnCl_2$などの還元剤を作用させるとFe^{2+}に戻すことができる。

Fe^{2+}とFe^{3+}の検出反応は重要である。

	Fe^{2+}	Fe^{3+}
NaOHaq NH_3aq	$Fe(OH)_2$ 緑白色沈殿	$FeO(OH)$ 赤褐色沈殿
$K_4[Fe(CN)_6]$aq	青白色沈殿	濃青色沈殿
$K_3[Fe(CN)_6]$aq	濃青色沈殿	褐色溶液
KSCNaq	変化なし	血赤色溶液

$$Fe^{2+} + \underset{\text{ヘキサシアニド鉄(Ⅲ)酸カリウム}}{K_3[Fe(CN)_6]} \longrightarrow \underset{\text{ターンブル青}}{KFe[Fe(CN)_6]}\downarrow + 2K^+$$

$$Fe^{3+} + \underset{\text{ヘキサシアニド鉄(Ⅱ)酸カリウム}}{K_4[Fe(CN)_6]} \longrightarrow \underset{\text{紺青(ベルリン青)}}{KFe[Fe(CN)_6]}\downarrow + 3K^+$$

ターンブル青と紺青は，歴史的に異なる化合物と見られていたが，現在，同一組成をもつ化合物であることが明らかになっている。

$$Fe^{3+} + \underset{\text{チオシアン酸カリウム}}{nKSCN} \longrightarrow \underset{\text{血赤色溶液(錯イオン, }n=\text{不定数)}}{[Fe(SCN)_n]^{3-n}} + nK^+$$

(Fe^{2+}はKSCNとは呈色反応しない。)

解答 (1) A　**$Fe(OH)_2$　緑白色**
B　**$FeO(OH)$　赤褐色**

(2) (a)　**ヘキサシアニド鉄(Ⅲ)酸カリウム**
(b)　**ヘキサシアニド鉄(Ⅱ)酸カリウム**
(c)　**チオシアン酸カリウム**

264 (解説)

硫酸銅(Ⅱ)$CuSO_4$水溶液に$NaOH$水溶液を加えると，青白色の水酸化銅(Ⅱ)$Cu(OH)_2$が沈殿する。

$$CuSO_4 + 2NaOH \longrightarrow Cu(OH)_2 + Na_2SO_4$$

水酸化銅(Ⅱ)を加熱すると，容易に脱水がおこり，黒色の酸化銅(Ⅱ)を生成する。

$$Cu(OH)_2 \longrightarrow CuO + H_2O$$

水酸化銅(Ⅱ)$Cu(OH)_2$は両性水酸化物ではないので，過剰の$NaOH$水溶液に溶けないが，過剰のアンモニア水にはテトラアンミン銅(Ⅱ)イオン$[Cu(NH_3)_4]^{2+}$とよばれる深青色の錯イオンをつくって溶ける。

$$Cu(OH)_2 + 4NH_3 \longrightarrow [Cu(NH_3)_4]^{2+} + 2OH^-$$

Cu^{2+}を含む水溶液にH_2Sを通じると，黒色の硫化銅(Ⅱ)CuSが沈殿する。

$$Cu^{2+} + H_2S \longrightarrow CuS + 2H^+$$

解答 (1) (ア) **$Cu(OH)_2$　水酸化銅(Ⅱ)**
(イ) **CuO　酸化銅(Ⅱ)**
(エ) **CuS　硫化銅(Ⅱ)**

(2) **$[Cu(NH_3)_4]^{2+}$**

265～267

テトラアンミン銅(Ⅱ)イオン

265 解説　銀の化合物には水に溶けにくいものが多いが，硝酸銀は水によく溶ける(220g/100g 水，20℃)。Ag_2SO_4 は溶解度が小さい(0.79g/100g 水, 20℃)。

Ag^+ を含む水溶液に K_2CrO_4 水溶液を加えると，Ag_2CrO_4 の赤褐色沈殿を生成する。(→ア)

$2Ag^+ + CrO_4^{2-} \longrightarrow Ag_2CrO_4$(赤褐)↓

また，Ag^+ を含む水溶液に塩基の水溶液を加えると，AgOH は不安定で生成せず，褐色の酸化銀 Ag_2O が沈殿する。(→オ)

$Ag^+ + 2OH^- \longrightarrow Ag_2O\downarrow + H_2O$

Ag_2O は過剰の NH_3 水には，ジアンミン銀(Ⅰ)イオンという無色の錯イオンをつくって溶ける。(→ク)

$Ag_2O + H_2O + 4NH_3 \longrightarrow 2[Ag(NH_3)_2]^+ + 2OH^-$

Ag^+ を含む水溶液にハロゲン化物イオン(F^- を除く)を加えると，それぞれ AgCl(白)，AgBr(淡黄)，AgI(黄)の沈殿を生じる。(→イ，カ，キ)

$Ag^+ + Cl^- \longrightarrow$ AgCl(白)↓

$Ag^+ + Br^- \longrightarrow$ AgBr(淡黄)↓

$Ag^+ + I^- \longrightarrow$ AgI(黄)↓

水に対する溶解度は AgCl＞AgBr＞AgI の順に小さくなる。これらに，過剰の NH_3 水を加えると，AgCl は $[Ag(NH_3)_2]^+$ という錯イオンを生じて容易に溶けるが，AgBr はかなり溶けにくく，AgI は溶けない。しかし，AgBr や AgI にチオ硫酸ナトリウム $Na_2S_2O_3$ 水溶液を加えると，$[Ag(S_2O_3)_2]^{3-}$ という錯イオンを生じて溶ける。(→ケ)

Ag^+ はいずれも配位数 2 の錯イオンをつくる。

$AgBr + 2S_2O_3^{2-} \longrightarrow [Ag(S_2O_3)_2]^{3-} + Br^-$

このように，水に対する溶解度の小さい沈殿を錯イオンとして溶解するには，Ag^+ に対する配位能力の大きい $Na_2S_2O_3$ などの錯化剤(錯体をつくる配位子)を用いる必要がある。

Ag^+ を含む水溶液に H_2S を通じると，硫化銀 Ag_2S の黒色沈殿を生成する。(→エ)

$2Ag^+ + S^{2-} \longrightarrow Ag_2S$(黒)↓

なお，Ag の化合物には，程度の差はあるが，光が当たると，分解しやすい性質(**感光性**)がある。塩化銀に光が当たると，白→紫→灰→黒色へと変化するのは，生成した Ag の微粒子が成長するためである。(→ウ)

$2AgCl \longrightarrow Ag + Cl_2$

解答　(ア) Ag_2CrO_4　(イ) AgCl　(ウ) Ag
(エ) Ag_2S　(オ) Ag_2O　(カ) AgBr　(キ) AgI
(ク) $[Ag(NH_3)_2]^+$　(ケ) $[Ag(S_2O_3)_2]^{3-}$

266 解説　(1)　A は希塩酸に不溶で，希硝酸に溶ける金属なので，水素よりイオン化傾向の小さい Cu か Ag である。Cu の酸化物には，CuO(黒)と Cu_2O(赤)の 2 種類があるので，A は Cu である。

(2)　B は空気中で加熱しても酸化されず，電気伝導度が最も大きい金属なので，Ag である。

(3)　C は希塩酸に溶けにくく，希硝酸に溶ける金属なので，Cu，Ag 以外のものは選択肢より Pb である。Pb が希塩酸に溶けにくいのは，Pb の表面が水に不溶性の $PbCl_2$ で覆われ，酸との接触が妨げられて反応が停止するからである。Pb^{2+} を含む水溶液に塩基を加えると，水酸化鉛(Ⅱ)が沈殿する。

$Pb^{2+} + 2OH^- \longrightarrow Pb(OH)_2$(白)

(4)　王水(濃硝酸と濃塩酸の 1：3 の混合物)にしか溶けない金属は，Pt と Au。このうち有色の金属光沢をもつことから，D は Au である。

(5)　Fe，Al，Ni などの金属を濃硝酸に浸すと，表面がち密な酸化物で覆われ反応性を失う(**不動態**)。さらに，湿った空気中で赤褐色の酸化物となることから，E は Fe である。

(Fe_2O_3 は赤褐色，Al_2O_3 は白色，NiO は緑色である。)

解答　A 銅　B 銀　C 鉛　D 金　E 鉄

267 解説　クロム Cr は周期表 6 族の遷移元素で，比較的イオン化傾向は大きいが，空気中では表面にち密な酸化被膜をつくるので，さびにくく耐食性が大きい。そのため，メッキの材料に使われる。また，濃硝酸を加えても反応しない(**不動態**)。

クロムの化合物の酸化数には，＋2(不安定)，＋3(安定)，＋6(やや不安定)のものが知られている。

クロム酸イオン CrO_4^{2-}，二クロム酸イオン $Cr_2O_7^{2-}$ はいずれも Cr の酸化数が＋6 で，水溶液中では次のような平衡状態を保つ。

$2CrO_4^{2-} + H^+ \rightleftarrows Cr_2O_7^{2-} + OH^-$　…①

酸性溶液中では，CrO_4^{2-} が $Cr_2O_7^{2-}$ に変化して赤橙色になる。

$2CrO_4^{2-} + 2H^+ \longrightarrow Cr_2O_7^{2-} + H_2O$　…②

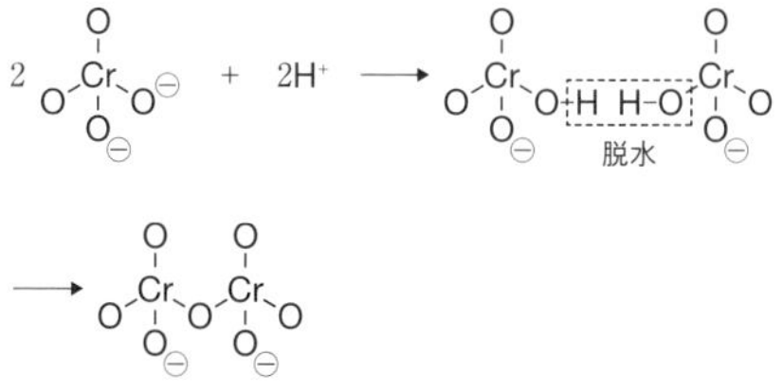

塩基性溶液中では $Cr_2O_7^{2-}$ が CrO_4^{2-} に変化して黄

色になる。

$Cr_2O_7^{2-}$ ＋ $2OH^-$ ⟶ $2CrO_4^{2-}$ ＋ H_2O　…③

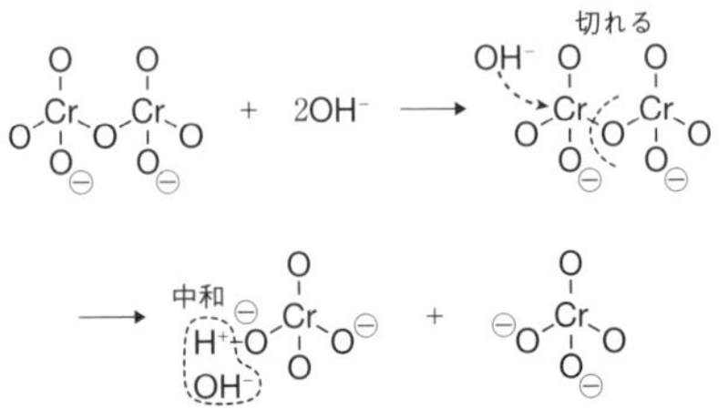

②，③式をまとめると，①式のようになる。

$Cr_2O_7^{2-}$は酸性条件では強い酸化剤としてはたらくが，金属イオンとは沈殿はつくりにくい。

$Cr_2O_7^{2-}$ ＋ $14H^+$ ＋ $6e^-$ ⟶ $2Cr^{3+}$ ＋ $7H_2O$

一方，CrO_4^{2-}は酸化剤としてのはたらきはさほど強くないが，金属イオンとは沈殿をつくりやすい。

$2Ag^+$ ＋ CrO_4^{2-} ⟶ Ag_2CrO_4↓（赤褐色）

Pb^{2+} ＋ CrO_4^{2-} ⟶ $PbCrO_4$↓（黄）

Ba^{2+} ＋ CrO_4^{2-} ⟶ $BaCrO_4$↓（黄）

H_2O_2 は通常は酸化剤としてはたらくが，$K_2Cr_2O_7$ に対しては還元剤としてはたらく。

$Cr_2O_7^{2-}$＋$14H^+$＋$6e^-$ ⟶ $2Cr^{3+}$＋$7H_2O$　…④

H_2O_2 ⟶ $2H^+$＋O_2＋$2e^-$　…⑤

④＋⑤×3より，**解答**のイオン反応式が得られる。

④式の通り，$Cr_2O_7^{2-}$が酸化剤としてはたらくと，暗緑色のクロム(Ⅲ)イオン Cr^{3+}になる。

解答　① **赤橙**　② **黄**　③ **クロム酸鉛(Ⅱ)**
④ **クロム酸銀**　⑤ **酸素**　⑥ **(暗)緑**
ⓐ $Cr_2O_7^{2-}$＋$2OH^-$ ⟶ $2CrO_4^{2-}$＋H_2O
ⓑ $Cr_2O_7^{2-}$＋$8H^+$＋$3H_2O_2$
⟶ $2Cr^{3+}$＋$3O_2$＋$7H_2O$

268（解説）　A は NaOH 水溶液に溶けるので**両性金属**である。さらに，その水酸化物が過剰の NH_3 水に溶けるので Zn である。

$Zn(OH)_2$ ＋ $4NH_3$ ⟶ $[Zn(NH_3)_4]^{2+}$ ＋ $2OH^-$

B は塩酸に溶けないので，水素よりイオン化傾向が小さい。さらに，その酸化物が褐色より Ag である。

$2Ag^+$＋$2OH^-$ ⟶ Ag_2O(褐)↓＋H_2O

イオン化傾向の小さい Ag^+と Hg^{2+}は，イオン結合性の水酸化物が不安定であるため，かわりに，共有結合性の酸化物の Ag_2O(褐)・HgO(黄)が沈殿する。

金属 C のイオンは炭酸塩が沈殿するので 2 族のアルカリ土類金属である。このうち，C は常温の水と反応するので Ca，Sr，Ba のいずれかである。これらのイオン Ca^{2+}，Sr^{2+}，Ba^{2+}のうち，CrO_4^{2-}と黄色沈殿をつくるのは Ba^{2+}のみである。

Ba^{2+} ＋ CrO_4^{2-} ⟶ $BaCrO_4$(黄)↓

D は塩酸に溶けないので，水素よりイオン化傾向が小さい。さらに，水酸化物が青白色より Cu である。

Cu^{2+} ＋ $2OH^-$ ⟶ $Cu(OH)_2$↓
水酸化銅(Ⅱ)(青白色)

水酸化銅(Ⅱ)は過剰の NH_3 水に次のように溶ける。

$Cu(OH)_2$ ＋ $4NH_3$ ⟶ $[Cu(NH_3)_4]^{2+}$ ＋ $2OH^-$
テトラアンミン銅(Ⅱ)イオン(深青色)

解答　A **Zn**　B **Ag**　C **Ba**　D **Cu**
ⓐ $[Zn(NH_3)_4]^{2+}$　**テトラアンミン亜鉛(Ⅱ)イオン　正四面体形**
ⓑ $[Ag(NH_3)_2]^+$　**ジアンミン銀(Ⅰ)イオン　直線形**
ⓒ $[Cu(NH_3)_4]^{2+}$　**テトラアンミン銅(Ⅱ)イオン　正方形**

269（解説）　(1)　Cl^-は，中心の Cr^{3+}に対して，(i)配位子として配位結合している場合と，(ii)配位子としてではなく，錯イオンとイオン結合している場合とがある。

錯塩 A～C に含まれる Cl^-のうち，AgCl を生成するのは中心金属イオンに配位結合していないものだけである(配位子となった Cl^-は水中でも解離できず，Ag^+を加えても AgCl は生成しない)。

この反応性の違いで，Cl^-を区別できる。

(ア)　$[Cr(H_2O)_6]Cl_3$ の Cl^-はすべて配位子ではないので，(ア)の 0.01mol から AgCl が 0.03mol 生じる。したがって，A。

(イ)　$[CrCl(H_2O)_5]Cl_2$・H_2O の配位子ではない Cl^-は 2 個より，(イ)の 0.01mol から AgCl は 0.02mol 生じる。

(ウ)　$[CrCl_2(H_2O)_4]Cl$・$2H_2O$ の配位子ではない Cl^-は 1 個より，(ウ)の 0.01mol から AgCl は 0.01mol 生じる。したがって，B。

(エ)　$[CrCl_3(H_2O)_3]$・$3H_2O$ の配位子ではない Cl^-は 0 個より，(エ)の 0.01mol から AgCl は生じない。したがって，C。

(2)　2 種以上の配位子からなる錯イオンの場合，配位子どうしの立体配置の違いに基づく**立体異性体**が存在する場合がある。中心原子に対して同種の配位子が隣り合っているものを**シス形**，向かい合っているものを**トランス形**といい，両者は**シス－トランス異性体**とよばれ，色，性質などがやや異なる。

270～271

Bには，2個のCl^-どうしが中心金属に対して，隣り合うもの(図左：**シス形**)と，向かい合うもの(図右：**トランス形**)の2種類がある。

一般に，シス形は結合の極性が打ち消し合いにくく，錯イオンの極性は大きくなる。一方，トランス形は結合の極性が打ち消し合いやすく，錯イオンの極性は小さくなる。

Cには，3個のCl^-がすべて隣り合うもの(図左：シス・シスの場合)と，3個のCl^-のうち隣り合うものと向かい合うもの(図右：シス・トランスの場合)の2種類がある。なお，3個のCl^-がすべて向かい合うもの(すなわち，トランス・トランスの場合)は存在しない。

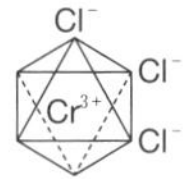

facial 形(面をつくる)
3個のCl^-のつくる面がCr^{3+}を含まない

meridional 形(半円をつくる)
3個のCl^-のつくる面がCr^{3+}を含む

$[CrCl_3(H_2O)_3]$は電荷をもたないので，**錯分子**とよばれる。電荷をもった錯イオンと錯分子をあわせて**錯化合物**(**錯体**)という。

解答 (1) A (ア)　B (ウ)　C (エ)
(2) B **2種類**　C **2種類**

26 金属イオンの分離と検出

270 **解説** (1) 水溶液中では，金属イオンはすべてアクア錯イオンとして存在しており，Cu^{2+}は$[Cu(H_2O)_4]^{2+}$(青色)，Fe^{2+}は$[Fe(H_2O)_6]^{2+}$(淡緑色)を示す。

(2) $AgCl$，$PbCl_2$はともに白色沈殿で，前者はアンモニア水に溶け，後者は熱湯に溶ける。

(3) $BaSO_4$，$PbSO_4$はいずれも白色沈殿である。

(4)，(5) 硫化物の沈殿生成の条件は，イオン化列と深い関係がある。(重要)

(大) K Ca Na Mg | Al Zn Fe Ni | Sn Pb Cu Hg Ag (小)

K Ca Na Mg	Al Zn Fe Ni	Sn Pb Cu Hg Ag
硫化物が沈殿しない	中～塩基性で硫化物が沈殿	酸性でも硫化物が沈殿

硫化水素は水溶液中で電離し，生じた硫化物イオンS^{2-}と金属イオンが反応して，硫化物を生成する。

$H_2S \rightleftarrows 2H^+ + S^{2-}$　…①

溶液が酸性のときは，①の平衡は左へ移動し，硫化物イオン濃度$[S^{2-}]$は小さくなる。一方，溶液が中～塩基性のときは，①の平衡が右へ移動し，$[S^{2-}]$は大きくなる。

(i) **イオン化傾向の小さい金属イオン**(Sn^{2+}～Ag^+)は硫化物の溶解度積が非常に小さく，硫化物が沈殿しやすい。したがって$[S^{2-}]$の小さい**酸性条件でも硫化物が沈殿する。**

(ii) **イオン化傾向が中程度の金属イオン**(Al^{3+}～Ni^{2+})は硫化物の溶解度積が比較的大きく，硫化物がやや沈殿しにくい。したがって$[S^{2-}]$の小さい酸性条件では硫化物が沈殿せず，$[S^{2-}]$の大きい**中性～塩基性条件のとき硫化物が沈殿する。**ただし，Al^{3+}はAl_2S_3でなく$Al(OH)_3$として少量の白色沈殿が生成する。

(iii) **イオン化傾向の大きい金属イオン**(K^+～Mg^{2+})は，硫化物の溶解度が大きく，いかなる条件を与えても**硫化物は沈殿しない**。

(6) 水酸化物のうち，**両性水酸化物**の$Zn(OH)_2$と$Pb(OH)_2$は過剰の$NaOH$水溶液にヒドロキシド錯イオンをつくって溶ける。

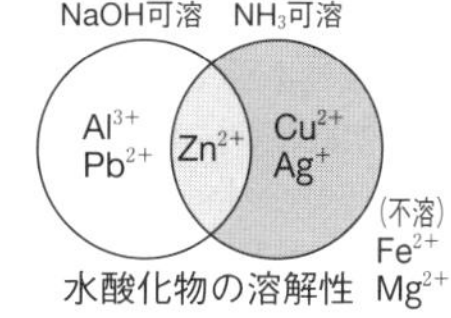

水酸化物の溶解性

$[Zn(OH)_4]^{2-}$，または$[Pb(OH)_4]^{2-}$

(7) Cu^{2+}，Zn^{2+}，Ag^+の水酸化物(酸化物)，すなわち$Cu(OH)_2$，$Zn(OH)_2$，Ag_2Oは過剰のアンモニア水にアンミン錯イオンをつくって溶ける。

$[Cu(NH_3)_4]^{2+}$(深青色)，$[Ag(NH_3)_2]^+$(無色)，$[Zn(NH_3)_4]^{2+}$(無色)

Fe^{2+}，Fe^{3+}，Mg^{2+}の水酸化物は，過剰の$NaOH$水溶液にも過剰のアンモニア水にも溶けない。

$Fe(OH)_2$(緑白色)，$FeO(OH)$(赤褐色)，$Mg(OH)_2$(白色)

解答 (1) Cu^{2+}，Fe^{2+}　(2) Ag^+，Pb^{2+}
(3) Ba^{2+}，Pb^{2+}　(4) Cu^{2+}，Ag^+，Pb^{2+}
(5) Ba^{2+}，Mg^{2+}　(6) Zn^{2+}，Pb^{2+}
(7) Cu^{2+}，Zn^{2+}，Ag^+

271 **解説** まず，強酸である塩酸，硫酸によって沈殿する次のイオンを沈殿させる。

Ag^+，Pb^{2+}(HClで沈殿)
Ca^{2+}，Ba^{2+}，Pb^{2+}(H_2SO_4で沈殿)

それでも分離できないときは，塩基の水溶液で水酸化物を沈殿させる。そして，水酸化物が$NaOH$水溶液やNH_3水により錯イオンをつくるかどうかで，沈殿とろ液に分離する。

それでも分離できないときは，硫化水素を使う。このとき，反応液の液性に注意し，酸性→塩基性の順に硫化水素を通じるとよい。

(1) HCl によって Ag^+ だけが AgCl の沈殿となる。

(2) NaOH 水溶液を加えると，$Al(OH)_3$，$Zn(OH)_2$，FeO(OH) の沈殿を生じるが，NaOH 水溶液を過剰に加えると，両性水酸化物である $Al(OH)_3$ と $Zn(OH)_2$ は，ヒドロキシド錯イオンを生じて溶けるが，FeO(OH) は溶けずに残る。

$Al^{3+} \xrightarrow{OH^-} Al(OH)_3 \xrightarrow{OH^-} [Al(OH)_4]^-$

$Zn^{2+} \xrightarrow{OH^-} Zn(OH)_2 \xrightarrow{OH^-} [Zn(OH)_4]^{2-}$

$Fe^{3+} \xrightarrow{OH^-} FeO(OH)$（このまま）

(3) Ba^{2+} だけが H_2SO_4 によって $BaSO_4$ の沈殿となる。

(4) 過剰の NaOH 水溶液では，両性水酸化物でない FeO(OH) と $Cu(OH)_2$ がともに沈殿するので，不適。過剰の NH_3 水では，Cu^{2+} が $[Cu(NH_3)_4]^{2+}$，Zn^{2+} が $[Zn(NH_3)_4]^{2+}$ となってともに溶けるので，不適。

酸性条件で H_2S を通じると，Cu^{2+} だけが CuS の沈殿となるので，沈殿とろ液に分離できる。

(5) 過剰の NaOH 水溶液では，両性水酸化物でない Ag_2O，FeO(OH) がともに沈殿するので，不適。

NH_3 水を少量加えると，Ag_2O，FeO(OH) の沈殿を生じるが，過剰の NH_3 水では，Ag_2O はアンミン錯イオンを生じて溶けるが，FeO(OH) は溶けずに残るので，沈殿とろ液に分離できる。

$Ag^+ \xrightarrow{OH^-} Ag_2O \xrightarrow{NH_3} [Ag(NH_3)_2]^+$

$Fe^{3+} \xrightarrow{OH^-} FeO(OH)$　（このまま）

解答　(1) (イ)　AgCl　(2) (オ)　FeO(OH)
(3) (ア)　$BaSO_4$　(4) (エ)　CuS
(5) (カ)　FeO(OH)

272 **解説**　(1) 鉛(Ⅱ)イオン Pb^{2+} は硫化物イオン S^{2-} と反応して，硫化鉛(Ⅱ)PbS の黒色沈殿を生じる。

(2) 鉛(Ⅱ)イオン Pb^{2+} はクロム酸イオン CrO_4^{2-} と反応して，クロム酸鉛(Ⅱ)$PbCrO_4$ の黄色沈殿を生じる。

(3) 銀イオン Ag^+ は塩化物イオン Cl^- と反応して，塩化銀 AgCl の白色沈殿を生じる。

(4) 銀イオン Ag^+ はヨウ化物イオン I^- と反応して，ヨウ化銀 AgI の黄色沈殿を生じる。

(5) カルシウムイオン Ca^{2+} は炭酸イオン CO_3^{2-} と反応して，炭酸カルシウム $CaCO_3$ の白色沈殿を生じる。炭酸塩は弱酸の塩なので，強酸である塩酸には溶ける。

(6) カルシウムイオン Ca^{2+} は硫酸イオン SO_4^{2-} と反応して，硫酸カルシウム $CaSO_4$ の白色沈殿を生じる。硫酸塩は強酸の塩なので，強酸である塩酸には溶けない。

(7) 硝酸イオン NO_3^- は，すべての金属イオンとは水に不溶性の沈殿を生成しない。（硝酸塩はすべて水に不溶である。）

解答　(1) (オ)　(2) (ク)　(3) (イ)　(4) (キ)
(5) (カ)　(6) (ウ)　(7) (エ)

273 **解説**　(1)～(3)　金属イオンの混合水溶液に，次の１～５の順に試薬を加えて沈殿をろ別し，金属イオンを第1属～第6属のグループに分けることを，**金属イオンの系統分離**という。

属	試薬	イオン	沈殿
1	HClaq	Ag^+，Pb^{2+}	塩化物(白)
2	H_2S(酸性)	Cu^{2+}，Cd^{2+}	硫化物，CdS(黄)以外は黒
3	NH_3 水	Fe^{3+}，Al^{3+}，Cr^{3+}	水酸化物，FeO(OH)（赤褐），$Al(OH)_3$（白），$Cr(OH)_3$（灰緑）
4	H_2S(塩基性)	Zn^{2+}，Ni^{2+}	硫化物 ZnS(白)，NiS(黒)
5	$(NH_4)_2CO_3$	Ca^{2+}，Ba^{2+}	炭酸塩(白)
6	沈殿しない	Na^+，K^+	炎色反応 Na^+(黄)，K^+(赤紫)

本問では１属を HCl で，３属を NH_3 水で，５属を $(NH_4)_2CO_3$ 水溶液で分離している。

A　希塩酸で沈殿するのは Ag^+ で，生じた沈殿 A は AgCl。

B，C，E　ろ液１に残った４種類の金属イオン Na^+，Ca^{2+}，Al^{3+}，Fe^{3+} のうち，NH_3 水で沈殿するのは Al^{3+} と Fe^{3+} で，生じた沈殿 B は $Al(OH)_3$ と FeO(OH) の混合物である。ここへ NaOH 水溶液を過剰に加えると，両性水酸化物の $Al(OH)_3$ はヒドロキシド錯イオン $[Al(OH)_4]^-$ を生じて溶け，ろ液 E に含まれる。FeO(OH) は過剰の NaOH 水溶液にも溶けず，沈殿 C に分離される。

D　ろ液２に残った Na^+ と Ca^{2+} のうち，$(NH_4)_2CO_3$ 水溶液で沈殿するのは Ca^{2+} で，生じた沈殿 D は $CaCO_3$。よって，沈殿しなかった Na^+ がろ液 F に含まれる。

(4) 塩化銀にアンモニア水を加えると，ジアンミン銀(Ⅰ)イオンを生じて無色の水溶液となる。

$AgCl + 2NH_3 \longrightarrow [Ag(NH_3)_2]^+ + Cl^-$

274～276

解答 (1) A　**AgCl**　B　**$Al(OH)_3$ と $FeO(OH)$**
C　**$FeO(OH)$**　D　**$CaCO_3$**
(2) **$[Al(OH)_4]^-$**
(3) **白金線の先につけた試料溶液をガスバーナーの外炎に入れ，炎が黄色になることで確認する。**
(4) **ジアンミン銀(Ⅰ)イオン**

274 **解説** (1)　水酸化物が青白色沈殿だから，Cu^{2+}を含む。⇨(イ)

$$Cu^{2+} \xrightarrow{NH_3水} Cu(OH)_2\downarrow \xrightarrow{NH_3水} [Cu(NH_3)_4]^{2+}$$
（青白）　　（深青）

Cu^{2+}を含む水溶液に NH_3 水を少量加えると，水酸化銅(Ⅱ)$Cu(OH)_2$ の青白色沈殿を生じる。さらに，NH_3 水を過剰に加えると，$Cu(OH)_2$ は溶けてテトラアンミン銅(Ⅱ)イオン$[Cu(NH_3)_4]^{2+}$を含む深青色の溶液となる。

(2)　水酸化物が過剰の NaOH 水溶液に溶けるから，両性金属の化合物の $ZnCl_2$，$Al_2(SO_4)_3$，$(CH_3COO)_2Pb$ のいずれかである。このうち，$BaCl_2$ を加えて白色沈殿を生じるのは，$Al_2(SO_4)_3$ か$(CH_3COO)_2Pb$ のいずれか(この段階ではどちらか決められない)。

(3)　水酸化物が赤褐色沈殿だから Fe^{3+}を含む。⇨(オ)

$$Fe^{3+} + 3OH^- \longrightarrow FeO(OH)\downarrow + H_2O$$
酸化水酸化鉄(Ⅲ)

酸化水酸化鉄(Ⅲ)$FeO(OH)$は，アンミン錯イオンをつくらないので，過剰のNH_3 水を加えても溶解しない。

(4)　塩化物が沈殿し，さらに，熱水に溶けるので，この沈殿は $PbCl_2$ である。よって Pb^{2+}を含む。⇨(カ)

$Pb^{2+} \xrightarrow{Cl^-} PbCl_2\downarrow$(白)熱水に可溶

$Pb^{2+} \xrightarrow{OH^-} Pb(OH)_2\downarrow$(白) $\xrightarrow{OH^-} [Pb(OH)_4]^{2-}$(無)

Pb^{2+}を含む水溶液に NaOH 水溶液を少量加えると，水酸化鉛(Ⅱ)$Pb(OH)_2$ の白色沈殿を生じる。$Pb(OH)_2$ は両性水酸化物なので，NaOH 水溶液を過剰に加えると，ヒドロキシド錯イオン$[Pb(OH)_4]^{2-}$を含む無色の水溶液となる。

(4)が$(CH_3COO)_2Pb$ の(カ)と決まったので，最後に(2)は $Al_2(SO_4)_3$ の(エ)と決まる。したがって，(2)の後半の反応は，$Ba^{2+} + SO_4^{2-} \rightarrow BaSO_4\downarrow$(白)

$Al^{3+} \xrightarrow{OH^-} Al(OH)_3\downarrow$(白) $\xrightarrow{OH^-} [Al(OH)_4]^-$(無)

Al^{3+}を含む水溶液に NaOH 水溶液を少量加えると，水酸化アルミニウム $Al(OH)_3$ の白色沈殿を生じる。$Al(OH)_3$ は両性水酸化物なので，NaOH 水溶液を過剰に加えると，ヒドロキシド錯イオン$[Al(OH)_4]^-$を含む無色の水溶液となる。

解答 (1) **(イ)**　(2) **(エ)**　(3) **(オ)**　(4) **(カ)**
① **$Cu(OH)_2$**　② **$[Cu(NH_3)_4]^{2+}$**　③ **$BaSO_4$**
④ **$Al(OH)_3$**　⑤ **$[Al(OH)_4]^-$**　⑥ **$FeO(OH)$**
⑦ **$PbCl_2$**　⑧ **$Pb(OH)_2$**

275 **解説** (a)　炎色反応が青緑色より，B は Cu^{2+}，炎色反応が黄色より，D は Na^+

(b)　酸性条件で H_2S を通じると，イオン化傾向の小さい Sn^{2+}～Ag^+が硫化物として沈殿する。よって，B，C に該当するのは Cu^{2+}，Ag^+。すなわち，B からは $CuS\downarrow$(黒)が，C からは $Ag_2S\downarrow$(黒)が沈殿する。

∴　C は Ag^+

イオン化傾向の大きい K^+～Mg^{2+}は，いかなる条件でも硫化物が沈殿しない。また，イオン化傾向が中程度の Al^{3+}～Ni^{2+}は酸性条件では硫化物が沈殿しないが，中～塩基性条件では硫化物が沈殿する。(Al^{3+}は Al_2S_3 ではなく，$Al(OH)_3$ が少量沈殿する。)よって，A，D に該当するのは，Na^+，Mg^{2+}，Fe^{2+}，Ca^{2+}，Zn^{2+}であるが，(a)より，D は Na^+と決まったので，A は Mg^{2+}，Fe^{2+}，Ca^{2+}，Zn^{2+}のいずれか。

(c)　B，C，D はすでに決まったので，A だけについて考えると，NaOH 水溶液によって生じる沈殿には，$Mg(OH)_2$，$Fe(OH)_2$，$Zn(OH)_2$ があるが，これらのうち，過剰の NaOH 水溶液に溶けるのは，両性水酸化物の $Zn(OH)_2$ のみである。

∴　A は Zn^{2+}

(d)　C のAg^+はCl^-により，AgCl の白色沈殿を生成する。

解答 A **Zn^{2+}**　B **Cu^{2+}**　C **Ag^+**　D **Na^+**

276 **解説** (1)　A，B に NaOH 水溶液を加えて生じた水酸化物の白色沈殿が，過剰の NaOH 水溶液に溶けるのは，**両性金属**(Pb，Zn)の水酸化物である。A，Bは，Pb^{2+}，Zn^{2+}のいずれかを含む。

(2)　A，B に NH_3 水を加えて生じた水酸化物 $Pb(OH)_2$，$Zn(OH)_2$ のうち，NH_3 水の過剰に溶けるのは，アンミン錯イオンをつくる $Zn(OH)_2$ のみ。

∴　B は $ZnSO_4$，A は $Pb(NO_3)_2$

(3)　有色の水酸化物(酸化物)は，$FeO(OH)$(赤褐)，Ag_2O(褐)，HgO(黄)で，過剰の NaOH 水溶液，過剰の NH_3 水のいずれにも溶解しないのは，$FeO(OH)$ と HgO である。

∴　C，E は，Fe^{3+}と Hg^{2+}のいずれかを含む。

(4)　Fe^{3+}と Hg^{2+}に酸性条件で H_2S を通じたら，イオン化傾向の小さい Hg^{2+}は，HgS(黒)として沈殿するが，イオン化傾向が中程度のFe^{3+}はH_2Sにより還元されてFe^{2+}に変化しているが，酸性条件では，FeS(黒)は沈殿しない(Fe^{2+}は中～塩基性条件でないとFeSとして沈殿しない)。

∴　EはHgCl$_2$，CはFeCl$_3$

(5)　A($Pb(NO_3)_2$)とB($ZnSO_4$)に$BaCl_2$水溶液を加えて生じる沈殿は，それぞれ$PbCl_2$，$BaSO_4$であり，これらはNH_3水には溶けない。Dに$BaCl_2$水溶液を加えて生じた白色沈殿は，NH_3水に溶けることからAgClである。　∴　DはAgNO$_3$

解答　A (イ)　B (エ)　C (ウ)　D (カ)　E (キ)

277 **解説**　金属イオンを沈殿の生成する条件によって，次の6つのグループ(属)に分離する方法がある。

(ア)　酸性で硫化物が沈殿するもののうち，塩化物が沈殿するAg^+，Pb^{2+}を**第1属**，残りを**第2属**とする。

(イ)　塩基性で硫化物が沈殿するもののうち，弱い塩基性の条件でも水酸化物が沈殿しやすい3価の陽イオンFe^{3+}，Al^{3+}を**第3属**，残りを**第4属**とする。

(ウ)　硫化物が沈殿しないもののうち，炭酸塩が沈殿するCa^{2+}，Ba^{2+}を**第5属**，残りを**第6属**とする。

これらの金属イオンの混合溶液に，決まった試薬(分属試薬という)を加えて，原則として，イオン化傾向の小さい金属イオンからイオン化傾向の大きい金属イオンの順序で沈殿として分離する操作を，**金属イオンの系統分離**という。

(1)　金属イオンの混合水溶液に希塩酸を加えるとAgCl, $PbCl_2$が沈殿する。このうち$PbCl_2$は熱湯に可溶である。ゆえに，熱湯に溶けない沈殿CはAgClである。$PbCl_2$は熱湯に溶けてPb^{2+}となり，K_2CrO_4水溶液を加えると$PbCrO_4$の黄色沈殿Gが生成する。

沈殿C(AgCl)は熱湯には不溶だが，NH_3水にはジアンミン銀(Ⅰ)イオン$[Ag(NH_3)_2]^+$という錯イオンをつくって溶ける。また，AgClには感光性があり，光に当たると，銀の微粒子を生じて紫～黒色に変化する。

HCl水溶液を加えたろ液Bは酸性で，H_2Sを通じるとCuSの黒色沈殿Eが生成する。このとき，ろ液F中のFe^{3+}はH_2S(還元剤)によって還元されてFe^{2+}となっているので，HNO_3(酸化剤)を十分に加えてFe^{3+}に戻す操作が必要である。

続いて，NH_3水を十分に加えると，3価の金属イオンであるAl^{3+}とFe^{3+}がともに水酸化物$Al(OH)_3$とFeO(OH)となって沈殿する(沈殿H)。このとき，Ba^{2+}，Na^+は変化せず，Zn^{2+}はアンミン錯イオンの$[Zn(NH_3)_4]^{2+}$になる(ろ液I)。

実際にはNH_3水を十分に加える前に，塩化アンモニウムNH_4Clを加えておく。なぜなら，NH_4Clの電離で生じた$NH_4{}^+$により，アンモニアの電離平衡$NH_3+H_2O \rightleftarrows NH_4{}^+ + OH^-$は左に移動し，溶液中の$[OH^-]$を低く保つことができる。こうしておくと，水への溶解度が極めて小さい3価の金属イオンAl^{3+}, Fe^{3+}, Cr^{3+}(第3属)だけを水酸化物$Al(OH)_3$，FeO(OH)，$Cr(OH)_3$として沈殿させることができる(第4属の$Mn(OH)_2$や第6属の$Mg(OH)_2$は，この条件では沈殿しない)。

ろ液Iに塩基性条件でH_2Sを通じると，ZnSの白色沈殿Jが生成する。

最後のろ液Iに，$(NH_4)_2CO_3$水溶液を加えると，$BaCO_3$の白色沈殿Kが生成する。

(2)　Na^+は沈殿をつくらないので，ろ液Lは炎色反応(黄色)で確認する。

(3)　煮沸してH_2Sを追い出しておかないと，硝酸(酸化剤)を加えた段階でH_2Sが酸化され，多量のSが生成してしまう。また，次にNH_3水を加えた段階で，ZnSなど第4属グループが硫化物として沈殿してしまう恐れがある。

(4)　Fe^{2+}のままだとNH_3水を加えたとき$Fe(OH)_2$が沈殿する。しかし，FeO(OH)のほうが$Fe(OH)_2$よりも水への溶解度が小さいので，試料溶液中の鉄イオンをより完全に沈殿として分離できる。

(5)　AgClにNH_3水を加えると，$[Ag(NH_3)_2]^+$という錯イオンを生じて無色の溶液となる($PbCl_2$は過剰のNH_3水には溶けない)。

(6)　FeO(OH)，$Al(OH)_3$のうち，$Al(OH)_3$は**両性水酸化物**なので，NaOH水溶液にはヒドロキシド錯イオンをつくって溶けるが，FeO(OH)は溶解しない。

$Al(OH)_3 + OH^- \longrightarrow [Al(OH)_4]^-$

解答　(1) C AgCl　E CuS　G $PbCrO_4$
H $Al(OH)_3$，FeO(OH)
J ZnS　K $BaCO_3$

(2) Na^+　**炎色反応**

(3) **溶液中に溶けているH_2Sを追い出すため。**

(4) **Fe^{3+}はH_2Sによって還元されFe^{2+}になっているので，HNO_3で酸化して，もとのFe^{3+}に戻すため。**

(5) $AgCl + 2NH_3 \longrightarrow [Ag(NH_3)_2]^+ + Cl^-$

278～280

(6) $Al(OH)_3 + NaOH \longrightarrow Na[Al(OH)_4]$

共通テストチャレンジ

278 解説 (1)　炭酸ナトリウム Na_2CO_3 の工業的製法(**アンモニアソーダ法**)は，次の5つの反応からなる。

(i)　$NaCl + NH_3 + CO_2 + H_2O \longrightarrow NaHCO_3 + HN_4Cl$

(ii)　$2NaHCO_3 \longrightarrow Na_2CO_3 + CO_2 + H_2O$

(iii)　$CaCO_3 \longrightarrow CaO + CO_2$

(iv)　$CaO + H_2O \longrightarrow Ca(OH)_2$

(v)　$2NH_4Cl + Ca(OH)_2 \longrightarrow CaCl_2 + 2NH_3 + 2H_2O$

①　(i)式の反応は，$NaHCO_3$ の水への溶解度が比較的小さいために右向きに進行する。　〔×〕

②　CO_2 の水への溶解度はあまり大きくないが，NH_3 水への CO_2 への溶解度はかなり大きい。〔○〕

③　(i)～(v)の各反応はすべて不可逆反応であり，触媒を用いなければ進行しない反応はない。〔○〕

④　(ii)式の通り，$NaHCO_3$ の熱分解反応においては Na_2CO_3 のほかに CO_2 と H_2O も生成する。

(2)　(i)×2＋(ii)＋(iii)＋(iv)＋(v)より，中間生成物の $NaHCO_3$，NH_4Cl，CaO，$Ca(OH)_2$ を消去する。

$2NaCl + CaCO_3 \longrightarrow CaCl_2 + Na_2CO_3$

NaCl 2mol と $CaCO_3$ 1mol が過不足なく反応する。

NaCl のモル質量は 58.5g/mol，$CaCO_3$ のモル質量は 100g/mol より，必要な $CaCO_3$ の質量を x〔kg〕とすると，

$$\frac{58.5\times10^3}{58.5} : \frac{x\times10^3}{100} = 2 : 1$$

∴　$x = 50.0$〔kg〕　→②

解答　(1) ①　(2) ②

279 解説　Mg の化合物を加熱したとき，酸化物は変化しないが，水酸化物や炭酸塩は次式のように分解する。

$Mg(OH)_2 \longrightarrow MgO + H_2O$　…①

$MgCO_3 \longrightarrow MgO + CO_2$　…②

①式より，生成した H_2O の物質量と反応した $Mg(OH)_2$ の物質量は等しい。

②式より，生成した CO_2 の物質量と反応した $MgCO_3$ の物質量は等しい。

吸収管Bでは H_2O が，吸収管Cでは CO_2 がそれぞれ吸収されるから，モル質量は H_2O＝18g/mol，CO_2＝44g/mol より，

吸収された H_2O：$\dfrac{0.18}{18} = 0.010$〔mol〕

吸収された CO_2：$\dfrac{0.22}{44} = 0.050$〔mol〕

よって，混合物A中の $Mg(OH)_2$ は 0.010mol で，その熱分解で生成する MgO も 0.010mol。

混合物A中の $MgCO_3$ は 0.0050mol で，その熱分解で生成する MgO も 0.0050mol。

よって，熱分解で生成した MgO の質量は，MgO のモル質量が 40g/mol より，

$0.015\times40 = 0.60$〔g〕

混合物Aに含まれていた MgO の質量は，

$2.00 - 0.60 = 1.40$〔g〕

この物質量は $\dfrac{1.40}{40} = 0.035$〔mol〕

$$\therefore\ \frac{\text{混合物A中のMgOに由来するMgの物質量}}{\text{混合物A中のMgの全物質量}}$$

$$= \frac{0.035}{0.010 + 0.0050 + 0.035}\times100$$

$= 70$〔%〕　→④

解答　④

280 解説　実験Ⅰ　Al，Cu，Mg を含む合金を硝酸に溶解させると，Al^{3+}，Cu^{2+}，Mg^{2+} を含む水溶液となる。酸性条件で十分量の H_2S を通じると，CuS のみが沈殿する。

$Cu^{2+} + S^{2-} \longrightarrow CuS\downarrow$

よって，合金A中の Cu の物質量は生成した CuS の物質量と等しい。CuS のモル質量は 96g/mol より，

Cu：$\dfrac{3.6}{96} = 0.0375$〔mol〕

実験Ⅱ　Al^{3+}，Mg^{2+} を含む水溶液に NaOH 水溶液を十分に加えると，$Mg(OH)_2$ が沈殿する。

$Al^{3+} + 4OH^- \longrightarrow [Al(OH)_4]^-$

$Mg^{2+} + 2OH^- \longrightarrow Mg(OH)_2\downarrow$

実験Ⅲ　$Mg(OH)_2$ を強熱すると脱水反応が起こる。

$Mg(OH)_2 \longrightarrow MgO + H_2O$

よって，合金A中の Mg の物質量は，生成した MgO の物質量と等しい。MgO のモル質量は 40g/mol より，

Mg：$\dfrac{1.5}{40} = 0.0375$〔mol〕

合金A中の Cu と Mg の質量は，Cu，Mg のモル質量が，64g/mol，24g/mol より，

Cu：$0.0375\times64 = 2.4$〔g〕

Mg：$0.0375\times24=0.90$〔g〕
よって，合金AのAlの質量は，
$50.0-2.4-0.90=46.7$〔g〕
∴ Cuの質量％：$\frac{2.4}{50.0}\times100=4.8$〔％〕 →④

Alの質量％：$\frac{46.7}{50.0}\times100=93.4$〔％〕 →⑧

解答 Cu ④，Al ⑧

281 **解説** (1) 操作Ⅰ Ag^+，Al^{3+}，Pb^{2+}，Zn^{2+}を含む水溶液に希塩酸HClを加えると，次の沈殿(沈殿A)が生成する。

$Ag^+ + Cl^- \longrightarrow AgCl\downarrow$
$Pb^{2+} + 2Cl^- \longrightarrow PbCl_2\downarrow$

沈殿Aに含まれる金属イオンはAg^+とPb^{2+}。 →②

(2) 操作Ⅱ AgClと$PbCl_2$の沈殿の混合物を沈殿とろ液に分離するには，次の2方法がある。

(i) AgCl，$PbCl_2 \xrightarrow{熱水} AgCl\downarrow$，$Pb^{2+}$
(ii) AgCl，$PbCl_2 \xrightarrow{NH_3水} [Ag(NH_3)_2]^+$，$PbCl_2\downarrow$

選択肢の①が該当する。

(3) Al^{3+}，Zn^{2+}を含むろ液Bに過剰のNH_3水を加えると，

$Al^{3+} \xrightarrow{NH_3水} Al(OH)_3\downarrow$
$Zn^{2+} \xrightarrow{NH_3水} Zn(OH)_2 \xrightarrow{NH_3水} [Zn(NH_3)_4]^{2+}$

よって，沈殿Eは$Al(OH)_3$で，含まれる金属イオンはAl^{3+} →②

ろ液Fは$[Zn(NH_3)_4]^{2+}$で，含まれる金属イオンはZn^{2+} →④

解答 (1) ②
(2) ①
(3) 沈殿E ② ろ液F ④

27 有機化合物の特徴と構造

282 **解説** 炭素原子を骨格とする化合物を**有機化合物**という。ただし，一酸化炭素，二酸化炭素，炭酸塩，シアン化物は無機化合物に分類される。

(ア) 有機化合物を構成する元素の種類は少ないが(C，H，O，N，Sなど)，化合物の種類はきわめて多い(現在，約1億種以上の有機化合物の存在が知られている)。これは，炭素原子が鎖状や環状，単結合や二重結合，三重結合など多様な共有結合でつながることができるからである。〔×〕

(イ) 有機化合物は無機化合物に比べて，極性が小さいか無極性のものが多いので，極性溶媒である水に溶けにくく，無極性，または極性の小さな有機溶媒に溶けやすい。〔○〕

(ウ) 有機化合物の多くは分子からなる物質からなり，融点が低く，300℃以上では分解してしまうものが多い。〔×〕

(エ) 有機化合物は分子からなる物質が多く，常温では固体だけでなく液体や気体として存在するものもある。また，溶液中でも電離しない物質(**非電解質**)が多い。〔×〕

(オ) 有機化合物には可燃性の物質が多く，燃焼するとCO_2やH_2Oを生じる。また，加熱すると融点よりも低い温度で分解してしまうものもある。〔×〕

(カ) 有機化合物が反応するときには，共有結合の切断を伴う。これには大きな活性化エネルギーが必要となり，無機物質の反応に比べて反応速度が小さい反応が多い。〔○〕

(キ) 炭素原子は互いに何個でも共有結合でつながる能力(**連鎖性**)をもち，分子量の大きな**高分子化合物**をつくることができる。〔○〕

(ク) 1828年，ウェーラー（ドイツ）は無機化合物のシアン酸アンモニウムNH_4OCNから有機化合物の尿素$(NH_2)_2CO$を合成することに成功し，以後，続々と無機化合物から有機化合物が合成されるようになった。〔×〕

解答 (イ)，(カ)，(キ)

283 **解説** 有機化合物の特性を表す原子団を**官能基**という。また，炭化水素からH原子を除いた原子団を**炭化水素基**といい，記号R−で略記する。

炭化水素(炭素と水素の化合物)以外の有機化合物は，示性式で「炭化水素基＋官能基」と表される。

284～285

官能基の種類	構造	化合物の一般名 一般式	性質
ヒドロキシ基	−OH	(アルコール) R−OH	中性
ホルミル基	−C−H ‖ O	(アルデヒド) R−CHO	還元性
カルボキシ基	−C−OH ‖ O	(カルボン酸) R−COOH	酸性
カルボニル基	−C− ‖ O	(ケトン) $R-CO-R^2$	中性
エーテル結合	−O−	(エーテル) $R-O-R^2$	中性
ニトロ基	$-NO_2$	(ニトロ化合物) $R-NO_2$	中性
アミノ基	$-NH_2$	(アミン) $R-NH_2$	塩基性
スルホ基	$-SO_3H$	(スルホン酸) $R-SO_3H$	酸性

解答 (1) (a) **ヒドロキシ基** (b) **ホルミル基**
(c) **カルボキシ基** (d) **カルボニル基**
(e) **エーテル結合** (f) **ニトロ基**
(g) **アミノ基** (h) **スルホ基**
(2) (a) **アルコール** (b) **アルデヒド**
(c) **カルボン酸** (d) **ケトン**
(e) **エーテル** (f) **ニトロ化合物**
(g) **アミン** (h) **スルホン酸**
(3) ① **(c)と(h)** ② **(g)** ③ **(b)**

284 **解説** (1) 濃いNaOH水溶液，またはソーダ石灰(CaO＋NaOHの混合物)と加熱すると，窒素NはアンモニアNH_3となり発生する。

試験管の口に濃塩酸をつけたガラス棒を近づけると，NH_3(気)とHCl(気)は空気中で反応して，塩化アンモニウムNH_4Cl(固)の白煙を生じることで検出される。

(2) 酸化銅(Ⅱ)CuOは，試料を完全燃焼させるための酸化剤としてはたらく。試料を完全燃焼させると，炭素CはCO_2となる。

石灰水を白濁させる気体は，CO_2である。

(3) 加熱した銅線に塩素を含む試料をつけてバーナーの外炎に入れると，塩素Clは$CuCl_2$となり，青緑色の炎色反応を示す(**バイルシュタイン反応**という)。

(4) 金属Na(またはNaOH)と加熱・融解すると，硫黄SはNa_2Sとなり，これに酢酸鉛(Ⅱ)$(CH_3COO)_2Pb$水溶液を加えると，硫化鉛(Ⅱ)PbSの黒色沈殿を生成する。

$Pb^{2+} + S^{2-} \longrightarrow PbS(黒)\downarrow$

(5) 試料を完全燃焼させると，水素HはH_2Oとなる。

塩化コバルト(Ⅱ)紙は$CoCl_2$(青色)を含み，乾燥した状態では青色(Co^{2+})を示すが，水分を吸収すると淡赤色($[Co(H_2O)_6]^{2+}$)に変色する。

水は，白色の硫酸銅(Ⅱ)無水塩$CuSO_4$が青色の硫酸銅(Ⅱ)五水和物$CuSO_4 \cdot 5H_2O$に変化することでも検出できる。

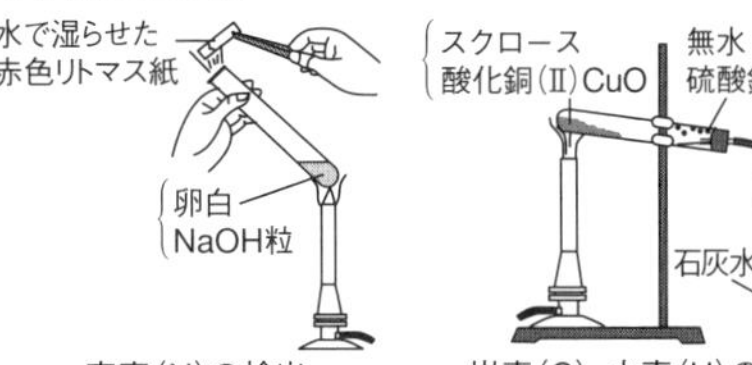

窒素(N)の検出　　炭素(C)，水素(H)の検出

解答 (1) **N** (2) **C** (3) **Cl** (4) **S** (5) **H**

285 **解説** 有機化合物中の各元素の含有量を求め，各成分元素の割合を求める操作を**元素分析**という。元素分析のデータは，普通は，CO_2とH_2Oの質量で与えられているので，炭素(C)，水素(H)の質量を求める必要がある。しかし，本問のように，各元素の質量百分率(%)で与えられている場合は，このような計算は省略できる。

(1) 質量百分率で，C 60.0%，H 13.3%，O 26.7%の有機化合物Aが100gあるとすると，各元素の質量は，C 60.0g，H 13.3g，O 26.7gとなる。これらをそれぞれのモル質量(原子量)〔g/mol〕で割ると，物質量の比，つまり原子数の比が求められる。これを最も簡単な整数比で表した化学式が**組成式**(**実験式**)である。

$$\underset{(原子数の比)}{C:H:O} = \frac{60.0}{12} : \frac{13.3}{1.0} : \frac{26.7}{16}$$
$$\fallingdotseq 5.00 : 13.3 : 1.67 \fallingdotseq 3 : 8 : 1$$
(最小のものを1とおく)

∴ 組成式は C_3H_8O

分子式は組成式を整数倍したものだから，分子式を$(C_3H_8O)_n$(nは整数)とおく。

分子量は組成式の式量の整数倍に等しいから，

$$\underbrace{(12\times3+1.0\times8+16)}_{式量}\times n = \underbrace{60}_{分子量} \quad \therefore \quad n=1$$

よって，分子式も C_3H_8O

(2) **構造式**は，各原子の**原子価**(原子のもつ価標の数)を過不足なく一致させるように書く。

−C−(4)　−N−(3)　−O−(2)　H−(1)　Cl−(1)

① 炭素骨格の形(直鎖か枝分かれか)を決める。
② O 原子の結合位置を決める。O 原子は2価なので，炭素骨格の末端につく場合と，炭素骨格の間に割り込む場合とがある。
③ 最後に，C 原子の原子価4を考慮して，H 原子を結合させ，構造式を完成する。

炭素数は3だから，炭素骨格は直鎖のみである(炭素数4以上で，枝分かれの異性体が生じる)。

O 原子が末端につく場合

(i) C−C−C−O　(ii) C−C(−O)−C

C 原子の間に O 原子が割り込む場合

(iii) C−O−C−C

各 C 原子に H 原子を結合させると，答えになる。

解答 (1) 組成式 C_3H_8O　分子式 C_3H_8O

(2) $CH_3-CH_2-CH_2-OH$（H−C−C−C−O−H，各Cに H を結合）　$CH_3-CH(OH)-CH_3$　$CH_3-O-CH_2-CH_3$

286 (解説) 異性体だと思って書いた構造式が，実は，同じ化合物を書いていることがよくある。異性体を重複なくもれなく書き出すためには，異性体であるか否かをしっかりと見分ける目を養う必要がある。

〈異性体を見分けるポイント〉

・C 原子だけでまず骨格をかく。次に，H 原子以外の原子(団)を結合させる(H 原子は書かない)。
・回転させたり，裏返したりしたときに重なり合う化合物は，同一物質である。
・C−C 結合は自由に回転できるので，その自由回転で生じた化合物も，同一物質である。
・二重結合があれば，シス-トランス異性体の存在に注意する。
・不斉炭素原子があれば，鏡像異性体が存在することに留意する。

(1) H, Cl, Cl, H の四面体 ＝ Cl, H, H, Cl の四面体　回転させると重なる　同一物質

(2) C−C−C−C（直鎖） ≠ C−C(−C)−C（枝分かれ）　異性体

(3) C−[O]−C（エーテル結合） ≠ C−C−[OH]（ヒドロキシ基）　異性体

(4) [Cl]−C−C−C ≠ C−C([Cl])−C　異性体

(5) C−C(−C)−C−C ＝ C−C−C(−C)−C　同一物質
分子全体を紙面上で180°回転させると重なる。

(6)
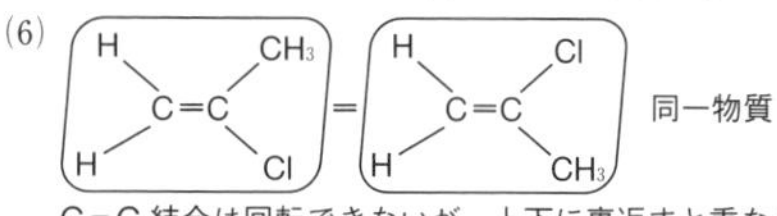

同一物質
C＝C 結合は回転できないが，上下に裏返すと重なる。

(7) C−C−C(−C−C)−C ＝ C−C−C(−C)−C−C　同一物質
この部分を回転させる。

解答 (1) **A**　(2) **B**　(3) **B**　(4) **B**　(5) **A**　(6) **A**　(7) **A**

287 (解説) 分子式が同じで構造・性質が異なる化合物を**異性体**という。異性体には次のような種類がある。

〔1〕 **構造異性体**　原子どうしの結合の順序，つまり，構造式が異なる異性体。

1) 炭素骨格の違い(**連鎖異性体**)
C−C−C−C（直鎖）　C−C(−C)−C（枝分かれ）

2) 官能基の種類の違い(**官能基異性体**)
C−C−[OH]（アルコール）　C−[O]−C（エーテル）

3) 官能基や二重結合，置換基の位置の違い(**位置異性体**)
C−C−C−[OH]　C−C([OH])−C　C=C−C−C　C−C=C−C
ジクロロベンゼン：オルト(*o*-)　メタ(*m*-)　パラ(*p*-)

〔2〕 **立体異性体**　原子の結合の順序，つまり，構造式は同じだが，分子中の原子，原子団の立体配置が異なる異性体。

1) **シス-トランス異性体**(**幾何異性体**)　二重結合が

分子内で回転できないために，原子，原子団の立体配置が異なる異性体。

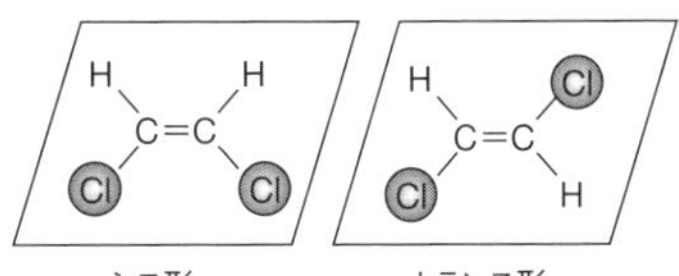

シス形　　トランス形

2)　**鏡像異性体**　**不斉炭素原子**(4種の異なる原子(団)と結合した炭素原子)をもつ化合物に存在し，原子，原子団の立体配置が異なる異性体。

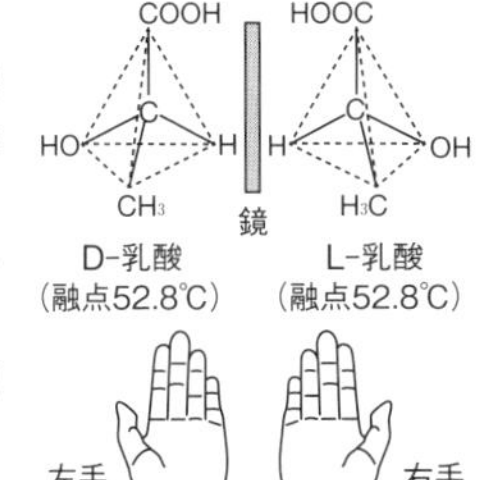

乳酸の鏡像異性体

鏡像異性体は，互いに実像と鏡像の関係，または左手と右手の関係にあるので，**鏡像体**，あるいは**対掌体**(たいしょう)ともよばれる。

鏡像異性体は，化学的性質やほとんどの物理的性質は同じであるが，**旋光性**(偏光面を回転させる性質)の方向が互いに逆であるので，**光学異性体**ともいう。また，鏡像異性体は味，匂いなど生物に対する作用(生理作用)が異なることがある。

自然光を偏光板に通すと，一方向のみで振動する**偏光**が得られる。通過してくる光に向かって偏光を左，右に回転させる性質を，それぞれ**左旋性**(－)，**右旋性**(＋)という。旋光性の大きさは**旋光度**で表され，鏡像体の一方の溶液が右旋性であれば，他方の溶液は左旋性となり，その回転角は等しい。

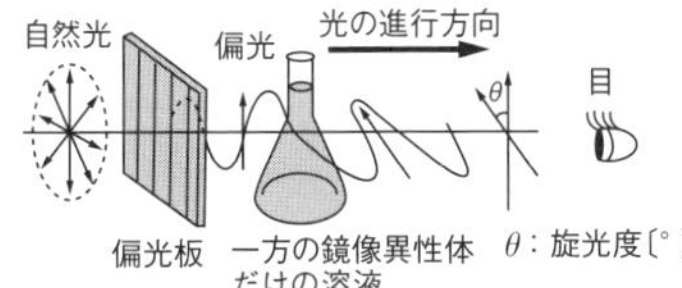

解答　① **構造異性体**　② **立体異性体**
③ **シス-トランス異性体**　④ **不斉炭素**
⑤ **鏡像異性体**

(a)

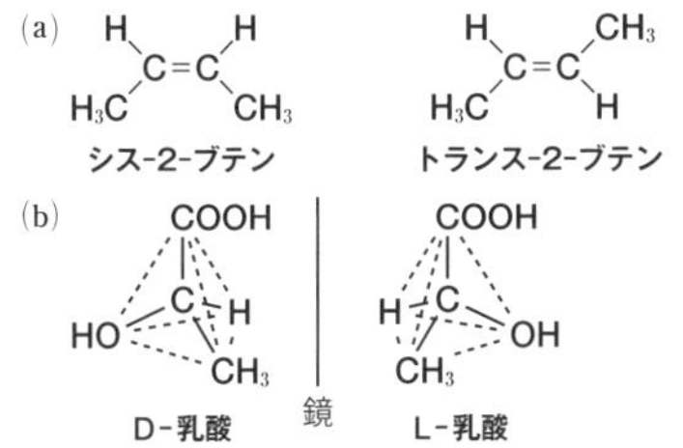

288 (解説)　(1)　酸化銅(Ⅱ)CuO は，高温では**酸化剤**として作用し，試料の不完全燃焼で生じたCやCOなどを完全燃焼させて，CO_2 にするはたらきがある。よって，CuO は試料を燃焼させる白金皿の右側に置き，さらに加熱する必要がある。

(2)　**ソーダ石灰**はCaOとNaOHの混合物で，強い塩基性を示し，CO_2 を吸収するだけでなく，H_2O も吸収する。先にソーダ石灰管をつなぐと，CO_2 と H_2O が一緒に吸収されるので，CとHの元素分析はできなくなるので留意が必要である。したがって，吸収管Aには**塩化カルシウム**を入れて H_2O だけを吸収させ，吸収管Bには**ソーダ石灰**を入れて CO_2 だけを吸収させることで，それぞれの吸収管の質量増加量から H_2O と CO_2 の質量を測定する。

(3)　試料Xの45mg中に含まれる各元素の質量は，

$$\text{C}\quad 66\times\frac{\text{C}}{\text{CO}_2}=66\times\frac{12}{44}=18\text{〔mg〕}$$

$$\text{H}\quad 27\times\frac{2\text{H}}{\text{H}_2\text{O}}=27\times\frac{2.0}{18}=3.0\text{〔mg〕}$$

$$\text{O}\quad 45-(18+3.0)=24\text{〔mg〕}$$

各元素の質量をモル質量(原子量)〔g/mol〕で割ると，物質量の比，つまり，各原子数の比が求まる。

$$\underset{(原子数の比)}{\text{C : H : O}}=\frac{18}{12}:\frac{3.0}{1.0}:\frac{24}{16}$$

$$=1.5:3.0:1.5=1:2:1$$

∴　組成式は　CH_2O

化合物X(1価の酸)の分子量を M とすると，中和の関係式より，

(酸の出した H^+ の物質量)
＝(塩基の出した OH^- の物質量)

$$\frac{0.27}{M}\times1=0.10\times\frac{45}{1000}\times1\qquad\therefore\quad M=60$$

分子式は組成式を整数倍したものだから，分子式を $(CH_2O)_n$(n：整数)とおくと，

$30n=60$　　∴　$n=2$

よって，分子式は $C_2H_4O_2$

解答　(1) **試料を完全燃焼させるはたらき。**
(2) A　H_2O　　B　CO_2
(3) 組成式 CH_2O　分子式 $C_2H_4O_2$

28 脂肪族炭化水素

289 (解説) 炭素と水素だけからできた有機化合物を**炭化水素**という。炭化水素は，基本となる有機化合物で，炭素骨格の形・構造に基づいて分類される。

炭化水素のうち，炭素間がすべて単結合(**飽和結合**という)であるものを**飽和炭化水素**，炭素間に二重結合や三重結合(**不飽和結合**という)を含むものを**不飽和炭化水素**という。また，炭素骨格が鎖状のものを**鎖式炭化水素**，環状のものを**環式炭化水素**という。

以上の分類を組み合わせて，鎖式の飽和炭化水素を**アルカン**(一般式 C_nH_{2n+2})という。鎖式の不飽和炭化水素のうち，二重結合を1個もつものを**アルケン**(一般式 C_nH_{2n})，三重結合を1個もつものを**アルキン**(一般式 C_nH_{2n-2})という。

また，環式の飽和炭化水素を**シクロアルカン**(一般式 C_nH_{2n})という。環式の不飽和炭化水素のうち，二重結合を1個もつものを**シクロアルケン**(一般式 C_nH_{2n-2})という。

また，31章で学習するが，ベンゼン環とよばれる独特な炭素骨格をもつものを**芳香族**(ほうこうぞく)**炭化水素**という。

なお，シクロアルカン，シクロアルケンのように，芳香族炭化水素以外の環式炭化水素を**脂環式**(しかんしき)**炭化水素**ということがある。

アルカンのうち最も簡単な構造をもつ**メタン** CH_4 は，中心にあるC原子が，正四面体の頂点の方向で4つのH原子と共有結合している。つまり，**メタン**は**正四面体形**の構造をしている。他のアルカンは，このメタンの正四面体が各頂点でつながったもので，実際の炭素鎖は，折れ曲がったジグザグ構造をしている。しかし，アルカンの構造式では，これを真っすぐに引き伸ばしたように表すので，十分に注意したい。

エタンのC－C結合は，それを軸として自由に回転できるが，エチレンのC=C結合は，それを軸として回転ができない。したがって，C=C結合をつくる2個のC原子および，それに直結した4個のH原子は，すべて**同一平面上**にある。すなわち，**エチレン**は**平面状分子**である。

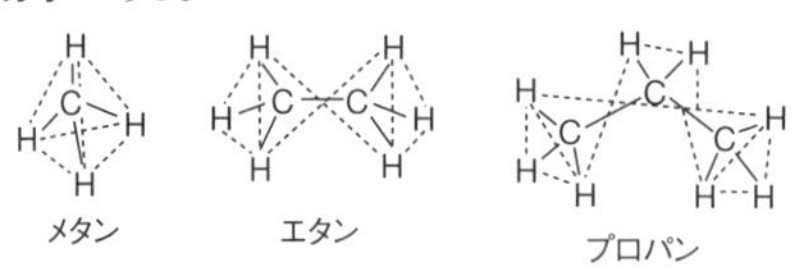

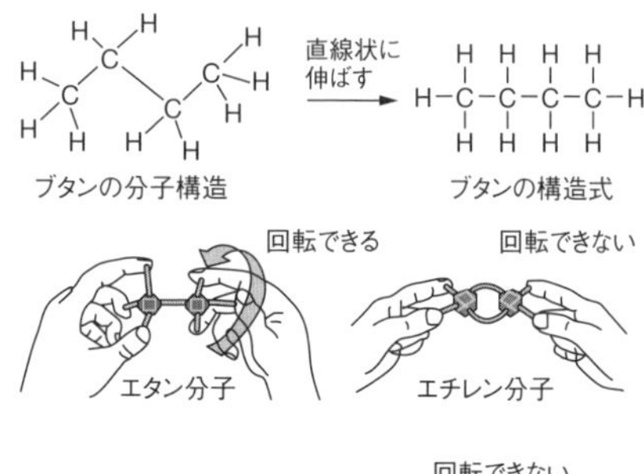

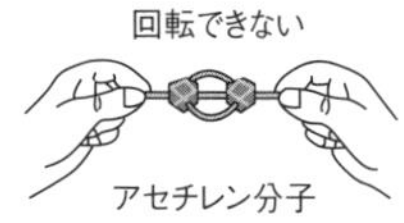

一方，アセチレンのC≡C結合もそれを軸として回転できず，C≡C結合をつくる2個のC原子および，それに直結した2個のH原子はすべて**同一直線上**にある。すなわち，**アセチレン**は**直線状分子**である。

(解答) ① **飽和炭化水素**　② **不飽和炭化水素**
③ **鎖式炭化水素**　④ **環式炭化水素**
⑤ **アルカン**　⑥ C_nH_{2n+2}　⑦ **アルケン**
⑧ C_nH_{2n}　⑨ **アルキン**　⑩ C_nH_{2n-2}
⑪ **シクロアルカン**　⑫ C_nH_{2n}
⑬ **芳香族炭化水素**

290 (解説) (1) **アルカン**には不飽和結合が存在しないので，付加反応は起こらないが，光の存在下ではハロゲンとは置換反応が起こる。たとえば，メタンに光を当てながら十分量の塩素を作用させると，H原子とCl原子が次々に**置換反応**を起こし，種々のメタンの塩素置換体の混合物が生成する。

一般に，最初に加えた Cl_2 の量が多いほど塩素の多置換体の生成割合が多くなる。

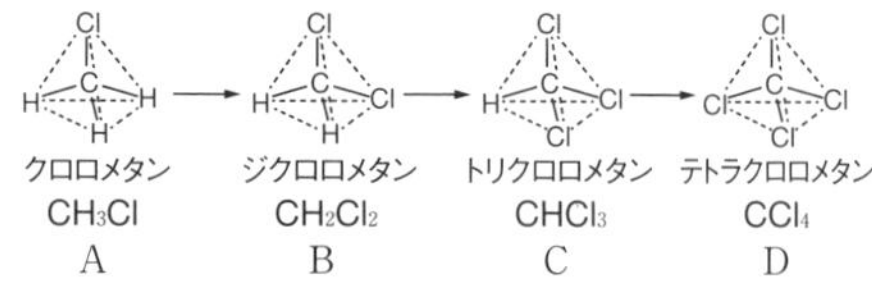

メタンのハロゲン置換体は，アルカンの名称の前に，ハロゲンの置換基名(F フルオロ，Cl クロロ，Br ブロモ，I ヨード)と数(1 モノ(省略)，2 ジ，3 トリ，4 テトラ)をつけて命名する。

(解答) A CH_3Cl　**クロロメタン(塩化メチル)**
B CH_2Cl_2　**ジクロロメタン(塩化メチレン)**
C $CHCl_3$　**トリクロロメタン(クロロホルム)**

D　CCl_4　**テトラクロロメタン(四塩化炭素)**

291 (解説) **アセチレン**には，三重結合という不飽和結合が存在するが，これは，二重結合が強い**σ(シグマ)結合**1本と少し弱い**π(パイ)結合**1本からなるのと同様に，三重結合は，強いσ結合1本と少し弱いπ結合2本からなる。アセチレンもエチレンとほぼ同様に**付加反応**が起こるが，**二段階の付加反応**が特徴である。

アセチレンに触媒なしで付加するのはハロゲンだけで，他の分子は触媒存在下でのみ付加反応を行う。

① アセチレンに酢酸が付加すると，**酢酸ビニル**になる。

$$CH{\equiv}CH + CH_3COOH \longrightarrow CH_2{=}CHOCOCH_3$$

② アセチレンに塩化水素が付加すると，**塩化ビニル**を生じる。

$$CH{\equiv}CH + H{-}Cl \longrightarrow CH_2{=}CHCl$$

なお，エチレン $CH_2{=}CH_2$ から H 原子を1個除いた炭化水素基 $CH_2{=}CH-$ を**ビニル基**という。

③ アセチレンに Br_2 2分子が付加した場合は，

$$CH{\equiv}CH + 2Br_2 \longrightarrow CHBr_2CHBr_2$$

炭素骨格の形からこの炭化水素名はエタン，その前にハロゲンの置換基名の「ブロモ」と，その数「テトラ」および，位置番号「1, 1, 2, 2-」をつけて，1, 1, 2, 2-テトラブロモエタンと表す。

〔参考〕 アセチレンに Br_2 1分子が付加した場合は，

$$CH{\equiv}CH + Br_2 \longrightarrow CH_2Br{=}CH_2Br$$

炭素骨格の形から，この炭化水素はエチレン。その前にハロゲンの置換基名の「ブロモ」と，その数「ジ」，および位置番号「1, 2-」をつけて，1, 2-ジブロモエチレンと表す。ただし，C=C 結合は，その結合を軸として回転できない。このため，二重結合の炭素にそれぞれ異なる原子・原子団が結合している場合に限って，**シス-トランス異性体**が存在することに留意せよ。

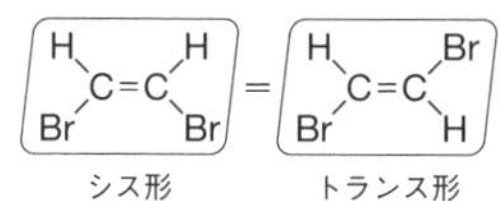

④ アセチレンにシアン化水素 HCN が付加すると，**アクリロニトリル**が生成する。

$$CH{\equiv}CH + H{-}CN \longrightarrow CH_2{=}CHCN$$

⑤ アセチレンを赤熱した鉄管，または石英管に通すと，その一部が3分子重合して，芳香族炭化水素のベンゼン C_6H_6 を生成する。

重合

⑥ アセチレンに硫酸水銀(Ⅱ)を触媒として水を付加して生じたビニルアルコールは不安定であるため，H 原子の分子内移動(**水素転位**という)により，直ちに安定な異性体の**アセトアルデヒド**に変わる。

$$CH{\equiv}CH + H{-}OH \xrightarrow{(HgSO_4)} [CH_2{=}CHOH] \longrightarrow CH_3CHO$$

ビニルアルコール

ビニルアルコールのように，一般に，二重結合している C 原子に −OH が結合した化合物(**エノール**という)は不安定で，分子内で H 原子の移動によって，安定な異性体(ケト形)に変化する。この変化を，**ケト・エノール転位**という。

〔参考〕 ビニルアルコールからアセトアルデヒドへの異性化反応について

ビニルアルコール中の極性のない C=C 結合 1mol が切断されると 723kJ の吸熱が起こるが，アセトアルデヒド中に極性のある C=O 結合が 1mol 生成されると 803kJ の発熱が起こる。結局，この反応全体では発熱反応となり，エネルギー的に進行しやすいことが理解できる。

解答 ① $CH_2{=}CHOCOCH_3$　**酢酸ビニル**
② $CH_2{=}CHCl$　**塩化ビニル**
③ $CHBr_2CHBr_2$
1,1,2,2-テトラブロモエタン
④ $CH_2{=}CHCN$　**アクリロニトリル**
⑤ (ベンゼン環)　**ベンゼン**
⑥ CH_3CHO　**アセトアルデヒド**

292 (解説) 各炭化水素を構造式に直して考える。

(ア) エチレン

H　H
C=C
H　H

(イ) アセチレン

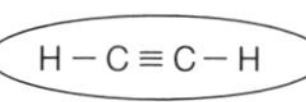

(ウ) エタン

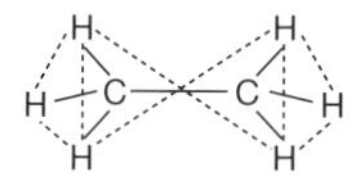

(エ) プロペン

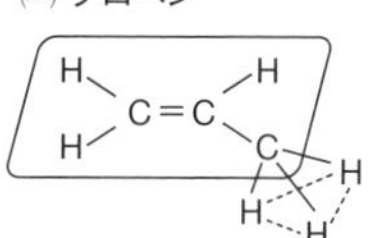

(オ) シクロヘキサン

いす形　　舟形

(1)(ア)　二重結合の炭素原子とそれに直結した原子は，常に同一平面上にある。

(イ)　三重結合の炭素原子とそれに直結した原子は，常に同一直線上にある。

(ウ)　メタンの正四面体が2個連結した構造をとる。

(エ)　メチル基の炭素は，他の炭素原子と同様に常に同一平面上にあるが，メチル基の水素は常に同一平面上にはない。

(オ)　通常，シクロヘキサンはいす形の構造をとり，同一平面上にはない。

(2)　アルカンの(ウ)とシクロアルカンの(オ)には，不飽和結合が存在しないので，ハロゲンとの付加反応は起こらず，光の存在下でハロゲンとの**置換反応**が起こる。

(3)　アルケンの(ア)と(エ)，アルキンの(イ)には，不飽和結合が存在するので，ハロゲンとの**付加反応**が起こる。

(4)　炭化水素では，「C_1 ～ C_4 が気体」，「C_5 ～ C_{16} が液体」，「C_{17} ～が固体」を目安とする。

(5)　炭素間の不飽和結合をもつアルケン，アルキンは，硫酸酸性の $KMnO_4$(酸化剤)によって，炭素間の不飽和結合が酸化・開裂され，カルボン酸，またはケトンを生成する。同時に，MnO_4^- の赤紫色が消失する。

解答　(1) **(ア)**　(2) **(ウ)，(オ)**　(3) **(ア)，(イ)，(エ)**
(4) **(オ)**　(5) **(ア)，(イ)，(エ)**

293 (解説)　(1)　アルケンの一般式は C_nH_{2n} なので，その完全燃焼の反応式は次式で表される。

$$C_nH_{2n} + \frac{3n}{2}O_2 \longrightarrow nCO_2 + nH_2O$$

アルケン1molを完全燃焼させるのに必要な O_2 は3molなので，反応式の係数比より，

$$\frac{3n}{2} = 3 \quad n = 2 \quad \therefore \text{ 分子式は } C_2H_4。$$

(2)　炭化水素 C_mH_n 1molを完全燃焼させると，CO_2 が m〔mol〕，H_2O が $\frac{n}{2}$〔mol〕生成するので，その完全燃焼の反応式は次式で表される。

$$C_mH_n + \left(m + \frac{n}{4}\right)O_2 \longrightarrow mCO_2 + \frac{n}{2}H_2O$$

炭化水素1molを完全燃焼させるのに必要な O_2 は5.5molなので，反応式の係数比より，

$$m + \frac{n}{4} = 5.5 \quad \therefore \quad 4m + n = 22$$

m，n は整数であり，アルカンの一般式から考えると，$n \leqq 2m+2$ でなければならない。

(i)　$m=1$ のとき，$n=18$　(多すぎる)
(ii)　$m=2$ のとき，$n=14$　(多すぎる)
(iii)　$m=3$ のとき，$n=10$　(多すぎる)
(iv)　$m=4$ のとき，$n=6$　(実在する)
(v)　$m=5$ のとき，$n=2$　(鎖式化合物では実在しない)

解答　(1) C_2H_4　(2) C_4H_6

294 (解説)　炭化水素の異性体を，もれなく，重複なく書き出すには，かなりの訓練が必要である。

炭化水素の異性体を大まかなグループに分類すると(炭素原子の数を n とする)，

1.　C_nH_{2n+2} ……………アルカン($n \geqq 1$)
2.　C_nH_{2n} ……………アルケン($n \geqq 2$)
シクロアルカン($n \geqq 3$)
3.　C_nH_{2n-2} ……………アルキン($n \geqq 2$)
アルカジエン($n \geqq 3$)
シクロアルケン($n \geqq 3$)

以上より，アルカンからH原子が2個減少(**不飽和度**が1増加)するごとに，二重結合または環構造が1つずつ増えていく(三重結合は不飽和度は2と考える)。

①　アルカン C_nH_{2n+2}
アルケン，シクロアルカン C_nH_{2n}
アルキン，シクロアルケン C_nH_{2n-2}
どの一般式に該当するかを考える(ハロゲン置換体では，その置換基をHに戻すと，もとの炭化水素が何であったかがわかる)。

②　(i)直鎖状のもの　(ii)枝分かれ1つ　(iii)枝分かれ2つ　という順に漏れがないように炭素骨格を書く。

③　②に不飽和結合や置換基をつけて異性体を区別する。二重結合があれば**シス-トランス異性体**，不斉炭素原子があれば**鏡像異性体**の存在に注意すること。

④　最後にC原子の原子価4を考慮して，H原子を結合させ，C–H結合の価標を省略した簡略構造式で表す。

※異性体の総数を問われたら，構造異性体のほかに立体異性体(シス-トランス異性体，鏡像異性体)も含めた数を答えること。

以下，炭素骨格のみで異性体を示す。

(1)　$C_2H_2Cl_2$ の置換基 Cl を H に戻すと，C_2H_4 になる。すなわち，$C_2H_2Cl_2$ はエチレン C_2H_4 の塩素二置換体である。考えられる異性体には，次の3種類がある。

(H)(Cl)C=C(H)(Cl)　シス形　(H)(Cl)C=C(Cl)(H)　トランス形　(H)(H)C=C(Cl)(Cl)

(2)　C_4H_9Cl の置換基 Cl を H に戻すと，C_4H_{10} になる。まず炭素骨格の直鎖と枝分かれを考えた後，Cl 原子の置換位置を重複しないように考える。

(i)　C−C−C−C(Cl)　(iii)　C−C−C*(Cl)−C

(ii)　C−C(C)−C(Cl)　(iv)　C−C(C)(Cl)−C

なお，(ii)には不斉炭素原子が1個存在するので，1組の鏡像異性体が存在する。よって，異性体の総数は5種類ある。

(3)　分子式 C_5H_{10} の鎖式化合物には**アルケン**が該当する。炭素骨格を直鎖，枝1つ，枝2つの順で考えた後，C=C 結合の位置の違いを考える。

〔直鎖〕
(i)　C=C−C−C−C
(ii)　C−C=C−C−C　シス形・トランス形 立体異性体あり

〔枝1つ〕
(iii)　C=C(C)−C−C
(iv)　C−C(C)=C−C
(v)　C−C(C)−C=C

〔枝2つ〕
(vi)　C−C(C)(C)−C　（C=C結合を入れると，中央のC原子が5価となり不適）

シス-トランス異性体は，主として二重結合がその軸を中心として回転できないことにより生じる。着目した置換基が二重結合に対して同じ側にあるものを**シス形**，反対側にあるものを**トランス形**という。これらの異性体では，各原子の結合状態は同じであるため，化学的性質はよく似ているが，置換基どうしの距離に違いがあるため，物理的性質では違いが見られる。

よって，異性体の総数は(i)，(ii)のシス形とトランス形，(iii)，(iv)，(v)の6種類ある。

(4)　分子式 C_5H_{10} の環式化合物には**シクロアルカン**が該当する。炭素骨格を五員環，四員環＋枝1つ，三員環＋枝1つ，三員環＋枝2つの順で考える。

（五員環）　（四員環＋C）　（三員環−C−C）　（三員環＋C，C 同一炭素）

(i)　(ii)　(iii)　C*−C*　*は不斉炭素原子

また，環式化合物では，環内の C−C 結合は回転できないので，シス-トランス異性体が存在することがある。

上記の(i)は，環平面に対してメチル基が同じ側に出ているのでシス形。

上記の(ii)と(iii)は，環平面に対してメチル基が互いに反対側に出ているのでトランス形である。実は，(i)，(ii)，(iii)には**不斉炭素原子**が2個ずつ存在し，(ii)と(iii)は実像と鏡像の関係にある**鏡像異性体**である。

一方，(i)は，分子内に対称面をもつので，それぞれの不斉炭素原子による旋光性が打ち消し合い，旋光性を示さない**メソ体**となる。

よって，異性体の総数は7種類ある。

解答　(1) **3種類**　(2) **5種類**　(3) **6種類**　(4) **7種類**

295 **解説**　分子式 C_4H_8 の炭化水素は，一般式 C_nH_{2n} に該当するので，アルケンとシクロアルカンが該当する。考えられる異性体は次の通り。

(i)　CH_2=CH−CH_2−CH_3 →(H_2) CH_3−CH_2−CH_2−CH_3

(ii)　CH_3−CH=CH−CH_3（シス，トランスあり） →(H_2) CH_3−CH_2−CH_2−CH_3

(iii)　CH_2=C(CH_3)−CH_3 →(H_2) CH_3−CH(CH_3)−CH_3

(iv)　CH_2−CH_2／CH_2−CH_2（シクロブタン） →(H_2) 反応しない

(v)　CH_2／CH_2−CH−CH_3（メチルシクロプロパン） →(H_2) 反応しない

A，B，C は水素が付加するから，アルケンの(i)，(ii)，(iii)。D，E は水素が付加しないからシクロアルカンの(iv)，(v)である。A，B を水素付加すると，同一のアルカンが得られるから，A，B の炭素骨格は同じである。よって，A，B は直鎖の炭素骨格をもつ(i)か(ii)である。C=C 結合が炭素骨格の末端にある(i)，(iii)にはシス-トランス異性体が存在しないが，C=C 結合が炭素骨格の中央にある(ii)にはシス-トランス異性体が存在する。よって，B は(ii)の 2-ブテン，A は(i)の 1-ブテン，アルカン F は直鎖のブタンである。

また，C は炭素骨格に枝分かれのある(iii)の 2-メチルプロペンである。よって，アルカンGは枝分かれのある2-メチルプロパンである。

さらに，Dはメチル基をもつので，(v)のメチルシクロプロパンであり，残るEが(iv)のシクロブタンと決まる。

解答 (1) A

$$\mathrm{H_2C{=}CH{-}CH_2{-}CH_3}$$

B （シス形）$\mathrm{CH_3{-}CH{=}CH{-}CH_3}$ （H,H同じ側）　（トランス形）$\mathrm{CH_3{-}CH{=}CH{-}CH_3}$ （H,CH₃同じ側）

C $\mathrm{H_2C{=}C(CH_3)_2}$　D $\mathrm{CH_2{-}CH{-}CH_2}$（$CH_2$ が環を形成，CH に CH_2 結合）

E $\mathrm{CH_2{-}CH_2}$ / $\mathrm{CH_2{-}CH_2}$（シクロブタン）

(2) F **ブタン**　G **2-メチルプロパン**

296 **解説** この問題は，まず，①分子式を求める。次に，②構造式を決める。という手順で行う。

①分子式を求める。

A，B，Cは鎖式炭化水素で，(a)と(b)より，同じ分子式をもつことがわかる。各1molに水素1molが付加してアルカンに変化するので，**アルケン**である。

その一般式をC_nH_{2n}とおくと，(a)の完全燃焼から，

$$C_nH_{2n} + \frac{3}{2}n\,O_2 \longrightarrow nCO_2 + nH_2O$$

気体の反応では，反応式の**係数比＝体積比**より，

$\frac{3}{2}n = 7.5$（nは整数）　∴　$n = 5$

∴　A，B，Cの分子式はC_5H_{10}である。

②構造式を決める。

アルケンを硫酸酸性の$KMnO_4$水溶液で酸化すると，C=C結合が完全に切断されて，カルボン酸とケトンを生成する。これは，生成したカルボニル化合物のうち，ケトンは$KMnO_4$によって酸化されないが，アルデヒドは$KMnO_4$によってさらにカルボン酸まで酸化されるからである。

$$\mathrm{R_1R_2C{=}CR_3H} \xrightarrow{KMnO_4} \mathrm{R_1R_2C{=}O} + \mathrm{O{=}CR_3(OH)}$$

アルケン　　　ケトン　　カルボン酸

ただし，R^3=Hのときは，生成物であるギ酸HCOOHはさらに$KMnO_4$によって酸化されて，CO_2とH_2Oが生成することになる。

したがって，この生成物の種類から，もとのアルケンの構造が決定できる。

アルケンA～Cに考えられる構造と，硫酸酸性の$KMnO_4$水溶液による酸化生成物は次の通り。

(i) C=C−C−C−C ⇩ CO_2とカルボン酸

(ii) C−C=C−C−C ⇩ カルボン酸とカルボン酸

(iii) C=C−C−C（2位のCにCが結合）⇩ CO_2とケトン

(iv) C=C−C−C（3位のCにCが結合）⇩ CO_2とカルボン酸

(v) C−C=C−C（3位のCにCが結合）⇩ カルボン酸とケトン

(b)より，Cに水素付加すると，直鎖のアルカンFに変化するから，Cは直鎖の炭素骨格をもつ(i)，(ii)のいずれかである。

A，BにH_2を付加すると，直鎖のアルカンFの異性体である枝分かれのアルカンEに変化するから，A，Bは枝分かれの炭素鎖をもつ(iii)，(iv)，(v)のいずれかである。

上記の説明より，直鎖状の部分のC=C結合を$KMnO_4$で酸化するとカルボン酸を生成するが，枝分かれのある部分のC=C結合を$KMnO_4$で酸化するとケトンが生成する。また，炭素鎖の末端の$\mathrm{H_2C{=}C}$結合の部分を$KMnO_4$で酸化すると，CO_2が生成することがわかる。

A，Bは，炭素鎖に枝分かれのある(iii)，(iv)，(v)のいずれかであるが，Aを酸化するとCO_2とケトンを生成するから，Aは(iii)と決まる，Bを酸化するとカルボン酸とCO_2を生成するから，Bは(iv)と決まる。

Cは，直鎖の炭素鎖をもつ(i)，(ii)のいずれかであるが，Cを酸化するとカルボン酸のみを生じるから，Cは(ii)と決まる。

解答 A $\mathrm{H_2C{=}C(CH_3){-}CH_2{-}CH_3}$　B $\mathrm{H_2C{=}CH{-}CH(CH_3){-}CH_3}$

C $\mathrm{CH_3{-}CH{=}CH{-}CH_2{-}CH_3}$（**シス形**）または $\mathrm{CH_3{-}CH{=}CH{-}CH_2{-}CH_3}$（**トランス形**）

 アルコールとカルボニル化合物

297 解説 (1)～(3) 第一級アルコールのエタノールを酸化(→①)すると，(ア)の**アセトアルデヒド**を経て，(イ)の**酢酸**へと酸化される。

$$CH_3CH_2OH \longrightarrow CH_3CHO \longrightarrow CH_3COOH$$

酢酸を水酸化カルシウムで中和後(→②)，得られた(ウ)の酢酸カルシウムの固体を**乾留**(空気を絶って加熱すること)すると，(エ)の**アセトン**が生成する。

$$(CH_3COO)_2Ca \longrightarrow CaCO_3 + CH_3COCH_3$$

アセトンは，2-プロパノールの酸化でも生成する。

$$CH_3CH(OH)CH_3 \xrightarrow{(O)} CH_3COCH_3 + H_2O$$

130 ～ 140℃でエタノールを濃硫酸で脱水すると，**分子間脱水**が起こり，(ク)の**ジエチルエーテル**が生成する。分子間脱水のことを**脱水縮合**，または単に**縮合**ともいう(→③)。

$$2C_2H_5OH \longrightarrow C_2H_5OC_2H_5 + H_2O$$

一方，160 ～ 170℃でエタノールを濃硫酸で脱水すると，**分子内脱水**が起こり，(カ)の**エチレン**が生成する(→⑥)。分子内脱水のことを**脱離反応**ともいう。

反応温度による生成物の違いに注意すること。

$$C_2H_5OH \longrightarrow CH_2=CH_2 + H_2O$$

(オ)のアセチレンに硫酸水銀(Ⅱ)を触媒として水を付加させると，**アセトアルデヒド**が生成する(→④)。

$$CH{\equiv}CH + H_2O \xrightarrow{(HgSO_4)} [CH_2=CHOH] \longrightarrow CH_3CHO$$

ビニルアルコール(不安定)　アセトアルデヒド

生成するビニルアルコールは，C=C 結合に −OH が直接結合した構造(**エノール**という)をもち不安定である。直ちに −OH の H 原子が隣の C 原子に移動して，安定なアセトアルデヒドを生成する。(**291** 解説 参照)

現在は，エチレンに塩化パラジウム(Ⅱ) $PdCl_2$ を触媒として，空気中の酸素で酸化して，アセトアルデヒドがつくられている。

$$2CH_2=CH_2 + O_2 \xrightarrow{(PdCl_2)} 2CH_3CHO$$

この方法を，ヘキスト・ワッカー法という。

エタノールに金属 Na を加えると，ヒドロキシ基の H と Na との置換反応(→⑤)が起こり，H_2 が発生するとともに，(ケ) のナトリウムエトキシド C_2H_5ONa という塩が生成する。

$$2C_2H_5OH + 2Na \longrightarrow 2C_2H_5ONa + H_2$$

この反応はヒドロキシ基 −OH の検出に利用される。

(ケ)のナトリウムエトキシドとヨウ化メチル CH_3I を無水状態で加熱すると(→⑦)，(コ)のエチルメチルエーテル $C_2H_5OCH_3$ が得られる。

$$C_2H_5ONa + CH_3I \longrightarrow C_2H_5OCH_3 + NaI$$

この方法は，非対称な構造のエーテル R−O−R′ の合成に利用される。

(4) 飽和1価アルコールと金属 Na との反応式は，

$$2C_nH_{2n+1}OH + 2Na \longrightarrow 2C_nH_{2n+1}ONa + H_2$$

アルコール 2mol から水素 1mol が発生するから，アルコールの分子量を M とおくと，

$$\frac{3.70}{M} \times \frac{1}{2} = \frac{0.560}{22.4} \qquad \therefore \quad M = 74.0$$

このアルコール $C_nH_{2n+2}O$ の分子量は，

$$14n + 18 = 74.0$$

$\therefore \quad n = 4$ 　よって，分子式は $C_4H_{10}O$

考えられる飽和1価アルコールの構造は，次の4種類である。(炭素骨格と官能基のみで示す)

```
(i) C−C−C−C−OH        (ii) C−C−C−C
                                 |
                                 OH
                                 C
                                 |
(iii) C−C−C−OH         (iv) C−C−C
        |                        |
        C                        OH
```

分子式から官能基だけを抜き出して表した化学式を**示性式**という。示性式は次のように書く。

> ①炭素間の不飽和結合(C=C，C≡C 結合)の価標は，官能基とみなして省略しない。ただし，上記以外の不飽和結合(C=O，C≡N，N=O 結合など)の価標は省略してよい。
> ②枝分かれした原子団は，主鎖の中に( )をつけて表す。
> ③同じ原子団が複数あるときは，( )数のようにまとめてもよい。
> ④構造異性体が存在する化合物では，炭化水素基の種類がわかるように区別して示す。
> ⑤炭化水素基と官能基の間の価標(−)は，残すこともある。

したがって，(i)～(iv)を示性式で表すと次の通り。

(i) $CH_3(CH_2)_3OH$　(ii) $CH_3CH_2CH(OH)CH_3$

(iii) $(CH_3)_2CHCH_2OH$　(iv) $(CH_3)_3COH$

解答 (1) (ア) CH_3CHO　(イ) CH_3COOH
(ウ) $(CH_3COO)_2Ca$　(エ) CH_3COCH_3
(オ) $CH{\equiv}CH$　(カ) $CH_2=CH_2$
(キ) CH_3CH_3　(ク) $C_2H_5OC_2H_5$
(ケ) C_2H_5ONa　(コ) $C_2H_5OCH_3$

(2) ① (ア)　② (イ)　③ (エ)　④ (カ)　⑤ (オ)

(3) ③ $2C_2H_5OH \longrightarrow C_2H_5OC_2H_5 + H_2O$
⑥ $C_2H_5OH \longrightarrow CH_2=CH_2 + H_2O$
⑦ $C_2H_5ONa + CH_3I \longrightarrow C_2H_5OCH_3 + NaI$

(4) $CH_3(CH_2)_3OH$

$CH_3CH_2CH(OH)CH_3$

$(CH_3)_2CHCH_2OH$　　$(CH_3)_3COH$

298 (解説) $2Cu + O_2 \longrightarrow 2CuO$ の反応で生じた酸化銅(Ⅱ)は，メタノールの蒸気に触れると還元されて銅に戻るとともに，メタノール自身は酸化されてホルムアルデヒド HCHO に変化する。

$$CH_3OH + CuO \longrightarrow HCHO + Cu + H_2O$$

上記の反応では，全体として銅は Cu → CuO → Cu のように変化して元に戻り，自身は変化しなかったが，反応を進める役割を果たした。したがって，この反応は「メタノールを銅を触媒として空気酸化すると，ホルムアルデヒドが生成する」と表現される。

ホルムアルデヒドは無色・刺激臭の気体で，水によく溶け，その約40％水溶液を**ホルマリン**という。これは，消毒薬・防腐剤，合成樹脂の原料に利用される。

銀鏡反応に用いる**アンモニア性硝酸銀溶液**の主成分は，ジアンミン銀(Ⅰ)イオン$[Ag(NH_3)_2]^+$という銀のアンミン錯イオンである。

銀鏡反応ではアルデヒドが還元剤としてはたらくので，アルデヒド自身は酸化されて，カルボン酸となるが，塩基性条件のため，カルボン酸は中和されてカルボン酸塩が生成することになる。

$$[Ag(NH_3)_2]^+ + e^- \longrightarrow Ag + 2NH_3 \cdots ①$$

$$HCHO + 3OH^- \longrightarrow HCOO^- + 2e^- + 2H_2O \cdots ②$$

①×2＋②より，

$$HCHO + 3OH^- + 2[Ag(NH_3)_2]^+ \longrightarrow HCOO^- + 2Ag + 4NH_3 + 2H_2O$$

フェーリング液とは，$CuSO_4$ 水溶液(A液)と NaOH と酒石酸ナトリウムカリウム(ロッシェル塩) $KOOC-(CH(OH))_2-COONa$ の水溶液(B液)を使用直前に混合したものである。

フェーリング液中では，Cu^{2+}が塩基性溶液中でも $Cu(OH)_2$ として沈殿しないように，Cu^{2+}と酒石酸イオンのキレート錯イオン$[Cu(C_4H_3O_6)_2]^{4-}$(**331** (解説)参照)として安定に存在させている。

フェーリング液に還元性物質を加えて加熱すると，Cu^{2+}が還元されて Cu^+となり，さらに OH^- と反応し，酸化銅(Ⅰ) Cu_2O の赤色沈殿が生成する(**フェーリング液の還元**)。

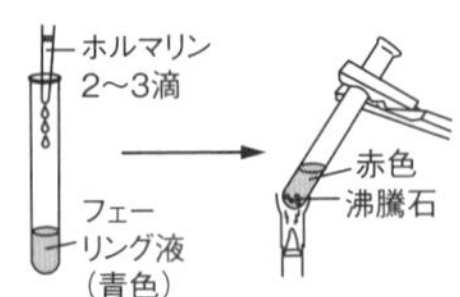

$$HCHO + 5OH^- + 2Cu^{2+} \longrightarrow HCOO^- + Cu_2O + 3H_2O$$

ギ酸分子中には，カルボキシ基だけでなく，ホルミル基(アルデヒド基)も存在しているので，**還元性**を示す。このとき，ギ酸自身は，酸化されて CO_2 と H_2O になる。

$$HCOOH + [O] \longrightarrow CO_2 + H_2O$$

(解答) ① **酸化銅(Ⅱ)**　② **ホルムアルデヒド**　③ **酸化銅(Ⅰ)**　④ **銀鏡反応**　⑤ **ギ酸**　⑥ **ホルミル(アルデヒド)**

299 (解説) アルコール1分子中の −OH の数が1，2，3個のものを，それぞれ，**1価，2価，3価アルコール**という。1価アルコールは，同じ炭素数のアルカンの語尾「-e」を「-ol」に変える。また，2価，3価のアルコールは，語尾を「-diol」,「-triol」に変えて命名する。アルコールの異性体を名称で表すとき，必要に応じて −OH の位置を，主鎖の端からつけた位置番号で示す。

−OH が結合している炭素原子に，ほかの炭素原子が1個(0個も含む)結合していれば**第一級アルコール**，2個結合していれば**第二級アルコール**，3個結合していれば**第三級アルコール**という。

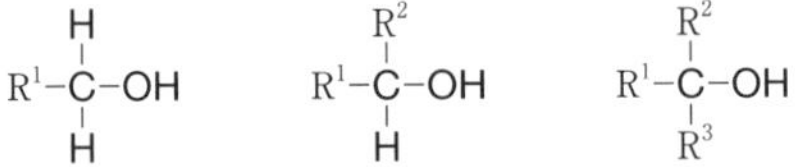

第一級アルコール　第二級アルコール　第三級アルコール

R^1，R^2，R^3 は炭化水素基を表す。

(ア)はエタノール(第一級アルコール)

(イ)は 2-プロパノール(第二級アルコール)

(ウ)は 2-ブタノール(第二級アルコール)

(エ)は 1,2-エタンジオール(2価アルコール)

(オ)は 2-メチル-1-プロパノール(第一級アルコール)

(カ)は 2-メチル-2-プロパノール(第三級アルコール)

(解答) (1) **(エ)**　(2) **(イ)，(ウ)**　(3) **(ア)，(オ)**　(4) **(カ)**

300 (解説) (1)　ヒドロキシ基 −OH の H と金属 Na が**置換反応**して，水素を発生する。

$$2C_2H_5OH + 2Na \longrightarrow 2C_2H_5ONa + H_2$$

生成物のナトリウムエトキシド(塩) C_2H_5ONa は水によく溶け，強い塩基性を示す。

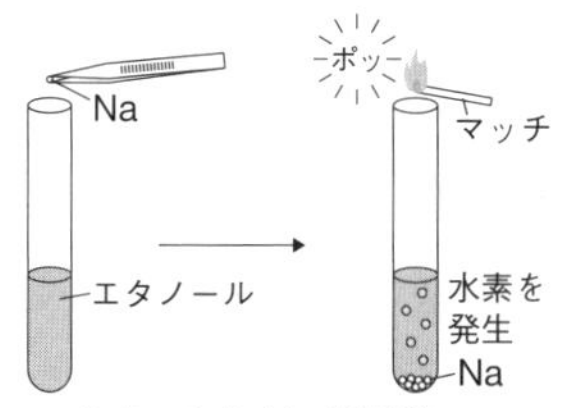

エタノールと Na の反応

(2)　エタノールでは，極性の小さなエチル基 $-C_2H_5$ が疎水基，極性の大きなヒドロキシ基 $-OH$ が親水基である。エタノール全体では，疎水基の $-C_2H_5$ よりも親水基の $-OH$ の影響が大きいので，水と任意の割合で溶け合う。

(3)　まず，エタノールはヨウ素 I_2 によってアセトアルデヒド CH_3CHO に酸化され，続いて，塩基性条件で，メチル基 $-CH_3$ の 3H が 3I で置換され，最終的に特異臭のあるヨードホルム CHI_3 の黄色沈殿を生じる(**ヨードホルム反応**)。

(4)，(5)　エタノールは酸化剤の過マンガン酸カリウム $KMnO_4$ により酸化される。

$KMnO_4$ の酸化作用は，液性により異なり，酸化力は酸性条件のほうが中性条件よりも強い。

(酸性)　$MnO_4^- + 8H^+ + 5e^- \longrightarrow Mn^{2+} + 4H_2O$

(中性)　$MnO_4^- + 2H_2O + 3e^- \longrightarrow MnO_2\downarrow + 4OH^-$

(4)のような酸性条件では，MnO_4^-(赤紫色)から Mn^{2+}(無色)へと変化する。

(5)のような中性条件では，MnO_4^-(赤紫色)から MnO_2(黒色)の沈殿を生成する。

解答　(1) **e**　(2) **f**　(3) **b**　(4) **c**　(5) **d**

301 **解説**　(1)　アルデヒドとケトンはともにカルボニル基をもつので，**カルボニル化合物**という。

ホルミル基 $-CHO$，カルボニル基 $>C=O$ には炭素原子が1個ずつ含まれるから，残りの炭化水素基を構成する炭素原子は4個である。したがって，4個の炭素骨格を考え，(i)～(iv)のそれぞれについて，ホルミル基の結合位置(①～④の→で表す)と，カルボニル基の結合位置(ⓐ～ⓒの→で示す)を考えればよい。ただし，カルボニル基は炭素鎖の末端以外の C–C 結合にしか入れないことに留意する。

分子式 $C_5H_{10}O$ に該当するカルボニル化合物の構造は次の通りである。

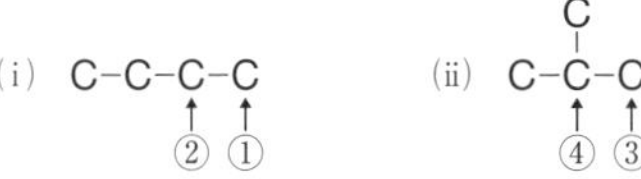

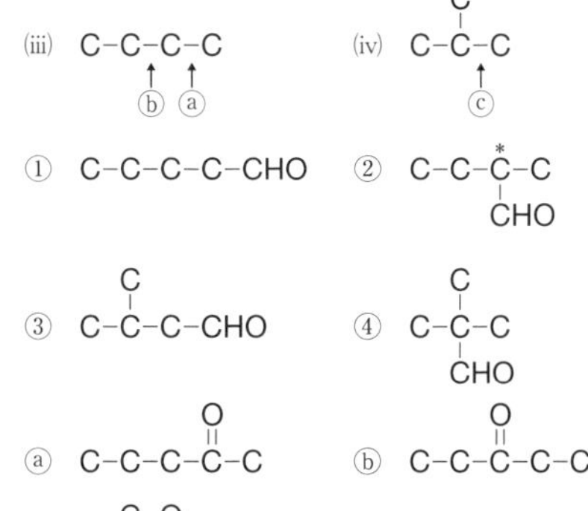

(1)　アルデヒドの構造異性体は，①～④の4種類，ケトンの構造異性体は，ⓐ～ⓒの3種類。

(2)　不斉炭素原子(＊で示す)をもつものは，②の1種類のみ。

(3)　ヨードホルム反応を示すのは，CH_3CO- の部分構造をもつⓐ，ⓒの2種類。

解答　(1)(a)　**4 種類**　(b)　**3 種類**
(2) **1 種類**　(3) **2 種類**

302 **解説**　(1)　一般式が $C_nH_{2n+2}O$ で，ヒドロキシ基をもつ化合物は**アルコール**である。分子式 $C_4H_{10}O$ をもつアルコール A ～ D の構造は，次の4種類が考えられる。(炭素骨格と官能基のみで示す)

(i) C–C–C–C–OH　(ii) C–C–C–OH (C)

(iii) C–C–C*–C (OH)　(iv) C–C–C (C, OH)

＊は不斉炭素原子

A，B の酸化生成物の E，F が銀鏡反応を示すアルデヒドであるから，A，B は第一級アルコール。よって，A，B は(i)，(ii)のいずれかである。

一般に，同じ官能基をもつ異性体では，直鎖の化合物のほうが側鎖をもつ化合物に比べて，表面積が大きい分だけ分子間力が強くなり，沸点が高くなる。したがって，A は直鎖の 1-ブタノール((i))。B は側鎖をもつ 2-メチル-1-プロパノール((ii))。

C は不斉炭素原子をもつから，2-ブタノール((iii))。D は最も酸化されにくいので第三級アルコールの 2-メチル-2-プロパノール((iv))である。

(i) $CH_3-CH_2-CH_2-CH_2-OH$ 〔−90℃〕(117℃)

(ii) $CH_3-CH(CH_3)-CH_2-OH$ 〔−108℃〕(108℃)

(iii) $CH_3-CH_2-CH(OH)-CH_3$ 〔−115℃〕(99℃)

(iv) $CH_3-C(CH_3)_2-OH$ 〔26℃〕(83℃)

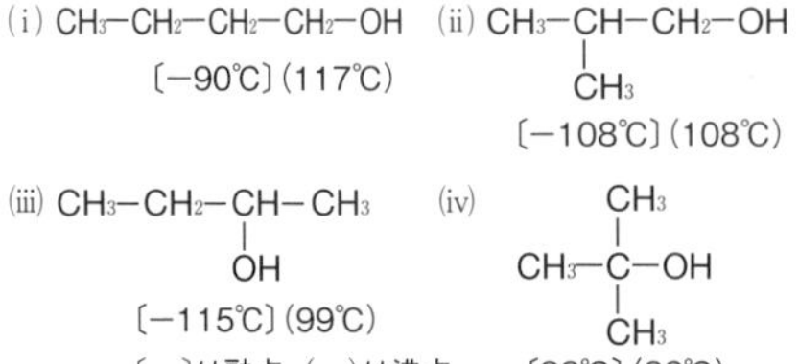

〔　〕は融点，(　)は沸点

上の(i)〜(iv)の沸点は，第一級＞第二級＞第三級アルコールの順になる。これは，この順に立体障害の影響が大きくなり，隣の分子の −OH との**水素結合**が形成されにくくなるためである。また，第一級アルコールである(i)，(ii)の沸点は，炭素骨格の形によって決まり，直鎖＞分枝の順になる。これは，分子の形が球形に近づくほど分子の表面積が減り，分子間力が小さくなるためである。このように，沸点には分子間力が大きく影響する。

(2) アルコールの −OH は，分子間に**水素結合**を形成するため，同程度の分子量をもち水素結合を形成しないアルカンに比べて，沸点はかなり高くなる。また，カルボン酸の −COOH 基には電子吸引性のあるカルボニル基 ＞C＝O が存在するので，カルボン酸はアルコールよりもさらに強く水素結合を形成する。そのため，カルボン酸の沸点は同程度の分子量をもつアルコールの沸点よりやや高くなる。

また，アルコールは水分子との間に水素結合を形成して水和し，水に溶解する(炭素数 3 までは水にいくらでも溶ける)。

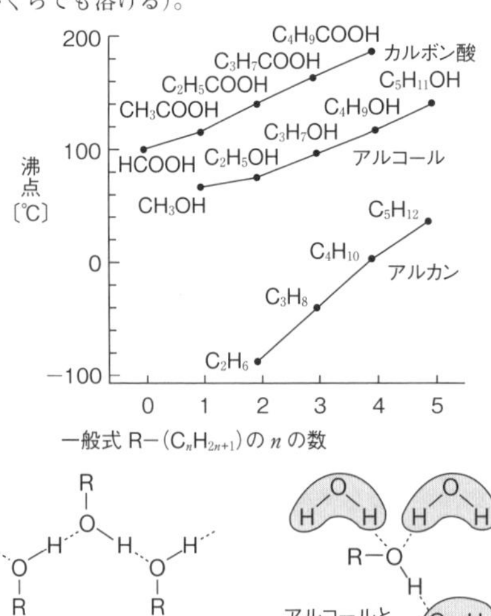

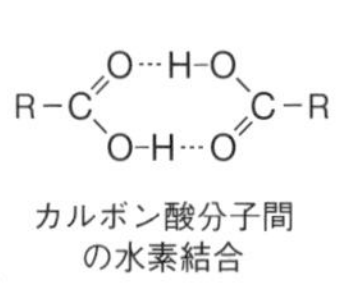

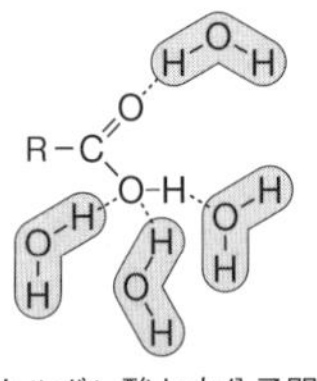

(3) **ヨードホルム反応**は，CH_3CO-R(または H)，$CH_3CH(OH)-R$(または H)の部分構造をもつ化合物に陽性である。これらの化合物を，ヨウ素と NaOH 水溶液とともに加熱すると，特異臭のある黄色結晶の**ヨードホルム**(CHI_3)が沈殿するとともに，反応液中には炭素数の 1 つ減少したカルボン酸塩が生成する。

本問では，2-ブタノール(C)には $CH_3CH(OH)-$ の部分構造があり，その酸化生成物のエチルメチルケトン(G)には CH_3CO- の部分構造があり，いずれもヨードホルム反応が陽性である。

(4) 金属 Na と反応しないのはエーテル類である。考えられる構造は，次の 3 種類である。(炭素骨格と官能基のみで示す)

(i) C−O−C−C−C　　C−C−O−C−C

(ii) C−O−C(−C)−C

解答 (1) A　$CH_3-CH_2-CH_2-CH_2-OH$

B　$CH_3-CH(CH_3)-CH_2-OH$

C　$CH_3-CH_2-CH(OH)-CH_3$

D　$CH_3-C(CH_3)(OH)-CH_3$

(2) **極性のあるヒドロキシ基の部分で，水素結合を形成しているから。**

(3) **C，G**

(4) $CH_3O(CH_2)_2CH_3$　　$CH_3OCH(CH_3)_2$

$C_2H_5OC_2H_5$

30 カルボン酸・エステルと油脂

303 **解説** (1) A, B　B を酸化すると酢酸 CH_3COOH になるから，B はアセトアルデヒド CH_3CHO。A を酸化するとアセトアルデヒドになるから，A はエタノール C_2H_5OH である。

C　十酸化四リン P_4O_{10} は強力な脱水作用のある白

304～306

色粉末で，酢酸に加えて加熱すると，酢酸2分子が脱水縮合して，酸無水物である無水酢酸 $(CH_3CO)_2O$ が生じるから，Cは無水酢酸である。

$$CH_3-\overset{O}{\overset{\|}{C}}-OH + CH_3-\underset{O}{\underset{\|}{C}}-OH \longrightarrow (CH_3CO)_2O\ (C) + H_2O$$

D, E　酢酸を水酸化カルシウムで中和すると，酢酸カルシウム $(CH_3COO)_2Ca$ を生成する。これを熱分解すると，アセトン(D)が生成する。

$(CH_3COO)_2Ca \longrightarrow CaCO_3 + CH_3COCH_3$

アセトン CH_3COCH_3 を触媒を用いて水素で還元すると，第二級アルコールである2-プロパノール(E)が生成する。

(2) (a)　酸素の付加(＋O)は酸化反応，水素の脱離(－2H)も酸化反応である。

(b)　酢酸2分子から水1分子がとれて新しい分子(無水酢酸)が生成する反応は**縮合反応**である。

(d)　空気を絶って高温で熱分解する反応を**乾留**ということがある。

(e)　酸素の脱離(－O)は還元反応，水素の付加(＋2H)も還元反応である。

解答　(1) A　**CH_3CH_2OH　エタノール**
B　**CH_3CHO　アセトアルデヒド**
C　**$(CH_3CO)_2O$　無水酢酸**
D　**CH_3COCH_3　アセトン**
E　**$(CH_3)_2CHOH$　2-プロパノール**
(2) (a) **(ウ)**　(b) **(ア)**　(c) **(オ)**　(d) **(イ)**　(e) **(エ)**

304 **解説**　(1)　脂肪族の1価のカルボン酸(**脂肪酸**という)に該当するのは，ギ酸 HCOOH と酢酸 CH_3COOH であるが，このうち還元性を示すAはギ酸，還元性を示さないBは酢酸である。

(2)　分子式 $C_4H_4O_4$ の2価カルボン酸に該当するのはマレイン酸とフマル酸であり，**シス-トランス異性体**の関係にある。シス形のマレイン酸Cは，－COOH どうしが近い位置にあり，加熱すると容易に脱水して無水マレイン酸(酸無水物)になる。一方，トランス形のフマル酸Dは，－COOH どうしが離れた位置にあり，加熱しても容易に脱水されない。

(3)　2価カルボン酸でシス-トランス異性体に該当しないのは，シュウ酸 $(COOH)_2$ とコハク酸 $(CH_2COOH)_2$ である。このうち還元性を示すEはシュウ酸，還元性を示さないFはコハク酸である。

(4)　分子中にヒドロキシ基をもつカルボン酸を**ヒドロキシ酸**という。これに該当するのは，乳酸 $CH_3CH(OH)COOH$ とクエン酸 $HOOCCH_2CH(OH)CH_2COOH$ である。このうち，不斉炭素原子をもつGは乳酸，不斉炭素原子をもたないHはクエン酸である。

解答　A **(ウ)**　B **(カ)**　C **(エ)**　D **(ア)**
E **(イ)**　F **(オ)**　G **(キ)**　H **(ク)**

305 **解説**　(1)　ギ酸 HCOOH，酢酸 CH_3COOH は，ともにカルボキシ基 －COOH をもち，水によく溶け，弱い酸性を示す(酢酸よりもギ酸のほうが酸性は少し強い)。

(2)　ギ酸は分子中にホルミル基をもつので，他のアルデヒドと同様に還元性を示し，銀鏡反応が陽性である。これに対して，酢酸は還元性を示さない。

(3)　ギ酸 HCOOH が還元性を示すと，自身は次のように酸化される。

$HCOOH \longrightarrow CO_2 + 2H^+ + 2e^-$

(4)　ギ酸(融点8℃)，酢酸(融点17℃)は，ともに常温・常圧では刺激臭のある液体である。

(5)　ギ酸・酢酸はカルボン酸で，ともに炭酸($CO_2 + H_2O$)よりも強い酸である。したがって，

(弱い酸の塩)＋(強い酸)
⟶ (強い酸の塩)＋(弱い酸)

の反応が起こる。

$NaHCO_3 + HCOOH \longrightarrow HCOONa + H_2O + CO_2$
$NaHCO_3 + CH_3COOH \longrightarrow CH_3COONa + H_2O + CO_2$

(6)　ヒドロキシ基 －OH をもつ化合物は，金属 Na と反応し水素 H_2 を発生する。一般に金属 Na との反応は，アルコールの検出に用いられる。しかし，金属 Na はアルコールの －OH だけでなく，カルボン酸の －OH とも激しく反応する。

解答　(1) **C**　(2) **B**　(3) **A**　(4) **C**　(5) **C**　(6) **C**

306 **解説**　カルボン酸とアルコールが脱水縮合してできた化合物を**エステル**という。

エステルは，NaOH 水溶液とともに温めると加水分解され，カルボン酸 Na(塩)とアルコールを生じる。この反応を**けん化**という。

$R-COO-R' + NaOH \longrightarrow R-COONa + R'-OH$

(1)　エステルは $R-COO-R'$ で表されるから，分子式 $C_3H_6O_2$ からエステル結合 －COO－ を引くと，$R + R' = C_2H_6$ が得られ，これをRとR′に振り分け

れば，エステル，および，その異性体のカルボン酸の示性式が得られる。なお，R′がHである化合物はカルボン酸であることに注意してほしい。

	R	R′	示性式	名称	沸点〔℃〕
(i)	H−	C_2H_5−	H−COO−C_2H_5	ギ酸エチル	54
(ii)	CH_3−	CH_3−	CH_3−COO−CH_3	酢酸メチル	56
(iii)	C_2H_5−	H−	C_2H_5−COO−H	プロピオン酸	141

（カルボン酸R−COOHとアルコールR′−OHとのエステルの示性式は，カルボン酸を先に書くとR−COO−R′となり，アルコールを先に書くとR′−OCO−Rと表さねばならない。これをR′−COO−Rと書いてしまうと，R′−COOHとR−OHとのエステルということになり，異なるエステルを表してしまうことになるので注意すること。）

エステルAのけん化で，Cの塩とDが生じたので，Cはカルボン酸，Dはアルコールである。Cは還元性を示すのでギ酸。よって，Aは(i)のギ酸エチルである。

エステルBのけん化で，Eの塩とFが生じたので，Eはカルボン酸，Fはアルコールである。Aの加水分解で得られたDはエタノールで，これを酸化すると酢酸Eが生成する。よって，Bは(ii)の酢酸メチルである。

(2) エステルA，Bの異性体で，炭酸水素ナトリウム$NaHCO_3$を分解してCO_2を発生しながら溶けるのは，炭酸(H_2O+CO_2)よりも強い酸のカルボン酸である。よって，分子式$C_3H_6O_2$のカルボン酸は，(iii)のプロピオン酸である。

解答 (1) A　**$HCOOC_2H_5$　ギ酸エチル**
B　**CH_3COOCH_3　酢酸メチル**
(2) **C_2H_5COOH　プロピオン酸**

307 **解説** (1) 元素組成の値から，化合物A～Cを構成する各原子数の比を求めると，

$$C:H:O=\frac{41.38}{12}:\frac{3.45}{1.0}:\frac{56.17}{16}$$
$$=3.44:3.45:3.44\fallingdotseq1:1:1$$

化合物A～Cの組成式はいずれもCHOである。分子式は組成式の整数倍より，

$(CHO)_n=29n=116$　　∴　$n=4$

化合物A～Cの分子式はいずれも$C_4H_4O_4$。

(2) 分子式$C_4H_4O_4$の2価カルボン酸には，次の3種類の構造が考えられる。

(i) H(HOOC)C=C(H)(COOH)（H と H が同じ側）　(ii) H(HOOC)C=C(COOH)(H)（H と COOH が同じ側）

(iii) (H)(H)C=C(COOH)(COOH)

このうち，水素付加によって同一の化合物D(コハク酸)になるA，Bは，(i)，(ii)のいずれかである。よって，Cは(iii)のメチレンマロン酸である。

$$\begin{matrix}CH-COOH\\ \| \\ CH-COOH\end{matrix} + H_2 \xrightarrow{(Pt)} \begin{matrix}CH_2-COOH\\ | \\ CH_2-COOH\end{matrix}$$
A，B　　　　　　　D

分子式$C_4H_4O_4$のマレイン酸とフマル酸は互いに**シス-トランス異性体**の関係にある。シス形のマレイン酸は−COOHどうしが互いに近い位置にあり，加熱すると約160℃で脱水して**無水マレイン酸**(**酸無水物**)になる。

マレイン酸 ―加熱→ 無水マレイン酸 + H_2O

一方，トランス形のフマル酸は−COOHどうしが離れた位置にあり，上記の条件では脱水されない。

（しかし，フマル酸を高温で長時間加熱すると，シス形のマレイン酸に異性化したのち，無水マレイン酸が生成する。これは，高温ではC=C結合が回転可能であることを示す。）

よって，加熱により酸無水物Eに変化しやすいAがシス形のマレイン酸(i)，Eは無水マレイン酸である。一方，加熱により酸無水物に変化しなかったBはトランス形のフマル酸(ii)である。

（(iii)のメチレンマロン酸は，(i)，(ii)とはシス-トランス異性体ではなく，炭素原子の結合順序が異なるから，構造異性体の関係にある。また，加熱すると，容易にCO_2が脱離(脱炭酸反応)して，1価のカルボン酸であるアクリル酸$CH_2=CHCOOH$に変化する。）

解答 (1) **$C_4H_4O_4$**

(2) A　H(HOOC)C=C(H)(COOH)　**マレイン酸**
B　H(HOOC)C=C(COOH)(H)　**フマル酸**
C　(H)(H)C=C(COOH)(COOH)
D　**HOOC−CH_2−CH_2−COOH**

308～309

308 (解説)

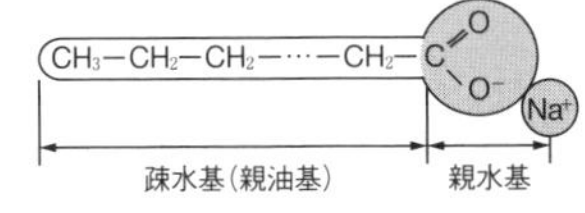

セッケン分子は，右図のように，炭化水素基からなる**疎水基**と，カルボン酸イオンからなる**親水基**を合わせもつ。このような物質を**界面活性剤**という。セッケンが水に溶けると，水と空気，水と油などの境界面(界面)に配列するので，水の表面張力を低下させるはたらきがある。このため，セッケン水は純水よりも繊維などの細かな隙間にも浸透しやすくなる。

セッケン水は一定濃度以上になると，数十～百個程度の分子どうしが分子間力によって会合して，コロイド粒子(**ミセル**)をつくるようになる。

セッケン水中でミセルが形成しはじめる濃度は約0.2％で，この濃度を**臨界ミセル濃度**という。セッケン水の濃度を大きくしていくと，臨界ミセル濃度に達するまでは水の表面張力は低下するが，これを超えると，水の表面張力はほぼ一定値を示す。

セッケン分子は疎水基の部分を内側に向けて繊維上にある油汚れを取り囲み，外側に向けた親水基の部分を使って細かな微粒子(**ミセル**)の状態で水中に分散させるので，繊維に付着した油汚れが落ちる。このような作用をセッケンの**乳化作用**といい，できたコロイド溶液を**乳濁液**(エマルション)という。

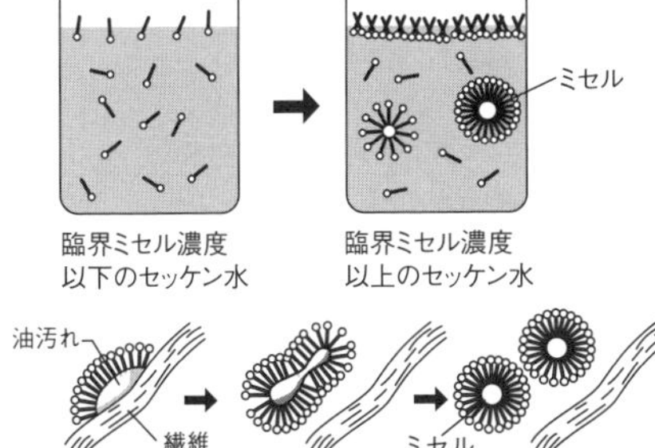

セッケンは弱酸(脂肪酸)と強塩基(NaOH)からなる塩で，水溶液中で加水分解して**弱い塩基性**を示す。また，硬水中で使用すると，Ca塩やMg塩が水に不溶性であるため，洗浄力を失う。

石油などを原料としてつくられた界面活性剤を総称して**合成洗剤**という。合成洗剤は強酸(硫酸やスルホン酸)と強塩基(NaOH)からなる塩で，水溶液中でも加水分解せず**中性**を示す。また，Ca塩やMg塩が水に可溶であるため，硬水中で使用しても洗浄力を失わない。

LAS(R−⟨ベンゼン環⟩−SO_3Na，直鎖アルキルベンゼンスルホン酸ナトリウム)を代表とする合成洗剤は，セッケンに比べて洗浄能力は優れているが，微生物による分解速度はセッケンに比べてかなり遅く，環境への負荷が大きいという欠点がある。

代表的な合成洗剤の構造は次の通りである。

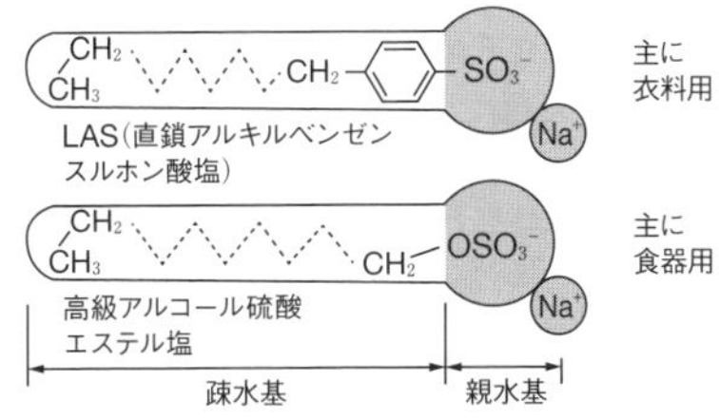

解答 ① **油脂** ② **けん化** ③ **疎水(親油)** ④ **親水** ⑤ **界面活性剤** ⑥ **ミセル** ⑦ **表面張力** ⑧ **乳化作用** ⑨ **乳濁液** ⑩ **弱塩基** ⑪ **羊毛** ⑫ **硬水** ⑬ **不溶性** ⑭ **中**

309 (解説) (1) セッケンは油脂のけん化でつくるが，合成洗剤は主に石油を原料としてつくられる。〔×〕

(2) セッケンは，脂肪酸(弱酸)とNaOH(強塩基)からなる塩であり，水溶液は弱い塩基性を示す。しかし，アルキルベンゼンスルホン酸塩を代表とする合成洗剤は，強酸と強塩基からなる塩であり，水溶液は中性を示す。このため，フェノールフタレインを加えても，無色のまま変化しない。〔×〕

(3) セッケンの水溶液は弱い塩基性なので，塩基性に弱い動物性の天然繊維(絹・羊毛)の洗浄には適さないが，合成洗剤の水溶液は中性なので，天然繊維，合成繊維の両方の洗浄に有効である。〔×〕

(4) **セッケン**は，硬水中のCa^{2+}やMg^{2+}と不溶性の塩をつくり，洗浄力を失う。一方，合成洗剤はCa^{2+}やMg^{2+}との塩が水に可溶性のため，硬水中でも洗浄力を失わない。〔×〕

(5) セッケンやアルキルベンゼンスルホン酸塩は，疎水性の炭化水素基の部分と，親水性のイオンの部分からなる。疎水性の炭化水素基の部分を内側に向けて油滴を取り囲み，親水性のイオンの部分を外側に向けて集まり，コロイド粒子(**ミセル**)となって水溶液中に分散する。〔○〕

セッケンのミセル

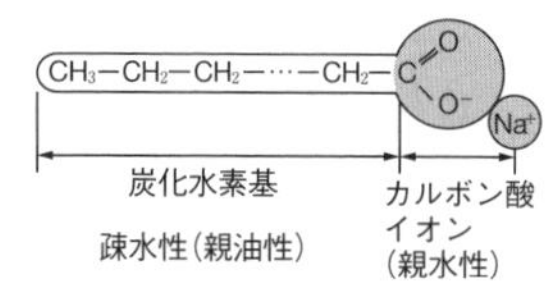

〈セッケンの構造〉

(6) セッケンや合成洗剤の疎水性(親油性)の部分が繊維に付着した油汚れを取り囲み，コロイド粒子(**ミセル**)の状態で水中に分散させる。この作用を**乳化作用**といい，生じたコロイド溶液が**乳濁液**である。〔○〕

解答 (1) × (2) × (3) × (4) ×
(5) ○ (6) ○

310 **解説** (1) ⓐ 氷酢酸とエタノールの混合物に，触媒として濃硫酸を少量加えて加熱すると，**脱水縮合**が起こり，酢酸エチルと水を生じる。この反応を**エステル化**という。

$$CH_3CO\text{-}\boxed{OH}+\boxed{H}\text{-}O\text{-}C_2H_5 \rightleftarrows CH_3COOC_2H_5+H_2O$$

（**エステル化**の反応機構は，^{18}O という同位体を使った実験で明らかになった。すなわち，CH_3COOH と $C_2H_5{}^{18}OH$ を用いてエステルを生成した場合，^{18}O は H_2O ではなくエステル中に含まれる。つまり，酸の $-OH$ とアルコールの $-H$ から水がとれてエステルが生成する。）

ⓑ 酢酸エチルに水を加えて加熱すると，上式の逆反応(**エステルの加水分解**)が起こり，酢酸とエタノールに戻る。この反応は可逆反応である。一方，酢酸エチルを水酸化ナトリウムのような塩基の水溶液で加水分解することを，とくに**けん化**という。この反応は不可逆反応である。

$$CH_3COOC_2H_5+NaOH \longrightarrow CH_3COONa+C_2H_5OH$$

(2) 有機化合物を試験管やフラスコで加熱する際，内容物が蒸発して失われないように，ガラス管やリービッヒ冷却管などを取りつける。

このような冷却器を**還流冷却器**といい，簡易の実験ではガラス管で代用するが，普通は，リービッヒ冷却器(a)，球管冷却器(b)，蛇管冷却器(c)などを用いる。冷却効果は(a)<(b)<(c)である。

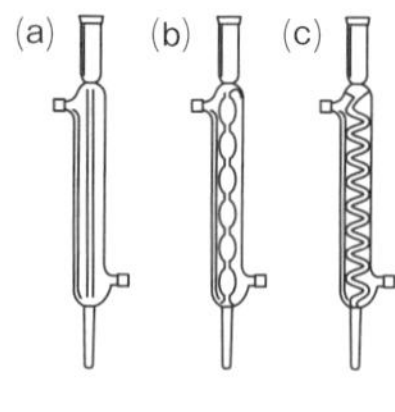

(3) エステル化の反応速度はそれほど大きくないので，反応速度を大きくするための触媒として，濃硫酸を使用する。

(4) エステル化は可逆反応で，反応は完全には進行せず，平衡状態となる。反応後は，生成物のエステルと水のほかに，未反応の酢酸やエタノール，触媒として用いた硫酸の混合物となる。ここへ冷水を加えると，水に溶けにくく水より軽いエステルと，水に溶けやすい酢酸，エタノール，および触媒の硫酸が水層に分離される。結局，エステルは上層に分離されることになる。

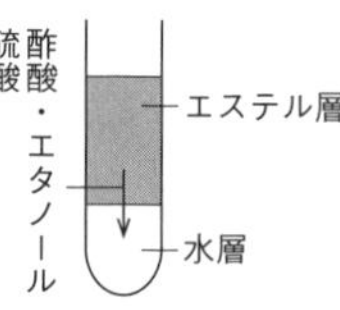

(5) エステルのけん化反応では，水に不溶の酢酸エチルが水に可溶の酢酸ナトリウム(カルボン酸塩)とエタノール(アルコール)に変化する。よって，二層に分離していた反応液はやがて均一な一層の状態になるとともに，特徴的なエステル臭(果実臭)が消失する変化がみられる。

解答 (1) ⓐ **エステル化** ⓑ **けん化**
(2) **蒸発した内容物を凝縮させて，試験管に戻すはたらき。**
(3) **エステル化の触媒として反応速度を大きくするため。**
(4) **エステル中に含まれる未反応の酢酸とエタノール，触媒の硫酸を水層に分離するため。**
(5) **二層に分かれていた内容物は一層となり，果実臭も消失する。**

311 **解説** エステルの構造決定では，その加水分解の生成物であるカルボン酸とアルコールに分け，それぞれの構造を決定する。最後に，それらをつなぎ合わせると，エステルの構造が決まる。

エステル A，B，C，D の加水分解で得られたカルボン酸を a，b，c，d，アルコールを a′，b′，c′，d′とする。

過マンガン酸イオン MnO_4^- の赤紫色を脱色するカルボン酸は，**還元性をもつギ酸**である。

よって，a，d はギ酸 HCOOH である。

ヨードホルム反応は，炭素数 2 のアルコールではエタノール，炭素数 3 のアルコールでは 2-プロパノールだけが陽性である。したがって，これらが a′，c′のいずれかである。

a はギ酸 HCOOH だったので，その結合相手の a′は炭素数 3 の 2-プロパノールと決まる。

よって，c′はエタノール C_2H_5OH と決まるので，その結合相手の c は炭素数 2 の酢酸と決まる。

また，アルコールの沸点は，分子量が大きいほど(分子量が同じならば，炭素鎖の枝分かれが少ないほど）分子間力が強くなるため，高くなる。したがって，沸点は，メタノール＜エタノール＜2-プロパノール＜1-プロパノールの順となる。よって，最も沸点の高い d′ が 1-プロパノールだから，その結合相手の d は炭素数 1 のギ酸である。また，最も沸点の低い b′ がメタノールだから，その結合相手の b は炭素数 3 のプロピオン酸 CH_3CH_2COOH と決まる。

> エステルの命名は，カルボン酸名にアルコールの炭化水素基名をつけて表される。
>
> 例　ギ酸と **1-プロパノール**のエステル名は，ギ酸と**プロピル**アルコールのエステルと考え，**ギ酸プロピル**となる。
>
> すなわち，普段あまり使わないアルコールの慣用名を覚えておく必要がある。

示性式	組織名	慣用名
CH_3OH	メタノール	**メチル**アルコール
C_2H_5OH	エタノール	**エチル**アルコール
$CH_3(CH_2)_2OH$	1-プロパノール	**プロピル**アルコール
$(CH_3)_2CHOH$	2-プロパノール	**イソプロピル**アルコール

解答

A　$H-C(=O)-O-CH(CH_3)-CH_3$　**ギ酸イソプロピル**

B　$CH_3-CH_2-C(=O)-O-CH_3$　**プロピオン酸メチル**

C　$CH_3-C(=O)-O-CH_2-CH_3$　**酢酸エチル**

D　$H-C(=O)-O-CH_2-CH_2-CH_3$　**ギ酸プロピル**

312 **解説**　次表にあげた脂肪酸は，油脂の計算によく登場するので，名称と化学式は覚えておくこと。

飽和脂肪酸の一般式は $C_nH_{2n+1}COOH$ で表される。

名称と示性式	融点〔℃〕	C=C 結合の数
パルミチン酸 $C_{15}H_{31}COOH$	63	0
ステアリン酸 $C_{17}H_{35}COOH$	71	0

不飽和脂肪酸の一般式は，分子中の C=C 結合の数（**不飽和度**）を m とすると，$C_nH_{2n+1-2m}COOH$ で表される。

名称と示性式	融点〔℃〕	C=C 結合の数
オレイン酸 $C_{17}H_{33}COOH$	13	1
リノール酸 $C_{17}H_{31}COOH$	−5	2
リノレン酸 $C_{17}H_{29}COOH$	−11	3

同一炭素数ならば，飽和脂肪酸の融点は不飽和脂肪酸の融点よりも高い。

この理由は，天然油脂を構成する不飽和脂肪酸に含まれる C=C 結合はすべてシス形であるので，二重結合が多くなるほど，分子の形が屈曲して分子どうしの接触面積が減り，分子間力が小さくなるためである。

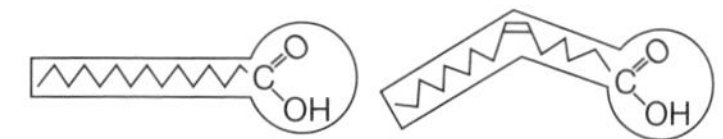

飽和脂肪酸分子　　不飽和脂肪酸分子

なお，油脂の融点は，構成脂肪酸の融点の高低によって強く影響される。

また，分子中に C=C 結合を多く含む脂肪酸で構成された油脂では，空気中に放置するとしだいに流動性がなくなり樹脂状に固化する。この現象を**油脂の乾燥**という。これは，空気中の O_2 によって，油脂中の C=C 結合の部分（厳密には，2 つの C=C 結合にはさまれた活性メチレン基 $-CH_2-$ の部分）が酸化されやすく，O 原子を仲立ちとして重合反応が進んでいくためである。このような脂肪油を**乾性油**といい，塗料，絵の具などに用いられる。

油脂は，グリセリンと高級脂肪酸 3 分子がエステル結合してできた化合物である。たとえば，ステアリン酸 3 分子とグリセリン 1 分子がエステル結合してできた油脂を，ステアリン酸トリグリセリド，略して，**トリステアリン**ともいう。天然の油脂の場合，このような 1 種類の脂肪酸からできた油脂（**単純グリセリド**）はほとんどなく，何種類かの脂肪酸からできた油脂（**混成グリセリド**）が，さらに任意の割合で混ざり合った複雑な混合物であり，分子量や融点は一定ではない。そこで，油脂の平均分子量や不飽和度を推定するのに，けん化価やヨウ素価が利用される。

> **けん化価**　油脂 1g をけん化するのに必要な水酸化カリウムの質量〔mg〕の数値。油脂 1mol を完全にけん化するには，アルカリ 3mol が必要で，油脂の平均分子量を M とすると，
>
> けん化価 $\dfrac{1}{M}\times 3\times 56(\text{KOH の式量})\times 10^3$
>
> **ヨウ素価**　油脂 100g に付加するヨウ素の質量〔g〕の数値。油脂中の C=C 結合 1mol につき，I_2 1mol が付加するので，油脂の不飽和度（C=C 結合の数）を n とすると，
>
> ヨウ素価 $\dfrac{100}{M}\times n\times 254(I_2\text{ の分子量})$

(1)　**油脂**は高級脂肪酸とグリセリン（3 価アルコール）とのエステルであるから，**油脂 1 分子中には 3 個のエステル結合を含む**。

油脂をアルカリで加水分解（**けん化**）する反応式の係数比より，**油脂 1mol を完全にけん化するにはアルカリ 3mol が必要である。**

$$(RCOO)_3C_3H_5 + 3KOH \longrightarrow 3RCOOK + C_3H_5(OH)_3$$

油脂 A の分子量を M とおくと，KOH＝56 より，

$$\frac{30.0}{M}\times 3=\frac{7.00}{56} \qquad \therefore\ M=720$$

(2)　飽和脂肪酸 B の分子量を M' とおくと，脂肪酸は鎖式の 1 価カルボン酸だから，中和の公式より，

$$\frac{0.520}{M'}\times 1=0.100\times\frac{26.0}{1000}\times 1 \qquad \therefore\ M'=200$$

飽和脂肪酸の一般式は，$C_nH_{2n+1}COOH$ だから，

$C_nH_{2n+1}COOH=200$ より，

$14n+46=200 \qquad \therefore\ n=11$

∴　B の示性式は，$C_{11}H_{23}COOH$（ラウリン酸）

不飽和脂肪酸 C では，分子中の C=C 結合 1 個につき，I_2 分子 1 個が付加するから，油脂 A の 1 分子中に含まれる C=C 結合の数（**不飽和度**）を x 個とすると，$I_2=254$ より，

$$\frac{100}{720}\times x=\frac{35.3}{254} \qquad \therefore\ x\fallingdotseq 1〔個〕$$

不飽和脂肪酸の場合，C=C 結合が 1 個増すごとに，飽和脂肪酸の H 原子の数から 2 個ずつ少なくなるから，不飽和脂肪酸 C の示性式は，

$C_nH_{2n-1}COOH$ と表せる。

したがって，油脂 A の示性式は，

$C_3H_5(OCOC_{11}H_{23})_2(OCOC_nH_{2n-1})$

と表せる。この分子量が 720 であるから，

$41+(199\times 2)+(14n+43)=720 \quad \therefore\ n=17$

∴　C の示性式は，$C_{17}H_{33}COOH$（オレイン酸）

(3)　油脂 A の構造においては，不飽和脂肪酸 C がグリセリンの両端（1 位または 3 位）の −OH に結合した場合は(i)，中央（2 位）の −OH に結合した場合は(ii)の，2 種類の構造異性体が存在する。

(i)

$CH_2-OCO-C_{11}H_{23}$
$C^*H-OCO-C_{11}H_{23}$
$CH_2-OCO-C_{17}H_{33}$

(ii)

$CH_2-OCO-C_{11}H_{23}$
$CH-OCO-C_{17}H_{33}$
$CH_2-OCO-C_{11}H_{23}$

（(i)には不斉炭素原子＊が存在するので 1 対の鏡像異性体が存在するが，(ii)には不斉炭素原子が存在しないので，鏡像異性体は存在しない。なお，自然界に存在する油脂は，(ii)のようにグリセリンの 2 位（中央）の炭素に不飽和脂肪酸が結合したものが多い。）

(4)　不飽和脂肪酸を多く含む液体の脂肪油に Ni 触媒などを用いて H_2 を付加すると，融点が上がり，固化する。この操作で得られる油脂は**硬化油**とよばれ，マーガリンやセッケンの原料に用いられる。

この油脂 1 分子中には，C=C 結合が 1 個含まれるから，完全に水素付加するのに必要な H_2 の体積は，

$$\frac{100}{720}\times 1\times 22.4\fallingdotseq 3.111\fallingdotseq 3.11〔L〕$$

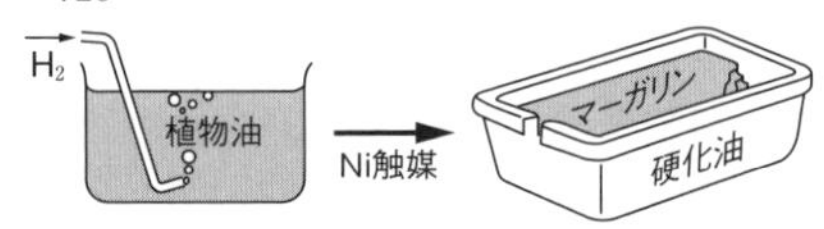

解答　(1) **720**

(2) B **$C_{11}H_{23}COOH$**　　C **$C_{17}H_{33}COOH$**

(3)
$CH_2-OCO-C_{11}H_{23}$　　$CH_2-OCO-C_{11}H_{23}$
$CH-OCO-C_{11}H_{23}$　　$CH-OCO-C_{17}H_{33}$
$CH_2-OCO-C_{17}H_{33}$　　$CH_2-OCO-C_{11}H_{23}$

(4) **3.11L**

31 芳香族化合物①

313 **解説**　ベンゼン C_6H_6 中に含まれる 6 個の炭素原子が，単結合と二重結合で交互に結合したような正六角形の炭素骨格を**ベンゼン環**といい，ベンゼン環をもつ化合物を**芳香族化合物**という。

ベンゼン環の中に含まれる二重結合は，アルケンのように 1 か所に固定されたものではなく，分子全体に広がっている。すなわち，ベンゼン環の炭素間の結合は，C=C 結合と C−C 結合のちょうど中間的な状態にある。したがって，ベンゼンはアルケンのような付加反応は起こりにくく，むしろ，ベンゼン環が保存される**置換反応**が起こりやすい。

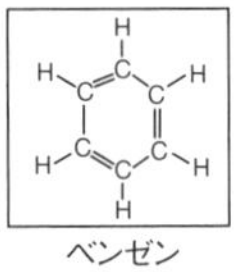
ベンゼン

ベンゼンの分子をよく見ると，3 つのエチレンの部分構造が認められる。これらがつながってできたベンゼンもエチレンと同様に，**平面構造**をもつ。

炭素原子間の結合距離は，C−C＞C=C＞C≡C の順である。ただし，ベンゼンの炭素原子間の結合は，単結合と二重結合の中間的な状態にあり，結合距離もエタンの C−C 結合（0.154nm）と，エチレンの C=C 結合（0.134nm）のほぼ中間の値の 0.140nm を示す。

次のベンゼンの置換反応は重要である。

(1)　ベンゼンの H 原子が，塩素や臭素などのハロゲン原子で置換される反応を，**塩素化**，**臭素化**（**ハロゲン化**）という。

$$C_6H_6 + Br_2 \xrightarrow{(Fe)} C_6H_5Br + HBr$$

(2)　ベンゼンの H 原子が，スルホ基 $-SO_3H$ で置換される反応を**スルホン化**という。水溶性で強い酸性を示す**ベンゼンスルホン酸**が生成する。

314 ～ 314

C_6H_6 + HO−SO_3H —加熱→ C_6H_5−SO_3H + H_2O

(3) ベンゼンのH原子が，ニトロ基 −NO_2 で置換される反応を**ニトロ化**という。生成物の**ニトロベンゼン**は淡黄色油状の水より重い液体で水に溶けにくい。一般に，C原子に −NO_2 が結合した化合物を**ニトロ化合物**という。ニトロ化における濃硝酸は主剤なので反応式中に書き表すが，濃硫酸は触媒なので，反応式中には書かないこと。

C_6H_6 + HO−NO_2 —濃硫酸→ C_6H_5−NO_2 + H_2O

(4) 芳香族炭化水素の酸化では，ベンゼン環は酸化されにくいが，ベンゼン環に結合した炭化水素基(側鎖)の部分が酸化される。ただし，側鎖はその炭素数に関係なく−COOHに酸化される。

C_6H_5−CH_3 (トルエン) —$KMnO_4$ 酸化→ C_6H_5−COOH (安息香酸)

C_6H_5−CH_2CH_3 —$KMnO_4$ 酸化→ C_6H_5−COOH

(5) ベンゼンは付加反応よりも置換反応のほうがずっと起こりやすいが，特別な条件下では付加反応が起こることもある。

ベンゼンに白金Pt，ニッケルNi触媒を用いて，高温・高圧の水素を作用させると，付加反応がおこり，シクロヘキサンが生成する。

C_6H_6 + $3H_2$ —Ni 200℃→ C_6H_{12} シクロヘキサン

(6) ベンゼンに光(紫外線)を当てながら塩素を作用させると，付加反応がおこり，1, 2, 3, 4, 5, 6−ヘキサクロロシクロヘキサンが生成する。

C_6H_6 + $3Cl_2$ —光 50℃→ $C_6H_6Cl_6$ 1, 2, 3, 4, 5, 6−ヘキサクロロシクロヘキサン

(7) トルエンに光(紫外線)を当てながら塩素を作用させると，側鎖のH原子がCl原子で置換される(**側鎖置換**)。

C_6H_5−CH_3 + Cl_2 —光→ C_6H_5−CH_2Cl + HCl

(8) トルエンに鉄粉を触媒として塩素を作用させると，ベンゼン環の −CH_3 基に対して，主に *o* 位または *p* 位のH原子がCl原子で置換される(**核置換**)。

C_6H_5−CH_3 + Cl_2 —Fe→ *o*-$ClC_6H_4CH_3$ または *p*-$ClC_6H_4CH_3$

解答 ① **ブロモベンゼン**
② **ベンゼンスルホン酸**
③ **ニトロベンゼン**
④ **安息香酸**
⑤ **シクロヘキサン**
⑥ **1, 2, 3, 4, 5, 6−ヘキサクロロシクロヘキサン**
⑦ **塩化ベンジル**
⑧ ***o*−クロロトルエン，*p*−クロロトルエン**
(1) **(カ)**　(2) **(イ)**　(3) **(ア)**　(4) **(オ)**　(5) **(ウ)**　(6) **(ウ)**

314 **解説** (1) トルエン C_6H_5−CH_3 は水に溶けにくく，水よりも軽い(密度 0.87g/cm^3)無色の液体である。臭素水を加えても付加反応はおこらない。

(2) フェノール C_6H_5−OH は弱い酸性の物質で，塩化鉄(Ⅲ)水溶液を加えると紫色に呈色する。NaOH 水溶液には中和反応により，塩をつくって溶ける。

(3) ニトロベンゼン C_6H_5−NO_2 は水に溶けにくく，淡黄色で水より重い(密度 1.20g/cm^3)液体である。ニトロベンゼンは酸性も塩基性も示さない中性の物質で，酸・塩基の水溶液にも溶けない。

(4) ベンジルアルコール C_6H_5−CH_2OH は，−OH がベンゼン環に直結していないのでフェノール類ではなく，アルコール類である。ベンジルアルコールは水に溶けにくい中性の液体で，カルボン酸とはエステルを生成する。

(5) 安息香酸 C_6H_5−COOH は無色の結晶で，水に溶けにくい。カルボキシ基−COOH が弱い酸性を示し，NaOH 水溶液には中和反応により塩をつくって溶ける。

(6) ベンゼンスルホン酸 C_6H_5−SO_3H の無色の結晶で，ベンゼン環をもつにも関わらず水に可溶で強い酸性を示す。

(7) スチレン C_6H_5−CH=CH_2 は，ビニル基 CH_2=CH− をもち，臭素が付加しやすいので，臭素水を脱色する。

解答 (1) **トルエン　オ**　(2) **フェノール　ア**

(3) **ニトロベンゼン　イ**
(4) **ベンジルアルコール　ウ**
(5) **安息香酸　カ**
(6) **ベンゼンスルホン酸　エ**
(7) **スチレン　キ**

315 (解説) 常温で，エタノール C_2H_5OH は無色の液体(沸点78℃)，フェノール C_6H_5OH は無色の固体(融点41℃)であり，その性質には相違点と共通点がある。

(1) エタノール，フェノールともにヒドロキシ基のHと金属Naとの置換反応が起こり，水素が発生する。

$$2C_2H_5OH + 2Na \longrightarrow 2C_2H_5ONa + H_2$$
$$2C_6H_5OH + 2Na \longrightarrow 2C_6H_5ONa + H_2$$

(2), (3) フェノールは弱い酸性の物質で，NaOH水溶液と中和反応するが，エタノールは中性の物質で，NaOH水溶液とは反応しない。

$$C_6H_5OH + NaOH \longrightarrow C_6H_5ONa + H_2O$$
$$C_2H_5OH + NaOH \longrightarrow \text{(反応しない)}$$

(4) フェノール類は Fe^{3+} と錯イオンをつくり青～赤紫色(フェノールは紫色)に呈色するが，エタノールは Fe^{3+} とは呈色反応しない。

(5) エタノールは水にいくらでも溶けるが，フェノールは水に少ししか溶けない。フェノールは，水100gに8.2g(20℃)溶けるので，水に少し溶けると表現されることもある。

(6) エタノールは第一級アルコールで，酸化するとアセトアルデヒドを経て酢酸になる。フェノールを酸化しても，アルデヒドやカルボン酸は生成しない。フェノールを強く酸化すると，有色のキノン化合物(ベンゼン環から誘導される2つのケトン基をもつ環状化合物)になる。

OH（フェノール）—酸化→ キノン化合物（p-ベンゾキノン，o-ベンゾキノン）

(7) エタノール，フェノールともに −OH をもつので，氷酢酸，無水酢酸と反応してエステルを生成する(フェノールは反応性が小さく，無水酢酸を使わないとエステル化されない)。

$$C_2H_5OH + CH_3COOH \longrightarrow C_2H_5OCOCH_3 + H_2O$$
酢酸エチル

$$C_6H_5OH + (CH_3CO)_2O \longrightarrow C_6H_5OCOCH_3 + CH_3COOH$$
酢酸フェニル

(8) エタノール，フェノールの水溶液にはともに殺菌・消毒作用がある。しかし，フェノールの濃い水溶液には皮膚を激しく侵す腐食性があるので，取り扱いには注意が必要である(エタノールの濃い水溶液にはフェノールのような腐食性はない)。

解答 (1) **O**　(2) **P**　(3) **P**　(4) **P**　(5) **E**　(6) **E**　(7) **O**　(8) **P**

316 (解説) (1), (2) ベンゼンからフェノールを合成する工業的製法には，次のような方法がある。

(a) **クメン法**
(b) ベンゼンスルホン酸ナトリウムの**アルカリ融解法**
(c) クロロベンゼンの**加水分解法**

現在，日本では100％**クメン法**でフェノールが製造されている(問題の図の①)。概略は次の通りである。

① ベンゼンを酸触媒の存在下で，プロペンに付加させて**クメン(イソプロピルベンゼン)**をつくる。

クメンの合成は，プロペンに対するベンゼンの付加反応と考えるとわかりやすい。

(多)　(少)
$CH_2=CH-CH_3$ + H−C_6H_5
→ (主) $CH_3-CH(C_6H_5)-CH_3$ イソプロピルベンゼン(クメン)　(副) $C_6H_5-CH_2-CH_2-CH_3$ プロピルベンゼン

プロペンのような非対称のアルケンに，HX型(HCl，H_2O，H_2SO_4 など)の分子が付加する場合，二重結合の炭素原子のうち，H原子が多く結合したC原子にはH原子が，もう一方のC原子にはXが付加した化合物が主生成物になる。これを，**マルコフニコフの法則**という。

② クメンを空気酸化してクメンヒドロペルオキシドとする。

$$C_6H_5-CH(CH_3)_2 + O_2 \longrightarrow C_6H_5-C(CH_3)_2-O-O-H$$
クメン　　クメンヒドロペルオキシド

③ クメンヒドロペルオキシドを希硫酸で分解すると，フェノールとアセトンが生成する。

$$C_6H_5-C(CH_3)_2-O-O-H \longrightarrow C_6H_5-OH + CH_3-CO-CH_3$$
クメンヒドロペルオキシド　フェノール　アセトン

問題の図の②は，古典的なフェノールの製法である，ベンゼンスルホン酸の**アルカリ融解法**である。

$$C_6H_6 \xrightarrow{H_2SO_4} C_6H_5SO_3H \xrightarrow[\text{NaOHaq}]{\text{中和}} C_6H_5SO_3Na \xrightarrow[\text{NaOH(固) 約300℃}]{\text{アルカリ融解}} C_6H_5ONa \xrightarrow[\text{HClaq}]{} C_6H_5OH$$

① ベンゼンを濃硫酸で**スルホン化**して，ベンゼンスルホン酸をつくる。

② ベンゼンスルホン酸を NaOH 水溶液で中和して，ベンゼンスルホン酸ナトリウム(塩)とする。

③ この結晶を NaOH(固体)とともに約 300℃の融解状態で反応させる(**アルカリ融解**)と，ナトリウムフェノキシドが生成する。

④ これに塩酸を加え酸性にすると，フェノールが生成する。この方法は，③のアルカリ融解の段階で，多量のエネルギーや NaOH を必要とし，副生成物の Na_2SO_3 の処理などの問題から，現在，日本では全く行われていない。

このほか，古典的なフェノールの製法には，問題の図の③のクロロベンゼンの**加水分解法**もある。

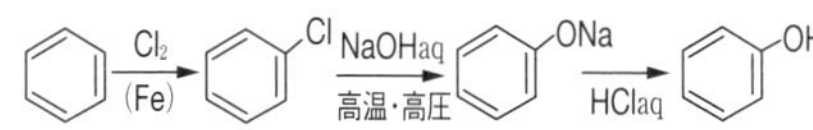

① ベンゼンに鉄触媒を用いて塩素を反応させて，クロロベンゼンをつくる。

② クロロベンゼンを高温・高圧の条件で，NaOH 水溶液と反応させる(加水分解)と，ナトリウムフェノキシドが生成する。

③ これに塩酸を加え酸性にすると，フェノールが生成する。この方法も，②の加水分解の段階で，多量のエネルギーや NaOH を必要とするなどの理由から，現在，日本では全く行われていない。

(3) (a) フェノールのヒドロキシ基 $-OH$ の H とナトリウム Na との置換反応が起こり，ナトリウムフェノキシド(塩)を生成し，水素 H_2 が発生する。

$$2C_6H_5OH + 2Na \longrightarrow 2C_6H_5ONa + H_2$$

(b) フェノールは水酸化ナトリウムと中和して，ナトリウムフェノキシド(塩)を生じ溶ける。

$$C_6H_5OH + NaOH \longrightarrow C_6H_5ONa + H_2O$$

フェノールは水に少ししか溶けないが，ナトリウムフェノキシドは水によく溶ける。

(c) フェノールに無水酢酸を反応させるとフェノールの $-OH$ の $-H$ がアセチル基 CH_3CO- で置換されて(**アセチル化**)，エステルである酢酸フェニルが生成する。

$$C_6H_5OH + (CH_3CO)_2O \longrightarrow C_6H_5OCOCH_3 + CH_3COOH$$

解答 (1)

A $C_6H_5-CH(CH_3)_2$ **クメン(イソプロピルベンゼン)**

B $CH_3-CO-CH_3$ **アセトン**

C $C_6H_5-SO_3H$ **ベンゼンスルホン酸**

D C_6H_5-ONa **ナトリウムフェノキシド**

E C_6H_5-Cl **クロロベンゼン**

(2) ① **クメン法** (a) **スルホン化** (b) **アルカリ融解**

(3) (a) C_6H_5ONa　(b) C_6H_5ONa　(c) $C_6H_5OCOCH_3$

317 (解説) 分子式が C_7H_8O の芳香族化合物には，次の(i)～(v)の異性体が存在する。

① ベンゼンの一置換体(C_6H_5X)とすると，

$X = C_7H_8O - C_6H_5 = CH_3O$

これより，(i)-CH_2OH と(ii)-OCH_3 が考えられる。

② ベンゼンの二置換体(X-C_6H_4-Y)とすると，

$X + Y = C_7H_8O - C_6H_4 = CH_4O$

これを 2 つに分割すると，置換基 X，Y は $-OH$ と $-CH_3$ になる。

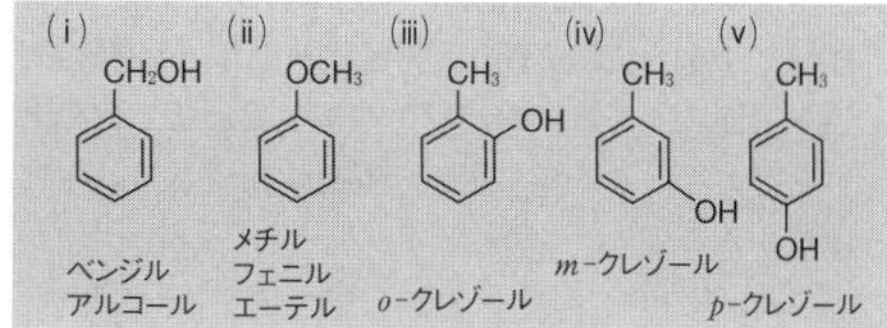

A は金属 Na と反応するので $-OH$ をもつが，塩化鉄(Ⅲ)水溶液を加えても呈色しないので，アルコール類の(i)である(ベンジルアルコールは中性物質である)。

B は金属 Na と反応しないので，エーテル類の(ii)。C は塩化鉄(Ⅲ)水溶液を加えると青紫色に呈色するので，フェノール類のクレゾールの(iii)，(iv)，(v)のいずれかである。

反応性の高い $-OH$ をアセチル化で保護した化合物

を適切な酸化剤で酸化した後，加水分解すると，サリチル酸が得られることから，C はオルト体である(iii)の o-クレゾールである。

一連の反応は次の通りである。

o-クレゾール $\xrightarrow{(CH_3CO)_2O}$ (2-CH_3, $OCOCH_3$) $\xrightarrow{(O)}$ (COOH, $OCOCH_3$) $\xrightarrow{H^+}$ サリチル酸 (COOH, OH)

解答 A C_6H_5-CH_2OH　B C_6H_5-OCH_3　C (o-CH_3, OH)

318 **解説** (1) 芳香族化合物 $C_6H_4Cl_2$ は，ベンゼン C_6H_6 の H 原子 2 個を Cl 原子 2 個で置換したベンゼンの塩素二置換体である。

(2) 芳香族化合物 $C_6H_3Cl_3$ は，ベンゼン C_6H_6 の H 原子 3 個を Cl 原子 3 個で置換したベンゼンの塩素三置換体である。

隣接型　非対称型　対称型

(3) 芳香族化合物 C_7H_7Cl は，トルエン $C_6H_5CH_3$ の H 原子 1 個を Cl 原子 1 個で置換したトルエンの塩素一置換体である。ただし，トルエンには，側鎖とベンゼン環の 3 か所に塩素の置換位置があることに留意すること。

CH_2Cl　CH_3 (o-Cl)　CH_3 (m-Cl)　CH_3 (p-Cl)

(4) 芳香族化合物 $C_7H_6Cl_2$ は，トルエン $C_6H_5CH_3$ の H 原子 2 個を Cl 原子 2 個で置換したトルエンの塩素二置換体である。

CH_2Cl_2　CH_2Cl (o-Cl)　CH_2Cl (m-Cl)　CH_2Cl (p-Cl)

トルエンのベンゼン環の H 原子 2 個を，Cl 原子 2 個で置換した化合物の異性体は，便宜上，ジクロロベンゼンの 3 種類の異性体に対してメチル基 1 個の置換位置を調べていけばよい。

(i) 2 種類　(ii) 3 種類　(iii) 1 種類

（← はメチル基の置換位置，--- は対称面）

解答 (1) **3 種類**　(2) **3 種類**
(3) **4 種類**　(4) **10 種類**

319 **解説** 問　分子式 C_8H_{10} の芳香族炭化水素には，次の(i)～(iv)の構造が考えられる。また，それぞれを $KMnO_4$（酸化剤）で酸化すると，(v)～(viii)が得られる。

(i) $C_6H_5CH_2CH_3$ $\xrightarrow[\text{酸化}]{(O)}$ (v) C_6H_5COOH

(ii) o-$C_6H_4(CH_3)_2$ $\xrightarrow[\text{酸化}]{(O)}$ (vi) o-$C_6H_4(COOH)_2$

(iii) m-$C_6H_4(CH_3)_2$ $\xrightarrow[\text{酸化}]{(O)}$ (vii) m-$C_6H_4(COOH)_2$

(iv) H_3C-C_6H_4-CH_3 (p) $\xrightarrow[\text{酸化}]{(O)}$ (viii) HOOC-C_6H_4-COOH (p)

ベンゼン環に直接結合した炭化水素基（**側鎖**）は，$KMnO_4$ などの強い酸化剤で十分に酸化すると，その炭素数に関係なく，すべて $-COOH$ になる。

酸化すると安息香酸になる A は(i)のエチルベンゼンである。フタル酸(vi)は，$-COOH$ が隣接しており，加熱すると容易に脱水されて無水フタル酸（分子式 $C_8H_4O_3$）になる。したがって，B は(ii)の o-キシレン，E は無水フタル酸である。

ベンゼンの o-，m-，p- 異性体のそれぞれにもう 1 つ別の置換基（$-X$）を導入したとき生じる異性体の数から，o-，m-，p- 異性体を区別することができる。たとえば，(vi)～(viii)の芳香族ジカルボン酸の臭素一置換体の異性体数は，次の通りである。

(vi) 2種　(vii) 3種　(viii) 1種

----- は対称面
o— は臭素原子の置換位置を示す。

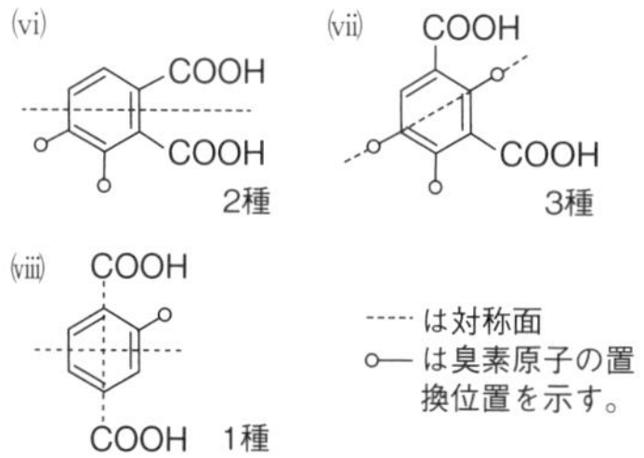

したがって，上図のように芳香族ジカルボン酸の臭素一置換体の異性体数より，2種の異性体を生じるB′が(vi)のフタル酸，3種の異性体を生じるD′が(vii)のイソフタル酸，1種の異性体を生じるC′が(viii)のテレフタル酸と決まる。

したがって，C′は(viii)のテレフタル酸なので，Cは(iv)のp-キシレン。D′は(vii)のイソフタル酸なので，Dは(iii)のm-キシレンである。

解答〔問〕A　$C_6H_5-CH_2-CH_3$　B　o-キシレン（$C_6H_4(CH_3)_2$）

C　p-キシレン　D　m-キシレン　E　無水フタル酸

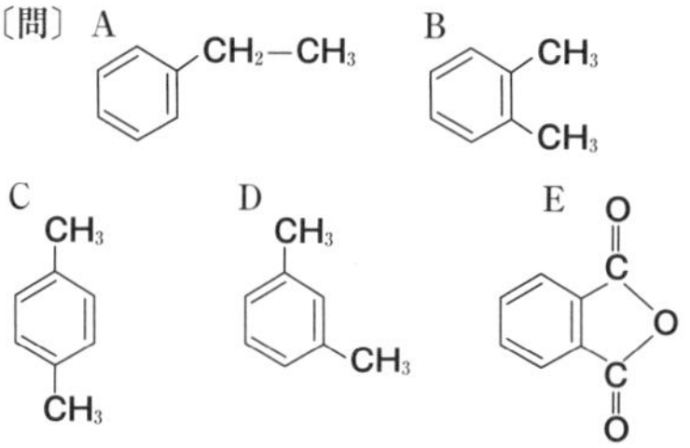

32 芳香族化合物②

320 解説 (1) アニリン中のアミノ基 $-NH_2$ は，ほかの物質から水素イオン H^+ を受け取る塩基としての性質をもつ。

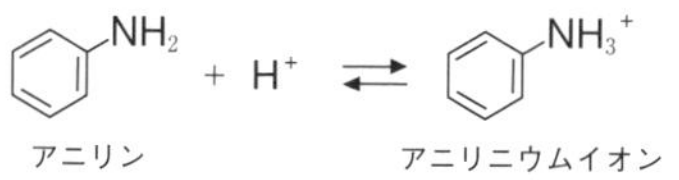

$$C_6H_5NH_2 + H^+ \rightleftarrows C_6H_5NH_3^+$$

アニリン　アニリニウムイオン

(2) 塩基性物質のアニリンは塩酸と中和反応し，アニリン塩酸塩となって塩酸に溶ける。

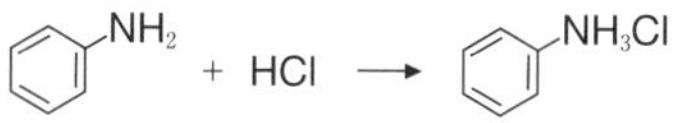

$$C_6H_5NH_2 + HCl \longrightarrow C_6H_5NH_3Cl$$

(3) アニリンは，さらし粉水溶液によって穏やかに酸化され，赤紫色に呈色する。この反応は，アニリンの検出に用いられる。

(4) アニリンは蒸留直後は無色であるが，徐々に酸化されて赤褐色になり，$K_2Cr_2O_7$ などの酸化剤を使って強く酸化すると，水に不溶の黒色物質の**アニリンブラック**を生じる。

(5) アニリンに無水酢酸を反応させると，アニリンのアミノ基 $-NH_2$ のH原子が無水酢酸のアセチル基 CH_3CO- で置換される。この反応を**アセチル化**といい，反応性の大きなアミノ基を保護するのに利用される。生成物を**アセトアニリド**という。

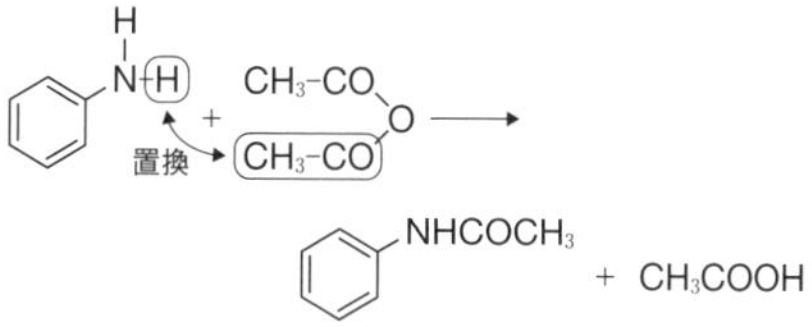

$$C_6H_5NH_2 + (CH_3CO)_2O \longrightarrow C_6H_5NHCOCH_3 + CH_3COOH$$

置換

(6) アセトアニリド分子中にある $-NHCO-$ 結合を**アミド結合**といい，この結合をもつ物質を**アミド**という。

アミドはエステルと同様に，酸または塩基の水溶液を加えて加熱すると加水分解されて，もとのアミンとカルボン酸に戻すことができる。このとき，酸を用いると，塩基性物質のアミンは中和されて塩となる。一方，塩基を用いると，酸性物質のカルボン酸は中和されて塩となることに留意すること。

解答 (1) **塩基性**　(2) **アニリン塩酸塩**
(3) **赤紫色**　(4) **アニリンブラック**
(5) $C_6H_5NHCOCH_3$
(6) ① $C_6H_5NHCOCH_3 + HCl \longrightarrow C_6H_5NH_3Cl + CH_3COOH$
② $C_6H_5NHCOCH_3 + NaOH \longrightarrow C_6H_5NH_2 + CH_3COONa$

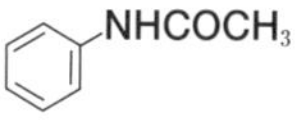

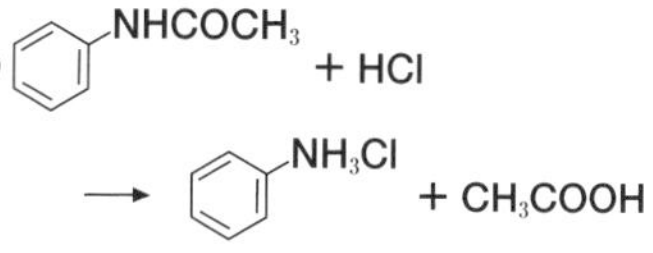

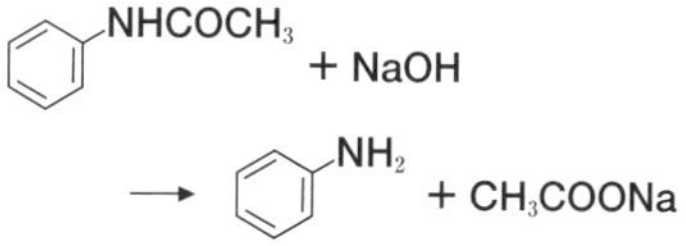

321 解説

(1) $C_6H_5NH_2$　$C_6H_5NO_2$

アニリン　ニトロベンゼン

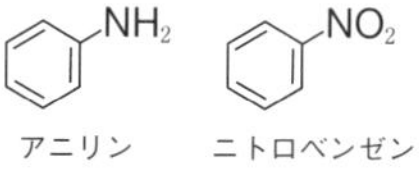

アニリンはさらし粉水溶液で赤紫色に呈色する。

(2) C_6H_6　C_6H_5CHO

ベンゼン　ベンズアルデヒド

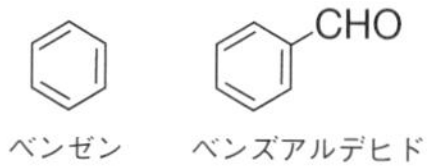

ベンズアルデヒドはホルミル基をもち還元性を示す。アンモニア性硝酸銀水溶液と反応して銀を析出する。

(3) フェノール　サリチル酸

フェノールもサリチル酸も酸なので，水酸化ナトリウム水溶液に溶ける。また，いずれもフェノール性ヒドロキシ基をもち，塩化鉄(Ⅲ)水溶液で呈色する。しかし，炭酸水素ナトリウム水溶液に溶けるのは，カルボキシ基をもつサリチル酸だけである。

(4) サリチル酸　アセチルサリチル酸

サリチル酸とアセチルサリチル酸はいずれもカルボキシ基をもつので，水酸化ナトリウム水溶液や炭酸水素ナトリウム水溶液に溶ける。しかし，塩化鉄(Ⅲ)水溶液で呈色するのは，フェノール性ヒドロキシ基をもつサリチル酸だけである。

(5) トルエン　スチレン

スチレンはビニル基 CH_2=CH− をもち，臭素水を加えると，臭素の付加反応がおこり，臭素の色(褐色)が速やかに脱色される。

(6) フェノール　ベンジルアルコール

酸性物質のフェノールは水酸化ナトリウム水溶液と反応して溶ける。一方，中性物質のベンジルアルコールは水酸化ナトリウム水溶液とは反応せず溶けない。

解答　(1)(ウ)　(2)(エ)　(3)(イ)　(4)(オ)　(5)(カ)　(6)(ア)

322 **解説**　(1)　フェノールは弱い酸性物質なので，NaOH 水溶液を加えると，中和反応が起こり，ナトリウムフェノキシド(→ A)となる。

$$C_6H_5OH + NaOH \longrightarrow C_6H_5ONa + H_2O$$

ナトリウムフェノキシドを，5×10^5Pa 程度に加圧した CO_2 とともに約 125℃に加熱すると，サリチル酸ナトリウム(→ B)が得られ，これに塩酸(強酸)を加えると，弱酸であるサリチル酸(→ C)が遊離する。

$$C_6H_5ONa + CO_2 \xrightarrow[125℃]{加圧} C_6H_4(OH)COONa \xrightarrow{H^+} C_6H_4(OH)COOH$$

（CO_2 は，ナトリウムフェノキシドの *o*- 位に置換する。このとき脱離した H^+ は，酸として強い方の $-COO^-$ ではなく，弱い方の $-O^-$ に受け取られて −OH となる。一方，$-COO^-$ は Na^+ と結合したサリチル酸ナトリウム(塩)を生成する。）

サリチル酸は，分子内にカルボキシ基 −COOH と，フェノール性ヒドロキシ基 −OH を *o*- 位にもつ化合物で，カルボン酸とフェノール類の両方の反応を行う。

サリチル酸に無水酢酸を作用させると，**アセチル化**が起こり，**アセチルサリチル酸**(→ D)の無色の結晶が生成する。アセチルサリチル酸は解熱・鎮痛作用があるので内服薬として用いられる。

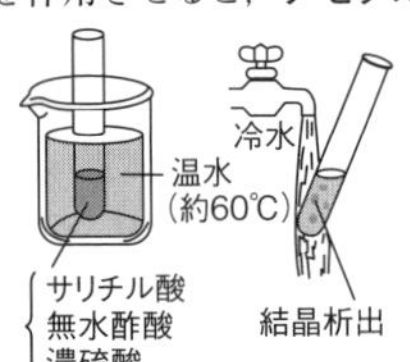

アセチルサリチル酸の製法

一方，サリチル酸をメタノールに溶かして濃硫酸を少量加えて加熱すると，**エステル化**が起こり，芳香のある**サリチル酸メチル**(→ E)の無色の液体が生成する。サリチル酸メチルには消炎・鎮痛作用があるので外用薬として用いられる。

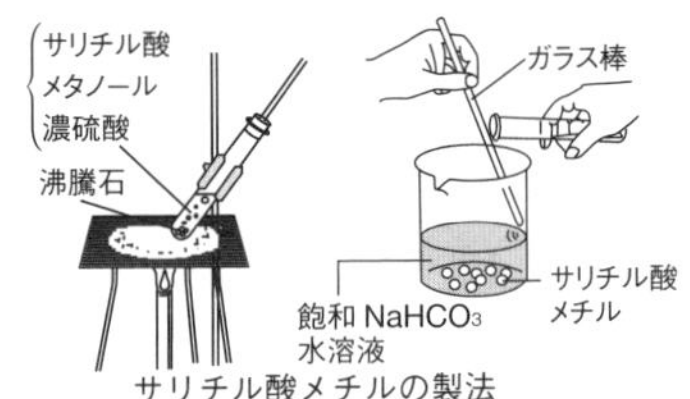

サリチル酸メチルの製法

(2)　酸の強さは，カルボン酸＞炭酸＞フェノール類だから，E のサリチル酸メチルが最も弱い。C，D にはいずれにも −COOH がある。しかし，C のサリチル酸は，右図のように −COOH の電離で生じた $-COO^-$ が *o* 位の −OH との間で六員環構造の分子内**水素結合**を形成して安定化するので，H^+ がより電離しやすく，最も酸性が強くなる。

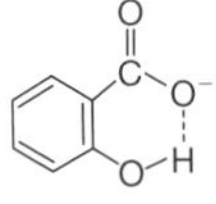

(3)　フェノールはベンゼンよりも置換反応が起こりやすく(特に *o*-，*p*- 位の電子密度が高く反応性が大きい)，濃硝酸と濃硫酸の混合物(混酸)を加えて**ニトロ化**すると，最終的に，フェノールの *o*- 位と *p*- 位にニトロ基が 3 個導入された**ピクリン酸**(2, 4, 6-トリニトロフェノール)が生成する。(**オルト・パラ**

配向性)参照のこと。

$$C_6H_5OH + 3HNO_3 \xrightarrow{(H_2SO_4)} C_6H_2(OH)(NO_2)_3 + 3H_2O$$

(4)　フェノールは無触媒でも臭素と容易に置換反応して，**2，4，6-トリブロモフェノール**という白色の沈殿を生成する。この反応は，フェノールの検出にも使われる。

解答　(1) A 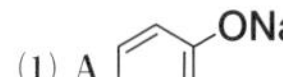　B 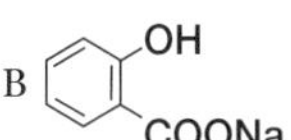

C：ベンゼン環に OH と COOH（オルト位）　D：ベンゼン環に $OCOCH_3$ と COOH（オルト位）

E：ベンゼン環に OH と $COOCH_3$（オルト位）

(2) (i) **C**　(ii) **E**

(3) **ピクリン酸(2,4,6-トリニトロフェノール)**

(4) OH，Br，Br，Br（2,4,6-トリブロモフェノール）

323 (解説)　(1)，(2)　(ア)　ベンゼンに濃硫酸を反応させると，**スルホン化**が起こり，**ベンゼンスルホン酸**が生成する。

(イ)　ベンゼンスルホン酸ナトリウム(固体)と水酸化ナトリウム(固体)を約300℃で融解状態で反応させる(**アルカリ融解**)と，**ナトリウムフェノキシド**が生成する。

(ウ)　ベンゼンに濃硝酸と濃硫酸の混合物(混酸)を反応させると，**ニトロ化**が起こり，**ニトロベンゼン**が生成する。

(エ)　ニトロベンゼンを，スズ Sn と濃塩酸と反応させると，**還元反応**が起こり，アニリン塩酸塩が生成する。これに強塩基の NaOH 水溶液を加えると，弱塩基のアニリンが得られる。

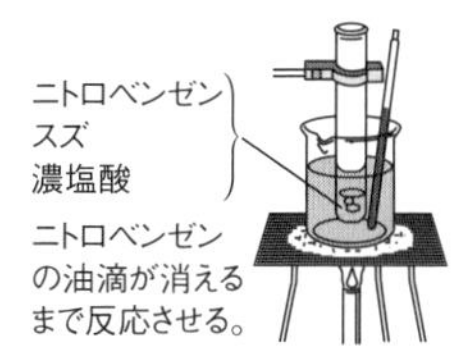

(オ)　アニリンを希塩酸に溶かし，氷冷しながら亜硝酸ナトリウム水溶液を加えると，**ジアゾ化**が起こり，**塩化ベンゼンジアゾニウム**が生成する。

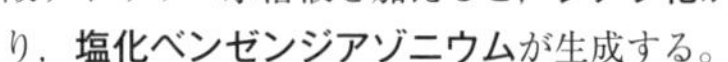

ジアゾ化で塩化ベンゼンジアゾニウムの水溶液をつくる。

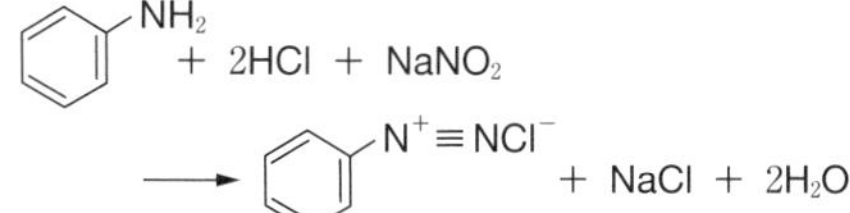

$$C_6H_5NH_2 + 2HCl + NaNO_2 \longrightarrow C_6H_5N^+{\equiv}NCl^- + NaCl + 2H_2O$$

塩化ベンゼンジアゾニウム

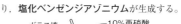

(カ)　塩化ベンゼンジアゾニウムの水溶液にナトリウムフェノキシドの水溶液を加えると，**カップリング**反応が起こり，アゾ染料として利用される赤橙色の ***p*-ヒドロキシアゾベンゼン**(→D)を生成する。

カップリング反応を利用してアゾ化合物をつくり，布を染色する。

$$C_6H_5N^+{\equiv}NCl^- + C_6H_5ONa \longrightarrow C_6H_5{-}N{=}N{-}C_6H_4{-}OH + NaCl$$

p-ヒドロキシアゾベンゼン

(3)　塩化ベンゼンジアゾニウムは熱に不安定な化合物で，常温でも容易に分解して，窒素とフェノールに変化する。したがって，ジアゾ化は冷却して行う必要がある。

$C_6H_5N^+\equiv NCl^- + H_2O \longrightarrow C_6H_5OH + N_2\uparrow + HCl$

(4)　$C_6H_6 + HNO_3 \longrightarrow C_6H_5NO_2 + H_2O$ より，ベンゼン 1mol からニトロベンゼン 1mol を生成する。モル質量は，$C_6H_6 = 78$g/mol，$C_6H_5NO_2 = 123$g/mol より生成するニトロベンゼンを x〔g〕とすると

$$\frac{15.6}{78} \times 0.700 = \frac{x}{123} \qquad x = 17.2\text{g}$$

解答　(1)(ア) **スルホン化**　(イ) **アルカリ融解**
(ウ) **ニトロ化**　(エ) **還元**　(オ) **ジアゾ化**
(カ) **カップリング**

(2) A　C_6H_5OH　**フェノール**
B　$C_6H_5NH_2$　**アニリン**
C　$C_6H_5N^+\equiv NCl^-$　**塩化ベンゼンジアゾニウム**
D　$C_6H_5-N=N-C_6H_4-OH$　***p*−ヒドロキシアゾベンゼン**

(3) **塩化ベンゼンジアゾニウムは熱に不安定な物質で，常温でも容易に分解してしまうから。**

(4) **17.2g**

324　**解説**　(1)　アニリンに無水酢酸を反応させると，アミノ基 $-NH_2$ の H がアセチル基(CH_3CO-)で置換される**アセチル化**が起こり，**アセトアニリド**が生成する。

生成したアセトアニリドは，最初，無水酢酸中に溶けている。そこで，無水酢酸に水を加えると加水分解されて酢酸になるとともに，溶けきれなくなったアセトアニリドが結晶として析出する。

$$C_6H_5NH_2 + (CH_3CO)_2O \xrightarrow{\text{アセチル化}} C_6H_5NHCOCH_3 + CH_3COOH$$

(2)　生成物のアセトアニリド $C_6H_5NHCOCH_3$ 分子中には，**アミド結合** $-NH-CO-$ が含まれる。

アミド結合をもつ化合物を**アミド**という。アミドが加水分解されると，もとのカルボン酸とアミンを生成する。

(3)　反応式の係数比より，アニリン(分子量 93)1mol と反応する無水酢酸(分子量 102)も 1mol であり，生成するアセトアニリド(分子量 135)も 1mol である。これより，必要な無水酢酸を x〔g〕，生成するアセトアニリドを y〔g〕とおくと

$$\frac{4.65\text{〔g〕}}{93\text{〔g/mol〕}} = \frac{x\text{〔g〕}}{102\text{〔g/mol〕}} = \frac{y\text{〔g〕}}{135\text{〔g/mol〕}}$$

∴　$x = 5.10$〔g〕，$y = 6.75$〔g〕

解答　(1) $C_6H_5NHCOCH_3$　**アセトアニリド**
アセチル化
(2) **アミド結合　アミド**
(3) **無水酢酸 5.10g**
アセトアニリド 6.75g

325　**解説**　(1)　安息香酸，アニリン，ニトロベンゼン，フェノールの混合エーテル溶液に NaOH 水溶液を加えると，酸性物質の安息香酸とフェノールがともに安息香酸ナトリウム，ナトリウムフェノキシドとなり水層へ分離される。ここへ CO_2 を十分に通じると，炭酸より弱い酸であるフェノールが遊離し，エーテル層 B に抽出される。炭酸より強いカルボン酸である安息香酸ナトリウムは，水層 A に残ったままである。

一方，アニリンとニトロベンゼンの混合エーテル溶液に希塩酸を加えると，塩基性物質のアニリンがアニリン塩酸塩となり水層 C へ分離され，中性物質のニトロベンゼンはそのままエーテル層 D に残ったままである。

(2)　中性物質のトルエンやナフタレンは酸・塩基とは反応せず，エーテル層 D にそのままの形で残る。一方，カルボン酸であるサリチル酸は安息香酸と同じ水層 A に分離される。フェノール類である *o*−クレゾールはフェノールと同じエーテル層 B に分離される。

解答　(1)
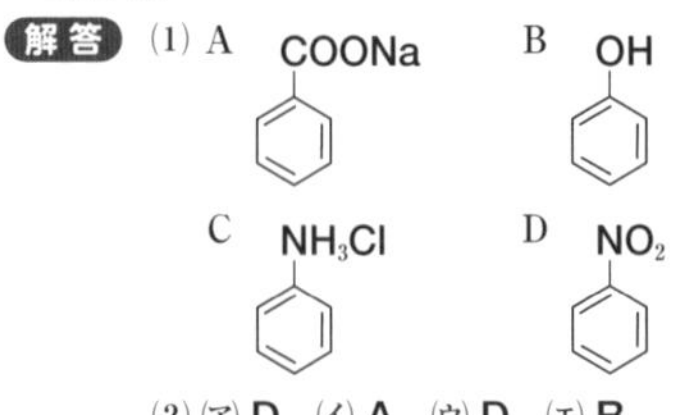

(2)(ア) **D**　(イ) **A**　(ウ) **D**　(エ) **B**

326～326

326 (解説)　まず，5種類の芳香族化合物は，次のように分類される。

塩基性物質：アニリン(酸に溶ける)
酸性物質：サリチル酸，フェノール(塩基に溶ける)
中性物質：ニトロベンゼン，トルエン(酸・塩基いずれにも溶けない)

サリチル酸，フェノールは酸性物質であるから，NaOH水溶液を加えると，いずれも水溶性の塩となって水層に分離される。**アニリンは塩基性物質**だから，HCl水溶液を加えると，アニリン塩酸塩となって水層に分離される。しかし，**トルエン，ニトロベンゼンは中性物質**だから，酸・塩基のいずれとも反応せず，最後までエーテル層に残る。

ここで2種類の酸性物質を分離するには，酸の強さの違いをよく理解しておく必要がある。

(弱い酸の塩)＋(強い酸)→(強い酸の塩)＋(弱い酸)
なお，酸としての強さの順は，
塩酸，硫酸＞カルボン酸＞炭酸＞フェノール類

この関係は，(i)強い方の酸を水溶性の塩に変えたいとき，(ii)水溶性の塩から弱い方の酸を遊離させたいときに利用される。

(i)の例として，炭酸水素ナトリウム$NaHCO_3$という弱酸の塩の水溶液を用いると，炭酸より強いカルボン酸は塩となって溶解するが，炭酸より弱いフェノール類は溶解しない。こうして，2種類の酸性物質は分離できる。

(ii)の例として，フェノール類とカルボン酸がいずれもナトリウム塩となって溶けている水溶液に，CO_2を十分に通じると，水溶液中に炭酸H_2CO_3ができる。このとき，炭酸より弱いフェノール類は，弱酸の分子となって遊離するが，炭酸より強いカルボン酸は塩のままで水溶液中に存在する。こうして，2種類の酸性物質は分離できる。

(1)　サリチル酸に炭酸水素ナトリウム水溶液を加えると，次式のようにCO_2を発生しながら溶け，[水層A]へ分離される。

$C_6H_4(OH)COOH + NaHCO_3 \longrightarrow C_6H_4(OH)COONa + CO_2 + H_2O$

サリチル酸ナトリウム
(水層A)

一方，フェノールは$NaHCO_3$とは反応しないから，[エーテル層I]にとどまる。

($NaHCO_3$水溶液と反応して溶けるのは，炭酸よりも強いカルボン酸などである。炭酸よりも弱いフェノール類は$NaHCO_3$水溶液とは反応しない。)

続いて，NaOH水溶液を加えると，酸性物質のフェノールが反応して溶け，[水層B]に分離される。

$C_6H_5OH + NaOH \longrightarrow C_6H_5ONa + H_2O$

ナトリウムフェノキシド
(水層B)

最後に，アニリンは塩基性物質なので，これを分離するために希塩酸(A)を加えると反応して溶け，[水層C]に分離される。

$C_6H_5NH_2 + HCl \longrightarrow C_6H_5NH_3Cl$

アニリン塩酸塩
(水層C)

中性物質のニトロベンゼンとトルエンは，いかなる酸・塩基とも反応せず，[エーテル層D]に残る。

水層では，それぞれの塩は電離してイオンになっているから，その状態を構造式で示すこと。

(2)　①　水層Aのサリチル酸ナトリウムに強酸である塩酸を加えると，弱酸であるサリチル酸が遊離する。

$C_6H_4(OH)COONa + HCl \longrightarrow C_6H_4(OH)COOH + NaCl$

②　水層BのナトリウムフェノキシドにCO_2を十分に通じると，フェノールより強い酸である炭酸H_2CO_3によって，弱酸であるフェノールが遊離する。

$C_6H_5ONa + CO_2 + H_2O \longrightarrow C_6H_5OH + NaHCO_3$

③　水層Cのアニリン塩酸塩に強塩基であるNaOH水溶液を加えると，弱塩基であるアニリンが遊離する。

$C_6H_5NH_3Cl + NaOH \longrightarrow C_6H_5NH_2 + NaCl + H_2O$

④　エーテル層Dには，ニトロベンゼンとトルエンが存在する。これを蒸留すると，低沸点のトルエン(沸点110℃)が留出して除かれ，高沸点のニトロベンゼン(沸点211℃)が容器中に残る。

これは，ニトロベンゼン(分子量123)の方がトルエン(分子量92)よりも分子量が大きいため，分子間力が強くはたらき，沸点が高くなるためである。

(3)(ア)

$HO-C_6H_4-N(H)-C(=O)-CH_3$

弱い酸性（HO）　中性（$-N(H)-C(=O)-$）

(イ)

$C_2H_5-O-C_6H_4-N(H)-C(=O)-CH_3$

中性（C_2H_5-O-）　中性（$-N(H)-C(=O)-$）

(ウ)

$(H_3C)_2CH-CH_2-C_6H_4-C^{*}H(CH_3)-C(=O)-OH$

中性　弱い酸性

（不斉炭素原子＊のため，1対の鏡像異性体が存在する。）

(ア)のアセトアミノフェンには，フェノール性 −OH 基があるので，フェノールと同様に，水層Bに分離される。

(イ)のフェナセチンには，アミド結合 −NHCO− があるが，酸性も塩基性も示さない。また，エーテル結合 −O− も中性であるため，トルエンやニトロベンゼンと同様に，エーテル層Dに分離される。

(ウ)のイブプロフェンには，カルボキシ基 −COOH があるので，サリチル酸と同様に，水層Aに分離される。

解答　(1) A $C_6H_4(OH)COO^-$　B $C_6H_5O^-$　C $C_6H_5NH_3^+$

(2) ① $C_6H_4(OH)COOH$　② C_6H_5OH

③ $C_6H_5NH_2$　④ $C_6H_5NO_2$

(3) (ア) **水層B**　(イ) **エーテル層D**　(ウ) **水層A**

327 (解説)　(1)，(2)　**ニトロベンゼン**をスズ Sn，濃塩酸で還元すると，**アニリン**が生成する。ただし，過剰の塩酸で反応させているので，生成物は水に可溶な**アニリン塩酸塩**である。したがって，操作Aの油滴はニトロベンゼンである。アニリン塩酸塩に強塩基の NaOH 水溶液を加えると，弱塩基のアニリンが遊離する。したがって，操作Bの油滴はアニリンである。

$$C_6H_5NH_3Cl + NaOH \longrightarrow C_6H_5NH_2 + NaCl + H_2O$$

アニリンは水に溶けにくく，エーテルなどの有機溶媒に溶けやすいので，エーテル層(上層)に分離される。

(3)　Sn は還元剤として作用する。

$$Sn \longrightarrow Sn^{4+} + 4e^- \quad \cdots ①$$

ニトロベンゼンは酸化剤として作用し，生成物はアニリニウムイオンとなる。

$$C_6H_5NO_2 + 7H^+ + 6e^- \longrightarrow C_6H_5NH_3^+ + 2H_2O \quad \cdots ②$$

①式×3＋②式×2，両辺に 14Cl⁻を加えて整理すると，

$$2C_6H_5NO_2 + 3Sn + 14HCl \longrightarrow 2C_6H_5NH_3Cl + 3SnCl_4 + 4H_2O$$

(4)　アニリンは無色の油状の液体であるが，空気中に放置すると，徐々に酸化されて褐色～赤褐色になる。この性質を利用して，**アニリンにさらし粉水溶液**(酸化剤)**を加えると，赤紫色になる**。これは，アニリンの検出に利用される。

解答　(1) A　**ニトロベンゼン**　B　**アニリン**

(2) **アニリンを遊離させるため。**

(3) $2C_6H_5NO_2 + 3Sn + 14HCl \longrightarrow 2C_6H_5NH_3Cl + 3SnCl_4 + 4H_2O$

(4) **さらし粉水溶液を加えると，赤紫色を呈する。**

328 (解説)　(1)　乾いた試験管を用いる理由は次の通り。試験管の水が加わると，無水酢酸が水と徐々に反応(加水分解)して酢酸に戻っていくため，反応性の高い無水酢酸が減り，反応性の低い酢酸が増える。したがって，(3)の反応式が右向きに進みにくくなり，アセチルサリチル酸の収量が減少するためである。そのため，無水酢酸をできるだけ加水分解させずにサリチル酸と反応させるために，乾いた試験管を用いて実験を行う。

$$(CH_3CO)_2O + H_2O \longrightarrow 2CH_3COOH$$

(2)　生成したアセチルサリチル酸は，残っている無水酢酸中に溶けている。よって，反応液に冷水を加えてかき混ぜると，無水酢酸が加水分解されるので，その中に溶解していたアセチルサリチル酸が結晶として析出しやすくなる。

329～330

(3)　無水酢酸$(CH_3CO)_2O$は，サリチル酸の$-COOH$とは反応せず，サリチル酸の$-OH$のHとアセチル基CH_3CO-が置換反応を行うので，この反応を**アセチル化**という。

(4)　(3)の反応式の係数比より，サリチル酸1molからアセチルサリチル酸1molが生成する。サリチル酸(分子量138)1.0gから生成するアセチルサリチル酸(分子量180)の理論値をx〔g〕とすると，

$$\frac{1.0}{138}=\frac{x}{180}\qquad\therefore\quad x\fallingdotseq 1.30〔g〕$$

$$収率〔\%〕=\frac{実際の生成量}{理論的な生成量}\times100$$

$$=\frac{0.95}{1.30}\times100\fallingdotseq73.0\fallingdotseq73〔\%〕$$

解答　(1) **水があると，無水酢酸と水が反応して酢酸となり反応性が低下し，アセチルサリチル酸の収量が減少するため。**

(2) **過剰の無水酢酸を加水分解することにより，アセチルサリチル酸の結晶化を促すため。**

(3)　(OH, COOH を持つベンゼン環) ＋ $(CH_3CO)_2O$ → (OCOCH$_3$, COOH を持つベンゼン環) ＋ CH_3COOH

(4) **73%**

329 (解説)　A，B，Cはいずれもベンゼン環をもつ芳香族カルボン酸である。なお，ベンゼン環に直接結合した炭化水素基(**側鎖**)は，酸化剤を用いて十分に酸化すると，炭素数に関係なく最終的に$-COOH$に変化する。A，B，Cとして考えられる構造式は次の通りである。

(i)　CH_2COOH　(ii)　CH_3 / $COOH$　(iii)　CH_3 / $COOH$　(iv)　CH_3 / $COOH$

Aの分子式$C_8H_8O_2$と酸化生成物Dの分子式$C_7H_6O_2$を比較すると，炭素原子が1個減少している。また，Dはトルエンの酸化生成物(**安息香酸**)と同一であるから，Aはベンゼンの一置換体の(i)(フェニル酢酸)である。

Aを$KMnO_4$水溶液で酸化すると，ベンゼン環に直接結合した炭素原子で酸化がおこり，$-COOH$に変化する。このとき，もとから存在していた$-COOH$はCO_2として脱離(脱炭酸)すると考えられる。

B，Cの分子式$C_8H_8O_2$の場合，その酸化生成物E，Fの分子式$C_8H_6O_4$と比較すると，ともに炭素原子の数は変化していないが，酸素原子が2個増加している。このことは，ベンゼン環の側鎖が酸化されて$-COOH$に変化したことを示す。よって，B，Cはベンゼンの二置換体の(ii)，(iii)，(iv)のいずれかである。

さらに，Eを加熱すると1分子の水を失った化合物(**酸無水物**)になるので，Eはオルト体のフタル酸である。よって，Bもオルト体の(ii)(o－トルイル酸)である。

Fは加熱しても酸無水物が生じないことと，Cのベンゼン環の水素原子1つを臭素原子で置換した化合物が，2種類の異性体しか生じないことから，Cはパラ体の(iv)(p-トルイル酸)である。よって，Fもパラ体のテレフタル酸である。

CH_3 / $COOH$　4種類　　CH_3 / $COOH$　4種類　　CH_3 / $COOH$　2種類

ベンゼン環の水素原子1つをBr原子で置換したベンゼンの三置換体に可能な構造式(臭素の置換位置を→で表す)

解答

A　CH_2COOH　B　CH_3 / $COOH$　C　CH_3 / $COOH$

D　$COOH$　E　$COOH$ / $COOH$　F　$COOH$ / $COOH$

330 (解説)　(1)　分子式$C_8H_8O_2$で表される芳香族エステルは$R-COO-R'$と表されるので，RとR′の組み合わせにより，次の①～③の場合が考えられる。

①　$R=C_6H_5$(芳香族カルボン酸)のとき，$R'=CH_3$なので，$R'OH$(アルコール)はメタノール。

②　$R=CH_3$(酢酸)のとき，$R'=C_6H_5$(芳香族化合物)なので，$R'OH$(アルコール)はフェノール。

③　$R=H$(ギ酸)のとき，$R'=C_7H_7$(芳香族化合物)なので，$R'OH$(アルコール)はベンジルアルコール。

よって，ベンゼンの一置換体である芳香族エステルA，B，Cとして考えられる構造式は次の通りである。

(i) $COOCH_3$ 安息香酸メチル　(ii) $OCOCH_3$ 酢酸フェニル　(iii) CH_2OCOH ギ酸ベンジル

芳香族化合物Dは NaOH 水溶液とは反応せず，金属 Na と反応する。$KMnO_4$ で酸化すると芳香族カルボン酸Fになったことから，Dは芳香族のアルコールのベンジルアルコール。よってDを成分にもつAは(iii)である。

また，ベンジルアルコールの酸化生成物のFは安息香酸だから，Fを成分にもつCは(i)となる。

よって，残りのBは(ii)と決まり，Eはその成分のフェノールとなる。

(2) A～Fの中で，$FeCl_3$ 水溶液を加えて呈色するのは，フェノール類のEのみである。

（ベンジルアルコールDは，フェノール類ではないので呈色しない。また，Bのフェノール性ヒドロキシ基 −OH はアセチル化されているので，呈色しない。）

解答 (1) A $C_6H_5-CH_2-O-C(=O)-H$　B $C_6H_5-O-C(=O)-CH_3$
C $C_6H_5-C(=O)-O-CH_3$　D $C_6H_5-CH_2OH$
E C_6H_5-OH　F $C_6H_5-C(=O)-OH$

(2) **E**

共通テストチャレンジ

331 **解説** 2価の金属イオン M^{2+} に対して，ある有機化合物Aは配位結合によって水に不溶性の錯体(沈殿B)を生成する。この沈殿の質量を測定することにより，もとの金属イオンの物質量を定量できる。このような操作を**沈殿滴定**という。

NH_3，OH^- のように，金属イオンの1か所で配位結合する配位子を**単座配位子**，エチレンジアミン $H_2N(CH_2)_2NH_2$ のように，金属イオンの2か所で配位結合する配位子を**二座配位子**，二座以上の配位子を**多座配位子**という。

化合物Aは，分子中のN原子と −OH から H^+ が電離して生じた $-O^-$ の2か所で配位結合を行う二座配位子である。一方，Cu^{2+} は4配位であるから，
化合物A：Cu^{2+}＝2：1(物質量比)で過不足なく反応して錯体(化合物B)を生成する。

また，金属イオンに多座配位子が配位結合して得られる環状構造の錯体は，**キレート錯体**とよばれ，単座配位子により生じた普通の錯体に比べて安定度が大きい(**キレート効果**)ことが知られている。

2価の金属イオンと有機化合物Aとの反応は，次式で表される。

$$M^{2+} + 2A \rightleftarrows B + 2H^+ \quad \cdots(1)$$

(1)式より，M^{2+} 1mol と A 2mol が過不足なく反応するから，0.0040mol のAと過不足なく反応する Cu^{2+} は 0.0020mol であり，生成する不溶性の沈殿Bも 0.0020mol である。

Bの式量は，$64+(211-1)\times2=484$ なので，Bのモル質量は 484g/mol であり，生成するBの質量は，
$0.0020\times484=0.968$〔g〕

よって，Cu^{2+} の物質量と生じた化合物Bの質量との関係を表すグラフは，$(x,\ y)=(0.0020,\ 0.968)$ の点で折れ曲がる②が該当する。

解答 ②

332 **解説** アルデヒドは Ni 触媒を用いた水素還元により第一級アルコールに戻すことができるが，同じ条件では，カルボン酸は第一級アルコールに還元できない。カルボン酸を第一級アルコールに還元するには，水酸化リチウムアルミニウム $LiAlH_4$ などの強力な還元剤を必要とする。

$$R-CH_2OH \underset{-2H}{\overset{-2H}{\rightleftarrows}} R-CHO \underset{-O}{\overset{+O}{\rightleftarrows}} R-COOH$$

カルボン酸を強力な還元剤Xで還元すると，上記のように2段階に還元されるのではなく，実際には1段階で第一級アルコールまで還元される。(題意より，アルデヒドの生成は考えないとあるが，強力な還元剤を用いてカルボン酸を還元する場合，一旦反応が始まると，途中のアルデヒドで反応を止めることはできず，アルコールまで還元が進行してしまうためである。)

$HOOC-R-COOH$ (2価カルボン酸) ⟶ $HOOC-R-CH_2OH$ (ヒドロキシ酸)

⟶ $HOH_2C-R-CH_2OH$ (2価アルコール)

(i) $HOOC-CH_2-CH_2-CH_2-COOH$
⟶ $HOH_2C-CH_2-CH_2-CH_2-COOH$
⟶ $HOH_2C-CH_2-CH_2-CH_2-CH_2OH$

(ii) $CH_3-CH(COOH)-CH_2COOH$

$\longrightarrow CH_3-\overset{*}{C}H(CH_2OH)-CH_2-COOH$,

$CH_3-\overset{*}{C}H(COOH)-CH_2-CH_2OH$

$\longrightarrow CH_3-\overset{*}{C}H(CH_2OH)-CH_2-CH_2OH$

(iii) $CH_3-CH_2-CH(COOH)-COOH$

$\longrightarrow CH_3-CH_2-\overset{*}{C}H(CH_2OH)-COOH$

$\longrightarrow CH_3-CH_2-CH(CH_2OH)-CH_2OH$

(iv) $CH_3-C(COOH)_2-CH_3 \longrightarrow CH_3-C(COOH)(CH_2OH)-CH_3$

$\longrightarrow CH_3-C(CH_2OH)_2-CH_3$

題意より，立体異性体を区別しないで数えるということは，構造異性体のみを区別してその種類を数えればよい。

ア　生成するヒドロキシ酸と２価アルコールの構造異性体は全部で９種類。

イ　アのうち，不斉炭素原子(＊)をもつものは全部で４種類。

解答　ア ⑨　イ ④

33 糖類（炭水化物）

333 **解説**　(1)　一般式 $C_m(H_2O)_n (m\geqq 3,\ m\geqq n)$ で表され，分子中に複数の $-OH$ をもつ化合物を**糖類(炭水化物)**という。糖類は，加水分解される，されないによって次のように分類される。

単糖類　加水分解されない糖類。
　(i)　炭素数が５の単糖(**五炭糖**)
　　分子式 $C_5H_{10}O_5$　(例)リボース
　(ii)　炭素数が６の単糖(**六炭糖**)
　　分子式は $C_6H_{12}O_6$ (例)グルコース，フルクトース
二糖類　分子式 $C_{12}H_{22}O_{11}$
　２分子の単糖が脱水縮合した糖類。
　加水分解によって単糖２分子を生じる。
　(i)　水溶液が還元性を示す二糖(**還元糖**)
　　(例)マルトース，ラクトース
　(ii)　水溶液が還元性を示さない二糖(**非還元糖**)
　　(例)スクロース，トレハロース
多糖類　分子式 $(C_6H_{10}O_5)_n$
　多数の単糖が脱水縮合した糖類。
　加水分解によって多数の単糖分子を生じる。
　(例)デンプン，セルロース，グリコーゲン

解答　① **単糖類**　② **六単糖(ヘキソース)**　③ **五炭糖(ペントース)**　④ **二糖類**　⑤ **還元糖**　⑥ **非還元糖**　⑦ **多糖類**

334 **解説**　(1)　グルコース(ブドウ糖)が環状構造をとったとき，新たに不斉炭素原子となった①(1位)の炭素に結合するヒドロキシ基が，環の下側にあるものを**α型**，環の上側にあるものを**β型**と区別する。これらは同一の単糖に属するが，物理的性質などがやや異なる立体異性体で，互いに**アノマー**という。α-グルコースとβ-グルコースは立体異性体の関係にあるが，グルコースとフルクトースは構造式が異なり，構造異性体の関係にある。

グルコースは，水溶液中でα型，β型および，鎖状構造のものが，1：2：微量 の割合で平衡状態となっている。その鎖状構造に**ホルミル基**(アルデヒド基)があるため，グルコースの水溶液は還元性を示す。すなわち，アンモニア性硝酸銀水溶液から銀を析出させる反応(銀鏡反応)を示したり，フェーリング液を還元して酸化銅(Ⅰ)Cu_2O の赤色沈殿を生じる。

α形　ホルミル基（還元作用を示す）　β形

α-グルコース　鎖状構造　β-グルコース

グルコースの環状構造中の①位のC原子には，−OH基と−O−結合が1個ずつ結合している。このような構造を**ヘミアセタール構造**という。水溶液中ではヘミアセタール構造の−OHからH^+が放出され，環内のO原子に移動すると，電子の移動とともにヘミアセタール構造が開環し，−OH基と−CHO基をもつ鎖状構造に変化し，還元性を示す。

(2)　4種類の異なる原子(原子団)と結合している炭素原子を，**不斉炭素原子**という。環状構造のグルコースの場合，着目したC原子から環を一周したとき，立体構造の違いを比較する。たとえば，②位のC原子に着目した場合，−Hと−OHが異なるだけでなく，環の右回りに③→④→⑤→O→①とみた立体構造と，環の左回りに①→O→⑤→④→③と見た立体構造では異なるので，不斉炭素原子と判断する。したがって，①，②，③，④，⑤のC原子が不斉炭素原子になる。

α-グルコース

（グルコースの鎖状構造には，②〜⑤(2〜5位)に不斉炭素原子が4個あるので，理論上$2^4=16$種類の立体異性体が存在し，その内訳は，D型，L型それぞれ8種類ずつである。すなわち，グルコースの場合は，⑤(5位)の不斉炭素原子に結合している$-CH_2OH$が環の上側にあるものをD型，環の下側にあるものをL型としており，天然の糖類はすべてD型であるから，⑤(5位)の立体配置はどれも不変である。）

(3)　グルコースなどの六炭糖は，酵母のもつ酵素チマーゼのはたらきで，エタノールと二酸化炭素に分解される。この反応を**アルコール発酵**といい，酒づくりに利用される。

(4)　フルクトース(果糖)には，五員環構造と六員環構造があり，水溶液中では，α型，β型，および鎖状構造のものが一定の割合で存在し，平衡状態になっている。

その鎖状構造にヒドロキシケトン基$-COCH_2OH$が存在するため，グルコースの水溶液と同様に還元性を示す。

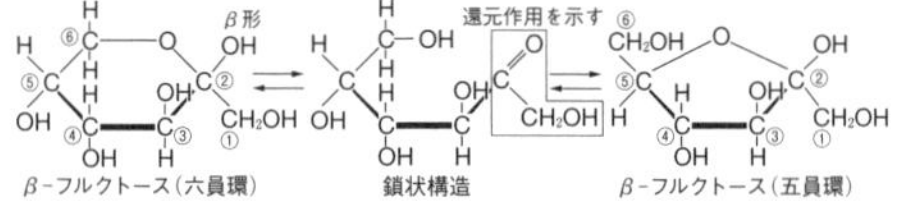

フルクトース分子中に存在するヒドロキシケトン基$-CO-CH_2OH$は，水溶液中で，その一部がエンジオール構造に変化し，平衡状態になる。このエンジオール構造は容易に酸化されてジケトン構造になるため，フルクトースは還元作用を示す。

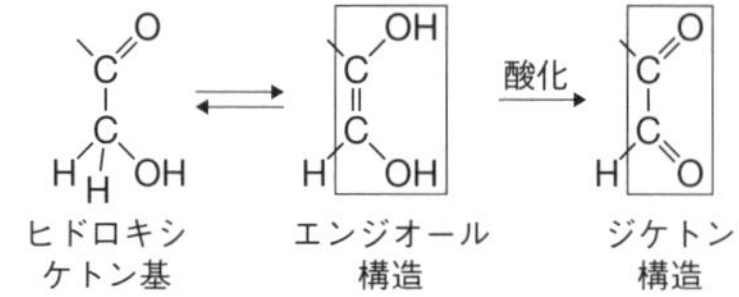

解答　①**ブドウ糖**　②**立体異性体**　③**ホルミル(アルデヒド)**　④**銀鏡反応**　⑤**酸化銅(Ⅰ)**　⑥**果糖**　⑦**構造異性体**

(1) B　　C

(2) A **5個**，B **4個**

(3) $C_6H_{12}O_6 \longrightarrow 2C_2H_5OH + 2CO_2$

(4) **オ**

335 **解説** (1)　フルクトースは，水溶液中でヒドロキシケトン基$-COCH_2OH$をもつ鎖状構造を生じ，還元性を示す。〔×〕

なお，単糖類は，グルコースのようにホルミル基をもつ**アルドース**と，フルクトースのようにカルボニル基をもつ**ケトース**に分類される。

(2)　デンプンはα-グルコースの縮合重合体，セルロースはβ-グルコースの縮合重合体である。しかし，これらを加水分解すると，セルロースからはβ-グルコースのみが，デンプンからはα-グルコースのみが得られるというわけでなく，いずれもグルコース(α：β≒1：2の平衡混合物)が得られる。〔×〕

(3)　セルロースに濃硝酸と濃硫酸の混合物(混酸)を作用させると，セルロースを構成するグルコース1単位に含まれる3個の−OHすべてが硝酸によってエステル化され，**トリニトロセルロース**が得られる。

トリニトロセルロースは，ニトロベンゼンのようにニトロ基$-NO_2$がC原子に結合しておらず，ニ

336～336

トロ基がO原子に結合しているので，ニトロ化合物ではなく，**硝酸エステル**である。〔○〕

解答 (3)

336 **解説** (1), (2)　マルトースは麦芽糖とも呼ばれ，α-グルコースの1位の−OHと別のグルコースの4位の−OHで脱水縮合した構造の二糖類で，縮合していない1位の−OHが，ヘミアセタール構造のため水溶液中で開環して鎖状構造に変化し，ホルミル基を生じるから，還元性を示す。

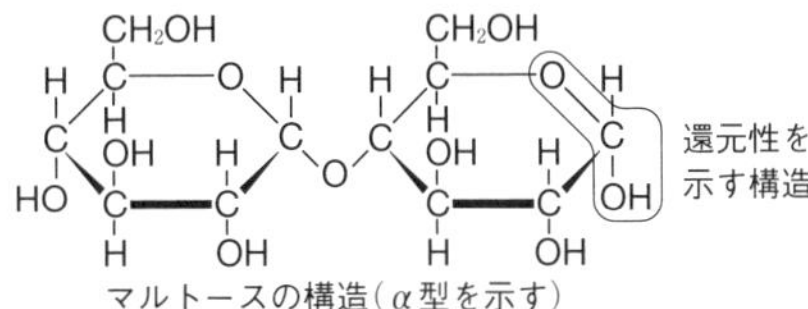

マルトースの構造（α型を示す）

スクロースはα-グルコースの①（1位）の炭素原子に結合した−OHと，β-フルクトースの②（2位）の炭素原子に結合した−OH，すなわち，ともに還元性を示す構造（**ヘミアセタール構造**という）どうしで脱水縮合した二糖である。そのため，水溶液中で鎖状構造がとれず還元性を示さない。

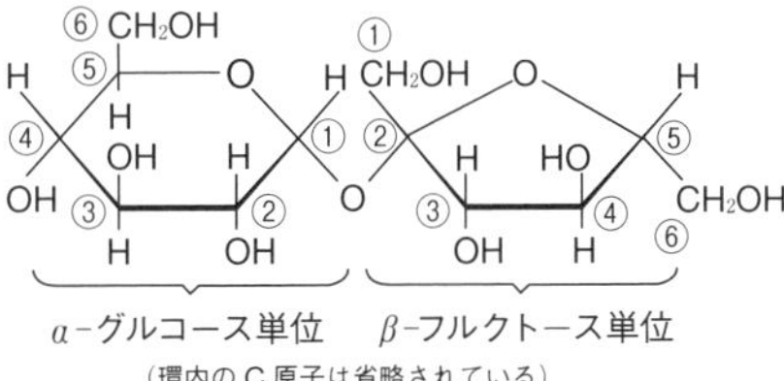

スクロースは希酸あるいは酵素スクラーゼ，またはインベルターゼ（転化酵素を意味する）で加水分解されると，グルコースとフルクトースになり，還元性を示すようになる。このとき，旋光性が右旋性から左旋性に変化するので，スクロースの加水分解を**転化**といい，生成したグルコースとフルクトースの等量混合物を**転化糖**という。

ラクトースは乳糖とも呼ばれ，β-ガラクトースの1位の−OHと別のグルコースの4位の−OHで脱水縮合した構造の二糖類で，縮合していない1位の−OHが，ヘミアセタール構造のため水溶液中で開環して鎖状構造に変化し，ホルミル基を生じるから，還元性を示す。

ラクトースの構造式は，次の2通りの表記方法がある。

［1］　β-ガラクトースの1位の−OH（上向き）の向きにグルコースの4位の−OH（下向き）を合わせるため，グルコースを上下に裏返してつなげる方法。

還元性を示す構造

図1　ラクトースの構造（β型を示す）

［2］　β-ガラクトースの1位の−OH（上向き）とグルコースの4位の−OH（下向き）を，そのままつなげる方法。

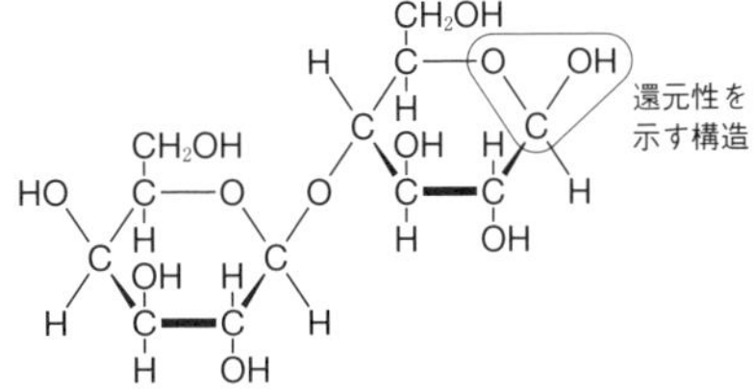

図2　ラクトースの構造（β型を示す）

なお，糖類のグリコシド結合（−O−）は単結合のため，自由回転が可能なので，図1，図2いずれの方法で表記しても構わないが，−O−の結合角は約110°であるから，［1］の構造の方が安定である。

二糖類は，酸や酵素によって次のように単糖類に加水分解される。

マルトース $\xrightarrow{\text{マルターゼ}}$ グルコース＋グルコース

ラクトース $\xrightarrow{\text{ラクターゼ}}$ グルコース＋ガラクトース

スクロース $\xrightarrow{\text{スクラーゼ}}$ グルコース＋フルクトース

(3)　スクロースの加水分解の反応式は，

$$C_{12}H_{22}O_{11} + H_2O \longrightarrow 2C_6H_{12}O_6$$

スクロース1molから単糖2molを生じる。また，フェーリング液との反応より，単糖1molから酸化銅（Ⅰ）Cu_2O 1molが生成する。したがって，スクロース1molから酸化銅（Ⅰ）2molが生成する。

$C_{12}H_{22}O_{11}=342$，$Cu_2O=143$ より，

$$\frac{2.4}{342}\times 2\times 143=2.00\fallingdotseq 2.0〔g〕$$

解答 ① **麦芽糖**　② **ショ糖**
③ **スクラーゼ（インベルターゼ）**
④ **転化糖**　⑤ **示す**
⑥ **乳糖**　⑦ **ガラクトース**　⑧ **示す**

337 ～ 337

(1)

マルトース　逆でも可

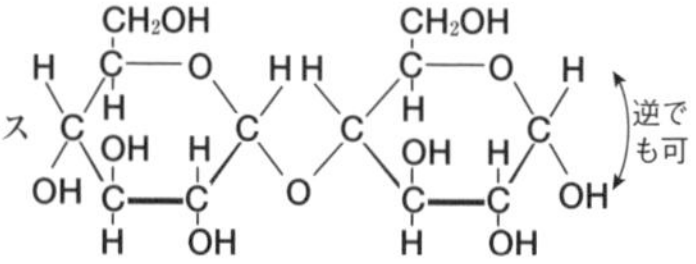

スクロース

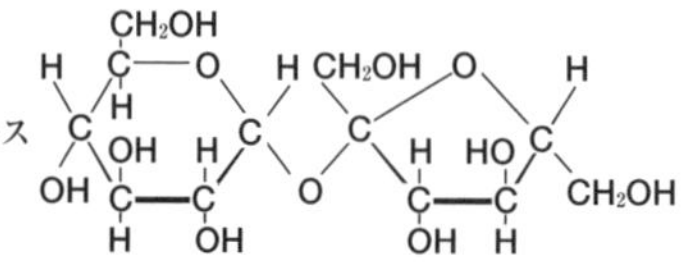

(2) **スクロースは，α-グルコースとβ-フルクトースの還元性を示す構造(ヘミアセタール構造)どうしで脱水縮合しているため。**

(3) **2.0g**

337 解説　**デンプン**は α-グルコースの縮合重合体で，1, 4-グリコシド結合のみからなる直鎖状構造の**アミロース**と，1, 4-グリコシド結合の他に 1, 6-グリコシド結合をもつ枝分かれ構造の**アミロペクチン**からなる。アミロースは比較的分子量が小さく(数万～数十万)，熱水に可溶である。一方，アミロペクチンは分子量がかなり大きく(数十万～数百万程度)，熱水にも不溶である。

デンプンでは，α-グルコースがすべて同じ方向に結合しているので，その 1 つの構成単位に曲がりがあると，それが繰り返されて，分子全体では大きな曲がりをもつ**らせん構造**となる。

デンプンの水溶液にヨウ素溶液(ヨウ素ヨウ化カリウム水溶液)を加えると，デンプン分子のらせん構造の中に I_3^- (三ヨウ化物イオン)や I_5^- (五ヨウ化物イオン)が取り込まれることで呈色する。この呈色反応を**ヨウ素デンプン反応**という。加熱すると，デンプンのらせん構造から I_3^- などが出ていくため，色は消えてしまうが，冷却すると，らせん構造に I_3^- などが入り込むため，もとの呈色が見られる。アミロースは枝分かれがなく，1 本のらせんが長いので，ヨウ素デンプン反応は濃青色を示す。一方，アミロペクチンは枝分かれしていて，1 本のらせんが短いので，ヨウ素デンプン反応では赤紫色を示す。

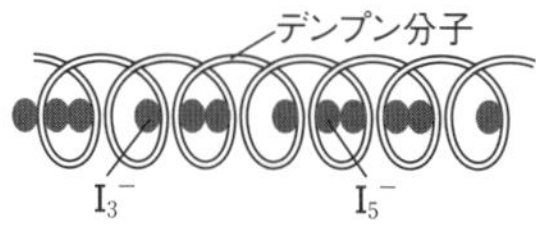

また，動物の肝臓や筋肉中には**グリコーゲン**という多糖が貯蔵されている。これは，アミロペクチンよりもさらに枝分かれが多く，1 本のらせんがさらに短いので，ヨウ素デンプン反応は赤褐色を示す。枝分かれが多いため酵素アミラーゼの作用を受けやすく，速やかに加水分解され，大量のグルコースを供給することができる。

グリコーゲンの構造

アミロースに酵素アミラーゼを作用させると，完全にマルトースまで加水分解される。しかし，アミロペクチンにアミラーゼを作用させても，枝分かれ部分の 1, 6-グリコシド結合は切断できずに，枝分かれ部分を多く残した**デキストリン**(デンプンが部分的に加水分解されてできた多糖の総称)と**マルトース**が生成する。

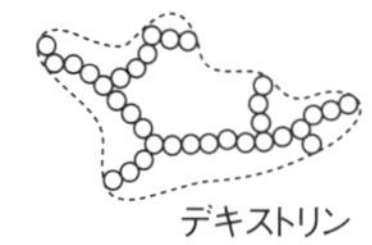
デキストリン

セルロースはβ-グルコースの 1 位と 4 位の -OH の間で脱水縮合してできた高分子である。セルロースでは，β-グルコースが 1 単位ごとにその向きを上下に反転しながら結合しているので，その 1 つの構成単位に曲がりがあったとしても，分子全体では曲がりが打ち消し合って，真っすぐに伸びた**直線状構造**となる。セルロースは，平行に並んだ分子間では数多くの水素結合が網目状に形成され，強い繊維状の物質となる。セルロースが熱水にも溶けないのは，水素結合により多くの部分(70 ～ 85%)で結晶化しているためである。

セルロースは，酵素セルラーゼによって加水分解され，二糖の**セロビオース**となり，さらに酵素セロビアーゼによって単糖のグルコースに加水分解される。

(1) $(C_6H_{10}O_5)_n + nH_2O \longrightarrow nC_6H_{12}O_6$ より，デンプン 1mol からグルコース n〔mol〕が生成する。

分子量は $(C_6H_{10}O_5)_n = 162n$，$C_6H_{12}O_6 = 180$ より，

$$\frac{9.0}{162n} \times n \times 180 = 10〔g〕$$

(2) $2(C_6H_{10}O_5)_n + nH_2O \longrightarrow nC_{12}H_{22}O_{11}$

反応式の係数比より，デンプン 2mol からマルトース n〔mol〕が生成する。生成するマルトースを x〔g〕とすると，デンプンの分子量は $(C_6H_{10}O_5)_n = 162n$，マルトースの分子量は $C_{12}H_{22}O_{11} = 342$ なので，

$$\frac{16.2}{162n} : \frac{x}{342} = 2 : n$$

$$\therefore \quad x = 17.1〔g〕$$

解答　① **α-グルコース**　② **らせん**　③ **ヨウ素デンプン反応**　④ **アミロース**　⑤ **アミロペクチン**　⑥ **グルコース**

338～340

⑦ **デキストリン**　⑧ **グリコーゲン**
⑨ **β-グルコース**　⑩ **直線**
⑪ **セルラーゼ**　⑫ **セロビオース**
⑬ **セロビアーゼ**　⑭ **グルコース**
(1) **10g**　(2) **17.1g**

338 (解説) まず，与えられた糖類を分類する。

単糖類…グルコース，フルクトース
二糖類…スクロース，ラクトース，マルトース
多糖類…グリコーゲン，デンプン，セルロース

(1) 水溶液が還元性を示すのは，すべての単糖類とスクロースとトレハロースを除く二糖類である。

> トレハロースはα-グルコース2分子が還元性を示す1位の -OH どうしで脱水縮合してできた二糖である。水溶液中でも開環できず，鎖状構造をとれないので，その水溶液は還元性を示さない。

すべての多糖類においては，分子鎖の末端にはただ1個の還元末端しか存在しない。これは分子全体から見ると無視できるほど少量なので，多糖類は実際には還元性を示さない。

(2) 多糖類が高分子化合物に該当する。

(3) 二糖類のうち，同種の単糖で構成されているマルトースと，すべての多糖類が該当する。

(4) 二糖類のうち，異種の単糖で構成されているスクロース，ラクトースが該当する。

(5) ヨウ素溶液で呈色反応するのは，多糖類のうち，らせん構造をもつデンプンとグリコーゲンが該当する。

解答 (1) **(ア)，(オ)，(カ)，(キ)**　(2) **(イ)，(エ)，(ク)**
(3) **(イ)，(エ)，(キ)，(ク)**　(4) **(ウ)，(オ)**
(5) **(イ)，(エ)**

339 (解説) デンプンを加水分解する途中で生成する，比較的分子量の小さい多糖類を総称して**デキストリン**という。これにある種の細菌から抽出した特別な酵素を作用させると，分子の末端の1位と4位の -OH が脱水縮合して環状構造の**シクロデキストリン**が生成する。シクロデキストリンの外側は OH 基のために親水性を示し，内側は C-H 結合のために疎水性を示す。また，中央部の空洞部分には適当な大きさの疎水性の有機物を取り込む能力(**包接作用**)がある。

(1) 単糖分子のヘミアセタール構造の -OH と別の単糖の -OH とが脱水結合してできたエーテル結合(-O-)を，特に**グリコシド結合**という。

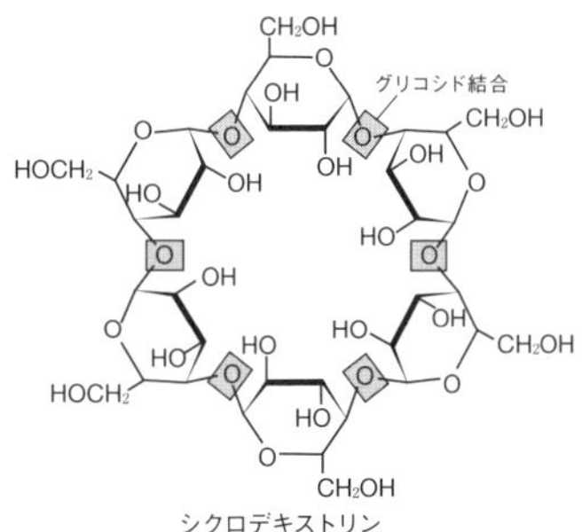

シクロデキストリン

このシクロデキストリンは，6分子のα-グルコースすべてがそれぞれの1位の -OH と4位の -OH で脱水縮合してできた，α-1,4-グリコシド結合をもつため，分子中に還元性を示す**ヘミアセタール構造**(C 原子に -OH と -O- 結合が1個ずつ結合した構造)が存在しない。そのため，水溶液中でも開環できず，還元性を示さない。

(2) このシクロデキストリンの分子式は$(C_6H_{10}O_5)_6$であり，これを完全に加水分解するときの反応式は次の通り。

$$(C_6H_{10}O_5)_6 + 6H_2O \longrightarrow 6C_6H_{12}O_6$$

このシクロデキストリン 0.10mol の加水分解に必要な水分子は 0.60mol であり，生成するグルコースも 0.60mol である。

グルコースのモル質量は 180g/mol なので，生成するグルコースの質量は，

$0.60\text{mol} \times 180\text{g/mol} = 108\text{〔g〕}$

解答 (1) **シクロデキストリンは6分子のα-グルコースのすべてがα-1,4-グリコシド結合しており，分子中にヘミアセタール構造が存在しないので，水溶液は還元性を示さない。**
(2) **108g**

340 (解説) ① デンプンの分子式は，その重合度を n とすると，$(C_6H_{10}O_5)_n$ で表される。このデンプンの分子量が 4.05×10^5 だから，

$162n = 4.05 \times 10^5$　∴ $n = 2500$

② A，B，C の分子量は，それぞれ 222，208，236 であるから，モル質量は，222g/mol，208g/mol，236g/mol となる。A，B，C の物質量の比が，それ

ぞれ A，B，C の分子数の比に等しいから，

$$A:B:C=\frac{3.064}{222}:\frac{0.125}{208}:\frac{0.142}{236}\fallingdotseq 23:1:1$$

③　デンプンを構成するグルコース単位は，右の4種類に区別できる。

非還元末端　連鎖部分　枝分かれ部分　還元末端

a：1,4 結合　b：1,6 結合

デンプンの $-OH$ のうち，メチル化されるものは，他のグルコースとグリコシド結合していない遊離状態にあるものである。

A には，1 位と 4 位に $-OH$ が残っているから，A は 1，4 位で他のグルコースと結合していた**連鎖部分**にあったことがわかる。

B には，1 位，4 位，6 位に $-OH$ が残っているから，B は 1 位，4 位，6 位で他のグルコースと結合していた**枝分かれ部分**にあったことがわかる。

C には 1 位だけに $-OH$ が残っているから，C は 1 位だけで他のグルコースと結合していた**非還元末端**にあったことがわかる。

上図では枝分かれ部分を x〔個〕とすると，非還元末端は $x+1$〔個〕である。ただし，x が大きくなると，$x\fallingdotseq x+1$ となり，枝分かれ部分の数と非還元末端の数は等しいと考えてよい。

よって，このデンプンでは，(連鎖部分 23＋枝分かれ部分 1＋非還元末端 1)のあわせてグルコース 25 分子あたり 1 個の枝分かれが存在する。

④　①より，このデンプン 1 分子は 2500 個のグルコース単位からなる。

③より 25 分子あたり 1 か所の枝分かれがある。

よって，このデンプン 1 分子には $\frac{2500}{25}=100$ か所の枝分かれが存在する。

解答　① **2500**　② **23**　③ **25**　④ **100**

34 アミノ酸とタンパク質，核酸

341 (解説)　同一の炭素原子にアミノ基とカルボキシ基が結合した化合物を**α-アミノ酸**といい，一般式では $R-CH(NH_2)COOH$ で表される。この R- の部分をアミノ酸の**側鎖**といい，その種類によってアミノ酸の種類が決まる。

α-アミノ酸の側鎖 R- に $-COOH$ をもつものを**酸性アミノ酸**，側鎖 R- に $-NH_2$ をもつものを**塩基性アミノ酸**，側鎖 R- に $-COOH$ も $-NH_2$ ももたないものを**中性アミノ酸**という。なお，生体内で十分な量が合成できないため，食事から摂取する必要のある α-アミノ酸を**必須アミノ酸**といい，ヒトの成人では 9 種類(乳幼児では 10 種類)ある。

側鎖 R-	名称
$-H$	グリシン
$-CH_3$	アラニン
$-CH_2OH$	セリン
$-CH(OH)CH_3$	トレオニン
$-CH(CH_3)_2$	バリン
$-CH_2-C_6H_5$	フェニルアラニン
$-CH_2-C_6H_4-OH$	チロシン
$-(CH_2)_2COOH$	グルタミン酸
$-CH_2COOH$	アスパラギン酸
$-(CH_2)_4NH_2$	リシン
$-CH_2SH$	システイン
$-(CH_2)_2SCH_3$	メチオニン

解答　(1)(ア) **グリシン**　(イ) **アラニン**

(ウ) **システイン**

(エ) **フェニルアラニン**　(オ) **グルタミン酸**

(カ) **セリン**　(キ) **リシン**　(ク) **チロシン**

(ケ) **メチオニン**

(2) ① **オ**　② **キ**

(3) **生体内では十分に合成できず，食物から摂取しなければならない α-アミノ酸。**

342 (解説)　同一の炭素原子にアミノ基とカルボキシ基が結合した化合物を，**α-アミノ酸**という。α-アミノ酸を単にアミノ酸とよぶこともある。

タンパク質の加水分解で得られるα-アミノ酸は約 20 種類で，R＝H であるグリシンを除いて，いずれも不斉炭素原子をもつので，**鏡像異性体**が存在する。

鏡像異性体の立体配置の違いは，D 型，L 型で区別されるが，天然のα-アミノ酸はすべて L 型，天然の糖類はすべて D 型の立体構造をとっている。

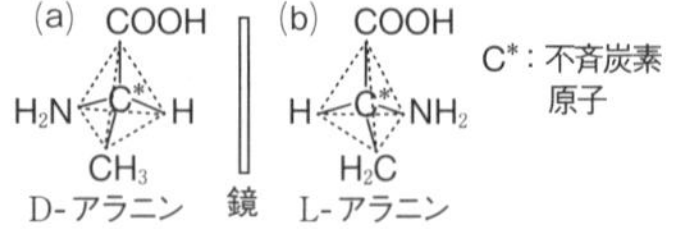

アミノ酸は分子中に塩基性の $-NH_2$ と，酸性の $-COOH$ の両方をもつので，**両性化合物**である。結晶中では，$-COOH$ から $-NH_2$ へ H^+ が移動し，分子内で中和し，正と負の電荷をあわせもつ**双性イオン**として存在する。そのため，有機物でありながら，イオ

ン結晶のように融点が高く，水に溶けやすいが有機溶媒には溶けにくいものが多い。α-アミノ酸の水溶液は，その pH に応じて電荷の状態が変化し，次のような平衡状態にある。

酸性溶液中　　　　中性溶液中

$$R-CH(NH_3^+)COOH \underset{H^+}{\overset{OH^-}{\rightleftarrows}} R-CH(NH_3^+)COO^-$$

陽イオン　　　　双性イオン

塩基性溶液中

$$\underset{H^+}{\overset{OH^-}{\rightleftarrows}} R-CH(NH_2)COO^-$$

陰イオン

アミノ酸の双性イオンは，酸性水溶液中ではH^+を受け取って陽イオンになり，塩基性水溶液中ではH^+を放出して陰イオンとなる。

アミノ酸の水溶液は，それぞれ特定の pH において，分子内で正・負の電荷が打ち消しあい，アミノ酸全体の電荷が0となることがある。このときの pH をそのアミノ酸の**等電点**という。等電点では，アミノ酸はほとんど双性イオンになっており，直流電圧をかけてもアミノ酸はどちらの電極へも移動しない。

アミノ酸の等電点は，グリシンやアラニンのような**中性アミノ酸**では6付近に，グルタミン酸やアスパラギン酸のような**酸性アミノ酸**では3付近に，リシンのような**塩基性アミノ酸**では10付近にある。

解答 ① **20**　② **グリシン**　③ **鏡像異性体**
④ **L**　⑤ **両性**　⑥ **双性イオン**　⑦ **高い**
⑧ **陽**　⑨ **双性**　⑩ **陰**　⑪ **等電点**

〔問〕 (A) $R-CH(NH_3^+)-COOH$
(B) $R-CH(NH_3^+)-COO^-$
(C) $R-CH(NH_2)-COO^-$

343 **解説** (1) α-アミノ酸の一般式は，$R-CH(NH_2)COOH$ で，分子量が最小の X は，$R=H$ のグリシン(分子量75)。分子量が2番目に小さい Y は，$R=CH_3$ のアラニン(分子量 89)である。

(2) このペプチドの加水分解に要した水の質量は，

$(22.5+17.8)-32.2=8.1$〔g〕

X と Y と H_2O の物質量の比は，分子数の比に等しいから，

$$X : Y : H_2O = \frac{22.5}{75} : \frac{17.8}{89} : \frac{8.1}{18.0}$$

$$=0.30 : 0.20 : 0.45 = 6 : 4 : 9$$

アミノ酸 n 個がペプチド結合したペプチドでは，$(n-1)$ 個のペプチド結合が存在し，脱水縮合の際に取れた水分子の数も $(n-1)$ 個である。

よって，このペプチドは，グリシン6個とアラニン4個，合計10個のアミノ酸が脱水縮合してできたペプチドである。したがって，ペプチドの分子量は，グリシン6個＋アラニン4個の分子量の和から，脱水縮合でとれた9個の水の分子量を引けばよい。

$75\times6+89\times4-18\times9=644$

（本問の場合，その分子量があまり大きくないので，分子の末端の原子(−H)や原子団(−OH)を考慮しなければならない。よって，アミノ酸 n 個が脱水縮合してペプチドが生成したときにとれた水分子の数は n 個ではなく，$(n-1)$ 個としてペプチドの分子量を計算しなければならない。）

解答 (1) X **グリシン**　Y **アラニン**　(2) **644**

344 **解説** (1) アミノ酸は，結晶中では，分子内で $-COOH$ から $-NH_2$ へ H^+ が移動し，分子内で中和して塩をつくり，**双性イオン**の状態で存在する。

各アミノ酸は，それぞれ特定の pH において，分子内で正・負の電荷がちょうど打ち消し合った状態となる。このときの pH をアミノ酸の**等電点**という。等電点では，アミノ酸はほとんど双性イオンになっており，直流電圧をかけてもどちらの電極へも移動しない。

また，等電点より酸性の水溶液中では，双性イオンの $-COO^-$ は H^+ を受け取って $-COOH$ となり，アミノ酸は**陽イオン**となる。逆に，等電点より塩基性の水溶液中では，双性イオンの $-NH_3^+$ は H^+ を放出して $-NH_2$ となり，アミノ酸は**陰イオン**になる。アミノ酸の等電点の違いを利用して，各アミノ酸を分離する方法を，アミノ酸の**電気泳動**という。

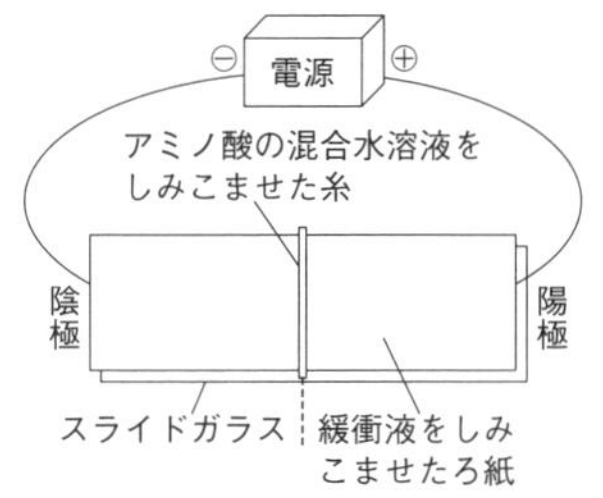

アミノ酸の電気泳動装置

アミノ酸を検出するには，ニンヒドリン水溶液を噴霧して加熱すると紫色に呈色する反応(**ニンヒドリン反応**)を利用するのが最適である。

(2) 中性アミノ酸であるアラニンの等電点は6.0であるから，pH＝6.0では双性イオンの状態にあり，電気泳動によって移動せずにbの位置にとどまる。酸性アミノ酸であるグルタミン酸の等電点は3.2であるから，pH＝6.0では陰イオンの状態にあり，陽極側のaに移動している。塩基性アミノ酸であるリシンの等電点は9.7であるから，pH＝6.0では陽イオンとして存在し，陰極側のcに移動している。

解答 (1) ① **等電点**　② **電気泳動**　③ **ニンヒドリン**　④ **紫**
(2) a **グルタミン酸**　b **アラニン**　c **リシン**

345 **解説** (1) アミノ酸Aは，旋光性を示さないので光学不活性である。よって，不斉炭素原子をもたないグリシン $CH_2(NH_2)COOH$ である。

アミノ酸Bはキサントプロテイン反応が陽性なので，ベンゼン環をもつ。また，塩化鉄(Ⅲ)水溶液で呈色するので，フェノール性 $-OH$ をもつ。側鎖(R−)の分子式は

$C_9H_{11}NO_3 - C_2H_4NO_2 - C_6H_4OH$
(共通部分)　(フェノール性 −OH をもつベンゼン環)
$= CH_2$(メチレン基)

これを満たす天然のα-アミノ酸はチロシンである。

アミノ酸B　HO−⟨ベンゼン環⟩−CH₂−CH(NH₂)−COOH

Sの質量百分率は，100−(25.8＋5.8＋11.6＋26.4)＝26.4(%)となるので，アミノ酸Cの組成式は，

$$C:H:N:O:S = \frac{29.8}{12}:\frac{5.8}{1.0}:\frac{11.6}{14}:\frac{26.4}{16}:\frac{26.4}{32}$$
(原子数の比)
$$\fallingdotseq 2.48:5.8:0.83:1.65:0.83$$
$$\fallingdotseq 3:7:1:2:1$$

よって，$(C_3H_7NO_2S)_n = 121$ であり，$n=1$
したがって，分子式も $C_3H_7NO_2S$ である。
側鎖(R−)の分子式は，

$C_3H_7NO_2S - C_2H_4NO_2 = CH_3S$
(共通部分)

したがって，考えられる構造は，
(i) CH_3S-　(ii) $HS-CH_2-$
の2通りあるが，天然のα-アミノ酸に該当し，メチル基をもたないのは，(ii)のシステインである。

HS−CH₂−CH(NH₂)−COOH

(2) グリシン(Gly)，システイン(Cys)，チロシン(Tyr)からなる鎖状のトリペプチドの構造異性体は，まず，Gly，Cys，Tyrの結合順序の違いをどのアミノ酸が中央にくるかによって区別する。次に，ペプチド結合の方向性の違い(−NHCO−か−CONH−)をN末端(記号Ⓝ)，C末端(記号Ⓒ)の違いで，次のように区別すればよい。

(i) Ⓝ/Ⓒ ＞ Gly＝Cys*＝Tyr* ＜ Ⓒ/Ⓝ
(ii) Ⓝ/Ⓒ ＞ Cys*＝Gly＝Tyr* ＜ Ⓒ/Ⓝ
(iii) Ⓝ/Ⓒ ＞ Cys*＝Tyr*＝Gly ＜ Ⓒ/Ⓝ
＊は不斉炭素原子を含むアミノ酸

合計6種類の構造異性体があり，それぞれに $2^2=4$ 種類の立体異性体が存在する。よって，立体異性体の総数は，6×4＝24種類が考えられる。

解答 (1) A　CH₂(NH₂)−COOH
B　HO−⟨ベンゼン環⟩−CH₂−CH(NH₂)−COOH
C　HS−CH₂−CH(NH₂)−COOH
(2) **24種類**

346 **解説** タンパク質は，多数のα-アミノ酸がペプチド結合で連なった**ポリペプチド**である。毛髪や爪に含まれるケラチンを加水分解すると，α-アミノ酸だけが得られる。このように，α-アミノ酸だけで構成されているタンパク質を**単純タンパク質**という。一方，牛乳中に含まれるカゼインを加水分解すると，α-アミノ酸のほかにリン酸が得られる。このように，構成成分として，α-アミノ酸以外に糖やリン酸，脂質などを含むタンパク質を**複合タンパク質**という。

また，タンパク質は，分子の形状によっても分類される。羊毛や絹を構成するフィブロインは，分子が平行に並んだり，ねじれ合ったりして繊維状にまとまっている。このようなタンパク質を**繊維状タンパク質**という。一方，卵白中のアルブミンやグロブリンなどは，分子が複雑にからみ合ってほぼ球状になっている。このようなタンパク質を**球状タンパク質**という。

球状タンパク質は，親水基を外側に向けて折りたたまれており，水に溶けやすく，生命活動維持にはたらく。繊維状タンパク質は，疎水基を外側に向けて凝集しており，水に溶けにくく，動物体の構造維持にはたらく。

繊維状タンパク質

球状タンパク質

解答 (1) **単純タンパク質**　(2) **複合タンパク質**
(3) **繊維状タンパク質**　(4) **球状タンパク質**

347～349

347 (解説) 主なタンパク質の種類は次の通り。

タンパク質	性質	所在
アルブミン	水に可溶	卵白，血液
グロブリン	塩類溶液に可溶	卵白，血液
グルテリン	希酸・希アルカリに可溶	小麦，大豆，米
フィブロイン	溶媒に不溶	絹糸，クモの糸
ケラチン	溶媒に不溶	毛髪，爪，羊毛
コラーゲン	熱水に可溶	軟骨，腱，皮膚
カゼイン	リン酸を含む	牛乳
ヘモグロビン	ヘム(色素)を含む	血液(赤血球)
ミオグロビン	ヘム(色素)を含む	筋肉
ヒストン	染色体の構成要素	細胞の核
ムチン	多糖を含む	だ液，粘液

解答 (1)(カ)　(2)(ア)　(3)(エ)　(4)(ウ)　(5)(イ)　(6)(オ)

348 (解説) (1) **キサントプロテイン反応**　ベンゼン環のニトロ化に基づく呈色反応であり，フェニルアラニン(呈色は弱い)，チロシン，トリプトファン(呈色は強い)などのベンゼン環をもつ**芳香族アミノ酸**，およびそれらを構成成分とするタンパク質で反応が起こる。

卵白水溶液に濃硝酸を加えると，まず，タンパク質の**変性**により白色沈殿を生じる。これを加熱すると，しだいにベンゼン環に対するニトロ化が進行して黄色に変化する。冷却後，アンモニア水を加えて溶液を塩基性にすると呈色が強くなり，橙黄色を示す。

(2) **ビウレット反応**　ペプチド結合 –NHCO– 中のN原子が Cu^{2+} に配位結合したキレート錯イオンの形成に基づいて起こる呈色であり，赤紫色を示す。2つ以上のペプチド結合をもつトリペプチド以上でこの反応が起こる。ペプチド結合を1つしかもたないジペプチドではこの反応は起こらない。

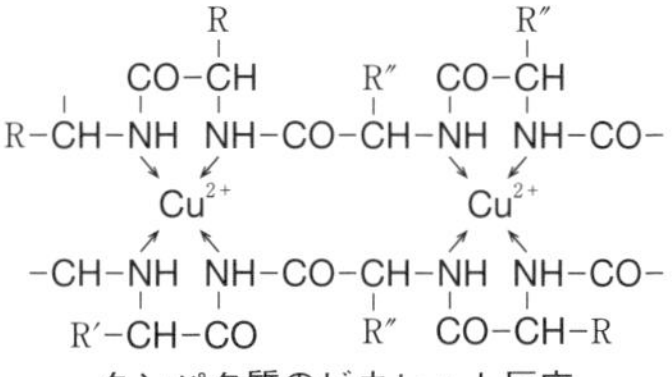

```
                R                        R″
                |                        |
             CO-CH          R″        CO-CH
        |    |   |          |         |   |
     R-CH-NH    NH-CO-CH-NH      NH-CO-
            ↘  ↙                 ↘  ↙
            Cu2+                  Cu2+
            ↗  ↖                 ↗  ↖
      -CH-NH    NH-CO-CH-NH      NH-CO-
          |      |        |       |
      R′-CH-CO            R″     CO-CH-R
```

タンパク質のビウレット反応

(3) **タンパク質の変性**　タンパク質に熱，強酸，強塩基，有機溶媒，重金属イオン(Cu^{2+}，Ag^{+}，Pb^{2+}，Hg^{2+} など)を加えると，凝固・沈殿する。これは，タンパク質の立体構造を維持するのにはたらいていた水素結合などが切断され，その立体構造が壊れてしまうためである。いったん変性したタンパク質はもとに戻らないことが多い。

(4) **ニンヒドリン反応**　ニンヒドリン反応では，アミノ酸やタンパク質中で，ペプチド結合に使われていない α–アミノ基 $-NH_2$ が，ニンヒドリン分子と複雑な縮合反応により紫色に呈色する。

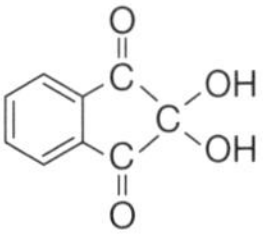

ニンヒドリン分子（ベンゼン環に C=O，C(OH)₂，C=O が縮合した五員環）

(5) **硫黄反応**　システイン，シスチンなどの硫黄を含むアミノ酸，およびそれを構成成分とするタンパク質が，強い塩基性の条件で分解されて，生じた S^{2-} が Pb^{2+} と反応して PbS の黒色沈殿を生成する。

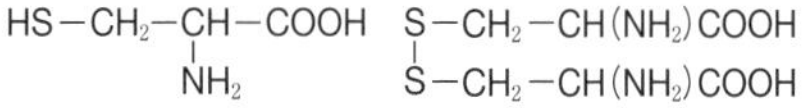

$HS-CH_2-CH(NH_2)-COOH$　システイン

$S-CH_2-CH(NH_2)COOH$
$|$
$S-CH_2-CH(NH_2)COOH$　シスチン

システインの場合，電子求引性のカルボニル基の影響で，隣接する炭素(α位)の H がわずかに酸の性質をもち，塩基 OH^- によって H^+ として引き抜かれる。このとき，電子の移動により HS^- が脱離する(下図)。塩基性条件では，HS^- は電離して S^{2-} となり，Pb^{2+} と反応して PbS を生成する。

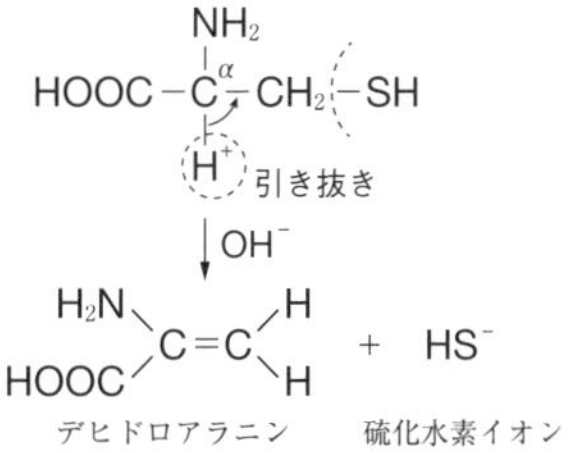

$HOOC-C_{\alpha}H(NH_2)-CH_2-SH$（α位の H^+ を引き抜き）

$\downarrow OH^-$

$(H_2N)(HOOC)C=CH_2$ ＋ HS^-

デヒドロアラニン　　硫化水素イオン

解答 (1) **キサントプロテイン反応**
(2) **ビウレット反応**　(3)**(タンパク質の)変性**
(4) **ニンヒドリン反応**　(5) **硫黄反応**
ア 黄　イ 橙黄　ウ 赤紫
エ 白　オ 紫　カ 黒

349 (解説) 1つのアミノ酸のアミノ基 $-NH_2$ と，他のアミノ酸のカルボキシ基 –COOH との間で，1分子の水が取れてできるアミド結合(–CONH–)を特に**ペプチド結合**という。多数のアミノ酸がペプチド結合でつながった化合物を**ポリペプチド**といい，そのうち特有の機能をもつものは**タンパク質**とよばれる。

タンパク質の構造は，次のように分類される。

一次構造　タンパク質を構成するポリペプチド鎖のアミノ酸の配列順序。一次構造は，DNA の遺伝情報によって決まる。

二次構造　ポリペプチドのペプチド結合の部分で，$>C{=}O\cdots H{-}N<$ のようにはたらく**水素結合**によってつくられる部分的な立体構造。らせん状のα-ヘリックス構造と，波形状のβ-シート構造，および約 180° に折り返されたβ-ターン構造などがある。

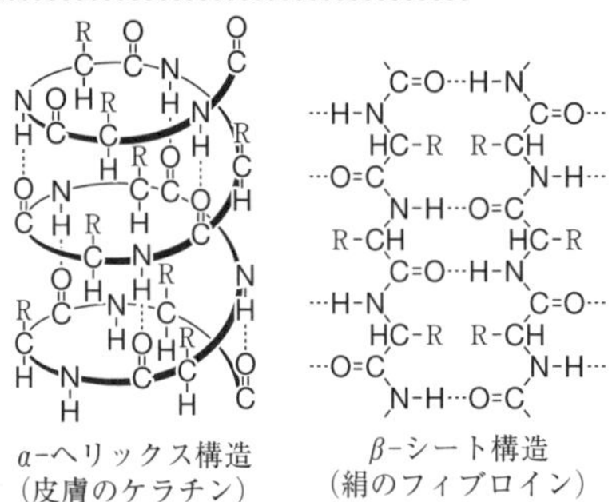

α-ヘリックス構造（皮膚のケラチン）　β-シート構造（絹のフィブロイン）

三次構造　ポリペプチドの側鎖（−R）間にはたらく，

$-NH_3^+\cdots{}^-OOC-$（イオン結合）

（ファンデルワールス力）

$-S-S-$（ジスルフィド結合）

などの相互作用によって折りたたまれた，そのタンパク質に見られる特有の立体構造。

四次構造　三次構造をもつポリペプチド鎖が，さらにいくつか集合してできた構造。

ヘモグロビンは，4つのタンパク質の三次構造（**サブユニット**）が集まったもので，それぞれのサブユニットには，Fe 原子を含むヘム（色素）が存在する。

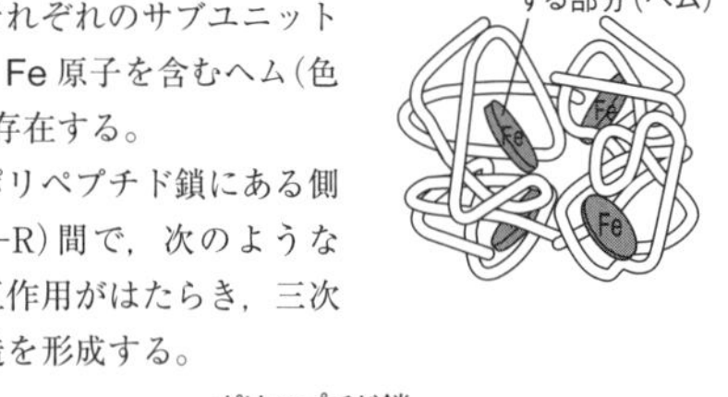

(1)　ポリペプチド鎖にある側鎖（−R）間で，次のような相互作用がはたらき，三次構造を形成する。

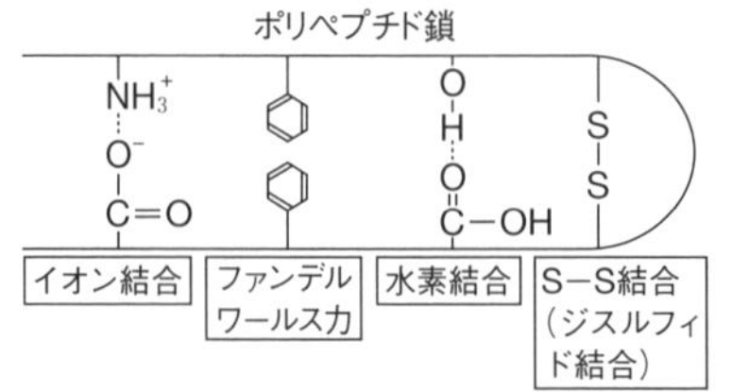

問題文に，S−S 結合が書かれているので，これを除いた残り 3つの中から，2つを答える。

(2)　S−S 結合は，2つの −SH が酸化されることによって形成される結合である。タンパク質に見られる S−S 結合は，2つのシステインの −SH 間に形成され，タンパク質の立体構造を維持するうえで重要な役割を果たす。タンパク質中の S−S 結合には，分子内での S−S 結合と，分子間での S−S 結合とがある。

$2HS{-}CH_2{-}CH(NH_2)COOH$
システイン

$\underset{還元}{\overset{酸化}{\rightleftarrows}}$ $\begin{matrix} S{-}CH_2{-}CH(NH_2)COOH \\ | \\ S{-}CH_2{-}CH(NH_2)COOH \end{matrix}$
シスチン

解答　① **ペプチド**　② **一次構造**　③ **水素**
④ **α-ヘリックス**　⑤ **β-シート**
⑥ **二次構造**　⑦ **三次構造**　⑧ **四次構造**
(1) **イオン結合，ファンデルワールス力，水素結合など**
(2) **システイン**

350 **解説**　(1)　タンパク質には，加水分解するとα-アミノ酸だけを生じる**単純タンパク質**と，アミノ酸に加えて色素や糖類なども生じる**複合タンパク質**がある。後者には，糖タンパク質，核タンパク質，リポタンパク質，色素タンパク質，リンタンパク質，金属タンパク質などがある。〔×〕

(2)　タンパク質には水に溶けやすい**球状タンパク質**（アルブミン，グロブリンなど）のほか，水に溶けにくい**繊維状タンパク質**（ケラチンやフィブロインなど）がある。生体内では，球状タンパク質は血液中や細胞内で水に溶けた形で存在するが，繊維状タンパク質は骨や筋肉，腱などの結合組織をつくる構造成分として存在する。〔×〕

(3)　タンパク質の立体構造は，分子内や分子間における水素結合やイオン結合などによって決まる。タンパク質を加熱したり，強酸や強塩基，有機溶媒，重金属イオンなどを加えると，これらの結合が切断され，高次構造が壊れることによって変性が起こるが，ペプチド結合が切断されるわけではない。〔×〕

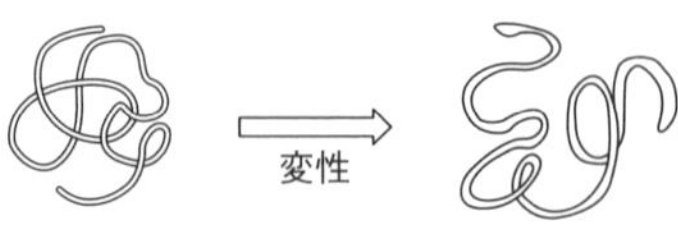

(4)　この**硫黄反応**は，タンパク質中に含まれる硫黄 S

351～352

元素の存在によって起こる。〔○〕

(5) **ビウレット反応**は，分子内に2つ以上のペプチド結合をもつ場合に見られる。タンパク質は分子内に多数のペプチド結合をもつので，すべてビウレット反応を示す。〔○〕

(6) **キサントプロテイン反応**は，芳香族アミノ酸を含むタンパク質では陽性であるが，ゼラチンのように，芳香族アミノ酸の極端に少ないタンパク質では，その呈色がきわめて弱い。〔×〕

(7) タンパク質の**変性**は，その高次構造(二次構造以上)が変化することで起こるが，アミノ酸の配列順序(一次構造)は変化していない。〔×〕

(8) タンパク質の水溶液は，親水コロイドとしての性質を示し，多量の電解質を加えると，水和水が奪われて沈殿する(**塩析**)。〔○〕

(9) タンパク質中の窒素N元素の検出は，濃NaOH水溶液を加えて加熱し，発生したNH_3に濃塩酸を近づけ，白煙(NH_4Cl)を生じることで検出する。NaOHと酢酸鉛(Ⅱ)水溶液を加えて加熱し，黒色沈殿(PbS)を生じることで検出するのは，硫黄S元素である。〔×〕

(10) 生体内で十分な量を合成できず，食物から摂取しなければならないアミノ酸を**必須アミノ酸**といい，ヒト(成人)では9種類ある。〔×〕

解答 (1) ×　(2) ×　(3) ×　(4) ○　(5) ○　(6) ×　(7) ×　(8) ○　(9) ×　(10) ×

351 **解説** 生体内の細胞でつくられる物質で，生体内で起こる種々の化学反応(**代謝**という)を促進する触媒の作用をもつ物質を**酵素**という。酵素は単純タンパク質であるもの(アミラーゼ，ペプシンなど)と，複合タンパク質であるもの(チマーゼ，デカルボキシラーゼなど)に大別される。後者は，タンパク質部分の**アポ酵素**と，低分子の有機化合物である**補酵素**とからなり，両者が結合した状態(**ホロ酵素**という)ではじめて酵素のはたらきを示すようになる。

酵素の特性として，1)特定の物質(**基質**という)だけに作用するという**基質特異性**が顕著である，2)**最適温度**(35～40℃)をもつ，3)**最適pH**(中性付近にあるものが多いが，各酵素で異なる)をもつことがあげられる。

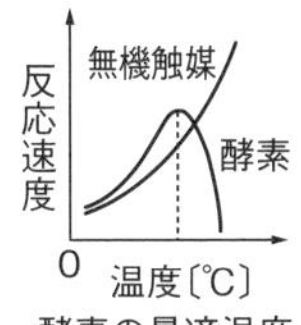

酵素の最適温度

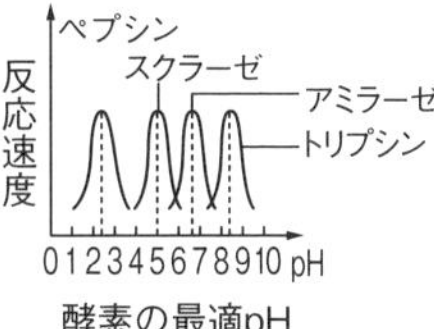

酵素の最適pH

酵素の主成分はタンパク質であるため，加熱すると変性し，触媒としての作用を失う(**失活**)。酵素は，一般に，35～40℃付近で最も活性が大きくなる。また，酸性や塩基性が強くなりすぎると変性して失活する。ほとんどの酵素の最適pHは，中性(pH＝7)付近である。しかし，胃液は塩酸を含んでいてpHは2前後の強い酸性であり，胃ではたらくペプシンの最適pHはおよそ2である。また，トリプシン，リパーゼがはたらく小腸のpHは，8～9の弱い塩基性であり，小腸ではたらくトリプシン，リパーゼの最適pHは8～9である。

酵素の触媒作用は，酵素分子の全体で行われるのではなく，酵素分子中の特定の部分(**活性部位**という)で行われる。

酵素はその種類ごとに特定の基質としか反応しない。この性質を酵素の**基質特異性**という。

解答 ① **触媒**　② **タンパク質**　③ **変性**
④ **最適温度**　⑤ **最適pH**　⑥ **ペプシン**
⑦ **トリプシン(リパーゼ)**　⑧ **基質**
⑨ **基質特異性**

352 **解説** 主な酵素の種類とはたらきは次の通り。

	酵素名	はたらき
加水分解酵素	**アミラーゼ**	デンプン→マルトース
	マルターゼ	マルトース→グルコース＋グルコース
	スクラーゼ	スクロース→グルコース＋フルクトース
	ラクターゼ	ラクトース→グルコース＋ガラクトース
	ペプシン	タンパク質→ポリペプチド
	トリプシン	特定のペプチド結合を切断。
	ペプチダーゼ(各種)	ポリペプチド→アミノ酸，ペプチド鎖末端のペプチド結合を切断。
	リパーゼ	油脂→脂肪酸＋モノグリセリド
呼吸酵素	**脱水素酵素**	有機物から水素を取りはずす。
	酸化酵素	有機物に酸素を結合させる。
	脱炭酸酵素	カルボキシ基(−COOH)からCO_2を取りはずす。
その他	**カタラーゼ**	過酸化水素を分解する。$2H_2O_2 \longrightarrow 2H_2O + O_2$
	ATPアーゼ	ATPを分解・合成する。ATP ⇄ ADP＋リン酸

解答

基質名	A群	B群
(1) マルトース	c	ア
(2) スクロース	b	アとイ
(3) セルロース	d	オ
(4) タンパク質	g	カ
(5) 油脂	h	キとク
(6) デンプン	a	エ

353 **解説** (1) 遺伝情報の保存・伝達・発現に関わる高分子化合物を**核酸**といい，DNA と RNA の2種類がある。**DNA(デオキシリボ核酸)**と**RNA(リボ核酸)**の共通点は，五炭糖，窒素Nを含む環状構造の塩基(**核酸塩基**)，リン酸からなる**ヌクレオチド**が多数結合した鎖状の高分子化合物(**ポリヌクレオチド**)でできている点である。

(2) 塩基の種類は，DNA では，アデニン(A)，**チミン**(T)，グアニン(G)，シトシン(C)であるが，RNA では，アデニン，**ウラシル**(U)，グアニン，シトシンである。

(3) 糖の種類が，DNA が**デオキシリボース** $C_5H_{10}O_4$，RNA は**リボース** $C_5H_{10}O_5$ である。

(4) DNA は2本鎖の構造であるが，RNA は多くが1本鎖の構造である。

(5) DNA(デオキシリボ核酸)は，遺伝子の本体をなし，主に核に含まれる。RNA(リボ核酸)は，DNA の遺伝情報に基づいて，タンパク質の合成に直接関与し，核や細胞質に含まれる。

(6) 核酸の構成元素はC，H，O，N，Pである。なお，タンパク質の構成元素はC，H，O，N，Sである。

解答 (1) **C**　(2) **A**　(3) **A**　(4) **B**　(5) **B**　(6) **D**

354 **解説** (1)，(2) **DNA(デオキシリボ核酸)**と**RNA(リボ核酸)**の共通点は，五炭糖，窒素Nを含む環状構造の塩基(**核酸塩基**という)，リン酸からなる**ヌクレオチド**が多数結合した鎖状の高分子化合物である**ポリヌクレオチド**でできている点である。相違点は，糖の種類が，DNA が**デオキシリボース** $C_5H_{10}O_4$，RNA は**リボース** $C_5H_{10}O_5$ であり，塩基の種類は，DNA では，アデニン(A)，**チミン**(T)，グアニン(G)，シトシン(C)であるが，RNA では，アデニン，**ウラシル**(U)，グアニン，シトシンでできている点である。また，構造は，DNA が2本鎖の構造であるが，RNA では主に1本鎖の構造である。

(3) 多くの生物の DNA を構成する塩基の組成を調べた結果，A＝T，G＝C の関係が明らかとなった(**シャルガフの法則**)。また，ウィルキンスやフランクリンによる DNA の X 線回折の研究から，DNA は規則的な**らせん構造**の繰り返しでできていることが示唆された。以上のことから，**ワトソン**(アメリカ)，**クリック**(イギリス)は，DNA は，2本のポリヌクレオチド鎖どうしが，互いに塩基を内側に向け，水素結合によって結ばれ，分子全体が大きならせんを描いた，**二重らせん構造**をしていることを明らかにした(1953年)。

(4)，(5) ヌクレオチドは，糖とリン酸との間にできるエステル結合で結びついて，ポリヌクレオチドをつくる。また，各塩基はAとT，GとCのように，それぞれ決まった相手とのみ水素結合で結びつく。この塩基どうしの関係を**相補性**という。

(6) 二重らせん構造をとる DNA では，A＝T，G＝C の関係が成り立つから，

A＝27.5％ということは，T＝27.5％

残り，100－27.5×2＝45〔％〕

これは，GとCの和を表し，G＝C の関係より，

45÷2＝22.5〔％〕　これがCの mol％である。

(7) 炭素C，水素H，酸素O，窒素Nは，タンパク質，核酸に共通に存在する元素である。硫黄Sはタンパク質には存在するが核酸には存在せず，リンPは核酸には存在するがタンパク質には存在しない。

(8) ヒト DNA のらせんの1回転には塩基対10個分を含むから，塩基対全体では，

$$\frac{30\times10^8}{10}=3.0\times10^8〔回転〕$$

DNA のらせんの1回転(1ピッチ)の長さは 3.4nm だから，ヒト DNA のらせんの長さは，

$3.4\times3.0\times10^8=1.02\times10^9$〔nm〕

$1\text{nm}=1\times10^{-9}\text{m}$ より，$1\text{m}=1\times10^9\text{nm}$

よって，$\dfrac{1.02\times10^9}{1\times10^9}\fallingdotseq1.0$〔m〕

解答 (1) **デオキシリボ核酸**　(2) **ヌクレオチド**
(3) **二重らせん構造，ワトソンとクリック**
(4) a **リン酸**　b **デオキシリボース**
c **チミン**　d **グアニン**
(5) **水素結合**　(6) **22.5％**　(7) **窒素，リン**
(8) **1.0m**

355 **解説** (1) このポリペプチドの単位構造は，

$$2nH_2N{-}CH_2{-}COOH+nH_2N{-}CH(CH_3){-}COOH \longrightarrow \text{⁅}\underbrace{(HN{-}CH_2{-}CO)_2}_{分子量57}{-}\underbrace{(NH{-}CH(CH_3){-}CO)_1}_{分子量71}{-}\text{⁆}_n +3nH_2O$$

356 ～ 356

分子量は，(57×2＋71)×n＝185n より，
185n＝3.7×10^4
∴　n＝200(重合度)

このポリペプチド1分子中のペプチド結合の数は，脱水縮合の際に取れた水分子の数3n に等しい。
3×200＝600　よって，6.0×10^2〔個〕

（高分子化合物の場合，その分子量が大きいため，高分子の末端の原子(−H)や原子団(−OH)などを考慮せずに，重合度nの計算を行っても構わない。）

(2)　アミノ酸A 2分子とB 1分子からなる鎖状トリペプチドの結合順序は，A，Bのどちらが中央にあるかの違いによってA−A−BとA−B−Aの2通りある。さらに，ペプチド結合には2通りの結合の仕方がある。すなわち，ペプチド結合の方向の違いによる −CONH− と −NHCO− は，それぞれの末端にあるアミノ基末端(**N末端**といい，次図では Ⓝで表す)と，カルボキシ基末端(**C末端**といい，下図ではⒸで表す)で区別することができる。

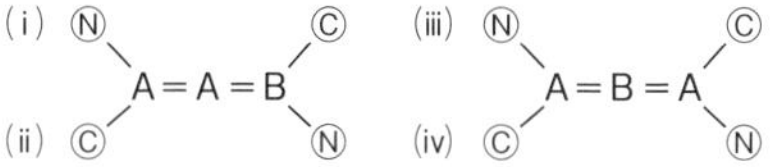

(i)　Ⓝ＼A＝A＝B／Ⓒ
(ii)　Ⓒ／　　＼Ⓝ
(iii)　Ⓝ＼A＝B＝A／Ⓒ
(iv)　Ⓒ／　　＼Ⓝ

ただし，(iii)と(iv)は回転させると重なり合うので同一物質である。
∴　構造異性体は，(i)，(ii)，(iii)の3種類。

(3)　アミノ酸A，B，Cの結合順序は，A，B，Cのうちどれが中央にあるかの違いによって3通りある。また，ペプチド結合の方向性の違い(−CONH−と −NHCO−)をN末端，C末端で区別すると，次のようになる。

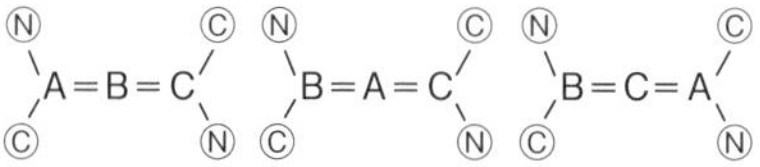

Ⓝ＼A＝B＝C／Ⓒ　Ⓝ＼B＝A＝C／Ⓒ　Ⓝ＼B＝C＝A／Ⓒ
Ⓒ／　　＼Ⓝ　Ⓒ／　　＼Ⓝ　Ⓒ／　　＼Ⓝ

(これら6種類の構造異性体がある。)

解答　(1) **6.0×10^2個**　(2) **3種類**　(3) **6種類**

356 解説　α-アミノ酸の一般式は，R−CH(NH_2)−COOH と表せる。側鎖(R−)以外の共通部分は $C_2H_4NO_2$ でその分子量は74である。

(1)　アミノ酸Aの側鎖Rは $C_9H_{11}NO_3$−$C_2H_4NO_2$ より C_7H_7O である。ベンゼン環を含み，$FeCl_3$ 水溶液で呈色するから，フェノール性 −OH をもつ。よって，Aはベンゼンの二置換体と考えられ，C_7H_7O −C_6H_4−OH より CH_2(メチレン基)が残る。アミノ酸Aの側鎖に考えられる構造は，

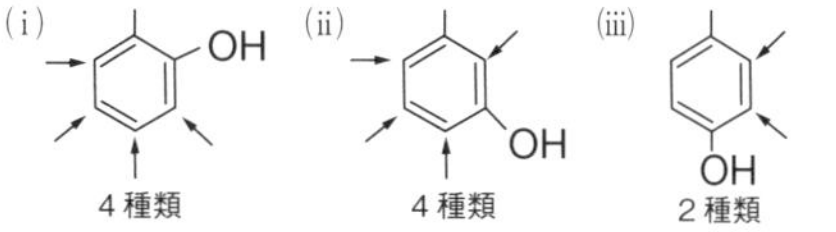

(i)　OH（4種類）　(ii)　OH（4種類）　(iii)　OH（2種類）

(i)～(iii)のうち，ニトロ基の置換位置を→で示すと，題意に合うのは，(iii)のパラ二置換体だけである。
よって，アミノ酸Aはチロシンである。

(2)　アミノ酸Bの側鎖Rは，$C_4H_9NO_3$−$C_2H_4NO_2$ より C_2H_5O である。
Bには不斉炭素原子を2個含むが，−$C_2H_4NO_2$ の共通部分に不斉炭素原子を1個含むから，Rの部分にもう1つの不斉炭素原子が存在する。1つの炭素に4種の異なる原子(団)を結合させると，−C*H(OH)−CH_3 の構造が考えられる。
また，CH_3−CH(OH)− の部分構造をもつので，ヨードホルム反応が陽性となる。
よって，アミノ酸Bはトレオニンである。

(3)　アミノ酸Cの側鎖Rは，$C_4H_7NO_4$−$C_2H_4NO_2$ より $C_2H_3O_2$ である。
Cの等電点が酸性側にあるから，酸性アミノ酸と考えられ，−COOH をもつ。
$C_2H_3O_2$−CHO_2 より CH_2(メチレン基)が残るのでRは−CH_2−COOH となる。
よって，アミノ酸Cはアスパラギン酸である。

（Cを濃硫酸存在下でエタノールと反応させると，分子中の2か所の −COOH がともにエステル化される。1か所のエステル化につき，−COOH →−$COOC_2H_5$ となり分子量は28増加する。よって，アスパラギン酸の分子量133に対して，そのジエチルエステルの分子量は，133＋(28×2)＝189で題意に合致する。）

(4)　アミノ酸Dの側鎖Rは，$C_3H_7NO_2S$−$C_2H_4NO_2$ より CH_3S
Dはフェーリング液を還元するので還元性を有する。しかし，Rの部分にはOが存在しないので，ホルミル基(−CHO)は存在しない。これ以外に酸化されやすい(還元性がある)官能基でSを含むものは −SH である。酸化剤の作用によって，チオール基 −SH どうしが酸化されて，ジスルフィド結合 −S−S− に変化すると考えると，Rは −CH_2SH となる。
よって，アミノ酸Dはシステインである。

（Rは −SCH_3 とも考えられるが，メチル基が脱離して−S−S−結合に変化することはないので除外される。）

アミノ酸Eの側鎖Rは，$C_6H_{13}NO_2$−$C_2H_4NO_2$ より C_4H_9− である。

アミノ酸Bと同様に，$C_2H_4NO_2$ の共通部分に不斉炭素原子を1つ含むから，Rの部分にもう1つの不斉炭素原子が存在する。

C_4H_9− はアルキル基で，その構造は次の4種類が考えられる。

(i) C−C−C−C　(ii) −C*(−C)−C−C　(iii) −C−C(−C)−C　(iv) −C(−C)(−C)−C

このうち不斉炭素原子をもつのは(ii)のみ。

よって，アミノ酸Eはイソロイシンである。

(R− の構造が(iii)であるのがロイシンである。R− の構造が(i)，(iv)のものは，天然のアミノ酸には存在しない。)

解答

A HO−C₆H₄−CH₂−CH(NH₂)−COOH

B H₃C−CH(OH)−CH(NH₂)−COOH

C HOOC−CH₂−CH(NH₂)−COOH

D HS−CH₂−CH(NH₂)−COOH

E CH₃−CH₂−CH(CH₃)−CH(NH₂)−COOH

357 **解説** 問題文のシトシン-グアニン塩基対に見られる水素結合には，次の2通りがある。

(i) 環から出た置換基の間で形成される水素結合。

>C＝O····H−N(H)−
カルボニル基　アミノ基

(ii) H原子を介して，環をつくるN原子の間で形成される水素結合。

>N−H····N=
イミノ基　二重結合のN

一方，塩基Aには上記の水素結合の形成部位は3か所ある。

O ⟶ (カルボニル基)··········アミノ基(−NH₂)
N ⟶ (二重結合のN)·······イミノ基(>NH)
NH₂ ⟶ (アミノ基)·······カルボニル基(>CO)
水素結合
塩基A　相手の塩基

塩基Aと相補的な水素結合をつくる相手の塩基には，アミノ基，イミノ基，カルボニル基がこの順に並んでいなければならない。

塩基①
NH₂ ⟶ (アミノ基)
N ⟶ (二重結合のN)
NH₂ ⟶ (アミノ基)

塩基②
NH₂ ⟶ (アミノ基)
NH ⟶ (イミノ基)
O ⟶ (カルボニル基)

塩基③
O ⟶ (カルボニル基)
NH ⟶ (イミノ基)
O ⟶ (カルボニル基)

よって，塩基Aと相補的な水素結合をつくるのは，塩基②である。

解答 ②

358 **解説** (1) タンパク質に濃硫酸および分解促進剤として硫酸銅(Ⅱ)，硫酸カリウムを加えて煮沸すると，タンパク質中の窒素はすべて硫酸アンモニウム $(NH_4)_2SO_4$ となる。これを水で薄めた後，水酸化ナトリウムなどの強塩基を加えて加熱すると，次式のように反応が起こり，弱塩基のアンモニアが発生する。

$$(NH_4)_2SO_4 + 2NaOH \longrightarrow Na_2SO_4 + 2NH_3\uparrow + 2H_2O$$

(弱塩基の塩)＋(強塩基)→(強塩基の塩)＋(弱塩基)の反応

この反応で発生したアンモニアを硫酸の標準溶液に吸収させた後，残った硫酸を別の塩基の水溶液で**逆滴定**すると，アンモニアの物質量がわかる。H_2SO_4 は2価の酸，NaOHと NH_3 は1価の塩基なので，中和点では，次の関係が成り立つ。

(酸の出した H^+ の物質量)＝(塩基の出した OH^- の物質量)

よって，発生した NH_3 を x〔mol〕とすると，

$$0.050\times\frac{50}{1000}\times2 = x\times1 + 0.050\times\frac{30}{1000}\times1$$

∴ $x = 3.5\times10^{-3}$〔mol〕

(2) NH_3 1mol中には，N原子も1mol含まれる。NH_3 3.5×10^{-3}mol中に含まれるN原子の質量は，

$3.5\times10^{-3}\times14 = 4.9\times10^{-2}$〔g〕

359～360

よって，もとの食品中に含まれていたN原子の質量も 4.9×10^{-2}g である。

大豆中のタンパク質の割合を y〔%〕とすると，タンパク質中には窒素Nを16%含むから，

$$1.0\times\frac{y}{100}\times\frac{16}{100}=4.9\times10^{-2}$$

$\therefore\ y=30.6\fallingdotseq31$〔%〕

大豆
タンパク質 y%
16%がN

解答 (1) **3.5×10^{-3}mol** (2) **31%**

359 **解説** (1) グリシンは，水溶液のpHの低い方から順に，陽イオン(A^+)，双性イオン($B^\pm$)，陰イオン(C^-)として存在する。

$$K_1=\frac{[B^\pm][H^+]}{[A^+]}=5.0\times10^{-3}\text{〔mol/L〕}\quad\cdots①$$

$$K_2=\frac{[C^-][H^+]}{[B^\pm]}=2.0\times10^{-10}\text{〔mol/L〕}\quad\cdots②$$

pH＝3.5，つまり $[H^+]=1.0\times10^{-3.5}$mol/L のときの $[A^+]$ と $[C^-]$ の濃度比を求めるには，①，②式より $[B^\pm]$ を消去して，

$$K_1\times K_2=\frac{[B^\pm][H^+]}{[A^+]}\times\frac{[C^-][H^+]}{[B^\pm]}$$

$$=\frac{[C^-][H^+]^2}{[A^+]}=1.0\times10^{-12}\text{〔(mol/L)}^2\text{〕}\quad\cdots③$$

③に，$[H^+]=1.0\times10^{-3.5}$〔mol/L〕を代入して，

$$\frac{[C^-]}{[A^+]}\times1.0\times10^{-7}=1.0\times10^{-12}$$

$$\therefore\ \frac{[C^-]}{[A^+]}=1.0\times10^{-5}\Longrightarrow\frac{[A^+]}{[C^-]}=1.0\times10^{5}$$

(2) 3種のイオンが存在する平衡混合物の電荷が，全体として0となるときのpHをアミノ酸の**等電点**といい，水溶液全体で正・負の電荷がつりあっている。

$B^\pm$ は双性イオンなので，分子中の正電荷と負電荷は等しい。よって，陽イオン A^+ のモル濃度 $[A^+]$ と陰イオン C^- のモル濃度 $[C^-]$ が等しくなると，水溶液中に存在するアミノ酸の電荷の総和が0となる。つまり，アミノ酸の等電点の条件は $[A^+]=[C^-]$ である。

③に，$[A^+]=[C^-]$ を代入して，

$$[H^+]^2=1.0\times10^{-12}\text{〔mol/L〕}^2$$

$$\therefore\ [H^+]=1.0\times10^{-6}\text{〔mol/L〕}$$

よって，$pH=-\log_{10}(1.0\times10^{-6})=6.0$

(3) グリシン水溶液(双性イオン)に，NaOH水溶液を加えると，次式のように中和反応が起こる。

$$H_3N^+-CH_2-COO^-+OH^-\longrightarrow H_2N-CH_2-COO^-+H_2O$$

つまり，グリシンの双性イオン1molは，水酸化ナトリウム1molとちょうど中和する。よって，このとき中和されて生じたグリシンの陰イオンは，

$$0.10\times\frac{6.0}{1000}=\frac{0.60}{1000}\text{〔mol〕}$$

残ったグリシンの双性イオンは，

$$0.10\times\frac{10-6.0}{1000}=\frac{0.40}{1000}\text{〔mol〕}$$

いずれも，(10＋6.0)mLの混合水溶液中に含まれるから，C^- とBのモル濃度の比と物質量の比は等しい。したがって，上記の値を②式に代入して，

$$K_2=\frac{[C^-][H^+]}{[B^\pm]}=\frac{\frac{0.60}{1000}\times[H^+]}{\frac{0.40}{1000}}=2.0\times10^{-10}$$

$$\therefore\ [H^+]=\frac{4}{3}\times10^{-10}\text{〔mol/L〕}$$

$$pH=-\log_{10}\left(\frac{2^2}{3}\times10^{-10}\right)$$

$$=10-2\log_{10}2+\log_{10}3=9.88\fallingdotseq9.9$$

解答 (1) **1.0×10^5** (2) **6.0** (3) **9.9**

360 **解説** (1) システインに穏やかな酸化剤を作用させると，側鎖のチオール基 −SH が酸化され，**ジスルフィド結合**(−S−S−)が形成されて，システインの二量体であるシスチンに変化する。

$$2HS-CH_2-CH(NH_2)COOH \underset{還元}{\overset{酸化}{\rightleftarrows}} \begin{matrix}S-CH_2-CH(NH_2)COOH\\|\\S-CH_2-CH(NH_2)COOH\end{matrix}$$

(シスチンをスズと塩酸で還元するとシステインが得られる。)

(2)・ペプチドXは5個のアミノ酸からなる鎖状のペンタペプチドである。

・ペプチドXのN末端のアミノ酸は，酸性アミノ酸のグルタミン酸(Glu)である。

・ペプチドXのC末端のアミノ酸の構造は次のように考えられる。アミノ酸を亜硝酸ナトリウムと塩酸によってジアゾ化した後，加水分解すると，アミノ酸中のアミノ基 $-NH_2$ がヒドロキシ基 −OH に変化する。生成物が乳酸であるから，もとのアミノ酸の側鎖(R)はメチル基 CH_3- になり，C末端のアミノ酸はアラニン(Ala)である。

$$R-\underset{NH_2}{CH}-COOH \xrightarrow{HNO_2} R-\underset{N_2Cl}{CH}-COOH \xrightarrow{H_2O} R-\underset{OH}{CH}-COOH$$

・塩基性アミノ酸(リシン)の $-COOH$ 側のペプチド結合を特異的に切断する酵素(トリプシン)で加水分解するとペプチドⅠ，Ⅱを生成する。ペプチドXがペンタペプチドだから，ビウレット反応が陽性なペプチドⅡはトリペプチド，ビウレット反応が陰性なペプチドⅠはジペプチドである。

この酵素による切断場所は，次の(i)，(ii)の２通りが考えられる。

Ⓝ-[Glu]-[　]-(i)-[　]-(ii)-[　]-[Ala]-Ⓒ

ペプチドⅠは，NaOH 水溶液と Pb^{2+} により，硫化鉛(Ⅱ)PbS の黒色沈殿を生じたことから，硫黄を含むアミノ酸のシステイン(Cys)を含む。

ペプチドⅡは，キサントプロテイン反応を示したことからベンゼン環をもつチロシン(Tyr)を含む。

この酵素の切断場所が(i)のとき，ジペプチドⅠのC末端はリシン(Lys)でなければならないが，ジペプチドⅠが硫黄Sを含むシステイン(Cys)をもつという問題の条件に反するので，不適。

したがって，この酵素の切断場所は，(ii)が正しい。

Ⓝ-[Glu]-[Tyr]-[Lys]-Ⓒ　Ⓝ-[Cys]-[Ala]-Ⓒ
ペプチドⅡ　　　　ペプチドⅠ

よって，ペプチドXのアミノ酸配列は，N末端から順に並べると，次のようになる。

Ⓝ－Glu－Tyr－Lys－Cys－Ala－Ⓒ

(3)　pH＝2.5 の酸性水溶液中では，ペプチドⅡに含まれる各アミノ酸は，H^+ を受け取り陽イオンとして存在する。

$$HOOC-(CH_2)_2-\underset{NH_3^+}{CH}-COOH$$
酸性アミノ酸のグルタミン酸(等電点pH3.2)は，1価の陽イオンとなる。

$$HO-C_6H_4-CH_2-\underset{NH_3^+}{CH}-COOH$$
中性アミノ酸のチロシンも１価の陽イオンとなる。

$$H_3N^+-(CH_2)_4-\underset{NH_3^+}{CH}-COOH$$
塩基性アミノ酸のリシンは２価の陽イオンとなる。

pH2.5 の酸性条件ではリシンの陽イオンは正電荷が最も大きいので，グルタミン酸やチロシンの陽イオンに比べて陰極側への移動速度が大きい。

解答　(1) **ジスルフィド結合**
(2) **Glu−Tyr−Lys−Cys−Ala**
(3) **リシン**

35 プラスチック・ゴム

361 **解説**　熱や圧力により成形可能な合成高分子化合物を**合成樹脂**，または**プラスチック**という。

低分子化合物から高分子化合物をつくる反応を**重合反応**という。このうち，分子内の二重結合(不飽和結合)が開いて，付加反応を繰り返しながら行う重合を**付加重合**，単量体から水などの簡単な分子がとれる縮合反応を繰り返しながら行う重合を**縮合重合**という。

環状構造をもつ単量体がその環を開きながら結合する重合を**開環重合**，付加反応と縮合反応を繰り返しながら単量体が結合する重合を**付加縮合**という。

合成樹脂は，その熱に対する性質から熱可塑性樹脂と熱硬化性樹脂に分けられる。ポリエチレンやポリスチレンのような付加重合体のすべてと，ナイロンやポリエステルのように２官能性モノマー（重合に関与する官能基を２個もつ単量体）どうしの間の縮合重合で得られる高分子は，**鎖状構造**をもち，加熱すると分子間の結合が弱いところから軟化するが，冷却すると再び硬くなる。このような合成樹脂を**熱可塑性樹脂**という。

一方，フェノール樹脂や尿素樹脂のように，３個以上の官能基をもつモノマー(**多官能性モノマー**)が付加縮合，または縮合重合してできる高分子は，**立体網目構造**をもち，合成する際に加熱すると，重合がさらに進んで硬化する。このような合成樹脂は**熱硬化性樹脂**とよばれる。

・鎖状構造。
・溶媒にやや溶けやすい。
・耐熱性がやや小さい。

・立体網目構造。
・溶媒に溶けない。
・耐熱性が大きい。

解答　① **プラスチック**　② **熱可塑性樹脂**
③ **付加重合**　④ **鎖状**
⑤ **熱硬化性樹脂**　⑥**付加縮合**
⑦ **立体網目**

362 **解説**　(1)　合成高分子は，多数の低分子(**単量体**)が付加重合や縮合重合などによって共有結合でつながってできたものである。〔×〕

363～365

(2) 一般に，合成高分子は一定の分子量をもたず，重合度の異なる種々の分子量をもつ分子が混在するため，平均分子量が用いられる。〔○〕

(3) 合成高分子では，分子量の異なる分子が混在するとともに，固体内に**結晶部分**や**非結晶部分**がある。このため，分子間にはたらく引力が一様ではないので，加熱すると，結合の弱いところからしだいに軟化していく。すなわち，一定の融点は示さない。〔○〕

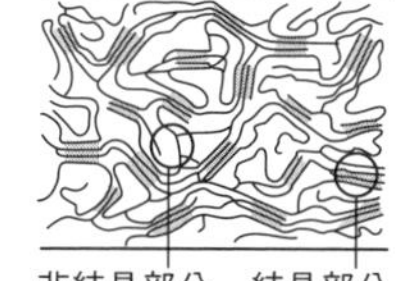

(4) 合成高分子には，加熱によって軟らかくなる**熱可塑性樹脂**のほかに，加熱しても軟らかくならない**熱硬化性樹脂**もある。〔×〕

(5) 合成高分子は，分子量が大きく，しかも，分子量が一定ではないので，低分子のように結晶をつくることは稀である。〔×〕

(6) 合成高分子を加熱すると，しだいに軟化し，やがて融解する。さらに加熱すると，熱分解するか，燃焼するのが一般的で，気体になることはない。なかには，融解せずに熱分解するものもある。〔×〕

(7) 立体網目構造の熱硬化性樹脂は溶媒には溶けないが，鎖状構造の熱可塑性樹脂の中には溶媒に溶けるものもある(ポリ酢酸ビニル，ポリアクリル酸メチルなど)。こうして溶媒に溶かした高分子は，接着剤などとして利用される。たとえば，ポリ酢酸ビニルは木工用の接着剤，アルキド樹脂(グリセリンと無水フタル酸からつくる)は自動車用の塗料に使われる。〔○〕

解答 (2)，(3)，(7)

363 **解説** **プラスチックの長所(利点)**

・熱や電気を通しにくい。
・熱を加えると，成型・加工がしやすい。
・化学的に安定で，薬品に侵されにくい。
・密度が小さく，製品を軽くできる。

プラスチックの短所(欠点)

・熱に対して弱い。
・軟らかく，傷がつきやすい。
・微生物による生分解がされにくく，廃棄処分がむずかしい。

(ア) 電気伝導性をもつプラスチックも開発されているが，一般のプラスチックは電気絶縁性であり，熱に弱い。〔○〕

(イ) 酸・塩基などの薬品には，侵されにくい。〔×〕

(ウ) 高分子中に顔料(水に不溶性の色素)を分散させると，着色できる。〔×〕

(エ) 金属より密度は小さく，機械的強度は小さい。〔×〕

(オ) 生分解性プラスチックも開発されているが，一般のプラスチックは腐食しにくく，自然界では，微生物により分解されにくい。〔○〕

解答 (ア)，(オ)

364 **解説** (1) **ナイロン66**，**ポリエチレンテレフタラート**は，いずれも2官能性モノマーが**縮合重合**してできたポリマーである。残りは付加重合で合成されたポリマーで，いずれも熱可塑性を示す。

(2) ポリエステルである**ポリエチレンテレフタラート**は主鎖にエステル結合をもち，ポリ酢酸ビニルは側鎖にエステル結合をもつ。なお，主鎖にエステル結合をもつ高分子は**ポリエステル**に分類されるが，側鎖にエステル結合をもつポリ酢酸ビニルはポリエステルには分類されない。

(3) **ポリエチレンテレフタラート(PET)**は，丈夫で，紫外線を通さないので，飲料水の容器(ペットボトル)に多量に利用されている。

(4) **ポリイソプレン**(天然ゴム)に数%の硫黄を加えて加熱(加硫)すると，弾性，強度，耐久性に優れた**弾性ゴム**が得られるが，数十%の硫黄を加えて長時間加熱(加硫)すると，黒色で硬いプラスチック状の**エボナイト**が得られる。

(5) 分子構造中にNを含む高分子には，アミド結合 −CONH− をもつナイロン66と，シアノ基 −CN をもつポリアクリロニトリルが該当する。

解答 (1)(イ)，(オ) (2)(エ)，(オ) (3)(オ) (4)(カ) (5)(イ)，(キ)

365 **解説** (1)～(3) (ア) **ポリスチレン**(c)に発泡剤(有機溶媒)を染み込ませたものを加熱すると，発泡ポリスチレンが得られ，食品トレー，断熱材，梱包材などに用いられる。

(イ) 分子中にC=C結合をもつ**ポリブタジエン**(a)に，硫黄を加えて加熱すると，C=C結合にS原子による架橋結合が形成され，ゴムの弾性，強度，耐久性が向上する(**加硫**)。加硫は，天然ゴムだけでなく合成ゴムに対しても行われる。

(ウ) 分子中に多数のアミド結合 −CONH− をもつ高分子をポリアミドといい，溶融状態の熱可塑性樹脂を，そのまま冷やすとプラスチックになる。また，外力を与えながら延伸すると，分子の方向が揃って合成繊維(**ナイロン66**(b))に加工することができる。

(エ) 尿素のアミノ基のHがメチレン基 $-CH_2-$ でつながり，立体網目構造をもつ熱硬化性樹脂が**尿素樹脂**(d)で，各種の家庭用品に利用される。

(オ) **ポリメタクリル酸メチル**(e)は**アクリル樹脂**ともよばれ，大きな側鎖をもつので結晶化しにくく，透明度が大きい。飛行機の窓，胃カメラの光ファイバー，水族館の巨大水槽などに利用される。

(カ) メラミンのアミノ基 $-NH_2$ のHがメチレン基 $-CH_2-$ でつながり，立体網目構造をもつ熱硬化性樹脂が**メラミン樹脂**(f)である。耐熱性，強度に優れ，硬くて傷つきにくいので，食器，化粧板などに用いられる。

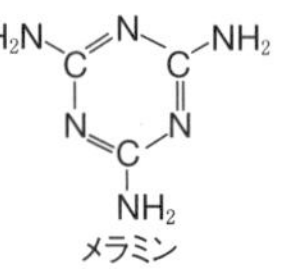

メラミン

解答 (1) (a) **ポリブタジエン**　(b) **ナイロン66**
(c) **ポリスチレン**　(d) **尿素樹脂**
(e) **ポリメタクリル酸メチル**
(f) **メラミン樹脂**
(2) (a) **ブタジエン**
(b) **アジピン酸，ヘキサメチレンジアミン**
(c) **スチレン**
(d) **尿素，ホルムアルデヒド**
(e) **メタクリル酸メチル**
(f) **メラミン，ホルムアルデヒド**
(3) (ア) (c)　(イ) (a)　(ウ) (b)　(エ) (d)
(オ) (e)　(カ) (f)

366 **解説** ゴムの木から得られる白い樹液を**ラテックス**という。これは炭化水素(ポリイソプレン)がタンパク質の保護作用により水中に分散したコロイド溶液である。これに酢酸などを加えて酸性にすると，コロイド粒子の表面を取り巻くタンパク質中の側鎖 $-COO^-$ が $-COOH$ に変化して負電荷を失い，凝固・沈殿する。これを水洗・乾燥させたものを**天然ゴム(生ゴム)**という。

天然ゴムは，**イソプレン** $CH_2=C(CH_3)CH=CH_2$ が付加重合した構造をもつ高分子であり，乾留(熱分解)すると，単量体であるイソプレンが得られる。したがって，天然ゴムはイソプレンが付加重合してできた，ポリイソプレンの構造をもつ。

イソプレンの両端にある1,4位のC原子どうしで付加重合が起こる(**1,4付加**)ので，ポリイソプレンでは，構成単位の中央部の2，3位に新たにC=C結合が形成される。このとき，分子中のC=C結合が**シス形**の天然ゴムの場合，分子は折れ曲がった構造になり，結晶化は起こらず，軟らかく弾性のあるゴム状の物質になる。

一方，分子中のC=C結合がトランス形の**グッタペルカ**の場合，分子は直鎖状の構造となり，結晶化が進んで硬いプラスチック状の物質となる。

天然ゴムに数%の硫黄を加えて加熱すると，二重結合部分に硫黄原子が付加して，鎖状のゴム分子間にS原子による**架橋構造**が形成される。

このため，ゴム分子は立体網目構造となり，引っ張っても分子鎖どうしのすべりがなくなり，弾性・強度・耐久性がいずれも向上する。この操作を**加硫**という(加硫は，天然ゴムだけでなく合成ゴムに対しても行われる)。加硫されたゴムを**弾性ゴム**という。

ゴム分子中の硫黄の架橋構造には，ポリスルフィド結合 $-S_x-$ ($3<x<8$)，ジスルフィド結合 $-S_2-$，モノスルフィド結合 $-S-$ などがある。

硫黄を多く，加硫促進剤を少なくした通常加硫では，$-S_x-$ の割合が多くなり，耐疲労性，耐摩耗性に優れた弾性ゴムとなる。

硫黄を少なく，加硫促進剤を多くした有効加硫では，$-S_2-$ や $-S-$ の割合が多くなり，耐熱性，耐酸化性に優れた弾性ゴムとなる。

加硫の際に加える硫黄の量をさらに増やすと，ゴム分子の立体網目構造がさらに発達するため，弾性を失い，黒色の硬いプラスチック状の物質(**エボナイト**)になる。

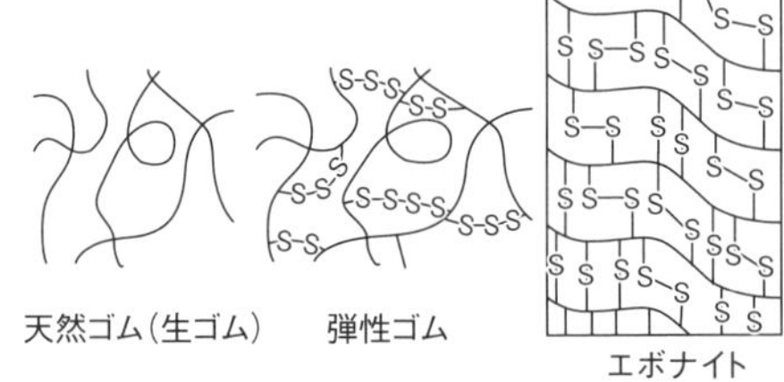

(1)，(2) イソプレンが付加重合してポリイソプレンが生成する反応は，次式で表される。

$$nCH_2=C(CH_3)CH=CH_2 \longrightarrow \left[CH_2C(CH_3)=CHCH_2\right]_n$$

(3) 天然ゴムを空気中に放置すると，ゴム分子中に含まれるC=C結合は，主に O_2(微量の O_3)などの作用によって酸化されて，C=C結合の一部が切断される。本来の天然ゴムの分子量は大きく，非晶質のみであり，軟らかい物質であるが，O_2 によるゴム分子の切断によって，ゴムの分子量が小さくなると，しだいに結晶化が進み，硬くなり，ゴム弾性を失う。

この現象をゴムの**老化**という。

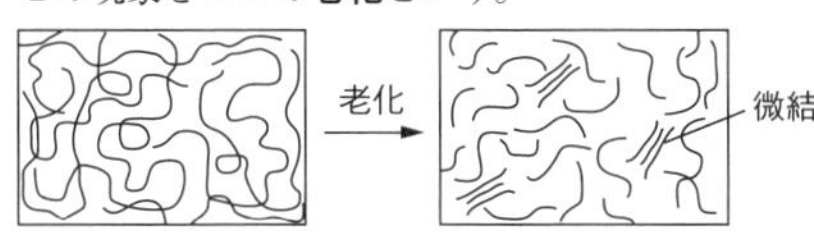

非晶質のみ(軟らかい)　　一部結晶化あり(硬い)

解答　① **ラテックス**　② **酢酸**　③ **天然ゴム**　④ **イソプレン**　⑤ **シス**　⑥ **架橋**　⑦ **加硫**　⑧ **弾性ゴム**　⑨ **エボナイト**

(1) $CH_2=C(CH_3)-CH=CH_2$

(2) $\left[\begin{matrix} H_2C \\ H_3C \end{matrix} \!\!>\! C=C \!<\!\! \begin{matrix} CH_2 \\ H \end{matrix} \right]_n$

(3) **ゴムの老化，天然ゴム中に含まれる二重結合の部分が空気中の酸素と反応して，その一部が切断されるため。**

367 (解説)

高密度ポリエチレンは，チーグラー触媒($TiCl_4$ と $Al(C_2H_5)_3$)を用いて，1×10^5 ～ 5×10^6 Pa，60 ～ 80℃で付加重合させたもので，分子に枝分かれが少なく，結晶化しやすい。結晶部分が多くなるほど硬くなり，結晶部分(微結晶)により光の反射が起こりやすく，不透明になる。ポリ容器などに利用される。

低密度ポリエチレンは，無触媒で 1×10^8 ～ 2.5×10^8 Pa，150 ～ 300℃で付加重合させたもので，分子に枝分かれが多く，結晶化しにくい。結晶部分が少なくなるほど軟らかくなり，結晶部分(微結晶)による光の反射は起こりにくく，透明になる。ポリ袋やフィルムなどに利用される。

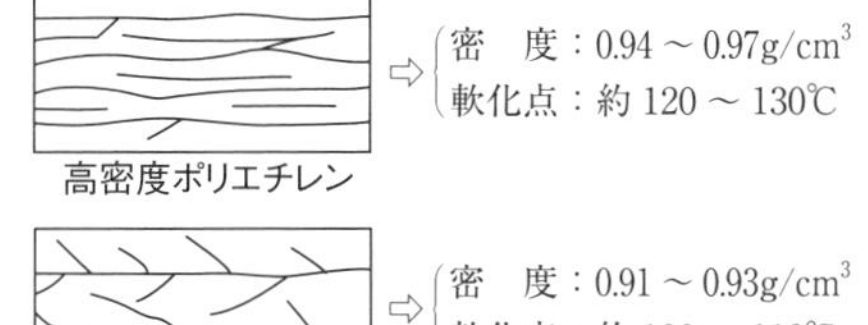

⇨ 密　度：0.94 ～ 0.97g/cm^3
　軟化点：約 120 ～ 130℃

高密度ポリエチレン

⇨ 密　度：0.91 ～ 0.93g/cm^3
　軟化点：約 100 ～ 110℃

低密度ポリエチレン

〔問〕 結晶部分の少ない(A)が低密度ポリエチレン。結晶部分が多い(C)が高密度ポリエチレン。結晶部分が見られない(B)はゴムである。

解答　① **(イ)**　② **(ア)**　③ **(オ)**　④ **(ク)**　⑤ **(ケ)**　⑥ **(エ)**

〔問〕 ⓐ **(A)**　ⓑ **(C)**

368 (解説)

それぞれの高分子の構成単位は，

(1) $-CH_2-C_6H_2(OH)(-CH_2-)-CH_2-$（フェノールのベンゼン環に OH と3つの $-CH_2-$ が結合）

(2) $-CH_2-CH(Cl)-$

(3) $(-CH_2)(-CH_2)N-C(=O)-N(CH_2-)(CH_2-)$

(4) $-CH_2-CH=CH-CH_2-$

(5) $-CO-(CH_2)_5-NH-$

(6) $-CH_2-CH(CN)-$

(7) $-OC-C_6H_4-COO-(CH_2)_2-O-$

(8) $-CH_2-CH(OCOCH_3)-$

a. **ポリエチレンテレフタラート**(略称 PET)は，分子の主鎖中にエステル結合をもつ。ポリエステルとよばれ，合成繊維として各種の衣料や，ペット(PET)ボトルとして飲料水の容器として広く利用される。

b. アミノ基をもつ単量体からつくられる尿素樹脂，メラミン樹脂を合わせて**アミノ樹脂**という。

c. 分子鎖中の C=C 結合が**シス形**になると，分子は折れ曲がった構造になり，結晶化しにくく，軟らかく弾性をもつゴム状物質になる。

d. ポリ塩化ビニルには Cl が結合していて分子量が大きく，分子間力が強くはたらくため，硬質のプラスチックになる。適当な異分子(**可塑剤**という)を数十％加えると，分子鎖どうしが動きやすくなり，軟質のプラスチックになる。また，難燃性である。

e. −CN の置換基名を**シアノ基**といい，R−CN(R：炭化水素基)の構造をもつ化合物を**ニトリル**という。すなわち，有機化合物中の −CN を置換基として命名するときは「シアノ」，−CN を含む化合物として命名するときは「ニトリル」とする。

(例) $C_6H_4(CH_3)CN$(シアノトルエン)，
　　C_6H_5CN(ベンゾニトリル)

f. カプロラクタムは環状構造のアミドであり，**開環重合**によって**ナイロン 6** になる。

$$n\left[\begin{matrix}(CH_2)_5 \\ NH-C(=O)\end{matrix}\right] \xrightarrow{H_2O} \left[NH-(CH_2)_5-C(=O)\right]_n$$

g. ポリ酢酸ビニルの軟化点(約 50℃)は低く，ふつう，プラスチックとしては用いない。乳化状態のものは，木工用ボンドとして接着剤に用いられる。

h. **フェノール樹脂**はベークライトともよばれる熱硬化性樹脂で，電気絶縁性に優れ，電気部品に多く用いられる。

フェノールにホルムアルデヒドを加え，触媒を作用させると，フェノール 2 分子とホルムアルデヒド 1 分子から水 1 分子がとれる形で重合反応が進み，フェノール樹脂が生成する。この反応は，(1)フェノールに対する HCHO の付加反応と，(2)その生成物と別のフェノールとの縮合反応が連続的に繰り返されて進行するので，**付加縮合**に分類されている。

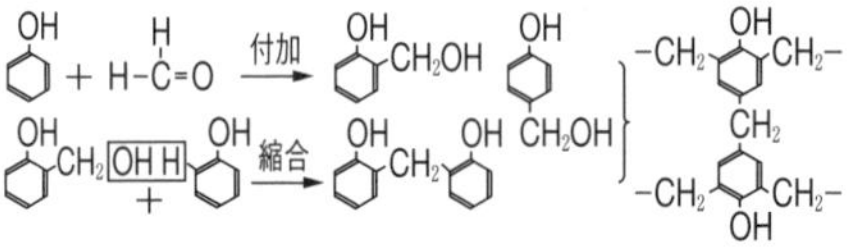

酸を触媒とすると，主に縮合反応が起こり，分子量が1000程度の直鎖状の固体(**ノボラック**)が得られる。これを加熱しても立体網目状の高分子にはならないので，硬化剤とともに加熱・加圧するとフェノール樹脂となる。

一方，塩基を触媒とすると，主に付加反応が起こり，分子量が100 ～ 300程度の粘性のある液体(**レゾール**)が得られる。これは熱処理するだけでフェノール樹脂となる。

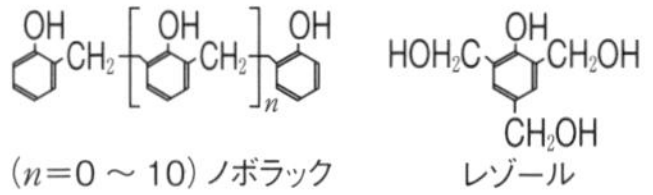

(n=0 ～ 10) ノボラック　　レゾール

解答 (1) **ア，エ，h**　(2) **コ，d**　(3) **ア，キ，b**　(4) **イ，c**　(5) **ク，f**　(6) **カ，e**　(7) **オ，ケ，a**　(8) **サ，g**

369 **解説** (1) **フェノール樹脂**は，1907年，ベークランド(アメリカ)によって発明された合成樹脂で，**ベークライト**ともよばれる。耐熱性，電気絶縁性に優れた熱硬化性樹脂である。

(2) 常温・常圧で触媒を使ってつくられる**高密度ポリエチレン**は，不透明で硬質である。一方，高温・高圧で触媒を使わずにつくられる**低密度ポリエチレン**は，透明で軟質である(**367** **解説** 参照)。

(3) **ポリ塩化ビニル**は難燃性であるが，燃やすと有毒な HCl を発生する。

(4) ポリメタクリル酸メチルを**アクリル樹脂**といい，透明度が大きいので，飛行機の窓，胃カメラの光ファイバー，水族館の巨大水槽などに用いられる。

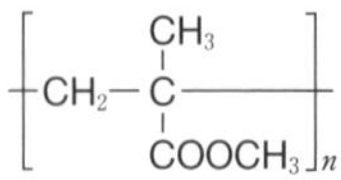

$$\left[CH_2-\underset{COOCH_3}{\overset{CH_3}{C}} \right]_n$$

(5) 耐熱性が大きいのは熱硬化性樹脂であるが，アミノ樹脂(尿素樹脂，メラミン樹脂など)のうち，最も耐熱性，強度，耐薬品性に富むのは，**メラミン樹脂**。

(6) ポリテトラフルオロエチレン $\left[CF_2-CF_2\right]_n$ は**テフロン**ともよばれ，耐熱性・耐薬品性に富み，摩擦係数が小さく，金属の表面加工に用いられる。

解答 (1) **(エ)**　(2) **(ウ)**　(3) **(ア)**　(4) **(カ)**　(5) **(イ)**　(6) **(オ)**

370 **解説** 各合成高分子の繰り返し単位の構造は次の通り。

(ア) 尿素樹脂

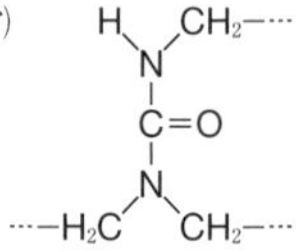

(イ) $\cdots-CH-CH_2-\cdots$（CH に ベンゼン環）

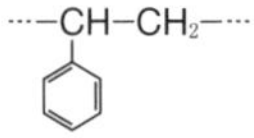

(ウ) $\cdots-\overset{O}{\overset{\|}{C}}-C_6H_4-\overset{O}{\overset{\|}{C}}-O-(CH_2)_2-O-\cdots$

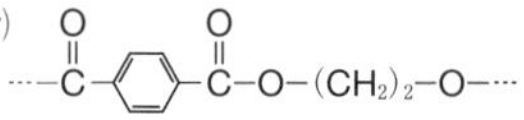

(エ) $\cdots-CH_2-CH_2-\cdots$

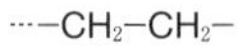

(オ) フェノール樹脂

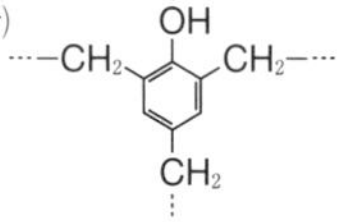

(カ) $\cdots-CH_2-\underset{OCOCH_3}{CH}-\cdots$

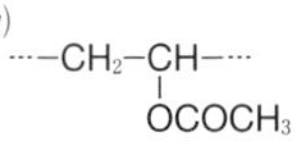

(キ) $\cdots-CH_2-\underset{Cl}{CH}-\cdots$

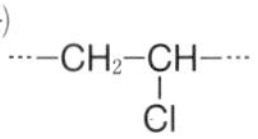

(ク) $\cdots-CH_2-\underset{CN}{CH}-\cdots$

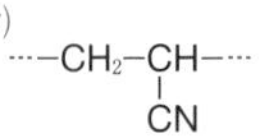

A，Bは，C，Hのみからなるポリスチレンか，ポリエチレンのいずれか。

CはC，H，Oからなるポリエチレンテレフタラートか，ポリ酢酸ビニルのいずれか。

DはC，H，O，Nからなる尿素樹脂か，ポリアクリロニトリルのいずれか。

Bはベンゼン環を含むので，ポリスチレンである。

Aはベンゼン環を含まないので，ポリエチレンである。

Cはベンゼン環を含むので，ポリエチレンテレフタラートである。

A，B，Cは熱可塑性樹脂であるが，Dは熱硬化性樹脂なので尿素樹脂である。

解答 A **(エ)**　B **(イ)**　C **(ウ)**　D **(ア)**

371 **解説** (1) ブタジエンやクロロプレンを付加重合してできる合成ゴムを，それぞれ**ブタジエンゴム**，**クロロプレンゴム**という。

ブタジエンが付加重合する場合，分子の両端の1，4位の炭素原子どうしで付加重合(**1，4 付加**)が起こる。このとき，二重結合が分子の中央部の2，3位に移り，C=C 結合に関してシス形とトランス形の**シス‐トランス異性体**が生じる。

372 ～ 372

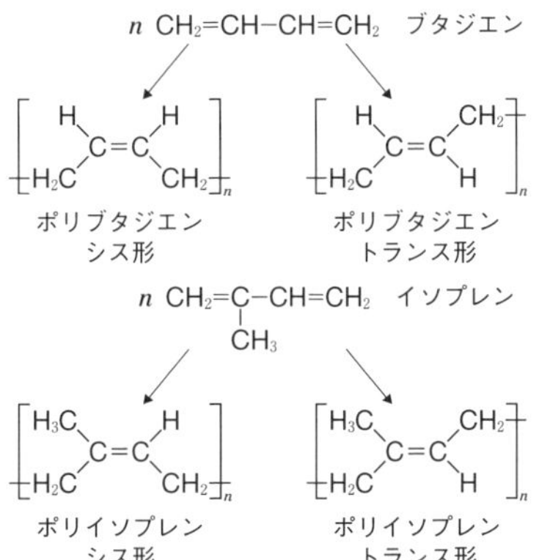

トランス形のポリブタジエン構造や，ポリイソプレン構造をもつもの(**グッタペルカ**など)は，C=C結合の両側で分子鎖はほとんど曲がっていないために，分子がかなり規則的に配列して結晶化するので，ゴム弾性を示さない。したがって，硬いプラスチック状の物質となる。

一方，**シス形**のポリブタジエン構造や，ポリイソプレン構造をもつもの(**天然ゴム**など)は，C=C 結合の両側で分子鎖が折れ曲がっているために，分子が規則的に配列することができずに，結晶化しにくい。したがって，分子中のC−C 結合の部分が比較的自由に回転できる。このような分子内での部分的な熱運動を**ミクロブラウン運動**という。

ゴム分子はミクロブラウン運動によっていろいろな配置をとることが可能で，通常はエントロピー(乱雑さ)が大きくて安定な，丸まった形をとっている。

ゴム分子に外力を加えて引き伸ばしてエントロピー(乱雑さ)の小さな配置にしても，加えた外力を除くと，自然にもとの丸まった形に戻っていく。これを**ゴム弾性**というが，ゴム分子が自身のミクロブラウン運動によって，エントロピーの大きなもとの状態に戻っていくことがゴム弾性の原因である。

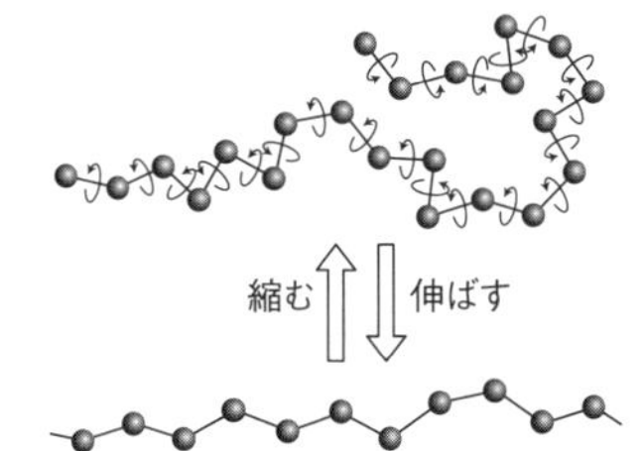

合成ゴムは，クロロプレンやブタジエンの付加重合，およびブタジエンとスチレン，あるいはブタジエンとアクリロニトリルの共重合などによってつくられる。

(2) ブタジエンとスチレンを共重合させると，合成ゴムの**スチレン - ブタジエンゴム**(SBR)を生じる。題意を満たす SBR の構造式は次の通り。

$$\left[\left(-CH_2-\underset{\text{C}_6\text{H}_5}{CH}-\right)_1\left(-CH_2-CH=CH-CH_2-\right)_4\right]_n$$

分子量 104　　分子量 54

分子量は，$(104+54\times4)\times n=320n$ である。このSBR には，最大 $4n$〔mol〕の H_2 が付加するから，その体積(標準状態)は，

$$\frac{4.0}{320n}\times4n\times22.4=1.12\fallingdotseq1.1〔\text{L}〕$$

(3) ブタジエンとアクリロニトリルを共重合させると，合成ゴムの**アクリロニトリル - ブタジエンゴム**(NBR)が得られる。NBR の構造式は次式で表せる。

$$\left[\left(-CH_2-\underset{CN}{CH}-\right)_x\left(-CH_2-CH=CH-CH_2-\right)_y\right]_n$$

分子量 53　　分子量 54

窒素の質量百分率より，$\dfrac{14x}{53x+54y}=0.0875$

これを解くと，$x:y\fallingdotseq1:2$

NBR 10kg 中に含まれるブタジエンの質量は，分子量にしたがって比例配分すればよい。

$$10\times10^3\times\frac{54\times2}{53+54\times2}\fallingdotseq6.70\times10^3〔\text{g}〕⇨6.7〔\text{kg}〕$$

解答 (1) ①　②

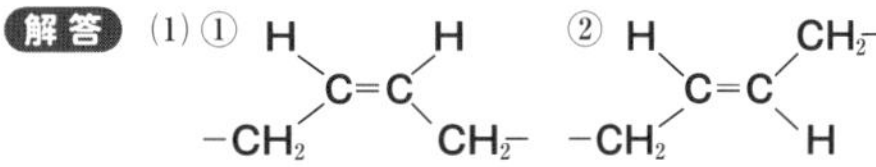

③ **スチレン-ブタジエンゴム(SBR)**

④ **アクリロニトリル-ブタジエンゴム(NBR)**

(2) **1.1L**　(3) **6.7kg**

36 繊維・機能性高分子

372 (解説) 動・植物由来の繊維を**天然繊維**という。

天然繊維以外の繊維を**化学繊維**といい，天然繊維を溶媒に溶かしてから繊維状に再生させた**再生繊維**，天然繊維の官能基の一部を化学変化させた**半合成繊維**，石油などからつくられた合成高分子を繊維状にした**合成繊維**が含まれる。日本での生産量は，およそ合成繊維 60%，天然繊維 30%，その他 10% である。

天然繊維は植物繊維と動物繊維に分けられ，植物繊維の代表である綿や麻の主成分は**セルロース**，動物繊維

の代表である羊毛や絹の主成分は**タンパク質**である。

セルロースは分子間にはたらく水素結合により，多くの部分(70 ～ 85%)で結晶化しており，熱水や多くの有機溶媒にも溶けない。そこで，セルロース中の $-OH$ をエステル化し，$-OH$間にはたらく水素結合の数を減らすと，溶媒に溶けやすくなる。

銅アンモニアレーヨン　セルロースを，テトラアンミン銅(Ⅱ)水酸化物 $[Cu(NH_3)_4](OH)_2$ の水溶液(**シュワイツァー試薬**)に溶かしたのち，希硫酸中に押し出して繊維状にした再生繊維である。**キュプラ**ともいう。

ビスコースレーヨン　セルロースを濃い水酸化ナトリウム水溶液に浸してアルカリセルロースとし，これを二硫化炭素 CS_2 と反応させて，セルロースキサントゲン酸ナトリウムとする。これを薄い水酸化ナトリウム水溶液に溶かすと，赤褐色のコロイド溶液(**ビスコース**)が生成する。これを，細孔から希硫酸中に押し出して繊維状にした再生繊維である。ビスコースを膜状に加工したものを**セロハン**という。

アセテート繊維　セルロースを無水酢酸と濃硫酸(触媒)でアセチル化して**トリアセチルセルロース**をつくる。さらに，その一部を加水分解して**ジアセチルセルロース**としてアセトンに溶かしたのち，細孔から温かい空気中に噴出してアセトンを蒸発させ，繊維状にした半合成繊維である。

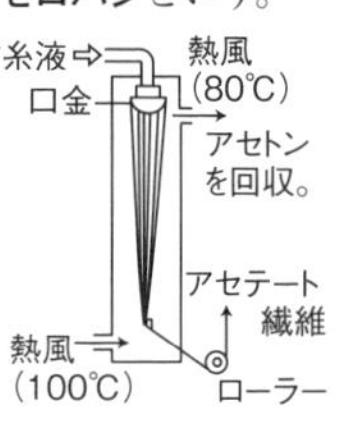

$$[C_6H_7O_2(OH)_3]_n$$
セルロース

$$\xrightarrow{\text{無水酢酸}} [C_6H_7O_2(OCOCH_3)_3]_n$$
トリアセチルセルロース

$$\xrightarrow[\text{(一部)}]{\text{加水分解}} [C_6H_7O_2(OH)(OCOCH_3)_2]_n$$
ジアセチルセルロース

アセテート繊維のように，セルロースのヒドロキシ基の一部を化学変化させた化学繊維を**半合成繊維**という。一方，銅アンモニアレーヨン，ビスコースレーヨンのように，セルロースのヒドロキシ基に化学変化のない化学繊維を**再生繊維**という。

解答　① **合成繊維**　② **セルロース**　③ **タンパク質**　④ **レーヨン**　⑤ **シュワイツァー試薬**　⑥ **銅アンモニアレーヨン(キュプラ)**　⑦ **ビスコース**　⑧ **ビスコースレーヨン**　⑨ **セロハン**　⑩ **アセテート繊維**　⑪ **無水酢酸**

373 **解説**　(1)，(2)　脂肪族のポリアミド系合成繊維を**ナイロン**といい，いずれも分子中に多数の**アミド結合** $-CONH-$ をもつ。**ナイロン66** は，ヘキサメチレンジアミンとアジピン酸の縮合重合で合成される。**ナイロン6** は環状アミドの構造をもつ ε-カプロラクタムの**開環重合**で得られる。

$$\begin{matrix} CH_2-CH_2-CH_2 \\ | \qquad\qquad\quad | \\ CH_2-\underset{\underset{O}{\|}}{C}-\underset{\underset{H}{|}}{N}-CH_2 \end{matrix} \longrightarrow \left[\underset{\underset{O}{\|}}{C}-(CH_2)_5-\underset{\underset{H}{|}}{N} \right]_n$$

ε-カプロラクタム　　　　ナイロン6

一方，タンパク質でできた絹は，α-アミノ酸が縮合重合してできた高分子で，分子中にペプチド結合 $-CONH-$ をもつ。

テレフタル酸とエチレングリコールの縮合重合により，ポリエステル系合成繊維の**ポリエチレンテレフタレート(PET)**が得られる。PET は，分子中に親水基をもたないので，吸湿性がほとんどなく，水にぬれても乾きやすい。

$$n\,HOOC-C_6H_4-COOH + n\,HO-(CH_2)_2-OH$$
$$\longrightarrow \left[OC-C_6H_4-COO-(CH_2)_2-O \right]_n + 2n\,H_2O$$

ポリアクリロニトリルは，アクリロニトリルの付加重合で得られ，羊毛に似た風合いをもつが，染色性がよくない。そこで，アクリロニトリルを塩化ビニル，アクリル酸メチルなどと共重合したものは，**アクリル繊維**として利用される。

$$n\,CH_2{=}CH(CN) \longrightarrow \left[CH_2-CH(CN) \right]_n$$

芳香族のポリアミド系合成繊維を**アラミド繊維**といい，高強度，高耐熱性の性質をもつ。特に，テレフタル酸ジクロリドと，p-フェニレンジアミンの縮合重合でつくられるポリ-p-フェニレンテレフタルアミドを**ケブラー**®とよぶ。

$$n\,ClOC-C_6H_4-COCl + n\,H_2N-C_6H_4-NH_2$$
$$\longrightarrow \left[OC-C_6H_4-CONH-C_6H_4-NH \right]_n + 2n\,HCl$$

(3)　ナイロンが引っ張り強度が大きい繊維であるのは，隣接するナイロンの分子のアミド結合 $-CONH-$ の間には，下図のように水素結合(----)が形成されるためである。

ナイロン 66 の分子間水素結合

(4) $n\mathrm{H_2N{-}(CH_2)_6{-}NH_2} + n\mathrm{HOOC{-}(CH_2)_4{-}COOH}$

$$\longrightarrow \underbrace{\left[\mathrm{N(H){-}(CH_2)_6{-}N(H){-}C(=O){-}(CH_2)_4{-}C(=O)}\right]_n}_{\text{分子量 }226n} + 2n\mathrm{H_2O}$$

ナイロン 66 の重合度を n とすると，その分子量は $226n$ であるから，

$226n = 2.0\times10^5$　　$\therefore\ n \fallingdotseq 885$

反応式より，水 1 分子が脱離するごとにアミド結合が 1 個生成する。すなわち，ポリマー 1 分子中のアミド結合の数は，脱離した水分子 $2n$ 個と等しい。

$2n = 2\times885 = 1770 \fallingdotseq 1.8\times10^3$〔個〕

解答 (1) ア **アジピン酸**　イ **縮合**　ウ **開環**

エ **エステル**　オ **エチレングリコール**

カ **付加**　キ **共**　ク **縮合**

(2) ①

$$\left[\mathrm{C(=O){-}(CH_2)_4{-}C(=O){-}N(H){-}(CH_2)_6{-}N(H)}\right]_n$$

②

$$\left[\mathrm{C(=O){-}(CH_2)_5{-}N(H)}\right]_n$$

③

$$\left[\mathrm{C(=O){-}C_6H_4{-}C(=O){-}O{-}(CH_2)_2{-}O}\right]_n$$

④

$$\left[\mathrm{CH_2{-}CH(CN)}\right]_n$$

⑤

$$\left[\mathrm{C(=O){-}C_6H_4{-}C(=O){-}N(H){-}C_6H_4{-}N(H)}\right]_n$$

(3) **隣接するナイロン分子のアミド結合の間に，多くの水素結合が形成されるから。**

(4) **1.8×10^3 個**

374 **解説** 結合している官能基の化学変化などにより，特殊な機能を発揮する高分子を，**機能性高分子**といい，多方面で利用されている。

導電性高分子　ポリアセチレン $\mathrm{[CH{=}CH]_n}$ は単結合と二重結合が交互にあり，これを**共役二重結合**という。共役二重結合をつくっている電子は，金属の自由電子のように両隣りの炭素原子の間を移動できる。ここにヨウ素 $\mathrm{I_2}$ などを少量添加すると，電気伝導性がさらに増加し，金属と同程度になる。導電性高分子は，ポリマー型の二次電池や，さまざまな電子部品に利用されている。白川英樹は，2000 年，この研究によりノーベル化学賞を受賞した。

感光性高分子　光を当てると，側鎖の部分に架橋構造を生じて立体網目構造となり，溶媒に対して不溶となるような高分子。印刷用の製版材料，プリント配線などに用いられる。

たとえば鎖状構造のポリケイ皮酸ビニルに光(紫外線)が当たると，側鎖の C=C 結合部分どうしが付加して二量体となり，立体網目構造となる。

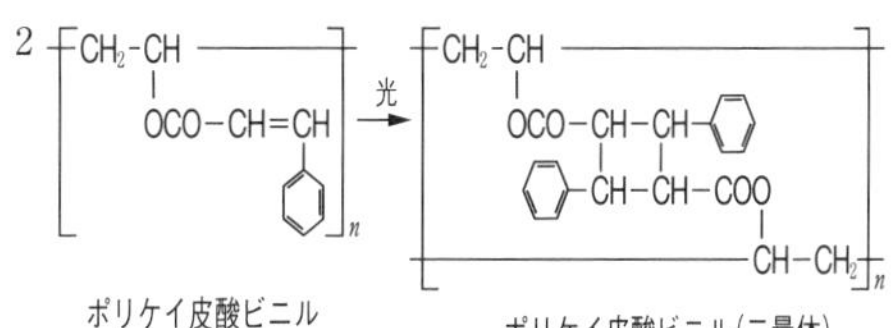

ポリケイ皮酸ビニル　　ポリケイ皮酸ビニル(二量体)

残したい部分に光(紫外線)を当てると，プラスチックが不溶性になり，不要な部分を溶媒に溶かしてしまえば印刷用の凸版ができる。また，歯科用の充填剤への利用もある。虫歯の部分を切削したあと，充填剤を詰め込み，紫外線を照射すると 1 分程度で硬化し，治療が終わる。

高吸水性高分子　アクリル酸ナトリウム $\mathrm{CH_2{=}CHCOONa}$ の付加重合体ポリアクリル酸ナトリウム $\mathrm{[CH_2{-}CH(COONa)]_n}$ をエチレングリコールなどで架橋したものである。吸水して $\mathrm{-COONa}$ が電離すると $\mathrm{-COO^-}$ の反発により立体網目構造が拡大する。樹脂内部はイオンの濃度が大きいので，その浸透圧によって吸収された多量の水が内部に水和水として閉じこめられ，加圧しても外部へは容易に出ていかない。紙おむつ，土壌保水剤に利用される。

吸水前　→　吸水後

生分解性高分子　ポリグリコール酸やポリ乳酸などの脂肪族のポリエステルは，芳香族のポリエステルに比べて生体内や微生物による生分解性が大きい。

特に，グリコール酸 $HO-CH_2-COOH$，乳酸 $HO-CH(CH_3)-COOH$ など脂肪族のヒドロキシ酸のポリエステルは生分解性高分子として，外科手術用の縫合糸や釣り糸，砂漠緑化用の資材などに用いられている。

$$\left[-\underset{\underset{O}{\|}}{C}-\overset{\overset{CH_3}{|}}{CH}-O- \right]_n \qquad \left[-\underset{\underset{O}{\|}}{C}-CH_2-O- \right]_n$$

ポリ乳酸　　　ポリグリコール酸

解答　(1) **高吸水性高分子**　(2) **導電性高分子**　(3) **生分解性高分子**　(4) **感光性高分子**

375 **解説**　(1) **羊毛**　主成分のケラチンは硫黄を多く含み，分子間に S−S 結合を形成し，弾力性があり，しわになりにくい。鱗状の表皮により撥水性があり，その開閉により繊維内部に水分を吸収・蓄積できるので，吸湿性は天然繊維中で最大である。塩基にかなり弱く，洗濯がむずかしい。

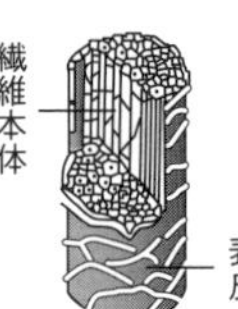

羊毛の構造

(2) **ナイロン**　1935 年にアメリカのカロザースが絹に似た繊維として発明した合成繊維で，1937 年に工業化された。ヘキサメチレンジアミンとアジピン酸が縮合重合した構造をもつ。高強度(切れにくい)，高弾性(伸びにくい)で，しわになりにくい。吸湿性が小さく，洗っても乾きやすい。肌ざわりや光沢は絹に似ている。

(3) **絹**　カイコガのまゆから取り出される動物繊維の代表で，美しい光沢をもち，吸湿性もある。塩基にかなり弱く，洗濯がむずかしく，光で黄ばみやすい。

(4) **綿**　セルロースからなる植物繊維で，綿花(めんか)を撚(よ)り合わせてつくられる。酸に比較的弱く，塩基には比較的強い。また，ヒドロキシ基 −OH をもち，この部分が水素結合で水を引きつけるので，吸湿性に優れ，下着に用いられる。水にぬれるとかえって強くなる性質があるので，洗濯にも強い。

(5) **ポリエステル**　エチレングリコールとテレフタル酸の縮合重合によってつくられる。化学薬品に対して安定で，しわにならず吸湿性がほとんどないため，洗っても乾きやすい。熱可塑性があるので，熱加工して付けた折り目は，なかなか消えない。

(6) **レーヨン**　天然にあるセルロース(木材パルプや綿くず)を一度薬品と反応させて溶かした溶液を，凝固液中に押し出して再び繊維としたもの。綿と同じセルロースからできており，性質もよく似ていて光沢があり，吸湿性もあるが，水にぬれると弱くなる性質がある。

(7) **アクリル繊維**　アクリロニトリルの付加重合によってつくられる。羊毛に似た柔軟性と風合いをもち，保温性に優れている。

アクリル繊維を，約 1000℃ で熱処理して水素を除くと，窒素を含む不完全な黒鉛型構造となる(炭素化)。これを約 2000℃ で窒素を除くと，完全な黒鉛型構造となる(黒鉛化)。こうして，高強度・高弾性で電気伝導性をもつ**炭素繊維**ができる。

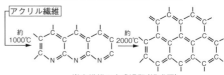

アクリル繊維　→ 約1000℃ →　→ 約2000℃ →

炭素繊維の合成過程(模式図)

(8) **ビニロン**　1939 年，桜田一郎が発明した日本初の合成繊維。強度，耐摩耗性が大きいうえに，吸湿性があり，綿に似た性質がある。

(9) **アラミド繊維**　芳香族のポリアミド系合成繊維で，高強度，高弾性を利用し，飛行機の複合材料，防弾チョッキなどに，高耐熱性を利用し，消防服にも使われる。

$$\left[-\underset{\underset{O}{\|}}{C}-C_6H_4-\underset{\underset{O}{\|}}{C}-\underset{\underset{H}{|}}{N}-C_6H_4-\underset{\underset{H}{|}}{N}- \right]_n$$

パラ型 ケブラー®

$$\left[-\underset{\underset{O}{\|}}{C}-C_6H_4-\underset{\underset{O}{\|}}{C}-\underset{\underset{H}{|}}{N}-C_6H_4-\underset{\underset{H}{|}}{N}- \right]_n$$

メタ型 ノーメックス®

解答　(1) (ウ)　(2) (キ)　(3) (イ)　(4) (ア)　(5) (オ)　(6) (ケ)　(7) (カ)　(8) (ク)　(9) (コ)

376 **解説**　本問のように，互いに混じり合わない

377 ～ 378

2種の溶液の境界面で，縮合重合を行わせる方法を**界面縮重合**という。この方法は，高温を必要としない。また，一般の縮合重合のように反応物質の物質量を正確に合わせる必要がなく，一方の物質がなくなれば，反応は自動的に停止する。芳香族ポリアミド系合成繊維(**アラミド繊維**)は，この方法ではじめてつくることが可能となった。

(1)　本実験に使える有機溶媒Aは，水と混じり合わずに二層に分離することで，その境界面で縮合重合が起こり，**ナイロン66**の薄膜が生じるものである。したがって，アセトンは水に可溶なので不適である。〔1〕の溶液に〔2〕の溶液を静かに加え，界面にできるだけ薄いナイロン66の膜を形成させるには，〔1〕の溶液の密度は，〔2〕の溶液の密度よりも大きい方がよい。よって，ジクロロメタン CH_2Cl_2(1.3g/cm^3)は適するが，ジエチルエーテル $C_2H_5OC_2H_5$(0.7g/cm^3)は好ましくない。

(2)　$nH_2N-(CH_2)_6-NH_2+nClOC-(CH_2)_4-COCl$
　　ヘキサメチレンジアミン　　アジピン酸ジクロリド

$\longrightarrow [NH(CH_2)_6-NHCO-(CH_2)_4-CO-]_n+2nHCl$
　　ナイロン66　　分子量226n

の反応式が示すように，縮合重合が進行すると，HClが生成するので，NaOHを加えて中和することにより，この反応をより右へ進行させることができる。

(3)　反応式より，ヘキサメチレンジアミンとアジピン酸ジクロリドは等物質量ずつ反応する。したがって，アジピン酸ジクロリドが，$0.010\text{mol}\times0.70=7.0\times10^{-3}$〔mol〕反応すると，ヘキサメチレンジアミンも 7.0×10^{-3}mol反応する。

反応式の係数比より，ヘキサメチレンジアミンとアジピン酸ジクロリドがn〔mol〕ずつ反応すると，ナイロン66が1mol生成するから，ヘキサメチレンジアミン，アジピン酸ジクロリドが 7.0×10^{-3}molずつ反応するとき，生成するナイロン66の質量は，次のようになる。

ナイロン66の分子量は226nだから，

$$7.0\times10^{-3}\times\frac{1}{n}\times226n\fallingdotseq1.58\fallingdotseq1.6\text{〔g〕}$$

解答　(1) (イ)　(2) **ヘキサメチレンジアミン**
(3) **1.6g**

377 **解説**　**酢酸ビニル**は，アセチレンに酢酸を付加させる方法でつくられる。

$CH\equiv CH+CH_3COOH\longrightarrow CH_2=CHOCOCH_3$

酢酸ビニルを付加重合させると，ポリ酢酸ビニルを生じる。この化合物は側鎖にエステル結合をもち，NaOH水溶液で**けん化**すると，**ポリビニルアルコール**と酢酸ナトリウムになる。

$$\left[CH_2-\underset{\substack{|\\OCOCH_3}}{CH}\right]_n+n\text{NaOH}\longrightarrow\left[CH_2-\underset{\substack{|\\OH}}{CH}\right]_n+nCH_3COONa$$

ポリビニルアルコールは炭素鎖の1つおきに親水性の $-OH$ をもつため水に溶けやすい。

まず，ポリビニルアルコールの濃厚溶液を細孔から飽和硫酸ナトリウム水溶液に押し出すと，親水コロイドであるポリビニルアルコールが塩析されて凝固し，繊維状となる。しかし，この状態の糸はまだ水溶性のため，30～40％のホルムアルデヒド水溶液で処理して，親水性の $-OH$ を疎水性の $-O-CH_2-O-$ のような，同一の炭素に2個の $-O-$ 結合が結合した構造(**アセタール構造**という)に変える。この処理を**アセタール化**という。こうしてできた水に不溶性の繊維を**ビニロン**という。

ビニロンでは，ポリビニルアルコールの $-OH$ のうち30～40％だけがアセタール化されており，親水性の $-OH$ が60～70％残っているので，適度な吸湿性をもち，また，分子間に水素結合が多く形成されることで強い丈夫な繊維となる。

解答　① **付加重合**　② **けん化(加水分解)**
③ **ホルムアルデヒド**　④ **ヒドロキシ**
⑤ **アセタール化**

378 **解説**　(1)　ベンゼン環をもつ立体網目状の合成高分子に，強い酸性のスルホ基 $-SO_3H$ を導入したAは**陽イオン交換樹脂**である。この樹脂に塩化ナトリウム水溶液を加えると，水溶液中の Na^+ とスルホ基中の H^+ が1：1(物質量比)で交換される。一方，Cl^- はイオン交換されないので，流出液はHCl水溶液となる。

$$-CH-C_6H_4-SO_3H+Na^+\rightleftarrows -CH-C_6H_4-SO_3Na+H^+\quad\cdots①$$

ベンゼン環をもつ立体網目状の合成高分子に，強い塩基性のトリメチルアンモニウム基 $-N(CH_3)_3OH$ を導入したBは**陰イオン交換樹脂**である。この樹脂に塩化ナトリウム水溶液を加えると，水溶液中の Cl^- とトリメチルアンモニウム基中の OH^- が1：1(物質量比)で交換される。一方，Na^+ はイオン交換されないので，流出液は NaOH 水溶液となる。

$$\text{-CH-C}_6\text{H}_4\text{-CH}_2\text{N(CH}_3)_3\text{OH} + \text{Cl}^-$$

$$\rightleftarrows \text{-CH-C}_6\text{H}_4\text{-CH}_2\text{N(CH}_3)_3\text{Cl} + \text{OH}^- \quad \cdots②$$

(2) A のイオン交換反応は可逆反応であるため，使用後の A に高濃度の塩酸を流すと，①式の平衡が左へ移動して，もとの状態に戻すことができる。これを**イオン交換樹脂の再生**という。

同様に，使用後の B に高濃度の水酸化ナトリウム水溶液を流すと，②式の平衡が左へ移動して，もとの状態に戻すことができる。

解答 (1) ① Na^+　② H^+　③ Cl^-　④ OH^-
(ア) $-SO_3Na$　(イ) $-CH_2N(CH_3)_3Cl$
(2) **A に高濃度の塩酸を流した後，よく水洗しておく。B に高濃度の水酸化ナトリウム水溶液を流した後，よく水洗しておく。**

379 **解説**　Ⅰ　**ニトロセルロース**　セルロースに濃硝酸と濃硫酸(混酸)を作用させると，エステル化がおこり，トリニトロセルロース$[C_6H_7O_2(ONO_2)_3]_n$が得られる。トリニトロセルロースは綿火薬として利用される。また，トリニトロセルロースを穏やかに加水分解して得られるジニトロセルロース$[C_6H_7O_2(OH)(ONO_2)_2]_n$ はショウノウ(凝固剤)を加えてセルロイド樹脂の原料に用いられる。

Ⅱ　**ビスコースレーヨン**　セルロースを濃い水酸化ナトリウム水溶液に浸してアルカリセルロースとし，これを二硫化炭素 CS_2 と反応させて，セルロースキサントゲン酸ナトリウムとする。これを薄い水酸化ナトリウム水溶液に溶かして，赤褐色のコロイド溶液(**ビスコース**)をつくり，細孔から希硫酸中に押し出して繊維状にしたもの。ビスコースを膜状に再生させたものを**セロハン**という。

Ⅲ　**銅アンモニアレーヨン(キュプラ)**　セルロースを，テトラアンミン銅(Ⅱ)水酸化物$[Cu(NH_3)_4](OH)_2$の水溶液(**シュワイツァー試薬**)に溶かしたのち，希硫酸中に押し出して繊維状にしたもの。

Ⅳ　**アセテート繊維**　セルロースに無水酢酸を作用させて**トリアセチルセルロース**をつくり，その一部を加水分解してジアセチルセルロースとしてアセトンに溶かしたのち，細孔から温かい空気中に押し出してアセトンを蒸発させて繊維状にしたもの。

解答 ① **硝酸エステル**　② **トリニトロセルロース**
③ **ジニトロセルロース**　④ **ビスコース**
⑤ **ビスコースレーヨン**　⑥ **セロハン**
⑦ **シュワイツァー試薬**
⑧ **銅アンモニアレーヨン**
⑨ **トリアセチルセルロース**
⑩ **ジアセチルセルロース**
⑪ **アセテート繊維**

380 **解説**　2 種類以上の単量体を任意の割合で混合したものを付加重合させることを**共重合**，得られた高分子化合物を**共重合体**という。

アクリロニトリル $CH_2{=}CHCN$ とアクリル酸メチル $CH_2{=}CHCOOCH_3$ を $x:y$(物質量比)の割合で共重合すると，次式のように反応し，共重合体のアクリル繊維が得られる。

$$x\text{CH}_2{=}\underset{\text{CN}}{\text{CH}} + y\text{CH}_2{=}\underset{\text{COOCH}_3}{\text{CH}} \longrightarrow \left[\text{CH}_2-\underset{\text{CN}}{\text{CH}}\right]_x\left[\text{CH}_2-\underset{\text{COOCH}_3}{\text{CH}}\right]_y$$

共重合体の平均重合度について，

$x+y=500$　…①

分子量は，$CH_2{=}CHCN$ が 53，$CH_2{=}CHCOOCH_3$ が 86 より，共重合体の分子量について，

$53x+86y=29800$　…②

②－①×53 より，$y=100$，$x=400$

よって　$x:y=4:1$

解答 **4：1**

381 **解説**　スチレンと *p*-ジビニルベンゼン(少量)を**共重合**させると，立体網目構造の合成樹脂 A となる。この高分子中ではポリスチレンのパラ位の反応性が高く，濃硫酸(発煙硫酸)でスルホン化すると，水に不溶性の**陽イオン交換樹脂**が得られる。

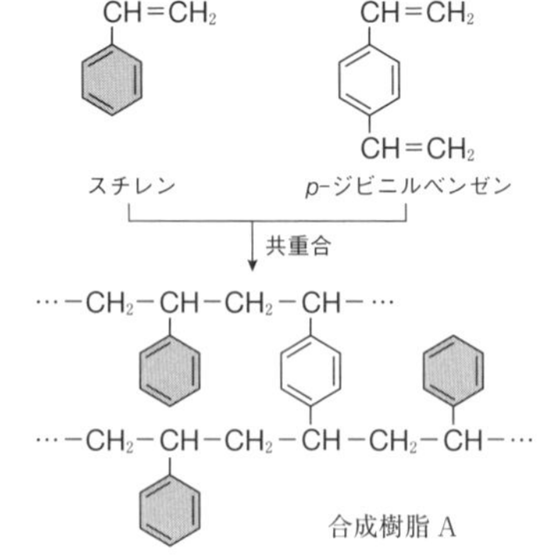

p-ジビニルベンゼンで架橋したポリスチレンに，ス

382～382

ルホ基 $-SO_3H$ などの酸性の官能基を導入した陽イオン交換樹脂をカラムに詰め，上部から電解質水溶液を流すと，樹脂中の $-SO_3H$ に含まれる H^+ と，水溶液中に含まれる陽イオンとが交換される。

たとえば，陽イオン交換樹脂に NaCl 水溶液を通すと，樹脂中の $-SO_3H$ に含まれる H^+ と水溶液中の Na^+ とが交換される。

$R-SO_3H + Na^+ \rightleftarrows R-SO_3^-Na^+ + H^+$ …①

(R はイオン交換樹脂の炭化水素基)

一方，*p*-ジビニルベンゼンで架橋したポリスチレンに，$-CH_2-N(CH_3)_3OH$ などの塩基性の官能基を導入したものが**陰イオン交換樹脂**である。これをカラムに詰め，上部から NaCl 水溶液を流すと，樹脂中に含まれる OH^- と，水溶液中に含まれる Cl^- とが交換される。

一般に，塩類(イオン)を含んだ水を，陽イオン交換樹脂と陰イオン交換樹脂の両方を通過させると，水溶液中の陽イオンは H^+ に，陰イオンは OH^- に交換され，生じた H^+ と OH^- は中和して，陽・陰イオンを含まない純水が得られる。この純水を**脱イオン水**といい，各種の研究室，工場などで用いられている。

〔問〕 $2RSO_3H + Ca^{2+} \longrightarrow (R-SO_3)_2Ca + 2H^+$ …②

②式より，$Ca^{2+} : H^+ = 1 : 2$(物質量比)で交換され，かつ，$H^+ : OH^- = 1 : 1$(物質量比)で中和されるから，$CaCl_2$ 水溶液の濃度を x〔mol/L〕とおくと，

$$\left(x \times \frac{10}{1000}\right) : \left(0.10 \times \frac{40}{1000}\right) = 1 : 2$$

$\therefore \quad x = 0.20$〔mol/L〕

解答 ① **スチレン** ② **共** ③ **スルホ** ④ **陽イオン** ⑤ **陽イオン交換樹脂** ⑥ **陰イオン** ⑦ **陰イオン交換樹脂** 〔問〕 **0.20mol/L**

382 (解説) ポリビニルアルコール(PVA)からビニロンを合成する反応の量的計算は，入試では必出の重要事項であり，これを完璧にマスターしておく必要がある。

(1) PVA の $-OH$ の 40%をホルムアルデヒドと反応させたビニロンをつくる反応式は，次の通りである。

$$\left[CH_2-\underset{OH}{CH}-CH_2-\underset{OH}{CH}\right]_n \xrightarrow[\text{アセタール化}]{n\text{HCHO}}$$
分子量 $88n$

$$\left[\left(CH_2-\underset{OH}{CH}-CH_2-\underset{OH}{CH}\right)_{0.6}\left(CH_2-\underset{O-CH_2-O}{CH-CH_2-CH}\right)_{0.4}\right]_n$$
(=88)　(=100)

分子量 $(88 \times 0.6 + 100 \times 0.4)n = 92.8n$

(ビニロンの繰り返し単位中の分子の長さと，PVA の繰り返し単位中の分子の長さを揃えておく必要がある。)

PVA 500g をアセタール化して得られるビニロンを x〔g〕とおくと，アセタール化では，PVA とビニロンの物質量は変化しないので，次式が成り立つ。

$$\frac{500〔g〕}{88n〔g/mol〕} = \frac{x〔g〕}{92.8n〔g/mol〕}$$

$x \fallingdotseq 527.2 \fallingdotseq 5.3 \times 10^2$〔g〕

〈別解〉 PVA 中の $-OH$ の 100%をホルムアルデヒドと反応させたビニロンをつくる反応式は，次のように表せる。

$$\left[CH_2-\underset{OH}{CH}-CH_2-\underset{OH}{CH}\right]_n \xrightarrow[\text{アセタール化}]{n\text{HCHO}} \left[CH_2-\underset{O-CH_2-O}{CH-CH_2-CH}\right]_n$$
分子量 $88n$　　分子量 $100n$

(ビニロンと PVA の繰り返し単位中の分子の長さを揃えておく。)

PVA 500g の $-OH$ を 100%アセタール化して得られるビニロンを y〔g〕とおくと，アセタール化では，PVA とビニロンの物質量は変化しないので，次式が成り立つ。

$$\frac{500〔g〕}{88n〔g/mol〕} = \frac{y〔g〕}{100n〔g/mol〕}$$

$y \fallingdotseq 568.1$〔g〕

PVA500g の $-OH$ を 100%アセタール化したときの質量増加量は 68.1g なので，PVA500g の $-OH$ を 40%だけアセタール化したときの質量増加量は，

$68.1 \times 0.40 \fallingdotseq 27.2$〔g〕

(アセタール化された $-OH$ の割合と，アセタール化による質量増加量の割合は比例する。)

よって，得られるビニロンの質量は，

$500 + 27.2 = 527.2 \fallingdotseq 5.3 \times 10^2$〔g〕

(2) PVA の $-OH$ のすべてがホルムアルデヒドでアセタール化されて生じたビニロンの質量を x〔g〕とする。

$$\left[CH_2-\underset{OH}{CH}-CH_2-\underset{OH}{CH}\right]_n \xrightarrow{n\text{HCHO}} \left[CH_2-\underset{O-CH_2-O}{CH-CH_2-CH}\right]_n$$
分子量 $88n$　　分子量 $100n$

(PVA とビニロンの繰り返し単位中の分子の長さを揃えておく。)

アセタール化では，PVA とビニロンの物質量は変化しないので次式が成り立つ。

$$\frac{100〔g〕}{88n〔g/mol〕}=\frac{x〔g〕}{100n〔g/mol〕}$$

$x≒113.6〔g〕$

PVA からビニロンの製造において，PVA の $-OH$ のアセタール化された割合は，アセタール化による質量増加量の割合に比例するから，

$$\frac{4.5}{13.6}\times100≒33.08≒33〔\%〕$$

解答 (1) **5.3×10^2g**　(2) **33%**

383 **解説** (1) **セルロース**$(C_6H_{10}O_5)_n$ は右図のような構造式をもち，各グルコース単位には3個の $-OH$ が含まれるので，セルロースの示性式は$[C_6H_7O_2(OH)_3]_n$ と表される。

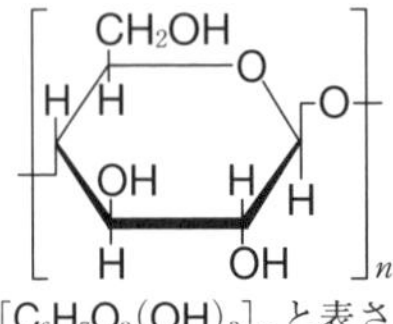

セルロースを無水酢酸と反応させると，セルロース分子中のすべての $-OH$ の H がアセチル基 $-COCH_3$ で置換され(**アセチル化**)，**トリアセチルセルロース**が得られる。

(2) 解答(1)に示した反応式の係数比より，セルロース1mol を完全にアセチル化するのに，$3n$〔mol〕の無水酢酸が必要である。分子量は，

$(C_6H_{10}O_5)_n=162n$，$(CH_3CO)_2O=102$

より，必要な無水酢酸を x〔g〕とすると，

$$\frac{324}{162n}\times3n=\frac{x}{102}\qquad\therefore\ x=612〔g〕$$

(3) トリアセチルセルロースの繰り返し単位の中にはアセチル基は3個ある。その一部(y)個だけが加水分解されたとすると，残るアセチル基は$(3-y)$個となる。

したがって，トリアセチルセルロースの加水分解の反応式は次のように表される。

$[C_6H_7O_2(OCOCH_3)_3]_n+nyH_2O\longrightarrow$
$[C_6H_7O_2(OH)_y(OCOCH_3)_{3-y}]_n+nyCH_3COOH$

加水分解して得られたアセチルセルロースの分子量は，$(288-42y)n$　($0<y<3$ の任意の値)

上の反応式の係数比より，トリアセチルセルロース(分子量 $288n$)と，加水分解して得られたアセチルセルロースの物質量は等しいから，

$$\frac{576}{288n}=\frac{508}{(288-42y)n}\qquad\therefore\ y≒0.809$$

アセチル化の割合 $\dfrac{3-0.809}{3}\times100≒73〔\%〕$

解答 (1) $[C_6H_7O_2(OH)_3]_n+3n(CH_3CO)_2O$
$\longrightarrow[C_6H_7O_2(OCOCH_3)_3]_n+3nCH_3COOH$
(2) **612g**　(3) **73%**

共通テストチャレンジ

384 **解説** (1) グルコースは，水溶液中ではα型，β型，鎖状構造として存在するが，題意より，鎖状構造は少量しか存在しないので無視して考える。

平衡時，α-グルコースが 0.032mol 存在するので，β-グルコースは $0.100-0.032=0.068$〔mol〕存在する。 → ④

(2) 平衡時のβ-グルコースが 0.068mol であるから，その 50%は 0.034mol である。そのときのα-グルコースは，$0.100-0.034=0.066$〔mol〕である。表より，α-グルコースの物質量が 0.066mol になるのは，0.5～1.5〔h〕の間である。 → ②

(3) グルコースの水溶液中では，α型とβ型との間で平衡状態が成り立ち，その平衡定数は次の通り。

$$K=\frac{[\beta\text{-グルコース}]}{[\alpha\text{-グルコース}]}=\frac{0.068}{0.032}=2.125$$

溶液 A にβ-グルコース 0.100mol を加えると，平衡は左向きに移動するが，β-グルコースの x〔mol〕がα-グルコースに変化したとすると，

	α-グルコース	$\rightleftarrows$	β-グルコース	
溶液A	0.032		0.068	〔mol〕
変化量	$+x$		$+0.100-x$	〔mol〕
平衡時	$0.032+x$		$0.168-x$	〔mol〕

$$K=\frac{[\beta\text{-グルコース}]}{[\alpha\text{-グルコース}]}=\frac{0.168-x}{0.032+x}=2.125$$

∴ $x=0.032$〔mol〕

∴ 新たに平衡に達したときのβ-グルコースの物質量は，

$0.168-0.032=0.136$〔mol〕 → ④

(4) グルコースにメタノールと塩化水素(触媒)を反応させると，反応性の大きい1位の $-OH$ だけがメチル化され，α-メチルグルコシドとβ-メチルグルコシドの混合物を生成する。α-グルコース，β-グルコースの結晶の1位の炭素には，ヒドロキシ基 $-OH$ とエーテル結合 $-O-$ を1個ずつ含む**ヘミアセタール構造**が存在するため，水溶液中では開環し

て鎖状構造となり，還元性を示す。

しかし，問題文に「α型とβ型のメチルグルコシドの混合物 X の水溶液は還元性を示さなかった。」とあるので，α-メチルグルコシドは水溶液中でも開環せず，鎖状構造を経由してβ-メチルグルコシドへの変化は起こらない。

そのグラフは①が該当する。

解答　(1) ④　(2) ②　(3) ④　(4) ①

385 **解説**　ポリペプチド鎖を構成するアミノ酸の繰り返し単位の式量は 89－18＝71 である。

よって，ポリペプチド鎖 A を構成するアミノ酸の単位の数は，

$$\frac{2.56\times10^4}{71}\fallingdotseq360〔個〕$$

アミノ酸のポリペプチド鎖は，ペプチド結合のカルボニル基 >C=O とイミノ基 H-N< の間にできる水素結合 >C=O…H-N< によってらせん構造(**α-ヘリックス構造**)をとることがある。いま，アミノ酸の単位 3.6 個でつくられるポリペプチド鎖 A のらせん構造の 1 回転(1 ピッチ)の長さが 0.54nm であるから，ポリペプチド鎖 A の全体の長さは，

$$\frac{360}{3.6}\times0.54\fallingdotseq54〔nm〕$$

解答　②

386 **解説**　単量体 A(CH_2=CHC_6H_5)はスチレン。単量体 B(CH_2=CHCN)はアクリロニトリル。反応した単量体 A と B の物質量の比を $x:y$ とおくと，この共重合体の構造は次式で表せる。

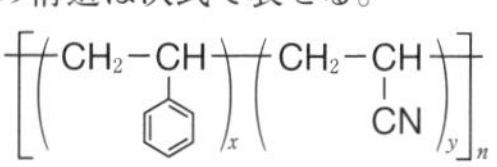

$$\left[\left(CH_2-CH(C_6H_5)\right)_x\left(CH_2-CH(CN)\right)_y\right]_n$$

ベンゼン環に結合した H 原子の数は $5x$〔個〕，それ以外の H 原子の総数は $3x+3y$〔個〕なので，

$5x:3x+3y=5:4$

$x=3y$，よって $x:y=3:1$ → ⑤

解答　⑤

原子量概数

元素	記号		原子量	元素	記号		原子量
水素	H	……	1.0	アルゴン	Ar	……	40
ヘリウム	He	……	4.0	カリウム	K	……	39
リチウム	Li	……	7.0	カルシウム	Ca	……	40
炭素	C	……	12	クロム	Cr	……	52
窒素	N	……	14	マンガン	Mn	……	55
酸素	O	……	16	鉄	Fe	……	56
フッ素	F	……	19	ニッケル	Ni	……	59
ネオン	Ne	……	20	銅	Cu	……	63.5
ナトリウム	Na	……	23	亜鉛	Zn	……	65.4
マグネシウム	Mg	……	24	臭素	Br	……	80
アルミニウム	Al	……	27	銀	Ag	……	108
ケイ素	Si	……	28	スズ	Sn	……	119
リン	P	……	31	ヨウ素	I	……	127
硫黄	S	……	32	バリウム	Ba	……	137
塩素	Cl	……	35.5	鉛	Pb	……	207

基本定数

アボガドロ定数　$N_A = 6.02 \times 10^{23}$〔/mol〕

モル体積　標準状態(0℃，1013hPa)の**気体**　22.4〔L/mol〕

水のイオン積　$K_w = 1.0 \times 10^{-14}$〔mol/L〕^{2}（25℃）

ファラデー定数　$F = 9.65 \times 10^4$〔C/mol〕

気体定数　$R = 8.31 \times 10^3$〔Pa·L/(K·mol)〕= 8.31〔J/(K·mol)〕

体積の単位に〔m^3〕**を用いると**　8.31〔Pa·m^3/(K·mol)〕

単位の関係

長さ　1nm(ナノメートル) = 10^{-7}cm = 10^{-9}m

圧力　1013hPa(ヘクトパスカル) = 1.013×10^5Pa(パスカル)

= 1気圧(atm) = 760mmHg

熱量　1cal = 4.18J(ジュール)，1J = 0.24cal

大学入学共通テスト・理系学部 受験

化学の新基本演習

化学基礎収録

【解答・解説集】